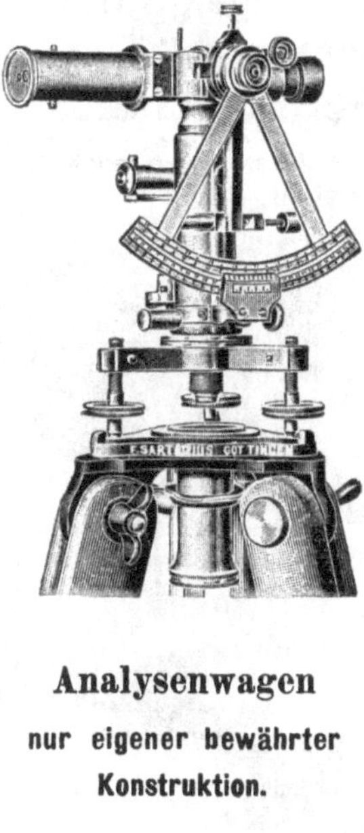

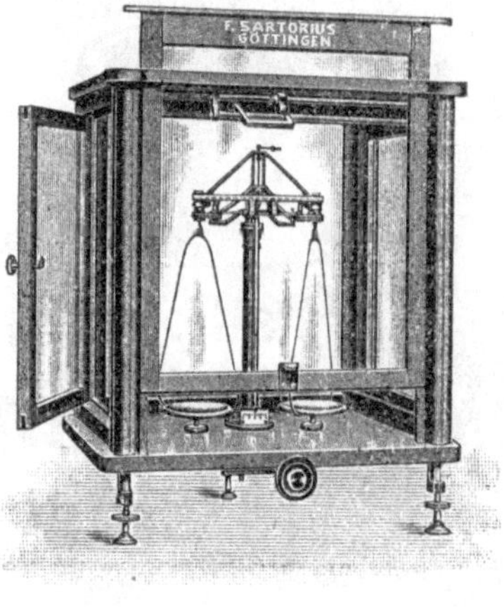
F. SARTORIUS
GÖTTINGEN

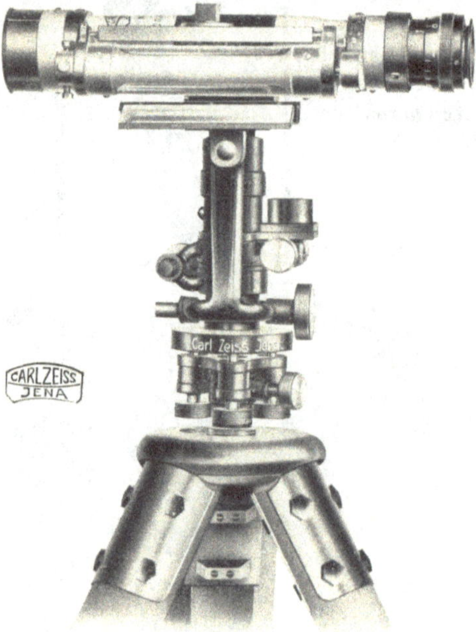
Carl Zeiss Jena

Umstehend einige Abbildungen.

A-B
1
C-D
2
E-F
3

Königl. Bibliothek in Berlin.
13 Büchergeschosse nach unserem patentierten System zur Aufnahme von ca. 5 000 000 Bänden dienend.
Innenansicht eines Büchergeschosses.

Verwaltungsgebäude für den Allgemeinen Knappschafts-verein in Bochum.
10 Geschosse für ca. 3 000 000 Akten.
Innenansicht eines Aktensaales mit angrenzendem Arbeitsraum.

Minerva.

HANDBUCH DER GELEHRTEN WELT.

ERSTER BAND.

Minerva Handbuch I. Verlag von Karl J. Trübner, Strassburg.

Minerva.

HANDBUCH DER GELEHRTEN WELT.

BEARBEITET

VON

Dr. G. LÜDTKE UND J. BEUGEL.

ERSTER BAND:

DIE UNIVERSITÄTEN UND HOCHSCHULEN USW.,
IHRE GESCHICHTE UND ORGANISATION.

MIT DEM BILDNIS VON PROFESSOR DR. EDUARD SUESS,
PRÄSIDENTEN DER KAISERL. AKADEMIE DER WISSENSCHAFTEN IN WIEN.

STRASSBURG.
VERLAG VON KARL J. TRÜBNER
1911.

Carl Georgi, Universitäts-Buchdruckerei in Bonn.

VORWORT.

Nach zweijähriger Arbeit kann nun endlich der erste Band des Minerva-Handbuches dem Minerva-Jahrbuch an die Seite treten. Der Plan hat eine Wandlung erfahren. Ursprünglich war beabsichtigt, den ganzen Stoff, der bei den Unterrichtsanstalten, Bibliotheken, Archiven, Observatorien aus dem Jahrbuch ausgeschieden war, in alphabetischer Folge der Ortsnamen in einem Bande zusammenzufassen. Das erwies sich als unmöglich. Das Material war zu umfangreich und schwoll von Tag zu Tag mehr und mehr an. Die erste Bearbeitung musste aufgegeben werden, und als einmal die Trennung in zwei Bände, von denen der erste die Unterrichtsanstalten, der zweite die Bibliotheken, Archive, Museen und Observatorien behandeln sollte, erwogen war, da lag der Gedanke nahe, das Bildungswesen der einzelnen Länder zusammenzufassen, um die Übersicht zu erleichtern und Wiederholungen zu vermeiden.

Der Plan war kühn, er konnte nur durch Unterstützung aus allen Teilen der Welt durchgeführt werden, und bedingte eine mühsame Vergleichung, eine strenge Sichtung des Materials und einen organischen Aufbau.

So ist denn das vorliegende Buch zustande gekommen. Die Einrichtung muss für sich selbst sprechen. Nur ein paar Worte seien zur Aufklärung gesagt.

Das Handbuch ist durchaus an das Jahrbuch angelehnt worden, weil es in erster Linie dazu bestimmt ist, die dort gegebenen Daten zu ergänzen. Wo bei Instituten die für das Jahrbuch berechneten Angaben nicht zu erlangen waren, da konnte auch im Handbuch kein ausführlicher Vermerk aufgenommen werden. Auf Vollständigkeit kann also das Handbuch in dieser ersten Auflage keinen Anspruch machen und will es auch nicht. — Das

Buch ist ein erster Versuch, der des Ausbaues bedarf, und in der langen, mühsamen Arbeit ist den Herausgebern immer deutlicher geworden, wo später einmal die bessernde Hand anzulegen ist. Wer vor einer so ungeheuren Fülle des Stoffes steht, der muss, wenn er überhaupt zu einem Ziele und Abschluss kommen will, zunächst einmal fest zugreifen, und der Hoffnung Raum geben, dass, wenn einmal die Grundmauern gelegt sind, später der Ausbau der einzelnen Teile eingehender erfolgen kann. Das Handbuch wird nicht wie das Jahrbuch in jedem Jahre neu aufgelegt werden. Es soll für eine Reihe von Jahren vorhalten; aber wenn das Interesse wach bleibt, das ihm jetzt entgegengebracht wird, dann wird der Zeitpunkt, an dem eine neue Auflage nötig ist, wohl kommen. In der Zwischenzeit soll es nicht an ständiger Beschäftigung mit dem Stoffe fehlen, und je mehr Ratschläge und Hilfe wir erhalten, desto willkommener wird es uns sein.

Das Buch durfte auch nicht zu umfangreich werden, wenn es nicht seinen Zweck verfehlen soll. Gewiss liessen sich aus dem einen Band drei Bände machen; aber das so vielen vertraute Gewand der Minerva sollte beibehalten werden, und es war weit schwerer, den Stoff zusammenzupressen und das Wichtigste herauszuheben, als ihn in breiter Ausführlichkeit zu behandeln.

Es ist so viel wie möglich nach Gleichmässigkeit gestrebt worden. In allen Punkten liess diese sich nicht erreichen. Wir waren auf Berichte angewiesen, in denen das eine mehr, das andere weniger herausgehoben war, und wenn wir zu einem Ende kommen wollten, so mussten wir das Gebotene, so gut es ging, verwerten. Immer neue Anfragen hätten die Ausgabe des Buches auf Jahre hinaus verzögert.

Wir fussen demnach in allen Einzelheiten auf direkten Nachrichten von den einzelnen Instituten oder auf den uns zugesandten Katalogen und sonstigen Schriftstücken, denn wir wollten wirklich authentische Angaben bringen. Für die opferwillige Unterstützung sagen wir allen Helfern, besonders den Sekretariaten der Institute, herzlichsten Dank. Für die allgemeinen Einleitungen und spezielleren Angaben sind wir folgenden Herren namentlich zu Dank verpflichtet:

In *Deutschland:* Herrn Prof. Dr. F. Giese, Berlin, Herrn Prof. Dr. W. Geiger, Erlangen, Herrn Dr. E. Seelmann, Bonn, Herrn cand. phil. Schaub, Berlin, Herrn Prof. Dr. W. Streitberg, München; in *Österreich:* Herrn Prof. Dr. Robert F. Arnold, Wien, Herrn Regierungsrat Dr. Kukula, Prag; in *Ungarn:* Herrn Prof. Dr. Simonyi, Budapest, Herrn Bibliothekskustos Dr. Gyula Farkas, Klausenburg; in der *Schweiz:* Herrn Bibliothekar Dr. G. Ryhiner, Basel; in *Holland:* Herrn Prof. Dr. S. Cramer, Amsterdam; in *Dänemark:* Herrn Prof. D. Andersen, Kopenhagen; in *Schweden:* Herrn Oberbibliothekar Carl af Petersens, Lund; in *Norwegen:* Herrn Dr. S. Schmidt-Nielsen, Christiania; in *Grossbritannien:* Herrn Dr. J. E. Sandys, Cambridge, Herrn Bibliothekar James Maitland Anderson, St. Andrews, Herrn Bibliothekar Peter J. Anderson, Aberdeen, Herrn Prof. Thomas Erskine Holland, Oxford, Herrn Percy M. Wallace, Secretary to the Senate of the University of London, Herrn Woodall, Lektor an der Universität Strassburg; in *Frankreich:* Herrn Prof. Dr. A. Chuquet, Paris; in *Belgien:* Herrn Prof. Dr. Eugen Hubert, Lüttich; in *Italien:* Herrn Prof. A. Graziani, Neapel, Herrn Dr. S. Debenedetti, Lektor an der Universität Strassburg, Herrn Präfekten P. Franz Ehrle, Rom; in *Spanien:* Herrn Prof. A Ruibal in Santiago; in *Portugal:* Herrn Prof. A. Apell, Lissabon; in *Russland:* Herrn Oberbibliothekar C. Rubinskij in Charkow, Herrn Staatsrat W. Schlüter, Dorpat, Herrn Ilija Petrovič Murzin, St. Petersburg; in *Rumänien:* Herrn Prof. A. Tzigara-Samurcaş, Bukarest, Herrn Prof. A. D. Xenopol, Jassy; in *Griechenland:* Herrn Universitäts-Sekretär K. Palamas, Athen; in den *Vereinigten Staaten:* Herrn Prof. Benj. Ide Wheeler, Berkeley, Herrn Prof. F. M. Blau, Princeton; in *Argentinien:* Herrn Prof. R. Lehmann-Nietsche, La Plata; in *Brasilien:* Herrn Prof. Juliano Moreira, Rio de Janeiro; in *Ägypten*: Herrn Prof. B. Moritz, Kairo; in *Japan:* Herrn Oberbibliothekar Mankichi Wada, Tokyo; in *China*: Herrn Prof. G. Keiper, Tsingtau.

Herr Prof. Dr. Eduard Suess, der Präsident der Kaiserl. Akademie der Wissenschaften in Wien, hat in freundlichster Weise die Erlaubnis gegeben, den Band mit seinem Bilde zu schmücken. Wir sagen ihm dafür auch hier herzlichen Dank.

Möge das Buch dazu beitragen, das Verständnis für die kulturellen Grundlagen der einzelnen Länder zu fördern und zu beleben. Der zweite Band des Handbuches, der die Geschichte und ausführliche Darstellung der Bestände der Bibliotheken, Museen, Archive behandeln soll, ist in Arbeit.

Strassburg i./Els., den 6. Dezember 1910.

Dr. G. Lüdtke. J. Beugel.

INHALT.

Deutschland.

Universitäten.

Berlin	Giessen	Heidelberg	Leipzig	Rostock
Bonn	Göttingen	Jena	Marburg	Strassburg
Breslau	Greifswald	Kiel	München	Tübingen
Erlangen	Halle	Königsberg	Münster	Würzburg.
Freiburg				

Eingehenden Aufschluss über das Unterrichtswesen der deutschen Hochschulen gibt das Werk: *W. Lexis, Das Unterrichtswesen im Deutschen Reich*, Band I. Berlin 1904.

I. Allgemeine Verfassung und Organisation.

Die 21 deutschen Universitäten sind staatliche Lehrinstitute mit allen Rechten öffentlicher Anstalten, insbesondere dem der juristischen Persönlichkeit. Sie unterstehen mit Umgehung aller unteren und mittleren Behörden direkt dem Unterrichtsminister des einzelnen Landes (in Elsass-Lothringen direkt dem Statthalter, in Jena direkt den 4 sächsischen Landesfürsten, bzw. deren Ministerien) und erfreuen sich auch dem Ministerium gegenüber einer ausgedehnten Selbstverwaltung.

In Preussen (mit Ausnahme von Berlin*), den sächsischen Herzogtümern (Jena), Elsass-Lothringen (Strassburg), Württemberg (Tübingen), Hessen** (Giessen), Mecklenburg (Rostock) ist ein Beauftragter der Regierung der Kurator oder Kanzler oder Vizekanzler (Rostock), am Sitz der Universität, zur Wahrnehmung der staatlichen Interessen und der Gerechtsame der Universität sowie zur Leitung der ökonomischen Angelegenheiten und der Kassenverwaltung, soweit diese nicht der Selbstverwaltung der Universität unterliegt. In den übrigen Staaten fehlt dieses Mittelglied; die Univ. verkehrt in diesen direkt mit dem Minister.

Die Verwaltung der Universität wird ausgeübt durch 1) die Fakultäten, 2) das Plenum, 3) den Rektor und Senat.

Die **Fakultäten** bestehen aus der Gesamtheit ihrer Dozenten und Studenten und werden vertreten durch ihre *ordentlichen Professoren*. An der Spitze jeder Fakultät steht ein *Dekan*. Die Dekanswürde wechselt entweder jährlich oder halbjährlich (Halle, Jena) unter den ordentlichen Professoren nach der Folge ihrer Ernennung, oder sie beruht (z. B. Freiburg i. Br., Marburg, Würzburg) auf einer Wahl durch die Fakultätsmitglieder. — Der Dekan beruft die ordentlichen Professoren zu den Fakultätssitzungen; er ist meistens verpflichtet, auf Antrag eines (Halle und med. u. philos. Fakultät in Strassburg) oder mehrerer (Heidelberg 3) ordentlichen Professoren eine solche einzuberufen.

* In Berlin führt das Ministerium grösstenteils die Kuratorialgeschäfte, das übrige ein Kuratorium, bestehend aus Rektor und Universitätsrichter.

** Seit längerer Zeit wird in Giessen der Kanzler durch den jeweiligen Rektor vertreten.

Die Fakultäten verkehren in Preussen und Elsass-Lothringen mit dem Kurator, bzw. Minister, direkt über Neuberufungen von Professoren und über Fakultäts-Angelegenheiten, in allen übrigen Angelegenheiten fast überall durch den Senat. — In den anderen Staaten ist die Abgrenzung der Kompetenzen der Fakultäten und des Senats verschieden: in Bayern und in Baden, ferner in Jena, Giessen und Tübingen führt der Senat alle Verhandlungen mit der Regierung; in Rostock verhandeln die Fakultäten nur bei Berufung von ausserordentlichen Professoren direkt mit ihr, während die ordentlichen Professoren durch das Konzil präsentiert werden. In Leipzig verkehren die Fakultäten in allen Fakultätssachen, die Institutsdirektoren in allen Institutssachen direkt mit dem Ministerium.

Jede Fakultät ist für die Vollständigkeit des Unterrichts in ihrem Gebiete verantwortlich. Bei eintretender Lücke macht sie für die Neubesetzung des Lehrstuhls der Regierung je nach der Verfassung direkt oder durch den Senat ihre Vorschläge. Die Fakultäten erlassen ihre eigenen Statuten unter Genehmigung des Senats und der Regierung; in Jena dagegen können Universitäts- wie Fakultätsstatuten nur von den 4 Landesherren erlassen werden; ergänzende Anordnungen auch von dem Senat.

Das **Plenum** oder der **grössere Senat** (auch Generalkonzil, Konsistorium, akademisches Konzil, corpus professorum genannt) besteht aus der Gesamtheit der ordentlichen Professoren; in Göttingen, Strassburg, München und Würzburg aus der Gesamtheit der ordentlichen und etatsmässigen ausserordentlichen Professoren. — In Leipzig kommt zu dem Plenum, das aus den ordentlichen Professoren besteht und dessen Funktionen die Besetzung der Beamtenstellen und die Verleihung von Stipendien sind, die Universitätsversammlung, bestehend aus den ordentlichen und etatsmässigen ausserordentlichen Professoren, die den Rektor bzw. Prorektor (siehe unten) und den Abgeordneten zum Landtag wählt. — Bei einigen Universitäten (Erlangen, Jena) fehlt die Scheidung zwischen grösserem und engerem Senat. - In Tübingen heisst das Plenum »Akadem. Senat« und besteht aus dem Rektor als Vorstand, dem Kanzler als ersten Votanten, aus der Gesamtheit der ord. Professoren und aus dem Universitätsamtmann. — Siehe auch »Nachträge« am Schlusse des Buches.

Das Plenum wählt alljährlich den Rektor (Bestätigung durch den Landesfürsten, in Elsass-Lothringen durch den Kaiser) in geheimer schriftlicher Abstimmung aus der Zahl der ordentlichen Professoren. In Strassburg hat das Plenum noch die Befugnis, über alle Anträge auf Veränderung des Universitätsstatuts und über alle Angelegenheiten, welche der Kurator oder Rektor und Senat ihm überweisen, zu beschliessen und die Berichte des Rektors über die Tätigkeit des Senats entgegenzunehmen. In Freiburg werden alle grossen Aufwendungen (Neubau eines Instituts, Neugründung eines Lehrstuhles, usw.) vom Plenum endgiltig beschlossen. In Tübingen und Giessen unterliegen auch Berufungsangelegenheiten dem Gutachten des Gesamtsenats.

Der **Rektor** und in seiner Vertretung der Prorektor (der vorjährige Rektor) ist die erste obrigkeitliche Person der Universität und ihr Vertreter nach aussen; während seiner Amtstätigkeit gebührt ihm das Prädikat »Magnifizenz«. Er leitet die Immatrikulation, stellt die Abgangszeugnisse aus, führt den Vorsitz im Plenum, im Senat und in den Kommissionen des Senats. Bei einigen Universitäten führt der Landesfürst als ornamentales Oberhaupt der Universität den Titel Rector magnificentissimus. In diesem Falle ist der Prorektor die wirkliche Spitze der Universität und der Exprorektor dessen Stellvertreter.

Der **Senat** resp. engere Senat (in Göttingen »Verwaltungs-Ausschuss«, in Marburg »Universitätsdeputation« genannt) besteht in Preussen fast überall aus dem Rektor, dem Prorektor, den Dekanen der Fakultäten*,

* In Freiburg, Göttingen und Marburg fehlen die Dekane im Senat.

den Senatoren, die von den ordentlichen Professoren aus ihrer Mitte erwählt werden, und dem Universitätsrichter. In Giessen besteht der engere Senat aus dem Rektor, dem Exrektor, je einem Mitglied der theologischen und juristischen Fakultät, zwei Mitgliedern der medizinischen Fakultät und drei der philosophischen Fakultät; in Leipzig aus Rektor, Prorektor, den Dekanen der 4 Fakultäten, dem Syndikus des Senats und 12 Deputierten der einzelnen Fakultäten, welch' letztere 4 Jahre amtieren; in Heidelberg aus dem Prorektor, Exprorektor, 5 Dekanen und 2 von dem Plenum gewählten ordentlichen Professoren; in Freiburg i. Br. sitzen im Senat nicht die Dekane, sondern je ein von jeder *Fakultät* gewählter »Senator« und zwei vom Plenum gewählte Senatoren; in Würzburg besteht der Senat aus dem Rektor und 12 vom Plenum aus der Zahl der ordentlichen Professoren auf 2 Jahre zu wählenden Senatoren; in Erlangen werden die Geschäfte durch Kommissionen besorgt, deren wichtigste der Verwaltungsausschuss ist, bestehend aus dem jeweiligen Prorektor und vier Vertretern der vier Fakultäten; Protokollführer ist der Syndikus. In Tübingen entspricht dem engeren Senat der anderen Universitäten ein Verwaltungsausschuss (bestehend aus dem Rektor, 7 ordentlichen Mitgliedern der 7 Fakultäten, dem Universitätsamtmann und dem Universitätskassierer, welch' letzterer jedoch nur eine beratende Stimme hat); in Jena die sogenannte Verwaltungsdeputation (bestehend aus dem Prorektor, drei auf je 3 Jahre gewählten Mitgliedern, dem Ordinarius der juristischen Fakultät und dem Universitäts-Amtmann); in Rostock gibt es ein sogenanntes engeres Konzil (s. unter Rostock S. 35).

Der Senat besorgt alle Angelegenheiten, die nicht dem Plenum oder den Fakultäten zugewiesen sind. Der Rektor bestimmt die Zeit und Tagesordnung der Sitzungen; der Senat kann zur Erledigung einzelner Angelegenheiten Kommissionen bilden, zu denen in Strassburg auch Personen gewählt werden dürfen, die nicht Mitglieder des Senats, oder solche, die keine ordentlichen Professoren sind.

Die **Disziplinargewalt,** in welcher allein noch die akadem. Gerichtsbarkeit besteht, wird in Preussen durch den Rektor, den Universitätsrichter (Syndikus) und den Senat (in Göttingen durch den Rechtspflege-Ausschuss) ausgeübt. Der Universitätsrichter wird vom König ernannt, und darf in Berlin und Halle weder ein Universitätsprofessor noch ein Privatdozent sein; in Elsass-Lothringen besteht das Disziplinaramt aus dem Rektor, dem Prorektor und dem Syndikus (der letztere wird vom Senat aus den Professoren der juristischen Fakultät auf 3 Jahre gewählt und ist nach Ablauf wieder wählbar); in Baden aus Prorektor, Senat und akademischem Disziplinarbeamten; in Jena besteht ein besonderer »Disziplinarausschuss« des Senats (Prorektor, 3 auf je 3 Jahre gewählte Senatsmitglieder und Universitäts-Amtmann); in Tübingen besteht eine Disziplinarkommission (Rektor, 7 ordentliche Professoren und Universitäts-Amtmann); in Erlangen besteht ein Disziplinarausschuss (Prorektor, Prokanzler, je ein Mitglied der vier Fakultäten, Syndikus als Schriftführer); in München und Würzburg haben die Senate die Disziplinargewalt; in Leipzig besteht das Universitätsgericht aus Rektor, Prorektor, Dekan der juristischen Fakultät, einem ständigen Beisitzer und Universitätsrichter; in Rostock ist das engere Konzil, bestehend aus Rektor, Exrektor, Vorgänger des Exrektors und juristischem Beisitzer die Disziplinarbehörde; in Giessen übt der Rektor und engere Senat direkt die Disziplinargewalt aus.

Disziplinarstrafen sind in Preussen: Verweis, Geldstrafe bis 20 ℳ, Karzerhaft bis zu 2 Wochen, Nichtanrechnung des laufenden Halbjahres, Androhung der Entfernung, Entfernung von der Universität und Ausschluss vom Universitätsstudium; ähnlich an den anderen Universitäten.

Lehrkörper. Der Lehrkörper besteht aus ordentlichen Professoren, Honorarprofessoren, ausserordentlichen Professoren (etatsmässigen und nichtetatsmässigen), Privatdozenten, Lektoren, ausserdem technischen Lehrern und teilweise beauftragten Dozenten.

Die ORDENTLICHEN PROFESSOREN werden auf Antrag der betreffenden Fakultät, welche in der Regel die Kandidaten vorschlägt, vom Landesfürsten (in Elsass-Lothringen vom Kaiser) oder vom Minister auf Lebenszeit ernannt. — Die ORDENTLICHEN HONORARPROFESSOREN stehen im Rang der ordentlichen Professoren, sie erhalten als solche kein besonderes Gehalt, sind zum Halten von Vorlesungen berechtigt aber nicht verpflichtet. Es sind häufig Personen in anderen Stellungen (Bibliotheksdirektoren, usw.). An den badischen Universitäten gibt es auch den einfachen Titel Honorarprofessor. — Die AUSSERORDENTLICHEN PROFESSOREN werden ebenfalls auf Vorschlag der Fakultäten von dem Landesherrn (Rostock, Giessen) oder von dem Minister (in Elsass-Lothringen vom Statthalter) ernannt. In Jena erfolgt die Berufung aller Professoren durch den Senat auf Grund der Anweisungen der 4 Landesherren. Der Landesfürst und der Minister sind an die Vorschläge der Fakultäten nicht gebunden.

Die Professoren sind (ausser in Hessen: Giessen) unabsetzbar und haben das Recht, über alle zum wissenschaftlichen Gebiet der Universität gehörigen Lehrfächer Vorlesungen zu halten. Die Zahl der Lehrstühle ist keine geschlossene; es können für dasselbe Lehrfach mehrere Dozenten angestellt werden. — Die Emeritierung eines Professors kann nur mit seiner Einwilligung erfolgen; muss sie wegen Krankheit erfolgen, so geschieht dies in der Regel mit vollem Gehalt. In Strassburg kann jeder Professor seine Emeritierung mit vollem Gehalt verlangen, wenn er das 65. Lebensjahr vollendet hat oder wenn ihm die Leitung eines Universitäts-Instituts entzogen wird. — Durch das neue Beamtengesetz sind die Universitätsprofessoren in Bayern in Bezug auf Absetzbarkeit, Quieszierung, usw. den übrigen Beamten gleichgestellt, mit der Abweichung, dass sie bei vollendetem 65. Lebensjahre darum nachsuchen können, von der Verpflichtung zur Abhaltung von Vorlesungen entbunden zu werden, in welchem Falle ihnen die vollen Bezüge verbleiben. In Hessen (Giessen) gibt es keine Emeritierung; die Pensionierung erfolgt nach dem allgemeinen Staatsbeamtengesetz. — Über die Gehälter und Pensionen sowie die Witwen- und Waisengelder siehe Abschnitt III (S. 15 u. ff.) unter den einzelnen Universitäten.

Die PRIVATDOZENTEN werden von den Fakultäten auf Grund der von jeder Fakultät selbständig, beziehungsweise von den Landesherren erlassenen Habilitationsordnung ernannt — in Bayern vom Landesfürsten auf Vorschlag von Fakultät und Senat — und zum Halten von Vorlesungen zugelassen. In Giessen (Hessen) erhalten die Privatdozenten vom Rektor namens des Senats nach dem Gutachten der betreffenden Fakultät die Venia legendi; in Rostock (Mecklenburg) muss der Bewerbung bei der Fakultät die Erlaubnis des Ministeriums zur Zulassung vorausgegangen sein. Sie dürfen nur über Lehrfächer innerhalb des wissenschaftlichen Bereiches ihrer Venia docendi (in Jena innerhalb des Unterrichtsgebietes ihrer Fakultät) Vorlesungen halten. Die Erlaubnis kann durch die Fakultät (so z. B. in Breslau, Jena, Leipzig) oder auf Antrag der Fakultät durch Senatsbeschluss, der vom Kurator zu bestätigen ist, wieder entzogen werden. In Jena ist die Entziehung aber auf bestimmte Gründe beschränkt. Vergl. über Habilitationsschrift, nähere Bestimmungen und Gebühren S. 12 u. ff.

Die LEKTOREN, Lehrer der neueren Sprachen, erteilen den praktischen Sprachunterricht. Sie werden meistens nur für kurze Zeit angestellt.

Ausserdem technische Lehrer (Turnen, Fechten, Stenographie, Photographie, Zeichnen, usw.).

Die **Vorlesungen** der Professoren und Privatdozenten sind entweder öffentliche oder Privatvorlesungen oder Privatissima. Die öffentlichen Vorlesungen werden unentgeltlich gehalten, die Privatvorlesungen gegen Honorar, die Privatissima unentgeltlich oder gegen Honorar. Jeder Professor in Preussen und Elsass-Lothringen muss (wenn nicht Dispens durch Fakultätsbeschluss) in jedem Semester mindestens eine öffentliche und eine Privatvorlesung ankündigen; in Bayern, Baden, Württemberg und Hessen besteht keine Verpflichtung zur Gratisvorlesung; in Rostock (Mecklenburg) müssen alle ordentlichen und alle Gehalt beziehenden ausserordentlichen Professoren mindestens 10 Stunden akademische Vorlesungen für die Woche ankündigen; in Jena jeder ordentliche Honorarprofessor eine Hauptvorlesung, jeder andere eine Vorlesung. — Neben die Vorlesungen treten besondere Übungen, Seminarübungen, Praktika, usw. Das Vorlesungsverzeichnis wird nach den Angaben der Fakultäten von dem Universitätssekretär (in Berlin von der amtlichen akademischen Auskunftsstelle, in Halle von dem Professor der Beredsamkeit) unter Aufsicht des Rektors zusammengestellt. Jeder Dozent ist verpflichtet, die angekündigte Vorlesung zu halten, wenn sich mindestens 3 Zuhörer melden. Zum Besuch der Vorlesungen sind alle immatrikulierten Studenten berechtigt, sowie solche, die eine besondere Erlaubnis der Dozenten, oder, wie in Jena, des Prorektors nach Anhörung des Dozenten besitzen. Dem Rektor und Senat steht die Überwachung der Vorlesungen zu. Die Vorlesungshonorare und Prüfungsgelder fliessen den einzelnen Dozenten, bzw. den Mitgliedern der Prüfungskommissionen zu und werden von dem Quästor der Universität eingezogen. Ihre Höhe ist an den einzelnen Universitäten verschieden; siehe S. 10 u. ff. In Preussen fliessen (seit dem 1. April 1909) den etatsmässigen Professoren die für ihre Vorlesungen eingehenden Honorare bis zu 3000 ℳ ganz zu, von 3000 bis 4000 ℳ zu 75%, darüber hinaus zur Hälfte. Die überschiessenden Beträge kommen in die Staatskasse und werden zu einem besonderen Fonds vereinigt, der in erster Linie für etatsmässige Professoren zur Ergänzung der mit ihrer Univ.-Stellung zusammenhängenden Nebenbezüge auf den Betrag von 1200 ℳ, weiterhin aber auch zu sonstiger Aufbesserung des Einkommens der etatsmässigen Professoren aus ihrem Amte bestimmt ist. — In Bayern fallen die Kollegiengelder dem Dozenten nur bis zu einer bestimmten, durch Ministerialverordnung festgesetzten Summe (zurzeit 6000 ℳ) ganz zu. Die überschiessende Summe verbleibt zur Hälfte dem Dozenten, die andere Hälfte dient zur Bildung eines den einzelnen Universitäten verbleibenden Fonds, aus dem gewisse dringliche (meist sachliche) Bedürfnisse befriedigt werden sollen.

Das Studienjahr ist in zwei Semester eingeteilt, das Wintersemester von Mitte Oktober bis Anfang März, das Sommersemester von Mitte April bis Anfang August.

Die **Doktorgrade** werden von den Fakultäten unter der Autorität der gesamten Universität verliehen, in Rostock auf Antrag der Fakultäten vom Landesherrn als Kanzler, gegen Nachweis des akadem. Trienniums, auf Grund einer mündlichen Prüfung und einer selbstverfassten druckwürdigen, noch ungedruckten Dissertation, welche nach Genehmigung durch die Fakultät gedruckt in 100 bis 330 Pflichtexemplaren einzureichen ist. Nähere Bestimmungen s. S. 10 u. ff.

Die **Studenten** werden Mitglieder der Universität durch die *Immatrikulation* (nähere Bestimmungen und Gebühren siehe S. 9). — Auf sein Verlangen erhält jeder Student bei seinem Abgange von der Universität ein Abgangszeugnis. — Frauen werden jetzt an allen deutschen Universitäten zur Immatrikulation zugelassen.

In engerem oder loserem Zusammenhang mit den deutschen Universitäten stehen die *Staatsprüfungen* für Theologen, Juristen, Mediziner und Lehrer. Sie werden nicht von den Universitäten, sondern von der Regierung eingerichtet, die aber die Mitglieder der einzelnen Prüfungskommissionen im wesentlichen (ausser in Hessen) aus dem Lehrkörper der Universität entnimmt.

II. Aufnahme, Promotion, Habilitation, Gebühren.

Die Angaben sind so speziell wie möglich gemacht worden, bei der Fülle des Stoffes und der Abweichungen war hier und da summarische Aufführung nicht zu umgehen.

1. AUFNAHME.

a. **Bestimmungen.** Als Studierende können Reichsangehörige an allen deutschen Universitäten zur Immatrikulation zugelassen werden, die das Reifezeugnis eines deutschen Gymnasiums, Realgymnasiums oder einer deutschen Oberrealschule haben; jedoch reichen an vielen Universitäten die Zeugnisse eines Realgymnasiums oder einer Oberrealschule zur ordnungsmässigen Immatrikulation und Inskription bei der Fakultät nur dann aus, wenn daraufhin die Zulassung des Studierenden zu der seinem Studienfach entsprechenden Berufsprüfung in seinem Heimatstaate gesichert ist. Für Pharmazeuten genügt die Reife für die Prima[1]. — Diese Bestimmungen gelten auch für Frauen. Ohne Reifezeugnis werden auch solche Frauen rite immatrikuliert, die sich zur Prüfung für das höhere Lehramt vorbereiten und nachweisen, dass sie nach erfolgreichem Besuche einer anerkannten höheren Mädchenschule und eines anerkannten höheren Lehrerinnenseminars die volle Lehrbefähigung für mittlere und höhere Mädchenschulen erlangt haben und darauf wenigstens zwei Jahre an höheren Mädchenschulen voll beschäftigt gewesen sind. — Von Ausländern wird der Nachweis derjenigen Schulbildung verlangt, die in ihrem Heimatslande für die Zulassung zum Universitätsstudium vorgeschrieben ist (Zeugnis eines klassischen Gymnasiums, Lyzeums oder dergl.). In zweifelhaften Fällen entscheidet der Rektor, bzw. das engere Konzil oder (in Leipzig) die Immatrikulationskommission[2].

In die kleine Matrikel können mit besonderer Erlaubnis Personen aufgenommen werden, die wenigstens die für die Erlangung der Berechtigung zum einjährig-freiwilligen Militärdienst vorgeschriebene Schulbildung erworben, oder die Lehrerinnenprüfung für höhere Mädchenschulen bestanden haben[3]. In Freiburg, Giessen und Heidelberg gibt es keine kleine Matrikel.

Als Gastzuhörer (Hospitanten) werden mit entsprechender wissenschaftlicher Vorbildung nur die Inländer beiderlei Geschlechts zugelassen, die reiferen Alters sind und wegen ihrer amtlichen Stellung oder gewerblichen Tätigkeit nicht immatrikuliert werden können.

---

1 In Rostock und Tübingen werden Pharmazeuten daraufhin in die kleine Matrikel resp. als ausserordentliche Studierende aufgenommen.

2 Ausländerinnen werden in Jena überhaupt nicht, in Tübingen nur zu einzelnen Vorlesungen mit Zustimmung der Dozenten zugelassen.

3 In Berlin und anderen grösseren Universitäten kommt diese Bestimmung für Ausländer nicht in Betracht.

b. Immatrikulation und Exmatrikulation.

Die Studenten werden Mitglieder der Universität durch die *Immatrikulation.* Jeder Student unterwirft sich durch die Immatrikulation allen Gesetzen der Universität und ist verpflichtet, sich spätestens 8 Tage nach der Immatrikulation bei einer Fakultät (Anmeldung bei dem Dekan)* einzuschreiben und spätestens 6 (bei einigen Universitäten 4) Wochen nach Anfang des Semesters eine Privatvorlesung oder ein Seminar (Jena) zu belegen; für bestimmte Fächer (Pharmazie, usw.) sind besondere reichsgesetzliche Bestimmungen erlassen. Im übrigen hat er die volle Selbstbestimmung über seinen Studiengang.

* An mehreren Universitäten existiert die offizielle Einschreibung beim Dekan nicht.

Gebühren-Tabelle.

I. Immatrikulation. — II. Immatrikulation für Studierende, die bereits eine andere Universität besucht haben. — III. Exmatrikulation.

Universität	I	II	III	Besondere Bemerkungen.
	ℳ	ℳ	ℳ	
Berlin. . . .	18.—	9.—	12.50	III bei Honorarstundung 14 ℳ.
Bonn.	18.—	9.—	12.90	III Doppelgebühr (ℳ 25.40) falls Abmeldung 4 Wochen nach Semesterschluss, Erlass der Doppelgebühr nur mit Genehmigung des Rektors.
Breslau. . .	18.—	9.—	12.—	III Evangel. Theologen 15 ℳ.
Erlangen. .	24.—	20.50	7.—	III 7 ℳ am Schluss der Studienzeit zu einer Schlussprüfung, zum Besuch einer andern Universität 4 ℳ.
Freiburg. .	20.—	12.—	10.—	
Giessen. . .	20.—	10.—	10.—	III ausserdem 1 ℳ staatlicher Stempel.
Göttingen .	18.—	12.—	5.—	
Greifswald	21.10	11.20	12.55	
Halle	17.25	13.75	➤	II bei zweiter Immatrikulation in Halle ℳ 8.75. — III Theol. ℳ 13.80, Jur. ℳ 16.50, Med. 13 ℳ, Philosophen ℳ 10.50.
Heidelberg	20.—	12.—	10.—	
Jena	20.—	15.—	10.—	
Kiel	18.—	10.80	6.—	
Königsberg	➤	➤	9.—	I Philos. ℳ 22.50; Theol., Jur., Med. ℳ 26.50. II Theol. ℳ 9.50, Jur., Med. ℳ 11.50, Phil. 12 ℳ.
Leipzig. . .	21.—	12.—	10.—	
Marburg	15.30	12.30	4.55	
München. .	20.—	16.50	4.—	
Münster . .	13.80	9.80	10.—	
Rostock . .	18.—	12.—	8.—	
Strassburg	20.—	10.—	10.—	
Tübingen .	17.50	11.90	5.—	II wiederholte Immatrikulation in Tübingen ℳ 3.75.
Würzburg.	20.—	20.—	7.—	II bei zweiter Immatrikulation in Würzburg ℳ 16.50. — III wie Erlangen (s. oben).

Ausser den Immatrikulationsgebühren werden fast an allen Universitäten kleine Beträge für die Akademische Krankenkasse, Unfallversicherung, usw. erhoben. Seit S.-S. 1910 in Preussen auch Semesterbeitrag von ℳ 2.50 für die Universitätsbibliothek.

Die Gebühren für Hospitantenscheine betragen etwa 4—6 ℳ. Ausländer zahlen durchschnittlich eine etwas höhere Gebühr.

2. STUDIENHONORARE.

HONORAR PRO WOCHENSTUNDE (im Durchschnitt).

	ℳ		ℳ		ℳ
Berlin	5	Greifswald	5	Marburg . .	3—5
Bonn	5	Halle	4	München . .	4
Breslau . . .	5	Heidelberg	4—5	Münster . .	3—5
Erlangen . .	4	Jena	4	Rostock . .	5
Freiburg . .	5	Kiel	4—5	Strassburg	4
Giessen . . .	8*	Königsberg	3—5	Tübingen .	3—5
Göttingen .	5	Leipzig . . .	4—5	Würzburg .	4

* Jede weitere 3 ℳ.

Bei Vorlesungen und Übungen, welche mit schriftlichen Arbeiten, Experimenten, Operationen oder Demonstrationen verbunden sind, erhöht sich das Honorar bis zu 120 ℳ für das Semester. Ausserdem sind Auditoriengeld und Institutsgebühren zu entrichten.

Jeder Student kann sich unter Beibringung von Armuts- und Fleisszeugnissen um Stundung oder Erlass des Honorars oder ein Stipendium oder einen Freitisch bewerben; über das Gesuch entscheidet der Senat oder die Fakultät oder eine Kommission.

Stundung der Honorare wird an folgenden Universitäten gewährt: Berlin, Breslau, Giessen, Göttingen, Greifswald, Halle, Kiel, Königsberg, Leipzig, Münster (nur in der jurist. und philos. Fakultät), Rostock.

Honorarerlass wird an folgenden Universitäten gewährt: Breslau, Erlangen, Freiburg, Heidelberg, Jena, Königsberg, Marburg, München (teilweise oder ganz je nach Bedürftigkeit), Münster (nur in der theologischen Fakultät), Strassburg, Würzburg.

3. PROMOTION.

a. **Bestimmungen** (s. auch Abschnitt I S. 7). Die evang.-theol. und die kath.-theol. Fakultäten verleihen den Grad eines Licentiatus theologiae* und unter besonders schweren Anforderungen den Grad eines Doctor theologiae.

Die übrigen Fakultäten verleihen nur den Grad eines Doctor (juris, rerum politicarum [Doktor der Staatswissenschaften]†, oec. publ. [in München, staatswirtschaftl. Fakultät], medicinae, medicinae veterinariae, philosophiae, philosophiae naturalis) gegen Nachweis eines Studiums von 6—10 Semestern je nach der Fakultät, auf Grund einer selbstverfassten druckwürdigen Dissertation und einer mündlichen Prüfung.

Vor Aushändigung des Diploms sind 100—330 Pflichtexemplare der gedruckten Dissertation einzureichen**.

Die Promotion zum Dr. theol. evang. erfolgt nicht vor Ablauf von 6 Jahren nach offiziellem Triennium und setzt ausserdem den Lizen-

* Der Grad Lic. theol. wird in Freiburg, München und Würzburg nicht verliehen.

† In Würzburg können die Grade Dr. jur. und Dr. rer. pol. sowohl einzeln für sich als auch zugleich unter der Bezeichnung »Dr. jur. et rer. pol.« erworben werden.

** Die genauen Zahlen siehe in der Tabelle S. 12. — Auch zur Erlangung des Lizentiaten-Grades (evang.-theol. und kath.-theol.) ist ausser dem Examen die Vorlage einer selbständigen Abhandlung erforderlich. Die Zahl der davon bei fast allen Universitäten abzuliefernden gedruckten Pflichtexemplare ist im allgemeinen dieselbe wie die der Dissertation zum Dr. theol. (s. S. 12).

tiaten-Grad voraus. — Die Promotion zum kath. Lic. oder Dr. theol. setzt im allgemeinen 3–5jähriges Universitäts-Studium und die Weihe als Subdiakon voraus. Bei mehreren Universitäten ist in den theol. und zum Teil auch noch in den jurist. Fakultäten öffentliche Verteidigung von Dissertation und Thesen erforderlich. Diese Forderung besteht in der philosophischen Fakultät ausser in Breslau (dort noch öffentliche Verteidigung der Thesen bzw. Vortrag) und der medizinischen Fakultät jetzt nirgends mehr. — Zur Promotion zum Dr. med. wird verlangt für Reichsangehörige in der Regel die Approbation als Arzt; für Ausländer, welche die ärztliche Prüfung nicht abgelegt haben, der Nachweis, dass sie nach Erlangung des Reifezeugnisses ein geordnetes mediz. Studium von 10 Semestern geführt und in der Regel mindestens 1 Semester davon an der Univ. studiert haben, wo sie die Promotion nachsuchen. — Bezüglich Dr. med. vet. siehe »Tierärztliche Hochschulen« S. 75 und auch unter »Nachträge« am Schlusse des Buches.

Frauen können unter gleichen Bedingungen wie Männer in der jur., med. und philos. Fakultät promoviert werden. — Ausländer haben eine der deutschen gleichwertig erachtete Vorbildung nachzuweisen. — Männern, welche sich durch besondere Förderung der Wissenschaft grosse Verdienste erworben haben, kann die Doktorwürde ehrenhalber verliehen werden. — Eine Promotion zum Dr. in absentia findet **nicht** statt. — Noten bei Erteilung der Doktorgrade: summa cum laude, magna cum laude, cum laude, rite.

b. Promotionsgebühren.

Universität	Lic. theol. evangel.	Lic. theol. kath.	Dr. theol. evangel. [1]	Dr. theol. kath.	Dr. jur.	Dr. med. (Kolloquium) [2]	Dr. med. (Rigorosum) [2]	Dr. phil.
	ℳ	ℳ	ℳ	ℳ	ℳ	ℳ	ℳ	ℳ
Berlin	185.—	—	—	—	355.—	300.—	500.—	355.—
Bonn	240.—	300.—	340.—	340.- [4]	340.-	400.—	600.—	340.—
Breslau	191.—	171.—	438.—	321.—	390.—	300.—	450.—	321.—
Erlangen	300.—	—	460.- [3]	—	300.—	301.—	401.—	300.—
Freiburg	—	—	—	310.—	300.—	300.—	450.—	300.—
Giessen	240.—	—	460.- [3]	—	433.—	320.—	470.—	325.—
Göttingen	225.—	—	450.-	—	459.—	370.—	555.—	300.—
Greifswald	204.—	—	425.—	—	425.—	425.—	650.—	340.—
Halle	240.—	—	480.—	—	350.—	360.—	540.—	240.—
Heidelberg	300.—	—	—	—	360.-	370.—	550.—	350.—
Jena	375.—	—	600.—	—	350.—	313.—	470.—	274.—
Kiel	225.—	—	450.—	—	450.—	360.—	—	183.—
Königsberg	243.—	—	503.—	—	357.—	448.—	660.50	245.—
Leipzig	250.—	—	600.—	—	480.- [5]	320.—	470.—	250.—
Marburg	258.—	—	252.50	—	369.-	350.—	525.—	300.—
München	—	—	—	300.—	350.—	300.—	450.—	260.—
Münster	—	85.—	—	238.—	360.—	—	—	340.—
Rostock	250.—	—	450.—	—	360.—	350.—	550.—	250.- [6]
Strassburg	240.—	150.—	400.—	300.- [7]	360.—	300.—	450.—	240.—
Tübingen	230.—	230.—	—	320.—	400.- [8]	300.—	450.—	300.—
Würzburg	—	—	—	300.—	350.—	300.—	450.—	300.—

Die Anmerkungen 1—8 zu der Tabelle »Promotionsgebühren« siehe nächste Seite oben.

Anmerkungen zu der auf der vorhergehenden Seite stehenden Tabelle »Promotionsgebühren«:

1 In der Regel nur honoris causa.

2 Das medizinische Kolloquium (s. Spalte 6) gilt für Bewerber, die die Approbation als deutscher Arzt erworben oder wenigstens die ärztliche Prüfung in Deutschland bestanden haben, das medizinische Rigorosum (s. Spalte 7) für alle anderen.

3 Nach Erwerb des Lizentiats in Erlangen 200 ℳ, in Giessen 250 ℳ.

4 Für Bonner Lizentiaten Ermässigung auf 100 ℳ.

5 Für Sachsen 300 ℳ.

6 Für diejenigen, die nicht in Rostock studiert haben.

7 Bei vorher erworbenem Lizentiatengrad nur 150 ℳ.

8 Für Württemberger 300 ℳ.

Dr. med. vet. in Giessen und Leipzig 320 ℳ, bei fehlender tierärztlicher Fachprüfung in Leipzig 470 ℳ. — Doktor der Staatswissenschaften (Dr. rer. pol.) in Freiburg 300 ℳ, in Münster 360 ℳ, in Strassburg 360 ℳ, in Tübingen 345 ℳ, in Würzburg 350 ℳ; Dr. oec. publ. in München 308 ℳ. — Dr. jur. et rer. pol. in Würzburg 350 ℳ. — Dr. phil. nat. in Heidelberg 350 ℳ, in Strassburg und Tübingen 300 ℳ.

c. **Anzahl der von den Doktoranden an die Fakultät abzuliefernden Pflichtexemplare der Dissertation.**

I evang. Theol. II kath. Theol. III Jur. IV Med. V Philosoph. Fak.

Universität	I	II	III	IV	V	Universität	I	II	III	IV	V
Berlin . .	168	—	190	330	ca. 200[1]	Kiel . . .	300	—	300	300	300
Bonn . .	240	240	240	240	240	Königsberg	270	—	270	270	290
Breslau .	260	260	260	270	270	Leipzig .	125	—	125	120	200
Erlangen .	200	—	200	240	250	Marburg .	200	—	200	200	250
Freiburg .	—	100	120	150	150	München .	—	†	110	110	150
Giessen .	150	—	170	200	200	Münster .	—	200	240	—	200
Göttingen .	240	—	240	240	240	Rostock .	175	—	175	175	175
Greifswald	205	—	205	205	210	Strassburg	160	150[2]	140	170	180
Halle . .	220	—	230	235	250	Tübingen .	150	150	150	200	150
Heidelberg	200	—	200	200	200	Würzburg	—	150	150	160	220
Jena . . .	250	—	250	260	280						

1 Je nach den Fächern.

2 Bei Bewerbung um Lizentiatengrad wird Drucklegung der Abhandlung nicht verlangt.

† Je nach der Zahl der Fakultätsmitglieder, ausserdem 80 Exemplare eines in sich abgeschlossenen Teiles der Dissertation von mindestens 3 Bogen an die Universität.

Naturwissenschaftlich-mathematische Fakultät zu Heidelberg 200, zu Strassburg 180, Naturwissenschaftliche Fakultät zu Tübingen 125. — Staatswirtschaftliche Fakultät zu München 110, staatswissenschaftliche zu Tübingen 120. — Für Dr. der Staatswissenschaften ist in Freiburg, Münster, Strassburg und Würzburg die gleiche Zahl abzuliefern wie für Dr. jur.; für Dr. jur. et rer. pol. in Würzburg ebenso. Für Dr. med. veterin. werden in Leipzig 200 Exemplare verlangt.

4. HABILITATION.

a. **Bestimmungen** (s. auch Abschnitt I S. 6). Zur Habilitation ist erforderlich, dass der Bewerber den Doktorgrad oder bei den theologischen Fakultäten den Grad eines Lizentiaten erlangt hat; die juristischen Fakultäten verlangen ferner zum Teil, dass in einem deutschen Bundesstaat die zweite Prüfung zum höheren Justiz- oder Verwaltungsdienst bestanden ist, die medizinischen Fakultäten, dass die Approbation als Arzt erworben ist. Ausserdem wird vielfach gefordert, dass seit Abschluss der Studien oder seit Erlangung der Approbation längere Zeit 2 Jahre oder mehr) verflossen ist.

Die venia legendi wird erteilt nach Einreichung einer Habilitationsschrift, Bestehen eines Kolloquiums, Abhaltung einer Probevorlesung und bisweilen auch einer Disputation.

b. Gebühren für die Habilitation.

BERLIN. In jeder Fakultät 151 ℳ, für in Berlin Promovierte 83 ℳ.
BONN. In jeder Fakultät 85 ℳ.
BRESLAU. Evangelisch-theologische, juristische und medizinische Fakultät je 85 ℳ, katholisch-theologische Fakultät 75 ℳ, philosophische Fakultät 68 ℳ.
ERLANGEN. Keine Gebühren.
FREIBURG I. BR. Theologische Fakultät keine Gebühren, nur anderwärts Promovierte 100 ℳ; rechts- und staatswissenschaftliche Fakultät 75 ℳ; medizinische Fakultät keine Gebühren; philosophische Fakultät 100 ℳ.
GIESSEN. Keine Gebühren.
GÖTTINGEN. Theologische Fakultät ℳ 109.50, wenn Nostrifikation erforderlich ist; 45 ℳ, wenn die Habilitation nach der Promotion nachgesucht wird; juristische Fakultät 36 ℳ; medizinische Fakultät keine Gebühren; philosophische Fakultät 100 ℳ.
GREIFSWALD. In jeder Fakultät 85 ℳ.
HALLE. Theologische Fakultät 120 ℳ, für in Halle selbst Promovierte keine Gebühren; juristische Fakultät 140 ℳ bzw. 70 ℳ; medizinische Fakultät 100 ℳ bzw. 50 ℳ; philosophische Fakultät 80 ℳ, auch für die in Halle selbst Promovierten.
HEIDELBERG. Theologische Fakultät 112 ℳ für Heidelberger Lizentiaten oder Doktoren, 212 ℳ für auswärtige; juristische Fakultät 32 ℳ bzw. ℳ 42.50; medizinische Fakultät 32 ℳ bzw. ℳ 42.50; philosophische Fakultät 303 ℳ; naturwissenschaftlich-mathematische Fakultät 303 ℳ.
JENA. Theologische, juristische und medizinische Fakultät je 30 ℳ, philosophische Fakultät 128 ℳ.
KIEL. Theologische Fakultät 15 ℳ bzw. 30 ℳ oder die Hälfte der Promotionsgebühr, juristische und philosophische Fakultät je ℳ 14.40, medizinische Fakultät keine Gebühren.
KÖNIGSBERG. Theologische Fakultät die halben Promotionskosten, in Königsberg selbst Promovierte zahlen keine Gebühren; juristische Fakultät 85 ℳ bzw. keine Gebühren; medizinische Fakultät 103 ℳ; philosophische Fakultät 86 ℳ bzw. keine Gebühren. Nostrifikationsprüfung in der theologischen, juristischen und philosophischen Fakultät je 102 ℳ.
LEIPZIG. Theologische Fakultät 250 ℳ bei Verbindung von Habilitation und Lizentiatenpromotion, 125 ℳ für auswärts zu Lizentiaten Promovierte, früher in Leipzig rite Promovierte sind von allen Gebühren frei; Nostrifikation 100 ℳ für von auswärts kommende Privatdozenten; juristische Fakultät 100 ℳ; medizinische Fakultät 63 ℳ; philosophische Fakulät 126 ℳ.
MARBURG. In jeder Fakultät 9 ℳ.
MÜNCHEN. Theologische Fakultät 40 ℳ für auswärts Promovierte; juristische und staatswirtschaftliche Fakultät keine Gebühren; medizinische Fakultät 5 ℳ; philosophische Fakultät 15 ℳ.
MÜNSTER. Theologische und philosophische Fakultät je 85 ℳ. Rechts- und staatswissenschaftliche Fakultät: Gebühr noch nicht festgesetzt.
ROSTOCK. Theologische Fakultät unbestimmt, juristische Fakultät 72 ℳ, medizinische Fakultät keine Gebühren, philosophische Fakultät 100 ℳ.
STRASSBURG. Evangelisch-theologische Fakultät 100 ℳ, katholisch-theologische Fakultät 100 ℳ für auswärtige Doktoren, medizinische

Fakultät 75 ℳ, juristische Fakultät 80 ℳ, philosophische und mathematisch-naturwissenschaftliche Fakultät keine Gebühren.
TÜBINGEN. Keine Gebühren.
WÜRZBURG. Keine Gebühren.

c. Pflichtexemplare der Habilitationsschrift.

BERLIN. Drucklegung nicht erforderlich.
BONN. Drucklegung nicht erforderlich.
BRESLAU. In allen Fakultäten circa 70 Stück weniger als bei der Promotion (siehe S. 12).
ERLANGEN. In allen Fakultäten die gleiche Anzahl wie bei der Promotion (siehe S. 12). In der theologischen Fakultät wird auf Nachsuchen die bei Erwerbung des Lic. eingereichte Schrift auch als Habilitationsschrift gerechnet.
FREIBURG. Theologische Fakultät keine, juristische Fakultät 12, medizinische Fakultät 90, philosophische Fakultät 150.
GIESSEN. Evangelisch-theologische Fakultät 240, juristische Fakultät 260, medizinische Fakultät 270, philosophische Fakultät 250. Hat ein Bewerber bereits eine oder mehrere wissenschaftliche Arbeiten veröffentlicht, so kann die Vorlage unterbleiben.
GÖTTINGEN. Drucklegung nicht erforderlich.
GREIFSWALD. Ablieferung nicht erforderlich.
HALLE. In allen Fakultäten ebensoviel wie bei der Promotion (s. S. 12).
HEIDELBERG. 200 in allen Fakultäten.
JENA. In allen Fakultäten ebensoviel wie bei der Promotion (siehe S. 12).
KIEL. Ablieferung nicht erforderlich.
KÖNIGSBERG. Ein Exemplar aller Schriften; von besonderer Habilitationsschrift kann abgesehen werden.
LEIPZIG. Theologische Fakultät 120, juristische und medizinische Fakultät je 20, philosophische Fakultät 250.
MARBURG. In der theologischen, juristischen und medizinischen Fakultät je 200, in der philosophischen Fakultät 60 Exemplare.
MÜNCHEN. Theologische Fakultät je nach Zahl der Fakultätsmitglieder, juristische 27, staatswirtschaftliche 2, medizinische wenigstens 30, philosophische je nach Zahl der Ordinarien der einschlägigen Sektion und ausserdem 8.
MÜNSTER. Einlieferung nicht obligatorisch.
ROSTOCK. Bestimmungen sind darüber nicht festgelegt.
STRASSBURG. Einlieferung nicht erforderlich.
TÜBINGEN. Einlieferung nicht erforderlich.
WÜRZBURG. 110 Exemplare für jede Fakultät.

III. Geschichte und besondere Organisation.

Vergl. auch hierzu das S. 3 genannte Werk von *Lexis*; ferner: *H. Denifle, Die Universitäten des Mittelalters bis 1400.* Berlin 1885. — *G. Kaufmann, Geschichte der deutschen Universitäten.* 2 Bände. Stuttgart 1888—1896. — *F. Paulsen, Geschichte des gelehrten Unterrichts auf den deutschen Schulen und Universitäten vom Ausgang des Mittelalters bis zur Gegenwart.* 2. Aufl. Leipzig 1896. — *F. Paulsen, Die höheren Schulen und das Universitätsstudium im XX. Jahrhundert.* Braunschweig 1901. — *F. Paulsen, Die deutschen Universitäten und das Universitätsstudium.* Berlin 1902. — *W. Erman und E. Horn, Bibliographie der deutschen Universitäten. Systematisch geordnetes Verzeichnis der bis Ende 1899 gedruckten Bücher und Aufsätze über das deutsche Universitätswesen.* 3 Bände. Leipzig 1904—1905.

Berlin (Preussen).

KÖNIGLICHE FRIEDRICH-WILHELMS-UNIVERSITÄT.

Geschichte. Nachdem Preussen im Tilsiter Frieden vom 9. Juli 1807 mit den Ländern links der Elbe auch Halle an Frankreich hatte abtreten müssen, begaben sich am 10. August 1807 die Universitätsprofessoren Schmalz und Froriep im Auftrage der Deputation der 1806 aufgelösten Universität Halle nach Memel, um bei König Friedrich Wilhelm III. die Verlegung nach Berlin zu erbitten. Der König hielt die Verlegung nicht für angemessen, bekundete aber seine Absicht, in Berlin eine ganz neue Universität zu gründen. Schon am 4. Sept. 1807 übertrug er die Errichtung einer Berliner Hochschule dem Grosskanzler Beyme, der sofort Schmalz, Froriep, Fichte, Hufeland, Schleiermacher und Wolf nach Berlin berief. Durch Wilhelm v. Humboldt, der Ende 1808 die Leitung der Unterrichtsabteilung im Ministerium des Innern übernahm, wurde der Plan weitergeführt. Auf seinen Bericht vom 24. Juli 1809 erliess der König am 16. Aug. eine Kabinettsorder an den Finanzminister, den Minister des Innern und den Grosskanzler Beyme, in der es heisst: »Die von Euch vorgetragene Angelegenheit wegen Errichtung einer allgemeinen und höheren Lehranstalt in Berlin finde Ich für höhere Geistesbildung im Staat und auch über die Grenzen desselben hinaus, *für die Erhaltung und Gewinnung der ersten Männer jeden Fachs* und für die Verbindung der in Berlin vorhandenen Akademien, wissenschaftlichen Institute und Sammlungen zu Einem organischen Ganzen so wichtig, dass Ich die Errichtung einer solchen allgemeinen Lehranstalt mit dem alten hergebrachten Namen einer Universität und mit dem Rechte zur Erteilung akademischer Würden nicht verschieben, ihr ihren Sitz in Berlin anweisen, dabey aber die Universitäten Königsberg und Frankfurth bestehen lassen will«. Der König wies sodann den Anstalten ein jährliches Einkommen von 150000 Talern aus Domänen an und bestimmte das Palais des Prinzen Heinrich zum Universitätsgebäude, das es noch heute ist. Die Eröffnung fand im Wintersemester 1810/11 statt. Feier des 100jährigen Jubiläums der Universität im Herbst 1910. Der Wunsch des Königs, »die ersten Männer jeden Fachs zu gewinnen«, ist in Erfüllung gegangen, da an der Berliner Universität ausser den oben genannten Männer gewirkt haben wie Niebuhr, Böckh, Savigny, Eichhorn, Hegel, Bopp, Lachmann, Ranke, die Brüder Grimm, Gneist, Langenbeck, Haupt, Müllenhoff, Mommsen, Virchow, E. du Bois-Reymond, Beseler, Weierstrass, Hofmann, Helmholtz, Zeller, Dernburg, Treitschke, R. Kirchhoff, Scherer und viele andere.

LITERATUR. *Köpke, Die Gründung der Kgl. Friedrich-Wilhelms-Universität zu Berlin,* Berlin 1860. — *Ascherson, Urkunden zur Geschichte der Jubelfeier der Kgl. Friedrich-Wilhelms-Universität zu Berlin im Oktober 1860,* Berlin 1863. — *Die Kgl. Friedrich-Wilhelms-Universität Berlin in ihrem Personalbestande seit ihrer Errichtung Michaelis 1810 bis Michaelis 1885.* — *Daude, Die Kgl. Friedrich-Wilhelms-Universität zu Berlin,* Berlin 1887. — *Verzeichnis der Berliner Universitätsschriften 1810—1885, herausgegeben von der Kgl. Universitätsbibliothek zu Berlin,* Berlin 1899.

Das VERMÖGEN der Universität besteht aus dem früheren Prinz Heinrichschen Palais, das der Universität durch König Friedrich Wilhelm III. für »ewige Zeiten« geschenkt worden ist, und aus mehreren Stiftungen mit einem Kapital von etwa 10 Millionen Mark. — Das *Universitätsgebäude* hat 1889—91 einen durchgreifenden Umbau erfahren. Die Seminare und Institute befinden sich grösstenteils in besonderen Gebäuden in der Stadt und ihren Vororten; viele von diesen Gebäuden sind erst in den letzten Jahren errichtet worden.

VERFASSUNG siehe S. 3 u. ff. Das Kuratorium wird seit dem 5. Dez. 1848 durch den jeweiligen Rektor und den Universitätsrichter ausgeübt, soweit die Geschäfte nicht durch das Ministerium besorgt werden.

PROFESSORENGEHÄLTER. Diese sind durch die neue Besoldungsordnung (1909) festgelegt nach der Skala des Minimalgehaltes, über das die Einzelbezüge mancher Ordinarien, die auf freier Vereinbarung beruhen, wesentlich hinausgehen. Die Minimalskala ist: für den ordentlichen Professor 4200—6600 ℳ, für den ausserordentlichen Professor 2600—4800 ℳ. Bei beiden kann, wenn ihre Nebenbezüge zu gering sind, ein ministerieller Zuschuss bis zu 1200 ℳ hinzutreten. Ausserdem kommen die Honorarbezüge und der Wohnungsgeldzuschuss hinzu.

Die Professoren-Witwen- und Waisen-Versorgungs-Anstalt (gegründet 1816) gewährt der Witwe eines ordentlichen Professors 2000 ℳ, eines ausserordentlichen 1600 ℳ, einer Ganzwaisen 864 ℳ, jeder weiteren 576 ℳ, einer Halbwaisen 576 ℳ, jeder weiteren 360 ℳ.

FAKULTÄTEN: Theologische [evangel.], jurist., medizin., philosophische.

STUDIENGANG, Immatrikulation, Promotion, Habilitation, Gebühren, usw. siehe S. 8 u. ff.

Bonn (Preussen).

RHEINISCHE FRIEDRICH-WILHELMS-UNIVERSITÄT.

GESCHICHTE. Die Anfänge der Hochschule führen bis ins Jahr 1777 zurück, als der kurkölnische Erzbischof Max Friedrich in der Residenz Bonn eine Akademie gründete. Durch Diplom Kaiser Josephs II. wurde diese Akademie 1784 zu einer Universität erhoben. 1786 eröffnet, hat sie bis zum 7. Oktober 1794, dem Tage des französischen Einmarsches, bestanden, wenn auch ihre förmliche Auflösung erst 1797 erfolgte. — Nach den Freiheitskriegen verhiess Friedrich Wilhelm III. den neuen Westprovinzen in seiner Wiener Proklamation vom 15. April 1815 eine neue Universität. Neuwied, Duisburg mit den Resten der altbrandenburgischen Universität, Koblenz und Düsseldorf bewarben sich um den Sitz vergeblich; die Wahl schwankte seit 1816 zwischen Cöln, für das die Romantiker eintraten, und Bonn, für das die Klassiker sprachen. Die Kabinettsordre vom 26. Mai 1818 bestimmte Bonn als Sitz. Am 18. Oktober erliess der König von Aachen aus die Stiftungsurkunde. Der Jahresetat wurde auf 89000 Taler veranschlagt. Man liess es sich angelegen sein, die hervorragendsten Kräfte nach Bonn zu ziehen: Niebuhr, A. W. von Schlegel, E. M. Arndt, der Mediziner Nasse, der katholische Theologe Hermes waren die berühmtesten Namen ihrer ersten Zeit. Mit dem 1839 bis 1846 durch Schinkel erfolgten Bau der Sternwarte (Baukosten 72000 Taler, Instrumente 20500 Taler) war die Begründung der Universität abgeschlossen. — Vom 2.—4. August 1868 wurde unter Anwesenheit der Majestäten und des Kronprinzen die Feier des halbhundertjährigen Bestehens begangen. Um diese Zeit begann eine Art Neugründung der Universität durch den Bau naturwissenschaftlicher und medizinischer Anstalten, zuerst des chemischen Laboratoriums (1868), der Anatomie (1872) und des physiologischen Instituts in Poppelsdorf, dann der klinischen Anstalten, die seit 1872 mit einem Aufwand von mehr als drei Millionen Mark aufgeführt wurden. Endlich fand 1891—92 ein Um-, teilweise Neubau der Bibliothek statt.

Literatur. *Entstehung und Einweihungsgeschichte der Kurkölnischen Universität zu Bonn unter der glorreichen Regierung Maximilian Franzens, Erzbischofs zu Köln, i. Jahre 1786 d. 20. Nov. u. ff. Tage.* Bonn (1786), 79 S., 2 Kupf. u. 2 Bl. Erklär. f°. — *Meuser* (Pfarrer in Alfter): *Zur Geschichte der kurfürstl. Universität Bonn mit besonderer Rücksicht auf den dort in kirchl. Hinsicht herrschenden Geist.* In: Niederrheinisches Jahrbuch f. Geschichte u. Kunst, hrsg. v. Laurenz Lersch. [Jg.] II. Bonn 1844. kl. 8°. S. 86—174. — *Varrentrapp, C.: Beiträge zur Geschichte der kurkölnischen Universität Bonn. Festgabe vom Verein von Alterthumsfreunden im Rheinlande*, Bonn 1868. 53 S. 4°. — *Sybel, Heinr. v.: Die Gründung der Universität Bonn. Festrede zum 50jährigen Jubiläum*, Bonn 1868. 26 S. kl. 8°. — *Leclerc, Max: Une université allemande. Deux semestres à Bonn.* (Paris 1887—88.) In: Revue franç. de l'étranger et des col. T. VI, déc. 1887, p. 401—21 u. T. VII, janv. 1888, p. 1—20. 8°. — *Denkschrift über die Parität an der Universität Bonn mit einem Hinblick auf Breslau und die übrigen Preussischen Hochschulen. Ein Beitrag zur Geschichte deutscher Universitäten* im XIX. Jahrhundert. Nebst Beilagen. Freiburg i. Br. 1862. 219 S. 8°. — *Reinike, E.: Die klinischen Neubauten der Universität Bonn.* Sonderabdruck aus dem »Centralblatt der Bauverwaltung«. Berlin 1883. 32 S. und 1 Tafel. 8°. — *Anschütz, Rich., u. Schulze, Rob.* (Baurat): *Das chemische Institut der Universität Bonn.* Mit 30 Abbild. u. 6 Tafeln. Bonn 1904. 4°. — *Das Bonner Studienhaus. Ein Gedenkblatt für seine Freunde und Wohlthäter.* Duisburg 1899. 8°. — *Ludwig, Hubert: Stipendien- und andere Stiftungen für Studierende an der Rheinischen Friedrich-Wilhelms-Universität zu Bonn.* 1902.

Verfassung siehe S. 3 u. ff. — Professorengehälter vergl. Berlin. — Witwen- und Waisenpension die an allen preussischen Universitäten geltenden Sätze vergl. Berlin.

Fakultäten: Evangelisch-theologische, katholisch-theologische, juristische, medizinische, philosophische.

Studiengang, Immatrikulation, Promotion, Habilitation, Gebühren usw. siehe S. 8 u. ff.

Breslau (Preussen).

KÖNIGLICH PREUSSISCHE UNIVERSITÄT.

Geschichte. Schon um 1500 versuchte der Stadtrat von Breslau eine Universität zu gründen und erwarb von dem König Wladislaus von Böhmen und Ungarn ein Stiftungsprivileg (20. Juli 1505), aber die Stiftung selbst kam nicht zustande. 1702 gründete dann Kaiser Leopold (Privileg vom 21. Okt.) in Breslau eine Jesuiten-Universität von zwei Fakultäten: Philosophie (Artes) und Theologie nebst kanon. Recht, indem er die in der ehemal. kaiserl. Burg schon länger bestehende

Jesuitenschule zu einer Universität erhob und mit den Einrichtungen und Vorrechten anderer Universitäten, vor allem mit dem Promotionsrecht ausstattete. Die Gründung erfolgte unter dem Widerspruche der Stadt, die für den kirchlichen Frieden der zwischen beiden Konfessionen geteilten Bürger fürchtete. Diese Universität (Leopoldina) hatte in manchen Jahren 1000 Studenten, aber ihre wissenschaftliche Bedeutung war gering. Durch die Auflösung des Jesuitenordens 1773 fiel die Verwaltung der reichen Stiftungen an den Staat, aber König Friedrich II. von Preussen, der 1763 definitiv Schlesien errungen hatte, vereinigte die brauchbaren Exjesuiten zu einer Art Schulgenossenschaft »Institutum Regium Litterarium«, und in der Hauptsache blieb die Leopoldina auch jetzt eine Jesuiten-Universität. Im Jahr 1811 war die Frequenz auf 124 Studenten gesunken. Da gleichzeitig durch die Gründung der Universität Berlin die Lebensfähigkeit der alten Universität zu Frankfurt a. O. gefährdet war, gegen deren Aufhebung der alte Ruhm dieser ersten von einem Hohenzollern gegründeten Hochschule (1506) des Lutheranismus sprach, so kam König Friedrich Wilhelm III. auf Grund einer Denkschrift von Süvern zu dem Entschluss, die protestantische Universität Frankfurt a. O. nach Breslau zu verlegen und mit der dortigen katholischen zu einer Universität zu vereinigen, welche keinen konfessionellen Charakter tragen sollte. Diesem Bestreben wurde dadurch Rechnung getragen, dass der Lehrstuhl der eigentlichen Philosophie doppelt, mit einem katholischen und einem protestantischen Lehrer, besetzt wurde. Unter Friedrich Wilhelm IV. ist dann auch noch eine katholische Professur für Geschichte geschaffen worden. — Zu den alten Einkünften Frankfurts (20933 Taler) u. den bisherigen Breslaus (9140 Taler) zahlte der Staat noch über 21000 Taler hinzu, so dass der erste Etat der neuen Universität 52000 Taler betrug. — Das Vermögen der Universität betrug am Schlusse des Etatsjahres 1908: 593575 ℳ.

Die jetzige Universität Breslau ist also nicht als eine Fortsetzung der Frankfurter (Viadrina), noch weniger der den Namen einer Universität nicht verdienenden ehemaligen Jesuiten-Universität, der Leopoldina, zu betrachten; sie ist eine Neuschöpfung in dem Geiste, in welchem damals auch die Universität Berlin geschaffen wurde.

LITERATUR. *Jos. Reinkens, Die Universität Breslau vor der Vereinigung der Frankfurter Viadrina mit der Leopoldina.* Breslau 1861. — *R. Röpell, Zur Geschichte der Stiftung der kgl. Universität zu Breslau.* Breslau 1861. — *B. Nadbyl, Chronik und Statistik der kgl. Univ. zu Breslau.* Breslau 1861.

VERFASSUNG siehe S. 3 u. ff. — Professorengehälter vergl. Berlin. — Witwen- und Waisenversorgung wie Berlin (siehe dort).

FAKULTÄTEN: Evangelisch-theologische, katholisch-theologische, juristische, medizinische, philosophische.

STUDIENGANG, Immatrikulation, Promotion, Habilitation, Gebühren usw. siehe S. 8 u. ff.

Erlangen (Bayern).

KGL. BAYERISCHE FRIEDRICH-ALEXANDERS-UNIVERSITÄT.

GESCHICHTE. Am 3. August 1699 stiftete in Erlangen der mit dem Oberdirektorium der Stadt beauftragte fürstlich bayreuthische Oberhofmeister Baron Christoph Adam Gross v. Trockau aus eigenen Mitteln eine Ritterakademie und eröffnete sie am 2. Januar 1702. Ihre Fonds vereinigte 1742 Markgraf Friedrich von Brandenburg-Bayreuth (1735—63) mit dem grössten Teile der Einkünfte des Gymnasiums zu Bayreuth, um in letzterer Stadt eine Landeshochschule zu begründen, die, am 21. März eingeweiht, durch kaiserliches Edikt vom 21. Februar des nächsten Jahres die Privilegien von Ingolstadt, Halle und Göttingen erhielt. Noch 1743 wurde indes durch Stiftungsbrief vom 13. April die Universität nach Erlangen in die Räume der ehemaligen Ritterakademie verlegt; am 4. November beging sie die Feier ihrer Einweihung. Mit der Vereinigung der Linien Ansbach und Bayreuth 1769 wurde Erlangen Hochschule für beide Länder und erfuhr unter Markgraf Alexander (1769 bis 1792) eine völlige Neugestaltung, so dass sie sich nach ihrem »Neustifter« fortan »Friedrich-Alexanders-Universität« nannte. Seitdem teilte die Universität die Schicksale der Fürstentümer: 1792 gelangte sie unter preussische Herrschaft, 1806 kam sie in französischen Besitz und 1810 fiel sie an Bayern, nachdem ein Jahr vorher die Universität Altdorf* mit ihr vereinigt worden war. Mit Ausnahme der Zeit des französischen Direktoriums bedeutete jeder Wechsel der Regierung auch einen Fortschritt in der Entwickelung der Hochschule. Grosse Bedeutung gewann nach den Freiheitskriegen ihre theologische Fakultät als Wortführerin der strenggläubigen lutherischen Kirche. Einen ungewöhnlichen Aufschwung in jeder Hinsicht, dessen bezeichnendste Eigentümlichkeit die Stetigkeit ist, mit welcher er sich vollzieht, hat Erlangen in den letzten zwanzig Jahren genommen. Indem sich die Zahl der Hörer (S.-S. 1882: 575, S.-S. 1909: 1202) mehr als verdoppelt hat, ist Erlangen aus der Reihe der kleinen deutschen Hochschulen in diejenige der mittleren getreten. Mit der inneren Entwickelung hat die äussere Ausstattung der Universität Schritt gehalten: 1889 wurde ein neues Kollegiengebäude eingeweiht; fast sämtliche Institute haben neue Gebäude erhalten. In Aussicht grosser Neubau für die Bibliothek. — Das Vermögen besteht lediglich aus den Gebäulichkeiten der Universität nebst zugehörigen Grundstücken, sowie einem rentierlichen Stiftungsvermögen von etwas über einer Million Mark.

Literatur. *J. Jul. Gadendam, Hist. Academiae Fridericianae Erlangensis.* Erlangen 1744. — *G. W. A. Fikenscher, Akad. Gelehrtengeschichte der F. A. U. 1—3.* Nürnberg 1806. — *J. G. V. Engelhardt, Die Universität Erlangen v. 1743—1843.* Erlangen 1843. — *E. Steinmeyer, Die Einweihung des neuen Kollegienhauses.* Erlangen 1889. — *E. Sehling, Daniel von Superville. Das Kanzleramt an der Univ. Erlangen. Ein Beitrag zur Universitäts-Geschichte. Festschrift zum 150jährigen Jubiläum der Universität Erlangen.* Leipzig 1893. — *Theodor Kolde, Die Universität Erlangen unter dem Hause Wittelsbach, 1810—1910. Festschrift zur Jahrhundertfeier der Verbindung der Friderico-Alexandrina mit der Krone Bayern. Im Auftrage des akademischen Senats verfasst von Th. K.,* Erlangen u. Leipzig 1910.

Verfassung s. S. 3 u. ff. — Professorengehälter z. Z.: Das Anfangsgehalt des ordentlichen Professors beträgt 6000 ℳ, steigt 5 mal je in drei Jahren um 500 ℳ, zuletzt um 400 ℳ bis zum Höchstgehalt von 8400 ℳ; einzelne Professoren beziehen nach besonderer Vereinbarung höhere Gehälter. Der ausserordentliche Professor beginnt mit 3600 ℳ und steigt

* Aus dem Gymnasium Aegidianum der freien Reichsstadt Nürnberg entstanden, das 1526 gegründet, 1575 nach Altdorf verlegt und 1580 nach Einholung kaiserl. Freiheit (gewährt von Rudolf II. 1578) zur Universität erhoben worden war. Ursprünglich nur mit dem Rechte der Verleihung der philos. Doktorwürde ausgestattet, fügte 1623 Ferdinand II. das Privilegium für die medizinische und juristische und 1697 Leopold I. das für die theologische hinzu. Die Verwaltung wurde im Namen des Senats der Stadt Nürnberg durch 4 Kuratoren geführt und zwar, namentlich in der Besetzung der Lehrstühle, mit so grossem Erfolge, dass Altdorf trotz bescheidenster Mittel im 17. Jahrhundert einen entschiedenen Vorrang unter den deutschen Universitäten behauptete. »Altdorf war die ärmste Universität in Deutschland: ihr Einkommen betrug kaum 16000 M. jährlich und doch wiegen ihre Professoren in der Geschichte der Philosophie ebenso viel, wie die der 8 britischen Universitäten zusammen«. Sir W. Hamilton, Discursions, 3. Ed. pp. 385.

— wie der Ordinarius — um 2400 ℳ bis zu 6000 ℳ. — Das Ruhegehalt beträgt für die ersten 10 Dienstjahre 35%, steigt mit dem Antritte jedes weiteren Dienstjahres bis zum 20. jährlich um 2%, vom Eintritt in das 21. jährlich um 1% bis zu 75% (Höchstbetrag). — Professoren (o. u. ao.), die das 65. Lebensjahr vollendet haben, können auf ihr Ansuchen von der Verpflichtung zur Abhaltung von Vorlesungen unter Belassung des von ihnen erdienten Gehaltes befreit werden. — Das Witwengeld beträgt 40% des Ruhegehaltes, zu dessen Bezug der verstorbene Beamte berechtigt gewesen ist oder berechtigt gewesen sein würde, wenn er am Todestage in den Ruhestand versetzt worden wäre. Einfache Waisen erhalten 1/5, Doppelwaisen 1/3 des Witwengeldes bis zur Verheiratung oder Volljährigkeit als Waisengeld. Ausserdem erhalten aus der Privatwitwenkasse, der jeder ordentliche Professor als Mitglied beizutreten berechtigt ist, die Witwen, auf deren Ableben ungekürzt die Kinder — bis auch das letzte derselben versorgt ist — eine jährliche Unterstützung bis zum Höchstbetrage von 900 ℳ.

FAKULTÄTEN: Theologische [evangel.], jurist., medizin., philosophische.

STUDIENGANG, Immatrikulation, Promotion, Habilitation, Gebühren usw. siehe S. 8 u. ff.

Freiburg i. Br. (Baden).

GROSSHERZ. BADISCHE ALBERT-LUDWIGS-UNIVERSITÄT.

GESCHICHTE. Albrecht VI., Erzherzog von Österreich, seit 1444 Herr der vorderösterreichischen Lande, beschloss, wahrscheinlich auf Anregung seiner Gemahlin, der Pfalzgräfin Mechthild, Witwe Ludwigs von Württemberg (deren Sohn aus erster Ehe, Graf Eberhard im Bart, 1477, von ihr bestimmt, die Universität Tübingen stiftete), die Gründung der Hochschule. In der Bulle vom 20. April 1455 gab Papst Calixtus III. seine Zustimmung. Im Stiftungsbrief vom 21. September 1457 sagt Albrecht, dass er wolle »desgleichen mit andern kristenlichen fürsten helfen graben den brunnen des lebens, daruss von allen enden der welt vnersyhlich geschöpfet müge werden erlüchtens wasser trostlicher und heilsamer weissheit, zu erlöschung des verderblichen fewres menschlicher vnuernunft vnd blintheit«. Der erste Rektor war Matthäus Hummel von Villingen, der am 26. April 1460 die Universität eröffnete. Im ersten Jahre liessen sich 234 Studierende immatrikulieren, darunter solche aus den höchsten Ständen. 1460—1500 ernannte die Artistenfakultät 884 Baccalaureen und 228 Magister. Unter den älteren Lehrern der Universität ragen hervor: Konrad Stürzel von Kitzingen, Johann Kerer von Wertheim, Jakob Locher Philomusus von Ehingen, Philipp Engelbrecht aus Engen (Engentinus), Geiler von Kaisersberg, Konrad Odernheim, Ulrich Zasius, der Stadtschreiber von Freiburg und Verfasser des Stadtrechts. 1529—1535 war auch Erasmus von Rotterdam in Freiburg. Da die vorderösterreichische Regierung der Reformation entgegen war, musste auch die Universität diese bekämpfen. 1572 ward als Vorschule durch die Artistenfakultät das Pädagogium gegründet. 1620 wurden den Jesuiten durch Erzherzog Maximilian die humanistischen Studien und die Philosophie ganz und in der theologischen Fakultät zwei Lehrstühle übertragen. Eine schwere Schädigung erwuchs der Universität aus der Belagerung und Einnahme Freiburgs durch die Franzosen unter Villars, 1713; sie musste nach Konstanz flüchten, kehrte aber 1714 zurück. Nachdem schon um die Wende des 17. Jahrhunderts eine Neuordnung eingetreten war, führte der Lehrplan von 1752 und die Regierung Josephs II. 1768 eine völlige Umgestaltung der Universität herbei. Durch die Aufhebung des Jesuitenordens kam die Hochschule in den völligen Besitz neuer Gebäulichkeiten, so des »neuen Kollegiums«, des jetzigen Hauptgebäudes in der Bertholdstrasse und des Jesuitengymnasiums, der ehemaligen Bibliothek. Den schwersten Schlag erlitt die Albertina durch die französische Revolution, die ihr ihre elsässischen Besitzungen raubte. Als erster Protestant ward 1784 Johann Georg Jacobi Lehrer der schönen Wissenschaften an der Universität. Als 1803 mit der Pfalz Heidelberg und 1805 mit Vorderösterreich Freiburg an das Haus Baden kamen, drohte die Aufhebung einer der Hochschulen; doch der edle Kurfürst Karl Friedrich von Baden lehnte dies ab: »Mit Nichten, sie gehören nicht unserem Lande allein, sie gehören der Menschheit an«. 1807 übernahm Grossherzog Karl Friedrich das Rektorat, welches von nun an dem Haupte des badischen Fürstenhauses verblieb. Lange hatte die Hochschule, welcher nun auch die an Württemberg gefallenen Besitztümer abgingen mit Geldnot zu kämpfen. Erst der durch Grossherzog Ludwig 1820 gewährte Staatszuschuss von 15000 fl. machte dem ein Ende. Zum Gedächtnis nannte sich die Universität nun auch nach Ludwig. Nachdem 1832 die Universität vorübergehend geschlossen war, erneuerten sich wiederholt Drohungen und Gerüchte ihrer bevorstehenden Aufhebung, sogar noch 1872, als ihr in der neugegründeten Strassburger Hochschule eine Nebenbuhlerin zu erwachsen schien. Doch alle Bedenken mussten schwinden, als die Alberto-Ludoviciana sich einer immer steigenden Hörerzahl erfreute, die im Sommer 1908 sogar 2600 überschritt. Ein neues grosses Kollegiengebäude (Pläne v. † Ratzel) ist an Stelle der früheren Rempartkaserne (Belfortstrasse) erbaut. Die Grundsteinlegung fand am 3. Juli 1906 in Gegenwart des Grossherzogs Friedrich I. und der Grossherzogin Luise statt. Die Einweihung ist für W.-S. 1911 vorgesehen.

Literatur. *H. Schreiber, Gesch. d. Albert-Ludw.-Univ. zu Freiburg i. Br.* 1—3. Freiburg 1857—1860. Fortgesetzt von *H. Mayer* in der Zeitschrift Alemannia, Jahrgang XX (1892). — *E. Pfister, Die finanziellen Verhältnisse der Universität Freiburg.* Freiburg i. Br. 1889.

Verfassung siehe S. 3 u. ff. — Die Professorengehälter für ordentliche Professoren bewegen sich zwischen 3600—9600 ℳ, für ausserordentliche Professoren zwischen 2350—3850 ℳ. — Die Rechtsverhältnisse der Professoren (mit Ausnahme der Gehälter) sind durch das badische Beamtengesetz von 1908 geordnet. Darnach beträgt das gesetzliche Witwengeld 30% des Diensteinkommens (Gehalt mit Wohnungsgeld), das Waisengeld $^2/_{10}$—$^7/_{10}$ des Witwengelds.

Fakultäten: Theologische [kathol.], rechts- u. staatswissenschaftl., medizin., philosophische (a. philol.-histor., b. math.-naturwiss. Abteilung).

Studiengang, Immatrikulation, Promotion, Habilitation, Gebühren usw. siehe S. 8 u. ff.

Gießen (Hessen).

GROSSHERZOGLICH HESSISCHE LUDWIGS-UNIVERSITÄT.

Geschichte. Der Auswanderung einer Anzahl lutherischer Professoren von Marburg (s. d.) verdankt die Universität Giessen ihre Entstehung. Der Landgraf von Hessen-Darmstadt Ludwig V., der überdies mit Moritz von Hessen-Kassel in Zwistigkeiten lebte, ergriff diese Gelegenheit, um durch Gründung einer lutherischen Universität diesen ihrem Glauben treugebliebenen Gelehrten einen neuen Wirkungskreis zu bieten. Die kaiserl. Bestätigungsurkunde ist datiert vom 19. Mai 1607. Als Marburg im Jahre 1625 durch Entscheidung des Reichshofrates an Hessen-Darmstadt kam, wurde die Universität nach Marburg verlegt und verblieb selbst da, als es der Landgräfin Amalie Elisabeth von

Kassel gelungen war, einen Teil von Oberhessen und damit Marburg wieder für Hessen-Kassel zu gewinnen, so dass 1648—50 die Universität sogar »Samt-Universität« für beide Länder war. Aber infolge von neuen Schwierigkeiten verlegte der Landgraf von Hessen-Darmstadt im Jahre 1650 seine Universität wieder nach Giessen zurück, wo sie sich seitdem ununterbrochen befindet, zeitweise durch die Kriegsläufte allerdings sehr bedroht und mitgenommen, so besonders 1757—62 und 1792, 1794, 96, 97. — Der jetzige Staatszuschuss beträgt 1042332 *M*.

An Fakultäten zählte sie von vornherein vier, seit 1777 eine Zeitlang noch eine ökonomische, 1830—59 auch eine katholisch-theologische Fakultät.

LITERATUR. *Nebel, E. L. W., Kurze Übersicht einer Geschichte der Universität Giessen.* Marburg 1828. — *Die Universität Giessen von 1607—1907. Festschrift zur dritten Jahrhundertfeier.* Giessen.

VERFASSUNG s. S. 3 u. ff. Die neuesten Statuten datieren vom 26. Nov. 1879, doch ist die darin vorgesehene Stelle eines Regierungsvertreters, Kanzlers, seit mehreren Jahren verwaist. — Professorengehälter in allen Fakultäten gleich: ordentliche Professoren 4500—6500 *M*, ausserordentliche Professoren 2500—4000 *M*.

FAKULTÄTEN: Evangelisch-theologische, juristische, vereinigte medizinische (medizinische Fakultät im engeren Sinn, veterinärmedizinisches Kollegium), philosophische. Die Universität dient zugleich als landwirtschaftliche, forstwissenschaftliche und Tierarznei-Hochschule.

STUDIENGANG, Immatrikulation, Promotion, Habilitation, Gebühren usw. siehe S. 8 u. ff.

Göttingen (Preussen).

KÖNIGLICH PREUSSISCHE GEORG-AUGUST-UNIVERSITÄT.

GESCHICHTE. Gründung durch Kurfürst von Hannover und König von England Georg II. August, von dem auch der Name. Der Plan wurde seit 1732 erwogen. Bereits im Oktober 1734 begannen die Vorlesungen, aber erst 1737 erfolgte die Inauguration, und dies Jahr gilt demgemäss als das der Stiftung. Die Begründung und die Leitung in den ersten Jahrzehnten lag in den Händen des einsichtigen und gelehrten Ministers Gerlach Adolf Freiherrn von Münchhausen († 1770), welcher der Anstalt durch Berufung hervorragender Lehrer, Schaffung von Instituten (des philologischen Seminars, botanischen Gartens, physikalischen Kabinetts) und namentlich einer ungewöhnlich reichen und ausgewählten Bibliothek von vornherein eine weit universellere Bedeutung gab, als der bloss praktische Zweck einer Landesuniversität es mit sich brachte. Unter den Professoren der ersten Zeit sind Albr. von Haller und Joh. Matth. Gesner besonders zu nennen. Nach einem vorübergehenden Niedergang zur Zeit des siebenjährigen Krieges folgte um 1770—1790 ein neuer Aufschwung, der namentlich die geschichtlichen, philologischen und juristischen Disziplinen zu hoher Blüte brachte. Der Geist, in dem die Vertreter dieser Fächer (Joh. Steph. Pütter, Gottfr. Achenwall, J. Ch. Gatterer, Aug. Ludw. Schlözer, Ludw. Heeren, J. Dav. Michaelis, Chr. Gottl. Heyne) die Ideen der neuen Zeit auffassten, die freiere Art, wie die Studien hier betrieben wurden, die Zusammensetzung der Studentenschaft aus Söhnen der verschiedensten Gegenden Deutschlands und des Auslandes (Ostseeprovinzen, England) gaben Göttingen damals ein entschiedenes Übergewicht über andere deutsche Hochschulen und schufen eine Tradition, welche auf lange Zeit wirksam geblieben ist. Es hängt damit zusammen, dass neben den historischen »gelehrten« Studien die eigentlich spekulativen Fächer, besonders die Philosophie, zunächst keinen festen Fuss fassen konnten. Dagegen haben die mathematisch-naturwissenschaftlichen Disziplinen, in denen sich schon Kästner, Lichtenberg und Blumenbach auszeichneten, seit der ersten Hälfte des 19. Jahrhunderts hervorragende Vertretung gefunden (K. Fr. Gauss, W. E. Weber, Fr. Wöhler, usw.). — Die Frequenz der Universität ist bedeutenden Schwankungen ausgesetzt gewesen. Höhepunkte bilden die Zeiten von 1780—90 (1780—81: 946) und von 1820—30 (1823: 1547). Verhängnisvollen Einfluss übte die Göttinger Revolution von 1831 (Abnahme um 300) und die Entlassung der »Göttinger Sieben« 1837 (Rückgang um weitere 200 Studenten) aus. Seit den 70er Jahren vorigen Jahrhunderts wurde die Zahl 1000 wieder häufig überschritten, 1904 die Zahl 1600. Im W.-S. 1909/10 zählte die Universität 2230 immatrikulierte Studierende und 112 Hörer (darunter 149 bzw. 57 Frauen).

Zur Geschichte der Universität 1737—1837 vgl. *J. St. Pütter, Versuch einer akadem. Gelehrten-Geschichte von der Georg-Augustus-Universität zu Göttingen.* (Fortgesetzt von *Fr. Saalfeld* und *G. H. Oesterley*) Teil 1—4. Gött. 1765—1838. 8°. — Für 1837—90 vgl. *Chronik der Georg-Aug.-Univ. f. 1889/90. Mit Rückblicken auf frühere Jahrzehnte.* Gött. 1890. 4. Für die folgende Zeit vgl. die jährlich erscheinende *Chronik.*

Verfassung siehe S. 3 u. ff. — Professorengehälter vergl. Berlin. — Witwen- und Waisenversorgung wie Berlin (siehe dort).

Fakultäten: Theologische [evangel.], juristische, medizinische, philosophische. — Tierärztlicher und landwirtschaftlicher Unterricht.

Studiengang, Immatrikulation, Promotion, Habilitation, Gebühren usw. siehe S. 8 u. ff.

Greifswald (Preussen).

KÖNIGLICH PREUSSISCHE UNIVERSITÄT.

Geschichte. Auf Veranlassung des Bürgermeisters Heinrich Rubenow, der Magister artium der Universität Rostock war, wurde die Universität von Herzog Wratislaw IX. von Pommern-Wolgast gegründet. Die Stiftungsbulle des Papstes Calixtus III. vom 29. Mai 1456 bestimmte, dass der Bischof von Kammin Kanzler der Universität sei, dass ihm die zu Magistern und Doktoren zu erhebenden Männer präsentiert werden sollten, dass er die Stiftung erst bekannt zu machen habe, wenn der Herzog 1000 Dukaten Jahreseinkommen der Universität garantiert habe. Nachdem dies am 29. August 1456 geschehen (cautio literatoria et sufficiens super provisione dicte universitatis), ernannte der Bischof von Kammin den Rubenow zum Vicecancellarius und veröffentlichte die Stiftungsbulle. Tatsächlich bestand die Universität schon, waren Lehrer und Studierende bereits da. Doch erfolgte erst jetzt die Wahl des Rates (consilium) und des ersten Rektors (Rubenow, der unermüdlich auf das Wohl der Universität bedacht war). Von den ersten Universitätsstatuten (1456) sind nur noch die der Artistenfakultät erhalten. Für die Universitätslehrer wurden Kanonikate an der Nikolaikirche eingerichtet. Als dieselben nach Annahme der lutherischen Lehre seitens der Universität (1534) eingingen, die frühere Besoldung der Kanoniker dem Kirchenfonds anheimfiel, kamen die Professoren in eine sehr bedrängte Lage. Sie besserte sich erst, als Herzog Philipp 1558 sich zur sogen. zweiten Ausstattung der Universität entschloss, der die dritte durch Herzog Bogislaw XIV. 1626, bzw. 1634 folgte; bei dieser fielen die Güter des reichen 1199 gestifteten Cistercienserklosters zu Eldena der Universität zu. Nach dem Tode Bogislaws XIV., des letzten Herzogs von Pommern-Wolgast (1637), nahm sich die Königin Christine von Schweden der Universität sehr an, welche von den Drangsalen des dreissigjährigen Krieges nicht verschont geblieben war. Mit Vorpommern und Rügen fiel 1648 die Universität Greifswald definitiv an Schweden. Im Jahre 1815 kam sie bekanntlich an Preussen. Dessen Regierung verpflichtete sich im Wiener Vertrage vom 7. Juni 1815, die Universität in dem vollen Genusse ihres damaligen Grundbesitzes, ihrer Kapitalien und sonstigen Einkünfte ungestört zu erhalten. Die Gebäude der Universität sind fast sämtlich den Anforderungen der Neuzeit entsprechend umgebaut, zahlreiche Neubauten von Instituten errichtet worden. Die Universität verfügt über eigene reiche Mittel, ein Staatszuschuss ist erst seit 1874 notwendig geworden; damals betrug er nur 51960, 1909: 638699 ℳ.

LITERATUR. *Joh. Gottfr. Ludw. Kosegarten, Geschichte der Universität Greifswald.* 2 Teile. Greifswald 1857. 4°. — *Aus der Geschichte der Universität Greifswald. Festschrift zum 450 jährigen Jubiläum,* Stettin 1906. — *Paul Grawitz, Geschichte der medizinischen Fakultät Greifswald 1806—1906.* Greifswald 1906. — *K. Gesterding, Stiftungen, Stipendien und Benefizien für Studierende an der Universität Greifswald. 2. Auflage.* Greifswald 1905. — *»Chronik« der Universität* (seit 1886/87 jährlich).

VERFASSUNG siehe S. 3 u. ff. — Professorengehälter vergl. Berlin. — Witwen- und Waisengelder vergl. Berlin.

FAKULTÄTEN: theologische [evangel.], jurist., medizin., philosophische.

STUDIENGANG, Immatrikulation, Promotion, Habilitation, Gebühren usw. siehe S. 8 u. ff.

Halle (Preussen).

VEREINIGTE FRIEDRICHS-UNIVERSITÄT HALLE-WITTENBERG.

GESCHICHTE. Die Gründung ist in erster Linie eine Folge der Rivalität zwischen Kursachsen und Brandenburg; auch wirkte für die Hohenzollern das Bedürfnis mit, in ihrem Lande ausser dem entlegenen Königsberg noch eine lutherische Hochschule zu besitzen. Seit dem Übergang Halles in die Hohenzollernsche Herrschaft (1680) bestand dort eine Ritterakademie, von Lafleur und Gersthorn begründet. 1690 musste Thomasius aus Leipzig vor seinen philosophischen und theologischen Gegnern flüchten und hielt im Winter 1690/91 in Halle bereits Vorlesungen; er war der erste, der in deutscher Sprache lehrte, er begünstigte die französische Bildung. Förmlich eröffnet wurde die Universität, mit der die Ritterakademie vereinigt wurde, 1693; kaiserliches Privileg vom 19. Oktober 1693. Den wissenschaftlichen Charakter gaben der Hochschule Thomasius und der ebenfalls aus Leipzig vertriebene A. H. Francke. Halle wurde in theologischer Beziehung der Hauptsitz des Pietismus; es stand zunächst im Gegensatz zur orthodoxen Theologie und zur scholastischen Philosophie. Bei der Einweihung zählte es bereits 765 Studenten; in der ersten Hälfte des 18. Jahrhunderts nimmt es für das protestantische Deutschland eine leitende Stellung ein (1500 Studierende im Durchschnitt). Unter König Friedrich Wilhelm I. wirkte in Halle der Philosoph Christian Wolf, der 1723 auf Betreiben der Pietisten, vor allem Franckes, die Stadt verlassen musste, dann aber durch Friedrich den Grossen 1740 rehabilitiert wurde. Stets überwog das theologische Element, wozu auch die enge geistige Verbindung mit dem durch Francke begründeten Waisenhaus beitrug. In der zweiten Hälfte des Jahrhunderts ist Halle der Hauptsitz des Rationalismus, vor allem durch die Wirksamkeit Semlers (Professor 1752—91). Von den Halleschen Theologen nennen wir noch S. J. Baumgarten, Ch. B. Michaelis, J. A. Nösselt, Freylinghausen, A. H. Niemeyer, G. Ch. Knapp, J. S. Vater. Im ganzen machte seit 1743 Göttingen eine starke Konkurrenz; immerhin hatte Halle 1786 noch 1156 Studierende. Für die Philologie wirkte belebend Fr. A. Wolf; unter den Juristen waren bedeutend Nettelbladt, Ludewig und Gundling. In den Jahren der Fremdherrschaft wurde die Universität zweimal wegen ihrer preussischen Gesinnung durch Napoleon suspendiert: vom 19. Oktober 1806 bis 29. Dezember 1807 und vom 19. Juli bis 23. November 1813. Nach dem Frieden erfolgte sofort die Wiederherstellung und durch Patent vom 12. April 1815 (am 12. April 1817 definitiv vollzogen) die Vereinigung mit der Universität Wittenberg*. Die Zahl der Zuhörer nahm schnell wieder zu, sie betrug 1827 schon 1330, dann im Durchschnitt 8—900. Auch jetzt noch zeichnete sich die theologische Fakultät besonders aus; an ihr wirkten Schleiermacher, Tholuck, Gesenius, Wegscheider. Daneben finden wir bedeutende Mediziner, wie Meckel, Krukenberg, später die beiden Volkmann; auch die philosophische Fakultät hatte so manche hervorragende Mitglieder, wie Leo, Rosenkranz, Ersch, Bernhardy, Bergk. Das jetzige Universitätsgebäude wurde 1832/34 nach einem Entwurf Schinkels errichtet. Fast alle Universitätsinstitute sind in den siebziger und achtziger Jahren des 19. Jahrhunderts in einer den modernen Anforderungen entsprechenden Weise neu erbaut worden, am 1. Nov. 1902 wurde ein neues Seminar- und Auditoriengebäude eingeweiht. Bedeutsam für die Universität erwies sich auch die Begründung des landwirtschaftlichen Instituts 1863 und der agrikulturtechnischen Versuchsstation 1865; es wurden dadurch der Universität eine Menge Landwirte zugeführt.

Literatur. Über die Universität Wittenberg, Hauptwerke: *Johann Christian August Grohmann, Annalen der Universität zu Wittenberg.* 3 Teile, Meissen 1801 bis 1802. — *Album Academiae Vitebergensis ab a. Chr. 1502 usque ad a. 1602. Vol. 1 1502—1560, ed. Car. Ed. Foerstemann.* 1841. *Vol. 2. 1561—1602.* 1894. *Vol. 3. Indices.* 1905. Das ganze Original der Matrikel auf der Universitätsbibliothek zu Halle. — Über die Universität Halle, Hauptwerk: *Wilhelm Schrader, Geschichte der Friedrichs-Universität zu Halle.* 2 Teile, Berlin 1894.

Verfassung siehe S. 3 u. ff. Statuten vom 24. April 1854: im wesentlichen die der übrigen preussischen Universitäten. Die Hauptorgane sind der Rektor, das aus sämtlichen ordentlichen Professoren bestehende Generalkonzil und ein Senat von 12 Mitgliedern, deren 5 vom Generalkonzil gewählt werden; die äussere Leitung liegt in der Hand des vom König ernannten Kurators. — Professorengehälter vergl. Berlin. — Witwen- und Waisenversorgung wie Berlin (s. dort).

Fakultäten: theologische [evang.], juristische, medizinische, philosophische. Landwirtschaftlicher Unterricht im Landwirtschaftlichen Institut, das der philosophischen Fakultät einverleibt ist.

Studiengang, Immatrikulation, Promotion, Habilitation, Gebühren usw. siehe S. 8 u. ff.

Heidelberg (Baden).

GROSSHERZOGLICH BAD. RUPRECHT-KARLS-UNIVERSITÄT.

Geschichte. 1386 als die älteste unter den Universitäten des Deutschen Reichs durch Kurfürst Ruprecht I. von der Pfalz nach dem Muster

* Wittenberg ist die erste Universität, die ohne Bestätigung des Papstes, direkt durch den Kaiser gegründet wurde. Kaiser Maximilian I. verlieh ihr am 6. Juli 1502 die Privilegien eines Studium generale in allen 4 Fakultäten. Die Verwendung von 12 zur Schlosskirche gehörenden Kanonikaten und 11 Pfründen zu Gunsten der Universität erhielt die Sanktion des Papstes Alexander VI. »ut sic per omnem modum unum corpus ex studio et collegio predictis fiat et constituatur«. Schon wenige Jahre nachher zog sie die Augen der ganzen Welt auf sich durch Luther und Melanchthon und als Mittelpunkt der Reformation. Bis 1586 wurden im Durchschnitt jährlich 700 Studenten immatrikuliert. Es herrschte hier eine mildere theologische Auffassung, als in dem streng-orthodoxen Jena. Später sank die Bedeutung Wittenbergs rasch; vor seinem Untergang zählte es etwas über 400 Studenten. Bei der Belagerung der Stadt flüchteten sich 1813 die Professoren nach Schmiedeberg; hier sprachen sie sich nach dem Übergang Wittenbergs an Preussen für die Vereinigung mit Halle aus.

der Universität zu Paris mit 4 Fakultäten gegründet und am 28. Oktober eröffnet; genehmigt von Papst Urban II. durch eine Bulle vom 23. Oktober 1385. Der erste Rektor und eigentliche Organisator war der Niederländer Marsilius von Inghen (früher Professor in Paris), erster Kanzler der Dompropst von Worms, Konrad von Gelnhausen. Die ganze Einrichtung der Universität war eine kirchliche, die Lehrweise die scholastische. Unter den von den Nachfolgern Ruprechts eingeführten Reformen ist die von Friedrich dem Siegreichen (1449—1476) für die philosophische Fakultät verkündigte Lehrfreiheit zu erwähnen, die die beiden Hauptrichtungen der Scholastik, den Nominalismus und Realismus, als gleichberechtigt anerkannte. Ein Wendepunkt in der Entwickelung der Universität wird durch die Regierung Otto Heinrichs (1556—1559) bezeichnet, der unter Beihilfe Melanchthons eine gründliche Neugestaltung der Universität durchführte, die nach ihrem Abschluss am 19. Dezember 1558 dem Humanismus über die Scholastik, der Reformation über den Katholizismus zum Siege verhalf. Nun folgte eine Zeit hoher Blüte, die trotz der konfessionellen Streitigkeiten bis zum Jahre 1622 anhielt. Hervorragende Lehrer dieser Zeit: die Theologen Ursinus und Olevianus, die Verfasser des Heidelberger Katechismus (1563), die Juristen Donellus und Gothofredus, der Historiker M. Freher.

Am 16. Sept. 1622 wurde Heidelberg von Tilly erobert, im Februar 1623 die berühmte Bibliotheca Palatina nach Rom geschleppt; den wenigen Professoren, die sich noch in Heidelberg befanden, wurde am 11. April 1626 die fernere Ausübung ihrer Lehrtätigkeit untersagt. Eine durch Herzog Maximilian von Bayern versuchte Wiederherstellung der Universität im katholischen Sinne hatte keinen Bestand. Erst 1652 wurde die Universität durch Kurfürst Karl Ludwig (1632—1680) neu errichtet und mit neuen Statuten ausgerüstet, in denen der frühere konfessionelle Charakter der Universität beseitigt und abgesehen von den Theologen, die der reformierten Landeskirche angehören mussten, jedem Universitätslehrer die Wahl des religiösen Bekenntnisses freigestellt wurde. Doch der Orleanssche Krieg, in dem die Stadt durch die Franzosen zweimal zerstört wurde (1689 und 1693), bereitete auch der Universität abermals ein jähes Ende. Ein Teil der geflohenen Professoren konstituierte 1694 in Frankfurt a. M. aufs neue die Universität, die 1698 nach Weinheim übersiedelte und 1700 nach Heidelberg zurückkehrte. Ein Jahrhundert hindurch fristete sie kümmerlich ihr Dasein unter der Herrschaft der katholischen Gegenreformation und war der gänzlichen Auflösung nahe, als 1802 durch die Wegnahme der überrheinischen Pfalz durch die Franzosen die Besitzungen der Universität jenseits des Rheins und damit fast alle ihre Einkünfte verloren gingen.

Eine neue Zeit der Blüte beginnt erst wieder mit dem Übergange des Landes an Baden (1803). Der hochherzige Kurfürst (später Grossherzog) Karl Friedrich (1803—11) betrachtete die Wiederbelebung der Universität als eine seiner wichtigsten Aufgaben, und durch das 13. Organisationsedikt vom 13. Mai 1803, in welchem die Universität Heidelberg »als hohe Landes-Schule erklärt, bestätigt und neu dotiert« wurde, gelang es ihm auf das Glänzendste, die Universität wieder herzustellen und gleichsam neu zu begründen. Sie führt seitdem zur Erinnerung an ihre beiden Stifter den Namen Ruperto-Carola. Die Universität wurde in 5 Sektionen (Fakultäten) eingeteilt: die kirchliche, staatsrechtliche, ärztliche, staatswirtschaftliche und allgemeine (philosophische). Die staatswirtschaftliche Fakultät wurde 1822 mit der philosophischen vereinigt, 1890 wurde die naturwissenschaftlich-mathematische als selbständige fünfte Fakultät von der philosophischen abgetrennt. Das Rektorat übernahm Karl Friedrich selbst für sich und seine Nachfolger. 1807 stiftete derselbe eine goldene Denkmünze für die besten Lösungen der akademischen Preisfragen. Die Preisverteilung findet jährlich am 22. November, dem Geburtstage des Neubegründers der Universität, statt.

Literatur. *Hautz, Geschichte der Univers. Heidelberg.* 2 Bde. Mannheim 1862/64. — *Winkelmann, Urkundenbuch der Univers. Heidelberg.* 2 Bde. Heidelberg 1886. — *Thorbecke, Die älteste Zeit der Univers. Heidelberg 1386—1449.* Heidelberg 1886. — *Toepke, Die Matrikel der Univers. Heidelberg von 1386 bis 1870.* T. I—VI, Heidelberg 1884 bis 1907. — *Hintzelmann, Almanach der Universität Heidelberg für das Jubiläumsjahr 1886,* 2. Ausg. 1888. — *Jellinek, Gesetze und Verordnungen für die Universität Heidelberg.* Heidelberg 1908.

Verfassung siehe S. 3 u. ff. Rektor der Universität ist der jedesmalige Grossherzog von Baden, die Verwaltung leitet der jährlich von dem *grossen Senat* gewählte *Prorektor,* der sein Amt am 15. März antritt. Das Dekanat wechselt am 1. Oktober. Der *engere Senat* besteht aus dem Prorektor, Exprorektor, den 5 Dekanen und 2 gewählten ordentlichen Professoren. Beisitzer in Disziplinarsachen ist der Universitäts-Amtmann. — Professorengehälter: ordentliche Professoren 4700—10200 ℳ, ausserordentliche Professoren 2000—4800 ℳ. — Die Rechtsverhältnisse der Professoren und ihrer Hinterbliebenen sind durch das badische Beamtengesetz vom 1. Juli 1908 geregelt (Witwenpension 30%, des Einkommensanschlages, Waisengeld $^2/_{10}$ bis $^4/_{10}$ des Witwengeldes). — Die besondere akademische Gerichtsbarkeit ist seit 1868 aufgehoben.

Fakultäten: theologische [evang.], juristische, medizinische, philosophische, naturwissenschaftl.-mathematische.

Studiengang, Immatrikulation, Promotion, Habilitation, Gebühren usw. siehe S. 8 u. ff.

Jena (Sachsen-Weimar).

GROSSHERZOGLICH UND HERZOGLICH SÄCHSISCHE GESAMT-UNIVERSITÄT.

Geschichte. Die Universität hat sich aus einem Gymnasium entwickelt, das Kurfürst Johann Friedrich 1548 als Pflegestätte des lutherischen Glaubens gegründet hatte. Deshalb verweigerte auch Karl V. die Erhebung des Gymnasiums zur Universität; erst Kaiser Ferdinand bestätigte sie. Die Eröffnung der Universität fand am 22. Februar 1558 statt. In den Jahren 1620 bis 1720 war der Besuch der Universität sehr zahlreich, ihre Blüte erreichte sie 1787 bis 1806 unter Herzog Karl August und unter Goethes Leitung, als Fichte, Schelling, Hegel, Oken, Schiller dort lehrten. Im Jahre 1815 wurde in Jena auf Veranlassung von Fichte und Jahn und unter Forderung der Jenenser Landsmannschaften die deutsche Burschenschaft gegründet. Eine Hauptstätte der modernen Naturforschung wurde die Universität Jena durch Ernst Haeckel, der sich 1861 als Privatdozent der Zoologie in Jena habilitierte und 1865 die ordentliche Professur der Zoologie erhielt.

Wichtiges literarisches Organ »*Literaturzeitung für Deutschland*« 1785 (als Jenaer Liter.-Zeitg. 1874—1878 Universitätsorgan).

In den Jahren 1905—1908 wurden die neuen Universitätsgebäude errichtet. Vergl. *Die neue Universität zu Jena, erbaut von Theodor Fischer.* Mit 18 Abbildungen und einer Einführung von Dr. Max Osborn.

Verwaltung· von Seiten der Ernestinischen Herzogtümer (Grossherzogt. Sachsen-Weimar, Sachsen-Meiningen, Sachsen-Altenburg, Herzogtum Sachsen-Gotha [Coburg unbeteiligt]). Einige Institute, die als grossherzoglich bezeichnet werden, sind nur von Sachsen-Weimar dotiert. — Unter dem Schutze und der Pflege des Sachsen-Ernestinischen Gesamthauses dienen zur Unterhaltung der Universität zunächst zwei bedeutende Dotalgüter (die Herrschaft Remda und das Rittergut Apolda vermöge Schenkungsbriefes vom 15. Oktober 1633), sowie anderer Besitz, in der Hauptsache aber neuere bedeutende Zuschüsse, welche von Sachsen-Weimar-Eisenach und den drei Herzoglich Sächsischen Häusern gewährt werden. Ansehnliche Zuwendungen: das Reichenbach'sche Vermächtnis, die Stiftung der Gräfin Bose, die Paul von Ritter'sche Stiftung für phylogenetische Zoologie, die Stiftung des Grafen Bose und vor allen die Carl Zeiss-Stiftung sind neuerdings hinzugekommen. Als Organ der staatlichen Aufsicht und Oberleitung fungiert der Kurator, der zugleich mit der Leitung der akademischen Finanzen beauftragt ist.

VERFASSUNG siehe S. 3 u. ff. — Besonderheiten: Rector magnificentissimus ist S. königl. Hoheit der Grossherzog von Sachsen-Weimar. Jährliches Wahlprorektorat 1. April. Dekanate wechseln alle Semester im Turnus der Anciennität. — Professorengehälter: ordentliche Professoren 4000—6000 ℳ, ausserordentl. Professoren 2400—4400 ℳ. Wegen Erhöhung sind Verhandlungen im Gange. — Pensionsverhältnisse: Der Professor wird bei Arbeitsunfähigkeit mit vollem Gehalt pensioniert. Pension der Witwen von ordentlichen Professoren 1500 ℳ, von Honorar- und ausserordentlichen Professoren 1100 ℳ. Waisengeld für ein Kind 400 ℳ, für ein zweites 300 ℳ, für jedes weitere Kind 200 ℳ. — Witwen- und Waisengeld zusammen kann jedoch den Höchstbetrag von 3200 ℳ für die Familie eines ordentlichen Professors, 2000 ℳ für die Familie eines ordentlichen Honorar- oder ausserordentlichen Professors nicht übersteigen. — Für eine Ganzwaise beträgt das Waisengeld jährlich 600 ℳ, für eine zweite 400 ℳ, für eine dritte und jede weitere 300 ℳ. Der Ganzwaisen-Anspruch kann den Höchstbetrag von 1800 ℳ jährlich nicht übersteigen.

FAKULTÄTEN: theologische [evang.], juristische, medizinische, philosophische. Landwirtschaftlicher Unterricht am Landwirtschaftlichen Institut. Tierärztlicher Unterricht in der Veterinäranstalt.

STUDIENGANG, Immatrikulation, Promotion, Habilitation usw. s. S. 8.

Kiel (Preussen).

KÖNIGLICHE CHRISTIAN-ALBRECHTS-UNIVERSITÄT.

GESCHICHTE. Gegründet am 5. Oktober 1665 von Herzog Christian Albrecht kraft eines Privilegs, das schon sein Vater Herzog Friedrich III. unter dem 16. April 1652 von Kaiser Ferdinand III. erworben hatte. Sie wurde gleich mit allen vier Fakultäten eingerichtet. Die Rektoratswürde hatte sich der Herzog vorbehalten; der erste Prorektor war der Professor der Theologie P. Musäus. Als Wohnsitz wurde der Universität das frühere Franziskanerkloster in der Nähe der jetzigen Heiligengeistkirche angewiesen. Zum Unterhalt der Räume und zur Besoldung der Professoren und Universitätsbeamten sollten 5000 Reichstaler aus den Einkünften des Amtes Bordesholm dienen. Gleich im ersten Semester wurden 140 Zuhörer inskribiert, von denen fast die Hälfte, nämlich 61, nicht aus den Herzogtümern stammten. Bis gegen Ende des 17. Jahrhunderts hielt sich trotz fortwährender Kriege und Reibereien zwischen den holsteinischen Herzögen und den Dänenkönigen die Frequenz ziemlich auf gleicher Höhe, d. h. es studierten 600 bis 800 in jedem Dezennium, dann nahm sie langsam ab, bis sie in dem Jahrzehnt 1745—55 mit 224 Inskribierten, unter denen nur 76 Ausländer waren, ihren niedrigsten Stand erreichte. Erst als die Kaiserin Katharina II. von Russland 1762 als Vormünderin ihres Sohnes Paul die Regierung übernahm und dann endlich mit der Wiedervereinigung des ganzen Schleswig-Holstein unter dänischem Szepter Ruhe im Lande einkehrte, hob der Besuch sich wieder merklich, denn in dem Dezennium 1765—75 betrug die Zahl der Immatrikulierten 407 und wuchs dann ziemlich stetig, wenn auch noch einige Male, so in den Jahren 1806—1809, in den fünfziger Jahren nach Wiedereinführung des dänischen Regiments und nach der Vereinigung mit Preussen kurze Rückschläge erfolgten. Der Kaiserin Katharina verdankte die Universität auch ein neues Gebäude, das sie ihr wegen des baufälligen Zustandes der alten Akademie im Jahre 1768 durch den Hamburger Baumeister Sonnin dem Schlosse gegenüber errichten liess. Aber auch das neue Haus wurde bald zu klein. Den Anstoss zur Errichtung des jetzigen Universitätsgebäudes gab Thaulow durch seine Schrift »*Das bevorstehende zweihundertjährige Jubiläum der Kieler Universität*, Kiel 1861«, in der er dafür eintrat, das Land selbst solle seiner Hochschule zu ihrem Jubiläum ein würdiges neues Haus als Ehrengabe darbringen. Der Gedanke wurde in den Herzogtümern begeistert aufgenommen, doch waren die Zeiten der Ausführung ungünstig, und erst als die preussische Regierung sich der Sache tatkräftig annahm, konnte am 3. August 1873 die feierliche Grundsteinlegung stattfinden. Die Einweihung geschah dann am 24.—26. Oktober 1876. Dem Universitätsgebäude folgten die stattlichen Institute, die jetzt den Universitätshügel schmücken, das chemische Laboratorium, das physiologische und das anatomische Institut, das zoologische Museum, die Universitätsbibliothek, das botanische Institut, die Augenklinik, das mineralogische und physikalische Institut, die psychiatrische und Nerven-Klinik, die Kunsthalle. Ein Studentenheim ist im Bau.

Verfassung siehe S. 3 u. ff. — Professorengehälter vergl. Berlin. — Witwen- und Waisenversorgung vergl. Berlin.

Fakultäten: theologische [evang.], juristische, medizinische, philosophische. Landwirtschaftlicher Unterricht am Landwirtschaftlichen Institut.

Studiengang, Immatrikulation, Promotion, Habilitation usw. s. S. 8.

Königsberg (Preussen).

KÖNIGLICH PREUSSISCHE ALBERTUS-UNIVERSITÄT.

Geschichte. Die Universität wurde von dem Markgrafen Albrecht von Brandenburg, dem ersten weltlichen Herzog von Preussen, 1544 ins Leben gerufen. Er wollte dadurch vor allem die Ausbreitung der Reformation befördern, der er sich frühzeitig angeschlossen hatte, und zugleich eine Bildungsstätte für seine Beamten schaffen. Infolge der Beziehungen Albrechts zu Melanchthon waren die ersten Einrichtungen der Universität fast ganz nach dem Muster der von Wittenberg getroffen, woher anfangs auch die meisten Professoren berufen wurden. Erster Rektor war Georg Sabinus, der Schwiegersohn Melanchthons. Bei der feierlichen Einweihung der Universität (17. Aug. 1544) betrug die Zahl der in die Matrikel eingetragenen Studenten etwa 200. Diese Zahl nahm in den ersten Jahren rasch zu, verminderte sich dann aber infolge der Pest (1549) sowie der theologischen (Osianderschen) Streitigkeiten, welche die Universität in den fünfziger Jahren ihrem Untergang nahe brachten. Durch die Bemühungen der brandenburgischen Kurfürsten hob sie sich allmählich wieder und soll zu Anfang des 18. Jahrhunderts sogar ein paar Tausend Studierende gehabt haben. Später trug zur Ausbreitung ihres Ruhmes besonders die Lehrtätigkeit Kants bei, der ihr von 1755 bis zu seinem Tode 1804 als Lehrer angehörte. 1862 siedelte die Universität aus dem alten Albertinum in ein neuerbautes stattliches Gebäude über.

Literatur. *Arnoldt, Historie der Königsb. Universität.* 1746—69. — *Goldbeck, Nachrichten von der Kgl. Univ. zu Königsberg.* 1782. — *Amtl. Nachrichten über die Feier des 3. Säkularfestes der A.-Univ. in Königsberg.* Königsberg 1844. — *Bonk, H., Das Jubelfest des 350jähr. Bestehens der A.-Univ. am 26. u. 27. Juli 1894. Nach amtl. Mitteilungen dargestellt.* Königsberg 1895. — ***Prutz, H.***, *Die Kgl. A.-Universität Königsberg im 19. Jahrh.* Königsberg 1894. — ***Erler, G.***, *Die Matrikel der Univ. Königsberg I 1.* Leipzig 1908.

VERFASSUNG siehe S. 3 u. ff. Neben Prorektor und Senat besteht als Plenum ein sogenanntes Generalkonzil, das von sämtlichen ordentlichen Professoren gebildet wird und zur Entscheidung über wichtigere, die ganze Universität betreffende Fragen berufen ist. — Professorengehälter und Pensionen der Witwen und Waisen der Professoren vergl. Berlin.

FAKULTÄTEN: theologische [evang.], juristische, medizinische, philosophische. — Landwirtschaftlicher und veterinärwissenschaftlicher Unterricht am Landwirtschaftlichen Institut.

STUDIENGANG, Immatrikulation, Promotion, Habilitation usw. s. S. 8.

Leipzig (Sachsen).

KÖNIGLICH SÄCHSISCHE UNIVERSITÄT.

GESCHICHTE. Die Leipziger Universität ist durch den Auszug der Deutschen von der Universität Prag entstanden. Dort waren von Anfang an der bayerischen, sächsischen und polnischen Nation je eine Stimme und ebenso der böhmischen eine Stimme eingeräumt gewesen. Als König Wenzel 1409 auf Andrängen der Böhmen dieses Verhältnis umkehrte (3 Stimmen der böhmischen Nation und eine den anderen drei zusammen), verliessen die Deutschen die Stadt und wandten sich zum grössten Teil nach Leipzig, wo die Landgrafen von Thüringen und Markgrafen von Meissen, Friedrich und Wilhelm, noch in demselben Jahr auf Grund einer päpstlichen Bulle vom 9. September ein neues Studium generale errichteten. 49 Magister und über 369 Baccalare und Scholaren wurden immatrikuliert. Die Universität wurde mit 2 Kollegien (für 20 Magister zusammen) ausgestattet, deren Stellen gleichmässig an die 4 Nationen: Meissner, Sachsen, Bayern und Polen verteilt werden sollten; im übrigen war sie nach dem Muster Prags organisiert. Schon Mitte des 15. Jahrhunderts machten sich humanistische Einflüsse an ihr geltend, die durch die Reform von 1519 und durch die Erwählung des Petrus Mosellanus zum Rektor endgültig zum Durchbruch gelangten. Aber die Kirchen-Reformation Luthers wirkte zunächst ungünstig auf den Fortgang der Studien ein; erst 1539, nach dem Tode des Herzogs Georg ging die Universität unter dem Einfluss Melanchthons zur neuen Lehre über und erhielt die Einkünfte von 2 eingezogenen Klöstern und die Gebäude des Paulinenklosters. Die vollständige Reorganisation, die hierdurch hervorgerufen wurde, fand in den von Camerarius verfassten Statuten von 1559 ihren Abschluss; hiernach war der philosophische Kursus, der zum Baccalaureat führte, 1½jährig, der darauf folgende Kursus der Magistrande 2jährig. Das Jahr 1559 bedeutet zugleich das Ende der kurzen Blütezeit, der dann eine Periode des Hinsiechens und der Erstarrung folgte. »Von 1558—1830 ist keine durchgreifende wichtige Veränderung in der Universitäts-Organisation vor sich gegangen: eine vollständige Stagnation hat vielmehr während dieses Zeitraums Platz gegriffen«. Die Universität ist in dieser Zeit die strenge Hüterin des Überlieferten; Pufendorfs Schriften wurden verboten, Thomasius und Francke entfernt. Erst Gottsched (1700—1766) verschaffte einem neuen freieren Zeitgeist Eingang, indem er die deutsche Dichtkunst als Lehrgegenstand einführte. Aber die neue Organisation vom 6. Februar 1830 hat die Leipziger Universität vollständig auf den Boden der modernen Anforderungen gestellt. Die reichen Zuwendungen des Staates und die Bedeutung ihres Lehrkörpers hat sie zu einer der ersten Universitäten Deutschlands gemacht.

VERMÖGEN der Universität nach dem Etat von 1909/10: 656100 ℳ. (Ertrag aus Grundstücken 374000 ℳ, aus dem Universitätswald 17620 ℳ, Zinsen von den beweglichen Beständen des Korporationsvermögens 3710 ℳ, Zinsen aus landesherrlicher Stiftung 43000 ℳ, aus Stiftungen 25000 ℳ, Gebühren für Immatrikulation, Zeugnisse usw. 191730 ℳ), dazu Staatszuschuss 3278769 ℳ.

LITERATUR. *Zarncke, Die Statutenbücher der Universität Leipzig.* Leipzig 1861. — *Urkundenbuch der Universität Leipzig von 1409—1555.* Leipzig 1879. — *Die Matrikel der Universität Leipzig [1409—1559] herausgegeben von G. Erler.* Bd. 1—3, Leipzig 1895—1902. — *Die jüngere Matrikel der Universität Leipzig 1559—1809, herausgegeben von G. Erler.* 3 Bände. Leipzig 1909. — *E. Friedberg, Die Universität Leipzig in Vergangenheit und Gegenwart.* Leipzig 1898. — *Beiträge zur Geschichte der Universität Leipzig im 15. Jahrhundert. Zur Feier des 500jährigen Jubiläums der Universität gewidmet von der Universitäts-Bibliothek,* gr. 8°. — *Festschrift zur Feier des 500jährigen Bestehens der Universität Leipzig, herausgegeben von Rektor und Senat.* 5 Bände, Leipzig 1909. — *Die Entwicklung der Universität Leipzig in den letzten hundert Jahren. Statistische Untersuchungen von Dr. Franz Eulenburg.* Leipzig 1909. — *Die medizinische Fakultät zu Leipzig im ersten Jahrhundert der Universität. Jubiläumsstudien von Dr. Karl Sudhoff.* Leipzig 1909. — *C. Rabl, Geschichte der Anatomie an der Universität Leipzig.* Leipzig 1909. — *Moritz Meltzer, Verzeichnis der Stipendien und Benefizien, welche ausschliesslich oder doch eventuell für Studierende an der Universität Leipzig fundiert sind.* 3. Auflage. Leipzig 1896. — *G. Seeliger, Die Leipziger Universität in früheren Jahrhunderten* (in Leipziger Zeitschrift für Handels-, Konkurs- und Versicherungsrecht, 1909, S. 577 ff.).

VERFASSUNG siehe S. 3 u. ff. — 1893 wurde ein Universitäts-Syndikat errichtet. — Professorengehälter: es gibt keine feste Gehaltsskala. — Witwen- und Waisenversorgung: Allgemeine Witwen- und Waisenkasse verwaltet durch das Universitätsrentamt. Witwe eines ordentlichen Professors 1800 ℳ, Witwe eines ordentlichen Honorarprofessors oder ausserordentlichen Professors 1000 ℳ oder wenn dieses höher $^1/_5$ vom Gehalt des Verstorbenen; Kinder je $^1/_5$ der Witwenpension, nach dem Tode der Mutter $^3/_{10}$.

FAKULTÄTEN: theologische [evang.], juristische, medizinische, philosophische. Landwirtschaftlicher und veterinärwissenschaftlicher Unterricht im Landwirtschaftlichen bzw. Veterinär-Institut.

STUDIENGANG, Immatrikulation, Promotion, Habilitation, Gebühren usw. siehe S. 8 u. ff.

Marburg (Preussen, Provinz Hessen-Nassau).

KÖNIGLICH PREUSSISCHE UNIVERSITÄT.

GESCHICHTE. Die erste protestantische Universität, gegründet von Philipp dem Grossmütigen, Landgrafen von Hessen am 30. Mai 1527. Sie sollte ein Bollwerk des evangelischen Glaubens sein und ward mit den Einkünften von 13 aufgehobenen Klöstern ausgestattet. Das Haus der Dominikaner wurde zum Hörsaal der jurist. Fakultät; das der »Kugelherren« (Brüder vom gemeinsamen Leben) fiel der theologischen Fakultät zu, und in das Barfüsser-Kloster teilten sich die Mediziner und Philosophen. Die kaiserl. Privilegierung zum Recht der Promotion wurde erst 1541 erlangt, doch sind Promotionen auch vorher (von 1530 an) vorgenommen worden. Es sind die ersten akadem. Grade aus bloss landesherrlicher Autorität. Unter den 11 Professoren, mit denen die Hochschule eröffnet wurde, waren 5 Zöglinge der Wittenberger. Als Hauptsitz des Lutheranismus erreichte die Universität bald eine hohe Blüte (um 1600 ca. 1000 Studenten), die indes wieder dahinschwand, als Landgraf Moritz ihr 1607 das reformierte Glaubensbekenntnis auferlegte. Dieser Gewaltakt hatte die Auswanderung einer grossen Anzahl Professoren zur Folge, für die Landgraf Ludwig V. von Hessen-Darmstadt eine neue Universität zu Giessen (s. d.) errichtete. Die weitere Geschichte der Universität hängt mit den Schicksalen des Territoriums zusammen: als Hessen-Marburg 1625 an Hessen-Darmstadt kam, wurde die Universität Giessen wieder nach Marburg zurückverlegt. 1648—50 war sie Gesamtuniversität für beide Hessen, trotzdem inzwischen Marburg wieder Hessen-Casselisch geworden war. Durch den 30jährigen Krieg der Auflösung nahe gebracht, wurde die Hochschule am 16. Juni 1653 durch Landgraf Wilhelm VI. neu begründet und blieb von da an die Landesuniversität der Hessen-Casselischen Landgrafschaft. Zur Zeit der westfälischen Zwischenherrschaft war die Zahl der Studierenden am geringsten. Fr. Creuzer, F. K. v. Savigny, K. F. Hermann, v. Vangerow, Puchta und Wetzell waren die glänzenden Vertreter der historisch-philologischen und juristischen Studien seit Anfang des vorigen Jahrhunderts. Der Aufschwung Marburgs unter preuss. Herrschaft beruht auf einer besonderen Fürsorge für diese Hochschule durch Vermehrung der Lehrstellen, Berufung von Lehrkräften von grösseren Hochschulen und viele, namentlich medizinische Universitätsbauten; hervorzuheben ist die neue Aula (eröffnet 1891), ein gotischer Profanbau von grosser Schönheit. Der Besuch der Universität ist seit dem Sommer 1866 bis zum Sommer 1909 von 262 Studierenden auf 2134, darunter 33 Frauen angewachsen (92 Theologen auf 169, 55 Juristen auf 515, 28 Medizinern auf 313, 82 Philos. auf 1137). Der stärkste Zuwachs (926) fand im Sommer 1909 statt.

Vergl. *Justi, Grundzüge einer Geschichte der Universität Marburg in der »Vorzeit«*, 1826.

VERFASSUNG siehe S. 3 u. ff. — Professorengehälter vergl. Berlin. — Pensionen der Witwen und Waisen vergl. Berlin.

FAKULTÄTEN: theologische [evang.], juristische, medizinische, philosophische (I. philosophisch-historische, II. naturwissenschaftliche Abteilung).

STUDIENGANG, Immatrikulation, Promotion, Habilitation, Gebühren usw. siehe S. 8 u. ff.

München (Bayern).

KÖNIGL. BAYER. LUDWIG-MAXIMILIANS-UNIVERSITÄT.

GESCHICHTE. Von dem bayerischen Herzog Ludwig dem Reichen mit Genehmigung des Papstes Pius II. (Bulle vom 7. April 1459) als studium generale 1472 zu Ingolstadt gegründet, genoss die Universität bald durch berühmte Lehrer und die Zahl ihrer Studenten (5—600) grosses Ansehen. Während der Reformation blieb die Universität Ingolstadt eine Zufluchtsstätte des Katholizismus; von hier ging die Gegenreformation aus; 1556 setzten sich die Jesuiten in ihr fest und blieben bis zur Aufhebung des Ordens 1772 mass- und richtunggebend. 1800 wurde die Universität durch Kurfürst Max IV. Josef (seit 1802 heisst davon die Universität Ludovica-Maximilianea) aus der Festungsstadt nach Landshut und 1826 nach der Landeshaupt- und Residenzstadt München verlegt, wo sie seitdem durch vollständige Um- und Ausgestaltung ihres Lehrkörpers und der einzelnen Institute, Sammlungen und Seminare durch Zuwendung grosser staatlicher Mittel zu einem Umfang und einer Bedeutung gelangte, dass sie heute mit 7000 Studierenden unter den deutschen Universitäten mit in erster Reihe genannt wird.

LITERATUR. *Carl Prantl, Geschichte der Ludwig-Maximilians-Uni-*

versität 1872. — *Gg. v. Mayr, Die Universität München* 1904 (das Unterrichtswesen im deutschen Reich 1. S. 452—68).

Verfassung s. S. 3 u. ff. Die Leitung der Universitäts-Angelegenheiten liegt grundsätzlich in den Händen des akademischen Senats; nur für die Verwaltung des Vermögens ($6^1/_2$ Millionen Mark) ist seit 1815 eine eigene Behörde, der Verwaltungsausschuss, aufgestellt, dem der jeweilige Rektor als Vorstand, 4 vom Plenum der ordentlichen Professoren gewählte Professoren und der Direktor des Georgianums (s. S. 50) angehören. — Die Professoren stehen rechtlich den übrigen bayerischen Staatsbeamten gleich (s. Verfassungsurkunde 1818 und Beamtengesetz vom 16. August 1908 Art. 1). Jedoch besteht die Übung, Professoren nicht zu pensionieren, sondern sie, falls sie ihren Beruf nicht mehr ausüben können, unter Belassung des vollen Gehaltes von der Pflicht zu lesen zu entbinden. Näheres über die Gehälter siehe Erlangen (S. 19). — Witwen- und Waisenversorgung wie in Erlangen und Würzburg (s. S. 20 und 40).

Fakultäten: theologische [kathol.], juristische, staatswirtschaftliche, medizinische, philosophische (philosophisch-philologisch-historische Sektion, mathematisch-naturwissenschaftliche Sektion). — Forstwissenschaftlicher Unterricht in der staatswirtschaftlichen Fakultät, verbunden mit der Forstlichen Versuchsanstalt.

Studiengang, Immatrikulation, Promotion, Habilitation, usw. s. S. 8.

Münster (Preussen, Provinz Westfalen).

WESTFÄLISCHE WILHELMS-UNIVERSITÄT.

Geschichte. Kurfürst und Erzbischof Ferdinand I. (1612—1650) hegte den Plan der Errichtung einer Universität, für die Papst Urban VIII. den 9. Sept. 1629 das päpstliche, Kaiser Ferdinand II. den 21. Mai 1631 das kaiserliche Privilegium erteilte. Der Plan kam jedoch nicht zur Ausführung. Kurfürst und Fürstbischof Maximilian Friedrich griff ihn auf Anregung des Freiherrn Franz Friedrich v. Fürstenberg 1771 wieder auf und begründete eine Universität mit 4 Fakultäten, für welche die päpstliche Bestätigungsbulle von Clemens XIV. vom 28. Mai 1773 und das kaiserliche Bestätigungsdiplom von Kaiser Josef II. vom 8. Okt. 1773 datiert sind. Der um die Begründung ganz besonders verdiente Frhr. v. Fürstenberg war erster Kanzler der Universität. Hervorgegangen ist dieselbe aus dem von den Jesuiten geleiteten Gymnasium Paulinum (seit 1588). Nach Aufhebung der Universität 1818 verblieben eine theologische und eine philosophische Fakultät, die auf Kabinettsordre vom 14. April 1832 unter dem Titel »Theologisch-philosophische Lehranstalt« vereinigt wurden. Durch Kabinettsordre vom 15. Juli 1843 wurde der Anstalt mit den Rechten der preussischen Landesuniversitäten der Titel »Königliche Akademie« beigelegt.

Durch Allerhöchsten Erlass vom 1. Juli 1902 wurde die theologische und philosophische Akademie durch Angliederung einer rechts- und staatswissenschaftlichen Fakultät erweitert und ihr der Name einer Universität gegeben. Am 30. August 1907 wurde ihr der Titel »Westfälische Wilhelms-Universität« verliehen. — Seit S.-S. 1905 ist die philosophische Fakultät in der naturwissenschaftlichen Abteilung so eingerichtet, dass Mediziner dort die ersten 5 Semester studieren und das Physikum ablegen können. Seit W.-S. 1907/8 ist auch das Studium der Zahnheilkunde möglich. Der jeweilige Oberpräsident von Westfalen ist Kurator der Universität.

Literatur. *Ant. Pieper, Die alte Universität Münster.* Münster 1902. — (*Rich. Lehmann*), *Die Erweiterung der Westfälischen Hochschule.* 2. Auflage. Münster 1901.

Verfassung siehe S. 3 u. ff. — Professorengehälter vergl. Berlin. —

Witwen- und Waisenversorgung wie an den andern preussischen Universitäten, s. unter Berlin.

FAKULTÄTEN: katholisch-theologische, rechts- u. staatswissenschaftliche, philosophische (a. philologisch-historische Abteilung, b. mathematisch-naturwissenschaftliche und pharmazeutische Abteilung).

STUDIENGANG, Immatrikulation, Promotion, Habilitation, Gebühren, usw. siehe S. 8 u. ff.

Rostock (Mecklenburg).

GROSSHERZOGLICHE UNIVERSITÄT.

GESCHICHTE. Auf Antrag der Herzöge Johann III. und Albrecht V. von Mecklenburg erliess Papst Martin V. am 13. Februar 1419 die Bulle, die die Stiftung der Universität genehmigte, jedoch mit Ausschluss der theologischen Fakultät. Der Rat übernahm die Bürgschaft für die Einrichtung zweier Kollegien und ihrer Dotation mit 800 Gulden jährlicher Rente. Das »Studium facultatis theologicae« wurde erst im Jahre 1431 durch Papst Eugen IV. errichtet. Infolge des über die Stadt verhängten Kirchenbanns siedelte die Universität im März 1437 nach Greifswald über, von wo sie 1443 zurückkehrte. Sie musste aber für eine Dauer von 200 Jahren auf ihre stiftungsmässige Dotation von 800 Gulden verzichten. Auch später versuchte der Rat die Freiheiten und Rechte der Universität herabzudrücken. Während der Unruhen, die wegen der Erhebung der Pfarrkirche St. Jakobi zu einer Kollegiatkirche ausbrachen, deren Einkünfte für die Universität nutzbar gemacht werden sollten, — der sogenannten Domfehde — verliess die Akademie im Juli 1487 abermals die Stadt und ging nach Lübeck, kehrte indes schon in der ersten Hälfte des August des nächsten Jahres zurück. Unmittelbar nach Einführung der Reformation griff der Rat, auf die Universität und ihre Privilegien eifersüchtig, auch wohl mit argwöhnischem Auge den Einfluss, den die Herzöge durch die neue Hochschule gewannen, ansehend, wiederholt in die der Universität zustehenden Rechte ein, und masste sich die Jurisdiktion über sie an. Die während mehrerer Jahrzehnte fortdauernden Streitigkeiten veranlassten den Herzog Johann Albrecht, den Kaiser Ferdinand um die Bestätigung der Akademie anzugehen, die unter Zugrundelegung der päpstlichen Bulle am 18. August 1560 erfolgte. Mit dem Rate wurde am 11. Mai 1563 die Formula concordiae abgeschlossen, nach der in Zukunft das Universitätskonzilium aus 9 herzoglichen und 9 rätlichen Professoren bestehen sollte. Die Dotation der Universität, vom 8. April 1557, lautete nunmehr auf 3000 Gulden jährlich; der Rat aber überliess die bei Errichtung der Universität hergegebenen Kollegien und Häuser und sorgte für die Besoldung der von ihm anzustellenden Professoren. Die Ernennung des pietistisch gesinnten Professors der Theologie Chr. Alb. Döderlein durch den Herzog Friedrich den Frommen im Jahre 1758 wurde Veranlassung zur Gründung einer zweiten Universität. Da der Herzog die Rostocker Akademie nicht aufheben konnte, erwarb er vom Kaiser ein Patent für eine volle Universität von vier Fakultäten, die im Jahre 1760 in Bützow eröffnet wurde. Die Universität in Rostock bestand von nun ab, bei zum Teil verkümmerten Fonds, nur aus einem halben Konzil, nämlich aus den 9 rätlichen Professoren, zumeist Bürgermeister und Prediger der Stadt, die so gut es ging den Namen der Universität in partibus infidelium ohne Insignien, ohne Promotionsbefugnis, ohne die Comitiva palatina fortzupflanzen suchten. Erst nach dem Tode des Herzogs wurde in dem am 13. Mai 1788 zwischen Landesherrschaft und der Stadt R. abgeschlossenen neuen *grundgesetzlichen*

Erbvertrag die Verlegung der Universität von Bützow nach Rostock (1788) festgesetzt, die im Herbste genannten Jahres erfolgte. Am 14. März 1827 kam abermals ein Erbvertrag zwischen dem Grossherzog und der Stadt R. zustande, in dem die Stadt das Compatronat der Universität aufgab. Seitdem hat sich, namentlich während der Regierung Friedrich Franz II., der im Jahre 1867 zu dem neuen Universitätsgebäude den Grundstein legte, die Universität günstig entwickelt.

Literatur. *Hofmeister, Die Matrikel der Universität R.* — *Hölscher, Urkundliche Geschichte der Friedrichs-Universität zu Bützow* in »Mecklenburg. Jahrbücher« Bd. 50. 1885. — *Krabbe, Die Universität R. im XV. und XVI. Jahrhundert.* 1854. — *Koppmann, Geschichte der Stadt R.* 1887. — *Schirrmacher, Johann Albrecht I., Herzog von Mecklenburg.* 2 Teile. 1885. — *H. v. Stein, Friedrich Franz II. und die Universität R.* 1891.

Verfassung siehe S. 3 u. ff. Der Grossherzog von Mecklenburg ist alleiniger Patron der Universität und ihr Kanzler; er wird durch einen Beamten, der in Rostock seinen Wohnsitz hat, den Vize-Kanzler, vertreten. Das gegenwärtige Statut der Universität datiert seit 12. November 1903. Nach ihm bilden sämtliche ordentliche Professoren ein der Landesregierung unmittelbar untergeordnetes Kollegium, an dessen Spitze der jährlich neu zu wählende Rektor steht. Es führt den Namen »Rector et Concilium«. In gewissen Fällen, namentlich in Ausübung der Disziplinargewalt, wird die Universität durch den Rektor und einen Ausschuss des gesamten Konziliums, das engere Konzil (Concilium arctius), aus dem Rektor und drei ordentlichen Professoren bestehend, vertreten. Von diesen wird einer — der juristische Beisitzer — aus den Mitgliedern der juristischen Fakultät auf Lebenszeit gewählt.

Professorengehälter: ordentliche Professoren 4200—6600 ℳ, ausserordentliche Professoren 3000—4200 ℳ. Diejenigen Professoren der medizinischen Fakultät, welche praktizieren, erhalten nur 4200 ℳ Gehalt. — Die Pensionen der Witwen und Waisen richten sich nach dem Statut für das Zivil- und Militär-Diener-Witwen-Institut vom 15. Februar 1898, dem beizutreten jeder grossherzogliche Beamte verpflichtet ist. Der jährliche Beitrag beläuft sich auf 4% des Gehalts; die Pensionen betragen 25% des Gehalts des verstorbenen Beamten.

Fakultäten: theologische [evang.], jurist., medizin., philosophische.

Studiengang, Immatrikulation, Promotion, Habilitation, Gebühren, usw. siehe S. 8 u. ff.

Straßburg (Elsass).

KAISER-WILHELMS-UNIVERSITÄT.

Geschichte. Auf Antrag von Johann Sturm, dem Rektor des 1538 gegründeten Gymnasiums, als Akademie mit einer Fakultät (Philosophie) von dem Magistrat der freien Reichsstadt Strassburg nach Einholung kaiserlicher Freiheit (1566) aus den oberen Klassen dieses Gymnasiums errichtet und im Jahre 1621 durch ein Privilegium Ferdinands II. (»in omnibus facultatibus doctores, licentiatos, magistros et baccalaureos atque *insuper poetas laureatos* creandi et promovendi«. Promulg. Acad. Privil., Argentorati 1624) zu einer vollständigen reichsstädtischen Universität mit vier Fakultäten erweitert, die im 17. und 18. Jahrh. unter den deutschen Universitäten in erster Reihe stand und auch nach 1681 (Annexion durch Frankreich) noch lange ihren deutschen Charakter bewahrte. Goethe hat hier 1770—71 gleichzeitig mit Herder, Lenz und Stilling studiert. Erst mit Ausbruch der französischen Revolution wird sie in ihrer Unabhängigkeit ernstlich gefährdet und schliesslich, wie alle französischen Universitäten, ganz beseitigt. 1802 ersteht sie wieder als Académie protestante; 1808 wird sie durch die Universitätsreform Napoleons I. als Teil der »Université de France« in eine französische Akademie (Facultés des lettres, des sciences, de médecine, de droit hierzu noch 1818 die faculté de théologie protestante) umgewandelt, die bis zum Ausbruch des deutsch-franz. Krieges 1870 bestand. Die Wiedervereinigung Elsass-Lothringens mit Deutschland hatte zur Folge dass die alte deutsche Universität wieder auf breitester Grundlage hergestellt wurde. »Auf Antrag des Deutschen Reichstages und unter Zustimmung des Bundesrates«, heisst es in der Stiftungsurkunde Kaiser Wilhelms I. vom 28. April 1872, »haben Wir beschlossen, dass die durch eine glänzende Vergangenheit ausgezeichnete hohe Schule zu Strassburg in ihrer früheren einheitlichen Gestaltung als Universität wieder ins Leben trete«. Durch Gesetz vom gleichen Tage wurden die aus der Zersplitterung der früheren Universität hervorgegangenen Fachschulen und Fakultäten aufgehoben und alle Rechte derselben auf die neue Hochschule übertragen. Freiherr von Roggenbach, der mit den einleitenden Massregeln und mit der Organisation des Lehrkörpers betraut worden war, löste die ihm übertragene Aufgabe in glänzender Weise; schon am 1. Mai 1872 konnte die feierliche Einweihung stattfinden. — Das Zusammenwirken des Reichs (das jährlich einen Zuschuss von 400000 ℳ gibt) und des Landes hat in kurzer Zeit eine Muster-Hochschule geschaffen, die wegen der Vollständigkeit ihres Lehrkörpers, ihrer baulichen Einrichtungen und ihrer Institute, Seminarien und Bibliotheken zu einem Vorbild für viele andere geworden ist.

LITERATUR. *Die alten Matrikeln der Universität Strassburg 1621—1793. Bearbeitet von Gustav C. Knod.* 3 Bände Lex. 8°. Strassburg 1897—1901. — *Schricker, Zur Geschichte der Universität Strassburg,* 1872. — *Hausmann, Die Kaiser Wilhelms-Universität, ihre Entwicklung und ihre Bauten,* 1897. — *Hoseus, Die Kaiser Wilhelms-Universität, ihr Recht und ihre Verwaltung,* 1897.

GRÜNDUNGSAUFWAND. Für den Neubau der Universitätsgebäude einschliesslich Grunderwerb wurden ca. 16 Millionen Mark aufgewendet. Die Stadt Strassburg hat zu den Kosten des Neubaues des Zoologischen Instituts, in welchem auch das städtische Naturhistorische Museum Unterkunft gefunden hat, 346000 ℳ beigetragen.

VERFASSUNG siehe S. 3 u. ff. An Stelle des Landesfürsten tritt hier der Kaiser und an Stelle des Unterrichtsministers der Statthalter. Die Disziplinargewalt wird ausgeübt durch ein ständiges Disziplinaramt, bestehend aus dem Rektor, dem Prorektor und dem Syndikus. Der letztere wird aus den Professoren der juristischen Fakultät auf 3 Jahre gewählt. Die ständige Verwaltungskommission besteht aus dem Rektor, dem Syndikus und dem Quästor (Beamter). Die Professoren haben das Recht, sich nach Vollendung des 65. Jahres emeritieren zu lassen (mit vollem Gehalt). Die Rechtsverhältnisse der Professoren sind durch Gesetz vom 18. Juni 1890 im wesentlichen nach dem Reichsbeamtengesetz (unbeschadet ihrer Unabsetzbarkeit) geregelt.

Gehälter: ordentliche Professoren 5000—9000 ℳ, ausserordentliche Professoren 2400—4500 ℳ. — Die Pensionen der Witwen und Waisen sind durch Gesetz vom 22. November 1909 festgesetzt (Witwen mindestens 960 ℳ und höchstens 5000 ℳ, Waisen mindestens 320 ℳ).

FAKULTÄTEN: evangel.-theologische, katholisch-theologische (seit Oktober 1903), rechts- und staatswissenschaftliche, medizinische, philosophische, math.-naturwissenschaftliche.

STUDIENGANG, Immatrikulation, Promotion, Habilitation, Gebühren, usw. siehe S. 8 u. ff.

Tübingen (Württemberg).

KÖNIGLICHE EBERHARD-KARLS-UNIVERSITÄT.

Geschichte. Die Universität wurde im Jahre 1477 von dem Grafen Eberhard im Bart von Württemberg gestiftet auf Anregung seiner Mutter Mechtild, welche — die in ihrer pfälzischen Heimat blühende Hochschule Heidelberg vor Augen — auch ihren zweiten Gemahl, Erzherzog Albrecht von Österreich, zur Gründung der Universität zu Freiburg i. Br. im Jahre 1457 veranlasst hatte. Sie bestand aus vier Fakultäten: der theologischen, der juristischen, der medizinischen und der im Anfang den andern nicht völlig gleichberechtigten philosophischen oder Artistenfakultät. Von bekannteren Namen zählte die Universität zu ihren ersten Lehrern: den Scholastiker Gabriel Biel († 1495), Conrad Summenhart († 1502), Johannes Reuchlin. Melanchthon in seinen ersten Anfängen, den Humanisten Heinrich Bebel (1472—1518), den Mathematiker Joh. Stöffler (1452—1531). Unter den Herzögen Ulrich und Christoph wurde auch an der Universität in den Jahren 1534—60 die Reformation allmählich durchgeführt. Der Reformation verdankt die Universität eine Anstalt, die der ganzen Hochschule für die Zukunft ein eigentümliches Gepräge aufgedrückt hat, das 1536 errichtete, für die Ausbildung der evang. Geistlichen bestimmte theologische Seminar, das Stipendium oder »Stift« (seit 1806 »evangelisches Seminar«) genannt, durch das Tübingen für lange Zeit zu einer vorherrschend theologischen Universität geworden ist. Auch für die nichttheologischen Staatsdiener wollte Herzog Ludwig, einem Plane seines Vaters Christoph folgend, in den letzten Jahren seiner Regierung (1588—92) eine entsprechende Anstalt errichten, aber sein Nachfolger Herzog Friedrich I. (1593—1608) machte ein Adelinstitut daraus, das »Collegium illustre«, das, von der Universität unabhängig, alle Privilegien derselben genoss. Abgesehen von dieser anfangs blühenden, aber nach etwa einem Jahrhundert sinkenden Adels-Anstalt, blieb die Hochschule fast ausschliesslich Landesuniversität und überwiegend Theologenschule. — Berühmte Lehrer des 16. Jahrhunderts: Jakob Andreä, der Vater der Formula concordiae (1528—1590), der Philologe Martin Crusius (1526—1607) und sein Gegner Nikodemus Frischlin (1547—1590) u. a. — Zu Ende des 18. Jahrhunderts drohte der Universität durch die 1770 von Herzog Karl Eugen gegründete (seit 1775 nach Stuttgart verlegte) hohe Karlsschule eine sehr gefährliche Konkurrenz, welche aber bald durch die rasche Aufhebung der Karlsakademie nach dem Tode ihres Begründers 1793 wegfiel. Unter König Friedrich (1797—1816) verlor die Universität (1811) ihre alten Privilegien und Vorrechte. Im Oktober 1817 wurde die (1812 in Ellwangen errichtete) sogenannte katholische Landesuniversität mit der Tübinger Universität vereinigt und derselben so eine katholisch-theologische Fakultät eingefügt. Dem evangelischen Seminare entsprechend wurde gleichzeitig ein höheres katholisches Konvikt, »Wilhelmstift« genannt, in den Räumen des 1816 aufgehobenen Collegium illustre eingerichtet. Im gleichen Jahr 1817 trat zu den nun bestehenden fünf Fakultäten als sechste eine staatswirtschaftliche (seit 1882 »staatswissenschaftliche« genannt), und 1863 endlich als siebente eine naturwissenschaftliche. Die Universität hat im 19. Jahrhundert einen grossen Aufschwung genommen, dank der Bedeutung ihres Lehrkörpers und der Fürsorge der Regierung. Seit dem Jahre 1832 ist fast die ganze Universität mit zahlreichen Instituten neu gebaut worden. — Berühmte Lehrer des 19. Jahrhunderts: Evang. Theologen: Baur, das Haupt der Tübinger kritischen Schule, Strauss, Beck; kathol. Theologen: Drey, Hirscher, Möhler, Kuhn; der Dichter und Germanist Ludwig Uhland; der Ästhetiker Vischer;

der Historiker Schwegler, der Philologe Teuffel, der Orientalist Roth, der Statistiker Rümelin; Juristen: R. Georg Wächter, Rob. Mohl; der Botaniker Hugo Mohl; Mediziner: Kielmeyer, Authenrieth, Wunderlich, Griesinger, Niemeyer, Vierordt, Bruns.

Jährliches Erträgnis der »Eigenen Einnahmen« der Universität (Mietzinsen, Pachtgelder, Kapitalzinsen) 51500 ℳ (1909/1910).

LITERATUR. *Klüpfel, Geschichte und Beschreibung der Universität Tübingen* 1849. — *Klüpfel, Die Universität Tübingen in ihrer Vergangenheit und Gegenwart.* 1877. — *Statistik der Universität Tübingen.* 1877. — *Urkunden zur Geschichte der Universität Tübingen aus den Jahren 1476 bis 1550.* 1877. — *Jubiläumsschriften von 1877—1889.* — *Die Matrikeln der Universität Tübingen. Herausgegeben von Heinrich Hermelink. I. 1477—1600.* 1906.

VERFASSUNG siehe S. 3 u. ff. — Professorengehälter: ordentliche Professoren 4000—6000 ℳ, ausserordentliche Professoren 2400—3900 ℳ. — Witwen- und Waisenversorgung: die der württembergischen Staatsbeamten nach dem »Württembergischen Beamtengesetz« vom 1. Aug. 1907.

FAKULTÄTEN: evangelisch-theologische, katholisch-theologische, juristische, medizinische, philosophische, staatswissenschaftliche, naturwissenschaftliche. — Forstlicher Unterricht an der Forstlichen Versuchsanstalt.

STUDIENGANG, Immatrikulation, Promotion, Habilitation, Gebühren, usw. siehe S. 8 u. ff.

Würzburg (Bayern).

KÖNIGLICH BAYER. JULIUS-MAXIMILIANS-UNIVERSITÄT.

GESCHICHTE. Die erste Gründung der Universität in Würzburg erfolgte durch Bischof Johann von Egloffstein. Die Genehmigungsurkunde des Papstes Bonifaz IX. datiert vom 10. Dezember 1402. Die neue Hochschule wurde dem Muster von Bologna nachgebildet; die Fächer der Theologie, sowie des Jus canonicum und civile erfreuten sich besonderer Pflege. Aber schon bald nach dem 1411 erfolgten Tode ihres Gründers geriet die Universität wieder in Verfall, infolge der fortwährenden Fehde zwischen Bürgerschaft und Geistlichkeit und wegen ungenügender finanzieller Fundierung. Ein Zeitraum von 180 Jahren liegt zwischen dieser ersten Begründung und der Wiedererrichtung der Hochschule durch Fürstbischof Julius Echter von Mespelbrunn (1582). In rein mittelalterlichen Formen und mit echt katholischem Gepräge errichtet, entwickelte sich die mit reichen Mitteln ausgestattete junge Anstalt schnell zu hoher Blüte. Im bewussten Gegensatze zu den damals fast sämtlich der protestantischen Lehre huldigenden Universitäten als Hochburg des Katholizismus begründet, war Würzburg bald der Sammelpunkt der studierenden katholischen Jugend, sowohl aus dem Reiche als aus den Nachbarländern. Die damalige Frequenz darf auf 900—1000 Studierende geschätzt werden. Der ausschliesslich katholische Charakter der Anstalt offenbarte sich besonders darin, dass von dem Stifter die beiden Fakultäten: Theologie und Philosophie den Jesuiten anvertraut wurden, welche die Lehrstühle dieser Fächer bis zur Aufhebung des Ordens (1773) innehatten. Die Zeit des 30jährigen Krieges war der Entwickelung der jungen Stiftung nicht günstig; die Okkupation Würzburgs durch die Schweden (1631—1634) führte sogar zur völligen Auflösung. Erst nach dem westfälischen Frieden begann sich die Universität wieder zu erholen. Das folgende (18.) Jahrhundert charakterisiert sich vorwiegend durch die Bestrebungen, auf dem Wege unausgesetzter Reform eine Vermittelung zwischen mittelalterlicher Anschauung und dem Geiste einer neuen Zeit herbeizuführen. Das grösste Verdienst um die Entwickelung der Hochschule in dieser Periode erwarben sich: F. K. von Schönborn, Ad. F. von Seinsheim und Franz Ludwig v. Erthal. Dank der Umsicht und Fürsorge dieser Fürsten hoben sich auch die lange Zeit hinter der ehedem herrschenden Theologie und Philosophie zurückstehenden Fakultäten der Jurisprudenz und Medizin (erstere unter Ickstadt † 1776, letztere unter Siebold † 1807) zu hohem Ansehen. Mit der durch die Säkularisation herbeigeführten Vernichtung der Selbständigkeit des Hochstifts Würzburg und der Vereinigung desselben mit Bayern, mit welchem es nun, die kurze Zeit der lothringisch-toskanischen Herrschaft (1806—1814) abgerechnet, dauernd verbunden blieb, beginnt ein neuer Zeitabschnitt in der Geschichte der Universität. Mit völlig veränderter Verfassung, des mittelalterlichen Charakters als einer kirchlichen Anstalt entkleidet, hat sich unter dem Hause Wittelsbach die Universität Würzburg, vor allem die medizinische Fakultät, eine hervorragende Stellung errungen.

Literatur. *Jos. Maria Schneidt, Sicilimenta quaedam ad historiam Universitatis Wirceburgensis et in specie litteraturam facultatis juridicae* 1794—1798. — *Christ. Bönicke, Grundriss einer Geschichte von der Universität zu Würzburg.* Würzburg I. Teil 1782; II. Teil 1788. — *Jos. Scherer, Abriss einer Geschichte der beiden ersten Jahrhunderte der Universität Würzburg mit besonderer Hinsicht auf die Entwicklung der medizinischen Fakultät* (Akademische Monatsschrift, Zentralorgan für die Gesamtinteressen deutscher Universitäten). Leipzig 1852 S. 4—22. — *F. X. v. Wegele, Geschichte der Universität Würzburg, im Auftrage des akademischen Senates verfasst. I. Teil Geschichte; II. Teil Urkundenbuch.* Würzburg 1882. — *J. C. Goldmayer, Beiträge zur neuesten Geschichte der Königl. Universität zu Würzburg und zur Berichtigung öffentlicher Nachrichten und Urteile über dieselbe.* Würzburg 1817. — *A. F. Ringelmann, Beiträge zur Geschichte der Universität Würzburg in den letzten 10 Jahren, zum Jubelfeste der treuen Bayern am 12. Oktober 1835.* Würzburg 1835. — *M. Krück, Die Lateinfrage an der Würzburger Universität vor 100 Jahren* (Pädagogisches Archiv Bd 29, 1887, S. 97). — *F. X. Wegele, Die Reformation der Universität Würzburg.* Rektoratsrede 1863. — *Anton Ruland, Series et vitae prof. s. s. theologiae, qui Wirceburgiusque in annum 1834 docuerunt.* Würzburg 1835. — *Jos. Nirchl, Universitätskirche in Würzburg, im Auftrage des akademischen Senates historisch und architektonisch beschrieben.* Würzburg 1891. — *C. Risch, Zur Geschichte der Juristenfakultät an der Universität Würzburg.* Rektoratsrede 1873. — *W. Röntgen, Die Geschichte der Physik an der Universität Würzburg.* Rektoratsrede 1894. — *L. Urlichs, Die philosophische Fakultät der Universität Würzburg.* Rektoratsrede 1896. — *Kerler, Die Statuten der philosophischen Fakultät der Universität Würzburg in ihrer frühesten Fassung.* Würzburg 1898. — *Joh. Bartel von Siebold, Geschichte und gegenwärtige Einrichtung des chirurgischen Klinikums im Juliusspitale zu Würzburg.* Würzburg 1814. — *Alb. v. Kölliker, Zur Geschichte der medizinischen Fakultät an der Universität Würzburg.* Rektoratsrede 1871. — *C. Gerhardt, Geschichte der medizinischen Klinik der Universität Würzburg.* Rektoratsrede 1884. — *Rieger, Die Psychiatrie in Würzburg seit 300 Jahren (1583—1893).* Würzburg 1899. — *C. Lutz, Rückblick auf die Entstehung und Entwicklung des Juliusspitals in Würzburg.* Würzburg 1876. — *Die Attribute der Universität Würzburg im Jubiläumsjahr 1882: Alma Julia, illustrierte Chronik ihrer dritten Säkularfeier.* Würzburg 1882 S. 160, 172 (die Verfasser der Geschichte dieser Attribute sind die damaligen Institutsvorstände). — *R. v. Horstig, Die Anstalten der Universität Würzburg.* Würzburg 1892. — *Das neue Universitätsgebäude der K. b. Julius-Maximilians-Universität Würzburg, dessen Baugeschichte und Einweihungsfeier*, veröffentlicht vom Rektorat im Namen des akademischen Senats. Würzburg 1897. — *Ph. Stöhr, Die Beziehungen zwischen Universität und Juliusspital.* Würzburg 1908.

VERFASSUNG siehe S. 3 u. ff. Sie ist im wesentlichen identisch mit der der Universität München. — Professorengehälter: ordentliche Professoren 6000—8400 ℳ, ausserordentliche Professoren 3600—6000 ℳ. Näheres siehe Erlangen und München (S. 19 und 33). — Witwen- und Waisenversorgung ebenfalls wie in Erlangen und München; doch sind die Privatwitwenkassen jetzt gesperrt und nur für die früheren Mitglieder noch in Kraft (auch in Erlangen und München).

FAKULTÄTEN: theologische [kathol.], rechts- und staatswissenschaftliche, medizinische, philosophische (philosophisch-historische Sektion, mathematisch-naturwissenschaftliche Sektion).

STUDIENGANG. Immatrikulation, Promotion, Habilitation, Gebühren, usw. siehe S. 8 u. ff.

Akademien, usw.

Frankfurt a. M. (Akademie). — Hamburg (Wissenschaftliche Vorlesungen mit Kolonial-Institut). — Posen (Akademie).

Frankfurt a. Main (Preussen).

AKADEMIE FÜR SOZIAL- UND HANDELSWISSENSCHAFTEN.

(Jordanstrasse 17.)

Gründung der Stadt und des Instituts für Gemeinwohl unter Beteiligung der Handelskammer und der Polytechnischen Gesellschaft, der Speyerschen Studienstiftung, der Lucius-Meisterschen und der Jügel-Stiftung.

Die am 21. Oktober 1901 eröffnete Akademie für Sozial- und Handelswissenschaften, welche den Ministerien des Unterrichts und für Handel und Gewerbe untersteht, hat zunächst alle Aufgaben einer Handelshochschule für Kaufleute und Industrielle zu erfüllen, d. h. sie soll Personen aus den Kreisen der Industrie und des Handels die zur Ausfüllung leitender Stellungen erforderlichen Kenntnisse auf dem Gebiete der Sozial- und Handelswissenschaften, insbesondere auch der Staatswissenschaften und Verwaltungslehre, vermitteln. Die staatliche Oberaufsicht ist dem jeweiligen Ober-Präsidenten der Provinz Hessen Nassau übertragen. — Die Akademie soll zugleich als Fortbildungsakademie höheren staatlichen und kommunalen Verwaltungsbeamten, Richtern, Anwälten, Referendaren und anderen Angehörigen gelehrter Berufe die Gelegenheit zu vertieften und erweiterten volkswirtschaftlichen, rechtswissenschaftlichen und sozialpolitischen Studien bieten, und dadurch insbesondere auch den Einblick in die Bedeutung wirtschaftlicher Tätigkeit fördern. Sie will ihnen zugleich kaufmännische und allgemeine, den Betrieb industrieller Unternehmungen betreffende Kenntnisse vermitteln.

Auch sonstigen Personen, namentlich solchen, welche bereits in der Praxis stehen oder gestanden haben, soll die Akademie zur Erweiterung und Vertiefung ihres Wissens auf den genannten Gebieten Gelegenheit geben. Hierbei ist — ausser an Personen in kaufmännischer oder sonstiger gewerblicher Tätigkeit — insbesondere auch an Lehrer gedacht, welche sich für Handels-, Gewerbe- und Fortbildungsschulen weiter ausbilden wollen.

Ausserdem sollen Studierende und Lehrer der neuern Sprachen Gelegenheit zu praktischer und wissenschaftlicher Förderung finden.

Den Kandidaten des höheren Lehramts, die neuere Sprachen im Haupt- oder Nebenfach studieren, werden bei der Bewerbung um die Lehrbefähigung im Französischen und Englischen zwei an der Akademie verbrachte Semester auf die vorgeschriebene Studienzeit angerechnet. Durch Ministerial-Erlass vom 30. Dezember 1907 ist ein Gleiches auch für die Lehrerinnen verfügt worden, die sich auf die Oberlehrerinnenprüfung im Französischen und Englischen vorbereiten wollen.

Die Studierenden finden auch Vorlesungen und Übungen auf dem Gebiete der germanischen Sprachen und Literaturen, der Philosophie, der Psychologie und Pädagogik, der Geschichte, Kunstgeschichte, Mathematik, Geographie, Physik und Chemie, etc., die ihren weiteren Zielen dienen und von denen einzelne speziell für die Bedürfnisse von Neuphilologen eingerichtet sind. Auch in diesen Fächern bietet ihnen der akademische Unterricht eine sach- und ordnungsgemässe Vorbereitung auf die Staatsprüfung.

AUFNAHME. Zu den Vorlesungen und Seminaren der Akademie werden als Besucher (Studierende) oder Hospitanten alle Personen zugelassen, welche eine zur Erlangung der Berechtigung zum einjährigen Militärdienste entsprechende Schulbildung und ausserdem eine zweijährige auf einen praktischen Beruf gerichtete Tätigkeit nachweisen. Als Hörer können auch andere Personen mit hinreichender Vorbildung zugelassen werden.

PRÜFUNGEN. Kaufleute können nach einem Studium von vier Semestern durch Ablegung eines Examens das kaufmännische *Diplom* erwerben. — Kaufleute und Lehrer werden nach einem Studium von fünf Semestern zur *Handelslehrerprüfung* zugelassen. Endlich besteht Gelegenheit zur Ablegung einer *Prüfung für Versicherungsverständige* nach drei Klassen, der administrativen, der kaufmännischen und der mathematischen gesondert. Die Zulassung zur Prüfung der administrativen und mathematischen Klasse setzt ein viersemestriges Hochschulstudium, die zu der kaufmännischen Klasse eine praktische Tätigkeit von zwei Jahren und ein zweisemestriges Hochschulstudium voraus.

Hamburg (Freie und Hansestadt).

DIE WISSENSCHAFTLICHEN VORLESUNGEN DES STAATES HAMBURG.

1. GESCHICHTE UND ENTWICKLUNG DES VORLESUNGSWESENS. Die Geschichte des Hamburgischen Vorlesungswesens lässt sich in 3 Perioden teilen. Die erste umfasst die Zeit des Akademischen Gymnasiums (1613—1883), die zweite die Zeit von der Auflösung dieser Anstalt bis zur Reorganisation des Vorlesungswesens im Jahre 1895, und die dritte die neueste Zeit vom Jahre 1895 ab.

Das 1613 gegründete Akademische Gymnasium sollte eine Mittelanstalt zwischen Schule und Universität sein. Der Zutritt zu ihren Vorlesungen stand bis in die Mitte des 18. Jahrhunderts ausschliesslich den am Akademischen Gymnasium inskribierten Gymnasiasten offen. Es stand lange Zeit in Blüte und der wissenschaftliche Ruf seiner Professoren, Männer wie Joachim Jungius, Johann Albert Fabricius, Hermann Samuel Reimarus, Johann Christoph und Johann Christian Wolf, Johann Georg Büsch, Johannes Gurlitt und in späterer Zeit C. F. Wurm, L. K. Aegidi und H G. Reichenbach, ging weit über die Grenzen Hamburgs hinaus.

Mit den veränderten Verhältnissen der neueren Zeit nahm der Besuch der Anstalt mehr und mehr ab, und so wurden öffentliche Vorlesungen eingerichtet zur Verbreitung gemeinnütziger Kenntnisse in weiteren Kreisen. Als Begründer dieser Art von Vorlesungen wird der Professor für Mathematik am Akademischen Gymnasium Johann Georg Büsch genannt. Diesen Verhältnissen trug das revidierte Gesetz für das Akademische Gymnasium vom 21. Juni 1837 Rechnung. Es wurden Vorlesungen über klassische Philologie, Kunstgeschichte, Chemie, Mechanik, Naturwissenschaften, usw. gehalten. Nicht nur die Professoren des Gymnasiums, sondern auch andere Gelehrte wurden damit beauftragt. Da das Akademische Gymnasium als Mittelstufe zwischen Gymnasium und Universität sich aber allmählich überlebt hatte, wurden die vakant werdenden Professuren von den 70er Jahren an nicht wieder besetzt, und damit trat auch eine erhebliche Reduzierung der öffentlichen Vorlesungstätigkeit ein. 1883 wurde das Akademische Gymnasium aufgehoben.

In der nun folgenden zweiten Periode ging die Führung auf die Wissenschaftlichen Anstalten Hamburgs über, die teilweise früher mit dem Akademischen Gymnasium verbunden waren. Dazu gehörten die Stadtbibliothek, der botanische Garten, die Sternwarte, das chemische Staatslaboratorium, das physikalische Kabinett und das naturhistorische Museum. Später traten noch andere hinzu: das Museum für Kunst und Kunstgewerbe, die Sammlung Hamburgischer Altertümer, das Museum für Völkerkunde, das botanische Museum, etc. Durch Gesetz vom 21. Mai 1883 wurden sämtliche Direktoren dieser Anstalten zur Haltung wissenschaftlicher öffentlicher oder nicht öffentlicher Vorträge verpflichtet, und das gesamte Vorlesungswesen wurde der Oberschulbehörde, Sektion für die wissenschaftlichen Anstalten unterstellt. Die Verpflichtung zu Vorlesungen wurde später auch auf die Assistenten der Anstalten ausgedehnt, und auch andere Gelehrte Hamburgs wurden dazu herangezogen.

Der Mangel systematischer Folge bei einzelnen Vorlesungskursen führte im Jahre 1895 zur Einsetzung einer besonderen Kommission, um das Vorlesungswesen neu zu ordnen. Diese, die dritte Periode des Vorlesungswesens einleitende Neuordnung erstreckte sich auf 4 Punkte. Es sollten möglichst alle Wissensgebiete in den Kreis der Tätigkeit eingezogen werden, es sollte eine turnusgemäss sich wiederholende Aufeinanderfolge der Vorlesungen stattfinden, das Fortbildungsinteresse der Lehrerschaft sollte besonders berücksichtigt werden, und der Schwerpunkt der Tätigkeit sollte in das Wintersemester verlegt sein. Der Hamburgische Senat setzte für diese Zwecke in das Budget die erforderlichen Mittel ein, die sich im Jahr 1896 auf 12000 *M.*, im Jahre 1907 auf 72000 *M.* beliefen. Der Kreis der Vorlesungen erweiterte sich so mehr und mehr. Zu Geschichte, Literatur, Kunstgewerbe, Mathematik, Astronomie, Physik, Chemie, Geologie, Mineralogie, Zoologie und Botanik traten die Theologie, die Staatswissenschaften, die Völkerkunde, die Musikgeschichte hinzu, später die Hygiene, die praktische Medizin, die Bau- und Ingenieurwissenschaften, usw., und namentlich wurden sprachwissenschaftliche Vorträge gepflegt; seit 1904 auf Antrag der Handelskammer auch kaufmännische Fortbildungskurse auf dem Gebiete der Praxis und der Rechts- und Staatswissenschaften. Die Kurse der pharmazeutischen Lehranstalt sind seit 1898/99 aufgenommen. Die pharmazeutische Lehranstalt untersteht dem hamburgischen Medizinalkollegium und gibt Apothekergehilfen die erforderliche wissenschaftliche Ausbildung. Die Vorlesungen sind hier nicht öffentlich sondern nur für Apotheker bestimmt. Zur Unterstützung der Vorlesungen wurden besondere Praktika eingerichtet nach dem Vorbilde der Universitätsübungen. — Die Gesamtzahl der Besucher im Wintersemester 1900/01 belief sich auf 11640 einzelne Hörer, nach der Kopfzählung auf 66447. Im Wintersemester 1908/09 auf 10238 resp. 78429. Der Zutritt zu den Vorlesungen ist seither unentgeltlich, bei Besorgnis der Überfüllung gegen Einlasskarte, auf schriftliches Gesuch an die Vorlesungskommission.

Im Jahre 1901 wurde durch Gesetz vom 11. Oktober der Professorenkonvent gebildet, dem die Direktoren der Anstalten angehören, die jährlich ihren Vorsitzenden wählen. Zur Pflege der in das Vorlesungswesen aufgenommenen Fächer wurden und werden natürlich auch zahlreiche andere in Hamburg wohnende und auswärtige Dozenten für einzelne Vorlesungen und Kurse berufen.

Das Jahr 1907 leitet die neueste Entwicklung ein durch Begründung der Hamburgischen wissenschaftlichen Stiftung, die Schenkung eines eigenen monumentalen Vorlesungsgebäudes, und durch die Errichtung des Kolonialinstituts.

Das Grundkapital der von einer Anzahl angesehener Männer Hamburgs zusammengebrachten wissenschaftlichen Stiftung betrug 3815000 ℳ. Durch Gesetz vom 12. April 1907 erhielt sie die staatliche Genehmigung. Die Verwaltung der Stiftung bildet ein Kuratorium, in welchem der Präses der Oberschulbehörde, Sektion für die wissenschaftlichen Anstalten den regelmässigen Vorsitz führt. Die Zinsen der Stiftung sollen 1. für die Honorierung von Dozenten verwandt werden, 2. für Bearbeitung wissenschaftlicher Fragen, Stellung von Preisaufgaben und Herausgabe wissenschaftlicher Schriften, 3. für Veranstaltung oder Unterstützung von Forschungsreisen und Ausgrabungen. — Die Gelehrten, denen ein dauernder Lehrauftrag erteilt wird, werden zu Hamburgischen Professoren ernannt und treten dem Professorenkonvent der wissenschaftlichen Anstalten als Mitglieder bei. Gehalt, Ruhegehalt, Witwen- und Waisenversorgung gehen zu Lasten der Stiftung. — Sollte das Vermögen der Stiftung so angewachsen sein, dass es für sich allein oder unter Zuziehung von Staatsmitteln ausreicht, um eine Universität oder eine andere Hochschule allgemeinen Charakters in Hamburg zu errichten und zu erhalten, so soll das Kuratorium berechtigt sein, das Stiftungsvermögen für die Errichtung einer solchen allgemeinen Hochschule zu verwenden.

Herr Edmund J. A. Siemers erklärte sich September 1907 bereit, das für die Konzentration des staatlichen Vorlesungswesens notwendige Gebäude zu schenken, wenn der Staat den erforderlichen Bauplatz auf der Moorweide an der Grindelallee zur Verfügung stellt. Dem Antrage wurde stattgegeben.

Das Kolonialinstitut (s. S. 45) wurde im Einvernehmen mit dem Reichskolonialamt errichtet zu dem Zwecke, die gemeinsame Vorbildung von Beamten und anderen Personen, die in die Deutschen Schutzgebiete zu gehen beabsichtigen, zu fördern und eine Zentralstelle zu schaffen, in der alle wissenschaftlichen und wirtschaftlichen kolonialen Bestrebungen konzentriert werden können.

INSTITUTE, deren Direktoren und Assistenten Vorlesungen und Praktika abhalten: Stadtbibliothek, Chemisches Staats-Laboratorium, Physikalisches Staatslaboratorium, Staatliches Hygienisches Institut, Botanische Staatsinstitute, Mineralogisch-Geologisches Institut, Sternwarte, Naturhistorisches Museum, Museum für Völkerkunde, Museum für Kunst und Gewerbe, Museum für Hamburgische Geschichte, Seemannskrankenhaus und Institut für Schiffs- und Tropenkrankheiten, Eppendorfer Krankenhaus, Krankenhaus St. Georg, Irrenanstalten Friedrichsberg und Langenhorn.

GEBIETE DER VORLESUNGEN: Theologie; Rechts- und Staatswissenschaften; kaufmännische Kurse; Medizin; Philosophie; Geographie und Völkerkunde; Geschichte; Kriegswissenschaft; Literatur- und Sprachwissenschaften; Musik; Bildende Künste; Bau- und Ingenieurwissenschaft; Fischerei; Mathematik; Astronomie, Nautik, Meteorologie; Physik; Chemie; Mineralogie und Geologie; Zoologie; Botanik; Naturwissenschaftliche Oberlehrerinnenkurse; Kurse an der Pharmazeutischen Lehranstalt (diese nur für Apotheker; siehe S. 43).

KOLONIALINSTITUT.

Gründung s. S. 44. — Leitung durch einen Kommissar des Senats. Die Interessen des Reichskolonialamts nimmt ein Kommissar des Reichskolonialamtes wahr. Die Interessen des Reichsmarineamts ein Kommissar des R.-M.-A. — Professorenrat, den zunächst die dem Professorenkonvent der Wissenschaftlichen Anstalten angehörenden dauernden Vertreter der Hauptfächer und der Leiter des Instituts für Schiffs- und Tropenkrankheiten bilden.

AUFNAHME: 1. Abiturienten deutscher höherer Lehranstalten mit 9jährigem Kurs; 2. seminaristisch gebildete Lehrer nach Bestehen der zweiten Prüfung; 3. Kaufleute, Industrielle, Landwirte und andere Personen mit der Berechtigung zum einjährig-freiwilligen Militärdienst oder die Selektaner von Hamburger Volksschulen sind oder die andere gleichwertige Zeugnisse beibringen; 4. Ausländer auf Beschluss des Professorenrats, wenn sie eine gleichwertige Vorbildung nachweisen. — Hospitanten: Mindestalter 18 Jahre und genügende Vorbildung.

LEHRPLAN: 2 Semester. Der vollständige Lehrplan kann auch in mehr als 2 Semestern durchgemacht werden. Auf Antrag wird beim Verlassen des Instituts ein Zeugnis über die Dauer des Aufenthaltes und die besuchten Vorlesungen erteilt. — Hörer, welche eine ausreichende Zahl von Vorlesungen aus den Hauptgebieten des Unterrichts gehört haben, können Diplomprüfung ablegen.

GEBÜHREN: Aufnahme 20 ℳ als Hörer für 6 Semester, als Hospitant für 1 Semester 5 ℳ. Honorar für die ein- bis zweistündige Semestervorlesung oder Übung 10 ℳ pro Halbjahr, für jede weitere Vortragsstunde 5 ℳ mehr.

Posen (Preussen).

KÖNIGLICHE AKADEMIE (Am Berliner Tor).

Gegründet 1903 als preussische Staatsanstalt zur Förderung des deutschen Geisteslebens in den Ostmarken durch Veranstaltung von Vorlesungen fachmännischer und volkstümlicher Art und wissenschaftlichen Fortbildungskursen für verschiedene Berufszweige (Verwaltungsbeamte, Philologen, Mediziner, Volksschullehrer, auch Theologen, usw.). — Selbstverwaltung durch den akademischen Senat (9 hauptamtliche, 8 nebenamtliche Professuren). Rektor auf drei Jahre gewählt. Neben den Vorlesungen in der Stadt auch Kurse und Einzelvorträge der Akademiedozenten in 43 Orten der Provinz (in Verbindung mit der Deutschen Gesellschaft für Kunst und Wissenschaft).

Zulassung gegen den Nachweis wissenschaftlicher Befähigung für den Einjährig-Freiwilligen-Militärdienst. Einschreibgebühr 10 ℳ für 2 Jahre. Auditoriengeld 5 ℳ für jedes Semester. Vorlesungen unentgeltlich; nur für die Übungen in neueren Sprachen Honorar 4 ℳ für die Wochenstunde. — Nach viersemestrigem Studium werden die Hörer zur Diplomprüfung in mindestens einem der folgenden Fächer zugelassen: Bürgerliches Recht, Öffentliches Recht, Volkswirtschaftslehre, Philosophie, Pädagogik, Geschichte; Deutsche, Französische oder Englische Sprache und Literatur; Physik, Chemie und Mineralogie, Hygiene.

Studierenden der neueren Sprachen werden die in Posen verbrachten Semester bis zur Höchstzahl von 2 auf das Triennium angerechnet. — Für Ergänzungsprüfungen der Oberlehrer in neueren Sprachen besteht in Verbindung mit der Akademie eine Prüfungskommission.

Von Oktober 1910 ab Jahreskurse für Seminarlehrer.

Lyzeen und theologische Anstalten.

Braunsberg (Lyzeum).
Bayerische Lyzeen: Augsburg, Bamberg, Dillingen, Eichstätt, Freising, Passau, Regensburg.
Theologische Anstalten: Berlin (Lehranstalt für die Wissenschaft des Judentums), Breslau (Jüdisch-theologisches Seminar), München (Georgianum), Tübingen (Evangelisch-theologisches Seminar, Katholisches Konvikt).

Braunsberg (Preussen).

KÖNIGLICHES LYZEUM HOSIANUM.

Das Lyzeum Hosianum wurde 1568 vom Kardinal Stanislaus Hosius, Bischof von Ermland, gestiftet. Nachdem die Anstalt im Anfange des vorigen Jahrhunderts eingegangen war, wurde sie auf das eifrige Betreiben des damaligen Fürstbischofs von Ermland, des Prinzen Joseph von Hohenzollern, vom Könige Friedrich Wilhelm III. durch Kabinetts-Ordre vom 19. Mai 1818 als Lyzeum Hosianum wiederhergestellt. Die endgültigen Statuten wurden am 24. Oktober 1843 von Friedrich Wilhelm IV. unterzeichnet.

VERFASSUNG: im wesentlichen dieselbe, wie die der preussischen Landes-Universitäten; die Anstalt umfasst jedoch nur zwei Fakultäten (eine katholisch-theologische und eine philosophische), denen das Promotionsrecht fehlt. Als Kurator fungiert der jedesmalige Oberpräsident der Provinz Ostpreussen. Der Senat besteht aus den sämtlichen ordentlichen Professoren beider Fakultäten. Der Rektor wird jedesmal auf 3 Jahre gewählt. — Die Pensionen der Witwen und Waisen sind wie bei den Universitäten durch den Erlass vom 20. Mai 1889 geregelt, s. Berlin Universität.

Die AUFNAHME unter die Studierenden erfolgt nach den Festsetzungen der allgemeinen Vorschriften vom 1. Oktober 1879, welche überhaupt für das Lyzeum Gültigkeit haben.

GEBÜHREN: Immatrikulation ℳ 4.50, wenn der Besuch einer Universität vorangeht, sonst 9 ℳ; Exmatrikulation 12 ℳ (resp. 6 ℳ). Habilitation 60 ℳ.

Bayerische Lyzeen.

1. ORGANISATION.

Durch Verordnung vom 30. November 1830 wurden die Lyzeen, die Spezialschulen für das philosophische und das katholisch-theologische

Studium sind, hinsichtlich der Lehrgegenstände mit den Fakultäten der Landesuniversitäten gleichgestellt; doch fehlt ihnen das Promotionsrecht. Seit 1892 stehen die Professoren der Lyzeen, ordentliche und ausserordentliche, in Rang und Gehalt den Universitätsprofessoren gleich. — Die an einem Lyzeum verbrachte Studienzeit wird hinsichtlich des philosophischen und theologischen Studiums den Universitätsstudien gleichgeachtet. Mit Ausnahme der Medizin sind alle übrigen Disziplinen der Universitäten den Studierenden der Lyzeen zugänglich. Studierende der Theologie können durch ein 3 (4)jähriges Studium am Lyzeum ihre Studienzeit abschliessen. — Das Lyzeum in Eichstätt ist bischöfliche Anstalt, die andern Lyzeen sind staatlich.

Aufnahme gegen Reifezeugnis eines humanistischen Gymnasiums oder Realgymnasiums. — Hörer werden zugelassen unter gleichen Bedingungen wie an den Universitäten.

Studiendauer: philosophische Fakultät 1 Jahr, theologische 3 (4) Jahre.

Gebühren. Keine Kollegiengelder; Immatrikulation 3 ℳ; Einschreibgebühr pro Semester 1 ℳ.

2. *GESCHICHTE.*

Augsburg (Bayern).

KÖNIGLICH BAYERISCHES LYZEUM.

Das Lyzeum Augsburg bildete ursprünglich als zweijähriger philosophischer Kurs einen Teil des katholischen Gymnasiums Augsburg und wurde seit dem Jahre 1835 nach Errichtung des Benediktinerstiftes St. Stephan durch König Ludwig I. von Bayern, von den Konventualen dieses Ordens geleitet als nur mehr einjähriger philosophischer Kurs. Organisation siehe S. 46.

Bamberg (Bayern).

KÖNIGLICH BAYERISCHES LYZEUM.

Geschichte. Gegründet durch Fürstbischof Otto Voit von Salzburg mit Stiftungsbrief vom 14. November 1647 als Hochschule: Academia Ottoniana, die am 20. April 1648 die kaiserliche, am 18. Juli 1648 die päpstliche Bestätigung erhielt und am 1. September 1648 feierlich eröffnet wurde. Die Akademie umfasste zwei Fakultäten, die philosophische und theologische, erfreute sich aller Rechte und Privilegien einer Universität; 1735 wurde von Fürstbischof Friedrich Karl von Schönborn die juristische, 1749 die medizinische Fakultät hinzugefügt und 1773 durch Fürstbischof Adam Friedrich von Seinsheim die Universitas Ottoniana-Fridericiana auch formell konstituiert. An der Hochschule wirkten von 1648 bis 1773 die Jesuiten. Ihnen gehörten vertragsgemäss Rektorat und Kanzleramt; nach ihrem Weggang wurde vom Fürstbischof das Amt des Kanzlers und Prokanzlers für beständig Mitgliedern des Domkapitels übertragen, den Fakultäten wurde gestattet, für das Rektorat eine Persönlichkeit ausserhalb des Lehrkörpers zu wählen. Domkapitular Ernst Freiherr von Würzburg war auf solche Weise Rector magnificus der Universität von 1774—1797, wo er das Amt niederlegte und Domkapitular Graf von Walderndorf dasselbe erhielt; dieser bekleidete es bis zur Aufhebung der Universität. Als nämlich im Jahre 1802 das Fürstbistum säkularisiert und an die Kurpfalz-Bayerische Regierung gekommen war, wurde der Hochschule der Charakter als öffentliche allgemeine landesherrliche Stiftung gewahrt, diese aber zugunsten der Universität Würzburg auf zwei Fakultäten, die philosophische und theologische, reduziert unter dem Namen Lyzeum; die Fakultäten erhielten die Benennung Sektionen, das seit 1648 bestandene Promotionsrecht fiel dabei fort.

SEKTIONEN: Theologie und Philosophie. — Organisation siehe S. 46.

Dillingen (Bayern).

KÖNIGLICH BAYERISCHES LYZEUM.

GESCHICHTE. Vom Jahre 1549—1804 fürstbischöfliche Universität, von 1804 ab zu den Königlich bayerischen Lyzeen gehörig.

LITERATUR. *Specht, Th., Geschichte der ehemaligen Universität Dillingen.* Freiburg 1902. — *Specht, Th., Geschichte des Lyzeums Dillingen.* Regensburg 1904.

FAKULTÄTEN: Theologie und Philosophie. — Organisation siehe S. 46.

Eichstätt (Bayern).

BISCHÖFLICHES LYZEUM.

Gegr. 1843. König Ludwig I. von Bayern gestattete dem Bischof von Eichstätt Karl August Grafen von Reisach (dem späteren Kardinal) ein bischöfliches Lyzeum in Eichstätt zu errichten und stellte es in seinen Befugnissen den königlichen Lyzeen in Bayern gleich.

SEKTIONEN: Theologie und Philosophie. — Organisation siehe S. 46.

Freising (Bayern).

KÖNIGLICH BAYERISCHES LYZEUM.

Auf Anregung des Erzbischofs Lothar Anselm Freiherrn v. Gebsattel gegründet 1834 durch König Ludwig I. als Spezialschule für Philosophie und katholische Theologie. Die bis dahin noch in Landshut bestehende philosophische Spezialschule (Königl. Lyzeum) wurde damit vereinigt.

LITERATUR. *Joseph Punkes, Freisings höhere Lehranstalten zur Heranbildung von Geistlichen in der nachtridentinischen Zeit.* Freising 1885 (Freisinger Programm 1884/5).

SEKTIONEN: Theologie und Philosophie. — Organisation siehe S. 46.

Passau (Bayern).

KÖNIGLICH BAYERISCHES LYZEUM.

Eine Art Lyzeum d. h. eine höhere Lehranstalt für die wissenschaftliche Ausbildung der Geistlichen wurde bereits von Bischof Ulrich (1451/79) ins Leben gerufen und von seinen Nachfolgern vielfach gefördert, bis Leopold I. (1611) die Jesuiten an diese Anstalt berief, an welcher die philosophischen und theologischen Fächer doziert wurden, erstere seit 1730 in zwei Kursen. Nach Aufhebung des Ordens (1773) bestand diese Lehranstalt nicht nur fort, sondern wurde unter Leopold III. Graf von Firmian (1763/83) mit neuen Lehrstellen für Jurisprudenz und Medizin ausgestattet, endlich von seinem Nachfolger Josef Graf von Auersberg (1783/95) zu einer Akademie mit den Privilegien einer Universität erhoben. Mit der Säkularisation verschwunden, erstand sie unter König Ludwig I. neuerdings als »Lyzeum«, bei dessen Eröffnung am 4. November 1833 sich 110 Kandidaten für die zwei philosophischen und drei theologischen Kurse inskribierten.

FAKULTÄTEN: Theologie und Philosophie. — Organisation siehe S. 46.

Regensburg (Bayern).

KÖNIGLICH BAYERISCHES LYZEUM.

1597 war zu Regensburg bei Mittelmünster ein Jesuitenkolleg errichtet worden, das zunächst zur Gründung eines Gymnasiums schritt, dem sich erst viel später ein Lyzeum anschloss; letzteres jedenfalls von 1736 ab. Soweit zurück datiert nämlich der älteste vorhandene Lyzeumskatalog. — Die Anstalt führte den Titel: Episcopale lyeceum Ratisbonense Societatis Jesu ad divi Pauli, nicht ad divum Paulum, so dass jedenfalls aedes oder ein ähnliches Substantiv zu ergänzen bleibt. — Nach Aufhebung ihres Ordens (1773) führten die Jesuiten als Säkularisierte (Weltpriester) die Anstalt weiter; auch dann noch, als Regensburg 1802 an den Fürstprimas Karl von Dalberg fiel. Bei der Belagerung durch Napoleon (1809) ging *Sankt Paul* in Brand auf, wobei auch wichtige Urkunden nebst der ganzen Bibliothek zerstört wurden. Das Lyzeum ward nunmehr in das natürlich ebenfalls längst säkularisierte Dominikanerkloster St. Blasius verlegt, dessen Hauptzier die schola des seligen Dominikaners Albertus Magnus bildet. Aus diesem Grunde tauschte es auch, nachdem es seit 1810 unter Königlich bayerischer Herrschaft, ohne Dezennien hindurch den Namen eines besonderen Schutzpatrons zu führen, glücklich fortblüht, gegen Ausgang des vorigen Jahrhunderts das Patronat des Albertus Magnus ein. Seit Aufhebung des Lyzeums Amberg (1863) wurde die Zahl seiner Lehrkräfte vermehrt und in der theologischen Abteilung ab 1866 ausserdem noch ein weiterer Kurs (fortan vierjähriges theologisches Studium) angegliedert. Am 2. August 1910 beging das Lyzeum die erste Hundertjahrfeier als Königlich bayerische Hochschule. — Festschrift von Lyzeumsrektor Dr. Wilhelm Schenz: *100 Jahre (1810—1910) des Lyzeum Albertinum Regensburg als Königlich bayerische Hochschule.*

Sektionen: Theologie und Philosophie. — Organisation siehe S. 46.

Theologische Anstalten.

Berlin (Preussen).

LEHRANSTALT FÜR DIE WISSENSCHAFT DES JUDENTUMS.

(N. 24, Artilleriestrasse 14.)

Gegr. 1872. — Zweck: die Erhaltung, Fortbildung und Verbreitung der Wissenschaft des Judentums und die Ausbildung von Rabbinern, Predigern und Religionslehrern. — Verwaltung durch ein Kuratorium. Die Lehrer müssen den wissenschaftlichen Grad besitzen, der zur Habilitation an einer deutschen Universität berechtigt. — Vorlesungen unentgeltlich. Aufgenommen als Zuhörer werden die rite immatrikulierten Studierenden der Berliner Universität. Auch andere Personen können auf Grund besonderer Ermächtigung an den Vorlesungen teilnehmen. — Studiendauer: 10 Semester; erforderlichenfalls zuvor bis 4 Semester in der angegliederten Präparandie.

Publ.: *Verwaltungs-Berichte* (jährlich seit 1872) mit wissenschaftlichen Beilagen. — *Die Lehranstalt, etc. Rückblick auf ihre ersten 25 Jahre.* Berlin 1897. — *Festschrift zur Einweihung des eigenen Heims von I. Elbogen und J. Höniger.* Berlin 1907. — *Schriften der Lehranstalt,* Bd. I, Heft 1—4, 1907 und 1909.

Breslau (Preussen).

JÜDISCH-THEOLOGISCHES SEMINAR (Wallstrasse 1b).

Eröffnet am 10. August 1854; gehört zu den Stiftungen des 1846 verstorbenen Kgl. Kommerzienrates Jonas Fränckel; steht unter der Verwaltung des Kuratoriums dieser genannten Stiftungen. Die Verfassung beruht auf dem Statut vom 10. April 1854. Über die Studienordnung und den Studienplan beschliesst das Lehrerkollegium, dem auch die wissenschaftliche Leitung obliegt, im Einvernehmen mit dem Kuratorium. Den Vorsitz im Kollegium führen die Lehrer abwechselnd ein Jahr lang nach der Reihenfolge des Dienstalters. Die staatliche Aufsichtsbehörde ist die Kgl. Regierung in Breslau.

AUFNAHME: 1. Zeugnis der Reife von einem humanistischen Gymnasium; 2. Verständnis des Pentateuchs und eines Teiles der Propheten und Psalmen im Urtext; 3. Verständnis leichterer Talmudstellen mit den Kommentaren. — Aufnahme, Unterricht und Prüfungen unentgeltlich.

Studiendauer: durchschnittlich 12 Semester.

Brann, M., Geschichte des jüdisch-theol. Seminars, Breslau 1904.

München (Bayern).

COLLEGIUM GEORGIANUM.

Gegründet in Ingolstadt am 14. Dezember 1494 von Herzog Georg dem Reichen von Bayern, von dem es auch den Namen erhalten hat. Das Kollegium siedelte mit der Universität nach Landshut und München über, wo es neben dieser ein eigenes Gebäude hat. 1804 bekam es die Bezeichnung: »Georgianisches Priesterhaus«. Zu gleicher Zeit nahm die Regierung das Recht für sich in Anspruch, den »Direktor« zu ernennen, welcher dem Verwaltungsausschusse der Universität als ständiges Mitglied beigesellt wurde. — Das Stiftungsvermögen beträgt ℳ 1027598.21.

Vergl. *Andr. Schmid, Geschichte des Georgianums in München.* 1894.

Die Anstalt ist zur Heranbildung katholischer Jünglinge zum geistlichen Stande bestimmt; während die Alumnen die theologischen Vorlesungen an der Universität hören, bleiben für das Seminar asketische, liturgische und homiletische Übungen.

Zur AUFNAHME sind nur solche Studierende berechtigt, welche ein humanistisches Gymnasium und einen einjährigen philosophischen Kurs durchgemacht haben und von einem Bischofe zum Studium der Theologie admittiert sind. — Es gibt im ganzen 60 Freiplätze: 54 königliche, um welche sich durch gute Zeugnisse ausweisende Angehörige der Diözesen München-Freising, Augsburg, Regensburg, Passau und Eichstätt bewerben können, und 6, für welche verschiedenen Städten das Präsentationsrecht zusteht. Die Konviktoren bezahlen, wenn Bayern, 420 ℳ, wenn Ausländer, 480 ℳ Pensionspreis.

Tübingen (Württemberg).

EVANGELISCH-THEOLOGISCHES SEMINAR (Stift).

Nach dem Vorbilde Landgraf Philipps von Hessen, der 1529 in Marburg eine Anstalt zur Erziehung »gelehrter und verständiger Prediger und Amtleute« errichtet hatte, traf 1536 Herzog Ulrich in Tübingen eine ähnliche Einrichtung. Aber erst 1547 wurde durch Einräumung des alten Augustinerklosters der feste Grund zu der für Württemberg so bedeutungsvollen Anstalt gelegt. Durch Herzog Christoph, den Begründer des württembergischen Kirchen- und Schulwesens, erhielt dieselbe 1557 die im wesentlichen heute noch giltige Verfassung. Dem »Stipendium« (oder »Stift«) wurde von ihm ausdrücklich die Bestimmung zur Erziehung der künftigen Kirchendiener gegeben, wodurch es nach dem Landtagsabschied von 1583 »ein rechtes Seminarium und junger Bomsatz der Kirchen Gottes« werden sollte. Auf Kosten des Kirchenguts wurden in den (anfänglich 12, später 4 niederen, zur Vorbereitung auf die Hochschule bestimmten) Klosterschulen, wie in dem »Stift« von da an »beständiglich vierthalb hundert Landeskinder zur Versehung und Besetzung der Ministerien der Kirchen Gottes und der Schulen gottseliglich erzogen«.

Das evangelisch-theologische Seminar ist, wie das katholische »Wilhelmstift«, kein Universitätsinstitut, es steht (als »kirchliche Einrichtung«) unmittelbar unter dem Ministerium, speziell dem Studienrat. An der Spitze des »Stifts« steht der Ephorus (gewöhnlich ein ordentlicher Professor der evangelischen Theologie) und zwei Stiftsinspektoren (ord. Prof.); die Beaufsichtigung und Leitung der Studien der Seminaristen liegt in der Hand von 10 Repetenten. Die Zahl der »Stiftler«, von denen sich der grössere Teil der Theologie, ein kleinerer — wozu besondere Ermächtigung erforderlich ist — dem Lehrfache widmet, richtet sich nach dem Bedürfnis. (Präsenzstand 1910: 172.)

KATHOLISCHES KONVIKT ODER »WILHELMSTIFT«.

Bei der Errichtung der katholisch-theologischen Fakultät im Jahre 1817 wurde unter König Wilhelm I. dem »Stifte« entsprechend zur Ausbildung der nötigen Geistlichen für die neugewonnenen katholischen Landesteile das höhere katholische Konvikt, das sogenannte »Wilhelmsstift«, gegründet. — Die Anstalt steht bezüglich der religiösen Erziehung und der Hausordnung unter der Leitung und Aufsicht des Bischofs von Rottenburg, in allen anderen Beziehungen unter der Staatsbehörde, zunächst dem (staatlichen) katholischen Kirchenrat. An der Spitze steht der Konviktsdirektor und die Konviktskommission (die katholisch-theologische Fakultät und der Konviktsdirektor). Zur Beaufsichtigung der Zöglinge sind 7 Repetenten bestellt. (Zahl der Zöglinge 1910: 148.)

Technische Hochschulen.

Aachen	Breslau	Dresden	München
Berlin	Danzig	Hannover	Stuttgart
Braunschweig	Darmstadt	Karlsruhe	Cöthen (S. 64).

Die deutschen technischen Hochschulen sind den Universitäten gleichgestellt. Sie haben das Recht den Doctor der Ingenieurwissenschaft zu verleihen, ursprünglich in Preussen, die andern Bundesstaaten haben sich angeschlossen. Zur Geschichte und Entwicklung des technischen Unterrichtswesens in Deutschland vergl. *W. Lexis, Das Unterrichtswesen im Deutschen Reich.* Band IV[1], S. 3 u. ff. Berlin 1904.

I. Geschichte und Organisation.

Aachen (Preussen).

KÖNIGLICHE TECHNISCHE HOCHSCHULE.

Grundsteinlegung am 15. Mai 1865, dem Tage der Jubel-Huldigungsfeier der Vereinigung der Rheinlande mit der Krone Preussens, durch König Wilhelm I. Eröffnung am 10. Oktober 1870.

VERFASSUNG. Die Hochschule ist dem preussischen Kultusminister unterstellt, der sich für gewisse Amtsbefugnisse durch den Regierungspräsidenten von Aachen vertreten lässt Die übrigen Verfassungsbestimmungen sind zum grössten Teil identisch mit denen der Technischen Hochschule zu Berlin (s. dort). Ausnahmen bestehen u. a. namentlich darin, dass hier der Rektor nicht vom König auf 1 Jahr, sondern vom Minister auf 2 Jahre ernannt wird und dass dem Senate ausser den Abteilungsvorstehern zwei von der Gesamtheit der Abteilungskollegien gewählte Senatoren angehören, sowie ein Vertreter der Abteilung für Bergbau und Hüttenkunde und für Chemie, der von dem Kollegium dieser Abteilung aus Professoren einer derjenigen Gruppen (Bergbau, Hüttenwesen, Chemie) zu wählen ist, welcher der gewählte Abteilungsvorsteher nicht angehört.

ABTEILUNGEN. I. Architektur. II. Bauingenieurwesen. III. Maschineningenieurwesen. IV. Bergbau und Hüttenkunde, Chemie und Elektrochemie. V. Allgemeine Wissenschaften, insbesondere Mathematik und Naturwissenschaften.

AUFNAHME, Studiengang, Prüfungen, Grade, Gebühren siehe S. 58 u. ff.

Berlin (Preussen).

KÖNIGLICHE TECHNISCHE HOCHSCHULE (in Charlottenburg).

Entstanden im Jahre 1882 aus der Vereinigung der früheren Bau-Akademie und der früheren Gewerbe-Akademie mit Verfassungsstatut vom 28. Juli 1882. Seit 1884 in Charlottenburg.

Verfassung. Die Hochschule ist dem preussischen Kultusminister direkt unterstellt. Die Organe für die Leitung der Hochschule sind für jede Abteilung das Abteilungskollegium und der Abteilungs-Vorsteher (vom Kollegium auf 1 Jahr gewählt unter Bestätigung des Ministers), für die gesamte Hochschule der Rektor (vom König auf Grund einer Wahl auf 1 Jahr ernannt) und der Senat. Dieser besteht aus dem Rektor, dem Prorektor, den Abteilungs-Vorstehern und 6 Senatoren, letztere von jedem Abteilungskollegium und der Sektion für Schiffbau aus ihrer Mitte auf 2 Jahre gewählt. Die Verwaltung der ökonomischen Angelegenheiten ruht in den Händen des vom Minister bestellten Syndikus. Die etatsmässigen Professoren werden vom König, die nicht etatsmässigen vom Minister ernannt. Sämtliche etatsmässige Dozenten sind Staatsbeamte und pensionsberechtigt. Das Unterrichtshonorar der Professoren und remunerierten Dozenten fliesst in die Staatskasse, das der Privatdozenten in die ihrige.

Abteilungen. I. Architektur. II. Bauingenieurwesen. III. Maschineningenieurwesen. IV. Schiff- und Schiffsmaschinenbau. V. Chemie und Hüttenkunde. VI. Allgemeine Wissenschaften.

Aufnahme, Studiengang, Prüfungen, Grade, Gebühren siehe S. 58 u. ff.

Braunschweig (Herzogtum Braunschweig).

HERZOGL. TECHN. HOCHSCHULE CAROLO-WILHELMINA.

Geschichte. Im Jahr 1745 gründete Herzog Karl I. nach den Vorschlägen des Abtes Jerusalem das Collegium Carolinum zu Braunschweig. Es gliederte sich in eine technische und eine humanistische Abteilung. In der technischen Abteilung lehrte man auch Forst- und Bergwesen, Metallurgie, sowie Polizei- und Finanzwissenschaft. 1835 wurde die Anstalt neuorganisiert; zu der Ausbildung höherer Techniker kam auch die Ausbildung der Landwirte und Pharmazeuten. 1862 erfolgte die Erweiterung der techn. Abteilung zu einem Polytechnikum, und die beiden andern Abteilungen fielen fort, dagegen blieb der pharmazeutische Unterricht erhalten. Seit 1877 im jetzigen neuen Gebäude. Verfassungsstatut vom 9. März 1878 mit Änderungen vom 26. Juli 1887, 11. Juni 1888 und 30. Juni 1894.

Verfassung. Die techn. Hochschule untersteht dem Herzogl. Staatsministerium; Leitung durch den Rektor und den von den Vorständen der Abteilungen gebildeten Senat, alle auf 2 Jahre gewählt. Die Vorstände der Abteilungen mit ungerader Nummer wechseln in den ungeraden Jahren, die übrigen in den geraden Jahren. Der Rektor wird durch den Regenten, die Abteilungsvorstände werden durch das Staatsministerium bestätigt. Sämtliche Professoren, ordentliche und ausserordentliche, werden vom Regenten ernannt, die Dozenten, Privatdozenten, Lektoren und Assistenten vom Staatsministerium. Das Unterrichtshonorar fliesst mit Ausnahme des der Privatvorlesungen der Dozenten und Lektoren in die Staatskasse.

Literatur. *J. J. Eschenburg, Entwurf einer Geschichte des Kollegii Carolini in Braunschweig.* 8⁰. Berlin und Stettin 1812. — *C. Uhde und C. Körner, Neubau der Herzoglichen technischen Hochschule zu Braunschweig.* Berlin 1877. — *Das 150 jährige Jubiläum der Herzoglichen technischen Hochschule Carolo-Wilhelmina zu Braunschweig im Juli 1895.* Festbericht, 8⁰. Braunschweig 1896.

Abteilungen. I. Architektur. II. Ingenieurwesen. III. Maschinenbau (einschliesslich Elektrotechnik und Textilindustrie). IV. Chemie (einschl. besonderer Studienkurse für Nahrungsmittelchemie, Zucker- und Gärungstechnik). V. Pharmazie. VI. Allgemeine bildende Wissenschaften, Mathematik und Naturwissenschaften.

AUFNAHME, Studiengang, Prüfungen, Grade, Gebühren siehe S. 58 u. ff.

Breslau (Preussen).

TECHNISCHE HOCHSCHULE.

Eröffnung im Oktober 1910. Die Organisation wird wohl nach dem Muster der anderen preussischen technischen Hochschulen erfolgen (siehe Berlin).

ABTEILUNGEN (in Aussicht genommen): Chemie und Hüttenkunde; Maschinenbau und Elektrotechnik; Allgemeine Wissenschaften (zum Teil in Personalunion mit der Universität).

Danzig (Preussen).

TECHNISCHE HOCHSCHULE (Langfuhr, Gossler-Allee).

GESCHICHTE. Seit 1899 in der Gründung begriffen und im Oktober 1904 eröffnet. Der durch den Aufschwung der Industrie hervorgerufene Andrang zu den technischen Berufen und die hierdurch entstandene Überfüllung der technischen Hochschulen zu Berlin-Charlottenburg und Hannover hat die preussische Staatsregierung zur Errichtung einer neuen technischen Hochschule im Nordosten der Monarchie veranlasst, mit annähernd derselben Ausgestaltung wie die der Hochschule zu Aachen (nur mit dem Unterschied, dass an Stelle des Bergbaus hier der Schiffbau hinzutritt) und mit der Organisation der anderen preussischen technischen Hochschulen. — In Danzig wird der Rektor auf zwei Jahre gewählt und von dem Kultusminister bestätigt. — Von dem eingezahlten Unterrichtshonorar erhalten die Professoren und Dozenten bis zum Betrage von 1500 ℳ pro Jahr alles, über 1500 ℳ ¼ von dem Honorar und zwar bis 6000 ℳ.

FINANZIELLES. Die Gründung hat einen Kostenaufwand von 5316570 ℳ verursacht (Hauptgebäude 2809200 ℳ, innere Einrichtung 410000 ℳ; chemisches Institut 527000 ℳ, innere Einrichtung 210000 ℳ, Instrumente 100000 ℳ, Bibliothek 80000 ℳ, etc.).

Denkschrift betr. die Begründung einer Technischen Hochschule in Danzig, erstattet dem Hause der Abgeordneten vom Finanzminister v. Miquel und Kultusminister Bosse. 1899.

ABTEILUNGEN. I. Architektur. II. Bauingenieurwesen. III. Maschineningenieurwesen u. Elektrotechnik. IV. Schiff- u. Schiffsmaschinenbau. V. Chemie. VI. Allgemeine Wissenschaften.

AUFNAHME, Studiengang, Prüfungen, Grade, Gebühren siehe S. 58 u. ff.

Darmstadt (Hessen).

TECHNISCHE HOCHSCHULE.

GESCHICHTE. Um 1826 wurde als Staatsanstalt eine Real- und technische Schule in Darmstadt gegründet für Arithmetik, Modellieren, Freihandzeichnen, geometrisches Zeichnen u. dergl.; 1836 in eine höhere Gewerbeschule verwandelt, deren obere Klasse sich in eine mechanische und eine chemische Abteilung schied. 1868 zur polytechnischen Schule erhoben, erhielt sie durch die Reorganisation von 1877 den Hochschulcharakter. 1882 wurde eine besondere Abteilung für Elektrotechnik eingerichtet, 1884 ein Kursus für Pharmazie in der chemischen Abteilung.

Die Hochschule untersteht dem Ministerium des Innern. Die Verwaltung ruht in den Händen des Rektors und der Abteilungsvorstände: ersterer vom Grossherzog auf 1 Jahr, die letzteren vom Ministerium auf 3 Jahre ernannt.

Literatur. *Festschrift zur Jubelfeier des 50jährigen Bestehens der Grossherzoglichen Technischen Hochschule. — Festschrift zur feierlichen Einweihung der Neubauten der Grossherzoglichen Technischen Hochschule zu Darmstadt am 28. Oktober 1895. — Festschrift zur Feier der Eröffnung der Erweiterungsbauten der Grossherzoglichen Technischen Hochschule zu Darmstadt am 23. Juli 1908.*

Abteilungen. I. Architektur. II. Ingenieurwesen. III. Maschinenbau. IV. Elektrotechnik. V. Chemie inkl. Elektrochemie und Pharmazie. VI. Mathematik und Naturwissenschaften.

Aufnahme, Studiengang, Prüfungen, Grade, Gebühren siehe S. 58 u. ff.

Dresden (Sachsen).

KÖNIGL. SÄCHSISCHE TECHNISCHE HOCHSCHULE.

Geschichte. 1828 wurde zu Dresden eine technische Bildungsanstalt gegründet, welche neben eigentlichen höheren Technikern auch Handwerker und Bauführer ausbilden sollte. Man verband mit der Anstalt eine mathematische Vorbereitungsschule, welche nach dem Muster der Pariser École polytechnique eingerichtet war. 1851 wurde die technische Bildungsanstalt reorganisiert und zur »Kgl. polytechnischen Schule« erhoben mit neuem Lehrplan und hohen Zielen. Seit den siebziger Jahren als Hochschule organisiert, erhielt sie 1890 eine freie akademische Verfassung und den jetzigen Namen.

Verfassung. Die Hochschule steht direkt unter dem Ministerium des Kultus und öffentlichen Unterrichts. Der Rektor wird vom König auf Grund einer Wahl und für 1 Jahr berufen; ihm steht der Senat zur Seite, bestehend aus dem Prorektor, den Abteilungsvorständen und einem Mitgliede der Allgemeinen Abteilung. Die Abteilungsvorstände werden auf 2 Jahre von den Professoren der Abteilung gewählt.

Der Rektor und Senat haben die gemeinsamen Angelegenheiten der Technischen Hochschule zu leiten und die allgemeine Aufsicht und Disziplin über die Studierenden zu üben. — Der König ernennt die ordentl. Professoren, das Kultusministerium die ausserordentlichen und Honorarprofessoren. Die Dozenten erhalten einen prozentualen Anteil am Honorar; der übrige fliesst in die Staatskasse.

Literatur. *Prof. R. Hülsse, Die Königliche Polytechnische Schule zu Dresden während der ersten 25 Jahre ihres Wirkens. — Prof. Wilh. Scheffler, Sachsens Technische Hochschule zu Dresden. Festschrift zur Einweihung des neuen Königlich Sächsischen Polytechnikums zu Dresden.* 1875. — *Die Neubauten der Königlich Sächsischen Technischen Hochschule zu Dresden.* 1905.

Abteilungen. I. Für Architektur. II. Für Bau- und Vermessungsingenieure. III. Für Maschinen-, Elektro- und Betriebs-Ingenieure. IV. Für Chemiker und Fabrikingenieure. V. Allgemeine Abteilung für die mathematisch-naturwissenschaftlichen Fächer und die allgemein bildenden Wissenschaften, zugleich für die Ausbildung der Kandidaten des höheren Lehramtes der mathematisch-physikalischen und chemischen Richtung, sowie für den Lehrberuf in technischen Wissenschaften.

Aufnahme, Studiengang, Prüfungen, Grade, Gebühren siehe S. 58 u. ff.

Hannover (Preussen).

TECHNISCHE HOCHSCHULE.

Geschichte. Gegründet im Jahre 1831 als »Höhere Gewerbeschule«, 1847 zur »Polytechnischen Schule« und seit 1. April 1879 zur »Technischen

Hochschule« erhoben. Sie hat nach dem Verfassungsstatut vom 7. September 1880 — St.-Anz. 1880 Nr. 217 — den Zweck, für den technischen Beruf im Staats- und Gemeindedienst, wie im industriellen Leben die höhere Ausbildung zu gewähren, sowie die Wissenschaften und Künste zu pflegen, welche zu dem technischen Unterrichtsgebiete gehören.

Die Hochschule befindet sich in dem vormals unvollendeten Welfenschlosse neben der Herrenhäuser Allee. Der Umbau, dessen Kosten 2 000 000 ℳ betragen haben, ist in den Jahren 1875 bis 1879 ausgeführt. Die chemischen Institute sind seit dem Jahre 1909 in den mit einem Kostenaufwand von rund 2 000 000 ℳ in der Nähe des Hauptgebäudes aufgeführten Neubau verlegt.

Verfassung. Die Hochschule steht direkt unter dem Minister der geistlichen, Unterrichts- und Medizinal-Angelegenheiten, vertreten durch den Oberpräsidenten der Provinz Hannover. Der Rektor wird vom Minister auf 2 Jahre ernannt, die Abteilungsvorsteher werden jährlich gewählt unter Bestätigung des Ministers. Die etatsmässigen Professoren werden vom König, die nicht etatsmässigen Dozenten vom Minister ernannt.

Abteilungen: I. Architektur. II. Bau-Ingenieurwesen. III. Maschinen-Ingenieurwesen. IV. Chemie und Elektrotechnik. V. Allgemeine Wissenschaften.

Aufnahme, Studiengang, Prüfungen, Grade, Gebühren siehe S. 58 u. ff.

Karlsruhe (Baden).

FRIDERICIANA.

GROSSHERZOGLICHE TECHNISCHE HOCHSCHULE.

Geschichte. Gegründet i. J. 1825 als erste derartige Anstalt im jetzigen deutschen Reiche und dritte im damaligen deutschen Bunde (Prag 1801, Wien 1815). Sie ging aus 3 Anstalten hervor; aus der seit Ende des 18. Jahrh. bestehenden Bauschule des Oberbaudirektors Weinbrenner, einer privaten Gewerbeschule in Freiburg und der 1807 gegründeten Ingenieurschule des Obersten Tulla. Anfangs aus 2 allgemeinen Klassen (Eintrittsalter 13 Jahre), zwei mathematischen (Eintrittsalter 15 Jahre), einer Handels- und Gewerbeklasse bestehend, wurden 1832 obige höhere Anstalten als Ingenieurschule und als Bauschule, sowie eine Forstschule hinzugefügt, während die 2 allgemeinen als Vorschule dienten; die Organisation erhielt von diesem Jahre an einen akademischen Charakter. Das Organisationsstatut vom 20. Jan. 1865 erklärte die Schule zu einer »Hochschule«. Seit 1885: »Technische Hochschule«.

Verfassung. Die Leitung und Verwaltung (unter der Oberaufsicht des Ministeriums für Justiz, Kultus und Unterricht) wird nach dem Verfassungsstatut vom 17. Juni 1895 geführt: A. für die gesamte Hochschule durch: 1. den Rektor, 2. den Senat, 3. den Grossen Rat, 4. die Beiräte für wirtschaftliche, für Rechts- und für Bausachen, 5. die Verwaltung (Verrechnung und Sekretariat); B. für die einzelnen Abteilungen, durch 1. die Abteilungsvorstände, 2. die Abteilungskollegien. Der Rektor wird jeweils auf ein Jahr vom Grossherzog auf Grund der vom Grossen Rat vorgenommenen Wahl ernannt. Amtsantritt am 1. Sept. Der Senat besteht aus 1. dem Rektor, 2. dem Amtsvorgänger desselben (Prorektor), 3. den Vorständen der Abteilungen, 4. einem vom Grossen Rat aus der Zahl der ordentlichen Professoren jährlich gewählten Mitgliede. Der Grosse Rat besteht aus sämtlichen ordentlichen Professoren, sowie aus solchen Lehrern, welche vom grossherzoglichen Ministerium zu Mitgliedern desselben ernannt sind. Der Grossherzog ernennt die Professoren auf Grund der Vorschläge der Berufungskommission. Seit 1905 wählt der Grosse Rat aus seiner Mitte ein Mitglied zur I. Kammer der Landstände.

ABTEILUNGEN: I. Allgemeine (für Mathematik und für allgemein bildende Fächer). II. Architektur. III. Ingenieurwesen. IV. Maschinenwesen. V. Elektrotechnik. VI. Chemie (einschl. Pharmazie). VII. Forstwesen.

AUFNAHME, Studiengang, Prüfungen, Grade, Gebühren siehe S. 58 u. ff.

München (Bayern).

KÖNIGLICH BAYERISCHE TECHNISCHE HOCHSCHULE.

GESCHICHTE. 1827 wurde in München eine sogenannte technische Bildungsanstalt gegründet, deren Schüler, um in der Baukunst eine höhere Ausbildung zu erlangen, auch die bestehende Kunstakademie besuchten. Man verlangte zum Eintritt in die Anstalt bloss diejenigen Vorkenntnisse, welche in den Gewerbeschulen vermittelt werden. Die Anstalt wurde erst 1868 zu einer reichen umfassenden Hochschule umgestaltet, die seitdem einen raschen Aufschwung genommen hat.

VERFASSUNG. Die Königl. bayer. technische Hochschule — in allen äusseren Beziehungen den Landesuniversitäten gleichgestellt — ist dem Ministerium des Innern für Kirchen- und Schulangelegenheiten unmittelbar unterstellt. Der Rektor (im Rang der IV. Rangklasse der Staatsbeamten stehend) wird vom König auf Wahl des Professoren-Kollegiums für 3 Jahre ernannt; die Abteilungs-Vorstände werden auf 3 Jahre gewählt und Allerhöchst bestätigt.

LITERATUR. (*v. Lützow*), *Die Technische Hochschule in Bayern und ihr zukünftiger Sitz.* München 1862. — *Miller, Dr. A., Aus der Zeit des Werdens der Bayerischen Technischen Hochschule;* in »Mitteilungen der Gesellschaft für Deutsche Erziehungs- und Schulgeschichte, herausgegeben von Kehrbach«. (Berlin) Band X, 1900, S. 131 ff. — *Günther, Siegmund, Ein Rückblick auf die Anfänge des technischen Schulwesens in Bayern,* in »Darstellungen aus der Geschichte der Technik, Industrie und Landwirtschaft in Bayern«. München 1906. — *Die neuen Chemischen Institute der Königlich Technischen Hochschule zu München.* München 1909.

ABTEILUNGEN: I. Allgemeine. II. Bauingenieur-Abteil. III. Architekten-Abteil. IV. Maschineningenieur-Abteil. V. Chemische Abteil. VI. Landwirtschaftliche Abteilung.

AUFNAHME, Studiengang, Prüfungen, Grade, Gebühren siehe S. 58 u. ff.

Stuttgart (Württemberg).

KÖNIGLICHE TECHNISCHE HOCHSCHULE.

GESCHICHTE. Die ersten Vorberatungen, betreffend die Gründung eines polytechnischen Instituts in Württemberg, fanden im Jahre 1825 statt. Im Oktober 1829 wurde zunächst eine »Gewerbeschule« im Anschlusse an die 1818 durch Abtrennung einer Anzahl Klassen vom Gymnasium gebildete Realschule eröffnet. Nach den durch Königliche Entschliessung vom 27. März 1829 genehmigten Grundsätzen sollte in derselben »mehr auf eine recht solide Grundlage für die technische Bildung im allgemeinen, als auf die einseitige, wenn auch vollständigere Ausbildung für einzelne Gewerbezweige Bedacht genommen werden, dabei aber die Möglichkeit, ja sogar Wahrscheinlichkeit einer baldigen Erweiterung der Anstalt zu einem wahren polytechnischen Institut nie ausser Augen gesetzt werden«. Im Wintersemester 1838/39 wurde der Unterricht bedeutend erweitert, worauf die Anstalt am 2. Januar 1840 den Namen »Polytechnische Schule« erhielt. Nach Ausscheidung niederer Kurse und mehrfachen Änderungen in der Organisation und Leitung erfolgte die Ausbildung zur technischen Hochschule durch die »Organischen Bestimmungen« vom 16. April 1862. Sie wurden nach mehrfachen Änderungen und Ergänzungen durch die Verfassung vom 28. September 1903 ersetzt.

VERFASSUNG. An der Spitze jeder Abteilung steht ein auf 2 Jahre gewählter »Abteilungsvorstand«, welcher den Vorsitz im »Abteilungskollegium« führt. Die Abteilungsvorstände bilden unter dem Vorsitze des Rektors der Hochschule den »Senatsausschuss« als vorberatende Behörde für den »Akademischen Senat«, welchem alle ordentlichen Professoren und einzelne besonders ernannte weitere Dozenten angehören. Der Rektor wird auf Vorschlag des Senats vom König auf ein Jahr ernannt und kann in einer Folge zweimal wiedergewählt werden.

ABTEILUNGEN: I. Architektur. II. Bauingenieurwesen. III. Maschineningenieurwesen einschl. Elektrotechnik. IV. Chemie einschl. Hüttenwesen und Pharmazie. V. Mathematik und Naturwissenschaften. VI. Allgemein bildende Fächer.

AUFNAHME, Studiengang, Prüfungen, Grade, Gebühren siehe unten II.

II. Aufnahme, Studiengang, Prüfungen, Grade, Gebühren.

AUFNAHME.

AACHEN, BERLIN, DANZIG, HANNOVER.

a. Studierende. Die Aufnahme in die technischen Hochschulen Preussens ist durch folgende Bestimmungen geregelt worden: Reichsinländer bedürfen des Reifezeugnisses eines deutschen Gymnasiums oder Realgymnasiums, oder einer deutschen neunstufigen Oberrealschule, oder einer früheren bayerischen Industrieschule, oder der sächsischen Gewerbeakademie zu Chemnitz.

b. Reichsinländer, die eine ausserdeutsche Lehranstalt besucht haben, werden dann als Studierende zugelassen, wenn ihre Vorbildung in dem betreffenden Lande zum Besuch einer Hochschule berechtigt und der unter a. geforderten im wesentlichen gleichwertig ist. Über das Vorhandensein dieser Voraussetzung entscheidet der Minister.

c. Reichsausländer können unter den gleichen Bedingungen wie Reichsinländer zugelassen werden, indessen ist an der technischen Hochschule in Danzig dazu, auch wenn sie den Anforderungen unter a. und b. genügen, die Genehmigung des Ministers erforderlich.

d. Vorstehende Bestimmungen gelten auch für diejenigen, die von einer anderen Hochschule auf die technische Hochschule übergehen.

e. Hörer. Personen, welche die für die Zulassung als Studierende vorgeschriebene Vorbildung nicht besitzen, können, sofern sie die wissenschaftliche Befähigung für den einjährig-freiwilligen Militärdienst nachweisen, als Hörer zugelassen werden. Die Zulassung erfolgt durch den Rektor. Dem Minister bleibt es vorbehalten, noch weitere Bedingungen für die Zulassung, namentlich die einer vorgängigen praktischen Tätigkeit, vorzuschreiben. Bei Danzig ist auch hier für Reichsausländer die Genehmigung des Ministers erforderlich. — Die Hörer haben einer bestimmten Abteilung beizutreten, deren Wahl ihnen freisteht. Der Besuch der Vorlesungen und Übungen kann ihnen bescheinigt werden; andere akademische Zeugnisse werden ihnen nicht erteilt.

f. Gastteilnehmer. Personen, die an einzelnen Vorträgen oder Übungen teilzunehmen wünschen, ihrer äusseren Lebensstellung nach aber weder als Studierende noch als Hörer eintreten können, darf von dem Rektor im Einverständnis mit dem betreffenden Lehrer gestattet werden, dem Unterricht des letzteren als Gastteilnehmer beizuwohnen.

g. Frauen können nach denselben Bedingungen wie die Studierenden aufgenommen werden mit der Massgabe, dass es zur Zulassung von Reichsinländerinnen als Hörerinnen und zur Zulassung von Reichsausländerinnen in allen Fällen der Genehmigung des Ministers bedarf.

Braunschweig. a. Studierende wie Preussen a.

b. c. Ausländer, im Auslande vorgebildete Deutsche wie Preussen b. und c. Erstere auch auf Reifezeugnis einer vom betreffenden Lande anerkannten Lehranstalt, welches in dem betr. Heimatstaate zum Hochschulstudium berechtigt. Bestätigung der Anerkennung der Lehranstalt und des Zeugnisses durch heimatliche Behörde oder deutschen Konsul.

d. Wie Preussen d.

e. Fach-Zuhörer wie Preussen e. — Auch Aufnahme junger Leute mit Obersekunda-Reife erst nach gründlichem Unterricht in Elementarmathematik und nach längerer praktischer Tätigkeit. — Ausnahmsweise Aufnahme mit Nachweis des Bildungsgrades, der zum einjährig-freiwilligen Militärdienst berechtigen würde.—In Zweifelfällen entscheidet der Senat. Für Ausländer als Hörer Beibringung gleichwertiger, von der Behörde oder deutschem Konsul bescheinigter Zeugnisse erforderlich.

f. Gasthörer wie Preussen f.

g. Frauen werden als Studierende oder Fachzuhörer oder Gasthörer unter den gleichen Bedingungen aufgenommen; jedoch erfolgt die Aufnahme von Reichsausländerinnen nur mit Genehmigung des Herzoglichen Staatsministeriums.

Darmstadt. a. 1) Studierende wie Preussen a. — 2) Bis auf weiteres auch Aufnahme als Studierende: Personen (Mindestalter 18 Jahre), die nach Unterprima einer neunklassigen Schule versetzt worden sind, oder das Abgangszeugnis einer siebenklassigen Realschule mit 3 Vorschulklassen (auch staatlich anerkannten gleichwertigen Schule) besitzen oder nach Versetzung nach Obersekunda einer neunklassigen Schule oder nach Erlangung des Reifezeugnisses einer sechsklassigen Realschule mit 3 Vorschulklassen oder des Berechtigungsscheins zum einjährig-freiwilligen Militärdienst eine technische Mittelschule mit mindestens zweijährigem Kursus (Baugewerkschule, Kunstgewerbeschule, Maschinenbauschule, Technikum, usw.) mit Erfolg besucht haben.

b. c. Ausländer, im Ausland vorgebildete Deutsche wie Braunschweig b. c.

d. Wie Preussen d.

e. Hörer (Mindestalter 18 Jahre) Nachweis der Berechtigung zum einjährig-freiwilligen Militärdienst oder eines Schlussprüfungszeugnisses einer technischen Mittelschule.

f. Gäste siehe Preussen f.

g. Frauen deutscher Staatsangehörigkeit werden unter den gleichen Voraussetzungen, wie Männer, zur Immatrikulation zugelassen. Ausnahmsweise und mit Genehmigung des Ministeriums werden auch Frauen nicht deutscher Staatsangehörigkeit zum Studium zugelassen.

Dresden. a. Studierende wie Preussen a. Desgleichen Aufnahme inaktiver deutscher Offiziere und der Besitzer des Diploms einer technischen Hochschule als Studierende zulässig.

b. c. Ausländer und im Ausland vorgebildete Deutsche. Ob ein ausländisches Zeugnis den unter a. gedachten deutschen Reifezeugnissen gleichwertig und demgemäss sein Inhaber als Studierender aufzunehmen ist, entscheidet der Rektor, welcher in zweifelhaften Fällen vor der Aufnahme die Genehmigung des vorgesetzten Ministeriums einholt. — 1. Inhaber von Reifezeugnissen russischer klassischer Gymnasien können nur dann als Studierende aufgenommen werden, wenn sie bereits zwei Semester an einer russischen Hochschule studiert haben. Verbrachte Studiensemester an Handelsabteilungen usw. werden nicht angerechnet. 2. Abiturienten siebenklassiger Mittelschulen des Auslandes werden in der Regel nicht mehr als Studierende aufgenommen.

d. Wie Preussen d.

e. Hospitanten. Zulassung älterer selbständiger Männer mit entsprechender Vorbildung als Teilnehmer einzelner Vorlesungen und Übungen. Bei jüngeren mit Nachweis entsprechender Vorbildung entscheidet der Rektor oder Senat.

f. Zuhörer (Mindestalter 18 Jahre). Nachweis der Berechtigung zum einjährig-freiwilligen Militärdienst. Ausländer haben Zeugnisse vorzulegen, welche dem gleichwertig sind.

g. Frauen. Aufnahme als Studierende, Hörerinnen, Hospitantinnen unter denselben Bedingungen wie Männer.

KARLSRUHE. a. Studierende wie Darmstadt a. Mindestalter 17 Jahre. Bei 2) muss der Bewerber den Nachweis erbringen, dass er in der Mathematik das Ziel eines humanistischen Gymnasiums erreicht hat.

b. c. Ausländer, im Ausland vorgebildete Deutsche wie Braunschweig b. c.

d. Wie Preussen d.

e. Hospitanten. Frühere Studierende einer Hochschule nach Absolvierung eines Fachstudiums unter Vorlage des Abgangszeugnisses oder Personen reiferen Alters, die dem Unterricht folgen können.

f. Teilnehmer an einzelnen Vorlesungen bedürfen der Erlaubnis des Dozenten und Rektors.

g. Frauen. Nur Frauen mit deutscher Reichsangehörigkeit werden unter den gleichen Bedingungen wie Männer aufgenommen.

MÜNCHEN. a. Studierende wie Preussen a. Auch das Abgangszeugnis vom Kgl. bayer. Kadettenkorps berechtigt zur Aufnahme als Studierender.

b. c. Ausländer und im Ausland vorgebildete Deutsche wie Braunschweig b. c. (ohne den Schlussatz unter Preussen b).

d. Wie Preussen d.

e. Zuhörer. Aufnahme junger Männer, die sich auf einem Gebiet der Technik und des Lehramtes besonders ausbilden wollen, aber die Bedingung für Aufnahme als Studierende nicht völlig erfüllen. Bedingung: Vollendung des 17. Lebensjahres und Nachweis der nötigen allgemeinen und fachwissenschaftlichen Kenntnisse. Vorkenntnisse, mindestens die durch den regelmässigen Schulbesuch erworbene Berechtigung zum einjährig-freiwilligen Militärdienst. Ausländer werden nicht als Zuhörer aufgenommen. Ausnahme möglich bei Schweizern und Österreichern.

f. Hospitanten. Als solche werden zugelassen: Studierende der Universität und der Tierärztlichen Hochschule in München, Offiziere und Männer reiferen Alters.

g. Frauen. Aufnahme als Studierende mit Reifezeugnis eines deutschen humanistischen Gymnasiums oder Realgymnasiums, des

Mädchengymnasiums zu Karlsruhe und der Königl. Prüfungskommission für Schülerinnen zu Dresden. Aufnahme als Hospitantinnen: Studierende der Universität München, und mit Lehramtsprüfungszeugnis. — Im übrigen nur mit besonderer Genehmigung des Ministeriums und zwar in der Regel als Hospitantinnen.

STUTTGART. a. Ordentliche Studierende wie Preussen a.

b. c. Ausländer, im Ausland vorgebildete Deutsche wie Braunschweig b. c. Ausserdem für Ausländer Bedingung, dass deutsche Reichsangehörige im betreffenden Ausland mit den oben genannten Reifezeugnissen zum Hochschulstudium als ordentliche Studierende zugelassen werden.

Zu a.—c. ist weiter Bedingung: für Maschineningenieure Nachweis einjähriger, für Elektroingenieure $^1/_2$ jähriger praktischer Tätigkeit.

d. Wie Preussen d.

e. Ausserordentliche Studierende. Bedingung: Berechtigung zum einjährig-freiwilligen Militärdienst und für Maschineningenieure sowie Elektroingenieure Nachweis einer mindestens $1^1/_2$ jährigen praktischen Tätigkeit.

f. Hospitanten als Teilnehmer an einzelnen Vorlesungen. Bedingung: Nachweis genügender Vorkenntnisse.

g. Frauen werden als Studierende und Hospitanten zugelassen. Die Aufnahme als ordentliche Studierende setzt deutsche Staatsangehörigkeit und ein Reifezeugnis voraus. Als ausserordentliche Studierende werden solche reichsangehörige Frauen aufgenommen, die eine deutsche staatliche Dienstprüfung für Hauptlehrerinnen an höheren Mädchenschulen bestanden haben.

PRÜFUNGEN UND GRADE.

Semestral- (bzw. Schluss-) Prüfungen in Braunschweig, Darmstadt, Dresden, München und Stuttgart werden von den Dozenten abgehalten. Beteiligung freiwillig. Die Semestralzeugnisse dienen als Beleg für den Kollegbesuch und (in München nur dazu) für die Bewerbung um Stipendien. Dieselben sind für die Stipendiaten obligatorisch.

Diplomprüfungen, an denen nur Studierende teilnehmen können, werden jährlich an allen deutschen technischen Hochschulen abgehalten. Dieselben zerfallen in eine Vor- und eine Hauptprüfung*.

Studiendauer bis zur Ablegung der Vorprüfung im allgemeinen vier Semester, bis zur Hauptprüfung acht Semester (je nach dem Fach etwas mehr oder weniger, vergl. Prüfungsvorschriften im einzelnen). Vorbedingung ist der Nachweis des Reifezeugnisses eines deutschen Gymnasiums, Realgymnasiums, einer deutschen Oberrealschule, einer früheren bayerischen Industrieschule oder der sächsischen Gewerbeakademie in Chemnitz. Über die Gleichwertigkeit der Reifezeugnisse nichtdeutscher Lehranstalten entscheidet das zuständige Ministerium. Das

* In Preussen bestehen für die Vorprüfung und die erste Hauptprüfung Prüfungsausschüsse an allen Technischen Hochschulen. Die Vorprüfung und die erste Hauptprüfung im Baufach ist dort durch die Diplomprüfung ersetzt worden. Die Staatsprüfung erfolgt in Berlin vor dem technischen Oberprüfungsamt. Für die Berg-Staatslaufbahn bestehen in Aachen besondere »Vorschriften vom 12. September 1883«.

Fachprüfungen in Darmstadt an den Abteilungen für Architektur, Ingenieurwesen, Maschinenbau und Elektrotechnik, nur zum Zwecke des Nachweises über die in den einzelnen Fächern erworbenen Kenntnisse, bestehend aus mündlicher Prüfung, Klausurprüfung und einer Prüfungsarbeit. Die Fachprüfung für Chemie und Elektrochemie besteht ähnlich wie die Diplomprüfung aus einer Vor- und einer Schlussprüfung.

Die akademische Fachprüfung an der Hochschule in Karlsruhe stimmt inhaltlich mit der Diplomprüfung überein und zerfällt wie diese in eine Vor- und eine Hauptprüfung. Letztere besteht aus der Facharbeit und der Schlussprüfung.

Diplomprüfungszeugnis befähigt zum Eintritt in den höheren technischen Staatsdienst, zur Zulassung zu den Staatsprüfungen und zur Führung des Titels »Diplomingenieur« (Dipl.-Ing.), bzw. »Diplomlandwirt«. Einem zwischen den Regierungen von Baden, Bayern, Braunschweig, Hessen, Preussen, Sachsen und Württemberg getroffenen Abkommen entsprechend, ist das Studium auf allen technischen Hochschulen für die Zulassung zu den Staats- bzw. Diplomprüfungen in den genannten Staaten für das Hochbau-, Ingenieur- und Maschinenbaufach als gleichwertig anerkannt. Dasselbe gilt auch für die pharmazeutischen Staatsprüfungen und die der Nahrungsmittelchemiker, wenn in solchen Fächern an den Hochschulen unterrichtet wird.

Diplomprüfungsgebühren†.

	Vorprüfung	Hauptprüfung		Vorprüfung	Hauptprüfung
Aachen	M 100.—	M 200.—	Dresden	M 50.—	M 75.—
Berlin	» 60.—	» 120.—	Hannover	» 60.—	» 120.—
Braunschweig	» 50.—	» 100.—	Karlsruhe	» 50.—	» 100.—
Danzig	» 60.—	» 120.—	München	» 40.—	» 80.—
Darmstadt	» 50.—	» 100.—	Stuttgart	» 50.—	» 75.—

† Ausländer haben die doppelte Gebühr zu zahlen, in Karlsruhe 75 resp. 150 M.

Doktor-Ingenieur-Prüfung. Beim Erwerb des Doktor-Ingenieurgrades (Dr.-Ing. bzw. Dr.-Ing.) bedarf es 1. derselben Vorbedingungen wie bei den Diplomprüfungen (siehe diese), 2. des Ausweises über den erlangten Diplom-Ingenieurgrad resp. (in Sachsen) der Ablegung der 2. Hauptprüfung, 3. der Vorlage einer Dissertation und 4. einer Prüfung. In München heisst der Grad »Doktor der technischen Wissenschaften«. Männer, welche sich durch besondere Tätigkeit grosse Verdienste um die Wissenschaft erworben haben, erhalten den Doktorgrad auch ehrenhalber (Dr. h. c.). Promotionsgebühr an allen Hochschulen 240 M. In Darmstadt zahlen Ausländer 400 M. — Von der Dissertation müssen 200 Pflichtexemplare abgeliefert werden, in München 250.

Schlusszeugnisse werden in Stuttgart von der Abteilung für Maschinen-Ingenieurwesen einschliesslich Elektrotechnik Studierenden erteilt, wenn sie ihre praktische Ausbildung und ein viersemestriges Studium auf einer Hochschule mit befriedigenden Semesterzeugnissen nachweisen. Diese Zeugnisse ersetzen die Staats- und Diplomprüfung nicht.

Abgangszeugnisse: Studierende der technischen Hochschule in Berlin, welche die Hauptprüfung nicht ablegen, erhalten Abgangszeugnisse. Dasselbe gilt für die Hörer. — An der Technischen Hochschule Darmstadt besteht für die Abteilungen: Architektur, Ingenieurwesen, Maschinenbau, Elektrotechnik und Chemie eine Fachprüfung.

Prüfungsvorschriften sind bei den Sekretariaten aller Hochschulen zu haben.

GEBÜHREN.

AACHEN. Einschreibegebühr der Studierenden einmalig für die Dauer des Studiums 10 M, Hörer pro Semester 5 M, Gastteilnehmer 1 M. Bei Versäumnis der Einschreibezeit 3 M mehr bei Studenten und Hörern, 2 M mehr bei Gastteilnehmern. — Unterrichtshonorar für Studierende, Hörer und Gastteilnehmer pro wöchentliche Vortragsstunde W.-S. 4 M, S.-S. 3 M, pro wöchentliche Übungsstunde 3 M, bzw. 2 M. Beim wiederholten Belegen von Vortragsstunden halbes normales Honorar.

BERLIN. Einschreibegebühr für Studierende und Hörer einmalig 30 M, Gastteilnehmer pro Semester 6 M. — Unterrichtshonorar für Studierende halbjährlich pro wöchentliche Vortragsstunde 4 M, Hörer und Gastteilnehmer 5 ℳ. — Studierende pro wöchentliche Übungsstunde 3 ℳ, Hörer und Gastteilnehmer 4 ℳ. Bei wiederholtem Belegen von Vorträgen 40% Ermässigung für Reichsangehörige.

Braunschweig. Immatrikulationsgebühr der Studierenden einmalig für die Dauer des Studiums 10 ℳ. — Einschreibegebühr für Fachzuhörer 5 ℳ, für Gasthörer 3 ℳ pro Semester. — Honorar für Studierende und Zuhörer pro Semester und wöchentliche Vorlesungsstunde im Winter 4 ℳ, für die Übungsstunde 3 ℳ. Im Sommer für Vorlesungs- und Übungsstunde 3 ℳ. — Ausländergebühr 50 ℳ pro Semester. — Exmatrikulationsgebühr für Studierende und Hörer 2 ℳ.

Danzig. Einschreibegebühr der Studierenden einmalig für die Dauer des Studiums 10 ℳ, bei Versäumnis der Einschreibefrist 20 ℳ, Hörer pro Semester 5 ℳ, bei Versäumnis 8 ℳ, Gastteilnehmer halbjährlich 1 ℳ, bei Versäumnis 3 ℳ. — Unterrichtshonorar pro Semester für alle pro wöchentliche Vortrags- und Übungsstunde 4, bzw. 3 ℳ.

Darmstadt. Eintrittsgeld für deutsche Studierende 10 ℳ, ausländische 30 ℳ. — Einschreibegebühr für deutsche Hörer 5 ℳ, ausländische 15 ℳ, inländische Gäste 2 ℳ, ausländische 3 ℳ. — Studiengeld: deutsche Studierende pro wöchentliche Vortragsstunde W.-S. ℳ 3.50, S.-S. 3 ℳ, pro wöchentliche Übungsstunde W.-S. ℳ 2.50, S.-S. 2 ℳ; Hörer und Gäste pro wöchentliche Vortragsstunde W.-S. ℳ 4.50, S.-S. 4 ℳ, pro wöchentliche Übungsstunde W.-S. ℳ 3.50, S.-S. 3 ℳ. — Studiengeld für ausländische Studierende pro Vortrags- und Übungsstunde W.- und S.-S. 5, bzw. 4 ℳ, ausländische Hörer und Gäste 6, bzw. 5 ℳ.

Dresden. Einschreibegebühren 12 ℳ, Ausländer 24 ℳ, Hospitanten 4 ℳ. — Kollegienhonorar: Studierende und Zuhörer pro wöchentliche Vortrags- und Übungsstunde im Semester 4 ℳ, sonstige Übungen 3 ℳ, Hospitanten pro Vortrags- und Übungsstunde 5 ℳ, sonstige Übungen 4 ℳ. Ausländergebühr 50 ℳ.

Hannover. Einschreibegebühr für Studierende wie bei Aachen, Hörer alljährlich 10 ℳ, Gastteilnehmer pro Semester 1 ℳ. Bei Versäumnis der Einschreibezeit Studierende und Hörer 3 ℳ mehr, Gastteilnehmer 2 ℳ mehr. — Unterrichtshonorar für Studierende, Hörer und Gastteilnehmer W.-S. pro Vortragsstunde 4 ℳ, S.-S. 3 ℳ, Übungsstunde W.-S. 3 ℳ, S.-S. 2 ℳ. Bei wiederholtem Belegen Studierende und Hörer die Hälfte Honorar. Ausländerbeitrag pro Semester 50 ℳ.

Karlsruhe. Aufnahmetaxe für Neueintretende 10 ℳ, Ausländer 20 ℳ. — Honorar für Studierende in beiden Semestern pro wöchentliche Vortragsstunde 3 ℳ, Übungsstunde 2 ℳ. Mindestbetrag des Gesamthonorars W.-S. 80 ℳ, S.-S. 60 ℳ. Hospitanten für beide Semester pro Vortragsstunde 4 ℳ, Übungsstunde 3 ℳ, mindestens W.-S. 40 ℳ, S.-S. 30 ℳ.

München. Einschreibegebühr für Studierende, Zuhörer und Hospitanten (letztere mit Ausnahme der Studierenden der anderen Münchener Hochschulen, aktiver bayerischer Offiziere und Beamten) als Reichsangehörige 20 ℳ, Ausländer das Doppelte. Im Falle Versäumung der vorgeschriebenen Fristen Erhöhung bzw. teilweise Wiederholung der Gebühren. — Unterrichtsgebühren für Vorlesungs- und Übungsstunden pro Semester und Wochenstunde 4 ℳ bei chemischen, mehr als 4 Wochenstunden umfassenden Praktika ℳ 2.50. Ausländergebühr pro Semester 50 ℳ.

STUTTGART. Aufnahmegebühr: ordentliche und ausserordentliche Studierende beim Eintritt 15 ℳ (Reichsangehörige), Ausländer 20 ℳ, Studierende, die bereits an anderen Hochschulen immatrikuliert waren, 10 ℳ. Hospitanten 3 ℳ Verwaltungskostenbeitrag pro Semester. — Unterrichtsgeld für ordentliche und ausserordentliche Studierende pro wöchentliche Vorlesungs- und Übungsstunde W.-S. 4 ℳ, S.-S. 3 ℳ. Mindestbetrag des Gesamthonorars W.-S. 100 ℳ, S.-S. 80 ℳ. — Unterrichtshonorar für Hospitanten bei ein- und zweistündigem Vortrag 6 ℳ, bei drei- und mehrstündigem 5 ℳ pro Stunde, jede Übungsstunde 5 ℳ. Ersatzgeld für Studierende und Hospitanten gleich. Ausländergebühr pro Semester 50 ℳ.

Besondere Gebühren werden für die praktischen Übungsstunden im Zeichnen, Modellieren und Arbeiten in den Laboratorien erhoben. Dieselben sind an allen Hochschulen verschieden und betragen 6—85 ℳ pro Semester.

Honorarerlass, Stundung und Stipendien. Einer bestimmten Anzahl von Studierenden (Reichsangehörigen) kann an den deutschen technischen Hochschulen, insofern sie sich durch Verhalten und Fortschritt auszeichnen, das Honorar teilweise oder ganz erlassen oder Stundung gewährt werden. Stipendien vom Staat und aus Stiftungen werden mit gleichzeitigem Erlass des Unterrichtshonorars unter den Studierenden verteilt. — An der technischen Hochschule München findet keine Befreiung vom Unterrichtshonorar statt, dagegen für bayerische Staatsangehörige Stipendien aus dem Stipendienfonds und Staatsstipendien. Ausserdem verschiedene Privatstipendien. Für alle Stipendienbewerbungen ausser Dürftigkeit auch Ablegung der vorgeschriebenen Semestral-Examina Voraussetzung.

Cöthen (Anhalt).

STÄDTISCHES FRIEDRICHS-POLYTECHNIKUM.

GESCHICHTE. 1891 vom Verein zur Förderung gemeinnütziger Unternehmungen als Akademie für Handel, Landwirtschaft und Maschinentechnik gegründet. Durch die tatkräftige Leitung ihres ersten Direktors, Dr. E. Holzapfel, gelangte die Anstalt bald zur Blüte. 1892 erhielt sie die Bezeichnung »Höheres technisches Institut«. Als später die Umwandlung in das städtische Friedrichs-Polytechnikum erfolgte, erhielt dieses 1905 ein neues Statut und 1906 eine neue Prüfungsordnung.

Der Etat der Anstalt wird durch Zuschüsse von seiten der Stadt (Erträgnisse der städtischen Biersteuer, Einkommensteuer, usw.) und durch einen Staatszuschuss (10000 ℳ) balanziert.

ZIELE UND STUDIENDAUER. Das Polytechnikum soll jungen Leuten, welche sich zu tüchtigen Ingenieuren ausbilden wollen, ohne die Absicht zu haben, in den Staats- oder technischen Unterrichtsdienst zu gehen, eine brauchbare, für die Praxis vollständig ausreichende technische Ausbildung geben. Die Studienzweige sind: 1. Maschinenbau, 2. Elektrotechnik, 3. Technische Chemie inkl. Papier- und Gastechnik, 4. Hüttenwesen, 5. Keramik und Glas- und Zementtechnik, 6. Allgemein bildende Fächer. — Studiendauer 7—8 Semester.

Der Verein deutscher Papierfabrikanten hat einen besonderen Fachkursus für solche Hörer eingerichtet, welche das Abgangszeugnis einer Realschule, oder das Einjährigen-Zeugnis besitzen. Sie können schon nach vier Semestern sich dem Verbandsexamen für Papiermacher unterziehen, das unter Aufsicht des obengenannten Vereins abgehalten wird. Doch können im allgemeinen nur solche Hörer den Fachkursus von vier Semestern mit Erfolg besuchen, welche mindestens zwei Jahre Praxis hinter sich haben.

Verwaltung. Das Polytechnikum ist Eigentum der Stadt Cöthen. Die Verwaltung und Aufsicht führt der Magistrat in Verbindung mit dem Direktor und dem durch den Gemeinderat der Stadt gewählten Kuratorium, letzteres aus dem Bürgermeister bzw. seinem Stellvertreter und vier Mitgliedern bestehend. — Die Oberaufsicht über die Anstalt hat die Herzoglich Anhaltische Regierung, Abteilung für das Schulwesen.

Aufnahme. Studierende (Reichsinländer) gegen Reifezeugnis einer neunstufigen höheren Lehranstalt. — Hörer nach zurückgelegtem achtzehnten Lebensjahr bei Vorweis der Berechtigung zum einjährig-freiwilligen Militärdienst. Sechzehnjährige mit dem letztgenannten Reifezeugnis tuen gut, die Zwischenzeit mit einem Praktikum in Fabriken auszufüllen. Sie geniessen die vollen Rechte wie die Studierenden, sind aber zum Besuch der allgemein bildenden Vorlesungen verpflichtet. — Reichsinländer, welche eine ausserdeutsche Lehranstalt besucht haben, werden als »Studierende« zugelassen, wenn ihre Vorbildung der für diese (s. oben) geforderten im wesentlichen gleichwertig ist. Über das Vorhandensein dieser Voraussetzung entscheidet der Direktor. — Reichsausländer können unter den gleichen Bedingungen wie Reichsinländer zugelassen werden, vorausgesetzt, dass dieselben nachweislich des mündlichen und schriftlichen Gebrauches der deutschen Sprache mächtig sind, um den Vorlesungen folgen zu können. Entscheidung durch den Direktor, eventuell gegen besondere bezügliche Prüfung. — Personen, welche an einzelnen Vorträgen oder Übungen teilzunehmen wünschen, ihrer äusseren Lebensstellung nach aber weder als »Hörer« noch als »Studierende« eintreten können, darf von dem Direktor im Einverständnis mit den betreffenden Lehrern gestattet werden, dem Unterrichte der letzteren als »Hospitant« beizuwohnen.

Prüfungen, Diplome. Für die Vorprüfung ist ein viersemestriges Studium, für die Hauptprüfung der Nachweis der am Polytechnikum, einer technischen Hochschule oder einer Universität bestandenen Vorprüfung und eines mindestens siebensemestrigen Studiums am Polytechnikum erforderlich. Dabei werden die an technischen Hochschulen und Universitäten ordnungsgemäss bescheinigten Semester ganz, die an höheren technischen Fachschulen durch Semesterzeugnisse belegten Semester zur Hälfte angerechnet. Bewerber, welche nicht mindestens zwei Semester am Polytechnikum studiert haben, können zur Hauptprüfung nicht zugelassen werden. Auf Grund eines guten Abgangszeugnisses einer früheren bayerischen Industrieschule oder einer Oberrealschule kann eine teilweise Dispensation von der Vorprüfung durch die Prüfungskommission ausgesprochen werden. Für die Hauptprüfung ist der Nachweis einer mindestens einjährigen praktischen Tätigkeit tunlichst vor Beginn des Studiums erforderlich. – Über die Vorprüfung wird eine Bescheinigung, nach bestandener Hauptprüfung ein »Ingenieur-Diplom« ausgestellt.

Gebühren: Studienhonorar pro Semester 150 ℳ, Ausländer 200 ℳ. — Für Benutzung der Laboratorien teils 50 ℳ teils 20 ℳ pro Semester, ebenso für Praktika. – Vorprüfung 30 ℳ, Hauptprüfung 50 ℳ; für jedes fakultative und jedes zu wiederholende Fach 10 ℳ.

Das städt. Friedrichs-Polytechnikum. Festschrift zum Städtetag der Provinz Sachsen und des Herzogtums Anhalt zu Cöthen vom 9.–11. Juni 1909. Von Direktor Prof. Dr. Foehr. 4°. 36 S.

Medizinische Akademien

und sonstiger Unterricht für praktische Medizin.

Akademien in Berlin, Düsseldorf und Köln.
Institute in Berlin, Beuthen, Frankfurt a. Main (Institut für experimentelle Therapie, Dr. Senckenbergisches medizinisches Institut), Hamburg (Hygienisches Institut, Institut für Schiffs- und Tropenkrankheiten) und Posen.
Krankenhäuser in Frankfurt a. Main und Hamburg.
Deutsche Medizinschule in Schanghai s. unter China.

Berlin (Preussen).

KAISER WILHELMS-AKADEMIE
für das militärärztliche Bildungswesen.

Die Anstalt wurde im Jahre 1795 gegründet, nachdem der Generalchirurgus Johann Görcke den Plan für die Einrichtung der Anstalt auf Grund von Studien, die er bei gleichartigen Anstalten in Österreich (Wien, Medizinisch-chirurgische Josephs-Akademie), Italien und Frankreich gemacht hatte. Die Anstalt hiess »Pepinière«; neben den medizinischen Fächern wurden auch andere Hilfswissenschaften gelehrt. Als die Berliner Universität gegründet wurde, sollten die Zöglinge nicht zu den Vorlesungen zugelassen werden wegen mangelnder Vorbildung. Das führte 1811 zur Bildung der medizinisch-chirurgischen Akademie im Zusammenhang mit der Pepinière. 1818 wurde der neue Teil der Anstalt Friedrich-Wilhelms-Institut genannt; im Jahre 1852 wurde die Anstalt in wissenschaftlicher Beziehung der Universität gleichgestellt. 1895 beim 100jährigen Jubiläum erhielt sie den Namen »Kaiser Wilhelms-Akademie«. 1910 wurde das neue Gebäude neben dem Invalidenhaus bezogen.

Die Anstalt dient zur wissenschaftlichen Ausbildung von Militärärzten. Die Studierenden hören neben besonderer Ausbildung dieselben Vorlesungen wie die anderen Medizinstudierenden. Sie wohnen teilweise im Anstaltsgebäude, teilweise ausserhalb und erhalten monatliche Zulagen. Die Aufnahme erfolgt entsprechend den Bedürfnissen der Heeresverwaltung. Verwaltung der Anstalt durch den Direktor (diese Stellung wird jeweils vom Generalstabsarzt der Armee bekleidet), den Subdirektor (ein Generalarzt), den wissenschaftlichen Senat (etatsmässige und ausseretatsmässige Mitglieder).

Literatur. *Schickert, Die militärärztlichen Bildungsanstalten von ihrer Gründung bis zur Gegenwart. Festschrift zur Feier des 100jährigen Bestehens des medizinisch-chirurgischen Friedrich-Wilhelms-Instituts.* Berlin 1895. — *Hermann Schmidt, Festschrift zur Einweihung der Kaiser Wilhelms-Akademie für das militärärztliche Bildungswesen.* 1910.

Akademien in Düsseldorf und Köln.

Seit 1. Oktober 1903 müssen junge Mediziner nach vollständig bestandener ärztlicher Prüfung ein Jahr lang an besonders dazu ermächtigten Krankenanstalten als Praktikanten beschäftigt sein. Diese Verordnung gab Anlass zur Errichtung der Akademien in Düsseldorf und Köln, die aber über die Ziele einer Praktikantenschule weit hinausgehen und die Fortbildung fertiger Ärzte sich zur besonderen Aufgabe machen.

Die Akademien stehen unter der Aufsicht des Kultusministeriums. An Ort und Stelle wird die Aufsicht durch den Regierungspräsidenten als Organ des Ministers ausgeübt. Verwaltung durch ein Kuratorium, dessen Vorsitzender jeweils der Oberbürgermeister ist. Der akademische Rat besteht aus den ordentlichen Mitgliedern. Vorsitzender in dessen Sitzungen ist der geschäftsführende Professor. Dieser und sein Vertreter werden durch den Oberbürgermeister, und zwar in der Regel auf 3 Jahre, ernannt.

AUFGABEN: 1. den Kandidaten der Medizin nach zurückgelegtem Staatsexamen Gelegenheit zur Ablegung des praktischen Jahres zu bieten; 2. Gelegenheit zur Ausbildung in den ärztlichen Spezialfächern zu geben; 3. in Verbindung mit dem Zentralkomitee für das ärztliche Fortbildungswesen Fortbildungskurse für praktische Ärzte zu veranstalten; 4. in der Krankenpflege auszubilden; 5. Samariterkurse abzuhalten; 6. die praktische Medizin nach der wissenschaftl. Seite zu fördern.

LEHRKÖRPER: Ordentliche und ausserordentliche Mitglieder. Ordentliche Mitglieder in Düsseldorf mindestens 5 und nicht mehr als 8, in Köln mindestens 8 und nicht mehr als 12. Titel: Professor für ... an der ... Akademie für praktische Medizin. Sie werden durch den Oberbürgermeister nach Anhörung der Stadtverordneten-Versammlung auf die von dem Kuratorium zu erstattenden Vorschläge ernannt und bedürfen der Bestätigung durch den König. — Ausserordentliche Mitglieder: Dozenten. Diese erhalten ihren Lehrauftrag von dem Kuratorium auf Vorschlag des akademischen Rates; ihre Bestätigung erfolgt durch den Minister.

GEBÜHREN und ZEUGNISSE: Einschreibgebühr 5 ℳ. — Dem Praktikanten wird am Schlusse des praktischen Jahres ein Zeugnis über dessen erfolgreiche Ableistung ausgehändigt. Bei Ausscheidung vor Beendigung des praktischen Jahres wird ihm ein Abgangszeugnis über seine bisherige Tätigkeit erteilt.

Düsseldorf (Preussen).

AKADEMIE FÜR PRAKTISCHE MEDIZIN.

Von 1770—1815 bestand in Düsseldorf eine medizinische Fakultät, die besonders von angehenden Ärzten vor ihrer Niederlassung besucht wurde. — Die neue Akademie wurde 1907 gegründet. Sie ist städtisch, ebenso wie die mit ihr verbundenen »Allgemeinen Krankenanstalten«. Die Gesamtanlage dieser umfasst 25 Einzelbauten für alle Gebiete der Heilkunde mit 900 Krankenbetten. Kostenaufwand: 7 Millionen Mark.

Organisation der Akademie siehe oben.

Dr. M. Greve, Geleitwort zur Feier der Eröffnung der Allgemeinen Krankenanstalten und der Akademie für praktische Medizin. 4°. 61 S. mit Übersichtsplan und 18 Illustrationen. Düsseldorf 1907.

Köln a. Rhein (Preussen).

AKADEMIE FÜR PRAKTISCHE MEDIZIN.

Gegründet 1904. In Verbindung mit der Akademie, die ebenso wie die Düsseldorfer eine städtische Anstalt ist, stehen die 4 städtischen Hospitäler (Bürgerhospital, Augustahospital, Krankenanstalt Lindenburg, Kinderhospital), die städtische Augenheilanstalt und die Provinzial-Hebammen-Lehranstalt mit insgesamt 2340 Betten; ausserdem das städtische bakteriologische Laboratorium im Augustahospital und das physiologische Institut in der Krankenanstalt Lindenburg.

Organisation der Akademie siehe S. 67.

Sonstige medizinische Institute und Krankenhäuser,

die für besondere praktische Ausbildung von Medizinern wirken.

Berlin (Preussen).

KÖNIGLICHES INSTITUT FÜR INFEKTIONSKRANKHEITEN
(N 39, Nordufer-Föhrerstrasse 2).

Gegründet 1891. Geschichte siehe: *Festschrift zum XIV. Internationalen Kongress für Hygiene und Demographie.* Berlin 1907 (Separat-Abdruck, Jena). — 6 Abteilungen: wissenschaftliche Abt.; Abt. für besonders gefährliche Krankheiten; Serum-Abt.; Abt. für Tropenhygiene und Tropenkrankheiten; chemische Abt.; Wutschutzabteilung. — Publikationen erscheinen in den einschlägigen medizinischen Zeitschriften.

Beuthen (Oberschlesien, Preussen).

KÖNIGLICHES HYGIENISCHES INSTITUT.

Gegründet 1900 zunächst als hygienische Station, am 1. April 1906 umgewandelt in ein hygienisches Institut, das in der Hauptsache den Zweck hat, die staatlichen und kommunalen Behörden in der Erforschung und Bekämpfung ansteckender Krankheiten sowie in der Durchführung gesundheitlicher Massnahmen zu unterstützen.

Das Institut besteht aus zwei Abteilungen, einer hygienisch-bakteriologischen und einer chemischen, welch letzterer auch die Kontrolle der Nahrungs- und Genussmittel für bestimmte Bezirke überwiesen ist. Abgesehen von seinen praktischen Aufgaben soll das Institut der freien wissenschaftlichen Forschung auf dem Gebiete der Hygiene, Bakteriologie und Nahrungsmittelchemie dienen und durch Abhaltung von Vorlesungen, Fortbildungs- und Demonstrationskursen für Ärzte und Nahrungsmittelchemiker den beteiligten Kreisen des Regierungsbezirks Oppeln eine wissenschaftliche Anregung und Förderung bieten.

Frankfurt a. Main (Preussen).

KÖNIGLICHES INSTITUT FÜR EXPERIMENTELLE THERAPIE
(Sandhofstrasse 44).

Das Institut ging aus der Prüfungsstation für Diphtherieheilserum am Koch'schen Institut für Infektionskrankheiten in Berlin hervor. Am 1. Juni 1896 wurde diese unter dem Namen »Institut für Serumforschung und Serumprüfung« nach Steglitz bei Berlin verlegt. Zum Direktor wurde Prof. Paul Ehrlich ernannt. Unter weiterer Umgestaltung seines Arbeitsgebietes wurde dieses Institut am 1. Oktober 1899 nach Frankfurt a. M. verlegt, wo es unter der jetzigen Bezeichnung seinen

Betrieb in einem von der Stadt Frankfurt zur Verfügung gestellten Neubau eröffnet hat.

Zweck des Institutes ist: 1. die staatliche Kontrolle der verschiedenen Heilsera, 2. wissenschaftliche Untersuchungen auf dem Gebiet der experimentellen Therapie, vornehmlich Untersuchungen über Immunität, 3. Krebsforschung.

Wissenschaftliche Publikationen in den verschiedensten Fachzeitschriften und in den »*Arbeiten aus dem Königlichen Institut für experimentelle Therapie*« (Jena). — Beschreibung des Instituts siehe: *Festschrift zum XIV. Internationalen Kongress für Hygiene und Demographie.* Berlin 1907 (Separatabdruck, Jena). — Es ist beabsichtigt, die Jahresberichte künftig im »*Klinischen Jahrbuch*« zu veröffentlichen.

STÄDTISCHES KRANKENHAUS (Sachsenhausen).

Errichtet 1884; nach und nach erweitert. Seit Oktober 1901 werden im Winter-Semester auf jeder Abteilung einmal wöchentlich klinische Demonstrationen für die Ärzte der Stadt Frankfurt abgehalten (unentgeltlich). Auch bestehen Einrichtungen zur Vornahme selbständiger wissenschaftlicher Arbeiten (Gebühren dafür 7 ℳ wöchentlich).

8 Kliniken: 1. innere Krankheiten (401 Betten); 2. Chirurgie (264 Betten); 3. Haut- und Geschlechtskrankheiten (353 Betten); 4. Frauenklinik (195 Betten); 5. Ohrenklinik (28 Betten); 6. Augenklinik (62 Betten); 7. Nasen- und Halsklinik (38 Betten); 8. Kinderkrankheiten [medizin.] (80 Betten).

MEDIZINISCHES INSTITUT
DER Dr. SENCKENBERGISCHEN STIFTUNG.

Regelmässige Vorlesungen und Arbeiten im Laboratorium. Vorlesungen über Pathologie, Anatomie und Botanik. Mit botanischem Garten.

Hamburg (Freie und Hansestadt).

STAATLICHES HYGIENISCHES INSTITUT (Jungiusstrasse).

Gegründet 1892. Aufgaben: Erstattung amtlicher Gutachten und Ausführung amtlicher Untersuchungen auf dem gesamten Gebiete der Hygiene, insbesondere: Amtliche Untersuchungsstelle für bakteriologische Untersuchungen gemeingefährlicher und anderer Infektionskrankheiten, bakteriologische Untersuchungen zur Unterstützung der praktischen Ärzte. Fortlaufende Kontrolle der Desinfektionsapparate, Überwachung der Wasserversorgung im Hamburgischen Gebiet. Gutachten und Untersuchungen auf dem Gebiete der Abwasserreinigung. Polizeiliche Untersuchung der Nahrungs- und Genussmittel. Kontrolle der aus dem Auslande eingeführten Fleisch-, Fett- und Weinsendungen. — Wissenschaftliche Arbeiten, praktische Kurse und öffentliche Vorlesungen.

SEEMANNSKRANKENHAUS UND INSTITUT FÜR SCHIFFS- UND TROPENKRANKHEITEN (auf dem Hornwerk).

Hervorgegangen aus dem alten, 1863 gegründeten Seemannskrankenhause, erweitert und mit dem Institut für Schiffs- und Tropenkrankheiten verbunden 1900. Dem Medizinal-Kollegium unterstellt.

Aufgaben: Erforschung der Schiffs- und Tropenkrankheiten, Behandlung daran leidender Patienten, Ausbildung von Schiffs- und Tropenärzten. Dem Reich ist ein gewisser Einfluss auf das Institut vorbehalten. Es entsendet u. a. die beiden externen medizinischen Assistenten; ihm werden ferner 11 Arbeitstische für Praktikanten sowie 20 von den vorhandenen 54 Krankenbetten zur Verfügung gehalten. In enger Verbindung mit der Anstalt steht die ärztliche Beaufsichtigung der hamburgischen Häfen.

Posen (Preussen).

KÖNIGLICHES HYGIENISCHES INSTITUT.

Gegründet 1. April 1899. Zweck der Gründung war vor allem: den Behörden der Provinz auf dem Gebiete der praktischen Hygiene ein Ratgeber zu sein, bei einbrechenden Seuchen (Cholera, Typhus, Pest, etc.) rechtzeitig wissenschaftliche Diagnosen zu stellen, ein wissenschaftlich-medizinisches Institut für die Provinz zu sein und Ärzten und Laien durch Vorlesungen und Kurse zur wissenschaftlichen Anregung zu dienen. Die Vorlesungen werden (wie an einer Universität) semesterweise über folgende Gebiete abgehalten: Hygiene, Bakteriologie, pathologische Anatomie und Chemie; ferner werden auch Praktikantenplätze vergeben. Das Institut ist zugleich ein Untersuchungsamt auf den von ihm vertretenen Gebieten für die ganze Provinz Posen.

Es besteht aus 3 Abteilungen: einer hygienisch bakteriologischen, einer pathologisch-anatomischen, einer pharmazeutisch-chemischen.

Schanghai (China).

DEUTSCHE MEDIZINSCHULE. Siehe unter CHINA.

Pharmazie und Zahnheilkunde.

1. STUDIUM DER PHARMAZIE.

Das Studium der Pharmazie kann an den deutschen Universitäten in den philosophischen, bzw. naturwissenschaftlichen Fakultäten betrieben werden, ausserdem an den technischen Hochschulen in Braunschweig, Darmstadt, Karlsruhe, Stuttgart. Das Studium kann zur Ablegung der Examina für den Apothekerberuf und für den des Nahrungsmittelchemikers führen. Es ist Männern und Frauen zugänglich.

APOTHEKER. Aufnahme: Beibringung des Zeugnisses der Reife für die Prima einer neunstufigen deutschen Vollanstalt; Schüler von Oberrealschulen müssen entsprechende Kenntnisse der lateinischen Sprache (für die Obersekunda eines deutschen Realgymnasiums) nachweisen. Bei Besitz eines Abiturientenzeugnisses einer Vollanstalt ist Abkürzung der Apotheker-Lehrzeit um ein Jahr (2 statt 3) eingeräumt. — Prüfungen: Pharmazeutische Vorprüfung nach der Lehrzeit (Gebühren 24 ℳ). Nach einjähriger praktischer Tätigkeit Zulassung zum Studium: zweijährig, dann pharmazeutische Hauptprüfung (Gebühren 140 ℳ). Nach zwei Jahren praktischer Tätigkeit erfolgt die Approbation als Apotheker.

NAHRUNGSMITTELCHEMIKER. Erforderlich: Zeugnis der Reife einer Vollanstalt, naturwissenschaftliches Studium von 6 Semestern mit entsprechender Laboratoriumstätigkeit. Apotheker, die die Apothekerprüfung mit »Sehr gut« abgelegt haben, werden ohne Reifezeugnis zugelassen.

Promotion. Für Abiturienten wie üblich, vergl. S. 10 u. ff. Immature nur an einigen Universitäten bei Vorlage einer besonders guten Dissertation auf einstimmigen Fakultätsbeschluss mit ministerieller Genehmigung.

Vergl. *Otto Schröder, Das Studium der Pharmazie und die gesetzlichen Vorschriften für die Prüfung der Apotheker im Deutschen Reich.* Halle 1910.

2. STUDIUM DER ZAHNHEILKUNDE.

Das Studium ist an den deutschen Universitäten jetzt Männern und Frauen gleichmässig geöffnet und geschieht in den medizinischen Fakultäten. — Bedingung für die Zulassung zum Studium ist Zeugnis der Reife einer neunstufigen deutschen Vollanstalt. — Studiendauer: 7 Semester. — Prüfungen: Vorprüfung nach drei Semestern, Hauptprüfung nach weiteren vier. — Promotion: Dr. phil. oder Dr. med.; vergl. S. 10 u. ff. Im ersteren Falle nach der Prüfung noch drei- bis viersemestriges Studium in der philosophischen Fakultät.

Vergl. *Otto Schröder, Das Studium der Zahnheilkunde und die gesetzlichen Vorschriften für die Prüfung der Zahnärzte im Deutschen Reich.* Halle 1910.

Tierärztliche Hochschulen.

Berlin, Dresden, Hannover, München, Stuttgart.
Giessen (Veterinär-medizinisches Kollegium an der Universität).
Ausserdem tierärztliche Institute an den Universitäten:
Göttingen, Jena, Königsberg, Leipzig.

I. Geschichte und Organisation.

Berlin (Preussen).

KÖNIGLICHE TIERÄRZTLICHE HOCHSCHULE.
(NW., Luisenstr. 56.)

GESCHICHTE UND VERFASSUNG. Am 1. Juni 1790 als Anstalt zur Ausbildung von Fahnenschmieden für die Armee und von Beamten und Rossärzten für die Gestüte und Marställe errichtet. 1817 (Kabinettsordre vom 9. Juni 1817) ging die Schule aus dem Ressort des Ober-Marstallamts in das des Ministeriums des Krieges und des Innern und im Jahre 1822 (Kabinettsordre vom 21. Dezember 1821) in das des Ministeriums der geistlichen, Unterrichts- und Medizinal-Angelegenheiten über. Seit 1872 (Kabinettsordre vom 27. April 1872) ressortiert die Anstalt von dem Ministerium für Landwirtschaft, Domänen und Forsten. Durch Ordre vom 20. Juni 1887 zur tierärztlichen Hochschule erhoben. — Die Leitung und Verwaltung der Hochschule liegt in den Händen des Rektors und des Professorenkollegiums. Der Rektor wird von dem Minister aus den etatsmässigen Professoren auf eine Amtsdauer von 3 Jahren ernannt. Über die Neubesetzung von Lehrerstellen, den Lehrplan, die Verwendung der Mittel und die Disziplinarordnung der Studierenden beschliesst das Professorenkollegium. — Die Studierenden der übrigen Berliner Hochschulen (Universität, technische und landwirtschaftliche Hochschule, Königl. Akademie der Künste) und Tierärzte, die ihre Studien fortsetzen wollen, werden zur Teilnahme an den Vorlesungen und Übungen zugelassen. — Die Studierenden der tierärztlichen Hochschule haben auch die Berechtigung, die Vorlesungen an der landwirtschaftlichen Hochschule zu besuchen. — Promotionen finden nicht statt.

Die Ausbildung der Militär-Veterinäre erfolgt in der neben der Tierärztlichen Hochschule bestehenden Militär-Veterinär-Akademie. Die Schüler dieser Akademie nehmen an den Vorlesungen und Übungen der Tierärztlichen Hochschule teil und zwar unter den gleichen Bedingungen und mit denselben Pflichten und Rechten wie die Zivilstudierenden.

AUFNAHME, Studiendauer, Prüfungen, Gebühren siehe S. 74.

Dresden (Sachsen).

KÖNIGLICHE TIERÄRZTLICHE HOCHSCHULE.

GESCHICHTE UND VERFASSUNG. Erste Anregung zur Gründung einer Tierarzneischule in Dresden im Jahre 1765 von der Landes-Ökonomie-, Manufaktur- und Kommerzien-Deputation. Der auf Staatskosten an der

Tierarzneischule zu Alfort bei Paris und zu Hannover ausgebildete Kompagnie-Chirurgus Weber errichtete im Jahre 1774 eine solche zunächst aus eigenen Mitteln. Diese wurde 1780 verstaatlicht, 1817 mit der chirurgisch-medizinischen Akademie zu Dresden verbunden und unter die Direktion derselben gestellt, 1856 jedoch wieder als selbständiges Staatsinstitut der Direktion der im Jahre 1858 errichteten Königlichen Kommission für das Veterinärwesen im Königreich Sachsen unterstellt. 1889 Erhebung zur Tierärztlichen Hochschule. Durch Statut wurde im Jahre 1895 die Verwaltung einer aus den drei technischen Mitgliedern der vorgenannten Kommission gebildeten und dieser unterstellten Direktion übertragen. 1903 erfolgte die Einführung eines neuen Statuts. Die Hochschule wurde danach dem Königl. Ministerium des Innern direkt unterstellt, die Leitung einem Rektor übertragen, der in Verwaltungsgeschäften durch den Senat und erforderlichen Falles durch das engere Professorenkollegium unterstützt wird. Die Amtsperiode des vom König ernannten Rektors war dreijährig, die des — nebst dem Rektor — aus drei ordentlichen, nach Gehör des engeren Professorenkollegiums, vom Königl. Ministerium des Innern berufenen Mitgliedern bestehenden Senats einjährig. Nach der im Jahre 1909 errichteten Satzung der Hochschule ist die Amtszeit des Rektors, gleich der des Senats, einjährig. Dem Professorenkollegium steht die Befugnis zu, einen ordentlichen Professor für das Rektorat in Vorschlag zu bringen. Der Senat besteht aus dem Rektor, dem Prorektor und zwei ordentlichen Professoren. — Im Jahre 1907 wurde der Hochschule in Gemeinschaft mit der medizinischen Fakultät der Universität Leipzig das Recht der Promotion zum Doctor medicinae veterinariae verliehen (siehe S. 11 u. 75).

Aufnahme, Studiendauer, Prüfungen, Gebühren siehe S. 74.

Hannover (Preussen).

KÖNIGLICHE TIERÄRZTLICHE HOCHSCHULE.

Geschichte. Im Jahre 1778 von dem damaligen Kurfürsten von Hannover, König Georg III. von England, für die kleinen Verhältnisse des Landes Hannover gegründet. Ihre eigentliche Entwickelung begann erst Mitte des 19. Jahrhunderts; und erst, nachdem sie 1866 preussisch geworden, hat sie nach und nach wesentliche bauliche Erweiterungen, Vermehrung der Institute und des Lehrpersonals erfahren. Ein Erlass des Königs von Preussen vom 20. Juni 1887 erhob die Anstalt zum Range einer »Tierärztlichen Hochschule«. Von 1895 bis 1901 wurden für die Hochschule auf über 4 ha grossem Terrain neue Gebäude in mustergültiger Weise errichtet. Der Kostenaufwand betrug einschliesslich der inneren Einrichtung zirka 3 Millionen Mark.

Verfassung. Die Hochschule ressortiert vom Ministerium für Landwirtschaft, Domänen und Forsten; sie wird administrativ und unterrichtlich von einem auf Lebenszeit vom Könige ernannten Direktor geleitet. Die Professoren werden im Einvernehmen mit dem Professorenkollegium vom Direktor dem Minister vorgeschlagen und vom König ernannt. Die Anstellung der Repetitoren und Assistenten erfolgt auf Vorschlag der Professoren und nach jedesmal vorher eingeholter ministerieller Ermächtigung durch den Direktor.

Aufnahme, Studiendauer, Prüfungen, Gebühren siehe S. 74.

München (Bayern).

KÖNIGLICHE TIERÄRZTLICHE HOCHSCHULE.

Geschichte. Gegründet 1790 durch Kurfürst Karl Theodor als Tierarzneischule, »um den einbrechenden Viehseuchen zu steuern, hierdurch aber die Viehzucht zu verbessern und den Ackerbau zu befördern«; 1810 durch König Maximilian Joseph zur »Zentral-Veterinärschule für das ganze Königreich« erhoben; 1852 durch Maximilian II. als »Zentral-Tierarzneischule« reorganisiert; 1872 mit den Erfordernissen der deutschen Gewerbeordnung in Übereinstimmung gebracht und 1890 anlässlich ihrer Zentenarfeier zur »Königl. Tierärztl. Hochschule« erhoben. Seitdem hat die Hochschule durch ausgedehnte Neubauten mit musterhafter Einrichtung u. durch Vermehrung des Lehrpersonals grossen Aufschwung genommen.

Seit 1910 Promotionsrecht (s. S. 75) und neue Satzungen für die Studierenden, nach denen diese in allen Richtungen den Studierenden der anderen Hochschulen gleichgestellt sind.

Die Hochschule ist dem Kultus-Ministerium unterstellt. Die Leitung liegt in den Händen eines Direktors, der für eine Amtsdauer von 3 Jahren vom König ernannt wird. Alle wichtigeren Angelegenheiten der Schule unterstehen dem Professorenrat. Die Professoren (ordentliche und ausserordentliche) sind seit 1892 in bezug auf Rang und Gehalt den Universitätsprofessoren gleichgestellt. Im Jahre 1891 ist die den Studierenden der Münchener Universität und der Technischen Hochschule eingeräumte Berechtigung zur gegenseitigen Benutzung ihrer Einrichtungen auch auf die Tierärztliche Hochschule ausgedehnt worden.

C. Hahn und Viandt, Geschichte der k. b. Zentral-Tierarzneischule München, 1790—1890. München 1890.

AUFNAHME, Studiendauer, Prüfungen, Gebühren siehe unten.

Stuttgart (Württemberg).

KÖNIGLICHE TIERÄRZTLICHE HOCHSCHULE.

Gegründet im Jahre 1821 als »Tierarzneischule« zur Bekämpfung der Viehseuchen und Förderung der Viehzucht. Die Anstalt verblieb in ihrer ursprünglichen Einrichtung und ihrem äusseren Umfang bis in die achtziger Jahre des 19. Jahrhunderts. Dann erfolgte nach und nach eine Erweiterung durch Errichtung von Neubauten und Vermehrung des Lehrpersonals. Seit 1890 Tierärztliche Hochschule.

VERFASSUNG. Die Hochschule ist dem K. Ministerium des Kirchen- und Schulwesens untergeordnet. Die unmittelbare Verwaltung wird von dem Vorstande und dem Lehrerkonvent besorgt. Der Vorstand (Direktor) wird auf Vorschlag des Ministeriums vom König auf Lebenszeit ernannt. Die Ernennung der Hauptlehrer erfolgt auf Vorschlag des Ministeriums, nach erfolgter Beratung im Lehrerkonvent, durch den König. Der Lehrerkonvent besteht aus dem Direktor der Hochschule und sieben ordentlichen Professoren; ausserdem kann aber auch den ausserordentlichen Professoren Sitz und Stimme darin verliehen werden.

AUFNAHME, Studiendauer, Prüfungen, Gebühren siehe unten.

Die Hochschule wird voraussichtlich aufgelöst werden!

II. Aufnahme, Studiendauer, Prüfungen, Gebühren*.

AUFNAHME.

Für (ordentliche) Studierende ist das Reifezeugnis eines deutschen Gymnasiums oder eines Realgymnasiums oder einer deutschen Oberrealschule oder einer als gleichwertig anerkannten höheren Lehranstalt oder (in München) auch das des Königl. bayerischen Kadettenkorps erforderlich.

* Vergl. *Schaper's Taschenbuch der Tierärztlichen Hochschulen des Deutschen Reiches.* IX. Jahrgang, 1909/10. (Hannover).

Hospitanten (Hörer). Im allgemeinen ist Teilnahme an einzelnen Vorlesungen und praktischen Übungen als Hospitant (Hörer) gegen Entrichtung des Honorars solchen Personen gestattet, die sich über den Besitz der genügenden Bildung ausweisen.

Ausländer (Nichtdeutsche) können als ordentliche Studierende aufgenommen werden, falls sie nachweisen, dass sie die Vorkenntnisse besitzen, die in ihrem Heimatlande zum Besuch einer Tierärztlichen Anstalt berechtigen; in Hannover auch bei geringeren Vorkenntnissen solche, die die Zulassung zu den Prüfungen nicht beanspruchen.

Studiendauer: 7 Semester. — Prüfungen. Die Zulassung zur naturwissenschaftlichen Prüfung ist bedingt durch den Nachweis eines mindestens 3 semestrigen Studiums an einer deutschen tierärztlichen Hochschule oder einer anderen höheren wissenschaftlichen deutschen Lehranstalt. Die Prüfung in derselben findet am Anfange des Winter- und des Sommersemesters (in Hannover viermal jährlich) statt. Die Zulassung zur »Fachprüfung« erfolgt nach dem Nachweis, dass der Kandidat die naturwissenschaftliche Prüfung bestanden, nach deren Ablegung mindestens 3 Semester, im ganzen aber mindestens 7 Semester deutsche tierärztliche oder andere höhere wissenschaftliche Lehranstalten besucht und an denselben das Studium der vorgeschriebenen Fächer erledigt hat. Gebühren für die naturwissenschaftliche Prüfung 20 ℳ, für die Fachprüfung 60 ℳ.

Promotion.

Der Dr. medicinae veterinariae wird in Giessen durch die vereinigte medizinische Fakultät und in Leipzig von der durch die ordentlichen Professoren der Tierärztlichen Hochschule in Dresden verstärkten medizinischen Fakultät verliehen. Promotionsgebühren in Giessen für Inländer und für mit diesen gleich zu behandelnde Ausländer 320 ℳ, für andere Ausländer 470 ℳ; in Leipzig 320 ℳ. Ablieferung der Dissertation in 200 Exemplaren in Giessen und Leipzig erforderlich. — Der Tierärztl. Hochschule in München wurde durch Allerhöchste Verfügung vom 12. Juni 1910 ebenfalls das Recht verliehen, die Würde eines Doktors und eines Ehrendoktors der veterinär-medizinischen Wissenschaft zu verleihen. Die Promotionsordnung wird zurzeit festgestellt. — (In der Schweiz [Bern und Zürich] erteilen auch die veterinär-medizin. Fakultäten den Dr. med. vet.).

Gebühren. (Für Prüfungen und Promotion s. oben.)

Berlin. Einschreibegebühr 6 ℳ und ℳ 7.50 pro Semester für verschiedene Fonds einschliesslich des Beitrages zur Unfallversicherung. — Unterrichtshonorar pro Semester 100 ℳ.

Dresden. Studienhonorar pro Semester 80 ℳ, ausserdem 12 ℳ Unfall-, Krankenkasse- und Ausschuss-Beitrag. — Hospitanten bei Besuch aller Vorlesungen pro Semester 100 ℳ, für die einzelne wöchentl. Vorlesungsstunde 5 ℳ, bei Besuch der Kliniken, Präparier- und anderen Übungen je 30 ℳ; ausserdem 1 ℳ Einschreibegebühr und 2 ℳ für Unfallversicherung.

Hannover. Einschreibegebühr und Abgangszeugnis je 6 ℳ für Reichsdeutsche und je 20 ℳ für Ausländer (Nichtdeutsche). Ferner pro Semester 100 ℳ Honorar, ℳ 7.25 für verschiedene Kassen. Hospitanten: Gebühren verschieden; mindestens 10 ℳ, Höchstbetrag 100 ℳ pro Semester.

München. Kollegienhonorar für Studierende und Hörer ℳ 2.50 pro Wochenstunde. Immatrikulationsgebühr für deutsche Studierende 10 ℳ, für Ausländer 20 ℳ. — Ausserdem Beitrag für Unfallversicherung ℳ 1.50, usw.

Stuttgart. Kollegiengeld pro Semester 60 ℳ für den theoretischen Unterricht, 30 ℳ für die praktischen Übungen. — Abgangszeugnis 3 ℳ. — Krankenkasse 7 ℳ, Unfallversicherung 2 ℳ, Ausschussbeitrag 1 ℳ.

Bergakademien.

Berlin, Clausthal, Freiberg.

Ausserdem an der Technischen Hochschule in Aachen in Abteilung IV: Studium des Bergbaus und der Hüttenkunde.

I. Geschichte und Organisation.

Berlin (Preussen).

BERGAKADEMIE (N., Invalidenstr. 44.)

Gegr. 1770 als »Bergakademie«. Nach Gründung der Friedrich-Wilhelms-Universität im Jahre 1810 Fortbestand der Anstalt unter dem Namen »Haupt-Bergeleven-Institut«. Neugründung der Bergakademie 1860. Von 1873—1907 Verbindung mit der Geologischen Landesanstalt. Am 1. April 1907 Trennung beider Anstalten.

LITERATUR. *P. Krusch, Die Geschichte der Bergakademie zu Berlin von ihrer Gründung im Jahre 1770 bis zur Neueinrichtung im Jahre 1860.* Berlin 1904. — *Weitere Entwicklung der Königl. Bergakademie seit ihrer Wiederherstellung im Jahre 1860* (Programm der Bergakademie für 1904/05).

ORGANISATION: Die Bergakademie untersteht der Abteilung für Berg-, Hütten- und Salinenwesen im Ministerium für Handel und Gewerbe. Satzungen vom 1. April 1907. Leitung durch einen Direktor, Unterricht durch etatsmässige Professoren, Dozenten und Privatdozenten.

AUFNAHME, Studiendauer, Prüfungen, Gebühren, usw. siehe S. 77.

Clausthal (Preussen).

KÖNIGLICHE BERGAKADEMIE.

GESCHICHTE. Die Gründungsgeschichte geht zurück auf einen 1775 eingerichteten einjährigen Kursus für 24 Bergwerksbeflissene (s. *Günther, Berg- und Hüttenmännische Zeitung* 1899, Nr. 47—49). Ein von dem Generalinspektor der Berg-, Hütten- und Salzwerke, Hausmann, verfasstes »Reglement über den für die Bergeleven in der Harzdivision bestimmten Unterricht in den bergmännischen Hilfswissenschaften und Künsten« vom 21. Nov. 1810 führte zur Einrichtung einer »Bergschule« 1811, die von 1821—1844 noch mit einer Forstschule verbunden war. Bedeutender Aufschwung seit Erlass des Regulativs über die Heranziehung von Beamten für den technischen Dienst des oberharzischen Berg- und Hüttenwesens, 1852: dreijähriges Studium. Neue Studienordnung 1859. »Ingenieur«- jetzt »Diplomprüfung« seit 1860. »Bergakademie« seit 1864. 1905 wurde der Neubau bezogen.

»Die Königliche Bergakademie zu Clausthal, ihre Geschichte und ihre Neubauten«. Festschrift zur Einweihung der Neubauten vom 14. bis 16. Mai 1907.

ORGANISATION: Satzungen vom 6. April 1908. Die Bergakademie untersteht unmittelbar dem Minister für Handel und Gewerbe. Kurator ist der jeweilige Kgl. Berghauptmann zu Clausthal. Die Leitung der Bergakademie liegt dem Direktor ob.

AUFNAHME, Studiendauer, Prüfungen, Gebühren, usw. siehe unten.

Freiberg (Sachsen).

KÖNIGLICHE BERGAKADEMIE.

GESCHICHTE. Die Bergakademie wurde 1765 durch landesherrliches Reskript gegründet und Ostern 1766 durch den Generalkommissarius Freiherrn von Heynitz (nachherigen Kgl. Preuss. Minister) und dem Berghauptmann von Oppel eröffnet. Ihre Blütezeit und Berühmtheit begann im Jahre 1775 mit dem grossen Mineralogen und Geologen Abraham Gottlob Werner. 1871 erfolgte eine Neuorganisation; durch diese wurde die Bergakademie dem Königl. Finanzministerium unmittelbar unterstellt. 1899 wurde das Wahlrektorat (einjährige Amtsperiode) eingeführt.

VERFASSUNG (Statut vom 6. Juli 1908 nebst Ausführungsbestimmungen vom 3. August 1908). Die ordentlichen Professoren werden vom König, die ausserordentlichen vom Finanzministerium ernannt. Die Privatdozenten werden auf Antrag des Senats vom Finanzministerium zugelassen. Die Bergakademie wird in Unterordnung unter das Finanzministerium von einem Rektor (alljährlich vom Professoren-Kollegium gewählt und vom König ernannt) verwaltet unter Mitwirkung des bergakademischen Senats (Rektor, Prorektor und drei vom Professoren-Kollegium gewählte Professoren) und des Professoren-Kollegiums (Gesamtheit der ordentlichen Professoren).

Die königl. sächs. Bergakademie zu Freiberg und die königl. geologische Landesanstalt. Herausg. von der königl. Bergakademie. Gr. 4° mit Abbildungen und 1 Tafel. Freiberg 1904.

AUFNAHME, Studiendauer, Prüfungen, Gebühren, usw. siehe unten.

II. Aufnahme, Studiendauer, Prüfungen, Gebühren.

a. AUFNAHME. Studierende. Für Reichsangehörige Besitz des Reifezeugnisses eines Gymnasiums, Realgymnasiums, einer neunstufigen Oberrealschule oder der Gewerbeakademie in Chemnitz erforderlich. — In Berlin sind die Studierenden der übrigen staatlichen Hochschulen Berlins zur Annahme von Unterricht berechtigt. — Ausländer und im Ausland lebende Reichsangehörige haben das Reifezeugnis einer in dem betreffenden Lande staatlich anerkannten Lehranstalt vorzulegen, das daselbst zum Hochschulstudium berechtigt oder dem Reifezeugnis der oben genannten deutschen Schulen gleich zu achten ist. Sie werden unter den gleichen Bedingungen wie Reichsangehörige zum Studium zugelassen.

Hörer. Personen, welche die für die Zulassung als Studierende vorgeschriebene Vorbildung nicht besitzen, können unter der Voraussetzung, dass das Unterrichtsinteresse nicht leidet, als Hörer (Hospitanten) zugelassen werden. Die Zulassung ist von dem Nachweis genügender Vorbildung (Zeugnis zum einjährig-freiwilligen Militärdienst und halbjährige praktische Tätigkeit im Bergfach) abhängig.

Als Gastteilnehmer können in Berlin und Clausthal solche zugelassen werden, die ihrer Lebensstellung nach weder als Studierende noch als Hörer eintreten können, aber an einzelnen Vorlesungen und Übungen teilnehmen wollen.

b. STUDIENDAUER: Zur Erlangung des Diploms 4 Jahre; Kandidaten des höheren Staatsdienstes 3 Jahre, in Freiberg auch diese 4 Jahre.

c. PRÜFUNGEN UND GRADE. Laut Ministerial-Erlass in Preussen vom 27. September 1907, in Sachsen vom 6. Juli 1908 werden Diplome für Berg-, Hütten- und Eisenhütten-Ingenieure erteilt; in Freiberg ausserdem Diplome für Markscheider. Vor- und Hauptprüfung. Gebühren dafür sind in Preussen Vorprüfung 50 M, Hauptprüfung 100 M. Ausländer zahlen das Doppelte. In Freiberg: für beide Prüfungen 100 M, für Ausländer 200 M.

PROMOTION. Zu Doktor-Ingenieuren werden in Freiberg obengenannte Ingenieure promoviert nach Einreichung einer Dissertation an die Dresdener Techn. Hochschule, die im Einverständnis mit dem Rektor der Bergakademie den Doktortitel nach mündlicher Prüfung in Freiberg verleiht. Gebühren 240 M, Ausländer 480 M. — Berlin und Clausthal haben noch nicht das Recht der Promotion.

d. GEBÜHREN. Aufnahme: in *Berlin* und *Clausthal* frei; in *Freiberg* 12 M, Ausländer 24 M.

Vorlesungen pro Wochenstunde und Semester: in *Berlin* und *Clausthal*: 3 M; Übungsstunde M 4.50. Arbeiten im chemischen Laboratorium 45 M bzw. 60 M pro Semester. — *Freiberg*: 3 M. Für Benutzung der Laboratorien besondere Entschädigung. Bergmännischer Vorbereitungskurs 30 M, hüttenmännischer 10 M. Ausländer zahlen ausserdem jährlich 200 M.

Forstakademien.

Eberswalde, Eisenach, Hann.-Münden, Tharandt.
Ausserdem forstwissenschaftlicher Unterricht an den Universitäten Giessen, München und Tübingen. — Aschaffenburg (s. unten).

I. Geschichte und Organisation.

Aschaffenburg (Bayern).

KÖNIGLICH BAYERISCHE FORSTLICHE HOCHSCHULE.

Die Forstlehranstalt Aschaffenburg wurde im Jahr 1844 durch König Ludwig I. von Bayern wieder errichtet, nachdem die früher gleichfalls in Aschaffenburg bestandene Anstalt im Jahr 1832 aufgelöst worden war. Im Jahr 1878 wurde der forstliche Unterricht in Bayern reorganisiert und die Bestimmung getroffen, dass die Anwärter des bayr. Staatsforstdienstes zuerst 2 Jahre an der Forstlehranstalt A., sodann zwei weitere Jahre an einer Universität und hiervon wenigstens 1 Jahr in München zu studieren hätten. Im Jahre 1899 wurde der Anstalt der Titel »Forstliche Hochschule« verliehen. — Die Hochschule ist mit Schluss des Studienjahres 1909/10 aufgehoben und der gesamte forstliche Unterricht in Bayern an der Universität München konzentriert worden.

Chronik der Forstlichen Hochschule 1844—1894, herausgegeben von Oberförster Dr. Fürst.

Eberswalde (Preussen).

KÖNIGLICH PREUSSISCHE FORSTAKADEMIE.

Auf Grund der Kabinettsordre König Friedrich Wilhelms III. vom 12. Februar 1820 in Verbindung mit der Universität Berlin gegründet und Ostern 1821 eröffnet. Im Frühjahr 1830 nach Eberswalde (bis 1877 Neustadt-Eberswalde genannt) verlegt.

Verfassung. Steht unmittelbar unter der Zentralforstbehörde und gehört seit dem 1. April 1879 auf Grund des Erlasses vom 7. Aug. 1878 zum Ministerium für Landwirtschaft, Domänen und Forsten. Kurator der Forstakademie ist der Oberlandforstmeister von Preussen. Die Verwaltung sowohl des Unterrichts als des forstlichen Versuchswesens untersteht dem auf Vorschlag des Ministers vom König ernannten Direktor der Forstakademie. Sie ist geregelt bezüglich der Unterrichts-Verwaltung durch die Bestimmungen für die Forstakademie vom 8. März 1908, bezüglich der Verwaltung des forstlichen Versuchswesens durch die Geschäftsordnung vom 14. März 1872.

Die Rechtsverhältnisse der akademischen Lehrer sind die der preussischen Staatsbeamten.

Der Lehrkursus ist seit Ostern 1831 vierjährig. Von Ostern 1873 ab wurde ein zweieinhalbjähriger Kursus eingerichtet, der 1883 in einen 2jährigen und von Ostern 1908 ab in einen 3jährigen verwandelt wurde.

Im Jahre 1871 wurde das forstliche Versuchswesen mit der Forstakademie verbunden und zu diesem Zwecke 5 Abteilungen · eine forsttechnische, chemisch-physikalische, meteorologische, pflanzen-physiologische und eine zoologische, ferner von 1900 ab eine mykologische unter eigenen Dirigenten und Oberleitung des Akademie-Direktors errichtet.

AUFNAHME, Studiengang, Prüfungen, Gebühren siehe S. 81.

Eisenach (Sachsen-Weimar).

GROSSHERZOGLICH SÄCHSISCHE FORSTAKADEMIE.

Im Jahre 1813 von dem 1849 verstorbenen Oberforstrat Dr. König als Privatanstalt in Ruhla gegründet, jedoch 1830 als Landesforstschule mit staatlicher Unterstützung von da nach Eisenach verlegt und vom Jahre 1850 an als Staatsanstalt weitergeführt.

VERFASSUNG. Die Anstalt ist dem Grossherzogl. Staatsministerium, Departement der Finanzen, unterstellt und bezweckt in erster Linie die Ausbildung des Grossherzogl. Forstpersonals, demnächst die Erziehung der Aspiranten für andere thüringische Staatsforstverwaltungen, sowie auch der Anwärter für Kommunal- und Privatforstdienst. — Die Leitung liegt in den Händen eines Direktors. Die Akademie steht mit der Grossherzoglichen Forsttaxationskommission in Verbindung. Der Direktor der Akademie ist gleichzeitig Vorstand der Kommission. Die forstlichen Lehrer sind Mitglieder dieser Behörde.

AUFNAHME, Studiengang, Prüfungen, Gebühren siehe S. 81.

Hann.-Münden (Preussen).

KÖNIGLICH PREUSSISCHE FORSTAKADEMIE.

Gegründet 1868 für den westlichen Teil der preussischen Monarchie aus Veranlassung des Hinzutritts der neuen Provinzen.

DIREKTORIALVERFASSUNG. Die Forstakademie ist dem Minister für Landwirtschaft, Domänen und Forsten untergeordnet. Die obere Leitung und Beaufsichtigung liegt dem Oberlandforstmeister als Kurator ob. Der Direktor wird auf Vorschlag des Ministers vom König ernannt; er hat den Rang und Titel eines Oberforstmeisters; das Lehrerkollegium wird gebildet aus dem Direktor, vier forstlichen Dozenten, von denen zwei zugleich Revierverwalter eines Lehrreviers sind, fünf etatsmässigen Professoren für Botanik, Zoologie, Mathematik, Chemie und Mineralogie, Physik, Bodenkunde und Klimalehre. Ausserdem halten Vorlesungen je ein Prof. der Rechtskunde und der Landwirtschaftslehre von der Universität Göttingen und ein Professor der Baukunde aus Kassel.

AUFNAHME, Studiengang, Prüfungen, Gebühren siehe S. 81.

Tharandt (Sachsen).

KÖNIGLICH SÄCHSISCHE FORSTAKADEMIE.

GESCHICHTE. 1811 wurde Heinrich Cotta als Direktor der Forstvermessung nach Sachsen berufen. Seit 1786 hatte er zu Zillbach in Thüringen forstlichen Unterricht erteilt und daselbst 1795 eine forstliche Meisterschule gegründet. Seine Schüler folgten ihm nach Sachsen, und so entstand 1811 in Tharandt, welchen Ort er sich als Wohnsitz gewählt hatte, eine Privat-Forstlehranstalt. Diese wurde durch Reskript vom 12. März 1816 in eine landesherrliche Forstakademie verwandelt. Die mit ihr 1830 verbundene landwirtschaftliche Lehranstalt wurde 1870 wieder aufgehoben und an die Universität Leipzig verlegt. 1847/49 Bau des jetzigen Akademiegebäudes (135400 ℳ), 1883/85 ergänzt durch die Errichtung eines neuen, vorzüglich dem chemischen Laboratorium dienenden Hauses (77000 ℳ). — Mit der Forstakademie verbunden ist die forstliche Versuchsanstalt. Obmann: der jeweilige Rektor der Forstakademie. Mitglieder: die ordentlichen und etatsmässigen ausserordentlichen Professoren.

Literatur. Tharandter Forstliches Jahrbuch 17. Band 1866 S. 3: *Schober, Zur Geschichte der Akademie für Forst- und Landwirte zu Tharandt.* — Tharandter Forstliches Jahrbuch 41. Band 1891 S. 3: *Judeich, Zur Geschichte der Forstakademie; Tharandt während der 25 Jahre vom Sommerhalbjahr 1866 bis zum Schluss des Winterhalbjahres 1890/91.*

Verfassung. Neue Satzungen vom 5. Mai 1909. Die Forstakademie ist eine staatliche Hochschule und dem Finanzministerium unmittelbar unterstellt. Die Verwaltung führt der Rektor (alljährlich vom Professoren-Kollegium gewählt und vom König berufen) und das Professoren-Kollegium (ordentliche und etatsmässige ausserordentliche Professoren).

Aufnahme, Studiengang, Prüfungen, Gebühren siehe unten.

II. Aufnahme, Studiengang, Prüfungen, Gebühren.

Aufnahme für Aspiranten der Staats-Forstverwaltung (ord. Studierende): Reifezeugnis eines deutschen humanistischen Gymnasiums, einer Oberrealschule oder eines Realgymnasiums, desgleichen Nachweis über ca. einjährige (in Preussen ½jährige) praktische Vorbereitungszeit. Anwärter des sächsischen Staatsforstdienstes müssen das Zeugnis eines einjährigen Universitätsstudiums (Staatswissenschaft) beibringen.

Sonstige Studierende (ausserordentliche Hörer, Hospitanten) können nur mit Erlaubnis des Rektors bzw. Direktors oder Lehrerkollegiums bei Nachweis genügender forstlicher Vorbildung Aufnahme finden. (Im allgemeinen Zeugnis zum einjährig-freiwilligen Militärdienst und praktische Vorbereitung Bedingung).

Reichsausländer werden gegen entsprechende gleichwertige Nachweise als ordentliche bzw. ausserordentliche Hörer aufgenommen.

Studiengang: 6 Semester (in Eisenach 4 Semester). Er führt für ordentliche Studierende zur forstlichen Diplomprüfung.

Gebühren:

Eberswalde. Immatrikulation: ordentliche Hörer 15 ℳ, ausserordentliche 10 ℳ; Kollegienhonorar pro Semester für ordentliche Hörer 75 ℳ, für ausserordentliche 10 ℳ für jede Vorlesung. Diplomprüfung 40 ℳ. — Reichsausländer das Doppelte in allen Fällen.

Eisenach. Immatrikulation: ordentliche Hörer 20 ℳ; Kollegienhonorar pro Semester für ordentliche Hörer 100 ℳ, für ausserordentliche 20 ℳ.

Hann.-Münden. Immatrikulation: ordentliche Hörer 15 ℳ, ausserordentliche 10 ℳ; Kollegienhonorar pro Semester für ordentliche Hörer 75 ℳ, für ausserordentliche 10 ℳ für jede Vorlesung. Diplomprüfung 40 ℳ. — Reichsausländer in allen Fällen das Doppelte.

Tharandt. Immatrikulation: Studierende und Hörer 10 ℳ (Reichsausländer 15 ℳ), Hospitanten 3 ℳ (bzw. 5 ℳ); Kollegienhonorar pro Semester 75 ℳ für ordentliche Studierende und Hörer (bzw. 125 ℳ), 3 ℳ für Hospitanten pro wöchentliche Vortragsstunde (bzw. 5 ℳ).

Landwirtschaftliche Hochschulen.

Berlin, Bonn-Poppelsdorf, Bromberg, Hohenheim, Weihenstephan.

Ausserdem landwirtschaftlicher Unterricht an den Universitäten: Göttingen, Halle, Jena, Kiel, Königsberg, Leipzig und an der Technischen Hochschule in München.

I. Geschichte und Verfassung.

Berlin (Preussen).

KÖNIGLICHE LANDWIRTSCHAFTLICHE HOCHSCHULE.
(N., Invalidenstr. 42.)

GESCHICHTE. 1806 gründete Albrecht Thaer die »Königliche Akademische Lehranstalt des Ackerbaues zu Möglin« (7 Meilen östlich von Berlin). 1810 mit der neugegründeten Universität Berlin verbunden, las Thaer im Winter in Berlin und im Sommer in Möglin, legte aber im Jahre 1819 die Professur an der Universität nieder, um ausschliesslich in Möglin seine Lehrtätigkeit fortzusetzen. Sein Institut erhielt in diesem Jahre das Prädikat einer »Königlichen akademischen Lehranstalt des Landbaues«. Im Jahre 1859 wurde in Berlin auf Anregung des Privatdozenten Dr. Schulz-Fleeth ein Institut zur Bearbeitung agronomischer Fragen errichtet, in das nach Schliessung der Akademie des Landbaues im Jahre 1861 der gleichnamige Enkel Albrecht Thaers als Mitarbeiter eintrat. 1862 Begründung eines landwirtschaftlichen Lehrinstituts an der Berliner Universität, im Jahre 1867 die des »Landwirtschaftlichen Museums«. Durch Kabinettsorder wurde dem seit dem Jahre 1880 vereinigten Lehrinstitut und Museum unter dem 14. Februar 1881 der Titel »Landwirtschaftliche Hochschule« verliehen.

VERFASSUNG. Die Hochschule ist dem Ministerium für Landwirtschaft, Domänen und Forsten unterstellt. Nach dem provisorischen Statut vom 27. Mai 1881 sind die Organe für die Leitung der Hochschule: das Kuratorium, der Rektor, das engere und weitere Lehrerkollegium. Der Rektor wird alle zwei Jahre vom engeren Lehrerkollegium aus dessen Mitgliedern neu gewählt. Die Wahl unterliegt der Bestätigung des Königs. Durch Allerhöchste Kabinettsorder vom 27. Januar 1910 wurde dem Rektor für seine amtlichen Beziehungen der Titel »Magnifizenz« beigelegt. Das engere Lehrerkollegium besteht aus den vom König ernannten etatsmässigen Professoren und einigen vom Ministerium besonders dafür ernannten Dozenten. Die Institutsvorsteher haben in der Verwaltung ihrer Abteilungen volle Selbständigkeit.

LITERATUR. *Die Königliche Landwirtschaftliche Hochschule zu Berlin. Ihre Begründung und Einrichtung.* Berlin 1891. »Post« 8⁰. — *Delbrück, Max, Die Königliche Landwirtschaftliche Hochschule in der Zukunft.* Nebst Anhang: *Die deutsche Landwirtschaft an der Jahrhundertswende.* Berlin 1900. 8⁰. (Festrede gehalten zur Feier des

Geburtstages Sr. Majestät des Kaisers am 26. Januar 1900). — *Rolley, Paul, L'école supérieure d'agriculture de Berlin.* Paris 1905. 8°. — *Wittmack, L., Die Königliche Landwirtschaftliche Hochschule in Berlin.* Berlin 1906. 8°. (Festschrift zur Feier des 25jährigen Bestehens.) — *Börnstein, Richard, Die Landwirtschaftliche Hochschule und der akademische Unterricht.* Berlin 1910. 8°. (Festrede zur Feier des Geburtstages Sr. Majestät des Kaisers und Königs gehalten in der Königlichen Landwirtschaftlichen Hochschule zu Berlin am 26. Januar 1910).

Abteilungen: Landwirtschaft, Geodäsie und Kulturtechnik, Landwirtschaftlich-technische Gewerbe.

Institute: Institut für Gärungsgewerbe mit Abteilungen für Brauerei, Brennerei, Stärke-, Hefe- und Essigfabrikation. — Institut für Zuckerindustrie. — Versuchsanstalt für Getreideverarbeitung. — Institut für landw. Versuchswesen und Bakteriologie. — Versuchsanstalt für Kartoffel-, Gerste- und Hopfenkultur, usw.

Aufnahme, Prüfungen, Gebühren siehe S. 87.

Bonn-Poppelsdorf (Preussen).

KÖNIGLICHE LANDWIRTSCHAFTLICHE AKADEMIE.

Geschichte. Gegründet 1846 auf Anregung des landwirtschaftlichen Vereins für Rheinpreussen als »höhere landwirtschaftliche Lehranstalt« in Verbindung mit der Universität Bonn und unter Zuweisung der der Universität gehörigen ehemaligen kurfürstlichen Schweizerei nebst Ländereien (etwa 100 Morgen). Letztere blieben Universitäts-Eigentum und wurden der neuen Anstalt für 800 Taler jährlich verpachtet. Eröffnung der Vorlesungen: 17. Mai 1847. 1857 Begründung einer landwirtschaftlichen Versuchsstation, 1858 Auflösung des Kuratoriums, 1860 Ankauf des Gutes Annaberg (ca. 800 Morgen) bei Bonn und Verwaltung desselben als Domäne unter Leitung des Direktors der Lehranstalt. Auf der Domäne Annaberg wurde eine Ackerbauschule und eine Landesbaumschule eingerichtet, die bis zum Verkauf der Domäne (1875) bestanden. 1861 Benennung der Anstalt als »landwirtschaftliche Akademie«. 1876 Einrichtung eines kulturtechnischen und 1880 eines geodätischen Lehrganges. 1884 Bestellung einer »Königlichen Prüfungskommission für Landmesser« an der Akademie. 1897 50jährige Jubelfeier. 12. Febr. 1900 neue »Satzungen« vom König genehmigt. 1. März 1904 Besitzantritt des neu angekauften Demonstrations- und Versuchsgutes »Dikopshof« bei Sechtem (120 ha). 1908 durch Zukauf des »Marhofes« erweitert. Die vormalige akademische Gutswirtschaft zu Poppelsdorf 1905 aufgelöst.

Verfassung und Einrichtung. Die Akademie gehört zum Ressort des Ministers für Landwirtschaft, Domänen und Forsten und steht in enger Verbindung mit der Universität Bonn, bei welcher die Akademiker — in der philosophischen Fakultät — immatrikuliert werden und damit das akademische Bürgerrecht sowie die Berechtigung erlangen, auch an der Universität Vorlesungen zu hören. Mehrere Universitätslehrer wirken nebenamtlich an der Akademie. Die etatsmässigen Professoren sind den ordentlichen Universitäts-Professoren im Range gleichgestellt. — Die Akademie wird von einem Direktor geleitet. Das engere Lehrerkollegium besteht aus den etatsmässigen Professoren, das weitere aus diesen und den Honorardozenten. Die Institutsvorsteher haben in der Verwaltung ihrer Abteilungen volle Selbständigkeit.

Literatur. *Denkschrift zur Feier des 25jähr. Bestehens von Dr. F. W. Dünkelberg.* 1872. — *Festschrift zur Feier des 50jähr. Bestehens von Dr. Frhr. v d Goltz, O. Koll, F. Künzel.* 1897. — *Erster Bericht vom Dikopshof von Dr. J. Hansen.* 1908. — *Jahresberichte* (seit 1900).

ABTEILUNGEN: 1. Landwirtschaftliche mit entsprechenden Zweiginstituten, 2. geodätisch-kulturtechnische; letztere dient im wesentlichen der Ausbildung von Landmessern.

AUFNAHME, Prüfungen, Gebühren siehe S. 87.

Bromberg (Preussen).

KAISER-WILHELMS-INSTITUT FÜR LANDWIRTSCHAFT.

Unter dem Namen »Landwirtschaftliche Versuchs- und Forschungsanstalten« im Jahre 1906 eröffnet. Das Institut hat die Aufgabe, durch wissenschaftliche Forschungen u. praktische Versuchstätigkeit diejenigen Bedingungen zu ermitteln, nach denen nach den besonderen klimatischen. Boden- und Wasserverhältnissen der östlichen Provinzen des Königreichs Preussen die Landwirtschaft in ihren verschiedenen Zweigen am wirksamsten gefördert werden kann. Gleichzeitig soll die Anstalt der unmittelbar praktischen Förderung der Landwirte dienstbar gemacht werden durch Einrichtung von regelmässig wiederkehrenden Vortragskursen, durch Demonstrationen und durch Anregung, Anstellung und Überwachung von Versuchen (besonders seitens der Abteilung für Agrikulturchemie, Bakteriologie und Saatzucht und der Abteilung für Pflanzenkrankheiten) in den Wirtschaften der Landwirte. — Durch Allerhöchste Kabinettsorder vom 2. Aug. 1906 haben die Anstalten den obigen Namen erhalten. Das »Kaiser-Wilhelms-Institut für Landwirtschaft« hat den Rang einer selbständigen landwirtschaftlichen Hochschule und rangiert als dritte Anstalt dieser Art, die Preussen besitzt.

VERFASSUNG. Das Institut untersteht dem Ministerium für Landwirtschaft, Domänen und Forsten. Zum Zweck der unmittelbaren Überwachung und um das Institut in nahe Berührung mit den Behörden und landwirtschaftlichen Interessenvertretungen der Provinzen Posen und Westpreussen zu bringen, ist ein Kuratorium eingesetzt. Dieses besteht aus dem jeweiligen Regierungspräsidenten in Bromberg als Vorsitzenden, aus je 1 Vertreter der Oberpräsidenten, je 3 Vertretern der Landwirtschaftskammern der Provinzen Posen und Westpreussen und aus dem Direktor des Instituts. Vorsitzender und Mitglieder des Kuratoriums werden durch den Minister für Landwirtschaft, Domänen und Forsten für die Dauer von drei Jahren berufen. — Die Gesamtleitung des Instituts untersteht dem Direktor, die Leitung der einzelnen Abteilungen den Abteilungsvorstehern.

Eine Lehrtätigkeit in Form von semesterweisen Vorlesungen für jüngere Landwirte, deren Vorbildung ähnlich wie an anderen Hochschulen sein würde, findet zurzeit nicht statt. — Dagegen werden akademisch (landwirtschaftlich oder naturwissenschaftlich) vorgebildete Personen als Praktikanten aufgenommen. — Es werden ferner jährlich kürzere und längere Vortragskurse für Landwirte, sowie Kurse zur Ausbildung von Spezialisten auf verschiedenen der Landwirtschaft nahe stehenden Gebieten abgehalten. Neben diesen Kursen finden Vorträge über allgemein interessierende Gegenstände statt, zu welchen jedermann Zutritt hat. Jeder Landwirt ist berechtigt, sich über landwirtschaftliche Fragen, welche in das Arbeitsgebiet des Kaiser-Wilhelms-Instituts fallen, dort Auskunft zu holen. Diese erfolgt kostenlos, sofern nicht eingehende, kostspielige Untersuchungen erforderlich sind.

AUFNAHME. Zu den Vortragskursen (siehe Verfassung), welche öffentlich sind, sofern nicht besondere Kurse für bestimmte Personenkreise (Wanderlehrer, Gutsverwalter, Tierärzte und Tierzuchtinstruktoren, Meliorationstechniker, Beamte der allgemeinen Verwaltung, Beamte der Landwirtschaftskammer, usw.) angeordnet werden, hat jede über 18 Jahre alte Person Zutritt. Sollen einzelne Vorträge ausschliesslich für männliche Personen abgehalten werden, so wird dies in den Ankündigungen besonders hervorgehoben. — Die Annahme der Meldungen und die Zulassung zu den Kursen erfolgen durch den Direktor des Instituts. Zur Beschäftigung im Versuchswesen sowie zur speziellen Weiterbildung in den Disziplinen, welche von den wissenschaftlichen Beamten des Instituts vertreten werden (Chemie, Bakteriologie, Botanik, Zoologie, Meliorationstechnik, Veterinärmedizin), können von den einzelnen Abteilungen in beschränkter Zahl auf Universitäten, landwirtschaftlichen und tierärztlichen Hochschulen oder sonst entsprechend vorgebildete Personen (Praktikanten) angenommen werden. Die Dauer der Beschäftigung richtet sich nach dem jeweiligen Arbeitsgebiet. Über die Beschäftigung wird ein Zeugnis des Kollegiums ausgestellt. — Die Aufnahme erfolgt jederzeit.

GEBÜHREN. Das Honorar für die einzelnen Vortragskurse und Vorträge wird jeweils unter Berücksichtigung der Art und Dauer der einzelnen Kurse und Vorträge festgestellt. — Das Honorar für die Ausbildung der Praktikanten beträgt je nach Dauer der Beschäftigung 100 bis 200 ℳ. Praktikanten, die bei der Anstellung und Durchführung von Versuchen in den Wirtschaften von Landwirten beschäftigt werden, kann nach Bestimmung des Ministers für Landwirtschaft während der Dauer dieser Beschäftigung eine Remuneration in Form eines Tagegeldes zugebilligt werden.

ABTEILUNGEN: 1. Agrikulturchemie, Bakteriologie und Saatzucht; 2. Tierhygiene; 3. Pflanzenkrankheiten; 4. Meliorationswesen.

Hohenheim (Württemberg).

KÖNIGLICHE LANDWIRTSCHAFTLICHE HOCHSCHULE.

GESCHICHTE. Hohenheim (die jetzige Staatsdomäne »Grosshohenheim«), einst im Besitz der adligen Familie von Hohenheim, der auch Theophrastus Paracelsus Bombastus entstammte, in der zweiten Hälfte des 18. Jahrhunderts unter Herzog Karl Eugen als Lustschloss annähernd in seinem heutigen Umfang erbaut, wurde 1818 durch König Wilhelm I. von Württemberg als höhere »landwirtschaftliche Unterrichts-, Versuchs- und Musteranstalt für Württemberg« eingerichtet. Dieser ist ausser dem Schloss Grosshohenheim und dessen Nebengebäuden ein zunächst auf 329 Morgen beschränktes Wirtschaftsareal (Staatsdomanialgut) zugewiesen worden. Als Einrichtungskosten und Bedarf für das erste Jahr wurden damals 26709 fl. in das Staatsbudget eingestellt. Erster Direktor: Johann Nepomuk Schwerz. Aufsichtsbehörde für das Institut war die »K. Zentralstelle des landwirtschaftlichen Vereins«, später: »Zentralstelle für die Landwirtschaft«, welche selbst wieder bis 1848 von dem K. Ministerium des Innern ressortierte, und auch nach der Erhebung der höheren Lehranstalt zur Akademie (1847) noch bis 1865 die Mittelstelle zwischen Hohenheim und dem K. Ministerium des Kirchen- und Schulwesens bildete. 1820: Verlegung der forstlichen Lehranstalt (Feldjägerschwadron) von Stuttgart nach Hohenheim mit einem Forstlehrer. 1822: Übergang der Landesstammschäferei an das Institut. 1823: Übergabe der übrigen zur Domäne gehörigen Gutsteile in die Verwaltung der Anstalt, so dass das Gesamtareal, nach späterer Wiederablösung eines Gutsteils, zirka 1000 württembergische Morgen umfasst. Dies ist noch die heutige Grösse des Guts (= 303 ha 21 a 41 qm). Das Jahr 1881 brachte die Verlegung des forstwiss. Teils der Akademie an die Landesuniversität. Zu erwähnen ist noch, dass schon im Jahr 1818 auch eine niedere Ackerbauschule, 1843 eine ebensolche Gartenbauschule in Hohenheim errichtet wurden, welche heute noch, beide wesentlich erweitert, bestehen. — 1904 Änderung der Bezeichnung »Akademie« in »Hochschule«.

VERFASSUNG. Nach der Organisation von 1865 (erweitert 1883) untersteht die Landwirtschaftliche Hochschule der unmittelbaren Aufsicht des K. Ministeriums für das Kirchen- und Schulwesen. Die nächste Verwaltung des Gesamtinstituts und der Hochschule besorgt der Direktor, zugleich ordentlicher Professor der Landwirtschaft und satzungsgemäss ordentliches Mitglied der Königlichen Zentralstelle für die Landwirtschaft in Stuttgart, welcher bezüglich der Hochschule teils selbständig, teils in Verbindung mit dem Lehrerkonvent der Hochschule tätig ist. Letzterer besteht (einschliesslich des Direktors, der Vorsitzender ist) aus 10 ordentlichen Professoren und 2 weiteren vom König ernannten Mitgliedern aus der Zahl der anderen Lehrer und Beamten. Direktor und ordentliche Professoren haben dieselbe Rangstufe wie die entsprechenden Stellen der Universität; sie werden vom Ministerium ernannt, ebenso auch die Assistenten (diese auf Vorschlag der Institutsvorstände bzw. der Direktion). — Die mit der Hochschule verbundenen Institute sind in geschäftlicher Hinsicht selbständig, dagegen in administrativer Beziehung dem Direktor der Hochschule untergeordnet.

LITERATUR. *Die K. Württ. Lehranstalt für Land- und Forstwirtschaft in Hohenheim. Eine Festgabe der Zentralstelle des landw. Vereins in Stuttgart für die Mitglieder der 6. Versammlung der deutschen Land- und Forstwirte.* 8°. Stuttgart 1842. — *Beschreibung der land- und forstw. Akademie Hohenheim, herausgegeben von dem Direktor und den Lehrern der Anstalt.* Stuttgart 1863. — *Beschreibung des K. Württ. landw. Instituts Hohenheim.* 8°. Plieningen 1896. — *E. Springer, Geschichte der Gründung der K. landw. Akademie Hohenheim.* 8°. Stuttgart 1904.

AUFNAHME, Prüfungen, Gebühren siehe S. 87.

Weihenstephan (Bayern).

KÖNIGL. BAYERISCHE AKADEMIE FÜR LANDWIRTSCHAFT UND BRAUEREI.

GESCHICHTE. Um das Jahr 1021 erfolgte die Gründung einer Benediktinerabtei zu Weihenstephan, die nahezu 800 Jahre bestand. Das Kloster ging mit seinem Grundbesitz und den Gebäuden am 24. März 1803 in die Hände des Staates über. Bereits am 15. November gleichen Jahres wurde die Kurfürstliche Forstelevenschule von München nach Weihenstephan verlegt und vom 1. Januar 1804 ab mit derselben dort eine landwirtschaftliche Lehranstalt errichtet. Ausserdem sollte die ehemalige Klosterökonomie Weihenstephan in einen staatlichen, landwirtschaftlichen Musterbetrieb umgewandelt werden. Das landwirtschaftliche Lehrinstitut sollte kein Anhängsel der Forstanstalt sein, sondern selbständig für sich bestehen; doch sollten sich die Lehrkräfte beider Anstalten gegenseitig ergänzen. Als Vorstand der Lehranstalt sowie des Musterbetriebes wurde Max Schönleutner, ein Schüler Thaers, berufen. Infolge der Napoleonischen Kriege wurden die beiden Institute in ihrer Frequenz ungemein beeinträchtigt. Die Forstschule kam im April 1807 an die Universität Landshut und die landwirtsch. Lehranstalt wurde damals in ein privates Praktikanten-Institut umgewandelt, wie es Schönleutner bei Thaer in Celle kennen gelernt hatte. Erst am 27. April 1822 wurde die ehemalige höhere landwirtschaftliche Schule wieder ins Leben gerufen, und zwar zu Schleissheim; von da kam im Jahre 1852 die »Landwirtschaftliche Zentralschule« wieder zurück nach Weihenstephan, wo letztere im Jahre 1895 zur »Akademie« erhoben worden ist. Das Akademiegut umfasst 307,95 ha. Errichtet wurden neben der Akademie im Jahre 1896 eine Königliche Gartenbauschule, im Jahre

1901 eine Königliche Molkereischule und im Jahre 1908 eine Brauereischule. — Mit der Akademie sind zahlreiche Institute und Betriebe verknüpft, so u. a. Prüfungsanstalten für landwirtschaftliche und Brauerei-Maschinen, Versuchs- und Lehrbrennerei und Brennereitechnisches Institut, Versuchsbrauerei, Brautechnische Versuchsstation, Saatzuchtanstalt; ausserdem Staatsbrauerei, Ökonomie und Baumschule.

Literatur. *Festschrift zur Jahrhundertfeier der K. B. Akademie Weihenstephan.* Berlin 1905. — *Holzner, Geschichte von Weihenstephan.*

Verfassung und Einrichtung. Die Hochschule ist dem Königlichen Staatsministerium des Innern für Kirchen- und Schulangelegenheiten unmittelbar unterstellt. Die unmittelbare oberste Leitung der Akademie und der meisten vorhandenen sonstigen Institute und Betriebe ist einem Direktor übertragen, der zugleich eine Professur innehat. Bei der Führung der Akademie ist ausser dem Direktor auch noch der Lehrerrat innerhalb gewisser Grenzen massgebend. Der Lehrerrat besteht aus dem engeren Lehrkörper der Hochschule, der aus 14 Dozenten besteht. Ausserhalb des engeren Lehrkörpers der Anstalt stehen 11 Dozenten. Die einzelnen Institute und Betriebe werden von Vorständen mit mehr oder minder grosser Selbständigkeit und Verantwortung geleitet.

Abteilungen: 1. Landwirtschaft, 2. Brauerei. Ausser den regelmässigen Vorträgen, Übungen und Demonstrationen noch: Molkereikurse, Brennereikurse, maschinentechnische Lehrkurse, Hopfenbaukurse, brautechnische Lehrgänge, Kurse in der Saatzuchtanstalt, Informationskurse für Beamte der Militärverwaltung, Lehrkurse für Zollpraktikanten, Praktikantenkurse in Landwirtschaft und Brauerei.

II. Aufnahme, Prüfungen, Gebühren*.

1. Zur Aufnahme als ordentlicher Hörer (Studierender) wird gefordert für deutsche Reichsangehörige 1. in der Regel das zurückgelegte 17. oder 18. Lebensjahr, 2. Nachweis desjenigen Bildungsgrades, welcher zum einjährig-freiwilligen Militärdienst berechtigt. Ausländer haben den Nachweis der geforderten Bildung in einer nach dem Urteil des Rektors (Direktors) genügenden Form zu führen. Studierende, welche die Laufbahn als Lehrer der Landwirtschaft an Landwirtschaftsschulen einschlagen wollen, müssen das Reifezeugnis einer neunklassigen höheren Schule besitzen. — Die Hörer der Bonn-P. Akademie müssen sich der Immatrikulation bei der philos. Fakultät der Universität Bonn unterziehen.

Als ausserordentliche Hörer werden solche aufgenommen, die den obengenannten Nachweis nicht erbringen können, aber in den Kreis der Hörer passen und imstande sind, dem Unterricht mit Nutzen zu folgen.

Von den Landwirten wird erwartet, dass sie sich vor dem Eintritt in das Studium mit der Praxis ihres Gewerbes hinreichend vertraut gemacht haben, eventuell Zeugnisse vorlegen können (Minimum ein Jahr).

Hospitanten. Zugelassen: Nichtlandwirte, die nur einzelne Vorlesungen hören wollen. Landwirte finden als Hospitanten bei einzelnen Vorlesungen nur dann Aufnahme, wenn sie nachweisen, dass sie an der vollen Teilnahme am Unterricht als ordentliche und ausserordentliche Zuhörer verhindert sind. In Berlin sind ferner zugelassen: Inskribierte

* Die für Bromberg geltenden Bestimmungen siehe unter I. S. 84.

an einer anderen höheren wissenschaftlichen Anstalt. In Bonn-Poppelsdorf ist den Studierenden der Universität Bonn der Besuch der Vorlesungen und Übungen gestattet.

Für das Studium der Geodäsie zur Ablegung des Landmesser Examens in Preussen gelten die folgenden Zulassungsbedingungen:

a) Nachweis der erforderlichen allgemeinen wissenschaftlichen Bildung, und zwar im allgemeinen: ein Zeugnis über die Reife zur Versetzung in die Prima eines Gymnasiums, Realgymnasiums bzw. einer Ober-Realschule mit neunstufigem Lehrgang. Welche nichtpreussischen Lehranstalten für gleichwertig zu erachten sind, entscheidet im gegebenen Falle der Kultusminister. b) Der Nachweis einer mindestens einjährigen praktischen Lehrzeit. — Das gleiche gilt für den 4 Semester umfassenden geodätisch-kulturtechnischen Kursus.

Frauen werden als Hospitantinnen unter den gleichen Bedingungen aufgenommen wie die Männer; als Hörerinnen auch in Bonn und Berlin bei Nachweis der genügenden Vorkenntnisse.

Dispensationen von vorstehenden Aufnahmebedingungen sind in Berlin nur mit Genehmigung des Ministers zulässig.

2. PRÜFUNGEN. In Berlin und Bonn-Poppelsdorf: a. Landwirtschaftliche Abgangs-(Diplom-)Prüfung nach viersemestrigem Studium (Gebühren in Berlin 30 ℳ, Bonn-Poppelsdorf 40 ℳ).

In Berlin, Bonn-Poppelsdorf und Hohenheim: b. Landwirtschaftslehrer-Prüfung nach sechssemestrigem Studium (Gebühren 50 ℳ, Hohenheim 60 ℳ). — c. Wissenschaftliche Prüfung von Tierzucht-Inspektoren, Zusatzexamen zu den Prüfungen zu a. und b. (Gebühren 20 ℳ, Hohenheim 30 ℳ). — d. Landmesser-Prüfung nach viersemestrigem Studium (Gebühren 15 ℳ). — e. Kulturtechnische Prüfung, Zusatzexamen zu den Prüfungen zu a., b. und d.

In Berlin: f. Brauerei-Ingenieur-Prüfung (Diplom als Bierbrauerei-Ingenieur). — g. Examen für Zuckerfabrik-Ingenieure. — h. Fachlehrerprüfung für niedere Landwirtschaftliche Anstalten in Preussen.

In Hohenheim und Weihenstephan Semestralprüfungen am Schluss eines jeden Semesters. In Weihenstephan Absolutorialprüfungen am Schluss des Sommersemesters. Dazu werden in Weihenstephan nur zugelassen Studierende, welche der Anstalt (als Landwirte) wenigstens 2 Semester, bzw. (als Brauer) wenigstens 1 Semester angehört haben; im übrigen wird die an anderen gleichberechtigten Anstalten zurückgelegte Studienzeit für den vorgeschriebenen akademischen Studiengang (Landwirtschaft 4, Brauerei 2 Semester) angerechnet.

3. GEBÜHREN. Reichsangehörige bezahlen als Hörer in Berlin und Bonn das Gesamthonorar pro Semester von 120 ℳ, Hospitanten für eine Wochenstunde 5 ℳ. — Ausländische Hörer 180 ℳ und ausländische Hospitanten ℳ 7.50 bzw. 8 ℳ. — Einschreibegebühr in Berlin 10 ℳ, Immatrikulation in Bonn 18 ℳ. — Hohenheim: Einschreibegebühr 10 ℳ (Ausländer 20 ℳ). Kollegiengeld für Reichsdeutsche inkl. Wohnungsgeld 190 ℳ, Ausländer 270 ℳ, Hospitantengebühr pro Monat 30 ℳ, Ausländer 60 ℳ. (Das Wohnungsgeld im Betrage von 90 ℳ wird auch zurückerstattet bei auswärtiger Wohnung.) — Studierende aus Bayern zahlen in Weihenstephan an der landwirtschaftlichen Abteilung pro Semester 50 ℳ, Nichtbayern und Hospitanten in den ersten beiden Semestern je 100 ℳ, in den beiden letzten 50 ℳ. An der Brauer-Abteilung zahlen Studierende aus Bayern im ersten Semester 150 ℳ, im zweiten 100 ℳ, Hospitanten aus Bayern 200 ℳ bzw. 100 ℳ. Nichtbayern 200 ℳ bzw. 150 ℳ. Hörer zahlen eine ihren besuchten Vorlesungen und Übungen entsprechende Summe. Alle bezahlen ausserdem eine Aufnahmegebühr von 1 ℳ.

Prüfungsgebühren siehe oben unter 2.

Handelshochschulen.

Berlin, Köln, Leipzig, Mannheim, München.

Vergleiche auch Frankfurt a. M. (Akademie für Sozial- und Handelswissenschaften) S. 41 und Hamburg (Wissenschaftliche Vorlesungen) S. 42.

ZWECK: Einführung und Vertiefung in die kaufmännischen Wissenschaften sowie praktische Ausbildung für junge Kaufleute, Industrielle, Beamte des Staates, der Städte, sonstiger Körperschaften und für die Angehörigen gelehrter Berufe. Ausbildung von Handelslehrern.

Berlin (Preussen).

HANDELSHOCHSCHULE (C. 2, Spandauer-Str. 1).

Gegründet 1906 von der Korporation der Kaufmannschaft von Berlin.

VERFASSUNG. Verwaltung durch die Ältesten der Kaufmannschaft von Berlin, denen als gutachtliches Organ der »Grosse Rat« zur Seite steht. Dieser setzt sich zusammen aus dem Präsidenten des Ältestenkollegiums, zwei Vertretern der Staatsregierung, dem Rektor der Handelshochschule, je einem Vertreter der Universität und der Technischen Hochschule Berlin, des Magistrats und der Stadtverordnetenversammlung Berlin, der Handelskammer, sechs Delegierten des Ältestenkollegiums, drei hauptamtlichen Dozenten, usw.

PUBL.: *Ordnungen und sonstige Bestimmungen für Studierende, Hospitanten und Hörer. — Berichte* (jährlich).

Zurzeit: 10 Dozenten im Hauptamt und ca. 60 im Nebenamt.

UNTERRICHTSFÄCHER: Handelswissenschaften, Handelstechnik, Volkswirtschaftslehre und verwandte Fächer, Versicherungslehre, Rechtswissenschaft, Wirtschaftsgeographie und Wirtschaftsgeschichte, reine und angewandte Naturwissenschaften, Warenkunde, Technologie, Sprachen; allgemeine wissenschaftliche Ausbildung.

AUFNAHME. Studierende: Einjährig-Freiwilligen-Zeugnis nebst Zeugnis über beendete kaufmännische Lehrzeit oder Abiturientenzeugnis einer höheren neunjährigen deutschen Lehranstalt oder Zeugnis über bestandene zweite Lehramtsprüfung. — Hospitanten: Personen, die den Aufnahmebedingungen genügen, aber durch persönliche Verhältnisse verhindert sind, sich immatrikulieren zu lassen. — Hörer können zu einstündigen Vorlesungen zugelassen werden.

Ausländer, deren Vorbildung der Immatrikulations-Ausschuss für genügend, d. h. der von Inländern geforderten Bildung im wesentlichen entsprechend erachtet, werden aufgenommen.

STUDIENGANG: 4 Semester (Diplomprüfung), 5 Semester (Handelslehrerprüfung).

GEBÜHREN: Studierende pro Semester 125 ℳ, Ausländer 250 ℳ. Einmalige Aufnahmegebühr 30 ℳ, Ausländer 60 ℳ. Studierende, die schon eine andere Hochschule besucht haben, nur halbe Aufnahmegebühr. — Hospitanten Wochenstunde pro Semester 10 ℳ, Ausländer 20 ℳ, ausserdem für Bibliothek und Lesehalle pro Semester 5 ℳ. — Hörer Wochenstunde pro Semester 10 ℳ. — Prüfungsgebühr 60 ℳ. Ausländer 120 ℳ.

Köln a. Rhein (Preussen).

HANDELS-HOCHSCHULE.

Eröffnet am 1. Mai 1901 auf Grund einer Stiftung des Geheimen Kommerzienrats Dr. von Mevissen.

Verfassung und Organisation. Die Handels-Hochschule ist den Königlichen Ministerien für Handel und Gewerbe sowie für geistliche, Unterrichts- und Medizinal-Angelegenheiten unterstellt. Die Verwaltung ist einem Kuratorium übertragen, welches aus dem Oberbürgermeister der Stadt Köln als Vorsitzenden, einem von den beteiligten Ministerien zu ernennenden Vertreter der Königlichen Staatsregierung, dem Studiendirektor der Handels-Hochschule, 3 Stadtverordneten, 3 Dozenten der Hochschule und 2 Mitgliedern der Kölner Handelskammer sowie 1 Vertreter der Familie von Mevissen besteht. Die unmittelbare Leitung ist dem Studiendirektor übertragen.

Literatur. *Die städtische Handels-Hochschule in Köln, die erste selbständige Handels-Hochschule in Deutschland.* 4. Auflage. 8°. Berlin 1903. — *Festschrift zur Eröffnung des Neubaues der Handels-Hochschule in Köln.* 4°. Köln 1907. — *Berichte* (jährlich).

Unterrichtsfächer: Volkswirtschaftslehre, Rechtslehre, Versicherungswissenschaft und Genossenschaftswesen, Geographie und Warenkunde, Naturwissenschaft und Technik, Handelstechnik (kaufmännische Betriebslehre einschl. Buchführung, Verkehrstechnik), Sprachen, allgemeine Geisteswissenschaften, Pädagogisch-didaktisches Seminar für Handelslehrer und Handelslehrerinnen.

Aufnahme, Studiengang, Prüfungen wie in Berlin (siehe S. 89).

Gebühren: Immatrikulationsgebühr 20 ℳ, Kollegiengelder für Inländer pro Semester 125 ℳ, für Ausländer 250 ℳ. Hospitanten 10 ℳ für die wöchentlich einstündige Vorlesung (für Ausländer 20 ℳ). Prüfungsgebühren für Inländer 60 ℳ, für Ausländer 120 ℳ.

Leipzig (Sachsen).

HANDELSHOCHSCHULE (Ritterstrasse 8/10).

Gegründet 1898 in Anlehnung an die öffentliche Handelslehranstalt, die seit 1831 unter Verwaltung der Handelskammer in Leipzig bestand. Das neue nach Plänen von Prof. Schumacher erbaute Gebäude wurde Ostern 1910 bezogen. Die Leipziger Handelskammer trägt alle aus der Begründung und Führung der Anstalt erwachsenden Verbindlichkeiten.

Die Eröffnung des neuen H.-H.-Gebäudes in Leipzig. 47 S. 1910.

Organisation. Die Handelshochschule untersteht dem Königlichen Ministerium des Innern. Die Leitung steht dem Hochschulsenate zu, der aus einem Vertreter der Staatsregierung, einem Vertreter der Stadt Leipzig, dem Vorsitzenden der Handelskammer und zwei andern Mitgliedern derselben, drei Professoren der Universität, zwei Vertretern der öffentlichen Handelslehranstalt und dem Studiendirektor besteht. Den Vorsitz führt der Vorsitzende der Handelskammer. Der Studiendirektor wird auf Vorschlag des Senats von der Handelskammer angestellt. — Der Lehrkörper der Handelshochschule besteht aus drei Gruppen, den Professoren und Dozenten der Leipziger Universität, Lehrern der öffentlichen Handelslehranstalt und andern Sprach- und Fachlehrern. Da die Studierenden der H.-H. sich an sämtlichen Vorlesungen der Universität Leipzig beteiligen können, so steht ihnen ein grosses Gebiet des allgemeinen Wissens offen, das sie nach Bedürfnis ausdehnen können.

Aufnahme. Als Studierende können aufgenommen werden: 1. Abiturienten der höheren neunjährigen deutschen Lehranstalten; 2. Abiturienten höherer Handelsschulen, d. h. solcher, deren oberste Klasse der

Oberprima der unter 1. genannten Anstalten entspricht; 3. seminaristisch gebildete Lehrer, welche die Wahlfähigkeits-(2. Lehramts-)Prüfung bestanden haben; 4. Kaufleute, welche die Berechtigung zum einjährig-freiwilligen Militärdienst erworben und ihre Lehrzeit beendet haben, sofern sie die erforderliche geistige Reife nachzuweisen vermögen. In welcher Weise der Nachweis der geistigen Reife in Zweifelsfällen zu führen ist, bleibt dem Ermessen des Immatrikulationsausschusses überlassen. — Ebenso hat dieser, wenn Ausländer um Aufnahme nachsuchen, darüber zu entscheiden, ob sie die genügende Vorbildung besitzen. — Hörer. Die Studierenden der Universität Leipzig sind berechtigt, an den ausserhalb der Universität zu veranstaltenden Unterweisungen und Übungen sowie an dem pädagogischen Seminar der Handelshochschule als Hörer gegen Lösung einer Hörerkarte und Entrichtung der festgesetzten Honorare teilzunehmen. — Personen reiferen Alters, die aus irgendeinem Grunde als Studierende nicht immatrikuliert werden, können ausserdem als Hörer zugelassen werden.

Studiendauer: 4 Semester bis zur Diplomprüfung; 4 Semester für Lehrer mit 2. Lehramtsprüfung bis zur Handelslehrerprüfung; die übrigen Studierenden werden zur letzteren erst nach 6 Semestern zugelassen, davon können zwei auf anderen Hochschulen zugebracht sein.

Gebühren. Aufnahmegebühr für Reichsdeutsche 20 ℳ, für Ausländer 100 ℳ. Die Handelshochschulmatrikel gibt den Anspruch auf Ausstellung einer Hörerkarte der Universität pro Semester (Gebühren dafür 4 ℳ, Ausländer 10 ℳ). — Hörer: halbjährlicher Hörerschein 4 ℳ für Reichsdeutsche, 10 ℳ für Ausländer. Dieser Schein berechtigt nicht zum Besuch der Universitätsvorlesungen. — Studienhonorar für Vorlesungen und Übungen 4—5 ℳ pro Wochenstunde im Semester. — Prüfungsgebühren: 60 ℳ, Ausländer 100 ℳ. Für jedes fakultative Fach erhöhen sich die Gebühren um 10 ℳ.

Unterrichtsfächer: Staatswissenschaften, Rechtswissenschaft, Erdkunde und Geschichte, Technologie, Philosophie und Pädagogik, kaufmännische Arithmetik, Buchführung, deutsche Korrespondenz und sonstige Kontorarbeiten, Versicherungswesen.

Handelslehrer-Seminar. Kurse für Französisch, Englisch, Spanisch, Italienisch, Russisch, Stenographie. 8 Lektoren.

Mannheim (Baden).

HANDELSHOCHSCHULE.

Gegründet 1908. Gemeinschaftsunternehmen der Stadt und Handelskammer Mannheim, sowie der Universität Heidelberg. Landesherrlich bestätigt und der Aufsicht des Grossherzoglich badischen Unterrichtsministeriums unterstellt. Unterhalt durch die Stadt mit Beiträgen der Staatskasse, der Handelskammer und anderer juristischer oder physischer Personen.

Verfassung. Die Verwaltung der Handelshochschule liegt in den Händen eines »Kuratoriums, bestehend aus dem Oberbürgermeister als Vorsitzenden, dem Studiendirektor und 12 Mitgliedern. Die unmittelbare Leitung des Anstaltbetriebes liegt dem vom Stadtrate ernannten Studiendirektor ob. — Vorlesungen durch hauptamtliche Dozenten und eine grosse Zahl nebenamtlicher (Professoren der Universität Heidelberg; Staats- und Privatbeamte aus Mannheim, Ludwigshafen und Karlsruhe).

Unterrichtsfächer: Volkswirtschaft einschliesslich Handelsgeschichte; Wirtschaftsgeographie und Verkehrswesen; Rechtslehre; Warenkunde, Technologie; Theorie und Praxis der Handelstechnik; Methodik des kaufmännischen Unterrichts; fremde Sprachen; allgemeine Geisteswissenschaften.

AUFNAHME. Ordentliche Studierende (Vollhörer): 1. Abiturienten der neunstufigen deutschen Mittelschulen; 2. Kaufleute, welche die Berechtigung zum einjährig-freiwilligen Militärdienst erworben und die Lehrzeit beendigt haben; 3. Personen, welche die für die Zulassung zur Handelslehrerprüfung in einem deutschen Bundesstaate vorgeschriebene Vorbildung nachweisen; 4. Personen, welche diesen Bedingungen zwar nicht entsprechen, aber nach Ansicht des Aufnahmeausschusses eine der in Ziffer 1 bis 3 genannten Vorbildung entsprechende Vorbereitung nachweisen. — Ausserordentliche Studierende (Vollhörer): 1. Kaufleute, welche die Oberklasse der Mannheimer Handelsfortbildungsschule mit Erfolg besucht haben, oder durch Schulzeugnis den Besitz gleichwertiger Kenntnisse nachweisen, und mindestens 2 Jahre in der Praxis tätig sind; 2. Personen, welche eine technische Mittelschule absolviert haben. — Hospitanten: 1. Personen, welche den Aufnahmebedingungen als Studierende genügen, aber durch persönliche Verhältnisse verhindert sind, sich als Studierende einschreiben zu lassen; 2. die Studierenden der Universität Heidelberg; 3. Beamte, welche eine Prüfung für den höheren oder mittleren Staatsdienst oder die Dienstprüfung der Volksschulkandidaten bestanden haben; 4. sonstige Personen, sofern sie durch ihre Vorbildung die nötige Gewähr bieten. — Hörer: Zulassung ohne Nachweis einer bestimmten Vorbildung. — Frauen können unter den gleichen Bedingungen aufgenommen werden.

STUDIENDAUER, Prüfungen wie bei Berlin (siehe S. 89).

GEBÜHREN. Studierende: Einschreibgebühr 20 ℳ, Studiengeld pro Semester 120 ℳ. Hospitanten 5 ℳ pro Wochenstunde des Semesters. Für Reichsausländer Gebühren um die Hälfte höher. — Hörerkarte 5 ℳ pro Wochenstunde (für 5 Wochenstunden 20 ℳ).

München (Bayern).

HANDELSHOCHSCHULE (Ludwigsstrasse 4).

Eröffnung im Oktober 1910. — Die VERWALTUNG liegt in den Händen eines Kuratoriums, bestehend zurzeit aus je 4 Mitgliedern des Magistrats, des Gemeindekollegiums, der Handelskammer für Oberbayern, des Münchener Handelsvereins, je einem Vertreter der Universität und der Technischen Hochschule in München, sowie dem Direktor der Handelshochschule. Die Stadtgemeinde München, die Handelskammer für Oberbayern und der Münchener Handelsverein tragen die Kosten zu gleichen Teilen.

UNTERRICHTSFÄCHER: Nationalökonomie, Handelswissenschaften, Wirtschaftsgeographie, Rechtslehre, Technologie, Sprachen, usw.

AUFNAHME. Studierende: Einjährig-Freiwilligenzeugnis und Zeugnis über beendete kaufmännische Lehrzeit; Abiturientenzeugnis; für weibliche Personen ähnlicher Bildungsgang. — Hospitanten: akademisch gebildete Personen und seminaristisch gebildete Lehrer und Lehrerinnen mit absolvierter Anstellungsprüfung. — Hörer: Vorbildung wird vom Aufnahme-Ausschuss geprüft.

STUDIENZEIT: 4 Semester. — PRÜFUNGEN: Abschlussprüfung, event. Handelslehrerprüfung.

GEBÜHREN: Studierende pro Semester 125 ℳ, Ausländer 250 ℳ. Aufnahmegebühr 20 ℳ, Ausländer 40 ℳ Studierende, die schon eine andere Handelshochschule besucht haben, zahlen die halbe Aufnahmegebühr. — Hörer und Hospitanten: Wochenstunde pro Semester 5 ℳ, Ausländer 10 ℳ. Teilnahme an den Übungen pro Übung 20 ℳ. — Prüfungsgebühren: 60 ℳ, Ausländer 120 ℳ.

Kunstakademien.

Berlin	Karlsruhe	München
Dresden	Kassel	Stuttgart
Düsseldorf	Königsberg	Weimar

Ausserdem in Breslau: Meisteratelier für Bildhauerei beim schlesischen Museum; in Frankfurt a. M.: Kunstschule des Städelschen Instituts.

Die Aufnahme in die Kunstakademien erfolgt im allgemeinen auf Grund einer Prüfung nach künstlerischer Begabung und Vorbildung. — Gebühren sind beim Eintritt, Unterrichtsgelder jährlich oder halbjährlich zu entrichten.

Berlin (Preussen).

KÖNIGLICHE AKADEMIE DER KÜNSTE. (W., Pariser Platz 4).

Die Akademie wurde 1696 gegründet. Von 1790 ab »Akademie der bildenden Künste und mechanischen Wissenschaften«, in einer angegliederten Kunstschule auch kunstgewerbliche Ausbildung von Handwerkern. Seit 1809 auch Musikhochschule. — Im Jahre 1882 (neue Verfassung durch Kabinettsorder vom 19. Juni) wurden die Kunst- und Gewerbeschulen von der Akademie getrennt, seither also nur Hochschule für bildende Künste und Musik.

Organisation. Kurator: der Kultusminister. — Verwaltung durch einen Präsidenten und zwei ständige Sekretäre. — Die Akademie gliedert sich in eine Sektion für die bildenden Künste und eine Sektion für Musik und umfasst: a) den Senat, b) die Genossenschaft der Mitglieder, c) eine Reihe akademischer Unterrichtsanstalten.

Unterrichtsanstalten: 1. Akademische Hochschule für die bildenden Künste. — 2. Meisterateliers (8, selbständig, von der Hochschule unabhängig). — 3. Akademische Hochschule für Musik. — 4. Akademische Meisterschulen für musikalische Komposition. — 5. Akademisches Institut für Kirchenmusik.

Dresden (Sachsen).

KÖNIGLICHE AKADEMIE DER BILDENDEN KÜNSTE.

1705 als Malerakademie von August II. gegründet, 1764 von Prinz Xaver im Auftrag des Kurfürsten Friedrich Christian in eine Akademie der bildenden Künste umgewandelt, die 1836 ihre z. Z. noch bestehende Organisation erhielt. Seit 1899 besitzt sie von den Oberklassen und der 1. Abteilung des Bauateliers an aufwärts die Eigenschaft einer Hochschule. Die Verwaltung untersteht dem akademischen Rate unter Vorsitz des Königlichen Kommissars. — Zweck: Ausbildung in den bildenden Künsten durch Unterricht in der Malerei, Bildhauer- und Baukunst; sie zerfällt in drei Klassen: Unterklasse, Mittelklasse und Oberklasse. Ausserdem bestehen eine Tierklasse und eine Ornamentschule, für die höhere Ausbildung je ein Meisteratelier für Geschichts-, Landschafts- und Genremalerei, zwei für Bildhauer- und eins für Baukunst.

Düsseldorf (Preussen).

KÖNIGLICHE KUNST-AKADEMIE.

Gegründet 1767 durch den Kurfürsten Karl Theodor. Lambert Krahe (1767—1790) und Joh. Peter Langer (1790—1806) waren ihre Leiter. 1805 wurde die Düsseldorfer Gemäldegalerie nach München übergeführt, wohin Langer übersiedelte. Die Kunstakademie hörte auf zu bestehen, wurde aber 1821 durch Friedrich Wilhelm III. wieder ins Leben gerufen als eine »staatliche Anstalt für die Kunstbildung«. Peter Cornelius war Direktor von 1821—24; ihm folgten W. v. Schadow (1826—1859) und Ed. Bendemann (1859—67); von da ab wurde die Akademie geleitet durch ein wechselndes Direktorium; seit 1895 wieder Leitung durch einen Direktor. Die Akademie untersteht dem Kultusministerium. Kurator ist der Regierungspräsident in Düsseldorf. Sie besteht aus vier Klassen.

LITERATUR. *Müller von Königswinter, Düsseldorfer Künstler.* Leipzig 1854. — *Wiegmann, Die kgl. Kunstakademie zu Düsseldorf.* Düss. 1856. — *Strauven, Über künstlerisches Leben und Wirken in Düsseldorf bis zur Düsseldorfer Malerschule unter Direktor Schadow.* Düss. 1862. — *Woermann, Zur Gesch. d. kgl. Kunstakademie.* 1880. — *Schaarschmidt, Zur Geschichte der Düsseldorfer Kunst.* Düss. 1902.

Karlsruhe (Baden).

GROSSHERZOGLICHE AKADEMIE DER BILDENDEN KÜNSTE.

Gegründet 1854 von Grossherzog Friedrich. — Neues Statut vom 14. Februar 1893. — Verwaltung durch einen Direktor. — Schule und Meisterabteilung.

LITERATUR. *Geschichte der Grossh. Bad. Akademie der bildenden Künste. Festschrift zum 50 jährigen Stiftungsfeste im Auftrage der Akademie und mit Unterstützung des Grossh. Ministeriums verfasst von Adolf von Oechelhaeuser. Mit Beiträgen der derzeitigen Professoren und Lehrer der Anstalt.* Karlsruhe 1904.

Kassel (Preussen).

KÖNIGLICHE AKADEMIE DER BILDENDEN KÜNSTE.

Errichtet 1777; 1781 wurde eine Architekturabteilung angegliedert. Neueres Statut vom 4. Dezember 1885. Kurator ist der Oberpräsident von Hessen-Nassau. An der Spitze steht ein Direktor. — Ausbildung in den Hauptzweigen der bildenden Künste und von Zeichenlehrern, Zeichenlehrerinnen.

Königsberg (Preussen).

KÖNIGLICHE KUNSTAKADEMIE.

Im Jahre 1845 eröffnet; 1901 reorganisiert. Kurator: der Oberpräsident von Ostpreussen. An der Spitze steht ein Direktor. — Ausbildung in den Hauptzweigen der bildenden Künste und von Zeichenlehrern, Zeichenlehrerinnen.

München (Bayern).

KÖNIGLICHE AKADEMIE DER BILDENDEN KÜNSTE.

1808 aus der 1770 von Kurfürst Max III. gegründeten Zeichner-, Maler- und Bildhauerschule entstanden. Sie umfasste vier Hauptschulen: für Malerei, Bildhauerkunst, Baukunst und Kupferstecherkunst. Mit Gründung der Technischen Hochschule wurde die Architekturschule dorthin verlegt. Im Jahre 1884 bezog sie das eigene Gebäude an der Akademiestrasse. — An der Spitze der Akademie steht ein Direktor.

Stuttgart (Württemberg).

KÖNIGL. WÜRTTEMBERGISCHE AKADEMIE DER BILDENDEN KÜNSTE.

1829 als Kunstschule gegründet, seit 1901 Akademie. Verwaltung durch einen Direktor — Ausbildung in Bildhauerei, Malerei und Graphik.

Weimar (Sachsen-Weimar).

GROSSHERZOGLICH SÄCHSISCHE HOCHSCHULE FÜR BILDENDE KUNST.

Gegründet 1860. Gewährt Ausbildung in allen Gebieten der bildenden Künste. Gelegenheit zur Anstellung von Übungen. Angegliedert ist eine Bildhauerschule. Seit 1903 ist die Hochschule auch Damen zugänglich.

Staatliche Hochschulen für Musik

bestehen in Berlin, Dresden, Karlsruhe, Leipzig, München, Sondershausen, Stuttgart, Weimar, Würzburg.

Sonstige Institute

und allgemeineres Vorlesungswesen.

Berlin (Preussen).

KAISERL. DEUTSCHES ARCHÄOLOGISCHES INSTITUT.
(W. 30, Ansbacherstrasse 46).

Gestiftet als internationale Privatanstalt im Jahre 1829 in Rom (Istituto di corrispondenza archeologica) unter dem Protektorat des Kronprinzen Friedrich Wilhelm (IV.); von Preussen unterstützt, 1871 zur preussischen Staatsanstalt, 1874 zur deutschen Reichsanstalt erhoben mit den Rechten einer Korporation, mit dem Sitze in Berlin, und dem Auswärtigen Amte des Deutschen Reiches unterstellt (Statut vom 18. Mai 1874, revidiert am 18. Dezember 1885 und am 4. März 1895). Die Zentraldirektion besteht aus dem Generalsekretar und 11 Mitgliedern, von denen 5 ordentliche Mitglieder der kgl. Akademie der Wissenschaften in Berlin sind und von deren philosophisch-historischer Klasse erwählt werden, während 2 nicht zur Akademie gehörige, in Berlin wohnhafte und 4 an anderen Orten Deutschlands ansässige Männer von der Zentraldirektion selbst gewählt werden. Die Mitgliedschaft zur Zentraldirektion währt fünf Jahre. Den Vorsitz führt der ständige Generalsekretar.

Die Zentraldirektion erteilt dreierlei Diplome: das der Ehren-, ordentlichen und korrespondierenden Mitglieder des Instituts; ferner verleiht sie jährlich fünf Reisestipendien von je 3000 *M*, die für ein zweites Jahr wiedergewährt werden können, und zwar vier Stipendien für Archäologen, die innerhalb der letzten drei Jahre den Doktorgrad an einer Universität des deutschen Reiches erworben oder das Examen pro facultate docendi im höheren Unterricht bestanden haben (neuerdings kann eines derselben an zwei ältere Schulmänner verliehen werden), und ein Stipendium zur Erforschung der christlichen Altertümer der römischen Kaiserzeit für einen Theologen, der seine Studien ordnungsmässig beendigt und das 30. Lebensjahr noch nicht überschritten hat.

Unter Oberleitung der Zentraldirektion stehen die Sekretariate in Rom (Via Monte Tarpeo 28) und Athen (*ὁδὸς Φειδίου 1.*), welche die dort erscheinenden Schriften des Instituts herauszugeben und während der Wintermonate regelmässig öffentliche Sitzungen abzuhalten, sowie die Studien der Stipendiaten durch Führungen und Übungen zu fördern haben. Vergl. [*A. Michaelis*] *Geschichte des deutschen archäologischen Instituts 1829—1879*. Berlin 1879. — Im Jahre 1901 ist neu eingesetzt worden eine Römisch-Germanische Kommission des Instituts, mit einem Direktor, dessen Wohnsitz seit 1902 Frankfurt a. M. ist.

PERIODISCHE PUBLIKATIONEN: *Antike Denkmäler*, Berlin (früher *Monumenti inediti*, Rom). — *Jahrbuch des d. arch. Instituts*, Berlin (früher *Archäologische Zeitung*, Berlin). — *Mitteilungen des d. arch. Inst., römische Abteilung*, Rom (früher *Annali und Bullettino*, Rom; *Memorie*, Rom und Leipzig) *und athenische Abteilung*, Athen. — *Ephemeris epigraphica, corporis inscr. lat. suppl.*, Berlin. — *Berichte über die Fortschritte der Römisch-Germanischen Forschung*, Frankfurt a. M.

SEMINAR FÜR ORIENTALISCHE SPRACHEN
(NW. 7, Dorotheenstrasse 6).

1887 gegründet als Anstalt zur sprachlichen Ausbildung von jungen Juristen als Dolmetscher für den Dienst bei den Kaiserl. Behörden im Orient sowie von Aspiranten für den Kaiserlichen Kolonialdienst. Bei der Gründung zählte der Lehrkörper 11 Dozenten; gelehrt wurden 7 Sprachen. Im Sommer 1910 zählte der Lehrkörper 46 Dozenten; der Unterricht erstreckte sich auf 27 Sprachen und 10 Realienfächer.

Das Seminar war untergebracht: 1887—1892 Am Lustgarten 6, 1892 bis 1904 Am Zeughaus 1 und seit 1904 in seinem jetzigen Heim.

PUBLIKATIONEN: 1. »*Lehrbücher des Seminars*« (25 Bände). 2. »*Mitteilungen des Seminars für orientalische Sprachen*« (13 Jahrgänge). 3. »*Archiv für das Studium deutscher Kolonialsprachen*« (12 Bände).

AUFNAHME: In die Dolmetscherklassen können nur junge Juristen (Studierende und Referendare) aufgenommen werden. Für die Aufnahme in die übrigen Klassen wird als Mindestmass für die geistige Reife die Berechtigung zum einjährig-freiwilligen Militärdienst angenommen.

STUDIENDAUER: im Durchschnitt 4 Semester für die Dolmetscherklassen.

GRADE: Erlangung eines Diploms.

GEBÜHREN pro Semester: 1. für sämtliche Vorlesungen 20 *M*, 2. für eine orientalische Sprache 20 *M*, 3. für eine europäische Sprache 10 *M*, 4. für zwei europäische Sprachen 20 *M*, 5. für Vorlesungen in den Realien 10 *M*.

Göttingen (Preussen).

BÖTTINGER-STUDIENHAUS (Bahnhofstrasse 24).

Gegründet 1908 auf Anregung von Exzellenz Althoff, mit finanzieller Unterstützung des Herrn Geheimrat von Böttinger.

Verfassung und Verwaltung: Die geschäftliche Leitung liegt in der Hand eines aus fünf Herren bestehenden Vorstandes. Dem Vorstande steht ein Beirat zur Seite.

Zweck: Weitgehendste Auskunfterteilung im Interesse der akademischen Jugend des In- und Auslandes; Einführung der in Göttingen studierenden Ausländer in die deutschen Verhältnisse. — Akademische Auskunftstelle. Sprachkurse (auf Wunsch Diplome) und Vorträge. Honorar für eine wöchentliche Stunde 5 *M*. pro Semester. — Zulassung: Einen Anspruch auf Zulassung zu den Einrichtungen und Veranstaltungen des B. St. H. haben alle diejenigen Ausländer, welche an der Universität Göttingen immatrikuliert oder als Hörer zugelassen sind.

München (Bayern).

MAXIMILIANEUM.

Gestiftet von König Maximilian II von Bayern, aber erst 1876 eröffnet mit der Aufgabe (§ 2 der Grundbestimmungen), talentierten bayerischen Jünglingen die Erreichung jener Stufe wissenschaftlicher und geistiger Ausbildung zu erleichtern, welche zur Lösung der höheren Aufgaben des Staates erforderlich ist. Zu diesem Zwecke wurde ausser einem eigenen Gebäude (mit einer Sammlung von Ölgemälden und Marmorbüsten) ein in Zinsen anzulegendes Kapital von 1371428 *M* gewidmet.

Die Verwaltung des Stiftungsvermögens obliegt der Universität; im übrigen besteht ein eigenes Kuratorium.

AUFNAHMEFÄHIG ist ohne Rücksicht auf Vermögen oder Stand der Eltern jeder Studierende eines juristischen, staatswirtschaftlichen, philosophischen oder technischen Faches, doch soll die Zahl der einem der letztgenannten Fächer angehörenden Zöglinge in der Regel 1/6 der Gesamtzahl der Zöglinge nicht übersteigen. Dieselben geniessen während ihres Aufenthaltes in der Anstalt, dessen Dauer sich nach der jeweilig vorgeschriebenen Universitäts-Studienzeit bemisst, freie Wohnung und Verpflegung und Unterricht in den im Institutsgebäude vorzutragenden Lehrgegenständen; solchen, die sich besonders ausgezeichnet, können auch nach dem Austritt aus der Anstalt Unterhaltungsbeiträge, Reisestipendien, usw. bewilligt werden.

Tsingtau (China).

DEUTSCH-CHINESISCHE HOCHSCHULE. Siehe unter CHINA.

Das höhere allgemeinere Vorlesungswesen

privater Veranstaltungen und Stiftungen.

Dieses gruppiert sich um zahlreiche Institute, gelehrte Gesellschaften, usw., die neben ihre besondere Tätigkeit mehr und mehr Vorlesungen in ihr Programm aufnehmen. Hier seien besonders genannt in Frankfurt a. M. die Dr. Senckenbergische Stiftung, die Senckenbergische naturforschende Gesellschaft, der physikalische Verein, das freie deutsche Hochstift (mit einem besonderen Ausschuss für Volksvorlesungen); — in Dresden die Gehestiftung; — in Köln die Vereinigung für rechts- und staatswissenschaftliche Fortbildung; — in Berlin die Vereinigung für staatswissenschaftliche Fortbildungskurse, der Verein für volkstümliche Kurse Berliner Hochschullehrer, die Humboldt-Akademie und die Lessing-Hochschule.

Österreich.

Universitäten.

Czernowitz (ohne medizinische Fakultät)
Graz
Innsbruck
Krakau
Lemberg
Prag, deutsche Univ.
Prag, tschechische Univ.
Wien.

I. Allgemeine Organisation.

Literatur. *Die österreichischen Universitätsgesetze. Sammlung der für die österreichischen Universitäten gültigen Gesetze, Verordnungen, Erlässe, Studien- und Prüfungsordnungen usw. Im Auftrage des k. k. Ministeriums für Kultus und Unterricht mit Benützung der amtlichen Akten herausgegeben von Dr. Leo Ritter Beck von Mannagetta und Dr. Carl von Kelle.* Gr. 8⁰. VIII, 1086 S. Wien 1906.

Organisation. Die österreichischen Universitäten sind im grossen und ganzen ähnlich eingerichtet wie die deutschen. Es sind deshalb hier nur die wichtigsten Unterschiede hervorzuheben.

In Österreich fehlt vor allem das Mittelglied zwischen Ministerium und Hochschule, der Kurator, vollständig; die Hochschulen sind sämtlich unmittelbar dem Ministerium für Kultus und Unterricht unterstellt.

Die Fakultäten, die aus den Lehrpersonen und den immatrikulierten Studenten bestehen, werden durch die Professoren-Kollegien repräsentiert, denen die ordentlichen und bis zur Hälfte der Zahl dieser, auch die ausserordentlichen Professoren und zwei Vertreter der Privatdozenten angehören. Der Dekan geht aus der Wahl dieser Fakultätsmitglieder hervor; es kann dazu nur ein aktiver ordentlicher Professor erwählt werden. Der Dekan leitet die regelmässig wiederkehrenden Verhandlungen des Professoren-Kollegiums seiner Fakultät. Dem Professoren-Kollegium liegt es ob, alle Unterrichts- und diejenigen Disziplinar-Angelegenheiten seiner Fakultät zu besorgen, welche nicht dem akademischen Senate vorbehalten sind. Aus den aktiven ordentlichen Professoren wird jährlich der Rektor, immer aus einer anderen Fakultät der Reihe nach gewählt, doch kann nach dem Ermessen der Wahlmänner von einem Wechsel der Fakultät, ja sogar der Person abgesehen werden, ferner wird in Wien die philosophische Fakultät in der Regel zweimal während eines Turnus berücksichtigt, wobei einmal ein Humanist, das andere Mal ein »Exakter« gewählt wird. Die Professoren-Kollegien der Fakultäten wählen aus sich je vier Wahlmänner, die unter Vorsitz des abtretenden Rektors über den neuen Rektor mit Stimmenmehrheit entscheiden.

Der Wirkungskreis des Rektors deckt sich vollständig mit dem des Rektors an denjenigen deutschen Universitäten, die keinen Kurator haben. Der akademische Senat besteht aus dem Rektor, dem Prorektor (Rektor des vergangenen Jahres), den sämtlichen Dekanen und Prodekanen, sowie je einem auf drei Jahre aus jeder Fakultät gewählten Senator. Der Senat besorgt die allgemeinen Angelegenheiten der Universität, er beaufsichtigt deren Eigentum und übt die Disziplin über alle

Mitglieder der Lehrerkollegien und über die Studierenden; er entscheidet auch über alle Kompetenzstreitigkeiten zwischen den verschiedenen Kollegien; Streitigkeiten zwischen diesen und ihm selbst werden an das Ministerium geleitet. Der Senat versammelt sich regelmässig und ausserordentlich auf Einladung des jeweils den Vorsitz führenden Rektors.

Die ordentlichen und ausserordentlichen Professoren werden über Ternavorschlag der betreffenden Fakultäts-Kollegien vom Kaiser ernannt. Mit Erreichung des 70. Lebensjahres treten die Professoren von ihren Lehrstühlen ab, falls nicht, was ziemlich häufig geschieht, der Kaiser die Berufung auf ein weiteres Jahr (Ehrenjahr) vornimmt; eine weitere Verschiebung der Emeritierung ist unstatthaft. Die pensionierten Professoren treten, soweit sie nicht als Honorarprofessoren weiter lesen, so ziemlich aus jeder Verbindung mit der Universität, der sie bisher angehört haben.

Die Privat-Dozenten werden auf Vorschlag der betreffenden Fakultäten vom Unterrichtsminister zur Abhaltung von Vorlesungen zugelassen. Siehe unten Abschnitt II Habilitation.

Die Vorlesungen sind ordentliche, für die ein Kollegiengeld zu entrichten ist, oder unentgeltliche, öffentliche (Publica). Jeder ordentliche Professor muss wenigstens in jedem 3. oder auch 4. Semester ein solches Publicum von wöchentlich 1—2 Stunden abhalten. Die übrigen Bestimmungen betreffs der Vorlesungen entsprechen den deutschen Einrichtungen.

Das Studienjahr beginnt auch in Österreich mit dem Wintersemester, das vom 1. Oktober bis einschliesslich zum Donnerstag vor dem Palmsonntag dauert (in Czernowitz bis letzten Februar). Das Sommersemester beginnt mit dem Donnerstag nach Ostern (in Czernowitz 1. März) und schliesst am 31. Juli.

Professorengehälter. Ordentliche Professoren erhalten 6400 K. (steigend nach dem 5. und 10. Jahre um je 800 K., nach dem 15. und 20. Jahre um je 1000 K., nach dem 25. Jahre um 1200 K.) und eine Aktivitätszulage von 1840 K.; ausserordentliche Professoren 3600 K. (steigend nach dem 5. und 10. Jahre um je 800 K., nach dem 15. und 20. Jahre um 600 K.) und eine Aktivitätszulage von 1610 K.

In besonderen Fällen können sowohl ordentlichen wie ausserordentlichen Professoren (speziell den Leitern von Seminaren und Instituten) höhere Beträge gewährt werden. — Die ordentlichen Professoren der Universität Wien erhalten ausserdem eine Zulage von 800 K. jährlich, die aber nicht in die Pension einbezogen wird.

Pensionen. Nach 30 Dienstjahren Pension = Grundgehalt und ein Teil der Aktivitätszulage (VII. Rangklasse 560 K., VI. 640 K., V. 800 K.). — Witwen- und Waisenpension ganz so wie bei sonstigen gleichgestellten Staatsbeamten (ausserordentliche Professoren VII., ordentliche VI., mit Titel und Charakter eines Hofrats V. Rangklasse. Entsprechende militärische Grade: Oberstleutnant, Oberst, Generalmajor).

II. Aufnahme, Studiengang, Promotion, Habilitation, Gebühren.

Aufnahme. Die Immatrikulation als ordentlicher Hörer bedingt die Beibringung eines Zeugnisses über eine an einem Gymnasium entsprechend bestandene Maturitätsprüfung oder das Abgangszeugnis einer in- oder ausländischen Universität. Die ordentliche Frist für die Immatrikulation beginnt 8 Tage vor und endet 8 Tage nach dem gesetzlichen Beginne des Semesters. — Ausserordentliche Hörer, die bestimmte Vorlesungen besuchen wollen, müssen sich dem Dekan der Fakultät persönlich vorstellen. — Ausländer werden wie Inländer immatrikuliert, wenn ihr Maturitätszeugnis mit dem inländischen gleichwertig ist. — Hospitanten haben sich persönlich beim Dekan zu melden und über ihre Bildung auszuweisen.

Frauenstudium. In der juristischen Fakultät werden Frauen nur als Hospitantinnen zugelassen mit Bewilligung des betr. Dozenten; die Ablegung von Prüfungen ist nicht möglich. — Von der theologischen Fakultät sind Frauen ausgeschlossen. — In der philosophischen Fakultät haben die ordentlichen Hörerinnen, die das Gymnasium bzw. die Realschule absolviert haben, die gleichen Rechte wie die männlichen Studierenden; als ausserordentliche Hörerinnen werden Frauen aufgenommen, die Mädchenlyzeen oder gleichgestellte Anstalten absolviert haben; nach dreijährigem Universitäts-Studium können sie die Lehramtsprüfung für Mädchenlyzeen ablegen (Änderungen in diesen Bestimmungen sind im Gange); Hospitantinnen wie Juristische Fakultät, doch entscheidet hier noch eine eigene Kommission über die Zulassung. — In der medizinischen Fakultät gibt es ordentliche Hörerinnen und (sehr wenige) Hospitantinnen.

Studiengang. Der Studiengang selbst ist im Rahmen der hierfür aufgestellten Grundsätze den Studenten überlassen; auch an den österreichischen Universitäten herrscht Lehr- und Lernfreiheit. Für alle Studierenden wird am Ende jedes Semesters eine Frequenzbestätigung, am Schlusse der Universitätsstudien (für die theologische, juristische und philosophische Fakultät 4, für die medizinische 5 Jahre) ein Absolutorium ausgefolgt. — Pharmazeutischer Unterricht in den philosophischen und medizinischen, zahnärztlicher in den medizinischen Fakultäten.

Promotion und Prüfungen. Der Doktorgrad bedingt an der theologischen, juristischen und medizinischen Fakultät 3 (4) und an der philosophischen 2 strenge Prüfungen (Rigorosen). Dissertationen werden nur an der theologischen und philosophischen Fakultät verlangt, und zwar nur in einem Exemplar geschrieben, das zurückgegeben wird.

Für die Prüfungen zur Erlangung eines Mittelschullehramts sind gewisse Fachgruppen vorgesehen, welche für eine Approbation ausreichend sind. Diese Prüfungen können nach dem vierten Studienjahre abgelegt werden. Der mündlichen Prüfung gehen 2 schriftliche Hausarbeiten und 1 schriftliche Klausurarbeit unter Aufsicht und ohne Gewährung wissenschaftlicher Hilfsmittel voraus.

Habilitation. Der Zulassung als Privatdozent (s. auch unter Abschnitt I S. 102) muss eine Prüfung der in einem Exemplar vorgelegten (eventuell auch in mehreren Exemplaren) gedruckten wissenschaftlichen Abhandlungen, ein Kolloquium vor der Fakultät, das von dem Stoff der betreffenden Abhandlungen ausgehend sich über das ganze Fach erstrecken kann, und eine Probevorlesung vorangehen. Voraussetzung ist, dass der Kandidat das betreffende Universitätsstudium vor wenigstens 2 Jahren absolviert hat. — Besondere Habilitationsgebühr besteht nicht.

Universitätstaxen.

Immatrikulationstaxe 8 K.
Exmatrikulationstaxe einschl. 2 K.-Stempel K. 4.10.
Stempel für den Immatrikulationsschein 2 K.
Bibliotheksbeitrag für Inländer 1 K., für Ausländer 2 K. pro Semester.
Inskriptionsgebühr für Pharmazeuten 5 K., für ao. Hörer 3 K. und für Hospitanten 2 K.

Duplikat eines Index einschl. 2 K. Stempel K. 4.10.
Duplikat eines Meldungsbogens einschl. 2 K. Stempel K. 4.10.
Duplikat einer Legitimationskarte K. 1.05.
Absolutorium einschl. Stempel K. 4.30.
Abgangszeugnis einschl. Stempel K. 4.10.
Stempel für ein Kolloquium-, Seminar-, oder Frequentations-Zeugnis 30 h.
Stempel für Gesuche an die akad. Behörden 1 K.
Stempel für Frequentations-Bestätigung für jedes Semester 30 h.
Diplomstempel 2 K.
Kollegiengeld pro Wochenstunde und Semester K. 2.10.
Theologisches Rigorosum 60—80 K. Im Wiederholungsfalle 30—40 K.
Promotion 80—120 K.

Juristisches Rigorosum je 120 K.
Juristisches Rigorosum im Wiederholungsfalle je 60 K.
Promotion 120 K.

I. medizinisches Rigorosum 120 K.
Im Wiederholungsfalle 60 K.
II. medizinisches Rigorosum 130 K.
Im Wiederholungsfalle 65 K.
III. medizinisches Rigorosum 140 K.
Im Wiederholungsfalle 70 K.
Wiederholung für einen einzelnen Gegenstand verschieden von K. 11.67—16.67.
Promotion 120 K.

Schriftliche philos. Arbeit 40 K.
Philosophisches Haupt- (80 K.) und Nebenrigorosum (40 K.) zusammen 120 K.
Im Wiederholungsfalle dieselbe Gebühr, an einigen Universitäten nur die Hälfte.
Promotion 60—64 K.

---

3 pharmazeutische Vorprüfungen an der philos. Fakultät je 20 K., im Wiederholungsfalle je 10 K.; an der med. Fak. 2 prakt. Prüfungen je 20 K., 1 theoretische Prüfung 50 K., Sponsion 50 K.; im Wiederholungsfalle die Hälfte der für jeden Gegenstand festgesetzten Gebühr.

Stundung und Honorarerlass. Die Stundung der Kollegiengelder wird in Österreich nicht gewährt, dagegen kann bei Vorweis von Armutszeugnissen ganze oder halbe Befreiung eintreten.

III. Geschichte und besondere Organisation.

Czernowitz (Bukowina).

K. K. FRANZ-JOSEFS-UNIVERSITÄT.

Geschichte. Die Franz-Josefs-Universität mit deutscher Unterrichts- und Geschäftssprache wurde am 4. Oktober 1875, am Tage der Feier der 100jährigen Vereinigung der Bukowina mit Österreich, eröffnet. Die philosophische Fakultät wurde erst 1876 durch die Einrichtung des mathematisch-naturwissenschaftlichen Studiums vervollständigt. Die theologische Fakultät bestand schon früher als theologische Lehranstalt. Zur Gründung einer medizinischen Fakultät sind schon wiederholt Anregungen gemacht worden. Die bestehenden Fakultäten werden stetig weiter ausgebaut. In dem ersten Vierteljahrhundert des Bestehens der Universität erreichte die Hörerzahl nicht das vierte Hundert, seit dem Wintersemester 1899/1900 stieg sie aber beträchtlich.

LITERATUR. *Die Franz-Josefs-Universität in Czernowitz im ersten Vierteljahrhundert ihres Bestandes. Festschrift, herausg. vom akad. Senate.* Czernowitz 1900. — *A. Norst, Alma mater Francisco-Josephina.* Festschrift. Czernowitz 1900. — Vergl. auch *S. Herzberg-Fränkel, Der Abgeordnete Dr. Steinwender und die philosophischen Fakultäten in Österreich* (*Hochschulnachrichten* 1907, S. 117 ff.) und *R. F. Kaindl, Die Universität in Czernowitz* (*Österr. Rundschau,* 11. Bd., Heft 1).

FAKULTÄTEN: 1. Griechisch-Orientalisch-Theologische; 2. Rechts- und Staatswissenschaftliche; 3. Philosophische.

AUFNAHME, Studiengang, Promotion, Habilitation, Gebühren, s. S. 102.

Graz (Steiermark).

K. K. KARL-FRANZENS-UNIVERSITÄT.

GESCHICHTE. Die Universität der steierischen Hauptstadt ist wie mehrere österreichische Hochschulen aus einem Jesuiten-Kollegium hervorgegangen. Im Jahre 1573 gründete Erzherzog Carl, der Stifter der innerösterreichischen Habsburgerfamilie, das Grazer Jesuiten-Kollegium, mit dem er eine bald stark besuchte Lateinschule verband, um dieses Institut als Gegengewicht gegen die in Innerösterreich sich immer weiter ausbreitende protestantische Propaganda zu benutzen. Am 1. Januar 1585 gründete der Erzherzog zu gleichem Zwecke die Universität, die am 22. Oktober 1586 vom Papste bestätigt wurde. Die feierliche Eröffnung fand am 14. April 1586 mit vieler Pracht und Feierlichkeit statt. Die neue innerösterreichische Hochschule bestand aus der theologischen und der philosophischen Fakultät, zu denen das Jesuiten-Gymnasium als Facultas humanistica sive linguarum als dritte gerechnet wurde. Die Gesellschaft Jesu erhielt das Recht, sämtliche Lehrkanzeln zu besetzen. Am 19. April 1607 wurde unter Ferdinand II. der Grundstein zu dem Universitätsgebäude gelegt. 1609 war es vollendet und bezogen und bis 1895 in Benutzung. Die Frequenz war bald sehr bedeutend, 1713 zählte man schon 1350 Studierende. Nach der Aufhebung des Jesuiten-Ordens unter Kaiserin Maria Theresia übernahm der Staat am 6. Oktober 1773 Universität und Gymnasium in eigene Hand. 1774 erschien eine neue Organisation der philosophischen Fakultät, seit 1774 gab es schon einen Professor der Chirurgie, seit 1776 einen für Anatomie, seit 1777 auch einen Lehrer der Hebammenkunst. 1779 wurde die juristische Fakultät eröffnet, doch wurde schon 1782 unter Kaiser Josef II. die Universität in ein Lyzeum ohne immune akademische Gerichtsbarkeit verwandelt. 1783 wurde die chirurgische Lehranstalt erweitert und nach Ernennung neuer Professoren mit dem Lyzeum organisch verbunden. Die Frequenz sank immer tiefer, bis die Schule durch kaiserliche Gnade am 30. April 1826 wieder als Universität restauriert wurde. 1849 wurde die eigentliche philosophische und 1863 endlich die medizinische Fakultät reorganisiert, wodurch die Grazer Universität erst ihre heutige Gestalt erhielt. Die Universität wird auch stark von Italienern, besonders von italienischen Pharmazeuten besucht. — Am 4. Juni 1895 Eröffnung des Neubaues durch Kaiser Franz Josef I.

LITERATUR. *Fr. Krones, Geschichte der K.-F.-Univ. in Graz.* Graz 1886. — *A. Schauenstein, Die ersten 3 Jahrhunderte der K.-F.-Univ. in Graz.* Graz 1886. — *Festschrift zur Feier der Vervollständigung der Universität Graz,* 1895.

FAKULTÄTEN. 1. Theologische [kathol.]; 2. Rechts- und Staatswissenschaftliche; 3. Medizinische; 4. Philosophische.

AUFNAHME, Studiengang, Promotion, Habilitation, Gebühren s. S. 102.

Innsbruck (Tirol).

K. K. LEOPOLD-FRANZENS-UNIVERSITÄT.

GESCHICHTE. Die Hochschule wurde von Kaiser Leopold I. im Oktober 1669 bewilligt, von 1670—1674 in allen 4 Fakultäten errichtet; doch datiert die Gründungsurkunde erst vom 7. April 1677. 1782 wurde diese, wie mehrere andere österreichische Hochschulen, von Kaiser Josef II. in ein Lyzeum umgewandelt. 1792 von Leopold II. wieder zur Universität erhoben, wurde die Schule 1810 von der bayerischen Regierung wieder zum Lyzeum herabgedrückt, 1826 jedoch von der österreichischen als Universität mit der juristischen und philosophischen Fakultät reaktiviert. 1857 kam die theologische Fakultät hinzu, welche sich bis heute in den Händen des Jesuitenordens befindet, obwohl seit 1873 der Staat wieder das Ernennungsrecht ausübt und so auch Weltgeistlichen die Möglichkeit offen steht, zu Lehrkanzeln zu gelangen. Seit dem 11. April 1869 ist die Universität infolge der Errichtung der medizinischen Fakultät vollständig. — Im September 1904 wurde provisorisch eine rechts- und staatswissenschaftliche Fakultät mit italienischer Unterrichtssprache gegründet, organisch und räumlich von der Universität getrennt. Diese Fakultät, an der der Unterricht nicht beginnen konnte, ist aber nach wenigen Monaten wieder aufgehoben worden; die Professoren sind bis auf weiteres beurlaubt.

LITERATUR. *J. Probst, Geschichte der Univ. in Innsbruck seit ihrer Entstehung bis 1860.* Innsbruck 1869. — *Die Jesuitenfakultät in Innsbruck.* Wien 1874. — *Josef Innerhofer, Gedenkblätter an die 200jährige Jubelfeier der kais. königl. Universität Innsbruck.* Innsbruck 1877. — *Die Leopold-Franzens-Universität zu Innsbruck in den Jahren 1848 bis 1898. Festschrift aus Anlass des 50jährigen Regierungsjubiläums des Kaisers Franz Josef I. Herausgegeben vom akademischen Senat der kais. königl. Universität Innsbruck.* Innsbruck 1899. — *A. Wretschko, Geschichte der juristischen Fakultät an der Universität Innsbruck 1671—1904.* Innsbruck 1904.

FAKULTÄTEN: 1. Theologische [kathol.]; 2. Rechts- und Staatswissenschaftliche; 3. Medizinische; 4. Philosophische.

AUFNAHME, Studiengang, Promotion, Habilitation, Gebühren s. S. 102.

Krakau (Galizien).

JAGELLONISCHE UNIVERSITÄT KRAKAU.
(Uniwersytet Jagielloński w Krakowie.)

GESCHICHTE. Die altberühmte Jagellonische Universität erhielt ihren Namen infolge der vielen Wohltaten und Spenden, welche die Könige aus dem Hause der Jagellonen ihr zuwendeten. Der Gedanke, eine Universität in Krakau zu gründen, ging von König Kasimir dem Grossen aus, der schon 1363 mit den Vorbereitungen zu diesem Unternehmen begann. Am 12. Mai 1364 erschien die Stiftungsurkunde, mit welcher er ein studium generale in qualibet licita facultate anordnete, wozu Papst Urban V. vorher seine Erlaubnis gegeben hatte. Am 1. September 1364 gab der Papst den Stiftsbrief für alle Fakultäten mit Ausnahme der theologischen. Nach dem Tode Kasimirs 1370 verfiel die Universität gänzlich. Erst am 11. Jänner 1397 erliess Papst Bonifaz IX. den Stiftsbrief für die theologische Fakultät und am 26. Juli 1400 stellte König Wladislaw Jagello die ganze Hochschule wieder her. Wladislaw ist der eigentliche Gründer der Universität, welcher er reiche Stiftungen und Einkünfte zuwies. 1401 wurde die theologische Fakultät eingerichtet und die Universität übersiedelte bald aus dem Dorfe Bawol bei Krakau, der jetzigen Vorstadt Kazimierz, in das sogen. Collegium Jagellonicum in Krakau, in welchem sich noch heute die berühmte Jagellonische Bibliothek befindet. Gegen Ende des 15. Jahrhunderts erstarkte die Hochschule immer mehr infolge der an ihr besonders eifrig gepflegten astronomischen und humanistischen Studien. Lange Jahrhunderte hindurch bildete sie den Mittelpunkt des wissenschaftlichen Lebens in Polen, sie tat sich besonders durch ihre freie Gesinnung und einen langwierigen Kampf mit dem Jesuitenorden hervor, verfiel jedoch später gänzlich. Erst am 18. Oktober 1817 wurde die Universität in neuer Organisation wieder eröffnet und am 5. Oktober 1826 von den drei Schutzmächten des Freistaates Krakau feierlich bestätigt. Seit 1833 erfreut sie sich trotz mancher widriger Unterbrechungen eines stetigen Aufschwungs. Am 29. Oktober 1853 war die deutsche Sprache zur Unterrichtssprache in der philosophischen, medizinischen und juristischen Fakultät erklärt worden, doch schon seit 4. Februar 1861 trat nach und nach, seit 30. April 1870 vollständig die polnische Sprache an ihre Stelle.

Literatur. *Josef Sołtykowicz, O stanie akademii Krakowskiéj.* Kraków 1811. — *Johann Herz, Geschichte der Krakauer Univ.* Wien 1847. — *H. Zeissberg, Das älteste Matrikelbuch der Univ. Krakau.* Innsbruck 1872. — *Kasimir Morawski, Historya uniwersytetu Jagiellońskiego.* In: Munera saecularia universitatis Cracoviensis, vol. I. und II. Kraków 1900.

Fakultäten: 1. Theologische [kathol.]; 2. Rechts- und Staatswissenschaftliche; 3. Medizinische; 4. Philosophische.

Aufnahme, Studiengang, Promotion, Habilitation, Gebühren s. S. 102.

Lemberg (Galizien).

K. K. FRANZENS-UNIVERSITÄT.

(c. k. Uniwersytet imienia cesarza Franciszka I we Lwowie.)

Geschichte. Errichtet durch die Stiftungsurkunde des Königs Johann Kasimir vom 21. Jänner 1661 (Jesuiten-Universität).

Am 19. April 1758 bestätigte König August III. diese Stiftungsurkunde, und Papst Klemens XIII. gab mit Bulle vom 26. März 1759 seine Einwilligung. Am 21. Oktober 1784 Umwandlung in eine Staatsanstalt durch Kaiser Joseph II., am 8. August 1805 Umwandlung in ein Lyzeum. Am 17. Mai 1816 Erhebung durch Kaiser Franz I. zur Universität mit einer theologischen, rechts- und staatswissenschaftlichen und philosophischen Fakultät. Errichtung der medizinischen Fakultät durch Allerhöchste Entschliessung am 25. Oktober 1891.

Vortragssprache und Geschäftssprache: von 1784 bis 1824 die lateinische, von 1824 bis 1871 die deutsche an der philosophischen Fakultät und an der Mehrzahl der Lehrkanzeln der rechts- und staatswissenschaftlichen Fakultät. Mit Allerhöchster Entschliessung vom 4. Juli 1871 wurde angeordnet, dass die Beschränkungen, welche der Abhaltung von polnischen und ruthenischen Vorträgen an der rechts- und staatswissenschaftlichen und philosophischen Fakultät bisher entgegenstanden, gänzlich fortfallen sollen und auf die Lehrkanzeln dieser Fakultäten in Zukunft nur Kandidaten, welche zum Vortrage in einer der beiden Landessprachen vollkommen befähigt sind, berufen werden können. — Mit Allerhöchster Entschliessung vom 27. April 1879 wurde angeordnet, dass die polnische Sprache als Geschäftssprache der akademischen Behörden der Lemberger Universität zu gelten hat. Als Prüfungssprache bei den strengen Prüfungen an den weltlichen Fakultäten wird die polnische Sprache angesehen, doch bleibt den Kandidaten der strengen Prüfungen gestattet, vorausgesetzt, dass die nach den Bestimmungen der Rigorosenordnung zur Teilnahme an dieser Prüfung berufenen Professoren der betreffenden Sprache mächtig sind, die Prüfung auch in der deutschen oder ruthenischen Sprache abzulegen.

Laut Erlass des Ministers für Kultus und Unterricht vom 5. April 1882 Z. 5204 sind nach der gegenwärtigen Einrichtung der Lemberger Universität alle Professoren in der Regel zur Abhaltung der ihnen obliegenden Vorlesungen in der polnischen Sprache verbunden.

LITERATUR. *Acta universitatis Leopolitanae in Galicia anno 1784 inauguratae.* Lemberg 1786. — *Gerson Wolf, Geschichte der Universität Lemberg von 1784—1848.* In »G. Wolfs kleineren historischen Schriften«. Wien 1892. S. 1 und ff. — *Ludwig Finkel und Stanislaus Starzyński, Historya uniwersytetu Lwowskiego.* Lwów 1894. — *Kronika uniwersytetu Lwowskiego.* I (1894—1898). Lwów 1899.

FAKULTÄTEN: 1. Theologische [kathol.]; 2. Juristische; 3. Medizinische; 4. Philosophische.

AUFNAHME, Studiengang, Promotion, Habilitation, Gebühren s. S. 102.

Prag (Böhmen).

K. K. DEUTSCHE KARL-FERDINAND-UNIVERSITÄT.

GESCHICHTE. Schon im 13. Jahrhundert gab es in Prag eine Schule, 1248 ging dieselbe ein, doch erhob sie sich unter Ottokar II. von neuem, um 1274 beim Beginn der Feindseligkeiten mit Rudolf v. Habsburg zugrunde zu gehen. Schon Wenzel II. versuchte vergebens ein Generalstudium in Prag zu errichten. Erst Karl IV. gelang es, beim Papste Klemens VI. durchzusetzen, dass dieser am 26. Januar 1347 die Erlaubnis zur Gründung eines studium generale mit allen Fakultäten in der böhmischen Hauptstadt gab. Am 7. April 1348 erliess Karl IV. den Stiftsbrief und organisierte die neue Hochschule, die erste in Deutschland, nach dem Muster der Pariser Universität, an welcher er selbst studiert hatte. Es wurden gleich im Beginn Theologie, Ius canonicum, Medizin und die Artes liberales gelehrt und die Universität gelangte bald zu grossem Ansehen; am 14. Januar 1349 erteilte Karl der Universität alle Privilegien, welche andere Hochschulen durch römische Kaiser oder Könige erhalten hatten. Am 30. Juli 1366 stiftete Karl IV. das Collegium Carolinum für 12 magistri artium, welches 1383 durch Wenzel IV. ein eigenes Gebäude, das noch heute Universitätszwecken dienende Carolinum, erhielt. Bis 1409 war die Hochschule in stetem Wachsen begriffen, in letzterem Jahre zählte sie schon über 2000, nach anderen Nachrichten 4000 Studierende. Am 1. Oktober 1409 erliess Wenzel auf Andringen des Reformators Huss eine Verordnung, dass die fremden Nationen in Prag neben den drei Stimmen der böhmischen Nation nur eine einzige Stimme bei allen Wahlen und Verhandlungen haben sollten, während bisher das umgekehrte Verhältnis bestanden hatte. Die drei Nationen bildenden Deutschen, Lehrer und Lernende, wanderten aus und es entstanden so die Universitäten Leipzig, Rostock, Ingolstadt und Krakau. 1653 verband Ferdinand III. die Hochschule mit dem von Ferdinand I. gegründeten Jesuiten-Kollegium. In der zweiten Hälfte des 17 Jahrhunderts erbauten dann die Jesuiten für die ihnen übergebene Universität das ebenfalls noch heute in Verwendung stehende Clementinum, ein sehr weitläufiges Gebäude, in welchem sich neben der Salvatorkirche noch zwei Kapellen befinden. Die Kaiser Josef II. und Franz I. wendeten der Prager Universität ihre besondere Fürsorge zu. Im Laufe der Zeit wuchs die Zahl der in tschechischer Sprache gehaltenen Vorlesungen, besonders der juristischen immer mehr an, und es bekam die Agitation nach der Gründung einer eigenen tschechischen Universität immer mehr Boden. Im Wintersemester 1882/83 wurde endlich die tschechische Universität (s. unten) mit den drei weltlichen Fakultäten, 1891/92 auch mit der theolog. Fakultät eröffnet. Die Universitätsbibliothek ist selbständig und beiden Universitäten gemeinsam.

Literatur. *Voigt Adauct, Versuch einer Geschichte der Universität zu Prag.* Prag 1776. — *Milauer Max, Kritische Beiträge zu A. Voigts Versuch einer Geschichte der Universität in Prag.* Prag 1820. — *Monumenta historica universitatis Carolo-Ferdinandeae Pragensis.* 3 vol. Prag 1830—1848. — *Tomek W. W., Geschichte der Prager Universität.* Prag 1849. — *Tomek W. W., Dějepis university Pražské.* V Praze 1849. — *Kvičala Johann, Zur böhmischen Universitätsfrage.* Prag 1881. — *Kvičala Johann, Beiträge zur Prager Universitätsfrage.* Prag 1881. — *Die deutsche K.-F. Univ. in Prag unter der Regierung Sr. Majestät des Kaisers Franz Josef I.* Prag 1899. — *Sebald, J. A., Geschichte der medizin.-prakt. Schule der Univ. Prag.* Prag 1796. — *Schnabel G. N., Geschichte der juridischen Fakultät an der vereinigten Karl-Ferdinandeischen Hochschule zu Prag.* Prag 1827. — *Schindler, J. Die theolog. Fakultät der k. k. deutschen Universität zu Prag von 1848—1898.* Prag 1899.

Fakultäten: 1. Theologische [kathol.]; 2. Rechts- und Staatswissenschaftliche; 3. Medizinische; 4. Philosophische.

Aufnahme, Studiengang, Promotion, Habilitation, Gebühren s. S. 102.

K. K. TSCHECHISCHE KARL-FERDINAND-UNIVERSITÄT.

(C. K. česká Universita Karlo-Ferdinandova.)

Geschichte. Nach vorher vom Papst Klemens VI. am 7. April 1347 erteilter Bestätigung wurde durch den mit goldener Bulle versehenen Stiftsbrief Kaiser Karls IV. vom 7. April 1348 in Prag ein Generalstudium errichtet. Dasselbe war in die üblichen 4 Fakultäten eingeteilt. Nach den Statuten gliederte sich die Universität ausserdem in 4 Nationen, die böhmische, bayerische, sächsische und polnische. Am 18. Jänner 1409 erliess König Wenzel IV. das Kuttenberger Dekret, mit welchem der böhmischen Nation in allen Angelegenheiten der Universität 3 Stimmen eingeräumt wurden, wogegen die 3 fremden Nationen zusammen sich mit einer Stimme begnügen sollten. Infolgedessen wanderten die der deutschen Nation angehörenden Magister und Studenten in grosser Anzahl aus, und es kam zur Gründung von neuen Universitäten in den Nachbarländern. Kaiser Ferdinand III. vereinigte mit Reskript vom 17. November 1653 die alte Karolinische Akademie, welche aus der juristischen und medizinischen Fakultät bestand, mit dem vom Kaiser Ferdinand I. im Jahre 1562 gegründeten Jesuitenkollegium (St. Klemens-Akademie) mit der theologischen und philos. Fakultät; die so neu geschaffene Universität sollte »Carolo-Ferdinandea« genannt werden. (Siehe auch S. 108 Geschichte der K. k. deutschen Karl-Ferdinand-Universität).

Mit dem Gesetz vom 28. Februar 1882 wurde die Teilung der Carolo-Ferdinandea bewirkt. Diesem Gesetz zufolge bestehen seit dem Jahre 1882 in Prag zwei Universitäten, nämlich die »k. k. deutsche Karl-Ferdinand-Universität« und die »k. k. tschechische Karl-Ferdinand-Universität«. An der deutschen Universität ist die deutsche Sprache, an der böhmischen die böhmische die ausschliessliche Unterrichtssprache. Der Gebrauch der lateinischen Sprache bleibt jedoch im üblichen Umfange aufrecht. Die beiden Universitäten sind räumlich gesondert und haben getrennte Organisation und Verwaltung. Das der Prager Karl-Ferdinand-Universität oder einzelnen Fakultäten derselben gehörige Vermögen ist gemeinschaftliches Vermögen der beiden Universitäten, beziehungsweise der betreffenden Fakultäten. In Durchführung des Gesetzes vom 28. Februar 1882 wurde an der tschechischen Karl-Ferdinand-Universität im Jahre 1882 die juristische und philosophische, im Jahre 1883 die medizinische und im Jahre 1891 die theologische Fakultät aktiviert.

Literatur. *Winter Zikmund, Děje vysokých škol Pražských od secesi cizích národů po dobu bitvy Bělohorské (1409—1622).* Praha 1897. — *Winter Zikmund, O životě na vysokých školách Pražských knihy dvoje.* V Praze 1897. — *Goll Jaroslav, Der Hass der Völker und die österreichischen Universitäten.* Prag 1902. — *Goll Jaroslav, Rozdělení Pražské university Karlo-Ferdinandovy roku 1882.* Praha 1908. — *Novotný Václav, Krofta Kamil, Šusta Josef, Friedrich Gustav: Dekret Kutnohorský.* Praha 1909. — Siehe auch S. 109 Literatur der K. k. deutschen Karl-Ferdinand-Universität.

Fakultäten: 1. Theologische [kathol.]; 2. Rechts- und Staatswissenschaftliche; 3. Medizinische; 4. Philosophische.

Aufnahme, Studiengang, Promotion, Habilitation, Gebühren s. S. 102.

Wien (Nieder-Österreich).

K. K. UNIVERSITÄT.

Geschichte. Schon 1237 wird eine Schule zu St. Stephan in Wien erwähnt; seit 1296 wurde diese eine von der Stadt unterhaltene Anstalt. Am Ende des 13. und Anfang des 14. Jahrhunderts blühte die Schule unter dem Scholastikus Ulrich ausnehmend. Im Jahre 1364 wendete sich Herzog Rudolf IV. der Stifter an den Papst um die Gewährung eines Generalstudiums. Der Grund zu dieser Bitte war die Rivalität, die zwischen dem Herzog und seinem Schwiegervater Karl IV. bestand. Die Gründung einer Universität schien Rudolf das beste Mittel zu sein, die dominierende Stellung der Prager Hochschule zu brechen. Durch die Vermittelung des Bischofs Johann von Brixen erhielt er die Zustimmung des Papstes Urban V. und so fertigten die Herzöge Albert, Leopold und Rudolf noch vor Eintreffen der Bulle, am 12. März 1365, die Stiftungsurkunde aus. Wahrscheinlich auf die Intriguen Karls IV. hin bestätigte jedoch der Papst in seinem Stiftbriefe vom 18. Juni 1365 bloss die drei weltlichen Fakultäten. 1366 bis 1377 stand die Hochschule auf schwachen Füssen, nachdem der erste Rektor, Albert von Sachsen, Bischof von Halberstadt geworden war. Herzog Albrecht III. erlangte von Urban VI. auf Grund einer neuen Stiftungsurkunde vom 20. Februar 1384 auch die Bestätigung der theologischen Fakultät. Albrecht teilte in seinem neuen Privilegienbrief aus demselben Jahre die Universität, deren Seele bald der aus Paris berufene Theologe Heinrich v. Langenstein wurde, in vier Nationen ein, in die österreichische, rheinische, ungarische und sächsische. Zu wissenschaftlichem Ansehen gelangte die Schule erst mit dem Siege des Humanismus. Durch die »sanctio pragmatica« des Jahres 1623 wurde sie von Ferdinand II. den Jesuiten übergeben, welche gleich zu Beginn ihres Regimes eine Reihe von Bauten aufführen liessen, die noch heute bestehen, z. B. die Universitätskirche und die sogen. alte Universität in der Bäckerstrasse. Kaiserin Maria Theresia fand die Hochschule in einem Zustande tiefsten Verfalles. Der reformatorischen Tätigkeit Gerard van Swieten's gelang es wenigstens, die medizinische Fakultät wieder in Ansehen zu bringen. Am 5. April 1755 übergab die Kaiserin das sogenannte »neue Universitätsgebäude«, in welchem sich jetzt die kais. Akademie der Wissenschaften befindet seiner Bestimmung. Josef II. organisierte die Universität zu einer praktischen Staatsanstalt und entzog ihr am 4. August 1783 die Jurisdiktion. Die Ereignisse des Jahres 1848 trafen die Universität — etwa die medizinische Fakultät ausgenommen — noch in dem traurigen Zustande, welchem dieselbe seit dem Beginne des 19. Jahrhunderts verfallen war.

Allein die 1848 bis 1850 folgenden Reformen Feuchterslebens, Exners und des verdienstvollen Unterrichtsministers, Grafen Leo Thun leiteten bald wieder jene Ära des freien wissenschaftlichen Lebens ein, deren sich die Universität noch heute in dem 1883 teilweise bezogenen, am 9. Oktober 1884 feierlich eingeweihten, prachtvollen Universitätsgebäude, einem Meisterstück des berühmten Architekten Ferstel, erfreut.

Literatur. *Friedrich Tillmez, Conspectus historiae universitatis Vindobonensis ex actis veteribusque documentis erutae.* (Fortgesetzt von Sebastian Mitterdorfer). Pars I—III. Viennae 1722—1725. — *Anton Rosas, Kurzgefasste Geschichte der Wiener Hochschule im allgemeinen und der medizinischen Fakultät im besonderen.* 2 Bände. Wien 1843 bis 1849. — *Rudolf Kink, Geschichte der kaiserlichen Universität zu Wien.* 2 Bände. Wien 1854. — *Josef Hyrtl, Festrede zur fünften Säkularfeier der Wiener Universität.* Wien 1865. — *Gerson Wolf, Studien zur Jubelfeier der Wiener Universität im Jahre 1865.* Wien 1865. — *Rochus Perkmann, Zur Geschichte der Wiener Universität. Auch ein Beitrag zur halbtausendjährigen Jubelfeier.* Leipzig 1865. — *Theodor Wiedemann, Beiträge zur neuesten Geschichte der Wiener Universität.* In »Österreichische Vierteljahresschrift für katholische Theologie«. Band IV. (Wien 1865). S. 257 u. ff. — *Karl Schroff, Bericht über die 500jährige Jubelfeier der Wiener Universität.* Wien 1866. — *Josef Unger, Zur Reform der Wiener Universität.* Wien 1869. — *Alfred von Arneth, Die Wiener Universität unter Maria Theresia.* Wien 1879. — *Josef R. von Aschbach, Geschichte der Wiener Universität.* 1. Band. Wien 1865. 2. Band. Wien 1877. 3. Band *von Ad. Horawitz,* Wien 1888. *Nachträge zum III. Band von W. Hartl und K. Schrauf,* Wien 1893 u. ff. — *Jahrbuch der k. k. Universität Wien.* Wien 1890/91 u. ff. — *Karl Schrauf, Die Matrikel der Wiener Universität.* Band I (1365—1420). Wien 1892. — *(Karl Schrauf), Die Gedächtnistafeln der Wiener Universitätsrektoren 1365—1893.* Wien 1893. — *Karl Schrauf, Zur Geschichte der Studentenhäuser an der Wiener Universität.* Wien 1895. — *Geschichte der Wiener Universität von 1848—1898. Als Huldigungsschrift zum 50jährigen Regierungsjubiläum des Kaisers Franz Josef I. herausgegeben vom akademischen Senate der Wiener Universität.* Wien 1898. — *Karl Schrauf, Geschichte der Wiener Universität in ihren Grundzügen.* Wien 1901. — *Karl Schrauf, Die Matrikel der ungarischen Nation an der Wiener Universität.* Wien 1902. — *A. Wappler, Geschichte der theologischen Fakultät der Universität Wien.* Wien 1884. — *J. Schneller, Historische Darstellung der Entwickelung der medizinischen Fakultät zu Wien.* Wien 1856.

Fakultäten: 1. Theologische [kathol.]; 2. Rechts- und staatswissenschaftliche; 3. Medizinische; 4. Philosophische.

Aufnahme, Studiengang, Promotion, Habilitation, Gebühren, s. S. 102.

Theologische Fakultäten und Institute.

Fakultäten in Olmütz [kathol.], Salzburg [kathol.], Wien [evangelisch].
Sonstige Institute in Wien (Höhere Bildungsanstalt für Weltpriester [kathol.], Pázmánysches Kollegium [kathol.], Israelitisch-theologische Lehranstalt.

Olmütz (Mähren).

KAISERL. KÖNIGL. THEOLOGISCHE FAKULTÄT.

GESCHICHTE. Im Jahre 1566 gründeten die Jesuiten zu Olmütz ein Kollegium mit einer lateinischen Schule. 1574 erhielt diese Anstalt die päpstliche Bewilligung zu philosophischen Studien, und am 22. Dezember 1574 verlieh ihr Kaiser Max II. die Rechte einer Universität. 1579 gründete Papst Gregor XIII. das erste Konvikt. Am 22. März 1581 gab dann Kaiser Rudolf II. der Schule neue Privilegien, wodurch sie völlig den Charakter einer Universität erhielt. 1582 begannen die Vorlesungen aus der Theologie. Kaiser Mathias gab der Hochschule am 14. Oktober 1617 dieselben Rechte der Gerichtsbarkeit, wie sie die Pariser, Löwener, Wiener, Krakauer, Ingolstädter und die übrigen Akademien von Europa genossen. Nach einer kurzen Störung, 1619 bis 1621, wurde die Hochschule von Kaiser Ferdinand II. wieder hergestellt. 1670 kam zur theologischen und philosophischen Fakultät die juristische hinzu.

Nach der Aufhebung des Jesuitenordens erhielt die Universität 1775 einen neuen Studienplan. 1778 wurde sie nach Brünn verlegt und mit einer Lehrkanzel für Geburtshilfe ausgestattet, im Jahre 1782 kam sie wieder nach Olmütz zurück, und wurde gleichzeitig in ein Lyzeum, eine Art Mittelschule, mit einer neuen Organisation umgewandelt.

Unter Kaiser Franz I. ist dann die Anstalt am 12. März 1827 wieder zur Universität erhoben, und mit dem Rechte, in der juristischen Fakultät zu promovieren, ausgestattet worden. Am 10. August 1855 erfolgte ihre Aufhebung, nachdem schon vorher 1852 die philosophische Fakultät eingegangen war. Nur die theologische Fakultät blieb bestehen. Das Recht, Doktoren der Theologie zu kreieren, ist ihr belassen worden.

LITERATUR. *Franz Joh. Richter, Kurze Geschichte der Olmützer Universität und des Ursprungs der mährischen Gymnasien.* Olmütz 1841. — *Georg Deutsch, Die theologische Fakultät Olmütz.* Brünn 1885.

Salzburg.

KAISERL. KÖNIGL. THEOLOGISCHE FAKULTÄT.

GESCHICHTE. 1617 errichtete Markus Sittich Graf v. Hohenems ein Gymnasium in seiner erzbischöflichen Residenz, welches Erzbischof Paris 1619 zur Universität erhob. 1620 erhielt die Universität die kaiserliche und 1625 die päpstliche Bestätigung. Erzherzog Ferdinand erweiterte 1803 die Hochschule, die 1807 von Kaiser Franz I. neuerdings bestätigt wurde; doch wurde sie schon am 25. November 1810 durch Reskript der königlich bayerischen Regierung aufgehoben, und es besteht seither nur die theologische Fakultät. Seit längerer Zeit bemüht sich ein katholischer Verein, in Salzburg eine katholische Universität zu errichten, doch geht die Geldbeschaffung recht langsam vor sich.

LITERATUR. *Sedlmayr, R., Historia Univ. Salzburg.* Bondorf 1733. — *Mayr, J., Die ehemalige Universität Salzburg.* Gymn.-Progr. Salzburg 1859. — *Mittermüller, R., Beiträge zu einer Geschichte der ehemaligen Benediktiner-Universität in Salzburg.* Salzburg 1889. — *Sattler, U., Collectaneen-Blätter zur Geschichte der ehemaligen Benediktiner-Universität in Salzburg.* Kempten 1890. — *Zschokke, Die theologischen Studien und Anstalten der katholischen Kirche in Österreich.* S. 346 ff. Wien und Leipzig 1894.

Wien.

K. K. EVANGELISCH-THEOLOGISCHE FAKULTÄT.

(IX/1, Türkenstrasse 4).

GESCHICHTE. 1819 bzw. 1820 als protestantisch-theologische Lehranstalt gegründet. Am 8. Oktober 1850 zur K. k evangelisch-theologischen Fakultät erhoben. Die Fakultät erhielt am 18. Juli 1861 das Promotionsrecht. — *G. Frank, Die K. k. evangelisch-theol. Fakultät.* Wien 1871.

VERFASSUNG entsprechend der der österreich. Universitäten s. S. 101.

AUFNAHME. Reifezeugnis eines Gymnasiums oder Abgangszeugnis einer Universität.

STUDIENDAUER 6 Semester. — Studienordnung vom 16. August 1894.

PRÜFUNGEN und GRADE. Zur Erlangung des Lizentiatengrades muss der ordentliche Hörer ein dreijähriges Studium absolviert und mit Erfolg die Kandidatenprüfung abgelegt haben. Es muss ein Zwischenraum von mindestens 3 Jahren zwischen Kandidatenprüfung und Bewerbung liegen. Nach Einreichung einer Probearbeit und mit Erfolg bestandenem ersten und zweiten Rigorosum erfolgt Promotion zum Lizentiaten und Erteilung des Diploms. Druck der Probearbeit nicht erforderlich. — Die Erteilung des Doktorgrades kann erst 5 Jahre nach Erlangung des Lizentiatengrades erfolgen. Die Bewerbung ist der des Lizentiatengrades analog. Probearbeit, mindestens 6 Bogen, muss gedruckt werden. Öffentliche Disputation von 6 Thesen. — Die Erteilung der theologischen Grade kann auch in absentia erfolgen bei Männern, die sich schon länger in einem kirchlichen oder Lehr-Amt befinden, sich durch ein gediegenes theolog. Werk bereits bekannt gemacht haben oder die oben genannten Abhandlungen einreichen. — Erteilung der Grade, auch honoris causa.

GEBÜHREN. Immatrikulation K. 8,40 für ordentliche Hörer, 3 K. für ausserordentliche. Bibliotheks-Beitrag 1 K. pro Semester, 2 K. für Ausländer. Kollegiengeld wird nicht erhoben. — Für Erteilung des Lizentiatengrades 250 K., des Doktorgrades 500 K.

K. u. K. HÖHERES BILDUNGSINSTITUT FÜR WELTPRIESTER zum hl. Augustin (Augustineum oder Frintaneum).

Gegründet 1816. Als Zöglinge werden Priester und Kleriker aufgenommen, die ihre theologischen Studien mit Auszeichnung absolviert haben und auf Vorschlag der Bischöfe von Sr. Majestät dem Kaiser dazu bestimmt werden. Zweck: Heranbildung von Priestern, welche infolge ihrer höheren Bildung zur Verwendung als Professoren oder Vorstände geistlicher Seminarien befähigt erscheinen. Vorlesungen und geistliche Übungen werden gehalten. Die Zöglinge besuchen nebstdem die K. k. Universität und müssen sich dortselbst den strengen Prüfungen zur Erlangung des Doktorgrades unterziehen. Die Erhaltungskosten der Zöglinge tragen der Staat resp. die Religionsfonds der Länder, denen die Zöglinge angehören. Derzeitiger Maximalbetrag für jeden Zögling 2000 K.

PÁZMÁNYSCHES KOLLEGIUM.

(Pázmáneum, Wien IX, Waisenhausgasse 14).

Gegründet 1623 von Kardinal Peter Pázmány zur Erziehung von aus Ungarn gebürtigen Klerikern. Die Zöglinge besuchen die Wiener Universität und rekrutieren sich aus fast allen ungarischen Diözesen (Gran 18, Zips, Rosenau, Neusohl je 3, Siebenbürgen 2 und ca. 20 aus allen anderen Diözesen). Für letztere hat der betreffende Bischof 1000 K. für jeden Zögling zu erlegen. — *Rimely, C., Historia Collegii Pázmániani.* Vienn. 1865.

ISRAELITISCH-THEOLOGISCHE LEHRANSTALT

(II. Tempelgasse 3).

Eröffnet 1893. Zweck: Heranbildung von Rabbinern und Religionslehrern für Mittelschulen. Die Anstalt hat durch die alljährlich erscheinenden Programmarbeiten die Wissenschaft des Judentums wesentlich gefördert. — Studienzeit: 6 Jahre. — Aufnahme finden nur diejenigen, welche das Gymnasium absolviert haben und die nötige Vorbildung in Bibel und Talmud besitzen. Abiturienten, denen diese Vorbildung fehlt, können in der Vorbildungsschule die unerlässliche Reife für das theologische Studium erlangen.

Technische Hochschulen.

Brünn (deutsche und tschechische), Graz, Lemberg, Prag (deutsche und tschechische), Wien.

Das K. K. Technologische Gewerbe-Museum in Wien siehe S. 120.

I. Allgemeines.

Die Leitung der technischen Hochschulen ist jeweils dem Professorenkollegium übertragen, an dessen Spitze der Rektor steht. Das Professorenkollegium besteht aus den ordentlichen und ausserordentlichen Professoren und aus zwei oder einem auf die Dauer eines Studienjahres gewählten Vertretern der Privatdozenten der Hochschule, je nachdem die Anzahl der letzteren die Zahl fünf überschreitet oder nicht. Die Vertreter der Privatdozenten haben im Professorenkollegium bloss eine beratende Stimme. Der Rektor wird auf die Dauer eines Studienjahres von dem Professorenkollegium aus den ordentlichen Professoren gewählt und die Wahl dem Unterrichtsminister zur Bestätigung vorgelegt. Der Rektor bezieht eine Funktionszulage. In Verhinderungsfällen wird er von seinem Vorgänger im Amte (Prorektor) oder von dem ältesten Mitgliede des Kollegiums vertreten. — Die die Fachabteilungen betreffenden Angelegenheiten werden von den Abteilungsfachkollegien erledigt, deren Dekan für ein Studienjahr gewählt wird.

Der Unterricht wird in den wissenschaftlichen Lehrfächern von ordentlichen und ausserordentlichen Professoren, Privat- und Honorardozenten und in den Sprachfächern von den Lektoren erteilt. Zur Unterstützung der Professoren werden Assistenten und in jenen demonstrativen Lehrfächern, in denen eine praktische Unterweisung der Hörer stattfindet, Konstrukteure oder Adjunkten ernannt (jeweils auf die Dauer von zwei Jahren mit Verlängerung von Fall zu Fall). Die Professoren werden von dem Kaiser nach Vorschlag des Unterrichtsministeriums (resp. des Professorenkollegiums) ernannt, die Privatdozenten und Adjunkten vom Unterrichtsminister.

Die Bestimmungen zur Erlangung des Doktorats siehe S. 119.

Für die Habilitation als Privatdozent an den technischen Hochschulen gelten dieselben Bestimmungen wie an den Universitäten. (Verordnung des Ministers für Kultus und Unterricht vom 11. Februar 1888). Es ist erforderlich, dass der Bewerber das Doktorat erworben hat und ein durch den Druck veröffentlichtes Werk oder eine durch den Druck veröffentlichte grössere Abhandlung vorlegt, welche ein Problem derjenigen Wissenschaft selbständig behandelt, für welche sich der Bewerber zu habilitieren gedenkt. — Siehe auch unter Universitäten, S. 102.

Die Gehälter und Pensionen der Professoren der technischen Hochschulen sind denen der Universitäts-Professoren gleich; ebenso verhält es sich auch mit der Witwen- und Waisenpension. Siehe S. 102.

II. Geschichte und Einrichtung.

Brünn (Mähren).

KAISERL. KÖNIGL. DEUTSCHE TECHNISCHE HOCHSCHULE.

GESCHICHTE. 1817 wurde von einigen Bürgern das noch heute bestehende Franzens-Museum in Brünn gegründet. 1846 wurde auf Kosten der mährischen Stände die mit der Universität in Olmütz verbundene sogenannte Akademie zur Ausbildung junger Adeliger in fremden Sprachen und ritterlichen Übungen nach Brünn übertragen; zugleich wurden am Museum Vorträge über bürgerliche Baukunst eingerichtet. Erst 1850 Eröffnung der eigentlichen technischen Hochschule mit einer kommerziellen Abteilung. 1860 wurde das jetzige Anstaltsgebäude bezogen. 1867 Einführung der Fachschulen, 1870 Reorganisation der ganzen Anstalt als K. k. technisches Institut. 1873 erhielt das Institut den Titel: K. k. technische Hochschule.

ABTEILUNGEN. Ingenieurschule, Maschinenbauschule mit elektrotechnischer Abteilung vom 3. Jahrgang an, Chemisch-technische Schule, Allgemeine Abteilung. — Ausserdem Kurs für Geometer (Landmesser), für Kulturtechniker und Versicherungstechniker.

AUFNAHME, Studiendauer, Prüfungen, Promotion, Gebühren s. S. 118.

KAISERL. KÖNIGL. TSCHECHISCHE TECHNISCHE HOCHSCHULE.

Mit Allerhöchster Entschliessung vom 19. September 1899 begründet. 1908 wurde eine neue Fachabteilung für die Kulturingenieure (Kulturingenieurschule) errichtet. Im Jahre 1910 Einrichtung einer elektrotechnischen Abteilung bei der Maschineningenieurschule.

ABTEILUNGEN. Bauingenieurschule, Maschineningenieurschule mit Abteilung für Elektrotechnik, Kulturingenieurschule. — Kurs für Vermessungsgeometer (geodätischer Kurs), der Bauingenieurschule angegliedert; Vorlesungen über Staatsrechnungswissenschaft.

AUFNAHME, Studiendauer, Prüfungen, Promotion, Gebühren s. S. 118.

Graz (Steiermark).

KAISERL. KÖNIGL. TECHNISCHE HOCHSCHULE.

GESCHICHTE. 1811 gründete der um die Steiermark hochverdiente Erzherzog Johann ein Museum für Naturgeschichte, Physik, Chemie, Ökonomie und Technologie und 1814 eine naturwissenschaftliche Lehranstalt. Beide Anstalten erhielten den Namen Johanneum und wurden mit reichlichen Sammlungen und einer Bibliothek von 40000 Bänden ausgestattet. 1827—1830 erfolgte eine umfassende Reorganisation der Schule nach dem Muster des Wiener Polytechnikums; bis 1850 wurden die Lehrkanzeln fortwährend vermehrt. 1864 wurde die 1861 wieder reorganisierte Anstalt als Hochschule vom Lande Steiermark übernommen, von welchem sie der Staat nach langen Verhandlungen erst am 1. Januar 1874 als K. k. technische Hochschule in seine Regie übernahm, nachdem schon 1872 vollständige Lehr- und Lernfreiheit an der Anstalt durchgeführt worden war.

ABTEILUNGEN. Bauingenieurschule, Hochbauschule, Maschineningenieurschule, Chemisch-technische Schule, Allgemeine Fächer.

AUFNAHME, Studiendauer, Prüfungen, Promotion, Gebühren s. S. 118.

Lemberg (Galizien).

KAISERL. KÖNIGL. TECHNISCHE HOCHSCHULE.

GESCHICHTE. Im Jahre 1817 wurde in Lemberg die erste Realschule Galiziens errichtet; 1835 erfolgte die Scheidung der technischen und kommerziellen Fächer. Im Jahre 1843 wurde diese staatliche Real- und Handels-Akademie durch einen technischen Kurs erweitert, aus dem sich allmählich eine technische Akademie entwickelte. Durch die Einverleibung des Freistaates Krakau im Jahre 1846 kam auch das Krakauer technische Institut, das auch die Kunst zu pflegen hatte, an Österreich; so ging das Lemberger Institut zurück. 1871 wurde die polnische Unterrichtssprache eingeführt, und es begann die Ausgestaltung der Akademie zur Hochschule durch Gründung neuer Lehrkanzeln. 1872 erschien das noch heute geltende Regulativ. 1877 erhielt die Anstalt den Titel »K. k. technische Hochschule« und bezog das von Prof. Julian Zachariewicz erbaute prachtvolle Institutsgebäude. 1894 wurde das 50 jährige Jubiläum gefeiert und ein neues Organisations-Statut erlassen, welches die Anstalt den übrigen Technischen Hochschulen der Monarchie ganz gleichstellt; doch bleibt die polnische Sprache die Unterrichtssprache.

ABTEILUNGEN. Bauingenieurschule, Hochbauschule, Maschineningenieurschule, Chemisch-technische Schule, Geometerkursus, zweijähriger Kursus für Kandidaten des bergmännischen Berufes.

AUFNAHME, Studiendauer, Prüfungen, Promotion, Gebühren s. S. 118.

Prag (Böhmen).

KAISERL. KÖNIGL. DEUTSCHE TECHNISCHE HOCHSCHULE.

GESCHICHTE. Die böhmischen Landstände erhielten auf Anregung des Ingenieurs Willenberg von 1717 an in Prag eine Professur für Militär- und Zivil-Ingenieurkunst. Durch Heranziehung von Hilfslehrern entwickelte sich hieraus allmählich eine eigentliche Ingenieurschule, zu welcher nur jene als Hörer Zutritt hatten, welche vorher einen vorbereitenden Kurs an der Universität, an welcher es auch eine Lehrkanzel der Ingenieurwissenschaft gab, besucht hatten. Erst seit 1734 wurde diese Schule auch bürgerlichen Zöglingen zugänglich. An Stelle dieser Ingenieurschule wurde 1803 auf Kosten der böhmischen Stände ein Polytechnisches Institut errichtet, das 1806 nach den Vorschlägen des ersten Direktors Gerstner ins Leben trat. Die Anstalt, die erste in Deutschland, wurde vielfach nach dem Muster der Pariser École polytechnique eingerichtet. 1815 wurde sie von der Universität, an deren philosophischer Fakultät sich bisher die Studierenden hatten immatrikulieren lassen müssen, unabhängig gemacht und 1829 bis 1832 ganz reorganisiert. 1836 erfolgte die Gliederung der Anstalt in Fachschulen, und die Einführung des Tschechischen als zweite Unterrichtssprache. 1868 wurde die Abtrennung einer eigenen tschechischen Hochschule beschlossen. Am 1. Januar 1875 übernahm der Staat die Anstalt in seine Verwaltung. Seit 1879 heisst sie »K. k. deutsche technische Hochschule«.

ABTEILUNGEN. Bauingenieurabteil., Hochbauabteil., Maschinenbauabteil., Chemisch-technische Abteil., Kulturtechn. Abt., Allgemeine Abt.

AUFNAHME, Studiendauer, Prüfungen, Promotion, Gebühren s. S. 118.

KAISERL. KÖNIGL. TSCHECHISCHE TECHNISCHE HOCHSCHULE.

GESCHICHTE. Im Jahre 1718 wurde in Prag die Ständische Ingenieurschule gegründet, welche 1806 in ein Polytechnisches Institut des Königreichs Böhmen umgewandelt wurde. Dieses Institut wurde 1868 in ein tschechisches und ein deutsches Polytechnisches Institut getrennt und beide seit 1875 in Staatsverwaltung übernommen. — Siehe auch oben K. k. deutsche technische Hochschule. — 1879 ist die Benennung »K. k. tschechische technische Hochschule in Prag« eingeführt worden.

Abteilungen. Bauingenieurfach, Hochbaufach, Maschinenbaufach mit elektrotechnischer Abteilung, chemisch-technisches Fach, Kulturingenieurfach, landwirtschaftliches Fach. — Lehrkurse für Geometer, für Versicherungstechniker, für Handelslehrer. — Allgemeine Abteilung.

Aufnahme, Studiendauer, Prüfungen, Promotion, Gebühren s. unten.

Wien.

KAISERL. KÖNIGL. TECHNISCHE HOCHSCHULE.

Geschichte. Die im Jahre 1815 nach den Plänen des ersten Direktors Prechtel als polytechnische Schule gegründete Hochschule stand mit der bisher zu St. Anna bestandenen Realschule, welche die zum Besuche der höheren Abteilungen erforderlichen Vorkenntnisse vermitteln sollte, in Verbindung. Wie Paris und Karlsruhe, wirkte das Wiener Polytechnikum bald bahnbrechend; an ihm wurden zuerst die technischen Wissenschaften als Einheit aufgefasst und dann nach den einzelnen Gebieten der Technik gegliedert, so dass Wien das Vorbild für den organischen Ausbau der technischen Schulen Deutschlands wurde. Zugleich erfreuten sich die technischen Wissenschaften hier zuerst einer gewissen Lernfreiheit, seit 1848 auch der vollständigen Lehrfreiheit. Die höhere Mathematik wurde in Wien schon früh gepflegt, doch nicht als Selbstzweck, nur insoweit dies zum Verständnis des Vortrages über Mechanik und Baukunst nötig war. 1818 wurde das heutige Gebäude eröffnet, die Anstalt besass damals 515 Hörer und war in 2 Abteilungen gegliedert, die kommerzielle und die technische. Durch Gründung von eigenen Realschulen wurde inzwischen die Vorbereitungsschule unnötig, und durch innere Ausgestaltung der Anstalt wurde sie selbst allmählig zur Hochschule. 1861 und 1872 wurden neue Organisationsstatuten geschaffen, deren ersteres dem Professoren-Kollegium erst einen massgebenden Einfluss auf die Leitung des Instituts einräumte. Aus der Wiener technischen Hochschule, wie das Institut seit 1872 benannt ist, sind viele berühmte Techniker, wie Redtenbacher, Karmarsch, usw. hervorgegangen.

Abteilungen. Bauingenieurschule (Strassen- und Wasserbau), Bauschule (Hochbau), Maschinenbauschule, Chemisch-technische Schule, Allgemeine Abt. — Kurse für Versicherungstechniker u. Vermessungsgeometer.

Aufnahme, Studiendauer, Prüfungen, Promotion, Gebühren s. unten.

III. Aufnahme, Studiendauer, Prüfungen, Promotion, Gebühren.

AUFNAHME.

Brünn, Graz, Lemberg, Prag, Wien. Ordentliche Hörer: Maturitätszeugnis eines Gymnasiums, oder einer Realschule, oder eines Realgymnasiums oder Reform-Realgymnasiums. Gymnasialschüler haben eine hinreichende Fertigkeit im geometrischen Zeichnen und Freihandzeichnen nachzuweisen.

Ausserordentliche Hörer (Mindestalter 18 Jahre). Nur solche ohne oben genannte Reifezeugnisse, doch mit Vorkenntnissen, die zum Verständnis der Vorlesungen erforderlich sind. Nur Besuch einzelner Vorlesungen. Kein Anspruch auf Absolutorium (Zeugnis der Fachschule mit Studienerfolg), noch auf Genuss von Stipendien. Kein Zulass zu den Staats- und strengen Prüfungen.

Gäste. Vom Nachweis der Vorkenntnisse entbunden. Zulassung, wenn der Zweck des Unterrichts nicht beeinträchtigt wird.

Ausländer, im Auslande vorgebildete Studierende mit den von Österreichern geforderten entsprechenden Vorkenntnissen können als Studierende, usw. aufgenommen werden. Zulässigkeit der Aufnahme entscheidet der Dekan der betreffenden Abteilung oder die aus dem Rektor und den Dekanen bestehende Aufnahmekommission oder das Unterrichts-Ministerium.

STUDIENDAUER, PRÜFUNGEN, PROMOTION.

Die Studiendauer bis zur Ablegung der ersten Staatsprüfung ist vier Semester, bis zur zweiten Staatsprüfung je nach der Fachabteilung noch vier bis fünf weitere. Die Gebühren für die erste Staatsprüfung betragen 20 K., für die zweite Staatsprüfung 40 K. Innerhalb der Studienzeit sind für Studierende, die sich den Staatsprüfungen unterziehen wollen, Einzelprüfungen obligatorisch; für andere Studierende fakultativ. Hörern, die allein dem Studienplan einer Fachschule gefolgt sind, wird ein Absolutorium erteilt (Bestätigung des Kollegienbesuches, usw.), das zur Zulassung zu den Diplomprüfungen der einzelnen Fachschulen berechtigt. Die Gebühren für die Diplomprüfungen betragen je nach den Fachschulen 30—50 K.

Zur Erlangung des Doktorates der technischen Wissenschaft (Dr. techn.) ist die Vorlage einer wissenschaftlichen Abhandlung und die Ablegung eines Rigorosums erforderlich. Als Ersatz der wissenschaftlichen Abhandlung kann ein mit einer fachmännischen Beschreibung und einer wissenschaftlichen Begründung versehener Konstruktionsentwurf anerkannt werden, wenn durch denselben die Befähigung zu selbständiger Arbeit dargetan erscheint. Die Gebühren für die Promotion betragen zusammen 180 K. (40 K. für die Prüfung der Abhandlung, 80 K. für das Rigorosum, 60 K. für die Promotion).

GEBÜHREN.

Ausser den untengenannten Gebühren sind in allen technischen Hochschulen für die praktischen Arbeiten in Übungsstunden und Laboratorien besondere Gebühren zu entrichten.

Die Gebühren für Prüfungen und Promotion siehe oben unter dem Abschnitt »Studiendauer, Prüfungen, Promotion«.

Brünn (Deutsche technische Hochschule). Jeder Hörer Matrikelgebühr 10 K. Bei mehr als einjähriger Unterbrechung ist der Betrag nochmals zu entrichten. — Unterrichtsgeld ordentliche Hörer pro Semester 60 K., ausserordentliche pro Wochenstunde und Semester 3 K. (Zwei Zeichen- oder Übungsstunden gelten als eine Vortragsstunde). Die Gesamtzahl der Stunden für ausserordentliche Hörer darf jedoch am Unterrichtsgeld gemessen 60 K. nicht übersteigen.

Brünn (Tschechische technische Hochschule). Matrikelgebühr wie Deutsche technische Hochschule, Brünn. — Unterrichtsgeld ordentliche Hörer pro Sem. 30 K., ausserordentliche pro wöchentliche Unterrichtsstunde und Sem. 3 K. (Zwei Übungs- oder Zeichenstunden gelten als eine Vortragsstunde.) Maximalbetrag für ao. Hörer 30 K.

Graz. Matrikelgebühr wie Brünn. — Unterrichtsgeld ordentliche Hörer pro Semester 30 K., ausserordentliche Hörer und Gäste soviel Kronen pro Semester als die doppelte Zahl der von ihnen eingeschriebenen wöchentlichen Vortragsstunden beträgt. Maximalbetrag für ausserordentliche Hörer 30 K.

Lemberg. Matrikelgebühr 10 K. Bei mehr als einjähriger Unterbrechung ist der Betrag nochmals zu entrichten. — Unterrichtsgeld ordentliche Hörer pro Semester 30 K., ausserordentliche Hörer pro Wochenstunde und Semester 2 K. (Zwei Zeichen- oder Übungsstunden gelten als eine Vortragsstunde.) Maximalbetrag für ausserordentliche Hörer 30 K.

Prag (Deutsche technische Hochschule). Hörer Matrikelgebühr 8 K.; nach mehr als einjähriger Unterbrechung nochmals zu entrichten. — Unterrichtsgeld ordentliche Hörer pro Semester 50 K., ausserordentliche pro wöchentliche Unterrichtsstunde 3 K. (Zwei Zeichen- oder Übungsstunden gelten als eine Vortragsstunde.) Maximalbetrag für ausserordentliche Hörer 50 K. Ausserordentliche Hörer der Deutschen technischen Hochschule, die zugleich ordentliche Hörer an der tschechischen sind, haben an der deutschen keine Matrikelgebühr und kein Unterrichtsgeld zu entrichten.

Prag (Tschechische technische Hochschule). Matrikelgebühr und Unterrichtsgeld wie Deutsche technische Hochschule Prag.

Wien. Matrikelgebühr wie Brünn. — Unterrichtsgebühr wie Prag.

Wien.

K. K. TECHNOLOGISCHES GEWERBE-MUSEUM
(IX/2, Währingerstrasse 59).

Gegründet 1879 durch den nieder-österreichischen Gewerbeverein in Wien, im Jahre 1905 vom Staate übernommen. Das Institut ist eine Zentralanstalt für die mechanisch-technischen Gewerbe und die einschlägigen Industrien. Die Anstalt umfasst Unterrichts- und Versuchstätigkeit und besteht aus einer Sektion für Metallindustrie (niedere und höhere Fachschule für Maschinenbau) und einer Sektion für Elektrotechnik (höhere Fachschule für Elektrotechnik), mehreren Spezialkursen und Versuchsanstalten: für Bau- und Maschinen-Materialien, für Elektrotechnik und für Papierindustrie. — Publ.: *Mitteilungen.*

Fachliche Hochschulen.

Pharmazie und Zahnheilkunde. — Tierärztliche, montanistische, landwirtschaftliche Hochschulen; Handelshochschulen; Kunstakademien; Sonstige Institute.

Pharmazie und Zahnheilkunde.

Zum Studium der Pharmazie ist das Zeugnis über Absolvierung der sechsten Klasse eines Gymnasiums oder einer Realschule (im letzteren Falle besondere Prüfung in der lateinischen Sprache) erforderlich. Das Universitätsstudium schliesst sich unmittelbar an die pharmazeutische Lehrzeit an. Dauer des Studiums zwei Jahre. Zur Erlangung des Diploms als Magister der Pharmazie sind drei Vorprüfungen und eine strenge Prüfung (Rigorosum) erforderlich. Taxen siehe Universitätstaxen S. 103. Die Vorprüfungen finden jeweils in der philosophischen Fakultät, das Rigorosum in der medizinischen Fakultät statt.

Die Berechtigung zur Ausübung der zahnärztlichen Praxis als eines Teiles der ärztlichen Praxis kommt überhaupt nur einem Doktor der gesamten Heilkunde zu. Diplom eines »Zahnarztes« besonders kann weder durch Ablegung besonderer Prüfungen noch durch Nostrifikation eines auswärtigen derartigen Diploms erworben werden.

Tierärztliche Hochschulen.

Lemberg, Wien.

Ausserdem tierärztlicher Unterricht an den Universitäten in Innsbruck, Krakau und Prag (deutsche Universität), an der tschechischen technischen Hochschule in Prag und an der Hochschule für Bodenkultur in Wien.

Lemberg (Galizien).

KAISERL. KÖNIGL. TIERÄRZTLICHE HOCHSCHULE.

Im Jahre 1881 als Tierarzneischule gegründet, 1897 zu einer Hochschule erhoben und seit dem Jahre 1908/09 mit Promotionsrecht zur Kreierung von Doktoren der Tierheilkunde (Doctor medicinae veterinariae) ausgestattet. — Die Anstalt untersteht unmittelbar dem k. k. Ministerium für Kultus und Unterricht. Die Grundlage der Verfassung und der Organisation bildet das mit Allerhöchster Entschliessung vom 22. Oktober 1902 (Ministerial-Erlass vom 4. November 1902) genehmigte Statut. Vom Schuljahre 1909/10 an die freie Rektorswahl.

AUFNAHME. Ordentliche Hörer: Reifezeugnis einer Staatsmittelschule (Gymnasium, Realschule, Realgymnasium, Reform-Realgymnasium). — Ausserordentliche Hörer: ein Alter von wenigstens 18 Jahren und ein Grad geistiger Bildung, welcher nach dem Urteile des Rektors den Besuch der Vorlesungen für den ausserordentlichen Hörer erspriesslich erscheinen lässt.

PRÜFUNGEN. Nach dem zweiten Semester eine Fortgangsprüfung (Tentamen physicum), nach dem vierten Semester eine zweite Fortgangsprüfung (T. biologicum) oder das I. Diploms-Rigorosum und nach im ganzen vierjährigem Studium die Ablegung von drei bzw. zwei Diploms-Rigorosen.

PROMOTION. Nach Ablegung der vorgeschriebenen Diplomprüfungen Vorlage einer wissenschaftlichen Abhandlung (Dissertation), nach Approbation dieser Ablegung eines Doktor-Rigorosums aus drei Fächern.

Bezüglich der HABILITATION, der Rechte und Pflichten der Privat-Dozenten gelten die für die übrigen Hochschulen bestehenden Bestimmungen. Siehe unter Universitäten S. 102 oder Techn. Hochschulen S. 115.

GEBÜHREN. Immatrikulation 10 K. — Kollegiengeld pro Semester für ordentliche Hörer 50 K., für Ausländer 75 K. — Ausserordentliche Hörer pro Wochenstunde im Semester 3 K. — Prüfungstaxen und Ausfertigung des tierärztlichen Diploms 260 K. Doktoratstaxe 180 K. (40 K. für Prüfung der Dissertation, 80 K. für das Rigorosum, 60 K. für die Promotion).

Wien.

KAISERL. UND KÖNIGL. TIERÄRZTLICHE HOCHSCHULE.

GESCHICHTE UND ORGANISATION. In Österreich brachte Gerhard van Swieten bei der Kaiserin Maria Theresia die Gründung einer tierärztlichen Schule zuerst in Anregung. Die Pferde- Kur- und -Operationsschule in dem Lobkowitzgarten, dem späteren Gusshause auf der Wieden, die zunächst hauptsächlich militärischen Bedürfnissen diente, ist als Vorläuferin der Wiener Tierärztlichen Hochschule anzusehen. Im Jahre 1776 wurde dem Chirurgen Wohlstein der Jesuitengarten in der Rabengasse auf der Landstrasse zur Errichtung eines Tierspitales überlassen. Das Ergebnis seiner sechsjährigen Studienreise war ein neuer Organisationsentwurf, der 1776 Kaiser Josef II. überreicht wurde. Errichtung der Schule mit Allerhöchster Entschliessung vom 23. Juli 1777. Es sollten nicht nur Militärschüler, sondern auch Zivilschüler Aufnahme finden. 1778 wurde der Unterricht an dem neuen »K. k. Tierspital« begonnen. 1806 Revision des Organisationsstatuts: Die Heranbildung von Fahnen- und Oberschmieden für die Armee, von Kurschmieden, Tierärzten und Beschlagmeistern für das Zivil wird als die eigentliche Bestimmung des Instituts ausgesprochen. Der Lehrplan wurde erweitert, die Unterrichtsdauer auf zwei Jahre festgesetzt.

Mit dem Jahre 1812 beginnt die vierzigjährige Zivilära der Anstalt: sie wird mit der medizinischen Studienabteilung der Wiener Universität vereinigt und der Studienhofkommission untergeordnet. 1849 wird auf Antrag des Lehrerkollegiums unter Hinweis auf die Ungleichartigkeit der Vorbedingungen das Institut als Spezialschule erklärt und (1853) die Verbindung mit der Universität gelöst.

Im Jahre 1871 wurde ein neues, noch teilweise heute zu Recht bestehendes Organisationsstatut erlassen. Als Zweck ist darin in erster Linie die Heranbildung von Tierärzten für das Zivil und das Heer, sowie von Militärkurschmieden bezeichnet worden. In der mit dem Institut verbundenen Hufbeschlags-Lehranstalt wurden Zivil- und Militärbeschlagschmiede ausgebildet. In militärischer, administrativer und ökonomischer Beziehung wurde es dem Reichskriegsministerium untergeordnet. Die Zirkularverordnung des k. und k. Reichskriegsministeriums vom 19. Juni 1897 bestimmt, dass das k. und k. Militär-Tierarzneiinstitut in Wien in Zukunft die Bezeichnung »K. und k. Militär-Tierarzneiinstitut und Tierärztliche Hochschule in Wien« und der jeweilig auf drei Jahre zu ernennende Studiendirektor dieser Anstalt den Titel »Rektor« zu führen habe. Gleichzeitig wurde der gegenwärtig grösstenteils noch zu Recht bestehende neue tierärztliche Studienplan geschaffen.

Mit Zirkularverordnung des k. und k. Reichskriegsministeriums vom 1. Juli 1905 wurde angeordnet, dass das Institut »K. und k. Tierärztliche Hochschule in Wien« benannt werde und dass von nun an nur solche Personen die Aufnahme zur Heranbildung von militärtierärztlichen Berufsbeamten anstreben könnten, welche ein Zeugnis über die an einem Gymnasium oder einer Realschule mit Erfolg bestandene Maturitätsprüfung besitzen. Seit 1897 unterstehen die Zivilhörer in Studienangelegenheiten der Unterrichtsverwaltung mit den anderen Hochschulen analogen Normen. Die Lehrkräfte sind Militärbeamte, über deren wissenschaftliche Qualifikation jedoch das Unterrichts-Ministerium im Einvernehmen mit dem k. k. Ackerbau-Ministerium entscheidet. Mit Allerhöchster Entschliessung vom 5. September 1908 ist der Tierärztlichen Hochschule das Recht der Verleihung des Doktorates der Tierheilkunde und im Jahre 1909 das Recht der freien Rektorswahl verliehen worden. Der Rektor führt den Ehrentitel Magnifizenz. — Laut Beschluss des Ministerrates vom 18. Oktober 1909 soll die Tierärztliche Hochschule nach Erbauung eines neuen Gebäudes und der Übersiedlung in die neue Hochschule in das Ressort des Unterrichtsministeriums zurückgeführt werden.

Dr. M. F. Röll, Das k. k. Militär-Tierarznei-Institut. Wien 1878.

Mit der Hochschule in Verbindung steht eine Militär-Veterinär-Akademie zur Heranbildung von militärtierärztlichen Berufsbeamten und ein dreisemestriger Militär-Beschlag-Meisterkurs, sowie eine Militär-Hufbeschlags-Lehranstalt mit einem sechsmonatlichen theoretisch-praktischen Hufbeschlagskurs für Militärschüler und Zivilschmiede.

Aufnahme, Prüfungen, Promotion, Habilitation, Gebühren wie in Lemberg (siehe S. 121 und bezügl. Aufnahme auch oben).

Montanistische Hochschulen.

Leoben, Příbram.

Ausserdem Vorlesungen über Bergbau an den technischen Hochschulen in Lemberg und Prag.

Leoben (Steiermark).

KAISERL. KÖNIGL. MONTANISTISCHE HOCHSCHULE.

Geschichte. Nach langwierigen Verhandlungen eröffnete das Land Steiermark am 4. November 1840 eine berg- und hüttenmännische Lehranstalt zu Vordernberg am Erzberge in Obersteiermark. Am 3. Januar 1849 wurde die Anstalt in die Staatsverwaltung übernommen und nach Leoben verlegt. 1860 erschien der neue allgemeine Lehrplan für die österreichischen Montan-Lehranstalten. Mit kaiserlicher Entschliessung vom 27. Dezember 1894 zur Hochschule erhoben und vom 31. Juli 1904 auf Grund geänderten Statuts den obigen Namen erhalten.

Abteilungen. 1. Fachschule für Bergwesen, 2. für Hüttenwesen.

Aufnahme. Reifezeugnis eines Obergymnasiums oder einer Oberrealschule. — Ausländer mit gleichwertigem Zeugnis bedürfen zur Aufnahme als ord. Hörer der Bewilligung des K. k. Ministeriums für öffentl. Arbeiten.

STUDIENDAUER, PRÜFUNGEN, PROMOTION. Für jede Fachschule 4 Jahre, zur Absolvierung beider 5 Jahre. Kandidaten für den Montanstaatsdienst müssen beide Fachschulen absolvieren. — Nach den ersten 4 Semestern die 1., nach weiteren 4 Semestern die 2. Staatsprüfung. — Promotionsrecht zum Doctor der montanistischen Wissenschaften (Dr. mont.) seit 1904: Vorlage einer Dissertation, Ablegung einer rigorosen Prüfung, Beibringung der Zeugnisse über bestandene 1. und 2. Staatsprüfung.

GEBÜHREN. Immatrikulation 10 K., Unterrichtshonorar für ordentliche Hörer pro Semester 50 K., für ausserordentliche Hörer pro Wochenstunde und Semester 3 K. — Laboratoriumstaxe pro Semester 10 K. — Gebühren für die Promotion 180 K.

Příbram (Böhmen).

KAISERL. KÖNIGL. MONTANISTISCHE HOCHSCHULE.

Gegründet am 23. Januar 1849, neu organisiert 15. Dezember 1874, unter dem 27. Dezember 1894 zur Hochschule erhoben und mit einer zweijährigen allgemeinen Abteilung ausgestattet; unter dem 31. Juli 1904 reorganisiert und »Montanistische Hochschule« benannt. Die Hochschule untersteht dem Ministerium für öffentliche Arbeiten.

ABTEILUNGEN. 2 Fachschulen: 1. für Bergwesen, 2. für Hüttenwesen, mit besonderer Berücksichtigung des Eisen-Hüttenwesens.

AUFNAHME, Studiendauer, Prüfungen, Promotion, Gebühren wie in Leoben (siehe S. 123).

Forstwirtschaft.

Forstwirtschaftlicher Unterricht an der Universität Krakau; an den technischen Hochschulen in Brünn (tschechische), Graz, Lemberg, Prag (tschechische) und Wien; ferner an der Hochschule für Bodenkultur in Wien.

Landwirtschaftliche Hochschulen.

Dublany, Wien.

Ausserdem landwirtschaftlicher Unterricht an der Universität Krakau und an allen technischen Hochschulen.

Dublany bei Lemberg (Galizien).

LANDWIRTSCHAFTLICHE AKADEMIE (Akademia rolnicza).

Gegründet 1855 als höhere landwirtschaftliche Landeslehranstalt, seit 1901 landwirtschaftliche Akademie. — Leitung durch Direktor, Professoren-Kollegium, Kuratorium, bestehend aus 3 Mitgliedern und zwar aus dem Delegierten der k. k. Regierung, des Landesausschusses und der Lemberger Landwirtschafts-Gesellschaft.

Studienplan. I. und II. Semester: Grundlegende Wissenschaften. III. bis VI. Semester: Angewandte Wissenschaften und praktische Kurse; Übungen in den Laboratorien, wissenschaftliche und fachliche Ausflüge und Reisen.

Aufnahmebedingung: Maturitätsprüfung. — Prüfungen. Hauptprüfung, schriftlich und mündlich. Die Absolventen können auf Grund einer selbständigen Abhandlung (Dissertation) und deren öffentlicher Verteidigung ein Diplom erhalten. Der Gegenstand der Abhandlung kann ein wissenschaftlicher Wirtschaftsorganisations-Entwurf oder überhaupt eine selbständige wissenschaftliche Arbeit aus dem Gebiete der Landwirtschaftslehre bilden. — Gebühren: 300 K. pro Jahr.

Wien.

KAISERL. KÖNIGL. HOCHSCHULE FÜR BODENKULTUR.

Geschichte und Organisation. Die Hochschule wurde mit Gesetz vom 30. April 1872 gegründet. Die landwirtschaftliche Abteilung ist am 1. Oktober 1872, die forstwirtschaftliche nach Eingehen der Forstakademie in Mariabrunn am 12. Oktober 1875 eröffnet worden. An diese Fachabteilungen wurde mit Erlass des k. k. Ministeriums für Kultus und Unterricht vom 15. Juni 1883 eine kulturtechnische Abteilung angegliedert

Alle Auslagen werden aus Staatsmitteln bestritten.

Zweck der Anstalt: hochschulmässige wissenschaftliche Ausbildung in der Land- und Forstwirtschaft sowie in der Kulturtechnik. Sie bietet daher insbesondere Gelegenheit zur entsprechenden Ausbildung für die Verwaltung grösserer Gutskomplexe oder Domänen sowie für die Lehre und Forschung auf den angegebenen Gebieten und ermöglicht den Studierenden der Staats- und Rechtswissenschaften, sich für ihren künftigen Beruf verwertbare Kenntnisse im Gebiete der Bodenkultur anzueignen. — Lehrplan: 8 Semester. Die Hochschule hat das Recht zur Verleihung des Doktorats der Bodenkultur.

Aufnahme. Ordentliche Hörer: Maturitätszeugnis von einem Gymnasium, Realgymnasium, Oberrealgymnasium, Reformrealgymnasium, oder einer Realschule. — Ausländer müssen ein obigen Zeugnissen entsprechendes Zeugnis beibringen. — Ausserordentl. Hörer: Mindestalter 18 Jahre und Nachweis entsprechender Vorkenntnisse. — Gäste zu einzelnen Vorträgen werden zugelassen mit Genehmigung der Dozenten. — Hospitantinnen nur mit Genehmigung des Kultusministeriums.

Prüfungen. Für ordentliche Hörer. 1. Einzelprüfungen am Schlusse des Semesters. Ausserordentliche Hörer haben kein Recht zur Ablegung der Einzelprüfung. — 2. Staatsprüfungen für das landwirtschaftliche, forstwirtschaftliche und kulturtechnische Studium, davon wird die erste nach dem 1., die zweite nach dem 2., die dritte nach dem 4. Studienjahr abgelegt. — Ausstellung von Staatsprüfungszeugnissen.

Promotion. Vorlage einer wissenschaftlichen Abhandlung und Ablegung einer strengen Prüfung (Rigorosum) erforderlich. Vorbedingung: Ablegung der 3. Staatsprüfung. — Druck der Dissertation nur mit Genehmigung des Rektors, dann Ablieferung einiger Exemplare erforderlich.

Gebühren. Matrikel 10 K. Nach einjähriger Unterbrechung des Studiums nochmals zu entrichten. — Unterrichtsgeld für ordentliche Hörer pro Semester 50 K. Ausserordentliche Hörer pro wöchentliche Vorlesungsstunde 3 K. (Zwei Demonstrations- oder Übungsstunden für eine Vorlesungsstunde gültig). Für praktische Arbeiten in Laboratorien, usw. besondere Gebühren (10—20 K.). — Prüfungs- und Promotionsgebühren: Einzelprüfung 10 K., Staatsprüfungen je 20 K., Prüfung der Dissertation 40 K., Rigorosum 80 K., Promotion 60 K.

Handelshochschulen.

Triest, Wien.

Triest (Küstenland).

HANDELS-HOCHSCHULE.

(Scuola superiore di commercio di fondazione Revoltella).

Gestiftet nach dem Testamente des Barons Pasquale Revoltella am 7. Oktober 1877. Stiftungsvermögen: 600000 K. Unterrichtssprache italienisch. Die Hochschule untersteht einem zehngliedrigen Kuratorium.

AUFNAHME. Zeugnis über Absolvierung eines Obergymnasiums, einer Oberrealschule oder einer Handelsakademie. — Ausserordentliche Hörer müssen das 17. Jahr vollendet haben, event. besondere Aufnahmeprüfung.

GEBÜHREN. Triestiner frei, Hörer aus dem Küstenlande 50 K., sonst 100 K. jährlich. Bibliotheksbeitrag 20 K.

Wien.

EXPORT-AKADEMIE DES K. K. ÖSTERR. HANDELS-MUSEUMS.

Gegründet 1898 vom K. k. österreichischen Handels-Museum in Verbindung mit dem Generalkomitee zur Errichtung der Export-Akademie. Mit Erlass vom 16. Juli und 24. Oktober 1902 des K. k. Handels-Ministeriums wurde der Vorbereitungskurs der Akademie in eine Allgemeine Abteilung umgewandelt. — Zweck: Umfangreiche kommerzielle Ausbildung, speziell Schulung tüchtiger Kräfte zur Hebung und Förderung des Aussenhandels, namentlich auf überseeischen Plätzen.

ORGANISATION. Die Studienkommission besteht aus dem Präsidenten und Vizepräsidenten des K. k. Handelsmuseums, dem Vertreter des K. k. Handelsministeriums, des Ministeriums für Kultus und Unterricht, des Kuratoriums des K. k. Handelsmuseums und 6 Vertretern des Generalkomitees für die Gründung der Export-Akademie. — Der Lehrkörper besteht aus dem Vize-Direktor des K. k. Handelsmuseums (Leiter der Akademie), ordentlichen und ausserordentlichen Professoren und Dozenten.

ABTEILUNGEN. 1. Allgemeine Abteilung (1—2 Jahre), 2. zwei Jahrgänge der Akademie, 3. Spezialkurse von verschiedener Dauer.

LEHRGEGENSTÄNDE: Sprachen (französisch, englisch, italienisch, spanisch) und Handelskorrespondenz, politische Ökonomie (Volkswirtschaftslehre, Zoll- und Handelspolitik), kaufmännische Rechtslehre, internationale Handelskunde, Handelsgeographie, Warenkunde, Kontorwissenschaften, Transport- und Tarifwesen, usw.

PUBL.: *Jahrbuch* (mit wissenschaftl. Arbeiten) seit 1898; Einzelpubl.

AUFNAHME. Ordentliche Hörer: Allgemeine Abteilung: Absolventen eines Gymnasiums oder einer Realschule mit Matura, einer höheren Staatsgewerbeschule, Absolventen von Handels-Akademien und höheren Handelsschulen. — Erster Jahrgang der Akademie: Absolventen der Allgemeinen Abteilung nach bestandener Prüfung. Ohne Prüfung: Absolventen von Handelsakademien, höheren Handelsschulen oder eines Abiturientenkurses einer solchen Anstalt. Mit Prüfung: Absolventen von Mittelschulen mit entsprechendem Nachweis der Ausbildung in den kommerziellen Fächern. — Zweiter Jahrgang: Nur Hörer des ersten Jahrgangs, welche die Jahresprüfung in allen Gegenständen mit Erfolg abgelegt haben. — In den 1. und 2. Jahrgang der Akademie werden höchstens je 30 Hörer zugelassen.

Ausserordentliche Hörer (nach Massgabe der event. verfügbaren Plätze): Mindestalter 17 Jahre, Nachweis entspr. Vorbildung.

PRÜFUNGEN. In der Allgemeinen Abteilung und im 1. Jahrgang der Akademie: Kolloquien und Jahresprüfungen. — Allgemeine Abteilung: Zeugnisse, 1. Jahrgang: Zertifikate über bestandene Prüfung. — Am Schluss des zweiten Jahrgangs: Abgangsprüfung für ordentliche Hörer. Erteilung eines Diploms. Keine Gebühr.

GEBÜHREN. Inskription 20 K. — Kollegiengeld für ordentliche Hörer in der Allgemeinen Abteilung jede Wochenstunde pro Semester 5 K. — Studiengeld für den ersten und zweiten Jahrgang pro Semester 150 K. — Lehrmittelbeitrag 30 K. — Ausserordentliche Hörer: Honorar für Kollegien, bzw. für Kurse pro Wochenstunde und Semester 6 K.

Kunstakademien.

Krakau, Wien.

Krakau (Galizien).

K. K. KUNSTAKADEMIE.

C. K. Akademia Sztuk Pięknych W. Krakowie (Matejkoplatz 13).

Gegründet als Kunstschule 1818, reorganisiert 1873, in eine Kunstakademie umgewandelt 1900. Amts- und Unterrichtssprache: polnisch.

ABTEILUNGEN. Fünf allgemeine Zeichen- und Malschulen und eine Bildhauerschule, daneben eine Spezialschule für religiöse und dekorative Malerei und eine Spezialschule für graphische Künste unter der Leitung besonderer ordentlicher, resp. ausserordentlicher Professoren. Ausserdem Vorträge über Hilfsfächer (Anatomie, Perspektive, Kunstgeschichte und Kulturgeschichte); diese sind Dozenten anvertraut.

Wien.

K. K. AKADEMIE DER BILDENDEN KÜNSTE (Schillerplatz).

GESCHICHTE. Gegründet von Kaiser Leopold I. 1692. Nach dem Tode des ersten Präfekten Peter von Strudel, 1714, zwölf Jahre unterbrochen, dann von Kaiser Karl VI. im Jahre 1726 unter dem Direktorate Jakob van Schuppen's wieder eröffnet. In den Jahren 1766 und 1767 entstanden besondere Schulen für Kupferstich- und Graveurkunst. Die Kaiserin Maria Theresia vereinigte die einzelnen Kunstinstitute in eines unter der Benennung: »Akademie der vereinigten bildenden Künste« und gab dieser eine neue Verfassung. Zur Kunstschule und Kunstgesellschaft wurde sie durch die Statuten vom 21. November 1800 und zur Kunstbehörde durch die Statuten vom 4. Februar 1812 gestaltet. Die gegenwärtige Einrichtung als Kunst-Hochschule beruht auf dem mit den Allerhöchsten Entschliessungen vom 15. August 1872 und vom 20. November 1888 genehmigten Statute. Seit 1876 im eigenen, von Theophil v. Hansen erbauten Gebäude. Die Bildhauer-Spezialschulen sind in einem 1873 für diese hergestellten Hause nächst dem kaiserlichen Belvedere untergebracht.

ORGANISATION. Die Akademie ist dem Ministerium für Kultus und Unterricht untergeordnet. An der Spitze der Akademie, bzw. des Professoren-Kollegiums steht der aus der Mitte desselben auf je 2 Jahre gewählte Rektor.

ABTEILUNGEN. 1. Allgemeine Malerschule (Zeichnen und Malen der menschlichen Gestalt, Aktzeichnen, Gewandstudium und Kompositionsübungen), 4 Jahre. 2. Allgemeine Bildhauerschule (Modellieren nach der Natur, Gewandstudium, Übungen in Komposition und Aktzeichnen), 4 Jahre. 3. Neun Spezialschulen, 4 für Malerei, 2 für Bildhauerei, 1 für graphische Künste, 2 für Architektur.

PUBL.: *Beschreibung: Weinkopf.* Wien 1783 und 1790. 8°. — *Geschichte der K. k. Akademie. Festschrift von Karl v. Lützow.* Wien 1877. 4°. Mit Stichen, usw. — *Die historische Ausstellung.* Wien 1877. 8°. — *Katalog der histor. Ausstellung.* Wien 1877. 8°. — *Bericht über die Studienjahre 1876/77 bis 1891/92 von Theodor Lott.* Wien 1892. 4°.

Sonstige Institute.

Wien.

KAISERL. UND KÖNIGL. KONSULAR-AKADEMIE.

(Wien IX, Waisenhausgasse 14a).

Gegründet 1754. Die Akademie untersteht dem k. und k. Ministerium des Äussern und hat den Zweck, den Nachwuchs für den österr.-ungar. Konsulardienst heranzubilden. Der Lehrkurs umfasst 5 Jahrgänge. Die Vorlesungen sind obligatorisch. Bei den Rechtsdisziplinen wird auf die in Österreich und Ungarn bestehenden gesetzlichen Verhältnisse Rücksicht genommen. Die erledigten Staatsdotationen werden im April und Mai in den Amtsblättern verlautbart. Gesuch um Aufnahme an das Ministerium des Äussern.

Orientalische und westländische Sektion.

LEHRFÄCHER. 1. Juristische Fächer, 2. Wirtschaftliche Fächer, 3. Historisch-politische und militärische Fächer, 4. Kommerzielle Fächer, 5. Sprachen (französisch, englisch, italienisch, ungarisch, türkisch [arabisch, persisch], deutsch, russisch und chinesisch).

AUFNAHMEBEDINGUNGEN: Österreichisches oder ungarisches Staatsbürgerrecht, Reifezeugnis eines Gymnasiums, Kenntnis der deutschen und französischen Sprache. — Aufnahmeprüfung: Anfang Oktober.

GEBÜHREN. Jahrespension des zahlenden Akademikers 2600 K., ausserdem 240 K. einmaliger Einrichtungsbeitrag. Staatsdotationen für vorzügliche Studierende (zu 2000 und 2600 K.).

K. K. ÖFFENTLICHE LEHRANSTALT FÜR ORIENTALISCHE SPRACHEN.

Seit 1851 wurden am K. k. polytechnischen Institute, seit 1867 an der K. k. orientalischen Akademie als besondere Kurse öffentliche und unentgeltliche Vorträge über Arabisch, Persisch und Türkisch gehalten. Am 3. April 1873 wurden diese wesentlich praktischen Kurse als besondere Lehranstalt aktiviert. Im Jahre 1887 wurden zu den genannten Sprachen noch serbisch, 1891 russisch, 1892 bulgarisch hinzugefügt.

Der Zweck der Anstalt ist die Einführung in die theoretische Kenntnis und zugleich praktische Handhabung der genannten Sprachen. Jede dieser Sprachen wird in einem einjährigen, wöchentlich dreistündigen, Elementar-Kurs und einem zweistündigen Übungs-Kurs gelehrt. — Unterricht unentgeltlich. Einschreibegebühr 6 K. Jedermann zugänglich, auch Damen mit Einwilligung des Unterrichts-Ministeriums. — Anfang Juli Jahresprüfung, über welche ein Zeugnis ausgestellt wird.

Rom (Italien).

K. K. ÖSTERREICH. HISTORISCHES INSTITUT s. unter ITALIEN.

Ungarn.

LÄNDER DER UNGARISCHEN KRONE.

Universitäten.

Agram=Zagreb, Budapest, Klausenburg=Kolozsvár.

I. Allgemeine Organisation.

In Ungarn und Kroatien sind die Universitäten im ganzen — mit meist unbedeutenden Abweichungen — nach Art der deutschen und noch genauer der österreichischen organisiert. Die Fakultäten werden durch die ordentlichen und ausserordentlichen Professoren und zwei Vertreter der Privatdozenten repräsentiert. Die Fakultät wählt jährlich einen neuen Dekan. Der Rektor wird aus den Reihen der ordentlichen Professoren und zwar jährlich aus einer andern Fakultät gewählt. Dem Wirken der Professoren ist keine Altersgrenze gesetzt.

Die Habilitation der Privatdozenten ist durch Verordnung des Kultusministeriums vom Jahre 1892 geregelt. Gebühren für Drucklegung der Kritik 60 K., an der rechtswissenschaftlichen Fakultät 40 K. (vergl. Österreich).

Das Studienjahr beginnt mit dem Wintersemester (oder vielmehr Herbstsemester), das vom 1. September bis Weihnachten dauert; das Sommersemester (Frühjahrssemester) beginnt am 7. Januar und schliesst am 25. Juni. Für die Immatrikulation sind die zwölf ersten Tage des Semesters bestimmt.

II. Geschichte und besondere Organisation.

Agram=Zagreb (Kroatien).

KÖNIGLICHE FRANZ-JOSEPHS-UNIVERSITÄT
(Kralj. sveučilište Franje Josipa I. u Zagrebu).

GESCHICHTE. Kaiserin Maria Theresia verwandelte 1776 die alte Jesuitenschule in Agram in die regia scientiarum academia, die zwei Fakultäten, eine philosophische und eine juristische, jede mit 2 Jahrgängen, umfasste. 1850 wurde die philosophische Fakultät mit dem Gymnasium vereinigt und die juristische als besondere Rechtsakademie mit 3 Jahrgängen aktiviert, die 1868 einen vierten Jahrgang erhielt. Die absolvierten Studierenden dieser Akademie konnten zu den Rigorosen an irgendeiner Universität zugelassen werden. 1871 Aufhebung der Semestralprüfungen und Einführung der rechtshistorischen Staatsprüfungen. 1874 wurde die Akademie als juristische, das erzbischöfliche Hausstudium mit 4 Jahrgängen als theologische Fakultät mit der neuerrichteten philosophisch-historischen Abteilung der philosophischen Fakultät zur Universität vereinigt, deren Eröffnung am 19. Oktober 1874 erfolgte. Mit dem Studienjahre 1875/76 Vervollständigung der philosophischen Fakultät durch die mathematisch-naturwissenschaftliche Abteilung. Im Jahre 1882 wurde der philosophischen Fakultät der pharmazeutische Kurs und im Jahre 1898 die Forst-Akademie einverleibt. Für die nächste Zeit steht die Aktivierung der medizinischen Fakultät in Vorbereitung.

Die Bedürfnisse der Universität werden aus dem Universitätsfond, der zirka 1140000 K. beträgt, dann aus dem Studienfond und den übrigen Landesmitteln bestritten. Die Unterrichtssprache ist kroatisch.

ORGANISATION siehe S. 131.

GEBÜHREN. Juristische Staatsprüfung 18 und 24 K., philosophische 40 K. — Einzelne Rigorosen: theologisches Rigorosum 60 K., juristisches 120 K., 1. philosophisches 60 K., 2. philos. 40 K., Dissertation 40 K.; pharmazeutisches 40 K. und 50 K. — Promotion: Dr. theol. 70 K., Dr. jur. 120 K., Dr. phil. 60 K., Magister pharmac. 40 K. — Kollegiengelder der Theologen für jede wöchentliche Stunde 2 K.; für die Juristen 50 K. und für die Philosophen 40 K. per Semester.

FAKULTÄTEN: theologische; rechts- und staatswissenschaftliche; philosophische. — Ausserdem pharmazeutischer Unterricht an der philos. Fakultät, forstwissenschaftlicher an der angegliederten Forstakademie.

Budapest.

KÖNIGLICH UNGARISCHE UNIVERSITÄT
(Budapesti királyi magyar Tudomány-Egyetem).

GESCHICHTE. Die älteste Geschichte der Hochschule zu Ofen ist dunkel. Allgemein wird berichtet, dass Papst Bonifaz IX. die Hochschule auf Bitten des Königs Sigismund in den Jahren 1389—1390 errichtet habe. Schon 1410 war das Studium wieder in argem Verfall, so dass Papst Johann XXIII. 1411 einen neuen Stiftbrief für Ofen erlassen musste. Einige Dezennien hindurch liegen nun Nachrichten über die Hochschule, besonders über die theologischen Studien vor. Doch scheint schon um 1440 in Ungarn keine Hochschule mehr existiert zu haben, da Papst Paul II. am 19. Mai 1465 dem König Matthias Corvinus die Errichtung eines Generalstudiums irgendwo in seinem Reiche gestattete. Die neue Hochschule wurde im letzten Viertel des 15. Jahrhunderts von Matthias in Ofen gegründet, nachdem schon um 1465 die höhere Schule in Pressburg errichtet worden war. Leider wurde die neue Universität bald ein Opfer der Türken, die nach der Schlacht bei Mohács 1526 ganz Ungarn überschwemmten. Erst im Jahre 1635 gründete der berühmte Erzbischof von Gran, und Primas, Kardinal Peter von Pázmány mit einem Fonds von 100000 Gulden die National-Universität zu Tyrnau, die er mit einer theologischen und einer philosophischen Fakultät den Jesuiten übergab. Nach der Aufhebung des Jesuitenordens erhielt die Hochschule einen Teil der konfiszierten Güter desselben. 1769 erhob sie Maria Theresia, die ihr die Abtei Földvár als Dotation zugewiesen hatte, zur königlichen Universität und verlegte sie 1777 nach Ofen. 1786 erbaute Kaiser Josef II. das Universitätsgebäude in Pest, wohin die Universität schon 1783 endgültig übersiedelt war. Unter Kaiser Franz erhielt die ohnedies schon sehr reiche Anstalt noch das Erträgnis der Propstei Turócz und die Hälfte des Erträgnisses der Propstei Bozók zugewiesen.

ORGANISATION. Im Jahre 1850 erhielt die Hochschule eine den österreichischen Hochschulen ähnliche Organisation, die seit dem Ausgleichsjahr einige, meist unbedeutende Änderungen erlitt, vergl. Abschnitt I S. 131. Seit 1867 ist sie ganz magyarisiert.

AUFNAHME. Ordentliche Hörer: Maturitätszeugnisse (bei Ausländern eventuell mit Ergänzung, weibliche Hörer mit Ministerialbewilligung) oder auf Grund von Zeugnissen in- und ausländischer Hochschulen. — Ausserordentliche Hörer von 16 Jahren aufwärts.

STUDIENDAUER. In jeder Fakultät 8 (in der Rechts-Fakultät Einjährig-Freiwillige 7), Mediziner 10, Pharmazeuten 4 Semester.

GRADE. Dr. theol.; Dr. jur. (3 Rigorosen); Dr. pol. (2 Rigorosen); Dr. med. (3 Rigorosen); Magister pharm. (Vorprüfungen, theoretisches und praktisches Rigorosum); Dr. pharm. (zweisemestrige Laboratoriumstätigkeit nach Magister pharm. [mit Maturitätszeugnis] und Vorlage einer Dissertation); Dr. phil. (1 Rigorosum). Bei jeder Fakultät ist Einreichung einer Dissertation erforderlich, bei der philos. (und auch bei der mathematisch-naturwissenschaftlichen in Klausenburg): 100 Exemplare.

GEBÜHREN für Aufnahme und Vorlesungen. Die Kollegiengelder sind in neuester Zeit abgeschafft worden; die Hörer bezahlen ein bestimmtes Lehrgeld (die ordentlichen halbjährlich 75, die ausserordentlichen 20—30 K.), ausserdem im 1. Semester K. 10.20 (K. 4.20 Immatrikulation, 6 K. für die Bibliothek und die Wohltätigkeitsanstalten der Universität).

DOKTORATSGEBÜHREN. Theol.: Rigorosum 4 »Dukaten«, Dissertationskritik 2 »Dukaten«. — Jur. und Rer. pol.: Rigorosum 50 K., (3 jur. Rigorosen 150 K., 2 rer. pol. 100 K.), Ergänzungsrigorosum 30 K., Dissertationskritik 40 K., Promotion 72 K. — Med.: alle drei Rigorosen zusammen 295 K., Promotion 108 K. — Pharm.: Magister pharm. Vorprüfung, Rigorosen, Schwur, Diplom K. 203.60; Dr. pharm. wie med.; ausserdem Dissertationskritik 60 K. — Phil.: Dissertationskritik 42 K., mündliches Rigorosum 82 K., Promotion 92 K.

FAKULTÄTEN: theologische [kathol.]; rechts- u. staatswissenschaftliche; medizinische (mit pharmazeutischem Unterricht); philosophische.

In Verbindung mit der Universität steht eine Professorenbildungsanstalt (siehe diese S. 140).

Klausenburg=Kolozsvár.

KÖNIGLICH UNGARISCHE FRANZ-JOSEF-UNIVERSITÄT
(Kolozsvári Magyar Királyi Ferencz József Tudomány-Egyetem).

GESCHICHTE. Am 29. Mai 1872 provisorisch mit königlichem Reskript, am 12. Oktober mit sanktioniertem Gesetz gegründet. Am 10. November eröffnet. Am 4. Januar 1881 erhielt sie den Namen Franz-Josef-Universität. Seit 1890 Aufführung neuer Bauten. Seminarien seit 1898.

VERFASSUNG UND ORGANISATION. Grundgesetz: G. A. XIX. ex 1872 auf Grund des Prinzips der Lehrfreiheit. Die erste Sammlung der prinzipalen Verordnungen erschien (8°, 587 S.) im Jahre 1900. Die gegenwärtig in Kraft stehenden Studien-, Disziplinar- und Studiengelder-Statuten bestätigte das Kultusministerium 1893, mit Verordnung Nr. 26067.

LITERATUR. *Márki und Pisztory, Geschichte der Universität.* 1896. — *Gedenkbuch der Universität.* 1903. — *Bolyai-Gedenkbuch.* 1904.

AUFNAHME, Studiendauer, Grade, Doktoratsgebühren wie bei den entsprechenden Fakultäten in Budapest (s. dort).

GEBÜHREN für Aufnahme und Vorlesungen. Immatrikulation für die ganze Zeit 5 K., Grundbuchlegitimation (Stempelgebühr) 2 K., ausserdem per Semester für die Bibliothek 6 K., für die Mensa acad. 1 K. und für Spital 50 Heller. — Für private Vorlesungen per Semester und jede Wochenstunde zirka 3 K. Ganz- oder halbjährige Befreiung von Studiengeldern zulässig.

FAKULTÄTEN: rechts- und staatswissenschaftliche; medizinische (mit pharmaz. Unterricht); philosophische; math.-naturwissenschaftliche.

Fachliche Hochschulen.

Rechtsakademien — Theologische Akademien — Pharmazie und Zahnheilkunde — Anstalten für Lehramtskandidaten — Technische Hochschule — Tierärztliche Hochschule — Berg- und Forstschule — Landwirtschaftliche Akademien — Handelsakademien.

Rechtsakademien.

**Königliche Akademien in Grosswardein=Nagy-Várad, Kaschau=Kassa und in Pressburg=Pozsony.
Kirchliche Akademien in Erlau=Eger, Fünfkirchen=Pécs, Kecskemét und in Máramaros-Sziget.
Vergl. auch Debreczen, Eperjes und Sárospatak unter »Theologische Akademien«.**

1. AUFNAHME, STUDIENGANG, PRÜFUNGEN, GEBÜHREN.

Aufnahme: Für ordentliche Hörer ist Gymnasialmatura erforderlich, für ausserordentliche entsprechende Vorbildung. — Die Absolventen der Rechtsschulen, die als rechts- und staatswissenschaftliche Fakultäten gelten, können an den beiden ungarischen Universitäten die Rigorosen ablegen und den rechts- oder staatswissenschaftlichen Doktorgrad erlangen. — Der Studiengang an den Königlichen Rechtsakademien dauert 8 Semester (für Militärtaugliche 7 Semester). — Prüfungen: An den Akademien selbst werden Fundamentalprüfungen und rechts- und staatswissenschaftliche Staatsprüfungen abgehalten, die für den juristischen oder politischen Staatsdienst befähigen. — Gebühren werden erhoben: Immatrikulation 6 K., Studiengeld 2 K. pro Stunde und Semester, Fundamentalprüfung 16 K. 80 h., Staatsprüfung 40 K.

An den nicht Königlichen Rechtsakademien geringe Abweichungen von diesem Schema.

2. GESCHICHTE.

Grosswardein=Nagy-Várad.

KÖNIGLICHE RECHTS-AKADEMIE (Kir. Jogakadémia).

GESCHICHTE. Durch Maria Theresia wurde im Jahre 1780 zu Grosswardein ein philosophischer Kurs errichtet, der im Jahre 1788 durch die juristische Fakultät erweitert wurde. — AUFNAHME, usw. siehe oben.

Kaschau=Kassa.

KÖNIGLICHE RECHTS-AKADEMIE (Kir. Jogakadémia).

GESCHICHTE. Die Akademie wurde 1657 gegründet und der Leitung der eben infolge einer Art Gegenreformation nach Kaschau gekommenen Jesuiten übergeben. Nach Aufhebung des Jesuitenordens wurde die Akademie zur königlichen Anstalt erklärt. — AUFNAHME, usw. siehe S. 134.

Preßburg=Pozsony.

KÖNIGLICHE AKADEMIE (Kir. Akadémia).

GESCHICHTE. Die höhere Schule zu Pressburg wurde von Matthias Corvinus um 1465 gestiftet. Doch hielt diese den folgenden unruhigen Zeiten nicht sehr lange stand. Im Jahre 1784 wurde die Ofener Akademie hierher verlegt.

Rechts- und staatswissenschaftliche Fakultät, philosophischer Kurs. Der letztere hat drei Jahrgänge, die Hörer desselben können sich für den philosophischen Doktor ausbilden und sich zu den entsprechenden Prüfungen an den Universitäten melden. — AUFNAHME, usw. siehe S. 134.

Erlau=Eger.

ERZBISCHÖFLICHE RECHTS-AKADEMIE.
(Egri Érseki Joglyceum.)

GESCHICHTE. Gestiftet 1740 durch den Tit.-Bischof Georg v. Foglár. 1784—1791 war die Schule geschlossen; erst durch Bischof Karl Graf Esterházy († 1799) wieder eröffnet. Nach der Schliessung von 1850 bis 1860 wurde sie 1874 nach dem Muster der staatlichen Rechtsakademien reorganisiert, denen sie gleichberechtigt ist. — AUFNAHME, usw. siehe S. 134.

Fünfkirchen=Pécs.

BISCHÖFLICHE RECHTS-AKADEMIE.

GESCHICHTE. Die älteste ungarische Universität wurde auf Betreiben König Ludwig I. d. Gr. von Papst Urban V. am 1. September 1367 in Fünfkirchen gestiftet, doch nur für die weltlichen Fakultäten. Der König übernahm die Besoldung der Professoren und gab den Scholaren verschiedene Privilegien. Doch scheint die Universität, die am Tage der Schlacht von Mohács gegen 2000 Studenten zählte, die sich dem Heere anschlossen, kaum den Anfang des 15. Jahrhunderts überdauert zu haben. Am Ende des 18. Jahrhunderts bestand in Fünfkirchen eine königliche Rechtsakademie, die jedoch schon 1802 nach Raab verlegt wurde. Die jetzige vom Bischof erhaltene Rechtsakademie ist eigentlich ein Privat-Institut, jedoch genau so organisiert wie die Königl. ungarischen Rechtsakademien. — AUFNAHME, usw. siehe S. 134.

Kecskemét.

REFORMIERTE RECHTS-AKADEMIE (Kecskeméti ref. jogakadémia).

GESCHICHTE. Von 1599 bis 1752 bestand in Kecskemét ein evangelisch-reformiertes Kollegium mit philosophischem und theologischem Studium. Von 1753—1835 war die Anstalt ein reines Gymnasium, 1835—1849 wieder ein Lyzeum mit theologischem, juristischem und philosophischem Studium. Mit dem Jahre 1849 löste sich die Anstalt auf; sie erstand in den fünfziger Jahren wieder als Gymnasium, bis am 16. Oktober 1862 die heutige Rechtsakademie als juristische Fakultät mit drei, seit 1875—1876 mit vier Jahrgängen aktiviert wurde. Die Anstalt wird von dem evangelisch-reformierten Kirchendistrikt an der Donau und von der evangelisch-reformierten Kirchen- und der Stadtgemeinde Kecskemét erhalten.

AUFNAHME, Studiengang, Prüfungen, Gebühren siehe S. 134.

Máramaros-Sziget.

REFORMIERTES LYZEUM.

Besteht aus einer Rechtsakademie (rechts- und staatswissenschaftliche Fakultät) und aus einem Obergymnasium.

Theologische Akademien

teilweise verbunden mit Rechtsfakultät.

Budapest (Reformierte theolog. Akademie, Landes-Rabbinerschule), Debreczen, Eperjes, Klausenburg=Kolozsvár (Unitarische Hochschule, Reformierte theolog. Akademie), Ödenburg=Sopron, Papa, Pressburg=Pozsony, Sárospatak.

Budapest.

REFORMIERTE THEOLOGISCHE AKADEMIE.

Gegründet 1855 vom Superintendenten Paul Török als uniert-protestantische Hochschule, seit 1865 reformiert.

ORGANISATION. Die Akademie wird von einem Direktions-Komitee, dem der Bischof präsidiert, geleitet. Die Fakultät hat 4 Jahrgänge (mit Internat). — Nach dem 2. Jahrgange die Grundprüfung, nach dem 4. die Kandidatenprüfung; nach zweijähriger Praxis in der Seelsorge geistliche Prüfung und dann Verleihung des Diploms. — Kein Unterrichtsgeld.

LANDES-RABBINERSCHULE (»Országos rabbiképzö intézet«) (in eigenem Gebäude VIII. Bezirk, Rökk Szilard-utcza).

Durch den ungarischen Kultus- und Unterrichtsminister Dr. Aug. Trefort ins Leben gerufen und am 4. Oktober 1877 eröffnet.

ORGANISATION. Einer vom Kultus- und Unterrichtsminister, der auch die Professoren ernennt, eingesetzten leitenden Kommission unterstellt. Eine untere und eine obere Abteilung, deren jede fünf Jahrgänge umfasst. Die untere Abteilung entspricht den vier oberen Klassen des Gymnasiums und schliesst mit einer Maturitätsprüfung ab; das auf Grund derselben erlangte Maturitätszeugnis hat staatliche Gültigkeit und berechtigt zum Besuche der Universität. Die Hörer der oberen Abteilung sind zum gleichzeitigen Besuche der Universität verpflichtet und hören an der Anstalt nur jüdisch-theologische Vorlesungen.

Unterrichtssprache ungarisch. — Im Anstaltsgebäude auch die israelitische Landes-Lehrerbildungs-Anstalt (Lehrerseminar).

AUFNAHME. Die Aufnahme in die obere Abteilung geschieht für auswärtige Schüler auf Grund des Maturitätszeugnisses und einer Aufnahmeprüfung aus den jüdisch-theol. Gegenständen der unteren Abteilung.

PRÜFUNGEN. Am Ende des ersten und am Ende des dritten Jahrgangs Prüfungen (Tentamen, Vorprüfung): nach absolviertem fünften Jahrgange

Rabbiner-Examen, das aus einem schriftlichen (drei theologische Hausarbeiten, zwei Klausurprüfungen) und einem mündlichen Teile besteht.

GEBÜHREN. Weder Aufnahme- und Prüfungsgebühren noch Schulgeld.

Debreczen.

REFORMIERTE HOCHSCHULE.

Gegründet 1549. Die Hochschule besteht aus einer Akademie mit einer juristischen und einer theologischen Fakultät zu je 4 Jahrgängen, einem philosophischen Kurse, aus einem organisch mit ihr verbundenen Gymnasium und Pädagogium für Schullehrer.

GEBÜHREN. Kollegiengeld: theol. 30 Kronen 71 Heller; jurist. 60 Kronen jährlich. — Prüfungstaxen gibt es in der theologischen Fakultät nicht; in der juristischen Fakultät: Grundprüfung 16 Kronen 80 Heller, Staatsprüfung 40 Kronen. — Vergl. Rechtsakademien S. 134.

Eperjes.

EVANGELISCH-THEOLOGISCHE AKADEMIE Augsb. Bek. UND RECHTS- UND STAATSWISSENSCHAFTLICHE FAKULTÄT.

GESCHICHTE. Die alte evangelische lateinische Schule wurde 1667 zu einem Kollegium erweitert, an welchem auch die juristischen und theologischen Studien eingeführt wurden. Das Kollegium wurde mehrmals (1671—1682, 1687—1705, 1711—1784) geschlossen, aber immer wieder erstand es von neuem; 1788 und 1887 brannte das Lehrgebäude vollständig nieder. Die juristischen Studien erlitten noch mancherlei besondere Unterbrechungen (1687—1815, 1816—22, 1852—61, 1875—78). Seit 1873, in welchem Jahre auch die Lehrerbildungsanstalt von Nyiregyháza an das Eperjeser Kollegium verlegt wurde, ist das Kollegium eine Vereinigung zweier Mittelschulen (Gymnasium, Lehrerbildungsanstalt) und zweier Hochschul-Fakultäten (Rechtsakademie, theologische Akademie).

VERFASSUNG. Die Rechts- und staatswissenschaftliche Fakultät und die theologische Akademie haben besondere Dekane; an der Spitze des ganzen Instituts steht ein Rektor.

STUDIENDAUER an beiden Hochschul-Fakultäten: 8 Semester.

PRÜFUNGEN. Für Theologen: das Philosophicum nach dem 4. Semester, das Systematicum nach dem 8. Semester und schliesslich eine Prüfung aus praktischer Theologie. — Für Juristen: die beiden Grundprüfungen nach dem 2. und 4. Semester, die rechtswissenschaftliche und die staatswissenschaftliche Staatsprüfung nach dem 8. Semester.

GEBÜHREN. Kollegiengeld: Juristen pro Sem. 50 K., Theologen unentgeltlich. — Juristische Grundprüfungen je 20 K., Staatsprüfung 50 K.

Klausenburg=Kolozsvár.

UNITARISCHE HOCHSCHULE.

GESCHICHTE. Gegründet im Jahre 1556, als das Kolozsvárer Kloster auf Grund eines Reichstagsbeschlusses aufgehoben wurde. Im Jahre 1566 wurde ein grosser Teil der Stadt Kolozsvár unter der Regierung des Fürsten János Zsigmond infolge der Wirksamkeit des Reformators Dávid Ferenc unitarisch; die Schule kam so in die Hände der Unitarier und blieb bis auf den heutigen Tag trotz schwerer Schicksalsprüfungen erhalten. Im XVI. Jahrhundert nahm sie einen derartigen Aufschwung und war so berühmt, dass man sie für die Hochschule von Siebenbürgen hielt. Ausländische Gelehrte von hohem Ansehen wie Paleolog Jakab, Johann Sommer und andere wurden als Professoren angestellt. Man beabsichtigte die Schule in eine Universität umzuwandeln; da sich aber die politischen und religiösen Verhältnisse veränderten, behielt sie nur den Gymnasial-, den philosophischen und theologischen Kursus bei; die griechische und hebräische Sprache wurde beständig, die arabische öfter gelehrt. Die Schule sandte ihre Lehramtskandidaten bis zum Jahr 1658 auf Kosten der Stadt, später der Kolozsvárer Kirche und zuletzt der unitarischen Landeskirche auf ausländische Universitäten nach Italien, Holland, Deutschland, England und Österreich. Unter den Professoren befand sich auch der Bischof.

Die unitarische Kirche und deren Anstalt waren grossen Verfolgungen ausgesetzt. Jm Jahre 1716 wurden alle ihre Gebäude, die Bibliothek und ihr Gesamtvermögen mit militärischer Brachialgewalt beschlagnahmt und den Katholiken gegeben. Privatleute sorgten für die Aufrechterhaltung der Anstalt und die Bestreitung der Lehrkräfte. Grosse Stiftungen wurden vom Ende des XVIII. Jahrhunderts bis jetzt ins Leben gerufen. Seit der Wiederherstellung der ungarischen Verfassung im Jahre 1868 geniessen Kirche und Schule Staatssubvention.

Im Jahre 1847 wurde die theologische Fakultät vom philosophischen Kursus getrennt, und seitdem ist sie in beständiger Entwicklung begriffen. Im Jahre 1884 wurde sie bis auf 4 Jahrgänge ergänzt und im Jahre 1891 mit der Kolozsvárer Franz-Josef-Universität in gewisse Verbindung gebracht. Die theologische Fakultät ist im Gebäude des Kollegiums untergebracht und für 20 Hörer eingerichtet.

ORGANISATION. Die Hochschule besteht aus einer Akademie mit einer theologischen Fakultät zu 4 Jahrgängen, aus einem mit der Hochschule verbundenen Gymnasium und einer vierklassigen Normalschule.

REFORMIERTE THEOLOGISCHE AKADEMIE
des siebenbürgischen Kirchendistriktes.

Gegründet im Jahr 1895 nach dem Eingang der früheren Theologischen Akademie in Nagyenyed; teilweise mit der Franz-Josef-Universität in Verbindung und zwar so, dass diejenigen Theologen, die an der philosophischen Fakultät (wöchentlich wenigstens 10 Stunden) Philosophie, Pädagogik und pädagogische Fächer studieren, zum Ablegen der philosophischen Doktor-Prüfung berechtigt sind.

ORGANISATION. Die Akademie, Eigentum des siebenbürgischen Kirchendistriktes, besitzt vollständige Autonomie. Die Oberaufsicht übt der jeweilige Bischof aus. Ihm zur Seite steht die Direktion. Diese besteht aus 15 Mitgliedern: 5 weltliche, darunter die 2 auf Lebenszeit von der Distrikts-Generalversammlung gewählten Kuratoren, und 5 geistliche, von der Generalversammlung des Distrikts gewählt, ferner die 5 ordentlichen Professoren. Der Dekan wird auf 4 Jahre gewählt. — Mit der Akademie ist ein Internat (Alumneum) verbunden für 120 Theologen und Universitätshörer; Gebühr für das Alumneum: 400 Kronen.

AUFNAHMEBEDINGUNG: das Reifezeugnis eines achtklassigen Gymnasiums (mit Latein und Griechisch). — Studiendauer: 8 Semester.

PRÜFUNGEN. Die vor einer Prüfungskommission (bestehend aus den Theologie-Professoren und den von der Distrikts-Generalversammlung gewählten übrigen Mitgliedern) abgelegten Examina berechtigen zur Erlangung des Pfarrer-Diploms und des Theologie-Professor-Diploms. — Rigorosen: a. Theologisches Rigorosum nach dem 4. Semester. b. Theologisches Fachexamen nach dem 8. Semester. c. Prüfung zur Befähigung für das Pfarramt nach zweijähriger Tätigkeit als Hilfsprediger. d. Theologie-Professor-Fachexamen. Dazu ist erforderlich: 1. ausgezeichnetes Pfarrer-Diplom, 2. wenigstens ein Studienjahr im Ausland zugebracht und 3. eine gelehrte Abhandlung. — Die Akademie ist zur Erteilung des theologischen Doktorates nicht berechtigt.

GEBÜHREN. Studiengebühren: keine. Prüfungsgebühr je 15 K. Für Professorenprüfung: 50 K.

Ödenburg=Sopron.

EVANGELISCH-THEOLOGISCHE FAKULTÄT
Augsburger Konfession.

Gegründet 1557. Gründer war die damals evangelische Stadtverwaltung; 1674 übernommen von der evangelischen Gemeinde daselbst, 1853 vom evangelischen Kirchendistrikt Augsburgischen Bekenntnisses jenseits der Donau. Anfänglich eng verbunden mit einem Obergymnasium, seit 1785 allmählich mit besonderem Studienplan und Lehrkörper.

ORGANISATION. Dem Lehrkörper (erste Instanz) gehören als stimmberechtigte Glieder die ordentlichen und ausserordentlichen Professoren an. Weitere Behörden in aufsteigender Instanz: grosse Schulkommission; Distriktualkonvent; Generalkommission der drei theologischen Akademien; Generalkonvent.

Die Fakultät besitzt das Recht, akademische Grade zu verleihen, nicht.

AUFNAHMEBEDINGUNG: Gymnasialmaturitätszeugnis (mit Griechisch). — STUDIENDAUER: 4 Jahre. — GEBÜHREN. Studiengebühr pro Semester 23 K., für die Fachprüfung 10 K.

Pápa.

REFORMIERTE THEOLOGISCHE AKADEMIE.

GESCHICHTE. Die Hochschule, verbunden mit einem theologischen Kurse, wurde im Jahr 1531 gegründet und ging 1797 in den Besitz des Kirchendistrikts jenseits der Donau über. Von 1795 bis 1805 entwickelte sich die theologische Abteilung der Hochschule zur theologischen Akademie (erst mit 3-, dann 4jährigem Kurse).

ORGANISATION. Die Akademie besitzt vollständige Autonomie. Dem jeweiligen Bischof kommt die Oberaufsicht zu. Die Direktion besteht aus 28 teils geistlichen, teils weltlichen Mitgliedern, worunter 2 Kuratoren, welche alle von der Generalversammlung des Distrikts gewählt werden. Der Dekan wird auf ein Jahr gewählt.

AUFNAHME, Studiengang, Prüfungen wie bei der Reformierten theologischen Akademie in Klausenburg (siehe dort). Beim Theologie-Professor-Examen sind jedoch die Erfordernisse: 1. Pfarrer-Diplom, 2. eine Dissertation, 3. ein Probevortrag.

GEBÜHREN. Studiengebühr 22 K., Prüfungsgebühr 20 K., Professorenprüfung 120 K.

Preßburg=Pozsony.

EVANGELISCH-THEOLOGISCHE AKADEMIE
der Gesamtkirche Ungarns Augsburger Konfession.

GESCHICHTE. Gegründet im Jahre 1881, eröffnet am 1. September 1882. Seit 1804 beschäftigte sich die Gesamtkirche Ungarns A. K. mit dem Gedanken, eine selbständige, den deutschen Universitäten entsprechende theologische Akademie zu errichten. Durch die missliche Lage der Kirche verhindert, wurde erst 1869 in Acsa der endgültige Beschluss gefasst und nach 12 Jahren ausgeführt. Die Anstalt blieb seit der Gründung in demselben Zustand.

ORGANISATION. Die Theologische Akademie in Pressburg gehört der Gesamtkirche Ungarns A. K. und wird von ihr erhalten. Die oberste Behörde ist der Generalkonvent der Gesamtkirche (tagt jährlich einmal im Herbst in Budapest). Unter dem Konvent steht das grosse Komitee, das sämtliche Angelegenheiten der Akademie zu überwachen hat. Dann folgt das kleine Komitee zur Erledigung eventueller dringender Angelegenheiten. Die Akademie wird vom auf 6 zu 6 Jahre gewählten Direktor geleitet. — Das Recht, Grade zu verleihen, besitzt die Akademie nicht.

AUFNAHMEBEDINGUNG: Maturitätszeugnis. — STUDIENDAUER: 8 Semester. — GEBÜHREN. Pro Wintersemester (= I. Hälfte des Jahrganges) 30 K., pro Sommersemester (= II. Hälfte des Jahrganges) 14 K. Aufnahmegebühr. Sonst keine Gebühren.

Sárospatak.

REFORMIERTE THEOLOGISCHE UND RECHTSAKADEMIE.

(Mit einem philosophischen Kurse).

GESCHICHTE. Der ungarische Reformator Stefan Kopácsi gründete 1531 zu Sárospatak eine evangelische Schule, die der Gutsherr, Kronhüter Peter v. Perényi, unterstützte; 1550 wurde die Schule zur Hochschule erhoben und seit 1560 bekannte sie sich zur Helvetischen Konfession. Unter Fürst Georg Rákóczy, dem Sárospatak im Jahre 1620 durch seine Gemahlin (Susanna Lorántffy) zufiel, erlebte die Hochschule ihre Glanzepoche; auch Amos Comenius lehrte hier 4 Jahre lang (von 1650—1654). Unter der Fürstin Sophie Báthory (1671) wurden die reformierten Professoren und Studenten vertrieben und die Schule samt ihrem Einkommen mit der Kirche den Jesuiten übergeben. Im Jahre 1682 kehrten die reformierten Professoren aus Siebenbürgen zurück, mussten aber nach der Niederwerfung des Tökölischen Aufstandes (1687) von neuem weichen. Erst 1704 gab Fürst Franz Rákóczy die Hochschule den Protestanten zurück. Bis 1790, in welchem Jahre den Protestanten in Ungarn freie Religionsübung gewährt wurde, hatte die Schule noch viele Kämpfe mit den Jesuiten zu bestehen; 1793 wurde der juristische Unterricht begonnen.

ORGANISATION. Die Schule besteht heute aus einer Akademie mit einer juristischen und einer theologischen Fakultät zu je 4 Jahrgängen, einem philosophischen Kurse und aus einem organisch mit der Akademie verbundenen Gymnasium. — Vergl. auch Rechtsakademien S. 134.

GEBÜHREN. Kollegiengeld: theologisches 18 K., juristisches 64 K. Prüfungsgebühren: theologische keine; juristische Grundprüfung 16 K., Staatsprüfung 40 K.

Pharmazie und Zahnheilkunde.

Pharmazeutischer Unterricht mit Instituten an den Universitäten Agram, Budapest und Klausenburg.

Zahnärztlicher Unterricht mit Instituten an den Universitäten Budapest und Klausenburg.

Anstalten für Lehramtskandidaten.

Budapest.

PROFESSORENBILDUNGSANSTALT.

Mit der Universität verbunden. Zweck: Heranbildung von »Professoren« d. h. Oberlehrern. Bedingung der Aufnahme: Reifezeugnis und Immatrikulation an der philosophischen Fakultät oder am Polytechnikum. — Prüfung und Grade. Am Ende des 4. Semesters Fundamentalprüfung, am Ende des 8. Fachprüfung (Staatsexamen), meistens auch das Doktorat, darauf ein Probejahr an einer öffentlichen Mittelschule, nach dem die Kandidaten zur Befähigungsprüfung zugelassen werden. Die Prüfungen werden durch eine besondere staatliche »Professorenprüfungskommission« bewerkstelligt.

BÁRÓ EÖTVÖS JÓZSEF-COLLEGIUM. (IX. Csillag u. 2.)

Im Jahre 1895 aus Staatsmitteln errichtet. Zweck: tüchtigeren Hörern der Budapester Universität, die sich für ein Lehramt an Gymnasien und Realschulen vorbereiten, die nötigen Mittel zu bieten, sich während ihrer Studienzeit für ihren Beruf entsprechend auszubilden Das Kollegium ist direkt dem Unterrichtsminister unterstellt. An der Spitze steht der Kurator. Die unmittelbare Leitung besorgt der Direktor. Bedingungen der Aufnahme: gutes Reifezeugnis oder Nachweis erfolgreicher Universitätsstudien. Gegenwärtig 38 staatliche Freiplätze und 22 Zahlplätze. Eine Erweiterung für 100 Plätze unmittelbar bevorstehend. Studiengang vierjährig. — Prüfung und Grade wie an der »Professorenbildungsanstalt« (siehe oben).

Technische und tierärztliche Hochschule, Berg- und Forstschule.

Budapest. — Schemnitz=Selmecbánya.

Tierärztlicher Unterricht auch an allen landwirtsch. Akademien.
Forstwirtschaftlicher Unterricht auch an
der Universität Agram (der eine Forstakademie angegliedert ist)
und an den landwirtschaftlichen Akademien
in Debreczen, Kaschau, Keszthely und Klausenburg.

Budapest.

KÖNIGLICH UNGARISCHES JOSEPHS-POLYTECHNIKUM
(Magyar királyi József-müegyetem Budapesten).

Die im Jahre 1846 zu Ofen eröffnete Gewerbeschule wurde 1856 in eine Hochschule umgewandelt; diese erhielt 1871 eine den Universitäten ähnliche Organisation. — ABTEILUNGEN: 1. Ingenieurwesen, 2. Maschinen-Ingenieurwesen, 3. Architektur, 4. Chemie und 5. allgemeine Abteilung. Jede Abteilung ausser der letztgenannten hat 4 Jahrgänge; nach Absolvierung derselben und Ablegung der für jede Abteilung vorgeschriebenen 2 Rigorosen wird ein Diplom erteilt.

GEBÜHREN. Immatrikulation jährl. 10 K., Kollegiengeld pro Semester 75 K.; Prüfungsgebühren: 10 K. 40 h. für jeden Gegenstand bei Einzelprüfungen, 40 K. für das erste und 40 K., resp. 50 K. und 60 K. für das zweite Rigorosum.

KÖNIGLICH UNGARISCHE VETERINÄR-HOCHSCHULE
(Magyar kir. Állatorvosi Föiskola).

Die Anstalt wurde als Lehrkanzel für Veterinärmedizin an der Universität vom Kaiser Josef II. am 12. Dezember 1786 gegründet. Später ging sie als selbständige »Veterinär-Lehranstalt« in die Verwaltung des Ackerbauministeriums über und wurde 1875 auf Grund einer dreijährigen Studiendauer reorganisiert. Weitere Neuorganisationen folgten: 1890 als »Veterinär-Akademie« und 1899 als »Veterinär-Hochschule«, die im Jahre 1906 das Promotionsrecht erhielt.

STUDIENDAUER: 4 Jahre. — Aufnahmebedingung: Maturität eines Gymnasiums oder einer Realschule. — Tierärztliche Prüfungen: Prorigorosum am Schluss des zweiten, I. Rigorosum am Schluss des vierten Semesters, II. und III. Rigorosum nach Beendigung des Kurses. — Doktordiplom: Dissertation und mündliches Rigorosum aus einem Haupt- und zwei Nebengegenständen.

GEBÜHREN. Kollegiengeld: 30 K. pro Semester; für das Prorigorosum 50 K., für die drei Rigorosen 70, 90 und 50 K. Diplom frei. Gebühren für das Doktorat (Promotion inbegriffen): 220 K.

Schemnitz=Selmecbánya.

KÖNIGL. UNGAR. HOCHSCHULE FÜR BERG- UND FORSTWESEN.

Königin Maria Theresia erhob im Jahre 1770 die »Praktische Bergschule« zur »Akademie«. Seit dem Jahre 1904 der Titel: »Hochschule«.

ORGANISATION. Für gemeinsame Angelegenheiten liegt die administrative Oberleitung in den Händen des Finanzministers, hingegen in Studien- und Personalangelegenheiten untersteht der forstliche Teil der Hochschule dem Ackerbauminister. Die unmittelbare Leitung obliegt: 1. dem Senate, 2. dem Rektor bzw. dem Prorektor. Der Rektor wird abwechselnd aus dem Lehrkörper der Fakultäten auf 2 Jahre gewählt.

AUFNAHME. Als ordentliche Hörer werden jene Aspiranten aufgenommen, die das Reifezeugnis (Maturitätsprüfung) eines Obergymnasiums oder einer Oberrealschule aufweisen können. Hospitanten können nur je einige Fächer hören. — STUDIENDAUER: 4 Jahre.

PRÜFUNGEN. Zum Semesterende öffentliche mündliche Prüfungen. Zur Staatsprüfung werden nur jene ordentlichen Hörer zugelassen, welche die Hochschule vollständig absolviert und 2 Jahre in praktischem Dienst gestanden haben. Nach Bestehung der Staatsprüfung erhät der Aspirant das Berg-, Hütten- oder Forstingenieur-Diplom.

GEBÜHREN werden nicht erhoben.

Landwirtschaftliche Akademien.

Altenburg=Óvár, Debreczen, Kaschau=Kassa, Keszthely, Klausenburg=Kolozsvár.

Ungarisch-Altenburg=Magyar-Óvár.

KÖNIGLICH LANDWIRTSCHAFTLICHE AKADEMIE
(Magyar kir. Gazdasági Akadémia).

Die Lehranstalt wurde 1818 vom Herzog Albert von Sachsen-Teschen gestiftet. Im Jahre 1830 wurde sie in staatliche Verwaltung übernommen und ganz reorganisiert. 1869 kam sie in ungarische Verwaltung und erhielt einen ungarischen Parallelkurs. Seit 1874 führt die Anstalt den Titel »Akademie«, seit 1884/1885 ist sie ganz magyarisiert.

ORGANISATION. Die Akademie steht unter der Leitung eines Direktors. Das Lehrpersonal besteht aus ordentlichen und ausserordentlichen Professoren, Dozenten, Adjunkten und Assistenten.

AUFNAHME auf Grund des Abiturientenzeugnisses eines Gymnasiums oder einer Realschule. — Ausserordentliche Hörer haben nachzuweisen: 1. ihre Grossjährigkeit, 2. dass sie Hörer einer Hochschule waren. Als ausserordentliche Hörer werden auch aufgenommen grossjährige junge Leute, die nach Beendigung höherer Fachstudien an der Akademie einzelne Lehrgegenstände hören wollen.

STUDIENDAUER: 3 Jahre. — Grundprüfung am Ende des 1., Fachprüfung nach dem 2., Schlussprüfung nach dem 3. Jahrgang. Erteilung eines Diploms. — Es erfolgt auch Unterricht in der Tierheilkunde.

GEBÜHREN. Pro Semester 80 K.

Debreczen.

KÖNIGL. UNGARISCHE LANDWIRTSCHAFTLICHE AKADEMIE (Magyar kir. Gazdasági Akadémia).

Gegründet 1865 als höhere landwirtschaftliche Lehranstalt, seit 1906 Akademie. Die Hörer wohnen in der akademischen Wirtschaft und zahlen 44 K. monatlich für Verpflegung. Das Landgut (Geschenk der Stadt) hat eine Grösse von 345 Hektar.

ORGANISATION, Aufnahme, Studiendauer, Prüfungen wie in Altenburg (siehe dort). — GEBÜHREN. Aufnahme und Vorlesungen pro Jahr 200 K., Prüfungen 120 K.

Kaschau=Kassa.

KÖNIGL. UNGARISCHE LANDWIRTSCHAFTLICHE AKADEMIE (Magyar kir. Gazdasági Akadémia).

Gegründet 1875. Besitzt ein Landgut von 330 Hektar und eine Branntweinbrennerei. — ORGANISATION, Aufnahme, Studiendauer, Prüfungen, Gebühren wie in Altenburg (siehe dort).

Keszthely (am Plattensee).

KÖNIGL. UNGARISCHE LANDWIRTSCHAFTLICHE AKADEMIE (Magyar kir. Gazdasági Akadémia).

Die Anstalt wurde im Jahre 1865 mit 2 Jahrgängen eröffnet, seit 1874 3 Jahrgänge, im Jahre 1907 reorganisiert und zum Range einer landwirtschaftlichen Akademie erhoben. — ORGANISATION, Aufnahme, Studiendauer, Prüfungen, Gebühren wie in Altenburg (siehe dort).

Klausenburg=Kolozsvár.

KÖNIGL. UNGARISCHE LANDWIRTSCHAFTLICHE AKADEMIE (Magyar kir. Gazdasági Akadémia).

Gründungsjahr 1869. Von diesem Jahre an bis 1906 mit dem Titel »M. kir. Gazdasági tanintézet« (Königlich ungarische landwirtschaftliche Lehranstalt); seit 1906 der obige Name und neue Organisation. Das Landgut mit einer Ausdehnung von 428 Hektar wird durch einen Administrator geleitet, der »Professor« ist. — ORGANISATION, Aufnahme, Studiendauer, Prüfungen wie in Altenburg (siehe dort).

GEBÜHREN. Aufnahme 10 K., für die Vorlesungen 80 K. pro Jahr.

Handelsakademien.

Budapest.

KÖNIGLICH UNGAR. ORIENTALISCHE HANDELSAKADEMIE (Magyar kir. Keleti Kereskedelmi Akadémia). [VIII., Esterházy-utca. 1. B.]

Besteht seit 1883 und ist unmittelbar dem Ministerium für Kultus und Unterricht untergeordnet. Zweck: Förderung der orientalischen Handelsbeziehungen. Zwei Jahrgänge mit höchstens je 30 Zöglingen. — Aufnahmebedingungen: Vorzügliches Reifezeugnis und eine Aufnahmeprüfung in Deutsch u. Französisch. — Lehrgegenstände: Volkswirtschaftslehre, rechts- und handelswissenschaftliche Gegenstände und Sprachen. Ausser Deutsch und Französisch sind noch zwei Sprachen vorgeschrieben: eine orientalische (Rumänisch, Serbisch, Bulgarisch, Neugriechisch, Türkisch oder Arabisch) und eine westländische (Englisch, Italienisch, Spanisch — oder Russisch). Die entlassenen Zöglinge finden meist im Orient entsprechende Anstellung; vier bis sechs von ihnen erhalten ein Auslandsstipendium. — Staatliche Stipendien an 20 bis 25 Zöglinge auch während der Studienzeit.

BUDAPESTER HANDELSAKADEMIE.
(Budapesti Kereskedelmi Akadémia). [V., Alkotmány-utcza 11].

Die »Handelshochschule« der »Budapester Handels-Akademie« wurde im Jahre 1900 von dem Budapester Handels-Gremium gegründet. Ihr Kurs erstreckt sich auf zwei Jahre (vier Semester). — Die Vorlesungen umfassen die Volkswissenschaftslehre, Soziologie, Rechtswissenschaft, Handelswissenschaft, Wirtschaftsgeographie, Warenkunde, Technologie und Sprachen. Im zweiten Jahrgange können die Hörer in folgenden vier Richtungen spezielle Ausbildung erlangen: a) für das Bankgeschäft, b) für den Export- und Importhandel, c) für das Versicherungs-Geschäft, d) für den Holzhandel. — Ordentliche Hörer (Studierende) müssen das Reifezeugnis des Obergymnasiums, der Oberrealschule oder der höheren Handelsschule besitzen und sind verpflichtet, Vorlesungen und Übungen von wenigstens 25 Wochenstunden zu belegen und am Ende jedes Semesters aus den obligator. Lehrgegenständen Kolloquium abzulegen. Sie können am Ende des Studiums sich zur Schlussprüfung melden.

Die Immatrikulations-Gebühr beträgt 20 Kronen, das Kollegiengeld pro Semester 150 Kronen. Von ausserordentlichen Hörern (Hospitanten) wird keine besondere Vorbildung verlangt. Diese können sich die Vorlesungen frei wählen, jedoch werden sie zu keinen Prüfungen zugelassen.

Nach unten angegliedert ist eine »höhere Handelsschule« mit drei Jahrgängen. Die Zöglinge werden nach Beendigung der vierten Gymnasial- oder Realschulklasse aufgenommen Zum Schluss eine Reifeprüfung.

In loserem Zusammenhang mit der Handelsakademie steht eine staatliche Handelslehrerbildungsanstalt, an der zum Teil Universitätsprofessoren unterrichten.

Klausenburg=Kolozsvár.

KLAUSENBURGER HANDELSAKADEMIE.
(Kolozsvári Kereskedelmi Akadémia.)

Wird vom Klausenburger Handelsgremium erhalten. Die Organisation ähnlich jener der Budapester Handelsakademie.

Schweiz.

Universitäten.

Basel, Bern, Freiburg=Fribourg, Genf=Genève, Lausanne, Neuchâtel, Zürich.

Basel.

UNIVERSITÄT.

Geschichte. Die Universität B. verdankt ihre Entstehung der Initiative der Bürgerschaft, deren Wünschen Papst Pius II. [Aeneas Sylvius], bei welchem die Stadt noch aus der Zeit des grossen Konzils (1431—49) in gutem Andenken stand, fördernd entgegenkam. Mit der Bulle vom 12. November 1459 wurde sie ins Leben gerufen, am 4. April 1460 feierlich eröffnet. Zu den bekanntesten Lehrern aus ihrer ersten bis 1529 reichenden Periode gehören Heynlin von Stein (a Lapide), Anhänger des sogen. Realismus († 1496), Johann Geiler von Kaisersberg, Heinrich Glarean und Sebastian Brant. Durch den heftigen Widerstand, den, wie anderwärts auch, die Mehrzahl der Professoren der Einführung der Reformation entgegenstellte, war ihre Fortdauer bedroht. Der Energie des Rates, der die Erhaltung der Hochschule mit Recht als eine Ehrensache der protestantischen Partei ansah, und dem Eifer des Ökolampad gelang es, eine Katastrophe zu verhüten. Die Universität wurde gründlich reorganisiert und erhielt vom Rat ganz neue Privilegien und Statuten. So trat sie in eine neue, bis in unser Jahrhundert heraufreichende Periode ein. Die 2. Hälfte des 16. Jahrh. war die Zeit ihres grössten Ruhmes, zu dem alle Fakultäten gleichmässig und zum Teil gleichzeitig beigetragen haben. Da wirkten an ihr die Juristen Bonifacius Amerbach († 1562) und sein Sohn Basilius († 1591), hervorragender noch durch allseitige Bildung und feinen Kunstsinn als durch fachwissenschaftliche Leistungen, Franz Hotman († 1590), die Mediziner Theodor Zwinger († 1588), Felix Platter († 1614), der mit seinem Vater, dem Schulmeister Thomas, auch in der deutschen Literaturgeschichte nicht übergangen werden kann, und Kaspar Bauhin († 1624), einer der bedeutendsten Botaniker s. Z., die Theologen J. J. Grynäus († 1617) und Johann Buxtorf († 1629), der Geschichtschreiber Christian Wurstisen († 1588) u. a. Die 2. Hälfte des 17. Jahrh. ist auch für diese Universität eine Zeit der Stagnation. Im 18. Jahrh. breiten die Namen der Mathematiker Bernoulli und Euler neuen Glanz über sie aus. Von den Folgen der französischen Revolution und dann nochmals in unserem Jahrhundert von den Ereignissen, die 1833 zur Teilung des Kantons Basel führten, ist sie empfindlich betroffen worden. Der Besuch blieb lange Zeit hindurch schwach, obwohl treffliche Lehrer, wie der Theologe De Wette, der Philologe Vischer, der Physiker Schönbein, der Naturforscher Merian an ihr tätig waren. Er hat sich erst seit den 60er Jahren merklich gehoben. Im Jahre 1910 feierte die Universität das Jubiläum des 450jährigen Bestehens.

Literatur. Als Zusammenstellung dient vortrefflich: *W. Erman u. E. Horn, Bibliographie der deutschen Universitäten. System. geordnetes Verzeichnis der bis Ende 1899 gedruckten Bücher und Auf-*

sätze über das deutsche Univ.-Wesen. Bd. 2, S. 1183 bis 1202. Leipzig 1905. — Anzufügen bleibt nur: ***Statuten der juristischen Fakultät*** 1906, ***Statuten der philosophischen Fakultät*** 1907, ***Statuten der theologischen Fakultät*** 1910, alle herausgegeben von Oberbibliothekar Dr. C. Chr. Bernoulli. — ***Festschrift zur Feier des 450jährigen Bestehens der Universität Basel,*** herausgeg. von Rektor und Regenz. Gr. 8⁰, 553 S. 1910.

VERFASSUNG. Die bestehende Verfassung ruht auf dem vom Grossen Rat erlassenen Universitätsgesetz vom 30. Januar 1866, das seitdem manche Abänderungen und Erweiterungen erfahren hat. Eine dieser Änderungen stellte 1877 die Universität unter die Oberaufsicht des Regierungsrates und Leitung des Erziehungsdepartements. Die unmittelbare Aufsicht hat eine vom Regierungsrat auf 3 Jahre gewählte fünfgliedrige Kommission [Kuratel]. Die ordentlichen Professoren sind lebenslänglich angestellt. Gehalt 5000—8000 fr. Sie sind zu wenigstens 10—12 Stunden Unterricht in der Woche, die ausserordentlichen und Privatdozenten zu wenigstens 2 Stunden verpflichtet. — Die Venia legendi wird gegeben: in der theologischen Fakultät nach Erwerb der Lizentiatenwürde; in der juristischen Fakultät nach Einreichung einer schriftlichen Arbeit und nach einem Kolloquium; in der medizinischen Fakultät ist erforderlich: wissenschaftliche Arbeit, frei gesprochener Probevortrag, Kolloquium, Ablieferung eines Dissertationsexemplars; in der philosophischen Fakultät auf Grund früherer Abhandlung (eventuell auch Habilitationsschrift) und Kolloquium. Alle Habilitationen sind unentgeltlich.

FAKULTÄTEN: Theologische [evangelisch]; juristische; medizinische; philosophische: philologisch-historische und mathematisch-naturwissenschaftliche Abteilung.

AUFNAHMEBEDINGUNGEN. Zur Immatrikulation ist ein Zeugnis über Sitten und Studien, von Kantonsangehörigen ein Maturitätszeugnis beizubringen. Seit 1890 sind auch weibliche Studierende, die über 18 Jahre alt sind, und von denen Ausländerinnen im Kanton vorgebildet sein müssen, zugelassen. Der Besuch einzelner Vorlesungen ist auch Nichtstudierenden mit zurückgelegtem 17. Lebensjahr gestattet. Die Immatrikulation muss binnen 14 Tagen nach dem festgesetzten Semesteranfang vollzogen sein. Jeder Student ist zum Eintritt in die Studenten-Krankenkasse verpflichtet mit Anspruch auf unentgeltliche Verpflegung in einem Baseler Spital bis zu drei Monaten.

STUDIENDAUER mindestens 6 (bei Medizinern 10) Semester.

GEBÜHREN. Immatrikulationsgebühr 14 fr. (im Wiederholungsfalle 7 fr.), ein Abgangszeugnis (vor bestandenem Schlussexamen) 4 fr. Krankenkasse 4 fr. Das Kollegiengeld für nicht als unentgeltlich angekündigte Vorlesungen beträgt pro Semester für Theologen 3 fr., für die übrigen Fakultäten 5 fr. die Wochenstunde. (Für einige medizinische praktische Kurse gelten besondere Ansätze.)

GRADE UND DEREN GEBÜHREN. Kandidaten für die theologische Konkordatsprüfung werden (schriftlich und mündlich) unentgeltlich examiniert, Bewerber der Lizentiatenwürde haben eine unveröffentlichte Arbeit einzureichen und sich einer mündlichen Prüfung zu unterziehen. Die Gebühren betragen 306 fr.; ausserdem sind 25 Exemplare der Dissertation abzuliefern. Der Doktorgrad wird nur honoris causa verliehen. — Juristen reichen eine Abhandlung ein, müssen vier schriftliche Arbeiten in vier Wochen abliefern und werden dann mündlich geprüft. Die Gebühren betragen 380 fr. Der Druck der Dissertation wird nicht verlangt. — Der medizinische Doktorgrad wird durch eine Dissertation erlangt; die Gebühren belaufen sich auf 250 fr.; nicht eidgenössisch diplomierte Bewerber werden in fünf Fächern schriftlich und in sieben mündlich geprüft und haben 350 fr. zu entrichten. Alle haben 200 Exemplare ihrer Dissertation abzuliefern. Medizinische Staatsprüfung: vergl. Anmerkung*. — Die Lehramtskandidaten werden in drei frei gewählten Fächern und in Pädagogik schriftlich und mündlich geprüft. Gebühr 50 fr. Doktoranden der philosophischen Fakultät haben eine Dissertation einzuliefern, 300 fr. zu entrichten (weniger als zwei Semester vor der Anmeldung Immatrikulierte 350 fr.) und 220 Exemplare der Dissertation abzuliefern.

* Medizinische Examina der schweizerischen Genossenschaft werden jährlich abgehalten in *Basel, Genf* und *Lausanne* für Mediziner, Zahnärzte und Pharmazeuten; in *Bern* und *Zürich* für Mediziner, Zahnärzte, Pharmazeuten und Tierärzte; in *Freiburg* nur naturwissenschaftliche Prüfung für Mediziner, Zahnärzte und Tierärzte; in *Neuchâtel* ebenfalls nur naturwissenschaftliche Prüfung für Mediziner und Zahnärzte. — Taxen für Mediziner: naturwissenschaftliche Prüfung 30 fr., Anatomie und Physiologie 50 fr., Fachprüfung 120 fr.; ebenso für Zahnärzte; für Pharmazeuten: Vorexamen 60 fr., Fachprüfung 120 fr.; für Tierärzte: naturwissenschaftliche Prüfung 30 fr., Anatomie und Physiologie 30 fr., Fachprüfung 50 fr. — Ausländer zahlen eine dreifache Taxe.

Einschreibegebühr 5 fr. einmalig, Diplom 20 fr. (Ausländer 60 fr.). Nur Inhaber der Schweizer Diplome dürfen in der Schweiz entsprechende Praxis ausüben.

Bern.

KANTONALE UNIVERSITÄT.

GESCHICHTE. Die Einführung der Reformation in Bern 1528 nötigte die bereits bestehende und von tüchtigen Lehrern geleitete städtische Lateinschule durch eine theologische Lehranstalt zu ergänzen, an der von 1574 an 4, vom Ende des 17. Jahrhunderts an 6 Professoren wirkten, und zwar in 3 Auditorien, dem eloquensischen, philosophischen und theologischen. Im Verlauf des 18. Jahrhunderts wurden für die politische Jugend auch für Jurisprudenz, Mathematik und Physik Katheder eingerichtet. Nach den Stürmen der Revolution erstand die Akademie neu (1805) mit allen Fakultäten, jedoch teilweise von kleinem Umfang. 1834 wurde sie auf neue Grundlagen gestellt nach dem Muster anderer Universitäten, für den kleinen Staat Bern eine grosse Leistung. Durch eine gefährliche Krisis 1846—1854 hindurch bewies sie ihre Lebenskraft, wie sie denn auch seither eine rasche Entwicklung gezeigt hat, namentlich in der juristischen, medizinischen und philosophischen Fakultät.

Es bestehen Fonds im Betrag von zusammen über 1 Million Francs Kapital für Stipendien und Preise.

VERFASSUNG. Der Senat (Professoren und besoldete Dozenten) steht unmittelbar unter dem Erziehungsdirektor. Ordentliche Professoren, die nach 15 Jahren des Dienstes unfähig geworden sind, erhalten eine Pension, die mindestens 1/3 ihres fixen Gehaltes beträgt. Eine eigene Gerichtsbarkeit existiert nicht. — Für die Habilitation bestehen an den einzelnen Fakultäten seit 1892/93 besondere Reglements. Bei der medizinischen und philosophischen Fakultät erforderlich: Einreichung von schon gedruckten wissenschaftlichen Arbeiten (mit Ausschluss der Dissertation) oder einer besonderen Habilitationsschrift, Probevortrag und Kolloquium vor der Fakultät. Privatdozenten, die eine Zeitlang mit Auszeichnung gelesen haben, erhalten ein Honorar.

FAKULTÄTEN: Evangelisch-theologische; katholisch-theologische; juristische; medizinische; veterinär-medizinische; philosophische: a. Abteilung für Philosophie, Philologie und Geschichte; b. Abteilung für Mathematik und Naturwissenschaften.

AUFNAHMEBEDINGUNG etwa wie in Basel.

Gebühren. Immatrikulation für Schweizer 32 fr., für Ausländer 50 fr.; für Abiturienten, deren heimatliche Hochschulen mit der bernischen in dieser Hinsicht im Reziprozitätsverhältnis stehen, die Hälfte. In der Immatrikulationsgebühr ist der einmalige Betrag für die Krankenkasse von 5 fr. einbegriffen. — Exmatrikulation 5 fr. — Honorar durchschnittlich 5 fr. pro Stunde. Die medizinische Fakultät erlässt den Ausländern das Kollegiengeld nicht mehr.

Grade. Doktorpromotion bei der medizinischen Fakultät 300 fr., für Kandidaten mit dem eidgenössischen Ärztediplom 250 fr. (letzteren kann das mündliche Examen erlassen werden), 200 Pflichtexemplare der Dissertation; bei der philosophischen Fakultät 325 fr. und 180 Dissertationsexemplare; bei den übrigen Fakultäten 200 fr. sowie 150 Pflichtexemplare der Dissertation. — Staatsexamina für Mediziner, Zahnärzte, Pharmazeuten und Tierärzte vergl. S. 149, Anmerkung.

Freiburg=Fribourg.

UNIVERSITÄT.

Geschichte. Durch Grossratsbeschluss vom 4. Oktober 1889 erfolgte die Gründung der Hochschule als Kantonal-Universität; die Eröffnung fand am 4. November desselben Jahres statt. Es bestanden damals 1. die juristische Fakultät, aus der kantonalen Rechtsschule hervorgegangen, 2. die neu errichtete philosophische Fakultät. Hierzu trat Herbst 1890 die theologische, 1895 die mathematisch-naturwissenschaftliche Fakultät. — Als Universitätsgebäude dient vorläufig das Lyzeum.

Infolge von Anständen mit der Regierung legten die Professoren Effmann, Gottlob, Hardy †, Jostes, Lörkens, v. Savigny †, Streitberg, Sturm (Wasserrab) mit dem 1. April 1898 ihre Professur nieder. Eine eingehende Erklärung dieses Schrittes, die zugleich eine Geschichte der Universität in sich schliesst, gibt die *»Denkschrift der aus dem Verbande der Universität Freiburg in der Schweiz ausscheidenden reichsdeutschen Professoren«*. 2. Aufl. München 1898. — Als amtliche Gegenschrift erschien: *»L'Université de Fribourg en Suisse et ses détracteurs. Réponse au mémoire des 8 Proff. démissionnaires publié par ordre de la direction de l'instruction publ.«* Frib. 1898. — Darauf erfolgte als Replik der Demissionäre: *»Herr Python und die Universität Freiburg in der Schweiz«*. München 1899. — Vergl. ferner *Camille Morel, L'Université catholique internationale de Fribourg*. 2. éd. Fribourg 1895.

Publ. seit 1892: *Collectanea Friburgensia*, bisher 25 Bände.

Verfassung. In allen wesentlichen Punkten nach deutschem Muster. Laut Gesetz betreffend die Organisation der Universität vom 1. Dezember 1899 ist die Universität Staatsuniversität; ihr Vermögen ist Staatsvermögen. Die Professoren werden vom Staatsrat auf Vorschlag der Fakultät ernannt. Zahl der Vorlesungsstunden wöchentlich 6—12. Das Verwaltungspersonal besteht aus Kanzler, Kassier und Bibliothekar. An Behörden besitzt die Universität ausser Rektor und Dekanen die Plenarversammlung sämtlicher ordentlichen Professoren, den Senat (Rektor, Prorektor, Dekane und Prodekane) und die Fakultät, in der auch die ausserordentlichen Professoren stimmberechtigt sind. Eine Versicherung der Professoren ist im Gesetze vorgesehen, bis jetzt aber noch nicht zur Ausführung gelangt. Die Universität ist faktisch zweisprachig (französisch und deutsch), Vorlesungssprachen ausserdem noch lateinisch, italienisch, polnisch. — Habilitation: Bedingungen wie in Deutschland.

Das Universitätsvermögen besteht aus 3000000 fr. Gründungskapital. Dazu kommen 80000 fr. jährlicher Zuschuss von Seite der Freiburger Staatsbank, ferner ein solcher von 130000 bis 150000 von Seite der staatlichen Elektrizitätswerke (Eaux et Forêts). — Das Jahresbudget beträgt 350000 fr. — Stipendien, Stiftungen und Bursen für Universitätszwecke zirka 300000 fr.

FAKULTÄTEN: Theologische [katholisch]; juristische; philosophische; mathematisch-naturwissenschaftliche.

AUFNAHME der Studierenden erfolgt auf Grund der Bestimmungen, die in ihrer Heimat zum Universitätsbesuch berechtigen. Über Ausnahmefälle entscheidet die Fakultät. Frauen werden an der juristischen, philosophischen und mathematisch-naturwissenschaftlichen Fakultät immatrikuliert, sofern sie das 18. Lebensjahr vollendet und ein Freiburgisches Maturitätszeugnis erlangt haben.

GEBÜHREN. Immatrikulation 30 fr., zum zweiten Male 20 fr. Exmatrikulation 15 fr. Krankenkasse: Eintrittsbeitrag 2 fr., Semesterbeitrag 2 fr. — Keine Kollegiengelder, nur Laboratoriumstaxen 15—50 fr. pro Semester.

GRADE. Theologische Fakultät: 3 Grade (Baccalaureat, Lizentiat, Doktorat); juristische Fakultät: Lizentiat 100 fr., Doktorat 350 fr.; philosophische Fakultät: Lizentiat 50 fr., Doktorat 300 fr. Dissertation: 120 Pflichtexemplare.

Staatsexamen für Mediziner, Zahnärzte und Tierärzte vergl. S. 149, Anmerkung.

Genf=Genève.

UNIVERSITÉ DE GENÈVE.

GESCHICHTE. Die Republik Genf gründete 1559 eine Akademie, die allmählich die vier Fakultäten der Philosophie, Naturwissenschaften, Jurisprudenz und Theologie umfasste. Die letztere Fakultät war die bedeutendste. Calvin und Beza sammelten Hunderte von Studenten um sich. Scaliger und Casaubonus, Hotman, Pacius und Gothofredus zierten die Lehrstühle der Philologie und des Rechts. Das 17. Jahrhundert bildete eine Periode bescheidenen Daseins. Aber die Verfolgungen der Hugenotten in Frankreich machten aus der Genfer Akademie den Mittelpunkt für die protestantische Kultur in allen Ländern französischer Zunge. Ein Aufenthalt daselbst galt für angezeigt selbst für Söhne der vornehmsten Geschlechter Deutschlands.

Im XVIII. Jahrhundert nahmen auch die exakten Wissenschaften einen grossen Aufschwung. Gabriel Cramer, Calandrini, H. B. de Saussure und später M. A. Pictet, Prevost, die de la Rive, de Candolle, Carl Vogt, Maurizio Schiff waren Lehrer an der Akademie und vereinigten jeder zu seiner Zeit eine Gruppe bedeutender Gelehrten um sich. Zur Zeit Napoleons war Genf unter französischer Herrschaft; seine Hochschule wurde als kaiserliche Akademie dem grossen Gebäude der »Université impériale« einverleibt. Diesen Charakter bewahrte sie bis 1814, als Genf die Bande zerriss, die es seit 1798 an Frankreich geknüpft hatten. Einen Hauptanteil hatte sie an jener Befreiung, indem ihre Lehrer und Studenten die geistige Unabhängigkeit der Stadt Calvins die Kaiserzeit hindurch lebendig und rege erhielten.

Im Jahre 1873 wurde die Akademie zur Universität erweitert, wobei beträchtliche Aufwendungen für neue Universitätsgebäude (1425000 fr.), für das chemische Institut (986000 fr.) und für die medizinische Schule (817000 fr.) gemacht wurden.

LITERATUR. *Borgeaud, Charles, Histoire de l'Université de Genève I. L'Académie de Calvin 1559—1798. Avec trente portraits hors texte et de nombreuses reproductions de documents.* Gr. 4°. XVI, 652 S. Genf 1900. — *II. L'Académie de Calvin dans l'Université de Napoléon 1798—1814.* XVI, 251 S. Genf 1909.

Die VERFASSUNG der Universität ist durch das Gesetz vom 5. Juni 1886 geregelt. Die Verwaltung wird ausgeübt durch den Universitätssenat, bestehend aus den ordentlichen und ausserordentlichen Professoren, und durch das »Bureau du Sénat«, bestehend aus dem Rektor, dem Prorektor, dem Sekretär und den 5 Dekanen, unter der Oberaufsicht der Unterrichtsverwaltung (département de l'instruction publique) und des Staatsrats. Die Professoren werden durch den Staatsrat ernannt auf den Vorschlag einer Kommission, bestehend: 1. aus dem Bureau du Sénat, 2. einem Delegierten der beteiligten Fakultät, 3. aus 3 Personen, ernannt durch das Departement des öffentlichen Unterrichts. Die ordentlichen Professoren werden auf Lebenszeit, die ausserordentlichen auf 3 Jahre ernannt und sind wieder wählbar.

FAKULTÄTEN: Faculté de Théologie [protestante]; F. de Droit; F. de Médecine; F. des Lettres et des Sciences sociales; F. des Sciences.

Das SÉMINAIRE DE FRANÇAIS MODERNE ist hauptsächlich für Ausländer zum Studium der französischen Sprache bestimmt. Membres libres und membres réguliers. Am Schlusse des Wintersemesters Examen. Zeugnis: Certificat d'aptitude à l'enseignement du français moderne.

AUFNAHME. Als Studierende: Personen, die das Maturitätszeugnis einer der Sektionen des Genfer Gymnasiums besitzen oder durch Zeugnisse und Diplome gleichwertige Studien nachweisen; als Hörer (auditeurs): ohne besondere Zeugnisse, Mindestalter 18 Jahre. Hörer können keine Grade erlangen. — Die Aufnahmebedingungen sind gleich für Männer und Frauen. Für weibliche russische Studierende ist das Abgangszeugnis der 7. Klasse eines russischen Mädchengymnasiums und das Lateindiplom, wie es zur Zulassung zu der medizinischen Akademie in St. Petersburg verlangt wird, erforderlich.

GEBÜHREN. Immatrikulation 20 fr. (für Studierende, die schon an einer anderen Schweizer Universität immatrikuliert, und Schweizer Studierende, die an einer ausländischen Universität immatrikuliert sind, die Hälfte), Exmatrikulation 10 fr. — Honorar pro Wochenstunde und Semester 5 fr. Stundung nicht üblich, Erlass nur für Inländer. Für die Grade: bachelier 50 fr., licencié 100 fr., diplôme de pharmacien 100 fr., diplôme d'ingénieur-chimiste 200 fr., docteur 200 fr., Certificat d'aptitude à l'enseignement des sciences 100 fr.

GRADE. 1. Bachelier ès-lettres; ès-sciences; ès-sciences médicales; en théologie. 2. Certificat d'aptitude à l'enseignement des sciences. — Certificat d'aptitude à l'enseignement du français moderne; vergl. oben Séminaire de français moderne. 3. Licencié ès-lettres, ès-sciences sociales, ès-sciences politiques, en droit, en théologie; Diplôme d'ingénieur-chimiste; Diplôme de pharmacien. 4. Docteur ès-lettres, en sociologie, en philosophie, ès-sciences, en droit, en théologie, en médecine.

Staatsexamina für Mediziner, Zahnärzte, Pharmazeuten vergl. S. 149, Anmerkung.

Lausanne.

UNIVERSITÉ.

GESCHICHTE. Gegründet 1536 mit der Einführung der Reformation in der romanischen Schweiz als »Académie de Lausanne« und mit dem Zweck, protestantische Geistliche auszubilden. Viret, Theod. de Bèze, Konrad Gessner und Barbeyrac wirkten dort. Den Charakter eines protestantischen Seminars bewahrte die Akademie bis 1806, von da an wurden nach und nach Lehrstühle der Philosophie und Rechtswissenschaft errichtet. 1838 verwandelte eine durchgreifende Reform die Akademie in eine Art Universität mit 4 Fakultäten (Theologie, Recht, Naturwissenschaften und Lettres); nur die Medizin fehlte noch. 1869 wurde eine *Technische Schule* (école spéciale), 1873 eine *École de pharmacie* hinzugefügt. 1881 endlich bildete sich in der naturwissenschaftlichen Fakultät eine *Section médicale*, die sich 1888 zu einer selbständigen medizinischen Fakultät erweiterte. Demgemäss wurde die Erhebung der Akademie zu einer Universität durch Beschluss vom 10. Mai verfügt und in den Tagen des 18.—20. Mai 1891 gefeiert.

L'Université de Lausanne. Son organisation et son personnel en 1896. Lausanne 1896.

FAKULTÄTEN: Faculté de Théologie protestante; F. de Droit; F. de Médecine; F. des Lettres (mit École spéciale pour l'enseignement du français moderne); F. des Sciences: Section des sciences mathématiques, physiques et naturelles, Section des sciences pharmaceutiques (École de Pharmacie) und Section des sciences techniques (École d'Ingénieurs*).

AUFNAHME. Als Studierende: Zeugnis des bachelier ès-lettres vom Gymnasium in Lausanne oder Bestehen der genügenden Examina nach dem Programm des »Gymnase scientifique«. Das Gymnasial-Diplom der »École supérieure de jeunes filles« in Lausanne genügt zur Zulassung zu den Fakultäten des lettres, des sciences, de droit. — Für andere Personen Beibringung gleichwertiger Zeugnisse. Für russische Studierende (Männer und Frauen) bestehen besondere Bestimmungen über die Gültigkeit der russischen Zeugnisse. — Hörer werden ohne besondere Zeugnisse aufgenommen.

GEBÜHREN. Immatrikulation 20 fr. (für Studierende, die von einer anderen Universität exmatrikuliert sind, 10 fr.). Exmatrikulation 10 fr. (Hörer 2 fr., resp. 5 fr.). — Honorar pro Wochenstunde durchschnittlich 5 fr. Stundung nicht üblich, Erlass in der Regel nur für Einheimische.

GRADE UND DEREN GEBÜHREN. *Faculté de théologie:* Licence en théologie (100 fr.), Doctorat en théologie (200 fr. für Kandidaten, die mindestens 2 Semester in der Fakultät immatrikuliert waren, für andere 250 fr.; Dissertation und Thesen in 150 Exemplaren abzuliefern). — *Faculté de droit:* Licence en droit (100 fr., Dissertation 250 Exemplare), Doctorat en droit (200 fr., Dissertation 250 Exemplare); Licence ès-sciences sociales (100 fr.), Doctorat ès-sciences sociales (240 fr.; 150 fr. für Kandidaten, die den licencié an der Universität bereits erworben haben, Dissertation 250 Exemplare). — *Faculté de médecine:* Doctorat en médecine (450 fr.; 200 für Inhaber des diplôme fédéral de médecine; vergl. S. 149, Anmerkung; Thèse 150 Exemplare). — *Faculté des lettres:* Licence ès-lettres classiques, Licence ès-lettres modernes, Licence mixte (100 fr.); Doctorat (300 fr., Dissertation 200 Exemplare). — *Faculté des sciences:* Licence ès-sciences mathématiques pures, Licence ès-sciences physiques et naturelles, Licencé ès-sciences pharmaceutiques (100 fr.), Doctorat (200 fr., Dissertation 150 Exemplare); Diplôme de chimiste-analyste (100 fr.); Diplôme d'Ingénieur (100 fr.).

Staatsexamina für Mediziner, Zahnärzte, Pharmazeuten vergl. S. 149, Anmerkung.

* Gegr. 1853. Publ.: *Cinquantenaire de l'École d'Ingénieurs de l'Université de Lausanne. 1853—1903. Album de Fête.* 4⁰. XXXVIII, 207 S. mit zahlreichen Abbildungen und Tafeln. Lausanne 1904.

Neuchâtel.

UNIVERSITÉ.

Gegründet 1866, reorganisiert 1894. Die Erhebung der Akademie zu einer Universität wurde durch Beschluss vom 18. Mai 1909 verfügt. — Gesetz über den höheren Unterricht vom 26. Juli 1910.

Fakultäten: Faculté des Lettres (mit Séminaire de français moderne, besonders für Ausländer bestimmt); F. des Sciences, Mediziner können hier das 1. Jahr ihrer Studien absolvieren; F. de Théologie [protest.]; F. de Droit.

Aufnahme. Bedingung für Männer und Frauen: Besitz eines Maturitätszeugnisses, eines diplôme de bachelier oder gleichwertiger Zeugnisse. Mindestalter 18 Jahre. Lehrer und Lehrerinnen mit einem Schweizer Diplom sind in den Facultés des lettres et des sciences zugelassen. — Auch Hörer werden aufgenommen.

Gebühren. Immatrikulation 10 fr., Exmatrikulation 5 fr. — Honorar pro Wochenstunde und Semester 5 fr. für Studierende und Hörer. Für die cours libres und die Laboratorien besondere Sätze. Honorarstundung wird nicht gewährt, Erlass nur für gebürtige Schweizer.

Grade und Zeugnisse. Licencié und docteur ès-lettres; Licencié und docteur ès-sciences; licencié und docteur en droit; Licencié und docteur en théologie. — Licencié 50 fr. für Studierende, die mindestens zwei Semester an der Universität Neuchâtel immatrikuliert waren, 100 fr. für andere. Doctorat 200 fr. für Inhaber einer Licence der Universität Neuchâtel, 300 fr. für andere. — Ausserdem »Certificats d'études« nach semestralem Schlussexamen. »Diplôme pour l'enseignement du français moderne à l'étranger« nach zweisemestrigem Studium im Séminaire de français moderne. — Staatsexamina für Mediziner und Zahnärzte vergl. S. 149, Anmerkung.

Zürich.

UNIVERSITÄT.

Geschichte. Die Hochschule Zürich wurde durch den Grossen Rat des Kantons am 28. September 1832 ins Leben gerufen. Es waren im Anfang für die 4 Fakultäten 10 ordentliche und 6 ausserordentliche Professoren vorgesehen bei einer Besoldung von 1800, resp. 800 Franken alter Währung. Gelehrte wie Schönlein, Oken, Hitzig, Rettig, Wilhelm Snell, Fr. Ludw. Keller, Bluntschli, J. Caspar Orelli, Löwig wurden berufen, Oken bekleidete die Würde des ersten Rektors. Zu Ostern 1833 konnte die neue Anstalt mit der bescheidenen Zahl von 161 Studierenden eröffnet werden. Das ungenügende Hochschulgebäude war seit 1838 das sogenannte Hinteramt. Die Gesamtausgabe für die Anstalt betrug in diesem Jahre 108000 fr. Vom Auslande wurde die neue Gründung misstrauisch angesehen; Preussen und Bayern untersagten den Besuch derselben, Württemberg erklärte, Angehörige, welche in Zürich studieren würden, von jeder Staatsanstellung ausschliessen zu wollen. Der Bundestag erliess ein förmliches Verbot. Die Aussicht, die Züricher dereinst zur schweizerischen Hochschule erhoben zu sehen, fiel mit der 1834 beschlossenen neuen Berner Universität dahin. Schwer bedroht wurde die Existenz der Anstalt durch die Berufung von David Friedr. Strauss 1839, welche bekanntlich vom Volke verhindert wurde und der damaligen Regierung die Sessel kostete, sogar zu einem Antrag auf Aufhebung der Universität führte. 1864 wurde dieselbe in das von Semper errichtete Gebäude des eidgenössischen Polytechnikums verlegt. Nach der fünfundzwanzigsten Stiftungsfeier wurde das Hochschulgesetz 1859 revidiert, die philosophische Fakultät in zwei selbständige Sektionen geteilt, die Zahl der Professuren entsprechend erhöht und den klinischen Instituten besondere Sorgfalt zugewendet. — Im Jahre 1902 wurde die bisherige Tierarzneischule reorganisiert und als veterinär-medizinische Fakultät der Hochschule angegliedert. Seit 1903 besteht an der staatswissenschaftlichen Fakultät eine vom Bunde subventionierte handelswissenschaftliche Abteilung.

Der Dotationsfonds der Hochschule beläuft sich heute auf etwa anderthalb Millionen Franken. — Durch das Gesetz von 1868 wurde die lebenslängliche Anstellung der Professoren beseitigt und für dieselben eine sechsjährige Amtsdauer festgesetzt. Nachdem vorübergehend an der philosophischen Fakultät ein besonderes Lehramtsinstitut für Kandidaten der Sekundarschule existiert hatte, stellte ein Gesetz von 1881 diese Lehramtskandidaten den übrigen Studierenden völlig gleich.

VERFASSUNG. Der Rektor wird vom akademischen Senat, dem sämtliche Ordinarii angehören, auf 2 Jahre gewählt. Ebensolange stehen die von den Fakultäten bezeichneten Dekane im Amt. Pensionierung wird im einzelnen Falle, sofern der Lehrer alters- oder krankheithalber zurücktritt, bewilligt. Ebenso ist eine bescheidene Witwen- und Waisenpension vorhanden. Neben dieser staatlichen Fürsorge und von ihr unabhängig besteht eine von der Professorenschaft gegründete Witwen-, Waisen- und Pensionskasse; ferner seit 1908 die Abegg-Arter-Stiftung, eine Schenkung von 250000 fr., deren Erträgnisse für Ruhegehaltszuschüsse bestimmt sind.

Zur Habilitation als Privatdozent ist eine Habilitationsschrift (180 Exemplare) und Probevorlesung erforderlich.

FAKULTÄTEN: Theologische [protest.]; rechts und staatswissenschaftl.; medizinische; veterinär-medizinische; philosophische: a. philosophisch-historische Sektion, b. mathematisch-naturwissenschaftliche Sektion.

AUFNAHME. Als Studierende (auch Frauen) für Züricher Kantonsangehörige Maturitätszeugnis erforderlich; für andere gleichwertige Zeugnisse, resp. Zulassungsprüfung. — Hörer werden ohne besondere Zeugnisse aufgenommen.

GEBÜHREN. Immatrikulation 12 fr., bei Wiederholung und für Inhaber deutscher Exmatrikel 6 fr., Kanzleigebühr 5 fr., für in der Schweiz nicht sesshafte Ausländer 50 fr. — Exmatrikulation fr. 5.60. — Honorar pro wöchentliche Vortragsstunde und Semester 5 fr. (medizinische und naturwissenschaftliche Kollegien eventuell mehr). — Kranken- und Unfallkasse 5 fr., Ausländer 15 fr.

GRADE. Doktorpromotion: theol. Fakultät: Lizentiat oder Dr. theol. 300 fr., 150 Pflichtexemplare der Dissertation, aus besonderen Gründen darf die Fakultät von der Verpflichtung der Ablieferung dispensieren; medizinische Fakultät 420 fr., 180 Pflichtexemplare der Dissertation; veterinär-med. Fakultät: 350 fr, 200 Pflichtexemplare der Dissertation; rechts- und staatswissenschaftliche Fakultät 380 fr., 170 Pflichtexemplare der Dissertation; philosophische Fakultät I. Sektion 350 fr., 175 Pflichtexemplare der Dissertation; II. Sektion 380 fr., 180 Pflichtexemplare der Dissertation. — Staatsexamina für Mediziner, Zahnärzte, Pharmazeuten und Tierärzte vergl. S. 149, Anmerkung.

Polytechnikum.

Zürich.

EIDGENÖSSISCHE POLYTECHNISCHE SCHULE.

GESCHICHTE. Schon Ende des XVIII. Jahrhunderts bemühte sich Philipp Albert Stapfer um die Errichtung einer schweizerischen »Zentralschule für die Künste und Wissenschaften«. Die Ausführung des Projektes unterblieb bei der Ungunst der Zeiten, bis 1848 Artikel 22 der neuen Bundesverfassung — der Bund ist berechtigt, eine Universität und eine polytechnische Schule zu errichten — diesen Bestrebungen einen festen Boden schuf. Eine vom Bundesrat ernannte und am 26. Mai 1851 zusammengetretene Kommission befürwortete die Errichtung einer eidgenössischen Universität und eines Polytechnikums, gab aber der Universität den Vorrang. Der Nationalrat indessen vertagte die Angelegenheit bis zum Eingang eines Berichtes über die Finanzverhältnisse des eidgenössischen Bundes, auf Grund dessen 1854 eine Vereinigung beider Anstalten an demselben Orte beschlossen wurde. Der Entwurf ging dem Ständerate zu, der ein Eintreten in den nationalrätlichen Beschluss ablehnte, dagegen die Errichtung einer eidgenössischen polytechnischen Schule zu Zürich beschloss. Dieses Gesetz, wie es vom Ständerat beschlossen war, wurde schon am 1. Februar 1854 vom Nationalrat angenommen, wodurch es sofort Rechtskraft erhielt und dem Bundesrat zur Vollziehung übermittelt wurde. Durch Grossratsbeschluss vom 19. April 1854 übernahm der Kanton Zürich bereitwillig die Verpflichtung »die für Schule, Schulrat und Sammlungen nötigen Gebäulichkeiten zu erstellen, einzurichten und zu unterhalten«. Die feierliche Eröffnung der eidgenössischen polytechnischen Schule fand am 15. Okt. 1855 statt.

LITERATUR. *Das schweizerische Polytechnikum. Historische Skizze zur Feier des 25jährigen Jubiläums im Juli 1880 von Prof. Dr. Rud. Wolf.* 4°. Zürich 1880. — *Festschrift zur Feier des 50jährigen Bestehens des eidgenössischen Polytechnikums,* I. Teil: *Geschichte der Gründung, mit einer Übersicht seiner Entwicklung 1855—1905 von Prof. Dr. Wilhelm Oechsli.* Frauenfeld 1905.

VERFASSUNG. Die unmittelbare Leitung und Überwachung steht dem Schweizerischen Schulrat zu, der vom Bundesrat ernannt wird. Professoren und Hilfslehrer werden auf Antrag des Schulrates vom Bundesrat ernannt, der Direktor und dessen Stellvertreter durch den Schulrat auf je einen doppelten Vorschlag der Gesamtkonferenz aus sämtlichen angestellten Professoren für eine Amtsdauer von 2 Jahren. Der Direktor wohnt den Sitzungen des Schulrates mit beratender Stimme bei.

ABTEILUNGEN: 1) Architektenschule. 2) Ingenieurschule (Abteilung für Bau-, Vermessungs- und Kulturingenieurwesen). 3) Maschineningenieurschule (Maschinenwesen und Elektrotechnik). 4) Chemische Schule. 5) Pharmazeutische Schule. 6) Forstschule. 7) Landwirtschaftliche Schule. 8) Abteilung für Fachlehrer in Mathematik und Physik. 9) Abteilung für Fachlehrer in Naturwissenschaften. 10) Militärschule. 11) Allgemeine Abteilung (Freifächer).

AUFNAHME. Die Besucher sind entweder reguläre Studierende, welche den Studienplan einer Fachschule absolvieren, oder Zuhörer, welche nur zu einzelnen Kursen Zutritt erhalten. — Die Aufnahme erfolgt auf Grund des Reifezeugnisses einer der schweizerischen Mittelschulen (Realschulen, Gymnasien), die zu diesem Zwecke mit dem schweizerischen Schulrate Verträge abgeschlossen haben, oder auf Grund einer Prüfung. Der Eintretende muss 18 Jahre alt sein. Die Aufnahmeprüfungen finden im Monat Oktober, ausnahmsweise auch beim Beginn des Sommersemesters (April) statt.

DIPLOME. Die Hochschule erteilt Diplome an Studierende, die eine der Fachschulen (1—9) vom ersten Jahreskurs an bis zum obersten besucht und die speziell hierfür eingerichteten Prüfungen mit Erfolg bestanden haben, ebenso auf Grund besonderer Vorschriften den Doktortitel.

GEBÜHREN. Für Studierende: Einschreibegebühr 10 fr.; Aufnahmeprüfungsgebühr 20 fr.; Schulgeld 200 fr. pro Studienjahr; für Vorlesungen von Privatdozenten 6 fr. für die Wochenstunde im Semester; Gebühr für die I. und die II. Vordiplomprüfung je 25 fr., für die Schlussdiplomprüfung 50 fr. Für Benutzung der Laboratorien, Werkstätten, usw. pro Semester besondere Gebühren. — Krankenkasse und Unfallversicherung 6 fr.; Bibliothek 5 fr.; Kasse des Verbandes der Polytechniker 1 fr. — Für Zuhörer ein Honorar von 6 fr. für die wöchentliche Stunde pro Semester. Die sonstigen Gebühren entsprechen denen der Studierenden. — Praktikanten entrichten überdies ein dem Schulgeld der regulären Studierenden nach der Stundenzahl entsprechendes Honorar, das aus dem jeweiligen Semesterprogramm ersichtlich ist.

Theologische Fakultäten.

Genf, Lausanne, Neuchâtel.

Genf=Genève.

FACULTÉ DE THÉOLOGIE ÉVANGÉLIQUE DE GENÈVE.

Gegründet 1832. Von der »Société évangélique de Genève« bis 1907 unterhalten; seitdem von einer unabhängigen Assoziation. — Verwaltet durch Comité directeur, die Commission des études und das Professoren-Kollegium. — Zur Aufnahme erforderlich: Baccalauréat ès-lettres oder gleichwertiges Diplom, oder Abgangszeugnis von der Section préparatoire. — Studiendauer: sechs Semester in der Section préparatoire, acht Semester in der Fakultät. — Grad: Diplôme de bachelier en théologie. — Gebühren: Inskription 25 fr. im Semester. Diplom 50 fr.

Lausanne.

FACULTÉ DE THÉOLOGIE

de l'église évangélique libre du Canton de Vaud.

Im Jahre 1847 infolge einer Entscheidung der Synode der freien Kirche gegründet. Leitung durch eine Delegation der Synode (Commission des études). Durch freiwillige Beiträge unterhalten.

Aufnahme: Diplôme de bachelier ès-lettres erforderlich, oder gleichwertige Zeugnisse, oder Prüfung. — Studiendauer: vier Jahre. — Grad: Diplôme de bachelier en théologie. — Keine Gebühren.

Neuchâtel.

FACULTÉ DE THÉOLOGIE
de l'église évangélique indépendante de l'État.

Gegründet 1873 gleichzeitig mit der église évangélique indépendante de l'État, von der sie abhängt. — Der Studiengang ist vierjährig und führt zum »Diplôme de bachelier en théologie«. — Gebühren: 60 fr. jährlich für alle Vorlesungen.

Sonstiger Unterricht.

Siehe auch die Anmerkung * unter Basel (Universität) S. 149.

Pharmazie an den Universitäten Basel, Bern, Genf, Lausanne, Zürich und am Polytechnikum in Zürich.

Zahnheilkunde an den Universitäten Basel, Bern, Genf, Lausanne und Zürich.

Tierheilkunde. Veterinär-medizinische Fakultäten an den Universitäten Bern und Zürich.

Forstschule und Landwirtschaftliche Schule am Polytechnikum in Zürich. — Zur Ausbildung von Landwirten, die sich dem praktischen Berufe widmen wollen, bestehen in einzelnen Kantonen besondere Écoles d'Agriculture.

Niederlande.

Universitäten.

Reichsuniversitäten in Groningen, Leiden und Utrecht.
In Amsterdam: städtische und freie Universität.

I. Allgemeine Verfassung und Organisation.

Die VERFASSUNG der niederländischen Reichsuniversitäten [Amsterdam (städtische Universität) mit etwas abweichender Verfassung; siehe unter Amsterdam] ist durch die Gesetze vom 28. April 1876 und 22. Mai 1905 einheitlich geregelt. Die Verwaltung der Universität (und der »Technische Hoogeschool« in Delft) wird durch das Kuratorium ausgeübt, bestehend aus höchstens 5 Mitgliedern und einem Sekretär, die von der Regierung ernannt werden. Die Professoren, in 5 Fakultäten eingeteilt, und in ihrer Gesamtheit den Senat bildend, werden vom Kuratorium nach Antrag der betreffenden Fakultät der Regierung, welche aber nicht an diesen Vorschlag gebunden ist, vorgeschlagen und von dieser auf Lebenszeit ernannt; der Rector magnificus alljährlich aus drei von dem Senat zur Wahl gestellten Professoren ebenfalls von der Krone. Dem Rektor stehen 4 Assessoren zur Seite. Eine besondere akademische Gerichtsbarkeit besteht nicht mehr. Der Gehalt der Professoren beträgt in den ersten 5 Jahren 4000 Gulden, hierauf 5000 Gulden, nach 10 Jahren 6000 Gulden. Weitere Einnahmen aus den Prüfungen und Vorlesungen beziehen die Professoren nicht, da alle Gebühren in die Staatskasse fliessen. Von dem Gehalt werden in den ersten 5 Jahren 800 Gulden, in den folgenden 10 Jahren 200 Gulden für Pension abgezogen. Die Pension beträgt für jedes geleistete Dienstjahr $^1/_{85}$ des Jahresgehalts. Mit dem 70. Jahre tritt eo ipso Pensionierung ein mit höchstens der Hälfte des Gehalts. Witwen und Waisen erhalten dieselbe Pension wie die der Staatsbeamten. — Seit 1877 werden Lektoren und seit 1905 auch wieder ausserordentliche Professoren ernannt mit jedesmal festgesetztem Gehalt. — Privatdozenten bedürfen zur Venia docendi einer Erlaubnis des Ministers des Innern, der darüber das Kuratorium und die betreffende Fakultät hört. Sie haben kein Gehalt, aber das Recht, Kollegiengelder zu erheben. Zur Habilitation wird nur derjenige zugelassen, der den Doktortitel erworben hat.

AUFNAHME, GEBÜHREN. Die Immatrikulation erfolgt unentgeltlich für Studierende männlichen und weiblichen Geschlechts. — Die Kollegiengelder betragen jährlich 200 Gulden, bis zur Höhe von 800 Gulden, worauf für dann noch fortgesetzten Besuch von Vorlesungen keine weiteren Zahlungen zu leisten sind. Hierfür haben sie das Recht, zu jeden beliebigen Vorlesungen an allen Reichsuniversitäten zugelassen zu werden. Studenten, welche sich zum geistlichen Amte ausbilden, bezahlen nur 100 Gulden jährlich. Gebühr für ein einzelnes Kolleg 30 Gulden, für ein halbes 15 Gulden. Privatissima, wofür extra gezahlt werden muss, gibt es nicht.

PRÜFUNGEN, PROMOTION. Die Zulassung zu den akademischen Prüfungen erfolgt nur auf Grund des Maturitätszeugnisses eines niederländischen Gymnasiums oder des Diploms des Staatsexamens. Der Zutritt zu den Vorlesungen ist hiervon unabhängig. Die Erlangung der Doktorwürde ist an zwei Prüfungen geknüpft: das Kandidatenexamen und nachher das Doktoralexamen (Gebühr für jedes: 50 Gulden). Nach Bestehen des Doktoralexamens ist eine vorher gedruckt vorzulegende Dissertation zu verteidigen, worauf die unentgeltliche Promotion erfolgt. In der juridischen Fakultät ist diese auch nur nach Verteidigung von Thesen ohne Dissertation gestattet. Doktoren ausländischer Universitäten erhalten die Doktorwürde nach einem »Colloquium doctum«. Die Doktorwürde gibt das Recht, die betreffenden Fächer zu dozieren. Die Doctores juris werden ohne weitere Prüfung zur Rechtspraxis zugelassen. Die Doctores theologiae haben noch ein kirchliches Examen zu bestehen, um Prediger zu werden. Auch die Kandidaten können nach diesem Examen Prediger werden. Die Doktoren der Medizin und Pharmazie haben sich noch einer Staatsprüfung (Arzt-Examen, Apotheker-Examen) zu unterwerfen zur Ausübung der medizinischen bzw. pharmazeutischen Praxis, für welche überhaupt keine akademischen, sondern nur Staatsprüfungen verlangt werden.

II. Geschichte und besondere Organisation.

Amsterdam.

UNIVERSITEIT VAN AMSTERDAM.

GESCHICHTE. Die Universität zu Amsterdam wurde im Jahre 1632 unter dem Namen »Athenaeum illustre« durch den städtischen Magistrat gegründet. Gerh. Vossius und Casparus Barlaeus waren die ersten Professoren. Sie lasen nur Philosophie und Geschichte. Kurz nach der Errichtung wurden jedoch noch andere Professoren, u. a. in der Mathematik und Nautik, ernannt. Nach einer wechselvollen Existenz des Athenaeum während zweier Jahrhunderte wurde im Jahre 1867 eine Reorganisation der philosophischen und medizinischen Fakultäten geplant und ausgeführt, durch die eine nennenswerte Vermehrung der Lehrkräfte zustande kam.

Bis zu dem Jahre 1876 hatte das Athenaeum nur die Bedeutung einer freien Hochschule; sie war nicht berechtigt zu examinieren oder zu promovieren. Erst das Gesetz von 1876 über den höheren Unterricht gab der Stadt Amsterdam die Erlaubnis, das Athenaeum in eine Universität umzugestalten, die mit den Reichsuniversitäten (Groningen, Leiden, Utrecht) gleichberechtigt sein sollte, unter der Bedingung, dass die innere Einrichtung derselben vollkommen dem neuen Gesetze entsprechen und die Ernennung der Professoren der Bestätigung der Regierung unterworfen würde. Dabei behielt sich die Regierung das Recht vor, ihrerseits zwei Kuratoren zu ernennen, welche mit zwei vom Gemeinderat gewählten Kuratoren und dem Bürgermeister Amsterdams das Kuratorium bilden, dem ein besoldeter Sekretär zur Seite steht.

Unter diesen Bedingungen wurde am 15. Oktober 1877 das Athenaeum feierlich zur Universität erhoben; dieser Universität wurden alle Rechte zuerteilt, die dem Gesetze nach den Staatsuniversitäten Groningen, Leiden und Utrecht zukommen.

Durch eine Schenkung von 56000 Gulden, u. a. des Herrn Rudolf Lehmann, konnte im Jahre 1890 im Universitätsgebäude eine Aula errichtet werden. — Im Jahre 1890 hat sich ausserdem eine Privat-Gesellschaft unter dem Namen »Universiteits-Vereeniging« gebildet, die sich der Aufgabe widmet, zum Nutzen der Universität oder von Universitäts-Einrichtungen Gelder zusammenzubringen, oder selbst neue Einrichtungen zu schaffen.

Verfassung. Jährlicher Gehalt der ordentlichen Professoren: 4500 fl. in den ersten 5 Jahren, 5000 fl. in den 5 darauf folgenden Jahren, 5500 fl. nach 10 Jahren. Ausserdem wird der dritte Teil der jährlich einlaufenden Vorlesungsgelder unter die ordentlichen und ausserordentlichen Professoren im Verhältnis zu den Vorlesungsstunden verteilt. Der Gehalt der ausserordentlichen Professoren wird bei der Ernennung des Betreffenden jedesmal festgestellt.

Aufnahme der Studierenden, Promotion wie bei den Reichsuniversitäten (s. S. 161). — Von der medizinischen Fakultät werden mit den akademischen Prüfungen gleichlaufende sogenannte theoretische Staatsexamina abgenommen. Für die Zulassung zu dem ersten dieser Examina wird das Maturitätszeugnis einer niederländischen höheren Realschule oder das eines Gymnasiums, resp. das Diplom des Staatsexamens verlangt.

Habilitation als Privatdozent geschieht auf schriftliche Anfrage des Betreffenden beim städtischen Magistrat, nachdem Kuratoren und der Senat ihr Urteil über den Kandidaten abgegeben haben.

Gebühren wie bei den Reichsuniversitäten (s. S. 161); nur dass auch nach den vier ersten Jahren für den Besuch der Vorlesungen 200, resp. 100 fl. jährlich zu entrichten sind.

Fakultäten: Faculteit der Godgeleerdheid; F. der Rechtsgeleerdheid; F. der Geneeskunde; F. der Wis- en Natuurkunde; F. der Letteren en Wijsbegeerte.

VRIJE UNIVERSITEIT.

Gegründet 1880; erhalten durch Stiftungen und freiwillige Beiträge; vertritt die reformierten Prinzipien. Weitere Angaben fehlen.

Fakultäten: Theologische Faculteit; Literarische F.; Rechtsgeleerde F.; Medische F.

Groningen.

RIJKS-UNIVERSITEIT.

Geschichte. Zu Ende des Mittelalters bestanden in Groningen zwei höhere Schulen: die der Fratres communis vitae und die der St. Martinikirche. Letztere war im 16. Jahrhundert unter dem Rektorat des Regnerus Praedinius († 1559) so berühmt, dass Hunderte von Studierenden, auch aus Deutschland, Frankreich, Italien und Spanien, sie besuchten. Der Religionskrieg und die spanische Herrschaft machten ihrer Blüte ein Ende. Als aber im Jahre 1594 Moriz von Oranien die Stadt von der Fremdherrschaft befreite, gingen die »Staaten« der Provinz Groningen sofort an die Errichtung einer Universität. Im Juli 1614 erliessen die »Ordines Groningae et Omlandiae« ein Dekret, in dem es u. a. heisst: »Decrevimus Scholam illustrem seu Academiam in Provinciae huius nostra Metropoli Groninga aperire. In ea volumus tres superiores quas dicunt Facultates, Theologiam, Iurisprudentiam, Medicinam deinde Philosophiae partes omnes . . . denique ea quae in aliis publicis scholis seu Academiis tradi solent, cum disputationum convenientium exercitiis, doceri publice.« Am 23. August 1614 wurde die Universität feierlich eingeweiht. Sie begann mit 80 Studierenden und 6 Professoren: Ubbo Emmius (erster Rector magnificus, † 1625), Herm. Ravensperger († 1625), Cornelis Pijnacker († 1645), Nic. Mulerius († 1645), Joh. Huninga († 1639) und Wilh. Macdowell. Im Jahre 1618 kam noch der berühmte Theologe Franciscus Gomarus († 1641) dazu. Die Blütezeit der Universität reicht bis gegen das Ende des 17. Jahrhunderts. Bis 1690 wurden an der Universität immatrikuliert: 3548 Niederländer und 2683 Ausländer (darunter 2141 Deutsche, 106 Schweizer, 162 Theologen aus Ungarn, usw.). Nach 1690 nimmt die Studentenzahl bedeutend ab (von 1690—1810 nur 4371 Niederländer und 1288 Ausländer). Unter König Ludwig (1806—1810) waren nur noch 200 Studenten an der Universität, und es bestand die Gefahr ihres Eingehens. Mit der französischen Annexion der Niederlande (1810) wurde die Groninger Universität, gleich der Leidener, durch Dekret vom 22. Oktober 1811 als »Académie« zur »Université de France« geschlagen. Nach der Vertreibung der Franzosen (1813) und der Errichtung des Königreichs der Niederlande erstand sie wieder (königliches Dekret vom 2. August 1815) als Reichsuniversität mit 5 Fakultäten. 1850 erhielt sie von der Stadt ein neues Kollegiengebäude, das 1906 durch Feuer zerstört, 1909 neu hergestellt ist; und seit dem Gesetz vom 28. April 1876, das die Anzahl der Professoren vermehrte, blüht sie wie früher.

Jonckbloet, Gedenkboek der Hoogeschool te Groningen. 1864.

VERFASSUNG, Aufnahme, Gebühren, Prüfungen, Promotion, Habilitation s. S. 161 und 162.

FAKULTÄTEN: Theologische Faculteit; juridische F.; medische F.; philosophische F.; literarische F.

Leiden.

RIJKS-UNIVERSITEIT.

GESCHICHTE. Anfang Januar 1575 beschlossen die Provinzialstaaten von Holland und Seeland auf Antrag Prinz Wilhelms I. die Errichtung einer »freien öffentlichen Schule und Universität« in Leiden; am 8. Februar d. J. wurde sie eröffnet und erhielt im Juni vom Prinzen Wilhelm ihre Statuten. Sie war eine Pflegestätte des protestantischen Glaubens, wo im Laufe des 16. und 17. Jahrhunderts gelehrte Hugenotten und aus England vertriebene puritanische Gelehrte eine sichere Zuflucht fanden. In der ersten Hälfte des 18. Jahrhunderts stand sie in hoher Blüte. König Ludwig erhob sie im Jahre 1807 zur Königlichen Universität von Holland, aber nach der Einverleibung Hollands (1810) in das Napoleonische Reich wurde sie der eigenen Gerichtsbarkeit beraubt und im Jahre 1811 als Teil der »Université de France« zu einer »Académie« mit fünf Fakultäten gemacht. Als durch das von König Wilhelm I. angeregte und im Jahre 1815 erlassene »Gesetz für den höheren Unterricht« drei vollständige Reichshochschulen errichtet wurden, erhielt die Leidener eine bevorzugte Stellung ihren Schwestern gegenüber. Durch das neue »Gesetz für den höheren Unterricht« (erlassen im Jahre 1876) wurden die drei Reichsuniversitäten im allgemeinen gleichgestellt. Auf dem Gebiete der literarhistorischen und medizinischen Wissenschaften gelangte die Universität im 17. und 18. Jahrhundert zu hoher Blüte. Damals arbeiteten in Leiden Gelehrte wie Lipsius (bis 1591), Josephus Scaliger (1593—1609), Salmasius (1630—1653), Boerhave und Albinus, Gronovius und Perizonius, Schultens und Hemsterhuis, Ruhnkenius, Heurnius, Musschenbroek u. a.

Das alte Gebäude, ein Kloster der weissen Nonnen, worin die Universität untergebracht war, wurde am 11. November 1616 zum Teil durch

Feuer zerstört; von der Stadt Leiden wurde im Jahre 1618 für 13000 Gulden das alte wieder aufgebaut und verbessert; noch jetzt sind die Aula, eine Anzahl Hörersäle und der Senatssaal an derselben Stelle.

Verfassung, Aufnahme, Gebühren, Prüfungen, Promotion, Habilitation s. S. 161 und 162.

Fakultäten: Faculteit der Rechtsgeleerdheid; F. der Geneeskunde; F. der Wis- en Natuurkunde; F. der Letteren en Wijsbegeerte; F. der Godgeleerdheid.

Utrecht.

RIJKS-UNIVERSITEIT.

Geschichte. Nachdem im Jahre 1586 die 5 alten Kapitelschulen der Stadt von der Regierung geschlossen worden waren, gründeten die Stadt und die Provinzialregierung im Jahre 1634 gemeinsam eine »Schola illustris«, die auf Betreiben der Bürgermeister G. van der Hoolck und J. van Asch van Wyck am 26. März 1636 zur Universität erweitert wurde. Zu den ersten Professoren gehörten Antonius Matthaeus (Jurist), Gisbertus Voetius (Theologe), Guilielmus Stratenus (Mediziner, der die erste Poliklinik eröffnete). Es waren im ganzen 6 Professoren und 270 Studenten. Schon kurze Zeit darauf finden sich 16 Professoren, in 4 Fakultäten eingeteilt. Während der Besetzung der Stadt durch französische Truppen im Jahre 1672 geriet der Unterricht ins Stocken, da das Militär die Universität als Kaserne benutzte. 1674 wurde die Universität wieder in ihre Rechte eingesetzt, und die Zahl der Studenten hob sich von 22 im Jahre 1674 auf 229 im Jahre 1736, darunter 70—80 Engländer und Schotten. Unter den Professoren dieser Zeit finden wir Serrurier (worüber v. Haller in seinen Briefen berichtet), den Physiker P. van Musschenbroek, den Orientalisten A. Reeland, A. Drakenborch u. a. — 1811 wollte Napoleon die Universität aufheben; diese Absicht wurde aber durch die Klugheit des damaligen Rektors J. Heringa vereitelt. Seit der Wiedereröffnung am 5. November 1815 ist sie Reichsuniversität, die in den letzten Dezennien bedeutend vergrössert wurde.

Literatur. *G. J. Loneg, Historische schets der Utrechtsche Hoogeschool tot hare verheffing in 1815.* Utrecht 1886. — *Dr. J. A. Wynne en Lucie Miedema, Resolutiën van de Vroedschap te Utrecht betreffende de Academie.* Utrecht 1900. — *J. F. van Someren, De Bibliotheek der Rijks-Universiteit te Utrecht.* 1909. — *Prof. Dr. B. J. Kouwer en Prof. Dr. H. J. Lamėris, Iets uit de Geschiedenis der Klenieken voor Heel- en Verloskunde der Rijks-Universiteit te Utrecht.* 1908.

Verfassung, Aufnahme, Gebühren, Prüfungen, Promotion, Habilitation s. S. 161 und 162.

Fakultäten: Theologische Faculteit; juridische F.; medische F.; F. van Wis- en Natuurkunde; literarische F.

Fachliche Hochschulen.

Technische Hochschule in Delft. — Tierarzneischule in Utrecht. Land-, Garten- und Forstwirtschaftliche Schule und Landbauschule in Wageningen; Departement van Landbouw in Buitenzorg. Pharmazeutischer Unterricht an den drei Reichsuniversitäten und an der städtischen Universität in Amsterdam. Bergbau-Abteilung an der technischen Hochschule in Delft.

Delft.

TECHNISCHE HOOGESCHOOL.

Im Jahre 1842 wurde die »Koninklijke Akademie« gestiftet und am 3. Januar 1843 eröffnet. Sie war bestimmt zur Ausbildung von »burgerlijke Ingenieurs, zoo voor's Lands Dienst als voor de Nijverheid, en van kweeklingen voor den handel«. — Diese Anstalt wurde 1863 aufgehoben, und an ihre Stelle trat 1884 die »Polytechnische School«. Durch Gesetz vom 22. Mai 1905 »tot aanvulling en wijsiging van het Hooger onderwijs wurde diese 1906 aufgehoben, und die »Technische Hoogeschool« trat an ihre Stelle.

R. Heyrmans, Gedenkboek der Kon. Akademie en Polytechnische School. Delft 1906. — Publ.: *Annales de l'École polytechnique.*

VERWALTUNG (vergl. allgemeine Organisation der Universitäten S. 161) durch ein Kuratorium, den Senat und das »College van Rector Magnificus en Assessoren«. Der Senat, unter dem Vorsitz des Rektors, besteht aus den Professoren. Die Unterrichtsangelegenheiten erledigt das Kollegium, das aus dem Rektor und den Abteilungsvorständen zusammengesetzt ist. Neuwahl des Rektors und des Senatssekretärs nach drei, der Abteilungsvorstände nach zwei Jahren.

ABTEILUNGEN: Algemeene Wetenschappen, Weg- en Waterbouwkunde, Bouwkunde, Werktuigbouwkunde, Scheepsbouwkunde en Electrotechniek, Scheikundige (chemische) Technologie en Mijnbouwkunde.

Der Unterricht erstreckt sich auf folgende Fächer: reine und angewandte Mathematik, reine und angewandte Mechanik, reine und angewandte Physik, allgemeine oder physikalische Chemie, anorganische und organische Chemie und ihre Anwendungen, analytische Chemie, theoretische und experimentelle Hydraulik, Wasserbau, Wege- und Brückenbau, Architektur, Maschinenbau, Schiffbau, Elektrotechnik, mechanische und chemische Technologie, technische Hygiene, allgemeine und angewandte Mikrobiologie, mikroskopische Anatomie, Mineralogie und Erdkunde, Bergbau, Metallurgie und Probierkunde, Geodäsie, Materialienkunde, technisches Zeichnen, Handzeichnen und Bildhauerei, dekorative Kunst, Kunstgeschichte, Staatsverwaltungsrecht, Staatsrecht und Handelsrecht, Betriebslehre und Buchführung, Geographie, allgemeine und vaterländische Geschichte, Kulturgeschichte, Verbandlehre.

AUFNAHME, nur wenn Examina abgelegt werden sollen, von Bedingungen abhängig: »Fähigkeitszeugnis zum Studium« wird erlangt durch Prüfung vor einer besonderen Kommission, durch das Diplom einer »Hoogen Burgerschool« mit fünfjährigem Kurs, durch Zeugnisse, die zum Studium der Mathematik und Physik an einer Universität berechtigen. Auch ausländische Zeugnisse werden anerkannt.

STUDIENDAUER: Diplom-Ingenieur nach fünf Jahren; Vorstufen: propädeutisches Examen und Kandidat-Examen.

DIPLOME: Civiel Ingenieur, Bouwkundig Ingenieur of Architect, Werktuigkundig Ingenieur, Scheepsbouwkundig Ingenieur, Electrotechnisch Ingenieur, Scheikundig (Chemie) Ingenieur of Technoloog en Mijn-Ingenieur. — Nach Verteidigung einer Dissertation kann dem Diplom-Ingenieur der Doktortitel verliehen werden. Auch Verleihung des Doktortitels honoris causa.

GEBÜHREN. Unterricht jährlich 200 fl.; wird im fünften Jahre erlassen. Einzelne Vorlesungen nach Wochenstunden: 1:10 fl., 2:20 fl., 3:30 fl., 4 oder mehr: 40 fl. — Prüfungen 50 fl.; bei einmaliger Wiederholung wird diese Gebühr erlassen.

Utrecht.

RIJKSVEEARTSENIJSCHOOL (Tierarzneischule).

STUDIENZEIT: vier Jahre (ein Winter- und ein Sommerkurs). Unterrichtsgeld 100 fl. jährlich. Klinik und Bibliothek.

Wageningen.

RIJKS HOOGERE LAND-, TUIN- EN BOSCHBOUWSCHOOL

(Höhere Land-, Garten- und forstwirtschaftliche Schule).

Gegründet 1876. Die Schule ist vor allem zur Heranbildung von wissenschaftlichen »land-, tuin- en boschbouwkundigen en landbouwscheikundigen« bestimmt. Sie gibt den Söhnen von Grundbesitzern Gelegenheit zur wissenschaftlichen Ausbildung. Sie dient ferner zur Heranbildung des Personals für den Staat und für Privatunternehmungen »landbouwleeraren, tuinbouwleeraren, docenten aan land- en tuinbouwscholen, zuivelconsulenten, veeconsulenten, adsistenten en schei- en landbouwkundigen aan prœfstations, ambtenaren bij het boschwezen in ons land en in Nederlandsch Indië, ambtenaren voor de Nederlandsche Heidemaatschappij, employé's bij cultuur- en industrieele ondernemingen in ons land en in onze koloniën, rentmeesters op uitgebreide goederen«. — Mit der Hochschule verbunden: Boerderij (Meierei) Duivendaal, Bibliothek, Zuckerlaboratorium, Institute für landwirtschaftliche Werkzeuge und für Phytopathologie.

AUFNAHME. Zeugnis einer Bürgerschule mit fünfjährigem Kursus oder eines Gymnasiums oder Beweis der Berechtigung zur Zulassung an eine Universität. — Auch Hörer werden zugelassen. — STUDIENDAUER: drei Jahre, ferner ein viertes Jahr für besondere Ausbildung für die Lehrtätigkeit in diesen Fächern an den entsprechenden Mittelschulen, für Zuckerfabrikation, landwirtschaftliche Chemie, usw. — GEBÜHREN: 80 fl. pro Studienjahr. — Für Hörer Gebühr pro Wochenstunde 5 fl.

RIJKS-LANDBOUWSCHOOL.

Seit 1876 bestehend als Abteilung der höheren Land-, Garten- und Forstbauschule; seit 1904 selbständige Anstalt. — Untersteht dem Ministerium für Landwirtschaft, Handel und Industrie, in dessen Auftrage ein Inspector special den Unterricht inspiziert. An der Spitze steht ein Direktor.

AUFNAHME von Schülern (Mindestalter 16 Jahre) nach Prüfung. — Der Kursus dauert drei Jahre, dann Zeugnis über landwirtschaftliche Ausbildung; nach einem weiteren Jahr Zeugnis über landwirtschaftliche Ausbildung in »holländisch-indischer« Landwirtschaft. — Die meisten Schüler finden in Java und Sumatra in den Faktoreien Stellung. — GEBÜHREN: 40 fl. jährlich.

Buitenzorg (Insel Java).

DEPARTEMENT VAN LANDBOUW.

Abteilungen für alle Zweige der Land- und Forstwirtschaft mit Versuchsgärten, Laboratorien und Museen. Landwirtschaftliche Schule, Veterinärschule. Siehe unter Niederländisch-Indien.

Dänemark mit Island. Schweden und Norwegen.

DÄNEMARK MIT ISLAND.

SCHWEDEN.

NORWEGEN.

Dänemark mit Island.

Kopenhagen=Kjøbenhavn.

KJØBENHAVNS UNIVERSITET.

GESCHICHTE. Nachdem König Christian I. die päpstliche Autorisation zur Gründung einer Universität (Bulle Sixtus' IV. vom 19. Juni 1475) erlangt hatte, begründete er die Kopenhagener Universität durch den Stiftungsbrief vom 4. Oktober 1478, der eine Reihe von Privilegien für die Universität zusagte und den M. Petrus Alberti mit der Anwerbung von Lehrern beauftragte. Die vom Lunder Erzbischof verfassten Statuten vom 28. November 1479 sind jenen der Kölner Universität nachgebildet, wie auch der erste Stock von Lehrern aus Köln genommen wurde. Die Wirren bei der Einführung der Reformation schädigten die Universität tief, von 1530—37 war sie so gut wie aufgelöst. Christian III. erneuerte sie in einer feierlichen Versammlung in der Fruekirke am 9. September 1537 und gab ihr eine neue Fundation (10. Juni 1539), die, aus Bugenhagens Händen hervorgegangen, die Wittenberger Universität zum Muster nahm. Der furchtbare Stadtbrand von Kopenhagen im Jahre 1728 vernichtete auch die Universität mit fast dem ganzen wissenschaftlichen Apparate. Die Neuorganisation erfolgte durch die neue Fundation Christians VI. vom 31. März 1732, die, im Jahre 1788 reformiert, im wesentlichen noch heute geltend ist. Die Universität hat unter den Professoren, die an ihr gewirkt haben, die glänzenden Namen: Holberg (18. Jahrhundert), Oehlenschläger, Rask, Madvig, Ørsted (19. Jahrhundert) aufzuweisen.

LITERATUR. *Werlauff, Kjøbenhavns Universitet. Historie til Reformationen* (1850); *Rørdam, Kjøbenhavns Universitet. Historie 1537 bis 1621* (1868—77); *Matzen, Kjøbenhavns Universitet. Retshistorie 1479 bis 1879* (1879). — Jährlich erscheint: *Aarbog for Kjøbenhavns Universitet, Kommunitetet og den polytekniske Lærcanstalt.*

JAHRESHAUSHALT. Die Universität besitzt ihr eigenes Vermögen (in Gütern, Privilegien, usw.), von dessen Zinsen das Budget mit Hilfe eines Zuschusses aus der Staatskasse (1909/10: 732995 Kr.) bestritten wird.

VERFASSUNG. Von wichtigeren Abweichungen von den deutschen Universitätsverfassungen wäre zu bemerken: Neben den ordentlichen und ausserordentlichen Professoren (die in jeder Beziehung gleichstehend sind, da der Titel Extraordinarius nur bedeutet, dass der Platz nicht normiert ist), gibt es honorierte Dozenten (Titel: midlertidig Docent.), deren Gehalt und Anstellungsdauer (zwei-, dreijährig, unbestimmt) in jedem einzelnen Falle speziell bestimmt wird (also ungefähr den ausserordentlichen Professoren in Deutschland entsprechend). Privatdozenten in deutschem Sinne gibt es nicht: jeder in Kopenhagen diplomierte Doktor hat das Recht, Vorlesungen in den Universitätsräumen zu halten; eine Habilitation mit der Verpflichtung zu lesen besteht nicht. Der Gehalt der angestellten Professoren beträgt bei der Ernennung 3600 Kr. jährlich und steigert sich nach je 3 Jahren um 600 Kr. bis zu 6000 Kr. Ausserdem geniessen die 12 ältesten Professoren 1200 Kr. jährlich als Hausmiete-Ersatz, wenn sie nicht freie Wohnung in einer der zwei alten Professorwohnungen der Universität oder Amtswohnung an den verschiedenen Museen, Laboratorien u. dgl. besitzen.

STUDIENVERHÄLTNISSE. Die Aufnahme unter die Studierenden erfolgt auf Grund eines genügenden Demissionszeugnisses einer Staats- oder hierzu berechtigten Privatschule, für *Ausländer* auf Grund einer Immatrikulation an einer fremden Universität. — Die Studiendauer ist gewöhnlich 5—6 Jahre, für die Mediziner jedoch mindestens 7 Jahre. — Die Erlangung des Doktorgrades ist an die Ablegung des zum Eintritt in den praktischen Beruf befähigenden Amtsexamens (nach dessen Ablegung der Betreffende den Titel Kandidat führt) mit dem Charakter »laudabilis« geknüpft; gefordert wird die Vorlegung einer gedruckten Dissertation und die Abhaltung einer Disputation. Ein besonderes Examen besteht nicht; nur an der philosophischen und naturwissenschaftlichen Fakultät existiert eine dem deutschen Doktorexamen analoge Einrichtung in der »Magisterkonferenz«, einer Prüfung, die an die Stelle des Amtsexamens treten kann und das Recht zu der Anstrebung des Doktorgrades, nicht aber zu der Ausübung des praktischen Berufes, gibt. In der theologischen Fakultät ist der Lizentiatsgrad mit dem Doktorgrade der übrigen Fakultäten gleichgestellt; der theologische Doktorgrad wird aber nur erlangt durch Anerbieten oder Aufforderung von seiten der Fakultät selbst.

Weibliche Studenten finden unter denselben Bedingungen Aufnahme wie männliche; Prüfungen und Doktorgrade sind ihnen auch zugänglich.

GEBÜHREN: Immatrikulation 22 Kr.; Doktorpromotion 160 Kr.; Lizentiatsgrad 40 Kr.; Testimonium publicum 24 Kr.; ausserdem kleinere Gebühren für die verschiedenen Examina. Kollegiengelder existieren nicht. — *Pflichtexemplare* der Dissertation: Theologische 270, juristische 260, staatswissenschaftliche 248, medizinische 273, philosophische 259, mathematisch-naturwissenschaftliche 259 bis 269.

FAKULTÄTEN: Theologiske Fakultet; Rets- og Statsvidenskabelige; Lægevidenskabelige; Filosofiske; Matematisk-Naturvidenskabelige.

DEN POLYTEKNISKE LÆREANSTALT.

Gegründet 1829. In Verbindung mit der Universität. — An der Spitze steht der Direktor. — Aufnahmebedingung: Absolvierung des Realgymnasiums oder Ablegung besonderer Prüfung. — Studiendauer: 4¼ Jahre nebst 1 Jahr praktische Ausbildung für Maschinen- und Elektroingenieure. — Gebühren: 50 Kr. pro Semester für die erste Hälfte des Studiums, 20 Kr. pro Semester für die zweite Hälfte.

DEN PHARMACEUTISKE LÆREANSTALT
(Pharmazeutische Schule).

Gegründet 1892. Wurde auf privatem Wege errichtet und gleich nachher dem Staate als Geschenk übergeben. — Aufnahmebedingung: das pharmazeutische Gehilfenexamen (Pharmaceutisk Merlyæperexamen). — Studiendauer: 18 Monate. — Gebühren: für Aufnahme, Vorlesungen und Übungen 250 Kr., Examensgebühr 53 Kr.

TANDLÆGESKOLEN (Zahnarztschule).

Gegründet 1888. — Kursus 3jährig. — Gebühren 400 Kr. jährlich. — Prüfungen: in Chemie nach dem 2. Semester (Gebühren 10 Kr.), in Anatomie und Physiologie nach dem 3. Semester (Gebühren 15 Kr.), in Prothese, usw. nach dem 4. Semester (Gebühren 25 Kr.), Schlussprüfung (Gebühren 50 Kr.).

K. VETERINÆR- OG LANDBO-HØISKOLE
(in Frederiksberg bei Kopenhagen).

Eröffnet 1858. Durch das Gesetz vom 12. April 1892 wurde in bezug auf die Lehrer bestimmt: die normierte Anzahl der definitiven Lehrer ist 20, von denen bis zur Hälfte den Titel Professor nach achtjähriger Dienstzeit erhalten können. Gehalt: 3200 Kr. jährlich, mit Quinquennialzulagen steigend bis 5600 Kronen.

Die Hochschule erteilt höheren Unterricht in Veterinärkunde, Landvermessung, Forst-, Land- und Gartenwirtschaft.

AUFNAHMEBEDINGUNGEN. A) als »Eleven« (diese haben Zugang zu Stipendien, usw.) die gleichen wie zur Aufnahme an der Universität, oder das Präliminarexamen (entsprechend etwa dem deutschen Untergymnasium); B) als »ausserordentliche Zuhörer« keine besonderen Bedingungen. Für die Ablegung des Examens in Land- und Gartenwirtschaft ist es nicht notwendig, als »Eleve« aufgenommen zu sein.

EINSCHREIBEGEBÜHREN: 10 Kr.; Zugangskarte zu sämtlichen Vorlesungen 16 Kr. per Semester; für die Übungen in den Laboratorien spezielle Abgaben. — PRÜFUNGSGEBÜHREN: in Veterinärkunde, Land- und Gartenwirtschaft à 40 Kr., in Landvermessung und Forstwesen à 120 Kr.

Island.

Reykjavik.

PRESTASKÓLI (Theologische Schule).

Die theologische Schule wurde 1847 errichtet; ein Lehrstuhl für Philosophie besteht seit 1849. Die Studierenden müssen nach dem ersten Studienjahr ein philosophisches Examen ablegen.

ORGANISATION. Drei Lehrer: ein Vorsteher *»Lector theologiae«* (Gehalt 4000 Kr.) und zwei *Dozenten* (Gehälter 2800 und 2400 Kr.), welche alle drei das theologische Kandidatenexamen an der Universität in Kopenhagen absolviert haben müssen. Die Oberaufsicht führt das Ministerium Islands. Der Vorsteher leitet den Unterricht nach einem von dem Ministerium sanktionierten Unterrichtsplan (Regulativ vom 15. August 1895).

AUFNAHMEBEDINGUNG: Ablegung der Abiturientenprüfung einer gelehrten Schule (eines Gymnasiums).

STUDIENDAUER: Seit dem Jahre 1895 dauert der Kurs drei Jahre (sechs Semester) — früher nur zwei Jahre (vier Semester).

GEBÜHREN: Aufnahme, Vorlesungen und Examina unentgeltlich.

Den Absolventen sind alle geistlichen Ämter auf Island zugänglich (Regulativ vom 15. August 1895), doch nicht in Dänemark, während isländisch sprechende Kandidaten der Universität Kopenhagen zur Anstellung in Island berechtigt sind.

LOEKNASKÓLI (Ärzteschule).

Durch Gesetz vom 11. Februar 1876 errichtet; Kandidaten haben Anspruch auf alle Distriktsärztestellen in Island. 5 Jahres-Kurse in Anatomie, Physiologie, Chemie, allgemeiner Pathologie, Pharmakognosie, Chirurgie, medizinischer Pathologie und Therapie, Medicina forensis, Augenheilkunde, Hygiene und Geburtshilfe, hierauf 1 klinischer Kursus am Geburtsstifte in Kopenhagen und $^1/_2$ Jahr klinische Praxis in einem Hospital in Kopenhagen. — Aufnahmebedingung: Examen artium. — Keine Gebühren.

Schweden.

Universitäten.

Staatsuniversitäten: Lund, Upsala.
Ausserdem Hochschulen in Gothenburg und Stockholm.
Den Universitäten gleichgestellt ist das
Karolinska Medico-Kirurgiska Institutet in Stockholm.

I. Verfassung und Organisation der Staatsuniversitäten.

Organisation und Unterricht der Staatsuniversitäten sind hauptsächlich durch die »Statuten« (Kungl. Maj:ts nådiga statuter för universiteten i Uppsala och Lund) vom 10. Januar 1876 bestimmt. Die höchste Leitung, die für die beiden Staatsuniversitäten, die Hochschulen zu Stockholm und Gothenburg und das Karolinische Medico-Chirurgische Institut in Stockholm gemeinsam ist, führt ein von den »Akademischen Versammlungen« der Staatsuniversitäten und dem Lehrerkollegium des Karolinischen Instituts erwählter und vom König ernannter *Kanzler*, der die Beziehungen zur Krone vermittelt und, wo sich nicht diese statutenmässig die Entscheidung (auf Antrag des Kultusministers) vorbehalten, selber entscheidet. Der Kanzler hat u. a. alle nötigen Reglements und Instruktionen zu geben.

Die *Akademische Versammlung* hat die Aufgabe, bestimmte Wahlen vorzunehmen (vergl. unten), sie besteht aus sämtlichen Professoren; bei der Wahl des Kanzlers, Rektors und Prorektors haben auch der Oberbibliothekar und der Rentmeister (Quästor) in der Versammlung Sitz und Stimme. Höchste lokale Behörde und in gewissen Fällen Stellvertreter des Kanzlers ist der Prokanzler (in Upsala der Erzbischof, in Lund der Bischof des Lunder Bistums). — Die Verwaltung und unmittelbare Leitung untersteht dem *grösseren Konsistorium*. Stellvertreter des Rektors ist der auch für drei Jahre erwählte *Prorektor*. Das grössere Konsistorium besteht aus dem Rektor, dem Prorektor und einer gewissen Zahl der Professoren. Von den letzteren werden teils zwei aus jeder Fakultät bzw. Sektion nach dem Dienstalter für drei Jahre ernannt, teils wählt die Akademische Versammlung aus jeder Fakultät bzw. Sektion für jedes Fünftel der Mitglieder derselben ein Mitglied nach Vorschlag der betreffenden Fakultät bzw. Sektion für sechs Jahre. Bei allen Finanzfragen oder Angelegenheiten der Bibliothek oder der wissenschaftlichen Institute nehmen auch der Rentmeister bzw. der Oberbibliothekar oder die resp. Institut-Vorstände am Konsistorium teil. Alle ordentlichen Professoren haben Stimme, unter Vorsitz des für je drei Jahre von der Akademischen Versammlung aus den Professoren erwählten *Rektors*.

Die Aufsicht über den Gang des Unterrichts und das Verhalten von Lehrern und Studenten, usw. übt das *kleinere Konsistorium*, das aus dem Rektor als Vorsitzenden, dem Prorektor und 5 von der Akadem. Versammlung auf 3 Jahre erwählten Professoren (einer von jeder Fakultät oder Sektion) und für bestimmte Fälle auch aus dem Oberbibliothekar und dem Rentmeister besteht. Die finanzielle Verwaltung führt die »*Drätselnämd*«, die sich aus dem Rektor als Vorsitzenden, dem Rentmeister und drei von der Akademischen Versammlung unter den etatsmässigen Lehrern der Universität für drei Jahre erwählten Mitgliedern zusammensetzt.

Der Lehrkörper verteilt sich auf vier *Fakultäten:* die theologische, die juristische, die medizinische und die philosophische (die letzte in eine »humanistische« und eine »mathematisch-naturwissenschaftliche« Sektion zerfallend), jede unter einem *Dekanus* als Vorsitzenden. Die Fakultäten und Sektionen besorgen Unterricht und Fakultätsexamina. Die *Professoren* und übrigen etatsmässigen Lehrer (Laboratoren, Prosektoren, Observatoren) werden vom König im Staatsrat ernannt, entweder ohne Konkurrenz auf Antrag der betreffenden Fakultät bzw. Sektion und mit Zustimmung des grösseren Konsistoriums, oder gewöhnlich nach erfolgter Konkurrenz. Nachdem sich die »Bewerber« innerhalb der bestimmten Frist von 30 Tagen gemeldet, steht es ihnen während eines darauf folgenden Zeitraumes von mindestens 90, höchstens 180 Tagen frei, durch veröffentlichte Schriften, Probevorlesungen und dergl. ihre Befähigung weiter nachzuweisen. Nach Ablauf jener Zeit oder wenn die Bewerber auf jenes Recht verzichten, werden von wenigstens drei auf Antrag der betr. Fakultät bzw. Sektion vom grösseren Konsistorium ernannten »Sachverständigen« und von der betreffenden Fakultät oder Sektion Gutachten eingeholt über ihre wissenschaftliche Befähigung; das grössere Konsistorium schlägt darauf drei (wenn es so viele sind) der Bewerber vor, und innerhalb dieses Vorschlags muss die Ernennung durch die Regierung erfolgen. Bei Beförderungen darf nur auf erwiesene wissenschaftliche Befähigung Rücksicht genommen werden.

Für die *Habilitation* als Privatdozent existieren keine bestimmten Bedingungen. Die Befähigung des Bewerbers wird von der Fakultät bzw. Sektion geprüft und Gutachten darüber abgegeben. Da die schwedischen Doktordissertationen insgemein recht bedeutend und oft von wirklichem wissenschaftlichen Wert sind, ist es nicht ungewöhnlich, dass ein Doktor auf Grund seiner Doktordissertation als Privatdozent angestellt wird. Genügt die Dissertation nicht, so veröffentlicht der Bewerber noch eine Abhandlung; er kann diese öffentlich verteidigen, wenn er es wünscht, notwendig ist es aber nicht und kommt nur noch selten vor.

Die etatsmässigen Lehrer werden auf Lebenszeit ernannt und können wie andere Staatsbeamte nur auf gerichtlichem Wege (also nicht durch administrative Verfügung) ihres Amtes entsetzt werden. Privatdozenten, die den Titel »Docent« führen, ernennt auf Grund eines Gutachtens der betr. Fakultät oder Sektion der Kanzler; ebenso die *Lektoren* der fremden Sprachen, die Eingeborene der betr. Nation sein müssen und höchstens sechs Jahre im Dienst bleiben dürfen. Gehalt für Professoren etatsmässig 7500 Kr. mit einer Alterszulage nach fünf Jahren von 600 Kr.; für Laboratoren, Observatoren und Prosektoren 4500—5600 Kr. mit zwei Alterszulagen von je 500 Kr., nach fünf bzw. zehn Jahren. Für Privatdozenten gibt es Stipendien (in Upsala 33, in Lund 28) à 2000—2500 Kr.

für in der Regel höchstens sechs Jahre. Letztere erhalten 3000 Kronen jährlich. Die etatsmässigen Lehrer sind verpflichtet, nach 65 Lebensjahren in den Ruhestand zu treten. Professoren erhalten dann, wenn sie 25 Jahre im Staatsdienst gestanden haben, eine jährliche Pension von 5600 Kr., Laboratoren, usw. 4000—4600 Kr., bei kürzerem Dienstalter wird die Pension verhältnismässig vermindert. — Die Professoren sind verpflichtet, wöchentlich vier Stunden, Privatdozenten mit Stipendien im Herbstsemester 15, im Frühlingssemester 20 Stunden öffentlich und unentgeltlich zu lesen; doch können die Kathedervorlesungen auf Vorschlag der Fakultät bzw. Sektion und mit Genehmigung des Kanzlers gegen Seminarübungen und dergl. ausgetauscht werden.

Studenten. Die *Immatrikulation* erfolgt, ohne Unterschied des Geschlechts, nach einer an einem Gymnasium oder einer Oberrealschule bestandenen Reifeprüfung (»Studentexamen«). Studenten ausländischer Staatsuniversitäten können mit Genehmigung des kleineren Konsistoriums immatrikuliert werden. Immatrikulationsgebühren 12 Kr. 25 Öre. Die Studenten verteilen sich nach ihrer Herkunft in »*Nationen*« (13 in Upsala, 12 in Lund), jeder Student muss einer Nation angehören. An der Spitze jeder Nation stehen ein von dieser unter den Professoren gewählter *Inspektor* und ein oder mehrere aus ihrer Mitte gewählte *Kuratoren*. Die Nationen leben nach eigenen, vom kleineren Konsistorium bestätigten Satuten; sie üben eine gewisse disziplinäre Aufsicht über ihre Mitglieder aus und bezwecken übrigens gegenseitige Unterstützung und gesellschaftliche Unterhaltung. Jede Nation hat eigene Kassen und Bibliothek; in Upsala besitzen die meisten eigenes Haus, in Lund ein gemeinsames Heim »Akademiska Föreningen«. Die Nationen jeder Universität bilden zusammen das Studentenkorps unter einem aus ihrer Mitte erwählten Vorsitzenden. Gebühren pro Semester 12—18 Kr.

Die früher der Universität zugekommene *Gerichtsbarkeit* ist nunmehr nur disziplinär und wird vom Rektor oder dem kleineren Konsistorium ausgeübt. Die Strafen, die verhängt werden können, sind: »Vorstellung und Warnung« vor dem Rektor oder vor dem kleineren Konsistorium, Verlust von Stipendien, Relegation auf gewisse Zeit oder für immer.

Das akademische Jahr besteht aus zwei Semestern: Herbstsemester 1. September bis 15. Dezember, Frühlingssemester 15. Januar bis 31. Mai.

Examina, Grade, Gebühren. *Examina der theologischen Fakultät*: Kandidatexamen (berechtigt nach abgelegten praktisch-theologischen Proben zur Ordination). — Licentiatexamen.

Examina der juristischen Fakultät: Kandidatenexamen (befähigt zum Richteramt und zu administrativen Ämtern). — Lizentiatenexamen (Vorbedingung für gewisse Examensfächer: Richterpraxis). — Kanzler(Kansli)-Examen (Staatsexamen für administrative Ämter).

Examina der medizinischen Fakultät: Kandidatenexamen (in theoretischen Fächern). — Lizentiatenexamen (in praktischen Fächern; Vorbedingung: klinische Praxis von mindestens 1½ Jahren; berechtigt zur selbständigen medizinischen Praxis).

Examina der philosophischen Fakultät: »Filosofisk Ämbetsexamen« (Staatsexamen, befähigt zu Lehrerstellen an den unteren und mittleren Klassen der Gymnasien und Realschulen; wer dieses Examen gemacht hat, führt den Titel »Filosofie Magister«). — Kandidatenexamen. — Lizentiatenexamen (befähigt nach Verteidigung einer Dissertation zu Oberlehrerstellen an den Gymnasien und Oberrealschulen). — Teologisk-filosofisk Examen (vorbereitendes Examen zum Eintritt in die theologische Fakultät). — Nachprüfung in neuen Fächern oder, um eine höhere Zensur zu erreichen, in Fächern, worin der Examinand früher Examen abgelegt hat, ist für die drei erst erwähnten Examina der philosophischen Fakultät erlaubt.

GEBÜHREN. Für das theologische Kandidatenexamen und das theologisch-philosophische Examen je 10 Kr.; für alle übrigen Examina je 15 Kr.; für Nachprüfung 5 Kr. pro Fach.

Das Lizentiatenexamen setzt in den drei »höheren« Fakultäten das Kandidatenexamen, in der philosophischen Fakultät entweder das »Kandidatenexamen« oder das »Ämbetsexamen« voraus.

Für das *Doktorat* nach bestandenen Prüfungen sind in allen Fakultäten das Lizentiatenexamen und öffentliche Disputation erforderlich; in der theologischen Fakultät sind auch praktisch-theologische Proben und halbjährige homiletische und katechetische Praxis Vorbedingung. — Von der Dissertation sind in Upsala 330, in Lund 200 Exemplare an die Universität unentgeltlich abzuliefern. Der Betrag der Promotionsgebühren wechselt, von gewissen Umständen abhängend, zwischen ca. 18 und 50 Kr. — Honoris causa, was nicht oft vorkommt, können Doktoren der Theologie vom König, Doktoren in den übrigen Fakultäten mit Genehmigung des Kanzlers von der betr. Fakultät ernannt werden.

Alle Examina und Grade, mit Ausnahme des juristischen Lizentiatenexamens (und Doktorats) in den Fällen, wo Richterpraxis als Vorbedingung für das Examen gefordert wird, und des theologischen Doktorats, sind auch für Frauen zugänglich.

II. Geschichte und besondere Organisation.

Gothenburg=Göteborg.

GÖTEBORGS HÖGSKOLA (Hochschule).

GESCHICHTE. Seit 1841 veranstaltete die königliche Gesellschaft für Wissenschaft und Literatur in Gothenburg mit einer grösseren Unterbrechung alljährlich populär-wissenschaftliche Vorträge. 1864 wurde ein besonderes Komitee (styrelse för föredrags hållande i Göteborg) errichtet, dessen Aufgabe es war, zusammenhängende Vorlesungsserien teils populärer, teils strengwissenschaftlicher Natur anzuordnen und zu dem Zweck hervorragende Männer der Wissenschaft heranzuziehen auf Grund der Mittel, die hierfür von der königlichen Gesellschaft für Wissenschaft und Literatur und dem Museum zur Verfügung gestellt und ausserdem durch Subskription aufgebracht waren. Seit 1876 ward zu dem Behuf der Unterrichtsfonds (undervisningsfond) verwendet, den die städtische Verwaltung angelegt hatte; inzwischen war durch reiche Schenkungen wohlwollender Gönner dieser derartig angewachsen, dass der lange gehegte Gedanke, eine Hochschule zu stiften, der Verwirklichung entgegenreifte, und in der Sitzung der Stadtverordneten Gothenburgs vom 10. November 1887 ward die Errichtung der Hochschule beschlossen. Am 15. September 1891 fand die feierliche Eröffnung statt. Vorläufig besteht nur die humanistische Sektion der philosophischen Fakultät, und das nächste Ziel ist, nach Massgabe einer Vermehrung der Geldmittel diese Sektion auszugestalten und zu vervollkommnen; weiterhin ist auch die Errichtung der naturwissenschaftlichen Sektion und der juristischen Fakultät ins Auge gefasst worden.

Am 18. September 1907 fand die Einweihung des von Oscar Ekman gestifteten neuen Universitätsgebäudes statt.

Literatur. *Edgren, Göteborgs Högskola, en blick på hennes uppkomst och ordnande.* 1891. — *Göteborgs Högskolas byggnad jämte en blick på Högskolans utveckling 1891—1907 af Högskolans rektor.* 1907. — *Invigningen af Göteborgs Högskolas byggnad Festberättelse utarbetad af Högskolans sekreterare.* 1908.

Publ.: *Göteborgs Högskolas Årsskrift.* — *Populärt vetenskapliga Föreläsningar vid G. Högskola.* — *Göteborgs Högskolas Studiehandbok.*

Verfassung. Die Hochschule ist insofern eine vom Staate unabhängige Anstalt, als ihre Geldmittel durch die Freigebigkeit Privater beschafft sind und die Oberleitung nicht nur dem Kanzler der Staatsuniversitäten, sondern auch einem hauptsächlich aus der Mitte von Privatkorporationen erwählten Kuratorium (»Styrelse«), aus 9 Mitgliedern bestehend (von denen eines stets der jeweilige Rektor ist), übertragen ist. Anderseits wird der Vorsitzende des Kuratoriums, wie auch einer der Verwaltungsrevidenten vom Könige ernannt, desgleichen bedürfen die Professoren einer Bestätigung von seiten des Königs. Andere Behörden ausser der Person des Rektors sind: das Rektoramt (»Rektorsnämnden«), aus dem Rektor und 2 Professoren, und das Lehrerkollegium (»Lärarerådet«), aus sämtlichen Professoren, respektive deren Vertretern, bestehend. — Über die Ernennung der akademischen Lehrer s. Abschnitt I S. 176 (nur tritt hier an Stelle des Kanzlers das Kuratorium). Der Gehalt der ordentlichen Professoren beträgt 7000, respektive (nach 5 Jahren) 7500 Kr., der der Dozenten und anderen Lehrer variiert zwischen 3250 und 1500 Kr. Die Pension der Professoren beträgt 5250 Kr.

Durch königliche Erlasse (der letzte vom 22. Januar 1909) wurde der Anstalt für je 5 Jahre das Recht bewilligt, präliminäre und abschliessende (Staats-, Kandidat- und Licentiat-)Examina in denjenigen Fächern abzuhalten, welche durch ordentliche Professoren vertreten werden. Zugleich wurde die Anstalt unter die Aufsicht des Kanzlers für die Staatsuniversitäten gestellt. Diese Examina werden vor dem Lehrerkollegium abgelegt.

Am Schluss des Studienjahres ernennt das Lehrerkollegium nach vorheriger Anmeldung beim Universitätskanzler diejenigen Lizentiaten der Philosophie, welche nach bestandener Doktordisputation an der Hochschule sich dazu melden, zu Doktoren der Philosophie. Gebühr für den Doktorgrad: 40 Kr.

Gebühren. Immatrikulation: 10 Kr. Die immatrikulierten Zuhörer leisten eine Semesterabgabe von 5 Kr., sind aber in der Regel von Kollegiengeldern befreit. — Die nicht immatrikulierten Zuhörer (Auskultanten) zahlen für eine private Vorlesung für eine wöchentliche Stunde höchstens 4 Kr. (die Lehrer und Lehrerinnen Gothenburgs die Hälfte), haben aber zu den Seminarübungen keinen Zutritt. — Der Besuch der öffentlichen Vorlesungen ist jedermann gratis gestattet.

Lund.

KUNGL. KAROLINSKA UNIVERSITETET.

Geschichte. Um eine neue, südliche Kulturstätte für das langgestreckte, durch den glücklichen Krieg erweiterte Land Schwedens zu gewinnen und speziell um die im Roeskilder Frieden 1658 von Dänemark abgetretenen Landschaften zu svezisieren und die mit diesem Lande gemeinschaftlichen Interessen aufzuheben, wurde am 19. Dezember 1666 von der vormundschaftlichen Regierung Karls XI. die Stiftungsurkunde der Universität Lund unterzeichnet, nachdem schon mehrere Jahre vorher der Bischof von Lund, P. Winstrup, hierzu den Plan ausgearbeitet hatte. Bedeutende Besitzungen des Lunder Domkapitels wurden der neuen Stiftung, die den Namen Academia Carolina erhielt, übertragen. Die Statuten und Privilegien, die »Konstitutionen« vom Jahre 1666, waren wesentlich desselben Inhalts wie die der älteren Universität Schwedens, Upsala, und galten fast unverändert, bis 1852 ein neues Statut für die beiden Universitäten erlassen wurde, das 1876 durch ein anderes und wieder am 27. November 1908 durch das jetzt gültige abgelöst wurde. — Die Einweihung fand am 28. Januar 1668 statt. Zu den an die neue Universität berufenen Professoren, die aus Dänen, Deutschen und Schweden bestanden, gehörte Samuel Pufendorf. Nachdem 1676 die Universität infolge des Krieges mit Dänemark geschlossen worden war, wurde sie 1682 wieder neu errichtet, allerdings unter schwierigen pekuniären Verhältnissen, da der reiche Bodenbesitz der Universität unter Karl XI. von der Krone annektiert worden war. Auch war bei der Wiedereröffnung die Zahl der Professoren stark (bis auf 8) reduziert worden. Bis in das 19. Jahrhundert verblieb die Ausrüstung und pekuniäre Lage der Universität in der kümmerlichsten Verfassung. Jedoch ist die Wirksamkeit allmählich gewachsen, und tüchtige Lehrer brachten die Universität in eine gewisse Blüte; so der Philosoph Andreas Rydelius, der Naturforscher und Historiker Kilian Stobæus der Ältere, der Rechtsgelehrte D. Nehrman-Ehrenstråle in der ersten Hälfte, der Historiker Sven Lagerbring um die Mitte des 18. Jahrhunderts. Eine neue Blütezeit kann man vom Ende des 18. Jahrhunderts an rechnen; die bedeutendsten Lehrer waren dann und im ersten Drittel des 19. Jahrhunderts u. a. der Naturforscher A. J. Retzius, der Orientalist M. Norberg, der lateinische Philologe J. Lundblad, der Anatom A. H. Florman, der griechische Philologe und grosse Dichter Esaias Tegnér, der Botaniker C. A. Agardh, der Naturforscher und Archäologe Sven Nilsson. Das theologische Studium Schwedens hatte seine vielleicht grösste Periode durch die Lunder Theologen der ersten Hälfte des 19. Jahrhunderts: M. E. Ahlmany, H. Reuterdahl, H. Thomander u. a.

Ein neues Universitätsgebäude wurde 1882 eingeweiht, und seitdem haben in den letzten Jahrzehnten die meisten Universitätsinstitute eigene neueingerichtete Häuser bekommen, zuletzt (1907) die Bibliothek.

LITERATUR. *M. Weibull och E. Tegnér, Lunds universitets historia.* D. 1—2. Lund 1868. — *E. Tegnér, Lunds universitet 1872—1897.* Lund 1897. — *Lunds universitets andra secularfest, Maj 1868.* Lund 1868. — *Statuter för universiteten i Uppsala och Lund.* Stockholm 1908. — *Samling af testamenten och författningar om stipendier.* D. 1—7. Lund 1810—86. — *C. af Petersens och A. Malm, Lunds universitets matrikel.* Lund 1899. — Matrikeln der meisten Nationen mit geschichtlichen Einleitungen sind durch C. Sjöström und andere veröffentlicht.

PUBL.: *Acta universitatis Lundensis* (Lunds universitets årsskrift) seit 1864 (darin auch Jahresberichte). — Der »Katalog« (Personalverzeichnis) der Universität wird seit 1831 jedes Semester von »Akademiska Föreningen« herausgegeben.

ORGANISATION, Aufnahme, Examina, Grade, Gebühren s. S. 175 u. ff.

FAKULTÄTEN: Teologiska Fakulteten; Juridiska F.; Medicinska F.; Filosofiska F.: a. Humanistiska Sektionen, b. Matematisk-naturvetenskapliga Sektionen.

Stockholm.

STOCKHOLMS HÖGSKOLA.

GESCHICHTE. Im Jahre 1865 wurde ein Aufruf zur Erlangung von Beiträgen für die Errichtung einer höheren Lehranstalt in Stockholm erlassen und im Anschluss an diesen der sogenannte »Dezemberfonds«

gestiftet. 1869 bildete sich ein (aus höchstens 250 Mitgliedern bestehender) Verein, »Högskoleföreningen i Stockholm«, mit der Aufgabe, die Hochschule wirklich ins Leben zu rufen. Am 25. Mai 1877 wurden die im wesentlichen noch jetzt geltenden grundlegenden Bestimmungen (»Grundstadgar för Stockholms Högskole«) vom Vereine angenommen. Mittlerweile war durch die Freigebigkeit Privater der Fonds derartig angewachsen, dass der Unterricht in den Fächern der mathematisch-naturwissenschaftlichen Sektion am 14. Oktober 1878 seinen Anfang nehmen konnte. Am 1. Mai 1879 übernahm das Kuratorium (»Högskolans Styrelse«) die Verwaltung.

Verfassung. Die oberste Verwaltung wird von einem *Kuratorium* ausgeübt, das aus 9 von verschiedenen Korporationen gewählten Mitgliedern besteht, von denen eines stets der jeweilige Rektor ist. Die Mitglieder, die mit Ausnahme des eben Genannten auf 4 Jahre ernannt werden, wählen einen *Präses,* einen *Vizepräses* und einen *Inspektor;* diese drei Ämter dürfen jedoch nicht vom Rektor bekleidet werden. Die Professoren und die stellvertretenden Lehrer bilden den *Lehrerrat;* dieser wählt auf 2 Jahre den *Rektor* und das aus 4 Mitgliedern und dem Rektor bestehende *Rektoramt* (»Rektorsnämnden«) zur Erledigung der laufenden Geschäfte. Das Kuratorium ernennt die Professoren mit fester Anstellung, die Dozenten und anderen Lehrer, letztere jedoch nur für eine bestimmte Zeit, hat aber auch das Recht, Professoren abzusetzen. Die Besetzung der Professuren geschieht im wesentlichen nach dem bei den Staatsuniversitäten bestehenden Modus, durch Bewerbung oder Berufung; nur erfolgt hier die endgültige Ernennung durch das Kuratorium. Den Professoren liegt die Pflicht ob, 2 Stunden in der Woche öffentlich zu lesen; Gehalt in der Regel 7500 Kr. Lehrer, die mindestens 30 Jahre an der Hochschule gewirkt haben, haben nach Erreichung des 65. Lebensjahres das Recht auf Pension (wenigstens $^4/_5$ des zuletzt bezogenen Gehalts). Die Hochschule hat Examinationsrecht. Die immatrikulierten Studenten müssen dem »studentischen Verein« (Studentförening) beitreten.

Aufnahme. Maturitätsexamen Bedingung, doch Ausnahme bei Nachweis genügender Kenntnis möglich.

Studiengang und Grade: wie bei den Staatsuniversitäten.

Gebühren. *Mathematisch-naturwissenschaftliche Fakultät:* Immatrikulation 50 Kr., Unterrichtsgeld pro Semester 50 Kr. — *Rechts- und staatswissenschaftliche Fakultät:* Immatrikulation 25 Kr., Unterrichtsgeld pro Semester 25 Kr. — Das Unterrichtsgeld fällt für beide Fakultäten in dem Semester weg, in welchem die Immatrikulation stattfindet. — Das Rektoramt kann auf Grund eines Testimonium paupertatis das Unterrichtsgeld erlassen, jedoch nur einem Viertel sämtlicher immatrikulierten Studenten. — Die zu den öffentlichen Vorlesungen zugelassenen freien Zuhörer zahlen für jedes Fach pro Semester 5 bis 10 Kr.

Fakultäten: Mathematisch-naturwissenschaftliche F.; rechts- und staatswissenschaftliche F. (seit 1907).

KAROLINSKA MEDIKO-KIRURGISKA INSTITUTET.

Geschichte. Das Institut, welches in seiner jetzigen Gestalt die medizinische Universität Stockholms ist, geht in seinen Anfängen gewissermassen bis auf das sogenannte Bartschereramt (»Bardskärarembetet«) zurück, das 1571 seine erste Verfassung erhielt. Diese Körperschaft, welche die Bestimmung hatte, Feldscherer auszubilden, wurde 1685 in die *Societas chirurgica* umgewandelt. 1797 wurde diese aufgelöst und mit dem *Collegium medicum* vereinigt, das seit 1663 bestand und unter anderem den Zweck hatte, als medizinische Unterrichts- und

Prüfungsanstalt zu dienen. Ganz unabhängig von der chirurgischen Societas wurden indessen in Stockholm während der letzten Hälfte des 17. Jahrhunderts verschiedene Professuren und Lehranstalten für die medizinischen Wissenschaften errichtet, welche alle von dem Collegium medicum abhingen, jedoch ohne zu einer gemeinschaftlichen Schule vereinigt zu sein. Im Jahre 1752 wurde so das Seraphimer-Lazarett eröffnet, und alle schwedischen Ärzte mussten, um im Dienste des Staates angestellt werden zu können, wenigstens $^1/_2$ bis 1 Jahr dort immatrikuliert gewesen sein. Bald danach wurden Professuren der Anatomie, Chirurgie, der gerichtlichen Medizin und der Geburtshilfe errichtet. 1810 wurde beschlossen, ein Institut zu schaffen, das hauptsächlich die Aufgabe haben sollte, Ärzte für die Armee und die Flotte auszubilden. Die verschiedenen älteren medizinischen Lehranstalten in der Hauptstadt wurden zu diesem Zweck in einer gemeinschaftlichen Schule vereinigt; neue, besonders klinische Professuren wurden geschaffen und 1815 bekam das neue Institut — seit 1811 das »Medico-chirurgische Institut« genannt, eine Benennung, die 1817 in »Karolinisches Institut« umgeändert wurde — seine ersten Statuten. 1822 erhielt es durch ein neues Reglement seinen jetzigen Namen: »Karolinisches Medico-chirurgisches Institut« und eine noch festere Organisation sowie auch eine bedeutende Erweiterung seiner Aufgabe, nämlich »geschickte Ärzte für alle Zweige des Medizinalwerkes auszubilden«.

Obgleich von Anfang an mit mehr Lehrkräften ausgerüstet als die Universitätsfakultäten, bekam das Institut doch in gewissen Beziehungen lange nicht dieselben Rechte wie diese. Am 26. April 1861 wurde es dem Kanzler von Upsala unterstellt, bekam neue Statuten, erhielt aber erst durch ein neues Reglement vom 13. November 1874 vollkommene Gleichberechtigung mit den medizinischen Fakultäten in Lund und Upsala. Das jetzt geltende Statut datiert vom 27. November 1908 und 13. August 1909. Nach demselben stehen die beiden Universitäten und das Karolinische Medico-chirurgische Institut unter einem gemeinsamen Kanzler, an dessen Wahl das Institut mit den Universitäten teilnimmt.

Die VERFASSUNG ist im wesentlichen mit der der anderen Staatsuniversitäten identisch. Das Institut steht unter der Oberaufsicht des *Kanzlers* der Universitäten. An Stelle des »grösseren Konsistoriums« tritt hier das *Lehrerkollegium*, das unter dem Vorsitz des auf 3 Jahre aus seiner Mitte gewählten *Rektors* aus sämtlichen Professoren besteht. Der *Ausschuss des Kollegiums*, aus dem Rektor, Dekan und drei Professoren bestehend, entspricht dem »kleineren Konsistorium«. Der *Verwaltungsausschuss*, aus dem Rektor, Dekan und zwei Professoren bestehend, beschäftigt sich speziell mit ökonomischen Fragen. Die Pension der Professoren variiert der Dienstzeit entsprechend; das Maximum ist 5600 Kr.; die Pension der Witwe eines Professors beträgt 1120 Kr.; Witwen mit Waisen erhalten 1680 Kr. Die Pensionen fliessen nicht aus den Mitteln des Institutes, sondern werden den allgemeinen schwedischen Pensionsverordnungen gemäss beschafft.

Die AUFNAHME unter die Studierenden erfolgt auf Grund eines Zeugnisses über das bei den Gymnasien stattfindende Realstudentexamen. Jeder Studierende ist verpflichtet, dem *medizinischen Verein* beizutreten, der hier im wesentlichen dieselbe Bedeutung hat wie die »Nationen« in Lund und Upsala. Auch die Kandidaten der Medizin in Lund und Upsala, die sich dem Lizentiatenexamen unterziehen wollen, müssen der klinischen Praxis wegen eine gewisse Zeit hindurch am Karolinischen Institut immatrikuliert gewesen sein.

GRADE und EXAMINA. 1. Grad »*Medicine Candidat*« nach dem Bestehen des »Medicine Kandidatexamen«; Studienzeit 3—$3^1/_2$ Jahre. 2. Grad »*Medicine Licentiat*« nach dem Bestehen des »Medicine Licentiatexamen«;

Studienzeit $4^1/_2$ Jahre. 3. Grad »*Medicine Doctor*«. Dieser Grad wird für die Ausübung ärztlicher Praxis nicht gefordert, und deshalb nur von einem geringen Teil erworben. Bedingungen für diesen Grad sind das Verfassen einer Abhandlung und deren öffentliche Verteidigung. Wenn diese Abhandlung hinreichend wertvoll ist, so ist keine besondere Habilitationsschrift nötig, um eine Dozentur zu erlangen.

Gebühren. Immatrikulation 50 Öre; Gebühr für Aufnahme in den medizinischen Verein 20 Kr.; Semesterbeitrag für diesen 5 Kr. 50 Öre. — Für jedes Examen wird eine Gebühr von 15 Kr. erhoben. Immatrikulations- und Examensgelder fliessen in die Kasse des Lehrerkollegiums und werden nicht im Jahresbudget verrechnet.

Upsala=Uppsala.

KUNGL. UNIVERSITETET I UPPSALA.

Geschichte. Schon 1419 erhielt König Erik XIII. vom Papst Martin V. die Erlaubnis, in irgendeinem der nordischen Reiche eine Universität zu errichten. Aber erst Erzbischof Jakob Ulfsson rief (auf Grund des Beschlusses einer allgemeinen schwedischen Kirchenversammlung, die wahrscheinlich 1475 abgehalten wurde) das Werk ins Leben. Mit der Bulle vom 27. Februar 1477 gab Sixtus IV. die Erlaubnis, ein »Studium generale«, nach dem Muster der Universität Bologna, in Upsala zu errichten. Der Erzbischof und der Reichsvorstand Sten Sture bewilligten im folgenden Juli von Strengnäs aus der Universität Upsala dieselben Privilegien, die der König von Frankreich der Universität Paris gegeben. Die Vorlesungen begannen im Herbste 1477, aber die Universität scheint allmählich in Verfall geraten zu sein. 1566 berief Erik XIV. einen Lehrer des Griechischen. König Johann III. bestellte 4 neue Professoren unter Laurentius Petri als Rektor; da sich aber die Professoren weigerten, die katholisierende Liturgie des Königs gutzuheissen, wurde die Universität 1580 geschlossen, und die Proff. wurden eingekerkert.

An deren Stelle trat in Stockholm ein katholisches »Collegium regium« (anfangs mit Jesuiten, später mit Protestanten als Lehrern) ins Leben. Erst auf Beschluss des allgemeinen Upsala-Konziliums von 1593, das die Reformation in Schweden wieder befestigte, wurde die Universität durch eine von Herzog Karl (später Karl IX.) mit acht Reichsräten ausgefertigte Urkunde vom 1. August dieses Jahres wieder neu errichtet (Privilegien von 1595). Die Universität sollte aus zwei Fakultäten, der theologischen und der philosophischen, mit zusammen 7 Professoren, bestehen. Im April 1595 wurden 64 Studenten eingeschrieben. 1620 wurde die Zahl der Professoren auf 13 erhöht (3 in der theolog., 2 in der jurist., 2 in der medizin., 6 in der philos. Fakultät). Durch Schenkung eines bedeutenden Teils seiner vom Grossvater überkommenen Erbgüter, zusammen 300 volle Bauernhöfe und 4 Mühlen, sicherte Gustav II. Adolf in liberalster Weise das materielle Dasein der Universität und gab ihr damit auch eine gewisse äussere Selbständigkeit.

Aus der Zeit Gustav Adolfs stammt das älteste der noch vorhandenen Universitätsgebäude »Gustavianum«. Die neuen Konstitutionen von 1626 waren hauptsächlich das Werk Axel Oxenstjernas; die folgenden von 1655 hatten bis 1852 geltende Kraft (erst im Jahre 1890 gedruckt!), wenn sie auch in vielen Stücken durch spätere Verordnungen aufgehoben wurden. Die Zahl der Professoren war um einen Theologen und drei Philosophen vermehrt worden (Fächer der philosophischen Fakultät: Astronomie, Mathematik, Morgenländische Sprachen, Griechisch, Philosophia civilis, Geschichte, Beredsamkeit, Poesie, Logik). Die Gerichtsbarkeit der Universität machte sie zu einem Staat im Staat; nur wenn es sich um politische Verbrechen und Besitzangelegenheiten handelte, konnte ein Mitglied der Universität vor die gewöhnlichen Gerichte gefordert werden. Alle Befugnisse lagen in der Hand des grossen Konsistoriums (erst durch das Statut von 1852 wurde die ökonomische Verwaltung dem kleineren Konsistorium überlassen). Unter Karl XI. gab die Cartesianische Philosophie zu einem Streit zwischen der theologischen und der philosophischen Fakultät Anlass; der Streit musste vom König geschlichtet werden. Im 17. Jahrhundert war der ältere O. Rudbeck, im 18. Linné die am meisten bedeutende Persönlichkeit. Erst nach der Mitte des 18. Jahrh. erschienen akademische Abhandlungen auch in schwedischer Sprache. Vor Einführung des neuen Statuts von 1852 wurden die Abhandlungen in der Regel von den Professoren (also nicht von den Respondenten) verfasst. Die bedeutendste Persönlichkeit der Universität war im 19. Jahrh. Geijer (Historiker, Philosoph, Dichter, Musiker).

Die Universität und ihre Institute sind in einem Hauptgebäude (für 1232000 Kr. auf dem Grund der mittelalterlichen Bischofsburg aufgeführt, 1887 fertiggestellt) und in 14 anderen Gebäuden in verschiedenen Teilen der Stadt untergebracht (Gustavianum, jetzt zoologisches Museum; Skytteanum, 1626 von J. Skytte geschenkt; Mineralogisch-geologisches Institut, das frühere Lokal der Verwaltungsbehörden, 1755; der botanische Garten, 1787 anstatt des aus dem 17. Jahrhundert stammenden Linnéschen eingerichtet; die Bibliothek, »Carolina rediviva«, 1841; »Anatomicum«, 1850; Astronomisches Observatorium, 1853; »Physicum« für die physikal. und chemischen Institute, 1859; Spital 1867; Regnelleanum, nunmehr das patholog. Institut, 1867; Meteorolog. Observatorium, 1885; das neue physiol. Institut, 1891; das neue Chemicum, 1904; das neue Physicum, 1908.

Dass sich die Studenten schon vor der Mitte des 17. Jahrhunderts in Landsmannschaften zusammengeschlossen hatten, geht aus dem Verbote gegen »Conventicula nationalia« in den Konstitutionen von 1655 hervor. 1663 wurden die »Nationen« aus disziplinaren Rücksichten vom Konsistorium fest eingerichtet und 1695 von der Regierung bestätigt. In den vierziger Jahren des 19. Jahrhunderts schlossen sich die Nationen zu einem Korps zusammen; die Angelegenheiten des Korps werden von einer aus den Kuratoren und den gewählten Deputierten der Nationen bestehenden Direktion mit einem vom Korps gewählten Präsidenten besorgt. Der Katalog des Korps für den Herbst 1908 zählt 39 wissenschaftliche und andere Vereine auf.

Stipendien in der Verwaltung der Universität: 1908 zusammen Kapital Kr. 3350484.10, Zinsen Kr. 138807.79.

LITERATUR. *Annerstedt, Uppsala universitets historia, I* mit Anhang (Urkunden), Upsala 1877. — *Annerstedt, Bref af O. Rudbeck d. ä. rör. Uppsala universitet.* 1893—1905. — *A. Andersson, Uppsala universitets matrikel 1595—1680,* 1900—04. — *Geijer, Uppsala universitet 1872—97,* Upsala 1897. — *v. Bahr, Statuter, förordningar m. m.* Upsala 1897. — *Brandberg und v. Bahr, Urkunder o. författn. ang donationer.* Upsala 1902. — *Bygdén, Uppsala universitets 400-års jubelfest Sept. 1877,* Stockholm 1879. — *v. Bahr u. Brandberg, Matrikel.* Upsala 1906. — *Svederus, Botan. trädgården i Uppsala 1655—1807,* Upsala 1877. — *Cornelius, Upps. theolog. fakultets hist.* Upsala 1874—75. — Die meisten Nationen haben seit 1877 Geschichten und Matrikeln veröffentlicht.

PUBL.: *Uppsala Universitets årsskrift* seit 1866 (darin auch Verzeichnis der Vorlesungen und Jahresberichte).

ORGANISATION, Aufnahme, Examina, Grade, Gebühren siehe S. 175 u. ff.

FAKULTÄTEN: Teologiska Fakulteten; Juridiska F.; Medicinska F.; Filosofiska F. (a. Humanistiska Sektionen, b. Matematisk-Naturvetenskapliga Sektionen).

Fachliche Hochschulen.

Landwirtschaftliches Institut in Alnarp.
In Stockholm: Technische Hochschule, Pharmazeutisches Institut, Zahnärztliches Institut, Veterinär-Institut, Forstinstitut, Handelshochschule.
Pharmazeutischer Unterricht auch an den Staatsuniversitäten in Lund und Upsala und am Karolinischen medico-chirurgischen Institut in Stockholm.
Bergbaukunde an der technischen Hochschule in Stockholm.

Alnarp.

ALNARPS LANDTBRUKS OCH MEJERI INSTITUTET.

Gegründet 1862. — Landwirtschaftliche Hochschule, höhere und niedere Meiereischule, niedere landwirtschaftliche Schule, Gartenbauschule, milchwirtschaftliche Schule für Frauen, Hufbeschlagschule, chemisches Laboratorium, Molkerei-Laboratorium und Versuchsmolkerei, Agronomisches Experimentalfeld, Maschinenprüfungsanstalt. — Die Kurse dauern zwei bis drei Jahre.

Stockholm.

KUNGL. TEKNISKA HÖGSKOLAN.

In Verbindung mit der königlichen Maler- und Bildhauerakademie wurde im Jahre 1798 eine »Mechanische Schule« errichtet, deren Obhut auch die von Polhem 1697 veranstaltete »Mechanische Modellsammlung« überlassen wurde; im Jahre 1813 wurde die Schule mit der »Modellenkammer« der Akademie der Landwirtschaft unterstellt (der Etat betrug nur noch etwa 700 Kr.). Auf Antrag der Reichsstände wurde 1825 anstatt der genannten Anstalten ein »Technologisches Institut« (mit Reglement von 1826) eingerichtet. Für den Eintritt wurden keine Vorkenntnisse verlangt, und der Unterricht, der von 2 Professoren, 2 Adjunkten und 2 anderen Lehrern erteilt werden sollte, war teilweise rein handwerksmässig (Budget 21000 Kr.).

Die Anstalt wurde 1846—48 vollständig reorganisiert, für den Eintritt wurden in mathematischen Fächern und einer fremden Sprache Forderungen wie für das Studentexamen gestellt, der Kursus wurde zwei-, von 1851 an dreijährig. Im Jahre 1858 wurde das Institut noch erweitert mit neuen Fächern und Lehrern, 1869 die Bergschule (früher in Falun) dem Institut einverleibt. Nach dem Reglement von 1867 umfasst es vier Fachschulen. Durch das Reglement vom Jahre 1877 erhielt die Anstalt ihren jetzigen Namen, eine neue Fachschule (für Architektur) kam hinzu, und der Kursus wurde für gewisse Fächer auf vier Jahre erweitert.

VERFASSUNG. Die Anstalt ressortiert nunmehr wie die sonstigen Unterrichtsanstalten von dem Ecklesiastikministerium. Die Direktion besteht aus fünf von der Regierung und einem vom »Eisenkontor« erwählten Mitgliedern mit dem aus den Lehrern für je vier Jahre von der Regierung ernannten Vorstand. Die Professoren werden nach Konkurrenz und Gutachten der Direktion von der Regierung, die Lektoren von der Direktion ernannt.

AUFNAHME. Für die Immatrikulation ist das Reifezeugnis von einer Oberrealschule (oder aber von einem Gymnasium mit Komplettierung in den realen Fächern nach den Forderungen der Oberrealschulen) erforderlich. — Ausser den ordentlichen Eleven gibt es noch Spezialeleven und ausserordentliche Eleven; praktisch-technische Beschäftigung vor dem Eintritt ist erwünscht.

KURSUS, GEBÜHREN. Der Lehrkursus umfasst 3—4 Jahre. Das Lehrjahr erstreckt sich vom 10. September bis 10. Juni. — Unterrichtsgebühr ist für die ordentlichen Eleven 25 oder 50 Kr. per Semester.

ABTEILUNGEN. Während des ersten Semesters ist der Unterricht für alle gemeinsam, dann verteilen sich die Eleven auf die Spezialschulen für: a) Maschinenbau und mechanische Technologie (mit drei Unterabteilungen), b) Elektrotechnik, c) chemische Technologie, d) Bergbau (mit drei Unterabteilungen), e) Architektur, f) Weg- und Wasserbauten.

FARMACEUTISKA INSTITUTET
(Vallingatan 20).

Das Pharmazeutische Institut wurde 1837 gegründet und erhielt 1867 Examensrecht. Vor dieser Zeit wurde das Apothekerexamen laut Medizinalverfassung vom Jahre 1688 vor dem Collegium medicum und von 1823 ab am Karolinischen medico-chirurgischen Institut in Stockholm abgelegt. — Das Institut wird von einer dem kgl. Ecklesiastikdepartement unterstellten Direktion geleitet.

Kongl. Maj:ts nådiga stadga för Farmaceutiska institutet. 1901.

AUFNAHME UND STUDIENDAUER. Für das Farmacie-Kandidat-Examen: Maturitätszeugnis, zwei Lehrjahre in einer Apotheke und 1/2 Jahr Studium am Institut; für das Apothekerexamen: einjähriger Dienst in einer Apotheke und zweijähriges Studium am Institut nach dem Kandidatexamen. — Beginn des Kandidatkursus am 1. August. Apothekerkursus: vier Semester; Herbstsemester 15. September bis 15. Dezember; Frühjahrssemester: 15. Januar bis 1. Juni.

GEBÜHREN. Aufnahme in den Kandidatkursus 120 Kr., in den Apothekerkursus 240 Kr., Farmacie-Kandidatexamen und Apothekerexamen je 20 Kr.; die Vorlesungen sind frei.

TANDLÄKARE-INSTITUTET
(Zahnärztliches Institut).

Gegründet 1898 durch Reichstagsbeschluss. Statut vom 22. September 1899. Steht unter Aufsicht und Verwaltung des Karolinischen medico-chirurgischen Institutes; in einiger Beziehung aber unabhängig.

AUFNAHME gegen Nachweis der Maturitätsprüfung. — Der STUDIENGANG ist dreijährig und umfasst zwei Abteilungen: eine einjährige, theoretische Abteilung, die durch das »zahnärztliche Kandidatexamen« abgeschlossen wird, und eine zweijährige, praktische Abteilung, nach welcher das »Zahnarztexamen« folgt. — Der theoretische UNTERRICHT (in Anatomie, Histologie, Embryologie, Chemie, Metallurgie, Arzneimittellehre, Physik, Physiologie, allgemeiner Pathologie und Bakteriologie) wird im Karolinischen medico-chirurgischen Institut von vier Lehrern erteilt, die dazu vom Kanzler bestimmt werden. — Für den praktischen Unterricht sind besondere Laboratorien, usw. eingerichtet; von den vier Lehrern sind drei fest angestellt und werden vom König ernannt. Ausserdem drei neu eingerichtete extraordinarie Lehrerplätze, welche von dem Kanzler der Universität ernannt werden.

VETERINÄR-INSTITUTET.

Die Errichtung eines tierärztlichen Institutes in Stockholm wurde durch eine Kgl. Verordnung vom 24. August 1819 befohlen; aber erst im Jahre 1821 konnte die Anstalt eröffnet werden, nachdem ihr ein früher für andere Zwecke in Anspruch genommenes Gebäude überlassen worden war. Die Oberleitung wurde zuerst der Direktion des Garnisonspitals, bald aber einer besonderen Direktion anvertraut. Das jetzt geltende Reglement ist aus dem Jahre 1908.

VERWALTUNG. Die Direktion des Instituts besteht aus einem von der Regierung erwählten Vorsitzenden und vier Mitgliedern (worunter der Vortragende für Veterinärsachen im K. Amt der Medizinalangelegenheiten). Der Rektor wird aus den Professoren für je drei Jahre ernannt.

AUFNAHME. Bedingung ist das Reifezeugnis eines Gymnasiums. Die Studierenden sind in vier Jahresklassen verteilt. Das Lehrjahr besteht aus zwei Semestern: 15. August bis 15. Dezember und 15. Januar bis 15. Juni.

KUNGL. SKOGSINSTITUTET (Forstinstitut) im Tiergarten bei Stockholm.

Das Institut wurde vom Hofjägermeister J. af Ström eingerichtet; das erste Reglement datiert vom 15. Oktober 1828, das jetzt geltende von 1886. Das Institut ist der Domänendirektion (unter dem Ministerium für Landwirtschaft) unterstellt.

EINTRITTSBEDINGUNG ist der vollständige Kursus einer Oberrealschule und von Omberg's Forstschule, die gewissermassen das erste Jahr des Forstkursus bildet. — Der KURSUS des eigentlichen Instituts ist $2^1/_3$ jährig, der Unterricht ist unentgeltlich.

HANDELSHÖGSKOLAN (Handelshochschule) (Brunkebergstorg 2).

GESCHICHTE. In Schweden, wo man seit lange mehrere sehr gut eingerichtete Handelsschulen besitzt, hat sich gleichwohl seit einer Reihe von Jahren das Bedürfnis nach besonderen Anstalten für den höheren kaufmännischen Unterricht fühlbar gemacht. Schon 1887 ergriff der damalige Kronprinz, jetzige König Gustaf V. als Ehrenvorsitzender des Allgemeinen schwedischen Exportvereins die Initiative zu Massnahmen für die Hebung des Handelsunterrichts. Die Bestrebungen erhielten eine feste Grundlage durch Bankdirektor K. A. Wallenberg, der im Jahre 1903 100000 Kr. als Grundstock für die Errichtung einer Handelshochschule in Stockholm stiftete. Im Anschluss hieran wurde 1906 der Handelshochschulverein in Stockholm begründet mit der Aufgabe, die Schaffung einer schwedischen Handelshochschule in die Wege zu leiten. Durch freigebige Zuwendungen von kaufmännischen Firmen und Privatpersonen sowie durch Zuweisung der Zinsen des unter der Verwaltung der Stadt Stockholm stehenden Forsgren'schen Fonds wurde die finanzielle Stellung der Hochschule gesichert. Gleichzeitig wurde durch ausgesandte Sachverständige die Einrichtung der betreffenden ausländischen Institute studiert. Im Herbst 1908 legte der Vorstand des Handelshochschulvereins einen endgültigen Plan für die Handelshochschule in Stockholm vor. Nachdem dieser Plan die Genehmigung der Behörden gefunden, der Reichstag 1909 auf einen Regierungsantrag hin einen staatlichen Zuschuss von 30000 Kr. bewilligt und die Regierung die Statuten bestätigt hatte, konnte die Anstalt am 1. Oktober 1909 ihre Tätigkeit beginnen.

ORGANISATION. Leitung durch eine Direktion, deren Vorsitzender von der Regierung ernannt wird. Die laufenden Geschäfte werden vom Rektor der Schule und dem Lehrerrat erledigt. Rektor und Professoren werden unter Bestätigung der Regierung von der Direktion ernannt. Lektoren werden für bestimmte Zeiten (meistens drei Jahre) angestellt.

ZWECK UND LEHRFÄCHER. Die Handelshochschule hat den Zweck, durch wissenschaftlichen Unterricht und wissenschaftliche Forschung die Hebung der kaufmännischen Tätigkeit im Lande zu fördern. Die Fächer, die zur Erreichung dieses Zweckes Gegenstand des Unterrichts an der Hochschule sind, sollen dem Studierenden eine ziemlich allseitige Bildung für die Aufgaben des Kaufmanns gewähren. Diese Fächer sind: Volkswirtschaftslehre mit Statistik, Handelstechnik, Wirtschaftsgeographie sowie Staats- und Rechtswissenschaft; ausserdem moderne Sprachen (gegenwärtig Deutsch, Englisch, Französisch und Russisch). Ein besonderer banktechnischer Kursus, dem Unterricht in der Handelstechnik angegliedert, kommt den Bedürfnissen künftiger Bankbeamten entgegen. In gelegentlich angeordneten Serien von Vorlesungen und Demonstrationen werden einige mit den Arbeiten der Hochschule eng verknüpfte Gegenstände behandelt, die gegenwärtig nicht auf das ordentliche Programm gesetzt worden sind: so vor allem Warenkunde, deren Studium durch die Sammlungen aus dem Schwedischen Handels- und Gewerbemuseum, welche der Hochschule als Geschenk überwiesen worden sind, wesentliche Förderung erfahren dürfte.

AUFNAHMEBEDINGUNGEN. Entweder Maturum oder Zeugnis von einer höheren Handelsschule oder einer technischen Elementarschule; sonst Aufnahmeprüfung. Auch Extraschüler, von denen keine besondere Kompetenz verlangt wird, werden, soweit es der Raum erlaubt, zugelassen. — Das Studienjahr (eingeteilt in Herbst-, Winter- und Frühlingssemester) beginnt im Oktober und endet im folgenden Juni.

Die KURSE dauern je zwei Jahre. — Das ABGANGSEXAMEN schliesst Prüfung in Nationalökonomie, Handelslehre, einer Sprache, Wirtschaftsgeographie oder Staats- und Rechtslehre ein.

GEBÜHREN. Immatrikulation 25 Kr.; Trimestergebühr: Herbst 80 Kr., Winter und Frühling je 85 Kr.; Prüfung 25 Kr. — Die Gebühren der Extraschüler sind verschieden; Grundpreis für die wöchentliche Vortragsstunde 5 Kr.

Norwegen.

Universität.

Christiania=Kristiania.

KONGELIGE FREDERIKS UNIVERSITET.

GESCHICHTE. Am 2. September 1811 durch Reskript König Frederiks VI. mit dem Namen »Universitas Regia Fredericiana« gegründet. 1812—1813 wurden die ersten Universitätslehrer (Professoren und Lektoren) ernannt, so dass die Universität ihre Wirksamkeit im Sommer 1813 beginnen konnte. Schon um die Mitte des Jahres 1811 wurde zum Besten der erwünschten Universität eine private Subskription eröffnet, wodurch schon in demselben Jahre eine Summe von gegen 800000 Reichstaler (dänisch Courant) zusammengebracht wurde. Zur Bestreitung des jährlichen Haushalts überwies die Regierung der neuen Universität zwei Neuntel der Einnahmen aus dem norwegischen »benefizierten Kirchengute«, gewisse Zehnten und ähnliches. 1812 gab ihr der König das Gut »Tøien« als Geschenk. Am 2. September 1861 wurde ihr 50 jähriges Bestehen festlich gefeiert. Vom 5.—7. September 1902 wurde der 100 jährige Geburtstag Abel's gefeiert, und die Universität erhielt ihre ersten Ehrendoktoren, indem 29 ausländische Mathematiker als Doctores mathematicae promoviert wurden.

VERMÖGEN der Universität im Jahre 1908: Kapitalvermögen ca. 388000 Kr., Legatvermögen ca. 1300000 Kr., die Scheelsche Stiftung 188000 Kr. und die Zinsen (9000 Kr.) dreier Legate. Ausserdem Tøienfondet 1908 = 762000 Kr.

ORGANISATION. Die Universität ist juristische Persönlichkeit wie eine selbständige Stiftung mit eigenen Rechtsverhältnissen auch dem Staate gegenüber. Sie hat das alleinige Recht, Almanache und Kalender auszugeben und ist von allen Staats- und Gemeindeabgaben frei. Einfuhrzoll wird für ihre Sendungen nicht erhoben, und sie geniesst für ihre Korrespondenz Portofreiheit.

Die Ordnung der Universität ist durch ein besonderes Gesetz (*Universitetsloven* av 9de Oktober 1905) festgesetzt.

An der Spitze steht der Rektor, gleichzeitig Vorsitzender des aus den Dekanen der 5 Fakultäten bestehenden Collegium academicum. Die Studenten jeder Fakultät wählen einen Ausschuss (Studenterutvalg), der ein Zwischenglied zwischen den Studenten auf der einen, Rektor und Fakultät auf der anderen Seite darstellt.

LEHRKÖRPER. Professoren (Professorer), ordentliche (ordinær) und ausserordentliche (extraordinær), ausserdem fest angestellte Dozenten,

Lehrer und die sogenannten Universitetsstipendiater, die ungefähr der Stellung nach den deutschen Privatdozenten entsprechen. Sie erhalten ein Stipendium (1200—1500 Kr.) und werden für ein Jahr ernannt, gewöhnlich bis zur Dauer von fünf Jahren. — Die Professoren sind in der Regel zu 5 Stunden, die Dozenten zu 3, die Stipendiaten zu einer Stunde Vorlesungen in der Woche verpflichtet. — Private Vorlesungen sind zugelassen.

FAKULTÄTEN. Theologiske Fakultet; juridiske F.; medicinske F.; historisk-filosofiske F.; mathematisk-naturvidenskabelige F.

AUFNAHME der Studierenden. Immatrikulation erfolgt auf Grund des Examen artium. Dies wurde früher an der Universität, wird aber jetzt, nach dem Gesetz vom 16. Juli 1883, an den Gymnasien abgehalten. Das Examen artium kann abgelegt werden in den sprachlich-historischen Fächern mit Latein, in den sprachlich-historischen ohne Latein und in den realwissenschaftlichen. — Offiziere der Armee und Marine werden auch ohne Studentenexamen immatrikuliert. — Ohne Examen artium werden für das *staatsökonomische* Studium und Examen auch die Kandidaten von der landwirtschaftlichen Hochschule, die von den drei höheren technischen Lehranstalten und den Handelsgymnasien in Christiania und Bergen zugelassen. Vor dem Examen müssen diese an der Universität eine ergänzende Prüfung in Mathematik und Sprachen bestehen.

Ausländer mit einem dem Examen artium entsprechenden Examen, das zur Immatrikulation in dem betreffenden Lande berechtigt, können in Christiania immatrikuliert werden; Vorlage eines Testimonium vitae notwendig.

Besuch öffentlicher Vorlesungen auch Hospitanten gestattet.

STUDIENDAUER. Theologische Fakultät (cand. theol.) 9—10 Semester. Juristische Fakultät (cand. iuris) 8 Semester. Medizinische Fakultät (cand med.) 14—16 Semester. Historisch-philosophische Fakultät (cand. mag.) 10 Semester. Mathematisch-naturwissenschaftliche Fakultät (cand. real.) 10 Semester. Studierende der Bergkunde (cand. min.) 8 Semester und der Staatsökonomie (cand. oecon.) 4 Semester.

PRÜFUNGEN UND GRADE. Die Doktorwürde: Dr. theol., iuris, med., phil. entspricht in allen Fakultäten der deutschen Habilitation. Sie berechtigt zum Abhalten von öffentlichen Vorlesungen an der Universität in der betreffenden Wissenschaft. Sämtliche Fakultäten können Ausländer von hervorragender wissenschaftlicher Bedeutung zu doctores honoris causa ernennen.

Nach den Statuten (und Reglements vom 22. Dezember 1906) sollen die Kandidaten zuerst Staatsexamen mit dem Charakter »laudabilis« absolviert oder in anderer Weise die Fakultät von ihren Kenntnissen überzeugt, respektive in ihrem Fache 3 schriftliche von der Fakultät gestellte Aufgaben befriedigend beantwortet haben.

Die Inaugural-Dissertation (Habilitationsschrift) muss in gedrucktem Zustande eingereicht werden. Nachdem sie für die öffentliche Verteidigung angenommen ist, muss der Kandidat zwei öffentliche Probevorlesungen abhalten, die eine mit selbstgewähltem Thema, die andere nach 10 Tagen über ein von der Fakultät aufgegebenes Thema mit darauffolgender Disputation. — Gebühren siehe S. 191.

Staatsökonomisches Studium. Das Examen nach 4semestrigem Studium wird an der juristischen Fakultät abgehalten (Gesetz vom 9. Oktober 1905 und Reglement vom 27. November 1907). Fachkreis: Sozialökonomie, Finanzwissenschaft, Methode der Statistik nebst Versicherungsmathematik, historische und statistische Übersicht der Bevölkerung.

Der Unterricht zum pharmazeutischen Staatsexamen wird hauptsächlich an der Universität abgehalten, doch sind Unterricht und Examen von der Universität als solcher völlig unabhängig. Die Univ.-Professoren der Chemie, Physik, Zoologie, Botanik und Pharmakologie sind zugleich Mitglieder der Kommission für das Apothekerexamen und examinieren in ihren Fächern.

Unterricht in der Zahnheilkunde zurzeit unabhängig vom Universitätsstudium, befindet sich aber in Neuorganisation.

Bergstudium (8 Semester) und Bergexamen finden ebenfalls an der Universität statt, jedoch soll dieser Teil später (voraussichtlich 1913) an die neu gegründete technische Hochschule in Drontheim verlegt werden.

FRAUENSTUDIUM. Mit besonderem Gesetz vom 14. Juni 1884 wurde bestimmt, dass die weiblichen Studenten in bezug auf die Rechte, akademischen Examina, Grade, und, wenn besondere Bestimmungen nicht dagegen sind, auch in bezug auf Legate und Stipendien der Universität den männlichen gleichgestellt sein sollen.

GEBÜHREN. Immatrikulation frei, ebenso öffentliche und private Vorlesungen. — Für Benutzung der Laboratorien 5—32 Kr. pro Semester. — Vorbereitende Prüfung 10 Kr. Staatsökonomisches Examen 20 Kr. Die übrigen Staatsexamina 40 Kr. — Doktorgrad gebührenfrei.

DET PÆDAGOGISKE SEMINAR FOR LÆRERE VED DEN HÖIERE ALMENSKOLE.

Die Kandidaten der sprachlich-historischen und mathematisch-naturwissenschaftlichen Fakultäten müssen, um als Adjunkten im Schulwesen angestellt zu werden, ein ergänzendes Examen in Pädagogik, Methodik und Psychologie machen. Hierzu ist 1907 dieses Institut errichtet worden. Gesetz vom 14. September 1905. Reglement vom 9. Dezember 1907. Direktion: zwei Professoren aus den oben erwähnten Fakultäten und zwei Schulleute von dem Kultusministerium ernannt.

DET PRAKTISK-THEOLOGISKE SEMINAR.

DIREKTION: der Bischof zu Christiania, die theologische Fakultät und der Lehrer der praktischen Theologie. Die theologischen Kandidaten haben eine praktische Prüfung abzulegen. — Gesetz vom 14. Mai 1902. Reglement vom 23. Januar 1905.

Höhere technische Schulen.

[Bergen], Christiania=Kristiania, Drontheim=Trondhjem.

Die Tekniske Skole in Bergen (nicht hochschulartig), Christiania und die Tekniske Læreanstalt in Drontheim werden wohl in den nächsten Jahren aufgehoben, da in Drontheim eine neue im Jahre 1900 vom Storthing bewilligte technische Hochschule errichtet wird (s. unten).

Christiania=Kristiania.

TEKNISKE SKOLE.

Gegründet 1873 vom Staat und von der Stadt Christiania, 1891 erweitert. Sie untersteht dem Kultusministerium. Die Direktion besteht aus dem Rektor und vier vom Staat und der Stadt ernannten Mitgliedern. — Ausbildung von Bau- und Maschineningenieuren sowie Chemikern. Kursus: vierjährig. — Aufnahmebedingung: Mittelschulexamen für die 1. Klasse, Realartium für die 2. Klasse. — Gebühren: 120 Kronen jährlich.

Drontheim=Trondhjem.

DEN TEKNISKE HÖISKOLE (Technische Hochschule).

Im Jahre 1900 vom Storthing bewilligt. Eröffnung im Herbst 1910. Aufnahmebedingung wird in der Hauptsache das Examen artium sein. Als Abteilungen sind vorgesehen:

1. Abteilung für Architektur (Studiengang: 4jährig). — 2. Abteilung für Bauingenieurwesen (4jährig). — 3. Abteilung für Maschineningenieurwesen (4jährig) mit einjährigem Kursus für Schiff- und Schiffmaschinenbau. — 4. Abteilung für Elektrotechnik (4jährig). Die ersten 2 Jahre mit der Abteilung für Maschineningenieurwesen gemeinsam. — 5. Abteilung für technische und Elektro-Chemie (je 2 Jahre). — 6. Abteilung für Bergkunde. Letztere wird erst im Herbst 1913 ihre Tätigkeit an der Hochschule eröffnen. Bis dahin verbleibt der Bergunterricht der Universität in Christiania angegliedert (s. S. 191).

TEKNISKE LÆREANSTALT.

Gegründet 1870. Untersteht dem Kultusministerium. — Aufnahmebedingung: Mittelschulexamen für die erste Klasse, Realartium für die zweite Klasse. — Abteilungen für Architekten, Bauingenieure, Maschineningenieure, Chemiker. — Kursus: vier Jahre. — Gebühren: 120 Kronen jährlich.

Sonstige Anstalten.

Landwirtschaftliche Hochschule. — Zahnärztliches Institut. Kunstakademie. — Handelsgymnasien.

Aas.

NORGES LANDBRUKS HØISKOLE (Landwirtschaftliche Hochschule).

Gegründet 1859. Heutiger Name und Verfassung seit 1897. Verwaltung durch einen Direktor. — Aufnahme: nach Ablegung einer Prüfung, Mindestalter 19 Jahre, 1—2 Jahre praktische Tätigkeit vorher und Vorbildung in einem landwirtschaftlichen Institut. — Abteilungen für Ackerbau, für Feldmesser, für Gartenbau, Milchwirtschaft, Forstwirtschaft. Kursus in den ersten vier Abteilungen zweijährig, in der letzten dreijährig. Gesetz vom 22. Mai 1897. — Gebühren: Unterricht frei; Einschreibgebühr 20 Kr., Abgangsexamen 20 Kr., Benutzung der Laboratorien 25 Kr., des Dissektionssaales 10 Kr. jährlich. Wohnung und Kost jährlich (10½ Monate) 378 Kr.

Bergen.

HANDELSGYMNASIUM. Siehe Christiania S. 194.

MUSEUM.

Naturwissenschaftliche Vorlesungen. Zoologie kann hier als Hauptfach für das realwissenschaftliche Staatsexamen studiert werden. Die Ablegung des Examens erfolgt aber an der Universität. (Königl. Resolution vom 19. Juni 1908).

Christiania=Kristiania.

STATENS TANDLÆGEINSTITUT.

Das zahnärztliche Institut des Staates wurde im Jahre 1909 gegründet. Reglement vom 3. März 1910. Es untersteht dem Kultusministerium. Vier Abteilungen (Prothesenlehre, Orthodontie, Plombierung, Zahnchirurgie). — Direktion: der Vorsitzende soll Professor der medizinischen Fakultät der Universität sein und die theoretischen Fächer am Institut vortragen. Ausserdem die vier Abteilungsvorsteher.

Aufnahmebedingung: Examen Artium (event. Ergänzung für Physik). — Die Ausbildung ist dreijährig (Anfang jeden Herbst). — Examen in zwei Abteilungen, nach zwei resp. drei Jahren Unterricht.

STATENS KUNSTAKADEMI.

Durch Gesetz vom 28. Mai 1909 errichtet. Die Akademie hat drei Abteilungen (Bildhauerei, Malerei, Zeichnen). — Fest angestellt sind drei Professoren.

HANDELSGYMNASIUM.

Gegründet 1875. Ein gleiches Institut besteht in Bergen seit 1904. — Die Handelsgymnasien sind städtische Institute. Beide haben zwei Abteilungen (eine zweijährige wesentlich für Männer mit Vormittagsunterricht, und eine einjährige für Frauen mit Nachmittagsunterricht). — Aufnahmebedingung: Mittelschulexamen.

Großbritannien und Irland.

England S. 199—242; Schottland S. 243—254; Irland S. 255—258.

ENGLAND.

UNIVERSITÄTEN: *Birmingham; Bristol; Cambridge; Durham; Leeds; Liverpool; London; Manchester; Oxford; Sheffield; Wales* (Aberystwyth, Bangor, Cardiff).

COLLEGES: *Aberystwyth; Bangor; Cardiff; Lampeter; London:* University College — King's College — East London College — Gresham College; *Newcastle; Nottingham; Reading.*

FRAUEN COLLEGES: *Cambridge:* Girton College — Newnham College; *London:* Holloway College — Bedford College — Westfield College — London School of Medicine for Women.

THEOLOGISCHE SCHULEN: *Lampeter; London:* Hackney College — New College — Baptist College — Wesleyan College — The London College of Divinity — Jew's College; *Oxford:* Manchester College — Mansfield College.

RECHTSSCHULEN, USW.: *London:* Inns of Court — Law Society's Hall — London School of Economics and Political Science.

MEDIZINISCHE SCHULEN, HOSPITÄLER, USW.: *Liverpool:* L. School of Tropical Medicine; *London:* University College Hospital Medical School — King's College Hospital Medical School — St. Bartholomew's Hospital Medical School — The London Hospital Medical College — Guy's Hospital Medical School — St. Thomas's Hospital Medical School — St. George's Hospital Medical School — Middlesex Hospital Medical School — St. Mary's Hospital Medical School — Charing Cross Hospital Medical School — Westminster Hospital Medical School — London School of Medicine for Women — London School of Tropical Medicine — Lister Institute of Preventive Medicine — Royal Army Medical College — R. College of Physicians of London — R. College of Surgeons of England — London School of Clinical Medicine — Bethlem Royal Hospital — R. London Ophthalmic Hospital — National Hospital for the Paralysed and Epileptic — Queen Charlotte's Lying-in Hospital and Midwifery — Hospital for Consumption and Diseases of the Chest — Hospital for Sick Children — R. Institute of Public Health — R. Sanitary Institute and Parkes Museum; *Newcastle:* Durham College of Medicine.

ZAHNÄRZTLICHE SCHULEN: *London:* National Dental Hospital and College — London School of Dental Surgery. — Zahnärztlichen Unterricht sonst im allgemeinen an den Universitäten und medizinischen Schulen.

PHARMAZEUTISCHE SCHULEN: *London:* School of Pharmacy of the Pharmaceutical Society. — Im übrigen pharmaz. Unterricht an den Universitäten und medizinischen Schulen.

VETERINÄR-SCHULEN: *London:* Royal Veterinary College; *Liverpool:* School of Veterinary Medicine an der Universität.

LANDWIRTSCHAFTLICHE SCHULEN: *Cirencester; London:* South-Eastern Agricultural College. — Ausserdem an der Universität Cambridge landwirtschaftlicher Unterricht.

TECHNISCHE SCHULEN: *Bristol; Cambridge:* Engineering Department an der Universität; *London:* Faculty of Engineering am East London College — Imperial College of Science and Technology mit Central Technical College of the City and Guilds of London Institute — City and Guilds Technical College (Finsbury); *Sheffield:* an der Universität.

SONSTIGE INSTITUTE: *London:* College of Preceptors — R. College of Art — R. Institution of Great Britain for the Promotion, Diffusion and Extension of Science, usw.
UNIVERSITY EXTENSION: die sich namentlich der allgemein bildenden und technischen Fächer annimmt; vergl. besonders die Universitäten Cambridge, London, Oxford.

SCHOTTLAND.

UNIVERSITÄTEN: *Aberdeen; St. Andrews; Edinburgh; Glasgow.*
THEOLOGISCHE SCHULEN: *Aberdeen:* United Free Church College; *Edinburgh:* Free Church College — United Free Church College; *Glasgow:* United Free Church College.
MEDIZINISCHE SCHULEN, USW.: *Edinburgh:* School of Medicine of the Royal Colleges — R. College of Physicians of Edinburgh — R College of Surgeons of Edinburgh; *Glasgow:* Anderson's College Medical School — R. Faculty of Physicians and Surgeons of Glasgow.
TECHNISCHE SCHULEN: *Edinburgh:* Heriot-Watt College; *Glasgow:* The Glasgow and West of Scotland Technical College.
SONSTIGE FACHLICHE SCHULEN: *Aberdeen:* Aberdeen and North of Scotland College of Agriculture; *Edinburgh:* R. (Dick) Veterinary College — Edinburgh and East of Scotland College of Agriculture — Faculty of Actuaries in Scotland; *Glasgow:* The West of Scotland Agricultural College.

IRLAND.

UNIVERSITÄTEN: *Belfast; Dublin:* University of Dublin — The National University of Ireland.
COLLEGES: *Cork, Dublin, Galway* (die R. University of Ireland bildend).
SONSTIGE INSTITUTE: *Belfast:* Municipal Technical Institute; *Dublin:* R. College of Surgeons in Ireland — R. College of Physicians of Ireland.

Die gebräuchlichsten Grade[1].

Vergl. im übrigen die einzelnen Anstalten selbst.

B. A. = Bachelor of Arts.
M. A. = Master of Arts.
B. Litt., Litt. B. = Bachelor of Literature.
D. Litt., Litt. D. = Doctor of Literature.

B. Sc. = Bachelor of Science.
M. Sc. = Master of Science.
D. Sc., Sc. D. = Doctor of Science.

B. D. = Bachelor of Divinity.
L. Th. = Licenciate in Theology.
D. D. = Doctor of Divinity.

LL. B. = Bachelor of Laws.
B. C. L = Bachelor of Civil Law.
LL. M. = Master of Laws.
LL. D. = Doctor of Laws.
D. C. L. = Doctor of Civil Law.

M.B., B.M. = Bachelor of Medicine.
B. S., B. C., Ch. B = Bachelor of Surgery (Chirurgiae).
M. S., M. C., Ch. M. = Master of Surgery.
M. D. = Doctor of Medicine.
Siehe Anm. 2.

B. D. S. = Bachelor of Dental Surgery.
L. D. S. = Licenciate of Dental Surgery.
M. D. S. = Master of Dental Surgery.
D. D. S. = Doctor of Dental Surgery.

B. Sc. (Eng.) = Bachelor of Science (in Engineering).
B. Sc. Techn. = Bachelor of Science in Technology.
M. Sc. (Eng.) = Master of Science (in Engineering).
M. Sc. Techn. = Master of Science in Technology.
B. Sc. Agr. = Bachelor of Science in Agriculture.

B. Com. = Bachelor of Commerce.
M. Com. = Master of Commerce.
Mus. B. = Bachelor of Music.
Mus. D. = Doctor of Music.

Anmerkung 1. Bei den Abkürzungen ist die eine oder andere Stellung der Buchstaben möglich. Nur B. A. und M. A. sind, im Gegensatz zu Amerika, in der einen Stellung gebräuchlich.

Anmerkung 2. Die Zugehörigkeit zu den R. Colleges of Physicians and Surgeons in *England* (London S. 234 35), die jeder Arzt in der einen oder andern Form erwirbt, wird bezeichnet: L. R. C. P. (Licence of the R. Coll. of Physicians), M. (Member) R. C. P., F. (Fellow) R. C. P.; M. R. C. S. (Member of the R Coll. of Surgeons) F. (Fellow) R. C. S. — In *Schottland* (S. 250): L. R C. P. E. (Edinburgh), M. R. C. P. E., M. R. C. S. E. — In *Irland* (S. 258) entsprechend: L. R. C. P. I. (Ireland), M. R. C. P. I., F. R C. P. I.

Ähnlich ist es bei den Pharmazeuten, die das Diploma Ph. C. = Diploma of Pharmaceutical Chemist von der Pharmaceutical Society erhalten und M. Ph. S. = Member of the Pharm. Society werden. — Auch sonst ist es üblich, z. B. in der Agricultur (Agricultural Society), dass das Diploma oder die Mitgliedschaft der anerkannten Gesellschaft, die das betr. Wissensgebiet vertritt, die völlige Ausbildung in dem Fache kennzeichnet.

England.

Universitäten.

I. Allgemeine Verfassung und Organisation.

Die VERFASSUNG der englischen Universitäten ist im folgenden bei den einzelnen Anstalten eingehend dargestellt; vergl. besonders Cambridge, London, Oxford. Cambridge, Oxford und auch Durham haben eine eigene alte traditionelle Verfassung. Folgende Hauptpunkte lassen sich als ungefähr einheitlich nennen:

An der Spitze jeder Universität steht ein »*Chancellor*«, irgendeine prominente Persönlichkeit; als seine Vertreter fungieren zwei Pro-Chancellors. Der »*Vice-Chancellor*« ist das eigentliche Haupt der Universität. Sein Vertreter ist der »*Pro-Vice-Chancellor*«. — Die Mitglieder des »*Court of Governors*«, in dem der Chancellor, die Pro-Chancellors, der Vice-Chancellor ex officio Mitglieder sind, als höchste Instanz für die Bestätigung der Beschlüsse der übrigen Körperschaften, werden teils von Behörden und Körperschaften ernannt, teils gewählt, die einzelnen Mitglieder meistens für die Dauer von 5—10 Jahren. Daneben steht die »*Convocation*«, die sich aus sämtlichen höher Graduierten der Universität zusammensetzt und deren *Chairman* im Court of Governors Sitz und Stimme hat. Die Convocation versammelt sich mehrmals im Jahre und hat Einfluss auf die Wahlen und sonstigen internen Angelegenheiten. Die Exekutivgewalt wird vom »*Council*« ausgeübt, dessen Mitglieder aus der Zahl der »governors« gewählt werden. Der »*Senate*« regelt die Lehrtätigkeit und setzt sich aus den ordentlichen Professoren zusammen (vergl. hierzu aber die besonderen Angaben bei Birmingham, Cambridge, London). An der Spitze einer jeden »*Faculty*« steht ein *Dean*«. — Als »*Principal Officers*« und »*Administrative Staff*« fungieren meistens nach dem Chancellor und Vice-Chancellor: der »*Principal*« (die Stellung nimmt häufig der Vice-Chancellor selbst ein), der »*Registrar*« (*Vice-Principal*), der »*Secretary*« und der »*Treasurer*«.

Die DOZENTEN gliedern sich in Professors, Readers, Lecturers, Assistant Lecturers, Demonstrators. Die *Professors* werden an jeder Universität von dem Senat gewählt mit Bestätigung des Court of Governors, ohne irgendeinen Einfluss des Staates. Die Gehälter sind sehr verschieden, je nach den Stiftungen, die für den einzelnen Lehrstuhl zur Verfügung sind. Sie sind aber niemals niedriger als 500 £. — Die Ernennung der »Professors« erfolgt auf Lebenszeit, wenngleich der Senat bei ganz besonderen Gründen das Recht hat, die Entlassung zu verfügen. — Die *»Lecturers«* stehen etwa im Range der ausserordentlichen Professoren in Deutschland, sie werden je nach den Umständen für eine bestimmte Zeit ernannt. — *»Readers«* vergl. Oxford und Cambridge. *»Demonstrators«* gibt es nur in den naturwissenschaftlichen Fakultäten, die »Junior Demonstrators« werden von Jahr zu Jahr, die »Senior Demonstrators« für längere Zeit ernannt.

Die STUDENTEN kommen von den verschiedensten Schulen: Grammar-Schools, Great public Schools (Internate wie Eton, Rugby), Municipal Schools. Die Anzahl der Studenten, »Undergraduates«, die von den zuletzt genannten Schulen zur Universität gehen, wächst immer mehr. Zur Aufnahme ist eine *»Matriculation Examination«* erforderlich, die von Examiners, die die Universität ernennt, abgehalten wird. Dann erfolgt die Wahl des Faches in den allgemeineren Fakultäten Arts und Science (humanistische Studien und Naturwissenschaften). Der erste Grad, der in diesen erlangt werden kann, ist bei der ersteren B. A. (Bachelor of Arts), bei der zweiten B. Sc. (Bachelor of Science). Man kann auf »Pass« oder »Honours« studieren. Bei Pass findet nach drei- bis vierjährigem Studium eine Prüfung in drei Fächern statt (nach dem ersten Jahre ein »Intermediate« Examen); bei Honours wird nur in einem Hauptfache geprüft, der Prüfling muss aber Vorlesungen in zwei oder mehr andern Fächern gehört haben. Der B. A. (B. Sc.) Honours bezeugt also mehr das wissenschaftliche Studium. Die Honours B. A. (B. Sc.) erhalten meistens ohne weitere Prüfung nach ein bis drei Jahren den Grad M. A. (Master of Arts), M. Sc. (Master of Science), die Pass nur nach besonderem Examen. — Höhere Grade: Litt. B., Vorlage einer Dissertation; Litt. D. entweder honoris causa oder gegen Vorlage einer wissenschaftlichen Abhandlung (Prüfung vorgesehen, aber selten); entsprechend Sc. D. (Doctor of Science).

Die Mediziner studieren meistens gleich in einer Medical School vergl. S. 234, sie können den B. A. oder B. Sc. Grad erwerben, es ist aber nicht notwendig. Grad nach Abschluss des med. Studiums: M. B. (Bachelor of Medicine) und Ch. B. (Bachelor of Surgery). Weitere Grade: M. D. (Doctor of Medicine), Ch. M. (Master of Surgery), usw. — Die Juristen studieren gewöhnlich an einer Universität auf den Grad LL. B. (Bachelor of Laws), vorher erwerben sie meistens den B. A. Grad, häufiger als die Mediziner. Dann treten sie in eine besondere Juristenschule (Inns of Court, usw ; vergl. S. 238). Der Grad LL. D. wird gewöhnlich honoris causa verliehen, seltener gegen wissenschaftliche Abhandlung. — Die Theologen nehmen zuerst den B. A. Grad an einer Universität, treten dann in eine Theological School und erwerben den Grad B. D. (Bachelor of Divinity). Der Grad D. D. (Doctor of Divinity) wird meistens nur honoris causa verliehen, seltener gegen wissenschaftliche Abhandlung.

Den FRAUEN ist im allgemeinen das Studium wie den Männern zugänglich, nur nicht (mit Ausnahme einiger Schulen) in den Theological Schools und meistens nicht an den Ingenieurschulen. (Grade dort vergl. S. 198).

Die STUDIENDAUER beträgt zur Erlangung der ersten Grade im Durchschnitt drei bis vier Jahre, ebensolange ungefähr im Fachstudium; für Mediziner fünf bis sechs Jahre.

Die GEBÜHREN für Vorlesungen belaufen sich auf etwa 20—30 £ pro Jahr, bei Medizinern sind sie entsprechend höher (vergl. die besonderen Angaben bei den einzelnen Instituten). Die Diplomgebühren für die niederen Grade betragen etwa 5 £, für die höheren zirka 10 £.

II. Geschichte und besondere Organisation.

Aberystwyth. UNIVERSITY COLLEGE OF WALES s. S. 224.

Bangor. UNIVERSITY COLLEGE OF NORTH WALES s. S. 224.

Birmingham.

UNIVERSITY OF BIRMINGHAM.

Geschichte. Gegründet 1875 als Mason College von Sir Josiah Mason durch seine Schenkung von 210000 £; hierzu kamen noch andere Stiftungen von zirka 10000 £. Das Institut war für Physiologie, Chemie und Botanik bestimmt. Im Jahre 1892 wurde das Queen's College (Medical and Dental School) damit vereinigt. — Letzteres ist entstanden aus der medizinischen Privatschule des Mediziners Sands Cox, der 1825 darin medizinische Vorlesungen eröffnete. 1828 durch Wilhelm IV. zur Birmingham Royal School of Medicine and Surgery erhoben, erhielt es 1842 durch königliche Inkorporations-Urkunde den Namen Queen's College; 1868 wurde das Sydenham College damit vereinigt; 1885 wurden das städtische Irrenhaus, das »Eye-Hospital« und das orthopädische Spital organisch damit verbunden; 1886 erfolgte die Eröffnung des pathologischen Laboratoriums, des Materia Medica-Museums und der toxikologischen und pharmakologischen Laboratorien.

Der frühere Staatsminister Joseph Chamberlain hatte sich an die Spitze einer Bewegung gestellt, um das Mason College zu einer vollen Universität zu erweitern. Nachdem durch Privatbeiträge über 326000 £ gesammelt waren, erfolgte durch Parlamentsbeschluss und eine königliche Stiftungsurkunde vom 24. März 1900 ihre Gründung als University of Birmingham. Durch eine weitere Parlamentsakte vom 25. Mai 1900 wurde das gesamte Vermögen des Mason University College der neuen Universität überwiesen, deren Einkommen aus eigenem Vermögen jetzt 7300 £ jährlich beträgt. Sie erhält vom Staat und der Provinz einen jährlichen Zuschuss von 11000 £ und von der Stadt einen solchen von 7500 £. Dazu kommen Vorlesungsgelder und Prüfungsgebühren von jährlich 16200 £ und 5000 £ aus anderen Quellen, so dass die Universität jetzt über ein jährliches Einkommen von 47000 £ verfügt. Für die Unterstützung wissenschaftlicher Forschungen bestehen zahlreiche Stiftungen; darunter sind besonders zu erwähnen die 6 Bowen Scholarships, jede im Werte von 96 £ jährlich. Für die neuen Gebäude hat Lord Calthorpe 50 acres (= 20 Hektar) Land geschenkt.

Die Verfassung weicht in vielen Punkten von der der anderen englischen Universitäten ab. An der Spitze steht ein Chancellor, ein Vice-Chancellor und ein Pro-Vice-Chancellor, sowie ein Principal und Vice-Principal. Die Verwaltung wird durch die folgenden Körperschaften ausgeübt: 1. den Court of Governors, 2. den Council, 3. den Senate und 4. die Faculties.

Der *Court of Governors* ist die höchste Instanz für die Prüfung und Bestätigung der Beschlüsse der übrigen Körperschaften. Er besteht aus dem Chancellor, Vice-Chancellor, Pro-Vice-Chancellor, Mitgliedern des hohen Adels, Parlamentsmitgliedern, dem Lord Mayor der Stadt, Vertretern der königlichen und städtischen Behörden, dem Principal, Vice-Principal, sämtlichen Professoren, sowie allen denen, die mindestens

1000 £ zum Stiftungskapital der Universität beigetragen haben. Den Vorsitz führt der Chancellor, der vom Court of Governors auf Lebenszeit gewählt wird, dessen Wahl aber der Bestätigung der Krone bedarf.

Der *Council* (26 Mitglieder, darunter der Chancellor und seine Vertreter, der Principal, Vertreter der städtischen Behörden und die Dekane der Fakultäten) ist die eigentliche Verwaltungs- und Exekutivbehörde der Universität.

Der *Senate* (Principal, Vice-Principal und sämtliche Professoren) ist mit der Regelung und Beaufsichtigung des Studiengangs und der Prüfungen, sowie mit der Handhabung der Disziplin betraut. Den Vorsitz führt der Principal, der von der Krone auf Lebenszeit ernannt wird.

Die *Professoren* werden auf Vorschlag der betreffenden Fakultät vom Council auf Lebenszeit (ad vitam aut culpam) ernannt. Ausser den Professoren gibt es Readers, Lecturers, Assistant Lecturers und Demonstrators. Die Kollegiengelder fliessen in die Universitätskasse; die Universitätslehrer beziehen einen festen Gehalt, und zwar Professoren von 500 £ bis zu 1000 £, Lecturers von 150 £ bis zu 240 £, Demonstrators von 100 £ bis zu 150 £.

Sämtliche Graduierte der Universität bilden die »Guild of Graduates«, die das Recht hat, 6 Mitglieder des Court of Governors zu wählen. Die Professoren besitzen ex officio akademische Grade in ihrer Fakultät und sind Mitglieder der Graduierten-Gilde. Graduierte anderer, auch ausländischer Universitäten, die hier weiter studieren wollen, können als Graduate Students immatrikuliert und Mitglieder der Graduierten-Gilde werden. Auch werden ihnen bei der Bewerbung um die höheren Grade drei an einer anderen Universität verbrachte Jahre angerechnet.

FAKULTÄTEN: Faculty of Science; F. of Arts; F. of Medicine; F. of Commerce.

AUFNAHME. Die Studenten werden Mitglieder der Universität (Undergraduates) durch die Immatrikulation nach bestandener Eintrittsprüfung (Matriculation Examination). Gewisse Prüfungszeugnisse, darunter auch das Reifezeugnis eines deutschen Gymnasiums, Realgymnasiums oder einer Oberrealschule, entbinden von der Eintrittsprüfung. Sämtliche immatrikulierten Studenten bilden die »Guild of Undergraduates«, welche das Recht hat, 3 Mitglieder des Court of Governors zu wählen. Die Studenten wohnen nicht wie in Oxford und Cambridge in Colleges, sondern in Privatwohnungen.

Weibliche Studenten werden unter denselben Bedingungen und mit denselben Rechten wie männliche zugelassen.

PRÜFUNGEN UND GRADE. *Faculty of Science.* Die erste Universitätsprüfung (Intermediate Examination), welche für die Zulassung zu allen weiteren Prüfungen Vorbedingung ist, kann nach mindestens 1 jährigem Studium abgelegt werden. Weitere Prüfungen führen nach mindestens 3jährigem Studium zum Grad eines Baccalaureus Scientiae (B. Sc.), nach mindestens 4jährigem Studium zu dem eines Magister Scientiae (M. Sc.) und nach mindestens 5jährigem Studium zum Doctor Scientiae (D. Sc.).

Faculty of Arts. Die erste Universitätsprüfung (Intermediate Examination) wie in der Faculty of Science. Durch weitere Prüfungen nach mindestens 3jährigem Studium Baccalaureus Artium (B. A.), nach mindestens 4jährigem Studium Magister Artium (M. A.) und nach mindestens 5jährigem Studium Doctor Philosophiae (D. Phil.) oder Doctor Litterarum (D. Litt.).

Faculty of Medicine. Der Studiengang erstreckt sich über fünf Jahre, nach jedem Jahre ist eine Prüfung vorgeschrieben. Die Abschlussprüfung führt zum Baccalaureus Medicinae (M. B.) oder Baccalaureus Chirurgiae (B. Ch.), nach einem weiteren Jahre auf Grund einer Dissertation zum Doctor Medicinae (M. D.) oder Magister Chirurgiae (M. Ch.).

Faculty of Commerce. Studiengang: 3 Jahre, nach jedem Jahre eine Prüfung. Grad: B. Com. (Bachelor of Commerce).

Für jede Fakultät besteht eine besondere Prüfungskommission. Für jedes Fach werden zwei Examinatoren ernannt: der Professor des betreffenden Faches und ein auf Vorschlag der Fakultät vom Court of Governors ernannter Fachmann, gewöhnlich ein Professor von einer anderen Universität.

Die Universität hat das Recht, ihre Grade honoris causa zu verleihen.

PRÜFUNGS GEBÜHREN. Matriculation Examination 2 £; Intermediate Ex. 3 £; B. Sc. oder B. A. 4 £; M. Sc. oder M. A. 5 £; D. Sc., D. Phil. oder D. Litt. 10 £. — Erste und zweite medizinische Prüfung je 5 £; dritte medizinische Prüfung 1 £; vierte medizinische Prüfung 3 £; M. B. oder B. Ch. 5 £; M. D. oder M. Ch. 10 £. — In der *Faculty of Commerce* Immatrikulation 2 £, 1. Examination 1 £, 2. und 3. Examination 2 £, B. Com. Degree 2 £.

Bristol.

THE UNIVERSITY.

GESCHICHTE. Gegründet 1876 als Genossenschaft von beitragenden Mitgliedern »Governors« (mindestens 5 £ jährlich oder 50 £ auf einmal, Gesellschaften mindestens 10 £ jährlich oder 250 £ auf einmal). Elf »Governors« (von der Genossenschaft erwählt) bilden den Council. — Laut königl. Charter vom Jahre 1909 wurde die Errichtung der University bewilligt. Demnach soll der technische Unterricht der Universität vom Merchant Venturer's Technical College übernommen und unterhalten werden.

AUFNAHME, Studiengang, Grade, Gebühren, usw. vergl die allgemeine Organisation S. 199 u. 200 (speziellere Angaben fehlen).

FAKULTÄTEN: Faculty of Arts and Science; F. of Medicine.

Cambridge.

UNIVERSITY OF CAMBRIDGE.

GESCHICHTE. Die Universität Cambridge, fast so alt wie Oxford, ist ebenfalls im Laufe des XII. Jahrhunderts aus geistlichen Schulen entstanden. Die Kleriker von St. Giles unterhielten wahrscheinlich seit alter Zeit Schulen für weltliche Bildung, die sich dann nach dem Vorbild von Paris und Oxford und in der Form des mittelalterlichen Gildenwesens zu einem »Studium« organisierten mit dem Privileg, zu lehren und Grade zu verleihen. Seit 1224 sind die Franziskanermönche zu Cambridge nachweisbar, denen etwa ein halbes Jahrhundert später eine Niederlassung der Dominikaner folgte. Beide Orden gewannen zu Cambridge einen noch grösseren Einfluss auf die Universität als zu Oxford und Paris; sie waren zu den Universitätsgraden zugelassen, was an den andern erst 1337 erfolgte. Königliche und päpstliche Erlasse vom Jahre 1231 und 1233 tun dar, dass um diese Zeit die Universität bereits eine wohlorganisierte Lehrkörperschaft bildete mit einem Kanzler an der Spitze. 1229 und 1231 wuchs die Universität durch Zuzug aus Paris und Oxford; zu anderen Zeiten litt sie durch die Auswanderung der Scholaren, meist infolge von Kämpfen mit den Bürgern, die zweimal (1261 und 1321) die Archive der Universität verbrannten. Aus diesen Kämpfen ging, wie zu Oxford und Paris, die besondere akademische Gerichtsbarkeit und die Unabhängigkeit vom Stadtregiment hervor: 1231 dekretiert der König für Cambridge und Oxford übereinstimmend, dass nach Universitätsgebrauch (secundum consuetudinem universitatis) die Wohnungen der Scholaren durch zwei Magister und zwei Bürger abzuschätzen seien. — Das älteste Zeugnis einer Universitätsordnung ist aus dem Jahre 1276; sie bedroht alle Scholaren mit Ausweisung, die sich nicht innerhalb 14 Tagen nach ihrer Aufnahme in die Universität einem bestimmten Magister unterordnen. Der Hauptaufschwung der Universität fällt mit der Errichtung der Stifte (Colleges) zusammen, die ihren Insassen Wohnung, Verpflegung und Unterricht gewähren und wie zu Oxford bis auf den heutigen Tag erhalten geblieben sind. Das älteste ist das Peterhouse College, durch den Bischof von Ely, Hugh Balsham, 1284 gegründet und mit Statuten, die denen des Merton College zu Oxford (s. unter Oxford) nachgebildet sind. Aus den 40 Jahre später gegründeten »Michaelhouse« und »King's Hall« ging im 16. Jahrhundert das Trinity College hervor. In kurzen Zwischenräumen fogten: Pembroke Hall (1347) und Gonville Hall (1348). Alle diese Stifte waren ausschliesslich den Weltgeistlichen gewidmet im Gegensatz zu den Klöstern der Orden.— Die Reformation Heinrichs VIII. und die nachfolgende Restauration war für beide Universitäten eine schwere Leidenszeit, der erst die Regierung der Königin Elisabeth ein Ende bereitete. Schon zu Anfang des XVI. Jahrhunderts fand der Humanismus zu Cambridge Eingang und wird durch die Namen Bischof Fisher, Sir John Cheke und Sir Thomas Smith repräsentiert. Erasmus verfasste zu Cambridge eine neue lateinische Übersetzung des Neuen Testaments; die mittelalterliche Scholastik war schon 1535 gänzlich verdrängt. Unter Elisabeth entwickelten sich ferner hier die ersten Anzeichen des frühen Puritanismus, und bald bildete Cambridge den Mittelpunkt dieser religiösen Bewegung. Queens' College (1448), St. John's College (1511) und Emmanuel College (1584) waren die puritanischen Hochburgen; das letztere namentlich war der Sitz der puritanischen Lehre. Die Elisabethischen Statuten von 1570 sicherten endlich beiden Universitäten ihren alten Besitzstand; da diese Statuten jedoch stark von den Heads of Colleges beeinflusst waren, gaben sie der Verfassung beider Universitäten einen oligarchischen Charakter: einen der Hauptunterscheidungspunkte von deutschen Universitäten. Von da an datiert Cambridges stets wachsende Bedeutung und Blüte, obwohl die Colleges, wie auch in Oxford, während des Bürgerkrieges (1642—1649) viel zu leiden hatten. Die Zuneigung zur Cartesianischen Philosophie, die Pflege der Mathematik und Naturwissenschaften, vertreten durch Geistesheroen, wie Isaac Barrow (Prof. von 1664—1669), Isaac Newton (Prof. 1669—1702) u. a. machten Cambridge im 17. und 18. Jahrhundert zu einem hervorragenden Mittelpunkt des mathematischen und naturwissenschaftlichen Studiums, eine Stellung, die es bis zum heutigen Tage behauptet hat. Richard Bentley, Vorsteher des Trinity College von 1700—1742, bewirkte ein Aufblühen der griechischen Studien zunächst in Holland, in text-kritischer Methode war er auch ein Vorläufer Lachmanns in Deutschland. Cambridge wurde ebenso wie Oxford bis vor wenigen Jahrzehnten nach seinen Statuten von 1570 verwaltet; die seit 1858 begonnenen Reformen haben indessen die Organisation der Universität mit den Erfordernissen der Neuzeit in Übereinstimmung gebracht, wie aus den grossartigen neuen Museen und Laboratorien, und aus der jetzigen Verfassung ersichtlich ist.

Mullinger, History of the Univ. of Cambr. (bis 1625), 2 vol's. (1873 bis 1884); vol. 3, 1625—1668, unter der Presse. 1910. — *Short History.* 1888. — *Encyclopaedia Britannica:* »Universities«. — Vergl. auch Oxford.

VERFASSUNG. Die Universität Cambridge ist ebenso wie »Oxford« eine autonome Korporation, die ohne Staatszuschuss aus eigenen Mitteln und mit dem Zuschuss der Kollegien den Aufwand für ihren Betrieb bestreitet, alle Privilegien einer Universität und ausserdem das Recht geniesst, zwei Abgeordnete zum britischen Parlament zu entsenden. — Die Verwaltung wird geführt durch den »*Council of the Senate*«, bestehend aus dem Kanzler, Vizekanzler, 4 Vorstehern von Kollegien, 4 Professoren der Universität und 8 anderen Mitgliedern des Senates. — Der *Senate* ist die Gesamtheit der Doktoren und Magister (1909: 7331), er wählt die Vertreter der Universität für das Parlament und bestimmte *University Officers* und hat das Recht, über alle Fragen, die dem Council vorgelegt werden, zu verhandeln. Jedoch nur die Mitglieder, die in Cambridge sich mindestens 14 Wochen vor dem Wahltermine aufhalten (ca. 700, »on the Electoral Roll«), haben das Wahlrecht. Dieser Wahlkörper besteht also tatsächlich aus den ansässigen Senatsmitgliedern und den Beamten, Professoren und Vorstehern der Kollegien und den öffentlichen Examinatoren. — Die Würden des Kanzlers (und des »High Steward« und »Deputy High Steward«) sind wie zu Oxford ornamentale Ehrenämter; das tatsächliche Oberhaupt der Universität ist der alljährlich vom Senat gewählte Vizekanzler, der sich einen oder mehrere »Deputies« ernennen kann; ihm zur Seite stehen die zwei »Proctors« (von den Colleges nach einem Turnus gewählt; ihr Amt ist die Aufrechterhaltung der Ordnung und der guten Sitten in den Strassen), die Sex viri und der Court of Discipline (6 Mitglieder) zur Handhabung der Disziplin bei den Graduates und Undergraduates; der öffentliche Redner, der Archivar (Registrary), der Bibliothekar; und die zwei Esquire Bedells.

Zur Verwaltung des Vermögens besteht der »Financial Board«, dessen Mitglieder zum Teil vom Senat, zum Teil von den Colleges gemeinsam, zum Teil von dem *General Board of Studies* bestellt werden. Dem letzteren liegt die Überwachung des Studienganges ob; seine Mitglieder werden teils vom Senat (8), teils von den *Special Boards of Studies* (je 1 Mitglied) bestellt.

Die meisten Professoren werden auf Lebenszeit ernannt durch je einen Wahlausschuss von 8 Mitgliedern, wozu der »Council« 2, der General und der Special Board of Studies je 3 Mitglieder stellen. Die Readers (ausserord. Proff.) werden vom General Board of Studies ernannt (Gehalt z. Z. 300 £), die University Lecturers von der gleichen Behörde (Mindestgehalt 50 £).

Kollegien. Die 17 Kollegien (s. S. 225) haben wie zu Oxford ihre eigene Verfassung und ihre eigenen meist sehr reichen Stiftungen; von ihrem jährlichen Einkommen haben sie einen bestimmten Prozentsatz zur Universität beizusteuern, der neben dem eigenen Vermögen der Universität (University Chest) als besonderer »Common University Fund« verwaltet wird. Im übrigen wie in Oxford (s. d.). Ausser den Kollegien bestehen sogen. Hostels (s. S. 225), die unter der Aufsicht des Vizekanzlers stehen. Die Mitglieder der Kollegien bestehen dem Range nach ausser dem Vorsteher aus: 1. *Fellows* (im ganzen ca. 400, jede Fellowship mit einer Pfründe ausgestattet), 2. *Noblemen Graduates* und *den Besitzern der höheren Grade* (Doktoren, Magister und Baccalaren der Theologie), 3. den übrigen *Baccalaren*, 4. *Fellow-Commoners* (die jüngeren Söhne des Adels und andere reiche junge Studenten, welche das Privilegium geniessen, mit den Fellows gemeinschaftlich zu speisen), 5. *Scholars* (Studenten, die auf Grund einer Konkurrenzprüfung eine Scholarship = Ehren-Stipendium besitzen), 6. *Pensioners* (die grosse Masse der Studenten, welche Pension bezahlen), 7. *Sizars*, d. h. unbemittelte Studenten, welchen Unterricht und Verpflegung zu ermässigtem Preise gewährt wird. Die zu hinterlegende Kaution beim Eintritt in ein Kollegium beträgt für einen »Adeligen« 50 £, für einen »Fellow-Commoner« 25 £, für »Pensionäre« und andere 15 £. Ein bedeutender Teil des fachwissenschaftlichen Unterrichts wird von den Kollegien selbständig gewährt. Ausserdem existieren wie zu Oxford *Non Collegiate Students*, die keinem Kollegium angehören, sondern in der Stadt behördlich anerkannte Wohnungen beziehen und unter der Aufsicht des Censors stehen. Eintrittsgebühr £ 5.5.

SPECIAL BOARDS OF STUDIES: Divinity; Law; Medicine; Mathematics; Physics and Chemistry; Biology and Geology; Oriental Languages; Classics; Medieval and modern Languages; History and Archaeology; Anthropology; Geography; Economics and Politics; Moral Sciences; Music; Agriculture (and Forestry); Indian Civil Service; Foreign Service; Military Service.

IMMATRIKULATION wie zu Oxford (s. unter Oxford). Gebühr für Adelige £ 15.10, Fellow-Commoners £ 10.10, andere 5 £.

Weibliche Studenten werden nicht immatrikuliert, aber fast zu allen Vorlesungen zugelassen. Dagegen bestehen für solche zwei Colleges: Newnham C. und Girton C., deren Mitglieder die Erlaubnis haben, sich an den höchsten (nicht an den elementaren) Prüfungen zu beteiligen; aber sie sind nicht Mitglieder der Universität und die akademischen Würden sind ihnen nicht zugänglich.

STUDIENGANG, PRÜFUNGEN, GRADE. Der Studiengang ist auf 3—4 Jahre berechnet. Die meisten Studenten bleiben nur 3, einige der besseren ein viertes Jahr. Der Grad eines B. A. (Bachelor of Arts) kann auf Grund leichter Prüfungen als Ordinary degree, oder auf Grund einer höheren Prüfung als Honours degree errungen werden. Den »Honour Schools« zu Oxford entsprechen die »Triposes« zu Cambridge (Gebühr: 3 £, 7 £). Ausserdem verleiht die Universität, auf Grund ähnlicher Bedingungen und Gebühren wie Oxford, die folgenden Grade: M. A. (Mag. Artium), Sc. D. (Scientiae Dr.), Litt. D.; B. D (Bacc. Divin.), D. D. (Dr. Divin.); LL. B. (Legum Bacc.), LL. M. (Legum Mag.), LL. D. (Legum Dr.); M. B. (Med. Bacc.), B. C. (Bacc. Chirurg.), M. C. (Mag. Chir.), M. D. (Med. Dr.); Mus. B. (Musicae Bacc.), Mus. M., Mus. D. Ausser den allgemeinen Universitätsgebühren für jeden Grad wird auch von den Kollegien eine Gebühr erhoben, die je nach dem Kolleg und dem Grad zwischen £ 1.1 und £ 17.10 schwankt. Die Universität verleiht auch Grade honoris causa an hervorragende englische Würdenträger und an einheimische oder ausländische Gelehrte; vergl. *J. E. Sandys, Orationes et Epistolae Cantabrigienses (1876—1909)*. 1910.

AFFILIATED INSTITUTIONS: St. David's College, Lampeter; the University College of Wales, Aberystwyth; University College, Nottingham; St. Edmund's College, Old Hall, Ware; Hartley University College, Southampton; the Royal Albert Memorial University College, Exeter; the University College of South Wales and Monmouthshire, Cardiff; the Universities of Sheffield, New Zealand, Adelaide, Sydney, Tasmania, the Cape of Good Hope, Calcutta, Allahabad, Bombay, Madras, New Brunswick, and Toronto; the Panjab University; McGill University, Montreal; the University of King's College, Windsor, Nova Scotia; the University of Queen's College, Kingston, Ontario; the University of Mount Allison College, New Brunswick.

Studierende dieser Anstalten, die besonderen Bedingungen über Studienzeit und Prüfung (ausgenommen ist davon die erste Universitätsprüfung) genügt haben, wird bei Meldung zur Erwerbung eines Grades ein Jahr in Anrechnung gebracht.

LOCAL EXAMINATIONS. Eine besonders wichtige Funktion, welche die Universität Cambridge ausserhalb ihrer Mauern ausübt, besteht in den 1858 gegründeten »Cambridge University Local Examinations and Lectures«, d. h. in Prüfungen und Vorlesungen, die die Universität in zahlreichen Städten des vereinigten Königreichs veranstaltet.

Die örtlichen Prüfungen sollen tüchtigen Schülern an Schulen und einzelnen Personen ein Zeugnis guter Schulbildung gewähren, das ausserdem, wenn es gewisse Gebiete umfasst, von der Universität an Stelle der ersten Universitätsprüfungen, ferner an Stelle der ersten Prüfungen für die Zulassung zum medizinischen und juristischen Studium angenommen wird. — Die Kandidaten, entweder »Seniors« oder »Juniors«, werden ohne Rücksicht auf Alter zugelassen, aber zu den »Honour Classes« die Seniors nur, wenn sie unter 19 Jahre alt, die Juniors nur, wenn sie unter 16 Jahre alt sind. Die Prüfungen, die im Juli und Dezember stattfinden, wurden im Jahre 1909 in 324 Orten in Grossbritannien und den Kolonien für Knaben und in 318 Orten für Mädchen abgehalten: 3534 Senior-Knaben, 6121 Junior-Knaben 4497 Senior-Mädchen, 3829 Junior-Mädchen meldeten sich als Kandidaten.

Higher local Examinations. Ausser den oben genannten bestehen noch seit 1869 höhere örtliche Prüfungen für Männer und Frauen von über 17 Jahren. Diese werden im Juni und Dezember abgehalten (Dezember 1909: 282; Juni 1910: 834 Kandidaten). Das von der Universität ernannte Syndikat zur Leitung dieser örtlichen Prüfung unternimmt auch die Prüfung und Inspektion von Schulen: im Jahre 1909 wurden 76 Schulen unter seiner Leitung geprüft.

Auf Grund der vom Cambridger Syndikate abgehaltenen Prüfungen werden in den Kolonien an hervorragend tüchtige Schüler Stipendien im Werte von 150—250 £ jährlich verliehen, damit die betreffenden Schüler ihre Erziehung in England vollenden können.

University Extension. Die örtlichen Vorlesungen (local lectures) sollen solchen männlichen und weiblichen Personen aller Stände, die in einem Beruf tätig sind, die Mittel zur Erlangung einer höheren Bildung gewähren. 1873 von der Universität Cambridge ins Leben gerufen, erfreuen sich diese Vorlesungen eines jährlich wachsenden Erfolges. Die Kurse bestehen gewöhnlich aus 12 wöchentlichen Vorlesungen von je einer Stunde. Vor oder nach dieser Vorlesung wird ein Kolloquium abgehalten für diejenigen, die sich ernstlich mit dem Gegenstand beschäftigen und mit dem Vorleser in persönliche Berührung kommen wollen. An der Hand eines gedruckten Grundrisses werden an die Zuhörer Fragen gestellt, die zu Hause zu beantworten und von dem Dozenten zu korrigieren sind. Nach Beendigung des Kurses findet die Prüfung statt für diejenigen, die die Vorlesungen und Klassen regelmässig besucht haben. Über das Bestehen der Prüfung werden Zeugnisse (Certificates) ausgestellt, ferner höhere Zeugnisse (higher Certificates) für solche, die in mehreren Gebieten sich ausgezeichnet haben; eines der letzteren ist das »Certificate of affiliation to the University of Cambridge«. Die Kurse erstrecken sich über die Gebiete der Naturwissenschaften, Literatur, Geschichte, Staatswissenschaften, Kunst. Die örtlichen Vorlesungen werden überwacht von dem Syndikat für örtliche Prüfungen und Vorlesungen zu Cambridge. Im Jahre 1908/09 wurden 97 Vorlesungskurse mit 11953 Zuhörern abgehalten, von denen 444 sich prüfen liessen und 420 die Prüfung bestanden haben. Alle 2 Jahre findet noch das sogenannte »Summer-Meeting« statt, das darin besteht, dass während der grossen Ferien »Extension students« einen Monat lang sich an der Universität zum Besuch von Vorlesungen aufhalten, die besonders für sie gehalten werden. — Während Cambridge die Ehre der ersten Einrichtung dieser örtlichen Vorlesungen gebührt, entfaltet die Universität Oxford seit Jahren die gleiche Tätigkeit mit gleicher selbständiger Organisation. Ausserdem besitzen beide Universitäten einen gemeinschaftlichen Prüfungsrat (joint board of schools examination) für Schulen höheren Grades; derselbe stellt Zeugnisse aus, die an Stelle der Matrikulationsprüfungen zu Oxford und Cambridge Geltung haben.

Publ.: *Statutes of the University of Cambridge.* Univ. Press 1904. — *Ordinances of the Univers. of Cambridge, ed. J. W. Clark.* 1908. — *Cambridge Univ.-Calendar* f. 1908/1909. — *The Students Handbook to the University and Colleges of Cambridge.* 1910. — *Cambridge Univ. Examination Papers,* vol. XXXIX. 1909/1910. — *Univ. Reporter* (wöchentl. im term). — *Graduati Cantabrigienses 1800—1884, ed. Luard.* 1884. — *Matriculations and Degrees 1851—1900, ed. J. W. Clark and J. F. E. Faning.* 1902. — *Endowments, ed. J. W. Clark.* 1904.

Cardiff.

UNIVERSITY COLLEGE OF SOUTH WALES etc. siehe S. 223 und 224.

Durham.

UNIVERSITY OF DURHAM.

Geschichte. Die Bestrebungen der nördlichen Grafschaften Englands für die Gründung einer Universität gehen bis 1640 zurück. Manchester und York bewarben sich um die Gunst, diesen neuen Mittelpunkt zu bilden, aber Cromwell entschied sich für Durham, wo er das eingezogene Vermögen der Kathedralkirche für die Universität zu verwenden gedachte. Dieses Projekt wurde jedoch durch die Restauration aufgehoben und erst im 19. Jahrhundert ausgeführt. Am 4. Juli 1832 erfolgte die königliche Sanktion für die Neugründung. Ein Stift, ähnlich denen der alten Universitäten Oxford und Cambridge (University College) wurde 1837 gegründet, Bishop Hatfield's Hall im Jahre 1846. Später folgten: Bishop Cosin's Hall (1851), St. Chad's Hall (1904), Women's Hostel (1899).

Das College of Medicine, Newcastle upon Tyne (gegründet 1851) ist seit 1852 mit der Universität verbunden, seit 1870 enger, ebenso das Armstrong College, Newcastle upon Tyne (gegründet 1871 von der University und dem North of England Institute of Mining and Mechanical Engineers). Das Codrington College auf Barbados, Westindien (gegr. 1710) ist seit 1875 der University affiliiert, ebenso seit 1876 das Fourah Bay College in Fourah Bay bei Freetown [Sierra Leone, Westafrika] (gegr. 1827).

Verfassung. Die Universität steht unter Aufsicht des Bischofs als »Visitor« und des »Dean« und »Chapter« der Kathedralkirche als »Governors«. Die Verwaltung wurde geführt durch einen »Warden«, den »Senate« und eine »Convocation«. Neue Verfassung seit 1909: Chancellor, Vice-Chancellor, Senate von 39 Mitgliedern, College Councils in Durham und Newcastle (College of Medicine und Armstrong College). Jedes College hat seine eigene finanzielle Verwaltung.

Fakultäten: Faculty of Arts; F. of Science; F. of Literature; F. of Music; F. of Theology; F. of Law; F. of Medicine.

Aufnahme gegen »Matriculation Examination« vergl. S. 200.

Grade und Diplome. Bachelor of Arts, Master of A.; Bachelor of Science, Master of Sc., Doctor of Sc.; Bachelor of Letters; License in Theology, Bachelor of Divinity, Doctor of D.; Bachelor of Civil Law, Doctor of C. L.; Bachelor of Hygiene, Doctor of H., Bachelor of Medicine, Doctor of M., Bachelor of Surgery, Master of S., Diploma of Public Health; Dental Diploma; Bachelor of Music, Doctor of M.; Diploma in Theory and Practice of Teaching. — Technische Grade vergl. Armstrong College, Newcastle (S. 241).

Gebühren. »Admission fee« 2 £. Pro term: »Tuition« 5 £; Censor's fee, Univ. Chest, Univ. Library je £ 0.10. »Examinations«-Gebühren von £ 1.10 bis 10 £, Mediziner mehr; ebenso für »degrees« und »licenses«.

Leeds.

UNIVERSITY OF LEEDS.

Die Universität wurde am 25. April 1904 durch königl. Erlass und Parlamentsakt gegründet. — Die Victoria University, die aus der Vereinigung des University College in Liverpool, des Yorkshire College in Leeds und des Owens College in Manchester bestand, wurde 1903 aufgelöst, und die drei Colleges wurden als getrennte Universitäten organisiert; vergl. Liverpool und Manchester. — Verwaltung durch Vertreter der Grafschaft Yorkshire mit Ausnahme des Einflussbereiches von Sheffield. — Die Aufnahmeprüfung für die drei Universitäten und für die von Sheffield ist gemeinsam. Männliche und weibliche Studierende werden zugelassen. Vergl. Abschnitt I S. 200, Liverpool und Manchester.

Fakultäten: Faculty of Arts (gegründet 1877), F. of Science (1874), F. of Medicine (1831), F. of Technology.

Grade. *Arts:* B. A., M. A., Litt. D. — *Science:* B. Sc., M. Sc., D. Sc. — *Law:* LL. B., LL. D. — *Medicine and Surgery:* M. B., Ch. B., M. D., Ch. M. — *Dentistry:* B. Ch. D., M. Ch. D. — *Commerce:* B. Com. — Techniker werden unter gewissen Bedingungen zu den ordentlichen und Ehren-Graden der Faculty of Science zugelassen.

Liverpool.

UNIVERSITY OF LIVERPOOL.

Gegründet 1881 als »University College of Liverpool«, das von 1884 bis 1903 einen Teil der »Victoria University« bildete, zusammen mit den Colleges in Leeds und Manchester. 1904 wurde das College nach der Trennung zur selbständigen Univ. erhoben. Vergl. Leeds und Manchester.

Verfassung. Die oberste Verwaltung ruht in den Händen des »Court of Governors« (bestehend aus »Chancellor«, den »Pro-Chancellors«, »Vice-Chancellor«, »Treasurer«, Vertretern des Parlaments und der Behörden, usw.); die Exekutivgewalt wird vom »Council« ausgeübt (bestehend aus gewählten Mitgliedern der »Governors«); der »Senate« regelt die Lehrtätigkeit. Vergl. Abschnitt I S. 199.

Fakultäten: Faculty of Arts mit Institute of Archaeology; F. of Science; F. of Engineering; F. of Law; F. of Medicine mit School of Dental Surgery, Department of Public Health, School of Veterinary Medicine, Cancer Research.

Aufnahme und Studiendauer vergl. Abschnitt I S. 200.

Grade. *Arts:* Litt. D., M. A., B. A.; B. Arch.; Diploma in Architecture; Certificate in Architecture; Diploma in Education; Certificates in separate Subjects. — *Science:* D. Sc., M. Sc., B. Sc. — *Medicine:* M. D., Ch. M., M. B., Ch. B.; Diploma in Public Health; Diploma in Tropical Medicine; Diploma in Veterinary Hygiene; Diplomas in special Subjects. — *Dentistry:* M. D. S., B. D. S.; L. D. S. — *Law:* LL. D., LL. M., LL. B. — *Engineering:* D. Eng., M. Eng., B. Eng.; Certificate in Eng.

Gebühren. *1. Kurse:* Courses of one hour a week: one term 1 £, two terms £ 1. 10 sh., session 2 £. — Courses of two hours a week: one term £ 1.7 6, two terms £ 2. 2 sh., session 3 £. — Courses of three hours a week: one term 2 £, two terms 3 £, session 4 £. Ausserdem besondere Laboratoriumsgebühren. — *Examensgebühren* variieren zwischen 1—5 £. — *2. Gebühren für die Zulassung zu den Graden:* B. A., B. Arch., B. Sc., LL. B., B. Eng. 5 £; M. A., M. Sc., Ch. M., M. D. S., LL. M., M. Eng. 5 £; Litt. D., D. Sc., M. D., LL. D., D. Eng. 10 £. — Diploma or Certificate in Architecture, or a Certificate in a separate subject in the Faculty of Arts, or the Certificate in Engineering 1 £.

London.

UNIVERSITY OF LONDON (South Kensington, S. W.).

Geschichte. Die Universität London verdankt ihre Entstehung dem Bedürfnis, neben den beiden Universitäten Oxford und Cambridge eine Universität zu besitzen, deren Lehrplan sich weitere Grenzen zog, als es an den beiden alten Universitäten der Fall war. Noch im ersten Viertel des neunzehnten Jahrhunderts wurde in Oxford »subscription to the Thirty-nine Articles of Religion« als Zulassungsbedingung zur Universität gefordert, und in Cambridge war zur Erlangung des Bachelor-Grades eine Erklärung über die Zugehörigkeit zur anglikanischen Kirche notwendig. — Die neue Universität sollte unabhängig von jedem Glaubensbekenntnis sein und alle theologischen Studien ausschliessen. Die erste Anregung wurde durch einen Brief des Dichters Thomas Campbell an Henry Brougham, den Lord Rector der Universität Glasgow, hervorgerufen. Dieser Brief wurde am 9. Februar 1825 in der »Times« veröffentlicht. Eine Reihe angesehener Männer schloss sich den Ausführungen von Campbell an, und am 11. Februar 1826 konnte schon der Gründungsakt vollzogen und ein Council ernannt werden. Die Regierung hielt es für am vorteilhaftesten, dass das neue Institut als »University College of London« bezeichnet und dass eine besondere Körperschaft gegründet werden sollte, um Examina abzuhalten und Grade zu verleihen, und zwar sowohl den Studenten des College als denen anderer Anstalten. Das Charter der University und das des University College wurden am gleichen Tage, am 28. November 1836, ausgestellt. Die University erhielt das Recht, Grade in Arts, Laws und Medicine nach entsprechender Prüfung solchen Kandidaten zu verleihen, die durch Zeugnisse nachweisen konnten, dass sie einen von der Universität anerkannten Lehrgang hinter sich hatten. »University College« und »King's College« (das letztere eine Gründung der englischen Kirche, siehe S. 214) wurden ermächtigt, solche Zeugnisse auszustellen. Andern Colleges wurde nach und nach ebenfalls dieses Privileg verliehen, und im Jahre 1858 ermächtigte ein neues Charter den Senat der Universität, in den Fakultäten Arts und Laws für die Prüfungen auf besondere Zeugnisse zu verzichten. Für die medizinischen Doktorgrade jedoch blieb ein Studiengang und klinische Praxis an einem Institut Bedingung. In demselben Jahre wurde den Graduates der Universität das Recht zuerkannt, als Convocation in den Verwaltungskörper der Universität einzutreten. 1867 erhielt die Convocation das Recht, einen Vertreter ins Parlament zu entsenden. — Im Jahre 1867 wurden besondere Prüfungskurse für Frauen eingerichtet, und im Jahre 1875 machte ein Ergänzungs-Charter alle Grade und Preise, die die Universität vergab, Studenten beiderlei Geschlechts unter denselben Bedingungen zugänglich. Die University of London war also die erste akademische Körperschaft in England, die Frauen zu den akademischen Graden zuliess.

Bis zum Jahre 1900 blieb die Universität nur Prüfungsanstalt. Auf Grund der Statuten und Ordnungen, die von einer im Jahre 1898 eingesetzten besonderen Kommission entworfen wurden und am 29. Juni 1900 die königliche Bestätigung erhielten, übt die Universität von 1900 an neben der bisherigen ausschliesslichen Prüfungstätigkeit auch die Lehrtätigkeit aus, und zwar in der Weise, dass University College und King's College nacheinander »integral parts« der Universität geworden sind und dass die bedeutendsten höheren Unterrichtsanstalten in London ihr als »Schools« angegliedert wurden. An einer Reihe anderer Institute wirken von der Universität besonders anerkannte Lehrer. Die Undergraduates dieser Schulen und Institute heissen »Internal Students«, die anderen, die nicht darin ausgebildet werden »External Students«.

VERFASSUNG. An der Spitze der Universität steht der Senat als höchste Körperschaft für die Verwaltung und die Exekutive. Der Senat besteht aus dem Chancellor, dem Chairman of Convocation und 54 anderen Mitgliedern, von denen 16 von der Convocation ernannt werden, 16 von den Lehrern in den acht Fakultäten und der Rest von dem König, dem London County Council, dem University College, King's College und verschiedenen anderen Londoner Korporationen. Der Chancellor wird von der Convocation gewählt, der Vice-Chancellor jährlich vom Senat aus seinen Mitgliedern. Versammlungen des Senats finden monatlich statt, ausgenommen im August und September.

Innerhalb des Senates bestehen drei besondere *Councils:* 1. »The Academic Council«, der die Organisation und Kontrolle des höheren Unterrichts in den verschiedenen Schulen und anderen Instituten innerhalb Londons ausübt; 2. »The Council for External Students«; 3. »The Board to Promote the Extension of University Teaching«, der die Einrichtung lokaler Vorlesungen und die »Examination and Inspection of Secondary Schools« unter sich hat.

Die *Convocation* besteht aus »graduates of the University of three years standing« und aus Mitgliedern der drei genannten Committees des Senats. Sie wählt den Vertreter der Universität fürs Parlament, den Chairman of Convocation, der ex officio Mitglied des Senates ist, und 16 andere Mitglieder des Senats. In der Convocation kann jede die Universität betreffende Angelegenheit zur Diskussion gestellt und das Resultat dem Senat vorgelegt werden. Die Convocation versammelt sich dreimal im Jahr, im Januar, Mai und Oktober. Die Mitglieder bezahlen eine jährliche Gebühr von 5 sh. oder eine »life composition fee« von 1 £.

Boards of Studies sind für die verschiedenen Lehrzweige der Universität eingerichtet. Ihre Mitglieder werden vom Senat aus den Lehrern für die bestimmten Fächer gewählt; es können aber auch andere Personen dazu gehören, nur darf deren Anzahl ein Viertel der Gesamtzahl aller Board-Mitglieder nicht übersteigen.

Der LEHRKÖRPER der Universität besteht aus zwei Kategorien: 1. »*Appointed Teachers*«, d. h. solchen, die unmittelbar von der Universität angestellt sind und deren Gehalt aus den Mitteln der Universität bestritten wird; 2. »*Recognised Teachers*«, d. h. Lehrern der verschiedenen Schulen der Universität und anderer Anstalten, an denen unter den Auspizien der Universität eine Lehrtätigkeit ausgeübt wird, die von dem Senat als auf der Höhe des Universitätsstudiums stehend anerkannt ist.

FAKULTÄTEN. 1. Theology, 2. Arts, 3. Laws, 4. Music, 5. Medicine, 6. Science, 7. Engineering, 8. Economics and Political Science (einschliesslich Commerce and Industry).

LEHRTÄTIGKEIT. Die Lehrtätigkeit ist in drei Kategorien geteilt: 1. die, die von der Universität selbst ausgeübt wird, und zwar im University College und im King's College, die wie oben gesagt »integral parts« der University sind (King's College erst seit dem Jahre 1910). Das Theological Department von King's College ist aber »School of the University« in der theol. Fakultät geblieben. — 2. Die Lehrtätigkeit in den »Schools«, die zu den einzelnen Fakultäten gehören, und zwar zur *Faculty of Theology*: King's College (Theological Department); Hackney College, Hampstead; New College, Hampstead; Regent's Park College; Wesleyan College, Richmond; St. John's Hall, Highbury. — Zur *Faculty of Arts*: Royal Holloway College; Bedford College; Westfield College; East London College; London Day Training College (in Pedagogy only). — Zur *Faculty of Medicine:* The Medical School of University College Hospital; The Medical School of King's College Hospital; The Medical School of St. Bartholomew's Hospital; The Medical College of the

London Hospital; The Medical School of Guy's Hospital; The Medical School of St. Thomas's Hospital; The Medical School of St. George's Hospital; The Medical School of the Middlesex Hospital; The Medical School of St. Mary's Hospital; The Medical School of the Charing Cross Hospital; The Medical School of the Westminster Hospital; The London (Royal Free Hospital) School of Medicine for Women; The London School of Tropical Medicine (in Tropical Medicine only); The Lister Institute of Preventive Medicine (for Research in Hygiene and Pathology); The Royal Army Medical College (for Officers of the R. Army Medical Corps). — Zur *Faculty of Science:* Royal Holloway College; Bedford College; Imperial College of Science and Technology; East London College; South-Eastern Agricultural College, Wye (in Agriculture only). — Zur *Faculty of Engineering:* Imperial College of Science and Technology; East London College. — Zur *Faculty of Economics and Political Science:* London School of Economics and Political Science. — Ausführliche Angaben über diese Schools siehe S. 227 u. ff.

Ausserdem sind »Recognised Teachers« an folgenden Instituten: Battersea Polytechnic; Birkbeck College; City of London College; Finsbury Technical College; Jews' College; Northampton Polytechnic Institute; Northern Polytechnic Institute; Royal Veterinary College; Sir John Cass Technical Institute; South-Western Polytechnic Institute; West Ham Municipal Technical Institute; Woolwich Polytechnic. — Maria Grey Training College; St Mary's College, Paddington; Datchelor Training College, Camberwell; Borough Road College, Isleworth; St John's College, Battersea; St Mark's College, Chelsea. — Royal Academy of Music; Royal College of Music; Trinity College of Music. — Bethlem Royal Hospital; Brompton Hospital for Consumption and Diseases of the Chest; Hospital for Sick Children; London School of Dental Surgery; National Dental College; National Hospital for the Paralysed and Epileptic; Royal London Ophthalmic Hospital; School of Pharmacy of the Pharmaceutical Society of Great Britain.

AUFNAHME DER STUDIERENDEN. Als matriculated Students können aufgenommen werden: 1. Studenten, die die »Matriculation Examination« der Universität bestanden oder die »School Examination« und das Alter von 16 Jahren erreicht haben. 2. Studenten, die von der Matriculation Examination auf Grund besonderer Bestimmungen dispensiert sind. Die Matriculation Examination wird jeweils im Januar, Juni und September in London und in einigen Provinzstädten abgehalten. — Die School Examination ist nur solchen Schülern zugänglich, die wenigstens zwei Jahre in einer von der Universität beaufsichtigten Schule gewesen sind.

Graduierte anerkannter Universitäten in Grossbritannien und den Kolonien und Personen, die gleichwertige Zeugnisse, wie sie von diesen Universitäten zur Erlangung eines Grades gefordert werden, vorlegen können, sind von der Matriculation Examination befreit. Eine solche Befreiung kann ebenfalls unter gewissen Bedingungen Studenten gewährt werden, die von anderen Examens-Körperschaften geforderte Examina bestanden haben. Solche Körperschaften sind: The Scotch School-leaving Examination, the Oxford and Cambridge Joint Board Higher Examination, the Oxford Senior Local Examination, the Cambridge Senior Local Examination, the Previous Examination of the University of Cambridge, the Senior Grade Examination of the Intermediate Education Board of Ireland.

Personen im Mindestalter von 19 Jahren, die ausländische Zeugnisse besitzen als Nachweis gleichwertiger Bildung, wie sie für die Matriculation Examination verlangt werden, können beantragen, vom »Board of Moderators« examiniert zu werden.

Jeder, der als »Internal Student« einen Grad erlangen will, muss als solcher eingeschrieben werden. Er muss »matriculated Student« sein und einen Course of Study absolvieren, der von der Universität anerkannt ist, entweder unter direkter Kontrolle der Universität oder unter Aufsicht eines besonderen Komitees, das dazu in einer oder mehreren Schulen der Universität ernannt ist, oder unter einem oder mehreren »appointed« oder »recognised teachers« der Universität.

Grade. Die folgenden Grade werden von der Universität verliehen: Bachelor of Divinity und Doctor of D. — Bachelor of Arts, Master of A., Doctor of Literature. — Bachelor of Laws, Doctor of Laws. — Bachelor of Music, Doctor of Music. — Bachelor of Medicine, Doctor of Medicine. Bachelor of Surgery, Master of Surgery. – Bachelor of Science, Doctor of Science. — Die Grade Bachelor und Doctor of Science werden in der »Faculty of Science«, »F. of Engineering«, »F. of Economics and Political Science, including Commerce and Industry« verliehen. — Ferner gibt die Universität ein »Teachers Diploma«.

Gebühren. »Matriculation Examination« 2 £; Gebühren für jede Intermediate Ex. 5 £, für jeden Bachelor-Grad 5 £, für Master of Arts-Grad 10 £, für Master of Surgery- oder Doctor-Grad 20 £. »Certificate in teaching« 5 £. Bei Wiederholung der Prüfungen die Hälfte der Gebühren.

UNIVERSITY COLLEGE (Gower Street, W. C.).

Das University College wurde am 1. Oktober 1828 eröffnet. Zur Geschichte vergleiche die S. 210 gegebene Darstellung der Geschichte der University of London. Seine ersten Kurse waren in dreissig Departments eingeteilt, an der Spitze eines jeden stand ein Professor. Diese Departments wurden bald nach der Gründung in zwei Faculties gegliedert: »Faculty of Arts and Laws« und »Faculty of Medicine«. 1871 wurde die »Faculty of Science« geschaffen, 1908 die besondere »Faculty of Laws« und die »Faculty of Engineering« konstituiert.

Die Entwicklung der Faculty of Medicine machte die Gründung eines allgemeinen Hospitals notwendig, dessen Grundstein 1833 gelegt wurde. Erneuerungsbau des Hospitals 1898 (vergl. University College Hospital Seite 229). Im Jahre 1869 wurde für den Unterricht der Frauen eine Ladies Association gegründet mit speziellen Kursen. 1878 wurden diese Spezialkurse aber wieder aufgehoben, und seitdem werden die Frauen zu allen Kursen mit den Männern zugelassen mit Ausnahme von der »Faculty of Medicine« und dem »Department of Engineering«.

Die Verbindung des University College mit der University of London war anfänglich keine konstitutionelle, sondern bestand nur darin, dass die University die Studenten des College für ihre Grade examinierte und zahlreiche Dozenten des College zu Examinatoren ernannte. Erst im Jahre 1900 wurde University College eine School der University und entsandte zwei Vertreter in den Senat. Seit dem Jahre 1907 ist nun aber das College in der Universität vollständig aufgegangen mit Ausnahme der »Departments of advanced medical Studies«, die als University College Hospital Medical School eine Schule der Universität in der Faculty of Medicine sind. Das College ist eines der Universitäts-Zentren für die »preliminary« und »intermediate« medical Studies. Es ist Frauen und Männern gleichmässig zugänglich mit Ausnahme der Faculty of Engineering und des »Department of Anatomy«.

Fakultäten: Faculty of Arts; F. of Laws; F. of Science; F. of Engineering; F. of Medical Sciences; School of Modern Oriental Languages (1. Abteilung).

Gebühren. »Composition fee« für Studenten, die den »Three Sessions' Course« in der *Faculty of Arts* belegen (ausgenommen »Science«-Studien und »Architecture«) 68 guineas; ebenso in der Faculty of Economics. —

»Course in Arts with Science Subjects« 73 guineas. — B. A. Architecture Course 115—120 guineas. — M. A. Courses, two Sessions' Course 16 guineas, one Sessions Course 11 guineas. — *Faculty of Science*: B. Sc. Course 95 guineas (einschliesslich Chemie 100); Three Sessions' Course in Engineering 120 guineas. — *Medical Studies:* »Preliminary Scientific I« 26 guineas, »II and Intermediate Medicine« 57 guineas auf einmal oder 62 guineas in zwei Raten; Conjoint Board 1. Examination (I, II, III) 21 guineas; 1. Examination (IV) und 2. Examination 57 guineas oder 62 guineas in zwei Raten. — *Faculty of Law:* »Sessional Composition fee« 10 guineas.

KING'S COLLEGE (Strand, W. C.).

Das College wurde im Jahre 1829 gegründet, 1831 eröffnet. Es sollte, da an der University of London der religiöse Unterricht ausgeschaltet war, diesen besonders im Lehrplan berücksichtigen. Da die University nach und nach zur blossen Prüfungsbehörde für akademische Grade umgewandelt wurde, waren University College und King's College die eigentlichen Lehranstalten der Universität. Nach der Reorganisation der University wurde King's College eine ihrer Schulen. Seit Januar 1910 ist es neben dem University College »integral part of the University«, nur das Theological Department besteht als School der Faculty of Theology der Universität weiter.

FAKULTÄTEN: Faculty of Theology, F. of Arts and Science, F. of Medicine; School of Modern Oriental Languages (2. Abteilung).

GEBÜHREN. »Composition fee« per annum in »Theology« 30 guineas, »Arts« 23 guineas, »Science« 30 guineas. — Preliminary Scientific Course Part I 25 guineas per annum; Prel. Sci. Course und Intermediate Med. Course 55 guineas; M. B. und Conjoint Final 70 guineas; Medicine (Prel. Sci., Inter. and Final) 140 guineas; Engineering 50 guineas per annum.

Manchester.

VICTORIA-UNIVERSITY OF MANCHESTER.

GESCHICHTE. Die Victoria-University ist aus dem Owens College zu Manchester hervorgegangen, das seinerseits durch einen reichen Bürger dieses Namens, um den Bedürfnissen der nördlichen Grafschaften nach einer Universität Rechnung zu tragen, frei von jeder konfessionellen Einschränkung, im Jahre 1851 gegründet worden war. Das hohe Ansehen dieses Kollegiums, das ihm hervorragende Lehrer, wie Sir Henry Roscoe, Balfour Stewart, W. S. Jevons u. a., erwarben, hatte im Jahre 1877 den Wunsch hervorgerufen, es zu einer Universität von Manchester zu erweitern. Infolge der gegen diesen Plan eingelegten Opposition des Yorkshire College zu Leeds wurde die neue Universität laut Stiftungsurkunde vom 20. April 1880 »Victoria-University« benannt, deren Verfassung eine Föderation von Kollegien vorsieht, die eine vorgeschriebene Höhe akademischen Unterrichts nachweisen. Diesen Nachweis hatten das University College zu Liverpool und das Yorkshire College zu Leeds geliefert, so dass die Victoria-University aus dem Owens College zu Manchester und den beiden Stiftungen zu Liverpool und Leeds bestand. Sie unterschied sich von anderen englischen Universitäten dadurch, dass sie nicht eine blosse Prüfungsbehörde zur Erteilung von Graden war, sondern den Besuch ihrer Vorlesungen und einen vorgeschriebenen Studiengang zur Vorbedingung der Erteilung der Grade machte, und dass anderseits ihre Kollegien nicht, wie zu Oxford und Cambridge, an demselben Orte vereinigt zu sein brauchten.

Im Jahre 1903 wurde die 1880 gegründete Föderativuniversität aufgelöst und eine neue Stiftungsurkunde erlassen, laut welcher die Victoria-

University als eine unabhängige Universität mit ihrem Sitz in Manchester weiterbestehen und »Victoria-University of Manchester« genannt werden sollte; im Jahre 1904 ging das Owens College auf Grund einer Parlamentsakte in der Universität auf.

Verfassung. Die Verwaltung der Universität liegt in den Händen des Chancellors, Vice-Chancellors, Pro-Vice-Chancellors, des Court of Governors, des Council, des Senate und der acht Fakultäten. — Die Convocation, bestehend aus den Lehrern und Graduierten der Universität, erwählt den Kanzler und einen Teil der Mitglieder des Kuratoriums, ein anderer Teil wird durch die Krone, den Senat, städtische und andere Körperschaften ernannt. Die Examinatoren bestehen teils aus den Lehrern der Universität, teils aus auswärtigen Gelehrten.

Fakultäten: Faculty of Arts; F. of Science; F. of Law; F. of Commerce; F. of Music; F. of Theology; F. of Medicine; F. of Technology. Die Vorlesungen und Übungen der letztgenannten Fakultät werden grösstenteils in der »Städt. Polytechn. Schule von Manchester« abgehalten.

Gebühren, Prüfungen, Grade. Eingangsprüfung (Arts, Science, Technology) £ 2-2-0; (Commerce, Theology, Law, Medicine, Music) £ 1-1-0. — Erste, zweite und Schlussprüfung für M. B. und Ch. B. je 5 £; Schlussprüfung für B. A. je 1 bis 4 £; Schlussprüfung für B. Sc., B. Sc. Tech. oder LL. B. 1 £; Schlussprüfung für B. A. und B. Sc. »with Honours« 2 £. — Diplome B. A., B. Sc., B. Sc. Tech., B. Com., B. D., B. Dent. Surg., LL. B., M. A., M. Sc., Master of Surgery, je 5 £; Doctor of Literature, of Philosophy, of Science, of Law, of Medicine je 10 £.

Oxford.

UNIVERSITY OF OXFORD.

Geschichte. Die Universität Oxford ist, ähnlich wie Paris, im Laufe des 12. Jahrhunderts aus Schulen für weltliche Bildung entstanden. Schon im ersten Viertel dieses Jahrhunderts waren bedeutende Schulen dieser Art zu Oxford vorhanden, deren Lehrer als »magistri« bezeichnet werden mit dem Amte »regere clericos, regere scholas«.

Forschungen * haben festgestellt, dass um 1116 der Normanne Thibaut d'Estampes, vorher Lehrer zu Caen, wahrscheinlich durch den gelehrten König Heinrich, dessen Lieblingsaufenthalt Oxford war, dahin berufen, als Philosoph und »Magister Oxinfordiae« viele Schüler um sich versammelte; dass 1133 Robert Pullein, der spätere Kardinal, daselbst Theologie und um 1149 der Lombarde Vacarius bei grossem Andrang das römische Recht lehrte; dass Giraldus Cambrensis, als er im Jahre 1187 nach Oxford kam, die Doctores und Scholaren als eine wohlorganisierte, in verschiedene Fakultäten eingeteilte Lehrkörperschaft vorfand und dass, wie der Abt Emo um 1190 berichtet, die Schulen zu Oxford ein »commune studium litterarum« genannt wurden, ein Ausdruck, der dem »studium generale«, dieser ältesten Bezeichnung dessen, was wir Universität nennen, gleichbedeutend ist.

Die Ähnlichkeit der ersten Einrichtungen mit denen von Paris und der nachweisbare rege Verkehr zwischen den beiden Sitzen gelehrter Bildung berechtigen zu der Annahme, dass, wenigstens in ihren ersten Anfängen, Paris das Vorbild für die Oxforder Universität war. Die letztere ist ebenso wie Paris als eine Gelehrtenzunft mit allen Merkmalen des mittelalterlichen Gildenwesens in Anlehnung an eine geistliche Behörde entstanden; ihr Haupt war, wie dort, ein Kanzler, der Vertreter des Bischofs von Lincoln; die Magister hatten, wie dort, die

* T. E. Holland, The origin of the University of Oxford (English Historical Review April 1891). Derselbe, in »the Oxford Historical Society's Collectanea«. 1890.

Verwaltung in ihren Händen; Magister und Scholaren lebten vielfach von Pfründen und Freistellen. An beiden Universitäten waren die Scholaren in Nationen eingeteilt, zu Paris in vier, zu Oxford in zwei (Nord- und Südleute). Aber die weitere Entwickelung der Universität Oxford nahm sehr bald einen selbständigen Verlauf. Vor allem fehlt hier das Amt des Rektors; dann brachte es die grosse Entfernung des Bischofs vom Sitze der Universität im Gegensatz zu Paris mit sich, dass der Kanzler, statt vom Bischof ernannt, von der Universität gewählt und nur vom Bischof bestätigt wurde; und da auch der König ihn schon 1244 mit einem Teil der Gerichtsbarkeit über die Stadt betraute, so war damit schon frühe die Unabhängigkeit dieses Amtes vom Bischof eingeleitet. Auch im Kampfe mit den Bettelmönchen, die, wie in Paris, besondere Vorrechte an der Universität erstrebten, ohne ihre Gesetze zu achten und ihrer Jurisdiktion unterworfen zu sein, war Oxford siegreich. Obwohl von König Edward II. in ihren Ansprüchen unterstützt, wurden sie doch im Jahre 1313 vom Kardinal von St. Eustace, dank der geschickten Verteidigung der Universität durch Doktor John Stratford, abgewiesen. Damit war auch die Unabhängigkeit der Universität von Klöstern und Orden besiegelt.

Die ***Aufnahme*** in die Universität geschah durch einen Schwur vor dem Kanzler, die Gesetze zur Unterdrückung der Aufstände und Unruhen zu befolgen; von 1420 an wurde kein Scholar als Angehöriger der Universität angesehen, der nicht Mitglied eines College war oder unter der Aufsicht eines Prinzipals in einer für Scholaren bestimmten Halle wohnte. Die Studienordnung von 1256 machte für alle Scholaren das Studium in der Artistenfakultät zur Vorschrift; erst dann konnten sie in den »höheren Fakultäten« sich der Theologie, der Rechtswissenschaft oder der Medizin widmen. Eine besondere Merkwürdigkeit der Universitäten Oxford und Cambridge ist es, dass sie, durch den König unterstützt, die Gründung von weiteren Universitäten in England für mehrere Jahrhunderte zu verhindern wussten; so mussten zu Oxford die Magister eidlich geloben, an keinem anderen Orte Englands als zu Oxford oder Cambridge Vorlesungen zu halten.

Schon zu Anfang des 13. Jahrhunderts schätzt man die Zahl der Schüler auf 3000, dank dem Zuzug vieler englischer Scholaren aus Paris im Jahre 1229; Lehrer wie Robert Grossetete, Adam Marsh, Gelehrte wie Roger Bacon erhöhten ihre innere Bedeutung. Das ***Privilegium unabhängiger akademischer Gerichtsbarkeit*** ist aus den zahlreichen Kämpfen der Scholaren mit den Bürgern hervorgegangen. Trotz hartnäckiger Gegenwehr der Bürger endigte die Rivalität zwischen Universitäts- und Stadtregiment mit dem vollständigen Siege der Universität. Schon im Jahre 1214 liess der päpstliche Legat Nikolaus bei Schlichtung eines solchen Streites die Bürger einen Eid schwören, dass sie jeden Scholaren, den sie gefangen nahmen, auf Verlangen dem Bischof von Lincoln oder seinem Stellvertreter, dem Kanzler, auszuliefern hätten. Im Jahre 1231 bestätigte König Heinrich III. »ein altes Übereinkommen«, wonach die Wohnungen gemeinschaftlich durch zwei »ehrbare Bürger und zwei Magister« abgeschätzt werden sollten, »wie es die Gewohnheit einer Universität sei«*; im Jahre 1244 bestimmt er, dass alle Streitigkeiten über Schulden und Wohnungsmieten, sowie über die Preise der Lebensmittel, sofern Magister und Scholaren dabei in Betracht kämen, durch den Kanzler zu schlichten seien. Dieses königliche Dekret, von einer langen Reihe nachfolgender Herrscher und von Innozenz IV. (1254) bestätigt, ist die Magna charta der akademischen Freiheit zu Oxford. Im Jahre 1255 endlich verlieh der König dem Kanzler das Markt-

* In dem gleichen Jahre fällte er die wörtlich gleiche Entscheidung für Cambridge.

aufsichtsrecht, das erst vor wenigen Jahren durch einen Vergleich mit der Stadtbehörde aufgegeben wurde.

Hat so die Gelehrtenzunft mit Hilfe kirchlicher und königlicher Gewalt von Anfang an geordnete materielle Lebensbedingungen den Bürgern gegenüber erzwungen, so äussert sich seit der zweiten Hälfte des 13. Jahrhunderts die gleiche Sorge für eine geregelte leibliche Unterkunft in der Gründung von »*Collegien*«, Stiften, die den Scholaren Wohnung, Verpflegung und Unterricht gewährten, und die seitdem ein charakteristisches Merkmal der Universitäten von Oxford und Cambridge geblieben sind. Die erste Stiftung dieser Art erfolgte um 1248 durch den Magister *William of Durham*, der der Universität eine grössere Summe vermachte mit der Bestimmung, dass aus den Renten jährlich zehn oder mehr Magister erhalten werden sollten. Die zweite Stiftung war die des *Sir John de Balliol* (1260), die später zur Gründung des Balliol College führte; die grossartigste jedoch die des *Walter de Merton*, der bei seinen Lebzeiten (1264) ein Kollegium gründete, baute und organisierte, das nun seit 600 Jahren in korporativer Unabhängigkeit blüht und das Muster für alle übrigen englischen Colleges geworden ist. Er bestimmte die Einkünfte seiner beiden Besitzungen Malden und Farley zur Erhaltung von 20 oder mehr Scholaren, für deren Unterkunft er zu Oxford stattliche Gebäude und eine eigene Kapelle errichtete. Zur Aufnahme waren nächst seinen Angehörigen alle »ehrbaren, keuschen, friedliebenden, demütigen, bedürftigen und lernbegierigen Scholaren« willkommen; sie sollten Philosophie studieren und dann nach Wunsch sich der Theologie oder Jurisprudenz widmen. Die Verwaltung des College stand unter einem »Warden«, der von den ältesten 7 Scholaren gewählt wurde. Die Mitglieder (Fellows) des College ergänzten sich durch Wahl neuer Mitglieder; jedes Mitglied hatte das Recht, bis zur Erlangung einer Stellung im College zu bleiben. Nur Verheiratung, die Verletzung der Statuten und der Beitritt zu einem kirchlichen Orden hatte Ausschliessung zur Folge*.

Im Laufe der Jahrhunderte sind noch zahlreiche Kollegien (siehe S. 242) hinzugekommen, alle auf der breiten und reichen Grundlage materiellen Besitzes gegründet. Sie nahmen bis in die Neuzeit stetig an Wichtigkeit zu und absorbierten allmählich nahezu das ganze akademische Leben, so dass von der Mitte des 17. bis zur Mitte des 19. Jahrhunderts die Geschichte dieser Colleges im wesentlichen die Geschichte der Universität ist.

Die Universität stand seit der frühesten Zeit im Mittelpunkt des nationalen Lebens, viele der religiösen Bewegungen in England gingen von ihr aus, so die Wyclifsche, die Wesleyanische, die hochkirchliche (Puseyitische), die liberale (broad-church).

Der Humanismus fand Ende des 15. Jahrhunderts bei ihr eine gastliche Stätte: seine Hauptträger waren Will. Grocyn, Thom. Linacre, John Colet, auch Erasmus hielt sich einige Zeit dort auf; und als dieser Kreis bedeutender Männer dahingeschwunden war, schützte Kardinal Wolsey die humanistischen Studien vor dem letzten Andrängen der mittelalterlichen Scholastik, der sogenannten »Troyaner«.

Die gewaltsame Reformation Heinrichs VIII. und die katholische Restauration unter der Königin Mary war für sie eine Leidensperiode, aus der sie zwar im wesentlichen unbeschädigt an materiellen Gütern, aber zerrüttet in ihrem Lehrkörper hervorging. Erst die glanzvolle Regierung der Königin Elisabeth, dieser Beschützerin der Wissenschaften, brachte wieder bessere Tage. Das parlamentarische Gesetz vom Jahre 1571 sicherte beiden Universitäten unverbrüchlich ihren alten Besitz und

* Maxwell Lyte, History of the University of Oxford. London 1886.

ihre Privilegien. Die persönliche Anteilnahme der Königin an den Studien, ihre häufige Anwesenheit bei den Feierlichkeiten der Universität bewirkte, dass seit dieser Zeit die Erlangung eines akademischen Grades selbst für die Höchstgestellten der englischen Nation als ein Erfordernis echter Bildung gilt.

In den letzten Jahrhunderten ist die Universität Oxford die Verfechterin konservativer Prinzipien im Staatsleben und in der Kirche. Als Anhängerin des Königshauses der Stuarts war sie noch lange nach der Revolution jakobitisch gesinnt, und die aus dem Verlauf der Ereignisse sich ergebende Niedergeschlagenheit übte bis zur Mitte des 18. Jahrhunderts einen lähmenden Rückschlag auf die Leistungen der Universität aus, zur selben Zeit, als das auf den Boden der Tatsachen sich stellende Cambridge sich höchster Blüte erfreute. Seit 150 Jahren ist aber Oxford (ebenso wie Cambridge) wieder so innig mit dem Leben des englischen Volkes verknüpft und hat in dieser ganzen Zeit dem Lande so viele bedeutende Staatsmänner und Gelehrte geliefert, dass man wohl sagen kann: »das Geschlecht, welches in der verflossenen Periode England beherrschte und repräsentierte, dem im wesentlichen England seinen Ruhm und seine Bedeutung verdankt — *dies* Geschlecht war wesentlich eine Frucht der akademischen Erziehung, des akademischen Studiums und des akademischen Lebens«*.

Die *Reformen* der Jahre 1858, 1871 und 1877 haben in Oxford und Cambridge eine Vermehrung der Lehrstühle zur Folge gehabt, zu deren Ausstattung die Kollegien einen Teil ihrer Einkünfte zu verwenden haben. Die Verfassung der Colleges wurde, soweit es nötig war, ihres mittelalterlichen Charakters entkleidet und dem modernen Leben angepasst; die Stipendien wurden dem wirklichen Verdienste zugänglich gemacht, die alten Eide, namentlich die auf das anglikanische Glaubensbekenntnis (test) wurden abgeschafft und ebenso alle kirchlichen Einschränkungen für das Vorsteheramt der Colleges.

Verfassung und Organisation. Die Universität Oxford ist eine autonome Korporation unter dem alten Titel: »der Kanzler, die Magister (Masters) und Scholaren (scholars) der Universität Oxford«, mit allen Rechten einer Genossenschaft, mit dem Privilegium der bürgerlichen Gerichtsbarkeit in meist allen Fällen, wo die eine Partei ein Mitglied der Universität ist, auch über alle Übertretungen eines Mitgliedes der Universität, deren Aburteilung sonst einem Friedensrichter zusteht, mit besonderen Vorrechten gegenüber dem städtischen Regiment, und mit der Befugnis, die akademischen Grade zu verleihen und den Studiengang zu regeln und mit dem Rechte, 2 Mitglieder zu dem Hause der Gemeinen zu entsenden.

Die Verwaltung der Universität wird durch drei Körperschaften ausgeübt: 1. die »*Convocation*«, bestehend aus allen ansässigen und auswärtigen Masters of Arts, Doktoren der Medizin, der Rechte und der Theologie. Sehr viele Graduierte bleiben auch Mitglieder nach Verlassen der Universität durch Zahlung des Jahresbeitrags von 1 £, gegenwärtig im ganzen ca. 6000. 2. Die »*Congregation*«, bestehend aus denjenigen Mitgliedern der Convocation, die ein Lehramt oder eine Verwaltungsstelle an der Universität bekleiden, oder sich mindestens 140 Tage im Jahre zu Oxford aufhalten (1909: 507 Mitglieder). 3. Den »*Hebdomadal Council*«, bestehend aus dem Kanzler, dem Vizekanzler, den zwei Prokuratoren (proctors) und 18 Mitgliedern (6 Vorsteher von Colleges oder Halls, 6 Professoren, und 6 andere Mitglieder der Convocation), die von der Congregation auf 6 Jahre gewählt werden.

Ausserdem existiert noch aus der früheren Organisation das soge-

* Huber, Die englischen Universitäten. II. Band, p. 42.

nannte »*ancient House of Congregation*«, aus allen Masters of Arts und Doktoren (während der ersten zwei Jahre nach der Erlangung ihrer Grade), allen Examinatoren, Professoren, Vorstehern (Heads) und Dekanen von Colleges und Prinzipalen von Halls zusammengesetzt. Das Amt dieser alten Congregation ist die Verleihung der Grade, ein rein formeller Akt, nachdem die Erfordernisse der Prüfung erfüllt sind, sowie die Bestätigung der ernannten Examinatoren.

Dem »Hebdomadal Council« steht allein die Initiative in der akademischen Gesetzgebung zu. Er entwirft die neuen Statuten und legt sie dann der Congregation vor, die sie annehmen, zurückweisen oder abändern kann. In der genehmigten Form kommen sie vor die »Convocation«, die sie annehmen oder ablehnen, aber nicht abändern kann.

Die »Convocation« erledigt durch Dekrete viele der laufenden Geschäfte der Universität. Sie verleiht durch Dekret Ehrengrade, genehmigt die Petitionen an das Parlament und den Gebrauch des Universitätssiegels und wählt die beiden Vertreter der Universität zum Parlament. Zur Vereinfachung des Geschäftsgangs ernennt sie für die regelmässige Wahrnehmung vieler Befugnisse Delegierte, z. B. die Delegierten der Clarendon-Press (Druckerei und Verlagshandlung der Universität), der Museen, der Polizei, usw.

An der Spitze der Universität steht der *Chancellor* oder sein Stellvertreter, der *Vice-Chancellor*, das wirkliche Exekutiv-Oberhaupt der Universität, der in allen drei Körperschaften den Vorsitz führt. Der Kanzler wird auf Lebenszeit von der Convocation gewählt und immer dem höchsten Adelsstande entnommen (Ehrenamt), der Vizekanzler vom Kanzler gewöhnlich auf 4 Jahre aus den Vorstehern (Heads) der Colleges (600 £ Gehalt).

Die *Disziplinargewalt über die Studenten* ruht in den Händen des Vizekanzlers und der beiden Prokuratoren (Proctors), die alljährlich durch die Kollegien, Hallen und die Delegation der Nicht-Kollegiaten nach einem Turnus gewählt werden (Gehalt 350 £).

Die *bürgerliche, geistliche, Straf- und Testamentsgerichtsbarkeit* der Universität im Weichbilde der Stadt Oxford und in allen Fällen, wo die eine Partei ein Mitglied der Universität ist, war früher sehr weitgehend. Das Gericht des „*High Steward*", der mit einer gemischten Jury schwere Verbrechen aburteilen konnte, hat seit 2 Jahrhunderten nicht mehr getagt. Geistliche Zensuren sind seit langer Zeit veraltet, und die Testamentar-Gerichtsbarkeit wurde 1857 abgeschafft.

Die *Straf-Gerichtsbarkeit*, soweit sie der Universität noch zusteht (nur für kleinere Vergehen), wird durch den Vizekanzler ausgeübt, der virtute officii Friedensrichter (justice of the peace) für die Stadt und Grafschaft ist und gewöhnlich mit einem oder zwei anderen Grafschaftsrichtern zusammentagt. Die Berufung vom Vizekanzler als Friedensrichter geht an die »Quarter-Sessions«-Gerichte.

Die *Zivil-Gerichtsbarkeit* im Chancellors Court kann ebenfalls nach dem Gesetz durch den Kanzler oder den Vizekanzler ausgeübt werden, aber in der Praxis ist sie dem »Assessor« oder dem »Deputatus« des letztern übertragen, dessen Befugnisse durch Parlamentsakten und Universitäts-Statuten geregelt sind und der vormals ein Doktor oder Baccalar des Zivilrechts war, heute aber ein ordnungsmässig qualifizierter Advokat der höheren Gerichtshöfe sein muss.

Der Chancellors Court besteht aus dem Assessor, einem Registrar, der ein solicitor (Anwalt) sein muss, und einer genügenden Anzahl von »procuratores ad lites«, die ebenfalls »solicitors« sein müssen. — Die Berufung geht an den High Court, von da an den Appellhof des höchsten Gerichts (Court of appeal of the Supreme Court) und in höchster Instanz an das House of Lords. Der Court entschied mehrere Jahrhunderte hindurch auf Grund des »civil (Roman) law.« Dies wurde durch einen »Act of Parliament« vom Jahre 1854 abgeändert, der bestimmte, dass das »common and statute law of the realm« für den Court massgebend sein sollte. Dadurch ergaben sich mancherlei Verschiebungen in der Einrichtung und Anwendung.

Die *Professors* werden auf Lebenszeit ernannt (Gehalt gewöhnlich 900 £), 6 davon durch die Krone (sogenannte »Regius Professors« gemäss der Stiftungen der Könige Heinrich VIII. und Georg I.), die übrigen nach den Vorschriften der einzelnen Stiftung durch einen Wahlausschuss von mindestens 5 und höchstens 7 Mitgliedern, in dem das Kollegium, das den Gehalt bestreitet, vertreten sein muss. Die Professoren sind statutarisch zur Anwesenheit in Oxford während bestimmter Zeiträume (gewöhnlich von 6 Monaten), zum Halten einer bestimmten Anzahl von Vorlesungen verpflichtet. Der Visitations-Ausschuss, bestehend aus dem Vizekanzler und mindestens 5 anderen Mitgliedern, überwacht die Einhaltung dieser Verpflichtungen.

Die »*Readers*« (ausserordentliche Professoren, Gehalt gewöhnlich 300 £) werden meistens auf 5 Jahre ernannt. Eine Anzahl Dozenten (Lecturers), die von den Colleges angestellt sind, sind insofern auch von der Universität anerkannt, als ihre Vorlesungen in die amtlichen Vorlesungsverzeichnisse aufgenommen werden. Sie sind als recognised Lecturers den deutschen »Privatdozenten« vergleichbar.

Die 21 *Colleges* (s. S. 242) bilden innerhalb der Korporation der Universität besondere selbständige Korporationen durch Stiftungen, errichtet »für die Zwecke des Studiums und der Erziehung«, sie gewähren ihren Mitgliedern Wohnung, Verpflegung und häuslichen Unterricht durch Tutoren und Lektoren. Die Verwaltung ist in den Händen des Vorstehers und der »Fellows«. Die *Fellowship* ist entweder mit einer Professur verbunden zur Erhöhung des Einkommens dieser Professur, oder mit einem Amt des Kollegiums (Tutor, Verwalter, usw.) oder kann durch Bestehen einer Prüfung oder durch selbständige wissenschaftliche Forschungen auf 7 Jahre erlangt werden (200 £ jährlich). Ausserdem werden Ehren-Fellowships (ohne Gehalt) verliehen.

Die »Undergraduates« (Studenten) eines College sind entweder »scholars«, d. h. solche, die nach bestandener Konkurrenz-Prüfung (competitive examination) eine scholarship (Stipendium) (siehe unten) errungen haben, oder »Commoners«, die nicht im Besitze eines Stipendiums sind.

Die *Colleges* haben ihre eigenen Statuten und sind den Gesetzen der Universität nicht unterworfen; die Prokuratoren der Universität haben in ihren Mauern keine Gewalt. Die Wechselbeziehungen der Universität und der Colleges sind aus der Zusammensetzung der drei vorbenannten Verwaltungs-Körperschaften zu ersehen. Faktisch gehört die grosse Majorität der Studenten zugleich den Colleges an und alle Mitglieder der Colleges sind zugleich Mitglieder der Universität.

Die *Public Halls*, von denen seit der Commission von 1877 nur noch eine nicht mit einem Kollegium inkorporiert ist, sind keine Korporationen, wie die Colleges, ihr Vermögen wird von der Universität verwaltet. Es gibt auch »Private Halls«, genehmigt von der Universität und unter der Aufsicht eines Magister Artium. Im übrigen gewähren sie wie die Colleges ihren Mitgliedern Wohnung, Verpflegung und Unterricht. Die Kosten der vollständigen Pension in den Colleges und Halls schwanken zwischen 80 £ und 150 £ jährlich. Sämtliche Colleges besitzen eine überaus grosse Anzahl von *Stipendien* (Scholarships and exhibitions) im Werte von je 50—100 £ jährlich, die auf Grund einer Prüfung meistens auf 4 Jahre verliehen werden.

»RHODES« SCHOLARSHIPS. Durch Testament vom 1. Juli 1899 hinterliess Mr. Cecil Rhodes dem Oriel College, seinem ehemaligen College, die

Summe von 100000 £ für die Erweiterung der Gebäude und die Erhöhung der Pfründen (Fellowships) des College; ausserdem einen genügenden Betrag zur Verleihung von Jahresdotationen an hervorragende Schüler (Scholarships) aus den britischen Kolonien und den Vereinigten Staaten von Amerika (ungefähr 60 zu je 300 £ jährlich) und 15 Jahresdotationen zu je 250 £ jährlich für deutsche Studenten. — Diese Stiftung ist seit einigen Jahren in Kraft.

Die *Immatrikulation* (Gebühr £ 2.10) an der Universität hat die Mitgliedschaft eine College, oder einer Hall, oder die Aufnahme unter die Non-Collegiate Students zur Voraussetzung. Die Aufnahme in ein College erfolgt auf Grund einer Prüfung durch den Vorsteher und die Fellows; die unter die Non-Collegiate Students durch den Censor nach einer Prüfung vor den Delegierten der Non-Collegiates. Die Aufnahme in eine »Hall« erfolgt nach Ermessen des Prinzipals.

Für *weibliche Studenten* bestehen drei besondere »Halls« (Somerville, Lady Margaret und St. Hughs). Sie werden nicht als Mitglieder der Universität immatrikuliert; auch sind ihnen die akademischen Grade nicht zugänglich, obwohl sie zu einigen Prüfungen zugelassen werden und mit der Erlaubnis der Professoren die Vorlesungen besuchen dürfen.

Die *Disziplin* unter den Studenten wird durch die Statuten der Universität und die der Colleges geregelt und bezieht sich auch auf das private Leben. Die Non-Collegiate Students stehen unter der Aufsicht des Censors und dürfen nur im Weichbild der Stadt in den von der Universität approbierten Privatwohnungen wohnen.

Fakultäten: Faculty of Theology; F. of Law; F. of Medicine; F. of Natural Science; F. of Arts: 1. Literae Humaniores, 2. Oriental Philology, 3. Modern History and Philology.

Affiliated Institutions. Auf Grund der Statuten vom Jahre 1880 und 1887 sind die folgenden Colleges: St. David's College, Lampeter; University College, Nottingham; Firth College, Sheffield; Reading College, Reading; Hartley College, Southampton; Exeter Diocesan Training College; die Universitäten Capstadt, Sydney, Calcutta, Panjab, Bombay, Adelaide, Madras, Melbourne, New Zealand, Allahabad, Toronto; McGill University, Montreal; die Universitäten Tasmania, New Brunswick, Malta; King's College in Windsor (Nova Scotia), Dalhousie University in Halifax (Nova Scotia), Mt. Allison College in Sackville (New Brunswick); Acadia University in Wolfville (Nova Scotia); University Manitoba, Winnipeg; Queen's College, Kingston (Ontario); Laval University, Quebec; McMaster University, Toronto; University St. Joseph's College in St. Joseph (New Brunswick), der Universität Oxford affiliiert. Studenten, welche an diesen Anstalten ihre Studien begonnen oder Prüfungen bestanden haben, geniessen gewisse Vorteile beim Eintritt in den Verband der Universität Oxford.

University Extension (öffentliche Prüfungen und Vorlesungen) siehe unter Cambridge.

Studiengang, Prüfungen, Grade. Die Festsetzung der Vorlesungen regeln die einzelnen »boards of Faculties«, dagegen übt die Universität als solche keinen Zwang auf den Studiengang des einzelnen aus; dessen Überwachung ist Sache der Colleges, Halls und der Delegierten der Non-Collegiates.

Das Studienjahr ist in 4 Termine (terms) eingeteilt und beginnt gewöhnlich mit dem Michaelmas-Term.

Wer einen akademischen Grad erlangen will, muss drei öffentliche Prüfungen bestanden haben, nämlich »Responsions«, »Moderations« und eine »Final Examination«. Die Studenten haben die Wahl in den »Moderations« und »Final Examinations« entweder auf »pass« oder »honour« zu studieren. Einzelne Kollegien nehmen nur solche als Mitglieder auf, welche sich zur Honour (Ehren)-Prüfung verpflichten. Mit Bestehen dieser drei Prüfungen und auf Grund dreijähriger Inskription wird der Grad B. A. (Bachelor of Arts, Gebühr £ 7.10) verliehen. Für »Full Honour Men« sind 4 Jahre Inskription üblich. Der B. A.=Grad ist die Vorstufe für alle übrigen Grade. Es folgen dann: M. A.=Master of Arts (6½ Jahre Inskription ohne Examen. Gebühr 12 £). — B. C. L. = Bachelor of Civil Law (Fachexamen und 6½ Jahre Inskription, Gebühr £ 6.10); D. C. L. = Doctor of Civil Law (nur für Bachelors of Civil Law zugänglich; Überreichung einer selbstverfassten Dissertation ad hoc, oder eines bereits veröffentlichten Buches, das vom Fakultätsrat angenommen ist und 5 Jahre Inskription seit Erlangung des B. C. L., Gebühr 40 £). — B. M. = Bachelor of Medicine (Fachexamen, Gebühr 14 £); B. Ch. = Bachelor of Surgery (Fach-Examen, Gebühr 14 £): M. Ch. = Master of Surgery (nur für Bachelors of Surgery oder Medicine zugänglich; Fach-Examen, 6½ Jahre Inskription, Gebühr 12 £); D. M. = Doctor of Medicine (nur für Bachelors of Medicine zugänglich; 6½ Jahre Inskription und Überreichung einer selbstverfassten Dissertation ad hoc, oder eines bereits veröffentlichten Buches, das vom Fakultätsrat angenommen ist, Gebühr 25 £). — B. D. = Bachelor of Divinity (nur für Masters of Arts zugänglich, aber 3 Jahre weitere Inskription, Nachweis der Anstellung als Geistlicher, öffentliche Vorlesung von zwei selbstverfassten Dissertationen vor dem Regius-Professor of Divinity, Gebühr 14 £); D. D. = Doctor of Divinity (4 Jahre Inskription nach Erlangung des Bachelor of Divinity-Grades; drei öffentliche Vorlesungen über drei verschiedene Teile der Heiligen Schrift, Gebühr 40 £). — Die nichtvollwertigen Grade (»imperfect degrees«): B. Mus. = Bachelor of Music (Fach-Examen, Gebühr 12 £); D. Mus. = Doctor of Music (5 Jahre nach Erlangung des B. Mus.-Grades, Fach-Examen, Gebühr 10 £), verlangen nicht die Anwesenheit zu Oxford und gewähren weder Sitz noch Stimme in der Convocation, da sie nur die Befähigung in einem Zweig der liberal arts bezeugen, während sie für die Erlangung der B. A. und M. A.-Grade in allen Zweigen verlangt wird. — Ausserdem bestehen neue Kurse in Pedagogy, Forestry, Economics und Geography, die zur Erlangung eines Diplomas aber zu keinem Grade führen.

Magister- und Doktorgrade *in Absentia* werden allen Bachelors of Arts, Civil-Law oder Medicine gewährt, die sich in englischen Kolonien aufhalten, gegen Ausweis der genügenden Vorbildung, ein Leumundszeugnis und Einreichung einer Dissertation, die von dem Fakultätsrat zu genehmigen ist, Gebühr 5 £ extra.

Die *Examinatoren* werden durch den Vizekanzler, die beiden Prokuratoren und drei Vertreter der betreffenden Fakultät ernannt und durch das alte Haus der Kongregation bestätigt. Die Prüfungen sind mündlich und schriftlich. Die Universitäten Oxford und Cambridge anerkennen gegenseitig ihre Grade der Philosophie (Arts) und Theologie.

Sheffield.

UNIVERSITY OF SHEFFIELD.

Gegründet 1897 als University College durch Vereinigung des Firth College (gegr. 1879), der Sheffield School of Medicine (gegr. 1828) und der Sheffield Technical School (gegr. 1884) seit 1905 unter dem Namen University.

ORGANISATION. Der *Court of Governors* ist der höchste Verwaltungskörper; beim *Council* liegt die Exekutivgewalt, der *Senate* regelt den Unterricht und die Disziplin. »Principal Officers« sind: der Chancellor, die beiden Pro-Chancellors, der Treasurer, der Vice-Chancellor, der Registrar und der Librarian.

Aufnahme vergl. S. 200. Matriculation Examination vor dem »Joint Board of the Universities of Manchester, Liverpool, Leeds and Sheffield« oder andere gleichwertige, anerkannte Examination.

Studiendauer in der Faculty of Medicine 5 Jahre, in den anderen Fakultäten 3 Jahre.

Grade. Bachelor's, Master's und Doctor's Grade in den Faculties of Arts, Pure Science, Medicine, Applied Science; in der Faculty of Law Bachelor's und Doctor's Grade. - (B. A., M. A., Litt. D., B. Sc., M. Sc., D. Sc., M. B., Ch. B., M. D., Ch. M., B. Eng., M. Eng., D. Eng., B. Met., M. Met., D. Met., LL. B., LL. D.).

Gebühren. »Entrance« keine Gebühren. — »Tuition«: a course of one hour per week during the session, »lecture fees« £ 1.11.6; of 2 hours £ 2.12.6; of 3 hours £ 3.13.6; of 4 hours £ 4.4.0. — »Laboratory fees« besonders (von £ 2.12.6 bis £ 16.16.0 per subject for the Session je nach Anzahl der Stunden).—»Registration fee« jährlich entsprechend den Kursen 10 sh. 6 d. bis £ 1.5.0. — »Examination fees«: Intermediate und Final Examination je 1 £ re-examination 5 sh. per subject; in der Faculty of Medicine 5 £ für jede Examination, 2 £ für re-examination. — »Degree fees« 5 £ für Bachelor und Master, 10 £ für Doctor; in der Faculty of Medicine für Master of Surgery oder Doctor of Medicine 5 £.

Fakultäten: Faculty of Arts; Faculty of Pure Science; Faculty of Medicine; Faculty of Applied Science; Faculty of Law.

Wales.

UNIVERSITY OF WALES.

Errichtet auf Grund eines königlichen Stiftsbriefes vom Jahre 1893 durch Vereinigung der drei gleichberechtigten nationalen University Colleges von Aberystwyth, Bangor und Cardiff. Siehe S. 224.

Die Universitätsverwaltung hat ihren Sitz in Cardiff.

Verfassung. Die höchste Amtsgewalt übt der »University Court« aus, bestehend aus Vertretern der verschiedenen Schulen und andern öffentlichen Anstalten, der Stadt- und Grafschaftsräte, der mit akademischen Würden beliehenen Alumnen (Guild of Graduates), 13 vom Lord-President des Königlichen Rates gewählten Mitgliedern und 36 Vertretern der drei University Colleges.

Der Universitätssenat, dem die Initiative in allen akademischen Angelegenheiten zusteht, ist zusammengesetzt aus den »Principals« oder »Heads of Departments« der Colleges. Das Amt des Vizekanzlers wird der Reihe nach von den Prinzipalen der drei Colleges ausgeübt. Amtsdauer je zwei Jahre.

Die Universität führt die Aufsicht über die Studienpläne der Colleges und hält die entsprechenden Examina ab.

Die Aufnahme der Universitätsstudenten (als getrennt von solchen Studenten der einzelnen Colleges, die nach keinem akademischen Grade der Universität streben) erfolgt auf Grund einer Matriculation Examination oder gleichwertiger Zeugnisse; vergl. S. 200.

Studiengang, Grade. Am Ende eines jeden der drei ersten Studienjahre werden die Kandidaten in den während desselben absolvierten Kursen geprüft. — Der Studiengang führt zu den Graden: Baccalaureus (in Arts, Science, Law, Music, Theology); ferner mit entsprechendem Weiterstudium zum Magister (in Arts, Science, Music) und zum Doctor (in Arts, Science, Law, Music, Theology).

Gebühren für Examina: Baccalaureus £ 6 bis £ 7.15.0, je nach den Fächern, Master 8 £, Doctor 16 £. (Für die Zulassung zu den Examen keine besondere Gebühr.)

Aberystwyth.

UNIVERSITY COLLEGE OF WALES.

Gegründet im Jahre 1872 durch freiwillige Beiträge von ganz Wales und vielen im Ausland lebenden Wallisern als ein nationales Institut für höhere Universitätsbildung; seit 1881 durch einen jährlichen Zuschuss von der englischen Regierung unterstützt, der 1885 durch Parlamentsbeschluss permanent auf 4000 £ (80000 ℳ) fixiert wurde; seit 1889 Staatsanstalt (durch Royal Charter vom 10. September den beiden anderen 1883 und 1884 gegründeten nationalen Colleges in Cardiff und Bangor gleichgestellt), seit 1893 Teil der Universität.

Das College wird verwaltet durch den President, Vice-President, Treasurer, Court of Governors, Council, Senate. — Die Exekutivgewalt, sowie die Ernennung des Prinzipals und des gesamten Lehrkörpers wird vom Council ausgeübt, der alle drei Jahre aus dem Court of Governors (zu dem alle öffentlichen Körperschaften des mittleren Wales, sowie die Universitäten von Oxford, Cambridge, Durham, London, die University Colleges von Bangor und Cardiff, der königliche Staatsrat, die Association of past Students of the College, usw. Mitglieder entsenden) gewählt wird; die innere Leitung liegt in den Händen des Senats, der alle Professoren und wirklichen Dozenten (Lecturers) umfasst, und der im Council durch den Prinzipal und einen Professor, im Court of Governors durch den Prinzipal und drei seiner Mitglieder vertreten ist.

GEBÜHREN. »Registration fee«: 1 £; »composition fee« pro session: 10 £ in arts, £ 13.13 in Science. Besondere Gebühren für Spezialkurse, Laboratorien, usw. — Examensgebühren vergl. University of Wales.

Bangor.

UNIVERSITY COLLEGE OF NORTH WALES.

Gegründet 1884 als Corporation mit eigenem Vermögen, wozu noch ein jährlicher parlamentarischer Zuschuss kam. Seit 1893 Teil der University of Wales. — Über Verfassung und Gebühren vergl. Aberystwyth und University of Wales.

Cardiff.

UNIVERSITY COLLEGE OF SOUTH WALES AND MONMOUTHSHIRE.

Inkorporiert laut königl. Stiftsbrief von 1883. Seit 1893 Teil der University of Wales. — Über Verfassung und Gebühren vergl. Aberystwyth und University of Wales.

FAKULTÄTEN: Faculty of Arts; Faculties of Science, Medicine, Applied Science and Technology. — DEPARTMENTS for the training of teachers for elementary and secondary Schools; Department of Music. — Der medizinische Studiengang ist gleichwertig den ersten drei Jahren medizinischen Studiums an andern englischen Universitäten.

Kollegien und fachliche Hochschulen.

(Anordnung in alphabetischer Reihenfolge der Städte; systematische Gruppierung siehe S. 195.)

Aberystwyth. UNIVERSITY COLLEGE OF WALES siehe S. 224.

Bangor. UNIVERSITY COLLEGE OF NORTH WALES siehe S. 224.

Bristol.

MERCHANT VENTURERS' TECHNICAL COLLEGE.

Geschichte. Gegründet 1856 als Bristol Diocesan Trade and Mining School; 1885 von der Society of Merchant Venturers übernommen und bedeutend vergrössert; nochmalige Erweiterung 1904. Brand 1906. Vergrösserte und verbesserte Wiederherstellung bis Sommer 1909. 1909 wurde eine Professur für Automobilwesen gestiftet. Die Faculty of Engineering der neugegründeten University of Bristol soll mit dem Merchant Venturers' College vereinigt werden. — »Secondary School«, »adult day« und »evening classes« führen zu den Graden B. Sc., M. Sc. und D. Sc.

Verwaltung durch ein Kollegium von 16 Mitgliedern, von denen 14 durch die »Society of Merchant Venturers« und 2 von der Stadt Bristol ernannt werden.

Aufnahmebedingungen. Mindestalter 16 Jahre; wer einen Grad erlangen will, muss die Aufnahmeprüfung der Bristoler Universität bestanden haben.

Studiendauer. Mindestkurs 3 Jahre; zur Erlangung eines Honour-Grades 4 Jahre, wenn nicht Studium in ähnlichem College voranging.

Gebühren. Registration £ 1.1.0; Eintritt 10 sh.; Unterricht £ 26.5.0 jährl.; für Studenten, deren Eltern weniger als 350 £ jährl. Einkommen haben, £ 10.10.0.

Cambridge.

COLLEGES OF THE UNIVERSITY OF CAMBRIDGE.

(Die in Klammern stehenden Zahlen geben das Gründungsjahr an. Näheres siehe S. 205).

St. Catharine's College (1473), Christ's (1505), Clare (1326), Corpus Christi (1352), Downing (1800), Emmanuel (1584), Gonville & Caius (1348), Jesus (1496), King's (1441), Magdalene (1519), Pembroke (1347), Peterhouse (1257), Queens' (1448), Sidney-Sussex (1594), St. John's (1511), Trinity (1546). — Trinity Hall (1350). — Hostel: Selwyn College (1882).

WOMEN'S COLLEGES.

Es bestehen zwei Hochschulen für Frauen in und bei Cambridge: 1) Girton College, 2) Newnham College. Aufnahmebedingung ist in beiden der Nachweis eines Alters von mindestens 18 Jahren und genügender Vorbildung (Aufnahmeprüfung). Die Studentinnen dürfen an gewissen Vorlesungen an der Universität und in den Collegien der Universität teilnehmen und sich an der Previous- (Präliminar-) Prüfung und den Honour Examinations der Universität Cambridge beteiligen, nach deren Bestehen sie Zertifikate aber keine Grade erlangen.

GIRTON COLLEGE.

Gegründet 1869 als College in Hitchin und im Jahre 1873 nach Girton (zwei englische Meilen von Cambridge) verlegt, 1902 durch Neubauten erweitert. — Studium dreijährig. — GEBÜHREN: Einschreibung 1 Guinea; Aufnahmeprüfung 1 £.; Unterricht, Wohnung und Unterhalt 105 £ jährlich.

NEWNHAM COLLEGE.

Entstanden aus verschiedenen Organisationen in den Jahren 1870 bis 1873. Die jetzigen Baulichkeiten umfassen: »Old Hall« (1875), »Sidgwick Hall« (1880), »Clough Hall« (1888), das »Pfeiffer Building« (1893), »Kennedy Buildings« (1906). — GEBÜHREN: 90 bis 105 £ jährlich.

Cardiff. UNIVERSITY COLLEGE OF SOUTH WALES siehe S. 224.

Cirencester.

ROYAL AGRICULTURAL COLLEGE.

Gegründet durch Kgl. Stiftsbrief 1845 als landwirtschaftliches Institut. Dreijähriger Studiengang von je 3 Terms. Zur Erlangung eines Diploms: 3 Jahre. — Diplome: Membership, M. R. A. C. Associateship, A. R. A. C.

GEBÜHREN: Internat 45 £ per Term; Externat 25 £ per Term.

Lampeter.

ST. DAVID'S COLLEGE.

Royal Charter für die Gründung gegeben 1822. Eröffnet 1827. Den Univ. Oxford und Cambridge affiliiert. — AUFNAHME gegen Prüfung in den klassischen Sprachen, in Mathematik und Englisch. — Nach dreijährigem Studium Erteilung der Grade: Bachelor of Arts, B. of Divinity. Nach zwei weiteren Jahren: License in Divinity.

GEBÜHREN: Immatrikulation £ 1.—, Unterricht pro Term £ 5.—. Grade: £ 4.4 (B. D.), £ 3.3 (B. A).

Liverpool.

LIVERPOOL SCHOOL OF TROPICAL MEDICINE.

Gegründet 1899 und durch freiwillige Beiträge unterhalten. — Zweck: Ausbildung von Medizinern in der Tropenhygiene. Erforschung der Tropenkrankheiten. Organisation von Vorbeugungsmassregeln in den Tropen. Die Schule hat bereits 11 wissenschaftliche Expeditionen nach den Tropen ausgerüstet. — Zahlreiche Publikationen.

KURSE. Zweimonatlicher »full course« £ 13.13, »partial course« £ 1.11.6, wöchentlicher Kursus für Missionare und Pflanzer £ 1.1; Kursus für Wärterinnen £ 1.1. Über das erfolgreiche Studium wird ein Zertifikat ausgestellt. — Examensgebühr für Diploma in Tropical Medicine £ 5.5.0.

London.

Schulen der University of London.

1. THEOLOGICAL DEPARTMENT OF KING'S COLLEGE siehe S. 214.

2. HACKNEY COLLEGE (Finchley Road, Hampstead. N. W.).
(Divinity School of the University of London).

Geschichte. Gegründet 1803 als Village Itinerancy or Evangelical Association for the propagation of the Gospel, später Hackney Theological Seminary genannt, seit 1887 in seinem jetzigen Heim zu Hampstead. — Ausbildung von Geistlichen der »congregational churches«; in der Lehrtätigkeit wirkt es zusammen mit New College (siehe unten Nr. 3).

Aufnahme auf Grund einer Eintrittsprüfung. — Der Studiengang besteht aus einem vorbereitenden zweijährigen »Arts Course« und einem dreijährigen »Theological Course«. — Gebühren: 15 £ per annum für interne Studierende, andere 6 £ per annum für jede »University Class«. — Grade: B. A., B. D. der University.

3. NEW COLLEGE (Hampstead, N. W.).

Geschichte. 1850 entstanden durch die Vereinigung von Homerton College (1696 und 1730), Coward College (1738) und Highbury College (1778); der Heranbildung von Geistlichen für die »Congregational-Churches« gewidmet. Durch Stiftungen und freiwillige Beiträge erhalten.

Aufnahme, Studiengang, Grade vergl. Hackney College (siehe oben Nr. 2). — Gebühren: $2^1/_2$ guineas pro term für den gewöhnlichen Kursus.

4. BAPTIST COLLEGE AT REGENT'S PARK.

Geschichte. Gegründet 1810 zu Stepney London, nach Regent's Park verlegt im Jahre 1856. Durch Stiftungen und freiwillige Beiträge erhalten und durch ein sich selbst ergänzendes Komitee von 26 Mitgliedern verwaltet. — Aufnahme gegen Nachweis guten Leumunds und wirklicher Frömmigkeit durch die Kirche, deren Mitglied der Kandidat ist, und gegen Empfehlung von zwei Geistlichen als geeignet für den theologischen Beruf. — Dreijähriger Studiengang.

Gebühren. Foundation students gebührenfrei, andere Studenten $2^1/_2$ guineas für jede Klasse pro term.

5. WESLEYAN COLLEGE (Richmond, Surrey).

Gegründet 1843. Ausbildung von Kandidaten für den geistlichen Beruf der Wesleyan Methodist Church. — Studiengang: dreijährig. — Gebühren werden nicht erhoben, doch erwartet man von bemittelteren Studenten eine gewisse Zahlung.

6. THE LONDON COLLEGE OF DIVINITY
(St. John's Hall, Highbury, N.).

1863 gegründet und mit Mitteln ausgestattet von dem Rev. Chancellor Peache, D. D. 1866 nach St. John's Hall verlegt. Auch der University of Durham affiliiert. Visitor ist der Bishop of London. — Verwaltung durch Council von 15 Mitgliedern, deren Präsident der »Dean of Canterbury«. — Ausbildung von Geistlichen der Church of England. — Aufnahme: Prüfung, Nachweis der genügenden Kenntnisse in den klassischen Sprachen und in Theologie. — Kursus: dreijährig, er kann ausnahmsweise auf zwei Jahre abgekürzt werden.

GEBÜHREN: »Entrance« £ 2.2.0; Terminal Fee £ 25.10.0 (drei Terms jährlich). — Die Studenten werden für den Grad L. Th. der University of Durham oder den des B. D. der University of London vorbereitet.

7. EAST LONDON COLLEGE (Mile End Road, E.).

Gegründet 1841. Die jährlichen Ausgaben werden gedeckt durch jährliche Zahlung von 7000 £ von der Worshipful Company of Drapers, ferner durch die Gebühren-Einnahmen und sonstige Beiträge. Seit 1907 School der University of London in den Faculties of Arts, Science and Engineering. — STUDIENGANG führt zu den Graden der University of London. — GRADE: D. Litt., M. A.. B. A.; D. Sc., B. Sc.; D. Sc. Eng., B. Sc. Eng. — GEBÜHREN: £ 10.10 für Day Students, £ 5.5 für Evening Students pro Session. Für »Advanced und Research Students« besondere Sätze.

FAKULTÄTEN: Faculty of Arts; F. of Science; F. of Engineering.

8. THE ROYAL HOLLOWAY COLLEGE (Englefield Green, Surrey).

GESCHICHTE. Gegründet durch Thomas Holloway als Hochschule für Frauen mit einem Aufwand von 800000 £ (16000000 ℳ) und am 30. Juni 1886 durch die Königin Victoria eröffnet. Das Gebäude enthält gegen 800 Räume und gewährt über 200 Studentinnen Unterkunft. Die Stiftung wird durch einen Rat von 17 Governors verwaltet, die sich nach den Vorschriften des Stifters ergänzen.

AUFNAHME von über 17jährigen Kandidatinnen gegen Eintrittsprüfung und Nachweis guten Leumunds und guter Gesundheit, am besten zum Oktoberterm. — Der vierjährige STUDIENGANG bereitet auf die Prüfungen an der Universität London vor und führt zu den Graden: Intermediate Arts u. B. A.; M. A. in einzelnen Fächern; Intermediate Science, B. Sc. und D. Sc.; Intermediate Music. — Studentinnen der Medizin können im College ihre Studien bis zur »First Examination for medical Degrees« betreiben, aber nicht weiter. — GEBÜHREN 100 £ jährlich.

FAKULTÄTEN: Faculty of Arts; F. of Science.

9. BEDFORD COLLEGE FOR WOMEN (York Place, Baker Street, W.).

GESCHICHTE. Gegründet 1849 von Mrs. Elizabeth Jesser Reid. Älteste Hochschule für Frauen. Unter den 193 Studenten der ersten Session befanden sich George Eliot und Miss Anna Swanwick. Seit 1879, als Frauen zum ersten Male zu den vollen Privilegien der University of London zugelassen wurden, haben 400 Studentinnen des College die B. A., B. Sc. und M. A. Grade der Universität erworben.

Verwaltung durch einen »Council of management«.

AUFNAHME. Resident Students müssen beim Eintritt älter als 18 Jahre, Non-Residents älter als 17 Jahre sein. — COURSES: University Course in Arts oder Science (3—4 Jahre); Research and Postgraduate work; Course of Scientific Instruction in Hygiene; Professional training for secondary teachers; Art School; General Course. — GEBÜHREN je nach dem weiteren oder engeren Studiengang verschieden.

10. WESTFIELD COLLEGE (Finchley Road, Hampstead, N. W.).

Gegründet 1882 durch Miss Dudin Brown für die höhere akademische Ausbildung von Frauen, geleitet durch einen »Council« mit Ausschüssen für Unterricht, Religion, Finanzen und Haushaltung. Wohnung für 60 Studentinnen. Seit 1902 Schule der University of London.

AUFNAHME nur gegen Eingangsprüfung für Frauen von über 18 Jahren. — STUDIENGANG (3—4 Jahre) führt zu den Graden in Arts und

Science der Universität. — GEBÜHREN: 35 £ pro term für Residents (Interne), für Non-Residents (Externe) 15 £ pro term.

11. IMPERIAL COLLEGE OF SCIENCE AND TECHNOLOGY (South Kensington, S. W.).

Das Imperial College of Science and Technology wurde 1907 als School der Faculty of Engineering der Londoner Universität durch die Vereinigung des Royal College of Science und der Royal School of Mines (1851) gegründet. Das Central Technical College of the City and Guilds of London Institute (gegründet 1884) ist ausserdem integrierender Teil des Imperial College. Andere Anstalten sollen angeschlossen werden, und eine Ausbreitung der Tätigkeit wird stattfinden. — AUFNAHME: Männer und Frauen werden aufgenommen; Nachweis entsprechenden Bildungsganges oder Prüfung. Mindestalter 17 Jahre. — Der STUDIENGANG (3—4jährig) führt zu den technischen Graden der Universität. — GEBÜHREN: jährlich ca. 36 £.

12. SOUTH-EASTERN AGRICULTURAL COLLEGE (Wye, Kent).

Das College wurde 1894 eröffnet und geniesst einen jährlichen Zuschuss der Grafschaften Surrey und Kent von 5000 £.

Der »governing body« des College besteht aus neun Vertretern des »County Council of Kent«, neun von Surrey und je einem Vertreter, gewählt von den Universitäten Oxford, Cambridge, London und von den Royal, Bath und West of England Agricultural Societies. — Das College gehört zur Faculty of Science (nur in Agriculture) der University.

AUFNAHME (nur Männer) von mindestens 16jährigen gegen Eintrittsprüfung. — STUDIENGANG: dreijährig zur Erlangung eines Diplomes, zweijährig zur Erlangung eines Zertifikates. Kursus zur Erlangung des Grades B. Sc. (Agric.) der University of London: dreijährig. — GEBÜHREN 60 £ jährlich für Einwohner von Surrey und Kent; für andere 120 £.

13. UNIVERSITY COLLEGE HOSPITAL MEDICAL SCHOOL (University Street, Gower Street, W. C.).

GESCHICHTE. Diese Schule gehörte seit der Gründung des University College (1828) zu diesem als die »medical classes«, die 1832 zur »Faculty of Medicine« ausgebaut wurden. Nach der Reorganisation der University of London (vergl. S. 210) ergab sich die Notwendigkeit, die »hospital studies« besonders zu zentralisieren. So wurden die »preliminary and intermediate medical studies« unter die Kontrolle der University of London (University College) gestellt, die weitere medizinische Ausbildung der University College Hospital Medical School zugewiesen. Aus einer Schenkung (100 000 £) von Sir Donald Currie konnten die neuen Gebäude der School, aus einer solchen (200 000 £) von Sir Blundell Mapple die neuen Gebäude des Hospital errichtet werden (teilweise noch im Bau).

AUFNAHME nach Absolvierung der »preliminary and intermediate studies« am University College oder an einem andern entsprechenden College. — Studiendauer hier noch zwei Jahre. — GEBÜHREN für den ganzen final course M. B., B. S. 80 guineas, wenn auf einmal bezahlt; 82 guineas, wenn erstes Jahr 50, zweites 32. — Vergl. hierzu und über die Grade die Angaben über das ganze medizinische Studium S. 234.

14. KING'S COLLEGE HOSPITAL MEDICAL SCHOOL.

Ähnlich organisiert wie University College Hospital Medical School.

15. ST. BARTHOLOMEW'S HOSPITAL MEDICAL SCHOOL (E. C.).

Gegründet 1123 durch Rahere, den Stifter der Priorei St. Bartholomew, mit der das Hospital, obwohl mit eigenem Vermögen ausgestattet und selbständig verwaltet, ursprünglich zusammenhing. Nach der Auflösung der Priorei (1537) ging auch das Hospital ein, wurde aber auf die Vorstellungen des Lord Mayor von London durch Heinrich VIII. neu bestätigt, (1544) wieder in seine Rechte eingesetzt und auf 100 Betten erweitert. Harvey, der Entdecker des Blutumlaufs, war von 1609—1643 Spitalarzt. Seit 1662 wird am Hospital medizinischer Unterricht erteilt. Seit 1843 besteht das College, das Studierenden Unterkunft und Verpflegung gewährt. Im Hospital jetzt ca. 750 Betten.

Die Anstalt ist School der University in der Faculty of Medicine, hat aber auch für die Faculty of Science »approved courses« in Anatomie, Chemie, Physik, Physiologie. Es kann also an ihr das ganze medizinische Studium absolviert werden.

AUFNAHME, Studiengang, Grade vergl. die Angaben über das medizinische Studium S. 234.

GEBÜHREN: 165 guineas für den ganzen Kursus; 80 guineas für Studenten nach Ablegung der Preliminary Science Examination; 80 guineas für Studenten nach Ablegung der Intermediate M. B. Examination; Preliminary Science fee 20 guineas.

16. THE LONDON HOSPITAL MEDICAL COLLEGE
(Turner Street, Mile End, E.).

Verbunden mit dem London Hospital, dem grössten Hospital Englands, das 1740 durch freiwillige Beiträge gegründet wurde und seitdem so erhalten wird. Im Hospital jetzt ca. 920 Betten.

Seit 1741 wird an dem London Hospital Unterricht erteilt; seit 1785 besteht eine medizinische Schule nach dem Vorbild einer medizinischen Fakultät. Das jetzige Gebäude wurde 1887 eröffnet, seitdem sehr bedeutende Erweiterungen. Das College steht unter der Verwaltung eines Rats von 12 Mitgliedern. Dem Warden steht die Exekutive zu. Die Anstalt ist School der University of London in der Faculty of Medicine, hat aber auch für die Faculty of Science »approved courses« in Anatomie, Chemie, Physik, Physiologie. Es kann also an ihr das ganze medizinische Studium absolviert werden.

AUFNAHME, Studiengang, Grade vergl. die allgemeinen Angaben über das medizinische Studium S. 234. — GEBÜHREN: 120 guineas auf einmal (in Raten 130 guineas) für den ganzen Kursus.

17. GUY'S HOSPITAL MEDICAL SCHOOL OF LONDON
(London Bridge, S. E.).

Das Hospital wurde 1722 durch Thomas Guy, einen Kaufmann der City von London, gegründet; seit 1769 wurde in ihm medizinischer Unterricht erteilt. Die Anstalt ist School der University of London mit »approved courses« in Anatomie, Chemie, Physik, Physiologie. Es kann also an ihr das ganze medizinische Studium absolviert werden. Vergl. näheres St. Bartholomew's Hospital Medical School (siehe oben) und die allgemeinen Angaben über das medizinische Studium S. 234.

GEBÜHREN: »Entrance« 20 guineas; »annual composition fee« 30 guineas; »Preliminary Science Course« 16 guineas.

Der Medical School ist »Guy's Hospital Dental School« angegliedert.

18. ST. THOMAS'S HOSPITAL MEDICAL SCHOOL
(Albert Embankment, S. E.).

Das erste St. Thomas Hospital in Southwark wurde im Jahre 1207 durch Feuer zerstört, 1228 durch den Bischof von Winchester neu aufgebaut; 1507 erneuert, fiel es der Säkularisation Heinrichs VIII. zum Opfer, wurde aber, wie das St. Bartholomew's Hospital, auf die Vorstellungen des Lord Mayor von London, Sir Richard Gresham, seinem ursprünglichen Zweck gerettet. Heinrich VIII. beschloss, die Gebäude der Stadt London für die Wiedererrichtung des Hospitals zu übergeben, und sein Nachfolger König Eduard führte dies aus. Das Hospital hatte bis 1862 seine ursprünglichen Gebäude (in der Nähe von London Bridge) inne, bis eine Eisenbahn-Expropriation die Veranlassung zur Verlegung und zu den jetzigen grossartigen Neubauten gab, die 1871 eröffnet wurden. Das Hospital enthält jetzt ca. 560 Betten. Die ersten Angaben über medizinischen Unterricht am Hospital führen ins Jahr 1561 zurück. 1813 wurde das anatomische Institut errichtet; 1825 sind für alle Fächer Vorlesungen eingeführt worden. — Verhältnis zur University of London und Aufnahme, Studiengang, usw. wie St. Bartholomew's Hospital Medical School, (s. S. 229). Siehe auch die allgemeinen Angaben über das medizinische Studium S. 234.

GEBÜHREN: »Entrance« 20 guineas für »full students«, 10 guineas »for students who have passed Intermediate«; »composition fee« 30 guineas per annum.

19. ST. GEORGE'S HOSPITAL MEDICAL SCHOOL

(Hyde Park Corner, S. W.).

Das Hospital wurde 1734 gegründet. Studentenverzeichnisse gehen bis zum Jahre 1752 zurück. — Mit ihm sind besonders verknüpft die Namen John Hunter, Mathew Baillie, Edward Jenner, Thomas Young the Physicist, Benjamin Brodie, Caesar Hawkins, Bence-Jones, und Prescott Hewett. Es enthält ca. 350 Betten. — Die Schule wurde von John Hunter eingerichtet. Sie ist School der University of London in der Faculty of Medicine; sie erteilt nur den klinischen Unterricht, während das »preliminary« und »intermediate« Studium im University College oder King's College absolviert wird.

AUFNAHME, Studiengang, Grade vergl. University College Hospital Medical School (S. 229) und die allgemeinen Angaben über das medizinische Studium S. 234. — GEBÜHREN: Clinical course »entrance fee« 10 guineas, »annual composition fee« 30 guineas.

20. MIDDLESEX HOSPITAL MEDICAL SCHOOL

(Mortimer-Street, Oxford-Street, W.).

Das Hospital wurde 1745 gegründet. Es enthält 340 Betten. Die Schule besteht seit 1835. — Verhältnis zur University of London und Aufnahme, Studiengang, usw. wie St. Bartholomew's Hospital Medical School, vergl. S. 229 und auch die allgemeinen Angaben über das medizinische Studium S. 234.

GEBÜHREN: 145 guineas bei einmaliger Zahlung, oder in Raten 40, 40, 40, 35 guineas.

21. ST. MARY'S HOSPITAL MEDICAL SCHOOL

(Paddington, W.).

Gegründet 1852. Verhältnis zur University of London und Aufnahme, Studiengang, usw. wie St. Bartholomew's Hospital Medical School, vergl. S. 229 und auch die allgemeinen Angaben über das medizinische Studium S. 234. — GEBÜHREN: »Full course«, University of London, 145 £; conjoint board 140 £; clinical course allein, University of London, 145 guineas; conjoint board 60 guineas.

22. CHARING CROSS HOSPITAL MEDICAL SCHOOL

(62—65, Chandos Street, Strand, W. C.).

Das Hospital wurde 1818 gegründet, in den Jahren 1831—34, 1876, 1901—1905 bedeutend erweitert. Es enthält ca. 300 Betten. Der Unterricht wurde anfangs im Hospital selbst erteilt; seit 1881 im besonderen

Gebäude, dem Hospital gegenüber. Erweiterungsbauten 1889 und 1904. Die Anstalt gehört zur University of London in der Faculty of Medicine und hat »approved courses« in der Faculty of Science in Anatomie und Physiologie — Vergl. über Aufnahme, Studiengang, usw. die allgemeinen Angaben über das medizinische Studium S. 234.

GEBÜHREN für den 5jährigen Kursus auf einmal bezahlt, 115 guineas; oder in Raten: entrance fee 10 guineas, 15 guineas zu Beginn jeder »winter session«, 10 guineas zu Beginn jeder »summer session«. — Dental students: »Composition fee« 55 guineas oder erstes Jahr 31 guineas, zweites Jahr 30 guineas.

23. WESTMINSTER HOSPITAL MEDICAL SCHOOL
(Caxton Street, S. W.).

Das Hospital wurde 1715 in Birdcage Walk als »Public Infirmary for the sick and needy« gegründet, 1724 kam ein Krankenhaus mit 60 Betten in Chapel Street hinzu, 1733 wurde es nach James Street verlegt, wo es 101 Jahre verblieb. Es wird hauptsächlich durch freiwillige Beiträge erhalten. Seit 1834 ist es im jetzigen Gebäude (ca. 200 Betten), und die medizinische Schule wurde im gleichen Jahre errichtet. Doch kam eine formelle Verbindung zwischen beiden erst 1849 zustande. Das heutige Gebäude wurde 1885 eröffnet.

Nur der klinische Unterricht wird in der Hospital school erteilt, die »preliminary und intermediate studies« werden am King's College absolviert. Vergl. über Aufnahme, Studiengang, Grade die Angaben über das allgemeine medizinische Studium S. 234. — GEBÜHREN: »Full course« einschliesslich »preliminary und intermediate courses« im King's College 130 guineas.

24. LONDON (ROYAL FREE HOSPITAL) SCHOOL OF MEDICINE FOR WOMEN (8, Hunter Street, Brunswick Square, W. C.).

Gegründet 1874 als erste medizinische Schule für Frauen. Verwaltung durch eine »Association« von 200 Mitgliedern, die den »Council« wählt. Schule der University of London in der Faculty of Medicine; »approved courses« in der Faculty of Science in Anatomie und Physiologie. — AUFNAHME: Mindestalter 18 Jahre nach bestandener »preliminary arts examination«. — Studiendauer, Grade vergl. die Angaben über das allgemeine medizinische Studium S. 234. — GEBÜHREN: für M. B., B. S. London course 169 £, »for other qualifications« 146 £. — »Examination fees« 25 £ (resp. £ 15.15 bis 31.6).

25. THE LONDON SCHOOL OF TROPICAL MEDICINE
(Connaught Road, Albert Dock, E.).

GESCHICHTE. Gegründet 1899 auf Anregung des Staatssekretärs für die Kolonien, des Right Hon. Joseph Chamberlain durch die »Seamen's Hospital-Society«, als Zweiganstalt des von dieser Gesellschaft unterhaltenen Dreadnought Seamen's Hospital in Greenwich (im ganzen ca. 300 Betten). Die aus freiwilligen Beiträgen bestehenden Einkünfte belaufen sich auf ca. 2000 £ jährlich. Seit 1905 School in der Faculty of Medicine der University of London. Auch Frauen zugänglich.

VERWALTUNG. Die Schule wird verwaltet von einem »Committee«, bestehend aus den Lehrern der Schule und einigen Mitgliedern des Verwaltungsrats des Seamen's Hospital.

AUFNAHME. Nach den Anforderungen der Kolonialverwaltung müssen alle Ärzte, die in den Kolonien approbiert sein wollen, einen Kursus in dieser Schule durchmachen. Ausserdem ist sie zugänglich allen bereits Promovierten (In- und Ausländern) oder solchen, die im 5. Jahre ihres medizinischen Studiums stehen. — GEBÜHREN £ 16.16 für die 3 monatliche Session. Kürzere Perioden nach Vereinbarung.

GRADE. »Tropical Medicine« ist als »alternative subject« für den M. D.-Grad der University of London zugelassen. Der Kursus der Schule wird von der University of Cambridge für ihr »Diploma of tropical medicine« anerkannt. — Das Royal College of Physicians of London und das Royal College of Surgeons of England ernennen »Assessors«, die den Prüfungen beiwohnen und Inhabern der Diplomas dieser Colleges besondere Zeugnisse ausstellen (Gebühren dafür 2 guineas).

26. LISTER INSTITUTE OF PREVENTIVE MEDICINE
(Chelsea Gardens, S. W.).

Früher das Jenner Institute of Preventive Medicine. Gegründet 1891 und durch freiwillige Beiträge unterhalten (darunter 250000 £ von Lord Iveagh). Im Charakter ähnlich dem Pasteur-Institut in Paris, dem Hygienischen Institut in Berlin und anderen derartigen Anstalten auf dem Kontinent, wurde das Lister Institute of Preventive Medicine errichtet mit dem Zweck, wissenschaftliche Arbeiten zu ermöglichen, die zur Erforschung der Ursache und Verhütung von Infektionskrankheiten der Menschen und Tiere beitragen würden. — Ausser bakteriologischen, chemischen und protozoologischen Laboratorien hat das Institut eine Serum-Abteilung, welche in besonderen Gebäuden ausserhalb der Stadt untergebracht ist und günstige Gelegenheit zu Immunitätsstudien bietet.

Das Lister Institute ist seit 1905 »School of the University of London for the purpose of Research in Hygiene and Pathology«. Seine Laboratorien können unentgeltlich von allen Personen (Männern und Frauen) benutzt werden, welche um Erlaubnis nachsuchen und den erforderlichen Bildungsgang nachweisen können, der sie zur Ausführung wissenschaftlicher Arbeiten befähigt.

Der Verwaltungsrat besteht aus 7 Mitgliedern, wovon 1 die Royal Society, 3 Lord Iveagh, 3 der Rat selbst bestellt.

Jährliche Herausgabe der im Laufe des betr. Jahres erschienenen Veröffentlichungen des Instituts in einem Sammelbande (seit 1904).

27. ROYAL ARMY MEDICAL COLLEGE
(Millbank, S. W.).

Eröffnet 1908. Die Schule hatte früher (über 40 Jahre) ihren Sitz in Netley. Sie ist dem »War Office« unterstellt und wird von Officers of the Royal Army Medical Corps geleitet. Zweck: Ausbildung von Army Medical Officers und Officers of the Indian Medical Service. Seit 1908 ist sie Schule der University of London in der Faculty of Medicine. — AUFNAHME gegen Eintrittsprüfung. — Junior Class: Lieutenants on probation, drei Monate; Senior Class: Captains, neun Monate. — Keine Grade, keine Gebühren. — Publ.: *Journal*.

28. LONDON SCHOOL OF ECONOMICS AND POLITICAL SCIENCE
(Clare-Market, W. C.).

Gegründet 1895. Seit 1900 School der Universität in der »Faculty of Economics« mit »approved courses« in Geographie, Geschichte, Staatswissenschaften, Soziologie in der »Faculty of Arts« und in der »Faculty of Law« in verschiedenen Fächern. Männern und Frauen zugänglich. — Tag- und Abendkurse. — AUFNAHME entsprechend den Bedingungen der Universität, siehe S. 212. — GRADE: B. Sc. (3jähriges Studium), D. Sc. (weiteres 2jähriges Studium nach B. Sc.). — GEBÜHREN: £ 10. 10 pro Jahr, £ 4. 4 pro term.

Sonstige Kollegien und Anstalten in London.

UNIVERSITY COLLEGE siehe S. 213.

KING'S COLLEGE siehe S. 214.

ROYAL COLLEGE OF PHYSICIANS OF LONDON (Pall Mall East, S. W.).

Gegründet 1518 durch Heinrich VIII. zur Ergänzung des medizinischen Unterrichts der Universitäten Oxford und Cambridge. Der berühmte Humanist Linacre schenkte dem College sein Haus und seine Bibliothek. Während der Bürgerkriege ging das College seines Eigentums verlustig, doch wurde es später wieder in dasselbe eingesetzt. 1825 siedelte es in das jetzige Heim über.

Seit dem Jahre 1884 haben sich das Royal College of Physicians of London und das Royal College of Surgeons of England (s. S. 235) verbunden, um gemeinschaftliche Examina in Medizin und Chirurgie abzuhalten und Diplome zu verleihen*. Kandidaten haben sich den Prüfungen zu unterwerfen, die durch den von beiden Colleges gestellten »Conjoint Examination board« vorgenommen werden und durch deren Bestehen sie die beiden Diplome (License of the R. College of Physicians) L. R. C. P. und M. R. C. S. (Member of the R. College of Surgeons) erwerben. Vorausbedingung für die Zulassung zu diesen Prüfungen ist der Nachweis fachwissenschaftlicher und praktischer Ausbildung (einschliesslich Hospitalpraxis im britischen Reich). Jeder Kandidat hat drei Fachprüfungen zu bestehen, ausser der Vorprüfung. — Neben der »License« in Medicine verleiht das R. College of Physicians die »Membership« (Mitgliedschaft, M. R. C. P.), nach weiterem fünfjährigen Fachstudium und nach weiteren drei Prüfungen. Schliesslich die »Fellowship« (F. R. C. P.): »Fellows« werden durch die Fellows gewählt, aus den Mitgliedern, die sich in derPraxis oder durch wissenschaftl.Forschung ausgezeichnet haben.

GEBÜHREN: License 21 £, Membership 42 £, »Fellowship« 38 £.

* Das medizinische Studium im ganzen sei hier kurz auf Grund der Angaben im Katalog des London Hospital and Medical College (vergl. S. 230) charakterisiert:

»To become a member of the Medical Profession, or, to use the phrase adopted by the general public, to become a »Doctor«, it is necessary to do three things: 1. To pass a Preliminary Examination; 2. To enter at a Medical school, and study professionally for 5 years; 3. To pass a qualifying Examination in Medicine, Surgery and Midwifery.

The Preliminary Examination must embrace the following subjects: English, Latin, Arithmetic, Algebra, Euclid, and either Greek or a Modern Foreign Language. — Unless the student is going to Oxford or Cambridge, he must pass one of the following Examinations: a) *The Matriculation of the University of London.* b) *College of Preceptors:* 1. Examination for a First Class Certificate (the required subjects to be passed at one or not more than two Examinations); 2. Preliminary Examination for Medical Students (the required subjects to be passed at one time). c) *University of Cambridge:* Junior Local Examinations (Certificate to be endorsed as fulfilling the Council's requirements). d) *University of Oxford:* Junior Local Examinations (Certificate to be endorsed as fulfilling the Council's requirements). e) Or some other recognized Examination.

Fortsetzung siehe nächste Seite!

ROYAL COLLEGE OF SURGEONS OF ENGLAND

(Lincoln's Inn Fields).

Entstanden aus der 1745 gegründeten Company of Surgeons und 1800 als R. College of Surgeons in London reorganisiert, 1843 zum R. College of Surgeons of England erweitert. — Prüfungen zusammen mit dem R. College of Physicians, vergl. dieses (S. 234) betr. Bedingungen der Zulassung und »Membership« (M. R. C. S.). Die »Fellowship« (F. R. C. S.) wird durch zwei weitere Prüfungen erlangt.

LONDON SCHOOL OF CLINICAL MEDICINE

(Dreadnought Hospital, Greenwich, S. E.).

Gegründet 1906. Bildet, wie das Dreadnought Hospital (300 Betten) und die London School of Tropical Medicine (s. S. 232), eine Anstalt der Seamen's Hospital Society (gegründet 1821), die unter dem Patronat des Königs und der Königin sich durch freiwillige Beiträge erhält. Affiliierte Hospitäler: I. Royal Waterloo Hospital for Children and Women, II. Bethlem Royal Hospital, III. General Lying-in Hospital, York Road.

Die Schule dient der weiteren Ausbildung praktischer Ärzte (qualified practitioners). Nur solche werden zugelassen. — STUDIENDAUER: drei Sessions zu drei Monaten jährlich. Die Universität London anerkennt das Dreadnought Hospital und die damit verbundene London School of clinical Medicine als Anstalten, deren Zeugnisse über medizinische Fortbildung von Promovierten zur Erlangung höherer Grade (certificates of post-graduation study for the higher degrees) gültig sind. — Kurse für operative Chirurgie sind von dem »Conjoint Examination Board« der Colleges of Physicians and Surgeons (siehe S. 234) besonders anerkannt.

GEBÜHREN pro Session: Operative Chirurgie, £ 7.7; alle übrigen Kurse zusammen £ 16.16. — Ferien-Kursus im September £ 5.5. Graduierte der Tropical School geniessen eine Ermässigung.

BETHLEM ROYAL HOSPITAL

(Lambeth Road, S. E.).

Gegründet 1247. »Recognised teachers« der University of London; vergl. S. 211. — Kurse: 3 guineas für den Kursus von 3 Monaten.

[Fortsetzung von S. 234.] Students wishing to graduate at the University of London, must pass the Matriculation Examination of that University. — All Students are strongly recommended, if possible, to pass this Examination, because they can then proceed to the Degree of M. B. in the University as well as to the M. R. C. S. and L. R. C. P. The recent alterations in the Matriculation, by giving a wide choice of subjects, have placed the Examination within the reach of any welleducated Student without any further preparation than he should be able to obtain in a good School. — For the Double Diploma of M. R. C. S. England and L. R. C. P. London, the above Certificates of the College of Preceptors, or the University Local Examinations, will be sufficient. — In any case, Students must be careful to make sure that all the required subjects are included in the Preliminary Examination they may choose.

The next step to be taken, after passing the Preliminary Examination, is to enter at a Medical School and register as a Medical Student at the Office of the General Medical Council. The University of London and the Royal Colleges of Physicians and Surgeons do not insist upon registration, but every Student is advised to register, and that as early as possible in his career. — The commencement of the five years' Curriculum dates from the day of entry at a Medical School, not from registration.«

ROYAL LONDON OPHTHALMIC HOSPITAL (City Road, E. C.).

Gegründet 1804 in Charterhouse Square, 1821 nach Blomfield Street, Moorfields verlegt, 1899 nach City Road. Das Hospital wird durch freiwillige Beiträge unterhalten. Inkorporiert durch Royal Charter 1890. Das jetzige Gebäude ist für 138 »in-patients« eingerichtet. Entsprechende Behandlung von out-patients.

Die praktische Tätigkeit im Hospital ist »registered students of medicine« und »qualified medical practitioners« zugänglich. — »Recognised teachers« der University of London, vergl. S. 211. »Courses of instruction« 3 mal jährlich, beginnend im Oktober, Januar und Mai. Jeder Kursus dauert drei Monate.

GEBÜHREN: vollständiger Kursus £ 5.5; 6 Monate £ 3.3.

NATIONAL HOSPITAL FOR THE PARALYSED AND EPILEPTIC (Queen Square, Bloomsbury, W. C.).

Gegründet 1859. Unter dem Patronat des Königs. Wird unterhalten durch Stiftungen und freiwillige Beiträge. — 200 Betten (160 in Queen Square, 40 in Finchley). — Unterricht: drei Kurse jährlich, beginnend im Oktober, Januar und Mai. — »Recognised teachers« der University of London, vergl. S. 211.

GEBÜHREN: 3 Monate 2 guineas, 6 Monate 3 guineas.

QUEEN CHARLOTTE'S LYING-IN HOSPITAL and MIDWIFERY TRAINING SCHOOL (Marylebone Road, N. W.).

Gegründet 1752. Neues Gebäude am jetzigen Orte erbaut 1856. Erweitert 1886, 1897—1900, 1908. Das Hospital (87 Betten) umfasst auch ein »Residential College for medical students«. Inkorporiert durch Royal Charter 1885. Leitung durch ein Committee of management. — Kurse »medical students« und »qualified practitioners« zugänglich. — Gebühren £ 8.8 pro Monat. — Besondere Ausbildung von Hebammen und Ammen.

HOSPITAL FOR CONSUMPTION AND DISEASES OF THE CHEST (Brompton, S. W.).

Gegründet 1841, inkorporiert 1850, durch freiwillige Beiträge und Stiftungen unterhalten. 185 Betten für Männer, 133 für Frauen. Sanatorium and Convalescent Home bei Frimley, Surrey. Zwei Vorlesungs- und Demonstrationskurse jährlich: Spring-Course Januar bis März; Winter-Course Oktober bis Dezember. »Recognised teachers« der University of London, vergl. S. 211. — GEBÜHREN: Vorlesungen frei für praktische Ärzte und die Studenten des Hospitals; für Hospitalpraxis £ 1.1 monatlich, oder £ 2.2 vierteljährlich oder ständig (perpetual ticket) £ 5.5.

THE HOSPITAL FOR SICK CHILDREN (Great Ormond Street, W. C.).

Gegründet 1852. Durch Stiftungen und freiwillige Beiträge unterhalten. 222 Betten; im Rekonvaleszentenheim (Cromwell House, Highgate, N.) 30 Betten. »Recognised teachers« der University of London, vergl. S. 211.

GEBÜHREN: dreimonatlicher klinischer Unterricht £ 3.3.0. — Ständige Karte (perpetual ticket) £ 5.5.0. Vorlesungen frei für praktische Ärzte.

NATIONAL DENTAL HOSPITAL AND COLLEGE (Great Portland Street, W.).

Das National Dental Hospital wurde 1861 gegründet. Die erste »special dental School« in Grossbritannien war die »Metropolitan School of Dental Science«, eröffnet 1859. Diese Schule und das Hospital standen, obwohl getrennt, unter den Auspizien des »College of Dentists« (gegr.

1856 und 1863 mit der Odontological Society vereinigt). 1877 wurde die Metropolitan School reorganisiert und erhielt den Namen »National Dental College«. Das Hospital wurde dank einer Stiftung der Lady Howard de Walden 1894 neu erbaut. — »Recognised teachers« der University of London, vergl. S. 211. — Der vierjährige Studiengang führt zu dem Diplom Licentiate in Dental Surgery.

GEBÜHREN: vierjähriges Dental Hospital Curriculum 120 £, zweijährige Dental Hospital Praxis und Vorlesungen 40 £; »Postgraduate Courses« 12 Monate 15 guineas, 6 Monate 9 guineas. Einmonatlicher anästhetischer Kurs für Mediziner 3 guineas.

LONDON SCHOOL OF DENTAL SURGERY
(32, Leicester Square, W. C.).

Gegründet 1858. »Recognised teachers« der University of London, vergl. S. 211. Nur Männern zugänglich. — KURSE und GEBÜHREN: zweijährige Hospital-Praxis £ 53.3; zweijähriger Unterricht in »Mechanical Dentistry« und 2 Jahre Hospital-Praxis 150 £.

SCHOOL OF PHARMACY OF THE PHARMACEUTICAL SOCIETY OF GREAT BRITAIN (17, Bloomsbury Square, W. C.).

Gegründet 1842 von der Pharmaceutical Society of Great Britain. Eröffnung der Laboratorien 1844. Die Oberaufsicht führt der Council der Society. »Recognised teachers« der University of London, vergl. S. 211. — Der Lehrgang besteht aus »elementary course« (Gebühren £ 32.11.0) und »advanced course« (Gebühren £ 18.18.0).

ROYAL INSTITUTE OF PUBLIC HEALTH
(37, Russell Square, W. C.).

Gegr. 1886, inkorporiert 1892. Zentralanstalt: 1. zur Ausbildung praktischer Ärzte in öffentlicher Gesundheitspflege, 2. zur Beschaffung von Mitteln, um Behörden zuverlässige bakteriologische und chemische Analysen zu liefern, 3. zur Förderung theoretischer und praktischer Forschungen auf dem Gebiet der prophylaktischen Medizin, 4. als Mittelpunkt für den Austausch aller einschlägigen Bestrebungen, 5. um zur Erreichung dieser Zwecke Versammlungen, Kongresse, Vorlesungen, usw. zu halten, Schriften und eine Zeitschrift zu veröffentlichen und eine Bibliothek zu gründen. Die Mitglieder teilen sich in Fellows, Members, Associates.

Das Institut ist von der University of London anerkannt als »Public Educational Institution«, und seine Kurse für das D. P. H. (Diploma of Public Health) werden ebenfalls von den Universitäten und »Medical Corporations« von Grossbritannien und Irland anerkannt. Das D. P. H. ist notwendig, wenn ein Arzt die Stellung eines »medical officer of public health« einnehmen will.

ROYAL SANITARY INSTITUTE AND PARKES MUSEUM
(90, Buckingham Palace Road).

Eine gelehrte Gesellschaft, gegr. 1876, inkorporiert 1888. Sie hält zweimal jährlich Prüfungen über praktische Hygiene (in London und der Provinz) für Lehrer und städtische Beamte, usw. ab und organisiert sanitäre Prüfungsbehörden in den Kolonien. Vorlesungen und Demonstrationen über Fleischbeschau und über praktische Hygiene (für Lehrer) im Frühjahr und Herbst.

ROYAL VETERINARY COLLEGE (Camden Town, N. W.).

Gegründet 1791 durch private Vereinigung, 1875 durch königl. Stiftsbrief zum R. Veterinary College erhoben. »Recognised teachers« der University of London, vergl. S. 211.

AUFNAHME gegen Eintrittsprüfung in allgemeiner Bildung oder Zertifikat einer anerkannten britischen Hochschule; Mindestalter 16 Jahre.

STUDIENDAUER: 4 Sessions zu je 30 Wochen.

GRADE: Diploma, das zur Ausübung der Tierheilkunde in den Vereinigten Königreichen berechtigt. — GEBÜHREN: £ 10.10 für den Kursus, 20 guineas jährlich. Ausserdem Postgraduate Kurse in Veterinär-Pathologie und -Bakteriologie für Tierärzte.

INNS OF COURT (Rechtsschulen).

Lincoln's Inn (Chancery Lane, W. C.), Middle Temple (Thames Embankment, E. C.), Inner Temple (Fleet Street, E. C.), Gray's Inn (Holborn).

GESCHICHTE. Die 4 »Inns of Court« reichen als Sitze der juristischen Gelehrsamkeit bis ins 14. Jahrh. zurück. Lincoln's Inn hat seinen Namen von Henry de Lacy, Grafen von Lincoln, nach dessen Tode (1310) das Gut in den Besitz der Rechtslehrergilde überging. Die beiden Genossenschaften, bekannt als Middle und Inner Temple, bildeten früher nur eine. Sie siedelten sich 1315 an ihrem jetzigen Sitze (zwischen Themse und Strand) an, auf dem Grund und Boden des Grafen von Lancaster, an den das konfiszierte Eigentum der Tempelritter übergegangen war. Im 15. Jahrh. trat die Trennung ein infolge der Überfüllung des einen Kollegiums. In einer Urkunde Jakobs I. (1608) wurden die Tempel »two of the four colleges dedicated to the study of law, the most famous in Europe« genannt; dieselbe Urkunde bestimmt, dass ihre Ländereien, deren Besitzrecht bestätigt wird »shall serve for the entertainment and education of students and professors of law for ever«. Gray's Inn hat seinen Namen von Lord Gray de Wilton, dessen Besitztum von einer Rechtsbrüderschaft gepachtet war.

Diese Rechtsschulen waren von Anfang an und sind noch jetzt autonome Körperschaften mit eigenem Vermögen, sie waren nie inkorporiert, hatten aber stets und haben noch heute das Recht, ihre Schüler zur Advokatur zuzulassen (to call to the bar), während sie die Zöglinge der Anwaltschaft von ihren Kollegien ausschlossen. Die Ordnung und der Studiengang waren ursprünglich die der alten Kollegien in Oxford und Cambridge; der Unterricht verfiel aber allmählich bis zu einem Grade, dass 1846 auf Anregung des britischen Parlaments die 4 Inns einen »Council of legal Education« errichteten, der den Studiengang überwachen und regeln sollte. Fast um dieselbe Zeit bildete sich, unabhängig von den 4 Inns of Court, die »Incorporated Law Society«, der durch kgl. Urkunde das Recht verliehen wurde, die Ausbildung der Anwälte (articled clerks) zu überwachen und ihnen auf Grund einer öffentlichen Prüfung die Amtsbefugnis (license to practice) zu erteilen. Die Inns haben jetzt das Recht, die Advokatur und den Titel »Barrister at law« zu verleihen. Die Vorlesungen und Übungen werden von den Readers (nicht mehr als 8; vom Council of legal education auf drei Jahre angestellt; Gehalt 500 £) und den Assistant Readers (auf Kündigung angestellt) in Lokalen der 4 Inns für die gemeinsamen Schüler gehalten.

Die VERFASSUNG ist die eines College zu Oxford (siehe S. 220). Die autonome Verwaltung wird durch die Masters of the Bench geführt. Der zur Regelung des Studienganges von den 4 Inns of Court errichtete gemeinsame Council of legal education besteht aus 20 Mitgliedern (5 von jedem Inn) und hält die Prüfungen ab, auf Grund deren von den Inns die Befugnis zur Ausübung der Advokatur erteilt wird.

AUFNAHME. Eintritt als Schüler gegen Prüfung in englischer und lateinischer Sprache und englischer Geschichte oder nach bestandener öffentlicher Prüfung an einer englischen Universität. Der Eintretende darf weder Advokat noch Anwalt, noch irgend ein juristischer Beamter oder Angestellter sein, oder muss solches Amt vor Eintritt niederlegen. Der Kandidat für die Advokatur muss mindestens 21 Jahre alt und ein Schüler eines der vier Inns sein.

Der STUDIENPLAN ist auf drei Jahre (12 terms) berechnet mit vier jährlichen Prüfungen und einer Schlussprüfung.

GEBÜHREN: Eintrittsgebühr £ 5.5, Unterricht frei.

LAW SOCIETY'S HALL

(100—113, Chancery Lane, W. C.).

Diese Society führt das Verzeichnis der »Solicitors« und vertritt offiziell diesen Stand, über den sie eine disziplinarische Kontrolle führt. Sie hat die gesetzliche Ausbildung der Solicitors in Händen und hält die entsprechenden Prüfungen ab.

COLLEGE OF PRECEPTORS (Bloomsbury Square).

Gegründet 1846 und staatlich anerkannt 1849. Sein ursprünglicher Zweck war die Förderung der Berufsinteressen der Privatlehrer; aber seit 50 Jahren üben die von dem College vorgenommenen Prüfungen einen bedeutenden Einfluss auf den höheren Unterricht in Grossbritannien aus. Diese Prüfungen sind zweierlei: 1) für Studenten (ähnlich den Lokalprüfungen der Universitäten); 2) für Lehrer. Die pädagogischen Fächer und die Technik des Lehrens bilden seinen Hauptgegenstand.

GRADE. Auf Grund der Prüfungen werden erteilt die aufsteigenden Würden: »Associate«, »Licentiate« und »Fellow of the College«.

GEBÜHREN: Associate und Licentiate, £ 1.1, Fellow £ 3.3. Mitglied kann jeder Lehrer werden, der ein dem Council genügendes Examen gemacht hat. Mitgliederbeitrag: £ 1.1.

JEW'S COLLEGE

(Queen Square House, Guilford Street, W. C.).

Gegründet 1855 von dem »chief Rabbi of the British Empire« D. N. M. Adler — Ausbildung von »Rabbis, Ministers, Preachers, Readers, Teachers of Religion for Jewish Congregations«. Unterhalten durch Stiftungen und freiwillige Beiträge. Verwaltet durch einen Council, der jährlich von den Subskribenten gewählt wird. — STUDIENGANG im College vierjährig bis zum Associate. — GRADE: Associate, Fellow, Rabbinical Diploma. — GEBÜHREN: 30 £ per annum.

ROYAL COLLEGE OF ART.

Gegründet 1847 als »National Art Training School« unter dem Science and Art Department of the Privy Council. Zweig des »Board of Education for the Training of Teachers and Designers«. Vier Schulen: Architecture, Painting and Mural Decoration, Design, Sculpture and Modelling. — AUFNAHME: »Entrance Examination«. — Die Session ist in zwei terms eingeteilt. — GRAD: Associate of the Royal College of Art. — GEBÜHREN: £ 12.10 per term.

GRESHAM COLLEGE (Basinghall Street, E. C.).

GESCHICHTE. Gegründet 1579 durch das Vermächtnis des Lord Mayors von London, Sir Thomas Gresham. Er hinterliess sein »mansion house«, die »Royal Exchange« (Kgl. Bank) und anderes Grundeigentum in der Stadt London gemeinschaftlich der Corporation of the City (Stadtgemeinde) und der »Company of mercers« zur Gründung eines College in der City und für kleinere Wohltätigkeitszwecke. Von den »sieben Zweigen der Wissenschaft« sollten die Professoren von vier — Theologie, Astronomie, Musik und Geometrie — durch die Stadtgemeinde, die Professoren der übrigen drei — Rechtswissenschaft, Medizin und Rhetorik — durch die »mercers« angestellt werden. Sir Thomas Gresham's geräumiges mansion house sollte als College dienen und reiche Vermächtnisse für den Unterhalt der Professoren. Im Anfang des 17. Jahrhunderts war das College der Mittelpunkt des geistigen Lebens in London. Unter den Professoren befanden sich Edmund Gunter, Henry Gellibrand, Lawrence Rooke, Christopher Wren, Henry Briggs, Isaac Barrow, Robert Hooke, William Petty u. a. In den Räumen des College wurden die früheren Sitzungen der Royal Society abgehalten.

Durch Misswirtschaft und durch den Brand der Royal Exchange geriet aber das College schon gegen das Ende des 17. Jahrhunderts in Verfall. Die Pfründen der Professoren blieben auf dem alten Elisabethischen Satze von 50 £, der schon damals für den Lebensunterhalt gänzlich unzureichend war, und schliesslich wurde sogar das mansion house für eine verhältnismässig kleine Summe an die Regierung verkauft. Während einiger Jahre lasen die Professoren in einem Raume der Royal Exchange, aber ihre lateinischen Vorlesungen hatten im Jahre 1815 nur noch eine Zuhörerschaft von etwa 10 Personen. Der zweite Brand der Royal Exchange schränkte die Stiftung Gresham's noch weiter ein. 1843 wurde, wahrscheinlich auf das unablässige Antreiben der Professoren, ein Vorlesungsraum mit Bibliothek in Basinghall Street gebaut, und dieser bildet jetzt das Gresham College.

Die Lehrtätigkeit der Professoren des Gresham College hat einen mehr populären Charakter. Das College und die Stiftung wird durch ein Komitee (the Grand Gresham Committee) von 24 Vertrauensmännern verwaltet, die zu gleichen Teilen von der Stadtgemeinde und der Company of mercers gewählt werden. Der Lord Mayor befindet sich stets unter den ersteren. — GRADE werden nicht verliehen. — GEBÜHREN werden nicht erhoben.

CITY AND GUILDS TECHNICAL COLLEGE
(Finsbury. Leonard Street, City Road, E. C.).

Eine der vier Anstalten des City and Guilds of London Institute. Das College in Finsbury wurde gegründet 1883, erweitert 1905. Kosten des Gebäudes 40000 £. Tages- und Abendklassen: Elektrotechnik und angewandte Mathematik, Mechanische Technologie und angewandte Physik, industrielle und technische Chemie; abends ausserdem: angewandte Kunst. Fortlaufende Tageskurse auf 2—3 Jahre. Mit Laboratorien und Werkstätten. Die erzielte Ausbildung entspricht der eines deutschen Technikums.

Für erfolgreichen Besuch der Tageskurse wird ein Zeugnis ausgestellt. — GEBÜHREN: Tageskurse pro Session 20 £, Abendkurse 6 bis 15 sh.

ROYAL INSTITUTION OF GREAT BRITAIN
for the Promotion, Diffusion and Extension of Science and of useful knowledge (Albemarle Street, Piccadilly, W.).

Gegründet 1800, erweitert und durch Parlamentsakte bestätigt 1810 als gelehrte Gesellschaft, die sich aus eigenen Mitteln ohne Staatszuschuss erhält. — Die Tätigkeit der Gesellschaft erstreckt sich auf *naturwissenschaftliche, chemische und physikalische Untersuchung* und auf die Veranstaltung *öffentlicher Vorlesungen* über diese Gebiete. Aus ihren Laboratorien sind die Arbeiten von Thom. Young, Humphry Davy, Willm. Thom. Brande, Michael Faraday, John Tyndall, Edward Frankland, Will. Odling, John Hall Gladstone, James Dewar, Lord Rayleigh und J. J. Thomson hervorgegangen. — Die öffentlichen Vorlesungen werden von Mitte Januar bis Mitte Juni abgehalten.

Zur Royal Institution gehört das DAVY FARADAY RESEARCH LABORATORY. Gegründet 1896 von Dr. Ludwig Mond, F. R. S., zum Andenken an Davy und Faraday und zur Förderung von chemischen und physikalischen Originalforschungen. Es ist allen Forschern beiderlei Geschlechts und jeder Nationalität zugänglich; Gebühren werden nicht erhoben. Gesuche um Zulassung haben den Nachweis wissenschaftlicher Befähigung zu führen und die Natur der beabsichtigten Forschungen anzugeben.

Newcastle upon Tyne.

DURHAM COLLEGE OF MEDICINE.

Gehört zur University of Durham; siehe diese S. 208.

GRADE: Baccal. Med.; Doctor Med.; Baccal. Chirurg. und Mag. Chirurgiae; Baccal. Hygiene und Diploma in Public Health.

GEBÜHREN für den fünfjährigen Kursus £ 75.12.0, einzelne Kurse £ 5.5, 3.3, 2.2.

ARMSTRONG COLLEGE.

Gegründet 1871 als College of Physical Science unter der University of Durham. Rekonstituiert durch Act of Parliament von 1909 als integral part der University of Durham; vergl. diese S. 208. — Eine Genossenschaft von Mitgliedern, die jährlich mindestens 5 £ oder einmal mindestens 50 £ stiften, oder von Vertretern von Personen, die mindestens 100 £ vermachen. Verwaltung in bezug auf alle inneren Angelegenheiten durch einen President, einen Council und einen Board of Governors. Das College ist durch 10 Mitglieder im Senat der University of Durham vertreten. Der Council ist die höchste Verwaltungsbehörde des College. Die Leitung des Unterrichts obliegt dem dem Council unterstellten Board of Professors, dessen Vorsitzender der Principal ist.

AUFNAHME gegen Eingangsprüfung. — Das STUDIENJAHR ist in 3 terms eingeteilt. — Die Angehörigen des College werden zu den folgenden GRADEN der University of Durham zugelassen: B. Sc., M. Sc., D. Sc.; B. A., M. A.; B. Litt., M. Litt., D. Litt. und auch zu den Diplomas in Theory and Practice of Teaching, in Agriculture, in Engineering, in Naval Architecture, in Mining.

GEBÜHREN. Tuition fees variieren zwischen 18 und 30 £ per annum. Entrance fee 1 £. Examination fees £ 1.10 bis 6 £ je nach der Prüfung. Degree fees 4 £ bis 10 £ je nach dem Grad.

Nottingham.

UNIVERSITY COLLEGE.

Gegründet 1880 von »Mayor, Aldermen and Citizens of Nottingham for the advancement of University learning«. Inkorporiert laut Royal Charter 1903. Der Senate des College besteht aus dem Principal und 10 Heads of Departments. — GRADE werden nicht verliehen. Das College bereitet aber auf die Grade der University of London vor.

DEPARTMENTS. Department of Languages, Literature and Law, Department of Chemistry and Metallurgy, Department of Science and Engineering, Department of Natural Sciences. In besonderen Abteilungen für Handelswesen und Technologie wird noch gelehrt: Handelsgeographie, -Arithmetik, -Recht, Buchführung, Korrespondenz, Stenographie, Telegraphie, Stickerei, Strumpfwirkerei, Wasserleitungswesen, Tischlerei, Drechslerei, Formen und Giessen.

GEBÜHREN: verschieden. Day Classes von 10 sh. 6 d. an per term; Evening Classes von 2 sh. 6 d. bis 10 sh.; Engineering, Chemical und andere Kurse 6 £ per term.

Oxford.

COLLEGES OF THE UNIVERSITY OF OXFORD.

(Die in Klammern stehenden Zahlen geben das Gründungsjahr an. Näheres s. S. 217 und 220).

University College (1249), Balliol (1263), Merton (1264—74), Exeter (1314), Oriel (1326), Queen's (1340), New (1379), Lincoln (1427), All Souls (1437), Magdalen (1458), Brasenose (1509), Corpus Christi (1516), Christ Church (1546), Trinity (1554), St. John's (1555), Jesus (1571), Wadham (1612), Pembroke (1624), Worcester (1714), Keble (1871), Hertford (1874). — St. Edmund Hall (1226). — Privathallen: Marcon's Hall, Pope's Hall, Hunter-Blair's Hall.

MANCHESTER COLLEGE.

Gegründet 1786 in Manchester. Das College verfolgt den Zweck, das Studium der Religion, Theologie und Philosophie zu fördern, doch konnte es sich durch die Entwicklung der modernen Universitäten in den letzten 50 Jahren auf das theologische Studium beschränken. Das neue Gebäude in Oxford wurde 1893 eröffnet. Verwaltung durch ein Komitee, das jährlich von den »Trustees« ernannt wird.

Aufnahme. Studenten der Theologie müssen Graduates einer anerkannten britischen oder irischen Universität sein. Nicht-Graduierte mit genügenden Vorkenntnissen werden als »foreign« oder »oriental students« zugelassen. — Studiendauer. Postgraduate course dreijährig; doch werden Studierende auch für kürzere Zeit aufgenommen. — Grade werden nicht verliehen. — Keine Gebühren.

MANSFIELD COLLEGE.

Gegründet 1886 durch Verlegung des Springhill College in Birmingham, das von der Familie Mansfield gegründet wurde, nach Oxford. Aufgabe: Vorbereitung von Kandidaten der Theologie für den kirchlichen Dienst. — Aufnahme finden nur Graduates in Arts. — Normal-Kursus: drei Jahre.

Reading.

UNIVERSITY COLLEGE.

Gegründet 1892 als Ergebnis der Oxford University Extension und Zusammenfassung der »Reading Science and Art Schools«. Inkorporiert 1896. Der Universität Oxford affiliiert. — Das College besteht aus Faculties (Letters and Science) und Departments (Agriculture and Horticulture, Fine Arts and Crafts, Music, Commerce and Technical Subjects). — Nach zwei- bis vierjährigen Kursen Diplomas in Letters, Music, Science, Agriculture, Horticulture, Dairying, Fine Art, Commerce.

Gebühren: 20—24 £ jährlich.

Schottland.

Universitäten.

Aberdeen, St. Andrews (mit University College in Dundee), Edinburgh, Glasgow.

I. Allgemeine Verfassung und Organisation.

Die schottischen Universitäten wurden durch die Reformen der Jahre 1858 und 1889 (University Scotland Acts) auf eine einheitliche Grundlage gestellt. Sie sind Genossenschaften unter der Aufsicht des »University Committee of Privy Council«, dessen Mitglieder von der Krone ernannt werden, und mit eigenem Vermögen, das durch jährliche Zuschüsse des Parlaments erhöht wird*. Die Verwaltung wird durch vier Körperschaften ausgeübt: 1. den Senatus academicus, 2. den Universitätshof (University Court), 3. den grossen Rat (general council), und 4. den Rat der Studentenschaft (representative council of students), mit einem Kanzler, einem Rektor und einem Principal an der Spitze.

Der SENATUS ACADEMICUS besteht aus der Gesamtheit der Professoren mit dem Principal als Vorsitzenden. Die Befugnisse des Senats betreffen die Regelung und Beaufsichtigung des Studienganges und die Handhabung der akademischen Disziplin. Der Principal, das eigentliche an Ort und Stelle residierende Oberhaupt der Universität, wird in Aberdeen, St. Andrews und Glasgow von der Krone auf Lebenszeit ernannt, in Edinburgh als einer ehemaligen städtischen Universität von sieben Kuratoren, wovon drei durch den Universitätshof, vier durch den Stadtrat bestellt werden.

Der Senatus academicus hält bestimmte gesetzliche ordentliche Versammlungen ab; ausserordentliche werden vom Principal oder auf Verlangen von drei Professoren einberufen. Er ernennt zwei Drittel der Kommissionsmitglieder für die Verwaltung der Bibliotheken und Museen (ein Drittel ernennt der Universitätshof).

Der UNIVERSITÄTSHOF, bestehend aus dem Rektor als Vorsitzenden, dem Principal (2. Vorsitzenden), dem Lord Provost (Bürgermeister) der Stadt, je einem Assessor, gewählt vom Kanzler, dem Rektor und dem Lord Provost, vier Assessoren, gewählt vom grossen Rat, vier Assessoren, gewählt vom Senatus academicus, und den Assessoren (im ganzen

* Nach der parlamentarischen Statistik über die Jahre 1910—1911 haben die schottischen Universitäten in diesem Zeitraume vom Parlament folgende Zuschüsse erhalten: Aberdeen 23 400 £ — Edinburgh 38 420 £ — Glasgow 33 380 £ — St. Andrews 16 800 £.

nicht über vier) der affiliierten Collegia, ist die Revisionsinstanz des Senatus academicus und die eigentliche Verwaltungs- und Exekutivbehörde der Universität. Durch die Akte vom Jahre 1889 sind die Befugnisse des Universitätshofes bedeutend erweitert worden: ihm liegt die Verwaltung des ganzen Vermögens der Universität ob (vorher in den Händen des Senatus academicus), er revidiert die Entscheidungen des Senats, er stellt die Professoren (soweit sie nicht durch Stiftungen der Krone bestellt werden), Examinatoren und Dozenten an und schreitet gegen diese ein, setzt die Gebühren fest u. a. m.

Der Rektor wird von den immatrikulierten Studenten auf drei Jahre gewählt. Wo die Studenten noch in Nationen eingeteilt sind, wie in Aberdeen und Glasgow, wählt jede Nation einen Prokurator und diese wählen den Rektor, bei Stimmengleichheit entscheidet die Majorität der Studenten; an den anderen Universitäten (St. Andrews und Edinburgh) entscheidet sofort die letztere. Der Rektor (Ehrenamt) ist der Präsident des Universitätshofes und ernennt ausserdem einen Assessor zu dieser Behörde. Kein Principal oder Professor einer schottischen Universität kann zum Rektor erwählt werden. Die Wahl fällt gewöhnlich auf eine politisch hervorragende Persönlichkeit.

Der Grosse Rat (general council) besteht aus dem Kanzler (1. Vorsitzender), dem Rektor (2. Vorsitzender), dem Principal (3. Vorsitzender), den Mitgliedern des Universitätshofes, den Mitgliedern des Senatus academicus, den Graduierten und Alumnen, sowie allen, die eine vierjährige Inskription vor dem 2. August 1861 nachweisen können. Die Mitgliedschaft der Graduierten und der letztbezeichneten alten Studenten hat eine Einschreibegebühr von 1 £ zur Voraussetzung. Der grosse Rat hält alljährlich zwei statutenmässige Sitzungen ab. Auf Verlangen eines quorums (= 10 von je 1000 eingeschriebenen Mitgliedern) beruft der Kanzler eine ausserordentliche Versammlung ein. Der grosse Rat ist berechtigt, alle Fragen, welche die Wohlfahrt der Universität betreffen, zu beraten und darüber bei dem Universitätshofe Anträge zu stellen. Er wählt den Kanzler, das ornamentale Oberhaupt der Universität, der auf Antrag des Senats die akademischen Grade verleiht, auf Lebenszeit, sowie vier Assessoren zum Universitätshof auf vier Jahre. Der Kanzler ernennt den Vizekanzler, dessen Stellvertretung sich nur auf die Verleihung der akademischen Grade erstreckt, sowie einen Assessor zum Universitätshof.

Die zwei Parlamentsmitglieder, welche die schottischen Universitäten zum Hause der Gemeinen entsenden, werden durch den grossen Rat gewählt und zwar einer durch den der Universitäten Edinburgh und St. Andrews, der andere durch den von Aberdeen und Glasgow.

Der Ausschuss der Studentenschaft (Representative Council of Students), erst seit kurzem als Universitäts-Körperschaft anerkannt, wird jährlich durch die immatrikulierten Studenten gewählt; er hat die Oberaufsicht über die studentischen Gesellschaften und ernennt einen Assessor für den Rektor zum Universitätshof. Die Studenten wählen also tatsächlich zwei Mitglieder, den Rektor (s. oben) und seinen Assessor zu dieser Behörde.

Der Lehrkörper der Universität, der in seiner Gesamtheit den Senatus academicus bildet, ist ausserdem in Fakultäten eingeteilt mit je einem Dekan als Vorsitzenden, der von der Fakultät unter Bestätigung des Senats gewählt wird. Die Promotionen werden von den einzelnen Fakultäten dem Senat durch den Dekan vorgeschlagen.

Carnegie-Trust. Der aus Schottland stammende amerikanische Grossindustrielle Mr. Carnegie hat den vier schottischen Universitäten gemeinsam die Summe von 2000000 £ (vierzig Millionen Mark) unter der Verwaltung eines Rates von Vertrauensmännern (Trustees) überwiesen, die ein Jahreseinkommen von ca. 100000 £ (zwei Millionen Mark) ergibt. Die Hälfte hiervon wird zur Bestreitung der Universitätsgebühren von Studenten schottischer Herkunft verwendet, die andere Hälfte zur Ausstattung der Universitäten selbst. Diese Vergünstigung ist auch auf andere Institute z. B. das Glasgow and West of Scotland technical College, Andersons College Medical School ausgedehnt worden. Die Trustees entscheiden über die Bedürfnisfrage. Jeder Universitätsbibliothek ist ein jährlicher Zuschuss von 1000 £ aus diesem Fonds in Aussicht gestellt.

II. Aufnahme, Studiengang, Prüfungen, Grade, Gebühren.

Die Aufnahme der Studenten erfolgt durch Unterzeichnung der Sponsia academica (Gebühr 1 £). — Seit 1892 werden weibliche Studenten mit denselben Rechten wie männliche zugelassen.

Studiengang, Prüfungen, Grade, Gebühren.

Philosophische Fakultät. Zur Erlangung der akademischen Würde des Magister Artium (M. A.) ist ein Studiengang (Curriculum) von drei »Sessionen«* vorgeschrieben. Wie in Oxford gibt es zwei Grade von Promotionen, eine gewöhnliche (pass) und eine Ehrenpromotion (honour) mit höheren Anforderungen und höheren Ehren. Die Prüfungskommission besteht aus den Professoren der philosophischen Fakultät, ferner zwei auf drei Jahre vom Universitätshofe ernannten Mitgliedern des grossen Rats einer anderen schottischen Universität, die aber keine Professoren an einer schottischen Universität sein dürfen (Gehalt für letztere 80 £ jährlich). — Prüfungsgebühr £ 1.1. — Doktorgrade: D. Litt., D. Phil.

Die *theologische Fakultät* verleiht den Grad B. D. = Baccalaureus Divinitatis, der nach den Vorschriften der schottischen Kirche Voraussetzung ist für die Anstellung im Pfarramt. Der Kandidat muss das Curriculum der philosophischen Fakultät absolviert haben und drei volle Sessionen den theologischen »Klassen« beiwohnen. Examinatoren sind die Professoren der theologischen Fakultät, ferner zwei auf drei Jahre vom Universitätshofe ernannte Gelehrte. Der Grad D. D. = Doctor Divinitatis wird nur honoris causa verliehen.

Juristische Fakultät. Der Grad LL. D. (Legum Doctor) wird an allen schottischen Universitäten nur honoris causa verliehen. In Glasgow, Aberdeen und Edinburgh bestehen ausserdem die Grade: Legum Baccalaureus (LL. B.) und Legis Baccal. (L. B.). Für den ersteren Grad muss der Kandidat im Besitz eines Artes Grades sein (Gebühr £ 5.5), für den letzteren ebenfalls, oder er muss eine Eingangsprüfung bestehen. Gebühr £ 3.3. Die Prüfung erfolgt durch die Professoren der Fakultät plus zwei vom Universitätshof ernannte Examinatoren.

Medizinische Fakultät. Die Grade sind: M. B. (Medicinae Baccalaureus) Ch. B. (Chirurgiae Baccal.), Ch. M. (Chirurg. Magister), Gebühren je £ 5.5, und M. D. (Med. Doctor), Gebühren £ 5.5. — Für die ersten 2 Grade ist der Besitz eines Artes Grades oder eine besondere Eingangsprüfung in den zu wählenden Fächern erforderlich; ferner 5 Jahre Inskription. Der M. D. wird verliehen an mindestens 24jährige Kandidaten

* Beginnt Ende September und dauert 37 Wochen. Am Ende jeder Session wird eine schriftliche Prüfung abgehalten, der alle Studenten beiwohnen müssen.

im Besitz des Baccal. Grades gegen Nachweis zweijähriger Praxis in einem Hospital und auf Grund einer selbstverfassten Dissertation (die aber nicht gedruckt zu werden braucht). Die Prüfung erfolgt durch die Professoren der Universität plus 6 vom Universitätshof ernannte Examinatoren. Die Erlangung eines dieser Grade berechtigt zur Ausübung des ärztlichen Berufes im vereinigten Königreich und in den Kolonien.

Naturwissenschaftliche Fakultät. Es existieren die Grade B. Sc. (Baccalaureus Scientiae) und D. Sc. (Doctor Scientiae). Kandidaten für den ersteren müssen eine Eingangsprüfung bestehen oder im Besitz eines Artes Grades sein. Die Grad-Prüfung besteht aus zwei Examen, das erste findet frühestens ein Jahr nach der Eingangsprüfung, das zweite frühestens sechs Monate nach dem ersten statt. Gebühr £ 5.5. Der D. Sc. wird Baccalaren Sc. auf Grund einer Prüfung und einer selbstverfassten Dissertation (die nicht gedruckt zu werden braucht) verliehen. Gebühr £ 5.5.

III. Geschichte und besondere Organisation.

Aberdeen.

UNIVERSITY OF ABERDEEN.

GESCHICHTE. Gegründet im Jahre 1494 durch den Bischof von Aberdeen, Will. Elphinstone, unter der Autorität einer päpstlichen Bulle, als »Studium generale et Universitas studii generalis, sowohl in Theologie, Zivil- und kanonischem Recht, Medizin und Philosophie, als in jeder anderen gesetzlichen Fakultät mit allen Rechten und Privilegien der Universitäten von Paris und Bologna«. Innerhalb der Universität wurde 1505 das Collegium Sanctae Mariae, das spätere King's College, gegründet. Ferner erfolgte 1593 durch George Keith, Grafen Marischal, die Errichtung des Marischal College, das bis 1860 — also 267 Jahre lang — als rivalisierende und mit gleichen Rechten ausgestattete zweite Universität zu Aberdeen bestand. Dann wurden beide Anstalten durch Parlamentsakte vereinigt.

Die Studenten sind in die vier Nationen Mar, Buchan, Moray und Angus eingeteilt. Zur Mar-Nation gehören die Studenten aus Aberdeen und Umgegend, zur Buchan-Nation die aus der Grafschaft Banff und aus einem Teile der Grafschaft Aberdeen, zur Moray-Nation die aus den Grafschaften Moray, Nairn, Inverness, Ross, Cromarty, Sutherland, Caithness, Orkney und Shetland; zur Angus-Nation die aus allen anderen Gegenden und Ländern.

LITERATUR. *Fasti Aberdonenses, ed. Cosmo Innes, Spalding Club.* Aberdeen 1854. — *Fasti Academiae Mariscallanae, ed. P. J. Anderson, New Spalding Club,* 3 vol's. Aberdeen 1889 bis 1898. — *Officers and Graduates of King's College, ed. P. J. Anderson, New Spalding Club.* 1893. — *Roll of King's College, ed. P. J. Anderson, Aberdeen University Studies, Nr. I.* 1900. — *Studies in History of University, ed. P. J. Anderson, Aberdeen University Studies, Nr. XIX.* 1906. — *Bibliography, ed. P. J. Anderson.* 1907.

VERFASSUNG, Carnegie Trust, Aufnahme, Studiengang, Prüfungen, Grade, Gebühren siehe S. 243 u. ff.

FAKULTÄTEN: Faculty of Arts; F. of Science; F. of Divinity; F. of Law; F. of Medicine.

St. Andrews.

UNIVERSITY OF ST. ANDREWS.

Geschichte. Die älteste Universität in Schottland, gegründet im Jahre 1411 durch den Bischof Henry Wardlaw, bestätigt 1413 durch päpstliche Bulle und mächtig gefördert durch die Gunst der schottischen Könige, so dass sie schon im 16. Jahrhundert drei selbständige Studienstifte aufwies: St. Salvator's College (gegründet 1450), St. Leonard's College (gegründet 1512), St. Mary's College (gegründet 1537), alle drei dem Studium der Theologie und Philosophie gewidmet. Nach der Reformation 1579 wies eine Abänderung in der Verfassung den Colleges von St. Salvator und St. Leonard die Gebiete der Philosophie, Rechtswissenschaft und Medizin und dem Kollegium St. Mariae die Theologie zu. Im Jahre 1747 wurden die beiden ersten Collegia vereinigt und am 1. Okt. 1897 endlich das University College zu Dundee (s. unten) der Universität St. Andrews einverleibt.

Literatur. *Anderson J. M., The University of St. Andrews.* Cupar 1878; *The Heraldry of the University,* Edinburgh 1895; *The Matriculation Roll of the University 1747—1897,* Edinburgh 1905. — *St. Andrews University Calendar,* jährlich seit 1865.

Verfassung und Carnegie Trust siehe S. 243 u. ff. — Eine Eigentümlichkeit der Universität besteht darin, dass sie drei Prinzipale besitzt: je einen für das vereinigte Kollegium St. Salvator und St. Leonard, das College St. Mariae und das University College zu Dundee. — In den Studienangelegenheiten ist das University College in Dundee von der Universität abhängig. In allen anderen ist es unabhängig und von dem Council geleitet, bestehend aus dem President, dem Principal, 12 von den Governors gewählten Mitgliedern, 5 ex-officio Mitgliedern, 4 repräsentativen Mitgliedern.

Aufnahme, Studiengang, Prüfungen, Grade, Gebühren siehe S. 245.

Colleges: United College of St. Salvator and St. Leonard, St. Mary's College, University College in Dundee.

Dundee.

UNIVERSITY COLLEGE.

Gegründet 1880 von Miss Mary Ann Baxter und Dr. John Boyd Baxter und am 5. Okt. 1883 eröffnet. Im Jahre 1890 wurde es der University of St. Andrews affiliiert; das House of Lords erklärte aber am 8. April 1895 diese Affiliation für null und nichtig; doch wurde 2 Jahre später eine neue Affiliation sanktioniert. Näheres siehe unter St. Andrews.

Edinburgh.

UNIVERSITY OF EDINBURGH.

Geschichte. Aus einem städtischen Kollegium hervorgegangen. Gegründet im Jahre 1583 vom Stadtrat von Edinburgh, nachdem diesem im Jahre 1582 durch König Jakob VI. das Recht verliehen worden war, öffentliche Erziehungsanstalten zu errichten. Das College besass von Anfang an das Vorrecht, die akademischen Grade zu verleihen; dies Privilegium wurde durch Parlamentsakte vom Jahre 1621 dem »Collegium Jacobi VI.«, wie es genannt wurde, bestätigt unter Gleichstellung in allen Rechten und Freiheiten mit den anderen schottischen Universitäten. Im Laufe des 18. Jahrhunderts erhielt das College allmählich den Namen »University of Edinburgh« und blieb als städtische Universität unter der ausschliesslichen Verwaltung des Stadtrates von Edinburgh, bis im Jahre 1858 die schottische Universitätsakte das Universitätswesen dieses Landes einheitlich regelte, die Universität Edinburgh ihres ausschliesslich städtischen Charakters entkleidete und sämtliche Universitäten als autonome Genossenschaften unter die Oberaufsicht des »Privy Council« der Krone stellte. Unter Berücksichtigung des alten städtischen Charakters ist jedoch, abweichend von den andern Universitäten, hier eine besondere Behörde verblieben, die der »Curators of patronage«, bestehend aus sieben Kuratoren, wovon drei vom Universitätshof und vier vom Stadtrat erwählt werden. Diese sieben Kuratoren haben die 17 Lehrstühle zu vergeben, welche durch Stiftungen der Stadt Edinburgh errichtet und unterhalten werden. Ferner wählen sie den Principal, der an den anderen schottischen Universitäten von der Krone ernannt wird.

Im übrigen ist die VERFASSUNG identisch mit der der anderen schottischen Universitäten, s. darüber und über den Carnegie Trust S. 243 u. ff.

LITERATUR. *Crawford, Th., History of the University of Edinburgh.* Edinburgh 1808 bis 1821. — *Bower, Alex., History of the University of Edinburgh.* 3 vol's. Edinburgh 1817 bis 1830. — *Dalzel, A., History of the University of Edinburgh.* 2 vol's. Edinburgh 1862. — *Grant, Sir Alex., Bart, Story of the University of Edinburgh.* 2 vol's. Edinburgh 1884. — *Harrison, John, Sketches of the College of Edinburgh.* — *Kirkpatrick, J., L'Université d'Edimbourg.* 1900. — *Cuthbertson, D., The Edinburgh University Library.* 1904. — *Edinburgh-University-Calendar.*

AUFNAHME, Studiengang, Prüfungen, Grade, Gebühren siehe S. 245.

FAKULTÄTEN: Faculty of Arts; F. of Science; F. of Theology; F. of Law; F. of Medicine; F. of Music.

Glasgow.

UNIVERSITY OF GLASGOW.

GESCHICHTE. Im Jahre 1451 durch eine Bulle des Papstes Nikolaus V. gegründet als »Studium generale ... tam in theologia ac jure canonico et civili, quam in artibus, et quavis alia licita facultate«, mit allen Rechten »der andern Universitäten der Christenheit«, und mit dem Bischof von Glasgow als Kanzler. Die Universität besass zwei Colleges, war aber vor der Reformation von geringer Bedeutung und nicht viel mehr als eine Artistenfakultät. Im Jahre 1577 erhielt sie eine neue Organisation und reiche Stiftungen von König Jakob VI.; von da an datiert — mit kurzer Unterbrechung während der Restauration — ihr steter Aufschwung. 1864 wurden die alten ungenügenden Gebäude verkauft (Erlös 100000 £) und mit Hilfe eines Parlamentszuschusses von 120000 £, sowie privaten Zeichnungen von 256429 £ neue Gebäude errichtet. — Die Frauen studieren im Queen Margaret College, das seit 1892 der Universität inkorporiert ist.

Die Studenten sind hier in 4 Nationen eingeteilt: 1) Natio Glottiana (Studenten aus der Grafschaft Lanark). — 2) Natio Transforthana (Studenten aus den Grafschaften nördlich des Forth). — 3) Natio Rothseiana (Studenten aus den Grafschaften Bute, Renfrew und Ayr). — 4) Natio Loudoniana (Studenten aus andern Gegenden und Ländern). — Die Nationen wählen abweichend von den anderen schottischen Universitäten keine Prokuratoren, sondern wählen direkt den Rektor durch getrennte Abstimmung nach Nationen.

LITERATUR. *Munimenta Universitatis Glasguensis, ed. Cosmo Innes* (Maitland Club). 4 Bde. Glasgow 1854. — *W. Stewart, The University of Glasgow.* Glasgow 1891. — *Glasgow University Calendar.*

VERFASSUNG, Carnegie Trust, Aufnahme, Studiengang, Prüfungen, Grade, Gebühren siehe S. 243 u. ff.

Fachliche Hochschulen.

(In der Reihenfolge der Städte. Systematische Gruppierung der Kollegien und Schulen siehe S. 197).

Aberdeen.

UNITED FREE CHURCH COLLEGE.

Eines der drei theologischen Studienstifte der United Free Church of Scotland (siehe auch Edinburgh und Glasgow) zur Vorbereitung der Kandidaten zum Predigeramt nach beendigtem Universitätsstudium. Gegründet 1846. Vierjähriger Studiengang.

ABERDEEN AND NORTH OF SCOTLAND COLLEGE OF AGRICULTURE.

Gegründet 1904 zum Zweck des »development in the North of Scotland of Education and Research in Agriculture, Forestry and allied subjects«. Verwaltung durch einen »board of governors«, bestehend aus einem Vertreter jeder Stadt oder Landschaft, die jährlich 50 £ zahlt, Vertretern der University of Aberdeen (nicht mehr als fünf), zwei Vertretern der »Highland and Agricultural Society of Scotland«, usw.

Die KURSE sind so eingerichtet, dass die Hörer folgende Grade und Diplomas erlangen können: the Degree of Bachelor of Science in Agriculture; the University Diploma in Agriculture; the National Diploma in Agriculture; the Certificate in Forestry, gegeben von der »Highland and Agricultural Society of Scotland«. — Kandidaten für den Grad müssen eine »Preliminary Examination« bestehen. Dauer des Kursus drei Jahre in zwölf Einzelkursen.

GEBÜHREN: Matriculation 1 £, composition fee per Jahr £ 5.5.

Edinburgh.

FREE CHURCH COLLEGE (Mound.)

Gegründet 1843. Das neue College wurde 1850 eröffnet und 1906 in das neue Gebäude in Mound verlegt. Studienstift der Free Church of Scotland, das die Kandidaten nach beendigtem Universitätsstudium zum Predigeramt vorbereitet. Verwaltung durch den Senat, der aus dem Principal und den fünf Professoren besteht, »under control« der »General Assembly«.

AUFNAHME von Kandidaten mit Arts-Grad oder Nachweis eines vollen »graduate course«, im letzteren Falle »entrance examination«.

STUDIENDAUER: 4 Jahre. — GRADE werden nicht verliehen, doch können Graduierte für den B. D. der schottischen Universitäten vorgeschlagen werden. — GEBÜHREN für »entrance and tuition« 5 £ jährlich.

UNITED FREE CHURCH COLLEGE.

Eines der drei theologischen Studienstifte der United Free Church of Scotland (s. auch Aberdeen und Glasgow), die die Kandidaten nach beendigtem Universitätsstudium zum Predigeramt vorbereiten. Gegründet 1847. — Vierjähriger Studiengang. — GEBÜHREN 5 £ jährlich.

SCHOOL OF MEDICINE OF THE ROYAL COLLEGES

(Offices of the School: 11, Bristo Place).

Seit mehr als 100 Jahren eine verdiente medizinische Hochschule neben der Universität. Die zu den Prüfungen der Universität nötigen Vorlesungen können zur Hälfte an dieser Schule belegt werden. Von den 60 Lehrern (lecturers) sind 48 von der Universität anerkannt.

Der STUDIENGANG an der School of Medicine befähigt zur Erlangung des Diploms als praktischer Arzt nach einer Prüfung durch die vereinigte Prüfungskommission des R. College of Physicians in Edinburgh, des R. College of Surgeons in Edinburgh und der medizinischen Fakultät zu Glasgow. Besondere Frauenkurse sind ebenfalls eingerichtet.

GEBÜHREN: für eine Vorlesung £ 1.1 bis £ 5.5. Minimalkosten des 5jährigen Studiums bis zur Prüfung 115 £.

ROYAL COLLEGE OF PHYSICIANS OF EDINBURGH

(9, Queen Street).

Inkorporiert durch königl. Stiftsbrief vom Jahre 1681. Das College erteilt die folgenden Diplome: 1. *License in medicine* (mit dem Recht, hinter dem Namen zu zeichnen L. R. C. P. E.). Jeder Kandidat, im Besitz einer verbriefbaren chirurgischen Qualifikation, wird zur Prüfung der einfachen Lizenz zugelassen. Die Lizenz wird auch erlangt in Verbindung mit der des R. College of Surgeons of Edinburgh und der Faculty of Physicians and Surgeons of Glasgow (Triple Qualification). — 2. *Membership* (M. R. C. P. E.). Jeder Lizentiat eines britischen oder irischen College of Physicians oder Promovierte an der medizinischen Fakultät einer britischen oder irischen Universität ist wählbar. Kandidaten haben eine Prüfung zu bestehen a) über theoretische und praktische Medizin einschliesslich Therapie, b) über einen Zweig der Medizin als Spezialfach. — 3. *Fellowship* (F. R. C. P. E.). Fellows werden aus den Mitgliedern von den Fellows gewählt. Mitglieder sind wählbar nach dreijähriger Mitgliedschaft. — 4. *Diplomate in Public Health* (D. P. H.). Das Diplom wird verliehen in Gemeinschaft mit dem R. College of Surgeons in Edinburgh und der Faculty of Physicians and Surgeons of Glasgow.

GEBÜHREN: Single Licence £ 15.15. Membership £ 36.15. Fellowship £ 38.19, ausschliesslich der Stempelgebühren.

ROYAL COLLEGE OF SURGEONS OF EDINBURGH

(Surgeons' Hall, Nicolson Street).

Durch Stiftsbrief vom Jahre 1505 als königl. Institut anerkannt. Es erteilt die folgenden Diplome: 1. *License in Surgery and Surgical Anatomy* (L. R. C. S. E.). Zugänglich den Kandidaten, die im Besitz einer anerkannten britischen Qualifikation (Additional registrable British Qualification) sind. Gebühr: £ 15.15. — 2. *License in Medicine, Surgery and Midwifery* (L. R. C. P. E., L. R. C. S. E., L. F. P. & S. G.). Wird gemeinschaftlich mit dem R. College of Physicians Edinburgh (s. dort) und der medizinischen Fakultät in Glasgow erteilt (Triple Qualification). Berechtigt zur Ausübung der Praxis in obigen Gegenständen. (Original registrable British Qualification). Gebühr 30 £. — 3. *Diploma in Public*

Health. Gemeinschaftlich mit denselben Körperschaften ausgestellt. £ 12.12. — 4. ***Fellowship*** (F. R. C. S. E.). Kandidaten müssen ausübende Ärzte sein, im Besitz eines anerkannten chirurgischen Grades oder einer gleichwertigen, vom College anerkannten Auszeichnung. Prüfung in theoretischer und praktischer Chirurgie und einem anderen Gebiet. (Additional registrable British Qualification). Gebühr 45 £; für Lizentiaten 30 £. — 5. ***License in Dental Surgery*** (L. D. S. Edin.). Die Kandidaten müssen ein anerkanntes Vorexamen gemacht und vier Jahre in der Praxis gewesen sein. Gebühren £ 15.15.

HERIOT-WATT COLLEGE (Chambers Street).

GESCHICHTE. Begründet 1821 durch Leonard Horner, zur wissenschaftlichen Berufsausbildung von Technikern und Industriellen; es hiess anfangs »The School of Arts«. An der ersten Session nahmen schon 452 Studenten teil. Zur Beschaffung eines geeigneten Unterrichtsgebäudes wurde 1824 eine Fusion mit der James Watt-Gedächtnisstiftung eingegangen; 1851 kaufte die Schule gemeinsam mit diesen Watt-Fonds das Gebäude am Adam Square, das die Schule bis dahin mietweise inne hatte; sie hiess seitdem »The Watt Institution and School of Arts«. 1873/74 wurde der Neubau in der Chambers Street bezogen. — 1885 wurde das Vermögen der Watt-Institution mit dem des George Heriot's Hospital vereinigt, und die Verwaltung des Ganzen einer neuen Körperschaft, den Governors of George Heriot's Trust, übertragen.

VERWALTUNG durch ein Komitee von nicht mehr als 21 Mitgliedern.

KURSE. Tages- und Abendklassen. Ausbildung von Mechanical and Electrical Engineers und Manufacturing Chemists, ferner Unterricht in Technical Mycology (Brauerei, Destillation, Lebensmittelfabrikation), usw. Die Teilnehmer können nach zweijährigem Studium ein Intermediate Certificate erlangen; ein Diplom in Mechanical oder Electrical Engineering nach drei, in reiner oder angewandter Chemie nach vier Jahren, vorausgesetzt, dass sie zu Beginn des Studiums eine Aufnahmeprüfung abgelegt haben. — Seit 1869 werden Frauen zum Studium zugelassen. — In Verbindung mit dem Edinburgh and East of Scotland College of Agriculture wird auch Unterricht in Landbaukunde erteilt.

GEBÜHREN. Engineering und Manufacturing Chemistry: erstes und zweites Jahr £ 12.12 pro Session; folgende Jahre £ 15.15. Vollständige Kurse in Technical Mycology £ 15.15 pro Session. Ausserdem Matriculation Fee 5 sh.

ROYAL (DICK) VETERINARY COLLEGE (Clyde Street).

Gegründet durch Professor Dick im Jahre 1823 als erste tierärztliche Hochschule in Schottland. — AUFNAHME gegen Eintrittsprüfung oder Zertifikat einer britischen Universität. — Der STUDIENPLAN umfasst 4 Jahre (4 Sessionen) mit 4 Prüfungen und führt zum Diplom des College.

GEBÜHREN: Immatrikulation £ 1.1. Für den ganzen Studienplan: erstes Jahr £ 17.17; zweites Jahr £ 15.15; drittes Jahr £ 13.13; viertes Jahr £ 10.10. Für einzelne Vorlesungen £ 3.3—5.5.

EDINBURGH AND EAST OF SCOTLAND COLLEGE OF AGRICULTURE (13, George Square).

Gegründet 1901 unter den Auspizien des Scotch Education Department. Verwaltet von Bevollmächtigten der beitragenden Körperschaften, ferner der Edinburgh University, des George Heriot's Trust und der Highland Agricultural Society. Die Beiträge werden von der Regierung verdoppelt. Das Studium in den Tagesklassen führt zum Diplom des College oder zu einem Universitätsgrade. — AUFNAHME in den Kurs für den Grad B. Sc. in Agriculture gegen Preliminary Examination. — STUDIENDAUER: für B. Sc. drei Winter- und zwei Sommer-Sessionen; für das Diplom (C. D. A. Edin.) drei Winter und ein Jahr in einem anerkannten Gutsbetriebe. — GEBÜHREN überschläglich etwa £ 12.12 im Jahr.

PUBL.: *Reports on Experiments; Calendar* (jährlich); *Bulletins.*

FACULTY OF ACTUARIES IN SCOTLAND

(14, Queen Street).

Gegründet 1856 zum Zwecke »of associating professionally those gentlemen who are engaged in the management of Life Assurance Institutions, or who are otherwise following the profession of an Actuary; and for promoting the study of the Doctrine of Probabilities, of Vital Statistics and Statistics in general, of Finance as bearing on fluctuations in the value of money, and of all cognate subjects, a knowledge of which is essential to the efficient discharge of the duties of a Life Assurance Manager or of an Actuary«. — Durch Royal Charter 1868 als juristische Person anerkannt.

Die Faculty besteht aus Fellows, Honorary Fellows und Associates. Der Associate (Mindestalter 21 Jahre) muss drei Examina machen; Inhaber eines Grades sind von der ersten Prüfung entbunden; Fellows werden aus der Zahl der Associates gewählt; auch andere Persönlichkeiten, die entsprechende Verdienste haben. Studierende werden auf Empfehlung von zwei Fellows und mit Genehmigung des Council zugelassen. Das erste der drei Examina zum Associate muss innerhalb drei Jahren gemacht werden, jedes der beiden folgenden ebenfalls jeweils spätestens nach drei Jahren. — GEBÜHREN: »Students upon enrolment« 1 £ (jährlich subscription von 2 sh 6 d), für jedes Examen £ 1.1 — Fellows aus der Zahl der Associates zahlen £ 2.2, andere £ 10.10.

Glasgow.

UNITED FREE CHURCH COLLEGE.

1855 durch freiwillige Beiträge gegründet. Dr. William Clark stiftete für das Gebäude 30000 £. Mit dem Unterricht wurde im Jahre 1856 begonnen, das Gebäude 1857/58 bezogen. Seit der Vereinigung der »Free Church of Scotland« und der »United Presbyterian Church of Scotland« im Jahre 1900 trägt das College seinen heutigen Namen. Es ist eines der drei theologischen Studienstifte der United Free Church of Scotland (siehe auch Aberdeen und Edinburgh) zur Vorbereitung der Kandidaten zum Predigeramt nach vollendetem Universitätsstudium. — Verwaltung durch Trustees, die von der Kirche ernannt werden. — AUFNAHME von »regular students«, nach Vollendung eines graduate-course an einer Universität. — Vierjähriger Studiengang. — GRADE werden nicht verliehen. — GEBÜHREN: für »regular students« Matriculation Fee 10 sh., Common Fee £ 4.10; »Post Graduates« anderer englisch sprechender Kirchen zahlen die Matriculation Fee und £ 3.3; »continental students« die Matriculation Fee und £ 1.1.

ANDERSON'S COLLEGE MEDICAL SCHOOL.

Gegründet als Medical Department (in Tätigkeit seit 1799) von Anderson's University [gegründet 1796 von Prof. John Anderson], deren Name 1877 in Anderson's College geändert wurde. 1886 wurde ein Teil des College dem Glasgow and West of Scotland Technical College einverleibt, und das Medical Department blieb als selbständige Anstalt bestehen.

Abteilungen für Science und Medicine. Das Studium im College wird von den bedeutendsten britischen Universitäten und Grade verleihenden

Körperschaften als zur Erwerbung ihrer Grade und Diplome berechtigend anerkannt. Studienbedingungen den angestrebten Graden entsprechend. Die Vorteile des Carnegie Trust kommen auch dem College zugute; vergl. S. 244/45.

GEBÜHREN: Matriculation Fee für das akademische Jahr 10 sh., Unterricht in den meisten Klassen 2 guineas.

ROYAL FACULTY OF PHYSICIANS AND SURGEONS OF GLASGOW.

Gegründet 1599 hauptsächlich auf Betreiben von Dr. Peter Lowe und Dr. Robert Hamiltone. — Die Royal Charter bestimmt, dass jeder Kandidat zur Zulassung als Surgeon von der Faculty examiniert werden soll, und dass jeder Physician innerhalb bestimmter territorialer Grenzen der Faculty seinen Grad von einer bekannten Universität nachweisen muss.

VERFASSUNG: Council, Board of Examiners, Committees, usw.

GRADE: Licentiate (nach fünfjährigem Studium), Fellow (nach weiteren 2 Jahren). — Licentiate in Dental Surgery; Diplomate in Public Health.

GEBÜHREN: £ 15.15 für Licentiate; 50 £ und 30 £ für Fellow; £ 15.15 für Licentiate in Dental Surgery; £ 12.12 für Diplomate in Public Health.

THE GLASGOW AND WEST OF SCOTLAND TECHNICAL COLLEGE.

Gegründet 1886 durch Vereinigung von Anderson's College, the College of Science and Arts, Allen Glen's Institution und the Atkinson Institution. Anderson's College wurde 1795 von John Anderson, Professor der Naturphilosophie an der University of Glasgow, gegründet, der sein ganzes Vermögen dazu bestimmte. Die Medical School des College wurde 1799 eröffnet, aber 1886 zur selbständigen Anstalt (vergl. S. 252) erhoben. — Das College of Science and Arts, als Nachfolger der 1800 gegründeten Mechanics Institution wurde 1823 als Glasgow Mechanics Institution eröffnet, 1879 reorganisiert und inkorporiert als College of Science and Arts. — Die Atkinson Institution wurde von dem Buchhändler Thomas Atkinson 1833 gegründet »for the instructions of artisans«. 1886 wurde Vorsorge getroffen, das College durch jährliche Subsidien aus den »funds of the Glasgow City Education Endowments Board and Hutchesons' Educational Trust« weiter zu unterstützen. 1904 stiftete Mrs. John Elder zum Andenken ihres Vaters 5000 £ für Vorlesungen in Astronomy: »The David Elder Lectures in Astronomy«. 1908 wurde das Weaving, Dyeing and Printing College of Glasgow als Weaving Department mit dem College verschmolzen. — Allan Glen's Institution wurde durch Vermächtnis von Allan Glen 1853 gegründet und ist für sekundären industriellen Unterricht bestimmt. — VERWALTUNG durch einen Rat von 30 »Governors«, wovon zwei durch die Stadt, zwei durch die Universität, zwei durch den Schulrat von Glasgow, die übrigen durch gelehrte Gesellschaften und die amalgamierten Institute ernannt werden. Amtsdauer fünf Jahre, wenn nicht Ernennung auf Lebenszeit.

AUFNAHMEBEDINGUNG: Mindestalter 16 Jahre. — STUDIENGANG dreijährig für die einzelnen Fächer: Civil Engineering Mechanical Engineering, Naval Architecture, Electrical Engineering, Metallurgy, Mining Engineering, Mathematics and Physics; vierjähriger Studiengang für Chemistry und technical Chemistry. — Das Schluss-Diplom berechtigt zur Teilnahme an der Kandidaten-Prüfung für den Grad B. Sc. in Engineering an der Glasgower Universität nach einem weiteren Studienjahr an dieser Universität. — Tag- und Abendkurse.

GEBÜHREN: Immatrikulation frei. Unterricht £ 10.10 bis £ 15.15 per annum.

THE WEST OF SCOTLAND AGRICULTURAL COLLEGE.

Gegründet 1899 nach den vom Scotch Education Department aufgestellten Grundsätzen. Umfasst auch das Agricultural Department des Glasgow and West of Scotland Technical College und das Scottish Dairy Institute. — VERWALTUNG durch einen »Board of Governors«, der von der University of Glasgow erwählt wird. Zum Unterhalt des College tragen bei: das Glasgow and West of Scotland Technical College, die Highland Agricultural Society und die Grafschaften und Städte von Südwest-Schottland. — Die Anstalt besteht aus Central Classes in Glasgow, Practical dairy classes in Kilmarnock und Extension classes in ländlichen Distrikten.

AUFNAHME: Mindestalter 17 Jahre, gute Allgemeinbildung.

GRADE: Diploma in Agriculture und in Dairying; Associateship in Agriculture. In Verbindung mit der University of Glasgow: B. Sc. in Agriculture. National Diploma in Agriculture und in Dairying, Fellowship of the Surveyors Institute.

GEBÜHREN: Aufnahme frei; Unterricht £ 5.5 bis £ 8.8 jährlich.

Irland.

Belfast, Cork, Dublin, Galway.

Belfast.

THE QUEEN'S UNIVERSITY OF BELFAST.

Das Queen's College in Belfast, gegründet 1845, bildete zusammen mit dem Queen's College in Cork und dem Queen's College in Galway die »Queen's University in Ireland«. Diese Universität wurde 1880 aufgehoben, und die »R. University of Ireland« Dublin trat an ihre Stelle. Belfast blieb als College bestehen. Durch den »Irish Universities Act« vom 1. August 1908 ist auch die »R. University of Ireland« aufgehoben worden, und zwei neue Universitäten traten an ihre Stelle: die »Queen's University of Belfast«, zu der Queen's College ausgebaut wurde, und die »National University of Ireland«, bestehend aus dem neugegründeten »University College« in Dublin, dem University College in Cork und dem University College in Galway. Die Verfassung dieser beiden Universitäten ist laut dem genannten Act ganz gleichartig.

VERFASSUNG. Die Universität wird verwaltet von dem Chancellor, den Pro-Chancellors, dem President und Vice-Chancellor, dem Senate, dem Academical Council, dem General Board of Studies, den Faculties und der Convocation. Der *Chancellor* ist das repräsentative Haupt der Universität, in seiner Abwesenheit wird er von einem der *Pro-Chancellors* vertreten; der *Vice-Chancellor* ist der »principal academic officer of the University«.

Der *Senate* besteht aus 35 oder 36 Mitgliedern, die teils vom König ernannt (4), aus den Professoren (6), aus den Mitgliedern der Convocation (8) und von sonstigen Körperschaften gewählt werden. — Der Senat ernennt ein »*Standing Committee*«, bestehend aus Chancellor, Vice-Chancellor, dem Registrar und nicht mehr als 7 andern Mitgliedern des Senates. — Der *Academic Council* besteht aus dem Vice-Chancellor, den Professoren der Universität und solchen Lecturers, die vom Vice-Chancellor und den Professoren erwählt werden. — Der »Board of Curators« steht dem Senat bei der Ernennung von Professoren und Lecturers zur Seite. Er besteht aus dem Vice-Chancellor, vier Mitgliedern des Senats, die keine Professoren sind, zwei Professoren »holding chairs«, zwei Professoren, die vom Academic Council gewählt werden. — Der *General Board of Studies* besteht aus dem Vice-Chancellor, den Professoren und Lecturers der Universität, anderen gewählten Lehrern, den auswärtigen »examiners«. Alle die Studien betreffenden Angelegenheiten werden dem general board vorgelegt. — An der Spitze jeder *Faculty* — Arts, Science, Law, Medicine — steht der *Dean*. — Die *Convocation* besteht aus dem Chancellor, den Pro-Chancellors, dem Vice-Chancellor, den anderen Mitgliedern des Senats, den Professoren und Lecturers und den »registered graduates«, die als Mitglieder der Convocation eingetragen sind. Sie wählt den Chancellor, ihren Chairman, die Vertreter im Senat.

FAKULTÄTEN: Faculty of Arts; F. of Science; F. of Law; F. of Medicine.

AUFNAHME von Männern und Frauen gegen Matriculation Examination, vergl. S. 200, oder entsprechende Zeugnisse.

GRADE. *Faculty of Arts:* B. A., M. A., D. Lit. — *Faculty of Science:* B. Sc., D. Sc., für Ingenieure B. Sc. und D. Sc. in Engineering. — *Faculty of Law:* LL. B., LL. D. — *Faculty of Medicine:* M. B., B. Ch., B. A. O. (Bachelor of Obstetrics), M. D., M. Ch., M. A. O. (Master of Obstetrics). Vergl. S. 198.

GEBÜHREN: Matriculation Examination £ 1.1.0; Annual University Enrolment Fee, payable by all students £ 1.1.0; Fee for Convocation, payable at Graduation £ 1.1.0. — Faculty of Arts. First Examination £ 1.1.0; Second Examination, Pass £ 1.1.0; Final Examination, Pass £ 1.1.0; Final Examination, Honours £ 2.2.0; On admission to Degree of B. A. £ 2.2.0; On application for Degree of M. A. £ 2.2.0; On admission to Degree of M. A. £ 3.3.0; On admission to Degree of D. Lit. £ 10.10.0. — Faculty of Science. Intermediate Examination, Part I £ 1.1.0; Intermediate Examination, Part II £ 1.1.0; Final Examination £ 2.2.0; On admission to Degree of B. Sc. £ 2.2.0; On application for Degree of D. Sc. £ 2.2.0; On admission to Degree of D. Sc. £ 8.8.0. — Faculty of Law. First Examination £ 1.1.0; Final Examination £ 2.2.0; On admission to Degree of LL. B. £ 3.3.0; On admission to Degree of LL. D. £ 10.10.0. — Faculty of Medicine. First Examination, Part I £ 1.1.0; First Examination, Part II £ 1.1.0; Second Examination £ 1.1.0; Third Examination £ 1.1.0; Final Examination, Part I £ 1.1.0; Final Examination, Part II £ 1.1.0; On admission to Degrees of M. B., B. Ch., and B. A. O. £ 10.10.0; D. P. H. Examination, Part I £ 1.1.0; D. P. H. Examination, Part II £ 1.1.0; Diploma in Public Health £ 5.5.0; On application for Degree of M. D., M. Ch. or M. A. O. £ 2.2.0; On admission to Degree of M. D., M. Ch., or M. A. O. £ 8.8.0.

MUNICIPAL TECHNICAL INSTITUTE.

Gegr. 1901 »for the advancement of technical, commercial and industrial education«. Das Institut steht »under the Control of the City and County Borough of Belfast« und wird verwaltet vom »Library and Technical Instruction Committee of the Corporation«. Es umfasst »a Day Technical Course, Day Trade Preparatory School, Art School, Domestic Science School, and the following principal evening departments, viz.: Preparatory, Introductory, Mathematics, Mechanical Engineering, Naval Architecture, Physics and Electrical Engineering, Building Trades, Sanitary Engineering, Textile Industries, Pure and Applied Chemistry, Printing Trades, Miscellaneous Trades and Industries, Natural Science, Commerce, Women's Work, and Art«. In dem »Day technical course« und in der »Trade Preparatory School« umfasst der volle Kurs drei Jahre.

GEBÜHREN. Day Technical Course: £ 10.10.0 per Session, Day Trade Preparatory School: £ 1.0.0 per Session, andere day classes 1 £ für einen halben Tag per Woche und Session, 4 £ für fünf halbe Tage per Session.

Cork.

UNIVERSITY COLLEGE.

Gegründet als Queen's College 1845. Bildet seit 1908 einen Teil der National University of Ireland in Dublin. Siehe diese und auch unter Belfast.

Dublin

UNIVERSITY OF DUBLIN (Trinity College).

GESCHICHTE. Die Universität von Dublin besteht nicht, wie Oxford und Cambridge, aus einer Gesamtheit von Colleges, sondern nur aus einem, dem Trinity College, das im Jahre 1591 durch die Königin Elisabeth als »College of the Holy and Undivided Trinity« gegründet wurde. Die königliche Stiftungsurkunde ernannte einen Provost und eine Anzahl von mindestens drei Fellows und drei Scholaren als eine Genossenschaft mit dem Rechte, sich selbst Statuten zu geben, die nach Gutdünken denen von Oxford oder Cambridge nachgebildet sein könnten. Die Krone bestimmte zugleich, dass in Irland niemand den höheren Unterricht (liberal arts) ausüben dürfe ohne die besondere Ermächtigung der Krone, und beschränkte diese Ermächtigung auf das Trinity College. Die ersten fünf Provosts waren Gelehrte aus Cambridge; demgemäss nahm Trinity College einen streng puritanischen Charakter an. Bis zum Jahre 1873 waren die Stelle des Provost und die Pfründen der Fellows und Scholarships nur Mitgliedern der irländischen Kirche zugänglich, von da an sind alle kirchlichen Einschränkungen abgeschafft.

VERWALTUNG UND ORGANISATION. Nach der jetzigen Verfassung ruht die Verwaltung unter Oberaufsicht der Krone und des Parlaments in den Händen des Provost und der »Senior fellows« in Verbindung mit den »Visitators«. In allen Unterrichtsfragen ist Einvernehmen mit dem Council, zur Erteilung der Grade Zustimmung des Senates erforderlich. Der »Senate« oder »Public Congregation« der Universität besteht aus Chancellor, bzw. Vice-Chancellor oder Pro-Vice-Chancellor und den eingetragenen Doctors und Masters der Universität. Das Haupt des Senats bilden Chancellor (bzw. in dessen Abwesenheit Vice- oder Pro-Vice-Chancellor) und der Provost (bzw. in dessen Abwesenheit Vice-Provost) und der Senior Master non regent, der vom Senat gewählt ist.

Der Council besteht aus dem Provost (in seiner Abwesenheit dem Vice-Provost) und 16 Senatsmitgliedern, vier gewählt von den Seniorfellows, vier von den Juniorfellows, vier von den Professoren, die keine Fellows sind, und vier von denjenigen Mitgliedern des Senats, die bei der letzten Wahl nicht gewählt haben. Der Council ernennt die Professoren, ausgenommen diejenigen, welche nach Parlamentsbeschlüssen und durch bestimmte Körperschaften oder nach den Bestimmungen der betreffenden Stiftung zu ernennen sind; ebenso sind die Professuren in der School of Divinity ausgenommen. Die Ernennung unterliegt der Bestätigung des Provost und der Seniorfellows; wenn diese die Wahl beanstanden, entscheidet der Kanzler, ob die Einwände begründet sind oder nicht. Kommt binnen sechs Monaten nach eintretender Vakanz keine Neuwahl zustande, so fällt das Recht der Neuernennung dem Kanzler zu. Alle Organisationsänderungen bedürfen der Zustimmung von Provost, Seniorfellows und Council. Neue Lehrstühle können von Provost und Juniorfellows ohne Mitgenehmigung des Council geschaffen werden. Die Universität entsendet zwei Abgeordnete zum britischen Parlament.

The Book of Trinity College, Dublin. 1591—1891. Belfast 1892.

COURSES in Arts, Schools of Divinity, Law, Physic, Engineering, Agriculture.

GEBÜHREN. Für »Pensioners«: Entrance and half-yearly fees 15 £ and 8 guineas respectively; für »Fellow-Commoners«: 30 £ and 16 guineas resp.; für »filii nobilium«: 60 £ and 32 guineas resp.; für »Sizars« nur £ 1.1.3 entrance fee.

GRADE UND DEREN GEBÜHREN:

	£	s	d
Artium Baccalaureus,			
Nobilis,	4	0	0
Soc. Comm.,	2	0	0
Pensioner,	1	0	0
Artium Magister,	9	16	6
Doctor in Scientia	25	0	0
Doctor in Litteris,	25	0	0
Artis Ingeniariæ Baccalaureus,	1	0	0
Artis Ingeniariæ Magister,	10	0	0
Medicinæ Baccalaureus,	11	0	0
——— Doctor,	13	0	0
Chirurgiæ Baccalaureus,	5	0	0
——— Magister,	11	0	0
Baccalaureus in Arte Obstetricia,	1	0	0
Magister in Arte Obstetricia,	5	0	0
Legum Baccalaureus,	11	15	0
——— Doctor,	22	0	0
S. Theologiæ Baccalaureus,	13	15	0
——— Doctor,	26	0	0
Mus. Baccalaureus, for Non-graduates,	10	0	0
Mus. Baccalaureus, for Graduates,	5	0	0
—— Doctor,	20	0	0
Dentariæ Scientiæ Magister,	10	0	0

THE NATIONAL UNIVERSITY OF IRELAND.

Diese Universität ist im Jahre 1908 zusammen mit der Queen's University of Belfast neu gegründet worden, und zwar wurde in Dublin ein University College neu errichtet; dieses bildet zusammen mit dem University College in Cork (früher Queen's College) und dem University College in Galway (früher Queen's College) die neue National University.

VERFASSUNG, Aufnahme, Grade, Gebühren wie bei der Queen's University of Belfast; vergl. diese S. 255.

UNIVERSITY COLLEGE.

Gegr. 1908. Bildet einen Teil der National University of Ireland; s. oben.

ROYAL COLLEGE OF SURGEONS IN IRELAND

(St. Stephen's Green, W.).

Gegründet 1784. Organisiert Vorlesungen über die verschiedensten Fächer der Medizin und verleiht nach entsprechendem Examen die folgenden Diplome: »Fellowship. — Licence in Surgery for Registered Practitioners. — Licence in Dental Surgery. — Conjoint Diplomas, Medicine, Surgery, and Midwifery. — Conjoint Diploma in Public Health. — Conjoint Preliminary Certificate in General Education.«

ROYAL COLLEGE OF PHYSICIANS OF IRELAND

(6, Kildare Street).

Verfassung gestiftet 1667 durch Karl II.: »President« und »Fellows«. Seit 1692 neue Verfassung; Name: »King and Queen's College of Physicians in Ireland«. Heutiger Name seit 1890.

GRADE: Licentiate in Medicine (L. R. C. P. I.); Licentiate in Midwifery (L. M. R. C. P. I.); Member (M. R. C. P. I.); Fellow (F. R. C. P. I.); Diploma in Public Health (D. P. H.). — GEBÜHREN: Fellow 60 £, Member £ 36.15, Licentiate in Medicine £ 15.15, Licentiate in Midwifery £ 5.5.

Galway.

UNIVERSITY COLLEGE.

Gegr. 1845 als Queen's College. Bildet seit 1908 einen Teil der National University of Ireland in Dublin. Siehe diese und auch unter Belfast.

Frankreich.

SYSTEMATISCHE ÜBERSICHT.

UNIVERSITÄTEN: *Aix-Marseille*, *Besançon*, *Bordeaux*, *Caen*, *Clermont*, *Dijon*, *Grenoble*, *Lille*, *Lyon*, *Marseille* s. Aix, *Montpellier*, *Nancy*, *Paris*, *Poitiers*, *Rennes*, *Toulouse*.

Bordeaux, Lille, Lyon, Toulouse haben gemischte medizinische und pharmazeutische Fakultäten.

KATHOLISCHE FREIE FAKULTÄTEN (Université bzw. Institut): *Angers*, *Lille*, *Lyon*, *Paris* (S. 296), *Toulouse*.

An allen diesen Anstalten bestehen Facultés de théologie, des sciences, des lettres. Ausserdem: Faculté de droit in Angers, Lyon, Paris; Faculté de médicine et de pharmacie in Lille.

PROTESTANTISCHE FREIE FAKULTÄTEN (Facultés de théologie): *Montauban*, *Paris* (S. 296).

MEDIZINISCHE VOLLSCHULEN (Ecoles de plein exercice): *Marseille*, *Nantes*, *Rennes*.

MEDIZINISCHE U. PHARMAZEUTISCHE VORBEREITUNGSSCHULEN: *Amiens*, *Angers*, *Besançon*, *Caen*, *Clermont-Ferrand*, *Dijon*, *Grenoble*, *Limoges*, *Poitiers*, *Reims*, *Rouen*, *Tours*.

PHARMAZEUTISCHE SCHULEN (Ecoles supérieures de pharmacie): *Montpellier*, *Nancy*, *Paris* (S. 292).

ZAHNÄRZTLICHE SCHULEN: Zahnärztlicher Unterricht meist in den medizinischen Fakultäten Ecoles dentaires in *Bordeaux*, *Lyon*, *Nantes*, *Paris* (S. 292).

MEDIZINISCHE SPEZIALSCHULEN: *Brest*, *Rochefort*, *Toulon* (Ecoles annexes de médecine navale); *Bordeaux:* Ecole du service de santé de la marine; *Lyon:* Ecole du service de santé militaire; *Toulon:* Ecole d'application des médecins et pharmaciens stagiaires; *Paris:* Ecole d'application du service de santé militaire (S. 292).

RECHTS-FACHSCHULEN: *Bordeaux:* Institut pratique de droit; *Marseille:* Faculté Marseillaise libre de droit; *Nantes:* Ecole libre de droit — Ecole de notariat; *Toulouse:* Institut technique de droit Siehe auch Katholische Fakultäten.

SPEZIALSCHULEN FÜR HÖHEREN UNTERRICHT.

Staatliche Anstalten: *Lille:* Ecole des sciences sociales et politiques; *Nancy:* Institut colonial; *Paris:*

Collège de France (S. 287) — Ecole pratique des hautes études (S. 288) — Ecole normale supérieure (S. 289) — Ecole spéciale des langues orientales vivantes (S. 289) — Ecole des chartes (S. 290) — Ecole du Louvre (S. 290) — Muséum d'histoire naturelle (S. 290) — Conservatoire national des arts et métiers (S. 295) — Ecole coloniale (S. 295).

Freie Institute: *Paris:* Ecole d'anthropologie (S. 291) — Ecole libre des sciences politiques (S. 291) — Ecole des hautes études sociales (S. 291) — Collège libre des sciences sociales (S. 292) — Séminaire israélite de France (S. 297).

TECHNISCHE HOCH- UND FACHSCHULEN: *Bordeaux:* Ecole de chimie appliquée à l'industrie et à l'agriculture; *Grenoble:* Institut électrotechnique; *Lille:* Ecole des hautes études industrielles; *Lyon:* Ecole de chimie industrielle — Ecole française de tannerie — Ecole centrale Lyonnaise; *Marseille:* Ecole d'ingenieurs de Marseille; *Nancy:* Institut chimique — Institut electrotechnique; *Paris:* Ecole polytechnique (S. 293) — Ecole nationale des ponts et chaussées (S. 293) — Ecole supérieure d'électricité (S. 294) — Ecole spéciale d'architecture (S. 294) — Ecole spéciale des travaux publics (S. 294) — Ecole munic. de physique et de chimie industrielles (S. 295) — Ecole centrale des arts et manufactures (S. 295).

FORSTSCHULE: *Nancy.*

BERGBAUSCHULEN: *Paris* (S. 294), *Saint-Etienne.*

VETERINÄRSCHULEN (Ecoles nationales vétérinaires): *Alfort, Lyon, Toulouse.*

AGRIKULTURSCHULEN: *Angers, Beauvais, Douai, Grignon, Montpellier, Nancy, Paris* (S. 293), *Rennes.*

HANDELSHOCHSCHULEN: *Bordeaux, Dijon, Le Havre, Lille, Lyon, Marseille, Montpellier, Nancy, Nantes, Paris, Rouen, Toulouse,* usw. siehe Paris S. 295.

KUNSTSCHULEN (Ecoles nationales des beaux-arts): *Bourges, Dijon, Lyon, Paris* siehe Paris S. 295.

LEHRANSTALTEN in den Kolonien und im Ausland: *Algier, Athen, Fort de France, Hanoi, Jerusalem, Kairo, Pondichéry, Rom, Tanger.*

Universitäten.

I. Allgemeine Verfassung und Organisation.

LITERATUR. *Statistique de l'enseignement supérieur 1878—1888.* — *L. von Savigny, Die französischen Rechtsfakultäten im Rahmen der neueren Entwicklung des französischen Hochschulwesens.* Berlin 1891.— *W. Lexis, Die neuen französischen Universitäten. Denkschrift aus Anlass der Pariser Weltausstellung von 1900.* München 1901. — *J. Haas, Frankreich Land und Staat.* Kapitel V, das Schulwesen. Heidelberg 1910. — *L. Liard, l'enseignement supérieur en France 1789—1889.* Tome I. Paris 1888. — *L'Université de Paris, livret de l'étudiant.* Programmes sommaires. 1909/10.

Allgemeine Organisation. Nachdem die französische Revolution die alten Universitäten beseitigt hatte, schuf Napoleon I. mit Gesetz vom 10. Mai 1806 (Dekret vom 17. März 1808) unter dem Begriff »*Université de France*« eine staatliche Unterrichts-Korporation, der die Leitung des gesamten Hoch-, Mittel- und Volksschulwesens übertragen war. Diese Napoleonische Reorganisation ist noch jetzt im wesentlichen die Grundlage des französischen Hochschulwesens, obwohl durch die Gesetze über die Unterrichtsfreiheit vom 12. Juli 1875 und 18. März 1880 das Prinzip dieses staatlichen Monopols aufgehoben worden ist, und es neben den staatlichen Hochschulen sogenannte Facultés bzw. Écoles libres (vergl. S. 266) gibt. Durch das Gesetz vom 7. Juli 1904 wurde aber Mitgliedern religiöser Kongregationen der Unterricht verboten.

An der Spitze der Unterrichtsverwaltung steht der Unterrichts-Minister, der Nachfolger des ehemaligen grand maître der Napoleonischen Universität. In seinen Händen ruht die Fülle der administrativen Gewalt innerhalb des Rahmens der Gesetze. Dem Minister steht der *Conseil supérieur de l'instruction publique* zur Seite, von dem der kleinere Teil vom Präsidenten der Republik ernannt und der Hauptteil von allen drei Klassen des staatlichen Lehrpersonals gewählt wird. Die Mitglieder werden mit dem Recht der Wiederwahl auf vier Jahre ernannt. Der Conseil supérieur ist die letzte Berufungsinstanz gegen Disziplinarurteile der Departement und Akademieräte, im übrigen sind seine Befugnisse beratender Natur. Die aus seinen Mitgliedern ernannte *Section permanente* hat alle dem Conseil vorzulegenden Gegenstände zu bearbeiten und in fast allen wichtigen Unterrichtsangelegenheiten Gutachten abzugeben. — Als eine Art Gegengewicht gegen diesen Conseil und seine Section permanente besteht noch ein *Comité consultatif de l'enseignement public,* das aus höheren Beamten der Unterrichtsverwaltung und Vertretern des Lehrfaches vom Minister zusammengesetzt wird. und das alle diejenigen Fragen zu begutachten hat, die nicht der Section permanente zugewiesen werden.

Unter »*Académie*« ist in der Sprache der französischen Verwaltung ein Unterrichtsbezirk zu verstehen, an dessen Spitze als Vertreter des Ministers und als Exekutivorgan der *Recteur* steht. Diesem liegt die Leitung des gesamten Hoch- und Mittelschulwesens und die Überwachung der Volksschulen ob. Neben ihm steht für jedes Département ein *Inspecteur d'Académie*. Der Recteur führt den Vorsitz im *Conseil de l'Université*, der am Hauptorte jeder Akademie vorhanden ist. Dessen Mitglieder sind neben dem Recteur: die Fakultätsdekane, zwei Vertreter der ordentlichen Universitäts-Professoren jeder Fakultät, die Vorsteher der Zweiganstalten und ein besonderer Vertreter derselben, die Direktoren der Observatorien. Der Universitätsrat ist die Disziplinarbehörde für die Studenten, er überwacht die Studienvorschriften, berät das Budget der Fakultäten, usw. und berichtet jährlich über die einschlägigen Fragen an den Minister. - Der *Conseil académique*, der jährlich zweimal zusammentritt, bestehend aus dem Recteur als Vorsitzenden, den Akademie-Inspektoren, den Fakultäts-Dekanen und Vertretern der Schulen, usw., behandelt Fragen, die den Unterricht, die Verwaltung und Disziplin der Hoch- und Mittelschulen betreffen und berichtet darüber jährlich an den Minister.

Die Einteilung der Akademien ist die folgende: Aix, Besançon, Bordeaux, Caen, Chambéry, Clermont, Dijon, Grenoble, Lille, Lyon, Montpellier, Nancy, Paris, Poitiers, Rennes, Toulouse. Zu jeder Akademie gehören entsprechende Départements.

Die **Universitäten** selbst waren durch die Napoleonische Organisation und in der Folgezeit nicht geschlossene Einheiten. Die Fakultäten waren gesondert und besassen nicht die Rechte der juristischen Persönlichkeit. Durch Dekret vom 25. Juli und 28. Dezember 1885 wurde einerseits die Vereinigung der Fakultäten vollzogen, anderseits ihnen die juristische Persönlichkeit verliehen, mit dem Rechte, Schenkungen und Vermächtnisse anzunehmen. Sie wurden durch den *Conseil général des Facultés* verbunden, der aus dem Recteur der Akademie als Vorsitzenden, den Doyens und Directeurs der Fakultäten der koordinierten Hochschulen jeder Akademie, sowie je zwei von jeder Fakultät auf drei Jahre aus ihrer Mitte gewählten Vertretern bestand.

Durch Dekret vom 10. Juli 1896 wurde schliesslich der *Conseil de l'Université* errichtet; dieser trat an die Stelle des Conseil général des Facultés (vergl. oben) in allen den Universitäts-Unterricht betreffenden Verwaltungs- und Disziplinarsachen.

Die Interessen der einzelnen Fakultät werden durch den *Conseil de la faculté*, dem die ordentlichen und beigeordneten Professoren angehören, und die *Assemblée de la faculté*, die das gesamte Lehrpersonal umfasst, vertreten. Dem Conseil sind hauptsächlich Befugnisse über die Fakultätsverwaltung eingeräumt, der Assemblée die über das Lehrwesen. — An der Spitze jeder Fakultät steht ein *Doyen*, der durch den Minister aus der Zahl der ordentlichen Professoren auf drei Jahre gewählt wird. Die Wahl des Ministers ist beschränkt auf die Kandidaten, welche von dem Conseil de la Faculté und dem Conseil de l'Université vorgeschlagen werden. — Die Fakultäten haben das Recht, die akademischen Grade zu verleihen. Ihnen sind die écoles de plein exercice, écoles préparatoires de médecine et de pharmacie, écoles préparatoires à l'enseignement des sciences et des lettres gleichgestellt, doch ohne das Recht, die akademischen Grade zu verleihen.

Die *finanziellen Verhältnisse* der Universitäten und Fakultäten sind durch Gesetze vom 22. Juli 1897 festgelegt. Der Staat hat den Universitäten vom 1. Januar 1898 ab die Immatrikulationsgebühr, die Bibliotheksgebühr, Inskriptionsgebühr, die Praktikanten- und Laboratoriumsgebühr als eigene Einnahme überlassen. Ferner durch Gesetz vom 30. Mai 1899 die Gebühren, die für die Erteilung der Universitätsgrade jede Universität erhebt (vergl. unter Gebühren und Grade). Jede Universität hat diese Einnahmen für folgende Zwecke zu verwenden: Ausgaben der Laboratorien, Bibliotheken und Sammlungen; Errichtung und Erhaltung der Gebäude; Gründung von neuen Lehrfächern; Einrichtungen zugunsten der Studenten. Dagegen werden auch jetzt noch zugunsten des Staates erhoben: die Gebühren für Prüfungen, Reifezeugnisse, Diplome, usw., ebenso wie die »droits de dispense et d'équivalence«.

Lehrkörper. Das Lehrpersonal setzt sich aus *Professeurs titulaires, Professeurs adjoints, Chargés de cours* und *Maîtres de conférences* zusammen. — Die Professeurs titulaires werden durch Dekret des Präsidenten auf Vorschlag der Fakultät und der Section permanente des Conseil supérieur de l'instruction publique ernannt. Die neu zu gründenden Professuren werden direkt vom Präsidenten auf Vorschlag des Ministers besetzt. Die Professoren müssen mindestens 30 Jahre alt sein, den Doktortitel besitzen und zwei Jahre höheren Unterricht erteilt haben. Doch sind diese Bestimmungen für Mitglieder des »Institut« nicht geltend. — Vor dem 70. Jahre kann ein Professor nur auf eigenen Wunsch oder im Falle der Dienstunfähigkeit verabschiedet oder pensioniert werden, oder durch Urteil des Conseil de l'Université oder in der Berufung des Conseil supérieur de l'instruction publique. Nach der Pensionierung im 70. Jahre werden die Professoren meistens zu *Professeurs honoraires* ernannt mit Sitz und Stimme bei den Fakultäts-Sitzungen. — Die Professoren können nur nach einem Gutachten der Section permanente, welche den Betroffenen auf sein Verlangen hören muss, versetzt werden. Der Minister ist befugt, vor den Disziplinarinstanzen einen Tadel oder eine Zensur über einen Professor auszusprechen und die Suspension ohne Gehaltsentziehung auf höchstens ein Jahr zu verfügen. — Die Gehälter der Professeurs titulaires sind in Paris ca. 12000 bis 15000 fr., in der Provinz 6000 bis 11000 fr.

Die *Professeurs adjoints* werden durch Dekret des Präsidenten ernannt, und zwar aus der Zahl der Chargés de cours und Maîtres de conférences als Auszeichnung, aber nur in beschränktem Umfange. Sie stehen den ordentlichen Professoren mit Ausnahme des Gehaltes und des Vorschlagrechtes für zu besetzende Stellen ungefähr gleich.

Die *Chargés de cours* und *Maîtres de conférences* sind teils Stellvertreter beurlaubter oder fehlender Professoren, teils halten sie ergänzende Vorlesungen und Übungen. Sie werden von dem Recteur im Auftrage des Ministers auf Vorschlag des Conseil de l'Université oder der Fakultät ernannt. In den juristischen und medizinischen Fakultäten und den pharmazeutischen Schulen sind diese alle »Agrégés« *. Jede Ernennung läuft für die Dauer mehrerer Jahre (neun bis zehn). In den juristischen Fakultäten fallen die erledigten Professuren nach feststehendem Brauch den Agrégés zu, so dass diese Stellung als feste Durchgangsstation zur Professur zu gelten hat. In den philosophischen und naturwissenschaftlichen Fakultäten brauchen die Chargés de cours und Maîtres de conférences nicht Agrégés zu sein, aber sie sind es meistens. Ihre Ernennung läuft hier nur auf ein Jahr und muss dann erneuert werden. — Gehälter in Paris 6000 bis 10000 fr., in der Provinz 4500 bis 5500 fr.

Die »*Cours libres*« (freie Vorlesungen) sind solche, die unter der Autorisation des Conseil de l'Université und nach dem Gutachten der Fakultät von Professoren aller Fakultäten, Doktoren, Mitgliedern und Korrespondenten des Instituts, sowie sonstigen Bewerbern, welche sich über ihre Befähigung ausweisen, unentgeltlich oder gegen ein Kollegiengeld gehalten werden können.

* Der Titel »Agrégé« wird von besonderen Kommissionen auf Grund von »concours«-Prüfungen erteilt. Schriftliche (in den chefs-lieux der Akademien) und mündliche (in Paris) Prüfungen. In den Facultés des sciences und des lettres finden die Prüfungen jährlich statt; für die medizinischen und juristischen Fakultäten und pharmazeutischen Schulen nur nach Bedarf für zu besetzende Stellen.

Studenten. Die Vorlesungen sind allgemein zugänglich, soweit sie nicht ausdrücklich nur für die Étudiants reserviert sind. Étudiants sind jedoch nur diejenigen, die die Immatrikulation und die Inscriptions nehmen (vergl. unten). Die Disziplinargewalt liegt in den Händen des Dekans der betreffenden Fakultät, in besonderen Fällen in denen des Conseil de l'Université. Disziplinarstrafen: Verwarnungen, Tadel, Ausschluss von der Fakultät und den Prüfungen.

Die Fakultäten verteilen jährlich *Preise* (silberne und bronzene Denkmünzen und Bücher) und *ehrenvolle Erwähnungen* (mentions honorables) auf Grund einer Konkurrenzprüfung (concours) unter den Studenten der ersten, zweiten und dritten Jahresklasse; ausserdem besteht ein Wettbewerb unter den Studenten der dritten Jahresklasse von ganz Frankreich. Der erste Preis dieses letztern besteht aus einer silbervergoldeten Medaille (médaille de vermeil) und 800 fr., der zweite Preis aus einer silbernen Medaille und 500 fr. Der vierten Jahresklasse (Doktorkandidaten) und den Doktoren werden zwei goldene Medaillen zuerkannt auf Grund einer geschriebenen Dissertation, deren Thema zehn Monate vorher veröffentlicht wird. — Den mit einem ersten und zweiten Preis Gekrönten (lauréats) des ersten und zweiten Jahrgangs wird das Studiengeld des je folgenden Jahrgangs erlassen; denen des dritten Jahrgangs die Gebühren für das Doktorat Die Preisverteilung findet bei der feierlichen Eröffnung des Studienjahres statt.

Facultés libres. Diese sind seit dem Gesetze vom 12. Juli 1875 betreffend die Unterrichtsfreiheit, hauptsächlich auf die Anregung des französischen Episkopats entstanden. Sie werden durch freie Beiträge erhalten. Die Studenten dieser Anstalten müssen die Prüfungen (Gesetz vom 18. März 1880) vor den Staatsanstalten ablegen. Der Unterricht ist völlig analog dem staatlichen eingerichtet. Durch die Trennung von Kirche und Staat (Gesetz vom Jahre 1907) wurden auch alle theologischen Anstalten zu Facultés libres.

II. Aufnahme, Studiengang, Zeugnisse, Grade, Gebühren.

Aufnahme der Studierenden. Zur Aufnahme als Étudiant ist das *Baccalauréat de l'enseignement secondaire* erforderlich. Seit der Reform des Jahres 1902 gibt es nur ein Baccalauréat. Es wird erworben durch 2 Prüfungen, die am Sitz einer Akademie oder in vom Minister bestimmten Städten von einer Prüfungskommission (bestehend aus Mitgliedern der Facultés des lettres und sciences der Universitäten und Lehrern des Mittelschulunterrichts) abgenommen werden. Für die erste Prüfung kann der Kandidat zwischen vier Gruppen wählen: latin-grec, latin-langues vivantes, latin-sciences, sciences-langues vivantes; für die zweite, die ein Jahr später stattfindet, zwischen zwei: philosophie, mathématiques. Gebühren für die erste Prüfung 50 fr., für die zweite 90 fr. — Mediziner müssen ausserdem ein *Certificat d'études physiques, chimiques et naturelles,* das von den Facultés des sciences nach einjährigem Studium verliehen wird, besitzen. — Ausländer müssen gleichwertige Zeugnisse beibringen. — Frauen haben die gleichen Rechte wie die Männer.

Immatrikulation, Inskriptionen und deren Gebühren. Jeder Student muss immatrikuliert werden. Die Immatrikulation ist jährlich zu erneuern. Gebühren 20 fr. für jede Immatrikulation und jährlich 10 fr. Bibliotheksgebühr. Zur Erlangung eines Grades muss jeder Student in der betreffenden Fakultät die »Incriptions« nehmen, die vierteljährlich zu erneuern sind. Für jedes Examen ist eine bestimmte Anzahl von Inscriptions nachzuweisen (vergl. unten). Inscriptionsgebühr 30 fr. vierteljährlich, jedoch fällt die Immatrikulationsgebühr für diese Zeit weg. Praktikantengebühr in den medizinischen Fakultäten 15 fr., in den mathematisch-naturwissenschaftlichen 10 bis 25 fr., in den pharmazeutischen Schulen 25 fr. vierteljährlich. — Laboratoriumsgebühren in den medizinischen Fakultäten und pharmazeutischen Schulen 50 bis 150 fr., in den mathematisch-naturwissenschaftlichen Fakultäten 50 bis 200 fr. — Gebührenerlass bei Erlangung eines Preises siehe S. 266.

Studiengang, Zeugnisse, Grade und deren Gebühren*.

Nur die staatlichen Grade haben rechtliche Gültigkeit, daneben bestehen reine wissenschaftliche Universitätsgrade. Alle staatlichen Diplome werden von dem Minister ausgefertigt, nicht von den Fakultäten; die Universitätsdiplome von dem Präsidenten des Conseil de l'Université. Der Conseil bestimmt auch mit Genehmigung der Section permanente (vergl. S. 263) die Anforderungen, Prüfungen und Gebühren für diese Grade. Von dem Rechte der Verleihung haben die meisten Universitäten Gebrauch gemacht, die unten gegebenen Angaben beruhen auf dem Status der Pariser Universität.

Faculté des Sciences.

Staatliche Grade. *Baccalauréat de l'enseignement secondaire* vergl. S. 266: Aufnahme. — *Certificat d'études physiques, chimiques et naturelles:* nach 4 Inscriptions und einer mündlichen Prüfung. Für Mediziner vor Eintritt in die medizinische Fakultät erforderlich. Gesamtgebühren für die Inscriptions, Examina und Diplom 305 fr. — *Certificat d'études supérieures de sciences:* für jedes Certificat 4 Inscriptions nötig. Die Studienprogramme für diese Zeugnisse können aus den verschiedenen naturwissenschaftlichen Fächern gewählt werden. Gesamtgebühr bis zur Erlangung jedes Certificat 305 bis 565 fr. — *Diplômes d'études supérieures de sciences,* 3 Abteilungen: mathématiques, sciences physiques, sciences naturelles. Abfassung einer schriftlichen Arbeit und mündliche Prüfung. Gebühr 30 fr. — *Licence ès-sciences:* drei Certificats d'études supérieures de sciences erforderlich. Die Lehrer der Écoles de l'enseignement secondaire müssen die Licence besitzen auf Grund festgesetzter Certificats. — *Doctorat ès-sciences,* 3 Abteilungen: mathématiques, sciences physiques, sciences naturelles. Vorlage zweier Dissertationen erforderlich oder eine Dissertation und Diskussion über von der Fakultät bestimmte Gebiete. Examensgebühr 145 fr.

Universitätsgrade. *Doctorat d'Université:* für In- und Ausländer. Für Franzosen zwei Certificats d'études supérieures erforderlich. Studiendauer mindestens ein Jahr. Für Ausländer gleichwertige Studien. Vorlage einer Dissertation und Kolloquium. Gesamtgebühren 375 bis 775 fr. (Immatrikulation 90 fr., Bibliothek 10 fr., 4 Inscriptions 200 bis 600 fr., Examen 145 fr.).

Faculté des Lettres.

Staatliche Grade. *Baccalauréat de l'enseignement secondaire* vergl. S. 266: Aufnahme. — *Licence ès-lettres,* 4 Abteilungen je nach Wahl: philosophie, histoire et géographie, langues et littératures classiques, langues et littératures étrangères vivantes. Nur 4 Inscriptions (1 Jahr) erforderlich, tatsächlich dauert das Studium aber mehrere

* Die Angaben beruhen der Hauptsache nach auf den Zahlen, die in *L'Université de Paris, livret de l'Etudiant* gegeben sind.

Jahre. Gesamtgebühr 235 fr. — *Doctorat ès-lettres:* Nachweis des Grades Licencié ès-lettres, 2 Dissertationen, davon eine französisch; Examensgebühr 145 fr. — *Diplôme d'études supérieures ès-lettres,* 4 Abteilungen: wie bei der Licence. Kein Grad erforderlich. Diplomgebühr 30 fr.

Universitätsgrade. *Doctorat:* für Franzosen Besitz des Diplôme de Licencié ès-lettres oder gleichwertiger Diplome erforderlich; für Ausländer Nachweis gleichwertiger Studien. Studiendauer im allgemeinen 4 Semester. Dissertation französisch oder lateinisch und Kolloquium. Gesamtgebühr 200 fr. (2 Immatriculations 40 fr., 2 Bibliotheksgebühren 20 fr., Examen 140 fr.). — *Diplôme d'études universitaires:* für In- und Ausländer. Studiendauer im allgemeinen 2 Jahre. Gebühren 180 fr. (2 Immatriculations 40 fr., 2 Bibliotheksgebühren 20 fr., Examen 120 fr.). — *Certificat d'études françaises:* nur für Ausländer. Studiendauer 2 Semester. Gebühren 130 fr. (Immatrikulation und Bibliothek 30 fr., Examen 100 fr.).

FACULTÉ DE DROIT.

Staatliche Grade. *Baccalauréat de droit:* nach 2 Jahren (8 Inscriptions) Studiendauer; Gesamtgebühren 725 fr. — *Licence en droit:* 1 Jahr nach dem Baccalauréat (4 weitere Inscriptions). Gesamtgebühr 415 fr. — *Doctorat en droit,* 2 Abteilungen: sciences juridiques, sciences politiques et économiques. Bedingung: Besitz des Diplôme de Licence en droit, 4 weitere Inscriptions, 2 mündliche Prüfungen, eine Dissertation. Gesamtgebühr 575 fr. — *Certificat de capacité de droit:* kein Diplom erforderlich; Studiendauer 2 Jahre (8 Inscriptions). Gesamtgebühr 390 fr. Die Certificats sind für die Anwälte »Avoués« Bedingung.

Universitäts-Diplome. *Certificat de science pénale:* Studienzeit 2 Semester. Die »conférences pratiques complémentaires« sind auch für andere Personen als Studenten — Gerichtsbeamte, usw. — zugänglich. Gebühr 130 fr. — *Certificat d'études administratives et financières*: für junge Leute mit entsprechender Vorbildung, die sich der Verwaltungskarriere zuwenden wollen, zugänglich; auch Ausländern. Vorlesungen über Verfassungsrecht, Gesetzgebung, Finanzen, Nationalökonomie, usw. Gebühr jährlich 130 fr.

FACULTÉ DE MÉDECINE.

Staatliche Grade*. Vergl. Aufnahme (S. 266) und Ecoles préparatoires de médecine S. 279. *Doctorat en médecine:* 16 Inscriptions erforderlich. Die Studienzeit beträgt aber tatsächlich 5 bis 7 Jahre. 4 Zwischenexamina und ein Schlussexamen mit Vorlage einer Dissertation. Gesamtgebühren in der medizinischen Fakultät 1395 fr. (16 Inscriptions einschliesslich Bibliotheksgebühr 520 fr., praktische Arbeiten 240 fr., Examina 395 fr., »Thèse« und »Certificat d'aptitude à la thèse« 140 fr., Diplom 100 fr.). — *Chirurgien-Dentiste:* Studienzeit 3 Jahre (12 Inscriptions). Gesamtgebühr 970 fr. Vergl. auch Ecoles dentaires S. 286 u. 292.

Universitätsdiplome. *Doctorat:* nur für Ausländer; es gibt nicht das Recht, die medizinische Praxis in Frankreich auszuüben. Studienzeit, usw. wie für die andern Medizin Studierenden. Gesamtgebühr 1400 fr. — *Diplôme de Médecin colonial.* — *Diplôme de Médecin légiste.*

ECOLES SUPÉRIEURES DE PHARMACIE.

Staatliche Diplome. *Diplôme de Pharmacien:* Studienzeit drei Jahre nach praktischer Tätigkeit in einer Apotheke. Gesamtgebühren 1455 fr. — *Diplôme de Pharmacien supérieur:* der Kandidat muss Pharmacien 1. Klasse sein, die Licence ès-sciences physiques oder die ès-sciences naturelles besitzen oder wenn nicht, ein zweites pharmazeutisches Studien-

* Ausbildung der Hebammen ebenfalls an den medizinischen Fakultäten: Diplômes de sage femme 1. und 2. Klasse.

jahr absolvieren, und eine Dissertation vorlegen. Gebühr 400 fr. — *Herboriste de 1re classe und 2e classe.* Gebühr 135 fr. Niedere nicht eigentlich akademische Diplome; für 1re classe nur Zeugnisse de l'enseignement primaire, für 2e classe keine zur Aufnahme erforderlich.

Universitätsdiplome. *Doctorat d'Université,* mention: *Pharmacie.* Für In- und Ausländer. Franzosen müssen das Diplôme de Pharmacien de 1re classe besitzen, Ausländer gleichwertige abgeschlossene Ausbildung. Studienzeit mindestens 1 Jahr und Vorlage einer Dissertation. Gesamtgebühr 730 fr. — *Diplôme de Pharmacien pour les Etrangers:* es gibt nicht das Recht, als Pharmacien in Frankreich tätig zu sein. Den französischen gleichwertige Zeugnisse erforderlich. Ausbildung wie die andern Pharmaciens. Gesamtgebühren 1445 fr.

III. Geschichte und besondere Organisation.

Aix-en-Provence.

UNIVERSITÉ D'AIX-MARSEILLE.

Geschichte. Seit dem Anfang des XV. Jahrhunderts bestanden zu Aix Theologische und Rechtsschulen, die durch Ludwig II., König von Sizilien und Grafen von Provence, reorganisiert und im Jahre 1409 durch Bulle des Papstes Alexander V. als Studium generale bestätigt wurden. Paris war bei der Reorganisation Vorbild. Die Studenten teilten sich in die burgundische, provenzalische und catalonische Nation. Der erste Kanzler seit der Reorganisation war der Erzbischof von Aix, Thomas de Pupio. — Über die Universitätsreformen siehe S. 263 u. ff.

Literatur. *Chavernac, F., Histoire de l'Université d'Aix, 1. Fasc.* Aix 1889. — *Belin, F., Histoire de l'ancienne Université de Provence depuis sa fondation (1400—1409) jusqu'en 1793 d'après les manuscrits et documents originaux.* 2 vol's. gr. 8°. X—127 p., XIX—338 p. Paris 1896—1905. Prix Bordin de l' Académie française en 1896.

Publ: *Annales des Facultés de droit et des lettres d'Aix.* — *Annales de la Faculté des sciences de Marseille.* — *Annales de l'École de médecine et de pharmacie.*

Verfassung, Aufnahme der Studierenden, Studiengang, Zeugnisse, Grade, Gebühren, usw. siehe S. 263 u. ff.

Fakultäten: Faculté de droit, F. des lettres. — Die Faculté des sciences und die École de médecine et de pharmacie befinden sich in Marseille.

Besançon (Doubs).

UNIVERSITÉ DE BESANÇON.

Geschichte. Die Bestrebungen für die Errichtung einer Universität in der Freigrafschaft reichen bis 1287 zurück; aber erst Philipp der Gute errichtete eine solche auf Grund einer päpstlichen Bulle vom Jahre 1422 zu Dôle. In ihren Einrichtungen unterschied sie sich von Paris durch einen strengen aristokratischen Geist, der den adeligen Studenten besondere Vorrechte vor den »Roturiers« gewährte und demgemäss bis in das 16. Jahrhundert die Söhne der Fürstengeschlechter aus den benachbarten Ländern, namentlich aus Deutschland, anzog. Seit 1450 bemühte sich Besançon um die Errichtung einer Konkurrenz-Universität, aber über 200 Jahre vergeblich. Erst die Eroberung der Freigrafschaft durch Ludwig XIV. hatte das erhoffte Ziel. Der neue Intendant de la Fond verständigte den Magistrat, dass gegen eine bestimmte Summe die Verlegung der Universität von Dôle nach Besançon zu erreichen sei; man einigte sich 1691 auf 150000 Livres, und die Universität wurde noch in demselben Jahre nach Besançon feierlich überführt. 1722 wurde die Rechtsfakultät nach Dijon verlegt, während die theologische und medizinische bis zum Ausbruch der französischen Revolution zu Besançon verblieben. — Über die Universitätsreformen s. S. 263 u. ff.

LITERATUR. *Beaune et d'Arbaumont, Les universités de Franche-Comté: Gray, Dôle, Besançon.* Dijon 1870. — *L'Université de Besançon. Des origines à la révolution; de la révolution à nos jours; organisation actuelle.* 8°. 55 pp. Besançon 1900.

VERFASSUNG, Aufnahme der Studierenden, Studiengang, Zeugnisse, Grade, Gebühren, usw. siehe S. 263 u. ff.

FAKULTÄTEN: Faculté des sciences, F. des lettres. Ausserdem: Ecole préparatoire de médecine et de pharmacie. — Cours libres*.

* Sogenannte Cours libres sind besonders für fremde Studierende der Universität bestimmt, die sich noch nebenbei mit der Sprache und der franz. Unterrichtsmethode vertraut machen wollen. Ausserdem veranstaltet die Universität besondere Ferien-Kurse für Ausländer. Näheres in der Schrift: »Université de Besançon. Cours de français pour les Étudiants étrangers, Renseignements divers. 8°. 28 S. mit Abbildungen. 1903«, und beim Comité de Patronage des Étudiants etrangers, 128 Grande Rue, Besançon.

Bordeaux (Gironde).

UNIVERSITÉ DE BORDEAUX.

GESCHICHTE. Gegründet 1441 als Studium generale unter der Herrschaft der Engländer durch Bulle des Papstes Eugen IV. Das Studium wurde nach dem Vorbild von Toulouse eingerichtet, mit dem Erzbischof Pey Berland als Kanzler an der Spitze, mit allen 4 Fakultäten und mit Lehrern, die der Kathedralschule S. André, den verschiedenen Klosterschulen und einem seit 1411 bestehenden medizinischen Kollegium entnommen wurden. Ludwig XI. bestätigte die Privilegien der Universität, die sich bis zur Regierungszeit Franz I. einer vollständigen Autonomie erfreute. Von da an erfolgte allmählich die Umwandlung in eine Staatsuniversität, zuerst durch die scharfe Oberaufsicht des Parlaments von Bordeaux, später durch die direkten Eingriffe der kgl. Gewalt. Ihre Bedeutung war im Vergleich mit anderen französischen Universitäten zu keiner Zeit sehr gross und als sie 1793 durch den Konvent unterdrückt wurde, hatte sie schon lange vorher ein blosses Scheindasein geführt. Die napoleonische Universitätsreform vom Jahre 1808 schuf zu Bordeaux eine Faculté des sciences und eine Faculté des lettres, zu denen im Jahre 1870 eine Faculté de droit und 1878 eine Faculté de médecine et de pharmacie hinzukam. — Näheres über die Universitätsreformen siehe S. 263 u. ff. — Jetzt ist Bordeaux neben Lyon die bedeutendste Provinzialuniversität.

H. Barkhausen, Statuts et règlements de l'ancienne Université de Bordeaux. Libourne 1886.

VERFASSUNG, Aufnahme der Studierenden, Studiengang, Zeugnisse, Grade, Gebühren, usw. siehe S. 263 u. ff.

FAKULTÄTEN: Faculté de droit, F. mixte de médecine et de pharmacie, F. des sciences, F. des lettres. — Zur Faculté de droit gehört: Institut pratique de droit. — Zur Faculté des sciences gehören: École de chimie appliquée; École de chimie appliquée à l'industrie et à l'agriculture.

Caen (Calvados).

UNIVERSITÉ DE CAEN.

Geschichte. Die Universität Caen ist während der kurzen Herrschaft der Engländer über die Normandie im Jahre 1432 von König Heinrich VI. von England gegründet worden. Gegen eine Gebühr von 1600 Livres verlieh ihr Papst Eugen IV. (Bulle vom Mai 1437) die Privilegien eines Studium generale mit dem Bischof von Bayeux als Kanzler und mit der besonderen Klausel, dass vor Verleihung der akademischen Grade jeder Kandidat den Eid der Treue für den päpstlichen Stuhl zu leisten habe. In seinem Kampfe gegen die Macht des Papstes antwortete Karl VII. hierauf im folgenden Jahre mit der pragmatischen Sanktion von Bourges. Am 18. Mai 1442 berichtet König Heinrich VI dem Papste über den blühenden Zustand der Universität. Nach der Vertreibung der Engländer verlieh ihr König Karl VII. eine neue Stiftungsurkunde, stellte ihre Mitglieder unter die Gerichtsbarkeit der städtischen Gewalt und erklärte alle Privilegien der früheren Urkunde für nichtig. Seit dieser Zeit hielt die Universität getreu zu der Sache des französischen Königtums; in der französischen Revolution wie alle anderen Universitäten aufgehoben, verdankt sie ihre Wiedererrichtung als Akademie dem Gefühl der Dankbarkeit für ihre loyale Haltung in früheren Jahrhunderten. 1896 wurde die »Université« neu gegründet. — Näheres über die Universitätsreformen siehe S. 263 u. ff.

Literatur. *de la Rue, Essais histor. sur la ville de Caen.* — *A. de Bourmont, La fondation de l'Université de Caen.* 1883.

Verfassung, Aufnahme der Studierenden, Studiengang. Zeugnisse, Grade, Gebühren, usw. siehe S. 263 u. ff.

Fakultäten: Faculté de droit, F. des sciences, F. des lettres. Ausserdem: École préparatoire de médecine et de pharmacie.

Clermont-Ferrand (Puy-de-Dôme).

UNIVERSITÉ DE CLERMONT.

Gegründet durch die Napoleonische Universitätsreform vom Jahre 1808. Siehe darüber S. 263.

Verfassung, Aufnahme der Studierenden, Studiengang, Zeugnisse, Grade, Gebühren, usw. siehe S. 263 u. ff.

Fakultäten: Faculté des lettres, F. des sciences. Ausserdem: École préparatoire de médecine et de pharmacie.

Dijon (Côte d'Or).

UNIVERSITÉ DE DIJON.

Geschichte. Die alte Universität Dijon, gegründet 1722 und durch päpstl. Bulle vom 16. April 1723 bestätigt, bestand nur aus einer von Besançon hierher verpflanzten Rechtsfakultät, während die alte Universität Dôle nach Besançon verlegt worden war (s. d.) In den Stürmen der Revolution verschwand sie, doch schon das Gesetz vom 11. Floréal des Jahres X (1. Mai 1802) sieht die Wiederherstellung der Rechtsschulen vor; das Dekret des 4 Complémentaire XII (21. Sept. 1804) bestimmte ihre Sitze; Dijon befand sich darunter. Das Dekret vom 17. März 1808 erhob die Rechtsschulen zu Rechtsfakultäten. Ein Statut vom 18. Okt. 1808 errichtete ausserdem zu Dijon eine »Faculté des sciences« und eine »Faculté des lettres«, die durch Verfügung des Grossmeisters der Universität vom 25. Juli 1809 definitiv organisiert wurden. Das medizinische

Studium wird zu Dijon seit 1826 durch eine École secondaire de médecine vertreten, die 1843 zu einer École préparatoire erhoben worden ist. — Näheres über die Universitätsreformen siehe S. 263 u. ff.

PUBL.: *Revue Bourgignonne de l'Université de Dijon* (seit 1890).

VERFASSUNG, Aufnahme der Studierenden, Studiengang, Zeugnisse, Grade, Gebühren, usw. siehe S. 263 u. ff.

FAKULTÄTEN: Faculté de droit, F. des sciences, F. des lettres. Ausserdem: École préparatoire de médecine et de pharmacie.

Grenoble (Isère).

UNIVERSITÉ DE GRENOBLE.

GESCHICHTE. Im Jahre 1339 durch Bulle des Papstes Benedikt XII. mit drei Fakultäten (Theologie, Medizin und Jurisprudenz) errichtet, aber zu keiner besonderen Blüte gelangt und schon zu Anfang des XVI. Jahrhunderts wieder eingegangen. 1542 durch Franz von Bourbon wieder reorganisiert und 1565 mit der Universität von Valence vereinigt; schliesslich in der französischen Revolution, wie alle französischen Universitäten unterdrückt und durch die Universitätsreform Napoleons I. als Teil der Université de France neu errichtet. — Näheres über die Universitätsreformen siehe S. 263 u. ff. — PUBL.: *Annales* (seit 1889).

Berriat St. Prix, Histoire de l'ancienne Université de Grenoble. 1821.

VERFASSUNG, Aufnahme der Studierenden, Studiengang, Zeugnisse, Grade, Gebühren, usw. siehe S. 263 u. ff.

FAKULTÄTEN: Faculté de droit, F. des sciences, F. des lettres. Ausserdem: Ecole préparatoire de médecine et de pharmacie. — Institut électrotechnique siehe unter fachliche Hochschulen S. 282. — Der Faculté des lettres ist das Institut français in Florenz unterstellt, dessen Aufgabe ist: Förderung romanischer Sprachstudien auf klassischem Boden. Es hat Sektionen für Kunstgeschichte und Geschichte der Musik.

Das »Comité de patronage des étudiants étrangers de l'Université de Grenoble«, gegründet 1898, hat namentlich Vorlesungen über französische Sprache und Literatur für fremde Studenten eröffnet. Die Kurse werden ununterbrochen das ganze Jahr hindurch gehalten.

Lille (Nord).

UNIVERSITÉ DE LILLE.

GESCHICHTE. Die Gründung der Universität Douai wurde 1560 durch Bulle des Papstes Pius IV. autorisiert. 1562 erhielt sie von Philipp II. den Stiftungsbrief. Am 5. Oktober 1562 wurde sie eröffnet. Die Universität wurde gegründet »pour enrayer les progrès de l'hérésie dans les Pays-Bas«. — Die Eroberung Flanderns durch Ludwig XIV. (1667) und die Vereinigung mit Frankreich änderte nichts an der Stellung der Universität. Reformen wurden durchgeführt. Die Universität ging im 18. Jahrhundert mehr und mehr zurück, 1793 wurde sie von Napoleon aufgehoben und 1806 nach der Universitätsreform Napoleons als Académie mit einer Faculté des lettres neu gegründet. Diese wurde 1826 aufgehoben, 1854 wiederhergestellt und durch eine Faculté des sciences erweitert. 1865 wurde eine Faculté de droit gegründet, 1875 in Lille eine Faculté de médecine et de pharmacie. 1887 wurden die andern Fakultäten ebenfalls nach Lille verlegt. 1896 erhielten die vereinigten Fakultäten den Namen »Université«.

PUBL.: *Travaux et Mémoires de l'Université de Lille,* vol's. I—XXX und 3 Atl. — *Nouvelle Série: Sciences-Médecine I; Droit-Lettres I—VI.* — *Bulletin de l'Université et de l'Académie de Lille, 3 me Série.*

VERFASSUNG. Aufnahme der Studierenden, Studiengang, Zeugnisse, Grade, Gebühren, usw. siehe S. 263 u. ff.

FAKULTÄTEN: Faculté de droit, F. mixte de médecine et de pharmacie, F. des sciences, F. des lettres.

Lyon (Rhône).

UNIVERSITÉ DE LYON.

GESCHICHTE. Die Université de Lyon ist nicht wie die meisten anderen französischen Universitäten die Rekonstitution einer mittelalterlichen Universität, sondern sie ist erst im Laufe des 19. Jahrhunderts entstanden. Ihre älteste Fakultät ist die Faculté des sciences; diese wurde 1834 gegründet, die F. des lettres 1838, die F. de droit 1875, die F. de médecine 1877. Die vereinigten vier Fakultäten wurden durch das Gesetz vom 10. Juli 1896, (vergl. S. 264) zur Universität erhoben. — In kurzer Zeit hat sie einen derartigen Aufschwung genommen, dass Lyon jetzt neben Bordeaux die bedeutendste und am besten ausgestattete der französischen Provinzialuniversitäten ist. Die rasche Entwickelung verdankt sie neben ausgezeichneten Lehrkräften ihrer günstigen Lage, in einem der wichtigsten Industriegebiete Frankreichs. Demgemäss ist auch auf die Ausbildung des technischen Unterrichts besonderer Wert gelegt worden.

PUBL.: *Annales de l'Université* (seit 1891).

VERFASSUNG, Aufnahme der Studierenden, Studiengang, Zeugnisse, Grade, Gebühren, usw. siehe S. 263 u. ff.

FAKULTÄTEN: Faculté de droit, F. mixte de médecine et de pharmacie, F. des sciences, F. des lettres. Angegliedert sind an die Faculté des sciences: École de chimie industrielle; École française de tannerie, siehe unter Fachliche Hochschulen S. 284.

Marseille (Bouches du Rhône).

UNIVERSITE D'AIX-MARSEILLE.

In Marseille befinden sich die Faculté des sciences und die École de médecine et de pharmacie de plein exercice. Vergl. Aix-en-Provence, S. 269. — Angegliedert an die Faculté des sciences: École d' Ingénieurs siehe unter Fachliche Hochschulen S. 284.

Montpellier (Hérault).

UNIVERSITÉ DE MONTPELLIER.

GESCHICHTE. Schon im XII. Jahrhundert bestand zu Montpellier eine berühmte medizinische Schule. Wilhelm VIII., Graf von Montpellier, erklärte sie im Jahre 1181 zu einer freien Schule der Heilkunde, an der jeder Lehrer der Medizin aus irgend einem Lande die Lehrtätigkeit ausüben konnte. Vor Ende des Jahrhunderts kam noch eine juristische Fakultät hinzu, die grosse Bedeutung erlangte. Petrarca studierte hier das Zivilrecht. Beide Schulen blieben getrennte Körperschaften mit besonderen Verfassungen, bis Papst Nikolaus durch die Bulle vom 26. Oktober 1289 sie zu einem Studium generale und durch zahlreiche Gunstbezeugungen zu grosser Blüte erhob. Ende des XIII. Jahrhunderts entstand noch die Artistenfakultät und Ende des XIV. eine theologische, die aber erst 1421 vom Papste bestätigt wurde. Unter Kaiser Napoleon teilte die Universität die Schicksale aller französischen Universitäten. Im Jahre 1889 feierte sie glanzvoll ihr 600jähriges Jubiäum. — Näheres über die Universitätsreformen siehe S. 263 u. ff.

Denifle, Die Universitäten des Mittelalters I. S. 340—351.

VERFASSUNG, Aufnahme der Studierenden, Studiengang, Zeugnisse, Grade, Gebühren, usw. siehe S. 263 u. ff.

FAKULTÄTEN: Faculté de droit (seit 1878), F. de médecine, F. des sciences, F. des lettres. Ausserdem: École supérieure de pharmacie.

Nancy (Meurthe-et-Moselle).

UNIVERSITÉ DE NANCY.

GESCHICHTE. Der erste Sitz der lothringischen Universität war Pont-à-Mousson, wo auf Antrag des Kardinals von Lothringen eine solche durch päpstliche Bulle vom 5. Dezember 1572 errichtet wurde. Sie bestand aus einer theologischen und einer Artes-Fakultät und wurde den Jesuiten zur Bekämpfung der Ketzerei übergeben. Herzog Karl III. fügte 1582 eine juristische und 1598 eine medizinische Fakultät hinzu. Trotz der häufigen Zwiste zwischen den alten und neuen Fakultäten blühte die Universität schnell auf. 1608 soll sie 2000 Studenten, darunter 1600 theologische, gehabt haben. Die Kriege im 17. Jahrhundert, namentlich die Besetzung Lothringens durch Frankreich, zerstörten diese Blüte, und als 1697 Lothringen wieder unabhängig wurde, begünstigten seine Herzöge Leopold und Stanislaus auf Unkosten der Universität Pont-à-Mousson die Städte Lunéville und Nancy, wo konkurrierende Anstalten errichtet wurden. Unter Ludwig XV. wurde die Universität im Jahre 1768 nach Nancy verlegt, die dann, wie alle französischen Universitäten, in der französischen Revolution unterging. In der grossen Universitätsreform Napoleons I. fand Nancy keine Berücksichtigung. Erst 1852 wurde auf Andringen der Stadt und von 42 Nachbarstädten eine Akademie (siehe S. 263) zu Nancy errichtet; 1854 erfolgte die Gründung der Faculté des lettres et des sciences, der sich 1864 eine Faculté de droit anschloss. Die Ereignisse von 1870 haben der Stadt Nancy endlich eine medizinische Fakultät verschafft, dadurch dass die Mehrzahl der Professoren der Strassburger medizinischen Fakultät hierher übersiedelte und sich mit Hilfe der Regierung als medizinische Fakultät organisierte.

VERFASSUNG, Aufnahme der Studierenden, Studiengang, Zeugnisse, Grade, Gebühren, usw. siehe S. 263 u. ff.

FAKULTÄTEN: Faculté de droit, F. de médecine (angegliedert: Institut sérothérapique), F. des sciences, F. des lettres. Ausserdem: École supérieure de Pharmacie. — Namentlich der technische Unterricht ist in letzter Zeit besonders ausgebaut worden: Institut chimique, Institut électrotechnique et de mechanique appliquée, Institut agricole, Institut colonial; siehe unter Fachliche Hochschulen S. 285 u. 286.

Paris.

UNIVERSITÉ DE PARIS.

GESCHICHTE. Die Universität Paris ist neben Bologna die älteste der Welt. Sie überragte im Mittelalter alle anderen an Bedeutung und wurde das Vorbild für die deutschen Universitäten. Entstanden aus den alten kirchlichen Schulen der Kathedrale Notre-Dame und der Klöster St. Geneviève und St. Victor zog sie nicht nur durch den Weltruhm einzelner Lehrer (Abélard), sondern hauptsächlich durch die hier erfundene und ausgeübte neue Doktrin der theologischen und philosophischen Dialektik Tausende von wissensdurstigen Jüngern aus allen Ländern nach Paris. Die dadurch entstandene Überfüllung, die Not der Unterkunft, das Bedürfnis eines Schutzes gegen die übermässigen Forderungen der Bürger für Wohnung und Nahrung, die häufigen Kämpfe zwischen Scholaren und Bürgern haben den ersten Anstoss zum Zusammenstehen und zu gemeinsamer Abwehr, zur Bildung einer einheitlichen Korporation mit besonderen Rechten und Freiheiten und damit zur Gründung der Universität gegeben. Ein Tumult im Jahre 1200 zwischen Scholaren und Bürgern, in dessen Verlauf mehrere Scholaren getötet wurden, veranlasste den König Philipp August auf die Klage der Magister, welche mit dem Wegzug drohten, dass in Zukunft jeder wegen eines Vergehens verhaftete Scholar dem geistl. Gericht überliefert werden musste. Damit war die besondere Gerichtsbarkeit gewährleistet. 1207 wird bereits eine »Communitas scholarium«, d. i. der Magister und Scholaren, und eine »Universitas magistrorum« genannt. 1215 verlieh der Papst durch seine Legaten der Universität ein Statut mit weitgehenden Rechten.

Der Kanzler der Kathedrale Notre-Dame war im Anfang das Oberhaupt der Universität. Wer eine Schule in seinem Sprengel errichten wollte, hatte naturgemäss bei ihm die Erlaubnis (licentia docendi) einzuholen. Die ursprüngliche Bedeutung des Magister artium liegt in dieser vom Kanzler verliehenen Lizenz. Zur Erlangung der Würde diente die Vorbereitungszeit des Baccalaureats, nach deren Beendigung dem Kandidaten das Magister-Barett (Biretta) verliehen wurde, und er eine »Inaugural-Vorlesung« zu halten hatte. Bald kämpfte jedoch die »Communitas magistrorum« gegen diese Allgewalt des Kanzlers und erreichte schon 1215 eine bedeutende Einschränkung seiner Gerichtsbarkeit und Befugnisse bei der Verleihung der Lizenz; die Päpste Honorius und Gregor schritten wiederholt zugunsten der Magister ein. Die Korporation der Universität bildete sich aus Magistern und Scholaren, aber Stimmrecht hatten nur die Magister; die Scholaren nahmen nur als Schüler eines bestimmten Magisters an den Privilegien der Universität teil. Letztere gliederte sich in Fakultäten, von denen die der Theologie, Medizin und Jurisprudenz die höheren waren, während die Artes die Vorstufe für alle bildeten. Der Schwerpunkt der Universität ruhte trotzdem, vermöge ihrer erdrückenden Überzahl der Mitglieder, in der Artistenfakultät, und ihr von den Magistern erwählter Rektor (die andern Fakultäten hatten Dekane) wurde im Laufe des XIV. Jahrhunderts das Oberhaupt der ganzen Universität. Die Artistenfakultät war ausserdem in 4 »Nationen« eingeteilt: die gallische (Franzosen, Spanier, Italiener und Griechen), die pikardische (nordöstl. Frankreich und Niederlande), die englische, später die deutsche genannt (Engländer und Deutsche) und die normannische. Schon in den Jahren 1222—44 waren diese Nationen zu rechtlicher Organisation gelangt, mit eigenen Statuten und Einnahmen. In den allgemeinen Versammlungen der Universität übten die Magister ihr Stimmrecht in 7 Gruppen aus, wovon je eine Gruppe auf die 4 Nationen der Artistenfakultät und je eine auf die 3 anderen Fakultäten fiel. Die Nationen hatten besonders verbriefte Rechte bei der Wahl des Rektors und der Prüfungskommission. Die Vorsteher der Nationen hiessen Prokuratoren und wurden von den Magistern und aus ihnen gewählt.

1229 brach ein neuer blutiger Kampf zwischen Scholaren und Bürgern aus, der zum Wegzug der Magister und Scholaren von Paris führte. Oxford gewann hierdurch bedeutenden Zuzug (siehe S. 216). Aber schon nach zwei Jahren schritt Papst Gregor IX. abermals zugunsten der Scholaren ein; von allen Seiten strömten Magister und Scholaren wieder herbei, und die Überfüllung war bald so gross, dass der König der Universität das Recht verlieh, die Wohnungen taxieren zu lassen »per duos magistros et duos burgenses«. Einen weiteren schweren Kampf hatte die Pariser Universität in der Mitte des 13. Jahrhunderts mit den Bettelmönchen zu bestehen, die in ihrer expansiven Tätigkeit sich auch an den Universitäten festsetzten und Vorrechte, z. B. das der Besetzung von 3 Lehrstühlen der Theologie, beanspruchten, ohne sich den Universitätsgesetzen zu unterwerfen. Sieben Jahre lang wehrte sich die Universität; die Magister hatten sogar noch einmal die Korporation aufgelöst, aber diesmal entschied der Papst zugunsten der Mönche, deren Schüler er mit denen der Universität als gleichberechtigt erklärte. Wenn trotzdem die Dominikaner keinen herrschenden Einfluss erlangten, so lag dies an dem überragenden Ansehen der eigentlichen Universität; aber die näheren Beziehungen zu den Klosterschulen der Dominikaner hatte doch eine segensreiche Folge, dass auch an der Universität Kollegien errichtet wurden, d. h. Stifte, in denen Nichtordensleute Wohnung, Verpflegung und Unterricht erhielten, wie in den Klöstern. Das hervorragendste wurde durch Robert de Sorbon, maître en Théologie et confesseur du Roi, (1257) gegründet (siehe S. 288 Anmerkung). Solcher Stifte entstanden bis 1500 fünfzig in Paris, an denen mindestens 700 Freiplätze (Bursen) waren.

Im 14. und 15. Jahrhundert entfaltete sich die Universität zu höchster Blüte. Im Gegensatz zu Bologna war es ihr Ruhm, die Wissenschaft um ihrer selbst willen zu pflegen. Päpste und Könige legten Wert auf gute Beziehungen zu ihr und richteten sich nach den Lehren ihrer grossen Theologen und Juristen. Es war für die gebildete Welt der unbestrittene Mittelpunkt. Als aber seit Mitte des 15. Jahrhunderts der neue Geist des Humanismus die Welt erfüllte und man ihm an der Pariser Universität hartnäckig die Tore verschloss, da stellte sich auch bald der Niedergang ein. Äussere Umstände halfen ihn beschleunigen. Die nationalen Grenzen bildeten sich im 16. Jahrhundert immer tiefer, der verheerende Bürgerkrieg entblösste die französischen Universitäten fast aller Mittel, die 50 Kollegien standen leer, die immer mächtiger werdende Zentralgewalt des französischen Königtums lähmte das selbständige Universitätsleben, und so zog allmählich bei ihm jener Professionalismus ein, welchen abzuwehren der Ruhm der Pariser Universität in den früheren Jahrhunderten war. Die theologischen Fakultäten hatten infolge der Entwickelung der bischöflichen Seminarien und der von kirchlichen Orden gegründeten Anstalten den Charakter von Lehranstalten allmählich ganz verloren und beschränkten sich meist auf die Erteilung der Grade. Die grossen Juristen Frankreichs verliessen Paris und gingen in der Provinz praktischer Beschäftigung nach. Die Artistenfakultät mit ihren inkorporierten Kollegien diente dem Sekundär-Unterricht. Ein grosser Teil des höheren Unterrichts geriet in die Hände der Jesuiten, die seit der Mitte des 16. Jahrhunderts zu Paris, Pont-à-Mousson, Dijon u. a. O. selbständige Anstalten errichteten. Wohl suchte das Edikt von Blois (1579) das Universitätswesen von ganz Frankreich (damals 21 Universitäten) zu reorganisieren; auch Heinrich IV. nahm (1598—1600) eine Neugestaltung der Universität vor. Colbert reformierte 1679 die Rechtsfakultäten, denen 1707 eine Reform der medizinischen nachfolgte. Die französischen Universitäten wurden durch diese Eingriffe der königl. Gewalt allmählich aus autonomen Körperschaften Staatsanstalten; aber ihrem erstarrten wissenschaftlichen Geist wurde kein neues Leben eingehaucht. Nicht, dass in Frankreich überhaupt das wissenschaftliche Leben ausgestorben war. Frankreich hat gerade im 17. und 18. Jahrhundert grosse Gelehrte hervorgebracht, aber sie fanden seit der Gründung der Académie française durch Richelieu (1635) ihre Zufluchtsstätte in den gelehrten Akademien, während die Universitäten in der Routine professioneller Lehrtätigkeit aufgingen und sich in den Kämpfen mit den Jesuiten verzehrten. Mit der Ausweisung dieses Ordens aus Paris (1762) und der Einsetzung der Pariser Universität in seine Kollegien waren die Bedingungen für einen neuen Aufschwung gegeben. Als aber kurz darauf die Revolution sie und die übrigen Universitäten sämtlich unterdrückte, war damit doch kein allzu grosser Verlust für die Nation verbunden.

Die Reorganisation Napoleons I. schuf in der Université de France eine straffe, einheitliche akademische Gliederung für ganz Frankreich. Darüber und über die weiteren Universitätsreformen vergl. S. 263 u. ff. — Das 1885 begonnene neue Gebäude der Sorbonne wurde 1901 vollendet.

Literatur. *Thurot, Ch., De l'organisation de l'enseignement dans l'Université de Paris au moyen-âge.* Paris 1850. — *Denifle, H., Die Universitäten des Mittelalters bis 1400.* I. Band. Berlin 1885. — *Kaufmann, G., Geschichte der deutschen Universitäten.* I. Band [Vorgeschichte]. Stuttgart 1888. — *L'Université de Paris et les Etablissements Parisiens d'Enseignement supérieur. Livret de l'Etudiant.* Paris, Bureau des Renseignements à la Sorbonne (erscheint jährlich).

Verfassung, Aufnahme der Studierenden, Studiengang, Zeugnisse, Grade, Gebühren, usw. siehe S. 263 u. ff.

Fakultäten: Faculté de droit, F. de médecine, F. des sciences, F. des lettres. Ausserdem: Ecole supérieure de pharmacie, École normale supérieure (siehe deren Geschichte und Organisation S. 289).

Poitiers (Vienne).

UNIVERSITÉ DE POITIERS.

Geschichte. Gegründet 1431 durch König Karl VII. in der Absicht, gegen die englischen Tendenzen der Universität Paris ein Gegengewicht und einen unabhängigen Mittelpunkt der Gelehrsamkeit zu schaffen. Bei dem damaligen Kampfe um die Herrschaft zwischen dem päpstlichen Stuhl und dem König suchte Papst Eugen IV. diese Absicht dadurch teilweise zu vereiteln, dass er die Privilegien dieses neuen Studium generale auf die von Toulouse beschränkte und so die neue Universität gegenüber Paris in Nachteil brachte. Karl VII. verlieh ihr hierauf aus eigener Machtvollkommenheit sämtliche Privilegien der Universitäten von Paris, Toulouse, Montpellier, Angers und Orléans und stellte sie unter seinen persönlichen Schutz. Die weitere Geschichte ist die gemeinschaftliche sämtlicher französischen Universitäten, die 1792 unterdrückt wurden. In der Napoleonischen Reorganisation vom Jahre 1806 wurde für Poitiers eine Faculté de droit vorgesehen; hierzu kam 1846 eine Faculté des lettres und 1856 eine Faculté des sciences. — Über die Universitätsreformen vergl. S. 263 u. ff.

Verfassung, Aufnahme der Studierenden, Studiengang, Zeugnisse, Grade, Gebühren, usw. siehe S. 263 u. ff.

Fakultäten: Faculté de droit, F. des sciences, F. des lettres. Ausserdem: École préparatoire de médecine et de pharmacie.

Rennes (Ille-et-Vilaine).

UNIVERSITÉ DE RENNES.

Gegründet 1808. Über die Universitätsreformen vergl. S. 263 u. ff.

Verfassung, Aufnahme der Studierenden, Studiengang, Zeugnisse, Grade, Gebühren, usw. siehe S. 263 u. ff.

Fakultäten: Faculté de droit, F. des sciences, F. des lettres. Ausserdem: École de plein exercice de médecine et de pharmacie.

Toulouse (Haute-Garonne).

UNIVERSITÉ DE TOULOUSE.

Geschichte. Die Universität Toulouse ist unter denjenigen Hochschulen, die direkt durch eine päpstliche Bulle gegründet wurden, die erste und älteste. Papst Gregor IX. schuf sie als ein Bollwerk zur Unterdrückung der Albigenser; ihre Errichtung bildete eine der Friedensbedingungen, die Graf Raymond von Toulouse gegenüber Ludwig IX. zu erfüllen hatte. 1233 erhielt sie durch den Papst alle Privilegien eines Studium generale; dank der päpstlichen Fürsorge war sie bald ein berühmter Mittelpunkt theologischer Gelehrsamkeit. Die Verfassung wich von der Pariser wesentlich ab: Der Kanzler hatte eine grössere Gewalt; er empfing von dem Rektor gleich nach der Wahl (durch die Magister) den Eid der Treue, der Rektor wurde abwechselnd aus den verschiedenen Fakultäten gewählt, nicht wie zu Paris aus der der Artisten allein; die Prokuratoren waren nicht die Vorsteher der Nationen, die es in Toulouse nicht gab, sondern der von den Scholaren gewählte Beirat des Rektors. Trotz ihres päpstlichen Ursprungs trat sie in dem Kampfe um die weltliche Herrschaft in Frankreich zwischen Papst Bonifaz VIII. und König Philipp dem Schönen (1301—1303) entschlossen auf die Seite des Königtums. Tolosaner Rechtsgelehrte (Pierre Flotte, Guillaume de Nogaret und Pierre de belle Perche) vertraten mit Erfolg und Energie die Sache des Königs zu Rom und Paris. Deswegen durch Bonifaz ihrer Privilegien beraubt, wurde sie schon durch dessen Nachfolger in diese wieder voll eingesetzt. — Über die Universitätsreformen vergl. S. 263 u. ff.

Gatien Arnould, Histoire de l'Université de Toulouse in »Mémoires de l'Académie de Toulouse«. VIII. Série 3.

PUBL.: *Annales de la Faculté des sciences de l'Université de Toulouse* (seit 1887). — *Annales du Midi* (seit 1889). — *Archives médicales de Toulouse* (seit 1894 bzw. 1903). — *Revue des Pyrénées* (seit 1889 bzw. 1905). — *Bibliothèque méridionale.* Série I; 11 Bände. Série II; 12 Bände. 8°. — *Recueil de législation* (seit 1905 jährlich). — *Bulletin de l'Université.* vol's I—IV.

VERFASSUNG, Aufnahme der Studierenden, Studiengang, Zeugnisse, Grade, Gebühren, usw. siehe S. 263 u. ff.

FAKULTÄTEN: Faculté de droit, F. mixte de médecine et de pharmacie, F. des sciences (angegliedert: Institut électrotechnique), F. des lettres.

Andere allgemeine und fachliche Hochschulen.

(Anordnung in alphabetischer Reihenfolge der Orte; systematische Gruppierung siehe S. 261).

Alfort (Maisons-Alfort, Seine).

ÉCOLE NATIONALE VÉTÉRINAIRE.

Gegründet 1765. — *Histoire de l'école d'Alfort, par A. Railliet et L. Moulé.* Paris 1908. Gr. 8°. 830 p.

Die Schule steht unter dem Ministère de l'Agriculture. Die Schüler sind Interne, Halbpensionäre oder Externe; sie können vom Staat oder von den Departements ganze oder halbe Bursen erhalten.

AUFNAHME durch Prüfung im Wettbewerb (concours). Mindestalter: 17 Jahre. — STUDIENGANG: vierjährig. — GEBÜHREN: im Internat 600 fr., Halbpensionäre 400 fr., für Externe 200 fr.

Amiens (Somme).

ÉCOLE PRÉPARATOIRE DE MÉDECINE ET DE PHARMACIE.

(Zur Universität Lille gehörig).

Gegründet 1806. Reorganisiert 1897 nach dem Schema der Écoles préparatoires de médecine. In diesen ist nur ein Teil der ärztlichen und pharmazeutischen Kurse lokalisiert: 12 Inscriptions von 16.

AUFNAHMEBEDINGUNG (Bachelier und Certificat d'études physiques, chimiques et naturelles), Studiendauer (3 Jahre), usw. siehe S. 266 u. ff.

Angers (Maine-et-Loire).

ÉCOLE PRÉPARATOIRE DE MÉDECINE ET DE PHARMACIE.

(Zur Universität Rennes gehörig).

Gegründet 1807. Die Geschichte der Anstalt umfasst vier Perioden: 1807 wurden »cours pratiques de médecine, de chirurgie et de pharmacie« im »hospice civil et militaire« eingerichtet; 1820 wurden diese Kurse unter die Aufsicht der Universität gestellt und zur »École secondaire de médecine« umgewandelt; 1841 erhielt diese den Namen »École préparatoire de médecine et de pharmacie«; 1890 wurde sie reorganisiert. — Vergl. Amiens und medizinisches Studium S. 268.

UNIVERSITÉ CATHOLIQUE DE L'OUEST

(2, Rue Volney).

Im Jahre 1875 (Gesetz vom 12. Juli 1875 betr. die Unterrichtsfreiheit) auf Anregung des Bischofs Freppel entstanden und durch freiwillige Stiftungen erhalten (siehe S. 266). Der Unterricht ist analog dem der staatlichen Anstalten eingerichtet; vergl. S. 263 u. ff. — PUBL.: *Revue; Bulletin.*

FAKULTÄTEN: Faculté libre de théologie, F. libre de droit, F. libre des sciences, F. libre des lettres.

AUFNAHME als Studierende: Bedingung Bachelier-Grad.

STUDIENDAUER. Théologie (nach den Studien des Seminars 4—5 Jahre): zwei Jahre, droit: fünf Jahre, lettres: zwei Jahre, sciences entsprechend den Fächern: ca. drei Jahre. — GRADE. Die Faculté de théologie verleiht die kanonischen Grade: baccalauréat, licence und doctorat; die andern Fakultäten bereiten auf die Grade der staatlichen Universitäten vor. — GEBÜHREN ebenso wie bei den letzteren. — Zur Universität gehören:

ÉCOLE SUPÉRIEURE D'AGRICULTURE (3, Rue Rabelais).

Gegründet 1898 durch eine Association de propriétaires-agriculteurs de l'Ouest zur Ausbildung von Landwirten. Seither immer mehr wissenschaftlich weiter entwickelt. — Die Schule ist der Université libre d'Angers angegliedert und benutzt die entsprechenden Kurse in der Faculté des sciences (Physik, Chemie, usw.), auch einige in der Faculté de droit. Der rein landwirtschaftliche Unterricht ist für sich organisiert. — Finanzielle Verwaltung durch einen Conseil d'administration. Ein Conseil de perfectionnement (bestehend aus hervorragenden Ökonomen aus ganz Frankreich) übt die Aufsicht über den Unterricht aus. — Die Schule wird unterhalten aus den eingehenden Gebühren, privaten Zuwendungen, Subventionen von der »Société des Agriculteurs de France« und mehreren anderen landwirtschaftlichen Gesellschaften, ferner vom Conseil général de Maine-et-Loire.

AUFNAHME gegen Prüfung, wenn nicht ein Diplôme supérieur de l'Université oder ein Diplôme complet de bachelier vorgelegt werden kann. Mindestalter 17 Jahre. — STUDIENDAUER: 2 Jahre. — GEBÜHREN: jährlich 625 fr. für die cours normaux, ausserdem 100 fr. inscription supplémentaire für die vier cours facultatifs, 30 fr. für die jährlichen Examina, 100 fr. für das Diplomexamen, 40 fr. für das Certificat. — ZEUGNISSE: Diplôme d'ingénieur agricole nach Absolvierung des ordnungsgemässen Studienganges, sonst Certificat d'études agronomiques.

ÉCOLE SUPÉRIEURE DE COMMERCE.

Gegründet 1909 im Anschluss an die Université catholique. Die Kurse umfassen zwei Jahrgänge. 1. Jahrgang eröffnet am 4. Nov. 1909, 2. Jahrgang im November 1910.

Beauvais (Oise).

INSTITUT AGRICOLE INTERNATIONAL.

Gegründet 1854 von den »frères des écoles chrétiennes« unter dem Patronat der »Société des Agriculteurs de France«. — Internat.

AUFNAHME von mindestens 16 jährigen durch Eingangsprüfung in Arithmetik, Geometrie, Algebra, Geschichte und Geographie. — KURSE: dreijährig. — GEBÜHREN: 1800 fr. Cours préparatoire 1000 fr.

Besançon (Doubs).

ÉCOLE PRÉPARATOIRE DE MÉDECINE ET DE PHARMACIE.

Zur Université de Besançon gehörig (siehe S. 269). Siehe auch Amiens (S. 279) und medizinisches Studium (S. 268).

Bordeaux (Gironde).

ÉCOLE DENTAIRE.

Aufnahme, Studiendauer, Gebühren wie bei der École dentaire in Nantes (siehe S. 286). Vergl. auch S. 268 und unter Paris S. 292.

ÉCOLE DU SERVICE DE SANTÉ DE LA MARINE.

Der Faculté de médecine der Universität Bordeaux affiliiert. Sie bezweckt die Heranbildung von Ärzten und Apothekern der Marine und der Kolonialarmee. Die Schüler rekrutieren sich durch Wettbewerb aus den schiffsmedizinischen Vorschulen (Écoles de médecine navale) zu Brest, Rochefort und Toulon, den medizinischen Fakultäten und den Écoles de médecine et de pharmacie. Der Wettbewerb (concours) findet an den letzteren Schulen statt und unter den Studierenden, die von den Facultés und Écoles de médecine et de pharmacie kommen.

AUFNAHME nur für 18 bis 24 jährige. — STUDIENGANG: dreijährig. — GEBÜHREN: Pension jährlich 700 fr. Ausstattung 775 fr. + 265 fr. + 260 fr.

INSTITUT PRATIQUE DE DROIT.

Zur Faculté de droit der Université de Bordeaux gehörig (siehe S. 270).

ÉCOLE DE CHIMIE APPLIQUÉE und ÉCOLE DE CHIMIE APPLIQUÉE À L'INDUSTRIE ET À L'AGRICULTURE.

Beide zur Faculté des sciences der Université de Bordeaux gehörig (siehe S. 270).

Brest (Finistère).

ÉCOLE ANNEXE DE MÉDECINE NAVALE.

Die Écoles de médecine navale (Brest, Rochefort, Toulon) sind mit Dekret vom 23. Juli 1890 errichtet worden. Sie sind der Faculté de médecine de Bordeaux affiliiert und haben den Zweck, Ärzte und Apotheker für die Marine und die Kolonialarmee auszubilden.

AUFNAHME von Franzosen mit dem Diplom eines »Bachelier« und mit Certificat d'études physiques, chimiques et naturelles (P. C. N.). — STUDIENDAUER: 1 Jahr, ausserdem 3 Jahre an der École du service de santé de la marine in Bordeaux (siehe oben).

Caen (Calvados).

ÉCOLE PRÉPARATOIRE DE MÉDECINE ET DE PHARMACIE.

Zur Université de Caen gehörig (siehe S. 271). Siehe auch Amiens (S. 279) und medizinisches Studium (S. 268).

Clermont-Ferrand (Puy-de-Dôme).

ÉCOLE PRÉPARATOIRE DE MÉDECINE ET DE PHARMACIE.

Zur Université de Clermont gehörig (siehe S. 271). Siehe auch Amiens (S. 279) und medizinisches Studium (S. 268).

Dijon (Côte d'Or).

ÉCOLE PRÉPARATOIRE DE MÉDECINE ET DE PHARMACIE.

Zur Université de Dijon gehörig (siehe S. 271). Siehe auch Amiens (S. 279) und medizinisches Studium (S. 268).

Douai (Nord).

ÉCOLE NATIONALE DES INDUSTRIES AGRICOLES.

Gegründet am 20. März 1893. Steht unter dem Ministère de l'agriculture. Externat. — AUFNAHME. Kandidaten (nicht unter 16 Jahren) müssen eine Eingangsprüfung bestehen in französischer Sprache, Mathematik, Physik und Naturgeschichte. Ausländer bedürfen zum Besuch der Schule der Erlaubnis des französischen Ackerbauministers.

Der STUDIENGANG ist zweijährig (theoretisch und praktisch), nach dessen Vollendung ein Diplom oder ein besonderes Zeugnis (certificat spécial) verliehen wird.

Grenoble (Isère).

ÉCOLE PRÉPARATOIRE DE MÉDECINE ET DE PHARMACIE.

Zur Université de Grenoble gehörig (siehe S. 272). Siehe auch Amiens (S. 279) und medizinisches Studium (S. 268).

INSTITUT ÉLECTROTECHNIQUE (polytechnique)
(Rue Général Marchand).

Gegründet 1896 zum Zweck, der elektrotechnischen Industrie wissenschaftlich ausgebildete Hilfsarbeiter zu liefern und für die Industriellen einen Zentralort für die wissenschaftlichen Erkundigungen und Erforschungen einzurichten. Reorganisiert 1901. — AUFNAHMEBEDINGUNG für die sections supérieures (élèves ingénieurs) wie bei der Ecole Centrale des Arts et Manufactures de France (siehe Paris): Prüfung in Mathematik, Mechanik, Physik und Chemie; für section des ingénieurs: Abgangsdiplom der grandes écoles von Frankreich und dem Ausland. — Section d'ingénieurs (Vorbereitungskursus ein Jahr), section d'élèves ingénieurs (zwei Jahre), section de contre-maîtres, section d'électrométallurgistes, section d'élèves ingénieurs-papetiers. — Ein DIPLOM bezeugt das erfolgreiche Studium.

GEBÜHREN: 200—500 fr. jährlich.

Grignon (Seine et Oise).

ÉCOLE NATIONALE D'AGRICULTURE.

Gegründet 1828 als staatliche landwirtschaftliche Hochschule, die unter dem Ministère de l'agriculture steht. - Internat, Halbinternat, Externat. Freie Zuhörer und Staatsstipendiaten. — AUFNAHME. Die Kandidaten müssen 17 Jahre alt sein und werden nur durch Wettbewerb (Concours) aufgenommen, der aus einer Prüfung in französischer Sprache, Physik, Chemie, Mathematik und den Naturwissenschaften besteht.

GEBÜHREN: Internat 1200 fr., Halbinternat 600 fr., Externat 400 fr.

Lille (Nord).

UNIVERSITÉ CATHOLIQUE.

Gründung und Organisation wie Angers (siehe S. 279).

FAKULTÄTEN: Faculté de théologie (60, Boulevard Vauban), F. de droit (60, Boulevard Vauban), F. de médecine et de pharmacie (56, Rue du Port), F. des sciences (Rue de Toul), F. de philosophie et des lettres (60, Boulevard Vauban).

Der Universität sind angegliedert:

ÉCOLE DES HAUTES ÉTUDES INDUSTRIELLES ET COMMERCIALES
(11, Rue de Toul).

Gegründet am 12. November 1885 als Zweig der Université catholique. Im Jahre 1906 wurde eine section commerciale angefügt. — AUFNAHME gegen Prüfung (die Bacheliers ès-sciences oder ès-lettres sind davon befreit). — STUDIENDAUER: drei Jahre. — ZEUGNISSE: Diplôme d'ingénieur nach bestandenem Schlussexamen. Ausserdem bereitet die Schule vor auf: Certificat de mathématiques générales, de Minéralogie, de Mécanique appliquée, de Physique industrielle, de Chimie industrielle, eingeführt mit Dekret vom 22. Jan. 1896, den Grad »Licence ès-sciences« gewährend. — GEBÜHREN: 800 fr. jährlich.

In der *Section Commerciale* nach zweijährigem erfolgreichen Studium: Certificat d'études commerciales supérieures. — Unterricht 500 fr. jährlich.

ÉCOLE DES SCIENCES SOCIALES ET POLITIQUES (60, Boulevard Vauban).

Limoges (Haute-Vienne).

ÉCOLE PRÉPARATOIRE DE MÉDECINE ET DE PHARMACIE.

(Zur Académie de Poitiers gehörig).

Vergl. Amiens (S. 279) und medizinisches Studium S. 268.

Lyon (Rhône).

FACULTÉS CATHOLIQUES.

Gegründet 1875. Vergl. Angers (S. 279). — PUBL.: *Bulletin des Facultés catholiques; L'Université catholique; Bulletin historique du Diocèse de Lyon.* — FAKULTÄTEN: Faculté libre de théologie, F. de droit, F. des sciences, F. des lettres.

ÉCOLE CENTRALE LYONNAISE

(16, Rue Chevreul).

Technische Hochschule. Gegründet im Jahre 1857 durch eine Anzahl bedeutender Männer der Industrie und des Handels; seit 1888 der »Chambre de Commerce de Lyon« unterstellt. Letztere sowie der Conseil général du Rhône und der Conseil municipal unterstützen die Schule durch jährliche Subventionen und durch Gewährung von Stipendien.

AUFNAHME gegen Prüfung (für Inhaber des Diplôme du Baccalauréat mathématique nicht erforderlich). Mindestalter 16 Jahre. — STUDIENDAUER: drei Jahre und ein Jahr fakultativ, zur Spezialausbildung. — DIPLOME: Diplôme d'ingénieur stagiaire de l'École Centrale Lyonnaise. Nach zwei- bis dreijähriger Tätigkeit in der Praxis und zurückgelegtem 25. Lebensjahr können die Schüler ein neues Diplom als: »Ingénieur de l'École Centrale Lyonnaise« fordern. — GEBÜHREN: Unterrichtsgebühr 700 fr. jährlich, ausserdem Nebengebühren für Bibliotheksbenutzung, usw. 250 fr.

ÉCOLE DU SERVICE DE SANTÉ MILITAIRE.

Errichtet auf Grund des Dekrets vom 25. Dezember 1888. In Verbindung mit der Faculté de médecine de Lyon. Zweck: Ausbildung von Militärärzten. — Internat. — AUFNAHME durch »Concours public«. — Die Schüler folgen genau demselben Studiengange wie die andern Medizin-Studierenden an der Universität; in der Anstalt selbst laufen daneben besondere Kurse, Übungen, usw. Nach bestandenem »Doctorat en Médecine« werden die Schüler der »École d'application du service de santé militaire du Val de Grace« in Paris (siehe S. 292) zur weiteren praktischen Ausbildung zugewiesen. — GEBÜHREN: Pensionspreis 1000 fr. jährlich, dazu für den trousseau ca. 1100 fr. Stipendien werden gewährt.

ÉCOLE DENTAIRE.

Aufnahme, Studiendauer, Gebühren wie bei der École dentaire in Nantes (siehe S. 286). Vergl. auch S. 268 und unter Paris S. 292.

ÉCOLE NATIONALE VÉTÉRINAIRE DE LYON

(2, Quai Pierre Seize).

Gegründet 1761. — Eingerichtet für Interne, Halbinterne, Externe. —

Verwaltung durch einen vom Minister ernannten Direktor. — AUFNAHME von 17 bis 25jährigen nach »concours« von Inhabern des »Diplôme de bachelier de l'enseignement secondaire classique ou moderne«. — STUDIENDAUER: vier Jahre. — GEBÜHREN: für Interne 600 fr., für Halbinterne 400 fr., für Externe 200 fr. jährlich. Diplom 100 fr.

PUBL.: *Journal de Médecine vétérinaire et de Zootechnique.*

ÉCOLE DE CHIMIE INDUSTRIELLE

(67, Rue Pasteur).

Gegründet 1883 von dem »Professeur de chimie appliquée« der Faculté des sciences der Universität und der »Chambre de Commerce de Lyon«. — Die Schule ist mit der Faculté des sciences in bezug auf Unterricht und Benutzung der Laboratorien eng verbunden und wird von der Handelskammer patronisiert. Zweck: theoretische und praktische Ausbildung von wissenschaftl. Chemikern für die Industrie. Unterhalt aus Subventionen vom Staat, der Universität, der Handelskammer und eingehenden Gebühren.

AUFNAHME: im Wettbewerb oder »sur examen de titres«. — STUDIENDAUER: drei Jahre. — GRADE: Certificat d'études, Diplôme d'ingénieur chimiste, Doctorat d'Université. — GEBÜHREN: 800 fr., Ausländer 1100 fr., ausserdem 100 fr. »cautionnement provisoire«, 30 fr. für Immatrikulation und Bibliothek.

ÉCOLE FRANÇAISE DE TANNERIE

(67, Rue Pasteur).

Gegründet 1899 von dem »Syndicat général des cuirs et peaux de France« und dem »Professeur de chimie appliquée« der Faculté des sciences. Zweck: Ausbildung von jungen Leuten, die sich dem Handel und der Fabrikation von Fellen und Häuten und der damit zusammen hängenden Industrie widmen wollen, sowie von wissenschaftl. Chemikern für die Gerberei. Die Schule steht im gleichen Verhältnis zur Faculté des sciences wie die École de chimie, auch bestehen dieselben Aufnahmebedingungen und Gebühren wie bei jener, nur Inländer 950 fr. — STUDIENDAUER: 2 Jahre. — GRADE: Certificat d'études, Diplôme d'ingénieur chimiste de tannerie.

Marseille (Bouches du Rhône).

ÉCOLE DE MÉDECINE ET DE PHARMACIE DE PLEIN EXERCICE.

Zur Université d'Aix-Marseille gehörig (siehe S. 269). Siehe auch medizinisches Studium S. 268.

FACULTÉ MARSEILLAISE LIBRE DE DROIT

(62, Boulevard de la Corderie).

Angaben fehlen. Vergl. Rechtsstudium S 268.

ÉCOLE D'INGÉNIEURS DE MARSEILLE

(72, Rue Reynard).

Gegründet 1891. Der Faculté des sciences der Université d'Aix-Marseille angegliedert. Zweck: Heranbildung von Ingenieuren für die Industrie. Zuschüsse von seiten der Stadt und des »conseil général«.

Montauban (Tarn-et-Garonne).

FACULTÉ LIBRE DE THÉOLOGIE PROTESTANTE.

Von 1598 bis 1685 Académie de Montauban, Faculté der Université de Toulouse von 1809 bis 1906; von 1907 ab nach dem Gesetz der Trennung von Staat und Kirchen Faculté libre. — Aufnahmebedingung: baccalauréat ès-lettres. — Grade: baccalauréat de théologie, licence en théologie, doctorat. Für den ersten Grad Studium von drei Jahren, für jeden der beiden anderen mindestens ein weiteres Jahr erforderlich. — Gebühren: Immatrikulation jährlich 20 fr., 4 »Inscriptions« jährlich, jede 30 fr., Bibliotheksgebühr jährlich 10 fr.

Publ.: *Revue de théologie et des questions réligieuses*

Montpellier (Hérault).

ÉCOLE NATIONALE D'AGRICULTURE.

Gegründet 1872. Untersteht dem Ministère de l'agriculture. Ausbildung von Landwirten und landwirtschaftlichen Lehrern. Die Schule nimmt Interne, Halbpensionäre, Externe und Hörer auf. Zulassung zum Unterricht nach »concours«. — Studiendauer: $2^1/_2$ Jahre. — Gebühren: Interne 1000 fr., Halbpensionäre 600 fr., Externe 400 fr., Hörer 200 fr. jährlich.

Publ.: *Annales.*

ÉCOLE SUPÉRIEURE DE PHARMACIE.

Zur Université de Montpellier gehörig (siehe S. 273). Siehe auch pharmazeutisches Studium S. 268.

Nancy (Meurthe-et-Moselle).

ÉCOLE NATIONALE DES EAUX ET FORÊTS DE NANCY.

Gegründet 1824 durch Kgl. Ordonnanz als »École supérieure des forêts«, die von Anfang an in Nancy war und heute den obigen Namen trägt.

Die Forstschüler rekrutieren sich aus den diplomierten Zöglingen des »Institut National agronomique« (Dekret vom 9. Januar 1888) und aus den austretenden Zöglingen der »École polytechnique zu Paris« (Dekret vom 15. April 1873). (Siehe beide Institute unter Paris.) — Der Studiengang ist auf zwei Jahre berechnet. — Die Zöglinge erhalten ein Stipendium von 1200 fr. jährlich. Dagegen haben sie zu zahlen: 1. beim Eintritt 1200 fr. für Kleidung, Uniform, Instrumente und Bücher; 2. jährlich im April 600 fr. für Reisen und praktische Arbeiten plus 900 fr. für Verpflegung und Wäsche. Unterricht und Prüfungen sind frei. Die Schüler sind Interne. — Die Schule nimmt auch »freie Zuhörer« (auditeurs libres), und zwar französische wie ausländische auf; die letzteren auf Empfehlung ihrer Regierung und ohne jede Erhebung von Gebühren.

Die Unterrichtsgegenstände sind: Forstwissenschaft, Naturwissenschaften, Forstgesetzgebung, Mathematik, Deutsch. Die Vorlesungen füllen das Wintersemester aus mit Ausnahme eines den praktischen Arbeiten gewidmeten Tages. Das Sommersemester ist den forstlichen, botanischen, geologischen und zoologischen Ausflügen, den Forsteinrichtungs- und topographischen Arbeiten, sowie den Examen gewidmet.

Die Prüfungsnoten gehen von 0 bis 20. Jeder Schüler, dessen Durchschnittsnummer unter 10 ist, wird ausgeschlossen; Schüler, welche nach dem zweijährigen Studiengang die Durchschnittsziffer von mindestens 15 erreicht haben, werden zu gardes généraux de 3. classe, die übrigen zu gardes généraux stagiaires ernannt.

ÉCOLE SUPÉRIEURE DE PHARMACIE.

Zur Université de Nancy gehörig (siehe S. 274). Siehe auch pharmazeutisches Studium S. 268.

INSTITUT CHIMIQUE.

1890 eröffnet und von der Faculté des sciences der Universität geleitet. Die Vorlesungen sind öffentlich und unentgeltlich. Gebühren für die Arbeiten im Laboratorium 600 fr. — AUFNAHME: »Baccalauréat avec partie scientifique« oder gleichwertige Zeugnisse. — Der STUDIENPLAN ist dreijährig.

INSTITUT ÉLECTROTECHNIQUE ET DE MÉCANIQUE APPLIQUÉE.

Das Institut électrotechnique wurde 1900 eröffnet, das Institut de Méc. appl. 1905. Von der Faculté des sciences geleitet. — Dreijähriger Studienplan. Die zwei ersten Jahre sind dem allgemein theoretischen und praktischen Unterricht, das dritte Jahr ist dem speziellen technischen Unterricht gewidmet. — Zugänglich allen Studierenden, deren Vorbildung von der Faculté des sciences für ausreichend erachtet wird.

INSTITUT AGRICOLE.

Eröffnet 1901. Zwei- und dreijähriger Studiengang. Der wissenschaftliche Unterricht wird ergänzt (à option) durch Kurse in Forstwissenschaft, Nationalökonomie, Physik, praktischer Landwirtschaft und Kolonisation. — GEBÜHREN für Vorlesungen und Laboratorium 510 fr. jährlich.

INSTITUT COLONIAL.

Im Jahre 1902 gegründete Section d'Études Coloniales der Universität Nancy mit Subvention der Kolonie Indo-China, Madagaskar und des französischen Westafrika. Für französische und ausländische Kolonisten. Zweijähriger Studiengang.

Nantes (Loire-Inférieure).

ÉCOLE DE PLEIN EXERCICE DE MÉDECINE ET DE PHARMACIE.

Zur Académie de Rennes gehörig. — Die Geschichte der Anstalt gliedert sich in folgende Perioden: Faculté de médecine 1460—1793 und École de chirurgie 1740—1793; École libre de médecine 1793—1808; Cours d'instruction médicale 1808—1820; École secondaire de médecine 1820—1841; École préparatoire de médecine et de pharmacie 1841—1876, reorganisiert 1854; École de plein exercice de médecine et de pharmacie von 1876 an.

STUDIENGANG, ZEUGNISSE, GEBÜHREN. An der Anstalt kann das ganze medizinische und pharmazeutische Studium absolviert werden; vergl. S. 268. — Ausserdem gibt die Schule seit 1894 ein »Certificat d'études physiques, chimiques et naturelles« nach 4 »inscriptions trimestrielles«. Gebühr für jede inscription einschliesslich Bibliotheksbeitrag und praktische Arbeiten 55 fr., Studiengebühr im ganzen 305 fr. Dieser Kurs wird von vielen Studenten belegt, die sich dem vollen Studium der Medizin oder der Naturwissenschaften zuwenden.

ÉCOLE DENTAIRE
(39, Avenue Camus).

Gegründet 1893. — AUFNAHMEBEDINGUNG: Certificat d'études primaires supérieures oder Certificat d'études secondaires oder Diplôme de bachelier.— STUDIENDAUER: drei Jahre (12 inscriptions); die Schüler legen am Schlusse dieser Zeit 3 Special-Examina in einer medizinischen Fakultät oder Schule ab und bekommen das »Diplôme de Chirurgien-Dentiste«. Auch Hörer (Zahnärzte, Ärzte und Zahntechniker) werden zugelassen.

GEBÜHREN: 400 fr. jährlich, ausserdem je 10 fr. für die Bibliothek und Unfallversicherung und 60 fr. für die praktischen Arbeiten.

ÉCOLE LIBRE DE DROIT
(12, Rue Voltaire).

Gegründet 1875 nach Erlass des Gesetzes vom gleichen Jahre über die Unterrichtsfreiheit; vergl. S. 263. — Unterstützung vom Département de la Loire-Inférieure und von der Stadt Nantes. — Gebühren: 300 fr. jährlich für die Bewerber um den Lizentiaten- und Doktorgrad (vergl. juristisches Studium S. 268), für die übrigen 200 fr.

ÉCOLE DE NOTARIAT
(12, Rue Voltaire).

Gegründet 1877. Vom Staat anerkannt (Dekret vom 3. August 1905). Subventioniert vom »Département de la Loire-Inférieure«, von der Stadt Nantes und der »Chambre des Notaires de l'arrondissement de Nantes«. — Gebühren: 300 fr. jährlich.

Paris.

COLLÈGE DE FRANCE
(Place des Écoles).

Geschichte. Gegründet in den Jahren 1518—45 durch Franz I. nach dem Vorbild des Kollegiums Bufleiden zu Löwen für das Studium der lateinischen, griechischen und hebräischen Sprache trotz des Widerstandes der Universität, die sich den humanistischen Ideen des Königs verschloss. Erasmus wurde vom König als erster Direktor berufen, lehnte jedoch ab; das politische Missgeschick des Königs liess anfangs eine nur bescheidene Entwickelung zu; doch blieb das von ihm festgestellte Prinzip der öffentlichen und unentgeltlichen Vorlesungen allen Anfeindungen der Universität zum Trotz siegreich; im Laufe der Jahrhunderte kamen zahlreiche neue Lehrstühle hinzu und bei Ausbruch der französischen Revolution stand das Ansehen des Collège de France so hoch, dass es von der Unterdrückung verschont blieb und überhaupt durch alle Stürme der Zeit ungehindert seine wissenschaftliche Bestimmung erfüllen konnte.

Verfassung*. Die Anstalt untersteht dem Unterrichtsminister. An der Spitze steht ein »administrateur«, der auf Grund einer Liste von drei Kandidaten durch die Gesamtheit der Professoren und auf Vorschlag des Ministers durch Dekret auf drei Jahre ernannt wird. Der Administrateur ist ex officio Vorsitzender der »assemblée des professeurs« und Mitglied der Kommissionen. Sein Sekretär, mit der Verwaltung des Archivs und der Bibliothek betraut, wird vom Minister ernannt. Die Professoren haben mindestens zwei Vorlesungen wöchentlich zu halten und ihre Namen vor Beginn jeder Vorlesung in ein Register einzuschreiben. Die »suppléants« als Hilfe für Professoren, die seit 20 Jahren unterrichten, werden nach Anhörung der »assemblée« vom Minister auf ein Jahr ernannt. Die »assemblée des professeurs« hält jährlich satzungsmässig drei Sitzungen ab, ausserdem weitere auf Einberufung durch den Administrateur oder auf Antrag von fünf Professoren. Die »assemblée« setzt den Stundenplan der Vorlesungen fest und macht mit dem Administrateur Vorschläge zum Budget, sie schlägt für erledigte Professuren zwei Kandidaten dem Minister vor; auch für neue Professuren hat sie ein Vorschlagsrecht. Der Administrateur und sein Sekretär haben Dienstwohnung im Kollegium. — Die Vorlesungen sind öffentlich und gratis. — Grade und Diplome werden nicht verliehen.

* Die Verfassung soll im Jahre 1911 geändert werden.

ÉCOLE PRATIQUE DES HAUTES ÉTUDES À LA SORBONNE*.

GESCHICHTE. Diese Hochschule verdankt ihre Entstehung der Initiative des Ministers Durny (1868) und bildet einen Komplex von historisch-philologischen Seminarien, naturwissenschaftlichen und mathematischen Instituten, die dazu bestimmt sind, den theoretischen Unterricht der akademischen Vorlesungen durch praktische Übungen zu ergänzen. Sie steht direkt unter dem Minister.

SEKTIONEN: I. Sciences mathématiques, II. Sciences physico-chimiques, III. Sciences naturelles, IV. Sciences historiques et philologiques, V. Sciences religieuses. Jede Sektion hat ihren Président, Directeur d'études, usw. — Nur die »Section des sciences historiques et philologiques« und die »Section des sciences religieuses« sind gewissermassen unabhängig allein organisiert, während die andern mit den entsprechenden wissenschaftlichen Anstalten verbunden sind.

AUFNAHME, STUDIENGANG, GRADE, GEBÜHREN. Der Eintritt ist weder an Alter noch an Nationalität geknüpft, und jeder Schüler kann mehreren Sektionen angehören. Die Kandidaten werden als »élèves sta-

* SORBONNE. Das älteste der in Verbindung mit der Pariser Universität entstandenen Kollegien und zugleich das einzige, das noch heute als Unterkunftsstätte eines Teiles der Universität fortbesteht. Es wurde im Jahre 1257 gegründet von Robert de Sorbon, Kanonikus von Cambrai und später von Paris, als eine Genossenschaft von Magistern der Artes, die sich der Theologie widmen wollten, und in einem von dem Stifter beschafften Hause gemeinsame Unterkunft, Verpflegung und Unterricht empfingen. Für die armen Genossen waren Freistellen errichtet; die reichen Genossen zahlten die Kosten einer Freistelle an das Kollegium. Die Verwaltung führten die 36 Socii, die aus den Magistern mit einem theologischen Grad gewählt wurden. Die übrigen Genossen hiessen Hospites. An der Spitze der Verwaltung stand der jährlich aus den Socii gewählte Prior mit den vier ältesten Socii; die Oberaufsicht über die Verwaltung übte der von dem Rektor der Universität, den Dekanen und Prokuratoren, sowie den Mitgliedern der theologischen Fakultät ernannte Provisor aus. So war eine enge organische Verbindung mit der Universität hergestellt, die das Kollegium davor bewahrte, in Sonderinteressen aufzugehen. »Die Stiftung nahm einen grossartigen Aufschwung. Die Magister bildeten ein Spruchkollegium, dessen Entscheidung aus allen Landen schwierige Fragen der Theologie unterbreitet wurden; es erneuerte sich der Weltruf der Universität in dem Weltruf der Sorbonne«. Der Sorbonne gebührt der Ruhm, die Buchdruckerkunst im Jahre 1470 zu Paris eingeführt und ihr in ihren Mauern eine gastliche Stätte gewährt zu haben durch Berufung dreier Gesellen Gutenbergs: Ulrich Gering, Michael Friburger und Martin Crantz. Gering wurde als Hospes aufgenommen und vermachte sein ganzes Vermögen dem Kollegium. So erhielt die Bibliothek der Sorbonne, schon damals weltberühmt, durch die Büchervorräte dieser Druckerei wertvollen Zuwachs; ihre Bestände wurden durch grossartige Legate (Richelieu, Le Masle u. a.) stets bereichert.

Als das Kollegium durch Dekret vom 5. April 1792 unterdrückt wurde, verblieb die Bibliothek noch bis Ende 1795 unberührt in ihrem alten Raum; dann wurden ihre gedruckten Bücher an die öffentlichen Bibliotheken verteilt, während die Handschriften der Bibliothèque Nationale zuflossen. 1821 richteten sich die Fakultäten der Académie de Paris in ihren Räumen ein, und die dann neugegründete Bibliothek wurde die Bibliothèque de l'Université. (*A. Franklin, La Sorbonne.* Paris 1875. — *G. Kaufmann, Geschichte der deutschen Universitäten.* I. Stuttgart 1838).

giaires« für ein Jahr aufgenommen. Dann werden sie »élèves« auf Vorschlag des entsprechenden Directeur d'études. Den Titel »élève titulaire de l'école pratique« erhalten sie am Schlusse des ersten Jahres nach entsprechender Beteiligung. — In der Section des sciences historiques et philologiques dauert der Kursus drei Jahre. Der Titel »élève diplômé« wird auf Grund einer im dritten Jahre verfassten wissenschaftlichen Arbeit verliehen. — Keine Gebühren.

ÉCOLE NORMALE SUPÉRIEURE

(45, Rue d'Ulm).

Geschichte. Nach der Unterdrückung des Jesuitenordens beschloss das Parlament im Jahre 1762, ein »Maison d'institution pour les maîtres« zu errichten. Erst 1794 kam der Plan zur Ausführung durch Errichtung (Décret de la Convention) einer »École normale«, wo in der »Kunst des Lehrens« unterrichtet werden sollte. Diese im Museum d'histoire naturelle untergebrachte Anstalt wurde 1795 wieder geschlossen. Mit der Reform von 1808 wurde ein »Pensionat normal« zu Paris errichtet für 300 interne Zöglinge des Lehrerberufs, die die Vorlesungen des Collège de France, der École polytechnique oder des Museums zu besuchen hatten. Nach der Umwandlung der »Ecoles normales partielles de l'Académie« (1822) in eine »École préparatoire« (1826), deren Oberhaupt bis 1828 der Provisor des Collège Louis le Grand war, besteht sie seit 1830 wieder als École normale und seit 1845 als »École normale supérieure«. Durch Dekret vom 10. November 1903 ist die Schule vom 1. November 1904 ab der Universität Paris angegliedert, aber sie hat ihr eigenes Budget und die Rechte der juristischen Persönlichkeit.

Verwaltung. Die Schule wird unter der Autorität des Vize-Rektors der »Académie de Paris« von einem »directeur« und einem »sous directeur« verwaltet, der eine aus der Section des lettres, der andere aus der Section des sciences, beide auf fünf Jahre vom »Ministre de l'instruction publique« ernannt auf Grund der Vorschlagsliste des Conseil de l'Université de Paris und der Section permanente du Conseil supérieur de l'instruction publique.

Der Unterricht wird, abgesehen von den Vorlesungen an der Faculté des lettres und der Faculté des sciences der Universität Paris, die den Schülern offen stehen, von Professoren, Chargés de cours und Maîtres de conférences dieser Fakultäten erteilt. Die »Conférences«, die in der École normale abgehalten werden, sind hauptsächlich »Conférences pratiques«.

Die Aufnahme der Schüler erfolgt auf Grund einer allgemeinen Konkurrenzprüfung (concours). Es gibt Externe und Interne. Die Aufnahmebedingungen sind durch Dekret vom 10. Mai 1904 neu geregelt.

Sektionen: Section des lettres, Section des sciences.

Studienplan: dreijährig. In der section des lettres ist der Unterricht der beiden ersten Jahre der der Conférence (Seminarunterricht) der section des lettres in der École selbst; im dritten Jahre haben die Zöglinge gewisse Vorlesungen der Sorbonne, des Collège de France oder der École des hautes études zu hören. — Die Zöglinge der Section des sciences haben während der drei Jahre gewisse Vorlesungen der Sorbonne und des Collège de France zu besuchen.

ÉCOLE SPÉCIALE DES LANGUES ORIENTALES VIVANTES

(2, Rue de Lille).

Gegründet 1795. Ursprünglich dem Minister des Innern, jetzt aber dem Unterrichtsminister unterstellt. 1868 provisorisch im Collège de France untergebracht; seit 1888 im neuen Gebäude Rue des Sts. Pères und Rue de Lille. — Der »administrateur« der Schule wird vom Minister auf fünf

Jahre ernannt; ihm steht ein »conseil de perfectionnement« zur Seite. Die Professoren werden durch Dekret auf Präsentation einer dreifachen Liste von je zwei Kandidaten durch die Assemblée des professeurs, den Conseil de perfectionnement und die Académie des inscriptions et belles-lettres ernannt. Der Minister ist an die Vorschläge nicht gebunden.

Kurse, Prüfungen, Diplome: Zur Aufnahme ist das baccalauréat erforderlich. — Die Vorlesungen sind öffentlich. — Inscription 50 fr. pro Semester. — Der Lehrplan umfasst drei Jahre. Am Ende jedes Studienjahres findet eine Prüfung statt; auf Grund dieser wird ein Diplom erteilt. Das Verzeichnis der Diplomierten wird dem Kriegs-, Marine-, Handelsminister und dem Minister der auswärtigen Angelegenheiten mitgeteilt. — Durch ministerielle Verordnung vom Jahre 1887 können auch junge Kaufleute, von denen kein Studienzeugnis verlangt wird, die Vorlesungen besuchen. — Auch Aufnahme von Ausländern zulässig, die ebenfalls nach beendeter Studienzeit das Diplom bekommen können.

ÉCOLE NATIONALE DES CHARTES

(19, Rue de la Sorbonne).

Gegründet 1821 und seit 1897 in einem Pavillon der Nouvelle Sorbonne untergebracht. Sie steht unter der Verwaltung eines vom Minister ernannten »directeur« und unter der Aufsicht eines »conseil de perfectionnement«, der den Studiengang und die Prüfungen regelt. In letzterem sind ex officio Mitglieder: der Direktor der Archives nationales, der Generalverwalter der Bibliothèque nationale, der Direktor der Schule; fünf weitere Mitglieder wählt die Académie des inscriptions et belles-lettres. Der Minister ernennt die Professoren auf Vorschlag der Assemblée des professeurs, des Conseil de perfectionnement und der Académie des inscriptions et belles-lettres. — Die Schule dient der Ausbildung von »archivistes paléographes« für den Archiv- oder Bibliotheksdienst.

Aufnahme gegen »concours«. Nur bachéliers zugänglich. Mindestalter 30 Jahre. Nur 20 Schüler werden jährlich aufgenommen. Ausländer müssen dem bachélier-Grad entsprechende Zeugnisse zur Aufnahme beibringen. Auch Hörer werden aufgenommen. — Der Studienplan ist dreijährig. — Jahresexamina; am Schluss des dritten Jahres wird auf Grund einer Dissertation das Diplom als »archiviste-paléographe« verliehen.

Die früheren Schüler der École des chartes bilden eine gelehrte Gesellschaft unter dem Titel »Société de l'École des chartes«, die eine Revue veröffentlicht: »*Bibliothèque de l'École des chartes*«; ferner eine Sammlung: »*Mémoires et documents*«. Ausserdem erschienen: »*Livret de l'École des chartes*« 1821—1891; 1891—1901 (Paris 1902), die u. a. eine Geschichte und die Organisation der Schule enthalten.

ÉCOLE DU LOUVRE.

(Im Louvre, Cour Lefuel [ancienne Cour Caulaincourt]).

Gegründet 1881. Zweck der Schule ist Museumsbeamte auszubilden. Die Kurse sind öffentlich und unentgeltlich für In- und Ausländer, Mindestalter 16 Jahre; sie dauern drei Jahre mit Examen nach jedem Jahre und Verleihung des Titels »élève diplomé de l'École du Louvre« am Schluss der Ausbildung auf Grund einer wissenschaftlichen Abhandlung.

Auch die Examina sind gebührenfrei.

MUSÉUM D'HISTOIRE NATURELLE

(au Jardin des Plantes, 57, rue Cuvier).

Geschichte. Im Jahre 1626 wurde durch königliches Edikt ein botanischer Garten für Medizinalpflanzen geschaffen, an den sich mit der Zeit ein Cabinet d'histoire naturelle anschloss. Die Anstalt nahm seit der Ernennung Buffons (1739) zum Intendanten einen grossartigen Aufschwung; er zog Gelehrte wie Daubanton und Lacépède zur Verwaltung heran. Sein Nachfolger war Lamarck; 1793 verfügte der Convent die Vereinigung des »Jardin national des plantes« und des »Cabinet d'histoire naturelle« zu einem »Museum d'histoire naturelle«, wie es noch heute besteht.

Nach der jetzigen VERFASSUNG erfolgt die Ernennung der Professoren für jeden der 19 Lehrstühle durch den Minister auf Grund zweier Vorschlagslisten von je zwei Kandidaten (eine durch die Professoren und eine durch das Institut). Der Direktor wird vom Minister auf fünf Jahre ernannt auf die Präsentation von drei Kandidaten durch die Versammlung der Professoren. Er allein korrespondiert mit dem Minister und überwacht den Dienst.

Jeder Lehrstuhl hat sein besonderes Inventar; eine Kommission von fünf Mitgliedern revidiert jährlich die Sammlungen. Jeder Professor hat jährlich über den Zustand und die Erfordernisse seiner Sammlungen an den Minister zu berichten. Die Versammlung der Professoren hält monatlich eine Sitzung ab. Die Kurse sind öffentlich.

PUBL.: *Annales du Muséum d'hist. nat.* 4°. 1802—13; *Mémoires,* 4°. 1815—32; *Nouvelles Annales,* 4°. 1832—35; *Archives du Mus. d'hist. nat.,* 4°. 1839—61; *Nouvelles Archives du Muséum,* 4°. 1865 (im Erscheinen); *Bulletin du Mus. d'hist. nat.,* 8°. 1895 (im Erscheinen); *Centenaire du Muséum,* 1 vol. 1893, in 4°.

ÉCOLE D'ANTHROPOLOGIE

(15, Rue de l'École de médecine).

Gegründet 1875, anerkannt durch Gesetz vom 22. Mai 1889 als gemeinnützige Anstalt. — Die Schule hat ihren Sitz in der École pratique de la Faculté de médecine. — Die Vorlesungen sind öffentlich und gratis. — PUBL.: *Revue,* 19 vol. (1891—1909). — LITERATUR: *L'École d'anthropologie.* Paris 1907.

ÉCOLE LIBRE DES SCIENCES POLITIQUES

(27, Rue Saint-Guillaume). Gegründet 1871.

AUFNAHME ohne Examen und ohne Forderung eines Grades, nur Einwilligung des Conseil d'administration erforderlich. — Die KURSE sind für zwei Jahre berechnet, die Studienzeit kann aber auf drei Jahre ausgedehnt werden. Der Studiengang ist in fünf Sektionen eingeteilt: 1. Section administrative, 2. S. diplomatique, 3. S. économique et financière, 4. S. économique et sociale, 5. S. générale (droit public et histoire). In jeder Sektion findet am Ende eines Jahres eine Prüfung statt. Die erfolgreichen Besucher erhalten ein »diplôme«. Das DIPLOM dieser Schule berechtigt zur Teilnahme am Wettbewerb für die diplomatische Staatslaufbahn (Auswärtiges Ministerium, Gesandtschaften, Konsulate).

GEBÜHREN für sämtliche Vorlesungen und die Bibliothek pro Jahr 350 fr., pro Semester 180 fr. Einzelne Vorlesungen (einstündig) 60 fr., (zweistündig) 200 fr., Bibliothek 50 fr. Prüfung 40 und 60 fr. Diplom 20 fr.

PUBL.: *Annales des Sciences politiques, Revue bimestrielle.*

ÉCOLE DES HAUTES ÉTUDES SOCIALES

(16, Rue de la Sorbonne).

Besteht aus vier Sektionen: École de morale, de philosophie et de pédagogie; École sociale; École de journalisme; École d'art. — Zugänglich für jedermann gegen eine Einschreibegebühr von 20 fr. und von 10 fr. für jede Sektion; diese Gebühr wird auf die Hälfte ermässigt für Studenten, Professoren und Lehrer. — Zweijähriger Studiengang, der zu einem »Diplôme de section«, oder zu einem »Diplôme de l'école« führt. Letzteres wird den Besitzern von 2 diplômes de section erteilt.

Das Lehrerkollegium besteht aus Professoren der Pariser Universität und anderer französischen Universitäten, Schriftstellern, höheren Verwaltungsbeamten, usw.

COLLÈGE LIBRE DES SCIENCES SOCIALES

(28, Rue Serpente).

Gegründet 1895. Zweck: »Les doctrines sociales, même les plus opposées, y sont enseignées en toute liberté.« — Die Kurse sind jedermann zugänglich. — Nach zweijährigem Besuch wird ein »Certificat d'études sociales« erteilt. Inscription 30 fr. (Professeurs, maîtres auxiliaires und répétiteurs 10 fr.). — Das Lehrerkollegium besteht aus Professoren der Pariser Universität und anderer französischen Universitäten, höheren Verwaltungsbeamten, Parlamentariern, usw.

ÉCOLE D'APPLICATION DU SERVICE DE SANTÉ MILITAIRE

au Val de Grace (Rue St. Jacques 277bis).

Das Hospital wurde 1640 in einem alten Kloster durch Anna von Österreich gegründet. Zum Hospital militaire 1793 umgewandelt. Die Schule ist 1850 gegründet und mit dem Hospital eng verbunden. Sie dient zur weiteren praktischen Ausbildung von Militärärzten und -Pharmazeuten. — Aufnahme von Docteurs en médecine, die von der entsprechenden Schule in Lyon kommen (vergl. S. 283), von Docteurs en médecine und Pharmaciens de Ie classe durch concours und Élèves en Pharmacie du service de Santé. Alle diese haben den Grad »aide-major de Ie classe«. — Studiendauer acht Monate.

ÉCOLE SUPÉRIEURE DE PHARMACIE

(4, Avenue de l'Observatoire).

Zur Université de Paris gehörig (s. S. 277). Siehe auch pharmazeutisches Studium S. 268.

ÉCOLES DENTAIRES.

Es bestehen in Paris drei freie zahnärztliche Schulen: École dentaire de Paris (45, Rue de la Tour-d'Auvergne) — École Odontotechnique (5, Rue Garancière) — École dentaire française (29, Boulevard Saint-Martin). An diesen Schulen kann das zahnärztliche Studium wie an den staatlichen medizin. Fakultäten absolviert werden. Vergl. S. 268 und Nantes, Ecole dentaire (S. 286).

INSTITUT PASTEUR

(XVe, 25, Rue Dutot).

Auf Grund einer öffentlichen internationalen Subskription (2500000 fr.) am 18. November 1885 zu Vaugirard zur Bekämpfung und Heilung der Hundswut eröffnet. Durch Ausdehnung seiner Tätigkeit auf die Serumtherapie von Behring und Kitisato wurden neue Räume notwendig. Eine öffentliche Subskription des Figaro (1000000 fr.) und verschiedene Stiftungen verschafften die Mittel zur Errichtung der gegenwärtigen Anstalten. Diese sind: I. Institut bactériologique, II. Institut sérothérapique, III. Institut de chimie biologique. — Das Institut bactériologique besteht aus vier Unterabteilungen: Service des vaccins, Service de la rage, Service des laboratoires de recherches und Service de la microbie technique. Letztere veranstaltet jährlich von Mitte November bis Ende März eine Reihe von Kursen (ca. 95 leçons). Eine Zahlung von 100 fr. an die Verwaltung berechtigt zum Besuch dieser Vorlesungen und zur Teilnahme an den praktischen Arbeiten. Die Aufnahme erfolgt gegen vorhergegangene Einschreibung, die wegen der Zahl der Plätze beschränkt ist, und gegen Nachweis genügender Vorkenntnisse. Ausserdem wird eine grössere Anzahl von freien Hörern zugelassen, die aber an den praktischen Arbeiten nicht teilnehmen können.

PUBL.: *L'Institut Pasteur et ses Annexes. Organisation et Fonctionnement de ses divers services.* Kl. 8⁰. 48 S. mit Abbild. Paris, o. J.

Pasteur-Institute (Laboratorien) bestehen noch in Lille und Nantes; ausserdem in Nha Trang (Annam), Saigon (Cochinchina), Tunis (Afrika); ferner in Brüssel und Konstantinopel.

INSTITUT NATIONAL AGRONOMIQUE

(16, Rue Claude-Bernard).

Dem Ministerium für Landwirtschaft unterstellt. — Ausbildung in allen Zweigen der Landwirtschaft. — Aufnahme auf Grund einer Konkurrenzprüfung, deren Programm ähnlich dem für das Baccalauréat ès-sciences ist, nur umfassender auf dem Gebiet der Naturwissenschaften. Mindestalter 17 Jahre. — Der Studienplan erstreckt sich auf zwei Jahre und umfasst die Gebiete der Naturwissenschaften, Physik, Mathematik, Land- und Forstwirtschaft. — Externat. — Am Schluss des erfolgreichen Studiums wird das »diplôme agronome« erteilt. — Unterrichtsgebühr: 500 fr. jährlich. Hörer: 100 fr. jährlich.

PUBL.: *Annales,* 1. Série: 16 Bände, 2. Série: 7 Bände (1908).

ÉCOLE POLYTECHNIQUE

(5 et 21, Rue Descartes).

GESCHICHTE. Im Jahre 1794 wurde in Paris die École centrale des travaux publics gegründet, welche schon 1795 den Titel »École polytechnique« erhielt. Die vorzügliche Anstalt entwickelte sich schnell unter berühmten Lehrern, wie Lagrange und Monge und vermittelte in der Mathematik und der Naturwissenschaft eine gründliche theoretische Ausbildung; sie bildete eigentlich eine Vorbereitungsanstalt für die vielfachen technischen Fachschulen. Durch die Pflege der Grundlagen für den technischen Unterricht übte die bis heute ganz militärisch eingerichtete Pariser Schule einen grossen Einfluss auf alle Länder aus. Die Schule steht unter dem Kriegsminister und ist militärisch organisiert.

AUFNAHMEBEDINGUNGEN. Aufnahme für mindestens 16jährige Nationalfranzosen auf Grund einer Konkurrenzprüfung (concours), die alljährlich zu Paris und in einigen jedes Jahr bestimmten Provinzialzentren stattfindet. Zu dem Concours werden nur Inhaber des Zertifikats der ersten Prüfung (épreuve) des »baccalauréat de l'enseignement secondaire classique« zugelassen. — Der STUDIENGANG ist zweijährig. Er bildet die Vorbereitung zur Artillerie-Ingenieur- u. Marine-Laufbahn des französischen Heeres, und zu den technischen Fächern der Zivilverwaltung.

ÉCOLE NATIONALE DES PONTS ET CHAUSSÉES

(28, Rue des Saints-Pères).

GESCHICHTE. Die berühmte École des ponts et chaussées wurde unter Perronet als erstem Direktor 1747 in Paris gegründet. Die Anstalt hatte von Anfang an grossen Erfolg, doch war der Zutritt zu derselben nur beschränkt und an gewisse Vorrechte gebunden. Sie untersteht jetzt dem Minister »des travaux publics«.

KURSE, DIPLOME. Der auf drei Jahre berechnete Studiengang bildet die Vorbereitung zur Laufbahn der Staats-Ingenieure (Wasser- und Strassenbautechniker), die aber vorher Schüler der *Ecole polytechnique* gewesen sein oder die »Cours préparatoires« (gegründet 1876, auch Ausländern zugänglich) besucht haben müssen. Für die ersteren ist der Unterricht unentgeltlich. — Ausserdem werden auch französische und ausländische

Externe aufgenommen gegen Konkurrenzprüfung. Diese müssen jährlich 40 fr. für den Gebrauch der Sammlungen, usw. zahlen. Die externen Schüler und Ausländer erhalten beim Austritt aus der Schule ein »Diplôme d'ingénieur« oder ein »Certificat d'études«. — Hörer werden mit Erlaubnis des Direktors zugelassen.

ÉCOLE SUPÉRIEURE D'ÉLECTRICITÉ

(12 et 14, Rue de Staël).

Gegründet 1894 im Anschluss an die Société internationale des Électriciens. Externat. — Aufnahme gegen Prüfung in Mathematik, Mechanik, Physik und Chemie Den diplomierten Schülern der folgenden Schulen ist die Prüfung erlassen: Centrale, Mines, Polytechnique, Ponts et Chaussées, Génie Maritime, ebenso den Licenciés ès-sciences, physiques et mathématiques und auch den Schülern der Écoles d'Arts et Métiers, die das Diplom mit einer Medaille erhalten haben.

Der Studiengang ist einjährig und besteht aus theoretischen Vorlesungen über industrielle Elektrik, elektrische Messungen, usw., und aus praktischen Übungen. Ein Diplom bezeugt das erfolgreiche Studium.

Gebühren 1000 fr. jährlich; 10 Stipendien für Schüler der École centrale. Einzelvorlesungen 200 fr. Die Vorlesungen sind frei für die Mitglieder der Sociéte internationale des Électriciens.

ÉCOLE SPÉCIALE D'ARCHITECTURE

(254, Boulevard Raspail).

Gegründet 1865. Staatlich anerkannt 1870. Steht unter einem Conseil d'administration von fünf Mitgliedern, einem Comité consultatif des études (10 Mitglieder) und einem Comité de patronage (14 Mitglieder). Externat. — Aufnahme durch Wettbewerb (concours). Die Promovierten beiderlei Geschlechts einer französischen oder ausländischen Universität sind von der Prüfung dispensiert.

Der Studiengang ist dreijährig; am Schlusse wird auf Grund von einem concours général ein Diplom erteilt. Ausserdem gibt die Schule je nach bewiesener Fähigkeit Zeugnisse »d'Architecte-Salubriste«, »d'Architecte plasticien«, »d'Architecte technicien«. — Gebühren 900 fr. Cours préparatoire ein Jahr (Gebühren 800 fr.).

ÉCOLE SPÉCIALE DES TRAVAUX PUBLICS DU BÂTIMENT ET DE L'INDUSTRIE (3, Rue Thénard).

4 Abteilungen: l'École des travaux publics, l'École du Bâtiment, l'École d'application de l'électricité, l'École des géomètres et des topographes. — Studienzeit: 3 Jahre — Gebühren ca. 550 fr.

ÉCOLE NATIONALE SUPÉRIEURE DES MINES

(60, Boulevard St.-Michel).

Gegründet 1778, reorganisiert 1794, 1816 und 1890, zuletzt 1902. Sie steht unter dem Ministerium der öffentlichen Arbeiten und ist zur Heranbildung staatlicher Kräfte für das Bergfach (auch Zivilingenieuren für Bergbau, Metallurgie, usw.) bestimmt. An der Spitze steht ein directeur, ein sous-directeur, ein »conseil de perfectionnement«.

Die Kandidaten für den Staatsdienst müssen frühere Schüler der École polytechnique (S. 293) gewesen sein. Sie werden nach bestandener Abgangsprüfung zu »ingénieurs ordinaires de 3. classe« ernannt. Ausserdem werden noch externe Schüler (auf Grund einer Konkurrenzprüfung) und Ausländer (auf Entscheidung des Ministers, nach einer Befähigungsprüfung) aufgenommen. Diese erhalten am Schlusse der Studien das »Diplôme d'ingénieur civil des mines«. — Der Studiengang ist auf vier Jahre berechnet. — Auch Hörer werden mit Erlaubnis des Direktors zugelassen.

ÉCOLE MUNICIPALE DE PHYSIQUE ET DE CHIMIE INDUSTRIELLES (42, Rue Lhomond et 10, Rue Vauquelin).

Gegründet 1882. ZWECK: Höhere naturwissenschaftliche und technische Ausbildung der Zöglinge der Écoles primaires supérieures der Stadt Paris, der Lyzeen und Kollegien für die technische Laufbahn, die chemische und elektrische Industrie, usw. Ein besonderer technologischer Kursus ist 1900 neu eingerichtet worden. — Externat. — AUFNAHME von höchstens 40 Schülern jährlich durch Wettbewerb (concours). Stipendien von 25 und 50 fr. monatlich. Die Aufnahmeprüfung ist schriftlich und mündlich in Mathematik, Physik und Chemie. Mit der Schule ist ein »Laboratoire de chimie« verbunden, das sowohl den alten Zöglingen als anderen Personen zur weiteren praktischen Ausbildung zugänglich ist. Gebühr monatlich: 50 fr. — Der STUDIENGANG ist dreijährig. — GEBÜHREN: für Schüler aus der Provinz ca. 1200 fr. jährlich.

ÉCOLE CENTRALE DES ARTS ET MANUFACTURES (1, Rue Montgolfier).

1829 als Privatschule gegründet, 1857 vom Staate übernommen. Untersteht dem Handelsminister. — ZWECK: Ausbildung von Ingenieuren für alle Industriezweige. — Aufnahme gegen »concours«. Auch Ausländer werden aufgenommen. — Studienzeit drei Jahre. Kursus 1. Jahr 900 fr., 2. und 3. Jahr je 1000 fr. — Am Ende der Studienzeit: Diplôme d'ingénieurs des arts et manufactures (100 fr.).

CONSERVATOIRE NATIONAL DES ARTS ET MÉTIERS (292, Rue Saint-Martin).

Gegründet 1794 durch Dekret vom 19 vendémiaire an III. Wichtige Sammlung alter Maschinen, Werkzeuge, Modelle der Normalmasse, usw. — Mit dem Conservatoire ist ein »haut enseignement«, öffentliche und unentgeltliche Abendkurse von Mitte November bis Ende April, verbunden.

ÉCOLE NATIONALE ET SPÉCIALE DES BEAUX-ARTS (14, Rue Bonaparte).

Unterricht in: les arts du dessin, de la peinture, de la sculpture, de l'architecture, de la gravure en taille-douce, de la gravure en médaille et en pierre fine, de la lithographie, Courses des sciences et d'histoire, usw. — Der Unterricht der Schule ist gratis, auch Ausländern zugänglich. — Für die Aufnahme in die Ateliers besondere Bestimmungen.

E. Delaire, Les architectes-élèves de l'École des Beaux-arts 1793 bis 1907. Paris 1907. 8°. 465 p.

Ausserdem bestehen Écoles nationales des Beaux-Arts in Dijon, Lyon, Algier (Afrika) und in Bourges [École nationale des Arts appliqués à l'Industrie].

ÉCOLE COLONIALE (2, Avenue de l'Observatoire).

ZWECK: Ausbildung von Kolonialbeamten. Die Schule umfasst: 3 Sections administratives: section spéciale de la magistrature coloniale, carrières indo-chinoises et africaines, administration pénitentiaire; section commerciale; division préparatoire; section indigène.

Zulassung durch Wettbewerb. Dauer des Kursus: zwei Jahre sections administratives und section de la magistrature coloniale, ein Jahr section commerciale. Die Vorlesungen sind auch anderen Personen zugänglich.

ÉCOLES COMMERCIALES.

Für den höheren Unterricht in Handelswissenschaften gibt es in Paris fünf Schulen: 1. ÉCOLE DES HAUTES ÉTUDES COMMERCIALES (108, Boulevard Malesherbes. — 43, Rue de Tocqueville), gegr. 1881; 2. INSTITUT

COMMERCIAL (153, Avenue de Wagram); 3. ECOLE SUPÉRIEURE PRATIQUE DE COMMERCE ET D'INDUSTRIE (79, Avenue de la République), gegr. 1820; 4. ÉCOLE COMMERCIALE (39, Avenue Trudaine), gegr. 1863; 5. ÉCOLE COMMERCIALE DE LA RIVE-GAUCHE (22, Boulevard de Vaugirard), gegr. 1908.

Nr. 1 und 3 sind vom Staate anerkannt. — Dauer der Kurse 2 bis 5 Jahre. — Gebühren für Externe 300—1000 fr. jährlich. — Diplôme d'études commerciales supérieures nach entsprechenden Prüfungen.

Ähnliche Écoles supérieures de commerce gibt es in: Bordeaux, Dijon, Le Havre, Lille, Lyon, Marseille, Montpellier, Nancy, Nantes, Rouen und Toulouse.

INSTITUT CATHOLIQUE DE PARIS

(74, Rue de Vaugirard).

Gegründet 1875 auf Grund des Gesetzes vom 12. Juli des gleichen Jahres über die Unterrichtsfreiheit in Frankreich. Zu diesem Zweck schlossen sich 32 französische Bischöfe und ihre Diözesen zusammen.

VERWALTUNG. An der Spitze stehen: der »Conseil superiéur«, der sich aus 32 Erzbischöfen und Bischöfen zusammensetzt (2 mal jährlich Versammlung) und die »Commission de Permanence«, bestehend aus 7 Erzbischöfen und Bischöfen. Finanzielle Verwaltung durch den »conseil d'administration«. An der Spitze des Lehrkörpers steht der »recteur«, neben ihm der »conseil rectoral«, für jede Fakultät der »conseil de faculté«.

PUBL.: *Revue. — Bulletin. — L'Institut catholique de Paris (1875 bis 1907) par P. L. Pechenard.* 2e éd. Paris 1907. 8°. VIII, 335 p.

AUFNAHME von Studierenden mit dem »baccalauréat« oder mit entsprechender Reife. Priester gegen Nachweis der drei- bis fünfjährigen seminaristischen Studien. — STUDIENDAUER: Faculté canonique 2—3 Jahre; Faculté de droit: licence drei Jahre, doctorat fünf Jahre; lettres und sciences 3—4 Jahre. — GEBÜHREN: Immatrikulation 30 fr., inscriptions 130—200 fr. je nach den Fächern. — Die Examina werden an den Staatsfakultäten abgelegt, mit Ausnahme dessen für »l'enseignement canonique« (Gebühr für das letztere 40—60 fr.). — Vergl. auch S. 266.

FAKULTÄTEN: Faculté de Théologie, Fac. de Droit canonique, Fac. de Philosophie, Fac. de Droit; École des hautes études littéraires, École des hautes études scientifiques.

FACULTÉ LIBRE DE THÉOLOGIE PROTESTANTE

(83, Boulevard Arago).

Nach der Trennung von Kirche und Staat wurde im Jahre 1905 die »Association pour le maintien et l'entretien de la Faculté libre de théologie protestante de Paris et du Séminaire de cette Faculté« gegründet. — Die Association setzt sich aus »membres fondateurs, membres honoraires, membres souscripteurs, membres participants, membres adhérents« zusammen. Der Jahresbeitrag dieser Mitglieder ist in der genannten Reihenfolge festgesetzt mit mindestens 1000, 500, 100, 20, 5 fr. — Sonstige Einkünfte fliessen aus Kollekten, Renten, Gebühren. — Verwaltung durch ein Comité von 24 Mitgliedern, die jährlich von der »Assemblée générale« gewählt werden. — Die Professoren und Chargés de cours werden von einer besonderen Kommission der »Synode général« durch Wahl aus drei vorgeschlagenen Kandidaten bestimmt. — An der Spitze jeder Fakultät steht ein »Doyen« und der »Conseil de la Faculté«.

AUFNAHME. Bedingung: »Diplôme de bachelier ès-lettres latin-grec« oder gleichwertige Zeugnisse. Empfehlung durch einen lutherischen Geistlichen. — STUDIENDAUER: vier Jahre (davon ein Jahr préparatoire). — PRÜFUNGEN: nach jedem Semester sind Prüfungen abzulegen. Schlussexamen für das »baccalauréat en théologie«, ferner für die »licence« und das »doctorat« (frühestens ein Jahr nach der »licence«). Für jedes dieser

Examina ist die Ausarbeitung einer besonderen These erforderlich, die in 60 Exemplaren der Fakultät eingeliefert werden muss.

GEBÜHREN: Immatrikulation für die ersten drei Jahre je 20 fr., für die Kandidaten vier »inscriptions« 120 fr., jedes Examen 25 fr.; für alle Studierenden Bibliothek 10 fr. jährlich. — Im ganzen 245 fr. — »Licence« Examen 130 fr., Diplom 25 fr.

SÉMINAIRE ISRAÉLITE DE FRANCE (9, Rue Vauquelin).

Das älteste Rabbinerseminar Europas, gegründet 1829 zu Metz durch königl. Ordonnanz Karls X. unter dem Namen École centrale rabbinique, 1859 durch kais. Dekret nach Paris verlegt. — Nähere Angaben fehlen.

Poitiers (Vienne).

ÉCOLE PRÉPARATOIRE DE MÉDECINE ET DE PHARMACIE.

Zur Université de Poitiers gehörig (s. S. 277). Siehe auch Amiens (S. 279) und medizinisches Studium S. 268.

Reims (Marne).

ÉCOLE PRÉPARATOIRE DE MÉDECINE ET DE PHARMACIE.

(Zur Universität Paris gehörig).

Diese Schule ist der Rest der 1550 gegründeten und 1794 aufgehobenen Universität Reims. 1809 wurde nach dem Organisationsplan Napoleons I. eine »École secondaire de médecine et de pharmacie« errichtet, deren Lehrpersonal sich noch z. T. aus dem der alten Universität rekrutierte; durch Ordonnanz vom 12. März 1853 wurde diese Schule in eine École préparatoire umgewandelt. Vergl. über die Écoles préparatoires: Amiens (S. 279) und medizinisches Studium S. 268.

Résumé de l'histoire de l'école de médecine de Reims par H. Henrot. 8°. Reims 1900.

Rennes (Ille-et-Vilaine).

ÉCOLE DE PLEIN EXERCICE DE MÉDECINE ET DE PHARMACIE

Zur Université de Rennes gehörig (s. S. 277). Siehe auch medizinisches Studium S. 268.

ÉCOLE NATIONALE D'AGRICULTURE.

AUFNAHME gegen »concours«. Mindestalter 17 Jahre. Auch »auditeurs libres«; ebenfalls Ausländern zugänglich als »élèves externes libres«. — STUDIENDAUER: zwei Jahre; am Schlusse wird den erfolgreichen Zöglingen ein »diplôme des écoles nationales d'Agriculture« gegeben, im übrigen »certificat d'études«. Die zwei besten Schüler erhalten nach ihrer Promotion zwei Jahresstipendien von je 1200 fr. zur Weiterbildung in einem landwirtschaftlichen Betrieb.

GEBÜHREN: »élèves« 400 fr. jährlich, »auditeurs libres« 200 fr.

Rochefort (Charente Inférieure).

ÉCOLE ANNEXE DE MÉDECINE NAVALE.

Gegründet 1721. Vergl. Brest und Bordeaux, École du Service de Santé de la Marine (S. 281).

Rouen (Seine-Inférieure).

ÉCOLE PRÉPARATOIRE DE MÉDECINE ET DE PHARMACIE.

(Zur Université de Caen gehörig).

Gegründet 1822. Reorganisiert 1894. Vergl. Amiens (S. 279) und medizinisches Studium S. 268.

Saint-Etienne (Loire).

ÉCOLE NATIONALE DES MINES.

Gegründet durch Ordonnanz vom 2. August 1816, wiederholt reorganisiert und jetzt verwaltet nach den Gesetzen vom 22. April 1905 und 30. Januar 1907 und den Dekreten vom 12. Juni 1908 und 21. Januar 1909. — Externat. — AUFNAHME durch schriftliche Prüfung in französischem Aufsatz, Algebra, analytischer und deskript. Geometrie, Trigonometrie, Physik, Chemie und Zeichnen und mündliche Prüfung in Physik, Chemie und Mathematik. — Ausserdem werden zur Teilnahme an den Studien zugelassen solche Ausländer, die drei mündliche Prüfungen in Physik, Chemie und Mathematik bestehen.

Der STUDIENGANG ist dreijährig, nach dessen Vollendung das »Diplôme d'ingénieur civil des mines« verliehen wird. — GEBÜHREN: Prüfungsgebühr 40 fr., jährliche Gebühr 200 fr.

PUBL.: *Annuaire de la Société amicale des anciens élèves de l'école des mines* (seit 1867). 8⁰. St. Étienne.

Toulon (Var).

ÉCOLE D'APPLICATION DES MÉDECINS ET PHARMACIENS STAGIAIRES.

Gegründet am 26. Juli 1895 zur weiteren Ausbildung der Ärzte und Pharmazeuten, die mit dem Diplom »Docteur en médicine« oder »Pharmacien universitaire de 1ère classe« von der École du Service de Santé de la Marine in Bordeaux (s. S. 281) abgehen (promoviert zu médecins oder pharmaciens de 3ième classe). — Der Unterricht erstreckt sich neben allgemeiner medizinischer Fortbildung auf die Spezialfächer: chirurgie militaire et navale, hygiène navale, administration, pathologie exotique, usw. — Nach bestandenem Abgangsexamen wird der Grad médecin oder pharmacien de 2e classe (lieutenant) verliehen. — Budget vom Ministère de la Marine.

ÉCOLE ANNEXE DE MÉDECINE NAVALE.

Gegründet 1890. Vergl. Brest und Bordeaux, École du Service de Santé de la Marine (S. 281).

Toulouse (Haute-Garonne).

INSTITUT CATHOLIQUE (31, Rue de la Fonderie).

Zufolge des Gesetzes vom 12. Juli 1875 vom Erzbischof Desprez und 16 Bischöfen der »Région du Sud-Ouest de la France« gegründet. 1878 wurde die »Faculté libre des Lettres« errichtet, 1879 die »Facultés canoniques de Théologie, Philosophie et Droit canon«; 1882 ist die »Ecole supérieure des Sciences« eröffnet worden.

ORGANISATION vergl. Angers S. 279 und Paris S. 296.

AUFNAHME von Priestern in das »Séminaire universitaire« nach beendeten »Études théologiques élémentaires«. Einige Laien können als Externe zugelassen werden.

STUDIENDAUER, Grade, Gebühren vergl. Angers S. 279 u. 280.

FAKULTÄTEN: Faculté de Théologie catholique, Fac. des Lettres, Fac. des Sciences.

PUBL.: *Bulletin de littérature ecclésiastique.*

ÉCOLE NATIONALE VÉTÉRINAIRE.

Gegründet 1825. Internat, Externat, freie Zuhörer. — Aufnahme, Studiendauer, Diplom, Gebühren wie in Alfort (s. S. 279).

PUBL.: *Revue vétérinaire* und *Revue générale vétérinaire.*

INSTITUT TECHNIQUE DE DROIT

(Rue de l'Université et Rue des Poits-Creusés, 2).

Gegründet 1898 unter dem Patronat der Universität, der Notariatskammer, usw. Vom Staat anerkannt mit Dekret vom 3. August 1905. — Bestehend aus École de notariat und École pratique de droit.

1. Die *École de notariat* soll angehenden Notaren eine gediegene Fachausbildung vermitteln. Aufnahme ohne Bedingung. Auch »Auditeurs libres« werden zugelassen. — STUDIENDAUER zwei Jahre. Nach dem erfolgreichen Schlussexamen wird das Diplôme der Schule gegeben. — GEBÜHREN: jährlich 300 fr., Examen 30 fr. »Auditeurs libres« zahlen entsprechend den Kursen.

2. Die *École pratique de droit* zur Ausbildung von juristischen Beamten (magistrature, barreau, offices ministériels autres que le notariat, usw.). Zwei Sectionen: section judiciaire und section administrative. — STUDIENDAUER: zwei Jahre, am Schluss »Diplôme«. — GEBÜHREN: 200 fr.

Tours (Indre-et-Loire).

ÉCOLE PRÉPARATOIRE DE MÉDECINE ET DE PHARMACIE.

(Zur Académie de Poitiers gehörig).

Gegründet 1840. Vergl. Amiens (S. 279) und medizin. Studium S. 268.

Lehranstalten in den Kolonien und im Ausland.

Algier (Afrika).

UNIVERSITÉ D'ALGER.
Mit arabischen Kursen in Constantine und Oran. Siehe unter AFRIKA.

Athen (Griechenland).

ÉCOLE FRANÇAISE D'ATHÈNES. Siehe unter GRIECHENLAND.

Fort de France (Martinique).

ÉCOLE PRÉPARATOIRE DE DROIT.
Siehe unter AMERIKA (West-Indien).

Hanoi (Indo-China).

ÉCOLE FRANÇAISE D'EXTRÊME-ORIENT.
Siehe unter ASIEN (Hinter-Indien).

Jerusalem (Palästina).

ÉCOLE PRATIQUE D'ÉTUDES BIBLIQUES.
Siehe unter ASIEN (Palästina).

Kairo (Ägypten).

INSTITUT FRANÇAIS D'ARCHÉOLOGIE ORIENTALE.
Siehe unter AFRIKA.

Pondichéry (Französisch Indien).

ÉCOLE DE DROIT. Siehe unter ASIEN (Vorder-Indien).

Rom (Italien).

ÉCOLE FRANÇAISE DE ROME. Siehe unter ITALIEN.

Tanger (Marokko).

MISSION SCIENTIFIQUE FRANÇAISE. Siehe unter AFRIKA.

Belgien.

Universitäten.

Staatsuniversitäten in Gent=Gand und Lüttich=Liège.
Freie Universität in Brüssel=Bruxelles.
Katholische Universität in Löwen=Louvain.

I. Allgemeine Verfassung der Staats-Universitäten.

LITERATUR. *L. Beckers, l'Enseignement supérieur en Belgique. Code annoté des dispositions légales et réglementaires.* Bruxelles 1904. 8°. 682 S. — *Annuaire de la Belgique scientifique, artistique et littéraire.* Herausgegeben vom Institut International de Bibliographie. Bruxelles 1908.

VERFASSUNG. Die Konstitution des Jahres 1831 proklamierte die Freiheit des Unterrichts und bestimmte, dass der öffentliche Unterricht gesetzlich geregelt werden sollte. — Die belgischen Universitäten besitzen nicht das Recht der juristischen Persönlichkeit.

Die Staats-Universitäten sind Gent und Lüttich (Gand und Liège). Der höhere Unterricht wurde durch Gesetz vom 15. Juli 1849 organisiert; einzelne der Artikel sind durch Gesetze vom 14. März 1863, 22. Mai 1882, 22. Mai 1892 und 30. Juni 1893 abgeändert.

Jede Universität umfasst vier Fakultäten: Faculté de Philosophie et Lettres; F. des Sciences mathématiques, physiques et naturelles; F. de Droit; F. de Médecine und eine École des Sciences commerciales et consulaires. — An der Universität Lüttich besteht ausserdem eine Faculté technique: École spéciale des arts et manufactures et des mines; und an der Universität Gent eine École du Génie civil ou des Ponts et Chaussées.

Die Staats-Universitäten sind vom Ministère des Sciences et des Arts abhängig. — Die UNIVERSITÄTS-AUTORITÄTEN sind: L'Administrateur-Inspecteur, le Recteur, le Conseil académique, le Collège des Assesseurs, les Facultés.

Der *Administrateur-Inspecteur* ist der Vertreter der Regierung an der Universität. Er wird vom König ernannt: er wacht über die Ausführung der Gesetze und der Bestimmungen, die Instandhaltung der Gebäude und des Materials; ihm untersteht das Verwaltungspersonal der Universität.

Der *Recteur* wird von dem König aus der Zahl der Professoren für die Dauer von drei Jahren ernannt. Diese Ernennung ist widerruflich, und das Mandat des Rektors kann erneuert werden.

Der *Conseil académique* setzt sich unter dem Vorsitz des Rektors aus den Professoren zusammen. Er kann über alle den höheren Unterricht betr. Fragen beraten. Er ist Disziplinarbehörde für die Studenten und kann je nach der Schwere des Vergehens auf zeitweiligen oder gänzlichen Ausschluss von den Vorlesungen entscheiden. — Jedes Jahr wählt er den *Receveur* (Einnehmer der Einkünfte) und schlägt der königlichen Ernennung zwei Kandidaten für die Stelle des *Secrétaire du Conseil académique* vor. Er setzt die Programme der Vorlesungen auf Vorschlag der Fakultät fest.

Das *Collège des Assesseurs* setzt sich aus dem Recteur, dem Secrétaire du Conseil académique und den Dekanen der Fakultäten zusammen. Ihm untersteht die Verwaltung des Eintreibens der Kollegiengelder, und er unterstützt den Rektor in der Ausübung der Disziplinar-Befugnisse.

Nach dem Gesetz vom 15. Juli 1849 besteht ein *Conseil de perfectionnement de l'enseignement supérieur*. Er wird vom Minister präsidiert und setzt sich aus den amtierenden Rektoren, den Administrateurs-Inspecteurs der Universitäten, acht Universitäts-Professoren (einer für jede Fakultät jeder Staatsuniversität) und anderen Personen zusammen, deren Ernennung die Regierung für vorteilhaft erachtet. Dieser Conseil berät über Verbesserungen, die den gesamten Unterricht betreffen, und über die wichtigsten Fragen, die das Gedeihen der Univ.-Studien angehen.

Die FAKULTÄTEN setzen sich aus den ordentlichen und ausserordentlichen Professoren zusammen. Die »Chargés de Cours« können den Versammlungen mit beratender Stimme beiwohnen. Jede Sitzung wird von dem *Dekan* präsidiert; dieser und der Sekretär werden aus der Zahl der Professoren für ein Jahr ernannt. — Jede Fakultät berät über die ihren Unterricht betr. Fragen und redigiert jährlich das Programm der Vorlesungen. Ein Vorschlagsrecht für erledigte Lehrstühle hat sie nicht.

Die PROFESSOREN werden vom König ernannt: Professeurs ordinaires und extraordinaires. Der *Professeur extraordinaire* erhält ein festes Gehalt von 5000 fr., der *Professeur ordinaire* ein solches von 7000—10 000 fr. Alle haben nach den Bestimmungen vom 30. Juli 1879 das Recht auf Emeritierung und erhalten als Pension die durchschnittliche Summe des Gehaltes, den sie in den letzten fünf Jahren bezogen haben.

Die Zahl der Professoren ist gesetzlich festgelegt. Die Regierung kann aber je nach den Bedürfnissen des Unterrichts *Chargés de Cours* ernennen, deren Gehalt jedesmal durch königliche Bestimmung festgesetzt wird. — Die Professoren und die Chargés de Cours partizipieren an den Inskriptionsgeldern, die von den Studenten bezahlt werden, nach besonders festgesetztem Modus. Für Examina, die sie abhalten, beziehen sie eine besondere Vergütung.

AUFNAHME DER STUDIERENDEN. Die Aufnahme unter die Studierenden erfolgt auf Grund eines Abgangszeugnisses der Gymnasialabteilung (Section des humanités anciennes) und für die physikalisch-mathematischen Studien auch der Realabteilung (Section des humanités modernes) einer mittleren Unterrichtsanstalt oder auf Grund einer Prüfung. — Frauen und Ausländer werden unter entsprechenden Bedingungen wie männliche Inländer zugelassen. Auch Hörer werden aufgenommen.

STUDIENDAUER. Die Dauer der Studien zur Erlangung der gesetzlichen Grade (vergl. unten) ist *vier Jahre* für die Grade: Docteur en Philosophie et Lettres, en Sciences naturelles, en Sciences physiques et mathématiques; *fünf Jahre* für den Docteur en Droit, die Ingenieure und Pharmazeuten; *sechs Jahre* für den Docteur en Médecine.

GRADE. Die gesetzlichen Grade werden nach den Bestimmungen der Gesetze vom 10. April 1890 bis 3. Juli 1891 gegeben (vergl. unten). — Die Universitäten können ausserdem besondere *Grades scientifiques* verleihen, die aber nur wissenschaftliche, keine rechtliche Geltung haben. — Ein *Diplôme scientifique spécial* ist durch königliche Verfügung vom 16. Oktober 1853, mit Änderungen vom 5. März 1894, zugunsten der Personen geschaffen worden, die nach Erlangung des gesetzlichen Doktorgrades besonderen Spezialstudien obliegen. — Ein königliches Dekret vom 28. November 1896, mit Änderungen vom 11. Mai 1901, hat in der Faculté de Droit der Staats-Universitäten den wissenschaftlichen Grad *»Licencié du Degré supérieur en Sciences commerciales et consulaires«* geschaffen. — Laut Dekret vom 29. Februar 1900 verleihen die Facultés des Sciences »Diplômes scientifiques de Candidat, de Licencié et de Docteur en Géographie«. — Laut Dekret vom 26. Oktober 1903 kann die Faculté de Philosophie et Lettres der Universität Lüttich »Grades et Diplômes scientifiques de Candidat, de Licencié, de Docteur en Art et Archéologie« verleihen.

Gesetzliche Grade. Die gesetzlichen Grade können durch eine Staats-Universität, eine Freie Universität und durch besondere von der Regierung eingesetzte Juries gegeben werden. Als Universität werden alle Institute mit höherem Unterricht angesehen, die die vier Fakultäten der Staats-Universitäten haben. Jede Universität kann die Grade nur ihren eigenen Schülern verleihen. Die Diplome müssen, bevor sie gesetzliche Gültigkeit haben, durch eine besonders dafür eingesetzte Kommission »Commission d'entérinement« bestätigt werden. Die wichtigsten gesetzlichen Grade sind: »Candidat en philosophie et lettres«, »Candidat en droit«, »Candidat en sciences physiques et mathématiques«, »Candidat en sciences naturelles«, »Candidat en médecine, chirurgie et accouchements«, »Candidat notaire«, »Candidat ingénieur«. — »Docteur en philosophie et lettres«, »Docteur en droit«, »Docteur en sciences physiques et mathématiques«, »Docteur en sciences naturelles«, »Docteur en médecine, chirurgie et accouchements«. — »Pharmacien«, »Ingénieur civil des mines«, »Ingénieur des constructions civiles«.

Gebühren. Jeder Student muss jährlich eine Inscription nehmen; Gebühr 15 fr. — Die Vorlesungsgebühren (Inscription-générale) betragen jährlich 250 fr. in der Faculté de Droit, 200 fr. in den anderen Fakultäten. Die Examengebühren schwanken zwischen 50 und 150 fr. Für die Bestätigung der Diplome ist eine Gebühr von 20 fr. zu entrichten.

II. Geschichte und besondere Organisation.

Brüssel=Bruxelles.

UNIVERSITÉ LIBRE DE BRUXELLES.

Geschichte. Als nach der Revolution von 1830 die altberühmte Universität Löwen vom Staate unter den Einfluss der Bischöfe und der Geistlichkeit gestellt wurde, beschlossen Theodor Verhaegen und andere Führer der liberalen Partei die Gründung einer Hochschule in Brüssel selbst, die nicht einen antikirchlichen Charakter tragen, sondern nur stiftungsgemäss auf rein wissenschaftlicher Grundlage beruhen und, ausser von den gesetzlichen Vorschriften des Staates, von keiner politischen oder kirchlichen Macht abhängig sein sollte. Die Mittel dazu wurden durch öffentliche Subskriptionen aufgebracht; die Stadt Brüssel gewährte dem neuen Institute die notwendigen Räume in dem bisherigen Museum und einen jährlichen Zuschuss von 30000 Franken. Eröffnung am 20. Nov. 1834 mit vier Fakultäten: Philosophie, Naturwissenschaften, Rechtswissenschaften und Medizin.

Die Anfänge der neuen Universität waren sehr schwierige. Die Zahl der Studenten war gering (96) und die Geldmittel waren so unzulänglich, dass die Professoren auf ihre ohnehin dürftige Besoldung ganz oder zum Teil verzichten mussten. Indes diese Krisis wurde überwunden, ebenso wie die bittere Feindschaft, mit welcher klerikale Eiferer die Universität verfolgten. Eine neue Subskription und wiederholte

Geldbeiträge reicher Freunde der Hochschule erhöhten die Mittel, während die Stadt Brüssel ihre jährlichen Subsidien bis auf ca. 160000 Franken vermehrte und der Provinzialrat von Brabant 25000, die Vorstädte von Brüssel gleichfalls 12000 Franken jährlich beisteuerten. Die städtische Verwaltung gewährte auch an Stelle des dem Staate zurückgegebenen Museums den früheren Schwurgerichtspalast (ehemals Palast Granvella) i. J. 1842; neuerdings ist derselbe bedeutend vergrössert nnd mit Gebäuden für die Sammlungen und Laboratorien ausgestattet worden.

Die Hochschule hatte 1842 zuerst in Belgien eine pharmazeutische Schule geschaffen; 1889 eine Schule der Sozialwissenschaften. Als fünfte Fakultät eröffnete sie 1873 eine polytechnische Schule, diese allerdings nach dem Muster der Staatsuniversitäten. Sehr freisinnig zeigte sich die Brüsseler Hochschule in internationaler Beziehung: sie zog zahlreiche Fremde in ihren Lehrkörper, und zwar ganz besonders Deutsche; so den Philosophen Ahrens, die Juristen Arntz und Maynz, den Historiker Philippson. Diese Bemühungen der Universitätsverwaltung blieben nicht ohne Lohn. Im Jahre 1878 stieg die Zahl der Studenten bis über tausend, und seitdem hat sie sich immer mehr dem zweiten Tausend genähert. — *L. Vanderkindere, L'Université de Bruxelles, 1834—1884.* Brüssel 1884. — 1909 wurde das 75jährige Bestehen der Universität gefeiert und bei dieser Gelegenheit u. a. eine ausführliche Geschichte derselben veröffentlicht: *Cte. Goblet d'Alviella, L'Université de Bruxelles pendant son troisième quart de siècle 1884—1909.* In 4°. 316 pp. Bruxelles 1910.

VERFASSUNG. Nach den neuesten statutarischen Änderungen des Jahres 1909 besteht der Verwaltungsrat der Universität aus folgenden Mitgliedern: 1. aus acht durch den Verwaltungsrat selbst gewählten Mitgliedern, die der Univ. eine materielle oder moralische Hilfe gewährt haben und von denen zwei dem akademischen Korps angehören müssen (gewählt für 10 Jahre); 2. aus dem Rektor und seinen zwei Vorgängern; aus den jedesmaligen Dekanen der Fakultäten; dem Bürgermeister und dem Schöffen des öffentlichen Unterrichts der Stadt Brüssel; einem Mitglied der Brüsseler Armenverwaltung und einem Abgeordneten der ehemaligen Studentenschaft. — Der Rat wählt seinen Präsidenten, Vizepräsidenten und Administrator für 10 Jahre. Die Exekutivgewalt steht einem aus dem Präsidenten, Vizepräsidenten, Administrator und Rektor gebildeten Comité zu. Der Administrator versieht die Funktionen eines höheren Verwaltungsbeamten, der Rektor wird jährlich von den Professoren gewählt und kann zweimal wiedergewählt werden. Die sämtlichen Professoren nehmen an den Wahlen teil, doch sind zum Rektor sowie zum Präsidenten (Dekan) jeder Fakultät nur die ordentlichen Professoren wählbar. — Der akademische Rat besteht aus dem Rektor, seinen zwei Vorgängern, den Präsidenten der 5 Fakultäten (Dekane) und einem Abgeordneten der Privatdozenten (Agrégés). Er hat die Befugnisse einer höheren Unterrichtsbehörde (Conseil de perfectionnement de l'enseignement supérieur).

FAKULTÄTEN: Faculté de philosophie et lettres; F. de droit; F. des sciences; F. de médecine; F. des sciences appliquées (polytechnische Schule). — Angegliedert sind: École de pharmacie; École des sciences politiques et sociales (s. S. 307); École de commerce (s. S. 307); Instituts Solvay: Institut de Physiologie und Institut de Sociologie (s. S. 307).

BUDGET. In Belgien besitzen nur sehr wenige nicht-administrative Körperschaften das Recht einer juristischen Person. Die Brüsseler »freie Universität« hat also nicht das gesetzliche Recht, ein Vermögen zu besitzen; die Einnahmen und Ausgaben werden daher nicht bekanntgegeben.

AUFNAHME erfolgt auf Grund eines Zeugnisses, dass der Kursus einer höheren Lehranstalt (Athénée, Collège) mit Erfolg absolviert ist, oder nach bestandener Eingangsprüfung vor einer aus Professoren der Universität selbst gebildeten Kommission. — Ausländer sind von dieser Bedingung befreit, doch sind sie einem besonderen Examen unterworfen, wenn sie nicht Zeugnisse vorlegen können, die den belgischen gleichgestellt sind. Die ihnen verliehenen akad. Diplome haben jedoch nur eine Ehren-, aber keine im staatlichen Sinne praktische Bedeutung.

Weibliche Studenten werden, wenn sie den allgemeinen gesetzlichen Bestimmungen betreffs der Vorbildung genügt haben, zu allen Vorlesungen und Prüfungen zugelassen. Doch ist, laut Entscheidung des höchsten Gerichtshofes, ein Eintritt weiblicher Doktoren der Rechte in den Richter- oder Advokatenstand nicht gestattet.

Gebühren. Für jedes Studienjahr, je nach der Fakultät, 200 oder 250 Franken; dafür werden aber keine Kollegiengelder bezahlt. Die Prüfungen (Kandidaten-, Notariats- und Doktorexamen) kosten je 100 Franken. Doch zerfällt das medizinische, sowie das juristische Doktorexamen in je drei bzw. zwei Prüfungen zu je 100 Franken, das philosophische in zwei Prüfungen zu je 100 Fr. Die pharmazeutische Prüfung kostet 150, die von den Studenten der polytechnischen Schule zu bestehenden Examina kosten zusammen 530 Franken.

Studiendauer zur Erlangung der gesetzlichen Grade vergl. S. 304.

Grade. Die Grade, welche die Universität verleiht, entsprechen den grades légaux der Staatsuniversitäten; vergl. S. 305.

Ausser diesen vom Staate für den Eintritt in eine öffentliche Tätigkeit geforderten Graden verleiht die Universität noch die Würde des Spezialdoktorats in einem besonderen Wissenszweige auf Grund einer Dissertation und der Verteidigung von Thesen, und ernennt hervorragend wissenschaftlich begabte jüngere Männer zu »Agrégés de l'Université«, aus deren Zahl die entstehenden Lücken im Lehrkörper vorzüglich ausgefüllt werden sollen.

Publ.: *Annuaire et Rapport sur l'année académique*. Unterstützung der: *Revue de l'Université libre*.

Der Université libre sind angegliedert:

ÉCOLE DES SCIENCES POLITIQUES ET SOCIALES.

Gegründet von Ernest Solvay. Vier Sektionen: Politik, Volkswirtschaft, Soziale Wissenschaften, Koloniale Wissenschaften. Nach zweijährigem Studium kann der wissenschaftliche Grad »Licence de l'École des sciences politiques« verliehen werden.

ÉCOLE DE COMMERCE.

Gegründet 1903 von Ernest Solvay. Verwaltung durch eine Kommission von fünf Mitgliedern. Vierjähriger Studiengang.

Aufnahme der Schüler gegen Prüfung (75 fr.), wenn nicht genügende Zeugnisse (»certificat d'humanités complètes«). Die Schüler gliedern sich in: »élèves réguliers, élèves libres, auditeurs«.

Gebühren: inscription jährlich 15 fr., ausserdem jährlich 300 fr. (élèves libres 50 fr. pro Semester).

INSTITUTS SOLVAY (Parc Léopold). Gegründet von Ernest Solvay.

I. Institut de Physiologie (errichtet 1894). Umfassend Elektrophysiologische Laboratorien, einen Hörsaal für physiologische Vorlesungen, verschiedene Säle für wissenschaftliche Experimente, sowie Laboratorien für Physiologie und biologische Chemie. — Ein Teil des Gebäudes ist als Ergänzung der »Université libre« für deren physiologische, usw. Vorlesungen und Arbeiten bestimmt.

Publ.: »*Travaux de Laboratoire*«, erscheint in unregelmässigen Zwischenräumen, bis 1910: 10 Bände.

II. INSTITUT DE SOCIOLOGIE (errichtet am 3. Juni 1901). Zweck: Wissenschaftliche Erforschung der sozialen Probleme. Lesesaal mit Bibliothek; vier Seminare: für Statistik, Anthropologie, wirtschaftliche Technologie und Wirtschaftsgeschichte. Baukosten inkl. Bibliothek: $^1/_2$ Million Mark. — Zulassung zu den Arbeiten am Institut de Sociologie und zur Benutzung der Bibliothek erfolgt nach schriftlicher Eingabe an den Direktor, unter Einreichung wissenschaftlicher Legitimierung.

PUBL.: *I. Notes et Mémoires* (in zwanglosen Heften 4°). — *II. Etudes sociales* (Soziale Untersuchungen im allgemeinen. In Bänden 8°). — *III. Actualités sociales* (Schriften zur Verbreitung soziologischer Kenntnisse. In Bänden 16°).

Gent=Gand.

UNIVERSITÉ DE L'ÉTAT DE GAND.

GESCHICHTE. Gegründet durch einen Erlass des Königs Wilhelm I. der Niederlande vom 25. September 1816 mit den vier Fakultäten: Philosophie und Philologie, Recht, Medizin und Naturwissenschaften; eingeweiht am 9. Oktober 1817. Zuerst im Rathause untergebracht, bis 1820 das alte Jesuiten-Kollegium zum Sitz der Universität umgeschaffen war. Dank der Unterstützung des Staates und der Stadt, die ihr die Stadtbibliothek und den städtischen botanischen Garten überwies, nahm die Universität einen kräftigen Aufschwung. Als die Revolution im Jahre 1830 ausbrach, zählte sie gegen 400 Studenten. Das neue reaktionäre Regiment unterdrückte alsbald (16. Dezember 1830) die naturwissenschaftliche und die philosophische Fakultät, wodurch auch die rechtswissenschaftliche und medizinische Fakultät zerstört worden wären, wenn nicht Männer wie Lefrançois, Mareska, Morren, Roulez u. a. freie Fakultäten eingerichtet hätten. Am 25. September 1835 stellte die Regierung die unterdrückten Fakultäten wieder her, wozu noch (1. Oktober 1838) die Spezialschulen für Ingenieurwissenschaft und für Kunst und Industrie (Écoles spéciales du génie civil et des arts et manufactures) und (28. Dezember 1847) eine »École normale des sciences« hinzukamen. Eine »Section normale des sciences commerciales« wurde am 7. Mai 1881 gegründet und am 31. Juli 1884 wieder aufgehoben. Ein königl. Erlass vom 5. März 1884 schuf die »Sections normales flamandes d'histoire et de langue germanique«, die am 17. Oktober 1890 vom katholischen Ministerium wieder beseitigt wurden. Ein »Institut des sciences« (Bauaufwand 2500000 fr.) wurde im Oktober 1890 vollendet. In ihm ist die naturwissenschaftliche Fakultät mit ihren Instituten untergebracht.

FAKULTÄTEN: Faculté de philosophie et lettres; F. de droit (verbunden mit einer École spéciale de commerce); F. des sciences (verbunden mit einer École du génie civil und einer École des arts et manufactures); F. de médecine. — Angegliedert: Institut supérieur d'éducation physique.

VERFASSUNG, Aufnahme, Studiendauer, Grade, Gebühren, usw. siehe S. 303 u. ff.

Löwen=Louvain.

UNIVERSITÉ CATHOLIQUE DE LOUVAIN.

GESCHICHTE. Im Jahre 1426 gründete der Rat der Stadt Löwen eine Universität und machte sie, dank seiner Munifizenz, zu einer der glänzendsten des ausgehenden Mittelalters. Lipsius nannte sie das belgische Athen; in Ansehen und Frequenz stand sie nur hinter Paris zurück. Sie umfasste alle Fakultäten und besass 28 reich dotierte Kollegien;

ihre Grade waren die angesehensten in Europa. 1788 wurde die juristische, medizinische und philosophische Fakultät nach Brüssel verlegt und 1797 die Universität durch die Franzosen ganz aufgehoben. Wiederhergestellt im Jahre 1814, verschwand sie von neuem in der belgischen Revolution 1830.

1835 fasste der belgische Episkopat den Entschluss, die ein Jahr vorher zu Mecheln gegründete katholische Universität nach Löwen zu verlegen. Diese katholische Universität ist also nicht als eine Fortsetzung der alten Löwener Universität, sondern als eine vollständige Neuschöpfung zu betrachten.

Verfassung. Die Leitung der Universität ist von den Bischöfen einem Recteur auf Lebenszeit anvertraut, dem ein Vice-Recteur, ein Secrétaire, die Dekane der Fakultäten, die Präsidenten der Kollegien, der Conseil rectoral (Dekane, Sekretär, Vizerektor) und der akademische Senat (Professoren, Präsidenten der Kollegien, Sekretär, Vizerektor mit dem Rektor als Vorsitzenden) zur Seite stehen. Im Rektoratsrat hat der Präsident der Ecole supérieure d'Agriculture Sitz mit beratender Stimme. — Die Fonds werden durch die belgischen Bischöfe aufgebracht.

Fakultäten und Schulen: Faculté de théologie; F. de droit; F. de médecine; F. des lettres; F. des sciences (verbunden mit École des arts et manufactures; Ecole du génie civil et des mines; École supérieure de brasserie). — Ausserdem: École des sciences politiques et sociales; École des sciences commerciales et consulaires (mit Section d'études coloniales); Institut supérieur de philosophie [École Saint Thomas d'Aquin], gegründet von Papst Leo XIII.

Drei »Collèges« und ein Seminar sind der Universität gewissermassen angegliedert: *le Collège du Saint-Esprit*, für die »élèves ecclésiastiques«; *le Collège du Pape Adrien VI*, für die »élèves inscrits dans les Facultés de philosophie et de droit«; *le Collège Juste Lipse*, für die »élèves inscrits dans les Facultés des sciences et de médecine«; *le Séminaire Léon XIII.*, für die »élèves ecclésiastiques qui suivent les cours de l'Institut supérieur de philosophie (École St. Thomas d'Aquin)«.

Aufnahme. Bekenntnis der katholischen Religion Bedingung. Frauen sind ausgeschlossen.

Studiendauer für die Erlangung der gesetzlichen Grade entsprechend der der Staatsuniversitäten, vergl. S. 304.

Grade. Gesetzliche »grades légaux« vergl. S. 305. — »Grades scientifiques« ohne gesetzliche Geltung in reicher Fülle.

Gebühren: jährlich 250—350 fr. in der Faculté de droit; 280—300 fr. in der F. de médecine; 200—250 fr. in der F. des lettres; 200—240 fr. in der F. des sciences; 200—350 fr. in der École des arts et manufactures; 300 fr. am Institut agronomique und in der Ecole supérieure de brasserie; 200 fr. am Institut supérieur de philosophie. — Die Kurse in der theologischen Fakultät sind gratis, nur Theologen mit Ermächtigung ihres Bischofs werden zugelassen.

Lüttich=Liège.

UNIVERSITÉ DE LIÈGE.

Geschichte. Nachdem durch Verordnung vom 29. September 1816 die Gründung dreier Universitäten (Löwen, Lüttich und Gent) in den südlichen Provinzen des neuen Königreichs der Niederlande beschlossen war, fand am 29. September 1817 die feierliche Eröffnung derjenigen von Lüttich statt. Die anfangs ziemlich beschränkte Anzahl der Lehrstühle wurde im Laufe der nächsten Jahre in allen vier Fakultäten (Philosophie, sciences, droit, médecine) nicht unbedeutend vermehrt.

Durch die Ereignisse von 1830 in ihrer gedeihlichen Entwickelung gestört und sogar in ihrer Existenz bedroht, erhielt sie durch Gesetz vom 27. September 1835 eine neue Organisation, die in der Folge mehrfach, besonders in bezug auf die Verleihung der akademischen Würden, die Zusammensetzung der Prüfungskommissionen und das Programm der Prüfungen abgeändert wurde (Gesetz vom 15. Juli 1849; vom 1. Mai 1857; vom 20. Mai 1876; vom 10. April 1890). Infolge der durch das Gesetz von 1890 notwendig gewordenen Errichtung neuer Lehrstühle, besonders für romanische und germanische Philologie, wurde die frühere »École normale des humanités« mit der philosophischen Fakultät verschmolzen. Die Abteilung für Bergbau, an der Faculté des sciences, die früher eine selbständige Anstalt (École des mines) bildete, ist im Jahre 1893 zu einer fünften Fakultät (Faculté technique) erhoben worden.

LITERATUR. *Alphonse Le Roy, L'Université de Liège depuis la fondation.* Liège 1869.

FAKULTÄTEN: Faculté des lettres; F. de droit; F. des sciences (verbunden mit einer Kunst- und einer Industrieschule); F. de médecine; F. technique. Ausserdem: École du commerce et des consulats.

VERFASSUNG, Aufnahme, Studiendauer, Grade, Gebühren, siehe S. 303 u. ff.

Fachliche Hochschulen.

Antwerpen=Anvers, Brüssel=Bruxelles, Gembloux, Gent=Gand, Löwen=Louvain, Lüttich=Liège, Mons.

Pharmazeutischer Unterricht an den Universitäten.

(Siehe unter Allgemeine Verfassung der Staats-Universitäten S. 304 und 305 und unter Universität Brüssel S. 306 und 307.)

Antwerpen=Anvers.

INSTITUT SUPÉRIEUR DE COMMERCE
(51, Rue des Peintres).

Gegründet 1852. Seitdem vom Staat und der Stadt unterstützt. Ressortiert vom »Ministère de l'Industrie et du Travail«. Verwaltung durch eine Kommission.

STUDIENDAUER: drei Jahre. — DIPLOME: Licencié en sciences commerciales, Licencié du degré supérieur en sciences commerciales et consulaires. — Die diplomierten Zöglinge erhalten nach weiterer zweijähriger praktischer Tätigkeit die Diplome: Docteur en sciences consulaires, coloniales, maritimes.

GEBÜHREN: 225 fr. erstes Jahr, je 275 fr. zweites und drittes Jahr. — Examina jährlich: »admission« 25 fr., passage 50 fr., zweites Jahr 75 fr., drittes Jahr 100 fr.

Brüssel=Bruxelles.

SPEZIALSCHULEN DER UNIVERSITÄT
(siehe S. 306 und 307).

Faculté des Sciences appliquées (polytechnische Schule).
École de Pharmacie. — École des Sciences politiques et sociales.
École de Commerce.
Instituts Solvay (Institut de Physiologie, Institut de Sociologie).

ÉCOLE DES HAUTES ÉTUDES
(28, Rue de Ruysbroeck).

Gegründet 1894. Besteht aus: Faculté des sciences sociales, Faculté de droit, Institut géographique, Institut de fermentations. — Keine eigentliche Universität, sondern nur eine Zusammenfassung von Vorlesungen. Es werden die wissenschaftlichen, keine gesetzliche Gültigkeit habenden Grade verliehen: Docteur en sciences sociales und Docteur en droit. Gebühren: Inscription 150 fr., Vorlesungen 450 fr., Examen 100 resp. 150 fr.

ÉCOLE DE MÉDECINE VÉTÉRINAIRE DE L'ÉTAT
(Cureghem).

GESCHICHTE. Gegründet 1832. Befand sich zuerst in Brüssel, rue d'Assaut, dann rue des Sols; mehrere Jahre lang auch landwirtschaftliche Schule: Ecole d'économie rurale et de médecine vétérinaire. 1836 wurde die Anstalt von der Regierung übernommen, dem Ministerium des Innern unterstellt und kam nach Cureghem. Dort wurde der gegenwärtige Name nach Abtrennung des landwirtschaftlichen Unterrichts angenommen.

Die Anstalt untersteht durch Gesetz vom 4. Februar 1890 der Überwachung durch eine Spezialkommission und wird ausserdem von dem Inspecteur général de l'agriculture inspiziert

AUFNAHMEBEDINGUNG: Kandidatengrad zum naturwissenschaftlichen Doktorat (bedingt 2jähriges Universitätsstudium nach 7jährigem Gymnasialunterricht). Ausländer werden auch als freie Hörer zugelassen; sie erlangen auf Grund der beiden Examina das Diplôme honorifique, das jedoch zur Ausübung der Tierheilkunde in Belgien nicht berechtigt.

Die STUDIENDAUER beträgt vier Jahre.

GEBÜHREN. Ordentliche Schüler: jährlich 200 fr.; ausserdem 20 fr. für Materialersatz, 30 fr. für Kollegienauszüge, die von den Professoren veröffentlicht werden. Examina (in der Regel nur mündlich und praktisch): Candidat en médecine vétérinaire 30 fr.; médecin vétérinaire 1ère épreuve 30 fr., 2e épreuve 40 fr.

PUBL.: *Aperçu historique et indication des publications des membres du corps enseignant.* Bruxelles 1904. — *Annales de médecine vétérinaire.* Bruxelles, 59. Jahrgang, 1910. — *Recueil des Lois et arrêtés relatifs à l'enseignement vétérinaire.*

ECOLE DE MÉDECINE TROPICALE DE L'ÉTAT
(Ancien Observatoire).

Gegründet 1906 durch den État Indépendant du Congo für die wissenschaftliche Vorbildung seiner Ärzte. Aufgenommen werden nur diplomierte Ärzte und Veterinärärzte. — Studiendauer: 2½ Monat; gegenwärtig 3 Sessionen jährlich, beginnend am 15 Oktober, 2. Januar und 1. Mai. Die Kurse sind zur Ausübung ärztlicher Praxis in den belgischen Kolonien obligatorisch. Volontäre können mit Genehmigung des Kolonialministers zugelassen werden.

COURS PRATIQUE D'ARCHÉOLOGIE
(Musée des arts décoratifs et industriels).

Gegründet 1903. Allgemeine zugängliche Kurse über antike und mittelalterliche Archäologie. — Inscription: 5 fr.

Gembloux.

INSTITUT AGRICOLE DE L'ÉTAT.

Eröffnet 1870 unter dem Ministère Ch. Rogier. Ressortiert vom Ministère de l'Agriculture.

AUFNAHME. Mindestalter 17 Jahre; Eingangsprüfung (in Mathematik, französischer Sprache, Geschichte, Geographie und Physik), wenn nicht Diplome von Universitäten, technischen Schulen, usw. vorliegen.

STUDIENGANG. Das Institut verleiht das Diplôme »ingénieur agricole« nach dreijährigem Studium und entsprechendem Examen. Ein viertes fakultatives Jahr gewährt den ingénieurs agricoles Spezialisierung ihrer Kenntnisse in 1. Agronomie, 2 Eaux et forêts, 3. Chimie et industries agricoles.

Gebühren: Externe 300 fr. jährlich (400 fr. für Ausländer); Interne 800 fr. jährlich (1200 fr. für Ausländer).

Gent=Gand.

SPEZIALSCHULEN DER UNIVERSITÄT

(siehe S. 308).

École spéciale de Commerce. — École du Génie civil. École des Arts et Manufactures.

Löwen=Louvain.

SPEZIALSCHULEN DER UNIVERSITÄT

(siehe S. 309).

École des Arts et Manufactures. — École du Génie civil et des Mines. — École supérieure de Brasserie. — École des Sciences politiques et sociales. — École des Sciences commerciales et consulaires (mit Section d'Etudes coloniales). — Institut supérieur de Philosophie.

Lüttich=Liège.

SPEZIALSCHULEN DER UNIVERSITÄT

(siehe S. 310).

Faculté technique (Bergbau). — École du Commerce et des Consulats.

INSTITUT ÉLECTROTECHNIQUE MONTEFIORE

(33, Rue Saint-Gilles).

Gegründet 1883 auf Betreiben des Senators Montefiore. Der Faculté technique der Universität angegliedert. — Die eigentliche Ingenieurabteilung nimmt Ingenieure und Offiziere auf, die das Diplôme d'ingénieur électricien erwerben wollen. Dauer des Kursus 1 Jahr. — Daneben die »Section des élèves électriciens«; zweijähriger Kurs.

Gebühren: 200 fr. für »les cours relatifs à chaque épreuve«. Daneben Laboratoriumsgebühren. Examen 100 fr.

Mons.

ÉCOLE DES MINES ET FACULTÉ POLYTECHNIQUE DE LA PROVINCE DU HAINAUT.

Gegründet 1837. — 1845 bis 1846 wurde eine neue Studienordnung eingeführt und der jetzige Name angenommen. 1851 wurden die Kurse der »École industrielle« in Charleroi von denen der École des mines getrennt, um der letzteren mehr wissenschaftlichen Charakter zu geben. 1880 und 1881 neues Reglement (Erhöhung der Studiendauer). — Die Schule wird durch eine »Députation permanente du conseil provincial« verwaltet, die den Direktor, die Professoren und das sonstige Lehrpersonal ernennt.

Aufnahme gegen Eingangsprüfung oder entsprechende Zeugnisse, die genügende technische Ausbildung beweisen. — Élèves réguliers und élèves libres.

Studiendauer und Grade. Fünf Jahre zur Erlangung der Grade: ingénieur des mines, ingénieur métallurgiste, ingénieur mécanicien, ingénieur électricien, ingénieur civil des mines; vier Jahre: ingénieur des arts miniers et industriels, ingénieur chimiste, ingénieur des chemins de fer, ingénieur géologue; drei Jahre: diplôme de chimiste.

Gebühren: inscription 10 fr., »frais de masse« 5 fr., inscription aux cours 170 fr.; besondere Gebühren für die Benutzung der Laboratorien und Zeichensäle Auf die Gebühren für Kurse und Benutzung der Zeichensäle tritt für die »années d'études complementaires« eine Ermässigung um die Hälfte ein.

Italien.

KÖNIGREICH ITALIEN.

PÄPSTLICHE ANSTALTEN.

ANSTALTEN ANDERER STAATEN.

Königreich Italien.

Universitäten.

Staatsuniversitäten in Bologna, Cagliari, Catania, Genua =Genova, Macerata (nur juristische Fakultät), Messina, Modena, Neapel=Napoli, Padua=Padova, Palermo, Parma, Pavia, Pisa, Rom=Roma, Sassari, Siena, Turin=Torino.

Freie Universitäten in Camerino, Ferrara, Perugia, Urbino.

I. Allgemeine Organisation.

Die italienischen Universitäten, auch die vier sogenannten freien Universitäten (s. oben) unterstehen dem Ministerium des öffentlichen Unterrichts. Die wichtigsten Gesetze über das höhere Unterrichtswesen sind: das Gesetz »Casati« vom 13. November 1859, das, teilweise auf alle Universitäten ausgedehnt und teilweise durch neuere Anordnungen aufgehoben, die Grundlage der Gesetzgebung bildet; ferner das Gesetz vom 16. Februar 1861, das sich nur auf die Universität Neapel bezieht; die Gesetze vom 12. Juni 1904 und 7. Juli 1907 betreffs Ernennung der Professoren; das Gesetz vom 19. Juli 1909, das für die Gehälter und sonstigen Verhältnisse der Proff. neue Bestimmungen getroffen hat. Ferner sind von Wichtigkeit die Dekrete: »Regolamento generale universitario del 21 Agosto 1905« und »Regolamenti speciali delle facoltà e scuole«.

Der eigentliche Leiter der Universität, der *Rektor,* ist zugleich ihr offizieller Repräsentant. Dem Rektor gebührt der Vorsitz im Consiglio accademico und in der allgemeinen Versammlung aller Professoren; er überwacht die Befolgung der Universitätsstatuten und leitet die gesamte Administration der Universität. — Dem Rektor steht der *Consiglio accademico* zur Seite, der aus dem amtierenden Rektor und seinem Vorgänger, aus den Dekanen (Presidi) der Fakultäten und ihren Vorgängern und aus den Direktoren der pharmazeutischen Schule, der Ingenieurschule, der Ackerbau- und Veterinärschule zusammengesetzt ist, sofern diese letztgenannten Anstalten integrierende Bestandteile der Universität bilden. Dieser Universitätsrat berät über die internen Angelegenheiten der Universität auf Vorschlag des Rektors, verleiht den Studierenden Stipendien und Prämien, berichtet an den Minister über die von der allgemeinen Professorenversammlung (siehe S. 318) ausgehenden, den Unterrichtsgang und die Disziplinarvorschriften der Anstalten betreffenden Vorschläge, bewilligt Befreiungen von Gebühren und übt eine gewisse streng umschriebene Disziplinargewalt aus.

Der *Preside* (Dekan) jeder Fakultät hat den Vorsitz im *Consiglio di Facoltà* (Fakultätsrat) und teilt dessen Beschlüsse dem Rektor mit, er sorgt für die Disziplin und den Fortgang des Unterrichts in der Fakultät und hat ebenso eine beschränkte Disziplinargewalt. Der Fakultätsrat bestimmt die Studienordnung jedes Jahres und macht Vorschläge über die erledigten Supplentenposten (Incaricati). Er besteht aus den ordentlichen und ausserordentlichen Professoren der Fakultät, wobei letztere jedoch an der Beratung jener Fragen nicht teilnehmen dürfen, welche die ausserordentlichen Professoren betreffen.

Die *Assemblea generale dei professori* (allgemeine Professorenversammlung) setzt sich aus sämtlichen ordentlichen und ausserordentlichen Professoren der Universität zusammen. Die Versammlung berät über die vom Minister angeregten Reformen im Disziplinarverfahren, sie unterbreitet dem Minister mit ihrem Gutachten ebensolche Vorschläge, die von mindestens zwei Professoren ausgehen müssen, und schlägt ihm den jeweilig zu ernennenden Rektor vor. Rektor und Dekane werden nämlich meist von drei zu drei Jahren von den ordentlichen Professoren der Universität gewählt, doch unterliegt diese Wahl der Bestätigung des Ministers.

Die *Facoltà* regt die Besetzung ihrer freigewordenen Lehrstühle an. Sie kann die Berufung eines Professors von derselben Disziplin oder von der einer anderen Universität vorschlagen, oder einen Wettbewerb eröffnen (siehe unten).

Das PROFESSORENKOLLEGIUM besteht aus *Professori ordinari, Professori straordinari*. Bei Eröffnung eines Wettbewerbs auf einen erledigten Sitz ist dieser dreimal auszuschreiben. Zur Prüfung der Ansprüche der Bewerber ernennt der Minister eine Kommission von fünf Mitgliedern, die ihren Vorschlag dem Minister unterbreitet. Die ordentlichen Professoren sind unabsetzbar, wenn nicht strafrechtliche Vergehen vorliegen; in diesem Falle ist Absetzung nur laut Urteil eines »*consiglio*« möglich, der sich aus Mitgliedern der Fakultät und aus vom Minister und den beiden Kammern ernannten Persönlichkeiten zusammensetzt.

Der Stufengang in der Laufbahn der Professoren ist gewöhnlich der, dass die Wahl zum *Professore straordinario* erfolgt für die Dauer des Kursus, mit dessen Abhaltung er betraut ist. Nach dreijähriger Tätigkeit kann dieser »*Professore straordinario stabile*« mit allen Rechten eines ordentlichen Professors werden, abgesehen vom Gehalt. Nach Ablauf von weiteren drei Jahren kann die Ernennung zum *Professore ordinario* erfolgen, vorausgesetzt dass ein Lehrstuhl frei ist, nach einem Gutachten der Fakultät und auf Grund des Urteils einer neuen Kommission, dass der betreffende Professor seine wissenschaftliche Tätigkeit fortgesetzt hat. Die Zahl der ausserordentlichen Professoren darf in der Fakultät die der ordentlichen Professoren nicht übersteigen. Alle Professoren sind verpflichtet, in besondere Bücher die Reihe der Themata einzutragen, die sie in ihren Vorlesungen und Konferenzen behandeln wollen.

Die »*liberi docenti*« (Privatdozenten) können auf zweifache Weise die Laufbahn beginnen: entweder auf Grund von »Titeln«, d. h. der von dem Bewerber verfassten wissenschaftlichen Schriften oder nach einer Prüfung und dem Gutachten einer vom Consiglio superiore della pubblica istruzione erwählten Kommission, deren Mitglied der Dekan der betreffenden Fakultät ist.

Für viele Fächer bestehen besondere Supplentenposten (*Professore supplente*), die von den Professoren und Privatdozenten besorgt, aber auch hier und da besonders ausgeschrieben werden.

Die *Gehälter* der Professoren betragen nach dem neuen Gesetz vom Jahre 1909 für den Professore straordinario 4500—7000 L., alle fünf Jahre um $^1/_{10}$ steigend, für den Prof. ordinario 7000—10000 L., alle fünf Jahre um 750 L. steigend.

Aufnahme der Studierenden. Die *Immatrikulation* beruht auf dem Abgangszeugnisse von den Sekundärschulen. — Auch Frauen können ohne weiteres zugelassen werden. Teilnahme als Hörer (uditore) ist In- und Ausländern überall gestattet.

Prüfungen und Grade. Die Prüfungen gliedern sich in Spezial-, Abgangs- und Doktoratsprüfungen. Die Prüfungs-Kommission besteht aus den offiziellen Professoren der Prüfungsgegenstände, zu denen noch ein oder zwei Examinatoren aus der Zahl der Privatdozenten oder Supplenten kommen. Die Frequenzbestätigung am Ende jedes Jahres ist die Vorbedingung zur Zulassung zu den Prüfungen. Zur Erlangung des Abgangszertifikates einer Fakultät muss der Student Spezialexamina (Einzelprüfungen, Kolloquien) aus allen Fächern, welche an der Fakultät vorgeschrieben sind, gemacht haben.

Um zur Doktoratsprüfung (esame di laurea) zugelassen zu werden, muss der Kandidat nachweisen, dass er die Kurse in der bei der betreffenden Fakultät vorgeschriebenen Stundenzahl besucht und die Spezialexamina in allen Fächern, welche als obligatorisch vorgeschrieben sind, bestanden hat. Die Doktoratsprüfung besteht in einer Disputation, einer schriftlichen Dissertation und eventuell in einer oder mehreren praktischen Arbeiten in den naturwissenschaftlichen Fächern.

Gebühren. Diese sind sehr hoch; unbemittelte Studierende, welche sich bei den Prüfungen ausgezeichnet haben, können — und das geschieht in vielen Fällen — von den Gebühren befreit werden. Für diese gibt es ausserdem während ihrer Studienzeit unentgeltliche Stiftungsplätze und nach Erlangung des Doktorates noch drei Jahre hindurch Unterstützungen, die auf einen Wettbewerb hin verliehen werden. Durch diese Unterstützungen sollen die tüchtigsten Bewerber die Möglichkeit erhalten, an einer einheimischen oder fremden Universität sich in ihren Studien zu vervollkommnen.

Gebühren und Studiendauer:

	Immatr. (einmal.) L.	Inskription (jährl.) L.	Diplom (einmal.) L.	Examen (jährl.) L.	Examen (Dipl.) (einmal.) L.	Studiendauer: Jahre
1. Jurisprudenz	75	220	100	20	50	4
2. Medizin u. Chirurgie	75	155	100	20	50	6
3. Reine Mathematik u. Ingenieurschule	75	165	100	20	50	5
4. Physik, Mathematik, Naturwissenschaften	75	125	100	20	50	4
5. Philosophie u schöne Wissenschaften	75	125	100	20	50	4
6. Doktorat f. Chemie und Pharmazie	75	125	100	20	50	4
7. Kurs für Notare u. Prokuratoren	75	220	—	20	—	2
8. Kurs für Pharmazeuten	50	75	50	20	30	4
9. Kurs f. Veterinärwiss. und Landwirtschaft	50	75	50	20	30	4
10. Kurs f. Geburtshilfe	15	20	10	12	—	2

II. Geschichte und besondere Organisation.

Bologna.

REGIA UNIVERSITÀ DEGLI STUDI.

Geschichte. In Bologna bestand schon im Anfange des 11. Jahrhunderts eine stark besuchte Rechtsschule, auf der sich nach und nach eine der im Mittelalter berühmtesten Universitäten aufbaute, die, wenn nicht die älteste, doch eine der ältesten genannt werden muss. Die Bologneser Rechtsschule gewann besonders durch die Tätigkeit des gelehrten Irnerius (starb um 1140), der 1113 hier über Zivilrecht zu lesen begann; bald wurde hier auch kanonisches Recht gelehrt und so stellte Bologna schnell alle übrigen Rechtsschulen Italiens, besonders die von Ravenna, in Schatten und wurde lange Zeit hindurch das Muster für die neu entstehenden Rechtsschulen inner- und ausserhalb Italiens. An den Namen des Irnerius ist die Erneuerung der Rechtswissenschaft im Anfang des 12. Jahrhunderts hauptsächlich geknüpft und daher strömten ungezählte Schüler nach Bologna. Auch Gratian, der in der Mitte des 12. Jahrhunderts dem kanonischen Rechte neue Bahnen wies, erhöhte den Ruhm der Rechtsschule. Von dem Privileg Friedrichs I., der sogenannten Authentica Habita, das dieser am Reichstage auf den Roncalischen Feldern 1158 allen Schulen gab, und worin er die Studenten beim Kommen, beim Verweilen auf der Schule und beim Zurückgehen in die Schule in seinen Schutz nahm, zog natürlich auch die Bologneser Schule ihre Vorteile. Nach Denifle's Ausführungen (*Die Universitäten des Mittelalters* I 48—54) ist dieses Privileg nicht, wie so häufig angenommen wurde, für Bologna allein verkündet, sondern nur für die dortige Schule zuerst in Anspruch genommen worden. Das Privileg, mit dem Friedrich die Scholaren unter seinen Schutz nahm, ist übrigens dadurch unendlich wichtig, dass es die Grundlage für die Privilegienbriefe bildete, welche die Kaiser und Landesherren später den Universitäten gaben.

Mit der Bildung der Scholarenkorporationen, festen Verbindungen der Nationalität nach, gewannen die Schulen eine bessere Organisation. Nach und nach bildeten sich immer mehr solche freie Genossenschaften, besonders die der Deutschen, Franzosen, Engländer, der Provençalen, der Catalonier und der »Citramontani«, der Italiener. In der Mitte des 13. Jahrhunderts vereinigten sich die 13 Nationen der Fremden zu einer Korporation, den Ultramontani, die ebenso wie die der Citramontani einen eigenen Rektor besass. Von jetzt an findet sich schon die Gewohnheit, die beiden Korporationen zusammen als universitas scholarium zu bezeichnen. Innozenz IV. spricht in seiner Urkunde, worin er die neuen Statuten bestätigt, 1253 von »rectores et universitas scholarium«, wenn auch erst seit dem Anfang des 16. Jahrhunderts nur mehr ein Rektor über beide Korporationen gesetzt wurde. Die Rechte der Korporationen, besonders die Wahl eigener Rektoren der Scholaren, mussten erst in langwierigem Kampfe mit der Stadt und den Professoren, den eigentlichen Rectores studii, verteidigt werden. Unter den Professoren zeichneten sich im 13. Jahrhundert Azzo, Accursius und Odofredus besonders aus.

Seit dem Anfang des 13. Jahrhunderts lehrten übrigens auch medizinische Professoren in Bologna, die ersten 1213 und 1222, ebenso Professoren der artes liberales. Die medizinische und die philosophische Schule kamen jedoch erst im 14. Jahrhundert zur Blüte. 1360 gestattete dann Papst Innozenz VI. auch ein studium generale in der Theologie zu Bologna. Nach dem Berichte des Kardinal-Legaten Anglicus an Urban V. aus dem Jahre 1371 gab es zu Bologna 12 Professoren für Zivilrecht, 6 für kanonisches Recht, 3 für Medizin, 3 für praktische Medizin, 1 für Chirurgie, 2 für Logik, 1 für Astrologie, 1 für Rhetorik und 1 für Notariat. Die Professoren der Theologie sind in diesem Berichte nicht aufgeführt. Seit Clemens V. häuften die Päpste Privilegien auf Privilegien auf die Universität zu Bologna. Reiche Stiftungen an Kollegienhäusern für ausserhalb Bologna geborene Studenten und an Liegenschaften zur Gründung von Stipendien bildeten neben den berühmten Lehrern der Universität bald einen neuen mächtigen Anziehungspunkt für fremde Studenten. Die Stadt selbst war sehr stolz auf ihre Universität, so dass sie die Devise derselben »Bononia docet« auf ihre Münzen setzte. Der Bologneser Student, der Bologneser Doktor wurden stehende Typen, der Doktor sogar eine Charaktermaske des italienischen Theaters.

Auch später fielen der Universität von Privaten namhafte Schenkungen zu. so hinterliess 1690 Graf Lodov. Fern. Marsigli sein ganzes grosses Vermögen der Universität und dem damit verbundenen, von ihm gestifteten Institut der Wissenschaften (Istituto delle scienze). Eine auffallende Merkwürdigkeit der Universität sind die berühmten weiblichen Gelehrten, welche an ihr lehrten oder doch ausgebildet wurden. Noch im 18. Jahrhundert lehrte Laura Bassi Mathematik und Naturwissenschaften, im 19. Jahrhundert war Clotilda Tambroni eine berühmte Lehrerin der griechischen Literatur. Die Hochschule ist noch heute eine der hervorragendsten des Königreichs Italien.

Literatur. *M. Sarti, De claris Archigymnasii Bononiensis professoribus a saec. XI usque ad saec. XIV.* Bononiae 1769. — *L. Scarabelli, Delle costituzioni, discipline e riforme dell'antico studio bolognese.* Piacenza 1876. — *G. Tamassia, Bologna e le scuole imperiali di Diritto.* Bologna 1888. — *G. Carducci, Lo studio Bolognese.* Bologna 1888. — *L. Chiappelli, Lo studio bolognese nelle sue origini e nei suoi rapporti con la scienza preirneriana.* Pistoia 1888. — *F. Schupfer, Le origini della Università di Bologna* in »Mem. dell' Accad. Lincei«, Classe scienze morali, vol. VI, p. 1.

Organisation, Aufnahme der Studierenden, Prüfungen, Grade, Gebühren, usw. siehe S. 317 u. ff.

Fakultäten: Facoltà di Giurisprudenza; F. di Filosofia e Lettere; F. di Scienze fisiche, matematiche e naturali; F. di Medicina e Chirurgia. — Scuola superiore di Agraria; Scuola di Farmacia; Scuola di Medicina veterinaria; Scuola d' applicazione per gl' Ingegneri.

Cagliari (Sardinien).

REGIA UNIVERSITÀ DEGLI STUDI.

Gegründet 1603. Durch Bulle des Papstes Paul V. vom 12. Februar 1606 den spanischen Universitäten gleichgestellt. Durch Diplom Philipps III. von Spanien zum Range der Universität Lerida erhoben. Bedeutender Aufschwung seit dem Übergang Sardiniens an das Haus Savoyen, 1720. Restaurationsdekret Carlo Emanueles III. 1755; Privilegienbestätigung 1764.

Literatur. *A. Guzzoni degli Ancarani, Alcune notizie sull' Università di Cagliari* in »Annuario della R. Università di Cagliari« 1897/98. Cagliari 1898.

Organisation, Aufnahme der Studierenden, Prüfungen, Grade, Gebühren, usw. siehe S. 317 u. ff.

FAKULTÄTEN: Facoltà di Giurisprudenza; F. di Medicina e Chirurgia; F. di Scienze fisiche, matematiche e naturali. — Scuola di Farmacia.

Camerino.

LIBERA UNIVERSITÀ DEGLI STUDI.

GESCHICHTE. Camerino war seit langem Sitz eines Generalstudiums, doch nahm dieses erst infolge eines am 25. Juli 1727 vom Papst Benedikt XIII. erlassenen Breves den Titel einer Universität an. Durch königl. Dekret vom 24. Januar 1861 wurde die Universität, die 1860 an das Königreich Italien gekommen war, zur freien Universität erklärt und den allgemeinen Universitätsgesetzen unterstellt; die von der Kommune und der Leitung der Universität ausgearbeiteten Statuten erhielten am 21. März 1862 die ministerielle Genehmigung.

BUDGET. Die Gemeinden Acquacamina, Bolognola, Caldarola, Camerino, Camporotondo, Cessapalombo, Castelraimondo, Esanatoglia, Fiastra, Fiuminata, Fiordimonte, Gagliole, Matelica, Montecavallo, Muccia, Pievetorina, Pievetoviglia, Pioraco, Sefro, Serrapetrona und Serravalle del Chienti haben die Kosten unter sich aufzuteilen.

LITERATUR. *F. Fiorgentili, Degli studi universitari di Camerino e dè suoi fasti letterari e politici.* Camerino 1864. — *G. Valenti, I privilegi dell' Università di Camerino* in »Corriere della Sera« 14 e 24 luglio 1904.

ORGANISATION, Aufnahme der Studierenden, Prüfungen, Grade, Gebühren, usw. siehe S. 317 u. ff.

FAKULTÄTEN: Facoltà di Giurisprudenza; F. di Medicina e Chirurgia. Scuola di Farmacia; Scuola di Ostetricia; Scuola di Medicina veterinaria.

Catania (Sizilien).

REGIA UNIVERSITÀ DEGLI STUDI.

GESCHICHTE. Die Universität zu Catania ist die älteste Hochschule in Sizilien, sie wurde von Papst Eugen IV. mittelst Bulle vom 18. April 1444 gestiftet. Alfons von Aragonien stattete 1445 die Universität, die sich bis heute trotz mannigfacher widriger Schicksale erhalten hat, mit reichlichen Stiftungen aus.

LITERATUR. *M. Mandalari, Notizie storiche dell' Ateneo e del palazzo dell' Università di Catania.* Catania 1900. — Derselbe, *Letteratura dell' Ateneo di Catania, saggio di bibliografia particolare.* Catania 1902.

ORGANISATION, Aufnahme der Studierenden, Prüfungen, Grade, Gebühren, usw. siehe S. 317 u. ff.

FAKULTÄTEN: Facoltà di Giurisprudenza; F. di Medicina e Chirurgia; F. di Scienze fisiche, matematiche e naturali; F. di Filosofia e Lettere. — Scuola di Farmacia; Scuola di Perfezionamento per i Licenziati dalle Scuole normali.

Ferrara.

LIBERA UNIVERSITÀ DEGLI STUDI.

GESCHICHTE. Allerlei Schulen, besonders artistische, waren schon im 13. Jahrhundert zu Ferrara vorhanden. Erst am 4. März 1391 erschien jedoch auf Betreiben des Markgrafen Alberto V. v. Este die Bulle des Papstes Bonifaz IX., die ein Generalstudium in allen vier Fakultäten begründete. Schon 1394 liess die Stadt die für ihre Mittel zu kostspielige Schule wieder eingehen, doch erstand dieselbe bereits 1402 unter

Niccolò III. von neuem. Die Schule vegetierte aber nur mühsam; es lasen nur noch einzelne Professoren, berühmte Humanisten wie Guarino v. Verona und Giovanni Aurispa. Markgraf Lionello stellte 1442 auf Bitten der Stadt die Schule wieder her. Sie nahm dann einen raschen Aufschwung. 1474 dozierten hier schon 51 Professoren. Savonarola und Ariosto wirkten an ihr. Im 15. und 16. Jahrhundert genoss die Universität hauptsächlich als medizinische Schule grossen Ruf. Doch ging es mit ihr vom Ende des 16. Jahrhunderts ab, nach Einverleibung des Herzogtums Ferrara in den Kirchenstaat, schnell abwärts.

Zur Zeit der französischen Invasion Ende des 18. Jahrhunderts wurde sie geschlossen und am 4. September 1802 eine höhere hydraulische Schule eröffnet, die aber die päpstliche Regierung schon 1815 wieder schloss. Es wurde dafür die Universität sofort mit vier Fakultäten, der theologischen, juristischen, medizinischen und mathematischen wieder eröffnet, zugleich mit einer Ingenieurschule, die 1820 aus Ersparungsrücksichten geschlossen, jedoch 1824 wieder eröffnet wurde. Am 14. Februar 1860 erklärte der Statthalter der Romagna Gian Carlo Farini die Hochschule als »freie Universität«. Am 21. und 22. April 1892 wurde das 500jährige Jubiläum des Bestehens der Universität glanzvoll gefeiert.

Die Verwaltung des Vermögens liegt in der Hand des Bürgermeisters von Ferrara und der Universitäts-Deputation des Gemeinderates, sowie des Universitäts-Conseil, in welchem die Deputationsmitglieder und die Dekane der Fakultäten sitzen.

Literatur. *A. Borsetti, Historia almi Ferrariae Gymnasii.* Ferrariae 1735. — *A. Del Vecchio, Lo studio di Ferrara.* Firenze 1892. — *G. Martinelli, Cenni storici intorno all' Università di Ferrara.* Ferrara 1900.

Organisation, Aufnahme der Studierenden, Prüfungen, Grade, Gebühren, usw. siehe S. 317 u. ff.

Fakultäten: Facoltà di Giurisprudenza; F. di Medicina e Chirurgia; F. di Scienze fisiche, matematiche e naturali. — Scuola di Farmacia.

Genua=Genova.

REGIA UNIVERSITÀ DEGLI STUDI.

Geschichte. In Genua gab es schon in früheren Jahrhunderten Kollegien von Juristen und Medizinern Zu der förmlichen Gründung einer Universität kam es jedoch erst sehr spät und erst mit fremder Hilfe. Genua war nach der Einverleibung der ligurischen Republik in das kaiserliche Frankreich 1805 französisches Besitztum geworden. Napoleon tat alles mögliche, um die Genuesen für sich zu gewinnen, natürlich ohne Erfolg. So gründete er auch 1812 die Universität zu Genua, deren Leitung bald den Jesuiten überlassen wurde. Seither hat die Hochschule besonders seit der Gründung des Königreichs Italien einen starken Aufschwung genommen.

Literatur. *L. Isnardi, Storia della Università di Genova fino al 1773, continuata fino ai dì nostri da E. Celesia.* Genova 1861—67.

Organisation, Aufnahme der Studierenden, Prüfungen, Grade, Gebühren, usw. siehe S. 317 u. ff.

Fakultäten: Facoltà di Giurisprudenza; F. di Medicina e Chirurgia; F. di Scienze fisiche matematiche e naturali (mit Scuola d'applicazione per gl' Ingegneri, 1. Jahr); F. di Filosofia e Lettere. — Scuola di Farmacia.

Macerata.

REGIA UNIVERSITÀ DEGLI STUDI.

Geschichte. Nach einer allgemeinen Annahme soll die Universität zu Macerata im 13. Jahrhundert gegründet worden sein; Papst Nikolaus IV soll sie mittelst einer Bulle vom Jahre 1290 ins Leben gerufen haben. Es gab jedoch dort zuerst nur ein collegium advocatorum et procuratorum und um 1290 bestimmt eine Rechtsschule. Die Universität verdankt als solche ihre Gründung erst Papst Paul III., der am 1. Juli 1540 die bezügliche Bulle erliess. Im XIX. Jahrhundert wurde die Universität als solche aufgehoben, und es blieb nur die juristische Fakultät bis heute erhalten.

Literatur. *R. Foglietti, Cenni storici sull' Università di Macerata.* Macerata 1873. — *U. Fresco, Origini dello Studio generale in Macerata.* Camerino 1902. — *D. Spadoni, L'Università di Macerata nel risorgimento italiano* in »Le Marche« II (1902).

Organisation, Aufnahme der Studierenden, Prüfungen, Grade, Gebühren, usw. siehe S 317 u. ff.

Fakultät: Facoltà di Giurisprudenza.

Messina (Sizilien).

REGIA UNIVERSITÀ DEGLI STUDI.

Geschichte. Auch dieser Universität wird, wie so mancher anderen italienischen, eine reichere Geschichte angedichtet als sie tatsächlich hat. In den gewöhnlichen Universitäts-Verzeichnissen wird sie fälschlich als im Jahre 1224 gegründet bezeichnet. Zur wirklichen Gründung kam es erst im 19. Jahrhundert; die spanische Regierung eröffnete sie im Jahre 1838. Während der Aufstände der Jahre 1847–1849 wurde die Hochschule geschlossen. Im Jahre 1860 gelangte sie in die königl. italienische Verwaltung. Die Universität hat durch das Erdbeben vom 28. Dez. 1908 einen grossen Teil ihrer Bauten und Anstalten verloren. Nähere Angaben, wie weit die Tätigkeit wieder aufgenommen ist, sind z. Z. nicht möglich.

Literatur *F. Gabotto, Nel 350° anniversario dell'Università di Messina* in »Nuova Antologia«, ser. IV., vol. 87. — *G. Tropea, Contributo alla storia della Università di Messina, nel vol. pubbl. dell'Ateneo nel CCCL anniversario dell' Università.* Messina 1900.

Organisation, Aufnahme der Studierenden, Prüfungen, Grade, Gebühren, usw. siehe S. 317 u. ff.

Fakultäten: Facoltà di Giurisprudenza; F. di Medicina e Chirurgia; F. di Scienze fisiche, matematiche e naturali; F. di Filosofia e Lettere. — Scuola di Farmacia.

Modena.

REGIA UNIVERSITÀ DEGLI STUDI.

Geschichte. Bereits am Ende des 12. Jahrhunderts war die Stadt der Sitz einer bekannten Rechtsschule, die besonders um 1182 ihre höchste Blüte erreichte. Um die Mitte des 13. Jahrhunderts lehrten hier Martinus de Fano, Wilhelm Durantis und Albertus Galeottus, später Guido de Suzaria und Nicolaus Matarellus. Vom Anfange des 14. Jahrhunderts an kam das Studium ins Stocken, obwohl sich die Stadt sehr desselben annahm. Erst Herzog Franz II. aus dem Hause Este gründete am 5. November 1678 eine Universität in seiner Hauptstadt Franz III. überwies im Jahre 1772 der Kommune den Ertrag des Verkaufs der Güter der unterdrückten religiösen Orden mit der Verpflichtung, dafür die Universität zu erhalten. 1821 wurde die Universität von dem Herzog Franz IV. aus politischen Gründen in verschiedene Institute geteilt. Wiederhergestellt 1849. Die theologische Fakultät wurde 1859, die philosophische 1860 aufgehoben.

Literatur. *L. Vaccà, Cenno storico della R. Università di Modena e delle sue dipendenze.* Modena 1872.

Organisation, Aufnahme der Studierenden, Prüfungen, Grade, Gebühren, usw. siehe S. 317 u. ff.

Fakultäten: Facoltà di Giurisprudenza; F. di Medicina e Chirurgia; F. di Scienze fisiche, matematiche e naturali. — Scuola di Farmacia; Scuola di Medicina veterinaria.

Neapel=Napoli.

REGIA UNIVERSITÀ DEGLI STUDI.

Geschichte. Kaiser Friedrich II. wollte in dem Königreiche beider Sizilien, wo freilich für eine Hochschule kein günstiger Boden war, ein Generalstudium errichten, und so erliess er im Juli 1224 den Stiftbrief für die Hochschule zu Neapel. Das Studium wurde durch den Einfall päpstlicher Truppen in Apulien schon im Jahre 1229 wieder aufgelöst, 1234 jedoch durch Friedrich II. wieder hergestellt, mit den theologischen, jedoch ohne medizinische Studien, die zu Salerno schon seit dem 11. Jahrhundert eifrigst betrieben wurden. Nach manchen durch Kriege hervorgerufenen Fährlichkeiten vegetierte die Hochschule mühsam bis zur Mitte des 13. Jahrhunderts. König Konrad II. verlegte im Februar 1252 das ganze Studium von Neapel nach Salerno. 1258—1259 errichtete König Manfred die Schule zu Neapel von neuem, doch kam diese erst unter den Anjous zur Blüte. Am 24. Oktober 1266 erliess Karl I. einen Privilegienbrief, der die Neapler Studien vollständig reorganisierte und mit vielen Vorrechten ausstattete. Jetzt fanden auch Medizin und Theologie in Neapel rühmliche Vertretung, 1272—1274 lehrte hier sogar Thomas von Aquin theologische Wissenschaften.

Die Hochschule erwarb für kurze Zeit hohen Ruhm, verfiel aber nach und nach, besonders unter der die Geistlichkeit begünstigenden spanischen Herrschaft, immer mehr. Nur einige bedeutende Kunstsammlungen wurden mit ihr vereinigt und 1616 von dem Vizekönig Pedro de Castro in dem von seinem Vater Ruiz de Castro errichteten grossen Gebäude der Studi publici untergebracht. 1780 wurde die Universität reorganisiert und 1816 von den Kunstsammlungen wieder geschieden; König Ferdinand I. verlegte diese in das Kloster Gesù vecchio, wo sie als Real Museo Borbonico vereinigt blieben. Seit der Einverleibung von Neapel in das italienische Königreich 1860 ist die Universität in stetigem Aufschwung.

Literatur. *G. Origlia, Istoria dello Studio di Napoli.* Napoli 1753. — *G. Scalamandri, Istoria del pubblico insegnamento nel reame di Napoli.* Napoli 1849. — *L. Capuano, Notizie intorno alla origine, formazione e stato presente della R. Università di Napoli.* Napoli 1884.

Organisation, Aufnahme der Studierenden, Prüfungen, Grade, Gebühren, usw. siehe S. 317 u. ff.

Fakultäten: Facoltà di Giurisprudenza; F. di Medicina e Chirurgia; F. di Scienze fisiche, matematiche e naturali; F. di Filosofia e Lettere. — Scuola di Farmacia.

Padua=Padova.

REGIA UNIVERSITÀ DEGLI STUDI.

Geschichte. Im Jahre 1222 wanderte ein grosser Teil der zu Bologna weilenden Scholaren nach Padua, so dass es hier damals zur Gründung eines Generalstudiums kam. Das Studium erhielt bald reichlichen Besuch, 1228 liest man schon von 500 Scholarenwohnungen.

Die Rechtswissenschaft war anfangs die Hauptsache, doch kamen auch die artes liberales bald in Aufnahme. Die Universität geriet übrigens bald, noch vor der zweiten Hälfte des 13. Jahrhunderts, in tiefen Verfall, besonders wegen der Tyrannei Ezzelins in Padua (1237—1260).

Erst 1260 bemühte sich die Kommune wieder um die Hebung der Universität. man richtete die grammatischen, rhetorischen und medizinischen Studien ein, und 1263 spricht Papst Urban IV. von der »universitas magistrorum et scolarium Padue« als einer bereits anerkannten Hochschule. Bald schwang sich die Universität neben der Hochschule von Bologna zur zweitberühmten in Italien empor, um so mehr, da die Republik Padua alles tat, sie zu heben. Übrigens wäre 1282 die Universität infolge von neuen Statuten, welche die Kommune erlassen hatte, bald für Padua verloren gegangen, da sich auch Papst Nikolaus IV. gegen diese Statuten erklärte. Am 2. August 1290 wurde der Streit durch ein Übereinkommen zwischen der Kommune und dem Klerus der Stadt geschlichtet. Die Statuten wurden zurückgenommen, und der Papst hob dafür das über Padua ausgesprochene Interdikt auf. Papst Urban V. gewährte am 14. April 1363 auch das Studium der Theologie, ausserdem datieren seit dieser Zeit, besonders seit 1390, reichliche Stiftungen für arme Scholaren. Die Hochschule erhielt bald einen Weltruf, im 15. Jahrhundert hatte sie sogar Bologna den Vorrang abgelaufen.

Es herrschte unter den Lehrern grosse Aufklärung, man lehrte in Padua ausser den eigentlichen Brotwissenschaften auch Mathematik, neuere Sprachen, schöne Künste und ritterliche Übungen. Padua hatte den ersten botanischen Garten, das erste anatomische Theater. Besonders viele Deutsche strömten zu, 1564 studierten deren 200 die Rechte. 1613 wird geklagt, dass die hohe Schule zu Padua nur mehr 1400 Studierende zählte, doch gab es jährlich noch immer wenigstens 100 Promotionen in den Rechten. Die Hochschule sank rasch, und Augustin Leyser klagt am Anfange des 18. Jahrhunderts über ihren gänzlichen Verfall. Unter der österreichischen Herrschaft, seit 1814, machte man grosse Anstrengungen, die Hochschule wieder zu heben und durch diese, sowie durch die Bemühungen der italienischen Regierung steht heute die Hochschule, die in den Aufstandsjahren 1848—1850 geschlossen war, wieder ihres alten Ruhmes würdig da.

LITERATUR. *F. M. Colle, Storia scientifico-letteraria dello Studio di Padova.* Padova 1824—25. — *G. Gennari, Memoria sopra l' Università di Padova.* Padova 1831. — *Cenni storici sulla R. Università di Padova.* — *Origini, vicende e condizioni attuali dell' Università.* Padova 1873. — *A. Gloria, Intorno agli storici dell' Università di Padova* in »Atti del R. Istituto Veneto«, ser. VI, vol. I. — Derselbe, *Monumenti dell' Università di Padova. — I più lauti onorari degli antichi professori di Padova, etc.*

ORGANISATION, Aufnahme der Studierenden, Prüfungen, Grade, Gebühren, usw. siehe S. 317 u. ff.

FAKULTÄTEN: Facoltà di Giurisprudenza; F. di Medicina e Chirurgia; F. di Scienze fisiche, matematiche e naturali; F. di Filosofia e Lettere. — Scuola di Farmacia; Scuola di applicazione per gl' Ingegneri; Corso di Perfezionamento per i Licenziati dalle Scuole normali.

Palermo (Sizilien).

REGIA UNIVERSITÀ DEGLI STUDI.

GESCHICHTE. Schon 1312 hatte die Stadt Palermo die Gründung eines Studium generale gefordert; das Ansuchen wiederholte sie 1632 und 1635, nachdem der Jesuit P. Salerno die dazu nötigen Mittel gestiftet hatte. 1637 wurde die Organisation gestattet, doch das Projekt misslang gleichfalls. 1781 wurde die 1779 gegründete R. Accademia degli studi mit einer philosophisch-theologischen Fakultät, wie sie seit dem 17. Jahrhundert die Jesuiten gehabt hatten, ausgestattet, und am 12. Januar 1806 durch ein königliches Dekret von Ferdinand III. von Sicilien (IV. von Neapel) in eine eigentliche R. Università degli studi umgewandelt. Seit 1861 hat die Universität infolge der Anstrengungen der italienischen Regierung einen raschen Aufschwung genommen.

Literatur. *L. Sampolo, L'Università di Palermo e il suo passato.* Palermo 1878. — Derselbe, *I primi 25 anni della R. Università degli studi di Palermo.* Palermo 1885. — Derselbe, *Contributo alla storia della R. Università di Palermo* in »Arch. stor. sicil.« a. XIX (1894).

Organisation, Aufnahme der Studierenden, Prüfungen, Grade, Gebühren, usw. siehe S. 317 u. ff.

Fakultäten: Facoltà di Giurisprudenza; F. di Medicina e Chirurgia; F. di Scienze fisiche, matematiche e naturali; F. di Filosofia e Lettere. — Scuola di Farmacia; Scuola d' applicazione per gl' Ingegneri ed Architetti.

Parma.

REGIA UNIVERSITÀ DEGLI STUDI.

Geschichte. In Parma lehrten schon 1272 Gilio Miliduxii und Albert Galeottus juristische Disziplinen. Aber noch im 14. Jahrhundert bestand dort kein Generalstudium, denn noch im Jahre 1328 wandte sich die Stadt an Papst Johannes XXII., um von ihm die Gewährung eines solchen zu erlangen. Allein die Verhandlungen, die immer wieder aufgenommen wurden, scheiterten jedesmal während des 14. Jahrhunderts. Erst die Herzöge von Mailand, die 1420 Parma und Piacenza in Besitz nahmen, konnten die erstrebte Universität im Jahre 1422 eröffnen. Die Herzöge aus dem Hause Farnese begünstigten sie mannigfach, besonders Ranuccio I. (1592—1622) und Ranuccio II. (1646—1694) zeigten ihr Wohlwollen.

Nach dem Tode Ranuccio's II. verfiel die Hochschule, um sich erst unter der Regierung des Herzogs Ferdinand, des Sohnes des spanischen Infanten Philipp, späteren Herzogs von Parma, wieder zu heben. Ferdinands allmächtiger Minister du Tillot tat besonders in den Jahren 1765—1768 viel für die geistige Hebung des Landes; er zog ausgezeichnete Köpfe, besonders Franzosen ins Land und suchte die Universität durch Berufung berühmter Lehrer und die Anlegung einer grossen Bibliothek zu fördern. In den folgenden Kämpfen, besonders seit dem Auftreten Napoleon Bonaparte's in Italien, verfiel das Land und mit ihm die Universität immer mehr.

Unter der Regierung der unglücklichen Exkaiserin Maria Luise schien die Universität wieder zu kurzem Scheinleben zu erwachen, doch ging sie in den folgenden Wirren und Revolutionsjahren gänzlich ein. Erst unter der Regentschaft der Schwester des Grafen Chambord, Luise Maria Bourbon, konnte am 8. Januar 1855 die neu errichtete Universität eingeweiht werden, die seit dem Anschlusse des Herzogtums an das Königreich Italien wieder festen Boden gewonnen hat.

Literatur. *Cenni storici intorno la R. Università di Parma.* Parma 1873. — *G. Mariotti, Memorie e documenti per la storia dell' Università di Parma nel Medio Evo.* Parma 1888.

Organisation, Aufnahme der Studierenden, Prüfungen, Grade, Gebühren, usw. siehe S. 317 u. ff.

Fakultäten: Facoltà di Giurisprudenza; F. di Medicina e Chirurgia; F. di Scienze fisiche, matematiche e naturali. — Scuola di Medicina veterinaria; Scuola di Farmacia.

Pavia.

REGIA UNIVERSITÀ DEGLI STUDI.

GESCHICHTE. Pavia besass eine sehr alte Rechtsschule, die schon vor dem 12. Jahrhundert der Sammelpunkt vieler Juristen war. Auch in der ersten Hälfte des 14. Jahrhunderts lehrten dort Rechtsprofessoren, doch war das alte Promotionsrecht der Rechtsschule allmählich ausser Übung gekommen. Galeazzo II. Visconti erbat von Kaiser Karl IV. den Stiftbrief für ein Generalstudium, den dieser am 13. April 1361 erliess und in dem er der Schule die Privilegien von Paris, Bologna, Oxford, Orléans und Montpellier verlieh. Erst von Bonifaz IX. erhielt das Studium am 16. November 1389 ein päpstliches Privileg. 1398 wurde die Schule auf einige Jahre nach Piacenza verlegt, ausserdem versetzte der Tod Galeazzo's II. 1402 ihr einen schweren Schlag. 1404 fanden weder in Piacenza, noch in Pavia Vorlesungen statt. Erst im Oktober 1412 stellte Filippo Maria Visconti die Hochschule wieder her, die rasch eine grosse Blüte erlangte. Pavia wetteiferte bald mit Perugia und Padua und später mit Pisa um den ersten Rang in den Rechtswissenschaften, besonders im römischen Recht. Neben Padua wurde Pavia im 15. Jahrhundert am meisten von allen italienischen Hochschulen von Fremden besucht, besonders wegen des Zivilrechts.

Später verfiel die Hochschule, bis sie 1770 von Kaiserin Maria Theresia durch ihren Minister Grafen Firmian und 1817 von Kaiser Franz I. reorganisiert wurde. Seit ihrer Zugehörigkeit zum Königreich Italien behauptet die Universität, die während der Aufstandsjahre 1848 bis 5. November 1851 geschlossen war, besonders seit den Reformen Bonghi's und Coppino's, einen ehrenvollen Platz.

Für regulär immatrikulierte Studenten der Universität besteht noch heute das von Kardinal-Erzbischof von Mailand Carlo Borromeo 1563 gestiftete, mit 32 unentgeltlichen Plätzen versehene Collegio Borromeo und das vom Papst Paul V. aus der Familie Ghislieri 1569 gestiftete Collegio Ghislieri, das ungefähr 70 freie Plätze und mehrere Plätze für Zahlende enthält.

LITERATUR. *Cenno storico sulla R. Università di Pavia.* Pavia 1873. — *Memorie e documenti per la storia dell' Università di Pavia.* Pavia 1877—78. — *M. Mariani, Cenni storici intorno all' Università* in »Annuario della R. Università di Pavia« a. 1899—1900 (mit Bibliographie).

ORGANISATION, Aufnahme der Studierenden, Prüfungen, Grade, Gebühren, usw. siehe S. 317 u. ff.

FAKULTÄTEN: Facoltà di Giurisprudenza; F. di Medicina e Chirurgia; F. di Scienze fisiche, matematiche e naturali (mit Scuola d' applicazione per gl' Ingegneri); F. di Filosofia e Lettere. — Scuola di Farmacia; Scuola di Perfezionamento per i Licenziati dalle Scuole normali.

Perugia.

LIBERA UNIVERSITÀ DEGLI STUDI.

GESCHICHTE. Im Mittelalter war die Universität Perugia eine der berühmtesten, sie zog neben Bologna und Padua die hervorragendsten Rechtslehrer an sich. Schon um das Jahr 1200 bestand dort eine Schola artium, die auch medizinische Studien einbegriff. Im 13. Jahrhundert dozierten Rechtslehrer zu Perugia, und die Stadt bemühte sich ernstlich um die Hebung der Rechtsstudien. Am Ende des 13. oder Anfang des 14. Jahrhunderts bestand sogar schon eine organisierte Genossenschaft der Scholaren.

Seit 1306 bemühte sich die Stadt um das Privilegium für ein Generalstudium; endlich am 8. September 1308 erliess Papst Clemens V. den bezüglichen Stiftbrief, nachdem die Stadt schon vorher die nötigen Professoren, darunter den berühmtesten Rechtslehrer jener Zeit, Jacob de Belviso, berufen hatte. Doch ging Jacob de Belviso schon 1309 nach Bologna. 1316 wurde er nebst anderen berühmten Lehrern des Rechts und der Medizin neu berufen, und so hob sich die Schule ausnehmend. Am 1. August 1318 erteilte ihr Papst Johann XXII. das Promotionsrecht in jure civili et canonico; 1321 auch für die Mediziner und Artisten. Den grössten Glanz verlieh der neuen Hochschule 1316—1321 Jacob de Belviso, der freilich 1321 wieder nach Bologna gezogen wurde. Das medizinische Studium wurde erst in der zweiten Hälfte des 14. Jahrhunderts ansehnlicher.

Nach den schrecklichen Pestjahren 1348 und 1349 erhielt die Hochschule von Kaiser Karl IV. am 19. Mai 1355 ein neues Privileg. Nach der Stiftung des Kollegium Gregorianum durch Kardinal Niccolò Capocci 1362 wurden auch die theologischen Studien in Perugia gestattet, und am 11. Oktober 1371 erschien der bezügliche Stiftbrief des Papstes Gregor XI. Die Universität genoss in den folgenden Jahrhunderten einen bedeutenden Ruf; auch unter der päpstlichen Herrschaft, besonders seit 1543 blühte sie. Nach der päpstlichen Konstitution vom 27. August 1824 bestand sie noch aus vier Kollegien mit einem Kanzler an der Spitze. Das bedeutendste Kolleg war das Collegio Pio, von Papst Pius VII. gestiftet. Nach der Einverleibung der Stadt in das piemontesische Gebiet 1860 wurde die Universität zur freien Hochschule erklärt; bis zum Jahre 1884 bestand auch eine mathematische Fakultät.

Literatur. *V. Bini, Memorie istoriche della perugina Università degli studi e di suoi professori.* Perugia 1816. — *G. Padelletti, Documenti per servire alla storia delle Università italiane,* in »Arch. giuridico« V, VI. — Derselbe, *Contributo alla storia dello studio di Perugia nei secc. XIV e XV.* Bologna 1872.

Organisation, Aufnahme der Studierenden, Prüfungen, Grade, Gebühren, usw. siehe S. 317 u. ff.

Fakultäten: Facoltà di Giurisprudenza; F. di Medicina e Chirurgia (für die ersten 4 Jahre des medizinischen Studiums). — Scuola di Farmacia; Scuola di Veterinaria.

Pisa.

REGIA UNIVERSITÀ DEGLI STUDI.

Geschichte. Seit dem 12. Jahrhundert lehrten in Pisa schon einzelne Rechtslehrer und auch medizinische Lehrer 1338 kam ein Teil der Scholaren und Lehrer, die infolge des von Papst Benedikt XII. über Bologna verhängten Interdikts diese Stadt verliessen, nach Pisa. Auf Bitten der Stadt errichtete Clemens VI. durch Privileg vom 3. September 1343 ein Generalstudium mit allen Fakultäten, auch der theologischen. Die Schule verfiel bald, 1359 entliess die Stadt sogar aus Geldmangel alle Professoren, allein schon 1364 erbat sie sich ein neues Privileg von Papst Urban V., das tatsächlich am 10. November desselben Jahres gegeben wurde. Das traurige Schicksal der Stadt im Jahre 1406 zog jedoch auch die Hochschule in Mitleidenschaft, sie ging vollständig ein

Erst 1473 wurde sie auf Veranlassung Lorenzo's v. Medici wieder eröffnet. Jetzt blühte die Universität bald auf, doch war die Blüte nur von kurzer Dauer Nach ihrem gänzlichen Verfall erneuerte sie Cosimo I. von Medici im Jahre 1542 und stattete sie reichlich aus. 1544 wurde der botanische Garten, das erste Institut in seiner Art, eröffnet. Jetzt wurde die Universität allmählich eine der besuchtesten Italiens.

Mit dem allgemeinen Niedergange der italienischen Hochschulen verfiel auch die Universität in Pisa immer mehr, bis Grossherzog Leopold II. von Toscana sie von 1838 ab mit reichen Stiftungen dotierte und erweiterte. 1839 erhielt die Anstalt ein für die damaligen Verhältnisse reich ausgestattetes physikalisches Institut. 1848, nach der Revolution, wurde sie zu einer blossen Sektion für Naturwissenschaft und Mathematik herabgesetzt, doch schon 1850 wieder in ihrem alten Umfange eröffnet. Seither Entwicklung in aufsteigender Linie.

LITERATUR. *A. Fabroni, Historia accademiae pisanae.* Pisis 1791—92. — *E. Micheli, Storia dell' Università di Pisa dal 1737 al 1859* in »Annali dell' Università Toscane« XVI (1879).

ORGANISATION, Aufnahme der Studierenden, Prüfungen, Grade, Gebühren, usw. siehe S. 317 u. ff.

FAKULTÄTEN: Facoltà di Giurisprudenza; F. di Medicina e Chirurgia; F. di Filosofia e Lettere; F. di Scienze fisiche, matematiche e naturali (mit Scuola di applicazione per gl' Ingegneri). — Scuola di Farmacia; Scuola superiore di Medicina veterinaria; Scuola superiore di Agraria; Corso di Perfezionamento per i Licenziati dalle Scuole normali.

Rom=Roma.

REGIA UNIVERSITÀ DEGLI STUDI.

GESCHICHTE. Die Hochschule zu Rom verdankt Papst Bonifaz VIII., der am 6. Juni 1303 den Stiftbrief erliess, ihren Ursprung, und es wurden gleich alle Wissenschaften dort gelehrt. 1318 beschränkte Johann XXII. ihr Recht, Grade zu erteilen, auf das kanonische und das Zivilrecht. Trotz des Aufenthaltes der Päpste in Avignon blieb das Generalstudium bestehen, und in vielen päpstlichen Dokumenten des 14. Jahrhunderts wird von der Universitas studii oder dem Studium Urbis gesprochen. Immerhin verfiel die Schule trotz mancher Erneuerungen immer mehr, bis endlich Innocenz VII. 1406 und zuletzt Eugen IV. durch sein Edikt vom 10. Oktober 1431 ernstlich an ihre Reorganisation gingen.

Von da beginnt deshalb eine neue Epoche in ihrer Geschichte, da ihr zugleich reichlichere Einkünfte zugewiesen wurden.

Trotzdem gedieh die Hochschule nicht recht, ja unter Sixtus IV. wäre sie bald ganz eingegangen. Allein schon Alexander VI. sorgte durch den Bau der Sapienza, die Leo X. erweiterte und Alexander VII. vollendete, für neue Lokalitäten und auch sonst für reichliche Stiftungen. So kam die Hochschule bald wieder in besseren Ruf und wies grösseren Besuch auf, besonders seitdem das Studium an der römischen Kurie aufgehoben worden war.

Die Universität machte alle Schicksale der heiligen Stadt unter der Herrschaft der Päpste mit. Leo X. liess den Grund zum heutigen Universitätsgebäude legen, das unter Sixtus V. erbaut wurde. Alexander VII. stiftete 1667 die Bibliothek und den botanischen Garten. Im Jahre 1830 wurde sie in Spezialschulen geteilt, ihr Besuch hielt sich jedoch immer in bescheidenen Grenzen. Erst seit Rom im Jahre 1870 dem italienischen Königreiche einverleibt wurde, ist die Universität, die natürlich keine theologische Fakultät besitzt, unter der besonderen Pflege der italienischen Regierung in stetem Aufschwunge begriffen.

LITERATUR. *G. Caraffa, De Gymnasio romano et de eius profinovibus ab urbe condita usque ad haec tempora.* Romae 1751. — *F. M. Renazzi, Storia dell' Università degli studi di Roma.* Roma 1803—06.

ORGANISATION, Aufnahme der Studierenden, Prüfungen, Grade, Gebühren, usw. siehe S. 317 u ff.

FAKULTÄTEN: Facoltà di Giurisprudenza; F. di Medicina e Chirurgia; F. di Scienze fisiche, matematiche e naturali; F. di Filosofia e Lettere. —

Scuola di applicazione per gl' Ingegneri; Scuola di Farmacia. — Ausserdem: Corso complementare di Scienze applicate all' Agricoltura; Scuola Italiana di Archeologia; Scuola Orientale; Scuola di Perfezionamento negli Studi della Storia dell' Arte medievale e moderna; Corso di Perfezionamento per i Licenziati dalle Scuole normali.

Sassari (Sardinien).

REGIA UNIVERSITÀ DEGLI STUDI.

Seit dem Jahre 1556 bestand in Sassari ein Studium generale; die eigentliche Universität wurde jedoch erst im Jahre 1634 gestiftet; sie geriet bald in Verfall; seit 1766 besteht die Hochschule ununterbrochen, doch ist sie neben der zweiten Universität auf Sardinien (Cagliari) nur schwach besucht.

Literatur. *P. Tola, Notizie storiche della R. Università degli studi di Sassari.* Genova 1866.

Organisation, Aufnahme der Studierenden, Prüfungen, Grade, Gebühren, usw. siehe S. 317 u. ff.

Fakultäten: Facoltà di Giurisprudenza; F. di Medicina e Chirurgia. — Scuola di Farmacia.

Siena.

REGIA UNIVERSITÀ DEGLI STUDI.

Geschichte. Im Anfange des 13. Jahrhunderts waren in Siena schon viele Lehrer und Scholaren; um 1247 berief die Kommune neue Dozenten der juristischen und medizinischen Fächer. Die Schule wurde bald sehr bedeutend, 1275 gründete die Stadt aus eigener Machtvollkommenheit, ohne Kaiser oder Papst zu befragen, ein Generalstudium. Freilich wurde die Schule, da derselben natürlich das Promotionsrecht mangelte, nicht als volle Universität angesehen. Trotzdem lehrten dort berühmte Professoren aller Fächer.

Das Jahr 1321, in dem wegen der Hinrichtung eines Scholaren, der ein Mädchen entführt hatte, eine Auswanderung vieler Professoren und Scholaren aus Bologna stattfand, war für Siena epochemachend. Die Stadt nahm die Ausgewanderten auf, so dass bald 22 Professoren in Siena lehrten, unter ihnen Paul de Liazariis und der berühmte Mediziner Dinus von Florenz. Doch schon 1324 verfiel das Studium, denn die meisten Studenten reisten wieder ab, nachdem eine Versöhnung mit der Stadtobrigkeit von Bologna stattgefunden hatte. Einzelne Professoren lehrten zwar noch in Siena, doch ohne rechten Erfolg, um so mehr als die Kommune vom Papst trotz aller Anstrengungen kein Privileg erhalten konnte.

Erst 1357 gelang es, von Kaiser Karl IV. ein solches zu erlangen; der Stiftbrief ist vom 16. August 1357 datiert. Als es trotzdem mit der Hochschule nicht recht vorwärts gehen wollte, entliess 1365 die Stadt sogar die meisten Doctores et magistri forenses. Erst seit 1386, wo die Kommune höhere Gehälter für die Lehrer bewilligte, ging es besser. Die Stadt errichtete 1404 ein grosses Kollegium, die sog. Sapienza, und Papst Gregor XII. bestätigte endlich am 7. Mai 1408 das Privileg Karls IV. und gewährte auch das theologische Studium in Siena. 1433 bestätigte Kaiser Sigmund Karls Privileg und Papst Pius II. verlieh den Studierenden und Promovierten alle Rechte der in romana curia oder studio urbis Rome Studierenden und Promovierten. Die Universität prosperierte anfangs sehr, allein in den Parteikämpfen des 16. Jahrhunderts verlor sie immer mehr an Zuspruch; unter der Herrschaft der Mediceer blühte sie wieder auf. — Heute ist die Universität eine der kleineren des geeinigten Königreichs.

LITERATUR. *L. Idekauer, Sulle origini dello studio senese.* Siena 1893. — Derselbe, *Lo Studio di Siena nel rinascimento.* Milano 1892. — *D. Barduzzi, Cenni storici sull' Università di Siena.* Siena 1900. — *T. Mozzani, L' Università degli studi di Siena, dell' anno 1839—40 al 1900—1901: notizie e documenti.* Siena 1902.

ORGANISATION, Aufnahme der Studierenden, Prüfungen, Grade, Gebühren, usw. siehe S. 317 u. ff.

FAKULTÄTEN: Facoltà di Giurisprudenza; F. di Medicina e Chirurgia. — Scuola di Farmacia.

Turin=Torino.

REGIA UNIVERSITÀ DEGLI STUDI.

Die Universität wurde 1404 unter der Herrschaft des Hauses Savoyen gegründet und 1713, nachdem sie in Verfall geraten war, erneuert. 1720 wurde das heutige Universitätsgebäude feierlich eröffnet.

LITERATUR. Zur Geschichte der Universität siehe: *Annuario della R. Università di Torino, 1899—1900* p. 1—40. — *Ettore Stampini e Carlo Cipolla, Feriis saecularibus R. Athenaei Taurinensis a. d. VI. Kal. nov. an. 1906.*

ORGANISATION, Aufnahme der Studierenden, Prüfungen, Grade, Gebühren, usw. siehe S. 317 u. ff.

FAKULTÄTEN: Facoltà di Giurisprudenza; F. di Medicina e Chirurgia; F. di Filosofia e Lettere; F. di Scienze fisiche, matematiche e naturali. — Scuola di Farmacia; Collegio Carlo Alberto per gli Studenti delle Provincie; Istituto Dionisio; Corso di Perfezionamento per i Licenziati dalle Scuole normali.

Urbino.

LIBERA UNIVERSITÀ PROVINCIALE DEGLI STUDI.

Urbino wurde erst 1671 unter der päpstlichen Herrschaft von Papst Clemens X. mit einer Hochschule beschenkt. Seit 1832 stand diese unter der Verwaltung der Provinzen Urbino und Pesaro, die den grössten Teil der Kosten trugen. Seit 1862 freie Universität.

ORGANISATION, Aufnahme der Studierenden, Prüfungen, Grade, Gebühren, usw. siehe S. 317 u. ff.

FAKULTÄTEN: Facoltà di Giurisprudenza. — Scuola di Farmacia; Scuola di Ostetricia

Andere allgemeine und fachliche Hochschulen.

Bologna.

SCHULEN DER UNIVERSITÄT.

Scuola superiore di Agraria. — Scuola di Farmacia. — Scuola di Medicina veterinaria. — Scuola d' applicazione per gl' Ingegneri.

Gebühren und Studiendauer siehe S. 319.

R. ISTITUTO DI BELLE ARTI.

Unterricht in Architektur, Skulptur, Ornamentzeichnen, Kunstgeschichte, Anatomie, usw.

Cagliari (Sardinien).

SCUOLA DI FARMACIA: an der Universität.

Gebühren und Studiendauer siehe S. 319.

Camerino.

SCHULEN DER UNIVERSITÄT.

Scuola di Farmacia. — Scuola di Medicina veterinaria.

Gebühren und Studiendauer siehe S. 319.

Carrara.

R. ACCADEMIA DI BELLE ARTI.

Unterricht in Skulptur, Ornament- und Figurenzeichnen, Kunstgeschichte, Anatomie, Architektur, usw.

Catania (Sizilien).

SCUOLA DI FARMACIA: an der Universität.

Gebühren und Studiendauer siehe S. 319.

Ferrara.

SCUOLA DI FARMACIA: an der Universität.

Gebühren und Studiendauer siehe S. 319.

Florenz=Firenze.

R. ISTITUTO DI STUDI SUPERIORI PRATICI E DI PERFEZIONAMENTO IN FIRENZE.

Geschichte. Die Stadt Florenz nahm sich frühzeitig des Studiums an, schon 1320 besoldete sie einzelne Lehrer, und 1321 begann sie sich um ein Generalstudium zu bewerben. Als sich damals das Studium in Bologna auflöste, hoffte man ein solches erlangen zu können, allein Siena kam der Arnostadt zuvor und engagierte die freigewordenen Lehrer. Erst am 31. Mai 1349, nachdem die Pestjahre überstanden waren, gab Papst Clemens VI. auf entschiedenes Betreiben der Bürgerschaft den Stiftbrief für das Generalstudium. Die Hochschule hatte zwar ein nicht glänzendes Dasein, immerhin wurden die Rechtswissenschaft und die Theologie eifrig gepflegt. 1354 bis 1357 gab es eine kurze Unterbrechung, dann half eine bessere Bezahlung der Professoren über die Gründungsnöte hinweg. Es lehrten bald mehr als zehn Professoren. Am 2. Januar 1364 erhielt das Studium von Kaiser Karl IV. das kaiserliche Privileg. 1373—1375 hielt Boccaccio Vorlesungen über Dante. Neuerdings wurde das Studium durch Unruhen 1378 unterbrochen; allein schon 1383 erstand die Hochschule von neuem, am 14. Februar 1388 erhielt sie eigene Statuten. Vor 1412 gab es wieder eine mehrere Jahre dauernde Unterbrechung, dann blieb die Schule bis 1473, allerdings in wenig blühendem Zustande, bestehen; besonders mit den Rechtsstudien ging es immer mehr abwärts. Im Dezember 1472 beschloss die Signorie, die Hochschule nach Pisa zu verpflanzen. Am 1. November 1473 wurde das dortige Generalstudium eröffnet.

Die Errichtung des jetzigen höheren Studien-Instituts geschah erst unter königlich italienischer Verwaltung: 22. Dezember 1859. Am 30. Juni 1872 wurde der Vertrag zwischen dem Ministerium und den Provinzial- und Kommunalräten von Florenz geschlossen. An der Spitze steht ein Consiglio direttivo und ein Consiglio accademico.

Aufnahmebedingungen, Grade, Gebühren, wie bei den italienischen Universitäten; vergl. S. 319.

Sektionen: Sezione di Filosofia e Filologia; S. di Scienze fisiche e naturali; S. di Medicina e Chirurgia; Scuola di Farmacia.

R. ISTITUTO DI SCIENZE SOCIALI »CESARE ALFIERI« (Via Laura, 42).

Gegründet 1874 als »Scuola di Scienze sociali« von der »Società di educazione liberale«, reorganisiert 24. Mai 1888.

Aufnahme mit wenigstens 18 Jahren auf eine regelrechte Licenza liceale und eine Aufnahmeprüfung hin. — Studiengang: drei Jahre. — Grad. Titel eines Dottore in scienze sociali nach den letzten Prüfungen und Verteidigung einer These. — Das Diplom eröffnet die Laufbahn zu jenen Ämtern, welche dem Ministerium des Äusseren unterstehen, also Gesandtschaften, Konsulaten und dergleichen.

Gebühren. Zulassung 50 L., Inskription 200 L., jährliches Studiengeld 400 L., jährliches Examen 50 L., Schlussexamen 150 L.; Zuhörer jährlich 50 L., Diplom und jede Kopie 10 L.

Mit dem Institut vereinigt ist eine *Scuola di Giurisprudenza*, welche in zwei Studienjahren zum Notariat, zur Prokuratur und zu allerlei niederen Beamtenstellen vorbereitet.

R. ISTITUTO SUPERIORE DI MAGISTERO FEMMINILE IN FIRENZE.

Gegründet 1882. Zweck: Ausbildung von Lehrkräften für die weiblichen Mittelschulen. — Aufnahme nach Prüfung und Vorlegung des

Patente elementare di grado superiore, oder der Licenza ginnasiale superiore, oder gleichwertiger Zeugnisse des Istituto Tecnico, usw. — STUDIENDAUER vier Jahre. — DIPLOMA beim Abgang. — GEBÜHREN: Aufnahmeprüfung 30 L., Immatrikulation 50 L., jährliche Inskription 100 L., Versetzungsexamen 20 L., Diplomexamen 40 L.; Diplom 75 L.

R. ISTITUTO DI BELLE ARTI.

Die Gründung geht bis 1330 zurück (Compagnia di S. Luca). Konstitution als Akademie unter Cosimo I. Medici (1434—1464). Erweitert 1784 durch Grossherzog Leopold II. von Toscana.

Untersteht dem »Ministero della pubblica istruzione«. Spezialschule für Malerei, Skulptur, Ornamentik, Architektur, Kunstgeschichte, usw.

Genua=Genova.

SCHULEN DER UNIVERSITÄT.

Scuola d' applicazione per gl' Ingegneri. — Scuola di Farmacia.

Gebühren und Studiendauer siehe S. 319.

Lucca.

R. ISTITUTO DI BELLE ARTI.

Gegründet 1640. — Unterricht in Malerei, Skulptur, Architektur, Ornamentenzeichnen, Anatomie, Kunstgeschichte, usw.

Mailand=Milano.

R. ACCADEMIA SCIENTIFICO-LETTERARIA

(Via Borgo nuovo, 25).

Die Akademie wurde mit Gesetz vom 15. November 1859 als eine Art philosophisch-literarischer Fakultät gegründet. Am 15. Januar 1861 wurde sie im Palaste der Brera feierlich eröffnet; ihren Sitz hatte sie jedoch im alten Collegio Elvetico. Nach mancherlei Schwierigkeiten und Unterbrechungen übersiedelte die Akademie 1863 in den Palast der schönen Künste in der Brera und wurde dort am 20. Nov. 1863 eröffnet.

Seit 1875 ist die Akademie den vollständigen philosophischen Fakultäten gleichgestellt. — Prüfungen, Grade, Gebühren, usw. entsprechen denen an den Universitäten; siehe S. 319.

Angegliedert ist eine *Scuola Pedagogica di Perfezionamento,* die von der Stadt unterhalten wird.

R. ISTITUTO TECNICO SUPERIORE DI MILANO.

GESCHICHTE. Am 13. November 1862 wurde das Institut gegründet, am 5. März 1863 erfolgte die Genehmigung der Organisationsstatuten. Am 23. November 1863 begannen die regelmässigen Vorlesungen im alten Collegio Elvetico, seit 1865 im Kanonikatspalaste auf der Piazza Cavour. Mit dem königlichen Dekret vom 10. November 1875 vereinigte der Staat, indem er von der Provinz und der Gemeinde Mailand den Betrag von jährlich 53900 Lire für 20 Jahre annahm, die verschiedenen höheren Schulen Mailands unter einen leitenden Rat und gründete eine Vorbereitungsschule in zwei Jahreskursen, so dass seither die zweijährige Vorbereitung an einer physikalisch-mathematischen Fakultät nach Absolvierung der technischen Sekundärschule vor dem Eintritt in das technische Institut unnötig ist.

UNIVERSITÀ COMMERCIALE »LUIGI BOCCONI«
(Piazza Statuto).

Am 10. November 1902 eröffnet. Institut für höhere Studien zur wissenschaftlichen Vorbereitung für das kaufmännische Leben. — Gegründet vom Commendatore Ferdinando Bocconi, zum Andenken an seinen in der Schlacht bei Abba-Garima verschollenen Sohn Luigi, mit der Dotation von einer Million Francs. — Organisiert nach dem von Dr. Leopoldo Sabbatini ausgearbeiteten Studienprogramm. — Durch königlichen Erlass vom 29. September 1902 als juristische Person anerkannt. — 57 Stipendien für Unbemittelte.

AUFNAHMEBEDINGUNG: Maturitätszeugnis einer Mittelschule. — STUDIENGANG vierjährig, nach dessen erfolgreichem Bestehen ein besonderes Diplom verliehen wird.

ISTITUTI CLINICI DI PERFEZIONAMENTO
(Klinische Fortbildungsinstitute).

Diese bestehen aus 1. ISTITUTO OSTETRICO-GINECOLOGICO; 2. CLINICA ORTOPEDICA; 3. CLINICA DELLE MALATTIE PROFESSIONALI (Via S. Barnaba, 8). Diese Klinik für Arbeiterkrankheiten wurde am 20. März 1910 eröffnet als das erste bisher geschaffene Institut dieser Art. Das Institut ist nicht für die Studierenden der Medizin bestimmt, sondern ausschliesslich für Ärzte, die bereits den Doktorgrad erlangt haben. Es soll diesen Gelegenheit bieten, sich über gewerbliche Krankheiten, deren Ursachen, Verlauf, usw. zu belehren. Es ist nicht nur medizinisch-kurativen, klinischen Zwecken gewidmet, sondern vor allem auch der Prophylaxe, der Hygiene, und zwar der Gewerbehygiene. Das Institut besteht aus klinischen Räumen, Krankensälen, der Ambulanz, usw. und einer Reihe von Laboratorien, die wissenschaftliche Arbeiten in jeder Richtung ermöglichen, und einer Bibliothek.

Gesamtaufwand für Bau und Einrichtung: 2000000 Lire: Bewilligung der Stadt Mailand mit Unterstützung des Staates, der lombardischen Provinzen und von privater Seite.

R. SCUOLA SUPERIORE DI MEDICINA VETERINARIA.

GESCHICHTE. Nach mancherlei Vorbereitungen wurde am 1. Februar 1791 eine niedere Veterinärschule mit zwei Professoren errichtet; diese ging 1807 ein. Schon im Jahre 1808 eröffnete aber der Vizekönig von Italien, Prinz Eugen, eine vollständige theoretisch-praktische Veterinärschule mit vier Professoren. Am 23. Januar 1811 war die erste Preisverteilung an die tüchtigsten Schüler. Während des Schuljahres 1834/35 und im Jahre 1857 wurde die Schule als Istituto veterinario von der österreichischen Regierung zweimal reorganisiert. Seit 8. Dezember 1860 unter der italienischen Verwaltung »Scuola superiore«.

LITERATUR. *Lanzillotti-Buonsanti N., La R. Scuola superiore di medicina veterinaria in Milano: schizzo storico.* Milano 1880 — Derselbe, *La R. Scuola superiore di medicina veterinaria di Milano nel suo primo centenario. (1791—1891): storia documentate.* Milano 1891. — Derselbe, *La cerimonia e le feste del primo centenario della R. Scuola superiore di medicina veterinaria di Milano (settembre 1891).* Milano 1891. — Derselbe, *La R. Scuola superiore di medicina veterinaria di Milano: storia e ordinamento.* Milano 1884. — *Pupilli Oreste, Catalogo della Biblioteca.* Milano 1908. — *Allievi (Gli) diplomati nel primo centenario della R. Scuola superiore di medicina veterinaria di Milano (1791-1891) con brevi cenni biografici.* Milano 1891.

AUFNAHMEBEDINGUNG: Licenza di Liceo oder di Istituto tecnico (Sezione fisico-matematica). — STUDIENZEIT: vier Jahre. — GRAD: Dottore in Zooiatria. — GEBÜHREN wie an den Universitäten, siehe S. 319.

R. SCUOLA SUPERIORE DI AGRICOLTURA.

Gegründet 1875 (Dekret vom 10. November).

AUFNAHMEBEDINGUNG: Licenza liceale oder von einer technischen Schule oder »la licenza del corso superiore« von einer »Scuola di Viticoltura e di Enologia«. — Auch Hörer werden aufgenommen, für diese Prüfung in den entsprechenden Fächern. — STUDIENDAUER: vier Jahre zur Erlangung des Grades: Dottore in Scienze Agrarie, zwei Jahre für das Lehrerdiplom der Landwirtschaft.

GEBÜHREN: 100 L. jährlich, für eine Vorlesung 20 L., Diploma di Laurea 100 L., Examen 20 L. extra, für die Laboratorien 20 L. — Hörer: 20 L. für jedes Fach, Zeugnis des Besuches 15 L., jedes Examen 20 L., für die Laboratorien 20 L.

R. ACCADEMIA DI BELLE ARTI.

Unterricht in Skulptur, Malerei, Architektur, Figuren- und Ornamentenzeichnen, Perspektive, Anatomie, Literatur und Geschichte, Kunstgeschichte, usw.

Messina (Sizilien).

SCUOLA DI FARMACIA: an der Universität.

Gebühren und Studiendauer siehe S. 319.

Modena.

SCHULEN DER UNIVERSITÄT.

Scuola di Farmacia. — Scuola di Medicina veterinaria.

Gebühren und Studiendauer siehe S. 319.

R. ISTITUTO DI BELLE ARTI.

Gegründet 1786 durch Ercole III. d'Este. — Unterricht in Figurenzeichnen, Skulptur, Ornamentik, Architektur, Kunstgeschichte, usw.

Neapel=Napoli.

SCUOLA DI FARMACIA: an der Universität.

Gebühren und Studiendauer siehe S. 319.

REGIA SCUOLA SUPERIORE POLITECNICA.

Gegründet 1865. Die Schule hat drei Abteilungen: einen Ingenieur- und einen Architektur-Kurs und seit dem königlichen Dekret vom 24. Oktober 1901 eine Sektion für Industrie. An der Spitze steht ein Consiglio Direttivo, bestehend aus dem Direktor der Schule und vier Mitgliedern, von denen drei aus den ordentlichen Professoren der Schule und eines aus der Zahl der ordentlichen Professoren der mathematischen Fakultät der Universität gewählt werden.

AUFNAHME: Inhaber der »Licenza in matematica« einer Staatsuniversität oder Absolventen der »Scuola preparatoria« des Istituto tecnico in Mailand oder Zöglinge anderer technischen Schulen nach Entscheidung des Direktors. — Auch Zuhörer werden zugelassen.

Die STUDIENDAUER ist drei Jahre. Nach den entsprechenden Prüfungen werden die Diplome d'ingegniere civile, d'ingegniere industriale und d'ingegniere navale verliehen. — Ausserdem spezielle Kurse in Elektrotechnik, Elektrochemie und Hygiene »applicata all' ingegnieria«.

GEBÜHREN: im ersten Jahre 30 L., im zweiten Jahre 40 L. und im dritten Jahre 50 L. für die Studenten der »Sezione civile«; im ersten Jahre 40 L., im zweiten Jahre 50 L. und im dritten Jahre 60 L. für die »Ingegnieri industriali e navali«.

R. SCUOLA SUPERIORE DI MEDICINA VETERINARIA.

Gegründet 1798, aber schon 1799 aus politischen Gründen geschlossen, 1802 wieder eröffnet und 1806 nochmals geschlossen. Die heutige Schule (im Exconvento di S. Maria degli Angioli alle croci) wurde von Ferdinand I. von Bourbon, der die Veterinärschule zu Alfort besucht hatte, im Jahre 1815 gegründet. — Aufnahme, Studienzeit, Grad, Gebühren, usw. wie an der Veterinärschule in Mailand.

R. ISTITUTO ORIENTALE (Via Duomo, 219).

Das älteste orientalische Institut, gegründet 1727 durch Matteo Ripa unter dem Titel »Collegio dei Cinesi«, durch Gesetz vom 27. Dezember 1888 reorganisiert. — Nähere Angaben fehlen.

R. ISTITUTO DI BELLE ARTI.

Gegründet 1822. — Unterricht in Figurenzeichnen, Malerei, Architektur, Skulptur, Ornamentik, Perspektive, Anatomie, Chemie, Kunstgeschichte, usw.

Padua=Padova.

SCHULEN DER UNIVERSITÄT.

Scuola di applicazione per gl' Ingegneri. — Scuola di Farmacia.

Gebühren und Studiendauer siehe S. 319.

Palermo (Sizilien).

SCHULEN DER UNIVERSITÄT.

Scuola di Farmacia.

Scuola d'applicazione per gl' Ingegneri ed Architetti.

Gebühren und Studiendauer siehe S. 319.

R. ISTITUTO DI BELLE ARTI.

Unterricht in Architektur, Malerei, Skulptur, Plastik, Ornament- und Figurenzeichnen, Anatomie, Kunstgeschichte, usw.

Parma.

SCHULEN DER UNIVERSITÄT.

Scuola di Farmacia. — Scuola di Medicina veterinaria.

Gebühren und Studiendauer siehe S. 319.

R. ISTITUTO DI BELLE ARTI.

Gegründet 1752. — Unterricht in Skulptur, Ornamentik, Figurenzeichnen, Architektur, Anatomie, Kunstgeschichte, usw.

Pavia.

SCUOLA DI FARMACIA: an der Universität.

Gebühren und Studiendauer siehe S. 319.

Perugia.

SCHULEN DER UNIVERSITÄT.

Scuola di Farmacia. — Scuola di Veterinaria.

Gebühren und Studiendauer siehe S. 319.

Pisa.

SCHULEN DER UNIVERSITÄT.

Scuola di applicazione per gl' Ingegneri. — Scuola di Farmacia.
Scuola superiore di Medicina veterinaria.
Scuola superiore di Agraria.

Gebühren und Studiendauer siehe S. 319.

REGIA SCUOLA NORMALE SUPERIORE DI PISA.

ZWECK: Heranbildung von Lehrern der Sekundärschulen.

Portici.

REGIA SCUOLA SUPERIORE DI AGRICOLTURA
(höhere Ackerbauschule) im alten Bourbonenpalais.

Gegründet 1872 durch das Ministerium für Landwirtschaft, Industrie und Handel. Die Schule unterstand zuerst der Verwaltung der Provinz Neapel; jetzt untersteht sie der Landesregierung. — Aufnahmebedingung, Diplome, Gebühren ebenso wie an den Universitäten und an der entsprechenden Schule in Mailand (vergl. dort).

Rom=Roma.

SCHULEN DER UNIVERSITÄT.

Scuola di applicazione per gl' Ingegneri. — Scuola di Farmacia.
Corso complementare di Scienze applicate all Agricoltura.
Scuola Italiana di Archeologia. — Scuola Orientale.

Gebühren und Studiendauer siehe S. 319.

R. ISTITUTO SUPERIORE DI MAGISTERO FEMMINILE.

Gegründet 1882. — ZWECK: Ausbildung von Lehrkräften für die weiblichen Mittelschulen.

AUFNAHME, Studiendauer, Diplom, Gebühren wie an der entsprechenden Schule in Florenz, siehe S. 334.

R. ISTITUTO DI BELLE ARTI.

Unterricht in Skulptur, Malerei, Dekoration, Figurenzeichnen, Ornamentik, Architektur, Kunstgeschichte, usw.

Sassari (Sardinien).

SCUOLA DI FARMACIA: an der Universität.

Gebühren und Studiendauer siehe S. 319.

Siena.

SCUOLA DI FARMACIA: an der Universität.

Gebühren und Studiendauer siehe S. 319.

Turin=Torino.

SCUOLA DI FARMACIA: an der Universität.

Gebühren und Studiendauer siehe S. 319.

R. POLITECNICO DI TORINO.

Durch Gesetz vom 8. Juli 1906 sind das R. Museo Industriale Italiano und die R. Scuola di applicazione per gl' Ingegneri unter obigem Namen vereinigt. Autonomes Institut unter Aufsicht des Unterrichtsministers. Vollständiger wissenschaftlicher und technischer Unterricht zur Ausbildung von Architekten und Ingenieuren und zur Pflege der Handelswissenschaften; Elektrotechnische Hochschule »Galileo Ferraris«; Elektrochemische Hochschule; Ornamentalschule; Technische Industrieschule.

R. SCUOLA SUPERIORE DI MEDICINA VETERINARIA.

Organisation vergl. Universitäten (Gebühren S. 319) und Mailand.

R. ACCADEMIA ALBERTINA DI BELLE ARTI (Via Accademia Albertina, 2, 4, 6, 8).

Die Gründung reicht ins 16. Jahrhundert zurück; aber erst 1822 bis 1833 erhielt die Akademie durch die Könige Carlo Felice und Carlo Alberto eine bestimmte Organisation.

Unterricht in Skulptur, Malerei, Perspektive, Ornamentik, Architektur, Figurenzeichnen, Kunstgeschichte, usw.

Urbino.

SCUOLA DI FARMACIA: an der Universität.

Gebühren und Studiendauer siehe S. 319.

R. ISTITUTO DI BELLE ARTI DELLE MARCHE.

Unterricht in Skulptur, Malerei, Architektur, Kunstgeschichte, Anatomie, usw.

Vallombrosa bei Florenz.

R. ISTITUTO FORESTALE (Königl. Forstinstitut).

Gegründet am 15. August 1869. Jährl. staatliche Dotation 50000 L. Vierjähriger Studiengang, der zur Anstellung in der staatlichen Forstverwaltung führt. Aufnahme gegen Eingangsprüfung. Unterricht frei. Wohnung und Verpflegung 750 L. jährlich.

Venedig=Venezia.

R. ISTITUTO DI BELLE ARTI.

Unterricht in Skulptur, Malerei, Architektur, Ornament- u. Figurenzeichnen, Anatomie, usw.

Athen (Griechenland).

REGIA SCUOLA ARCHEOLOGICA ITALIANA
siehe unter GRIECHENLAND.

Päpstliche Anstalten.

Rom=Roma.

ISTITUTO D'INSEGNAMENTO SCIENTIFICO-LETTERARIO DEL PONTIFICIO SEMINARIO ROMANO
(Collegium S. Apollinaris).

GESCHICHTE. Um die Kirchenzucht wieder herzustellen, verordnete das Konzil von Trient (Sess. XXIII cap. 18) die Errichtung von Seminarien zur Erziehung von Priestertumskandidaten. Rom begann diese Seite der Reformation durch Gründung des Pontificio e Vescovile Seminario Rom. am 10. Februar 1565, kaum zwei Jahre nach Schluss des Konzils. Pius IV besteuerte alle Kirchen und Klöster Roms zugunsten dieser Stiftung. Die Leitung übernahmen die Jesuiten. Mit Erlaubnis des Papstes durften auch 100 junge Adelige aufgenommen werden, die aus allen Teilen Europas hierher kamen, angelockt von dem Ruhm der jungen Gesellschaft Jesu. Die Päpste Innocenz X., Clemens IX., Innocenz XII., Clemens XI., Innocenz XIII., Clemens XII., Gregor XV. wurden daselbst erzogen; ausserdem eine Unzahl von hervorragenden Männern aus allen Stufen der kirchlichen Hierarchie. Neben den jungen Klerikern wurden auch eine grössere Anzahl »Convittori« aufgenommen (cavalieri o gentiluomini primari delle città d'Italia e di ogni altra nazione). Mit Aufhebung der Gesellschaft Jesu wurde auch diese Anstalt geschlossen. Nach einigen Jahren wiedererrichtet und unter Leitung von Weltgeistlichen blüht sie noch heute in dem ehemals dem Germanicum gehörigen Palast bei S. Apollinare durch tüchtige Lehrer und grosse Schülerzahl. — Siehe auch unter Seminari S. 344.

LITERATUR. *Theiner, Geschichte der geistlichen Bildungsanstalten.*

FAKULTÄTEN: Collegio teologico; Facoltà legale; Collegio filosofico; Collegio filologico orientale. — Angegliedert ist das von Papst Leo XIII. gegründete Pontificio Istituto di alta letteratura.

STUDIENDAUER UND GRADE. Das Kollegium verleiht das Baccalaureat und den Doktorgrad in der Theologie nach vierjährigem, im Ius nach dreijährigem und in Philosophie und Philologie nach zweijährigem Studium unter denselben Bedingungen wie die Propaganda.

In der Anstalt befinden sich auch ein Liceo, ein Ginnasio, freie Schulen (französische, deutsche und englische Sprachkurse) und eine Scuola tecnica, die im Lehrprogramme ganz nach dem Vorbilde der entsprechenden Anstalten der italienischen Regierung eingerichtet sind.

PONTIFICIO COLLEGIO URBANO DE PROPAGANDA FIDE
(Via di Propaganda, 1, und Piazza Mignanelli).

GESCHICHTE. Schon Papst Gregor XIII. (1572—1585) wollte das Werk der Glaubensverbreitung in ein einheitliches System bringen, er gründete also in Rom das griechische Collegium Athanasianum, das englische des hl. Thomas v. Canterbury, das maronitische Kollegium und erweiterte das Collegium Germanicum. Unter Clemens VIII. (1592—1605) wurde die Ordnung der orientalischen kirchlichen Angelegenheiten (Griechen, Maroniten, Syrer und Armenier) einer eigenen Kongregation von Kardinälen übertragen, die seither Sacra Congregatio de propaganda fide heisst. Unter Gregor XV. (1621—1623) erhielt die Congregatio am 22. Juni 1622 durch die Bulle »Inscrutabili« ihre heutige Organisation. Unter Urban VIII. Barberini (1623—1644) wurde 1626 mit der Bulle »Immortalis Dei filius« das Collegio Urbano zur Heranbildung von Klerikern, besonders aus dem Orient, gegründet und dieses 1641 mit der Congregatio de propaganda fide vereinigt. Der Gesandte der Regentin Isabella von Flandern am römischen Hofe schenkte seinen Palast Ferratini am spanischen Platze, der dann von Bernini und Borromini vergrössert wurde. Die grössten Wohltäter des Instituts waren die Päpste Gregor XV. (Schenkungen von 2600 und 10000 Scudi), Innocenz XII. (150000 Goldscudi) und Clemens XII. (70000 Scudi) und die Kardinäle Adda (100000 Scudi) und Spinola (90000 Scudi).

Organisation. Das Institut besteht aus drei Teilen: der Kongregation der Kardinäle, dem Kollegium und der grossen Druckerei (Tipografia Poliglotta). Im Palast der Propaganda wohnt der Kardinal-Präfekt (jetzt Kardinal Gotti) und der Sekretär Veccia; es befinden sich in demselben die Registraturen, der Sitzungssaal der Kardinäle (wöchentlich eine Sitzung), das berühmte Museo Borgiano, die Bibliothek und das Seminar (130 Zöglinge aus den Missionsländern, meist Freiplätze, Zahlende 1200 Lire) mit der Kirche. Die Druckerei und die Hörsäle befinden sich seit 1889 an der Piazza Mignanelli.

Das Kollegium, in welchem die Zöglinge der Propaganda, des böhmischen, nordamerikanischen, armenischen, irländischen, griechischen und kanadischen Kollegiums, die im Collegium S. Athanasii befindlichen ruthenischen Zöglinge aus Galizien, die Zöglinge mehrerer kleiner Anstalten, des algerischen Kollegs und der Minores Conventuales, der Serviten, Augustiner u. dgl. ihre philosophische und theologische Ausbildung erhalten, ist von jedem geistlichen und weltlichen Gerichte eximiert und verleiht nach absolviertem Studium das sog. römische Doktorat aus Philosophie und Theologie. — Der *Unterricht* wird in 34 lebenden Sprachen erteilt. 10 Jahreskurse: 2 Kurse Grammatik, 1 Humaniora, 1 Rhetorik, 2 Philosophie und 4 Theologie daneben eine Akademie für thomistische Philosophie und Theologie und mehrere Kurse für orientalische Sprachen. Die vier ersten Kurse bereiten auf die philosophischen und theologischen Studien vor. An der philosophischen Fakultät wird Logik und Metaphysik, Mathematik, hebräische und griechische Sprache, dann Ethik und Naturrecht gelehrt. Wöchentlich zweimal findet eine Schuldisputation, einmal im Monat eine öffentliche Disputation statt. Der Kandidat erlangt nach der Prüfung des ersten Jahres das Baccalaureat, nach dem zweiten Jahre das Lizentiat. Zum *Doktorate* wird gefordert: eine schriftliche Prüfung über eine aus 100 gedruckten Thesen (*Theses pro laurea in theologia, . . . philosophia.* Romae 1891.) gezogene These und eine mündliche Prüfung vor fünf Examinatoren. — An der theologischen Fakultät erlangt der Kandidat nach dem ersten Jahre das Baccalaureat, nach der Prüfung des dritten Jahres das Lizentiat. Zur Erlangung des Doktorates ist eine schriftliche und eine mündliche Prüfung aus allen Fächern ausser den Sprachen, Archäologie und Liturgik vorgeschrieben. Das Verhalten der Zöglinge im Seminar und in den Hörsälen ist streng vorgeschrieben (*Regole del Pontif. Coll. Urb.* Roma 1863).

COLLEGIO ROMANO: PONTIFICIA UNIVERSITÀ GREGORIANA
dei Patri della Compagnia di Gesù
(Via del Seminario, 120).

Geschichte. Die Anfänge dieser bis auf unsere Zeit so berühmten Anstalt datieren aus der Zeit des dritten Generals der Jesuiten, Francesco Borgia, früheren Herzogs von Gandia, † 1572, der beinahe sein ganzes grosses Vermögen auf diese Stiftung verwandte. Auch die Päpste Julius III. und Pius IV. zeigten ihre freigebige Hand. Anfangs lehrte man nur die Humaniora. Hauptbestreben der Gründer war eine musterhafte Erziehung. Gregor XIII., dem die meisten Jesuitenkollegien Europas ihren Ursprung verdanken, verdankt auch das Kollegium seine Blüte. Den Bau leitete Bartolomeo Ammanati aus Florenz. Die Anstalt blühte bis zur Aufhebung der Gesellschaft Jesu 1773, unter Lehrern wie die spätern Kardinäle Toledo, Bellarmino, De Lugo, Sforza Pallavicini und Tolomei. Nicht minder berühmt waren Suarez, Vasquez, Cornelius a Lapide, Mariana, Pereira, Faure und viele andere in der Theologie; Clavius, Ricciardi, Borgundi, Boscovich und Asclepi in der Mathematik und Astronomie. Kircher, Bonanni und Contucci errichteten das berühmte Museum Kircherianum. Im Jahre 1814 wurde die Gesellschaft Jesu von Pius VII. wiederhergestellt. Die Jesuiten brachten das Institut nochmals zu neuem Glanze bis 1870, wo die italienische Regierung den herrlichen Bau samt seinem 100000 Bände starken Bücherschatz der Biblioteca Vittorio Emanuele und dem Liceo Ennio Quirino Visconti überwies. Berühmt gewordene Lehrer des 19. Jahrhunderts sind Perrone, Franzelin (Dogmatik), Patrizzi, Cornely (Exegese), Wernz (Kirchenrecht), Liberatore, Tabarelli (Philosophie), Ballerini (Moral), Tortolini (Mathematik) und Secchi (Astronomie). Alle Jesuiten-Kardinäle, vom ersten, Kardinal Toledo, bis zum jüngsten, Kardinal Steinhuber, verdienten sich diese Würde durch eine lange segensreiche Tätigkeit als Lehrer und Erzieher. Die heutige Specola ed osservatorio astronomico nel Collegio Romano gründete zu Ende des 18. Jahrhunderts Giuseppe Calandrelli (kein Jesuit).

Die Jesuiten wurden 1870 bis auf einige Räume, in denen sie bis 1873 privat Theologie und Philosophie lehrten, aus dem Collegio Romano verdrängt. Seit 1873 lehren sie im Palazzo Borromeo.

Fakultäten: Theologische, kirchenrechtliche und philosophische.

Grade. Die Anstalt verleiht den Doktorgrad in Philosophie nach dreijährigem, in Theologie nach vierjährigem und in Ius canon. nach zweijährigem Studium unter denselben Bedingungen wie die Propaganda.

ACCADEMIE PONTIFICIE.

Die »Accademie Pontificie« bestehen in speziellen Vorlesungen in den verschiedenen Lehrfächern, die gewöhnlich Donnerstags in jeder Woche oder an anderen Vakanztagen stattfinden. — Keine besondere Verfassung. — Mitgliederzahl unbestimmt, da die Akademien nach Belieben von der studierenden Geistlichkeit Roms besucht werden.

Accademia Teologica (Pontificio Seminario Romano).

A. Pia Unione degli Ecclesiastici di San Paolo Apostolo (S. Maria della Pace).

A. Liturgica (Casa della Missione presso Montecitorio).

A. di Religione Cattolica (Palazzo della Cancelleria Apostolica).

A. Romana di S. Tommaso d'Aquino (Piazza Caprettari, 70). Gegründet von Leo XIII. Besteht aus 10 römischen, 10 sonstigen italienischen und 10 ausländischen Mitgliedern (»Accademici«). Monatliche Vorträge und Disputationen über spezifische thomistische Philosophie. — Verleiht das Doktorat in der Philosophie nach 2jährigem Besuch spezieller Vorlesungen an der Gregoriana, oder auch mit Dispens davon solchen, die auf diesem Gebiet schon schriftstellerisch tätig gewesen sind.

A. DEI NUOVI LINCEI (Palazzo della Cancelleria Apostolica). Accademia dei Lincei, gegründet 1603, erneuert von Pius IX. im Jahre 1847 als Accademia Pontificia dei Nuovi Lincei. Nach 1870 löste sich davon die R. Accademia dei Lincei. Die A. Pontif. dei Nuovi Lincei hat Membri Ordinari, die in Rom wohnhaft sind, Correspondenti und Aggiunti. Die Akademie beschäftigt sich ausschliesslich mit Naturwissenschaften.

A. DI ARCHEOLOGIA (Palazzo della Cancelleria Apostolica).

A. ARCADIA (Bosco Parrasio und Piazza S. Carlo al Corso n. 437).

A. TIBERINA (Via dei Coronari, 28).

A. IMMACOLATA CONCEZIONE (presso la Basilica dei SS. XII Apostoli).

A. INSIGNE ARTISTICA CONGREGAZIONE DEI VIRTUOSI AL PANTHEON (presso il Pantheon; Segreteria: Foro Agonale, 114).

PONTIFICIA ACCADEMIA DEI NOBILI ECCLESIASTICI

(Piazza della Minerva, 74).

Die Zöglinge besuchen irgendeine der päpstlichen Universitäten, daneben aber noch die Vorlesungen dieser Akademie.

Vorlesungen über Diplomatie, Geschichte, Politische Ökonomie, Internationales Recht. Deutsche, französische u. englische Sprachkurse.

SEMINARI.

SEMINARIO PONTIFICIO ROMANO (Piazza di S. Apollinare, 49). Gegr. 1565. Vollständige Kurse der theologischen, rechtswissenschaftlichen und philologischen Fakultäten. Ausserdem naturwissenschaftlicher Unterricht mit entsprechenden Instituten, Bibliothek, genannt Pia (nach ihrem Gründer Papst Pius IX.); Ginnasio und Liceo. (Siehe auch S. 341).

SEMINARIO P. PROVINCIALE PIO (Via della Scrofa, 70).

SEMINARIO P. VATICANO (Via della Sagrestia, 23). Mit Ginnasio und Liceo wie S. Apollinare. Promotionsrecht nur für Theologie.

SEMINARIO P. LEONIANO (Via Pompeo Magno, 21).

SEMINARIO P. DEI SS. APOSTOLI PIETRO E PAOLO (Via S. Nicola da Tolentino, 74). Für die fremden Missionen.

SEMINARIO P. FRANCESE (Via S. Chiara, 42).

SEMINARIO P. DEI SS. AMBROGIO E CARLO (Via Gioachino Belli, 31).

COLLEGI ECCLESIASTICI.

Zahl der Alumnen in den einzelnen Kollegien bis zu 150. Die akademischen Vorlesungen werden in der Pont. Univ. Gregoriana, in S. Apollinaris, in der Propaganda und in der Minerva besucht. Die Studenten dieser Hochschulen müssen in einem solchen Kolleg wohnen.

COLLEGIO URBANO DE PROPAGANDA FIDE: siehe S. 341.

COLLEGIO ALMO CAPRANICENSE (Piazza Capranica, 98). Gegründet 1458.

COLLEGIO DI MARIA IMMACOLATA (Via del Mascherone, 55).

COLLEGIO GERMANICO-UNGARICO (Via S. Nicola da Tolentino, 8). Gegründet 1552.

COLLEGIO GRECO (Via del Babuino, 149). Gegründet 1577.

COLLEGIO RUTENO (Piazza della Madonna dei Monti, 3).

COLLEGIO SCOZZESE (Via delle Quattro Fontane, 161). Gegründet 1600.

COLLEGIO IRLANDESE (Via Mazzarino, 14).

COLLEGIO INGLESE (Via di Monserrato, 45).

COLLEGIO AMERICANO DEGLI STATI-UNITI (Via dell' Umiltà, 30).

Collegio Belga (Via del Quirinale, 26).
Collegio Belga presso S. Giulano de' Belgi (Via del Sudario, 40).
Collegio Pio-Latino-Americano (Via Gioachino Belli, 3).
Collegio Teutonico in S. Maria dell' Anima [deutsch-österreichische Nationalkirche] (Via della Pace, 5).
Collegio Teutonico, presso S. Maria in Campo Santo (Via della Sagrestia, 17).
Collegio Polacco (Via dei Maroniti, 22).
Collegio Armeno (Via S. Nicola da Tolentino, 31). Gegründet 1584.
Collegio Boemo (Via Sistina, 128).
Collegio Pontificio-Spagnuolo (Via S. Apollinare, 8). Gegründet 1628.
Collegio Canadese (Via Quattro Fontane, 117).
Collegio Maronita (Via Porta Pinciana, 31). Gegründet 1584.
Collegio Portoghese (Via Banco S. Spirito, 12).

PONTIFICI COLLEGI DI REGOLARI.

Collegio Romano: Pontificia Università Gregoriana s. S. 343.
Collegio di S. Tommaso d'Aquino siehe unten: Collegio Angelico.
Collegio di San Bonaventura (Piazza dei SS. Apostoli). Für die Fratres minores conventuales (schwarze Franziskaner); Residenz des Ordensgenerals.
Collegio di Sant' Anselmo (Monte Aventino). Institut der Benediktiner, von Leo XIII. gestiftet zur Zentralisation des Benediktinerordens. Residenz des Abt-Primas. Eröffnet 1896 auf Piazza Scossacavalli, später in Via Bocca di Leone, seit 1900 auf dem Aventin, in einem grossartig angelegten, nach den vom Abt-Primas selbst entworfenen Plänen errichteten Neubau. Philosophische, theologische und juristische Fakultät mit Promotionsrecht in diesen drei Fächern.
Collegio di S. Antonio (Via Merulana, 124). Internationales Kolleg für die Frati dell' Ordine dei Minori, die sich den Missionen widmen. Residenz des Ordensgenerals.
Collegio Serafico di S. Francesco (Via S. Teodoro, 41 F). Gegründet 1885 für die Missionen der Fratres Minores Conventuales S. Francisci in der Moldau, im türkischen Reich und in Amerika. Die Zöglinge werden aus den verschiedenen Provinzen des Ordens dem Institut überwiesen. Nach Absolvierung der theol. Studien Verleihung des Doktorates der Theologie.
Collegio di S. Alessio Falconieri (Via S. Nicola da Tolentino, 31). International für den Orden der Servi di Maria.
Collegio di S. Monica (Via del S. Uffizio, 1). International für den Augustinerorden.
Collegio di S. Isidoro (Chiesa di S. Isidoro, Via degli Artisti). Für die Frati Minori Islandesi.
Collegio Serafico Internazionale dei Frati Minori Cappuccini (Via SS. Quattro, 19).
Collegio Pontificio Internazionale »Angelico« (Via S. Vitale, angolo Via Genova) dei PP. dell' Ordine dei Predicatori (8. Nov. 1908).

Geschichte. Im Jahre 1577 wurde das Collegio di S. Tommaso d'Aquino von dem spanischen Dominikaner Juan Solano, Bischof von Cuzco in dem Konvent Minerva zur Heranbildung von jungen Dominikanern gegründet. 1630 stattete P. Abraham Bzovio das Collegio mit neuen Stiftungen für den Unterhalt polnischer Studierender aus. Am 26. Mai 1727 verlieh ihm Papst Benedict XIII. durch die Bulle Pretiosus das Recht, den Grad eines *Doktors der Theologie* auch an Weltgeistliche zu verleihen; seither wurde das Kollegium öffentlich und sofort stark besucht. Mehrere Professoren der Anstalt errangen einen bedeutenden Namen, so die späteren Kardinäle Gregorio Selleri, Giuseppe Orsi, Guidi und die PP. Salzano, Erzbischof von Edessa und Guglielmotti. 1870 brachte die italien. Regierung die Kanzleien des Unterrichtsministeriums in dem Konvent Minerva unter, die Anstalt fand im Collegio di Santo Tommaso Unterkunft, wo vorzüglich der spätere Kardinal Zigliara als Interpret der thomistischen Philosophie Ruf erlangte. Am 4. August 1879 lud Papst Leo XIII. durch die Enzyklika Aeterni Patris die Bischöfe ein, das Studium der Lehre des hl. Thomas von Aquino in ihren Diözesen zu pflegen. Dadurch hob sich der Besuch des Kollegiums gewaltig. Im Jahre 1882 verlieh Papst Leo dem Kolleg auch das Recht, das *Doktorat der Philosophie* zu verleihen. Bald musste die Anstalt aus Raummangel die öffentlichen Vorlesungen in den Palazzo Sinibaldi verlegen; seit 1909 befindet sie sich als *Collegio Angelico* in Via S. Vitale.

Aufnahme finden vor allem Priester, welche bereits die theologischen Studien absolviert haben. In den theologischen Vorlesungen wird der Text der Summa des hl. Thomas und seine Philosophie erklärt; ausserdem sind Lehrkanzeln für kanonisches Recht, Kirchengeschichte, Bibelerklärung, physikalische und mathematische Wissenschaften vorhanden. Die Vorlesungen werden von den jungen Dominikanern nach ihrer Professablegung und den Zöglingen einer gewissen Anzahl anderer Orden und Institute besucht, so von den Augustinern, Lazaristen, den Studenten des kanadischen Kollegiums, den Kaplänen der deutschen Anstalten der Anima und des Campo Santo. Ausserdem befinden sich auch Weltgeistliche hier, welche meist bereits akademische Grade erlangt haben. — Auch Kurse in Philosophie und kanonischem Recht mit der Befugnis, die entsprechenden Grade zu verleihen.

PONTIFICIO ISTITUTO BIBLICO (Via Pompeo Magno, 21). Gegründet am 7. Mai 1909 von Papst Pius X. Der Plan dieses Instituts war schon vom Papste Leo XIII. gefasst worden. Zweck: 1. Heranbildung von Professoren und Schriftstellern für die biblischen Studien; 2. es soll Schülern, die sich weiter mit biblischen Studien befassen wollen, hierzu Gelegenheit gegeben werden; und 3 soll durch das Institut die Lehre der Kirche in bezug auf die Bücher der Heiligen Schrift verteidigt und verbreitet werden. Der zweijährige Kursus bereitet auf das Lizentiat, der dreijährige auf das Doktorat vor. — Besuch der Kurse: frei. — Mit dem Institut ist verbunden: eine reichhaltige Bibliothek und ein biblisches Museum.

Anstalten anderer Staaten.*

Rom=Roma.

KAISERLICH DEUTSCHES ARCHÄOLOGISCHES INSTITUT
(Via Monte Tarpeo, 28).

Die Zentraldirektion befindet sich in Berlin. Siehe näheres dort (S. 96).

RÖMISCHES INSTITUT DER GÖRRES-GESELLSCHAFT.

Gegr. 1888 zum Zwecke archivalischer Forschungen in Rom und Italien. In Verbindung damit besteht seit 1900 eine ARCHÄOLOGISCHE ABTEILUNG zur theoretischen und praktischen Einführung angehender Archäologen in die christlichen Altertümer Roms.

BRITISH SCHOOL AT ROME
(Palazzo Odescalchi, Piazza SS. Apostoli).

Im Jahre 1901 eröffnet. Ähnlich organisiert und mit Verfolgung derselben Ziele wie die britische Schule in Athen (s. dort).

PUBL.: *Papers* (seit 1902).

ÉCOLE FRANÇAISE DE ROME
(Palais Farnèse).

Gegründet 1873. Die zur École française d'Athènes reisenden neuernannten Mitglieder hatten die Verpflichtung, sich drei Monate in Florenz, Rom und Sizilien aufzuhalten. Da dieser Aufenthalt als ungenügende Vorbereitung erkannt wurde, erhöhte die französische Regierung diesen Termin auf ein Jahr und schritt zur Gründung zuerst einer Section romaine de l'Ecole d'Athènes und durch Dekret vom 20. November 1875 einer École de Rome, die die Aufgabe hat, 1. die Mitglieder der École d'Athènes für ihre Arbeiten in Griechenland und im Orient vorzubereiten, 2. selbständige Studien über die Altertümer Italiens zu machen, 3. die ihr vom Institut oder den Komitees des Ministers aufgetragenen Nachforschungen anzustellen. Tatsächlich wurde die römische Anstalt bald unabhängig von der in Athen und verfolgt ihre eigenen Ziele in historischer und philologischer Forschung.

Die VERFASSUNG ist die der École d'Athènes mit folgenden Abweichungen: die sechs Mitglieder werden aus den von der École normale supérieure, der École des Chartes, der École pratique des hautes études vorgeschlagenen Kandidaten auf ein Jahr vom Minister ernannt. Zwischen dem 1. und 10. Juni haben die Mitglieder dem Minister eine Arbeit einzureichen, die der Prüfung der Académie des inscriptions et

* Die historischen Institute (von Preussen, Österreich, Belgien, Niederlande) werden in einem späteren Band des Handbuchs behandelt.

belles lettres unterliegt. Auf Vorschlag der letzteren kann die Mitgliedschaft auf ein zweites und drittes Jahr verlängert werden.

PUBL.: *Bibliothèque des Écoles d'Athènes et de Rome* (seit 1877); *Mélanges d'Archéologie et d'Histoire* (seit 1881).

AMERICAN SCHOOL OF CLASSICAL STUDIES

(Via Vicenza, 5).

Gegründet 1895 durch das Archaeological Institute of America als Schwesterschule der gleichen Anstalt in Athen und erhalten durch Sammlungen, die das Arch. Inst. zu diesem Zweck veranstaltet hat, ferner durch 20 amerikanische Universitäten und private Schenkungen. Steht unter der Aufsicht eines »managing committee«. Die Tätigkeit der Anstalt, die sich anfänglich nur auf klassische, etruskische und ältere italienische Kunst und Archäologie beschränkte, ist auch auf die frühchristlichen und mittelalterlichen Perioden ausgedehnt worden.

Zwei Stipendien (fellowships) für klassische Archäologie ($ 600 jährl.), eins für christliche Archäologie ($ 500), eins für Kunst der Renaissance ($ 600); ferner zwei Carnegie Fellowships ($ 800 jährl.) [1 für Archäologie, 1 für lateinische Literatur] sind allen Graduierten (B. A.) einer amerikanischen Universität zugänglich.

PUBL.: *Annual Report* (im American Journal of Archaeology). — *Supplementary Papers,* Vol. I (1905), IV, 220 S.; Vol. II (1908), IX, 293 S.

Spanien. Portugal.

SPANIEN.

PORTUGAL.

Spanien.

Universitäten.

Barcelona, Cadiz (Medizin. Fakultät, zu Sevilla gehörig), Granada, Madrid, Oviedo, Salamanca, Santiago, Sevilla, Valencia, Valladolid, Zaragoza.

I. Allgemeine Organisation.

Die heutige spanische Unterrichtsverwaltung beruht im wesentlichen auf dem Gesetz vom 5. September 1857, das durch spätere verschiedene königliche Erlasse abgeändert und ergänzt wurde. Das Unterrichtswesen untersteht dem Ministerium des öffentlichen Unterrichts, dem ein Consejo de Instruccion publica zur Seite steht.

An der Spitze einer jeden Universität steht der *Rector*, der für die allgemeine Verwaltung, den Unterricht und die Befolgung der Verordnungen in den einzelnen Fakultäten zu sorgen hat. — Als Vertreter des Rectors fungiert der *Vice-Rector*; den Sekretariatsgeschäften steht der *Secretario general* vor. — Der *Decano* jeder Fakultät sorgt für die Disziplin in dieser.

Rector, Vice-Rector und Secretario werden von dem Minister ernannt; die beiden ersteren aus der Zahl der Professoren. Eine besondere Vergütung beziehen sie nicht mehr. Früher dagegen brauchte der Rektor nicht Professor zu sein und bekam ein besonderes Gehalt.

Professoren. Die Professoren an den spanischen Universitäten führen den Titel *Catedraticos*. Sie teilen sich in *Numerarios* und *Auxiliares*. Die ersteren sind die ordentlichen Professoren, die letzteren ihre Vertreter in Behinderungsfällen. Die Profesores numerarios müssen Doktoren der betreffenden Fakultät sein. Alle Professuren werden durch *Oposiciones* vergeben, d. h. die Bewerber müssen eine Reihe schriftlicher, mündlicher und praktischer Prüfungen ablegen. Die Kommission, welche über die Befähigung der Bewerber entscheidet, besteht zurzeit aus fünf Mitgliedern, die vom Minister des öffentlichen Unterrichts ernannt werden. Die Kommission schlägt der Regierung den Kandidaten vor, den sie für den geeignetsten hält. — Auch die Profesores auxiliares werden durch Oposicion gewählt, aber die Prüfungen sind einfacher. — Die Profesores numerarios beginnen mit einem Gehalt von 3500 Pesetas und steigen bis zu 10000 Pesetas jährlich. Die Auxiliares erhalten 7000 Reales.

Studenten. Für die Aufnahme als Student ist der Grad des *Bachillerato* erforderlich. Es besteht kein Bachillerato mehr für jede Fakultät wie früher, sondern der allgemeine Grad gilt für alle. Die Vorbereitung zum Bachillerato findet in den *Institutos de Segunda Enseñanza* statt. Diese Institute unterstehen den betreffenden Universitäten. Ihre Professoren werden ebenfalls durch Oposicion gewählt. — Um den Bachillerato zu erlangen, braucht man sechs Jahre; drei entfallen auf das Studium der Letras, drei auf das der Sciencias. — Auch Frauen und Ausländer mit entsprechenden Zeugnissen werden aufgenommen.

STUDIENDAUER. In den Facultades de Filosofia, Letras und Ciencias historicos vier Jahre; in der F. de Ciencias (drei Sektionen) vier Jahre. In der F. de Derecho sechs Jahre: die Escuela Notarial, die früher bestand, gibt es nicht mehr; alle Notare studieren an der Rechtsfakultät. In der F. de Medicina sieben Jahre; in der F. de Farmacia fünf Jahre.

GRADE: *Licenciado* und *Doctor*. Der erstere genügt, um einen praktischen Beruf auszuüben und wird an allen Universitäten in den entsprechenden Fakultäten verliehen. Der Doktor-Grad kann nur in Madrid erworben werden. Für den Licenciado ist nach Absolvierung der bestimmten Studienzeit ein mündliches und schriftliches Examen erforderlich. — Für den Doktor muss man den Licenciado-Grad haben, das entsprechende Studienjahr an der Madrider Universität absolvieren, eine Dissertation vorlegen und deren Thesen verteidigen.

GEBÜHREN. Die Gebühren für die Einschreibung für jede Vorlesung betragen 20 Pesetas. Die Gebühr für den Licenciado-Grad beläuft sich auf 850 Pesetas, für den Doktor-Grad auf 1000 Pesetas.

II. Geschichte und besondere Organisation.

Barcelona.

UNIVERSIDAD DE BARCELONA.

GESCHICHTE. Der Magistrat von Barcelona errichtete, ohne den Papst um Erlaubnis zu fragen, am 21. April 1450 eine Hochschule. König Alfons V. von Aragonien bestätigte am 3. September 1450 diese Gründung, und Papst Nikolaus V. übertrug der Schule noch Ende September desselben Jahres alle Privilegien der Universität zu Tolosa. Die Hochschule führte jedoch nur ein kümmerliches Dasein. Die schrecklichen Kriege unter Juan II., Hungersnot und allerlei öffentliche Unglücksfälle raubten ihr gleich von allem Anfang die Lebensblüte. Man hielt die Vorlesungen in den Gemeindelokalitäten, da das Studienlokal geradezu armselig war. Erst am 12. Oktober 1544 wurde ein neues besseres Gebäude eröffnet, so dass es eigentlich erst seitdem eine Universität in Barcelona gibt. Ferdinand der Katholische überliess der Universität 1567 das reiche Johanniterpriorat von St. Anna; seit 1576 lehrten die Jesuiten Grammatik und Rhetorik. 1714 wurde die Universität aufgehoben und bis auf die medizinischen Fächer nach Cervera verlegt. Dafür wurden 1760—1764 die medizinischen Institute von dem berühmten Arzte Pedro Virgili neu eingerichtet. Doch reklamierte Barcelona im Jahre 1821 seine Universität, allein schon 1823 kehrten infolge der inneren Wirren die Professoren nach Cervera zurück. 1837 wurde, nachdem sich inzwischen Barcelona sehr um seine Universität bemüht hatte, die Universität Cervera geschlossen und die neue Universität in Barcelona am 18. Oktober 1837 feierlich eröffnet. Seither ist diese nach Überwindung der fortwährenden Aufstände und seit der Neuordnung der spanischen Universitätsverhältnisse, also seit 1857, mit in die erste Reihe der spanischen Universitäten getreten.

Organisation, Aufnahme, Studiendauer, Grade, Gebühren s. S. 351 u. ff.

Fakultäten: Facultad de Filosofía y Letras; F. de Derecho; F. de Ciencias; F. de Medicina; F. de Farmacia.

Cadiz.

FACULTAD DE MEDICINA.

Gegründet 1748. Zur Universität Sevilla gehörig. Siehe S. 356.

Granada.

UNIVERSIDAD DE GRANADA.

Geschichte. Bald nachdem Granada den Mauren entrissen worden war, regte sich der Gedanke der Gründung einer Hochschule. Kaiser Karl V. gab 1526 die Bewilligung zur Errichtung, der Erzbischof von Granada steuerte 50000 Dukaten bei, und 1531 erschien die Gründungsbulle des Papstes Clemens VII. 1537 ging man an die direkten Vorbereitungsarbeiten und bis 1540 scheint die Eröffnung der Universität erfolgt zu sein. — Im Jahre 1605 errichtete der Erzbischof Pedro de Castro Vaca y Quiñones das reiche Colegio de Sacro Monte, das König Philipp IV. am 21. Februar 1621 bestätigte. Die Universität behielt ihren guten Ruf bis gegen das Ende des 18. Jahrhunderts, in welchem in den fortwährenden politischen Wirren die spanischen Universitäten immer tiefer sanken. Erst seit 1847, wo man mit der Errichtung von Mittelschulen begann, sind stetigere und erfreulichere Verhältnisse eingetreten.

Organisation, Aufnahme, Studiendauer, Grade, Gebühren siehe S. 351 u. ff.

Fakultäten: Facultad de Filosofía y Letras (mit Seccion de Ciencias); F. de Derecho y de Ciencias sociales; F. de Medicina; F. de Farmacia.

Madrid.

UNIVERSIDAD CENTRAL DE ESPAÑA.

Geschichte. Im Jahre 1590 gründete Alonso Orozco das berühmte Kollegium der Doña Maria von Aragon, der Ehrendame der Königin Anna zu Madrid, das jahrhundertelang seinen grossen Ruf in den philosophischen Studien bewahrte. Die Könige aus dem Hause Österreich beschützten besonders die mathematischen und naturwissenschaftlichen Wissenschaften und hielten dafür im Alcázar während des 16. und 17. Jahrhunderts eigene Schulen. Schon im Jahre 1623 wollte König Philipp III. die berühmte Universität von Alcalá de Henares nach Madrid verlegen. Auch König Karl III. hatte 1770 den Plan, die juristischen und medizinischen Fächer von Alcalá nach Madrid zu verlegen und dort bloss die theologischen und philosophischen Lehrkanzeln zu belassen. Im Oktober 1786 wurde das Colegio de San Carlos zum Studium der Medizin und Chirurgie in Madrid eröffnet. Seit 1815 kam das Projekt der Zentral-Universität nicht mehr zur Ruhe, allein erst 1822 kam es zur Übersiedelung der Hochschule Alcalá nach Madrid. Schon 1823 zogen jedoch die Professoren nach Alcalá zurück, und erst 1836 wurde die dortige Universität geschlossen. Im November begann deren Übertragung nach Madrid, wo sich bald die Zentral-Universität sichtlich hob. Mit der Universität wurden auch die am 25. Januar 1625 durch König Philipp IV. gestifteten und 1770 von Karl III. erneuerten

Estudios de San Isidoro, eine grosse Vorbereitungsanstalt für die Universität, verbunden.

LITERATUR. *Solier y Vilches, L., Memoria de la Universidad Central.* Madrid 1895. 8°.

ORGANISATION, Aufnahme, Studiendauer, Grade, Gebühren siehe S. 351 u. ff.

FAKULTÄTEN: Facultad de Filosofía y Letras; F. de Derecho y de Ciencias sociales; F. de Ciencias; F. de Medicina; F. de Farmacia.

Oviedo.

UNIVERSIDAD DE OVIEDO.

GESCHICHTE. Schon im Jahre 1317 liest man von einem »Rector de las Escuelas« in Oviedo, es handelt sich hierbei um eine Schule an der Kathedrale. In der Mitte des 16. Jahrhunderts errichtete hier Don Diego Mauros eine Lehrkanzel für Moraltheologie. 1578 gründete Doña Magdalena de Ullo das Jesuiten-Collegium in Oviedo mit einer Lehrkanzel für Latein, an der bald 600 Studierende sich einfanden. 1585 errichtete der Bischof Diego Aponte y Quiñones eine theologische Schule. Der berühmte General-Inquisitor unter Philipp II., Ferando Valdés, überwies inzwischen sein väterliches und mütterliches Vermögen zur Gründung einer Universität, die nach seinem Tode eröffnet werden sollte. Im Jahre 1568 starb Valdés, 1574 erschien die Gründungsbulle des Papstes Gregor XIII., doch begann man mit der eigentlichen Gründungsarbeit erst am 18. Mai 1604, und so kam es erst am 21. September 1608 zur Eröffnung der neuen Hochschule, welche aber auf die juristischen Studien beschränkt blieb und deshalb keine hervorragende Rolle in der spanischen Universitätsgeschichte spielen konnte.

ORGANISATION, Aufnahme, Studiendauer, Grade, Gebühren siehe S. 351 u. ff.

FAKULTÄTEN: Facultad de Filosofía y Letras; F. de Derecho; F. de Ciencias Fisico-matematicas (gegr 1895/96)). — Escuela practica de Estudos politicos y sociales (gegr. 1895/96); Extension universitaria y Clases populares.

Salamanca.

UNIVERSIDAD DE SALAMANCA.

GESCHICHTE. Den Ruhm Spaniens bildete durch fünf Jahrhunderte die Universität Salamanca. Schon im 12. Jahrhundert gab es hier eine Domschule; Alfonso IX. von Leon berief noch vor 1230 Professoren nach Salamanca und gründete ein Studium. Den eigentlichen Stiftbrief gab Fernando III. von Castilien am 6. April 1243. Zur Blüte gelangte das Studium jedoch erst unter dessen Sohn, Alfonso X. dem Weisen, der am 8. Mai 1254 der Hochschule reiche Vorrechte gab und für sie die für jene Zeiten riesige Summe von jährlich 2500 Maravedis auswarf. Alle Fächer mit Ausnahme der Theologie wurden gelehrt, besonders wurde die Rechtswissenschaft eifrigst gepflegt. Seit 1255 erhielt die Hochschule auch von den Päpsten mancherlei Vorrechte.

Unter Alfonso's Sohn Sancho verfiel die Hochschule, und 1298 folgte infolge finanzieller Schwierigkeiten ein völliger Stillstand. Fernando IV. wies am 7. August 1300 die »Tertia ecclesiarum« der Hochschule als Einkommen zu, doch ging sie infolge der Verweigerung der Bestätigung des Papstes immer mehr zurück und von 1307—1312 war sie aufgehoben. Erst Papst Clemens III. gab am 14. Oktober 1313 seine Zustimmung zur Verwendung der Tertia ecclesiarum für die Hochschule zu Salamanca, und so erwachte diese zu neuem Leben. Besonders die Könige Enrique III. und Juan II. verliehen ihr in den Jahren 1391—1401 und 1409—1413 viele Privilegien. Die Theologie allein blieb ziemlich unbeachtet, und erst seit der Konstitution des Papstes Martin V. am 20. Februar 1422 gab es viele Theologen in Salamanca.

Die Päpste protegierten seither Salamanca besonders und gründeten dort mehrere Kollegien für arme Studenten. Schon 1418 entstand hier das berühmte Colegio Viejo de San Bartolomé; 1500 das Colegio mayor de Salamanca, 1517 das Colegio mayor de Cuenca und 1521 das Colegio mayor de San Salvador y Oviedo und das Colegio Fonseca. Im 16. und 17. Jahrhundert lehrten hier berühmte Theologen, so dass sich bald die Augen der ganzen Welt nach dem spanischen Städtchen lenkten. Die Zahl der Studenten war sehr gross, im 15. Jahrhundert bis 10000, am Ende des 16. Jahrhunderts noch immer mehr als 5000; wir können dies noch aus den von 1546 an erhaltenen Matrikelbüchern konstatieren.

Das Leben der Studenten war höchst ausgelassen; bekannt ist die klassische Beschreibung davon in der Novelle des Cervantes »Tía fingida«. Die Päpste holten zur Zeit des grossen Schismas von Avignon Gutachten der Doktoren zu Salamanca ein, so gross war das Ansehen der Universität. Auch Christoph Columbus fragte 1484 persönlich die Hochschule um Rat über seine Entdeckungspläne. Ein freier Geist wehte in Salamanca, das Weltsystem des Kopernikus wurde schon früh im 16. Jahrhundert dort gelehrt, als es noch überall für häretisch angesehen wurde. Besonders berühmt waren als Humanisten: León de Castro (1549—1574), zu dessen Zeit (1561) der Bischof von Ciudad Rodrigo, Diego Covarrubias y Leiva, die Hochschule vollständig reformierte, und Antonio de Lebrixa (Nebrissensis), der 20 Jahre in Salamanca lateinische Sprache lehrte und das erste spanische Wörterbuch und die erste spanische Grammatik schrieb. Übrigens überwog bald auch in Salamanca die Scholastik und daher sanken vor allem die medizinischen und naturwissenschaftlichen Studien. In der Mitte des 18. Jahrhunderts gab es nur mehr 1000, im Jahre 1824 nur 401 Studenten. Ein Bild von dem rapiden Sinken der Universität geben die nachstehenden Zahlen der Immatrikulierten: 1552/1553: 6416, 1599/1600: 4156, 1650/1651: 2836, 1700/1701: 1923, 1749/1750: 2009, 1800/1801: 1198, 1835/1836: 776.

In den Jahren 1769—1777 wurde die Universität auf ganz neuen Grundlagen eingerichtet, freilich nicht ohne den Widerstand der Hochschule. Leider ging es in den folgenden politischen Wirren wieder mit allen spanischen Universitäten abwärts. 1836 wurden die Colegios mayores, 1843 die Colegios menores aufgehoben. Erst das Gesetz vom 5. September 1857, welches Isabella II. erliess, und das noch heute massgebend ist, stellte das spanische Unterrichtswesen auf seine heutigen Grundlagen.

Organisation, Aufnahme, Studiendauer, Grade, Gebühren siehe S. 351 u. ff.

Fakultäten: Facultad de Filosofía y Letras; F. de Derecho; F. de Ciencias; F. de Medicina.

Santiago.

UNIVERSIDAD DE SANTIAGO.

Geschichte. Zu Santiago gab es seit 1501 ein oft erwähntes Studium, das am 17. Dezember 1504 die Approbation des Papstes Julius II. erhielt. 1506 wurde bereits ein Lehrstuhl für kanonisches Recht errichtet. Im Jahre 1544 erst eröffnete Erzbischof Alonso de Fonseca die von ihm durch Verzichtleistung auf seine meisten Einkünfte gegründete und reichlich dotierte Hochschule, nachdem schon 1526 Papst Clemens VII.

die Stiftungsbulle gegeben hatte. Der Gründer erbaute der Anstalt ein grosses Gebäude, 1588 wurde auch das alte Colegio de San Jeronimo in ein eigenes Gebäude verlegt. Die Hochschule genoss bald in den Händen der Jesuiten einen grossen Ruf, so dass in der Mitte des 17. Jahrhunderts immer neue Lehrkanzeln errichtet wurden. Das prächtige alte Universitätsgebäude stammt aus dem Anfang des 17. Jahrhunderts; um das Jahr 1610 liess es der Graf v. Monterey errichten. 1751 begannen die Projekte für den Bau eines neuen Gebäudes; am 21. September 1769 wurde dieses bezogen, doch reichte es für die notwendig gewordene Vermehrung der Lehrkanzeln nicht aus, und erst im Jahre 1805 waren nach langwierigen Verhandlungen die nötigen Um- und Zubauten, allerdings in grossem Masstabe, geschehen. Seither ging es mit der Universität, an der besonders in den Jahren 1834—40 arge innere Zwistigkeiten vorfielen, in den fortwährenden politischen Wirren stetig abwärts; seit den Reformen der Jahre 1847 und 1857 ist dieser Niedergang aufgehalten.

ORGANISATION, Aufnahme, Studiendauer, Grade, Gebühren siehe S. 351 u. ff.

FAKULTÄTEN: Facultad de Filosofía y Letras; F. de Derecho; F. de Ciencias (preparatorio de medicina y farmacia); F. de Medicina; F. de Farmacia.

Sevilla.

UNIVERSIDAD DE SEVILLA.

GESCHICHTE. Alfonso X., der Weise von Leon, erliess am 28. Dezember 1254 einen Stiftsbrief, mit dem er zu Sevilla ein Generalstudium im Lateinischen und Arabischen, gleichsam als Dependence der Universität Salamanca errichtete. Man verfolgte mit dieser Stiftung übrigens mehr Missions- als wissenschaftliche Zwecke. Schon Ende der sechziger Jahre des Jahrhunderts ging indessen die Hochschule gänzlich ein.

Erst am 22. Februar 1502 wurde die eigentliche Universität gestiftet, die Papst Julius II. 1505 bestätigte. Im Jahre 1516 wurde das Colegio de Santa María de Jesús, am 28. November 1517 das Colegio de Santo Tomás gegründet, die beide so eingerichtet waren, dass man eigentlich von zwei Universitäten zu Sevilla sprechen konnte. Die Kämpfe unter den Königen Philipp IV. und Philipp V. drückten die Bedeutung der früher stark besuchten Universität bedeutend herab. Dazu kamen noch kleinliche Eifersüchteleien mit der Universität zu Osuna. Das Colegio de Santo Tomás verlor deshalb am 5. Juni 1703 die Berechtigung, sich als besondere Universität neben dem Colegio de Santa María de Jesús zu betrachten. Nach der Vertreibung der Jesuiten aus Spanien unter Carlos III. kam das Colegio Mayor de Maese Rodrigo im Jahre 1768 in das herrliche Palais des Jesuitenordens. Doch sank die Universität immer tiefer, und erst die Neuordnung der Universitätsverhältnisse in Spanien 1847—1857 hat diesen Niedergang aufzuhalten vermocht.

Zur Geschichte der medizinischen Fakultät in Cadiz wäre zu sagen: Der berühmte Arzt Pedro Virgili ist der Begründer der dortigen medizinischen Schule. Am 11. November 1748 begann dieser mit der Einrichtung, speziell zur Erziehung von Wundärzten für die Marine. Bis 1771 war die Organisation der Schule vollendet, die allmählich zu einer vollständigen medizinischen Fakultät ausgebildet wurde und mit der Universität Sevilla in den innigsten Zusammenhang trat.

ORGANISATION, Aufnahme, Studiendauer, Grade, Gebühren siehe S. 351 u. ff.

FAKULTÄTEN: Facultad de Filosofía y Letras; F. de Derecho; F. de Ciencias; F. de Medicina in Cadiz; F. provincial de Medicina de Sevilla.

Valencia.

UNIVERSIDAD DE VALENCIA.

Geschichte. König Jaime I. von Aragonien wollte im Jahre 1245 ein Generalstudium in Valencia errichten, allein die Kämpfe mit den Mauren liessen den Gedanken nicht zur Ausführung kommen. Bischof Raymund Gaston errichtete am 30. März 1345 eine öffentliche Schule für Theologie, der Stadtrat in der Mitte des 14. Jahrhunderts solche für die Artes, Medizin und die beiden Rechte. 1411 wurden alle Schulen vereinigt, doch stand das Studium auf sehr niederer Stufe. Im Jahre 1500 wendete sich der Stadtrat an den Papst, um eine eigentliche Universität zu erhalten, und am 22. Januar 1500 oder 1501 erschien tatsächlich die Privilegienbulle Alexanders VI. Doch verfiel die Hochschule bald gänzlich, erst 1570 wendete ihr König Philipp II. seine Fürsorge zu und setzte den Patriarchen Juan de Ribera zum Visitator ein; besondere Verdienste erwarben sich jedoch Philipp III. und der Bischof von Barcelona, Alonso Coloma, um die Reorganisation der Universität. 1550 war das grösste Kollegium bereits gegründet worden, das altberühmte Colegio de la Presentación Santo Tomás de Villanueva. Dieser Gründung folgten bald andere, aber von geringerer Bedeutung.

Seit 1585 ging es mit der Universität immer mehr abwärts; Etikettestreitigkeiten, die selbst vor den päpstlichen Stuhl gebracht wurden, verursachten ein rasches Sinken des Ansehens der Hochschule. Die Scholastik siegte hier auf allen Linien, besonders seit der Bulle des Papstes Innocenz X. vom 11. Februar 1648, welche die Besetzung der Lehrstühle ordnete. Immerhin wurden das 18. Jahrhundert hindurch die mathematischen und medizinischen Wissenschaften in Valencia mehr gepflegt als auf den anderen spanischen Universitäten. Seit den Reformen der Jahre 1847 und 1857 hat sich das Ansehen der Hochschule wieder stetig gehoben.

Organisation, Aufnahme, Studiendauer, Grade, Gebühren siehe S. 351 u. ff.

Fakultäten: Facultad de Filosofía y Letras; F. de Derecho; F. de Ciencias quimicas; F. de Medicina.

Valladolid.

UNIVERSIDAD DE VALLADOLID.

Geschichte. Schon vor der Mitte des 13. Jahrhunderts, sicher schon im Jahre 1260, bestand zu Valladolid ein berühmtes Studium, das immer mehr Ausdehnung gewann, so dass sich die Universität zu Valencia bald nicht mehr daneben behaupten konnte. Am 24. Mai 1304 wies König Fernando IV. von Kastilien bei seinem Aufenthalte in Valladolid dem Studium eine jährliche Dotation von 20000 Maravedis zu. Zum Generalstudium wurde die Schule erst am 30. Juli 1346 auf Bitten des Königs Alonso XI. vom Papste Clemens VI. erklärt, doch gab es noch keine theologische Fakultät. Die Schule erhielt bald von Königen und Päpsten viele Privilegien und reiche Stiftungen. Am 6. Februar 1418 gewährte Martin V. auf dem Konzil zu Konstanz auch noch die Errichtung einer theologischen Fakultät.

Die Universität nahm im Laufe des 15. Jahrhunderts immer grösseren Aufschwung, besonders wirkte die Stiftung des Colegio mayor de Santa Cruz durch Kardinal Pedro González de Mendoza, die Papst Sixtus IV. mit Bulle vom 29. Mai 1479 bestätigte, ungemein günstig auf das Zuströmen von Hörern. In der Mitte des 16. Jahrhunderts hatte die Universität seit 1555 einen lebhaften Streit mit Salamanca über das Recht, den Studenten den Grad eines bachiller zu erteilen, bevor diese in der

Grammatik examiniert seien. Salamanca setzte sein rigoroseres Verlangen endlich 1571 durch. Am 4. März 1612 gründete König Philipp III. einen Lehrstuhl für thomistische Theologie und dotierte diesen mit 3000 Dukaten.

Im Anfang des 18. Jahrhunderts erstand langsam das prächtige Universitätsgebäude. In den vielen Kämpfen unter Philipp V. verwilderte die Studentenschaft von Valladolid sehr; im Jahre 1711 wurden dagegen ausserordentliche Massregeln ergriffen. Die Universität sank immer tiefer; 1742 gab es nur noch vier karg besoldete Lehrkanzeln für kanonische Wissenschaften, 2 für Jus, 3 für Medizin, 4 für Theologie und 1 für Philosophie. Um 1770 entstanden auch grosse Streitigkeiten mit der Regierung über die königliche Regale. 1836 wurden die Colegios mayores infolge der politischen Wirren aufgehoben. Von allen diesen Schlägen hat sich die Universität erst seit der Neuordnung der spanischen Universitätsverhältnisse 1847 und 1857 wieder einigermassen erholt

Organisation, Aufnahme, Studiendauer, Grade, Gebühren siehe S. 351 u. ff.

Fakultäten: Facultad de Derecho; F. de Ciencias; F. de Medicina; F. de Filosofía y Letras.

Zaragoza.

UNIVERSIDAD DE ZARAGOZA.

Geschichte. Die Universität wurde im Jahre 1474 gegründet, wenigstens bestätigt eine Bulle des Papstes Sixtus IV. aus diesem Jahre das Generalstudium zu Zaragoza. König Juan II. von Aragonien bestätigte am 25. Januar 1477 die Privilegien dieser Bulle. Die Hochschule gedieh nicht recht, und so wendeten sich die Sindici der Stadt 1542 an Kaiser Karl V. um Vervollständigung. Doch weder des Kaisers Versprechungen noch eine neuerliche Bulle Pauls IV. von 1555 halfen etwas. Es kam hier auch nicht zur Gründung bedeutender Kollegienhäuser wie an anderen spanischen Universitäten. Die Anstalt verfiel immer mehr, selbst die freimütige Denkschrift, die der Professor der griechischen Sprache an der Universität, Pedro Simon Abril, 1589 dem Könige Philipp II. überreichte, und in der er den Verfall der spanischen Universitäten lebhaft schilderte, hatte keinen greifbaren Erfolg.

Inzwischen hatte der Bischof Pietro Cerbuna am 20. Mai 1583 der Universität, um ihr aufzuhelfen, eine neue Organisation gegeben; er berief berühmte Lehrer und dotierte diese reichlich. Doch half auch dieser ernste Versuch eines Aufschwungs durch den »der zweite Gründer der Universität« genannten Bischof nur kurze Zeit. Die Jesuiten gelangten nach mancherlei Kämpfen im Anfang des 18. Jahrhunderts zur unbedingten Herrschaft. Auch hier erhielten sich jedoch die medizinischen Fächer das 18. Jahrhundert hindurch in ziemlichem Ansehen. Trotzdem blieb die Scholastik unbestritten in ihrer Herrschaft, die Lehrbücher und die Methoden blieben Jahrhunderte hindurch dieselben. 1809 wurde das Universitätsgebäude von den belagernden Franzosen teilweise zerstört. Seit den Reformen der Jahre 1847 und 1857 ist trotz aller Unterbrechungen durch die fortwährenden politischen Wirren die Universität in stetigeres Fahrwasser gekommen und nimmt unter den spanischen Hochschulen einen geachteten Platz ein. — 1893 wurde das 300jährige Jubiläum des alten Universitäts-Gebäudes und die Eröffnung eines neuen Gebäudes für die mathematisch-naturwissenschaftliche und die medizinische Fakultät gefeiert.

Organisation, Aufnahme, Studiendauer, Grade, Gebühren siehe S. 351 u. ff.

Fakultäten: Facultad de Filosofía y Letras; F. de Derecho; F. de Ciencias; F. de Medicina.

Fachliche Hochschulen.

Córdoba, Escorial, León, Madrid, Santiago, Zaragoza.

Córdoba.

ESCUELA ESPECIAL DE VETERINARIA.

Gegründet 1848 von Enrique Martin.

AUFNAHME, Studiengang, Titel, Gebühren wie an der entsprechenden Schule in Madrid (siehe dort).

Escorial.

REAL COLEGIO DE ESTUDIOS SUPERIORES DE MARIA CRISTINA.

17 Professoren. Nähere Angaben fehlen.

León.

ESCUELA DE VETERINARIA.

Gegründet 1852 nach Erlass des Reglamento von 1847 mit dreijähriger, seit 1857 mit vierjähriger Studienzeit. Das fünfjährige Studium besteht seit dem Erlass des Reglamento von 1871.

AUFNAHME, Studiengang, Titel, Gebühren wie an der entsprechenden Schule in Madrid (siehe dort).

Madrid.

ESCUELA ESPECIAL DE INGENIEROS DE CAMINOS, CANALES Y PUERTOS (Calle de Alfonso XII).

Schule für Strassen- und Wasserbauingenieure. Gegründet 1802 von Bethancour kurz nach der Einführung der allgemeinen Strasseninspektion in Spanien. Als diese im Jahre 1814 wieder abgeschafft wurde, wurde auch die Schule geschlossen; 1820 stellte man den Unterricht wieder her, um ihn schon 1823 wieder aufzuheben. Erst durch Erlass vom 14. April 1836 erfolgte die Neueröffnung. Im Jahre 1848 wurde das präparatorische Studium eingeführt, bestätigt durch den Erlass vom 11. Januar 1849. Doch diese Verordnung bestand nicht lange. Das Dekret vom 31. August 1855 hob sie auf und gab der Schule die alte Einrichtung wieder. Die Revolution vom 1863 brachte dem Institut neue Grundlagen. Der Unterrichtsstoff wurde beschränkt, bis 1870 die Unterrichtsfreiheit wieder eingeführt wurde. Dieses Übergangsstadium wiederholte sich nach dem Erlass von 1892, der die Escuela general de Ingenieros y Arquitectos aufhob. Erst seit 1895 auf Grund der Dekrete vom 14. September gleichen Jahres und des neuesten vom 12. August 1900, das noch in Kraft ist, Aufschwung der Anstalt. Zur Zeit 19 Professoren.

Die AUFNAHME von Alumnos internos erfolgt gegen Nachweis des »Bachiller en Artes« oder gegen Nachweis einer entsprechenden technischen Ausbildung auf einer Staatsuniversität, einer Kunstakademie oder anderen technischen Schule und nach bestandener Prüfung (höchste Altersstufe der Bewerber: das vollendete 25. Lebensjahr). Alumnos externos und libres werden nur in beschränkter Anzahl aufgenommen (40). Die Aufnahme der Alumnos libres erfolgt durch den Rektor bei Nachweis der genügenden Vorkenntnisse.

STUDIENDAUER: 5 Jahre. — TITEL: Ingeniero de Caminos, Ingeniero de Canales und Ingeniero de Puertos. — GEBÜHREN: Aufnahme und Auf nahmeexamen: Pesetas 117.50; Unterricht mit Prüfung: Pesetas 632.50.

ESCUELA SUPERIOR CENTRAL DE ARTES INDUSTRIALES Y DE INDUSTRIAS.

UNTERRICHTSFÄCHER: Geometrisches und künstlerisches Zeichnen, Arithmetik, Algebra, deskriptive und praktische Geometrie, Trigonometrie und Topographie, architektonische und Maschinenkonstruktion, Modellieren, dekorative Kunst, Kunstgeschichte, Physik; allgemeine, industrielle, organische, anorganische und Elektrochemie; Mechanik, Elektrotechnik, Magnetismus, Metallurgie, Naturwissenschaften, industrielle Ökonomie und Gesetzgebung; französische und englische Sprachkurse, usw. — 47 Professoren und 24 Hilfslehrer.

ESCUELA CENTRAL DE INGENIEROS INDUSTRIALES.

UNTERRICHTSFÄCHER: Deskriptive Geometrie, Integralrechnung und Mechanik; allgemeine, organische und anorganische Chemie; chemische Analyse, Physik, Maschinenlehre und -Konstruktion, Metallurgie, mechanische Technologie und Eisenbahnbau, Elektrotechnik, usw. — Elf Professoren und zwölf Hilfslehrer.

ESCUELA SUPERIOR DE ARQUITECTURA.

Gründungsjahr: 1844. UNTERRICHTSFÄCHER: Architektur: Lehre, Konstruktionen, Komposition; Stereotomie, Geschichte der Baukunst, Technologie und Baugesetzkunde; Baumaterialien, Hygiene, Elektrotechnik; Hydraulik, Topographie, Modellieren. — 11 Professoren und 8 Hilfslehrer für Zeichnen und Naturwissenschaften.

ESCUELA SUPERIOR DE COMERCIO (Handelshochschule).

UNTERRICHTSFÄCHER: Arithmetik, Algebra, Physik, Chemie, Naturgeschichte, politische Ökonomie, Handelsgesetzgebung, Handels- und internationales Recht, Finanzwesen, Handelstechnik, allgemeine und ökonomisch-industrielle Geographie; allgemeine, spanische und Handelsgeschichte; Buchführung; deutsche, französische und englische Sprachkurse, usw. — Zwölf Professoren und zwei Hilfslehrer.

INSTITUTO DE HIGIENE MILITAR
(Alberto Aguilera 56).

Gegründet durch königliche Verordnung vom 24. November 1886 als Instituto Anatomico Patologico militar. Laut Erlass vom 23. Februar 1898 in obiges Institut umgewandelt. Besteht aus sechs Sektionen: 1. Bacteriologia, 2. Análisis fisico-quimicos, 3. Sueros y Vacunas, 4. Vacunación, 5. Histologia, 6. Veterinaria.

ESCUELA ESPECIAL DE VETERINARIA.

Gegründet 1793 von Karl IV. und 1835 zur Hochschule und Fakultät erhoben. Die Veterinärschulen sind dem Ministerio de Instrucción publica y Bellas Artes, sección de Escuelas especiales unterstellt.

AUFNAHME gegen Nachweis genügender Vorkenntnisse und nach bestandener Aufnahmeprüfung (Mindestalter: das vollendete 15. Lebensjahr). Solche, die den Titel »bachiller« besitzen oder einen anderen Berufstitel erworben haben, sind von der Prüfung entbunden.

Der STUDIENGANG für die Alumnos oficiales erstreckt sich über fünf Jahreskurse. Die Alumnos no oficiales haben keine begrenzte Studienzeit. — TITEL: Veterinario (nach schriftlicher, mündlicher und praktischer Prüfung). — GEBÜHREN: Aufnahme Pesetas 7,50; Unterricht im ganzen ca. 260 Pesetas; Grad ca. 410 Pesetas = zusammen ca. 680 Pesetas.

ESCUELA ESPECIAL DE INGENIEROS AGRONOMOS.

Bildet einen Teil des Instituto Agricola de Alfonso XII. und verleiht den Titel »ingeniero agronomo« nach sechsjährigem Studiengang.

Santiago.

ESCUELA DE VETERINARIA.

Gegründet nach dem Erlass des »Ley de Presupuestos« vom 31. Dezember 1881.

AUFNAHME, Studiengang, Titel, Gebühren wie an der entsprechenden Schule in Madrid (siehe dort).

Zaragoza.

ESCUELA ESPECIAL DE VETERINARIA.

Gegründet 1848. Anfangs erstreckte sich der Unterricht über drei Jahreskurse. Später verlieh man den Titel Veterinario de 2a clase nach vier Jahren. Im Jahre 1871 wurden fünf Kurse eingerichtet.

AUFNAHME, Studiengang, Titel, Gebühren wie an der entsprechenden Schule in Madrid (siehe dort).

Portugal.

Coimbra, Lissabon, Porto.

Coimbra.

UNIVERSIDADE DE COIMBRA.

GESCHICHTE. Die portugiesische Universität wechselte Jahrhunderte lang bis 1537 fortwährend ihren Aufenthalt, bald war sie in Coimbra, bald in Lissabon. Die Stiftung der Hochschule fällt auf den 9. August 1290. Damals erliess Papst Nikolaus IV. auf Betreiben des vom Prior des Klosters Santa Cruz, Lorenzo Pires, unterstützten Königs Diniz den Stiftbrief für die Universitas Ulixbonensis. Allein Streitigkeiten zwischen Bürgern von Lissabon und den Scholaren veranlassten den König, den Papst zu bitten, dass er der Verlegung des Studiums in das ruhigere Coimbra zustimme und die für Lissabon gegebenen Privilegien dahin übertrage. Clemens V. gewährte dies 1308, und so gab denn König Diniz am 15. Februar 1309 die Magna Charta für Coimbra. Hier kamen die Studien der drei weltlichen Fakultäten in ziemliche Aufnahme.

Alfonso IV. verlegte die Universität 1339 wieder nach Lissabon und 1354 oder 1355 wieder zurück nach Coimbra, ohne dass die Gründe hierfür bekannt sind. Natürlich lagen deshalb die Studien bald darnieder, und es gab bald fast keine Promotionen mehr. 1377 verlegte König Fernando das Studium wieder nach Lissabon, um die Schule vom Untergange zu retten und erhielt am 7. Juni 1380 vom Gegenpapste Clemens VII., dem Spanien und Portugal anhingen, neue Privilegien für dieselbe. Nun blieb die Hochschule bis 1537 in voller Blüte in der portugiesischen Hauptstadt. Seit 1381 verliehen die Könige, besonders João I. (1385 bis 1433) und Manuel (1495—1521) der Schule, an der seit 1400 auch Theologie vorgetragen wurde, reiche Stiftungen. 1537 wurde die Universität wieder nach Coimbra verlegt, wo sie bis heute geblieben ist. 1772 fand eine Reorganisation statt. Interessant ist das grossartige Universitätsgebäude mit maurischen Säulen und Höfen, noch heute im besten Stande.

Der LEHRKÖRPER besteht aus zwei Kategorien: *lentes cathedraticos* und *lentes substitutos*. Es gibt keine Privatdozenten. — An der Spitze der Universität steht der Rektor. — Der Dekan jeder einzelnen Fakultät ist deren Direktor. Aus sämtlichen fünf Direktoren der fünf Fakultäten, unter dem Vorsitze des Rektors, besteht der akademische Senat *(conselho de decanos)*, der die Universität verwaltet. — Die Professoren jeder einzelnen Fakultät bilden einen besonderen Rat *(conselho)*, der die Angelegenheiten der betreffenden Fakultät regelt. — Der Gehalt der *lentes cathedraticos* zerfällt in zwei Teile: 800 000 Reis (categoria) und 430 000 Reis (exercicio) jährlich. Die *lentes substitutos* erhalten je 400 000 Reis (categoria) und 430 000 Reis (exercicio) jährlich. Nach 30jährigem Dienste treten die Professoren in den Ruhestand und erhalten 1 066 000 Reis jährlich.

AUFNAHME. Die Studierenden für Theologie und Jurisprudenz müssen ihre Gymnasialstudien, und zwar in der *secção de letras* absolviert haben; die Studierenden für Mathematik und Naturphilosophie in der *secção de sciencias*. Für die medizinische Fakultät ist Bedingung, dass die Studierenden in der ersten Klasse der mathematischen Fakultät, und in der ersten und zweiten Klasse der Fakultät der Naturphilosophie studiert haben. — Hospitanten werden zugelassen, ebenso Frauen, auch Ausländer, die ihre Gymnasialstudien absolviert haben, nach einer Prüfung.

STUDIENDAUER in allen Fakultäten fünf Jahre bis zur Erlangung des Bakkalaureatgrades, und sechs Jahre bis zur Erlangung des Lizentiatgrades. — Dreierlei GRADE: Bakkalaureat-, Lizentiat- und Doktorgrade. Einem Lizentiaten, der bessere Zeugnisse erhalten hat, kann der Doktorgrad verliehen werden. — PRÜFUNGEN: jährlich in jeder Disziplin während der sechs Jahre. — GEBÜHREN für Aufnahme: 5785 Reis per Disziplin (Katheder); für Grade: 45068 Reis.

FAKULTÄTEN: Faculdade de Theologia; F. de Direito; F. de Medicina; F. de Mathematica; F. de Philosophia.

Lissabon.

CURSO SUPERIOR DE LETTRAS.

Gegründet durch kgl. Dekret vom 30. Oktober 1858, reorganisiert 1901. — Die Professoren werden durch Wettbewerb (concurso) ernannt, ihr Gehalt besteht aus einem Fixum: 700000 Reis (ordenado de categoria) und einer veränderlichen Summe, Maximum: 450000 Reis (gratificação d'exercicio).

AUFNAHME. Die Anstalt lässt zwei Arten von Schülern zu: ordinarios und voluntarios. Die erstern müssen ein Lyzeum absolviert haben, die andern werden ohne Zeugnis aufgenommen, aber der Grad ist ihnen versagt. — STUDIENGANG für Bewerber um die Stellen als Lyzeallehrer vierjährig, sonst dreijährig. Die Studenten sind zum Hören aller Fächer verpflichtet. — PRÜFUNGEN UND GRAD. Nach jedem Schuljahr (im Juli) ein Examen, dessen Bestehen die Voraussetzung für das weitere Studium ist. Die Schlussprüfung (Verteidigung einer These, Interpretation eines durchs Los gezogenen griechischen oder lateinischen Textes, mündliche Prüfung) führt zu dem Grad: »graduado em lettras«.

GEBÜHREN. Die gewöhnlichen Schüler zahlen 6000 Reis für jede Inskription am Beginn und Schluss des Schuljahres. Die Volontärschüler zahlen nichts. — Jedes Diplom 10000 Reis.

ÉSCOLA POLYTECHNICA.

Gegründet 1837, reorganisiert 1857. Getrennte Vorbereitungskurse für das Ingenieur- und Artilleriekorps, die Marine, das medizinische Studium, Pharmazie. — Dauer der Kurse: allgemeiner Kurs vier Jahre, Medizin zwei Jahre, Pharmazie ein Jahr, Genie- und Artilleriekorps drei Jahre. — GEBÜHREN: 3470 Reis für jede Disziplin (Katheder); ebensoviel für Prüfungen; Abgangszeugnisse: 35980 Reis.

ÉSCOLA MEDICO-CIRURGIA.

Gegründet 1556, reorganisiert 1836 durch die staatliche Neuorganisation der medizinischen Studien in Portugal. — GRADE vergl. oben bei der Universität. — STUDIENDAUER: fünf Jahre. — GEBÜHREN: 21165 Reis und ebensoviel für Prüfungen jährlich; Abgangszeugnisse: 49556 Reis.

ÉSCOLA DE PHARMACIA DE LISBOA.

STUDIENDAUER: zwei Jahre. — GEBÜHREN für Aufnahme: 5785 Reis und ebensoviel für Prüfungen per Disziplin (Katheder) jährlich. — Abgangszeugnisse: 34 560 Reis.

INSTITUTO DE AGRONOMIA E VETERINARIA.

Gegründet 1852, reorganisiert 1886. Eine Veterinärschule existierte seit 1830. — STUDIENDAUER: fünf Jahre. — GEBÜHREN für Aufnahme und Prüfungen resp.: 1275 Reis, für Abgangszeugnisse: 31 635 Reis.

Porto.

ACADEMIA POLYTECHNICA.

Gegründet 1877. Die Aufnahme von Studierenden geschieht auf Grund von Zeugnissen von zwei Lyzeumsklassen und vier Realklassen oder sechs Lyzeumsklassen. — STUDIENDAUER: sechs Jahre. — GEBÜHREN für Aufnahme: 3470 Reis und ebensoviel für Prüfungen per Disziplin. — Abgangszeugnisse: 45 070 Reis.

Rußland.

EUROPÄISCHES UND ASIATISCHES RUSSLAND.

FINLAND.

Universitäten.

Charkow	Kijew	St. Petersburg †
Dorpat=Jurjev	Moskau	Tomsk
Helsingfors (s. S. 405)	Odessa	Warschau.
Kasan	Saratow	

I. Allgemeine Verfassung und Organisation.

Die Hochschulen Russlands zerfallen in allgemeinere Anstalten, Universitäten, und in spezielle Institute für einzelne Wissenszweige. Die erste russische Universität wurde im Jahre 1724 von Peter dem Grossen an der Akademie der Wissenschaften gegründet. Die ersten 17 Professoren sowie auch die acht Studenten wurden aus dem Ausland verschrieben. Erst im Jahre 1738 fanden sich auch russische Zuhörer ein. Diese akademische Universität bestand bis zum Jahre 1763. Der Mangel an Zuhörern wurde durch die Eröffnung der im Jahre 1755 gegründeten Universität in Moskau verursacht. Die andern rein russischen Universitäten wurden im 19. Jahrhundert gegründet: Dorpat 1802, Kasan und Charkow 1804, St. Petersburg 1819, Kijew 1835, Odessa 1865, Warschau 1869, Tomsk 1888 und Saratow 1909. Die Universität zu Helsingfors, gegründet 1640, hat ihr eigenes Statut (siehe S. 405). Die Statuten der Universitäten zu Warschau und Dorpat weisen einige zum Teil recht erhebliche Verschiedenheiten vom Statut der übrigen Universitäten auf.

Jetzt gilt für die Universitäten das »Allgemeine Statut« (Obščij Ustaw), das nach den Verfügungen der Jahre 1804, 1835 und 1863 im Jahre 1884 eingeführt ist. In der letzten Zeit jedoch sind viele recht wichtige Änderungen vorgenommen worden. Die wichtigste Änderung des jetzigen Statuts wurde durch den Allerhöchsten Ukas vom 27. August 1905 bewirkt, der die Wahl des Rektors, der Dekane und Fakultäts-Sekretäre dem Professoren-Kollegium zugesteht. Letzterem ist auch die Aufrechterhaltung der Ordnung und Disziplin anvertraut.

Die Oberleitung übt der *Kurator* des betreffenden Unterrichtsbezirks* unter der Aufsicht des Ministeriums der Volksaufklärung aus. Er vermittelt die Beziehungen der Universität zum Minister und zu der »obersten Gewalt«, er entscheidet in Fragen, die dem Minister nicht vorbehalten sind und bestätigt die Bestimmungen des Conseil und Directoriums. Die unmittelbare Leitung haben: *Rektor*, *Universitätsconseil*, das *Directorium* und die *Fakultäten*. — Der *Rektor* wird von dem

† Die Kaiserliche Akademie der Wissenschaften in St. Petersburg, deren Mitglieder ebenfalls die Pflicht haben, gelehrten Unterricht zu erteilen, wird in einem späteren Band des Handbuchs behandelt werden.

* Das russische Reich ist in 14 Unterrichtsbezirke eingeteilt. Nach dem ursprünglichen Plan dieser (aus der Zeit Alexanders I. stammenden) Einteilung sollte an der Spitze eines jeden Bezirkes eine Universität stehen. Universitäten fehlen gegenwärtig in den Bezirken Wilna, Orenburg, Kaukasus, Ostsibirien und Turkestan.

Conseil aus der Zahl der ordentlichen Professoren für die Dauer von drei Jahren gewählt, er wacht über die Wahrung der Universitätsstatuten und ist Vorsitzender des Conseil und Directoriums. Er wird jeweils vom Kaiser bestätigt. — Der *Conseil*, worin unter Vorsitz des Rektors alle ordentlichen und ausserordentlichen Professoren Stimme haben, verleiht (auf Antrag der betreffenden Fakultät) akademische Würden und gibt in verschiedenen Fragen des Unterrichts und der Verwaltung, deren Entscheidung dem Kurator oder dem Minister zukommt, Gutachten ab. — Das *Directorium*, das unter Vorsitz des Rektors aus den Dekanen und dem Prorektor besteht, besorgt die ökonomische Verwaltung. Für die Erhaltung der Ordnung und alle Studentenangelegenheiten ist der Prorektor, der aus der Zahl der Professoren von dem Conseil laut dem Allerhöchst bestätigten Gutachten des Staatsrates vom 13. Februar 1910 auf drei Jahre gewählt und vom Minister bestätigt wird, zuständig. Der Prorektor führt mit seiner Kanzlei und der Kanzlei für Studentenangelegenheiten die Registratur der Studenten; in seinen Händen liegt auch die Verteilung der Stipendien, Unterstützungen, usw.

Die Universitäten haben das Recht, ohne Zensur Bücher vom Auslande einzuführen, sowie das Recht, ohne präventive Zensur (auf Verantwortlichkeit der Fakultäten) Schriften zu veröffentlichen.

Der LEHRKÖRPER verteilt sich auf vier *Fakultäten:* die historisch-philologische, die physiko-mathematische, die juristische, die medizinische. An der Universität St. Petersburg fehlt indessen die medizinische Fakultät, sie hat aber noch (neben der historisch-philologischen) eine orientalische Fakultät. Die Universität Tomsk besteht bis jetzt nur aus der medizinischen und juristischen Fakultät, die Universität Saratow nur aus der medizinischen Fakultät. Ausserhalb der Fakultäten steht der Professor der orthodoxen Theologie. — Die Dekane werden von den Fakultäten aus der Zahl der Professoren gewählt und vom Minister bestätigt.

Vorbedingungen zur Erlangung einer Professur sind das Doktorat und (in der Regel) dreijährige Lehrtätigkeit als Privatdozent. Die *Professoren* werden vom Minister entweder »nach eigenem Ermessen« oder nach erfolgter Konkurrenz und auf Vorschlag der Universitätsbehörden ernannt. Im letzteren Fall, wenn der Minister der Universität überlässt, einen Kandidaten zu stellen, gilt unter den Bewerbern und den etwa von Mitgliedern der Fakultät oder des Conseil vorgeschlagenen Gelehrten derjenige als Kandidat der Universität, für den bei erfolgter Ballotierung die Mehrzahl stimmt. Nach sodann eingeholtem Gutachten vom Conseil und vom Kurator kann der Minister den Kandidaten der Universität oder irgendeinen andern der Bewerber oder Vorgeschlagenen oder aber einen an der Konkurrenz nicht beteiligten Gelehrten ernennen; nur ist der Minister allenfalls an die angegebenen formellen Bedingungen gebunden. Die Erhebung eines ausserordentlichen Professors zum ordentlichen erfolgt bei eingetretener Vakanz auf Antrag des Kurators durch den Minister. Letzterer kann auch ausseretatsmässige Professoren ernennen (persönliche Professoren). Laboratoren, Prosektoren, Observatoren, Lektoren der Sprachen und *Privat-Dozenten* (sowie Bibliothekare, Rentmeister u. a.) werden vom Kurator auf Ansuchen bei der Fakultät und mit Einwilligung derselben (resp. auf Vorschlag des Directoriums) ernannt; äussert sich die Fakultät abschlägig, so kann nur der Minister den Petenten zum Privat-Dozenten ernennen. Als regelmässige Kompetenzbedingung für Dozenten gilt, dass der Bewerber entweder graduiert oder Professor irgendeiner andern höhern Lehranstalt sei; die Ernennung kann aber mit Einwilligung des Ministers nach einer Probevorlesung auch ohne weiteres erfolgen, wenn sich der Bewerber durch gelehrte Arbeiten bekannt gemacht hat; ein Magistrand kann vor der Disputation ernannt werden, wenn ihm eine Universität die Venia legendi nach zwei Probevorlesungen erteilt.

Der Gehalt für einen ordentlichen Professor beträgt 3000 Rubel, für einen ausserordentlichen 2000 Rubel, für einen Observator oder Prosektor 1500, für einen Lektor 1000 Rubel. Dazu kommen Kollegiengelder und für die Mitglieder der Staats-Examenskommissionen, usw. Extra-Vergütungen. Die Privatdozenten werden auf Ansuchen der Fakultät und Vorschlag des Kurators vom Minister aus besonderen Mitteln honoriert. Nach 25jähriger Amtsleistung erhält der Professor nach eventuellem Abgang eine jährliche Pension von 2400 Rubel und kann nur in dem Falle als »Professor emeritus« im Dienste bleiben, wenn der Minister auf Antrag des Kurators seine Einwilligung gibt. Nach 30jährigem Dienst erhält er den ganzen Gehalt als Pension, wird ausser Etat gesetzt, behält aber die Venia legendi sowie seine Stimme in der Fakultät und im Conseil, kann mit Genehmigung des Kurators fortwährend auch als Institutsvorstand wirken; für diese Fortsetzung seiner Tätigkeit kann ihm eine jährliche Zulage zur Pension von 1200 Rubel für je fünf Jahre vom Minister bewilligt werden. Die regelmässige Zahl der wöchentlichen Unterrichtsstunden eines Professors ist sechs. Ordentliche Professoren haben den Rang eines Etatsrats (5. Klasse), ausserordentliche den eines Kollegienrates (6. Klasse).

II. Aufnahme, Studiendauer, Examina, Grade, Gebühren.

Immatrikulation (nur männliche Studenten), mit vielen Formalitäten verbunden, nur vor Beginn des Herbstsemesters, erfolgt auf Grund des höchstens zwei Jahre vorher ausgestellten Reifezeugnisses eines unter dem Ministerium der Volksaufklärung stehenden Gymnasiums; an der historisch-philologischen und physiko-mathematischen Fakultät der Universität Warschau (und in Tomsk) können auch Zöglinge der geistlichen Seminare (mit erster Zensur und nach bestandener Eintrittsprüfung) eingeschrieben werden. Auch andere »wohlgesinnte« Personen ausser den Studenten können unter gewissen Bedingungen zum Hören der Vorlesungen und zur Teilnahme an den praktischen Übungen zugelassen werden. Der Übergang von einer russischen Universität auf eine andere hängt von dem Direktorium der letzteren ab. Bei der Meldung zum Eintritt hat der werdende Student u. a. auch drei Photographien mit eigenhändiger Namensunterschrift abzugeben; von der Kanzlei des Prorektors muss er sich für jedes Semester einen Aufenthaltspass und eine Eintrittskarte zur Universität neu verschaffen.

Disziplin. Gesellschaften von Studenten müssen vom Conseil bestätigt werden. Jedes Vergehen eines Studenten, welches das akademische Leben betrifft, kommt vor das Disziplinar-Gericht der Professoren. Die Strafen, die von der Universität verhängt werden, sind: Warnung, Arrest (im Karzer), Entfernung von der Universität oder Relegation (ohne Recht auf eine andere Universität überzugehen). Wem drei Semester nacheinander unberechnet bleiben, oder wem überhaupt fünf Semester nicht gerechnet wurden (siehe S. 370), wird von der Universität ausgeschlossen.

STUDIENDAUER. Das akademische Jahr besteht aus zwei Semestern: 20. August bis 20. Dezember, 15. Januar bis 30. Mai (alten Stils). Der vollständige akademische Kursus umfasst für Mediziner zehn Semester, für Studierende der übrigen Fakultäten acht Semester. Ein Semester wird als gültig angerechnet, wenn der Student gewissen Vorlesungen gefolgt und an den praktischen Übungen teilgenommen hat. Jede Fakultät entwirft mit Rücksicht auf die Anforderungen, welche die abschliessenden Kommissionsprüfungen an die Studenten stellen, einen oder mehrere Studienpläne; diese ebenso wie die für jedes Semester zu errichtenden Stundenpläne unterliegen der Bestätigung des Ministers. Jeder Student muss seine Studien nach irgendeinem dieser Studienpläne ordnen, kann aber ausserdem in allen Fakultäten Vorlesungen hören. In der historisch-philologischen, physiko-mathematischen und juristischen Fakultät gibt es Seminare für verschiedene Wissenschaften. Die Fakultäten stellen den Studenten jährlich Aufgaben für schriftliche Arbeiten, beurteilen die eingereichten Schriften und erkennen eventuell den Verfassern Medaillen und Prämien zu. Nach vollendetem Kursus kann der Student auf Vermittelung der betreffenden Fakultät ein Stipendium für zwei bis drei Jahre bekommen, um sich bei der Universität für einen Grad vorzubereiten.

Die EXAMINA werden teils von Examenskommissionen, teils von den Fakultäten abgehalten. Die *Kommissionsprüfungen* dienen als Abschluss des akademischen Kursus: nur solche Studenten werden zugelassen, die ihre acht oder zehn Semester ordentlich absolviert haben. Das Recht, sich ohne diese Voraussetzung zur Prüfung zu stellen, kann nur der Minister verleihen (in der medizinischen Fakultät gibt das Doktordiplom einer fremden Universität dieses Recht). Die Mitglieder der Kommission (vier bis acht ausser dem Vorsitzenden) werden jährlich vom Minister ernannt. Die an die Studenten zu stellenden Forderungen sind in den vom Minister bestätigten »Regeln« (*Pravila, Trebovanija i programmy* der historisch-philologischen, physiko-mathematischen und juristischen Prüfungen vom Jahre 1890) sehr detailliert angegeben. Im *historisch-philologischen Examen* kann der Examinand eine von vier Linien wählen: a) die *klassische:* griechische und lateinische Schriftsteller, Grammatik, Geschichte der Literatur, Antiquitäten, Geschichte der alten Kunst und der alten Philosophie, sodann entweder Sanskrit und vergleichende Sprachforschung oder Geschichte der westeuropäischen Literaturen und Theorie der schönen Literatur; b) die *slavisch-russische:* griechische und lateinische Sprache, kirchenslavische und russische Sprache, Geschichte der russischen Literatur, die nordwest- und südwestslavischen »Dialekte« und deren Literaturen, Geschichte der westeuropäischen Literaturen, Sanskrit und vergl. Sprachforschung, Geschichte der Philosophie; c) die *historische:* griechische und lateinische Sprache, allgemeine Geschichte, russische Geschichte, Kirchengeschichte, Geschichte der slavischen Völker, Geschichte der Philosophie; d) *germanistisch-romanische:* griechische und lateinische Sprache, germanische und romanische Philologie, Geschichte der westeuropäischen Literatur, mittlere und neuere Geschichte. Innerhalb der *physiko-mathematischen Disziplinen* gibt es zwei verschiedene Examina, ein *mathematisches:* Mathematik, Physik, Mechanik, Astronomie, mit zwei Komplementen, nach Wahl des Examinanden, entweder aus den genannten Wissenschaften oder praktische Mechanik oder darstellende Geometrie; ein *naturwissenschaftliches:* Chemie, Zoologie mit vergl. Anatomie und Physiologie, Botanik, Mineralogie und Geologie mit Paläontologie, physikalische Geographie und Meteorologie mit Komplement entweder aus den vier ersten Gruppen oder Landwirtschaft und Tierzucht, chemische Technologie, Geographie und Ethnographie. In der *juristischen Prü-*

fung steht römisches Recht als Hauptfach dem Zivil- und dem Kriminalrecht gleich; sowohl Rechtsphilosophie wie politische Ökonomie sind ihr fremd (die Geschichte des russischen Rechts ist zum »Halbkursexamen« verlegt). Das *medizinische Examen* setzt eine naturwissenschaftliche Vorprüfung nach den vier ersten Semestern und klinische Praxis voraus. Bestandenes Kommissionsexamen ergibt, je nach der Art wie es bestanden wurde, ein Diplom ersten oder zweiten Grades oder für Mediziner den Titel »Arzt«. — Die *Fakultätsexamina* sind Kontrollprüfungen am Ende des akademischen Jahres oder für Zulassung zu praktischen Übungen, teils »Halbkursprüfungen«, teils Prüfungen für gelehrte Grade

GRADE. Magister und Doktor (in der medizinischen Fakultät nur Doktor). Als Vorbedingung für *Magisterexamen* gilt Kommissionsexamen (eventuell Doktordiplom einer fremden Universität), für das *Doktorat* Magisterexamen (in der medizinischen Fakultät Kommissionsexamen). Das Magisterexamen (resp. in der medizinischen Fakultät Doktorexamen) besteht aus mündlicher Prüfung und Disputation, für das Doktorat (ausser der medizinischen Fakultät) ist nur eine zweite Disputation erforderlich. Ausnahmsweise kann (mit Genehmigung des Ministers) die Magisterstufe übersprungen werden. Zur Wahrung der Unparteilichkeit bei den mündlichen Prüfungen werden die Fragen gewöhnlich auf Zettelchen geschrieben, von denen der Examinand eines »zieht«. — Gebühren für das Kommissions-Examen 20 Rubel. Das Doktorat (der drei Fakultäten) gibt den Rang eines Kollegienassessors (8. Klasse = Major), das Magisterexamen (und medizinische Doktorexamen) den eines Titulärrates (9. Klasse), Diplom die 10. oder 12. Klasse.

GEBÜHREN, usw. Der Student zahlt an die Universität 25 Rubel pro Semester und dazu ein Kollegiengeld von 1 Rubel pro Wochenstunde und Semester; von der Zahlung des Kollegiengeldes können indessen arme Studenten entbunden werden. — Stipendien (z. T. mit der Verpflichtung, nach beendetem Kursus gewisse Zeit im Staatsdienst zu bleiben) und Befreiung von der Zahlung der Kollegiengelder werden nach besonderen Konkurrenzprüfungen von der Direktion (mit Bestätigung des Kurators) zuerkannt.

III. Geschichte und besondere Organisation.

Charkow.

IMPERATORSKIJ CHARKOVSKIJ UNIVERSITET.

GESCHICHTE. Stiftungsurkunde vom 5. November 1804, mit fast gleichlautenden Statuten wie die der Universitäten Moskau und Kasan vom selben Datum. An der Grundlegung nahm sehr wirksamen Anteil der damalige Kurator Graf Severin Potocki; der Adel der betreffenden Gouvernements opferte für die Universität sehr bedeutende Summen. Die reaktionären Massregeln der späteren Jahre, Alexanders I., die in Petersburg und Kasan sehr gewaltsam ins Werk gesetzt wurden, trafen die Charkower Universität ziemlich leicht. Bis auf das »Allgemeine Statut« vom Jahre 1835 hatte die Universität auch die Administration der mittleren und unteren Lehranstalten des Unterrichtsbezirkes zu besorgen. Im Jahre 1846 wurde die Universität (sowie diejenige von Kasan) der militärischen Gewalt des lokalen Generalgouverneurs unterstellt. Die »Allgemeinen Statuten« von 1835, 1863, 1884 gelten auch für die Universität Charkow.

LITERATUR. *Voigt, Istoriko-stat. Zapiski o Charkowskom univers. i jego zavedenijach.* 1859. — *D Bagalej, Opyt istorii Charkovskago universiteta,* Bd. 1—2 (1898, 1903) *(Versuch einer Geschichte der Charkower Universität).* — *Istorija 4 fakultetov (Jubiläumsausgabe).* 1908. *(Geschichte der 4 Fakultäten).* — *Bagalej, Sumzov, Buzeskul, Kratkaja istorija Charkovskago Universiteta ja 100 let. (Kurze Geschichte der Charkower Universität).* 1906.

PUBL.: *Protokoly zasédaniju Sovéta* mit Anhang seit 1865, *Zapiski* 1876 1884, *neue Folge* seit 1893, *Otčety (Berichte).*

VERFASSUNG, Aufnahme, Studiendauer, Examina, Grade, Gebühren, usw. siehe S. 367 u. ff.

FAKULTÄTEN: historisch-philologische, physikalisch-mathematische, juristische, medizinische.

Dorpat=Jurjev.

IMPERATORSKIJ JURJEVSKIJ UNIVERSITET.

GESCHICHTE. Im Jahre 1630, fünf Jahre nach Besitznahme des Landes durch die Schweden, wurde in Dorpat ein Gymnasium gegründet und dieses im Jahre 1632, auf Vorschlag des Generalgouverneurs Johan Skytte, zu einer Universität erweitert, »dass das martialische Livland zur Tugend und Sittsamkeit gebracht werde« (Stiftungsurkunde von Gustav Adolf im Feldlager bei Nürnberg am 30. Juni 1632 unterzeichnet). Diese erste Universität, die *»Academia Gustaviana«,* hatte 17 ordentliche und zwei ausserordentliche Professoren, auf vier Fakultäten verteilt; während ihres Bestandes wurden im ganzen 1016 Studenten (darunter wenigstens 553 Schweden) immatrikuliert. Als im Jahre 1656 sich die Russen der Stadt bemächtigten, zerstoben Professoren und Studenten, und die Universität löste sich auf (einige Professoren suchten sie in Reval fortzusetzen, es wurden da bis 1665 noch 60 Studenten eingeschrieben).

Erst im Jahre 1690 wurde die Universität als *»Academia Gustaviana Carolina«* wiederhergestellt (die neuen Statuten vom 28. Januar 1689), diesmal mit nur zehn Professoren; beim Ausbruch des grossen nordischen Krieges wurde sie 1699 nach Pernau verlegt und verödete allmählich (die letzte Immatrikulation scheint 1710 stattgefunden zu haben). Diese zweite Universität hatte im ganzen 586 Studenten (davon etwa 230 Schweden). Von den Lehrern waren in der ersten Periode die Mehrzahl Deutsche, in der zweiten die meisten Schweden.

Während der nun folgenden russischen Herrschaft hatten die Deutschen der Ostseeprovinzen ihre akademische Bildung auf deutschen Universitäten erhalten; nachdem im Jahre 1798 sämtliche in fremden Ländern studierenden russischen Untertanen zurückberufen worden waren, war schon Kaiser Paul darauf bedacht, eine deutsche Universität einzurichten. Man schwankte zwischen Mitau und Dorpat, entschied sich aber für Dorpat. Die Universität begann ihre Wirksamkeit unter Kaiser Alexander I. im Jahre 1802; die erste Immatrikulation fand am 22. April 1802 statt; die Stiftungsurkunde datiert vom 12. Dezember 1802; das älteste Statut vom 12. September 1803. Der erste Kurator des Unterrichtsbezirkes war der Dichter Klinger (1803—1817). Die neue, deutsche Universität hatte mit allerlei Schwierigkeiten zu kämpfen: die grössten Verdienste um Aufbau und Festigung der jungen Schöpfung hatten die beiden Rektoren Parrot und G. Ewers und der zweite Kurator, Fürst

Lieven (1817–1828). Im Jahre 1820 wurden neue Statuten gegeben. In den Jahren 1828—1838 bestand an der Universität ein besonderes Institut zur Heranbildung von Professoren für die übrigen Universitäten des Reichs; von Dorpat aus wurden die Kandidaten ins Ausland gesandt. In den späteren Jahren des Kaisers Nikolaus hatte die Universität (wie auch die rein russischen Universitäten) eine schwere Zeit (Craffströms Kuratel 1835—1854). Im Jahre 1850 wurde die Zahl der Fakultäten durch Teilung der philosophischen Fakultät in eine historisch-philosophische und eine physiko-mathematische auf fünf erhöht. Das noch jetzt geltende Statut datiert vom 9. Januar 1865. Von 1865 bis 1890 stand Dorpat unter der Leitung der Kuratoren Graf Keyserlingk und Ssaburow auf der Höhe seiner wissenschaftlichen Bedeutung. Die Universität war bis zu Anfang der 90er Jahre eine rein deutsche, die Professoren fast ausschliesslich deutscher Geburt (etwa die Hälfte von ihnen aus Deutschland), seitdem machten sich aber Bestrebungen geltend, die Universität Dorpat mit den übrigen Universitäten des Reiches auf gleichen Fuss zu stellen. 1891 erschienen die Vorlesungs-Verzeichnisse und Personalia zum erstenmal in russischer Sprache.

Seit der Russifizierung werden alle Vorlesungen in russischer Sprache gehalten, deutsch nur die an der theologischen Fakultät und von den aus Deutschland berufenen Professoren.

Gehalt der Professoren. Etatsmässiger Gehalt der Professoren 3000 Rubel, Pension nach 25 Jahren 2400 Rubel, nach 30 Jahren 3000 Rubel.

Die Studenten. Schon in der schwedischen Zeit gab es in Dorpat wie an den übrigen schwedischen Universitäten Landsmannschaften (Nationalia Collegia), sie wurden aber — wie damals auch in Schweden — streng verboten. Auch an der deutschen Universität bildeten sich, seit dem ersten Dezennium ihres Bestehens, Landsmannschaften, die zeitweilig von den Behörden hart bedrängt, endlich 1855 obrigkeitlich anerkannt wurden. Solcher Landsmannschaften bestehen 1908: *Curonia* (im Jahre 1808 gestiftet), *Estonia* (1821), *Livonia* (1822), *Fraternitas Rigensis* (1823), *Neobaltia* (1879). Diese fünf Korporationen haben eine gemeinsame Vertretung in dem »Chargierten-Konvent«, und für sie und alle sich ihnen freiwillig anschliessenden Wilden ist der »allgemeine Komment« verbindlich. Bis auf die Fraternitas Rigensis haben die genannten Korporationen eigene Häuser (Konventsquartiere). Ausserhalb des Chargierten-Konvents bestehen noch drei farbentragende Verbindungen, Lettonia (1882), Polonia, Fraternitas Estica (1907), und verschiedene Vereine, unter ihnen der »Theologische Verein« (1867).

Literatur. Die vollständige Literatur über die Universität bis 1878 s. *Ed. Winkelmann, Bibliotheca Livoniae historica.* 2. Aufl. Berlin 1878. S. 117 ff. — Seitdem noch folgende Werke: *Neander, Die deutsche Universität Dorpat im Lichte der Geschichte und der Gegenwart.* 3. Aufl. Leipzig 1882. — *Hasselblatt u. Otto, Album acad.* Dorpat 1889. — *Hasselblatt, A., Die Ehrenlegion der 14000 Immatrikulierten.* Jurjev-Dorpat 1892. — *E. W. Pjetuchow, Imp. Jurjewskij, bywšij Derptskij universitet 1802—1902.* I. Jurjev 1902. 8°, II. St. Petersburg 1906. 8°. — *Biograficeskij slowarj Imp. Jurjewskago, bywšago Derptskago universiteta. I., II.* 1902. 1903. — *Statist. tablicy 1802—1901. J.* 1902. — *Gernet, A. v., Die im Jahre 1802 eröffnete Universität Dorpat und die Wandlungen in ihrer Verfassung.* Reval 1902. — *Gedenktage (Dorpater), 21. April bis 12. Dezember 1802—1902.* St. Petersburg 1902. — *Erman u. Horn, Bibliographie der deutschen Universitäten* II, 1217 ff.

Verfassung, Aufnahme, Studiendauer, Examina, Grade, Gebühren, usw. siehe S. 367 u. ff.

Fakultäten: theologische, juristische, medizinische, historisch-philologische, physiko-mathematische.

Helsingfors siehe unter FINLAND S. 405.

Kasan.

IMPERATORSKIJ KASANSKIJ UNIVERSITET.

GESCHICHTE. Die Stiftungsurkunde datiert vom 5. November 1804. Die ersten Statuten stimmten fast wörtlich mit den Statuten für die Universitäten zu Moskau und Charkow von demselben Datum überein. Die etatsmässige Lehrerzahl betrug 28 Professoren, zwölf Adjunkten und drei Lektoren, auf vier Fakultäten (die moral.-politische, physiko-mathematische, medizinische und historisch-philologische) verteilt. In der ersten Zeit fristete die neue Anstalt, mit dem alten von Kaiser Paul erneuerten Gymnasium (unter Jakovkin) nahe verbunden, nur ein kümmerliches Dasein; im Jahre 1805 bestand der ganze Lehrkörper aus zwei Professoren und vier Adjunkten. Erst vom Jahre 1814 datiert eigentlich die Universität; die feierliche Eröffnung fand am 1. Juni dieses Jahres statt Bald kam in der Person des dritten Kurators neues Unglück. Dieser, der Obskurant und Glücksritter Magnickij, suchte (1819—20) die Universität in ein mittelalterliches Mönchsinstitut zu verwandeln. Im Zusammenhang mit der Ausgabe des allgemeinen Statuts von 1835 wurde die Universität von der Verwaltung der mittleren und unteren Schulen des Lehrbezirkes enthoben. Im Jahre 1846 wurde die Universität Kasan (sowie diejenige von Charkow) der militärischen Gewalt des Generalgouverneurs untergeordnet. Die allgemeinen Statuten gelten auch für Kasan.

LITERATUR. *Bulič, Iz pervych lět Kasanskago universiteta.* I—II. Kasan 1887—91. — *Voigt, Otčet za 17 lět (1827—44).* 1844. — *Zagoskin, Istorija Imperatorskago Kasanskago universiteta za pervyja sto lět suščestvovanija (1804 1904).* I—IV. Kasan 1902—1906. — *Zagoskin, Biografičeskij slovar professorov i prepodavatelej I. Kasanskago Universiteta.* I—II. Kasan 1904. — *Michajlovskij, Prepodavateli, učivšiesja i služivšie v I. Kasanskom Universitete.* I—II. Kasan 1901—1904.

PUBL.: *Učenyja zapiski,* Monatsschrift der Universität. Subskription 6 Rubel jährlich (seit 1834; Register 1834—78. 1879. 1834—90. 1892, usw.).

VERFASSUNG, Aufnahme, Studiendauer, Examina, Grade, Gebühren, usw. siehe S. 367 u. ff.

FAKULTÄTEN: historisch-philologische, physiko mathematische, juristische, medizinische.

Kijew.

IMPERATORSKIJ UNIVERSITET SV. VLADIMIRA
(Kaiserliche Vladimir-Universität).

GESCHICHTE. Die Universität ist die Erbin zweier älterer Lehranstalten, des Kremenetz'schen Lyzeums und der Wilnaer Universität. Die Universität Wilna erwuchs aus einem im Jahre 1570 von den Jesuiten errichteten Gymnasium. Diese Anstalt erhielt bald (1578) das Recht, theologische und philosophische Grade, später (1641) auch das Recht, juristische und medizinische Grade zu erteilen. Sie hatte in der Folgezeit bis 1500 Studenten. Berühmt war das 1753 erbaute astronomische Observatorium Bei der Einteilung des russischen Reichs in Lehrbezirke wurde die Universität Wilna an die Spitze eines Lehrbezirks gestellt, der (unter Czartoryski als Kurator) die ehemaligen polnischen Landesteile (auch Volhynien und Podolien) umfasste Das neue Statut der Universität wurde schon 1803 gegeben Nach der ersten polnischen Empörung wurde die Universität Wilna im Jahre 1832 geschlossen, jedoch so, dass die medizinische Fakultät, in eine medizinisch-chirurgische Akademie verwandelt, noch fortbestand und das astronomische Observatorium der Akademie der Wissenschaften unterstellt wurde. Der Lehrbezirk wurde dem weissrussischen einverleibt und anstatt der Universität die Errichtung eines Lyzeums in Orša geplant.

Schon im Jahre 1805 war der damalige Minister Savadovskij darauf bedacht, eine Universität in Kijew zu errichten; Czacki, der als Visitator das Schulwesen der südwestrussischen Provinzen ordnete, brachte es aber dahin, dass anstatt der Universität in demselben Jahre ein Gymnasium zu Kremenetz gegründet wurde. Dieses Gymnasium, das als Zentrum der polnischen Bildung dienen sollte, sah indessen mehr einer Universität als einem Gymnasium ähnlich. In den drei höheren »Kursen« wurde u. a. Unterricht in Chemie, der höheren Mathematik, in Naturrecht, Völkerrecht, politischer Ökonomie und Architektur erteilt; das Reglement erwähnte unter den Fächern sogar Physiologie, Chirurgie und Tierheilkunde. Die Anstalt hatte 1810 612 Eleven, und ihr Budget betrug 1811 33000 Rubel; sie besass bald eine Bibliothek von 100000 Bänden. Im Jahre 1818 wurde das Gymnasium zum Lyzeum erhoben, der Unterricht der »Kurse« immer mehr nach dem Vorbild der Universitäten erweitert. Am Anfang der polnischen Empörung, 1831, wurde das Lyzeum geschlossen; Nikolaus hatte schon beschlossen, an dessen Statt und aus dessen Mitteln in Kijew ein juristisches Institut zu gründen, als es dem ersten Kurator des 1832 eingerichteten Kijewer Lehrbezirks, E. von Bradke, gelang, die Gründung einer Universität zu erwirken.

Zu dieser Universität gebrauchte man die Mittel, welche für die früher geplanten Anstalten in Orša und Kijew veranschlagt waren. Bibliothek und Sammlungen des Kremenetz'schen Lyzeums wurden Eigentum der Universität; die Mehrzahl der ersten Lehrer der neuen russischen Universität waren Polen, mehr als die Hälfte bestand aus früheren Lehrern des Lyzeums. Das 1833 gegebene Statut der Kijewer Universität (die 1834 eröffnet wurde) war ein Vorläufer der allgemeinen Uvarov'schen Statuten von 1835. Erst 1837 wurde die Vladimirs-Universität von der Verwaltung des örtlichen Schulwesens befreit. Die neue Universität bestand anfangs nur aus zwei Fakultäten: der philosophischen (mit zwei Abteilungen) und der juristischen; ausserhalb der Fakultäten standen die zwei Professoren der griechisch katholischen und der römisch-katholischen Theologie. Schon fünf Jahre nach ihrer Gründung, im Jahre 1839, wurde die Universität, infolge der polnischen Propaganda unter den Lernenden, geschlossen, nach einem Jahre aber nach Entfernung sämtlicher Kremenetz'scher Professoren wieder eröffnet. Das neue Statut von 1842 stimmt bezüglich der Administration mit dem allgemeinen Statut von 1835 überein, der Unterricht wurde aber freier nach deutschem Muster geordnet. Anfangs der vierziger Jahre wurde, laut einem Ukas von 1840, die medizinisch-chirurgische Akademie in Wilna in eine medizinische Fakultät (mit 10 Lehrstühlen) umgewandelt und der Vladimirs-Universität einverleibt. Die Sammlungen der Akademie gingen in den Besitz der Universität über. Mit den übrigen Universitäten teilte die Kijew'sche die Drangsale der letzten Jahre unter Nikolaus (seit 1848). Erst mit den allgemeinen Statuten von 1863 und 1884 wurde die Vladimirs-Universität den übrigen russischen Universitäten vollständig gleichgestellt.

Literatur. *Šulgin, Istorija Universiteta Sv. Vladimira za pervoje 25-lětije.* St. Petersburg 1860. — *Baliński, Dawna Akademia Wileńska.* 1862. — *Tekieliński, Opis dzienny szkól wileńskich, akademii i uniwersytetu (1781—1824).* Wilna 1876. — *Savenko, Učreždenie universiteta Sv. Vladimira.* 1884. — *Ikonnikov, Istor.-stat. zapiski ob učenych i učebno-vspomag. učreždenijach 1834—84.* 1884. — *Akadem. spiski*

1834--84. 1884. — *Vladimirskij-Budanov, Istorija universiteta Sv. Vladimira. 1-2.* 1884. — *Ikonnikov, Biograf. slovarj professorov i prepodavatelej.* 1884. — *Alcksějev, Istorija chimič. laboratoriji.* 1886. — *Kijew i universitet Sv. Vladimira pri imperatore Nikolaje I.* 1896. —

Publ.: *Univ. Izvěstija,* seit 1861 (Register 1861—84. 1884).

Verfassung, Aufnahme, Studiendauer, Examina, Grade, Gebühren, usw. siehe S. 367 u. ff.

Fakultäten: historisch-philologische, physiko-mathematische, juristische, medizinische.

Moskau.

IMPERATORSKIJ MOSKOVSKIJ UNIVERSITET.

Geschichte. Schon Peter der Grosse plante die Gründung der Universität, die erst unter Kaiserin Elisabeth mit Urkunde vom 12. Januar 1755 ins Leben trat. Die Universität wurde unmittelbar dem Senate unterstellt, ihr erster Kurator war Graf Šuvalov. Anfangs lehrten zehn Professoren: drei Juristen, drei Mediziner und vier Philosophen; jeder sollte wenigstens zwei Stunden täglich unentgeltlich lesen. Der Etat war 10000 Rubel, zur ersten Einrichtung gab der Staat 5000 Rubel, Graf Demidov 21000 Rubel. Im Jahre 1758 hörten 100 Studenten, sämtlich Staatspensionäre. Die Grafen Demidov schenkten eine Mineraliensammlung und ein Herbarium, ihre reiche Bibliothek und ihr Münzkabinett; Kaiser Alexander I. erwarb um 50000 Dukaten die reichen Naturaliensammlungen des Fürsten Jablonowski. Unter Alexander I. kam die Universität unter das Unterrichtsministerium (neue Statuten vom 5. November 1804). Der Etat betrug jetzt 130000 Rubel, es gab schon alle vier Fakultäten. Bei dem grossen Brande von 1812 wurden alle Sammlungen und die 20000 Bände starke Bibliothek vernichtet. Man ersetzte bald die Verluste, es wurden u. a. das anatomische Kabinett des Leibarztes Loder um 125000 Rubel und die Bibliothek und Sammlungen des bayerischen Gelehrten Mohl angekauft. In den vierziger Jahren wurde die Moskauer medizinisch-chirurgische Akademie mit der Universität verschmolzen.

Literatur. *Ševyrev, Istorija Mosk. universiteta.* 1855. — *Biograf. slovarj professorov i prepodavatelej.* 1855. — *Suškov, Mosk. univ. blagorodnyj pansion.* 1858. — *Strachov, Kratkaja ist. akad. gimnaziji.* 1855.

Publ.: *Učenyja Zapiski; Reč i Otčet; Obozrěnije prepodavanija.*

Verfassung, Aufnahme, Studiendauer, Examina, Grade, Gebühren, usw. siehe S. 367 u. ff.

Fakultäten: historisch-philologische, physiko-mathematische, juristische, medizinische.

Odessa.

IMPERATORSKIJ NOVOROSSIJSKIJ UNIVERSITET
(Kaiserliche neurussische Universität).

Geschichte. Im Jahre 1817 wurde von Kaiser Alexander I. auf Staatskosten das Richelieu-Lyzeum (Herzog Richelieu war Generalgouverneur 1803—1814), eine Art höherer Mittelschule, gegründet und 1818 eröffnet. Erst in den sechziger Jahren ging man daran, dieses Lyzeum in eine Universität zu verwandeln. Infolge des neuen russischen Universitäts-Statuts vom 18. Juni 1863 wurde am 11. Juni 1864 die Gründung der neurussischen Universität mit drei Fakultäten, der historisch-philologischen, der physiko-mathematischen und der juristischen angeordnet. Am 1. Mai 1865 wurde die Universität eröffnet. Seit 1897 hat sie auch eine medizinische Fakultät.

Literatur. *Michnevič, Istorič. očerk 40-lětija Rišeljevskago liceja*

1817—57. 1857. — *Jakovlev, Abbat Nikol i pervyje gody Rišeljevskago liceja*. 1890. — *Markevič, 25-lëtije Imperat. Novoross. Universiteta*. 1890.

Publ.: *Zapiski*, seit 1867 (Generalregister in Bd. XXV u. L).

Verfassung, Aufnahme, Studiendauer, Examina, Grade, Gebühren, usw. siehe S. 367 u. ff.

Fakultäten: historisch-philologische, physiko-mathematische, juristische, medizinische.

St. Petersburg.

IMPERATORSKIJ S.-PETERBURGSKIJ UNIVERSITET.

Geschichte. Schon Peter der Grosse hatte eine Universität in seiner neuen Hauptstadt geplant, und im Jahre 1803 war der Etat einer werdenden Universität in Petersburg vom Kaiser bestätigt worden. Dass indessen noch zu dieser Zeit der Plan nicht zustande kam, hing wohl wesentlich davon ab, dass in der Hauptstadt das Bedürfnis weniger fühlbar war, da mehrere andere höhere Lehranstalten bestanden. Zu diesen gehörte ausser der medizinisch-chirurgischen Akademie auch ein aus den Zeiten Katharinas II. stammendes *Lehrerseminar*, das seit 1803 die Benennung »*Lehrergymnasium*« (mit 100 Internen) führen sollte. Aus diesem Gymnasium wurde im Jahre 1804 ein *pädagogisches Institut*, worin zwei Jahre später noch 100 Pensionäre Aufnahme fanden. Durch die im Jahre 1816 erfolgte Umbildung zu einem *pädagogischen Hauptinstitut* (Reglement vom 23. Dezember 1816) mit 27 Lehrern (Professoren, Adjunkten und Lektoren) in drei Abteilungen die philosophisch-juristische, die physiko-mathematische, die historisch-literarische), mit dem Recht, gelehrte Grade zu erteilen, wurde die Anstalt wesentlich einer Universität gleichgestellt. Der volle Kursus war auf sechs Jahre berechnet: zwei Jahre der »Vorbereitung«, drei Jahre der »höheren Wissenschaften« und ein »abschliessendes« (der Pädagogik gewidmetes) Jahr.

Der Name einer *Universität* (mit drei Fakultäten und mit der den Universitäten bis auf das allgemeine Statut von 1835 obliegenden Verwaltung der mittleren und unteren Lehranstalten des Lehrbezirkes) wurde, auf Betrieb des damaligen Kurators des Lehrbezirkes, S. Uwarow, durch einen kaiserlichen Beschluss vom 8. Februar 1819 gegeben. Vor den bigott-reaktionären Strömungen der Zeit konnte indessen Uwarow seine Universität nicht schützen; im Jahre 1821 wurde sie durch gewaltsame oder freiwillige Entfernung von zehn der Professoren »gereinigt«. Anstatt des provisorischen Statuts vom Jahre 1819 sollte seit 1824 das Statut der Universität Moskau auch für die Petersburger gelten. 1839—43 und 1849—51 bestand eine »reale Abteilung« zur Heranbildung von Lehrern der technischen Fächer, 1843—60 eine »kamerale Gruppe« der Wissenschaften (juristische, historisch-philologische und physiko-mathematische Fächer samt Technologie und Architektur). 1849—55 war die Zahl der Studenten (ausser den Staatspensionären) auf 300 beschränkt Nachdem im Jahre 1845 zu den früher bestehenden Lehrstühlen für morgenländische Sprachen drei neue für armenische, georgische und tatarische Sprachen hinzugekommen waren, wurde 1854 eine besondere »Fakultät der morgenländischen Sprachen« mit neun Professoren (dazu noch drei Adjunkten und drei Lektoren) errichtet. Im Jahre 1858 löste sich das »Pädagogische Hauptinstitut« vollständig auf, und seine Bibliothek ging in den Besitz der Universität über; an seine Stelle traten an sämtlichen Universitäten »pädagogische Kurse«. Infolge von Unordnungen wurde 1861 die Universität (mit Ausnahme der morgenländischen Fakultät) geschlossen und erst 1863 nach Veröffentlichung der neuen Statuten wieder geöffnet Die allgemeinen Statuten, usw. gelten auch für Petersburg. Seit dem Jahre 1899 ist das regelmässige akademische Leben infolge der politischen Unruhen oft unterbrochen worden und jetzt steht die Universität im Übergangsstadium vom alten zum neuen Statut.

LITERATUR. *Zjablovskij, Istor. povėst ob Učit. sem. i Pedag. instit.* 1833. — *Šulgin, O načalė i vozrastė universiteta.* 1838. — *Pletnev, Pervoje 25-lėtije universiteta.* 1844. — *Grigorjev, St. Peterburgskij universitet v tečenije pervych 50 lėt.* 1870. — *Biografičeskij slovarj professorov I—II* (1896). — *Materialy dlja istorij Fakulteta Vostočnych Jasykov.* Teil I. 1905. II. 1906.

PUBL.: *Obozrėnije prepodavanija nauk.* — *Otčet* (Bericht). — *Zapiski istor.-filologičeskago fakulteta* (seit 1875). — *Vostočnyja zamėtki,* hrsg. v. d. Orient. Fak. — *Protokolle des Conseil.* — *Sbornik studentov,* Hh.1—3. — *Scripta botanica Horti Universitatis Petropolitanae hrsg. von Chr. Gobi.* (Botaničeskija Zapiski) (seit 1886). — *Materialy po izučeniju russkich počv* (Beiträge zur Bodenkunde Russlands) *begründet von A. Sovėtov* (seit 1885). — *Sbornik trudov kabineta physičeskoj geographiji* (Sammlung der Arbeiten des Kabinetts der physikal. Geographie) *hrsg. von A. Vojejkov* (seit 1899). — *Izdanija Fakulteta Vostočnych Jazykov* (Publikationen der Oriental. Fakultät) (seit 1899).

VERFASSUNG, Aufnahme, Studiendauer, Examina, Grade, Gebühren, usw siehe S. 367 u. ff.

FAKULTÄTEN: historisch-philologische, physiko-mathematische, juristische, orientalische

Saratow.

IMPERATORSKIJ NIKOLAJEWSKIJ UNIVERSITET.

Gegründet laut kaiserlichem Erlass vom 10. Juni 1909 nach Vorschlag der Reichsduma und des Reichsrates. Die Eröffnung fand am 6. Dezember 1909 statt.

VERFASSUNG, Aufnahme, Studiendauer, Examina, Grade, Gebühren, usw. siehe S. 367 u. ff.

FAKULTÄTEN: Es besteht zunächst nur die medizinische Fakultät.

Tomsk (West-Sibirien).

TOMSKIJ UNIVERSITET.

Gegründet 1888. — Publ.: *Izvėstija.*

VERFASSUNG, Aufnahme, Studiendauer, Examina, Grade, Gebühren, usw. siehe S. 367 u ff.

FAKULTÄTEN: medizinische, juristische.

Warschau.

IMPERATORSKIJ VARŠAVSKIJ UNIVERSITET.

GESCHICHTE. Die Universität wurde 1816 gestiftet und 1818 eingeweiht. Nach der Revolution von 1830 wurde sie im Jahre 1832 aufgehoben und ihre Bibliothek nach St. Petersburg gebracht. 1857 Errichtung einer medizinisch-chirurgischen Akademie. Im Jahre 1861 wurde wieder eine höhere Lehranstalt (Hauptschule) in Warschau gegründet, deren Umbildung in eine russische Universität im Jahre 1869 erfolgte. — Für die Warschauer Universität gelten die »Allgemeinen Statuten« nicht (siehe S. 367 u. S. 369).

FAKULTÄTEN: historisch-philologische, physiko-mathematische, juristische, medizinische.

PUBL.: *Izvėstija* (seit 1870).

AUFNAHME, Studiendauer, Examina, Grade, Gebühren, usw. siehe S. 369 u. ff.

Geistliche Akademien.

Orthodoxe Akademien in Kasan, Kijew, Moskau, St. Petersburg.
Römisch-katholische geistliche Akademie in St. Petersburg.

I. Allgemeine Organisation.

Die orthodoxen geistlichen Akademien, den theologischen Fakultäten der deutschen Universitäten entsprechend, unterliegen den Bestimmungen eines kaiserlichen Statuts vom Jahre 1884. Im April 1910 ist ein neues Statut für die geistlichen Akademien vom Kaiser bestätigt worden, aber noch nicht eingeführt. Die Oberleitung gehört der *heiligen Synode;* als Kuratoren fungieren die lokalen Bischöfe Die unmittelbare Leitung führt der *Conseil,* aus Rektor, Inspektor und sämtlichen ordentlichen und ausserordentlichen Professoren, unter Vorsitz des Rektors, bestehend; die Verwaltung führt eine *Direktion* (Rektor, Inspektor und drei ordentliche Professoren).

Obligatorische Fächer: Einleitung zu den theologischen Wissenschaften, die heilige Schrift mit biblischer Geschichte, Dogmatik, Moraltheologie, Homiletik und Geschichte der Predigt, Pastoraltheologie und Pädagogik, Kirchenrecht, allgemeine Kirchengeschichte bis zur Trennung der Kirchen, Geschichte der orthodoxen und russischen Kirche, Patristik, kirchliche Archäologie und Liturgik, Philosophie (Logik, Psychologie, Metaphysik und Geschichte der Philosophie). Die übrigen Fächer verteilen sich auf zwei (in Kasan vier) *Gruppen,* unter denen der Student eine wählen muss: 1. Theorie der schönen Literatur und Geschichte der fremden Literaturen, russische und kirchenslavische Sprache (mit Paläographie) und Geschichte der russischen Literatur, hebräische Sprache und jüdische Archäologie. 2. Geschichte und Kritik der abendländischen Kirchen, Geschichte und Widerlegung der Häresien der russischen Kirche (»Raskol«), allgemeine Geschichte und russische politische Geschichte. In Kasan gibt es noch zwei auf die Missionswirksamkeit abgesehene Gruppen, nämlich: 3. tatarische Gruppe: Geschichte und Widerlegung des Islam; Ethnographie der Tataren, Kirgisen, Baschkiren, Tschuwaschen, Tscheremissen, Wotjaken, Mordvinen; Geschichte der Missionstätigkeit unter den genannten Stämmen; arabische und tatarische Sprache mit einer allgemeinen Übersicht der übrigen Sprachen der genannten Völker, 4. mongolische Gruppe: Geschichte und Widerlegung des Lamaismus; Ethnographie der Mongolen, Burjäten, Kalmüken, Ostjaken, Samojeden, Jakuten, usw.; Geschichte der Missionstätigkeit unter diesen Völkern; mongolische Sprache und allgemeine Übersicht der übrigen hierher gehörigen Sprachen. Dazu kommen in allen Gruppen eine alte und eine neuere Sprache.

Aufnahme, nur Anfang des Herbstsemesters, in begrenzter Zahl, auf Grund eines Eintrittsexamens, das seinerseits ein von einem geistlichen Seminar oder einem klassischen Gymnasium gegebenes Reifezeugnis voraussetzt. Die Studenten leben, wenn sie nicht bei ihren Eltern wohnen, alle als Interne; eine gewisse Zahl derer, die das Examen am besten gemacht, auf Staatskosten. Sie müssen die Vorlesungen hören, bestimmte schriftliche Arbeiten ausführen und Predigten verfassen; ihr Leben ist ausserdem streng gebunden (Fasten, Gottesdienst, usw.). Auch Zuhörer können vom Kurator (Bischof) die Erlaubnis zum Besuch der Vorlesungen erhalten.

Der vollständige KURSUS umfasst 4 Jahre. Am Ende des Frühlingssemesters erfolgt nach bestandenem Examen Versetzung in den zunächst höheren Kursus. — GRADE. Nach vollständig durchgemachtem Kursus erhält der Student, je nach der Zensur, entweder den Titel eines »wirklichen Studenten« oder den Grad eines »Kandidaten der Theologie«, und wird im besten Fall, nach erfolgter Disputation, »Magister der Theologie«. Nach Einreichung einer zweiten Dissertation kann der Magister, je nach der Hauptrichtung seiner Studien, zum Doktor der Theologie, der Kirchengeschichte oder des Kirchenrechts ernannt werden. Der vollständige Kursus befähigt zu priesterlicher Weihe und zu Lehrerstellen an geistlichen Unterrichtsanstalten. Alljährlich werden an jeder Akademie zwei der besten Schüler (mit 700 Rubel Einkommen) zurückgehalten, um sich auf das Professorat vorzubereiten. Staatspensionäre sind gehalten, für jedes akademische Jahr $1^1/_2$ Jahre mit Gehalt als Lehrer oder Priester tätig zu sein, andernfalls müssen sie die Kosten des Unterhalts zurückzahlen.

II. Geschichte und besondere Organisation.

Kasan.

GEISTLICHE AKADEMIE
(Kazanskaja Duchovnaja Akademija).

Das frühere geistliche Seminar wurde 1798 in eine geistliche Akademie umgewandelt; 1818—1842 bestand die Anstalt wieder als Seminar.

PUBL.: *Protokoly zasědanij Sověta* (seit 1870); *Pravoslavnyi Sobesědnik* (seit 1855); *Register 1855—1891.* — *Izvěstija po Kazanskoj eparchii* (seit 1867).

ORGANISATION, Aufnahme, Grade, usw. siehe S. 379.

Kijew.

GEISTLICHE AKADEMIE
(Kijewskaja Duchovnaja Akademija).

GESCHICHTE. Von der nicht mehr existierenden Universität Wilna abgesehen, die älteste höhere Lehranstalt im heutigen Russland. Ihren Ursprung leitet sie von einer »Schule der slavischen und lateinisch-polnischen Schrift«, die (vielleicht schon im XVI. Jahrhundert) von der Brüderschaft der Kirche der Offenbarung Gottes eingerichtet wurde. Vom Metropoliten Petr Mohyla wurde sie in eine höhere Lehranstalt umgebildet; 1705 reorganisiert und 1819 in eine geistliche Akademie im heutigen Sinne verwandelt.

LITERATUR. *Bulgakov, Istorija Kijevskoj akad.* Petersburg 1843. — *Askocenskij, Kijev s. drevnim jego učiliščem akad.* 1856. — *Petrov* in *Trudy* 1866—68; *Liničevskij.* Ibid 1870. — *Golubev, Istorija Kijevsk. duchovnoj akad.* in *Izvěstija* 1885—86.

PUBL.: *Trudy* (seit 1860); *Protokoly* (seit 1869).

ORGANISATION, Aufnahme, Grade, usw. siehe S. 379.

Moskau.

GEISTLICHE AKADEMIE

(Moskovskaja Duchovnaja Akademija).

GESCHICHTE. Im Dreifaltigkeitskloster des heiligen Sergěj, 66 Kilometer nordöstlich von Moskau untergebracht, leitet sie ihren Ursprung von der »hellenisch-slavischen Schule« ab, die im Jahre 1685 (nach den Privilegien des Fedor Aleksějevič vom Jahre 1682) errichtet wurde. Die ersten Lehrer waren zwei griechische Brüder Joannikij und Sofronij Lichudos, die in Venedig und Padua studiert hatten. In dieser ältesten Schule (im Zaikonospasskischen Kloster) mit nur zwei Lehrern war der Unterricht hauptsächlich griechisch. Durch Javorskij wurde die Anstalt im Jahre 1701 infolge eines Befehles Peters des Grossen gründlich umgestaltet; die neue »slavisch-lateinische« oder »slavisch-griechisch-lateinische Akademie« erhielt ihre Lehrer von Kijew; der Unterricht war lateinisch. Die Schüler waren auf acht Klassen verteilt, die der zwei obersten Klassen (der Philosophie und der Theologie) hiessen »Studenten«. Nach einer weiteren Umbildung im Jahre 1775 erhielt die Anstalt im Jahre 1814 ihre jetzige Aufgabe und Organisation; sie feiert daher 1814 als ihr Gründungsjahr.

LITERATUR. *Smirnov, Istorija Moskovskoj slav.-greko-lat. Akademiji.* 1855. — *Smirnov, Istorija Troickoj lavrskoj Semin.* 1867. — *Smirnov, Istorija Moskovskoj duch. Akademiji (vor ihrer Reorganisation 1814 bis 1878).* — *Spiski Studentov 1814—1889 und 1890—1903.*

PUBL.: *Tvorenija Sv. očev, mit* (wiss.) *Anhang,* darin u. a. Jahresberichte und Protokolle des Conseil (seit 1843); *Generalregister 1843 bis 1891,* gedruckt 1887—1907. — *Bogoslovskij věstnik,* seit 1892. — *Generalreg. 1892 bis 1906,* gedruckt 1903—1907 *(von K. Popov).* — *Novosti Bogoslovskoj Literaturi,* seit 1904. — *Christianin,* seit 1907.

ORGANISATION, Aufnahme, Grade, usw. siehe S. 379.

St. Petersburg.

GEISTLICHE AKADEMIE

(St. Peterburgskaja Pravoslavnaja Duchovnaja Akademija).

(Obvdnyj Kand. 17).

Gegründet 1797. — ORGANISATION, Aufnahme, Grade, usw. siehe S. 379.

LITERATUR. *Čistovič, Istorija St. Peterburgskoj Duch. Akadem.* 1858.

PUBL.: *Cerkovnyj věstnik* (seit 1876); *Christianskoje Čtenije* (seit 1821).

RÖMISCH-KATHOLISCHE GEISTLICHE AKADEMIE

(Rimsko-katoličeskaja Duchovnaja Akademija).

Die Akademie befand sich früher in Wilna und wurde 1842 nach St. Petersburg verlegt. Sie untersteht dem Ministerium des Innern und entspricht der theologischen Fakultät einer römisch-katholischen Universität und unterliegt den Bestimmungen eines kaiserl. Reglements vom Jahre 1841.

Die Hörer sind Priester, die den Kursus eines römisch-katholischen Seminars absolviert haben. 50 von ihnen geniessen aus Stiftungsgütern freien Unterhalt, die übrigen sind zahlende Pensionäre. — Der Eintritt wird nur auf Antrag der Eparchialbehörden genehmigt. — Der vollständige Kursus umfasst vier Jahre. — Die Akademie erteilt die Grade eines Studenten, Magisters und Doktors der Theologie. Prüfungen am Ende eines jeden Schuljahres. Zur Erlangung der höheren Ämter innerhalb der katholischen Kirche ist das Doktorat der Theologie und des kanonischen Rechts unerlässlich.

Medizinische Hochschulen

und pharmazeutischer Unterricht.

St. Petersburg: K. Militär-medizinische Akademie, K. Institut für experimentelle Medizin, K. klinisches Institut der Grossfürstin Helena Pavlovna, Medizinische Hochschule für Frauen, Höhere pharmazeutische Frauen-Schule.

Ausserdem pharmazeutischer Unterricht an den medizinischen Fakultäten der Universitäten.

St. Petersburg.

KAISERLICHE MILITAR MEDIZINISCHE AKADEMIE

(Imperatorskaja S.-Peterburgskaja Vojenno-medicinskaja Akademija).

GESCHICHTE. Im Jahre 1733 wurden in St. Petersburg die beiden ersten Medizinschulen an den Militärhospitälern eröffnet. Der Lehrkursus dauerte sieben Jahre. Die Schüler lebten im Hospital. Nach Absolvierung der Lehrzeit erhielten sie das Diplom eines Arztes, die besten wurden zu weiterer Ausbildung ins Ausland geschickt. Am 18. Dezember 1798 wurden diese Schulen in die »Medico-chirurgische Akademie« umgewandelt, eröffnet aber wurde die Akademie tatsächlich erst am 16. September 1800, als alle notwendigen Gebäude fertig waren. In den ersten Jahren besass die Akademie kein streng abgeschlossenes Statut. Zur endgültigen Einrichtung der Anstalt wurde der berühmte Peter Frank als Rektor berufen, der 1806 ein Statut verfasste, das dem der medizinischen Fakultät der Wiener Universität sehr ähnlich war. Infolge der Intrigen des Leibchirurgen Wylie war Frank genötigt, Petersburg zu verlassen, und das Statut wurde von Wylie endgültig ausgearbeitet, der seit 1809 Präsident der Akademie war und diese vollkommen eigenmächtig verwaltete. 1808 erhielt die Anstalt den Titel »Kaiserliche Akademie«. Es wurden an ihr eine medizinische, eine pharmazeutische und eine tierärztliche Abteilung eingerichtet. Die Professoren wurden nach den Angaben Wylie's gewählt; dem »Professorenrat« (»Conferenz«) war es gestattet, Fragen, die die Lehrtätigkeit betrafen, und auch einige wirtschaftliche zu entscheiden. Die Studierenden lebten in der Akademie. Der Lehrkursus dauerte vier Jahre. Die Professoren lehrten in russischer Sprache, aber die klinischen Vorlesungen und die Disputationen bei der Verteidigung der Dissertationen zur Erlangung des Grades eines Doktors der Medizin fanden in lateinischer Sprache statt. Die Lehrmittel der Akademie waren äusserst dürftig. 1835 wurde ein neues Statut verfasst, wodurch die klinische Ausbildung etwas erweitert wurde.

1838 trat Wylie von dem Amt des Präsidenten zurück, und die Akademie, die anfangs zum Ministerium der Volksaufklärung und später zu dem des Innern gehört hatte, ging zum Kriegsministerium über.

Dieser Übergang hatte wohltätige Folgen für den Zustand der Lehrmittel, da dieses Ministerium immer über grosse Geldmittel verfügte. Der Nachfolger Wylie's, Dr. Schlegel (1838—1851), hat viel für die Akademie getan; er liess mehrere Gebäude umbauen, verbesserte die Kabinette und Lehrstühle, führte Ordnung und Disziplin ein. Es wurden tüchtige Spezialisten berufen: C. E. von Baer, W. Gruber, Mjanowski, N. Pirogow, Seidlitz u. a. Besonders wesentliche Verbesserungen wurden unter dem Präsidenten Dubowizki (1857—1867) eingeführt. Alle Gebäude wurden umgebaut, die Kliniken und Kabinette mit allem Notwendigen versehen, ein ambulatorischer Krankenempfang eingerichtet, Privatdozenturen geschaffen; jedes Jahr wurden drei Ärzte ins Ausland zur Ausbildung für die Professur geschickt. Mehrere neue Lehrstühle wurden kreiert. Zu Professoren wurden Gelehrte gewählt, die wissenschaftliche Arbeiten aufzuweisen hatten; viele von ihnen trugen dazu bei, die Bedeutung der Akademie als eines wissenschaftlichen Instituts zu heben. Hierunter sind zu nennen: Botkin, Eichwald, Eck, Jakubowitsch, Junge, Rudnew, Ssetschenow, Zdeckauer, Gruber u. a. Von dieser Zeit an wurden die klinischen Vorlesungen und Doktordisputationen in russischer Sprache abgehalten.

Nach Dubowizki's Abgang begann der Verfall der Akademie. Unter den Professoren entstanden Zwistigkeiten. Die Studenten beschäftigten sich hauptsächlich mit Politik. Die Zahl der Studierenden, die jetzt schon nicht mehr in der Akademie lebten, stieg auf 1600, wodurch die Benutzung der Lehrmittel bedeutend erschwert wurde. 1874 wurden die Sitzungen der Konferenz zeitweilig aufgehoben, und die Verwaltung der Akademie wurde drei Generälen übertragen. 1881 Schliessung der beiden ersten Kurse; der Unterricht beschränkte sich nun ausschliesslich auf klinische Vorlesungen und Beschäftigungen. Die Professoren, die die naturhistorischen Fächer lasen, wurden entlassen, die tierärztliche und die pharmazeutische Abteilung endgültig geschlossen. Die Zahl der Studenten ging auf ein Minimum zurück.

Vom Jahre 1884 an begann die Akademie allmählich wieder aufzuleben. Der fünfjährige Lehrkursus wurde wieder eingeführt, die Zahl der Studenten auf 750 festgesetzt. Errichtung mehrerer neuer Gebäude für Kliniken. 1890 wurden einige neue Lehrstühle kreiert (Geschichte und Enzyklopädie der Medizin, Bakteriologie, orthopädische Chirurgie). Der materiellen Lage der Studenten wird eine gewisse Aufmerksamkeit zugewandt: die Mehrzahl der Studenten erhält ein Stipendium, das sie verpflichtet, eine Zeitlang als Militärärzte in der Armee zu dienen. Die Zahl der in der Akademie ausgeführten wissenschaftlichen Arbeiten nahm bedeutend zu. 1904—1905 erwarb sich die Konferenz der Akademie eine etwas grössere Selbständigkeit bei der Wahl der Professoren und in der Leitung des Unterrichts. 1909 richtete die Reichsduma ihre Aufmerksamkeit darauf, dass die Akademie grosse Geldmittel erhält, aber zu wenig Ärzte für den Bedarf der Armee und Flotte entlässt. Dieser Umstand bewog das Kriegsministerium, eine Reform der Akademie in Angriff zu nehmen, die innerhalb der nächsten zwei Jahre beendet sein wird.

Literatur. *Prosorow, Pjatidessjatiletie Akademii.* 1850. (Das 50jähr. Bestehen der Akademie). — *Istorija Akademii.* 1898. (Geschichte der Akademie). — *Paschutin, Kratkij istoritscheskij otschesk Akademii sa 100 ljet ssuschtschestwowanija.* 1898. (Kurzer historischer Überblick über das 100jährige Bestehen der Akademie).

Publ.: *Protokoly zasědanij Konferenciji.* — *Ježegodnik* (Jahresbericht) *Imper. Vojenno Mediz. Akademiji* (seit 1897). — *Izvěstija Imper. Vojenno Medizinskoj Akad.* (Berichte) à 9 Nrn. jährlich.

KAISERLICHES INSTITUT FÜR EXPERIMENTELLE MEDIZIN.

Gegründet von S. H. dem Prinzen Alexander von Oldenburg im Jahre 1890 als Anstalt für wissenschaftliche Forschungen auf dem Gebiete der Medizin und speziell der Lehre über Infektionskrankheiten und deren Bekämpfung. Die Anstalt besteht aus sechs wissenschaftlichen, vier praktischen Abteilungen, zwei speziellen Laboratorien und enthält über 100 Plätze in den verschiedenen Laboratorien für Praktikanten. — Gebühren: 27 Rubel jährlich.

Publ.: die Zeitschrift »*Archives des Sciences biologiques*« (russisch und französisch), jährlich ein Band.

KAISERLICHES KLINISCHES INSTITUT DER GROSSFÜRSTIN HELENA PAVLOVNA

(Imperatorskij Klinič Institut Velikoj Kn. Jeleny Pavlovny).

Das Institut wurde 1855 mit einem chirurgischen und therapeutischen Klinikum und einem Katheder für pathologische Anatomie eröffnet. Im Laufe der Jahre wurde die Tätigkeit erweitert. — Das Institut untersteht dem Ministerium der Volksaufklärung und einem Kurator aus dem Kaiserhause. Die Aufsicht führt ein Kuratoren-Komitee, dessen Präsident vom Kaiser ernannt wird. Die unmittelbare Verwaltung untersteht einem Direktor, der von der Professorenversammlung gewählt wird.

Gebühren. Einschreibegebühr 10 R., Kliniken gratis, für Kurse meist je 10 R. — Grade und Diplome werden nicht erteilt.

MEDIZINISCHE HOCHSCHULE FÜR FRAUEN

(Ženskij Medicinskij Institut),
Archijerejskaja Strasse 6—8.

Eröffnet 1897 als Halb-Staatsanstalt. Das Institut stellt eine Erweiterung und Vervollkommnung der früheren ärztlichen Frauenkurse dar, die von 1872 bis 1887 in St. Petersburg existierten und das Recht des »weiblichen Arztes« verliehen. 1887 wurden diese Kurse infolge der politischen Unruhen geschlossen. Seitdem entstand die Gesellschaft zur Erlangung der Mittel für die Errichtung eines weiblichen medizinischen Instituts durch freiwillige Beiträge. Seit 1904 Staatsanstalt, die dem kaiserlichen Ministerium für Volksaufklärung untersteht.

Aufnahme gegen Vorlage des Reifezeugnisses eines weiblichen Gymnasiums oder Instituts und des Zeugnisses einer Ergänzungs-Prüfung in der russischen Sprache, Mathematik, Physik, der lateinischen und einer der neuen Sprachen im Umfange des Programms der männlichen Gymnasien. Alter 19 bis 28 Jahre. Nichtchristen 5% (Jüdinnen nur 3%).

Studiengang fünfjährig nach dem Programme der medizinischen Fakultäten, nach dessen Vollendung das Staats-Examen vor besonderer Staats-Prüfungskommission zu bestehen ist. — Das Institut verleiht den Titel »Lekař« (Arzt) und dieselben Rechte wie die medizinischen Fakultäten der Universitäten. Auch die Erlangung des Doktorgrades ist möglich gegen Vorlage einer Dissertation.

Gebühren. Gebühr für das Semester 50 Rubel (einschliesslich aller Vorlesungen und praktischen Übungen).

Literatur. *Petr Suščinskij, Der weibliche Arzt in Russland 1872 bis 1882* (russisch). St. Petersburg 1883. — *Dr. Marcou, Beschreibung des Instituts im gegenwärtigen Zustande* in »Archives générales de médecine«, Janv.—Avril 1902. — *P. Tarnovskaja, Das weibliche medizinische Institut und ärztliche Frauenkurse.* Eine geschichtliche Skizze (russisch, in der Zeitschrift »Věstnik Jevropy« 1903, Nr. 8).

PUBL.: *Jahresbericht der Gesellschaft für die Beförderung der Mittel des Instituts (Otčet Obščestva dlja usilenija sredstv Ženskago medicinskago Instituta).* — *»Délo«, Sbornik v polzu St. Peterburgskago Ženskago Medicinskago Instituta.* Moskwa 1899.

HÖHERE PHARMAZEUTISCHE FRAUEN-SCHULE

[Nevskij Prospekt 32].

Private Schule. AUFNAHMEBEDINGUNG ist Absolvierung eines weiblichen Gymnasiums und Ablegung einer Prüfung.

GEBÜHREN: 175 Rubel pro Jahr.

Juristische Schulen.

Jaroslawl, Moskau, St. Petersburg (Kaiserliche Rechtsschule, Militär-juristische Alexander-Akademie).

Jaroslawl.

DEMIDOVSCHES JURISTISCHES LYZEUM
(Demidovskij juridičeskij Licej.)

Im Anfang des vorigen Jahrhunderts schenkte der bekannte Naturforscher Pavel Grigorjevič Demidov zur Errichtung einer höheren Lehranstalt in Jaroslawl u. a. 20000 Rubel (ausserdem 100000 Rubel zu Stipendien). Die Anstalt wurde im Jahre 1803 gegründet unter dem Namen »Jaroslawler Schule für höhere Wissenschaften«. 1833 wurde sie Lyzeum benannt, 1874 in ein Rechtslyzeum umgewandelt.

Nach dem Reglement von 1874 entspricht das Lyzeum der *juristischen Fakultät* einer Universität. Es gehört dem Lehrbezirke von Moskau an. — PUBL.: *Vremennik* (Zeitschrift des Lyzeums) seit 1871; bis 1910: 103 Bände.

Für den EINTRITT wird das Reifezeugnis eines russischen Gymnasiums vorausgesetzt. Als freie Zuhörer werden auch andere zugelassen. Übertritt in das Lyzeum von einer juristischen (oder andern) Fakultät, höchstens ein Jahr nach bestandenem Examen, ist auch während des Semesters möglich. — Das Kollegiengeld beträgt 20 Rubel für das Semester. Der Zahlung des Kollegiengeldes sind überhoben: Staatspensionäre und die Demidov'schen Stipendiaten, sowie die Inhaber einiger anderer Stipendien, auch andere mit besonders guten Zensuren.

KURSE: vier Jahre.

Moskau.

KAISERLICHES LYZEUM CÄSAREWITSCH NICOLAUS.

Gegründet 13. Januar 1868. Juristische Fakultät mit Gymnasium. Seit 1906 selbständige Hochschule. Untersteht einem Verwaltungsrat in Fragen der Organisation. Direktorium für Haushaltsangelegenheiten. Professorenkonferenz für Lehr- und Studienfragen. Der Direktor und die sämtlichen Lehrer werden von der Regierung ernannt.

AUFNAHMEBEDINGUNG: Reifezeugnis eines russischen Gymnasiums. — STUDIENDAUER: drei bis vier Jahre. — GEBÜHREN: 300 Rubel jährlich.

PUBL.: *Isvěstija* (Nachrichten). — *Učenyja Zapiski* (Berichte), usw.

St. Petersburg.

KAISERLICHE RECHTSSCHULE
(Imperat. Učilišče pravovědenija).

Im Jahre 1835 von dem Prinzen Peter von Oldenburg gegründet (das kaiserliche Reglement datiert vom 27. Juni 1838), ressortiert die Rechtsschule von dem Justizministerium. Sie besteht aus drei vorbereitenden Klassen und sieben Klassen, von denen die drei obersten ihrem Programm nach der *juristischen Fakultät* einer Universität entsprechen. Sie ist nur für Söhne der privilegierten Stände (erblicher Adel) offen. Die Studenten leben alle als Interne und zahlen 800 Rubel für das Jahr. Es gibt indessen 75 Freiplätze.

LITERATUR. »*Russkaja Star.*« 1880. 81. 85. 86. (Stasov, Tjučev, Arsenijev). — *50-lětnij jubilej (1835—1885).* 1886.

MILITÄR-JURISTISCHE ALEXANDER-AKADEMIE

(Alexandrovskaja Vojenno-juridičeskaja Akademija.)

Gegründet 1866 als Offiziersklasse bei der Auditorschule und im folgenden Jahre zur Akademie erhoben. Statut vom Jahre 1891. An der Spitze der Anstalt steht ein Chef und eine Konferenz, aus den Professoren und Mitgliedern der Militärgerichtsverwaltung bestehend. — Die Akademie dient zur Ausbildung der gelehrten Juristen im Offizierkorps und ist dem Kriegsministerium untergeordnet.

AUFNAHME. Als Hörer können nur russische aktive Offiziere im Range eines Stabskapitäns der Garde oder eines Kapitäns des übrigen Heeres aufgenommen werden, die entsprechende Zeugnisse einer Mittel- oder Hochschule haben und eine Eintrittsprüfung ablegen.

GEBÜHREN werden nicht erhoben.

Historisch-philologische Institute.

Moskau, Něžin, St. Petersburg (K. Alexander-Lyzeum, K. historisch-philolog. Institut, Pädagogisches weibliches Institut, K. Archäologisches Institut, Praktische Orientalische Akademie), Wladiwostok.

Moskau.

LAZAREVSCHES INSTITUT FÜR MORGENLÄND. SPRACHEN (Lazarevskij Institut vostočnych jazykov).

Das Institut wurde von zwei armenischen Brüdern, Ivan und Joakim Lazarev (Söhnen des Lazar Lazarev, der sich unter Katharina II. grosse Verdienste um die russische Industrie erwarb), im Jahre 1815 gegründet. Nach dem jetzt geltenden kaiserlichen Statut vom Jahre 1872 besteht es aus einer vorbereitenden Klasse, acht Gymnasialklassen und drei Spezialklassen zur Erlernung morgenländischer Sprachen. Der vollständige Kursus der Spezialklassen umfasst drei Jahre. Für den Eintritt in die Spezialklassen wird vollständig absolvierter Kursus des Lazarev'schen Gymnasiums oder eines klassischen Gymnasiums vorausgesetzt (wenn es dem Rate nötig scheint, können die Eintrittsuchenden ausserdem einer besonderen Prüfung unterworfen werden). »Armenische Literatur« ist nur für Armenier, »grusische Sprache« nur für Grusier und kaukasische Stipendiaten obligatorisch; am Unterricht in den übrigen Fächern müssen alle teilnehmen. Zutritt zu den Spezialklassen wird auch solchen gewährt, die nur in gewissen Fächern dem Unterricht beiwohnen wollen. Die Studenten des dritten Kursus haben das Recht, als freie Zuhörer Vorlesungen an der juristischen Fakultät der Universität Moskau zu hören; in diesem Falle verbleiben sie dann zwei Jahre im Kursus.

Gebühren. Kollegiengeld: 50 Rubel jährlich; von der Zahlung des Kollegiengeldes entbunden sind die Lazarev'schen und die kaukasischen Stipendiaten (die ersteren sind nach absolviertem Kursus zu sechsjährigem Dienst am Institut verpflichtet). »Freie Zuhörer« zahlen 5 Rubel für jedes Fach. Der vollständige Kursus gibt den Rang der 10. oder 12. Klasse.

Publ.: *Trudy po vostokověděniju* (jährlich 4—5 Bände).

Něžin.

HISTOR.-PHILOLOG. INSTITUT DES FÜRSTEN BEZBORODKO (Istoriko-filologičeskij Institut Knjasja Bezborodko).

Geschichte. Im Jahre 1805 machte Fürst Ilja Bezborodko zur Errichtung einer Lehranstalt in Něžin eine bedeutende Schenkung und erfüllte dadurch einen Wunsch seines Bruders, des bekannten Kanzlers unter Katharina II., Alexander Bezborodko. Die Anstalt wurde im Jahre 1820 unter dem Namen »Gymnasium der höheren Wissenschaften« errichtet. Im Jahre 1832 wurde dieses Gymnasium in ein Lyzeum umgestaltet, als dessen Hauptziel nach dem Statut von 1840 die Verbreitung gründlicher Kenntnisse im Fache der vaterländischen Gesetzgebung bezeichnet ist. Durch das Statut vom Jahre 1875 ist es der *historisch-philologischen Fakultät* einer Universität gleichgestellt und nach dem Muster des historisch-philologischen Instituts zu St. Petersburg eingerichtet worden. — PUBL.: *Izvěstija* (bis 1910: 25 Bände).

Gerbel, Gimnazija vysšich nauk i licej kn. Bezborodko. 2. Aufl. 1882.

KURSE. Das Institut ist eine Vorbereitungsschule für Gymnasiallehrer in der russischen, lateinischen, griechischen Sprache und Geschichte und gehört zum Lehrbezirk Kijew. Es ist für 100 Stipendiaten eingerichtet. In den höheren Kursen sind 3 Abteilungen: 1. klassische Sprachen; 2. russische Philologie; 3. Geschichte und Geographie. — Nach dem 4jährigen Kursus erhalten die Abiturienten den Titel eines Gymnasiallehrers, mit dem alle Rechte der Kandidaten der Universitäten verbunden sind. — Die Stipendiaten des Kultus-Ministeriums sind zu 6jährigem Dienst in den Staats-Lehranstalten verpflichtet. Andernfalls müssen sie 400 Rubel für jedes Jahr des Aufenthalts im Institut zurückzahlen.

St. Petersburg.

KAISERLICHES ALEXANDER-LYZEUM
(Imperatorskij Alexandrovskij Licej).

Gegründet im Jahre 1811 in Carskoje Selo; »um junge Leute für wichtige Teile des Staatsdienstes vorzubereiten«, wurde das Lyzeum 1822 dem Kriegsministerium untergeordnet und in den 30er Jahren des vorigen Jahrhunderts reorganisiert. Es wird jetzt den »Gründungen der Kaiserin Maria« zugezählt und steht unter dem unmittelbaren Protektorate Seiner Majestät des Kaisers.

Nach dem geltenden Statut vom Jahre 1848 besteht die Anstalt aus zwei vorbereitenden Klassen und sechs Jahreskursen, von denen die drei obersten ihrem Programme nach der *juristisch-kameralistischen Fakultät* einer Universität entsprechen.

PUBL.: *Seleznev, Istor. očerk byvšago Carskoselskago, nyně Alexandrovskago liceja.* 1861. — *Pamjatnaja knižka Imperat. Alexandrovskago liceja na 1886 god.* 1886. *Idem na 1898—99 god.*

KAISERLICHES HISTORISCH-PHILOLOGISCHES INSTITUT
(Imperatorskij Istoriko-filologičeskij Institut).

Das Institut wurde im Jahre 1867 gegründet, mit dem Zwecke, Lehrer der humanistischen Fächer für die Gymnasien auszubilden; es ressortiert unmittelbar von dem Ministerium der Volksaufklärung. Das kaiserliche Statut datiert vom 27. Juni (a. St.) 1867. Die Leitung des Unterrichts obliegt der *Konferenz*, in welcher unter Vorsitz des Direktors sämtliche Professoren Stimme haben; die ökonomische Verwaltung führt eine *Direktion*, die aus dem Direktor, dem Inspektor und einem dritten von der Konferenz unter den Lehrern auf je ein Jahr erwählten Mitgliede besteht. Der *Direktor* wird auf Antrag des Ministers vom Kaiser ernannt (sein Gehilfe ist der Inspektor). *Professoren* und übrige Lehrer werden von der Konferenz erwählt und vom Minister bestätigt. Regelmässige Kompetenzbedingung für Professur und Direktorat ist das Doktorat der historisch-philologischen Fakultät. — Gehalt des Direktors 6000 Rubel, eines ordentlichen Professors 3000 Rubel, eines ausserordentlichen Professors 2000 Rubel; die übrigen Lehrer erhalten 150 bis 200 Rubel für je eine Stunde jährlich.

LITERATUR. *Pamjatnaja knižka S. Pb. istor.-filol. instituta 1867 bis 1874. 1867—87. 1867—92. 1867—1897. 1867—1902.*

AUFNAHME. Vorbedingung für den Eintritt, der übrigens mit einer »Kontrollprüfung« in gewissen Fächern (hauptsächlich in den klassischen Sprachen) verbunden ist, bildet die Absolvierung des vollständigen Kursus eines klassischen Gymnasiums oder eines geistlichen Seminars. Die etatsmässige Zahl der Studenten, die als Staatspensionäre aufgenommen werden, ist 100, dazu kommen zwölf Stipendiaten verschiedener Lehrbezirke; sie leben alle als Interne und sind zweckmässigen Ordnungsregeln unterworfen. Sie müssen alle Vorlesungen (der gewählten Studienrichtung) hören, schriftliche Arbeiten nach den Weisungen der Lehrer verfertigen und erteilen im vierten Jahreskurs Probeunterricht an einem mit dem Institut verbundenen Gymnasium.

STUDIENGANG, GRAD. Der vollständige Kursus des Instituts umfasst vier Jahre; in den zwei ersten Jahren ist der Unterricht gemeinsam und wesentlich theoretischer Art. Vom dritten Kurse an verteilen sich die Studenten auf drei Fächer: a) die klassischen Sprachen, b) die russische Sprache und Literatur, c) Geschichte und Geographie. Die Versetzung in einen höheren Kursus erfolgt am Ende des Lehrjahres auf Grund eines Examens. — Nach vollständig absolviertem Kursus erhält der Student den Titel *Gymnasiallehrer*, der dem Universitätsdiplom ersten Grades gleichsteht. Die Staatspensionäre sind verpflichtet, nach beendeten Studien sechs Jahre im Dienst des Ministeriums zu bleiben (oder für jedes Lehrjahr 400 Rubel zu ersetzen). Nach einem Jahre kann sich der Gymnasiallehrer bei irgendeiner Universität zum Magisterexamen melden. Das Institut hat im übrigen die Rechte einer Universität.

PÄDAGOGISCHES WEIBLICHES INSTITUT

(Ženskij Pedagogičeskij Institut), Malaja Posadskaja 26.

Als Staatsanstalt dem Amte der Stiftungen der Kaiserin Maria unterstellt. Die Statuten sind vom Kaiser im Juli 1903 (a. St.) bestätigt. — Das Institut ist aus den Pädagogischen Frauenkursen entstanden, die den Hörerinnen das Recht gaben, in den unteren Klassen der weiblichen Gymnasien und Institute zu lehren.

Drei Fakultäten: 1. historisch-philologische, 2. physiko-mathematische und 3. naturwissenschaftliche; ferner ein Gymnasium und eine Elementarschule für praktische Studien der Hörerinnen. Das Institut gibt das Recht, in allen Klassen der weiblichen Gymnasien und Institute zu lehren. STUDIENGANG vierjährig; nach dem Programm der historisch-philologischen u. physiko-mathematischen Fakultäten ohne klassische Sprachen.

GEBÜHREN: 100 Rubel jährlich.

KAISERLICHES ARCHÄOLOGISCHES INSTITUT.

Schon 1838 schrieb Berednikov an Stroev, man habe im Sinne, eine archäologische Schule, nach dem Muster der »École des chartes« in Paris, einzurichten. Ein solches Institut, zur Ausbildung von Archivbeamten, kam aber erst 1878 zustande. Es verdankt seinen Ursprung der »zeitweiligen Kommission zur Ordnung des Archivwesens«, die auf Veranlassung von Kalačov 1873 errichtet wurde.

Das Institut lässt seine Eleven in verschiedenen Archiven und Bibliotheken arbeiten, um ihnen die Bekanntschaft mit deren Inhalt zu vermitteln; es lässt sie Archive ordnen; es ernennt gelehrte Archivkommissionen und regelt ihre Wirksamkeit; es sorgt für Untersuchungen von Grabhügeln, Beschreibungen von Denkmälern, usw.

VERFASSUNG. An der Spitze des Instituts steht der Conseil, bestehend aus allen Lehrern des Instituts, unter dem Vorsitz des Direktors. Die Verwaltung wird unter dem Vorsitz des Direktors von einem Lehrer und einem Ehrenmitgliede geführt.

LITERATUR. *Andreevskij, Pervoe 10-lètije (1878—88)* in »Russk. Star.« 1888. — PUBL.: *Stornik* (seit 1878); *Vèstnik Archeologiji i istorija* (seit 1885).

AUFNAHME. Als Hörer wird aufgenommen, wer eine Hochschule absolviert hat. Freie Zuhörer werden vom Direktor zugelassen. Die Hörer haben kein Honorar zu bezahlen, freie Zuhörer 15 Rubel für jedes Kolleg oder 30 Rubel jährlich. - Der Kursus dauert zwei Jahre. Von den Hörern, die das Institut gut absolviert haben, werden drei zu wirklichen Mitgliedern, von den freien Zuhörern drei zu Mitarbeitern ernannt.

PRAKTISCHE ORIENTALISCHE AKADEMIE
[Swetschnoi, 6].

Die Akademie ist im Jahre 1909 aus den ehemaligen Kursen für orientalische Sprachen und für Orientkunde, welche durch die Kais. Gesellschaft für Orientkunde im Jahre 1898 gegründet wurden, hervorgegangen. Sie steht unter der Aufsicht des Handels- und Industrie-Ministeriums. Das Ziel ist praktische Erlernung der orientalischen Sprachen und Kenntnis der jetzigen Lage im Orient. Zuschuss vom Ministerium: 7000 Rubel jährlich. — Japanische, chinesische, mongolische, persische, türkische, serbische und bulgarische Abteilung.

AUFNAHME. Bedingung zur Aufnahme als Hörer: Zeugnis der Mittelschulen. — Der KURSUS ist dreijährig. — GEBÜHREN: 40 R. für jede Sprache.

Wladiwostok

(Primorsches Gebiet im Asiatischen Russland).

ORIENTALISCHES INSTITUT
(Vostočnyj Institut).

Gegründet 24. Mai (a. St.) 1899 als Staatsanstalt, die dem kaiserlichen Ministerium der Volksaufklärung untersteht. Eröffnet 21. Oktober (a. St.) 1899. Das Institut bildet die Studenten zur administrativen und handelsindustriellen Tätigkeit im ost-asiatischen Russland und den nächstliegenden Staaten aus. Die Studenten lernen die chinesische, japanische, koreanische, mongolische und mandschurische Sprache theoretisch und praktisch durch eingeborene chinesische, japanische und andere Lektoren. Ausserdem bereisen die Studenten auf Staatskosten zur besseren Kenntnis dieser Sprachen während der Sommerferien die orientalischen Nachbarländer. Die Verbindung mit dem Ministerium der Volksaufklärung geschieht durch den Priamurschen General-Gouverneur.

Konvikt für 30 Staatsstipendiaten; Budget: 15000 Rubel.

PUBL.: *Isvèstija Vostočnago Instituta (Mitteilungen des Orientalischen Institutes)* Jahrgang 1. 1899/1900: Bd. I; Jg. 2. 1900/01: Bd. II, Lief. 1—5 und Suppl. 1 u. 2; Jg. 3. 1901/02: Bd. III, Lief. 1—5; Jg. 4. 1902/03: Bd. IV—IX; Jg. 5. 1903/04: Bd. X, XI nebst Suppl. 1—2, XII nebst Suppl., XIII Lief. 1; Jg. 6. 1904/05: Bd. XIV nebst Suppl. 1—3; Jg. 7. 1905/06: Bd. XV, Lief. 1—6 nebst Suppl.; Jg. 8. 1906/07: Bd. XVI, XVII u. XVIII, Lief. 1—2 [folgende im Druck und in Vorbereitung]; Jg. 9. 1907/08 Bd. XXI—XXII, XXIII, Lief. 1—3, XXIV, XXV, Suppl. 1—2; Jg. 10. 1908/09: Bd. XXVI, Lief. 1, XXVII, Bd. XXVIII, Lief. 1—2, Bd. XXIX, Lief. 1—4, Bd. XXX, Suppl. 1—2; Jg. 11. 1909/10: Bd. XXXI, Lief. 1, Bd. XXXII, Lief. 1—2, Bd XXXIII, Lief. 1 (Inhalt: Geschichte des Instituts, Protokolle der Konferenz, Jahresberichte und wissenschaftliche Abhandlungen der Professoren und Studenten, Katalog der Bibliothek, Statut des Institutes, usw.).

Aufnahme in den ersten Kursus gegen Vorlage des Reifezeugnisses einer höheren oder mittleren Schule aller Typen (Gymnasium, Realschule, usw.).

Studiengang vierjährig, mit Beginn des zweiten Lehrjahres in vier Abteilungen: japanisch-chinesische, koreanisch-chinesische, chinesisch-mongolische und chinesisch-mandschurische. Gemeinsamer Lehrplan: 1. Theologie (Apologetik), 2. Chinesische Sprache 3. Englische Sprache, 4. Französische Sprache (ad libitum), 5. Geographie und Ethnographie von China, Korea und Japan, 6. Chinesische, koreanische und japanische Geschichte des XIX. Jahrhunderts und Geschichte russischer Beziehungen mit diesen Ländern, 7. Handels-Geographie Ostasiens und Geschichte des Handels des entfernten Orients, 8. Politische Ökonomie, 9. Völkerrecht, 10. Staatsrecht Russlands und europäischer Staaten, 11. Grundzüge des Zivil- und Handelsrechts und des Zivil- und Handelsprozesses, 12. Buchhalterei, 13. Warenkunde. — Ausserdem: 14. Politische Organisation und Übersicht der handelsindustriellen Tätigkeit: a) von China für die chinesisch-mongolische und chinesisch-mandschurische Abteilung, b) von Japan für die japanisch-chinesische Abteilung, c) von Korea für die koreanisch-chinesische Abteilung, d) der Mongolei für die chinesisch-mongolische Abteilung und e) der Mandschurei für die chinesisch-mandschurische Abteilung. Ferner seit Herbst 1907 tibetische Sprache (ad libitum). — Das Bestehen des Lehrkurses mit sehr gutem Erfolge gibt das Recht im Staatsdienste zum Range der zehnten Klasse; mit befriedigendem Erfolge (sufficit) zum Range (Tschin) der zwölften Klasse.

Technische Hochschulen und Berginstitute.

Charkow, Ekaterinoslaw, Helsingfors, Kijew, Moskau (Techn. Hochschule, Ingenieurhochschule), Nowo-Tscherkassk, St. Petersburg (Technologisches Institut des Kaisers Nikolaus I., Polytechnisches Institut, Kaiser-Nikolaus-Institut für Zivilingenieure, Institut für Strassen- und Wasserbauingenieure, Elektrotechnisches Institut, Berginstitut, Polytechnische Frauenkurse), Riga, Tomsk, Warschau.

Charkow.

TECHNOLOGISCHES INSTITUT DES KAISERS ALEXANDER III. (Charkovskij technologičeskij Institut Imperatora Alexandra III.).

Die beiden technologischen Institute in St. Petersburg und Charkow sind dem Ministerium der Volksaufklärung unterstellt. Reglement des Charkower Instituts vom Jahre 1884. Gründung 1885.

Die Verwaltung wird ausgeübt von einem Professorenrat unter der Leitung des erwählten Direktors, der ebenfalls Professor sein muss und vom Kaiser bestätigt wird. Der Unterricht wird vom Vize-Direktor geleitet; für die Wirtschaftsangelegenheiten existiert ein besonderer Rat — Das Institut umfasst eine mechanische und eine chemische Abteilung. Vollständiger Kursus normal fünf, maximum sieben Jahre. Unterricht theoretisch und praktisch: in Laboratorien und Werkstätten, sowie ausserhalb des Instituts in Fabriken, bei Bauten, usw.

Aufnahmebedingungen. Reifezeugnis von einem Gymnasium oder Abgangszeugnis von einer Realschule mit supplementären Klassen. Im ersten Semester ist für 300 Lernende Platz; falls mehr Meldungen: Konkurrenzprüfung (Mathematik, Physik und russische Sprache). In Charkow werden Juden nur bis zu 10 Prozent aller Studierenden zugelassen. Bei der Meldung muss u. a. auch die Photographie des Eintrittsuchenden mit eigenhändiger Namensunterschrift abgegeben werden. Eintritt: 16. bis 29. August. Prüfungen am Ende des zweiten und sechsten Semesters, nach deren Ausfall Versetzung in einen höheren Kursus oder Ausschluss von der Anstalt.

Gebühren: 50 Rubel jährlich. Arme Studenten (höchstens 50) können Gebührenerlass erhalten. — 50 Staatsstipendien à 300 Rubel, deren Inhaber sich verpflichten, nach vollendetem Kursus auf gewisse Zeit im Staatsdienste zu bleiben; sie werden von besonderen, jährlich vom Minister eingesetzten Kommissionen geprüft und erhalten den Titel »Ingenieur-Technologe« und, je nach Ausfall des Examens, die zehnte oder zwölfte Rangklasse.

Publ.: »*Nachrichten des Charkower Technologischen Instituts, Isvěstija Charkowskago Technologičeskago Instituta*«, bis jetzt vier Bände.

Ekaterinoslaw.

BERG- UND HÜTTEN-HOCHSCHULE
(Wysschejc gornoje Učilišče).

Die Hochschule wurde im Jahre 1899 gegründet und ist dem Handels- und Industrieministerium unterstellt. Die Gebäude sind mit Mitteln aus Privatstiftungen, der Stadt, des Zemstwo und der südrussischen Berg- und Hütteníndustriellen errichtet worden. Die jährlichen Unterhaltungskosten der Hochschule stellt der Staat.

VERWALTUNG. Die Hochschule wird von einem Conseil verwaltet. — Dieser besteht, unter dem Vorsitz des Direktors, aus den ordentlichen und ausserordentlichen Professoren, Adjunkten, vier Vertretern der Vereinigung südrussischer Berg- und Hüttenindustrieller und dem Chef der Bergverwaltung für Südrussland. Der Direktor und Inspektor, sowie der Sekretär des Conseil werden aus den Professoren für zwei Jahre gewählt. — Für die wirtschaftliche Verwaltung besteht das Wirtschaftskomitee, zu dem der Direktor, Inspektor, zwei von dem Conseil gewählte Mitglieder und zwei Kandidaten gehören.

Der ZWECK der Hochschule war anfangs, höher ausgebildete Berg- und Hütten-Techniker für die südrussische Berg- und Hütten-Industrie in engerem Sinne vorzubereiten. Es stellte sich aber bald die Notwendigkeit heraus, den die Hochschule absolvierenden Technikern eine erweiterte theoretische und praktische Ausbildung zu erteilen. Dementsprechend wurde der Kursus wesentlich vergrössert und den Absolventen die Verleihung eines Diploms, je nach Spezialität, eines Berg- oder Hütten Ingenieurs bestätigt. — Die Hochschule hat zwei Abteilungen: Bergfach, Hüttenfach.

AUFNAHME. In die Hochschule werden Personen, die eine mittlere Schule des Reiches absolviert haben, nach einer Prüfung im Freihand- und geometrischen Zeichnen, aufgenommen. Falls die Anzahl der Bewerber die Vakanzenzahl übersteigen sollte, wird ein Konkurrenz-Examen in Mathematik, Physik, russischer Sprache (schriftliche Aufsätze) und einer der zwei fremden Sprachen: deutsch oder französisch, veranstaltet.

STUDIENDAUER. Der Unterrichtskursus ist vierjährig, in acht Semester geteilt. Das letzte Semester ist für das Entwerfen von Projekten im Spezialfach, Berg- oder Hüttenwesen, Berg- oder Hüttenmechanik, in der Baukunst und der Elektrotechnik bestimmt

GEBÜHREN: 100 Rubel jährlich. Die unbemitteltsten, genügend fortgeschrittenen Hörer, etwa 15% der Gesamtzahl, sind von Gebühren befreit.

PUBL.: *Izvěstija* (Nachrichten), seit 1905 periodisch; bis 1909: 7 Bände.

Helsingfors.

TECHNISCHE HOCHSCHULE siehe unter FINLAND S. 408.

Kijew.

POLYTECHNISCHES INSTITUT KAISER ALEXANDERS II.
(Politechničeskij Institut Imp. Alexandra II.).

Gegründet 1898 als Staatsanstalt, die dem kaiserlichen Ministerium für Handel und Industrie untersteht. Vier Abteilungen: 1. Ingenieur-Abteilung, 2. Mechanisch-technische Abteilung, 3. Chemisch-technische Abteilung, 4. Landwirtschaftliche Abteilung. Die Verwaltung führt der Conseil der Professoren unter dem Vorsitz des Direktors.

Der Lehrkursus ist in jeder Abteilung vierjährig und führt zu den Graden: Bau-Ingenieur (erste Abteilung), Ingenieur-Technologe (zweite und dritte Abteilung) und Agronom (vierte Abteilung).

Publ.: *Izvěstija* (Berichte). — *Otčet* (Jahresbericht).

Moskau.

KAISERLICHE TECHNISCHE HOCHSCHULE

(Imperat. Moskovskoje Techničeskoje Učilišče).

Die Schule, im Jahre 1832 von der Kaiserin Maria Feodorovna gegründet, wurde anfangs den »Gründungen der Kaiserin Maria« (unter der unmittelbaren Aufsicht Ihrer Kaiserlichen Majestäten) zugezählt, ressortiert aber nunmehr von dem Ministerium des Volksunterrichts. Statut von 1868 (mit Veränderungen von 1879); neues Statut von 1895.

Aufnahme. Berechtigt zum Eintritt sind solche, die den vollständigen Kursus eines klassischen Gymnasiums oder einer Oberrealschule gemacht haben, nach bestandener Prüfung in Mathematik und Physik; und solche, die sechs Klassen einer Realschule absolviert haben, nach bestandener Prüfung in sämtlichen realen Fächern (und Skriptum). Die Schüler sind entweder Staatspensionäre oder Pensionäre, die jährlich 450 Rubel zahlen, oder Externe, die 150 Rubel zahlen.

Studiendauer, Grade. Der vollständige Kursus ist sechsjährig und umfasst zwei Abteilungen für Ingenieurmechanik und Technologie. Er gibt den Rang der zwölften Klasse. Nach einem Jahr können diejenigen, welche den Kursus absolviert haben, nach Abgabe einer selbständigen Arbeit (Plan, Beschreibung oder dergl.) die Grade eines »gelehrten Ingenieur-Technologen« oder eines »gelehrten Ingenieur-Mechanikers« mit dem Rang der zehnten Klasse erlangen.

KAISERLICHE INGENIEURHOCHSCHULE.

Gegründet 1896. Die Hochschule untersteht dem Ministerium der Wege und Verkehrsanstalten. Der Direktor der Schule, auf je drei Jahre aus der Mitte der Professoren gewählt, sowie der Schulrat, aus den Professoren und dem Direktor bestehend, führen die Leitung der Schulangelegenheiten.

Aufnahmebedingungen. Reifezeugnis einer russischen Realschule oder eines Gymnasiums; Diplom einer Universität, usw.

Studiendauer. Der Studienplan ist auf drei Jahre theoretische und zwei Jahre praktische Ausbildung berechnet. Nach fünf Jahren bekommen die Studenten das Diplom für das Fach eines Bauingenieurs mit dem Recht der Anstellung im Staatsdienst und allen Rechten für das Bauen und Projektieren von Bauwerken für den Verkehr.

Gebühren: 100 Rubel pro Jahr. — Publ: *Annalen* in zwei Teilen.

Nowo-Tscherkassk.

DON'sches POLYTECHNISCHES INSTITUT DES THRONFOLGERS ALEXEJ

(Alexejewskij Donskoj Politechničeskij Institut).

Gegründet 1907. — Institutsverwaltung: der Rektor, der temporäre Verwaltungsrat, die temporären Versammlungen der Fakultätsvorstände.

Vier Abteilungen: 1. Bergbau-, 2. kulturtechnische, 3. mechanische, 4. chemische Abteilung

Aufnahme: Konkurrenz der Mittelschul-Zeugnisse. 25% der Vakanzen werden für Bewohner des Don-Gebietes (Kosaken) reserviert. — Studiendauer: vier Jahre. — Grade: Bergingenieure, Meliorationsingenieure, Ingenieur-Technologen. — Gebühren: Kollegiengeld 100 Rubel jährlich.

St. Petersburg.

TECHNOLOGISCHES INSTITUT DES KAISERS NIKOLAUS I.

(Technologičeskij Institut Imperatora Nikolaja I.).

1828 durch den Finanzminister Grafen Kankrin, zunächst als Technikum mit einer Reihe von mechanischen und chemischen Werkstätten gegründet. Seit 1862 zur Hochschule reorganisiert. Kaiserl. Reglement von 1887, mit dem des Charkower technologischen Instituts im wesentlichen übereinstimmend.

ORGANISATION. Zwei Fachschulen: für Maschinenbau und Chemie. An der Spitze steht der Professorenconseil (15 Mitglieder) mit dem Direktor, seinem Gehilfen und dem Sekretär, welche alle zwei Jahre gewählt werden, wobei der Direktor vom Kaiser, der Gehilfe und Sekretär vom Unterrichtsminister bestätigt werden. Die Verwaltungsangelegenheiten besorgt ein Verwaltungskomitee aus drei gewählten Mitgliedern und dem Direktor.

AUFNAHMEBEDINGUNGEN. Reifezeugnis einer russischen mittleren Lehranstalt (Gymnasium, Realschule mit Ergänzungsklasse, technische Mittelschule u. dergl.). Wenn die Zahl der Aufnahmegesuche (gegenwärtig jährlich gegen 2000) die Zahl der verfügbaren Plätze (gegenwärtig rund 300) übersteigt, findet eine Konkurrenzprüfung in Mathematik, Physik und russischer Sprache um Mitte August statt. — 100 Freieleven.

STUDIENDAUER: normal fünf Jahre. Examina im Mai, Ende August, Mitte Dezember und Anfang Januar. — Das am Schlusse abgelegte Diplomexamen berechtigt zur Führung des Titels eines Ingenieur-Technologen und gibt die Berechtigung, sämtliche Arten von Bauten auszuführen und im Staatsdienst die zehnte oder (je nach der Durchschnittsnote) zwölfte Rangklasse einzunehmen.

GEBÜHREN. Gebühr für Vorlesungen, Übungen, Laboratorien, usw. unabhängig von der Anzahl der belegten Fächer 50 Rubel jährlich. Keine Gebühren für die Examina.

PUBL.: »*Isvèstija Technologičeskago Instituta*«; erschienen 19 Bände.

ST. PETERSBURGER POLYTECHNISCHES INSTITUT DES KAISERS PETER DES GROSSEN

[Sosnowka].

Eröffnet im Herbst 1902 als Staatsanstalt. Dem Ministerium für Handel und Industrie unterstellt. Ursprünglich vier Abteilungen: Metallurgische, (mit 2 Unterabteilungen: metallurgische und elektrochemische), Schiffbau, Elektromechanische, Ökonomische. Seit 1907 ausserdem noch zwei: Bau-Ingenieur-Abteilung und mechanische Abteilung.

AUFNAHME gegen Vorlage des Reifezeugnisses eines Gymnasiums, einer Realschule, einer Handelsschule oder des Diploms einer Hochschule. — STUDIENDAUER: vier Jahre.

GEBÜHREN für Vorlesungen einschliesslich Praktika 50 Rubel.

PUBL.: *Annales de l'Institut polytechnique de St. Petersbourg (Isvèstija S Peterburgskago Politechničeskago Instituta)*; jährlich 2 Bände, bisher 7 Bände.

KAISER-NIKOLAUS-INSTITUT FÜR ZIVILINGENIEURE

(Institut graždanskich inženerov. Imp. Nikolaja I.).

Die frühere »Bauschule« (unter dem Kommunal-Ministerium) hat nach dem neuen Reglement vom Jahre 1877 den Zweck, Ingenieure für Zivilbauten und Wege-Anlagen auszubilden, und ressortiert nunmehr von dem Ministerium des Innern.

AUFNAHME nach Absolvierung russischer mittlerer Lehranstalten, die dem achtklassigen Gymnasium oder einer siebenklassigen Realschule entsprechen. Besondere Konkurrenzprüfung in Mathematik, Physik, Zeichnen, russischer Sprache und einer fremden Sprache. Nur Russen werden aufgenommen (Juden zwei Prozent, Polen drei Prozent). Der vollständige Kursus umfasst fünf Jahre. — GEBÜHREN: 75 Rubel pro Jahr. — Stipendien: 40 Staatsstipendien à 300 Rubel und sechs Privatstipendien.

INSTITUT FÜR STRASSEN- UND WASSERBAUINGENIEURE

(Institut inženerov Putej Soobščenija Imp. Alexandra I.).

Im Jahre 1809 gegründet; im Jahre 1842 reorganisiert zum Kadetten-Ingenieurkorps; nur für die Kinder der Edelleute. Erst in den 60er Jahren ist das Institut zur speziellen technischen Hochschule umgewandelt worden. Es ressortiert von dem Kommunikations-Ministerium; das geltende Reglement datiert von 1890. — Die Leitung des Lehrbetriebes untersteht dem Conseil unter dem Vorsitz des Direktors; die wirtschaftliche Verwaltung führt ein Komitee, bestehend aus dem Inspektor, zwei Professoren und dem Direktor als Vorsitzenden.

LITERATUR. *Sokolovskij, 50-lĕtije Instituta i korpusa inž. put. soobšč.* 1859. — *Zitkov, Istoričeskij očerk Instituta inženerov Putej Soobščenija Imp. Alexandra I.* 1899. — PUBL.: *Stornik Instituta inženerov Putej Soobščenija Imp. Alexandra I.* (seit 1884).

AUFNAHME. Als Studenten (nur russische Untertanen) werden aufgenommen: solche, die an einer höheren Lehranstalt studiert, und solche, die ein Gymnasium oder eine Oberrealschule vollständig absolviert haben; die letzteren können einem Eintrittsexamen (Mathematik, Physik, russische Sprache) unterworfen werden. Auch in den 2. und 3. Kursus kann nach bestandener Prüfung der Eintritt bewilligt werden. — Der vollständige KURSUS des Instituts umfasst 5 Jahre. — Das bestandene Abgangsexamen verschafft das *Ingenieurdiplom* (mit dem Rang der 10. oder 12. Klasse). Ingenieure mit bester Zensur können nach zweijähriger Praxis mit Einwilligung des Ministers eingeladen werden, sich als Stipendiaten im Institut für den Lehrerberuf vorzubereiten. Um den Titel Adjunkt zu erhalten, haben sie innerhalb zweier Jahre eine Beschreibung der praktischen Arbeiten, an denen sie beteiligt waren, einzureichen, die mündliche Prüfung in ihrem Spezialfache zu bestehen, eine These zu verteidigen und zwei Probevorlesungen zu halten (von der mündlichen Prüfung kann dispensiert werden).

GEBÜHREN. Für Unterricht und Lehrmittel zahlt der Student 50 Rubel pro Semester; 20 Studenten können von der Zahlung der Lehrgelder befreit werden, doch werden im 1. Kursus weder Stipendien noch Freiplätze gewährt. Die Staats- und einige andere Stipendiaten sind verpflichtet, nach abgeschlossenem Studium für jedes Stipendienjahr $1^1/_2$ Jahr im Staatsdienste zu bleiben. Internat für 50 Studierende. Das Kapital dafür ca. 250000 Rubel von Eisenbahnen und Privatleuten.

ELEKTRO-TECHNISCHES INSTITUT KAISER ALEXANDERS III.

Spezialschule für Elektrizitäts-Ingenieure. Enstanden 1891 durch Reorganisation und Erweiterung einer technischen Schule der Post- und Telegraphenverwaltung. Das Institut untersteht dem Ministerium des Innern. Verwaltung durch den Conseil und ein Komitee, beide unter Vorsitz des Direktors.

AUFNAHME. Immatrikulation nur für russische Untertanen nach einer Kontrollprüfung aus einigen Fächern des Gymnasialkursus.

Der Studiengang ist fünfjährig und führt zu dem Grad »Elektrizitäts-Ingenieur«. — Gebühren: 25 Rubel pro Semester. — Stipendien: 50 à 300 Rubel jährlich.

Publ.: *Izvěstija* (Mitteilungen).

BERGINSTITUT DER KAISERIN KATHARINA II.

(Gornyj Institut Imperatricy Jekateriny II.).

Gegründet 1773 (als Bergschule), seit 1834 Berginstitut mit militärischer Organisation, seit 1866 spezielle Hochschule. Die Anstalt ressortiert von dem Handels- und Industrie-Ministerium. Statut von 1866 (mit Veränderungen von 1881).

Aufnahme. Die Immatrikulation setzt Absolvierung des vollständigen Kursus eines Gymnasiums oder einer andern derartigen Anstalt voraus und ist mit »Kontrollprüfung« in Arithmetik, Algebra, Geometrie, Trigonometrie, Physik, russischer Sprache und einer der neuern Sprachen verbunden. Absolvierung der phys.-mathem. Fakultät der Universitäten oder einer anderen technischen Hochschule gibt das Recht der Immatrikulation ohne Prüfung. Auch »freie Zuhörer« werden zugelassen (Beamte in Dienst oder andere, die den Kurs einer mittleren Lehranstalt absolviert haben). — Der vollständige Kursus umfasst fünf Jahre, Versetzung in höhere Kurse geschieht am Ende des Lehrjahres nach Prüfungen. — Von dem dritten Kursus an zwei Abteilungen: für Bergbau und Bergfabriken. — Nach Absolvierung des vollständigen Kursus erhält der Student den Titel *Bergingenieur* (mit dem Rang der 10. oder 12. Klasse). Wer sich zweimal zum Examen gemeldet hat, ohne es zu bestehen, wird nicht mehr zugelassen.

Literatur. *Naučno-istoričeskij Sbornik, izd. Gornym Institutom ko dnju jego stolětnjago jubileja 21 Okt. 1873 g. s 15 portr., 10 tabl. i risunk.* — *Jubileinyj sbornik Gornago Instituta.* St. Petersburg 1873. — *Opisanije prazdnovanija stolětnjago jubileja Gornago Instituta.* St. Petersburg 1874. 8°. Alljährlich Berichte im *Gornyj Journal.*

POLYTECHNISCHE FRAUENKURSE.

Eröffnet 15. Januar 1906 mit 2 Abteilungen: 1. Ingenieur-Abteilung, 2. elektrotechnische Abteilung. — Studienzeit: 4 Jahre. — Gebühren: 110 Rubel pro Jahr.

Riga.

POLYTECHNIKUM (Rižskoje Politechničeskoje Učilišče).

Die Schule wurde im Jahre 1862 als eine deutsche Hochschule gegründet. Das Reglement wurde vom Kaiser im Jahre 1861 bestätigt. Die Stadt schenkte dazu den Boden und 100000 Rubel. Die Anstalt gehört dem Dorpater Lehrbezirk an; an ihr wird nach und nach die russische statt der deutschen Unterrichtssprache eingeführt. Sie besteht (ausser den vorbereitenden Kursen) aus 6 Abteilungen: 1. der landwirtschaftlichen, 4 Jahre; 2. der chemisch-technischen, 5 Jahre; 3. der Ingenieurabteilung, 5 Jahre; 4. der Maschineningenieur-Abteilung, 5 Jahre; 5. der Architekturabteilung, 5 Jahre; 6. der Handelsabteilung, 3½ Jahre.

Aufnahme. Beim Eintritt in die technische Abteilung werden solche, die den Kursus eines Gymnasiums oder einer entsprechenden Anstalt absolviert haben, im Zeichnen, beim Eintritt in die Handelsabteilung (soweit sie nicht das Rigaer Realgymnasium absolvierten) in Französisch und Englisch geprüft. — Am Schlusse jeder Vorlesung finden Jahresprüfungen statt.

Gebühren. Unterrichtsgeld: 150 Rubel pro Jahr für in Liv-, Est- und Kurland Gebürtige, sonst 160 Rubel; Laboratorium-Gebühr 20 Rubel.

Tomsk (West-Sibirien).

TECHNOLOGISCHES INSTITUT DES KAISERS NIKOLAUS II.

(Technologičeskij Institut Imperatora Nikolaja II.).

Gegründet 1896, eröffnet 1900 mit zwei Abteilungen: chemische und mechanische; 1901 Eröffnung der bergmännischen und 1902 der Wegebau-Abteilungen. — Unterricht wird in folgenden Fächern erteilt: Theologie, höhere Mathematik, darstellende Geometrie, Physik; anorganische, organische und analytische Chemie; sphärische Trigonometrie, Geodäsie, Markscheidekunst, theoretische und angewandte Mechanik, Maschinenbaukunde, Architektur, Baukunst, mechanische und chemische Technologie, Elektrotechnik, Technologie der Baumaterialien, Metallurgie, Botanik, Mineralogie, Paläontologie, Geologie, Bergbaukunde, allgemeine und spezielle Rechtswissenschaft, politische Ökonomie, Hygiene, Zeichnen.

PUBL.: *Izvěstija* (16 Bände).

Warschau.

WARSCHAUER POLYTECHNISCHES INSTITUT KAISER NIKOLAUS II.

(Varšavskij, Politechničeskij Institut Imperatora Nikolaja II.).

Gegründet 8. (20.) Juni 1898 als Staatsanstalt, die dem kaiserlichen Handels- und Industrieministerium untersteht. Die Verwaltung führt der Conseil der Professoren unter dem Vorsitz des Direktors. — Das Institut besteht aus vier Abteilungen: 1. Mechanische Abteilung, 2. Bau-Ingenieur-Abteilung, 3. Chemische Abteilung, 4. Berg-Ingenieur-Abteilung.

AUFNAHME in den ersten Kursus (Höchstzahl 320) gegen Vorlage des Reifezeugnisses eines Gymnasiums oder einer Realschule und nach Bestehen einer Konkurrenz-Prüfung in der russischen Sprache, der niederen Mathematik und der Physik.

GRADE. Der Lehrkursus ist in jeder Abteilung vierjährig und führt zu den Graden: Ingenieur-Technologe (1. und 3. Abteilung), Bau-Ingenieur (2. Abteilung), Berg-Ingenieur (4. Abteilung). Nach Ablegung der strengen Prüfungen und Verteidigung einer Dissertation kann die Erteilung des Adjunkt-Grades des betreffenden Faches erfolgen.

GEBÜHREN. Studiengebühr 100 Rubel jährlich, Diplom-Gebühr 10 Rubel.

PUBL.: *Izvěstija Warschavskago Polytechničeskago Instituta Imperatora Nikolaja II.* (Mitteilungen des Warschauer Polytechnischen Instituts Kaiser Nikolaus II., zwei Lieferungen jährlich, Jahresberichte und wissenschaftliche Arbeiten der Professoren).

Veterinär-Institute.

Charkow, Dorpat=Jurjev, Kasan, Warschau.

Charkow.

VETERINÄR-INSTITUT (Veterinarnij Institut v Charkově).

Verfassung, Aufnahme, Studiendauer, Gebühren, usw. siehe Kasan.

Dorpat=Jurjev.

VETERINÄR-INSTITUT (Jurjevskij Veterinarnij Institut).

Gegründet 1848, reorganisiert 1873. — Verfassung, Aufnahme, Studiendauer, Gebühren, usw. siehe Kasan.

Literatur. *K. Happich i J. Negotin, 50-letnij jubilei Jurjevskago veterinarnago instituta 14 janvarja 1898.* Jurjev 1898. — *J. Waldmann i J. Negotin, Aljbom immatrikulirovannych v Derptskom, nyne Jurjevskom veterinarnom institute 1848—1898.* Jurjev 1898. — *Zeitschrift für wissenschaftliche und praktische Veterinärmedicin* (seit 1906).

Stipendien aus der Staatskasse jährlich 7000 Rubel.

Kasan.

VETERINÄR-INSTITUT (Kasanskij Veterinarnij Institut).

Gegründet 1874. Verwaltung durch einen Conseil und einen von diesem auf drei Jahre gewählten Direktor. Am Conseil nehmen sämtliche Professoren und Dozenten und der Prosektor des Instituts teil. Auch die Vertreter der naturwissenschaftlichen Fächer an der Universität sind vollberechtigte Conseilmitglieder. — Mit dem Institut ist eine Feldscheerschule (Kursus 3 Jahre) verbunden.

Aufnahmebedingung. Absolvierung einer mittleren Lehranstalt oder auch von sechs Klassen der klassischen Gymnasien. — Studiendauer: vier Jahre, nach deren Verlauf das Examen für den »Veterinärarzt« abgelegt wird. Ein Jahr später kann der Veterinärarzt zum Examen für den »Magister der Veterinärmedizin« zugelassen werden (nach dem Examen öffentliche Verteidigung einer Dissertation). Der Magistergrad ist für die Habilitation erforderlich.

Gebühren: 25 Rubel pro Semester für die Vorlesungen. Weitere Abgaben existieren nicht. — Stipendien aus der Staatskasse jährlich zusammen ca. 2863 Rubel, ausserdem Privatstipendien.

Publ.: *»Gelehrte Abhandlungen des Kasan'schen Veterinär-Instituts«.*

Warschau.

TIERÄRZTLICHES INSTITUT (Varšavskij Veterinarnij Institut).

Verfassung, Aufnahme, Studiendauer, Gebühren, usw. siehe Kasan.

Forst- und landwirtschaftliche Institute.

Moskau (Landwirtschaftliches Institut),
Nowaja-Alexandria (Landwirtschaftliches und Forst-Institut),
St. Petersburg (Forstinstitut, Landwirtschaftliche höhere Frauenkurse).

Moskau.

LANDWIRTSCHAFTLICHES INSTITUT (Moskovskij Selsko-chozjaistvennyj Institut in Petrovskoje-Razumovskoje, 10 km nw. von Moskau).

Das Schloss wurde vom Bojaren Naryškin für seinen Enkel, den späteren Zar Peter I., erbaut; 1776 schenkte es Katharina dem Grafen Razumovskij, später erwarb es die Krone wieder.

1845 wurde die Petrowsky'sche landwirtschaftliche und Forst-Akademie gegründet, 1894 zu dem jetzigen landwirtschaftlichen Institut umgewandelt. Die Anstalt untersteht dem Ministerium der Reichsdomänen. Zwei Abteilungen: für Landwirtschaft, für Hydrotechnik.

AUFNAHME. Bedingung ist die Absolvierung eines Gymnasiums oder einer Realschule und Konkurrenzexamen. — Das Studium führt zu den Diplomen eines »gelehrten Agronomen« oder »gelehrten Hydrotechnikers« 1. und 2. Grades.

GEBÜHREN: Kollegiengeld 100 Rubel jährlich.

PUBL.: *Izvěstija*, 4 Lieferungen jährlich.

Nowaja-Alexandria.

LANDWIRTSCHAFTLICHES UND FORST-INSTITUT
(Institut selskago chozjaistva i lěsovodstva).

Die glänzende Residenz der Familie Czartoryski, Pulawy (im Gouvernement Lublin, 118 km östlich von Warschau) wurde im Jahre 1834 konfisziert und teils zur Reichsdomäne Neu-Alexandria gemacht, teils an russische Grosse verschenkt. — Das Institut ressortiert von dem Ministerium der Volksaufklärung (Lehrbezirk von Warschau). Das Reglement datiert vom Jahre 1892. — Zwei Abteilungen: landwirtschaftliche und forstliche.

AUFNAHME. Bedingung ist Absolvierung eines Gymnasiums oder anderer Mittelschulen. — STUDIENDAUER in beiden Abteilungen: 4 Jahre.

GEBÜHREN: 50 Rubel pro Jahr.

PUBL.: *Mémoires de l'Institut agronomique et forestier.*

St. Petersburg.

KAISERLICHES FORSTINSTITUT (Imperatorskij Lěsnoj Institut).

Gegründet 1803. Das Institut ressortiert von dem Ministerium des Ackerbaues und der Reichsdomänen, Reglement von 1880. Die unmittelbare Leitung ist einem Direktor anvertraut, für die Angelegenheiten des Unterrichts besteht neben ihm ein Conseil, für die Ökonomie besteht ein Verwaltungskomitee.

Aufnahme, Grade, Gebühren. Bedingung ist Absolvierung eines Gymnasiums oder einer Oberrealschule. Die Studenten leben teilweise im Institut. Die Externen zahlen für den Unterricht 25 Rubel pro Semester, die Internen ausserdem für Wohnung, Bedienung, Beleuchtung u. Heizung 20 Rubel pro Semester. Die Staatspensionäre (Stipendien: 360 Rubel pro Jahr) sind zu 1½ Jahre Dienst für jedes Pensionsjahr verpflichtet. — Der vollständige Kursus ist vierjährig.

Das Schlussexamen verleiht den Titel eines »gelehrten Forstmannes« 1. oder 2. Ordnung, welche Titel den Universitätsdiplomen gleichstehen. Solche, die nicht im Institut ihre Studien absolviert haben, werden nur zur Prüfung für die 1. Ordnung zugelassen; auch Prüfungen in dem einen oder andern Fach werden gewährt. — Forstmännern I. Ordnung können mit Einwilligung des Ministers Stipendien auf zwei Jahre zur weiteren Ausbildung für den Lehrerberuf verliehen werden.

LANDWIRTSCHAFTLICHE STEBUTOWSCHE HÖHERE FRAUENKURSE

(Stebutowskij Wisschii selskochosiastwenij Jenskij Kursi).
Wib. Seite, Nowaia 2.

Eröffnet 1904. Aufnahmebedingung: Absolvierung einer Mittelschule. Studienzeit: 4 Jahre. Gebühren: 125 Rubel jährlich. — Nach Absolvierung der Kurse wird der Titel »Agronom« verliehen. — Das Sommer-Semester wird im Gouvernement Nowgorod auf dem Gute »Kniazii Dwor« (Station Schimsk) abgehalten.

Höhere Frauenkurse.

I.

Die Kurse haben den Zweck, Frauen hochschulmässigen Unterricht in den historisch-philologischen, physikalisch-mathematischen und teilweise auch juristischen Fächern zugänglich zu machen Der Eintritt muss jeweils in den ersten Kursus erfolgen. Aufnahmebedingung ist meistens das Zeugnis über Absolvierung einer Mittelschule, eines achtklassigen Mädchengymnasiums, bestandenes Lehrerinnenexamen. Die Kurse dauern vier Jahre. Gebühren jährlich ca. 100 Rubel. — Examina jährlich. Nach Bestehen der Prüfungen werden Zeugnisse ausgestellt, die aber keinerlei staatliche Berechtigung gewähren.

Solche Kurse bestehen in:
Charkow, Dorpat, Kasan, Kijew, Moskau, Odessa, St. Petersburg.

II.

Medizinische Hochschule für Frauen siehe unter medizinische Hochschulen S. 385

Höhere pharmazeutische Frauen-Schule siehe unter medizinische Hochschulen S. 386.
Pädagogisches weibliches Institut siehe unter historisch-philologische Institute S. 391.
Polytechnische Frauenkurse siehe unter technische Hochschulen S. 399.
Landwirtschaftliche Stebutowsche höhere Frauenkurse siehe unter forst- und landwirtschaftliche Institute S. 403.

Sonstige Anstalten.

Moskau. KUNST-HOCHSCHULE. Angaben fehlen.

St. Petersburg.

KAISERLICHE KUNSTAKADEMIE
(Imp. Akademija Chudožestw.)

Die Anfänge der Akademie gehen auf eine »Kleine Akademie« Peters des Grossen, die »Klassen der Künste und Gewerbe« bei der Akademie der Wissenschaften (seit 1747 »Akademie der Wissenschaften und Künste« genannt) und die von J. J. Stelin geleitete Kunstakademie (1735—85) zurück. Eine selbständige Staatsanstalt mit besonderen Klassen für Malerei, Skulptur und Architektur wurde 1757 auf Antrag I. Schuvalov's eingerichtet und dabei eine Gemäldegalerie (Schenkungen von Elisabeth und Katharina II.) und eine Sammlung von Gipsabgüssen (seit 1769) gegründet. Im Jahre 1893 (Statut vom 15. Oktober) wurde die Anstalt reorganisiert und besteht jetzt aus der eigentlichen *Akademie* und der *Kunstschule* zur Heranbildung von Künstlern. — Die Verwaltung der Kunstschule liegt in den Händen eines Rektors und des Conseil von Professoren, die von der Akademie gewählt werden.

Aufnahme in die Kunstschule: Prüfung im Zeichnen und Malen nach dem Modell, und Kenntnisse, die dem Programm der sechs Klassen einer Realschule entsprechen. — Studiendauer: sechs Jahre, nach deren Absolvierung der Titel »Künstler« oder »Architekt« mit der Berechtigung auf die 10. Beamtenklasse verliehen wird.

Gebühren: Unterricht unentgeltlich.

Athen (Griechenland).

RUSSISCHES ARCHÄOLOGISCHES INSTITUT.
Siehe unter BALKANSTAATEN.

Konstantinopel (Türkei).

RUSSISCHES ARCHÄOLOGISCHES INSTITUT.
Siehe unter BALKANSTAATEN.

Finland.

Universität und technische Hochschule in Helsingfors.

Helsingfors.

KEJSERLIGA ALEXANDERS-UNIVERSITETET I FINLAND.
KEISARILLINEN SUOMEN ALEKSANDERIN-YLIOPISTO.

GESCHICHTE. 1640 wurde, auf Veranlassung des damaligen Generalgouverneurs Pehr Brahe, von der schwedischen Regierung eine Universität mit elf Professoren (drei theologische, ein juristischer, ein medizinischer, sechs philosophische) in Åbo errichtet. Während des grossen nordischen Krieges begaben sich i. J. 1713, mit Einwilligung der Regierung, Professoren und Beamte nach Schweden; erst 1722 wurde die Universität wieder eröffnet. Nachdem Finland 1809 unter russische Herrschaft gekommen, wurde durch das Statut vom Jahre 1811 die Zahl der Lehrer auf 20 Professoren und 19 Adjunkten erhöht. Als Åbo 1827 durch Feuersbrunst zerstört wurde, ward die Universität nach der neuen Hauptstadt des Landes, Helsingfors, verlegt und erhielt ihre jetzige Benennung. Das geltende kaiserliche Statut datiert vom Jahre 1852.

LITERATUR. *Tengström, Chronologiska Förteckningar och Anteckningar öfver Finska Universitetets fordna Procancellerer samt öfver Faculteternas medlemmar och adjuncter.* Helsingfors 1836. — *Vasenius, Författningar och beslut rör. Alexanders-universitetet 1852—1898.* Helsingfors 1889 und 1899. — *Åbo universitets lärdomshistoria von L. W. Fagerlund und R. Tigerstedt (Medizin), A. Liljenstrand (Rechtswissenschaft), M. G. Schybergson (Geschichte), H. Råbergh (Theologie), I. A. Heikel (Philologie), O. E. A. Hjelt (Naturgeschichte), K. F. Slotte (Mathematik u. Physik), R. Tigerstedt (Chemie), Th. Rein (Philosophie).* Helsingfors 1890 bis 1907. — *Lagus, Album studiosorum Academiae Aboensis MDCXL—MDCCCXXVII* Helsingfors 1891—1895; *Supplement* 1906 — *Renvall, Finlands Universitet 1828—90 (Biographie).* 2. Aufl. Helsingfors 1891. — *E. Hjelt, Stipendier och Stipendiefonder stående under det Finska Univ. förvaltning.* Helsingfors 1894, 1904. — *E. Hjelt, Statistika Uppgifter rörande den studerande ungdomen vid det finska universitetet 1867—1905.* Helsingfors 1907.

Die Universität hat das Monopol, astronomische Kalender zu veröffentlichen: *Finlands Statskalender.*

Die VERFASSUNG der finländischen Universität erinnert an die der schwedischen. Die höchste Leitung haben ein vom Kaiser ernannter *Kanzler* (als solcher fungierte seit 1816 der russische Kronprinz, an dessen Statt der Ministerstaatssekretär für finländische Angelegenheiten die Geschäfte besorgt) und, wenn dieser nicht in der Universitätsstadt ansässig ist, ein ebenfalls vom Kaiser (auf Antrag des Kanzlers) ernannter Vizekanzler. Der Kanzler hat die vom Konsistorium oder Vizekanzler gegebenen Reglements, Instruktionen u. dgl. zu bestätigen. *Rektor* und *Prorektor* werden vom Kanzler unter drei vom Konsistorium vorgeschlagenen Professoren auf je drei Jahre ernannt. Das *Konsistorium* besteht, unter Vorsitz des Rektors, ordentlicherweise aus 13 ordentlichen Professoren (aus den drei ersten Fakultäten die zwei, aus den zwei ersten Sektionen der philosophischen Fakultät die drei im Dienst ältesten und aus der agrikultur-ökonomischen Sektion der im Dienst älteste); bei der Behandlung von Fragen wissenschaftlichen Charakters haben indessen alle Professoren im Konsistorium Stimme. Die ökonomische Verwaltung führt eine *Ökonomic-Division* (Rektor, Prorektor und zwei weitere Professoren).

Die *Dekane* werden vom Kanzler auf drei Jahre ernannt. Die Professoren werden vom Kanzler unter drei der Bewerber, die vom Konsistorium als fähig erklärt und zum Amt vorgeschlagen wurden, ernannt; auch Adjunkten, Lektoren und Dozenten werden vom Kanzler ernannt. — Gehalt für ordentliche Professoren 6000 Fr., + Miete 2000 Fr., mit zwei Zugaben von 1000 Fr., nach fünf- und zehnjähriger Amtsleistung; für ausserordentliche Professoren 6500 Fr. mit zwei Zugaben von 750 Fr. Ein Lektor hat 5000 Fr. Gehalt. Für Dozenten gibt es 24 Stipendien von 4000 Fr. Nach 25jähriger Amtsleistung und 60 Lebensjahren ist der Professor berechtigt zum Abschied mit dem vollen Gehalt (ohne Mietgeld) als Pension. — Der Professor ist verpflichtet, wöchentlich mindestens vier Stunden, der Dozent (Stipendiat) zwei Stunden zu lesen. Das akademische Jahr besteht aus zwei Semestern: 1. September bis 16. Dezember, 15. Januar bis 31. Mai (die Vorlesungen beginnen jedoch erst am 15. September und 20. Januar).

Die *Studenten* sind seit 1868 wieder auf »Abteilungen« (den schwedischen »Nationen« völlig entsprechend) verteilt. Jede Abteilung (jetzt zwölf) hat einen Inspektor (mit jährlichem Honorar, 1000 Fr. von der Krone), der vom Konsistorium bestätigt wird und einen Kurator, der ebenso für je drei Jahre von der »Abteilung« gewählt wird; die »Abteilungen« besitzen eigene Kassen, teilen Belohnungen (jede Abteilung jährlich einige Hundert Fr.) für literarische oder wissenschaftliche Arbeiten aus (die Nyländische Abteilung disponiert für solche Zwecke jährlich über etwa 6500 Fr. aus den Kiselevschen Fonds) und üben disziplinare Aufsicht über ihre Mitglieder. Das Studentenkorps, dessen Präsident und Vizepräsident von dem Korps gewählt und vom Konsistorium bestätigt werden, geniesst für seine Bibliothek Unterstützung aus Universitätsmitteln.

Die *Gerichtsbarkeit* der Universität über die Studenten wird, sofern sie ausserhalb der Kompetenz der »Abteilungen« oder des Rektors fällt, durch das Inspektorenkollegium (mit Rektor als Vorsitzenden) ausgeübt. Sie erstreckt sich über grössere moralische Verirrungen und über schwere Versehen, die innerhalb der Räumlichkeiten der Universität begangen werden oder gegen die Reglements der Universität verstossen. Die Strafen, die von dem Kollegium verhängt werden können, sind: Warnung, Verlust von Stipendien, Relegation. — Die meisten Stipendien werden nach dem Ausfall besonderer Stipendiatenprüfungen zuerkannt.

IMMATRIKULATION auf Grund eines Abgangszeugnisses von einem Gymnasium oder Lyzeum nach bestandenem Studentenexamen (schriftliche und mündliche Prüfung am Gymnasium, mündliche an der Universität); Frauen können ganz wie Männer als Studenten bei der Universität eintreten. Wer den vollständigen Kursus der technischen Hochschule durchmacht, hat das Recht, Examina an der Universität abzulegen. Jeder Student hat ein »Studienbuch«, worin von den Lehrern über seine Studien Bericht gegeben wird. Bei der am Anfang jedes akademischen Semesters stattfindenden Inskription muss der Student melden, welche Vorlesungen (in der Regel wenigstens zwei Kurse) er zu hören beabsichtigt. Wer das Lizentiatenexamen absolviert, gilt nicht mehr als

Student; wer acht Jahre an der Universität zugebracht hat, ohne irgendein Staatsexamen abgelegt oder einen Grad erworben zu haben, soll aus der Matrikel gestrichen werden.

GRADE. Es gibt in der philosophischen Fakultät vier: Kandidat, Magister, Lizentiat, Doktor; in den übrigen Fakultäten drei: Kandidat, Lizentiat, Doktor. Die Grade der theologischen Fakultät setzen das Kandidatenexamen der historisch-philologischen Sektion, die der juristischen Fakultät dasselbe Kandidatenexamen oder ein Präliminarexamen, die der medizinischen Fakultät das Kandidatenexamen der physiko-mathematischen Sektion oder ein naturwissenschaftliches Präliminarexamen voraus. — Für den philosophischen Kandidatengrad werden gefordert: ein französisches oder deutsches oder englisches Skriptum (in der historisch-philologischen Sektion auch eine Übersetzung aus dem Lateinischen), eine Abhandlung in der Muttersprache, mündliche Prüfung in mindestens vier Fächern (deren Wahl von der Fakultät gutgeheissen ist) mit zwei »laudatur« oder einem »laudatur« und zwei »cum laude approb.« — Das Lizentiatenexamen besteht in allen Fakultäten (mit Ausnahme der medizinischen, wo der Lizentiatgrad ohne Dissertation, der Doktorgrad nur auf Grund einer Dissertation verliehen wird) aus Dissertation und mündlicher Prüfung (in der philosophischen Fakultät in drei Fächern) mit der Zensur »laudatur« wenigstens in einem Fache. Für die Grade eines theologischen oder juristischen Lizentiaten wird mindestens zweijährige Praxis vorausgesetzt. Die Grade eines Magisters oder Doktors werden Kandidaten und Lizentiaten durch Promotion verliehen. — Die Kandidatengrade der theologischen, juristischen und philosophischen Fakultäten geben dieselbe Kompetenz, wie das theologische Dimissionsexamen, Rechtsexamen und Lehrerkandidatenexamen.

STAATSEXAMINA. *Theologisches Dimissionsexamen:* Skriptum in den beiden einheimischen Sprachen, Präliminarexamen (hebräische und griechische Sprache, Religions- und Kulturgeschichte, philosophische Propädeutik), theologisches Examen; *Rechtsexamen und höhere Verwaltungsexamen:* Rechtsphilosophie und nordische Geschichte, schriftliche Prüfungen in den beiden einheimischen Sprachen und ausserdem russisch oder französisch, juristische Fächer; *Niedere Verwaltungsexamen; Zahnarztexamen* (setzt physiko-mathematisches Kandidatenexamen oder naturwissenschaftliches Präliminarexamen voraus): besteht aus Kandidaten- und Arztexamen; *Lehrerkandidatenexamen:* vom Grade eines philosophischen Kandidaten wenig verschieden (zur Erlangung einer Lehrerstelle sind noch pädagogisches Examen und praktische Lehrprobe nötig); *Bergexamen:* mündliche Prüfung in naturwissenschaftlichen Fächern und Nationalökonomie; *Agronomenexamen:* mündliche Prüfung in naturwissenschaftlichen Fächern, mindestens einjährige Praxis, Examen in sechs agronomischen Fächern; *Forstexamen:* wie Agronomieexamen.

GEBÜHREN. Kollegiengeld: zwei Stunden in der Woche 12 Fr., vier Stunden in der Woche 24 Fr. (die meisten Vorlesungen jedoch unentgeltlich). — Studentenexamen: 45 Fr.; Kandidaten-, Lizentiaten- und Vorexamen zum Eintritt in die medizinische Fakultät 39 Fr., Lehrerkandidatenexamen 26 Fr. 50 c., Pädagogisches Examen 12 Fr. 50 c., Juristisches Staatsexamen 36 Fr. 50 c., Bergexamen 36 Fr. 50 c., Theologisches Staatsexamen 16 Fr. 50 c. — Promotion zum Magister 46 Fr., Promotion zum Theologie-Doktor 105 Fr. (fürs Diplom 4 Fr. mehr); andere Doktorate 91 Fr. (fürs Diplom 4 Fr. mehr); Ehren-Doktorat 200 Fr.

FAKULTÄTEN: theologische, juristische, medizinische, philosophische: a) historisch-philologische Sektion; b) physiko-mathematische Sektion; c) agrikultur-ökonomische Sektion.

TEKNISKA HÖGSKOLAN I FINLAND SUOMEN TEKNILLINEN KORKEAKOULU.

GESCHICHTE. Die Hochschule ist aus der 1847 eingerichteten technischen Realschule zu Helsingfors hervorgegangen. Diese Realschulen (auch in Åbo und Vasa errichtet) waren sehr elementärer Art, enthielten noch kein speziell technisches Fach und hatten nur einen einzigen ordentlichen Lehrer (nebst Stundenlehrer). In den Jahren 1859 bis 1860 kamen noch vier ordentliche Lehrer und drei Extralehrer hinzu; seitdem wurde auch in Landmesserei, Kartographie und Nivellierung, mechanischer und chemischer Technologie, Maschinenlehre, Baukunst u. a. Unterricht erteilt. Durch eine Verordnung vom Jahre 1872 wurde die technische Realschule in eine polytechnische Schule verwandelt mit noch vier Lehrern (für Experimentalphysik, mechanische Technologie, Mineralogie mit Geognosie und russische Sprache), erhöhten Gehältern und Dotationen für Bibliothek und Sammlungen; durch eine Verordnung vom Jahre 1879 erhielt die Anstalt den Namen »Polytekniska Institutet i Finland«, nebst einer neuen Organisation. Die Verordnung vom 2. April 1908 gab der Hochschule den Namen »Tekniska Högskolan i Finland Suomen Teknillinen Korkeakoulu« und eine Organisation, übereinstimmend mit den entspr. Hochschulen des Kontinents.

LITERATUR. *Polytekniska institutet i Finland 1849—1899.*

JÄHRL. PUBL.: *Berichte (Redogörelse), Programm* und *Katalog.*

VERWALTUNG. Rektor und Prorektor werden für je drei Jahre vom Senate bestellt. Die Lehrer werden nach Ausschreibung und auf Vorschlag des Lehrerkollegiums vom Ökonomiedepartement des Senates ernannt; als Kompetenz-Forderung gilt für theoretische Fächer Lizentiatexamen, für praktisch-technische Fächer gelten entsprechende Studien und praktische Wirksamkeit. — Gehälter für ältere Lehrer 8000 Fr., nach zehn Jahren 10000 Fr.; für Lektoren 6000 Fr. mit 750 Fr. Zuwachs nach je fünf und zehn Jahren.

AUFNAHMEBEDINGUNG ist das Studentenexamen. — GEBÜHREN pro Semester 40 Fr., für Unbemittelte frei.

ABTEILUNGEN: Fachschulen für Architektur, Ingenieurwesen, Maschinenbau, chemische Technologie und Vermessungswesen, allgemeine Abteilung.

Rumänien. Balkanstaaten.

RUMÄNIEN.

BULGARIEN.

SERBIEN.

GRIECHENLAND.

TÜRKEI.

Rumänien.

Universitäten.

Bukarest=București, Jassy=Jași.

Verfassung. Die Universitäten Rumäniens sind staatliche Anstalten und erteilen staatliche Zeugnisse (Diplome). Sie wurden durch die Erhebung der schon von früher her bestehenden Fachschulen des Kollegiums St. Sava in București und der Academia Mihaileană in Jași zu Fakultäten errichtet. Die Universität zu Jași wurde am 28. Oktober 1860 von dem Fürsten Alexandru Joan I. Cuza begründet; die Organisation beider Universitäten erfolgte durch das Gesetz vom 25. November 1864, das demselben Fürsten zu verdanken ist und das die Bukarester Univ. tatsächlich begründete. Die Neugestaltung des Hochschulunterrichtes erfolgte auf Grund des Gesetzes vom 24. März 1898 (revidiert 1901).

Jede Universität wird von einem *Rektor*, der für die Dauer von drei Jahren gewählt wird, und von dem Senate, bestehend aus den Dekanen sämtlicher Fakultäten und aus je einem Delegierten derselben, verwaltet.

Die Universitäten verfügen über keine eigenen Mittel; sie bekommen alljährlich eine Dotation aus dem Staatshaushalte (das Finanzjahr beginnt am 1./14. April). Wohl aber verfügen sie über verschiedene Stiftungen für Stipendien und Preise für die in den Universitätsinstituten hergestellten Arbeiten. Der Universitätssenat verwaltet diese Fonds gemäss den Stiftungsurkunden und übt gleichzeitig eine Disziplinarmacht über die Studierenden aus.

Die *Fakultäten* werden von den Dekanen verwaltet, die für die Dauer von zwei Jahren gewählt und von den Fakultätskonsilien unterstützt werden. Sie bearbeiten die Reglements, setzen das jährliche Studienprogramm fest und überreichen alljährlich dem Senat einen Bericht über ihre Tätigkeit und über die fühlbar gewordenen Bedürfnisse. Diese Berichte bilden die Grundlage für den Bericht des Senates, der gleichfalls alljährlich dem Ministerium unterbreitet wird. Den Fakultätskonsilien ist es vorbehalten, sich über die Gültigkeit ausländischer Diplome auszusprechen, die Universitätspreise zu verteilen und die Wettbewerbsprüfungen für die Universitätsstipendien zu regeln.

Die Zahl der Fakultäten beträgt fünf: die Rechtsfakultät, die wissenschaftliche Fakultät, die philosophisch-literarische Fakultät, die rechts- und staatswissenschaftliche Fakultät, die medizinische Fakultät (mit der pharmazeutischen Schule), die theologische Fakultät. Die letztere fehlt an der Universität zu Jași (siehe S. 413).

Die wissenschaftliche Fakultät zerfällt in drei Abteilungen: in eine mathematische, physikalische und naturwissenschaftliche Abteilung; die philosophische Fakultät in vier Abteilungen: klassische Philologie, moderne Philologie, Geschichte und Philosophie.

LEHRKÖRPER. Die Professoren und die agregaţi definitivi werden auf Grund ihrer wissenschaftlichen Arbeiten, die von einem Universitätskonsilium, bestehend aus dem Senate und den betreffenden Fakultätskonsilien, beurteilt werden, ernannt. Beide Universitäten empfehlen einen Kandidaten für jeden freigewordenen Lehrstuhl. Der Minister hört die Ansicht des permanenten Unterrichtsrates an und beschliesst über die Ernennung. Die agregaţi provizorii (soviel wie ausserordentliche Professoren) werden auf Grund einer vor der Fakultät abgelegten Wettbewerbsprüfung und vorangegangener Bewertung ihrer wissenschaftlichen Arbeiten ernannt.

Die Dozenten haben eine ähnliche Prüfung zu bestehen wie die agregaţi provizorii, nur sind sie nicht Inhaber von Lehrstühlen; sie halten freie Vorlesungen oder bekleiden andere Universitätsstellungen (Assistenten, Prosektoren, Präparatoren).

Die Professoren und die agregaţi definitivi sind unabsetzbar und bekommen den gleichen, gesetzlich festgesetzten Gehalt, der alle fünf Jahre gesteigert wird. Von den Professoren der juristischen Fakultät abgesehen, haben die Professoren keinen Anteil an den von den Studierenden entrichteten Universitätstaxen. Ausser den Lehrpflichten und der Leitung der Seminarien, der Institute und der den Lehrstühlen beigegebenen Laboratorien, haben die Professoren das von der Verfassung verbürgte exzeptionelle Recht, in den Senat des Königreichs einen Vertreter aus ihrer Mitte zu entsenden. Das Universitätskollegium wählt den Rektor, das Konsilium einer jeden Fakultät wählt den Dekan und den Delegierten in den Universitätssenat.

Die tierärztliche Hochschule gehört nicht zur Universität, jedoch ist dieselbe ähnlich eingerichtet und verwaltet. Sie verleiht eine einzige Art Diplom: den Grad eines Lizentiaten der Veterinärmedizin.

AUFNAHME. Die Studierenden werden auf Grund des Reifezeugnisses, das nach Besuch eines Lyzeums (Obergymnasiums) und nach bestandener Maturitätsprüfung ausgestellt wird, immatrikuliert. Die Ordnungen der verschiedenen Fakultäten bestimmen, welche Obergymnasien (klassische, moderne, reale) das Recht gewähren, in die betreffenden Fakultäten aufgenommen zu werden. Die Studierenden sind einem allgemeinen Ordnungs- und Disziplinreglement unterworfen; ihre Studien unterliegen den Vorschriften der verschiedenen Fakultätsreglements. — Ausländer werden aufgenommen, wenn ihre Zeugnisse von einer rumänischen Universität als gleichwertig anerkannt werden.

Das Studienjahr beginnt am 1. Oktober und endet am 30. Juni. Eine Semestereinteilung besteht nicht. Juli, August und September sind Ferienmonate.

GRADE UND STUDIENDAUER. Jede Fakultät ist berechtigt, zweierlei Grade resp. Diplome zu erteilen: den Grad eines Lizentiaten nach Bestehen der reglementären Prüfungen, den Grad eines Doktors auf Grund einer an der Universität verfertigten Originalarbeit (Thèse). Die medizinische Fakultät verleiht nur den Doktortitel; die ihr beigegebene »Pharmazeutische Schule« verleiht den Titel eines Lizentiaten. — Um den Grad eines Lizentiaten zu erwerben, müssen wenigstens drei Studienjahre, für den Doktorgrad mindestens fünf Studienjahre vom Beginn des Studiums nachgewiesen werden.

Ärzte, Tierärzte und Apotheker, die im Auslande studiert haben, bestehen ein Examen »de libera practica« nach vorhergegangener Anerkennung der Gleichwertigkeit seitens einer rumänischen Universität.

GEBÜHREN. Die Immatrikulationstaxen sind durch ein besonderes Reglement festgesetzt. Für die theologische, philosophisch-literarische und mathematische Fakultät sind 30 Lei pro Jahr vorgesehen; für die physikalische und naturwissenschaftliche Fakultät (einschliesslich der Laboratoriumstaxen) 60 Lei pro Jahr; für die medizinische Fakultät (Medizin sowohl wie Pharmazie) 90 Lei pro Jahr; für die Rechtsfakultät 50 Lei pro Jahr. An der Jaşier Universität sind die Taxen etwa um 30% geringer. — Ausser den Immatrikulationstaxen zahlen die Studierenden der Rechtswissenschaften, der Medizin und der Pharmazeutik eine Prüfungstaxe von 30 Lei (in der Rechtsfakultät beträgt die Taxe der Doktoratsprüfung 50 Lei). Für das Lizentiatendiplom einer jeden Spezialität werden 100 Lei, für das Doktordiplom 160 Lei erhoben. - Für die Anerkennung ausländischer Diplome wird eine Staatstaxe von 100 Lei und eine besondere Taxe, die von dem Reglement einer jeden Fakultät bestimmt wird, erhoben.

Bukarest=București.

UNIVERSITATEA DIN BUCUREȘTI.

Gegründet 4./16. Juli 1864 durch Fürst Alexandru Joan I. Cuza.

VERFASSUNG, Aufnahme, Studiendauer, Grade, Gebühren, usw. siehe S. 411 u. ff.

FAKULTÄTEN: Facultatea de Științi, F. de Filosofie și Litere, F. de Drept, F. de Medicină (mit pharmazeutischer Schule), F. de Teologie.

Jassy=Jași.

UNIVERSITATEA DIN JAȘI.

Gegründet am 28. Oktober 1860 unter dem Fürsten Alexandru Joan I Cuza mit 4 Fakultäten: Recht, Naturwissenschaften, Philosophie, Theologie. Im Jahre 1876 ist die theologische Fakultät eingegangen und an deren Stelle die medizinische getreten.

VERFASSUNG, Aufnahme, Studiendauer, Grade, Gebühren, usw. siehe S. 411 u. ff.

FAKULTÄTEN: Facultatea juridica, F. de Litere (mit pädagogischem Seminar), F. de Stiinți, F. de Medicină.

Fachliche Hochschulen.

Technische und tierärztliche Hochschule; Architekturschule; Hochschule der bildenden Künste.

Pharmazeutischer Unterricht an den Universitäten.

Bukarest=Bucureşti.

SCOALA DE PODURI SI SOSELE

(Schule für Brücken- und Wegebau).

1850 wurden die ersten Ingenieurschulen in der Walachei und der Moldau begründet. Der Franzose Léon Lalanne, nachmaliger Direktor der gleichnamigen Schule zu Paris, war der erste Direktor der Bukarester Schule.

AUFNAHME. Die aufzunehmenden Zöglinge müssen mindestens 17 Jahre alt sein und die Reifeprüfung bestanden haben. Es gibt »interne« Zöglinge, Stipendiaten, die auf Staatskosten studieren und in der Anstalt wohnen, und »externe«, die auf eigene Kosten studieren. Letztere dürfen auch Ausländer sein. — Die STUDIENDAUER beträgt fünf Jahre, wovon das erste das Vorbereitungsjahr ist. — Die Anstalt erteilt zweierlei Zeugnisse: Ingenieurdiplome und Fähigkeitszertifikate.

ŞCOALA SUPERIOARĂ DE MEDICINĂ VETERINARĂ

(Tierärztliche Hochschule).

Gegründet 1861 unter Fürst Cuza nebst der medizinischen und pharmazeutischen Schule durch weiland Dr. Davila's Bestrebungen. Die Hochschule unterstand zuerst dem Unterrichts-Ministerium, dann dem Kriegsministerium und dem Ackerbauministerium und ist gegenwärtig wieder dem Unterrichtsministerium zugewiesen. Sie ist ähnlich organisiert wie die Staatsuniversitäten (siehe S. 411 u. ff.).

STUDIENDAUER: fünf Jahre. — DIPLOM: Grad eines Lizentiaten der Veterinärmedizin.

ŞCOALA DE ARTE-FRUMOASE

(Hochschule der bildenden Künste).

Gegründet 1864. Drei Sektionen: Malerei, Skulptur, Dekorative Künste.

ŞCOALA DE ARCHITECTURA.

Gegründet 1897; organisiert laut Reglement v. J. 1898 erst als Sektion der Scoala de Arte Frumoase, seit dem 1. September 1904 als selbständige Anstalt.

AUFNAHME durch Konkurrenzprüfung auf Grund eines Maturitätszeugnisses einer Mittelschule (Gymnasium, Realgymnasium).

STUDIENDAUER 5 Jahre: 2 Jahre in der Vorbereitungsschule, 2 Jahre in der Konstruktionsabteilung, 1 Jahr in der Architekturabt. Nach Absolvierung der 2. Abteilung wird der Titel »Konstrukteur«, am Schluss des ganzen Kursus das Architektendiplom verliehen.

GEBÜHREN: keine.

Bulgarien. Serbien.

Sophia (Bulgarien).

UNIVERSITÄT.

GESCHICHTE. Laut Gesetz vom 13. Oktober 1888 wurde ein höherer pädagogischer Kurs gegründet, der durch Gesetz vom Dezember des gleichen Jahres zu einer Hochschule erhoben und im Jahre 1904 zur Universität umgewandelt wurde. Sie besteht aus 3 Fakultäten. Gründungszeit der historisch-philologischen Fakultät Oktober 1888, der physikalisch-mathematischen Oktober 1889, der juristischen November 1892. Die Universität erhielt ihre Autonomie 1904; das Universitätsgesetz erfuhr eine Änderung im März 1907 und eine letzte im März 1909.

VERFASSUNG. Die Universität wird vom Senat verwaltet, bestehend aus 15 auf ein Jahr gewählten Professoren, und von den Fakultätsräten, die sich aus allen Mitgliedern jeder Fakultät zusammensetzen. Der Rektor und die Dekane werden auf ein Jahr gewählt. Die Wahl des Rektors muss durch den Minister der Volksaufklärung bestätigt werden. Die Wahl von Professoren, Dozenten und Lektoren geschieht durch öffentlichen Concours von seiten der betreffenden Fakultät, die den Neugewählten dem Senat empfiehlt, der ihn im Falle der Bestätigung seinerseits dem Minister zur Ernennung vorschlägt.

AUFNAHMEBEDINGUNG als Studierender ist das Maturitätszeugnis von einem klassischen oder Realgymnasium. — STUDIENZEIT in allen Fakultäten: acht Semester. — Das erste Universitätsexamen wird nach dem vierten, das zweite nach dem achten anerkannten Semester gemacht.

GEBÜHREN pro Semester: Aufnahme 20 Lew (Frs.); Laboratoriumstaxe: Physik 5 Lew, Naturgeschichte 10 Lew, Chemie 20 Lew.

PUBL.: »*Godischnik*« (Jahrbuch), seit 1904 — »*Isvjéstija na Slavjánskija Seminar*« (Mitteilungen des Slavischen Seminars), seit 1904. — *Geologische Karte von Bulgarien.*

Belgrad (Serbien).

UNIVERSITET.

Auf Grund des Gesetzes vom 27. Februar 1905 wurde die frühere Hochschule durch die Universität ersetzt.

FAKULTÄTEN: philosophische, juristische, technische, medizinische und theologische; die beiden letzteren Fakultäten fungieren noch nicht.

STUDIENGANG: in der medizinischen Fakultät zehn, in den anderen Fakultäten acht Semester. Als ordentliche Hörer werden nur diejenigen aufgenommen, welche das Reifeexamen bestanden haben.

STIPENDIEN. Zur Unterstützung der Studenten besteht ein spezieller Fonds; Stipendien werden auch aus Staatsmitteln vergeben. Ausserdem bestehen folgende Stiftungen: 1. Seiner Majestät des Königs Peter von Serbien im Betrage von 2000 fr. jährlich für die besten Preisschriften aller Fakultäten; 2. des Luka Celović von 2000 fr. jährlich für die beste Preisschrift in der technischen Fakultät; 3. der Belgrader Gemeinde im Betrage von 600 fr. jährlich zum Studium der philologisch-historischen Wissenschaften; 4. des verstorbenen Jefrem Panić im Betrage von 600 fr. jährlich für Studierende aus dem Podrinjekreise.

Griechenland.

Athen.

NATIONAL-UNIVERSITÄT

(*Τὸ ἐν Ἀθήναις ἐθνικὸν Πανεπιστήμιον*).

GESCHICHTE. Die Gründung der Universität in Athen geht auf eine königl. Verordnung vom 18. Mai 1835 zurück, laut der eine Schule für Chirurgie, Pharmazie und Toxikologie eingerichtet wurde. 1836 erliess der Graf Armensberg, als interimistischer Vertreter des Königtums, eine Verordnung zwecks Gründung einer Universität nach dem Muster der deutschen Hochschulen. König Otto annullierte nach seiner Rückkehr dies Dekret und erliess ein neues mit vereinfachten Bestimmungen im Jahre 1837, das in der Hauptsache bis heute in Kraft geblieben ist. Die Universität wurde am 15. Mai 1837 eröffnet als »König-Otto-Universität«; heutiger Name seit der Abdankung des Königs.

VERFASSUNG. Die Universität steht unter dem Unterrichtsministerium und wird von einem akademischen Senat verwaltet (*Ἀκαδημαϊκὴ Σύγκλητος*), der aus dem Rektor (*πρύτανις*), dem Rektor des vergangenen Jahres, den vier Dekanen (*Κοσμήτωρ*) und zwei Professoren jeder Fakultät besteht. Der Rektor vertritt die Universität nach aussen hin und der Regierung gegenüber; jährlich wählt das Professorenkollegium drei Kandidaten für das Rektorat, von denen einer vom Unterrichtsminister ernannt wird; jede Fakultät wählt ferner zwei Kandidaten für die Stelle des Dekans, von denen ebenfalls einer vom Minister ernannt wird. Schliesslich wählen die Professoren vier Mitglieder, von denen zwei in den akademischen Senat eintreten (Dekret vom 10. Oktober 1841).

Der LEHRKÖRPER besteht aus *Τακτικοὶ καθηγηταί* (ordentliche Professoren), *Ἐπίτιμοι κ.* (Honorar-Professoren), *Ἔκτακτοι κ.* (ausserordentliche Professoren), *Ὑφηγηταί* (Privatdozenten).

AUFNAHMEBEDINGUNG: Maturität eines staatlich anerkannten Gymnasiums. Ausländer gleichartige Zeugnisse.

GRADE: Doctor u. Lizenziat (*διδάκτωρ* und *τελειοδίδακτος* oder *προλύτης*).

GEBÜHREN: Immatrikulation 150 Drachmen; Unterricht frei, abgesehen von Institutsgebühren.

FAKULTÄTEN (*Σχολαί*): theologische, juristische, medizinische, philosophische, mathematisch-physikalische Fakultät.

METZOVISCHE TECHNISCHE HOCHSCHULE

(*Μετσόβιον πολυτεχνεῖον*).

Gegründet 1837 als Technikum und 1887 als technische Hochschule reorganisiert. Das Gebäude wurde auf Kosten der Metzoviten Tossitzas, Sturnaras und Averof errichtet. Verfassung nach den Gesetzen von 1837 und 1887, 1888; königl. Verordnungen von 1887 und 1890. — Die

Hochschule untersteht dem Ministerium des Innern. An der Spitze steht ein Direktor. — Ein Teil der Professoren sind Mitglieder der National-Universität, Staatsingenieure und höhere Beamte. Vorläufig zwei Abteilungen: für Maschinen- und Bauingenieure. — Mit der Hochschule ist eine Kunstschule verbunden.

AUFNAHME. Prüfungen in den Fächern der niederen Mathematik, Physik und Chemie und Absolutorium eines realen oder humanistischen Gymnasiums.

STUDIENGANG: vierjährig. — Obligatorische alljährliche Prüfungen im Monat Juni. Averofische Stiftung: 22000 Drachmen jährlich für Stipendien ins Ausland zu Studien der Skulptur, Malerei, Hydraulik und des Schiffbaus.

DIPLOME: Bau- und Maschineningenieur. — GEBÜHREN: Inskription jährlich 50 Drachmen.

Institute anderer Staaten.

KAISERLICH DEUTSCHES ARCHÄOLOGISCHES INSTITUT

(*ὁδὸς Φειδίου 1*).

Die Zentraldirektion befindet sich in Berlin. Siehe näheres dort (S. 96).

K. K. ÖSTERREICHISCHES ARCHÄOLOGISCHES INSTITUT.

Nähere Angaben fehlen. Das Hauptinstitut in Wien wird in einem späteren Bande behandelt werden.

BRITISH SCHOOL AT ATHENS.

Gegründet 1886: 1. zur Förderung der griechischen Kunst- und Altertumswissenschaft durch Untersuchungen und Ausgrabungen, 2. als Spezialschule für griechische Sprache und Literatur, 3. als Mittelpunkt für englische Reisende in Griechenland. Die Schule wird durch die Regierung, durch Privatsubskriptionen, durch Zuschüsse von der Universität Oxford, der Society for the promotion of Hellenic Studies und ähnlicher Körperschaften erhalten.

Der Direktor wird durch das leitende Komitee angestellt. Er hat seinen Wohnsitz in Athen von Anfang Oktober bis Ende Mai, und zwar in dem eigenen Hause am Fusse des Lykabettos, dessen Grund und Boden von der griechischen Regierung geschenkt ist.

Die Schule hat bis jetzt Ausgrabungen veranstaltet im Verein mit dem Cyprus Exploration Fund zu Paphos, Salamis, Poli und an anderen Orten auf Cypern, zu Megalopolis und Kyparissia in Arkadien und zu Aegosthena am korinthischen Meerbusen. Die Ergebnisse wurden früher in dem Journal of Hellenic Studies veröffentlicht (jetzt in dem Annual).

Als Schüler werden zugelassen: 1. Studierende mit Reisestipendien (travelling fellowships, studentships or scholarships) von irgend einer Universität des britischen Reiches; 2. reisende Studenten der R. Academy of Art, des R. Institute of British Architects und ähnlicher Körperschaften; 3. andere englische Staatsangehörige, die sich über genügende Befähigung ausweisen. Jeder Schüler hat über seine Arbeiten jährlich Bericht zu erstatten und muss sich mindestens 3 Monate in Griechenland aufhalten. — Vorlesungen und Benutzung der Bibliothek: unentgeltlich.

Gesamtzahl der Schüler von 1886—1908: 102. Die jährliche Durchschnittszahl ist ungefähr 10—12.

PUBL.: »*Annual of the British School at Athens*« (seit 1895); *R. W. Schultz and S. H. Barnsley, The Monastery of S. Luke of Stiris* Fol. 1901, und weitere Einzelpublikationen. — Ausgrabungen 1900 bis 1909 in Kreta (Knossos, Praisos, Palaiokastro), Lakonia (Sparta, Geraki, Thalamae u. Angelona), Böotia (Rhitsona), Thessalia (Theotokow).

ÉCOLE FRANÇAISE D'ATHÈNES.

Gegründet im Jahre 1846. Steht direkt unter dem Unterrichtsminister und unter dem Patronat des Ministers der auswärtigen Angelegenheiten und der wissenschaftlichen Direktion der Académie des Inscriptions et Belles-Lettres. Der *Direktor*, ein Mitglied des Instituts oder ein sonstiger höherer Unterrichtsbeamter, wird durch Dekret auf 6 Jahre ernannt, auf Vorschlag von je 2 Kandidaten durch die Académie des Inscriptions und die Section l'Enseignement supérieur de Comité consultatif. Die *Mitglieder* müssen Docteur ès-lettres oder agrégé des lettres, de grammaire, de philosophie ou d'histoire sein. Schriftliche und mündliche Konkurrenzprüfung für die Aufnahme vor einer Kommission von sieben vom Minister ernannten Mitgliedern. Auf Antrag dieser Kommission werden die Mitglieder (sechs) vom Minister auf drei Jahre ernannt. Die Mitglieder haben durch Vermittelung des Ministers einen jährlichen Bericht an die Académie zu erstatten, der Direktor einen jährlichen Bericht an den Minister. Die Mitglieder der Académie des Inscriptions et Belles Lettres und die alten Mitglieder der Schule sind associés correspondants. Ausserdem kann dieser Titel auch ohne Ansehen der Nationalität auf doppelten Antrag der Académie des Inscriptions und des Direktors der Schule verliehen werden. (Dekret vom 26. November 1874.)

Die Schule hat sich grosse Verdienste um die Ausgrabungen in Delphi (seit Oktober 1892 mit einem Aufwande von 800000 fr.) und in Delos erworben.

PUBL.: seit 1877 das »*Bulletin de correspondance hellenique*« und mit der École de Rome (siehe S. 347) gemeinschaftlich die »*Bibliothèque des Écoles françaises d'Athènes et de Rome*«.

REGIA SCUOLA ARCHEOLOGICA ITALIANA.

Gegründet 1909 auf Kosten der italienischen Regierung als Mittelpunkt für den Unterricht und den Wirkungskreis italienischer Archäologen, die nach dem griechischen Orient gesandt werden zwecks Vervollkommnung ihrer Studien und Veranstaltung von Ausgrabungen und Untersuchungen aus dem prähistorischen und klassischen Zeitalter sowie aus der italienischen mittelalterlichen Epoche. — Die Forschungen erstrecken sich auf Eritrea, Ägypten und Kreta sowie auf die venetianischen Denkmäler in Kreta selbst und der Zykladen, die zum guten Teil durch die Bemühungen des R. Istituto Veneto di Scienze, Lettere ed Arti vollendet sind. — Die Schule erhält Zuschüsse vom Staat, von Akademien und von Privaten.

Die Wohnung des Direktors befindet sich von Mitte Oktober bis Mitte Juli in Athen.

RUSSISCHES ARCHÄOLOGISCHES INSTITUT.

In Gründung begriffen. Das Institut soll dem russischen Unterrichtsministerium unterstellt werden.

AMERICAN SCHOOL OF CLASSICAL STUDIES.

Gegründet durch das »Archaeological Institute of America«. Die Schule steht unter der Aufsicht eines Verwaltungsrates, bestehend aus je einem Vertreter derjenigen amerikanischen Universitäten und Studienstifte (Colleges), die sie erhalten. Eröffnet im Oktober 1882; seit 1888, dank der Liberalität der griechischen Regierung, welche ihr ein Grundstück an dem Abhange des Berges Lykabettos schenkte, in einem eigenen Hause.

Die folgenden Anstalten tragen zum Unterhalt der Schule bei: 1. *Universitäten:* California, Columbia, Cornell, Harvard, Johns Hopkins, Michigan, Syracuse und Yale; 2. *Colleges:* Adelbert, Amherst, Brown, New York, New Jersey, Dartmouth, Trinity, Missouri, Pennsylvania, Vassar, Wesleyan und Williams, ferner: University of Vermont, Wellesley College. Der Direktor ist auf 5 Jahre angestellt.

Für Promovierte der beitragenden Anstalten wird kein Studiengeld erhoben, für andere eine mässige Gebühr.

PUBL.: *Annual Reports* (1882—1906); *Papers* (Einzelpublikationen) 6 Bände. — Organ der Schule seit 1897: *American Journal of Archaeology.*

Türkei.

Konstantinopel.

UNIVERSITÄT.

Die Bestrebungen, in Konstantinopel eine Universität nach abendländischem Muster zu gründen, gehen auf das Jahr 1870 zurück; erst 1901 kam die Gründung zustande. Allerdings war dies Institut eine Universität nur dem Namen nach, die sich mit den übrigen europäischen Instituten auch nicht im geringsten vergleichen lässt. Auch seit Einführung der Konstitution (1908) ist das nicht anders geworden, trotzdem allerlei Versuche zur Hebung gemacht worden sind. Vorläufig ist noch alles im Werden, man ist sich über die Organisation noch nicht im klaren. Daher existieren keine festen Bestimmungen. Der heutige Zustand ist nur ein Provisorium.

Es bestehen fünf Fakultäten: 1. muhammedanische Theologie, 2. mathematisch-naturwissenschaftliche, 3. philologische, 4. juristische und 5. medizinische Fakultät. Die beiden letzteren sind entstanden durch Angliederung der Rechtsschule und Medizinschule, die früher selbständig waren.

Eigentliche Professoren gibt es nicht. Die sich so nennen, sind genauer »mit dem Abhalten von Vorlesungen beauftragte Vertreter der verschiedensten Berufe«. Sie erhalten keinen festen Gehalt, sondern werden vom Staat für jede Stunde honoriert (für die Stunde 75 Piaster = etwa 13 Mark). Die Dekane, über deren Amtsdauer man sich noch nicht geeinigt hat, erhalten ausserdem einen festen Gehalt. Einen Rektor gibt es augenblicklich nicht.

Der Besuch der Vorlesungen ist unentgeltlich. Übungen und Seminarien werden fast gar nicht abgehalten. Eine Universitätsbibliothek existiert nicht. Es erscheint eine Zeitschrift, in der die Dozenten in im allgemeinen wöchentlich erscheinenden Heften ihre Vorlesungen auch für ein weiteres Publikum veröffentlichen.

GROSSE GRIECHISCHE NATIONALSCHULE

(*Μεγάλη τοῦ Γένους Σχολή*),

im Phanar; sie stammt aus byzantinischer Zeit und wurde vom Patriarchen Gennadios Scholarios bald nach 1453 neubegründet. Sie vereinigt Vollgymnasium mit philosophisch-philologischer und seit 1905 auch pädagogischer Ausbildung in den obersten Kursen. Aus ihr gehen viele Lehrer der griechischen Volks- und Bürgerschulen in der Türkei hervor. Sie ist unmittelbar dem Patriarchat unterstellt und wird durch Stiftungsfonds unterhalten; Unterhaltungskosten: 4100 türkische Pfund.

THEOLOGISCHES SEMINAR

(Θεολογικὴ Σχολή)

auf Chalke [Insel im Marmarameer, unweit Konstantinopel].

Gegründet 1844. Ausbildung des höheren griechischen Klerus in der Türkei (vier obergymnasiale und drei theologische Jahreskurse). Dem Patriarchat unterstellt, unterhalten durch die Zinsen von Stiftungen und durch Besteuerung des Klerus und der Klöster in der Türkei. Verwaltung durch einen Direktor und den Professorenrat. Die Oberaufsicht führt eine Kommission von 4 Metropoliten-Mitgliedern der Synode.

AUFNAHMEBEDINGUNG: Mindestalter 16 Jahre, Absolvierung eines griechischen Gymnasiums oder Progymnasiums und Aufnahmeprüfung. Die Schüler müssen einen Gewährsmann (einen der Bischöfe des Patriarchats) stellen, der für die Kostenentschädigung aufkommt, falls der Schüler nach Absolvierung der Studien sich nicht dem geistlichen Berufe widmet.

PRÜFUNGEN. Examen und Vorlage einer Abhandlung, die vom Professorenkollegium genehmigt werden muss. Theologisches Diplom und Ernennung zum διδάσκαλος τῆς ὀρθοδόξου θεολογίας. Wer während der Studienzeit nicht ordiniert wird, erhält das Diplom erst, falls seine Ordination innerhalb der nächsten acht Jahre stattfindet. Sonst muss der Gewährsmann die Kosten ersetzen.

GEBÜHREN: Die Schule ist ein Internat. Studium, Wohnung, Kost unentgeltlich.

KAISERL. OTTOMANISCHE KUNSTSCHULE

(École Impériale des Beaux Arts).

[Beim Museum im Garten des alten Serail.]

Gegründet 1882 von Hamdy Bey, dem Generaldirektor der kais. Museen. 4 Abteilungen: Architektur, Malerei, Skulptur, Zeichnen und Graphik, sowie eine vorbereitende Klasse für alle Sektionen.

AUFNAHME: Vorlage der Schulzeugnisse der Generaldirektion der Museen.

STUDIENDAUER: Architekten 5 Jahre, Maler 6 Jahre, Bildhauerei und Graphik 4 Jahre. Am Schlusse wird ein Diplom erteilt. Die Architekten haben das Recht, im türkischen Reich die Baukunst auszuüben.

GEBÜHREN: Einschreibegebühr 1 türk. Pfund, Diplom 2 türk. Pfund.

RUSSISCHES ARCHÄOLOGISCHES INSTITUT

(Institut Archéologique Russe.)

Eröffnet 1895. Zweck: Forschungen auf dem Gebiete der Altertums- und Geschichtskunde der griechischen und einst byzantinischen Länder, besonders Erforschung der byzantinischen Zeit.

PUBL.: *Nachrichten des russ. arch. Inst. in Konst.* (russisch, doch werden auch Aufsätze in anderen Sprachen angenommen). Odessa 1896, 1897 (Band I, II). Sofia 1898, 1899 (Band III, IV), Odessa 1899 (Band V). Sofia 1900—1907 (Band VI—XII).

Beirut (Syrien).

UNIVERSITÉ SAINT JOSEPH DE BEYROUTH.

Siehe unter PALÄSTINA.

SYRIAN PROTESTANT COLLEGE.

Siehe unter PALÄSTINA.

Jerusalem (Palästina).

DEUTSCHES EVANGELISCHES INSTITUT FÜR ALTERTUMSWISSENSCHAFT DES HEILIGEN LANDES.

Siehe unter PALÄSTINA.

ÉCOLE PRATIQUE D'ÉTUDES BIBLIQUES.

Siehe unter PALÄSTINA.

AMERICAN SCHOOL OF ORIENTAL STUDY AND RESEARCH IN PALESTINE.

Siehe unter PALÄSTINA.

Vereinigte Staaten von Nord-Amerika.

Übersicht nach Staaten.

Aus der grossen Fülle der amerikanischen Lehranstalten kann natürlich hier nur der wichtigste Teil in mehr oder weniger grosser Ausführlichkeit behandelt werden, um ein Bild von der Gesamtentwicklung zu geben. Der »*Report of the Commissioner of Education*«, eine der wichtigsten Quellen für das Studium amerikanischer Universitätsverhältnisse, führt im Bericht über das Jahr 1909 auf: Universities, Colleges, technological Schools: 606; davon waren 89 unter staatlicher oder städtischer Kontrolle, 517 Privatanstalten, 144 nur Männern zugänglich, 349 für Männer und Frauen; Theological Schools 162, Law Schools 109, Medical Schools 144, Dental Schools 55, Schools of Pharmacy 78, Veterinary Schools 19.

Alabama.

Birmingham:
Birmingham Medical College.

University:
University of Alabama.

Arizona.

Tucson:
University of Arizona.

Arkansas.

Fayetteville:
University of Arkansas.

Little Rock:
University of Arkansas Medical Department.
College of Physicians and Surgeons.

California.

Berkeley und San Francisco:
University of California.

Los Angeles:
University of Southern California.

San Francisco:
St. Ignatius College.
Hahnemann Medical College of the Pacific.
College of Physicians and Surgeons.

Stanford University:
Leland Stanford Junior University.

Colorado.

Boulder:
University of Colorado.

Denver:
University of Denver.

Golden:
Colorado School of Mines.

Connecticut.

Hartford:
Hartford Theological Seminary.
Trinity College.

Middletown:
Wesleyan University.

New Haven:
Yale University.

Delaware.

Newark:
Delaware College.

District of Columbia.

Washington:
George Washington University.
Catholic University of America.
Georgetown University.
Howard University.

Florida.

Gainesville:
University of Florida.

Georgia.

Athens:
University of Georgia.

Atlanta:
Atlanta College of Physicians and Surgeons.
Atlanta School of Medicine.
Georgia College of eclectical Medicine and Surgery.
Hospital Medical College.

Augusta:
Medical College of Georgia.

Idaho.

Moscow:
University of Idaho.

ILLINOIS.

Chicago:
University of Chicago.
Northwestern University.
Rush Medical College.
College of Physicians and Surgeons of Chicago.
Chicago College of Medicine and Surgery.
Hahnemann Medical College and Hospital of Chicago.
Chicago College of Pharmacy.
McCormick Theological Seminary.
Armour Institute of Technology.
The Art Institute of Chicago.

Galesburg:
Knox College.

Urbana:
University of Illinois.

INDIANA.

Bloomington:
Indiana University.

Indianapolis:
Indiana University School of Medicine.

Lafayette:
Purdue University.

Terre Haute:
Rose Polytechnic Institute.

IOWA.

Ames:
Iowa State College.

Des Moines:
Drake University.

Iowa City:
State University of Iowa.

KANSAS.

Lawrence:
University of Kansas.

Manhattan:
Kansas State Agricultural College.

Topeka:
Kansas Medical College.

KENTUCKY.

Danville:
Central University of Kentucky.

Louisville:
University of Louisville.
Southern Baptist Theological Seminary.

LOUISIANA.

Baton Rouge:
Louisiana State University and Agricultural and Mechanical College.

New Orleans:
Tulane University of Louisiana.

MAINE.

Brunswick:
Bowdoin College and the Medical School of Maine.

Orono:
University of Maine.

MARYLAND.

Annapolis:
St. John's College.

Baltimore:
Johns Hopkins University.
University of Maryland.
College of Physicians and Surgeons.
Baltimore Medical College.
Maryland Medical College.
Goucher College.

MASSACHUSETTS.

Amherst:
Amherst College.

Boston:
Boston University.
Massachusetts Institute of Technology.

Cambridge:
Harvard University.
Radcliffe College.
Episcopal Theological School.
Andover Theological Seminary.

Northampton:
Smith College.

South Hadley:
Mount Holyoke College.

Tufts College:
Tufts College.

Wellesley:
Wellesley College.

Williamstown:
Williams College.

Worcester:
Clark University.
Worcester Polytechnic Institute.

MICHIGAN.

Ann Arbor:
University of Michigan.

Detroit:
Detroit College of Medicine.
Houghton:
Michigan College of Mines.

Minnesota.

Minneapolis:
University of Minnesota.

Mississippi.

Oxford und Vicksburg:
University of Mississippi.

Missouri.

Columbia und Rolla:
University of Missouri.
Kansas City:
University Medical College of Kansas City.
Kansas City Hahnemann Medical College.
Saint Joseph:
Ensworth Medical College.
Saint Louis:
Washington University.
Saint Louis University.
Saint Louis College of Physicians and Surgeons.
Barnes Medical College.
Saint Louis College of Pharmacy.
Concordia Theological Seminary.

Montana.

Bozeman:
Montana College of Agriculture and Mechanic Arts.
Missoula:
University of Montana.

Nebraska.

Lincoln:
University of Nebraska.
Omaha:
Creighton University.
University of Nebraska College of Medicine.

Nevada.

Reno:
University of Nevada.

New Hampshire.

Hanover:
Dartmouth College.

New Jersey.

New Brunswick:
Rutgers College.
Princeton:
Princeton University.
Theological Seminary of the Presbyterian Church.

New Mexiko.

Santa Fé:
School of American Archeology.

New York.

Albany:
New York State Education Department.
New York State Library School.
Brooklyn:
Polytechnic Institute of Brooklyn.
Long Island College Hospital.
Buffalo:
University of Buffalo.
Geneva:
Hobart College incl. William Smith College for Women.
Hamilton:
Colgate University.
Ithaca:
Cornell University.
New York:
Columbia University in the City of New York incl. Teachers College.
New York University.
Union Theological Seminary.
General Theological Seminary of the Protestant Episcopal Church.
Jewish Theological Seminary of America.
New York Post-Graduate Medical School and Hospital.
Cornell University Medical College.
Fordham University School of Medicine.
New York Homeopathic Medical College and Hospital.
New York Medical College and Hospital for Women.
Psychiatric Institute of the New York State Hospitals.
Rockefeller Institute for Medical Research.
Cooper Union for the Advancement of Science and Art.
Poughkeepsie:
Vassar College.
Rochester:
University of Rochester.
Rochester Theological Seminary.

Schenectady und Albany:
Union University.
Syracuse:
Syracuse University.
Troy:
Rensselaer Polytechnic Institute.

NORTH CAROLINA.

Chapel Hill:
University of North Carolina.
Charlotte:
North Carolina Medical College.

NORTH DAKOTA.

University:
State University and School of Mines of North Dakota.

OHIO.

Athens:
Ohio University.
Cincinnati:
University of Cincinnati.
Hebrew Union College.
Cleveland:
Western Reserve University.
Case School of Applied Science.
Cleveland College of Physicians and Surgeons.
Columbus:
Ohio State University.
Starling-Ohio Medical College.
Delaware:
Ohio Wesleyan University.
Granville:
Denison University.
Oberlin:
Oberlin College.
Toledo:
Toledo Medical College.

OKLAHOMA.

Norman:
State University of Oklahoma.

OREGON.

Eugene und Portland:
University of Oregon.

PENNSYLVANIA.

Allegheny:
Western Theological Seminary.
Bryn Mawr:
Bryn Mawr College.
Easton:
Lafayette College.
Philadelphia:
University of Pennsylvania incl. Wistar-Institute of Anatomy and Biology, Henry Phipps Institute.
Temple University.
Jefferson Medical College and Hospital.
Medico-Chirurgical College of Philadelphia.
Hahnemann Medical College and Hospital.
Woman's Medical College of Pennsylvania.
Philadelphia Polyclinic and College for Graduates in Medicine.
Philadelphia College of Pharmacy.
Philadelphia Dental College and Hospital of Oral Surgery.
Dropsie College for Hebrew and Cognate Learning.
Pennsylvania Academy of the Fine Arts.
Drexel Institute of Art, Science and Industry.
Wagner Free Institute of Science.
Franklin Institute.
Pittsburgh:
University of Pittsburgh.
South Bethlehem:
Lehigh University.
State College:
Pennsylvania State College.

RHODE ISLAND.

Providence:
Brown University.

SOUTH CAROLINA.

Charleston:
Medical College of the State of South Carolina.
Columbia:
University of South Carolina.

SOUTH DAKOTA.

Rapid City:
South Dakota State School of Mines.

TENNESSEE.

Cumberland Gap:
Lincoln Memorial University.
Knoxville:
University of Tennessee.

Memphis:
Memphis Hospital Medical College.
Nashville:
Vanderbilt University.
University of Nashville.

Texas.

Austin und Galveston:
University of Texas.
Dallas:
Baylor University College of Medicine.
Fort Worth:
Fort Worth University.
Waco:
Baylor University.

Utah.

Logan:
Agricultural College of Utah.
Salt Lake City:
University of Utah.

Vermont.

Burlington:
University of Vermont and State Agricultural College.

Virginia.

Charlottesville:
University of Virginia.
Richmond:
Medical College of Virginia.
Williamsburg:
College of William and Mary.

Washington.

Pullman:
State College of Washington.
Seattle:
University of Washington.

West Virginia.

Morgantown:
West Virginia University.

Wisconsin.

Madison:
University of Wisconsin.

Wyoming.

Laramie:
University of Wyoming.

Die gebräuchlichsten Grade.

Vergl. im übrigen die einzelnen Anstalten selbst.

A. B., B. A. = Bachelor of Arts.
B. S., B. Sc. = Bachelor of Science.
Ph. B. = Bachelor of Philosophy.
B. L. = Bachelor of Letters.
M. A. = Master of Arts.
M. S., M. Sc. = Master of Science.
M. L. = Master of Letters.
Ph. M. = Master of Philosophy.
Ph. D. = Doctor of Philosophy.
Sc. D. = Doctor of Science.
Litt. D. = Doctor of Literature.

B. D. = Bachelor of Divinity.
S. T. B. = Sacrae Theologiae Baccalaureus.
M. Di. = Master of Divinity.
S. T. M = Sacrae Theologiae Magister.
D. D. = Doctor of Divinity.
S. T. D. = Sacrae Theologiae Doctor.

LL. B. = Bachelor of Laws.
LL. M. = Master of Laws.
LL. D. = Doctor of Laws.
J. D. = Juris Doctor.
D. C. L. = Doctor of Civil Law.

M. D. = Doctor of Medicine.
D. D. S. = Doctor of Dental Surgery.
D. V. S. = Doctor of Veterinary Surgery.

Ph. B., Pharm. B. = Bachelor of Pharmacy.
Ph. G., Pharm. G. = Graduate in Pharmacy.
Ph. C., Pharm. C. = Pharmaceutical Chemist.
Ph. M., Pharm. M. = Master in Pharmacy.
Pharm. D. = Doctor in Pharmacy.

B. S. in Mechanical, Electrical, Civil, Mining Engineering.
B. M. E. = Bachelor of Mechanical Engineering.
B. E. E. = Bachelor of Electrical Engineering.
B. C. E. = Bachelor of Civil Engineering.
C. E. = Civil Engineer.
M. E. = Mechanical Engineer.
E. E. = Electrical Engineer.
E. M. = Engineer of Mines.
Ch. E. = Chemical Engineer.
E. Met. = Metallurgical Engineer.
M. M. E. = Master of Mechanical Engineering.
M. E. E. = Master of Electrical Engineering.
M. C. E. = Master of Civil Engineering.
M. Arch. = Master of Architecture.

B. S. in Agriculture.
B. Agri. = Bachelor of Agriculture.
B. S. A. = Bachelor of Scientific Agriculture.
M. S. A. = Master of Scientific Agriculture.
B. S. in Forestry.
M. F. = Master of Forestry.
B. S. in Pedagogy, in Education.
B. Ped. = Bachelor of Pedagogy.
Pd. M. = Master of Pedagogy.
Pd. D. = Doctor of Pedagogy.

B. C. S. = Bachelor of Commercial Science.
M. C. S. = Master of Commercial Science.

B. F. A. = Bachelor of Fine Arts.
B. Mus. = Bachelor of Music.
Mus. D. = Doctor of Music.

B. L. L. = Bachelor of Library Science.
M. L. S. = Master of Library Science.

I. Allgemeine Verfassung und Organisation der Universitäten und Colleges.

LITERATUR. *West, Andrew, F., The American College.* 1904 (Monographs on Education in the United States, St. Louis Exposition). — *Thwing, Charles F., A History of Higher Education in America.* New York 1906. — *Perry, Edward D., The American University.* 1904 (Monographs on Education in the United States, St. Louis Exposition). — *Wheeler, Benj. Ide, Die Organisation des höheren Unterrichts in den Vereinigten Staaten* (Baumeisters Handbuch). München 1897. Mit gütiger Erlaubnis des Autors und des Verlegers sind einige Partien dieser Abhandlung der folgenden Darstellung zu Grunde gelegt. — *Wheeler, Benj. Ide, Unterricht und Demokratie in Amerika.* Strassburg 1910. Dieses Werk enthält eine ausführliche Darstellung des amerikanischen Unterrichtswesens und eine Aufzählung der wichtigsten Bibliographie.

1. UNIVERSITY und COLLEGE. Das Wort »Universität« hat in den Vereinigten Staaten nicht die klar abgegrenzte Bedeutung wie in Deutschland. Die typische amerikanische höhere Unterrichtsanstalt ist das »College«, ein für Unterricht, Wohnung und Verpflegung eingerichtetes Studienstift. — Die ältesten »Colleges« wurden von englischen Kolonisten nach dem Vorbild der Studienstifte zu Oxford und Cambridge im Mutterland gegründet. Das älteste ist Harvard College (jetzt ein Teil der Harvard University) zu Cambridge, Massachusetts, gegründet im Jahre 1636. Das zweitälteste ist »William and Mary College« zu Williamsburg, Virginia, gegründet 1693.

Von den übrigen vor der Unabhängigkeitserklärung (4. Juli 1776) gegründeten Colleges existieren noch: Yale University in New-Haven, Connecticut (1701), Princeton University in Princeton, New Jersey (1746), Columbia University in New York, New York (1754), University of Pennsylvania in Philadelphia, Pennsylvania (1755), Brown University in Providence, Rhode Island (1765), Dartmouth College in Hanover, New Hampshire (1769), Rutgers College in New Brunswick, New Jersey (1771).

Der Name College kann zweierlei bezeichnen: 1. die Anstalt, die in vierjährigem, regelmässigem Studium zum Grade des Bachelor of Arts oder dem annähernden Äquivalent Bachelor of Philosophy oder Bachelor of Science führt. So bildet z. B. Harvard College eine Abteilung von Harvard University. 2. eine Abteilung einer Universität, die fest organisiert unter einem Dekan oder Direktor eine für besondere Berufe vorgezeichnete Studienordnung umfasst. Dafür wird aber jetzt mehr »School« gebraucht: Medical School, Law School, usw.

Die Benennung University wird mit der von College oft durcheinander geworfen und oft ganz ohne Unterschied von jener gebraucht. Der Grund liegt in der überraschenden Entwicklung einiger Anstalten, und darin, dass eine Menge ehrgeiziger Lehranstalten sich den Namen »University« beilegten, obwohl er zu ihren Zielen gar nicht passt. In den letzten Jahrzehnten strebt man nach der Wiederherstellung des eigentlichen Unterschiedes zwischen den Ausdrücken und jetzt bezeichnet University mehr oder weniger allgemein die Lehranstalten, in denen mehrere Berufsschulen oder Fakultäten vereinigt sind.

2. EINTEILUNG. Es lassen sich nach den Gesichtspunkten der Gründung und Aufsicht 3 Arten unterscheiden: 1. Sectarian Institutions. Solche Gründungen von Religionsgemeinschaften sind fast alle

Colleges, auch einige Universitäten. Sie sind mehr oder weniger organisch mit der Sekte verbunden; häufig verlangt der Gründungsbrief ausdrücklich, dass der Präsident und ein Teil des Aufsichtsrats der betreffenden Sekte angehöre, und wenn auch bei manchen Anstalten alle sonstigen Folgen der Zugehörigkeit zu einer Sekte im Laufe der Zeit verdunkelt sind, wird doch diese Tradition bezüglich des Präsidenten aufrecht erhalten. Die Entwicklung des geistigen Lebens in den Vereinigten Staaten ging eben von der Kirche aus, die es bei der vollständigen Trennung von Staat und Kirche als organisierte Gemeinschaft nur in der Form von Sekten gibt, und diese pflegten zuerst das Streben nach höherer Bildung mit Rücksicht auf den Nachwuchs in der Geistlichkeit. Die Dogmenunterschiede der Sekten kommen nur noch wenig im Unterricht zum Ausdruck; in der Regel steht die humanistische Bildung zum Unterschied von der realen (technical, technico-scientific) in diesen Anstalten höher als in den Staatsuniversitäten. 2. Non-sectarian Colleges. Von diesen Privatanstalten haben einige ihre Laufbahn als Sektenschulen begonnen, sind aber mit der Zeit ganz in die Verwaltung der Graduierten (graduates) gekommen und haben meist jede Spur des früheren Charakters verloren. Die Cornell University ist ein Beispiel der Klasse von Lehranstalten, die ausdrücklich als von keiner Sekte abhängig bei der Gründung auftraten. Es heisst im Gründungsbrief, es solle »zu keiner Zeit die Mehrheit der Aufsichtsbehörde einer und derselben Sekte oder auch keiner Sekte angehören«; auch verbietet man der anstellenden Behörde bei der Wahl der Professoren »Rücksichtnahme auf irgendwelche politische oder religiöse Anschauungen, die der Kandidat hegen oder nicht hegen möge«. 3. State Institutions. Diese »State Universities« sind hauptsächlich auf direkte Zuschüsse ihrer Staaten angewiesen, obwohl einige noch auf die jährlichen Einkünfte einer bestimmten Steuer Anspruch haben. Die Staatsuniversitäten des Westens sind in ihrem Plane stark beeinflusst von der Staatsuniversität in Michigan, die des Südens von der in Virginia. Die unmittelbar praktischen Studien auf den Gebieten: Landwirtschaft, Architektur, Ingenieurkunst, angewandte Chemie wurden in diesen Anstalten anfänglich sehr bevorzugt, doch haben sich viele zu voller höherer akademischer Tätigkeit entwickelt, z. B. die Universities in Berkeley, Boulder, Madison, Minneapolis.

3. VERWALTUNG UND ORGANISATION. Die oberste Kontrolle eines jeden College und jeder Universität ist allgemein einer Aufsichtsbehörde »Board of Trustees« oder bei Staatsuniversitäten »Board of Regents« übertragen, die das Eigentum verwaltet und für die materiellen Interessen sorgt. Die Mitglieder des Board of Trustees werden entweder auf Lebenszeit gewählt oder auf bestimmte Zeit, etwa 5 Jahre. Erledigte Stellen werden entweder durch Kooptation besetzt oder ganz oder zum Teil durch Wahl der Graduierten (d. i. der früheren graduierten Schüler der Anstalt). Bei Staatsuniversitäten wird der »Board of Regents« durch den Gouverneur eingesetzt oder von der Volksvertretung gewählt. Dazu kommen noch einige »ex officio« Regents, d. h. Beamte, die wegen ihrer mit dem Unterrichtswesen in Beziehung stehender Stellung dem Board hinzugefügt werden, z. B. der »Superintendent of Public Instruction«. Während die Privatuniversitäten sich aus eigenen Mitteln unterhalten, bekommen die Staatsuniversitäten von der gesetzgebenden Körperschaft des betr. Staates ihr Budget bewilligt in bestimmten Zwischenräumen oder den Ertrag einer besonderen Taxe von Staatssteuern. Die Staatsuniversitäten können aber auch wie die Privatuniversitäten Schenkungen annehmen. — Die Anordnung der Studienkurse, die Verantwortlichkeit für die innere Ordnung der Anstalt und die allgemeine Aufsicht über die Erziehungsinteressen liegt in den Händen

der »Faculties« der Anstalt oder einer von ihnen eingesetzten Körperschaft. An der Spitze jeder Faculty steht ein »Dean«. — Die ausübende Gewalt liegt allgemein im Amt des Präsidenten, dessen Machtbefugnisse jedoch nach den Orten sehr verschieden sind. In der Regel ist er kraft seines Amtes Mitglied der Aufsichtsbehörde, die ihn auch gewählt hat. Zugleich ist er das Haupt der Fakultäten und bildet so das Bindeglied zwischen der Behörde für die materiellen Interessen und dem Lehrkörper. Als Mitglied beider Körperschaften zugleich hat er gewöhnlich bedeutenden Einfluss auf das ganze Leben der Anstalt. -- Die Anstellung der Professoren ist in den meisten Anstalten ganz dem Präsidenten überlassen und nur der Bestätigung der Aufsichtsbehörde unterworfen; hin und wieder, z. B. in Yale und California (Berkeley), ist sie dem Lehrkörper oder seinem Ausschuss übertragen und bedarf der Bestätigung des Präsidenten und der Behörde. Der Präsident behält sein Amt auf Lebenszeit oder bis zur Absetzung durch die Aufsichtsbehörde; ersteres ist gewöhnlicher bei den älteren Anstalten, bei den neueren im Westen kommt der Wechsel häufiger vor. Der Präsident ist, abgesehen von einigen grösseren Universitäten, Mitglied des Lehrkörpers und übt die Lehrtätigkeit aus.

4. Lehrpersonal. Dieses gliedert sich im allgemeinen in Professors, Adjunct- oder Associate Professors, Assistant Professors, Lecturers, Instructors oder Tutors, Assistants, Readers. Die Professors sind lebenslänglich angestellt, wenn sie nicht aus besonderen Gründen abgesetzt werden. Die Assistant Professors werden für kürzere Zeit, drei oder vier Jahre, berufen, die Instructors für noch kürzere Termine (meistens ein Jahr). »Preceptors« (in Princeton) mit dem Rang von Assistant Professors werden für 5 Jahre oder kürzere Zeit berufen. Lecturers werden für eine oder mehrere besonderer Vorlesungen ernannt, — wie z. B. Sethman Lecturer for an endowed course annual at Yale. — Als Stufe zwischen Professor und Assistant Professor haben viele Anstalten noch den Adjunct Professor oder Associate Professor. Dieser unterscheidet sich vom Assistant Professor durch feste Anstellung und höheren Gehalt, vom Professor durch niedrigeren Gehalt und dadurch, dass er nicht die volle Aufsicht und Leitung seines Studienzweiges hat. — Die Assistants werden hauptsächlich zu praktischen Hilfeleistungen verwendet, die Tätigkeit der Readers besteht im Lesen und Zensieren schriftlicher Prüfungsarbeiten, die in den ersten Jahren der englischen Kurse verlangt werden.

Eine feste Grenze, die durch Zeugnisse und Prüfungen festgelegt ist, gibt es für die Anstellung als Lehrer nicht. Meistens wird der »Bachelor's degree« gefordert; die bedeutendsten Universitäten verlangen den Doktorgrad oder Gleichwertiges. In den führenden Universitäten haben die eigentlichen Gelehrten das Übergewicht, und es wird mehr und mehr dort Regel, nur Männer anzustellen, die sich schon als Forscher und Spezialisten bewährt haben.

Für die Gehälter besteht für jede Stufe im allgemeinen nur eine Gehaltsklasse; doch entwickelt sich darin mehr und mehr eine Abstufung und Mannigfaltigkeit. Die Grenze für Gehälter der Professors ist ungefähr $ 2000 bis 6000, für Associate Professors $ 2000 bis 3000, für Assistant Professors $ 1800 bis 2500, für Instructors $ 600 bis 1800, für Assistants $ 200 bis 600, für Readers $ 200 bis 300. — Dekane einer Fakultät erhalten gewöhnlich Zulagen. Die Besoldung der Präsidenten beträgt, einzelne Fälle ausgenommen, $ 5000 bis 10000, in kleineren Colleges $ 3000 bis 4000.

Pensionen werden zuweilen nach langer Tätigkeit gewährt in Form der Belassung eines Teils des Gehaltes. Die »Carnegie Foundation for the Advancement of Teaching« in New York hat sich jedoch das Ziel gesetzt, durch ihre Mittel Professoren Pensionen zu gewähren (siehe Minerva XIX S. 812 oder XX S. 871), soweit die Anstalten, wie z. B. Columbia und Harvard, die Pensionen nicht bestimmt und fest geregelt haben. Aber nur Anstalten, die keiner Sekte angehören, kommen dafür in Betracht.

Studiengelder und Prüfungsgebühren kommen im allgemeinen den Dozenten nicht zugute, sondern fliessen in die Kasse der betreffenden Anstalt.

5. AUFNAHME DER STUDIERENDEN und STUDIENDAUER. Die Vorbildung, die zur Aufnahme in ein College berechtigt, wird im allgemeinen in den *Public High Schools* oder in Privatschulen (oft »Academies« genannt) erworben, die einen drei- bis vierjährigen Kursus haben, entweder in den klassischen oder in den realen Fächern. Der Eintritt in das College erfolgt durchschnittlich mit 18 Jahren auf Grund einer Prüfung in den Fächern: Lateinisch, Griechisch, Mathematik, Englisch, Deutsch, Französisch, Naturwissenschaften, Geschichte. Das Mass der nachzuweisenden Kenntnisse ist sehr verschieden, jedoch ist schon eine gewisse Verständigung darüber erzielt worden, indem eine ganze Reihe von Staaten die von einer Kommission festgesetzten Bedingungen angenommen haben.

Die jungen Studenten heissen »Undergraduates«. Nach vierjährigem Studium können die Grade Bachelor of Arts, Bachelor of Science, usw. erworben werden, und damit ist ein gewisser Abschluss erreicht. Früher waren die Lehrpläne des College, denen die Studierenden genau folgen mussten, festgelegt; namentlich der Einfluss der deutschen Universitäten hat aber bei den meisten Anstalten insofern eine grössere Freiheit geschaffen, als die Studiengegenstände in den letzten beiden Jahren frei gewählt werden können. Das hat zur Folge, dass das Studium zur Aneignung einer allgemeineren Bildung bei den Studenten, die sich einem Spezialfach zuwenden wollen, seltener wird, und dass von vornherein mehr oder weniger das spätere Spezialfach in den Vordergrund tritt. So ist also der gegenwärtige Zustand bei den meisten Anstalten, die einen Collegekursus abhalten, der, dass die beiden ersten Jahre noch den Übungen in humanistischen Studien, die beiden letzten dem Universitäts-Studium gehören. Die Grenze, die in Deutschland zwischen Gymnasium und Universität gezogen ist, läuft in den Vereinigten Staaten mitten durch das College. Nach dem zweiten, dem sogenannten »Sophomore«-Jahr haben also die meisten Studenten ihre Spezialität gewählt und beginnen darnach ihre Studien einzurichten. Dieses ist der Punkt, den man dem Beginne des Universitäts-Studiums in Deutschland gleichstellen kann, obgleich das Durchschnittsalter des amerikanischen Studenten 2 Jahre über dem des deutschen steht. Der deutsche Student hat genauere Kenntnisse und ist besser trainiert, er bleibt hinter dem Amerikaner an allgemeiner Reife und geistiger Beweglichkeit zurück. Am Ende des »Sophomore«-Jahres ist der Amerikaner ca. 20 Jahre alt.

Für die Fächer Medizin, Recht, Theologie tritt der Student dann meistens in das Spezialcollege ein. Das medizinische Studium bis zum Abschluss der Examina und der Erteilung des Grades M. D. (Doctor of Medicine) dauert im allgemeinen 4 Jahre. Das juristische Studium bis zur Erlangung des Grades LL. B. (Bachelor of Laws) 2—3 Jahre, bis zum J. D. (Juris Doctor) 4—5 Jahre. Die theologischen Schulen, die meist selbständig sind, seltener zu einer Universität gehören, verlangen eine dreijährige theologische Studienzeit bis zur Erteilung des Grades B. D. (Bachelor of Divinity). Wie gesagt, das Spezialstudium kann schon nach dem Sophomore-Jahr begonnen werden, aber einzelne Anstalten verlangen doch den B. A. Grad, also das vierjährige College-Studium, bevor die Fachstudien anfangen. Die Verhältnisse sind eben sehr im Fluss, namentlich deshalb, weil die Schüler zu alt werden, wenn sie vor dem Spezial-Studium einen vollständigen College-Kursus absolvieren. Ein Mediziner wird z. B. dann 27 Jahre alt, bis er alle Examina abgelegt hat. — In den theologischen Schulen ist der A. B. Grad meistens Bedingung für die Aufnahme. Doch sind hier die Verhältnisse ganz verschieden, denn die theol. Schulen sind Privatanstalten der Sekten, die freie Hand haben und nach Bedürfnis verfahren.

Für die Fächer Geschichte, Sprachen, Literatur, Philosophie, Naturwissenschaften tritt der Student, falls er weiter studieren will, nach Erlangung des B. A. oder B. Sc. Grades in die Graduate-Courses über. Nach Absolvierung eines Jahres Graduate-Studium wird der M. A. (Master of Arts) oder M. Sc. (Master of Science) verliehen. Neben dem Examen ist eine Ausarbeitung eines Essays oder einer These erforderlich. Zur Erlangung des Grades Ph. D. (Doctor of Philosophy), Sc. D. (Doctor of Science) ist jetzt durch gemeinsamen Beschluss der Vereinigung der amerikanischen Universitäten erforderlich: 1. ein dreijähriges Graduate-Studium mit ständigem Aufenthalt an der Universität (wenn die Graduate-Arbeit schon im College-Kursus begonnen wurde, ein zweijähriges), 2. die Vorlage einer gedruckten Dissertation, die selbständige Untersuchungen aufweisen muss, 3. ein mündliches Examen in einem Haupt- und einem oder zwei Nebenfächern.

Die technischen Schulen verleihen meistens den B. S. (Bachelor of Science) am Ende des 4. College-Jahres, wobei natürlich der ganze Studienplan auf die technischen Fächer von Anfang an eingestellt ist, den Master of Science und Doctor of Science nach »graduate work«, und die Ingenieur Grade C. E. (Civil Engineer), M. E. (Mechanical E.), E. E. (Electrical E.) nach einem Graduate-Jahr; wenigstens geht das Streben dahin, auf dieser Grundlage eine Einheitlichkeit zu erzielen. Üblich ist auch, die Ingenieurgrade Absolventen einer technischen Schule zu verleihen, wenn sie eine bestimmte Zeit in der Praxis tätig gewesen sind. Näheres über die »professional degrees« siehe Worcester S. 501.

Die Schulen für Pharmazie und für Zahnheilkunde, die für die Aufnahme ebenfalls die Absolvierung eines High School-Kursus verlangen, laufen dem College-Kursus ungefähr parallel. Doch geht auch hier das Streben dahin, nach etwa dreijährigem Studium für die Graduierung M. Ph. (Master of Pharmacy) und D. D. S. (Doctor of Dental Surgery) ein besonderes Graduate-Jahr zu verlangen. — Ähnlich steht es mit den Veterinärschulen und landwirtschaftlichen Anstalten. (Vergl. die einzelnen Institute).

6. Studienkurse und Kosten des Unterrichts. Das Studienjahr ist im allgemeinen in »terms« eingeteilt, zwei oder drei. Das Studienjahr beginnt im September und endet Anfang Juni. Im Sommer sind Ferien, resp. werden dann die Sommer-Kurse eröffnet. Das von den Hörern zu zahlende Honorar wird allgemein pro Term oder pro Studienjahr gleichförmig auferlegt und erhoben; es wird nicht nach den Unterrichtsgegenständen verschieden taxiert, noch an den Lehrer gezahlt. In Harvard z. B. beträgt das jährliche Schulgeld $ 150, oder $ 200 in der Medizinschule, in Yale $ 150, ebenso in Princeton und Hopkins, in Cornell $ 100, in Michigan $ 25 und für Einwohner des Staates $ 10, in Brown und Amherst $ 110, usw. Gewisse Lehrfächer, mit denen besondere Ausgaben verknüpft sind, z. B. in Laboratorien, werden besonders bezahlt.

7. Frauenstudium. Von Colleges, die ausschliesslich für Frauen bestimmt sind, sind zu nennen: Bryn Mawr College, Smith, Vassar und Wellesley. Das Streben geht dahin, die Ausbildung der Frauen mit der der Männer gleichzustellen. In den kleineren Colleges, die doch eben hauptsächlich für junge Männer bestimmt sind, unterliegt die Aufnahme einer gewissen Beschränkung und Zurückhaltung. In den Universitäten werden Frauen aber ohne jede Beschränkung meistens zu-

gelassen. President Wheeler sagt darüber in »Unterricht und Demokratie« S. 138:

»Alle Staats-Universitäten des äussersten Westens öffneten sogleich nach ihrer Gründung den Frauen die Tore: Utah 1850, Iowa 1856, Washington 1862, Kansas 1866, Minnesota 1868, Nebraska 1871. Aber diese waren alle in dem wilden Westen gelegen, in dem es so wie so nicht ganz geheuer war. Aber als im Jahre 1870 die Universität von Michigan, die sich eines dreissigjährigen guten Rufes und grossen Ansehens erfreute, beschloss, Frauen zuzulassen, da brach der Damm, die Universitäten des Westens folgten eine nach der anderen dem gegebenen Beispiel, und alle nach 1871 gegründeten, gewährten den Frauen von Anfang an Zutritt. Die Staats-Universitäten des Südens folgten langsamer; Virginia und Georgia sind den Frauen sogar noch nicht zugänglich. Die höheren Gesellschaftsklassen des Südens sind wegen eigenartiger gesellschaftlicher Vorurteile hinsichtlich Bildung und Stellung der Frau der »coeducation« nicht hold oder ihr geradezu feindselig gewesen, und jetzt noch immer sind ihre Angehörigen seltener in den coeducational Instituten zu finden als vielleicht irgendwo anders im Lande. Derartige gesellschaftliche Vorurteile wird man ebenfalls in den Mittel-Atlantischen Staaten finden, wo sie jedoch mehr die Gestalt von Bedenken annehmen, ob jene Erziehungsform sich einerseits den Bedürfnissen eng genug anpasst, und ob sie anderseits wirksam und wertvoll zu sein verspricht.«

8. SOMMERKURSE. Diese wurden ursprünglich nicht für Studenten, sondern mehr für ältere Leute gehalten, besonders für Lehrer der Mittelschulen, die ihre lange Ferienzeit für die Fortbildung nutzbar zu machen wünschten. Man hielt sie zunächst auch nicht in Universitätsstädten, und als sie dahin kamen, hatten sie keine Verbindung mit der Universität, ausser dass sie die Lehrmittel derselben benutzten und meist von jüngeren Instruktoren gehalten wurden. Sie sind indessen jetzt in vielen Fällen in die regelmässige Arbeit der Universität aufgenommen, und das Studium in denselben kann unter verschiedener Anrechnung für den Erwerb des Baccalaureats mitgezählt werden.

9. GRADE. Siehe S. 430 und S. 434/35.

10. FRATERNITIES. In den grösseren Colleges und den Universitäten sind die meisten Studenten Mitglieder einer oder mehrerer »Fraternities.« Die Mitglieder wohnen im College, meistens in einem »chapter«-House zusammen. Die angesehenste ist die Phi Beta Kappa Fraternity, gegründet 1776. Vergl. darüber »*Wheeler, Unterricht und Demokratie*«. S. 198 u. ff. Strassburg 1910.

II. Geschichte und besondere Organisation der Universitäten, Colleges und anderen Hochschulen.

(Anordnung in alphabetischer Reihenfolge der Städte; Gruppierung nach Staaten siehe S. 425 u. ff.)

Alabama University siehe UNIVERSITY (Alabama).

Albany (New York).

NEW YORK STATE EDUCATION DEPARTMENT.

Geschichte. Am 1. Mai 1784 wurde die University of the State of New York gegründet, 1787 als Staatsanstalt organisiert und 1889 mit erweiterten Befugnissen ausgestattet. 1904 wurde die »University« in ein Education Department umgewandelt. — Verwaltung durch einen Board of Regents von 11 Mitgliedern, von denen jährlich einer durch die Legislatur gewählt wird. Die amtliche Tätigkeit liegt in den Händen des Commissioner of Education, dem 3 Assistant Commissioners zur Seite stehen (higher, secondary, elementary education).

Zweck war und ist die Oberaufsicht über staatlich anerkannte wissenschaftliche Anstalten und die Förderung der wissenschaftlichen Erziehung, etwa entsprechend den Unterrichts-Ministerien der europäischen Länder. — Die Tätigkeit verteilt sich auf:

Höheres Unterrichtswesen, — Elementar-Unterrichtswesen, — Home Education, umfassend: öffentl. Bibliotheken, Sommer-, Ferien- und Abendschulen, Vorlesungskurse, Lern-Klubs, Lesezirkel und andere Mittel zur Förderung der allgemeinen Bildung (University Extension = Volkshochschulkurse), — die Staats-Bibliothek, die die allgemeinen Bibliotheks-Interessen pflegt, — das Staats-Museum, das die Tätigkeit der Staats-Geologen, -Paläontologen, -Botaniker, -Entomologen und -Zoologen in sich vereinigt, — Finanzen, — Schulpflicht, — Prüfungen, — Beaufsichtigung, — Gesetzgebung, — Archiv, — Statistik.

Dem Department unterstehen zur Zeit: 146 Akademien, 671 höhere Schulen, 44 Handels- und Spezial-Schulen, 119 Normal-Training-Schools, 228 Collegien und höhere Fachschulen, zusammen 1208 Anstalten; ausserdem 1220 Bibliotheken und andere Anstalten.

NEW YORK STATE LIBRARY SCHOOL.

1887 an der Columbia University, New York City, eröffnet. 1889 der N. Y. State Library angegliedert. Seit 1905 besonderer Teil des N. Y. State Education Department. Der Direktor der N. Y. State Library ist jeweils Direktor der Schule.

Aufnahme von Männern und Frauen. Jeweils nur 50 Students. Bedingung der Aufnahme: Grad eines registered College. — Studienzeit 2 Jahre. — Gebühren für Angehörige des Staates New York $ 100, für andere $ 150. — Grade: B. L. S. (Bachelor of Library Science) nach Vollendung des Kursus, M. L. S. (Master of Library Science) bei besonders guten Leistungen. — Publ.: *Annual report* seit 1887; *Bulletin*.

ALBANY MEDICAL COLLEGE. — LAW SCHOOL. — COLLEGE OF PHARMACY.
Siehe **SCHENECTADY**, Union University.

Allegheny (Pennsylvania).

THE WESTERN THEOLOGICAL SEMINARY
(731, Ridge Avenue).

Gegründet 1827. New Seminary Hall wurde 1856 eingeweiht, die Memorial Hall 1877. — Gehört der Presbyterianischen Kirche an. Ausbildung von Geistlichen.

VERWALTUNG durch »Trustees«. Administratives Haupt der Anstalt ist der »President«. Die Direktoren erwählen die »Professors«, die zugleich »Ministers« der Presbyterianischen Kirche sein müssen. Die »Faculty« überwacht die inneren Angelegenheiten des Seminars.

AUFNAHME nur von Graduierten; ohne den Grad B. A. erst nach Prüfung in den klassischen Sprachen, englischer Literatur, Philosophie und Geschichte. — STUDIENGANG zur Erlangung des Diplomes 3 Jahre. Verleihung des Grades Bachelor of Divinity nach 4jährigem Studium.

GEBÜHREN werden nicht erhoben.

Ames (Iowa).

IOWA STATE COLLEGE (Agricultural and Mechanic Arts).

Gegründet 1862 auf Grund des Kongressbeschlusses, wonach den einzelnen Staaten öffentliche Ländereien überwiesen wurden, aus deren Einkommen wissenschaftliche Anstalten für Landwirtschaft und Technologie (mechanic arts) unterhalten werden sollten.

VERWALTUNG durch einen Rat von Vertrauensmännern und den Präsidenten, der administr. Haupt der Anstalt ist. Vermögen etwa $ 810000.

Das College ist eine höhere Schule für Landwirtschaft, Tierarzneikunde, Ingenieurwissenschaften und Bergbau. — Unterricht ist frei für Eingeborene des Staates Iowa, für Auswärtige $ 50 jährlich. Einteilung des Unterrichts in 8 Studienkurse.

AUFNAHME von mindestens 16jährigen gegen Eingangsprüfung.

STUDIENGANG: Landwirtschaft 2jähr.; Dairy 1jähr.; Landwirtschaft 4jähr. (Bachelor of Agriculture); Tierheilkunde 4jährig (Doctor of veterinary science); Maschinenkunde 4jährig (Bachelor of mechan. engineering); Zivil-Ingenieurwesen 4jährig (Bach. of civil engineering); Elektrizitätswesen 4jährig (Bach. of science in electr. engineering); Bergbau 4jährig (Bach. of science in mining engineering); Naturwissenschaften 4jährig (Bach. of science). — Der Frauenkursus ist 4jährig (Bachelor of *science* [nicht letters]). — Die weiteren 2jährigen post-graduate courses führen zu den Graden M. E. (mechan. engineer); C. E. (civil-engineer); M. Sc. (master of *science*) [nicht M. Ph., master of philosophy].

Amherst (Massachusetts).

AMHERST COLLEGE.

Eröffnet am 19. September 1821 auf Grund von Privat-Stiftungen als Genossenschaft mit 47 Studenten. Stiftungsurkunde vom 21. Febr. 1825.

VERWALTUNG. Die Zahl der Verwaltungsräte (Trustees) beträgt 17, wovon 7 Geistliche und 10 Laien sein müssen. Unter der Oberaufsicht der Trustees leitet die »Faculty«, die aus dem gesamten Lehrkörper besteht, den Studiengang und die inneren Angelegenheiten. Administratives Haupt der Anstalt ist der »President«, vergl. S. 432.

Aufnahme gegen Eingangsprüfung entsprechend dem zu wählenden Studiengang oder gegen entsprechende Befähigungszeugnisse vgl. S. 434.

Kurse: Bachelor of Arts Course; Bachelor of Science Course; Special Course (der zu keinem Grade führt).

Grade (vergl. S. 430): die Grade können rite, cum laude, magna cum laude, summa cum laude erworben werden: B. A. nach 4 (ev. 3, 3½) Jahren; B. S. nach 4 (ev. 3, 3½) Jahren; M. A. nach Erlangung des Grades A. B. im College und Absolvierung eines einjährigen »course of liberal, non professional study«, »in residence« des Amherst College oder eines andern College, oder nicht »in residence« des College mindestens 3 Jahre nach B. A.

Gebühren: Gebühr für Eingangsprüfung: $ 5. — Studiengebühren pro Jahr: $ 140. Ausserdem besondere »Laboratory fees«. — Diplome M. A.: $ 5 für »resident candidates«, $ 10 für »non resident candidates« des »New York State Examination Board«.

FACULTY OF AGRICULTURE siehe **BOSTON** (University).

Andover Theological Seminary siehe **CAMBRIDGE**.

Annapolis (Maryland).

ST JOHN'S COLLEGE (College of Liberal Arts).

Gegründet 1696 als King William's School (eröffnet 1701), 1784 St. John's College (eröffnet 1709); affiliiert als Department of Arts and Sciences mit der University of Maryland; siehe Baltimore.

Organisation. Verwaltung durch einen Board of Visitors und Governors, den Präsidenten und die Faculty. Das College enthält auch ein besonderes »Military Department«, School of military Science and Tactics.

Aufnahme gegen Eingangsprüfung oder gleichwertige Zeugnisse vgl. S. 434.

Kurse und Grade: vgl. S. 430; der Classical Course und der Latin Scientific Course führen zum Grade »Bachelor of Arts«, der Scientific Course und der Mechanical Engineering Course zum Grad »Bachelor of Science«. Jeder Kurs ist vierjährig. — »Master of Arts«-Grad wird erteilt nach Erlangung des Grades A. B. und nach Absolvierung des zweijährigen Postgraduate Course. A. B. Graduierte des College die ein Diploma einer Law, Medical, Theological oder Scientific School erworben haben oder Mitglied einer der »learned professions« werden, können 3 Jahre nach ihrer Graduierung den Titel M. A. erhalten.

Gebühren: ca. $ 130 jährlich.

Ann Arbor (Michigan).

UNIVERSITY OF MICHIGAN.

Geschichte und Organisation. Gegründet 1837; die erste völlig vom Staat unterhaltene und dem Staat unterstellte Universität in den Vereinigten Staaten, und das Muster für die meisten Universitäten der westlichen Staaten. Die Oberleitung der Universität ist einem Verwaltungsrat (Board of Regents) unterstellt, dessen Mitglieder durch allgemeine Volkswahl auf 8 Jahre gewählt werden. Die Professoren der verschiedenen Fakultäten bilden den Universitäts-Senat, der sich mit den die Universität als Ganzes berührenden Angelegenheiten befasst. Administratives Haupt der Universität ist der »President«; vergl. S. 432.

Aufnahme. Hierzu sind berechtigt Personen beiderlei Geschlechts im Alter von mindestens 16 Jahren durch eine Aufnahmeprüfung oder durch ein Zeugnis einer von der Universität beaufsichtigten und als vollgültig anerkannten Mittelschule (High School, mit oder ohne

Latein und Griechisch) oder einer sonstigen höheren Bildungsanstalt. Doch ist für die Aufnahme in die medizinische, die homöopathische und die zahnärztliche Fakultät Kenntnis des Lateinischen erforderlich. Zudem macht die medizinische Fakultät von 1909 ab ein erfolgreiches zweijähriges Studium in der philosophischen Fakultät oder in einem anerkannten »College« zur Aufnahmebedingung; vergl. S. 434.

GRADE: vergl. S. 430; *Philosophische Fakultät:* Bachelor of Arts, Master of Arts, Master of Science, Doctor of Philosophy, Doctor of Science; *technische Fakultät:* Bachelor of Science (in Civil, Mechanical, Electrical, Chemical, Marine und Architectural Engineering, und in Naval Architecture und Architecture), Master of Science, Master of Conservation Engineering, Civil Engineer, Marine Engineer und Naval Architect (diese Grade entsprechen dem philosophischen Doctor); *medizinische Fakultät:* Doctor of Medicine; *juristische Fakultät:* Bachelor of Laws; *pharmazeutische Fakultät:* Pharmaceutical Chemist, Bachelor of Science und Master of Science (in Pharmacy); *homöopatische Fakultät:* Doctor of Medicine; *zahnärztliche Fakultät:* Doctor of Dental Surgery und Doctor of Dental Science.

GEBÜHREN: Immatrikulation für Bürger von Michigan $ 10, für andere $ 25. Kollegiengelder werden nicht erhoben, dagegen folgende Jahresgebühren: In der philosophischen Fakultät für Bürger von Michigan $ 30, für andere $ 40; in der juristischen für Bürger von Michigan $ 55, für andere $ 65; in allen andern Fakultäten für Bürger von Michigan $ 45, für andere $ 55. Laboratorien weitere Gebühren von $ 1 bis $ 20. Für das Diplom $ 10.

SOMMERKURSE in allen Fakultäten (ausser zahnärztl.) von 6—8 Wochen. Gebühren: in der philosophischen Fakultät $ 20; in der technischen $ 15; in der medizinischen und juristischen hängt die Gebühr von der Zahl der belegten Vorlesungen ab.

Arizona University siehe TUCSON.

Arkansas University siehe FAYETTEVILLE.

Athens (Georgia).

UNIVERSITY OF GEORGIA.

Die University of Georgia ist eine der ältesten Staats-Universitäten der Vereinigten Staaten Amerikas. Gegründet 1785, eröffnet 1801. Die Verwaltung liegt in den Händen eines Board of Trustees, dessen Mitglieder vom Gouverneur ernannt werden. Administratives Haupt der Universität ist der »Chancellor« vergl. S. 432.

Die Universität selbst setzt sich zusammen aus: Franklin College (Athens), State College of Agriculture and the Mechanic Arts (Athens), Law Department (Athens), School of Pharmacy (Athens), School of Forestry (Athens), State Normal School (Athens), Graduate School (Athens), Summer School (Athens), Medical College (Augusta), North Georgia Agricultural College (Dahlonega), Georgia School of Technology (Atlanta), Georgia Normal and Industrial College for Girls (Milledgeville), Georgia Industrial College for Colored Youths (Savannah). — Studiengang, usw. vergl. S. 434.

Athens (Ohio).

OHIO UNIVERSITY*.

Gegründet im Jahre 1804, Act of Legislature vom 18. Februar. — Verwaltung durch den »Board of Trustees«, der vom Staat ernannt

* Nur das College of Liberal Arts kommt für die Minerva in Betracht.

wird. 21 Mitglieder, darunter der Gouverneur des Staates und der Präsident der Universität, der ihr administratives Haupt ist; vergl. S. 432.

DEPARTMENTS und COLLEGES: 1. College of Liberal Arts. 2. The State Normal College. 3. The School of Commerce. 4. College of Music. 5. Department of Physics and Electrical Engineering. 6. Department of Mathematics and Civil Engineering. 7. The State Preparatory School.

GRADE: vergl. S. 430; im College of Liberal Arts nach 4jährigem Kursus: A. B., Ph. B., B. S. — Master's degree (A. M., Ph. M., M. S. oder M. Ped.) wird Graduierten verliehen »of this or any other college, who give evidence to the Faculty that they possess such literary and scientific attainment as will make them worthy recipients of it, and have, in addition, furnished a thesis after one year's work in residence«, vergl. S. 434. Gebühren für Master's degree: $ 10.

GEBÜHREN: für Unterricht frei; jeder Student zahlt aber eine »registration fee« von $ 6 pro Term (4 Terms im Jahre).

Atlanta (Georgia).

ATLANTA COLLEGE OF PHYSICIANS AND SURGEONS

(Butler and Armstrong Streets).

1898 organisiert durch Vereinigung des Atlanta Medical College (1855) und des Southern Medical College (1878). — STUDIENDAUER: 4 Sessions zu je 7 Monaten. — GEBÜHREN: $ 100 pro Session.

ATLANTA SCHOOL OF MEDICINE

(Luckie, Barton and Cain Streets).

Organisiert 1905. — STUDIENDAUER: 4 Sessions zu je 7 Monaten. — GEBÜHREN: Erstes und zweites Jahr je $ 70, drittes und viertes je $ 80.

GEORGIA COLLEGE OF ECLECTICAL MEDICINE AND SURGERY

(Tanner Street, near Edgewood Avenue).

Organisiert 1877 als Georgia Eclectic Medical College. 1884 wurde der Name in College of American Medicine and Surgery umgewandelt. Seit dem Jahre 1886 existiert der heutige. — GEBÜHREN: tuition $ 80 jährlich, Graduation $ 25.

HOSPITAL MEDICAL COLLEGE

(Capitol Avenue and Richardson Street).

Organisiert 1908. Eklektisch. — GEBÜHREN: tuition $ 80 jährlich, Graduation $ 30.

GEORGIA SCHOOL OF TECHNOLOGY siehe **ATHENS** (Georgia).

Augusta (Georgia).

MEDICAL COLLEGE OF GEORGIA

(Sixth and Telfair Streets).

Organisiert 1828 als Medical Academy of Georgia, 1829 in Medical College of Georgia umgewandelt. Seit 1873 ist das College Department der University of Georgia in Athens (s. d.). — STUDIENGANG: 4 Jahreskurse von je 7 Monaten. — GEBÜHREN: $ 100 jährlich.

Austin (Texas).

UNIVERSITY OF TEXAS.

GESCHICHTE. Durch Akte vom 11. Februar 1858 der Legislatur von Texas wurde die Errichtung einer Universität beschlossen, diese aber erst durch spätere Beschlüsse, namentlich durch die staatliche Überweisung von einer Million Acker Land als Eigentum der Universität (1879) und durch Akte vom 30. März 1881 ins Leben gerufen und am 13. September 1883 eröffnet. 1890 schenkte die Stadt Galveston das John Sealy Hospital, um den medizinischen Unterricht zu vervollständigen. Das Gebäude des Medical Department in Galveston wurde 1891 vollendet und die Medical School gleichzeitig eröffnet, sowie 1904 das Gebäude des Engineering Department und 1908 das des Law Department.

Die Verwaltung wird ausgeübt durch einen »Board of Regents«, bestehend aus 8 Mitgliedern, die von dem Gouverneur unter Zustimmung des Senats ernannt werden. Die »Regents« ernennen den Präsidenten, regeln die Anstellung und Entlassung der Professoren, usw. — Der »President« ist der ausführende und dem Board of Regents verantwortliche Leiter. — Die »Deans der einzelnen Departments regeln deren interne Angelegenheiten; vergl. S. 432.

Departments: *Main University* in Austin bestehend aus College of Arts und Department of Education, Department of Engineering, Department of Law; *Department of Medicine* in Galveston, bestehend aus Schools of Medicine, of Pharmacy, of Nursing.

Aufnahme. Die University ist männlichen und weiblichen Studierenden zugänglich gegen Aufnahmeprüfung oder gleichwertige Zeugnisse, vergl. S. 434.

Studiendauer und Grade; vergl. S. 430. *College of Arts:* Bachelor of Arts (A. B.), Master of Arts (A. M.), Doctor of Philosophy (Ph. D.). Der Kandidat für den M. A. Grad muss eine »Thesis« einreichen, die nach bestandener Prüfung gedruckt werden kann. — Der Ph. D. muss unter anderm haben »High attainments in scholarship, and the power of attacking a suitable problem in an independent and efficient manner, to be shown by an examination to be passed at a convenient time before the degree is conferred and by a thesis dealing with the major subject«. — *Department of Engineering:* Kursus je vierjährig: Civil Engineer (C. E.), Electrical Engineer (E. E.). Engineer of Mines (E. M.). — *Department of Law:* Kursus 3 jährig: Bachelor of Laws (LL. B.). — *Department of Medicine:* Kursus 4 jährig: Doctor of Medicine (M. D.). — In der School of Pharmacy: Kursus 2 jährig: Graduate in Pharmacy (Ph. G.).

Gebühren. Unterrichtshonorar wird nicht erhoben. Im College of Arts, in den Departments of Education und Engineering wird beim Beginn der Session eine »annual matriculation fee« von $ 10 bis $ 30 bezahlt. Im Department of Law sind $ 30 bei der ersten Zulassung sofort zu zahlen, ebenso im Department of Medicine, jedoch im letzteren nur, wenn noch nicht in einem andern Department entrichtet. — Ausserdem Laboratoriumsgebühren, usw.

Summer Schools. In jedem Sommer werden in den Räumen der University 2 Sommerkurse abgehalten. 1. The University Summer School und 2. The University Summer Normal. In der *University Summer School* sind Hauptgegenstände des Unterrichts: Englisch, Latein, Griechisch, Französisch, Spanisch, Geschichte, Erziehung, Chemie, Physik, Politische Wissenschaften, Mathematik, Recht. Die Kurse sind berechnet für Lehrer an high schools, academies und colleges und für Studenten, die dadurch ihren Kursus an der Universität abkürzen wollen. — Registration fee für einen Kurs: $ 5, für jeden weiteren $ 2.50.

The University Summer Normal ist für Lehrer bestimmt, die besondere Zeugnisse als »permanent«, »permanent primary«, oder »first-grade teachers« erlangen wollen. — Registration fee: $ 7.50.

Baltimore (Maryland).

JOHNS HOPKINS UNIVERSITY.

GESCHICHTE. John Hopkins, Bürger von Baltimore, stiftete einen grossen Teil seines Vermögens zur Gründung der Universität und eines Hospitals. Wert der Schenkung für beide je ca. 3 Millionen Dollars. Stiftungsurkunde der Universität unter Autorität des Staates Maryland vom 24. August 1867. Beginn der Vorlesungen 1876. — Erster Präsident war Dr. Gilman. Das Betriebskapital der Universität beträgt durch spätere Schenkungen jetzt ca. $ 4600000. Wert der Gebäude, usw. ca. $ 1700000, Wert der Bibliothek, der wissenschaftlichen Apparate, usw. $ 213000. — Die Faculty of Medicine steht in Verbindung mit dem Johns Hopkins Hospital (ausser der J. Hopkins Stiftung von 3 Millionen Dollars noch eine Stiftung von $ 500000, grösstenteils durch die Frauen Amerikas aufgebracht).

VERWALTUNG. Der Verwaltungsrat, aus 12 »trustees« bestehend, hat die Oberaufsicht über die Universität; das »Executive Committee« (6 Mitglieder) ist ein engerer Ausschuss. Der Verwaltungsrat ernennt den Präsidenten, die Professoren — letztere meistens auf Lebenszeit — und den akademischen Rat (Academic Council). Der Präsident, ex officio Mitglied des »Board of Trustees«, ist die Mittelsperson zwischen diesem und der Universität. Der akadem. Rat, bestehend aus dem Präsidenten und 10 Professoren, überwacht den Studiengang, ernennt die Fellows, macht Vorschläge für die Berufung von Professoren. Der »Board of University Studies« (Präsident, 34 Proff. und 11 Assoc. Proff.), leitet die Studien der Graduierten und die Prüfungen der Doktor-Kandidaten. Der »Board of Collegiate Studies« überwacht die Studien der Nicht-Graduierten. Der »Advisory Board of the Medical Faculty« regelt die Studien der Medizin Studierenden.

ORGANISATION. Zwei Fakultäten: Faculty of Arts, 1876 organisiert, Faculty of Medicine, seit 1. Oktober 1893. Beide sind Männern und Frauen zugänglich. In der medizinischen Fakultät Fortbildungskurse für Ärzte.

AUFNAHME. Für Nicht-Graduierte gegen Eingangsprüfung entsprechend dem zu wählenden Studienzweig oder gegen gleichwertige Zeugnisse. Graduierte nach Vorlegung ihres Diploms; vergl. S. 434.

GRADE vergl. S. 430. *Faculty of Arts:* Bachelor of Arts (A. B.), Master of Arts (A. M.), nach Erlangung des A. B. und 2 Jahren »resident graduate study« und Vorlegung einer Abhandlung; Doctor of Philosophy (Ph. D.), der nur von Baccalaren der Universität oder Graduierten einer andern Anstalt von gutem Rufe nach weiterem dreijährigen Studium erworben werden kann. — Die Kandidaten für den Doktorgrad müssen eine Dissertation über ein von der Fakultät genehmigtes Thema einreichen und eine schriftliche und mündliche Prüfung in ihrem Hauptfache und zwei Nebenfächern bestehen. Die Dissertation muss nach bestandenem Examen gedruckt werden. — *Faculty of Medicine:* Doctor of Medicine (M. D).

GEBÜHREN: Immatrikulation (registration fee) $ 5; ausserdem $ 10 Kaution. Vorlesungen $ 150 jährlich. In den Laboratorien $ 10—36 extra für Benutzung der Apparate und Materialien. In der medizinischen Schule $ 200 jährlich, $ 10 Kaution.

UNIVERSITY OF MARYLAND
(N. E. Corner Lombard and Greene Streets.)

GESCHICHTE. Eine der ältesten Unterrichtsanstalten der Vereinigten Staaten von Amerika. Hervorgegangen aus dem 1807 gegründeten

College of Medicine of Maryland. 1812 Ermächtigung von der General Assembly of Maryland, drei weitere Colleges oder Faculties (of Divinity, of Law, of Arts and Sciences) anzufügen und die vier Fakultäten unter dem Namen »University of Maryland« zu konstituieren. Neuorganisiert Anfang 1907; seitdem Staats-Universität. Das St. John's College of Liberal Arts in Annapolis wurde durch Affiliation Department of Arts and Sciences der University of Maryland.

VERWALTUNG durch einen »Board of Regents« Kanzler ist der Gouverneur des Staates Maryland, Prokanzler: der Provost, Vizekanzler: der President von St. John's College in Annapolis.

COLLEGE OF LIBERAL ARTS siehe Annapolis. Aufnahmebedingungen im allgemeinen und in die Special Departments vgl. S. 434.

THE FACULTY OF MEDICINE. Gegründet 1807. Mit eigenen Hospitälern, eröffnet 1823, und Laboratorien. Gebühren. Immatrikulation (jährl.): $ 5.00. Unterricht (jährl.): $ 150.00. — Der 4jährige Studiengang führt zum Grad »Doctor of Medicine«.

THE FACULTY OF LAW. Gegründet 1812, reorganisiert 1869. Gebühren: 1. Klasse: Achtmonats-Session $ 70; 2. Klasse: $ 100. Library $ 4 jährlich; Graduierte ausserdem $ 10.—. Der 3jährige Studiengang führt zum Grad »Bachelor of Laws«.

THE FACULTY OF PHARMACY. Gegründet 1840 unter dem Namen The Maryland College of Pharmacy. Mit der Universität affiliiert 1904. Aufnahme: Mindestalter 17 Jahre; Nachweis genügender Vorbildung. — Gebühren: Immatrikulation: $ 5.00. Vorlesungen und Laboratorien: $ 100.00. Promotion $ 15.00 — Der zwei- oder dreijährige Studiengang führt zum Grad »Doctor of Pharmacy«.

THE FACULTY OF DENTISTRY. Gegründet 1882 in engem Anschluss an die Faculty of Medicine. Der erste Unterricht in der Zahnheilkunde wurde aber offiziell schon seit 1821 erteilt als Zweig der medizinischen Fakultät; in regelmässigen Kursen seit 1835. — Gebühren: Immatrikulation: $ 5.00. Unterricht im Winterkursus: $ 150.00 (Sommer: $ 75.00). Promotion: $ 30.00. — Der dreijährige Studiengang führt zum Grad »Doctor of Dental Surgery«.

COLLEGE OF PHYSICIANS AND SURGEONS

(Calvert and Saratoga Streets).

Organisiert 1872. 1878 mit der Washington University School of Medicine vereinigt. — STUDIENDAUER: vier Sessions zu je acht Monaten.

GEBÜHREN. Erstes bis drittes Jahr je $ 155, viertes $ 185.

BALTIMORE MEDICAL COLLEGE

(Madison Street and Linden Avenue).

1881 organisiert. — STUDIENDAUER: vier Sessions zu je 8 Monaten. — GEBÜHREN. Erstes bis drittes Jahr je $ 125, viertes $ 155.

MARYLAND MEDICAL COLLEGE

(1114, West Baltimore Street).

Organisiert 1898. — STUDIENDAUER vier Sessions zu je acht Monaten. — GEBÜHREN. Erstes und zweites Jahr je $ 111, drittes $ 105 und viertes $ 135.

GOUCHER COLLEGE

(früher The Woman's College of Baltimore).

Gegründet 1884 unter dem Protektorat der Methodist Episcopal Church für die akademische Ausbildung der Frauen. 1885 vom Staate Maryland gesetzlich anerkannt und mit der Befugnis ausgestattet, akademische Grade zu verleihen. Eröffnet im September 1888. Die Vermögensverwaltung ($ 1 420000) und Administration liegt in den Händen eines Board of Trustees von 35 Mitgliedern. Disziplin und Studienplan bestimmt der Board of Control. Administratives Haupt der Anstalt ist der »President«. — Für Graduates der Anstalt werden alljährlich drei Stipendien (Fellowships) von je $ 500 verliehen.

Aufnahme erfolgt nach Eintrittsprüfung oder gegen gleichwertige Zeugnisse anerkannter Schulen unter Zustimmung des Board of Examiners. — Der Kursus (4jährig) führt zu dem Grad A.B. — Gebühren: Unterricht: $ 150 jährlich; Wohnung und Unterhalt $ 300 jährlich.

Baton Rouge (Louisiana).

LOUISIANA STATE UNIVERSITY AND AGRICULTURAL AND MECHANICAL COLLEGE.

Eröffnet 1860. Charter von 1877. Staats-Universität; vergl. S. 431 u. ff.

Baylor University siehe WACO.

Berkeley-San Francisco (California).

UNIVERSITY OF CALIFORNIA.

Geschichte und Organisation. Gegründet durch die Legislatur des Staates Californien zu Oakland 1868 und zu Berkeley 1873 als Staatsanstalt und als integrierender Teil seines Unterrichtssystems. Das Einkommen der Universität fliesst aus Kapitalien, die dem Staate Californien von dem Kongress der Vereinigten Staaten bewilligt sind, oder aus dem Ertrag ebenso bewilligter Ländereien; ferner aus Kapitalien und Ländereien nach Bewilligung der »State Legislature« und aus einer Jahrestaxe von 3 Cents von je $ 100 »of assessed valuation«; ferner zu einem Drittel aus privaten Stiftungen.

Die Verwaltung der Universität ist einer Körperschaft »the Regents of the University of California« anvertraut, der der Gouverneur, der Vize-Gouverneur, der Sprecher der »Assembly«, der Superintendent des öffentlichen Unterrichts, der Präsident der Universität, der Präsident des State Board of Agriculture, der Präsident des Mechanics Institute *ex officio* angehören, während die 16 übrigen Mitglieder vom Gouverneur ernannt und vom Senat des Staates bestätigt werden. — Die Leitung des Unterrichts geschieht durch die »Faculties« der einzelnen Colleges und den akademischen Senat. Dieser besteht aus den Mitgliedern der Fakultäten und den Instructors der Universität; nur der Präsident und die Professoren haben Stimmrecht. Jährlich zweimal Versammlung. Für die laufenden Geschäfte ernennt der Senat vier ständige Kommissionen: den »Academic Council« für die Kollegien zu Berkeley, den »Graduate Council« für die graduate departments der akademischen Kollegien, den »Professional Council« für die Kollegien zu San Francisco und das »Editorial Committee« für die Herausgabe der Universitätsschriften.

Departements:

a) zu Berkeley: 1) College of Letters. 2) College of Social Sciences. 3) College of Natural Sciences. 4) College of Commerce. 5) College of Agriculture. 6) College of Mechanics. 7) College of Mining. 8) College of Civil Engineering. 9) College of Chemistry. 10) College of Medicine (für die beiden ersten Jahre).

b) zu San Francisco: 1) The San Francisco Institute of Art. 2) Hastings College of the Law. 3) College of Medicine [Unterricht für die beiden ersten Jahre jedoch in Berkeley: Anatomie, Pathologie, Bakteriologie]. 4) College of Dentistry. 5) California College of Pharmacy.

c) zu Mount Hamilton: Lick Observatory (Sternwarte).
d) zu La Jolla bei San Diego: Marine Biological Laboratory.
e) zu New Monterey: Herzstein Research Laboratory.
f) zu Davis: University Farm.

Ausserdem forstwirtschaftliche Versuchsstationen zu Santa Monica und Chico, und landwirtschaftliche Versuchsstationen zu Davis, Ceres, Julare, Whittier (Pflanzenpathologie) und Riverside.

AUFNAHME: Prüfung oder Zeugnis einer anerkannten Hochschule oder eines anderen Institutes vergl. S. 434.

GRADE: vergl. S. 430; A. B. (Bachelor of Arts) und A. M. (Master of Arts) im College of Letters. — B. L. (Bachelor of Letters) u. M. L. (Master of Letters) im College of Social Sciences. — B. S. (Bachelor of Science) u. M. S. (Master of Science) im College of Natural Sciences und in den übrigen Colleges von Berkeley. — Ferner: Ph. D. (Philosophiae Doctor), Sc. D. (Scientiae Doctor) und J. D. (Juris Doctor).

Die Grade M. E. (Mechanical Engineer), Met. E. (Metallurgical Engineer), Min. E. (Mining Engineer), C. E. (Civil Engineer) werden verliehen durch die betreffenden Colleges. Die professional Colleges erteilen die Grade: LL. B. (Bachelor of Laws), M. D. (Doctor of Medicine), D. D. S. (Doctor of Dental Surgery), Pharm. B. (Bachelor of Pharmacy), Ph. C. (Pharmaceutical Chemist). – Studiendauer vergl. S. 434.

GEBÜHREN. In den *Colleges in Berkeley* Unterricht frei für Bürger Californiens; für Nichtansässige halbjährlich Honorar von $ 10. — *College of Medicine* und *College of Dentistry:* Unterricht jährlich $ 150 nebst mässigen Gebühren für Benutzung der Laboratorien. — *College of Pharmacy:* Unterricht jährlich $ 100. — *Hastings College of the Law:* Unterricht frei, doch Nebengebühren $ 10.

Birmingham (Alabama).

BIRMINGHAM MEDICAL COLLEGE

(Avenue F and Twentieth Street).

Charter vom Jahre 1894. — STUDIENDAUER: 4 Sessions zu je 8 Monaten. — GEBÜHREN. Erstes bis drittes Jahr je $ 100, viertes $ 125.

Bloomington (Indiana).

INDIANA UNIVERSITY.

GESCHICHTE. Gegründet 1820 (Gesetz vom 20. Januar) auf Grundlage von Schenkungen des Bundesstaates v. J. 1804 resp. 1816. Eröffnet im Mai 1824 als Indiana Seminary, 1828 zum College, 1838 zur Universität erhoben. Die jetzige Law School wurde 1889, die School of Medicine 1903 gegründet. 1906 wurde in Indianapolis das State College of Physicians and Surgeons gegründet mit weiterem zweijährigen Studium und 1907 der School of Medicine einverleibt. 1908 wurde das konkurrierende Indiana Medical College übernommen und durch Gesetz vom 26. Februar 19?9 mit der Universität verbunden. Sie wird durch den Staat erhalten, teils durch ständig überwiesenes Vermögen, teils durch jährliche Aufwendungen des gesetzgebenden Körpers.

VERWALTUNG durch einen Rat von 8 Vertrauensmännern, wovon 5 durch den »State Board of Education«, 3 durch die Alumnen auf je 3 Jahre gewählt werden. Er ernennt den Präsidenten sowie auf dessen Vorschlag die Professoren. Der Präsident und die Fakultät sind dem Verwaltungsrat für die innere Verwaltung der Universität verantwortlich.

DEPARTMENTS: College of Liberal Arts mit Graduate School; School of Education; Law School; School of Medicine für die ersten beiden Jahreskurse.

Aufnahme gegen Eingangsprüfung oder gegen Zeugnisse der vom Staate anerkannten High-Schools. Vgl. hierzu und betr. Aufnahme in die Spezialschulen S. 434. Frauen und Männer werden seit 1868 mit gleicher Berechtigung zugelassen.

Studiengang und Grade. *College of Liberal Arts*. Kursus 4jährig: Grad A. B. — Grad A. M. nach weiterem 1jährigen graduate work. — Grad Ph. D. nach weiterem 3jährigen Studium und Vorlegung einer gedruckten Dissertation. — *Law School:* 3jähriger Kurs: Grad LL. B. — *School of Medicine:* Kurs 2jährig: Grad A. B. in Medicine. Die beiden weiteren Jahre werden in Indianapolis absolviert. Vergl. hierzu S. 467.

Gebühren. Der Unterricht ist frei; Immatrikulation, Benutzung der Bibliothek, usw.: $ 18 jährlich im *College of Liberal Arts* einschliesslich der *School of Education* und der *Graduate School*. — $ 30 jährlich in der *Law School*. — $ 100 jährlich für die beiden ersten, $ 130 jährlich für die beiden letzten Jahre in der *School of Medicine*. — Im College ausserdem kleinere Nebengebühren pro Term.

Boston (Massachusetts).

BOSTON UNIVERSITY.

Geschichte und Organisation. Gegründet 1869 durch die Munifizenz von Isaac Rich, Lee Claflin und Jacob Sleeper; besteht aus den unten verzeichneten einzelnen Fakultäten und einer aus allen ordentlichen Professoren zusammengesetzten Faculty of Arts and Sciences. Die Faculty of Agriculture befindet sich in Amherst. — Die Universität wird durch einen Rat von Vertrauensmännern (Trustees) verwaltet, an deren Spitze der Präsident der Universität ex officio steht. Der Präsident und die Dekane der einzelnen Schulen bilden den Universitätsrat (University Council), dem alle inneren Verwaltungsfragen unterstehen. Die Mitglieder dieses Rates und die Gesamtheit der Professoren konstituieren den Universitätssenat, in dessen Namen die akademischen Würden verliehen werden. Die Universitäts-Konvokation besteht aus sämtlichen Promovierten der Universität.

Fakultäten: Faculty of Theology, F. of Law, F. of Medicine, F. of Arts and Sciences, F. of Agriculture.

Aufnahme in die einzelnen Schulen erfolgt gegen Prüfung oder gleichwertige Zeugnisse, vergl. hierzu S. 434. — Der Studiengang der einzelnen Schulen führt zu den Graden: A. B., Litt. B., A. M., Ph. D.; S. B., LL. B., I. B., LL. M., I. M., I. D, LL. D.; M. D., vergl. hierzu S. 430. — Gebühren: $ 130 jährlich (in der landwirtschaftlichen Schule $ 80).

MASSACHUSETTS INSTITUTE OF TECHNOLOGY.

Geschichte und Organisation. Gegründet 1861. Überweisung von Land durch den Staat Massachusetts. Das Institut sollte aus einer »Society of Arts«, einem »Museum of Arts«, einer »School of industrial Science« bestehen und »aid generally by suitable means the advancement, development, and practical application of science in connection with arts, agriculture, manufactures, and commerce«. Die Sitzungen der Society of Arts begannen 1862, die regelmässigen Kurse der School of Science 1865. Die Landüberweisung vom Jahre 1863 an jeden Staat kam dem College zu Gute, ausserdem erhält es einen jährlichen Zuschuss von $ 25000 vom Staate. — Verwaltung durch eine Corporation von nicht mehr als 35 »life members«, 3 »ex-officio-members« (Governor of the State, Chief of the Supreme Court, Secretary of the State Board of Education) und 15 von der Corporation gewählten Mitgliedern aus einer von den Alumnen der Anstalt, die mindest seit 5 Jahren graduiert sind, aufgestellten Kandidatenliste. Ein »Executive Committee« ernennt den Präsidenten, die Professoren, usw.

SCHOOL OF INDUSTRIAL SCIENCE. Kurse: I. Civil Engineering. II. Mechanical Engineering. III. Mining Engineering and Metallurgy. IV. Architecture. V. Chemistry. VI. Electrical Engineering. VII. Biology. VIII. Physics. IX. General Science. X. Chemical Engineering. XI. Sanitary Engineering. XII. Geology and Geodesy. XIII. Naval Architecture. XIV. Electrochemistry.

Jeder volle Kursus dauert vier Jahre: halbjährliche Examina. Zur Erlangung des Grades Bachelor of Science wird neuerdings ein fünfjähriger Kursus erfordert, der nach drei verschiedenen Studienplänen absolviert werden kann. Vorgeschrittene Kurse führen zu den Graden: Master of Science, Doctor of Philosophy und Doctor of Engineering. Vergl. S. 430.

AUFNAHMEBEDINGUNGEN: Alter mindestens 17 Jahre und Aufnahmeprüfung. Graduierte von Colleges, ausländische Bewerber und im allgemeinen alle Bewerber mit Zeugnissen anderer Lehranstalten sind von den üblichen Aufnahmeprüfungen befreit, ebenso von allen Lehrgegenständen, die sie schon hinlänglich bearbeitet haben. Special students werden zu allem zugelassen, wozu sie befähigt sind.

GEBÜHREN: $ 250 jährlich.

MEDICAL SCHOOL. — DENTAL SCHOOL. — Siehe **TUFTS COLLEGE.**

Boulder (Colorado).

UNIVERSITY OF COLORADO.

GESCHICHTE und VERWALTUNG. 1860 gegründet durch Akte der Territorial Legislatur. 1875 überwies der Kongress 72 Sektionen öffentlichen Landes zur Erhaltung der Universität. Die Stiftung wurde durch Staatskonstitution von 1876 angenommen und die Universität im Jahre 1877 eröffnet. Zu ihrer Erhaltung wird eine Staatssteuer erhoben: »two fifths of a mill on all taxable property of the State«. Ausserdem erfolgten besondere Zuwendungen durch die Staats-Legislatur für Bauten. Das Einkommen mit Ausnahme des Baufonds, ist zur Zeit ca. $ 227000 jährlich. Die Universität ist Männern und Frauen gleichmässig zugänglich.

Die Anstalt wird verwaltet durch einen Rat von 6 »Regents«, der vom Volke auf 6 Jahre erwählt wird. Der gesamte Lehrkörper bildet die »general faculty«. Innerhalb dieser sind gebildet der »Advisory Council of Deans«, der »Senate« und die »Faculties« der verschiedenen »schools« und »colleges«. Der »President« ist das administrative Haupt.

AUFNAHME: vergl. S. 434.

COLLEGES und SCHOOLS und deren Studiengang. *College of Liberal Arts*, Kurse 4 jährig, führen zum Grad B. A. — *College of Commerce*, Kurse 4 jährig, führen zum Grad B. A. und »special certificate«. — *College of Education*, Kurse 4 jährig, Grad B. A. und »special certificate«. — *Graduate School*, zur Erlangung der Grade M. A., Ph. D., M. S., C. E., E. E., M. E., sind, je nach dem gewünschten Grade, 1—3 Jahre Studienzeit nach Erreichung des A. B. erforderlich. — *College of Engineering*, Kurse 4 jährig; *Civil Engineering*: Grad B. S. (C. E.); *Electrical Engineering*: Grad B. S. (E. E.); *Mechanical Engineering*: Grad B. S. (M. E.); *Chemical Engineering*: Grad B. S. (Ch. E.). — *School of Law*, Kursus 3 jährig, Grad LL. B. — *School of Medicine*, Kursus 4 jährig, Grad: M. D. — *Summer School*. — Zu den Graden vergl. S. 430.

GEBÜHREN. Colleges of Liberal Arts, Commerce and Education: Matriculation fee, $ 5; Tuition: Resident, $ 15 yearly; Non-resident, $ 25 yearly. Laboratory fees extra. — College of Engineering: Matriculation, $ 5; Tuition: Resident, $ 15 yearly; Non-resident, $ 25 yearly; Fees for material, usw., $ 10 yearly. — Graduate School: Matriculation, $ 10;

Diploma fee $ 10. — School of Medicine: Tuition $ 75 yearly. — School of Law: Tuition $ 50 yearly. — Summer School: Fees: $ 10 for one course; $ 15 for two or three courses.

Bozeman (Montana).

MONTANA COLLEGE OF AGRICULTURE AND MECHANIC ARTS.

Eröffnet 1893. Charter vom gleichen Jahre. Staatsanstalt.

Brooklyn (New York).

POLYTECHNIC INSTITUTE OF BROOKLYN.

Eröffnet 1858. Vergl. die allgemeinen Ausführungen S. 431 u. ff.

LONG ISLAND COLLEGE HOSPITAL
(Henry Street, near Atlantic Avenue).

Organisiert 1858. — Studiengang: vier Jahreskurse von je acht Monaten. — Gebühren: erstes und zweites Jahr je $ 205, drittes Jahr $ 160, viertes $ 195.

Brown University siehe PROVIDENCE.

Brunswick (Maine).

BOWDOIN COLLEGE, AND THE MEDICAL SCHOOL OF MAINE.

Das College gegründet 1794, die Medical School 1820. — Longfellow und Hawthorne waren Schüler dieser Anstalt. Bowdoin College ist eine autonome Korporation, bestehend aus 13 Trustees inkl. des Präsidenten und Schatzmeisters, virtute officii, mit einem Rat von »Overseers« (45 Mitglieder mit Einschluss des Präsidenten und Registrars, virtute officii). Der Präsident ist administratives Haupt der Anstalt.

Aufnahme, usw. vergl. S. 434.

Grade (vergl. S. 430): A. B. (nach 4jährigem Studium), M. A. (nach dem 5. Jahre). — Medicinae Doctor (nach 4jährigem Studium). — Gebühren: Unterricht $ 75 jährlich im Kollegium, $ 100 jährlich in der medizinischen Schule. — Grade gebührenfrei.

Bryn Mawr (Pennsylvania).

BRYN MAWR COLLEGE.

Gegründet 1880 durch die Munifizenz des Dr. Joseph W. Taylor aus Burlington als Hochschule für Frauen. Im gleichen Jahre wurde die Anstalt vom Staate Pennsylvanien anerkannt und mit der Befugnis ausgestattet, die akademischen Grade zu verleihen. Verwaltungsrat von 16 Mitgliedern und ein Präsident als administratives Haupt der Anstalt. 1885 mit 44 Studentinnen eröffnet.

Aufnahme vergl. S. 434. Studienplan, Grade. Der Studienplan entspricht dem der üblichen Colleges und ist durch die »graduate school« erweitert. — Grade: B. A. nach 4jährigem Studium; M. A. nach Erlangung des B. A. und einem weiteren Studienjahr; Ph. D. nach weiteren 2 Jahren, Examen und Thesis. Vergl. S. 430.

Gebühren: $ 125 jährlich in der graduate school, $ 200 jährlich für Studentinnen, die keinen Grad erhalten haben.

Buffalo (New York).

UNIVERSITY OF BUFFALO.

Gegründet laut »Charter of corporation« der »state legislation« vom 11. Mai 1846. — Besteht aus einem »Medical Department«, mit dem die medizinische Fakultät der »Niagara University« vereinigt wurde, dem Pharmacy Department (gegr. 1886), einem Department of Law (gegr. 1891) und einem Dental Department (gegr. 1892).

AUFNAHMEBEDINGUNGEN siehe S. 434.

STUDIENGANG, GRADE, GEBÜHREN:

Medical Department (High Street). Vierjähriger Studiengang, der zu dem Grad M.D. führt. — Gebühren: Immatrikulation $ 5. Unterricht (für die 4 Jahre) $ 125 jährlich. Prüfung $ 10. Laboratorien je $ 10.

Pharmacy Department. Der »Pharmacy Course« führt zu den Graden »Bachelor in Pharmacy«, »Master in Pharmacy« und »Doctor in Pharmacy«. Der »Analytical Chemistry Course« führt zu dem Grad »Analytical Chemist«.

Department of Law (Ellicot Square). Zweijähriger Studiengang, der zu dem Grad Bachelor of Laws führt. — Gebühren $ 100 jährlich.

Dental Department (Goodrich Street). Dreijähriger Studiengang von je 8 Monaten, der zu dem Grad D. D. S. führt. — Gebühren: Immatrikulation $ 5. Unterricht $ 150 jährlich. Schlussprüfung $ 30.

Burlington (Vermont).

UNIVERSITY OF VERMONT AND STATE AGRICULTURAL COLLEGE.

Gegründet 1791 durch Beschluss der Legislatur des Staates Vermont, die dem Verwaltungsrat (Board of Trustees) die üblichen Machtvollkommenheiten verlieh. Der Verwaltungsrat besteht aus 18 Mitgliedern, unter denen der Präsident der Universität und der Gouverneur des Staates ex officio Sitz und Stimme haben. 1865 wurde die staatliche landwirtschaftliche Hochschule mit der Universität vereinigt.

DEPARTMENTS: Department of Arts, Dept. of Science (einschliesslich Agriculture), Dept. of Medicine.

AUFNAHME gegen Eingangsprüfung, vergl. S. 434.

STUDIENGANG: Kurse je 4 jährig. -- GRADE: B. A., B. Ph., M. A.; B. Sc.; Civil Engineer, Electrical Engineer, Mechanical Engineer; M. D. Vergl S. 430.

GEBÜHREN: Immatrikulation $ 10, Unterricht $ 80 jährlich + $ 20 für »incidental expenses« (im Medical Department Immatrikulation $ 5, Unterricht $ 100 jährlich, Prüfungsgebühr $ 25).

California University siehe BERKELEY-SAN FRANCISCO.

Cambridge (Massachusetts).

HARVARD UNIVERSITY.

GESCHICHTE. Das Harvard College ist die älteste gelehrte Anstalt Amerikas. Gegründet 1636 durch den Generalrat (General Court) der Kolonie von Massachusetts Bay, 6 Jahre nach der Gründung der Stadt Boston, mit einer Bewilligung von 400 £, war es zuerst zur Heranbildung von »gelehrten und gottesfürchtigen« Geistlichen bestimmt. 1637 wurden 12 der angesehensten Kolonisten mit der Organisation des College zu »Newtowne« betraut. Der Name Newtowne wurde in Cambridge umgeändert zum Andenken an die englische Universität, wo viele der Kolonisten studiert hatten. 1638 hinterliess ein englischer Geistlicher, John Harvard, dem College 800 £ und seine Bibliothek, worauf es seinen Namen annahm.

Der erste in Amerika errichtete Lehrstuhl war der für Theologie, den Thomas Hollis, ein Londoner Kaufmann, 1721 stiftete. Zu Ende des 17. und Anfang des 18. Jahrhunderts war Harvard College das Spiegelbild der religiösen Kämpfe in Nordamerika. Im Befreiungskrieg stand es zur Revolution und befand sich ein Jahr (1775—76) zu Concord in Verbannung. 1737 wurde Holyoke Präsident und verblieb 32 Jahre lang in diesem Amt; 1783 wurde die medizinische Fakultät errichtet, 1817 das Law Department. — 1869 wurde Charles William Eliot Präsident. Unter seiner Verwaltung hat die Anstalt sich aus einem College zur Universität entwickelt.

Verfassung und Organisation. 1642 wurden auf Grund eines legislativen Beschlusses die Hauptbeamten und Geistlichen der Kolonie mit dem Präsidenten des College als »overseers« mit der ganzen Verwaltung beauftragt. Da aber diese Körperschaft sich als zu gross erwies, schuf der Generalrat 1650 aus dem College eine »corporation«, bestehend aus dem Präsidenten, 5 Fellows und einem Schatzmeister, mit dem Rechte, sich selbst zu ergänzen. Sämtliche Mitglieder müssen ihren Wohnsitz in Boston oder Cambridge haben. Die Beschlüsse der Corporation waren noch an die Genehmigung der »overseers« gebunden, aber schon 1657 (»An Appendix to the College Charter«) erhielten sie unmittelbare gesetzliche Kraft und konnten durch die Overseers, denen die Corporation verantwortlich blieb, nur abgeändert werden. Dieses Charter ist noch heute in Kraft. Die Overseers, 30 an Zahl, werden von den Alumnen in sechs Gruppen auf je sechs Jahre gewählt. In seinen Anfängen hing das College von den bescheidenen Zuschüssen des Staates ab; doch erhielt es reichliche Stiftungen.

Der Präsident der Universität beruft die Versammlungen der Corporation und hat darin den Vorsitz. Er ist das Verbindungsglied zwischen der Corporation und den Overseers und zwischen der Corporation und den Faculties. Er berichtet alljährlich den Overseers über den Stand der Universität. — Der Treasurer verwaltet mit entsprechenden Nebenbeamten das Vermögen der Universität. — Der University Council besteht aus dem Präsidenten, den Professors, den Assistant Professors und anderen Beamten der Universität, die die Corporation mit Zustimmung der Overseers ernennt. Der Council berät die die Universität betreffenden allgemeinen Fragen. — Jede Faculty besteht aus den Professors, Assistant Professors, Tutors und den Instructors, die für länger als ein Jahr ernannt sind. Der Präsident ist Mitglied einer jeden Fakultät. An der Spitze jeder Fakultät steht ein Dean, der jährlich an den Präsidenten einen Bericht erstattet.

Fakultäten. Faculty of Arts and Sciences (Harvard College, the Lawrence Scientific School, the Graduate School of Arts and Sciences, the Graduate School of Applied Science, the Graduate School of Business Administration); Divinity School; Law School; Faculty of Medicine (Medical School, Dental School); the Bussy Institution »for advanced instruction and research in subjects relating to agriculture and horticulture«; the Arnold Arboretum »for scientific research and experiment in Arboriculture, Forestry and Dendrology«.

Aufnahme. Aufnahmeprüfung oder gleichwertige Zeugnisse, vergl. allgemeine Ausführungen S. 434 und unten.

Faculty of Arts and Science. Grade (vergl. S. 430): *Harvard College:* B. A., B. Sc. — *Graduate School of Arts and Sciences:* Bachelor's Grad für die Aufnahme im allgemeinen erforderlich; M. A., M. Sc., Ph. D., Sc. D. — *Graduate School of Applied Science:* Bachelor's Grad für die Aufnahme im allgemeinen erforderlich; Master in Civil-, Mechanical-, Electrical Engineering, Mining Engineer, Metallurgical Engineer, Master in Architecture, Master in Landscape Architecture, Master in

Forestry, Master of Science in Physics, Master of Science in Chemistry, Master of Science in Zoology, Master of Science in Geology. — *School of Business Administration:* Bachelor's Grad für die Aufnahme im allgemeinen erforderlich; Master in Business of Administration. — Gebühren: »tuition fee« in jeder dieser Abteilungen $ 150 jährlich »for every Resident Student doing full Work«; ausserdem Nebengebühren und Laboratoriengebühren. Für einzelne Kurse besondere Berechnung. »Graduation Fee«: $ 20. — Studiendauer: namentlich in den Graduate Departments, vergl. S. 435.

Divinity School. Für die Aufnahme ist der B. A. Grad erforderlich. — Studiendauer: mindestens ein Jahr und Erledigung von 14 »approved courses«. — Grad: Bachelor of Divinity. Auch M. A. und Ph. D. Grade können Studenten der Divinity School mit entsprechendem Studium in der Faculty of Arts erlangen. — Gebühren: »tuition fee« $ 150 jährlich, für »special Students« und bei Belegen einzelner Kurse entsprechende Berechnung.

Law School. Aufnahme: im allgemeinen B.A. Grad erforderlich. Für »special Students« besondere Bestimmungen. — Studiendauer: drei Jahre. — Grade: LL.B. — Gebühren: »tuition fee« $ 150 jährlich.

Medical School. Aufnahme: B.A. oder B.Sc. Grad; Inhaber von »certificates showing that the candidates have completed two years of undergraduate work at a recognized college or scientific school«, können als »special Students« aufgenommen werden; erreichen sie bestimmte Bedingungen bei den Fachexamen, so werden sie zur Graduierung zugelassen. — Studienzeit: vier Jahre. — Grad: M.D. Nach bestandenem M.D. Examen können B.A. von Harvard mit entsprechendem weiteren medizinischen Studium auch die Grade M.A., M.Sc., Ph.D., Sc.D. erlangen. — Gebühren: »matriculation« $ 5, »instruction« $ 200 jährlich.

Dental School. Aufnahme: Prüfung, wenn nicht Graduierung oder andere Aufnahmeprüfung vorhergegangen ist. — Studiendauer: drei Jahre. — Grad: Doctor of Dental Surgery. — Gebühren: »tuition« $ 200 im 1. Jahre, im 2. und 3. Jahre je $ 150, für jedes weitere Jahr $ 50.

RADCLIFFE COLLEGE.

Aus der »Society for the Collegiate Instruction of Women« (gegründet 1879) hervorgegangen; bildet eine Ergänzung der Harvard University (affiliiert mit dieser 1894) für den akademischen Frauenunterricht, der ausschliesslich von Professoren und Instruktoren dieser Universität erteilt wird.

Das College steht unter Aufsicht eines »*Board of Visitors*«, der von dem »President« und den »Fellows of Harvard College« ernannt wird. Die Diplomas von Radcliffe College werden vom Präsidenten der Harvard University unterzeichnet und mit dem Siegel der University versehen. — Die direkte Verwaltung des College ist dem »*Council*« und dem »*Academic Board*« übertragen.

Den Studentinnen stehen die sämtlichen Institute der Harvard-Universität einschliesslich der Bibliothek zur Verfügung. — Die Aufnahmebedingungen sind dieselben wie für Harvard University: Aufnahmeprüfung oder Äquivalent. — Grade: B. A., M. A., Ph. D., vergl. S. 430 und Harvard University S. 451. — Gebühren: Unterricht $ 200 jährlich. Aufnahme und Diplome frei.

EPISCOPAL THEOLOGICAL SCHOOL.

Gegründet 1867. Ausbildung von Geistlichen der »Protestant Episcopal Church«. Verfassung nach den Gesetzen des Staates Massachusetts. Harvard University gewährt den Studierenden der Schule manche

Privilegien: Besuch von Vorlesungen und Benutzung der College Library. Verwaltung durch einen Board of Trustees (7 Nichtgeistliche). — Zur AUFNAHME erforderlich: Grad »Bachelor of Arts« oder Äquivalent. — Dreijähriger Unterrichtskurs. — GRADE: Bachelor of Divinity gegen Prüfung und Einreichung einer These; Doctor of Divinity gegen Prüfung und Einreichung einer Dissertation, die gedruckt werden muss.

GEBÜHREN: $ 50 für ein Jahr.

ANDOVER THEOLOGICAL SEMINARY.

Gegründet 1807 zur Heranbildung von Geistlichen für die Kongregations- und presbyterianischen Kirchen. Die Anstalt befand sich 100 Jahre lang in Andover, Mass. und wurde 1908 nach Cambridge verlegt als selbständige Fakultät, doch mit der Harvard University affiliiert.

VERWALTUNG: Board of Trustees von 13 Personen, deren Mehrzahl Laien sein müssen; Board of Visitors von 3 Personen, von denen 2 Geistliche sind. Administratives Haupt der Anstalt ist der »President«.

AUFNAHME: erforderlich A. B. Grad. — STUDIENDAUER: 3 Jahre, die zum Grad: Bachelor of Divinity (S. T. B. = Sacrae Theologiae Baccalaureus) führt. — GEBÜHREN: Unterricht $ 150 jährlich.

Chapel Hill (North Carolina).

UNIVERSITY OF NORTH CAROLINA.

Gegründet mit der ersten Verfassung des Staates im Jahre 1776; eröffnet 1795 und von einem Rat von Vertrauensmännern (Board of Trustees) verwaltet, der von der Legislatur gewählt wird. Die Universität besitzt 550 acres Land und 21 Gebäude. — Der Unterricht ist frei von jeder religiösen Beschränkung und den Frauen in den höheren Kursen zugänglich. Administratives Haupt der Anstalt ist der Präsident; vergl. S. 432.

DEPARTMENTS: College mit Graduate Department, Department of Law, Medical Department zu Chapel Hill, Medical Department zu Raleigh, N. C., Department of Pharmacy, School of Applied Science.

AUFNAHME und STUDIENDAUER zur Erlangung der Grade vergl. S. 434.

GRADE (vergl. S. 430): A. B., S. B., A. M., Ph. D. — M. D.; Ph. G. (Graduate of Pharmacy). — LL. B. — GEBÜHREN: Immatrikulation $ 5; Unterricht pro Term $ 30—35; Diplom $ 5.

Charleston (South Carolina).

THE MEDICAL COLLEGE OF THE STATE OF SOUTH CAROLINA.

1823 als Medical College of South Carolina gegründet. Heutiger Name und Charter vom Jahre 1832. — STUDIENDAUER: vier sessions zu je acht Monaten. — GEBÜHREN: erstes und zweites Jahr je $ 100, drittes und viertes je $ 75.

Charlotte (North Carolina).

NORTH CAROLINA MEDICAL COLLEGE

(Church and Sixth Streets).

Organisiert im Jahre 1887 zu Davidson als Davidson School of Medicine. Das Recht, Grade zu verleihen erhielt sie erst mit dem Charter vom Jahre 1893 und gleichzeitig auch den heutigen Namen. Im Jahre 1907 nach Charlotte verlegt. — STUDIENGANG: vier Jahreskurse von je acht Monaten. — GEBÜHREN: erstes bis drittes Jahr je $ 85, viertes $ 100.

Charlottesville (Virginia).

UNIVERSITY OF VIRGINIA.

Gegründet 1824 von Thomas Jefferson als Staatsanstalt von Virginia. Die Verwaltung wird überwacht durch einen »Board of Visitors«. Administratives Haupt der Anstalt ist der Präsident; vergl. S. 432.

DEPARTMENTS: College, Ingenieur-, juristisches, medizinisches, Agriculture Department.

AUFNAHME vergl. S. 434. — GRADE (Angaben fehlen) vergl. S. 430. — GEBÜHREN: weisse männliche Virginier sind nach dem Gesetz von jeder Unterrichtsgebühr befreit (ausgenommen Entschädigung in den Laboratorien). Für andere: Immatrikulation $ 40, Unterricht pro Session $ 75 bis $ 110, je nach dem Department.

Chicago (Illinois).

UNIVERSITY OF CHICAGO.

Als die 1857 gegründete Universität aus Mangel an genügenden Mitteln im Jahre 1886 eingegangen war, bemühte sich John D. Rockefeller im Verein mit der American Baptist Education Society im Jahre 1888 um die Gründung einer neuen Universität, indem er $ 600000 als Stiftung zur Verfügung stellte, unter der Bedingung, dass weitere $ 400000 aufgebracht würden. Die letztere Bedingung war in kurzem erfüllt und ausserdem ein geeignetes Grundstück im Werte von $ 125000 von Herrn Marshall Field geschenkt worden, so dass schon im Juni 1890 die Baptist Education Society eine Stiftungsurkunde verleihen und im September 1890 ein Verwaltungsrat von 21 Mitgliedern (Board of Trustees) gewählt werden konnte. Nach der Wahl des Prof. W. R. Harper zum ersten Präsidenten erklärte sich Rockefeller 1890 bereit, eine weitere Million Dollars zu stiften, der er 1892 noch eine zweite Million folgen liess (im ganzen $ 2600000). Dieser grossartigen Schenkung folgten andere, vor allem die des Herrn S. A. Kent von $ 190000 für die Errichtung eines chemischen Instituts. M. A. Ryerson stiftete $ 175000 für ein physikalisches Laboratorium. und G. A. Walker $ 100000 für ein Museum.

FAKULTÄTEN: Faculty of Arts; F. of Science; F. of Theology; F. of Law; School of Education. — Rush Medical College wurde der University affiliiert, vergl. S. 456.

VERFASSUNG UND ORGANISATION. Nach der Stiftungsurkunde bezweckt die Korporation die Förderung des höheren Unterrichts für beide Geschlechter; die Errichtung und Unterhaltung von Akademien, Vorschulen und einer Universität mit den Unterrichtsgebieten der Literatur, Rechtswissenschaft, Medizin, Musik, Technologie, Naturwissenschaften, der schönen Künste und mit dem Rechte, Grade zu verleihen. Zwei Drittel der Mitglieder des Verwaltungsrates müssen der Baptistenkirche angehören; »kein anderer religiöser Zwang soll bei der Wahl zu diesem Verwaltungsrat noch bei der Aufnahme in die Universität oder bei der Ernennung eines Professors ausgeübt werden«. In die Verwaltung der Universität teilen sich der »Board of Trustees«, der Präsident, der »University Council« und der Universitätssenat. Der Board of Trustees ergänzt sich selbst durch Wahl, ernennt den Präsidenten und die Professoren; der »University Council«, bestehend aus dem Präsidenten, den Dekanen der Departments, den Principals der Kollegien und Akademien der Universität, dem Universitäts-Examinator, dem Syndikus (Recorder), dem Archivar (Registrar), dem Sekretär der »University extension« und dem Bibliothekar, entscheidet über allgemeine

Verwaltungsangelegenheiten der Universität. Der Senat (bestehend aus dem Präsidenten, dem Syndikus, den Vorstehern der Departments und dem Bibliothekar) regelt und überwacht den Studiengang.

AUFNAHME und Studiendauer vergl. S. 434.

GRADE: A.B., Ph.B., S.B., A.M., Ph.D.; LL.B.; B.D., M.D. vergl. S. 430.

GEBÜHREN: Unterrichtsgebühr $ 25 pro Quartal.

NORTHWESTERN UNIVERSITY

in Chicago und Evanston (Vorstadt von Chicago).

GESCHICHTE und VERFASSUNG. Gegründet 1851 durch Mitglieder der »Methodist Episcopal Church« der Staaten Illinois, Wisconsin, Michigan, Indiana und Iowa. 1853 wurde das erste Gebäude errichtet. Ursprünglich nur aus einem College of Liberal Arts bestehend, erweiterte sich die Anstalt durch Aufnahme des aus der ehemaligen »Lind University of Chicago« herrührenden Medical College im Jahre 1869 und der »Woman's Medical School« im Jahre 1892, durch Gründung einer »School of Pharmacy« (1886) und einer »Dental School« (1888) und durch Aufnahme der seit 1859 bestehenden Law School (1891) und der selbständigen Körperschaften: »Garrett Biblical Institute, Norwegian-Danish Theological Seminary und Swedish Theological Seminary« als »Theological Schools of the University«.

Die Universität wird durch einen Rat von zur Zeit 44 Vertrauensmännern verwaltet, deren Majorität obengenannter Kirche angehören muss; 36 erwählen sich durch Selbstergänzung, 8 durch die Jahreskonferenzen der Methodist Episcopal Church. Das fachmännische und exekutive Oberhaupt ist der von den Vertrauensmännern bestellte Präsident, der sämtliche Professoren ernennt und den Studiengang regelt. Der Lehrkörper jeder Schule bildet eine Fakultät, deren Vorsitzender der Präsident ist. Der Präsident, der Dekan jeder Fakultät und je ein weiteres Mitglied bilden den »University Council«, der den Vertrauensmännern Vorschläge über die Verwaltung der Universität macht. Die Universität ist mit Ausnahme der Medical School Männern und Frauen gleichmässig zugänglich.

COLLEGE OF LIBERAL ARTS (Evanston). Eröffnet 1855.

Aufnahme vergl. S. 434. — Vierjähriger College-Kursus und graduate work. — Grade: im College-Kursus: B.A., B.Sc.; im zweijährigen »graduate work«: M.A., M.Sc. und Ph.D.; vergl. S. 430.

Gebühren: Immatrikulation $ 5. Unterricht im College (undergraduate) $ 50; Söhne von Geistlichen $ 30. — Graduate-Students: stundenweise ($ 5); höchstens $ 40. Ausserdem Laboratoriengelder: $ 1 bis $ 7.50. Grade: $ 10.

MEDICAL SCHOOL (2421—31 Dearborn Str., Chicago). Gegründet 1859; affiliiert 1864; Teil der Universität 1905.

Aufnahme: nur Männern zugänglich, vergl. S. 404. — Vierjähriger Kursus. — Grad: Doctor of Medicine. — Gebühren: Immatrikulation $ 5; Unterricht $ 175 jährlich; Laboratorien $ 1 resp. $ 2; Hospitäler $ 5 bis $ 20; Examina $ 5.

LAW SCHOOL (Corner Lake and Dearborn Str., Chicago).

Aufnahme vergl. S. 434. — Grade: LL.B. nach 3 Jahren. Juris Doctor nach 4 Jahren. — Gebühren: Immatrikulation $ 5; Unterricht $ 125 jährlich. — Grade: Bachelor $ 10; Doctor $ 20.

COLLEGE OF ENGINEERING. Gegründet 1907.

Aufnahme: wie College of Liberal Arts. — 4jähriger Kurs. — Grad: Bachelor in Engineering. — Gebühren: Immatrikulation $ 5; Unterricht $ 100; Grad $ 10.

SCHOOL OF PHARMACY. 1886 als Illinois College of Pharmacy inkorporiert und im selben Jahre Department der University.

Aufnahme vergl. S. 434. — Grade: Graduate in Pharmacy, Pharmaceutical Chemist, Master in Pharmacy. — Gebühren: Immatrikulation $ 5; Unterricht $ 100 jährlich, für Pharm. Chemist $ 140; Grad $ 10.

DENTAL SCHOOL (2429—2431, Dearborn Street, Chicago). Gegründet 1887.

Aufnahme: vergl. S. 434. — Dreijähriger Kursus. — Grad: Doctor of Dental Surgery. — Gebühren: Aufnahme $ 5 jährlich; Unterricht $ 150 jährlich und Nebengebühren; Schlussexamen $ 15.

SCHOOL OF MUSIC. Gegründet 1895. Nach 4 Jahren: Graduate in Music oder Bachelor of Music. — Gebühren: Immatrikulation $ 5; Unterricht, nach Instrumenten verschieden, durchschnittlich ca. $ 30 für 2 Wochenstunden; Zeugnis $ 5; Diplom $ 10.

SCHOOL OF COMMERCE. Gegründet 1908. — Aufnahme: Mindestalter 18 Jahre. — Dreijähriger Diplomkursus.

Sonstige Institute: School of Oratory, Preparatory Schools, Garrett Biblical Institute, Norwegian-Danish Theological School und Swedish Theological Seminary.

RUSH MEDICAL COLLEGE
(West Harrison Street).

GESCHICHTE. Rush Medical College ist eine der ältesten gelehrten Anstalten Amerikas. Begründet durch Gesetz von 1837. Sein Gründer, Daniel Brainerd, war auch erster Präsident Die erste Vorlesung wurde erst 1843 gehalten. 1887 wurde es als Medical Department der Lake Forest University mit Wahrung seiner Autonomie einverleibt. 1898 wurde dies Verhältnis gelöst und das College mit der University of Chicago affiliiert. Das College wird von den Royal Colleges of Physicians und of Surgeons in London anerkannt.

VERWALTUNG. Leitung durch einen »perpetual Board of Trustees«, der dem Staate für die finanzielle Verwaltung und die Wahrung der Ziele des Unterrichts verantwortlich ist Administratives Haupt der Anstalt ist der Präsident, vergl. S. 432. — Durch die Affiliation mit der University of Chicago haben Studenten des College die Möglichkeit, den Grad Bachelor of Science zu erlangen, wenn sie den erforderlichen Bedingungen genügen. — Der Unterricht der ersten beiden med. Jahre wird nur in der University of Chicago erteilt.

AUFNAHME vergl. S 434. — STUDIENDAUER: 4 Jahre. — GRAD: M. D.; vergl. hierzu S. 430. — GEBÜHREN: Aufnahme $ 5; Unterricht pro Jahr $ 180.

THE COLLEGE OF PHYSICIANS AND SURGEONS OF CHICAGO
(College of Medicine of the University of Illinois)
[Corner Congress and Honore Streets].

Gegründet 1882, reorganisiert 1892; Medical Department (mit College of Dentistry) der University of Illinois seit 1897. — AUFNAHME, Studiendauer, Grad vergl. S. 497 Urbana, University of Illinois. — GEBÜHREN: Matrikel $ 5. Unterricht, 1. und 2. Jahr $ 120; 3. Jahr $ 140; 4. Jahr $ 155; ausserdem Nebengebühren.

CHICAGO COLLEGE OF MEDICINE AND SURGERY
(337, South Lincoln Street).

Organisiert im Jahre 1901 als American College of Medicine and Surgery (Chicago Eclectic Medical College). Der zweite Teil dieses Namens fiel weg bei der Einverleibung als Medical Department in die Valparaiso University. Der Eklektizismus wurde 1907 aufgegeben und das College mit dem heutigen Namen weitergeführt. — STUDIENGANG: vier Jahreskurse zu je acht Monaten. — Gebühren: erstes Jahr $ 120, zweites $ 110, drittes und viertes Jahr $ 100.

HAHNEMANN MEDICAL COLLEGE AND HOSPITAL OF CHICAGO
(2811, Cottage Grove Avenue).

Organisiert 1859. — Studiengang: vier Jahreskurse zu je acht Monaten. — Gebühren: jährlich $ 100.

CHICAGO COLLEGE OF PHARMACY
(12th Street and Michigan Avenue).

Gegründet 1859. Wurde 1896 Department der University of Illinois (siehe Urbana S. 497). Das College steht unter der Verwaltung der Universität, der ein »Advisory Board«, gebildet aus Mitgliedern der State Pharmaceutical Association, zur Seite steht.

Aufnahme: vergl. S. 434. — Studienzeit: annähernd 1200 Lehrstunden, gleichmässig verteilt auf die drei Departments: Botanik nebst Materia medica, Chemie und Pharmazie. — Grade: kurzer Kursus: Graduate in Pharmacy; langer Kursus: Pharmaceutical Chemist. — Gebühren: Immatrikulation $ 5; Unterricht: kurzer Kursus $ 75 jährlich; langer Kursus $ 125 jährlich (Laboratoriums-Hinterlegung: $ 10 bezw. $ 15); Diplom $ 5.

Mc CORMICK THEOLOGICAL SEMINARY
(2330, N. Halsted Street).

Gegründet 1830 auf Veranlassung der Synode von Indiana (einschl. Illinois und Missouri) als »Indiana Theological Seminary in Hanover«; 1840 nach New Albany, 1859 nach Chicago verlegt unter dem Namen »Presbyterian Theological Seminary of the Northwest«; seit 1886 jetziger Name zu Ehren und zum Andenken an Cyrus H. Mc Cormick und dessen Vermächtnis. Das College widmet sich der Ausbildung der Geistlichkeit der presbyterianischen Kirche. — Verwaltung: Board of Directors, Board of Trustees, President. — Aufnahme: B. A. Grad erforderlich. — Dreijähriger Studiengang, der zum Grad: Bachelor of Divinity führt. Unterricht frei.

ARMOUR INSTITUTE OF TECHNOLOGY.

Gegründet 1892 durch Mr. Philip D. Armour, Chicago. Gesamteigentumswert: $ 5000000. Besteht aus einem College of Engineering, dessen 4jähriger Studiengang zu den Graden B. Sc. und M. Sc. führt.

Der Titel Engineer wird nach weiterem einjährigen Studium und 2 Jahren Praxis, oder gegen Einreichung einer Dissertation nach 3jähriger Praxis, oder nach 4jähriger Praxis verliehen.

Gebühren: $ 150 jährlich.

THE ART INSTITUTE OF CHICAGO.

Organisiert 1866 als »School of Art Practice«, später »Chicago Academy of Design« genannt. Erhielt dann den Namen »Chicago Academy of Fine Arts«, schliesslich 1879 als »The Art Institute of Chicago« inkorporiert. Pflege und Studium der Kunst durch Erteilung von Unterricht und Schaffung eines Museums. Über dessen Bestände vergl. Handbuch II.

ST. IGNATIUS COLLEGE siehe **SAINT LOUIS**, Saint Louis University.

Cincinnati (Ohio).

UNIVERSITY OF CINCINNATI.

Geschichte. Gegründet 1858 von Charles McMicken, welcher sein ganzes Vermögen für die Errichtung einer Universität der Stadt Cincinnati hinterliess (über $ 1000000).

Das Academic Department, jetzt als das *McMicken College of Liberal Arts* bekannt, wurde 1870 eröffnet.

Nach und nach wurden neue Departments angegliedert. So 1896 das Medical College of Ohio (1819 gegründet) mit dem neuen Titel College of Medicine of the University. Dieses College wurde 1908 mit dem Miami Medical College verschmolzen zu dem heutigen *Ohio-Miami Medical College of the University of Cincinnati.* — Im gleichen Jahre wurde ein Law Department eingerichtet und ein Jahr später mit der Law School of the Cincinnati College (gegr. 1833) vereinigt. — 1900 wurde das *College of Engineering* errichtet. — 1887 wurde die »Clinical and Pathological School of the Cincinnati Hospital« affiliiert als »Medical Department«, seit 1896 als *»Department of Clinical Medicine«.* — Das *College for Teachers* wurde 1905 organisiert unter Mitwirkung des Board of Education of the City of Cincinnati. — 1906 trennte sich die *Graduate School* vom McMicken College of Liberal Arts als eigene Organisation. Die Universität geniesst die Zinsen von vielen Stiftungen und den Ertrag einer Steuer (»municipal tax«) von $^5/_{10}$ pro Mille. Das Vermögen beträgt ca. $ 3300000, der Wert der Gebäude, usw. $ 1515000.

VERWALTUNG der Universität durch 9 Vertrauensmänner (Board of Trustees), welche von dem »Mayor of Cincinnati« auf 6 Jahre ernannt werden. Administratives Haupt ist der »President«, vergl. S. 432.

DEPARTMENTS. 1. The Graduate School. 2. The McMicken College of Liberal Arts. 3. The College for Teachers. 4. The College of Engineering. 5. The College of Law. 6. The Ohio-Miami Medical College of the University of Cincinnati. 7. Department of Clinical Medicine.

AUFNAHMEBEDINGUNGEN in die verschiedenen Departments vergl. S. 434.

GRADE und GEBÜHREN für »regular Students« (Einwohner von Cincinnati geniessen in bezug auf Gebühren besondere Vergünstigungen, teilweise Erlass des Unterrichtshonorars):

Graduate School: Grade: M. A., Ph. D. — Gebühren: $ 3 »per credit hour«; Bibliotheks- und Laboratoriumsgebühren besonders; Diplomgebühr für M. A. Grad $ 10, für Ph. D. Grad $ 20. — *College of Liberal Arts:* Grad: A. B. — Gebühren: $ 75 jährlich; Bibliotheks- und Laboratoriumsgebühr besonders; Diplomgebühr für A. B. Grad $ 5. — *College for Teachers:* Grad A. B. — Gebühren: wie im College of Liberal Arts. — *College of Engineering:* Grade: Bachelor of Civil Engineering, B. of Chemical E., B. of Electrical E., B. of Mechanical E.; Civil Engineer, Chemical E., Electrical E., Mechanical E. — Gebühren: 4 jähriger Kurs wie im College of Liberal Arts. »Cooperative Course« (6 Jahre) $ 50 jährlich. — *College of Law:* Grad: Bachelor of Laws. — Gebühren: $ 100 jährlich. — *College of Medicine:* Grad: M. D. — Gebühren: »matriculation fee« $ 5; Unterricht jährlich $ 125; Diplome $ 25.

HEBREW UNION COLLEGE (Jüdisch-theologisches Seminar).

Gegründet im Jahre 1875 von Rabbiner Dr. Isaac M. Wise und unterhalten von dem Verband amerikanisch-jüdischer Gemeinden (Union of American Hebrew Congregations). Zwei Abteilungen: Vorbereitungs-Kursus: vierjährig; akademischer Kursus: fünfjährig. Der Unterricht ist kostenfrei.

ST. XAVIER COLLEGE siehe **SAINT LOUIS,** Saint Louis University.

Cleveland (Ohio).

WESTERN RESERVE UNIVERSITY.

GESCHICHTE. Das Western Reserve College, 1826 zu Hudson, Ohio, gegründet, wurde 1882 nach Cleveland, Ohio, verlegt und zum Andenken an Adelbert Stone, den Sohn seines Wohltäters, Adelbert College benannt. Bald wurde das schon seit vierzig Jahren bestehende Cleveland Medical College damit verbunden und allmählich andere »Departments« angegliedert.

Verfassung. Die Universität ist eine autonome Korporation mit eigenem Vermögen und dem Rechte, die akademischen Würden zu verleihen; die Verwaltung wird durch einen Rat von Vertrauensmännern (Trustees), der sich selbst ergänzt, und durch den Universitäts-Präsidenten ausgeübt.

Departments: Adelbert College, The College for Women, The Graduate School, The Medical College, The Franklin T. Backus Law School, The School of Dentistry, School of Pharmacy, Library School.

Aufnahme, Studiengang, Grade. Die Aufnahme erfolgt gegen Eingangsprüfung oder auf Grund gleichwertiger Zeugnisse, vergl. S. 434. — Im Adelbert College und dem College for Women führt der vierjährige Studiengang (Prüfung nach jedem Halbjahr) zu dem Grad: Bachelor of Arts. Nach weiterem einjährigen Studium wird in der Graduate School der Magistergrad (M. A.), nach zwei- bis dreijährigem und gegen Einreichung einer Dissertation der Grad Doctor of Philosophy (Ph. D.) verliehen. Die Grade: Doctor of Medicine (M. D.), Bachelor of Laws (LL. B.), Doctor of Dental Surgery (D. D. S.) werden nach dreijährigem Kursus (Prüfung Ende jedes Jahres) in den betreffenden »Departments« verliehen.

Gebühren: Unterricht $ 100 jährlich im Adelbert College, The College for Women und The Graduate School; 100 $ jährlich in der School of Law; $ 125 im Medical College; $ 150 im Dental College; $ 100 in der Library School.

CASE SCHOOL OF APPLIED SCIENCE.

Begründet 1877 von Leonard Case; eröffnet 1881; seit 1885 auf dem heutigen Gelände. — Verwaltung durch eine Korporation von 21 Mitgliedern, die den Board of Trustees erwählen und den President, vergl. S. 432.

Courses: Civil — Railroad — Structural — Mechanical — Electrical — Mining — Metallurgical Engineering. Physics und Chemistry. — Summer School.

Aufnahme: Mindestalter 17 Jahre; gegen Prüfung oder gleichwertige Zeugnisse, vergl. S. 434. — Grade: Bachelor of Science (B. S.), Master of Science (M. S.); Engineering Degrees: Civil E. (C. E.), Mechanical E. (M. E.), Electrical E. (E. E.), E. of Mines (E. M.). Zur Erlangung eines jeden Grades muss neben der Prüfung eine »thesis« eingereicht werden, bei B. S. und M. S. über »some original scientific subject«, bei den Eng. degrees über »on original technical topic«, vergl. hierzu S. 430.

Gebühren: »registration fee« $ 5; Unterricht: $ 100 jährlich; besondere Laboratoriumsgebühren. Diplom des B. S. Grades $ 5, für M. S.: $ 10, für die engineering degrees $ 10.

CLEVELAND COLLEGE OF PHYSICIANS AND SURGEONS
(früher College of Medicine of the Ohio Wesleyan University in Delaware).

Gegründet 1863 von Dr. Gustav G. E. Weber, der während des Bürgerkrieges Surgeon-General of the State of Ohio war, als Charity Hospital Medical College; es wurde 1869 Medical Department der University of Wooster und 1896 mit der Ohio Wesleyan University unter dem heutigen Namen verbunden. Im Jahre 1910 ist das College mit dem Western Reserve Medical College vereinigt worden.

ST. IGNATIUS' COLLEGE siehe **SAINT LOUIS,** Saint Louis University.

Colgate University siehe **HAMILTON.**

Colorado University siehe **BOULDER.**

Colorado School of Mines siehe **GOLDEN.**

Columbia und Rolla (Missouri).

UNIVERSITY OF MISSOURI.

GESCHICHTE. Gegründet 1839 als Staatsuniversität, eröffnet 1841. Die akademischen Kurse begannen 1847. Errichtung eines »Normal Department« 1867. Seit 1869 wurden Frauen nach und nach zu den einzelnen Departments zugelassen. Das »College of Agriculture and Mechanic Arts« und die »School of Mines and Metallurgy« in Rolla wurden 1870 Departments der Universität. 1872 wurde das Law Department, 1873 das Medical Department, 1877 die School of Engineering eröffnet. Die letztere wurde 1906 in das jetzige Department of Engineering umgewandelt; 1896 wurde das Graduate Department errichtet. — Verwaltung durch einen »Board of Curators« und den »President«, vergl. S. 432.

DEPARTMENTS. 1. College of Arts and Sciences, 2. School of Education, 3. College of Agriculture, 4. School of Engineering, 5. School of Journalism, 6. School of Mines and Metallurgy, 7. Graduate Division, 8. School of Law, 9. School of Medicine. — Die Abteilungen 1—5 und 7—9 befinden sich in Columbia, die Bergbauschule in Rolla.

AUFNAHME in die einzelnen Departments, usw. vergl. S. 434.

STUDIENGANG und GRADE. Die Studiendauer in den Departments 1—6 bis zur Erlangung des Grades B. A. ist vierjährig. Im »Graduate Department«, das bei jeder einzelnen Abteilung besteht, können dann die höheren Grade erworben werden. Das medizinische Studium umfasst fünf Jahre, das Rechtsstudium drei Jahre.

Grade: *College of Arts and Science:* A. B., A. M., Ph. D.; *School of Education:* B. S. in Education, M.A., Ph. D.; *College of Agriculture:* B. S. in Agriculture, M. S. in Agriculture, Ph. D.; *School of Law:* LL. B.; *School of Medicine:* M. D.; *School of Engineering:* B. S. in Civil Engineering, in Electrical E., in Mechanical E., in Sanitary E., in Chemical E., in Hydraulic E., für »graduate work«: C. E., E. E., M. E., Ch. E.; *School of Mines:* B. S., B. S. in Mining Engineering, in Civil E., in Chemistry, in Metallurgy, für »graduate work«: E. M., C. E. vergl. hierzu S. 430.

GEBÜHREN: »tuition fee« in Law, Medicine, Engineering, Journalism $ 20 jährlich für alle Studenten, für Non-residents in den andern Departments ebenfalls $ 20 jährlich. — Library and incidental fee für alle $ 10 jährlich.

SUMMER SESSION: vergl. hierzu S. 436.

Columbia University siehe **NEW YORK.**

Columbia (South Carolina).

UNIVERSITY OF SOUTH CAROLINA.

Charter vom Jahre 1801. Eröffnet 1805. Staats-Universität. Vergl. die allg. Ausführungen S. 431 u. ff.

Columbus (Ohio).

OHIO STATE UNIVERSITY.

Gegründet 1870 durch den Staat Ohio. Ursprünglich als »Ohio Agricultural and Mechanical College« errichtet und 1878 zur Ohio State

University erhoben. Verwaltung durch einen »Board of Trustees«, dessen Mitglieder vom Gouverneur auf 7 Jahre ernannt und vom Senat bestätigt werden. Administratives Haupt ist der President, vergl. S. 432.

Colleges: 1. College of Agriculture and Domestic Science. 2. College of Arts, Philosophy and Science. 3. College of Education. 4. College of Engineering. 5. College of Law. 6. College of Pharmacy. 7. College of Veterinary Medicine.

Aufnahme gegen Nachweis genügender College-Vorbildung von mindestens 17jährigen beiderlei Geschlechts, sonst gegen Eingangsprüfung, vergl. S. 434.

Studiendauer, Grade: Studiendauer in den Colleges 1, 2, 3, 4, 6 vierjährig, in 5 und 7 dreijährig, vergl. hierzu S. 430 u. 434. — Grade: Bachelor of Arts, B. S. in Agriculture, B. S. in Education, B. S. in Horticulture, B. S. in Forestry, B. S. in Domestic Science, B. S. in Chemical Engineering, B. S. in Industrial Arts, B. S. in Pharmacy, Ceramic Engineer, Civil Eng., Civil Eng. in Architecture, Engineer of Mines, Mechanical Eng., Mechanical Eng. in Electrical Engineering, Bachelor of Laws, Doctor of Veterinary Medicine. — Höhere Grade: Master of Arts, Doctor of Philosophy.

Gebühren einschliesslich »incidental fee«: im College of Law $ 35 pro Semester für non-residents von Ohio; $ 30 für residents; in den übrigen ist der Unterricht frei. Laboratoriumsgebühren: $ 1 bis 2.

STARLING-OHIO MEDICAL COLLEGE

(Buttles Avenue and Park Street).

Organisiert 1907 durch Vereinigung des Starling Medical College (1834) mit der Ohio Medical University (1890). — Studiendauer: 4 sessions zu je 8 Monaten. — Gebühren: Matriculation $ 5; tuition $ 125 pro session.

Cornell University siehe ITHACA.

Cornell University Medical College siehe NEW YORK.

Creighton University siehe OMAHA.

Cumberland Gap (Tennessee).

LINCOLN MEMORIAL UNIVERSITY.

Eröffnet 1895. Charter 1897. Vergl. die allg. Ausführungen S. 431 u. ff.

Dahlonega (Georgia).

NORTH GEORGIA AGRICULTURAL COLLEGE

siehe ATHENS (Georgia).

Dallas (Texas).

BAYLOR UNIVERSITY COLLEGE OF MEDICINE

(435—437, South Ervay Street).

Organisiert 1900 als Medical Department der University of Dallas. Seit 1903 heutiger Name. Wurde zugleich Medical Department der Baylor University in Waco (s. S. 498). Charter als Dallas Medical College 1904. — Studiendauer: vier sessions zu je sieben Monaten. — Gebühren: $ 100 pro session. Matriculation $ 5, Graduation fee $ 25.

Danville (Kentucky).

CENTRAL UNIVERSITY OF KENTUCKY.

Charter vom Jahre 1819. Eröffnet 1822. Presbyterianische Universität. Vergl. die allg. Ausführungen S. 431 u. ff.

Dartmouth College siehe **HANOVER.**

Delaware (Ohio).

OHIO WESLEYAN UNIVERSITY.

Gegründet 1841 unter dem Schutze der Methodist Episcopal Church; eröffnet als »College of Liberal Arts« 1844. 1877 wurde das bis dahin selbständige Ohio Wesleyan Female College (gegr. 1853) inkorporiert, 1896 das Cleveland College of Physicians and Surgeons (gegründet 1863). Das letztere gehört seit 1910 zur Western Reserve University in Cleveland. Ferner wurden errichtet 1877 School of Music und School of Fine Arts, 1894 School of Oratory, 1895 School of Business, in denen wohl Zeugnisse aber keine akademischen Grade verliehen werden.

VERFASSUNG. Die 30 Vertrauensmänner (Board of Trustees) werden von den Ohio- und West-Virginia-Conferenzen der »Methodist Episcopal Church« ernannt; Verwaltung durch die Trustees, den President und die Fakultät, vergl. hierzu S. 432. — In allen Colleges werden beide Geschlechter zugelassen.

DEPARTMENTS: College of Liberal Arts; Academic Department; Spezialschulen s. oben.

AUFNAHME und Studiendauer vergl. S. 434.

GRADE (vergl. S. 430): B. A., B. S., B. L., M. A.

GEBÜHREN. Im College of Liberal Arts: »tuition« and »incidental fee« jährlich $ 63; Diplomgebühr $ 5.

DELAWARE COLLEGE siehe **NEWARK.**

Denison University siehe **GRANVILLE.**

Denver (Colorado).

UNIVERSITY OF DENVER.

Das Colorado Seminary wurde 1864 von John Evans, Governor of Colorado, gegründet. University of Denver wurde 1889 inkorporiert. Gründung durch die »Society University Denver«, die den »Board of Trustees« — 7 Mitglieder — durch jährliche Wahl bestimmt. Vergl. S. 432.

DEPARTMENTS: College of Liberal Arts, Graduate School, Denver and Gross College of Medicine, Law School, College of Dental Surgery, College of Music, School of Commerce. Ausserdem Preparatory School, Summer School, Saturday College.

AUFNAHME vergl. S. 434. — GRADE: A. B. nach 4jährigem Studium im College of Liberal Arts; A. M. nach 1jährigem post-graduate Studium; Ph. D. nach 3jährigem post-graduate Studium und Vorlegung einer Abhandlung, vergl. S. 430 u. 435. — M. D. nach 4jährigem Studium im College of Medicine; LL. B. nach 3jährigem Studium im College of Law; D. D. S. nach 3jährigem Studium im College of Dentistry; B. M. nach 3jährigem Studium im College of Music.

GEBÜHREN: Unterricht im College of Liberal Arts $ 50 jährlich, in den andern Colleges $ 100. — Besondere Diplomgebühren.

Des Moines (Iowa).

DRAKE UNIVERSITY.

Eröffnet 1881. Charter vom gleichen Jahre. Nonsectarian. Vergl. die allg. Ausführungen S. 431 u. ff.

Detroit (Michigan).

DETROIT COLLEGE OF MEDICINE

(St. Antoine, Catherine and Mullett Streets and Gratiot Avenue).

Organisiert 1885 durch Verschmelzung des Detroit Medical College (1868) mit dem Michigan College of Medicine (18·0). — Studiendauer: vier Jahreskurse zu je acht Monaten. — Gebühren: erstes Jahr $ 115, zweites $ 120, drittes $ 1(0 und viertes $ 140.

DETROIT COLLEGE siehe **SAINT LOUIS,** Saint Louis University.

Drake University siehe DES MOINES.

Easton (Pennsylvania).

LAFAYETTE COLLEGE.

Gegründet 1826 als autonome Korporation mit eigenem Vermögen; von dem Presbyterium von Philadelphia 1850 angenommen; das »Pardee Scientific Department« gestiftet von Ario Pardee 1865.

Verwaltung durch »Board of Trustees«, gewählt von den Mitgliedern, wovon 6 Alumnen des Kollegiums von der Gesamtheit der Alumnen ernannt werden, vergl. S. 432.

Aufnahme. Eingangsprüfung oder Abgangszeugnis einer »akkreditierten Schule«.

Grade: A. B.; Ph. B.; C. E. (Civil Engineer); E. M. (Engineer of Mines); B. S. in Chemie und E. E. (Electrical Engineer); M. E. (Mechanical Engineer); höhere Grade A. M. und M. S., vergl. hierzu S. 430 u. 435.

Gebühren: Registration $ 5, Immatrikulation $ 10, Unterricht $ 100 jährlich, Übungen im Chem., Physik., Mechan., Biol. Laboratorium extra. Bibliotheksgebühr $ 15, usw.

Eugene (Oregon).

UNIVERSITY OF OREGON.

Gegründet durch die Legislatur des Staates Oregon 1872 zu Eugene als Staatsanstalt und als integrierender Teil seines Unterrichtssystems; eröffnet 1876. 1884 wurde die Law School eingerichtet, 1887 die Medical School. — Die Verwaltung der Universität liegt in den Händen von 9 Regenten, vom Gouverneur des Staates ernannt und vom Senat bestätigt; administratives Haupt ist der President, vergl. hierzu S. 432.

Departments: Graduate School; Summer School; College of Literature, Science and the Arts; School of Commerce; Correspondence School; College of Engineering; School of Education; School of Medicine; School of Law. — Die beiden letzteren sind in Portland.

Aufnahme: Prüfung oder Reifezeugnis von anerkannten High Schools; vergl. S. 434.

Studiendauer, Grade: *College of Liberal Arts:* 4 Jahre, Grade: B. A., B. S.; *School of Education:* 4 Jahre, Grad: B. A. — *College of Engineering:* 4 Jahre, Grad: B. S. — In der *Graduate School* der verschiedenen Departments werden nach Erlangung der ersten Grade nach entsprechendem Studium und Examen die höheren Grade verliehen: M. A., Ph. D.; Civil Engineer, Electrical E., Mining E., Chemical E., vergl. hierzu S. 430. - *School of Medicine:* 4 Jahre, Grad: M. D. — *School of Law:* 3 Jahre, Grad: B. L. L.

Gebühren. Keine »tuition fee« im *College of Liberal Arts, College of Engineering, School of Education;* »incidental fee« jährlich $ 10; »diploma fee« für den ersten und jeden weiteren Grad $ 10. — *School of*

Law: »tuition fee« $ 60 im 1. Jahr, $ 75 im 2. und 3. Jahr. — *School of Medicine:* »Matriculation« $ 5, »Fee for Course« $ 130 jährlich im 1. und 2. Jahr, im 3. Jahr $ 100, im 4. Jahr $ 50, ausserdem jährlich »examination fee«, »laboratory fee«. — In den anderen Schools Gebühren entspr. der Ausbildung.

SUMMER SCHOOL, CORRESPONDENCE SCHOOL vergl. S. 436.

Evanston (Illinois).

NORTHWESTERN UNIVERSITY siehe **CHICAGO.**

Fayetteville (Arkansas).

UNIVERSITY OF ARKANSAS.

Gegründet 1871. Eröffnet 1872. Vergl. die allg. Ausführungen S. 431 u. ff. Das Medical Department befindet sich in Little Rock (s. S. 472).

Florida University siehe GAINESVILLE.

Fort Worth (Texas).

FORT WORTH UNIVERSITY.

Eröffnung und Charter 1881. Vergl. die allg. Ausführungen S. 431 u. ff.

Gainesville (Florida).

UNIVERSITY OF FLORIDA.

Eröffnet 1884. Staatsuniversität. Vergl. die allg. Ausführungen S. 431 u. ff.

Galesburg (Illinois).

KNOX COLLEGE.

Begründet am 7. Januar 1836 von Privat-Stiftungen als Genossenschaft. Die Stiftungsurkunde vom 15. Februar 1837. Verwaltung durch »Board of Trustees«, usw.; vergl. S. 432.

AUFNAHME vergl. S. 434. — GRADE: nach 4 Jahren: A. B., S. B., nach entsprechendem Weiterstudium: M. A., M. S., vergl. S. 430. — Im Conservatory of Music: 4 Jahre zur Erlangung des Diploms.

GEBÜHREN: »tuition fee« im College $ 68 jährlich; ausserdem ev. »Laboratory fee« $ 9. »Diploma fee« $ 5.

Galveston (Texas).

UNIVERSITY OF TEXAS, Department of Medicine, damit verbunden School of Pharmacy, siehe **AUSTIN.**

Geneva (New York).

HOBART COLLEGE.

Gegründet 1822 auf Veranlassung der »Regents« der University of the State of New York. Bischof John Henry Hobart war für die Gründung und Entwicklung des College besonders tätig. - VERWALTUNG durch »Board of Trustees«, usw. vergl. S. 432. - AUFNAHME u. Studiendauer vergl. S. 434. — GRADE: B. A., B. Sc.; höhere Grade: M. A., M. Sc., vergl. S. 430.

GEBÜHREN: »Entrance fee«: $ 5; »tuition fee«: $ 100 jährlich; »Diploma fee«: $ 5. Ausserdem »Library fee«, usw.

WILLIAM SMITH COLLEGE FOR WOMEN.

Dem Hobart College koordiniert. Gegründet 1908 für den getrennten weiblichen Unterricht. Stiftung von ca. $ 475000 durch William Smith. Verwaltung durch President und Trustees des Hobart College. Die internen Geschäfte führt ein eigener Dekan. — Aufnahme und Gebühren entsprechen im allgemeinen denen von Hobart College, auch können dieselben Grade erlangt werden.

Georgetown University siehe **WASHINGTON.**

Georgia University siehe **ATHENS** (Georgia).

Golden (Colorado).

COLORADO SCHOOL OF MINES.

Gegründet 1874 als staatliche Bergakademie, unterhalten durch besondere Steuer ($^1/_5$ of a mill state tax), die jährlich $ 75000 abwirft. — Wert des Eigentums $ 65000.

Aufnahme vergl. S. 434. — Der 4 jährige Studiengang führt zum Grad E. M. (Engineer of Mines) und E. Met. (Metallurgical Engineer).

Gebühren: »Registration« $ 5; »tuition fee« per annum $ 150 für non residents von Colorado.

Granville (Ohio).

DENISON UNIVERSITY.

Gegründet 1831. Verwaltung durch »Board of Trustees«, dessen Mitglieder zur Baptisten-Konfession gehören, vergl. S. 432. Vermögen aus Stiftungen $ 75000. Wert der Gebäude und Einrichtungen $ 500000.

Departments: Granville College (für Männer), Shepardson College (für Frauen). Doane Academy (Vorbereitungsschule), Conservatory of Music, School of Arts.

Aufnahme und Studiendauer vergl. S. 434.

Grade: B. A., B. S., B. Ph.; höhere Grade: M. A. M. S.; vergl. S. 430.

Gebühren: »Matriculation fees« $ 2—5; »tuition« $ 50 jährlich, incidental fees $ 40 jährlich; »Diploma fee« $ 5.

Hamilton (New York).

COLGATE UNIVERSITY.

Gegründet 1819 als eine Anstalt zur Heranbildung von Geistlichen für die Baptisten-Kirche. 1839 wurde diese zu einer allgemeinen Hochschule unter dem Namen Madison University erweitert, bis sie 1890 zu Ehren der Colgate Familie, die während 3 Generationen freigiebige Wohltäter gewesen ist, Colgate University getauft wurde. Unabhängige Körperschaft, verwaltet durch einen »Board of Trustees«, vergl. S. 432. Das Vermögen beziffert sich auf $ 2475000.

Departments: College, Theological Seminary.

Aufnahme gegen Nachweis genügender Vorbildung durch Zeugnis oder Prüfung, vergl. S. 434. — Grade: zwei Studienkurse, 4 jährig, führen zu den Graden B. A. und B. S.

Hanover (New Hampshire).

DARTMOUTH COLLEGE.

Geschichte. Gegründet 1769. 1798 wurde die Medical School durch Schaffung einer »professorship of medicine« gegründet.

Die 1851 gegründete »Chandler School of Science and the Arts«, auf Grund einer Stiftung von A. Chandler, wurde 1893 mit dem College fester verbunden und ist jetzt »Chandler scientific Course«. Die »Thayer School of Engineering« wurde 1867 gegründet, die Amos Tuck School of Administration and Finance« 1900.

Departments: Dartmouth College, Amos Tuck School of Administration and Finance, Thayer School of Civil Engineering, Medical School, Summer School.

Aufnahme und Studiendauer vergl. S. 434.

GRADE (vergl. S. 430): *Dartmouth College:* B. A., B. S., »advanced degrees«: M. A., M. Sc. — *Amos Tuck School:* Master of Commercial Science. — *Thayer School:* Civil Engineer. — *Medical School:* M. D.

GEBÜHREN: *College:* »tuition«: $ 125 jährlich, »graduation fee«: $ 8. — *Amos Tuck School:* »tuition«: $ 125 jährlich, »diploma fee«: $ 10. — *Thayer School:* »tuition«: $ 125 jährlich. — *Medical School:* »Matriculation«. $ 5, »tuition«: $ 125 für jeden der 4 Kurse. — Ausserdem besondere Gebühren.

Hartford (Connecticut).

HARTFORD THEOLOGICAL SEMINARY.

Gegründet 1834 durch die Pastoral Union (Congregationalists). Zugänglich für Männer und Frauen jeder evangelischen Konfession, die den Grad A. B. besitzen. — STUDIENGANG drei Jahre. — GRADE: B. D. = Baccalaureus Divinitatis; S. T. M. = Sacrae Theologiae Magister; Ph. D. = Philosophiae Doctor.

GEBÜHREN. Unterricht und Wohnung frei. Kost für 32 Wochen: $ 150—175.

TRINITY COLLEGE.

Charter laut Gesetz der »General Assembly of the State of Connecticut vom 22. Mai 1823. Bis 1845 Washington College genannt, dann jetziger Name.

VERWALTUNG durch »Board of Trustees« vergl. S. 432. — AUFNAHME und Studiendauer vergl. S 434. — GRADE: B. A., B. S., »advanced degrees«: M. A., M. S.; vergl. hierzu S. 430.

GEBÜHREN: »tuition fee« jährlich: $ 100, »incidental fee«: $ 30 und besondere Gebühren; »diploma fee«: $ 5.

Harvard University siehe CAMBRIDGE (Massachusetts).

Hopkins University siehe BALTIMORE.

Houghton (Michigan).

MICHIGAN COLLEGE OF MINES.

Errichtet 1886 durch den Staat Michigan und von diesem unterhalten. Die Verwaltung führt ein »Board of Control« von 6 Mitgliedern, die vom Gouverneur des Staats ernannt und vom Senat bestätigt werden. Administratives Haupt ist der President, vergl. S. 432.

AUFNAHME gegen Eingangsprüfung oder gleichwertige Zeugnisse, vergl. S. 434.

GRADE: nach 3—4jähriger Studienzeit: Mining Engineer (E. M.). Der Grad »Bachelor of Science« wird den Inhabern des in Houghton erworbenen Grades E. M. auf Antrag ebenfalls verliehen.

GEBÜHREN: »matriculation fee« für »residents of Michigan« $ 10, für »non residents« $ 25. »Tuition fee« $ 25 jährlich für »residents of Michigan, $ 150 jährlich für »non residents«. — »Diploma fee« E. M.: $ 25, B. S.: $ 15.

Howard University siehe WASHINGTON.

Idaho University siehe MOSCOW.

Illinois University siehe URBANA.

Indiana University siehe BLOOMINGTON.

Indianapolis (Indiana).

INDIANA UNIVERSITY SCHOOL OF MEDICINE.

Die ersten medizinischen Schulen im Staate Indiana waren als Privatunternehmungen gegründet und wurden fast zunftmässig geleitet. Es waren dies das 1869 in Indianapolis gegründete »Medical College of Indiana«, das 1879 daselbst gegründete »Central College of Physicians and Surgeons« und das 1879 in Fort Wayne errichtete »Fort Wayne College of Medicine«. Im Jahre 1903 wurde die Indiana University School of Medicine in Bloomington (s. S. 446) gegründet. Nachdem Verhandlungen fehlgeschlagen, wodurch diese die älteren Schulen in sich aufnehmen sollte, bildeten jene 1905 einen »Merger« unter dem Titel: »The Indiana Medical College, the School of Medicine of Purdue University« (letztere ist die technische und landwirtschaftliche Hochschule des Staates und befindet sich in Lafayette) 1906 erfolgte in Indianapolis die Gründung des »State College of Physicians and Surgeons« im Sinne der Bestrebungen der Bloomingtoner Schule; dieses wurde im nächsten Jahre der Universität einverleibt. Die ersten beiden Jahre waren nach wie vor in Bloomington, die letzten beiden mit vornehmlich klinischem Unterricht in Indianapolis vertreten. Im Jahre 1908 zog sich Purdue University zurück, und der »Merger« vom Jahre 1905 ging nunmehr auch in die neue Staatsschule auf; doch bedingte dieser Schritt die Weiterführung der beiden unteren Jahre in Indianapolis parallel mit den Kursen in Bloomington. Durch das Gesetz vom 26. Februar 1909 wurde die so zustande gekommene Indiana University School of Medicine als integrierender Teil der Universität förmlich anerkannt.

Aufnahme, Studiengang, Grade, usw. vergl. S. 434 u. Bloomington S. 446.

Iowa City (Iowa).

STATE UNIVERSITY OF IOWA.

Die Staats-Universität von Iowa, gegründet 1847, bildet einen integrierenden Bestandteil des Unterrichtswesens dieses Staates, insofern als ihre Tätigkeit aufgebaut ist auf der vorbereitenden Tätigkeit seiner anerkannten höheren Schulen, deren Absolventen (beiderlei Geschlechts) gegen Prüfungsausweis zum Studium zugelassen werden.

Departments: College of Liberal Arts (einschliesslich der School of political and social Science and Commerce und der School of Education), Graduate College, College of Law, College of Medicine, College of Homeopathic Medicine, College of Dentistry, College of Pharmacy, College of Applied Science, School of Music.

Aufnahme vergl. S 434.

Grade: *College of Arts*, Studiengang 4jährig, B. A., B. S.; *Graduate College*: M. A, M. Sc., Ph. D. nach Erwerbung des ersten Grades und entsprechendem Weiterstudium; *College of Law*, 3jähriger Studiengang, LL. B.; *College of Medicine*, vierjähriges Studium, M. D.; College of Homeopathic Medicine, vierjähriges Studium, M. D.; *College of Dentistry*, dreijähriges Studium, D. D. S.; *College of Pharmacy*, zweijähriges Studium: Ph. G., dreijähriges Studium: Ph. C.; *College of Applied Science*, vierjähriger Kursus, B. E. und B. S. in Chemistry; vergl. S. 430.

Gebühren: »Matriculation fee« $ 10; »tuition« im Graduate College frei, im Coll. of Liberal Arts und Coll. of applied Science $ 20 jährlich, die andern Colleges $ 50 jährlich; »Diploma fee« $ 10.

Iowa State College siehe AMES.

Ithaca (New York).

CORNELL UNIVERSITY.

GESCHICHTE. Im Juli 1862 erliess der Kongress der Vereinigten Staaten ein Gesetz, bekannt unter dem Namen »the Morrill Land Grant Act«, wonach jedem Staate sovielmal 30000 Acres Land zugewiesen wurden, als er Senatoren und Vertreter in den Kongress sandte, mit der Bestimmung, dass der ganze Erlös aus diesen Ländereien auf höhere Schulen (Colleges) verwendet werde, in denen hauptsächlich, ohne andere wissenschaftliche und klassische Studien auszuschliessen, die höhere Bildung der industriellen Klasse anzustreben sei. Die Cornell University wurde daraufhin am 27. April 1865 durch die Legislatur des Staates New York zu dem Zwecke gegründet, um die Empfängerin der 990000 Acres Land zu werden, die nach obigem Gesetz diesem Staat zufielen. Die erste Stiftung stammt von Ezra Cornell, bestehend aus $ 500000 und ca. 200 Acres Ländereien mit Gebäuden, welche zu Universitätszwecken verwendet werden konnten. Die Vorlesungen wurden im Oktober 1868 eröffnet. Verschiedene grossartige Schenkungen sind seitdem der Universität gemacht worden. H. W. Sage stiftete für eine philosophische Schule $ 250000, für die Universitäts-Bibliothek $ 300000, weiter $ 700000 für ein Kollegium für Frauen, für eine Universitätskapelle, für das Gebäude der Universitätsbibliothek und eine Sammlung Gipsabgüsse. Andere Wohltäter sind der erste Präsident der Universität Andrew D. White, Hiram Sibley und John Mc Graw.

VERFASSUNG UND ORGANISATION. Die Cornell University ist eine autonome Korporation unter der Verwaltung eines »Board of Trustees«. Durch Gesetz vom 20. Mai 1909 ist die Zusammensetzung des Board neu geregelt worden. Das betreffende Gesetz lautet wörtlich:

1. »The board of trustees of said Cornell university shall hereafter be made up and constituted as follows: the governor, the lieutenant-governor, the speaker of the house of assembly, the commissioner of education, the president of the state agricultural society, the commissioner of agriculture, the librarian of the Cornell library and the president of the said university, shall be trustees thereof ex-officio, and the eldest lineal male descendant of Ezra Cornell shall be a trustee thereof during his life. To fill the vacancies in the board existing among the elective trustees prior to this enactment, the governor shall appoint five trustees subject to confirmation by the senate, one of whom shall be appointed to serve for one year, one for two years, one for three years, one for four years, and one for five years, the term of office of each of whom shall commence at the beginning of the commencement week next succeeding his appointment. Prior to the expiration of the term of office of the trustee appointed for one year as above provided and annually thereafter, the governor shall appoint subject to confirmation by the senate, one trustee for the term of five years, whose term of office shall begin at the expiration of the term of the retiring trustee. In the event of a vacancy occurring among the trustees appointed by the governor, by death and otherwise, the governor, subject to confirmation by the senate, as provided aforesaid, shall appoint a trustee to fill the vacancy for the unexpired term. There shall also be twenty-six elective trustees, fifteen of whom shall be elected by the board of trustees, and ten by the alumni of said university and one each year by the executive committee of the New York state grange to be elected at the time of the annual meeting

of said grange, such trustee so elected to be elected for a term of one year, his term of office to commence at the beginning of the first commencement week subsequent to his election; but at no time shall a majority of the board be of any one religious sect or of no religious sect.

2. The board of trustees shall elect each year three trustees, and as many more as may be necessary to fill vacancies, among members elected by them caused by resignation or death. The alumni of said university shall meet annually in Ithaca, on the day before commencement, and at the meeting of the alumni at each annual commencement said alumni shall elect two trustees, and as many more as may be necessary to fill vacancies arising from resignations or deaths among the number previously elected by them. Except as hereinbefore otherwise provided the term of office of each elective trustee shall be five years from the annual commencement at which he is elected; but if elected by the board of trustees at a meeting thereof during the academic year, his term shall then be five years from the commencement immediately preceding his election; but every trustee shall hold over until his successor is elected or appointed as above provided«.

Der Board of Trustees ernennt den Präsidenten und die Professoren auf Lebenszeit, vergl. hierzu S. 432.

Aufnahme gegen Eingangsprüfung oder gleichwertige Zeugnisse, vergl. S. 434. — Seit 1872 werden weibliche Studenten unter den gleichen Bedingungen wie Männer zugelassen..

Departments: the Graduate School, the College of Arts and Sciences, the College of Law, the Medical College (vergl. New York S. 481), the New York State Veterinary College, the New York State College of Agriculture, the College of Architecture, the College of Civil Engineering, the Sibley College of Mechanical Engineering and Mechanic Arts.

Grade: Bachelor of Arts, Bachelor of Laws, Bachelor of Science in Agriculture, Doctor of Veterinary Medicine, Doctor of Medicine, Bachelor of Architecture, Civil Engineer, Mechanical Engineer. Alle diese Grade erfordern einen Studiengang von 4 Jahren, Law und Veterinary Medicine einen solchen von 3 Jahren.

In der Graduate School werden die folgenden »advanced degrees« nach entsprechendem Weiterstudium gegeben: Doctor of Philosophy, Master of Arts, Master of Science in Agriculture, Master of Science in Architecture, Master of Civil Engineering, Master of Mechanical Engineering. Vergl. hierzu S. 430.

Gebühren: »Matriculation fee« $ 5. »Graduation fee« $ 10, höhere Grade $ 20. »Tuition fee« jährlich für »regular Students«:

Graduate School (General)	$ 100	Medical College	$ 150
Graduate School (Arch.) .	« 150	Veterinary College* . . .	« 100
Graduate School (Engineering)	« 150	College of Agriculture ** .	« 100
College of Arts and Sciences	« 100	College of Architecture . .	« 150
College of Law	« 100	College of Civil Engineering	« 150
		Sibley College	« 150

»Tuition« ist frei für Students mit »State Scholarships«. — Ausserdem Nebengebühren.

* Frei für Studenten aus dem Staate New York.

** Frei für Studenten, die den ganzen Kurs absolvieren, und für »spezial and graduate students in Agriculture taking at least two-thirds of their entire work in the Coll. of Agr.«

Jefferson Medical College siehe PHILADELPHIA.

Johns Hopkins University siehe BALTIMORE.

Kansas City (Missouri).

UNIVERSITY MEDICAL COLLEGE OF KANSAS CITY
(911, East Tenth Street).

Organisiert 1881 als das University of Kansas City Medical Department. 1888 reorganisiert unter heutigem Namen. — STUDIENDAUER: vier Sessions zu je 30 Wochen.

GEBÜHREN: $ 100 pro Session, Graduation fee $ 25.

KANSAS CITY HAHNEMANN MEDICAL COLLEGE
(1020, East Tenth Street).

Organisiert 1888 als Kansas City Homeopathic Medical College. Im Jahre 1902 vereinigte es sich mit dem Hahnemann Medical College of the Kansas City University und nahm den heutigen Namen an. — STUDIENDAUER: vier Jahreskurse zu je zehn Monaten.

GEBÜHREN: erstes Jahr $ 105, zweites bis viertes je $ 100.

Kansas State Agricultural College siehe MANHATTAN.

Kansas University siehe LAWRENCE.

Kentucky University siehe DANVILLE.

Knoxville (Tennessee).

UNIVERSITY OF TENNESSEE.

Eröffnet 1794. Charter vom gleichen Jahre. Universität des Staates. Vergl. die allg. Ausführungen S 431 u. ff.

Lafayette (Indiana).

PURDUE UNIVERSITY.

Gegründet 1869. Genannt nach John Purdue, der eine besonders grosse Land- und Geldschenkung machte. Purdue University ist die technische und landwirtschaftliche Hochschule des Staates Indiana. Verwaltung durch »Board of Trustees«, usw., vergl. S. 432.

AUFNAHME vergl. S 434.

DEPARTMENTS, STUDIENDAUER, GRADE: *School of Agriculture*, 4jähriger Kurs, Grad: Bachelor of Science in Agriculture. — *School of Science*, 4jähriger Kurs, Grade: B. S. und S. B. in Pharmacy. — *School of Mechanical Engineering*, 4jähriger Kurs, Grad: S. B. in Mechanical Engineering. — *School of Civil Engineering*, vierjähriger Kurs, Grad: S. B. in Civil E. — *School of Electrical Engineering*, vierjähriger Kurs, Grad: S. B. in Electrical E. — *School of Chemical Engineering*, vierjähriger Kurs, Grad: S.B. in Chemical E. — *School of Pharmacy*, zweijähriger Kurs, Grad: Pharmaceutical Chemist.

GEBÜHREN: »Entrance fee«, jährlich $ 5. — »Tuition fee«, jährlich $ 25, »Residents« des Staates Indiana frei. — »Incidental fee«, jährlich $ 10. — Ausserdem »Laboratory fee«, »Library fee«. - »Diploma fee«: $ 5.

Lafayette College siehe EASTON.

Laramie (Wyoming).

UNIVERSITY OF WYOMING.

Gegründet 1882. Universität des Staates Wyoming. Verwaltung durch einen »Board of Trustees«, der vom Gouverneur des Staates ernannt wird unter Zustimmung des Senates. Administratives Haupt der Anstalt ist der President, vergl. hierzu S. 432.

DEPARTMENTS: College of Liberal Arts, Graduate School, Agricultural College, College of Engineering, Normal School, School of Commerce, School of Home Economics, School of Music, University Extension, Summer School.

AUFNAHME und Studiendauer vergl S 434.

GRADE: B.A.; B.S.; B.Ped. (in der Normal School); higher degrees: Ph.D., M A., M.S.; Mining, Mechanical, Civil Engineer. Vergl. S. 430.

GEBÜHREN: »tuition« frei; »matriculation fee«, einmalig, $ 2; »library and incidental fee« $ 3 pro Semester.

Lawrence (Kansas).

UNIVERSITY OF KANSAS.

Durch Kongressakte vom 29. Januar 1861 wurde für die Gründung und Erhaltung einer Staatsuniversität in Kansas Land reserviert. Auf Grund dieser Schenkung rief der Staat Kansas durch Akte vom 1. März 1864 die Universität ins Leben und reorganisierte sie durch Statut vom 25. Februar 1889.

Die Leitung und Verwaltung führt ein »Board of Regents«, von denen sechs durch den Gouverneur des Staates unter Bestätigung des Senats von Kansas auf vier Jahre ernannt werden. Der Board of Regents ernennt den President der Universität und verleiht die akademischen Grade, vergl. S 432.

DEPARTMENTS: Graduate School, College of Liberal Arts and Sciences, School of Law, School of Medicine, School of Pharmacy, School of Engineering, School of Fine Arts; School of Education; University Extension, Summer Session.

AUFNAHME und Studiendauer vergl. S. 434.

GRADE (vergl. S. 430): im *College* und in der *School of Engineering* die üblichen niederen Grade; in der Graduate School: Master of Arts, Master of Science, Electrical Engineer, Civil E., Mechanical E., Mining E., Chemical E., Doctor of Philosophy nach Erlangung der niederen Grade und entsprechendem weiteren Studium. — *School of Law:* LL. B. — *School of Medicine:* M D. — *School of Pharmacy:* S. B., Pharmaceutical Chemist.

GEBÜHREN: College und School of Engineering: »Matriculation fee« $ 5, »incidental fee« $ 10; »non residents« das Doppelte; ausserdem »Laboratory fees«, usw. — Law School: »matriculation fee« $ 5 (»non residents« $ 10), »incidental fee« $ 25 (non residents $ 35). — School of Medicine und School of Pharmacy wie Law School, ausserdem »Laboratory fees«. — Für jeden Grad »diploma fee«: $ 5.

Leland Stanford Junior University

siehe **STANFORD UNIVERSITY.**

Lincoln (Nebraska).

UNIVERSITY OF NEBRASKA.

Gegründet durch legislativen Beschluss vom 15. Februar 1869, zwei Jahre nach der Aufnahme des Staates in die Union. Durch die i. J. 1862 erlassene Bundesvorlage (land-act bill) wurden dem Staate seitens der Regierung 90000 Acres Land behufs Gründung und Unterhaltung eines College für Landwirtschaft und technische Mechanik angewiesen.

Die Bundesvorlage vom Jahre 1864 (enabling-act) bewilligte dem Staate weitere Ländereien und zwar 46080 Acres. Durch einen von der Staatslegislatur gefassten Beschluss wurde das landwirtschaftliche College mit der Staatsuniversität vereinigt und der Sitz beider Institute nach Lincoln, der Hauptstadt des Staates, gelegt. Schon im Jahre 1871 waren die ersten Gebäulichkeiten zur Aufnahme für Studierende errichtet, so dass die Eröffnung der Universität im September d. J. stattfinden konnte. Zur Zeit (1909) stehen der Universität und dem landwirtschaftlichen College 27 grössere Gebäude zur Verfügung. — Das Grund- und sonstige Eigentum der Anstalt beläuft sich gegenwärtig auf ca. $ 2000000; die Einnahmequellen zur Bestreitung der Gehälter und sonstiger laufender Unterhaltungsunkosten nicht mit eingerechnet.

VERWALTUNG durch »Board of Regents«, usw. vergl. S. 432.

DEPARTMENTS: Graduate College, College of Arts and Sciences, College of Engineering, Teachers College, College of Agriculture, College of Law, College of Medicine (vergl. Omaha S. 483), School of Pharmacy.

AUFNAHME gegen Prüfung oder gleichwertige Zeugnisse, vergl. S. 434.

GRADE: B. A., S. B.; M. A., Ph. D.; LL. B.; M. D., vergl. hierzu S. 430.

GEBÜHREN: »Matriculation fee« in allen Colleges $ 5. — Unterricht frei, abgesehen von Laboratoriumsgebühren, usw. — Im College of Law und im College of Medicine: »tuition fee« jährlich $ 45. — »Diploma fee« allgemein: $ 5—10.

Lincoln Memorial University
siehe **CUMBERLAND GAP.**

Little Rock (Arkansas).

UNIVERSITY OF ARKANSAS MEDICAL DEPARTMENT
(Second and Sherman Streets).

1879 organisiert als Medical Department der Arkansas Industrial University. Den heutigen Namen nahm die Anstalt 1899 an. Medizinische Fakultät der University of Arkansas in Fayetteville (siehe S. 464). — STUDIENDAUER: vier Sessions zu je acht Monaten.

GEBÜHREN: erstes bis drittes Jahr je $ 100, viertes Jahr $ 125.

COLLEGE OF PHYSICIANS AND SURGEONS
(Lincoln Avenue, north of the Union Station).

Organisiert 1906. STUDIENDAUER: vier Sessions zu je sieben Monaten. — GEBÜHREN: erstes bis drittes Jahr je $ 100; viertes Jahr $ 125.

Logan (Utah).

AGRICULTURAL COLLEGE OF UTAH.

Gegründet 1888. — Studienzeit: vier Jahre. — Grad: Bachelor of Science. Vergl. die allg. Ausführungen S. 431 u. ff.

Los Angeles (California).

UNIVERSITY OF SOUTHERN CALIFORNIA.

Gegründet 1879. Verwaltung durch einen »Board of Trustees« von 21 Mitgliedern, usw., vergl. S. 432.

DEPARTMENTS: College of Liberal Arts, C. of Physicians and Surgeons, C. of Dentistry, C. of Law, C. of Pharmacy, C. of Theology. — Ausserdem: College of Music, C. of Oratory, C. of Fine Arts.

Aufnahme und Studiendauer vergl. S. 434. — Grade: A. B.; in den »engineering courses« des College of Liberal Arts: S. B. in Civil Engineering, Electr. E.; M. A.; D. M.; D. D. S.; LL. B., LL. M. — Die »professional degrees«: Civil Engineer, Electrical E. Vergl. hierzu S. 430.

Gebühren: im College of Liberal Arts, »Undergraduate Study«: »tuition« jährlich $ 80 einschliesslich »registration fee«; »diploma fee«: $ 5; »Laboratory fee«, usw. besonders; »Graduate Study«: »tuition« per Semester $ 35 einschliesslich »registration fee«; »diploma fee«: $ 10. — College of Medicine: »matriculation fee« $ 5, »tuition fee« einschliesslich laboratory fee, usw. jährlich $ 130. — College of Law: »entrance fee« $ 10, »tuition fee« jährlich $ 75.

Louisiana State University and Agricultural and Mechanical College siehe BATON ROUGE.

Louisville (Kentucky).

UNIVERSITY OF LOUISVILLE.

Gegründet 1837. Charter vom gleichen Jahre. Verwaltung durch »Board of Trustees«, President, usw., vergl. S. 432.

Departments: College, Medical School, Law School.

Aufnahme und Studiendauer vergl. S. 434. — Grade: die üblichen B. A. und B. Sc. Grade; in der Medical School: M. D. Vergl. S. 430.

Gebühren: »Entrance and Tuition« $ 100, »Graduation fee« $ 12.

SOUTHERN BAPTIST THEOLOGICAL SEMINARY.

Gegründet 1859. Studiengang zwei, drei, vier Jahre, der nach dem dritten oder vierten Jahre zum Grade »Full Graduate« führt. Für die Full Graduates gibt es einen besonderen Kursus für den Doctor in Theology. — Keine »tuition fee«.

Mc Cormick Theological Seminary siehe CHICAGO.

Madison (Wisconsin).

UNIVERSITY OF WISCONSIN.

Gegründet 1849 als Staatsuniversität. Verwaltung durch einen »Board of Regents«, in dem der State-Superintendent of Public Instruction und der Präsident der Universität ex officio Mitglieder sind, während 2 weitere Mitglieder vom Staate und 11 weitere von den einzelnen 11 Distrikten gewählt werden. Die Universität erkennt keinen Unterschied der Rasse, Farbe oder des Geschlechts an.

Departments: College of Letters and Science; College of Mechanics and Engineering; College of Agriculture; School of Law; School of Medicine; Pharmaceutical School. — Ausserdem University Extension, School of Music.

Aufnahme und Studiendauer vergl. S. 434. — Grade: B. A., B. S.; B. S. of Civil, Mechanical, Electrical, Mining, Chemical Engineering. — Graduate in Pharmacy. — »Higher Degrees«: M. A., M. S.; Ph. D. — Civil, Mechanical, Chemical, Mining, Electrical Engineer. — Vergl. S. 430.

Gebühren: Unterricht frei für »residents« des Staates Wisconsin, für andere: pro Semester $ 25. — Allgemeine Unkosten: College of Letters, C. of Agriculture, C. of Law: $ 10 pro Semester; C. of Engineering, C. of Medicine: $ 15 pro Semester.

Maine University siehe ORONO.

Manhattan (Kansas).

KANSAS STATE AGRICULTURAL COLLEGE.

Eröffnet 1863. Charter vom gleichen Jahre. Anstalt des Staates.

Massachusetts Institute of Technology siehe **BOSTON.**

Medford (Massachusetts) siehe **TUFTS COLLEGE.**

Memphis (Tennessee).

MEMPHIS HOSPITAL MEDICAL COLLEGE
(Marshall Avenue and Myrtle Street).

Organisiert 1880. — STUDIENDAUER: vier Jahreskurse zu je 30 Wochen. — GEBÜHREN: erstes bis drittes Jahr $ 100, viertes $ 125.

Michigan College of Mines siehe **HOUGHTON.**

Michigan University siehe **ANN ARBOR.**

Middletown (Connecticut).

WESLEYAN UNIVERSITY.

Gegründet 1831 durch Inkorporations-Akte des Staates Connecticut vom 21. Mai. Die Verwaltung wurde darin einem Rat von 21 »Trustees« und 21 »Visitors« anvertraut, der durch verschiedene Konferenzen der Methodisten-Episkopal-Kirche gewählt war. Durch nachträgliche Änderungen an der Verfassungsurkunde ist jetzt die Leitung der Universität einem Rat von nicht mehr als 55 »Trustees« übergeben, wovon 13 Konferenzen der Methodisten-Kirche je einen, die Alumnen 10, der Rat der »Trustees« den Rest wählen; vergl. S. 432. — Der erste Präsident war Rev. Willbur Fisk, D. D.

AUFNAHME und Studiendauer vergl. S. 434.

GRADE: B. A., B. S.; M. A., M. S.; vergl. S. 430. — GEBÜHREN: $ 85 jährl.

Milwaukee (Wisconsin).

MARQUETTE COLLEGE siehe **SAINT LOUIS,** Saint Louis University.

Minneapolis (Minnesota).

UNIVERSITY OF MINNESOTA.

Gegründet durch »act of legislature« 1851. Seit 1868 regelmässige Tätigkeit nach Ernennung des »Board of Regents« von 12 Mitgliedern, dem der »Governor of the State«, der »State-Superintendent of public instruction« und der President der University ex officio angehören. Der Governor ernennt die andern 9 Mitglieder jeweils für sechs Jahre.

DEPARTMENTS: College of Science, Literature and the Arts; College of Engineering and Mechanic Arts; School of Mines; College of Agriculture; College of Law; Medical Department mit: College of Medicine and Surgery, College of Dentistry, College of Pharmacy; College of Education; School of Chemistry; The Graduate School.

AUFNAHME und Studiendauer vergl S. 434.

GRADE: Bachelor of Arts, Bachelor of Arts in Education, Bachelor of Science, Master of Science, Master of Arts, Doctor of Philosophy. — Civil Engineer, Mechanical Engineer, Electrical Engineer, Engineer of Mines, Metallurgical Engineer, Bachelor of Science in Engineering,

Bachelor of Science in Chemistry, Bachelor of Science in Chemical Engineering. — Bachelor of Science in Agriculture, Bachelor of Science in Forestry, Bache or of Science in Home Economics, Master of Forestry, Master of Industrial Pedagogics. — Bachelor of Laws, Master of Laws, Doctor of Civil Law. — Doctor of Medicine, Doctor of Dental Surgery, Bachelor of Pharmacy. — Vergl. hierzu S. 430.

GEBÜHREN für »residents of the state« jährlich: College of Science: $ 20 (4 Jahre); Engineering $ 30 (5 Jahre); Agriculture $ 20 (4 Jahre); Law $ 60 (3 Jahre); Medicine and Surgery $ 150 (4 Jahre); Dentistry $ 150 (3 Jahre); Pharmacy $ 82.50 oder $ 55 (2—3 Jahre); Mines $ 30 (4 Jahre); Chemistry $ 30 (4 oder 5 Jahre); Education $ 20 (2 Jahre); Graduate School $ 20 (1—3 Jahre).

Mississippi University siehe OXFORD.

Missoula (Montana).

UNIVERSITY OF MONTANA.

Staatsuniversität. Bis jetzt mit Ausnahme des technischen Unterrichts (Ingenieurwissenschaften) im wesentlichen nicht über die Ziele des Gymnasialunterrichts hinausgehend. Unterricht frei.

Departments: Chemie, Biologie, alte und moderne Sprachen, Physik, Geologie, Literatur, politische Ökonomie, Geschichte, Psychologie und Methode, Zeichnen, Ingenieurwissenschaft, Rhetorik, Mathematik, Musik, Baumkultur.

Missouri University siehe COLUMBIA.

Montana University siehe MISSOULA.

Montana College of Agriculture and Mechanic Arts siehe BOZEMAN.

Morgantown (West Virginia).

WEST VIRGINIA UNIVERSITY.

Eröffnet 1868. Charter vom gleichen Jahre. Universität des Staates West Virginia. Vergl. die allg. Ausführungen S. 431 u. ff.

Moscow (Idaho).

UNIVERSITY OF IDAHO.

Charter vom Jahre 1889. Eröffnung 1892. Universität des Staates. Vergl. die allg. Ausführungen S. 431 u. ff.

Mount Holyoke College siehe SOUTH HADLEY.

Nashville (Tennessee).

VANDERBILT UNIVERSITY.

Gegründet 1873 durch die Munifizenz von Cornelius Vanderbilt zu New York (Schenkung: $ 1000000), seines Sohnes W. H. Vanderbilt ($ 460000) und des Enkels Cornelius Vanderbilt ($ 30000). Die Universität besteht aus 7 »Departments« (akademisches, biblisches, juristisches, medizinisches, pharmazeutisches, zahnärztliches und Ingenieur-Department). — Aus dem XIX. Jahrg. der Minerva übernommen. Angaben fehlen.

UNIVERSITY OF NASHVILLE.

Eröffnet 1785. Charter vom Jahre 1826. Nonsectarian. — Vergl. die allg. Ausführungen S. 431 u. ff.

Nebraska University siehe LINCOLN.

Newark (Delaware).

DELAWARE COLLEGE.

Gegründet 1833. Eröffnet 1834. Anstalt des Staates. — Vergl. die allg. Ausführungen S. 431 u. ff.

New Brunswick (New Jersey).

RUTGERS COLLEGE.

Gegründet 1766 als Queen's College. Es war das achte in den amerikanischen Kolonien gegründete College und wurde besonders von den holländischen Kolonisten in New York und New Jersey begünstigt. Seit 1825 der jetzige Name nach einer Schenkung von Oberst Henry Rutgers in New York. — Verwaltung durch »Board of Trustees«, usw.; vergl. S. 432.

AUFNAHME und Studiendauer vergl. S. 434. — GRADE: A. B., B. Sc., Litt. B. — B. Sc. in Civil, Mechanical, Electrical Engineering, Chemistry, Ceramics, Agriculture, Biology. — M. A., Ph. D., D. Sc. — Civil Engineer (C. E.), Electrical E. (E. E.), Mechanical E. (M. E.). — Bachelor of Divinity (B. D.) für die Studenten des »theological Seminary« in New Brunswick nach Ablegung der entsprechenden Examina. — Vergl. hierzu S. 430.

GEBÜHREN: »Admission fee«: $ 5 jährlich; »tuition fee«: $ 100 jährlich; »graduation fee«: $ 7. Ausserdem Nebengebühren.

New Haven (Connecticut).

YALE UNIVERSITY.

GESCHICHTE. Nächst der Harvard University in Cambridge die älteste und bedeutendste Universität der Vereinigten Staaten. Die »Collegiat-Schule von Connecticut« wurde 1701 mit königlicher Stiftungsurkunde zu Saybrook gegründet, aber schon 1716 nach New Haven verlegt und 1718 Yale College benannt aus Dankbarkeit für die reichen Schenkungen des Elihu Yale in London. Die Unterrichtstätigkeit der Universität wurde ausgedehnt durch Additional Act vom Jahre 1723; 1745 das revidierte »charter« erlassen; seit 1792 infolge einer Schenkung des Staates Connecticut wurden Beamte des Staates Mitglieder des »Board of Fellows«. 1887 erhielt die Universität den jetzigen Namen.

VERFASSUNG und ORGANISATION. Die Universität ist eine autonome Korporation; sie steht unter der Leitung eines »Board of Trustees« von 18 Mitgliedern: dem Governor und Vice-Governor ex officio, zehn Mitgliedern auf Lebenszeit, die sich durch eigene Wahl ergänzen, sechs für die Dauer von je sechs Jahren von den Graduates gewählt. Der President wird von dem Board gewählt und ist ex officio der Vorsitzende jeder Fakultät.

DEPARTMENTS: Department of Philosophy and the Arts mit Academic Dept. (das alte »Yale College«), Scientific School, Graduate School, Forest School, School of the fine Arts, Dept. of Music; Dept. of Theology; Dept. of Medicine; Dept. of Law.

AUFNAHME vergl. S. 434.

GRADE, GEBÜHREN. *Academic Department*. Gebühren: »tuition«: $ 155; Kursus 4jährig, Grad: A. B. — *Sheffield Scientific School*. Gebühren: »tuition« für »undergraduates«: $ 150 jährlich, für »graduates«:

$ 100 jährlich; »graduation fee«: $ 10. Grade: B. of Philosophy, Master of Science; Civil, Mechanical, Mining Engineer. — *Graduate School.* Gebühren: »fee for instruction«: $ 100 jährlich; »graduation fee« $ 5—10. Grade: Doctor of Philosophy; Master of Arts; Master of Science. Die Engineer Grade und M. Sc. nach Studium in der Sheffield Scientific School. — *Forest School.* Gebühren: »junior class« $ 150, »senior class« $ 125, »graduation«: $ 5; Kursus zweijährig; Grad: Master of Forestry, nur für Inhaber eines Bachelor's degree. *Department of Theology (Divinity School).* Gebühren: keine »Tuition fee«; nicht im Hause der »Divinity School« wohnende Studierende zahlen: »library fee«: $5, $5 für »general expenses«; »graduation fee«: $ 5. Grad: Bachelor of Divinity, nur für Inhaber eines Bachelor's degree. — *Department of Medicine (Yale Medical School).* Gebühren: »Matriculation« nur einmal: $ 5, »tuition« jährlich $ 150, ausserdem Laboratoriumsgebühren, usw.; »graduation« $ 10. Kursus vierjährig; Grad: M. D. — *Department of Law (Yale Law School).* Gebühren: »tuition« $ 150 jährlich, »graduation«: $ 10; Grade: Bachelor of Laws, Bachelor of Civil Law, Master of Laws, Doctor of Civil Law. — Vergl. hierzu S. 430.

New Jersey College siehe PRINCETON.

New Orleans (Louisiana).

TULANE UNIVERSITY OF LOUISIANA.

Neuerrichtet auf Grund der reichen Stiftungen von Paul Tulane von Princeton ($ 1100000) i. J. 1884; die vom Stifter eingesetzten, sich selbst ergänzenden Verwaltungsräte wurden nach Ergänzung durch drei ex officio Mitglieder (Governor, Superintendent of public instruction und Mayor der Stadt New Orleans) vom Staate auch mit der Verwaltung der älteren staatlichen wissenschaftlichen Anstalten (Medical school 1834, Law school 1847, Academic Department 1878) betraut. Dieses Ganze wurde, schon als University of Louisiana zusammengefasst, unter obigem Namen vereinigt. Hierzu kamen 1887 das Newcomb Memorial College, eine höhere weibliche Unterrichtsanstalt, ferner 1906 das Department of Architecture, 1907 Teachers' College, 1909 Dental College.

AUFNAHME gegen Eingangsprüfung, usw. vergl. S. 434.

STUDIENGANG, GRADE. Der philosophische und technologische Studiengang ist vierjährig, nach dessen Vollendung die Grade B. A., B. Sc. und B. of Engineering verliehen werden. Die post-graduate courses (weitere zwei Jahre) führen gegen Prüfung und Dissertation zu dem Grade M. A. oder den entsprechenden Graden der Ingenieurwissenschaften; nach abermals zweijährigem Studium wird der Titel Ph. D. verliehen. — Newcomb College verleiht den Grad B. A. — Das Law Department gibt nach zweijährigem Studium ein Diplom, das Medical Department nach vierjährigem Studium, einer Prüfung und einer angenommenen Dissertation den Grad M. D. Vergl. hierzu S. 430.

GEBÜHREN: Philosophie und Technologie $ 100 jährlich; ausserdem $ 5 Laboratoriumsgebühr per term. — Law Dept. $ 95 jährlich. — Newcomb College $ 100 jährlich. — Medical Department: erstes Jahr $ 130, zweites Jahr $ 145, drittes Jahr $ 135, viertes Jahr $ 165.

New York (New York).

COLUMBIA UNIVERSITY IN THE CITY OF NEW YORK.

GESCHICHTE. Diese Universität, eine der ältesten und bedeutendsten der Vereinigten Staaten, wurde im Jahre 1754 durch Stiftungsurkunde König Georgs II. von England gegründet. Sie hiess ursprünglich »King's

College«; die Aufgabe der Anstalt war »die Unterweisung und Erziehung der Jugend in den klassischen Sprachen und freien Künsten und Wissenschaften«. Nach dem Unabhängigkeitskriege bestätigte die gesetzgebende Gewalt des Staates New York die Stiftungsurkunde des King's College (13. April 1787), aber der Name wurde in »Columbia College« umgeändert. 1858 wurde eine juristische Fakultät (school of law) unter seiner Aufsicht errichtet, 1864 eine Bergschule (school of mines), 1880 eine staatswissenschaftliche Fakultät (school of political science); 1891 wurde das College of Physicians and Surgeons, eine alte und selbständige medizinische Lehrgenossenschaft dem Columbia College als medizinische Fakultät einverleibt.

Im Jahre 1890 erfolgte eine vollständige Reorganisation der ganzen Anstalt nach dem Muster der deutschen Universitäten. Das College, früher »School of Arts«, nimmt jetzt den Rang einer Art Vorschule ein. Zu den alten Fakultäten kam 1898 das Teachers College; 1900 das Barnard College für Frauen (eine selbständige Korporation); 1904 das College of Pharmacy (ebenfalls eine selbständige Korporation). Die Gründung einer »School of Journalism« ist in Aussicht genommen.

Verwaltung durch einen »Board of Trustees«, vergl. S. 432.

Departments: Columbia College; School of Law; College of Physicians and Surgeons; Schools of Mines, Engineering and Chemistry; Faculty of Political Science; Faculty of Philosophy; F. of Pure Science; F. of Fine Arts; Barnard College; Teachers College; College of Pharmacy; Summer Session.

Aufnahme vergl. S. 434.

Grade: im *College,* Kursus 3—4 Jahre: A. B. und B. Sc. Den Schülern des College ist gestattet, nach Vollendung des zweiten Jahres in die medizinische oder technologische Fakultät und nach Vollendung des dritten Jahres in die juristische Fakultät überzutreten, ohne dass sie dadurch auf das Recht zum Erlangen der vom College verliehenen Grade verzichten. — ***Barnard College*** wie College. — ***Schools of Political Science, Philosophy*** and pure Science: M. A., Ph. D. — ***School of Law,*** Kursus 3 Jahre: LL. B. — ***College of Physicians,*** Kursus 4 Jahre: M. D. — *School of Pharmacy,* Kursus 2jährig: Graduate in Pharmacy, Pharmaceutical Chemist; nach einem weiteren »graduate year«: Doctor of Pharmacy. — ***Schools of Mines,*** Engineering and Chemistry, Kurse 4jährig: Engineer of Mines, Civil, Electrical, Mechanical, Chemical Engineer. — ***Teachers College,*** Kursus 2jährig: Sc. B. in Education und Bachelors diploma in teaching; »Graduate courses«: Master's und Doctor's diplomas in teaching, Ph. D. und M. A. (vergl. unten). — ***School of Fine Arts:*** 1. School of Architecture, Kursus 4jährig: B. Sc. in Architecture; ausserdem M. A. und Ph. D. nach entsprechendem »graduate work«; 2. School of Music, Kursus 2jährig: Bachelor of Music; 3. School of Design nur »certificate«. Zu den Graden vergl. S. 430.

Gebühren: »Matriculation«, nur einmal zahlbar: $ 5. — »Tuition« im College per point $ 5, in summa höchstens $ 190; School of Law: $ 150, College of Physicians and Surgeons: $ 250; Schools of Mines, Engineering, Chemistry: $ 250; Schools of fine Arts: $ 150 bis 200; Kandidaten für die Grade A. M. und Ph. D.: $ 150. — »Collegiate Degree« of A. B. und B. Sc.: $ 15, jeder »professional« oder »technical degree«: $ 25, »A. M. degree«: $ 25, »degree Ph. D.«: $ 35. — Ausserdem Nebengebühren.

TEACHERS COLLEGE.

Gegründet 1888 als selbständiges Lehrerseminar: am 22. März 1898 mit der Columbia University vereinigt. Der Präsident dieser Universität ist ex officio Präsident und ihre Haupt-Professoren der Philosophie und Psychologie sind Mitglieder der »Fakultät« von Teachers College, das seinerseits durch seinen Dekan und 2 gewählte Mitglieder im University Council vertreten ist. Teachers College behält seine korporative Verfassung bei, und sein Vermögen (ca. $ 5 000 000) wird wie bisher selbständig durch seine eigenen Trustees verwaltet. Das wissenschaftliche Studium der Pädagogik an der Columbia University wird durch diese Vereinigung in hervorragender Weise erweitert und zu einem selbständigen akademischen Fach auf dem Niveau der Medizin, Rechtswissenschaft und Technologie erhoben. Der Studienplan umfasst praktische Arbeiten im Kindergarten bis zur Vorbereitung für den Grad Ph. D., in dieser Vollständigkeit einzig in seiner Art, vergl. Columbia University: Grade. Das College ist für männliche und weibliche Studenten unter gleichen Bedingungen zugänglich.

NEW YORK UNIVERSITY.

Gegründet am 18. April 1831 durch eine Anzahl New Yorker Bürger. Im Oktober 1832 wurden die Vorlesungen im College (Arts and Science) eröffnet. Das Jahrzehnt 1890—1900 bedeutet eine neue Ära in der Entwicklung der Universität. 1894 wurden das »College of Arts and Pure Science« und die »School of Applied Science« an ihren jetzigen Ort verlegt. 1897 Reorganisation der medizinischen Fakultät. 1895 wurden die »Metropolis Law School«, 1898 das »Bellevue Hospital Medical College« unter dem neuen Titel »University and Bellevue Medical College«, 1899 die beiden »Veterinary Schools« der City unter dem Titel »New York American Veterinary College« mit der Universität vereinigt 1900 Eröffnung der »School of Commerce, Accounts und Finance«; 1903 der »Collegiate Division«. Seit 1896 ist der alte Name »University of the City of New York« in den jetzigen geändert.

Aufnahme gegen Eingangsprüfung oder gleichwertige Zeugnisse; vergl. S. 434.

Departments, Grade, Gebühren. *University College.* Gebühren: »Matriculation fee«: $ 5, »tuition fee«: $ 100 jährlich, »Diploma fee«: $ 25; ausserdem »incidental fee« $ 20 jährlich, usw. Grade: A. B., B. Sc. in pure Science. — *School of Applied Science.* Kurse: 4jährig. Gebühren: »Matriculation fee«: $ 5, »tuition fee« $ 125 jährlich, »Diploma fee«: $ 25, »incidental fee«: $ 20 jährlich, usw. Grade: B. Sc. in den entsprechenden technischen Fächern. Die »professional« oder »engineering degrees« werden nach mindestens einem weiteren Jahr in der Praxis und nach Vorlage einer »thesis« verliehen. — *Summer School.* »Tuition fee, full course«: $ 25, für »single courses« in entsprechender Abstufung, vergl. S. 436. — *School of Law.* Kurse: bis zur Erlangung des Grades LL. B. 3jährig, dann entsprechendes Weiterstudium, vergl. S. 434. Gebühren: Kurse bis zu 10 Stunden wöchentlich: $ 100 jährlich, jede weitere Wochenstunde: $ 10, ausserdem für »special courses« $ 25 jährlich bis zu 2 Wochenstunden; jede weitere Wochenstunde: $ 10. »Final examination«: LL. B. oder J. D.: $ 20, LL. M.: $ 10, »certificate«: $ 10. Grade: LL. B., J. D., LL. M., »certificates« für »special students«. — *Graduate School.* Bedingung Grad B. A. und entsprechendes Weiterstudium, vergl S. 435. Gebühren: »Matriculation fee«: $ 5, »Instruction and Examination«: $ 25 jährlich, »Diploma«: $ 20, ausserdem »Laboratory fee«, usw. Grade: M. A., M. Sc., Ph. D., Sc. D., vergl. S. 430. — *School of Pedagogy.* Aufnahme nur von Graduierten, also akademisches höheres Studium der pädagogischen Wissenschaften. Die Schule ist eng verbunden mit der »Graduate School« und der »School of Commerce«. Gebühren: »enrollment fee«: $ 5, »instruction« für je 2 Wochenstunden jährlich $ 15, 1 Wochenstunde: $ 10, ausserdem Nebengebühren, »diploma«: $ 10. Grade: Master of Pedagogy (Pd. M.), Doctor of Pedagogy (Pd. D.),

Woman's Law Class. Zur Ausbildung von Frauen im Recht für praktische Zwecke, usw.; nach Absolvierung der Kurse und Prüfung wird Zeugnis erteilt. — *School of Commerce.* »Matriculation fee«: $ 5, »fees« für »evening curriculum« jährlich $ 100, »afternoon and evening curriculum« zusammen: $ 150 jährlich, ausserdem Nebengebühren. Grade: Bachelor of Commercial Science (B. C. S.), »higher degree«: Master of Commercial Science (M. C. S.). — *Washington Square Collegiate Division.* Ausbildung von Lehrern und anderen »professional men«, die an den Kursen der Universität nicht teilnehmen können. Gebühren: »Matriculation fee«: $ 5, »instruction and examination«, einstündiger Kursus: $ 15, zweistündiger: $ 25, ausserdem Nebengebühren, »diploma«: $ 10. Grad: B. S. in Pedagogy. — *University and Bellevue Hospital Medical College.* Gebühren: »registration fee«: $ 5, »instruction« jährlich $ 200, »examination«: $ 25. Grad: M. D. — *New York American Veterinary College.* Gebühren: »matriculation«: $ 5, »Lecture fee« jährlich: $ 100, »dissecting fee«: $ 10, »examination fee«: $ 25. Grad: Doctor of veterinary surgery (D. V. S.).

UNION THEOLOGICAL SEMINARY
(3041, Broadway).

Gegründet 1836 durch private Stiftungen für die Heranbildung von Geistlichen. In letzter Zeit wurden neue Gebäude errichtet, die Juni 1910 bezogen sind. — Das Seminar ist eine autonome Korporation mit eigenem Vermögen, das durch einen sich selbst erneuernden Board of Directors von 28 Mitgliedern verwaltet wird. Für die vorhandenen 11 Professuren stehen je die Einkünfte aus $ 125 000 zur Verfügung. Die Gehälter der Instruktoren werden aus den Zinsen von $ 80 000 Stiftungsgeldern bestritten.

AUFNAHME von Mitgliedern jeder evangelischen Konfession. — STUDIENGANG zur Erlangung des Grades »Bachelor of Divinity« 3 Jahre; zur Erlangung des Grades »Doctor of Divinity« ausserdem mindestens noch 5 Jahre. Nach jedem halbjährigen »Term« findet eine Prüfung statt.

GEBÜHREN: Unterricht frei. »Incidental expenses«: ca. $ 40 jährlich; Bachelor's diploma: $ 5. Doctor's diploma: $ 25.

GENERAL THEOLOGICAL SEMINARY OF THE PROTESTANT EPISCOPAL CHURCH (Chelsea Square).

Gegründet 1817 für die wissenschaftliche Ausbildung der Kandidaten des Pfarramts der protestantischen episkopalen Kirche. Eintretende müssen bereits Pfarramtskandidaten, Graduates in Arts sein und sich einer theologischen Eintrittsprüfung unterziehen.

STUDIENGANG: 3jährig. Ausserdem besteht seit 1883 noch ein »Postgraduate course«. — GRADE: Bachelor in Divinity, Doctor in Divinity, vergl. S. 430. — Der Unterricht ist frei.

THE JEWISH THEOLOGICAL SEMINARY OF AMERICA
(531-535, West 123d Street).

Gegründet 1886. Im Jahre 1902 reorganisiert und vom Staat New York anerkannt als eine Anstalt zur Erhaltung und Fortbildung der Wissenschaft des Judentums und für die Heranbildung von Rabbinern mit dem Recht, den Grad eines Rabbi, Hazan, Magister und Doktor der hebräischen Literatur und Doktor der Theologie zu verleihen. Stiftungsfonds ca. $ 550 000. Verwaltung durch Trustees, President, Faculty, vergl. S. 432. — Aufgenommen werden nur solche, die den Grad B. A. besitzen. — Studiengang 4jährig. — Keine Gebühren. — 1903 ist in Verbindung mit der Anstalt ein Vorbereitungskursus eingerichtet worden.

NEW YORK POST-GRADUATE MEDICAL SCHOOL AND HOSPITAL

(University of the State of New York) 2d Avenue and 20th Street.

Gegründet am 4. April 1882 durch Hammond, Little, Pallen, Roosa und andere als Fortbildungsschule für Ärzte. Nur solche werden aufgenommen. — Ein 6monatlicher Kurs führt nach bestandener Prüfung zum Certificate of proficiency (Gebühr $ 25). Winter-Session Gebühr für 12 Monate $ 450, für 8 Monate $ 350, für 6 Monate $ 275, 3 Monate $ 150, 6 Wochen $ 100. — Sommer-Session $ 150. — Einzelne Kurse im Verhältnis. Operationskurse am Kadaver $ 25 bis $ 50 extra.

CORNELL UNIVERSITY MEDICAL COLLEGE

(477, First Avenue).

Gegründet 1898 als ein Teil der Cornell University in Ithaca, bestehend aus dem Main College Building und dem Loomis Laboratory (1886). — Der vierjährige Studiengang kann für Männer ganz in New York oder für das erste Jahr in Ithaca genommen werden. Frauen müssen das erste Jahr in Ithaca studieren. Alles Weitere siehe Ithaca (S. 468).

FORDHAM UNIVERSITY SCHOOL OF MEDICINE

(Third and Pelham Avenues).

Organisiert 1905. — Aufnahme: gegen Zeugnis über einjähriges Studium in einem College of liberal Arts. — Studiengang: vier Jahreskurse zu je neun Monaten. — Gebühren: jährlich $ 200.

NEW YORK HOMEOPATHIC MEDICAL COLLEGE AND HOSPITAL

(Eastern Boulevard, between Sixty-third and Sixty-fourth Streets).

Organisiert 1858. Inkorporiert im Jahre 1860 als Homeopathic Medical College of the State of New York. Der heutige Name existiert seit dem Jahre 1869. — Studiengang: vier Jahreskurse zu je acht Monaten. — Gebühren: jährlich $ 200.

NEW YORK MEDICAL COLLEGE AND HOSPITAL FOR WOMEN

(17—19, West One Hundred and First Street).

Organisiert im Jahre 1863. — Studiengang: vier Jahreskurse zu je sieben Monaten. — Gebühren: erstes Jahr $ 140, zweites $ 130, drittes $ 125 und viertes $ 155.

PSYCHIATRIC INSTITUTE OF THE NEW YORK STATE HOSPITALS (Ward's Island, New York, N. Y.).

Gegründet durch die »State Commission in Lunacy« als ein zentrales Laboratorium für die Irrenanstalten des Staates New York. Bewilligt auf Grund eines Gesetzes (die Gesetze des Staates New York 1896 § 545) und von der »State Commission in Lunacy« mittelst einer jährlichen Geldbewilligung unterhalten, welche der von der Legislatur für die gesamte Irrenpflege angewiesenen Summe entnommen ist. Das Ziel ist, auf dem Gebiete der Neurologie und Psychopathologie koordinierte Forschungsarbeiten unter Mitwirkung der Ärzte der verschiedenen Staatshospitäler anzustellen.

Seit 1. Mai 1902 auf Ward's Island, um in dem dortigen Irrenspital eine provisorische Klinik einzurichten, zum Zwecke der psychiatrischen Forschung und des Unterrichts für die Ärzte im Staatsdienste.

ROCKEFELLER INSTITUTE FOR MEDICAL RESEARCH
(66th Street and Avenue A.).

Gegründet 1901 durch John D. Rockefeller mit einer Stiftung von $ 7000000. — Steht unter einem Direktorium (Board of Directors) von 7 Mitgliedern; Sitzungen vierteljährlich. Die Tätigkeit des Instituts besteht in eigenen Forschungen in den dazu errichteten Laboratorien für experimentelle und klinische Pathologie, Bakteriologie, Biologie, medizinische Zoologie, Physiologie, physiologische Chirurgie und pathologische Chemie, wie in der pekuniären Unterstützung anderweitiger medizinischer Studien. Bewerbungen sind vor dem 1. April an den Board of Directors zu richten, der den unterstützten Forschern die Titel »Member, Associate Member, Associate, Assistant, Fellow and Scholar of the Rockefeller Institute« verleiht.

Publ.: *Studies from the R. I. — Journal of Experimental Medicine. — Monographs published by the R. I.*

COOPER UNION FOR THE ADVANCEMENT OF SCIENCE AND ART.

Gegründet 1859. Die Lehrtätigkeit, die der Verbreitung allgemein nützlicher Kenntnisse und Fertigkeiten dient, wird ausgeübt in der »Free Day School of Technical Science for Men and Women«, in der »Free Night School of Science for Men and Women«, in der »Free Night School of Art for Men« und der »Free Art School for Women«.

Die Aufnahme geschieht gegen Prüfung. — Grade: nach entsprechender Dauer der Studien können der B. Sc. Grad und auch technische Grade verliehen werden.

Norman (Oklahoma).

STATE UNIVERSITY OF OKLAHOMA.

Die State University of Oklahoma ist die Spitze des öffentlichen Unterrichtswesens des Territoriums. Gegründet 1892. Unterhalten durch Einkünfte aus den von dem Territorium überwiesenen Ländereien und jährlichen Zuschüssen. Wert der Liegenschaften ca. $ 5000000. — Verwaltung durch den »Board of Trustees«, usw., vergl. S. 432.

Departments: College of Arts and Sciences; College of Engineering, School of Law, School of Teaching, School of Medicine; School of fine Arts; School of Pharmacy.

Aufnahme gegen Eingangsprüfung, usw. vergl. S. 434.

Studiengang, Grade (vergl. S. 430). *College of Arts,* Grade: B. A., M. A., B. S. — *College of Engineering,* vierjähriger Kurs, Grade: B. S. in mechanical, electrical, civil, mining Engineering. — *School of Medicine,* Kursus vierjährig, Grad: M. D — *School of Law,* Kursus dreijährig, Grad: LL. B. — *School of Teaching,* Kursus vierjährig, Grad: B. A. — *School of Pharmacy,* Kursus zweijährig, Grad: Pharmaceutical Chemist; vierjährig, Grad: B. S. — *School of fine Arts,* Kursus vierjährig, Grad: B. Mus.

Gebühren: »Tuition« frei in allen Departments, mit Ausnahme der »School of fine Arts«. »Diploma fee«: $ 5. Ausserdem Nebengebühren.

Northampton (Massachusetts).

SMITH COLLEGE.

Gegründet 1871 durch Miss Sophia Smith aus Hatfield als Hochschule für Frauen nach dem Studienplan der Colleges für junge Männer.

Aufnahme gegen Eingangsprüfung oder gleichwertige Zeugnisse, vergl. S. 434. — Grade: Nach vierjährigem Kurs: B. A. — Graduate Instruction. M. A., Ph. D. Vergl. hierzu S. 430.

Gebühren: »tuition« $ 150 jährlich.

North Carolina University siehe **CHAPEL HILL.**

Northwestern University siehe **CHICAGO.**

Oberlin (Ohio).

OBERLIN COLLEGE.

Besteht aus: *Oberlin College, Oberlin Theological Seminary, Oberlin Academy, Oberlin Conservatory of Music.* — Nähere Angaben fehlen. Vergl. die allg. Ausführungen S. 431 u. ff.

Ohio State University siehe **COLUMBUS.**

Ohio University siehe **ATHENS** (Ohio).

Ohio Wesleyan University siehe **DELAWARE.**

Oklahoma University siehe **NORMAN.**

Omaha (Nebraska).

CREIGHTON UNIVERSITY.

Gegründet 1878 durch Stiftung von Edward und Lucretia Creighton, inkorporiert durch Beschluss der Legislatur des Staates Nebraska am 14. August 1879.

DEPARTMENTS: Department of Art, Science and Literature; Medical Dept.; Dental College; College of Law; College of Pharmacy.

AUFNAHME gegen Prüfung oder gleichwertige Zeugnisse, vergl. S. 434.

GRADE: B. A., M. A., Ph. D.; D. M.; LL. B; D. D. S. Vergl. hierzu und Studiendauer S. 430 und S. 434.

GEBÜHREN. Im *College* »tuition« frei, »diploma« $ 10. — *Medical Dept.:* »tuition« jährlich $ 95 bezw. $ 80, ausserdem Nebengebühren, »diploma«: $ 10. — *College of Law:* immatriculation $ 5, »tuition« $ 75 jährlich, »diploma« $ 10. — *Dental College:* immatriculation $ 5, »tuition« $ 100 jährlich, »examination« und »diploma«: $ 10. — *College of Pharmacy:* tuition $ 80 resp. $ 60.

THE UNIVERSITY OF NEBRASKA COLLEGE OF MEDICINE.

Gegründet 1881. Seit 1902 College of Medicine der University of Nebraska, siehe Lincoln. Die ersten beiden Jahre des Studiums werden in Lincoln, die letzten beiden in Omaha absolviert. — GEBÜHREN: »tuition« $ 45 jährlich, ausserdem Nebengebühren. — GRAD: M. D., vergl. Lincoln S. 472 und S. 430.

Orono (Maine).

UNIVERSITY OF MAINE.

Gegründet 1865 als »State College of Agriculture and the Mechanic Arts«. Seit 1897 jetziger Name. Unterhalten durch Einkünfte aus den überwiesenen Ländereien und Zuschüssen des Staates. Verwaltung durch einen »Board of Trustees«, President, usw.; vergl. S. 432.

AUFNAHME und Studiendauer vergl. S. 434.

DEPARTMENTS: College of Arts and Sciences; College of Agriculture; College of Technology; College of Pharmacy; College of Law.

GRADE: B. A., B. S. in Agriculture, civil, mechanical, electrical, chemical Engineering, Domestic Science, Forestry, Pharmacy. — Pharmaceutical Chemist (Ph. C.) nach Absolvierung des kurzen »Pharmacy Course«. — LL. B. — Advanced degrees: M. A., M. S. — LL. M. — »Professional degrees«: C. E., M. E., E. E. — Vergl. hierzu S. 430.

GEBÜHREN: in allen Departments mit Ausnahme des College of Law »tuition«: $ 30 für »residents of the State«, $ 40 für »non residents«, »registration fee«: $ 50 jährlich, ausserdem »incidental fee«, usw. — College of Law: »tuition«: $ 70 jährlich. — Für advanced degrees, examination und diploma: $ 15, für die professional degrees C. E., usw.: $ 10.

Oxford und Vicksburg (Mississippi).

UNIVERSITY OF MISSISSIPPI

[Post Office: University].

Gegründet 1844 als Staatsuniversität und 1848 eröffnet. Durch Erwerbung des State Charity Hospital in Vicksburg ist ein 4 jähriges Medizinstudium an der Universität ermöglicht. Ein Department of Pharmacy soll eingerichtet werden. Verwaltung durch einen »Board of Trustees«, der vom Gouverneur ernannt wird, President, usw.; vergl. S. 432.

DEPARTMENTS: Department of Science, Literature and Arts; Dept. of Law; Dept. of Engineering; Dept. of Education; Dept. of Medicine.

AUFNAHME und Studiendauer vergl. S. 434.

GRADE, GEBÜHREN. Gebühren in den Departments of Science, Literature and Arts, Engineering, Education: »Matriculation fee« $ 10, ausserdem »incidental fee«, usw.; keine »tuition« und »diploma fee«. *Dept. of Science.* Grade: B. A., B. S., advanced degree: M. A. — *Dept. of Engineering.* Grad: B. in Engineering, post-graduate degree: Civil Engineer (C. E.). — *Dept. of Education.* Grade: B. A. in Education, B. S. in Education. — *Dept. of Law.* Gebühren: »tuition« jährlich $ 50, ausserdem Nebengebühren, keine Diplomgebühr: Grad: LL. B. nach 2 jährigem Kurs. — *Dept. of Medicine:* Die ersten beiden Studienjahre werden in Oxford, die beiden letzten in Vicksburg absolviert; »tuition« jährlich: $ 75 und Nebengebühren. Grad: M. D. — Vergl. hierzu S. 430.

Pennsylvania College of Dental Surgery

siehe PHILADELPHIA.

Pennsylvania State College siehe STATE COLLEGE.

Pennsylvania University siehe PHILADELPHIA.

Philadelphia (Pennsylvania).

UNIVERSITY OF PENNSYLVANIA.

Die Universität führt ihre Anfänge zurück auf die Vereinigung, die sich im Jahre 1740 zur Errichtung einer »Charity School« bildete. 1751 wurde die Schule eröffnet und auf Anregung von Benjamin Franklin als Akademie mit einer englischen, einer mathematischen und einer lateinischen Schule eingerichtet. Die Anstalt hatte grossen Erfolg; nach 2 Jahren erhielt sie die Stiftungsurkunde von Thomas und Richard Penn, den Gouverneuren des Staates, die ihr nach weiteren 2 Jahren das Recht zuerkannten, akademische Grade zu verleihen. Ein Versuch i. J. 1779, die bei der Gründung proklamierte Glaubensfreiheit einzuengen und die Rechte der Schule zugunsten einer neuen »Universität des Staates Pennsylvanien« zu konfiszieren, wurde durch rechtzeitige Vereinigung beider Anstalten (1791) unter dem Namen »University of Pennsylvania« abgewiesen. Beide Schulen wählten je 12 Vertrauensmänner für den neuen Verwaltungsrat (Board of Trustees), der seitdem aus 24 Mitgliedern zusammengesetzt ist, mit dem Gouverneur des Staates Pennsylvania an der Spitze; vergl. S. 432.

Departments: College of Arts and Sciences, usw.; Graduate School; Department of Law; Dept. of Medicine; Dept. of Dentistry; Dept. of Veterinary Medicine.

Aufnahme und Studiendauer vergl. S. 434.

Grade: A.B, S.B.; P.C. (Practical Chemist); Ingenieurgrade: E.M., C.E., M.E.; M.A., M.S., Ph.D.; LL.B., LL.M.; M.D.; D.D.S. — Vergl. hierzu die allg. Ausführungen S. 430 u. ff.

Gebühren. College: »tuition« $ 150—200 jährlich; Graduate School: »tuition« $ 150 jährlich; Dept. of Medicine: $ 200 jährlich; Dept. of Law: $ 160 jährl.; Dept. of Dentistry: $ 150 jährl. — Ausserdem Nebengebühren.

Zur Universität gehören die beiden folgenden Institute:

THE WISTAR INSTITUTE OF ANATOMY AND BIOLOGY.

Gegründet 1808 von Dr. Caspar Wistar in Verbindung mit der ersten medizinischen Schule Amerikas; inkorporiert 1892. Vermögen (Stiftungen): $ 1100000, Kosten der Gebäude: $ 180000, der Einrichtung und der Sammlungen: $ 70000. Verwaltung durch einen »Board of Managers«; die wissenschaftlichen Untersuchungen werden beraten durch einen »Advisory Board of Anatomists«. An der Spitze steht ein »Director«. — Das Institut ist dem Studium der Anatomie, besonders der Vertebral-Neurologie gewidmet und wurde 1906 von der Central Commission for Brain Investigation zum »Central Institute for Brain Research« ernannt. Bedeutendes anatomisches Museum: die Sammlungen sind Gelehrten und Studenten zugänglich. — Publ.: *Bulletin. — The Anatomical Record; The American Journal of Anatomy; The Journal of Experimental Zoology; The Journal of Comparative Neurology and Psychology; The Journal of Morphology.*

HENRY PHIPPS INSTITUTE

(238, Pine Street).

Gegründet am 1. Februar 1903 von Henry Phipps »for the Study, Treatment and Prevention of Tuberculosis«. — Mit Spital, Ambulatorium, Training School for Nurses, Laboratorium und pathologischem Museum.

Publ.: *Annual Report* (seit 1905).

TEMPLE UNIVERSITY.

Eröffnet 1884. Charter vom Jahre 1888. Keiner Sekte verpflichtet. Vergl die allg. Ausführungen S. 431 u. ff.

JEFFERSON MEDICAL COLLEGE AND HOSPITAL

(Corners of Walnut, Tenth, Sansom and Juniper Streets).

Gegründet 1825 als Medical Department des Jefferson College in Canonsburg. Eine von dem Staate Pennsylvania anerkannte wissenschaftliche Anstalt mit dem Rechte, die medizinischen Grade zu verleihen. — Studiengang vierjährig, der zu dem Grade M.D. führt.

Gebühren: »Matriculation« $ 5; »Tuition fee« jährlich $ 180.

MEDICO-CHIRURGICAL COLLEGE OF PHILADELPHIA.

Gegründet 1848 als »society of physicians«, charter vom Jahre 1850. 1867 Umwandlung in ein reguläres medizinisches College mit dem Recht Grade zu verleihen.

DEPARTMENTS: Department of Medicine; Dept. of Dentistry; Dept. of Pharmacy; Dept. of Pharmaceutic Chemistry.

AUFNAHME vergl. S. 434.

GRADE: M. D. nach vierjährigem Kurs. — Doctor in Dental Surgery (D. D. S.) nach dreijährigem Kurs. — Graduate in Pharmacy (Ph. G.) nach zweijährigem Kurs; Doctor of Pharmacy (Pharm. D.) nach weiterem zweijährigen post-graduate work. — Pharmaceutical Chemist (Ph. C.) nach zweijährigem Kurs; Doctor of Pharmacy (Phar. D) nach weiterem achtmonatlichem grade course. — Vergl. hierzu S. 430.

GEBÜHREN: »Registration fee«, einmalig in allen Departments: $ 5; »tuition fee« jährlich im Dept of Medicine: $ 150, Dept. of Dentistry: $ 150, Dept. of Pharmacy: $ 95, Dept. of Pharm. Chemistry: $ 125. »Diploma fee« im Dept. of Pharm. Chem. $ 20 und für advanced degree: $ 10. — Ausserdem Nebengebühren.

HAHNEMANN MEDICAL COLLEGE AND HOSPITAL.

Organisiert im Jahre 1848 als Homeopathic Medical College of Pennsylvania. Bei seiner Vereinigung mit dem Hahnemann Medical College im Jahre 1869 bekam es den heutigen Namen. — STUDIENGANG: vier Jahreskurse zu je acht Monaten. — GEBÜHREN: tuition jährlich $ 150; matriculation $ 5

WOMAN'S MEDICAL COLLEGE OF PENNSYLVANIA

(North College Avenue and Twenty-first Street).

Gegründet 1849 zur medizinischen Ausbildung von Frauen. — AUFNAHME von mindestens 18jährigen gegen Eingangsprüfung oder gleichwertige Zeugnisse (vergl. S. 434). — STUDIENGANG vierjährig, der zum Grade M. D. führt, vergl. S. 430 — GEBÜHREN: »Matriculation« einmalig: $ 5; »tuition« 1. Jahr: $ 35, 2. bis 4 Jahr $ 140. Ausserdem Nebengebühren.

PHILADELPHIA POLYCLINIC AND COLLEGE FOR GRADUATES IN MEDICINE (Lombard Str. above Eighteenth Str.).

Gegründet 1882 und im folgenden Jahre eröffnet. Zur weiteren Ausbildung promovierter Mediziner (Post-graduate instruction). — GEBÜHREN: »General ticket« eine Woche $ 20, 6 Wochen $ 90, vierteljährlich $ 150, jährlich $ 350. Einzelne Kurse im Verhältnis.

PHILADELPHIA COLLEGE OF PHARMACY

(145, North Tenth St.).

Gegründet 1821 zur akademischen Ausbildung der Apotheker und 1822 vom Staate Pennsylvania anerkannt. — GRADE: Doctor in Pharmacy (P. D.), Pharm. Chemist (P. C.) und Master in Pharmacy. Certificates: Proficiency in Chemistry, Proficiency in Food and Drug Analysis. Vergl. S. 430 und S. 435.

PHILADELPHIA DENTAL COLLEGE AND HOSPITAL OF ORAL SURGERY (Eighteenth and Buttonwood Streets).

Gegründet 1863; seit 1905 affiliiert mit der Temple University. — STUDIENZEIT: 3 Jahre. — GRAD: Doctor of Dental Surgery (D. D. S.).

GEBÜHREN: $ 150 jährlich.

DROPSIE COLLEGE FOR HEBREW AND COGNATE LEARNING

(Broad and York Streets).

Gegründet von Moses Dropsie. Inkorporiert 1907. »For the promotion of biblical and rabbinical learning and the cognate languages and literatures«. — Post-graduate Studium. — GRAD: Ph. D. Vergl. S. 430.

PUBL.: *Jewish Quarterly Review.*

THE PENNSYLVANIA ACADEMY OF THE FINE ARTS
(Corner of Broad and Cherry Streets).

Gegründet 1805 durch freiwillige Vereinigung von Kunstfreunden. Die älteste Akademie der Vereinigten Staaten zur Pflege und Förderung der schönen Künste, mit einer Kunstschule und einer Galerie.

DREXEL INSTITUTE OF ART, SCIENCE, AND INDUSTRY.

Gegründet 1892. Departments: I. Department of Architecture. II. Department of Science and Technology — Courses in Science, Mechanic Arts, Mechanical and Electrical Engineering. III. Commerce and Finance. IV. Library School for the Training of Librarians. V. Domestic Science and Arts. VI. Physical Training. VII. Evening Courses of Instruction. VIII. Free Public Lectures and Concerts. IX. Museum and Picture Gallery.

WAGNER FREE INSTITUTE OF SCIENCE
(Montgomery Avenue and 17th Street).

Gegründet 1855 unter dem Namen Wagner Free Institute of Science. Von dem Gründer Prof. William Wagner mit Mitteln ausgestattet. Der Gründer stand bis zu seinem Tode an der Spitze; seither Verwaltung durch einen »Board of Trustees«. Die Tätigkeit erstreckt sich hauptsächlich auf die Abhaltung von allgemein zugänglichen freien Vorlesungen in 2 Kursen (Fall und Spring course) von Mitte September bis 30. April. 7 Departments: Invertebrate Paleontology, Chemistry, Engineering, Geology, Physics, Zoology, Botany.

FRANKLIN INSTITUTE.

Die Gelehrte Gesellschaft »Franklin Institute« (s. Minerva XX S. 1016) veranstaltet wissenschaftliche Vorlesungen über alle Zweige der Naturwissenschaften, hauptsächlich in ihrer praktischen Verwertung.

Pittsburgh (Pennsylvania).

UNIVERSITY OF PITTSBURGH.

Geschichte. Nächst der Universität von Nashville die älteste Unterrichts-Anstalt der Vereinigten Staaten westlich des Appalachen-Gebirges. Gegründet um 1770 als Schule, seit 1786 unter der Bezeichnung »Pittsburgh Academy« bekannt und 1787 durch die Legislatur von Pennsylvania inkorporiert. Die Anstalt wurde im Jahre 1819 zum College erhoben mit dem Namen einer Universität. Es ist das Verdienst des damaligen Kanzlers Holland, sie im Jahre 1892 zu einer wirklichen Universität umgewandelt zu haben durch Einrichtung von Universitätskursen (graduate study), durch Angliederung des Western Pennsylvania Medical College, des Pittsburgh College of Pharmacy u. a. Vermögen: eine Million Dollars und jährliches Einkommen: ca. $ 500000.

Departments: zu *Pittsburgh:* Medical Department, Law School, Dental Dept., Pharmaceutical Dept. — zu *Allegheny:* College, Engineering School, Observatory. — Aufnahme vergl. S. 434. — Der Studiengang ist 4jährig in den Collegiate, Engineering und Medical Departments; 2jährig in der Pharmazie und 3jährig für Jurisprudenz und Zahnheilkunde.

Grade: B. A., M. A., Dr. phil; B. Sc.; Doctor of pharm.; Civil Engineer, Mechan. Eng., Electr. Eng.; Bachelor of Laws. Vergl. hierzu S. 430.

Gebühren: Immatrikulation $ 5, Unterricht pro Semester $ 50, Extragebühren für Laboratorien $ 10 pro Semester, Diplom $ 5.

Portland (Oregon).

SCHOOL OF MEDICINE und SCHOOL OF LAW
siehe **EUGENE,** University of Oregon.

Poughkeepsie (New York).

VASSAR COLLEGE.

Gegründet 1861 durch Matthew Vassar als Hochschule für Frauen mit einem Stiftungskapital von $ 1020000.

Aufnahme (Eintritt nach vollendetem 16. Lebensjahr) u. Studiengang (4jährig) sind die der amerikanischen Colleges, vergl. S. 434. — Grade: A. B. Graduate courses führen zum Grad A. M. Vergl. hierzu S. 430.

Gebühren für Unterricht, Wohnung und Verpflegung $ 500 jährlich.

Princeton (New Jersey).

PRINCETON UNIVERSITY [College of New Jersey].

Geschichte. 1726 wurde das Loq College, ein Vorläufer Princetons, gegründet, das sich 1746 auflöste. 1746 wurde dann das College of New Jersey gegründet. Die Stiftungsurkunde bestimmte, dass niemand seines Glaubensbekenntnisses wegen von dem College ausgeschlossen werden dürfe. Dies war der erste Stiftsbrief einer amerikanischen Universität, der die religiöse Freiheit gewährleistete. Der zweite Stiftsbrief ist vom 14. September 1748, ausgestellt durch den Gouverneur und Oberbefehlshaber der Provinz New Jersey, Jonathan Belcher. Nach der Revolution wurde die Stiftung durch die Legislatur von New Jersey bestätigt. Ursprünglich für Elizabethtown geplant, wurde das Kollegium schon 1747 nach Newark und 1756 nach Princeton verlegt.

Organisation. Verwaltung durch einen Board of Trustees von 32 Mitgliedern, der sich selbst ergänzt, mit dem Gouverneur des Staates ex officio an der Spitze. Seit 1900 sind die Alumni im Board durch 5 Mitglieder, »Alumni Trustees«, die jeweils 5 Jahre amtieren, vertreten. Administratives Haupt der Anstalt ist der President. Vergl. S. 432.

Departments: Academic Department, School of Science, School of Electrical Engineering, the Graduate School.

Aufnahme und Studiendauer vergl. S. 434.

Grade: A. B, Sc. B., Litt. B.; A. M., Ph. D.; Civil Engineer, Electrical Engineer. Vergl. S. 430.

Gebühren: Entrance Examination $ 5, »tuition and public room fee« im Academic Dept. $ 150, in der School of Science $ 160. In der Graduate School jeder Kurs eines jeden term $ 5. »Laboratory fee« $ 5 per term. »Graduation fee« $ 12. — Wohnung und Verpflegung $ 166 bis $ 500 jährlich.

THEOLOGICAL SEMINARY OF THE PRESBYTERIAN CHURCH.

Gegründet 1812. Steht unter der Verwaltung eines Rates von 30 Mitgliedern. — Aufnahme gegen Eingangsprüfung oder auf Grund des Abgangszeugnisses eines amerikanischen College. — Der gewöhnliche Studiengang ist 3jährig oder 4jährig und führt zum Grad Baccalaureus Sacrae Theologiae. — Gebühren: Unterricht und Wohnung frei; Verpflegung $ 4 wöchentlich.

Providence (Rhode Island).

BROWN UNIVERSITY.

Geschichte und Organisation. Gegründet 1764 durch Rev. James Manning zu Warren auf Grund eines königl. Stiftsbriefs, 1770 nach Providence verlegt, 1804 zum Andenken an seinen Wohltäter Brown University benannt. — Die Universität ist eine autonome Korporation mit einem Rat von 36 Vertrauensmännern (Board of Trustees) und einem Board of Fellows an der Spitze. Die Trustees wählen den Kanzler, die Fellows den Präsidenten. Vergl. S. 432.

Aufnahme und Studiendauer vergl. S. 434.

Grade: A. B.; Ph. B.; Sc. B. in Civil, Electrical, Mechanical Engineering; A. M.; Ph. D. Vergl. S. 430.

Gebühren: Unterricht $ 105 jährlich. Graduation fee: M. A. $ 15, Ph. D. $ 25.

Pullman (Washington).

STATE COLLEGE OF WASHINGTON.

Gegründet 1900. Früher Agricultural College, Experiment Station and School of Science. Seit 1906 jetziger Name. Verwaltung durch einen Board of Regents, der vom Gouverneur ernannt wird, usw.; vergl. S. 432.

Aufnahme und Studiendauer vergl. S. 434.

Grade: A. B., Sc. B., A.M., Sc. M. Vergl. S. 430.

Gebühren: Aufnahme frei für Residents des Staates, für andere $ 10. Unterricht frei, abgesehen von Nebengebühren.

Purdue University siehe LAFAYETTE.

Raleigh (North Carolina).

UNIVERSITY OF NORTH CAROLINA (Medical Department) siehe CHAPEL HILL.

Rapid City (South Dakota).

SOUTH DAKOTA STATE SCHOOL OF MINES.

Gegründet 1885. Die Kosten bestreitet der Staat. Verwaltung durch einen »Board of Regents«, President, usw.; vergl. S. 432.

Der Studiengang ist vierjährig und führt zu den Graden: Bachelor of Science in Mining Engineering, Engineer of Mines, Metallurgical Engineer.

Gebühren: »tuition« $ 12 jährlich; »graduation« $ 10.

Reno (Nevada).

UNIVERSITY OF NEVADA.

Gegründet 1873 in Elko. 1886 nach Reno verlegt. Verwaltung durch einen Board of Regents, President, usw.; vergl. S. 432.

Departments: College of Arts and Science, College of Agriculture and Domestic Science, College of Engineering.

Aufnahme gegen Eingangsprüfung oder gleichwertige Zeugnisse; vergl. S. 434.

Grade: nach vierjährigem Studium A. B.; Sc. B. in Mining, Mechanical, Civil Engineering und in Agriculture; ferner Sc. M.; Mining, Civil, Mechanical Engineer. Vergl. S. 430.

Gebühren: »tuition« keine Gebühren, geringe Laboratoriumsgebühr.

Richmond (Virginia).

MEDICAL COLLEGE OF VIRGINIA
(Marshall and College Streets).

Organisiert 1838 als Medical Department des Hampden Sydney College. Heutiger Name seit 1854. — Aufnahme gegen Nachweis der vierjährigen High school Education. Vergl. S. 434. — Studiendauer: vier Sessions von je acht Monaten. — Gebühren: $ 100 pro Session; graduation fee $ 30.

Rochester (New York).

UNIVERSITY OF ROCHESTER.

Gegründet 1850. Nur College of Liberal Arts, dessen Studiengang zum A. B. und A. M. Grad führt, vergl. S. 430 u. ff.

ROCHESTER THEOLOGICAL SEMINARY.

Gegründet 1850 und von der New York Baptist Union for Ministerial Education unterhalten. Verwaltung durch einen »Board of Trustees«. — Der STUDIENGANG führt zu einem Diploma oder zum Grad Bachelor of Divinity.

Rolla (Missouri).

SCHOOL OF MINES siehe **COLUMBIA.**

Saint Joseph (Missouri).

ENSWORTH MEDICAL COLLEGE

(Seventh and Jule Streets).

Organisiert im Jahre 1876 als St. Joseph Hospital Medical College. Im Jahre 1882 wurde es mit dem College of Physicians and Surgeons vereinigt und nannte sich St. Joseph Medical College. Vom Jahre 1888 an führte es den Namen Ensworth Medical College. Seit der Verschmelzung mit dem Central Medical College (gegr. 1894) im Jahre 1905 hiess es Ensworth Central Medical College. Der heutige Name existiert seit 1907. — STUDIENGANG: vier Jahreskurse von je 30 Wochen.

GEBÜHREN: für die vier Jahre $ 90, $ 95, $ 75 und $ 95 jährlich.

Saint Louis (Missouri).

WASHINGTON UNIVERSITY.

GESCHICHTE. Die Inkorporationsakte vom Jahre 1853 verhindert für alle Zeiten die Errichtung einer theologischen Fakultät. Gleichzeitig ist (Artikel VIII) darin bestimmt, dass aus den Hörsälen dieser Hochschule jeder Religionsunterricht im Sinne irgendeiner besonderen Sekte, desgleichen jedwede politische Parteibestrebung streng zu verbannen sei. — Das Vermögen der Universität beträgt ca. $ 12000000. Die jährlichen Ausgaben belaufen sich auf ca. $ 455000.

VERFASSUNG UND ORGANISATION. Washington University ist eine autonome Korporation, bestehend aus einem durch Kooptation gewählten Kuratorium. Der administrative Leiter wird von der verwaltenden Behörde auf Lebenszeit angestellt und führt den Titel »Chancellor«.

DEPARTMENTS: I. Department of Arts and Sciences, bestehend aus a) College (mit Shaw School of Botany), b) School of Engineering and Architecture, c) Saint Louis School of Social Economy; II. Law School; III. Medical College; IV. Dental College; V. School of Fine Arts. — Zum Verbande der Universität gehören ferner folgende Schulen: 1. Smith Academy (Gymnasium); 2. Mary Institute (Mädchenlyzeum); 3. Manual Training School (Handfertigkeitsschule); 4. Correspondence School.

GRADE: Baccalaureus Artium (nach vierjährigem), Magister Artium (nach sechsjährigem), Doctor Philosophiae (nach ungefähr achtjährigem Studium); ausserdem: Bachelor of Science, Master of Science, Civil Engineer, Mechanical Engineer, Electrical Engineer, Chemical Engineer, Architect; Bachelor of Laws; Doctor of Medicine; Doctor of Dental Surgery. Vergl. S. 430.

GEBÜHREN: im Department of Arts and Sciences jährlich $ 150, in der School of Fine Arts $ 75, Law School $ 100, Medical College $ 100, Dental College $ 150.

SAINT LOUIS UNIVERSITY (Grand Avenue).

Geschichte. Die älteste Universität in der »Louisiana Purchase« von 1803 und im ganzen Mississippi-Tale. Gegründet wurde sie 1829 von der Gesellschaft Jesu und feierte 1904 ihr Jubiläum. Inkorporiert vom Staate Missouri 1832. Seit 1900 sind zum dritten Male grössere Gebäude in neueren Stadtvierteln errichtet worden.

Abteilungen oder Schools: I. The College; II. School of Philosophy and Science; III. School of Divinity (1899); IV. School of Medicine (1903), gegründet 1890 als Marion-Sims College of Medicine; Dental College (1894); Univ. Institute of Law. — Zum Verbande der Universität gehören die folgenden neun Filial-Colleges: *St. Ignatius College*, Chicago, Illinois; *St. Mary's College*, St. Mary, Kansas; *Detroit College*, Detroit, Michigan; *Creighton University*, Omaha, Nebraska (siehe S 483); *St. Xavier College*, Cincinnati, Ohio; *St. John's College*, Toledo, Ohio; *St. Ignatius' College*, Cleveland, Ohio; *Marquette University*, Milwaukee, Wisconsin; *College Sacred Heart*, Prairie du Chien, Wisconsin.

Aufnahme vergl. S. 434.

Studiendauer und Grade: B.S., A.B. (vier Jahre); LL.B. (drei Jahre für Graduierte), LL.M. (vier Jahre); M.D. (vier Jahre), D.D.S. (drei Jahre). Vergl. hierzu S. 430. — In der School of Divinity (vier Jahre) werden keine Grade verliehen.

Gebühren: »Entrance« $ 5, »tuition« $ 100 jährlich, »graduation« $ 10.

SAINT LOUIS COLLEGE OF PHYSICIANS AND SURGEONS (Jefferson Avenue and Gamble Street).

Organisiert 1849. 1873 aufgehoben; reorganisiert 1879. — Studiendauer: vier Sessions zu je sieben Monaten. — Gebühren: erstes Jahr $ 105, zweites und drittes je $ 100, viertes $ 105.

BARNES MEDICAL COLLEGE (Garrison and Lawton Avenues).

Organisiert 1892. — Studiendauer: vier Sessions zu je acht Monaten. — Gebühren: $ 100 pro Session.

SAINT LOUIS COLLEGE OF PHARMACY (2108–2110, Locust Street).

Gegründet 1864 zur akademischen Ausbildung der Apotheker; 1867 staatlich anerkannt. — Grade: Pharmaceutical Chemist (Ph. C.) nach vierjährigem Kurs, Bachelor of Pharmacy (Ph. B.) und Graduate in Pharmacy (Ph. G.) nach zweijährigem Kurs.

Gebühren: erste Session $ 120, zweite Session $ 105, drittes und viertes Jahr im Ph. C. Kurs je $ 150.

CONCORDIA THEOLOGICAL SEMINARY.

Geschichte. Das Seminar wurde 1839 gegründet als Gymnasium in Altenburg, Perry County, Missouri und 1849 nach Saint Louis verlegt; 1861 kam das Gymnasium nach Fort Wayne, Indiana, und wurde mit dem Seminar in Saint Louis als praktisch-theologisches Seminar von Fort Wayne verbunden. Diese Verbindung wurde 1875 wieder gelöst und die praktische Anstalt nach Springfield, Illinois, verlegt. Der Unterricht wurde 1839 mit sieben Schülern eröffnet, und 1847 trat der erste Kandidat ins Predigtamt.

Organisation. Die Anstalt ist Eigentum der deutschen evangelisch-lutherischen Synode von Missouri, Ohio und anderer Staaten und wird in deren Auftrag von einer Aufsichtsbehörde geleitet, die der Synode alle drei Jahre bei deren allgemeiner Versammlung Bericht zu erstatten hat. Die unmittelbare Leitung liegt in den Händen des Präsidenten der Anstalt, der Mitglied der Fakultät ist. Die Glieder der Fakultät werden durch ein Wahlkollegium gewählt. — Alle Ausgaben werden von der Synode bestritten: Gehälter der Professoren, Gebäude, usw.

STUDIENGANG. Der theologische Studiengang ist dreijährig. — Grade werden nur honoris causa verliehen. — Unterricht frei.

St. Mary (Kansas).

ST. MARY'S COLLEGE siehe **SAINT LOUIS**, Saint Louis University.

Salt Lake City (Utah).

UNIVERSITY OF UTAH.

Eröffnet 1850. Staatsuniversität. — Vergl. die allg. Ausführungen S. 431 u. ff.

San Francisco (California).

UNIVERSITY OF CALIFORNIA siehe **BERKELEY**.

ST. IGNATIUS COLLEGE (2211, Hayes Street).

Gegründet 1855. Charter vom 30. April 1859. Verwaltung durch die Jesuiten. Nur College of liberal Arts Course. — GRADE: A.B., A.M.; vergl. S. 430 u. ff.

GEBÜHREN: College Course $ 8 monatlich; Laboratoriumsgebühren pro fünfmonatlichen Term $ 5; Graduierung je $ 10.

HAHNEMANN MEDICAL COLLEGE OF THE PACIFIC (Sacramento and Maple Street).

Organisiert 1881 als Hahnemann Medical College. Seit 1888 hiess es Hahnemann Medical College of San Francisco. Der heutige Name wurde 1902 angenommen.

STUDIENGANG: vier Jahreskurse von je sieben Monaten. — GEBÜHREN: erstes Jahr $ 155, zweites bis viertes je $ 100.

COLLEGE OF PHYSICIANS AND SURGEONS (344, Fourteenth Street).

Organisiert im Jahre 1896. — STUDIENGANG: vier Jahreskurse zu je neun Monaten. — GEBÜHREN: jährlich $ 150.

Santa Fé (New Mexico).

SCHOOL OF AMERICAN ARCHAEOLOGY.

Gegründet 1907. Die Schule soll den Zweck haben, die Forschungen und Ausgrabungen des Archaeological Institute of America zu leiten, die Arbeiten von »fellows« zu fördern und in archäologischer Forschung mit Universitäten und andern in- und ausländischen Instituten zusammenzuarbeiten. Verwaltung durch ein »Managing Committee« von 28 Mitgliedern, in dem auch die »chairmen« der Managing Committees der archäologischen Schulen in Athen und Rom Sitz und Stimme haben. An der Spitze der Anstalt steht der Direktor und ein Executive Committee.

PUBL.: *Papers of the School of American Archaeology.*

Schenectady-Albany (New York).

UNION UNIVERSITY.

Gegründet 1795 als College, seit 1873 zur Universität erhoben.

In *Schenectady* ist das Academic Department und die Engineering School, in *Albany* das Medical College (gegründet 1838), die Law School (gegründet 1851) und das College of Pharmacy (gegründet 1881).

AUFNAHME vergl. S. 434. — STUDIENGANG: Academic Department vier Jahre, Medicine vier Jahre, Law und Pharmacy zwei Jahre.

GRADE: A. B., Ph. B., B. S., B. E. — Postgraduate Degrees: M. A., M. S., M. E. E., M. C. E. Vergl. S. 430.

GEBÜHREN: $ 100 bis $ 150 pro Jahr.

Seattle (Washington).

UNIVERSITY OF WASHINGTON.

Gegründet 1861 als Staatsuniversität. Verwaltung durch einen Board of Regents, der vom Gouverneur ernannt wird. Der President wird von den Regents gewählt. Vergl. S. 432.

DEPARTMENTS: College of Liberal Arts, College of Engineering, School of Mines, School of Pharmacy, School of Law.

AUFNAHME gegen Eingangsprüfung oder Nachweis genügender Vorbildung, vergl. S. 434. — STUDIENGANG vierjährig (Law School dreijährig, School of Pharmacy zweijährig), der zu folgenden Graden führt: A. B., A. M., B. Sc. (Bach. of Science), C. E. (Civil Engineer), M. E. (Mechanical Engineer), E. E. (Electrical Engineer), E. M. (Engineer of Mines), Ph. G. (Graduate in Pharmacy) und LL. B. (Bachelor of Laws). Vergl. S. 430.

GEBÜHREN: Unterricht frei, mit Ausnahme der School of Laws ($ 20 pro Semester).

Smith College siehe NORTHAMPTON.

South Bethlehem (Pennsylvania).

LEHIGH UNIVERSITY.

Gegründet 1865 von Asa Packer. Inkorporiert 1866 als Institut mit Selbstverwaltung durch einen »Board of Trustees«. Administratives Haupt der Universität ist der President. — Literarische und technische Kurse.

AUFNAHME und Studiendauer vergl. S. 434.

GRADE: A. B.; C. E.; M. E.; Met. E.; E. M.; E. E.; B. S. (in Chemistry), Ch. E. (chemical Engineer). Vergl. S. 430.

GEBÜHREN: Arts and Science Course $ 60, Chemistry $ 100, Engineering $ 150.

South Carolina University siehe COLUMBIA.

South Hadley (Massachusetts).

MOUNT HOLYOKE COLLEGE.

Gegründet durch Mary Lyon zur wissenschaftlichen Ausbildung von Frauen. Anerkannt als öffentliche Unterrichtsanstalt durch Stiftsbrief vom 11. Februar 1836. Seminar eröffnet am 8. November 1837; Stiftsbrief für Mount Holyoke Seminary and College vom 8. März 1888; Stiftsbrief für Mount Holyoke College vom 31. Januar 1893. Verwaltung durch einen Board of Trustees President, usw.; vergl. S. 432.

AUFNAHME gegen Eingangsprüfung. — Vierjähriger STUDIENGANG der zu dem Grad B. A. führt; weiteres einjähriges Studium zu M. A.; vergl. S. 430.

GEBÜHREN: $ 150 jährlich für Unterricht; $ 200 für Kost und Wohnung jährlich; Laboratorien, usw. extra.

Stanford University (California).

LELAND STANFORD JUNIOR UNIVERSITY.

GESCHICHTE UND ORGANISATION. Gegründet 1885 durch Leland Stanford zum Andenken an seinen verstorbenen einzigen Sohn und am 1. Oktober 1891 eröffnet. Die Stiftung besteht aus 90000 Acres Land, deren Einkommen nach dem Tode des Gründers († im Jahre 1893) und seiner Gattin ausschliesslich zum Nutzen der Universität verwendet werden soll. Der Wert seiner Stiftung, zu welcher auch ein ziemlicher Teil der Southern Pacific Eisenbahn gehört, beträgt ca. 40 Millionen Dollars. Die Ländereien dürfen nicht verkauft, sondern nur selbst verwaltet oder verpachtet werden.

Verwaltung durch einen Board of Trustees von 15 Mitgliedern, die für die Dauer von zehn Jahren gewählt werden. An der Spitze der Anstalt steht ein President. Vergl. S. 432.

DEPARTMENTS: I. Greek, Latin, Germanic Languages, Romanic Languages, English Literature and Rhetoric, English Philology; II. Botany, Systematic Botany and Forestry, Physiology and Histology, Hygiene, Zoology, Entomology and Bionomics, Geology and Mining; III. Psychology, Mathematics, Physics, Chemistry; IV. Philosophy, Education, History, Economics and Social Science, Law; V. Graphic Arts, Applied Mathematics, Civil Engineering, Mechanical Engineering, Electrical Engineering; VI. Medicine.

AUFNAHME: Mindestalter 16 Jahre. Eingangsprüfung oder gleichwertige Zeugnisse, vergl. S. 434.

GRADE (vergl. S. 430): A. B. A. M.; J. D. (Juris Doctor); M. D.; Ph. D.

GEBÜHREN: »registration fee« für alle undergraduates und graduate Students in Law und Engineering $ 15 pro Semester, die aber für Residents von California erlassen wird: »tuition fee« in Law $ 25 pro Semester (für Students mit weniger als 13 units pro Semester: $ 2 per unit pro Sem.), in Medicine $ 150 jährlich. Besondere Laboratoriumsgebühren.

State College (Pennsylvania).

PENNSYLVANIA STATE COLLEGE.

Gegründet 1855 unter Auspizien der Pennsylvania Agricultural Society und des Staates Pennsylvania. Landwirtschaftliche und technische Hochschule, deren Unterhalt bestritten wird aus den Landüberweisungen der Regierung der Vereinigten Staaten, die diese verwaltet und dafür $ 30000 jährliche Zinsen gewährt, ausserdem $ 25000 jährlicher Zuschuss durch den Kongress.

DEPARTMENTS: Schools of Liberal Arts, Sciences, Engineering, Agriculture, Mines and Mining.

AUFNAHME gegen Eingangsprüfung von mindestens 15jährigen, vergl. S. 434. — Vierjähriger STUDIENGANG, der zu den Graden A. B. und B. in Sciences, Engineering, Chemistry, Biology, Mining Engineering, Agriculture, Domestic Science führt. — GEBÜHREN: frei für Einwohner von Pennsylvanien, für andere $ 100 jährlich.

Syracuse (New York).

SYRACUSE UNIVERSITY.

Gegründet zu Lima (New York) im Jahre 1848 als Genesee College, 1871 nach Syracuse verlegt.

DEPARTMENTS: College of liberal Arts, College of fine Arts, College of Medicine, College of Law, College of applied Science, Teachers College.

Aufnahme und Studiendauer vergl. S. 434.

Der Studiengang führt zu den Graden B. A., B. Ph., B. Sc., Bachelor of Architecture, Bachelor of Letters, Bachelor of Painting, Bachelor of Music, Doctor of Medicine, Bachelor of Laws. Im *Graduate Department* wird nach einjährigem erfolgreichen Studium der »Master's degree«, nach zweijährigem der »Doctor's degree« verliehen. Vergl. S. 430.

Gebühren: Immatrikulation $ 5, Lehrgang $ 80 bis $ 120 jährlich.

Temple University siehe **PHILADELPHIA.**

Tennessee University siehe **KNOXVILLE.**

Terre Haute (Indiana).

ROSE POLYTECHNIC INSTITUTE.

Gegründet 1882. Aufnahmebedingungen: Alter mindestens 16 Jahre. Eingangsprüfung oder Abgangszeugnis einer anerkannten höheren Schule, vergl. S. 434.

Der Studiengang zerfällt in folgende vierjährigen Parallelkurse: Mechanik, Elektrik, Zivil-Ingenieurwissenschaften, Architektur, Chemie, die zu dem Grade: »Bachelor of Science«, nach weiterem zweijährigen Studium zum »Master of Science« führen. Nach weiterer zweijähriger praktischer Tätigkeit kann der Grad: Mechanical Engineer, Electrical Engineer, Civil Eng. Chemical Engineer verliehen werden; vergl. S. 430.

Gebühren: Unterricht frei für Einwohner der Grafschaft Vigo; für andere $ 75 jährlich und $ 25 für Utensilien.

Texas University siehe **AUSTIN.**

Toledo (Ohio).

TOLEDO MEDICAL COLLEGE
(Cherry and Page Streets).

Organisiert im Jahre 1883. — Studiengang: vier Jahreskurse zu je acht Monaten. — Gebühren: tuition jährlich $ 100; matriculation $ 5. — Vergl. die allg. Ausführungen S. 431 u. ff.

ST. JOHN'S COLLEGE siehe **SAINT LOUIS,** Saint Louis University.

Topeka (Kansas).

KANSAS MEDICAL COLLEGE
(521, Quincy Street).

Organisiert im Jahre 1890. Seit dem Jahre 1903 bildet es das Medical Department of Washburn College. — Studiengang: vier Jahreskurse zu je neun Monaten. — Gebühren: tuition jährlich $ 75; matriculation $ 5.

Troy (New York).

RENSSELAER POLYTECHNIC INSTITUTE.

Gegründet 1824 durch Hon. Stephen Van Rensselaer als »Rensselaer School«. Inkorporiert 1826; 1849 reorganisiert als polytechnische Anstalt;

der heutige Name seit 1861. Verwaltung durch einen Board of Trustees, President, usw. Vergl. S. 432.

COURSES: Civil Engineering, Mechanical E., Electrical E., General Science.

AUFNAHME auf Grund einer Prüfung, vergl. S. 434.

GRADE: nach 4jährigem Kursus je: C. E. (Civil Engineer), M. E., E. E., B. S. Vergl. S. 430.

GEBÜHREN für Unterricht (einschl. Instrumentenbenutzung) halbjährlich $ 100, Graduationsgebühren $ 8. Für Arbeiten in Laboratorien müssen $ 15 hinterlegt werden.

Tucson (Arizona).

UNIVERSITY OF ARIZONA.

Gegründet 1885. Eröffnet 1891. Vergl. die allg. Ausführungen S. 431 u. ff.

Tufts College (Massachusetts).

TUFTS COLLEGE.

Gegründet 1852 von dem General Court of Massachusetts. Charter vom 21. April 1852. Verwaltung durch einen Board of Trustees von nicht mehr als 30 Mitgliedern (ein Teil davon von den Alumni gewählt), der den Präsidenten wählt. Vergl. S. 432.

DEPARTMENTS: School of Liberal Arts, Engineering School, Crane Theological School, Graduate School in Medford (Tufts College Post Office), ferner Medical School (gegründet 1893) und Dental School (1899 dem Tufts College einverleibt) in Boston.

AUFNAHME UND STUDIENGANG vergl. S. 434.

GRADE. *School of Liberal Arts:* B. A., Bachelor of Philosophy, B. of Science (für besondere Kurse in science und engineering), Master of Arts, Master of Science, Doctor of Philosophy; Civil, Electrical und Mechanical Engineer. — *Theological School:* B. of Sacred Theology. — *Medical School:* Doctor of Medicine. — *Dental School:* Doctor of Dental Medicine.

GEBÜHREN: Instruction in der School of Liberal Arts $ 125 jährlich, in der Engineering School $ 150 jährlich; in beiden »registration« $ 5. In der Engineering School besondere Laboratoriumsgebühren. — Graduate School »tuition fee« für den ganzen Kursus $ 100. — Theological School »tuition« $ 100 jährlich. — Medical School und Dental School: Matriculation jährlich $ 5, tuition ca. $ 150 jährlich. »Postgraduate fees« in beiden $ 150 für Graduierte anderer Schulen, einzelner Kursus $ 50; für Graduierte von Tufts College $ 60, einzelner Kursus $ 30.

Tulane University siehe **NEW ORLEANS.**

Union University siehe **SCHENECTADY-ALBANY.**

University (Alabama).

UNIVERSITY OF ALABAMA.

Staatsuniversität. Gegründet 1831. Vergl. die allg. Ausführungen S. 431 u. ff.

University (Mississippi).

UNIVERSITY OF MISSISSIPPI siehe **OXFORD.**

University (North Dakota).

STATE UNIVERSITY AND SCHOOL OF MINES
OF NORTH DAKOTA
(Grand Forks, N. D.).

Gegründet durch Beschluss der Territorial Assembly am 23. Februar 1883 und eröffnet im Herbst 1884. Der Universität wurden vom Staate 86000 Acker Land und der School of Mines als Teil der Universität 40000 Acker als Eigentum überwiesen. Verwaltung durch einen Board of Trustees von fünf Mitgliedern, President, usw.; vergl. S. 432.

DEPARTMENTS: College of Liberal Arts and Teachers College, Colleges of Engineering, C. of Law, C. of Medicine, Model High School, Graduate Dept., Extension Dept.; Summer Session.

AUFNAHME und Studiendauer vergl. S. 434.

GRADE: B. A., M. A., B. S., LL. B. Vergl. S. 430.

GEBÜHREN: »tuition« frei, ausser im College of Law ($ 25 pro Semester). »Incidental fee« von $ 12.50 bis $ 17.50 pro Semester. — Im Extension Department: »Lectures, each« $ 12.50, usw.; in der Summer Session »each double hour course« $ 5.

Urbana (Illinois).

UNIVERSITY OF ILLINOIS.

GESCHICHTE UND ORGANISATION. Gegründet infolge des Kongressbeschlusses vom Jahre 1862 über die Überweisung von Ländereien an die einzelnen Staaten zur Gründung von Unterrichtsanstalten. Inkorporiert am 28. Februar 1867 als Illinois Industrial University. Eröffnet 1868. Seit 1885 jetziger Name. — Verwaltung durch einen Board of Trustees von neun Mitgliedern, der vom Volke für die Dauer von sechs Jahren gewählt wird. Ausserdem sind darin ex officio Mitglieder: der Gouverneur des Staates, der Präsident des State Board of Agriculture und der Superintendent of Public Instruction. Der President ist das administrative Haupt der Universität. Vergl. S. 432.

DEPARTMENTS: The College of Literature and Arts; The College of Science; The College of Engineering; The College of Agriculture; The Graduate School; The School of Library Science; The School of Music; The College of Law; The College of Medicine and College of Dentistry (in Chicago, s. S. 456); The School of Pharmacy (in Chicago, s. S. 457); The School of Education; The School of Railway Engineering and Administration.

AUFNAHME vergl. S. 434.

STUDIENDAUER: Undergraduate course vier Jahre; Law drei Jahre; Pharmacy ein Jahr; Pharmaceutical Chemistry zwei Jahre; Dentistry drei Jahre; Medicine vier Jahre; Library Science zwei Jahre. — Graduates: Master's degree, wenigstens ein Jahr; Doctor's degree, wenigstens drei Jahre; Music vier Jahre.

GRADE: A. B.; B. S. (in Architecture; Architectural Engineering; Civil Engineering; Mechanical Engineering; Electrical Engineering; Municipal and Sanitary Engineering; Agriculture and Ceramics); B. L. S. (Bachelor of Library Science); B. Mus.; G. Pharm.; Pharm. Chem.; D. D. S.; M. D.; LL. B.; M. S. (folgt dem B. S. Grad in Agriculture und in den Engineering courses; ausgenommen ist Architecture, worin der Grad M. Arch. verliehen wird); Ph. D. Vergl. S. 430.

GEBÜHREN: *Matriculation:* College of Medicine $ 5 each year; College of Dentistry $ 5; Pharmacy $ 5; all other courses $ 10. — *Tuition:* College of Medicine $ 120 a year; Dentistry $ 155; Pharmacy $ 75 for one year course or $ 125 for two years course; Law $ 50; all other courses free but an incidental fee of $ 12 each half year. — *Degrees:* College of Medicine $ 15; Dentistry $ 20; all other courses $ 5.

Utah University siehe **SALT LAKE CITY.**

Vanderbilt University siehe **NASHVILLE.**

Vassar College siehe **POUGHKEEPSIE.**

Vermont University siehe **BURLINGTON.**

Vicksburg (Mississippi).

UNIVERSITY OF MISSISSIPPI siehe **OXFORD.**

Virginia University siehe **CHARLOTTESVILLE.**

Waco (Texas).

BAYLOR UNIVERSITY.

Eröffnet 1845. Charter vom gleichen Jahre. Presbyterianische Universität. Das Medical Department befindet sich in Dallas (siehe S. 461). Vergl. die allg. Ausführungen S. 431 u. ff.

Washington (District of Columbia).

GEORGE WASHINGTON UNIVERSITY.

GESCHICHTE. Gegründet 1821 als »Columbian College in the District of Columbia«. 1825 wurde die Medical School, 1865 die Law School eingerichtet. Seit 1873 Columbian University. Seit 1904 jetziger Name, gleichzeitig wurde auf Grund einer Stiftung der »George Washington Memorial Association« ein Gebäude mit einem Kostenaufwand von $ 500000 »for graduate Work and scientific Research« errichtet.

VERWALTUNG durch einen »Board of Trustees« von 22 Mitgliedern. Administratives Haupt der Universität ist der President. Vergl. S. 432.

DEPARTMENTS: The Faculty of Graduate Studies; The College of Arts and Sciences; The College of Engineering and Mechanic Arts; The College of the Political Sciences (das direkt auf die diplomatische Laufbahn vorbereiten soll); The Teachers College; The Division of Architecture; The Department of Law; The Department of Medicine; The Department of Dentistry; The College of Pharmacy; The College of Veterinary Medicine.

Die beiden letzteren sind auf eigener finanzieller Grundlage organisiert und unterstehen je einem selbständigen »Board of Trustees«.

AUFNAHME vergl. S. 434. — STUDIENDAUER. Arts and Science: vier Jahre; Law, Medicine: vier Jahre; Dentistry, Pharmacy: drei Jahre. — GRADE: A. B., B. S., LL. B., L. B., M. D., D. D. S., C. E., E. E., M. E., Ph. D. Vergl. S. 430.

GEBÜHREN: »Entrance« $ 5, tuition fee $ 10 per Unterrichtsstunde; $ 2 annual library fee.

CATHOLIC UNIVERSITY OF AMERICA

(Michigan Avenue and Fourth Street, North-East).

GESCHICHTE. Die Gründung wurde im Jahre 1884 auf der Versammlung der katholischen Bischöfe der Vereinigten Staaten beschlossen. Die

Anstalt erhielt ihre Verfassung und das Recht, Grade zu verleihen, von Papst Leo XIII. am 17. März 1889. Im Frühjahr desselben Jahres wurde die theologische Fakultät eingerichtet, 1895 folgten die philosophische und juristische Fakultät.

Verwaltung. Die Universität wird durch einen Board of Trustees verwaltet, bestehend aus Bischöfen, Priestern und Laien. Der Erzbischof von Baltimore ist der Präsident des Board und Kanzler der Universität. Das administrative Haupt ist der Rektor. Neben ihm steht der akademische Senat. Der Rektor wird von den Trustees ernannt und vom heiligen Stuhl bestätigt. Seine Amtsdauer beträgt sechs Jahre.

Fakultäten: Theology, Philosophy, Law, Letters and Sciences.

Aufnahme vergl. S. 434; für die Graduate courses ist der Bachelor's Grad erforderlich. Bedingung der Zulassung zu der School of Theology ist ein Vorbereitungskurs von zwei Jahren in Philosophie und von drei Jahren in Theologie, der meistens in einem theol. Seminar absolviert wird.

Grade: Bachelor in Arts, Science, Letters und die entsprechenden Master (in der Theologie Licentiate) und Doctor Grade bei Weiterstudium, vergl. S. 430; in der theol. Fakultät auch die Grade im kanonischen Recht.

Gebühren: tuition jährlich $ 75, Bachelor's degree $ 5, Doctor's degree $ 25.

GEORGETOWN UNIVERSITY.

Geschichte. Gegründet 1781 durch die Bemühungen des Rev. John Carroll, des späteren Erzbischofs von Baltimore. 1805 wurde das so gegründete Georgetown College den Jesuiten übergeben, unter deren Verwaltung die Anstalt jetzt noch steht. 1815 wurde die Anstalt vom Kongress anerkannt, 1833 erhielt sie vom heiligen Stuhl das Recht, philosophische und theologische Grade zu verleihen. 1842 wurde das astronomische Observatorium, 1851 die School of Medicine, 1870 die School of Law gegründet.

Departments: College mit Graduate School, Undergraduate School, Observatories; School of Medicine, School of Law, School of Dental Surgery.

Aufnahme und Studiendauer vergl. S. 434. — Grade (vergl. S. 430): B. A.; M. A., Ph. D.; M. D.; LL. B., LL. M.; D. D. S.

Gebühren: im College »tuition« jährlich $ 150; die Schüler leben meist im Alumnat, Gesamtgebühr pro Jahr $ 422. — School of Medicine: »Matriculation« einmalig $ 5, »tuition« jährlich $ 115, »Graduation fee« $ 10. — Dental School: »Matriculation« einmalig $ 5, »tuition« jährlich $ 115. — Law School: »tuition« jährlich $ 100.

HOWARD UNIVERSITY.

Eröffnet 1867. Vergl. die allg. Ausführungen S. 431 u. ff.

UNIVERSITY OF WASHINGTON siehe SEATTLE.

SCHOOL OF AMERICAN ARCHAEOLOGY siehe SANTA FÉ.

Washington University siehe SAINT LOUIS.

Wellesley (Massachusetts).

WELLESLEY COLLEGE.

Gegründet 1875 durch die Munifizenz von Henry F. Durant und Pauline A. Durant für die akademische Ausbildung von Frauen; von dem Staate Massachusetts als Hochschule (Gymnasium und philosophische Fakultät) anerkannt und mit dem Rechte ausgestattet, alle akademischen Würden zu verleihen. — Das Vermögen, ausschliesslich aus Stiftungen bestehend, beläuft sich auf $ 2587900.

Die AUFNAHME erfolgt gegen Eingangsprüfung. — Das 4jährige Studium führt zu dem Grade B. A.; vergl. S. 430 u. S. 434.

GEBÜHREN: Wohnung und Unterhalt $ 275 jährlich. Unterricht $ 175 jährlich.

Wesleyan University siehe MIDDLETOWN.

Western Reserve University siehe CLEVELAND.

West Virginia University siehe MORGANTOWN.

Williamsburg (Virginia).

COLLEGE OF WILLIAM AND MARY.

Gegründet 1693. 1705 brannten die Gebäude ab. 1711 wurde die Lehrtätigkeit wieder aufgenommen. Während des Bürgerkrieges wurde das College zerstört, 1865 wieder eröffnet; seit 1906 ist es Staatsanstalt. — Verwaltung durch einen Board, der von dem Gouverneur von Virginia ernannt wird.

AUFNAHME und STUDIENGANG vergl. S. 434.

GRADE: A. B.; B. S.; A. M. Vergl. S. 430.

GEBÜHREN: »Matriculation« $ 5, »tuition« $ 35 und Nebengebühren.

Williamstown (Massachusetts).

WILLIAMS COLLEGE.

Gegründet durch Oberst Ephraim Williams, der in der Schlacht von Lake George (8. Sept. 1755) fiel. Der Stiftsbrief ist aus dem Jahre 1793. Das Kollegium ist eine autonome Korporation mit eigenem Vermögen, die durch einen sich selbst erneuernden Board of Trustees von 18 Mitgliedern verwaltet wird. — Administratives Haupt des College ist der President.

AUFNAHME gegen Eintrittsprüfung vergl. S. 434.

STUDIENDAUER, GRADE. Nach 4jährigem Studium und Bestehen der jährlichen Prüfungen wird der Grad B. A. (Bachelor of Arts) verliehen, nach weiterem 2-, bzw. 3jährigem Studium: M. A. (Master of Arts). Der Ph. D. (Doctor of Philosophy) verlangt ein weiteres 2jähriges Studium.

GEBÜHREN: $ 70 pro Semester, Wohnung $ 18—80 pro Semester.

Worcester (Massachusetts).

CLARK UNIVERSITY.

GESCHICHTE UND ORGANISATION. Gegründet 1887 durch die Munifizenz von Jonas Gilman Clark, Bürger der Grafschaft Worcester, mit dem Ziele, dass hier nicht so sehr die Lehrtätigkeit, als vor allem die selbständige wissenschaftliche Forschung gepflegt werden solle. Professoren der Universität geben das »Pedagogical Seminary«, das »Journal of Religious Psychology« und das »American Journal of Psychology« heraus. 1902 wurde ein besonderes Collegiate Department gegründet. Die Universität und das Collegiate Department stehen unter demselben »Board of Trustees« von neun Mitgliedern, aber sie haben getrenntes Vermögen und besondere Präsidenten und Fakultäten.

1. University. Männern und Frauen zugänglich. Departments: Mathematics, Physics, Chemistry, Biology, Anthropology, Psychology, Pedagogy, Economics and Sociology, History. — Aufnahme: nur »graduate students«. — Studiendauer: zur Erlangung des Grades M. A. ein Jahr, des Ph. D. drei Jahre. — Gebühren: »tuition« $ 100 jährlich; graduation M. A. $ 10, Ph. D. $ 25. Die Doktordissertation muss in 100 Exemplaren der Bibliothek eingeliefert werden.

2. Collegiate Department. Nur Männern zugänglich. — Aufnahme: vergl. S. 434. — Der Kursus von drei Jahren führt zum Grad A. B. — Gebühren: »tuition« $ 50 jährlich.

WORCESTER POLYTECHNIC INSTITUTE.

Gegründet von John Boynton 1865. Charter von der Legislatur des Staates vom 10. Mai 1865. Das Institut legt besonderen Wert auf die Ausbildung seiner Zöglinge in der praktischen Laboratoriumsarbeit.

Courses: 1. Mechanical Engineering, 2. Civil Engineering, 3. Chemistry, 4. General Science, 5. Electrical Engineering.

Aufnahme: Mindestalter 17 Jahre; Eingangsprüfung. — Dauer eines jeden Kurses: vier Jahre.

Grade: Bachelor of Science, Master of Sc., Doctor of Sc.; Mechanical Engineer, Electrical E., Civil E., Chemical E.

Für den Master of Science lauten die Bestimmungen wörtlich:

The Degree of *Master of Science* will be granted to graduates of this institution or of other institutions of equal rank on the following conditions: a) A full year of resident graduate work under the direction of the head of the department in which the degree is sought b) The presentation of two copies of an acceptable thesis involving original research, these copies to conform in every detail to the regulations prescribed below under Form of Theses, and to be presented before twelve o'clock, noon, of the Thursday preceding Commencement Day. c) The payment of a diploma fee of $ 10.

Für den Doctor of Science: The Degree of *Doctor of Science* will be granted to graduates of this institution or of other institutions of equal rank, on the following conditions: a) Three full years of resident graduate work under the direction of the head of the department in which the degree is sought. b) The presentation of two copies of an acceptable thesis involving original research, these copies to conform in every detail to the regulations prescribed below under Form of Theses and to be presented before twelve o'clock, noon, of the Thursday preceding Commencement Day. c) The sustaining of an oral examination before a committee of the Faculty. d) The payment of a diploma fee of $ 20.

Für die Ingenieurgrade: I. The professional degrees of *Mechanical Engineer, Electrical Engineer, Civil Engineer*, and *Chemical Engineer* may be granted to graduates of this institution or of others of equal rank on the following conditions: a) One full year of resident graduate work spent in pursuing one of the graduate courses. b) The presentation of two copies of an acceptable thesis involving original research. c) The payment of a diploma fee of $ 10. — II. The professional degrees of *Mechanical Engineer, Electrical Engineer, Civil Engineer*, and *Chemical Engineer* may be granted to *graduates of the Worcester Polytechnic Institute* on the following conditions: a) The candidate must have had three years' professional experience of an acceptable character, including responsible charge of work in the particular line for which one of the above professional degrees is given. b) He must present to the Faculty a full report of professional experience and achievements and such other information as to his qualifications for the degree as may be found desirable. c) He must present to the Faculty two copies of a satisfactory thesis. d) He must sustain an oral examination before a committee of the Faculty. e) He must pay a diploma fee of $ 50.

Gebühren: »tuition« $ 150 jährlich, ausserdem Laboratoriumsgebühren; »Graduation fee« Bachelor of Science $ 5, Master of Science $ 10; »Diploma fee« für die Engineer Grade $ 10 resp. $ 50. Doctor $ 20.

Yale University siehe **NEW HAVEN.**

Canada.

Universitäten und Colleges.

Vergl. auch hierzu die allgemeinen Ausführungen über die Grade, usw. bei Grossbritannien S. 198 u. ff.

Halifax (Nova Scotia).

DALHOUSIE UNIVERSITY.

GESCHICHTE. Gegründet 1818 von George Ramsay, Earl of Dalhousie, als Dalhousie College, dem 1841 die Universitätsrechte verliehen wurden. 1845 wurde das College nach dem Tode des Präsidenten McCulloch geschlossen bis zum Jahre 1859. 1863 wurde es schliesslich auf neue Grundlage gestellt und organisiert. Eröffnung der Faculty of Science 1877, der Faculty of Medicine 1868, der Faculty of Law 1883, der Faculty of Dentistry 1908.

VERFASSUNG. Verwaltung durch einen »*Board of Governors*«, bestehend aus Vertretern der Körperschaften, die einen »chair« gestiftet haben. Er ernennt den Präsidenten, die Professoren und anderen Beamten. Der *Senate* besteht aus dem Präsidenten und den Professoren. Die *Faculties* regeln die Formen des Unterrichts.

FAKULTÄTEN: Faculty of Arts and Science; F. of Law; F. of Medicine; F. of Dentistry. Die beiden letzteren bestehen aber nur aus Examinatoren (vergl. Grade).

AUFNAHME als »Undergraduate« gegen »Matriculation examination«; Frauen und Männer, Mindestalter 16 Jahre.

GRADE. Die Universität verleiht die folgenden Grade: B. A., M. A.; B. Sc., M. Sc.; LL. B.; M. D., M. C. (Master of Surgery); D. D. S. (Doctor of Dental Surgery); Bachelor of Music. — Der Unterricht zur Erlangung dieser Grade wird an der Universität erteilt, abgesehen von dem Musikunterricht, der im Halifax Conservatory of Music gegeben wird, und von der höheren fachlichen Ausbildung in Medicine und Dentistry, die im Halifax Medical College und im Maritime Dental College oder ähnlichen anerkannten Instituten erworben werden kann. Die naturwissenschaftlichen Fächer für Mediziner und Zahnärzte bietet aber die Universität, ebenso »Preliminary Courses in Engineering« für zwei Jahre in der Faculty of Arts and Science.

GEBÜHREN. *F. of Arts and Science:* Registration $ 3 bis $ 5, tuition fee für die einzelnen Fächer zwischen $ 3 bis $ 14, Examinations $ 2 bis $ 20, Certificates and Diplomas $ 5 bis $ 20 (B. A., B. Sc. Diploma $ 5; M. A, M. Sc., whether given on examination or thesis $ 20). — *F. of Law:* Registration $ 2, tuition für Undergraduates für 3 Jahre $ 50 pro Jahr. LL. B. Diploma $ 10. — *F. of Medicine:* Registration $ 2, tuition in den naturwissenschaftlichen Fächern je $ 10 bis $ 12, graduation fee $ 30. — *F. of Dentistry:* Registration $ 2, tuition in den naturwissenschaftlichen Klassen je $ 10 bis $ 12.

HALIFAX MEDICAL COLLEGE.

Zur Ausbildung von Medizinern in den eigentlichen medizinischen Fächern; vergl. Dalhousie University.

MARITIME DENTAL COLLEGE.

Zur Ausbildung von Zahnärzten in den eigentlichen zahnärztlichen Fächern; vergl. Dalhousie University.

Kingston (Ontario).

QUEEN'S COLLEGE AND UNIVERSITY.

Gegründet 1841. Verwaltet durch einen *Council*, bestehend aus dem Kanzler, den Trustees (31), den Mitgliedern des Senats und einer gleichen Zahl von wählbaren Mitgliedern. Der Kanzler wird vom Verwaltungsrat oder, wenn mehrere Kandidaten vorhanden, von den eingeschriebenen Graduierten und Alumnen auf drei Jahre gewählt. Er präsidiert dem Verwaltungsrat und der Convocation. Von den wählbaren Mitgliedern (elective members) scheiden jährlich acht aus.

FAKULTÄTEN: Faculty of Theology; F. of Arts; F. of Practical Science; F. of Medicine; F. of Education; F. of Law.

AUFNAHME gegen Matriculation examination.

GRADE. B. A., M. A., Ph. D. — B. Paed. (Bachelor of Paedagogy), D. Paed. (Doctor of Paedagogy). — B. D. (Bachelor of Divinity). — LL. B. (Bachelor of Laws).

GEBÜHREN. Matriculation $ 5, Registration pro session $ 10, Class fee $ 25, Medicine $ 95 pro session. B. A. $ 10, M. A. $ 20, B. D. $ 20. LL. B. $ 20.

SCHOOL OF MINING.

Gegründet 1892. Der Queen's University affiliiert. — AUFNAHME gegen Matriculation examination. — Vierjähriger STUDIENGANG, der zu einem Diplom und zu den Graden: Bachelor of Science, Mining Engineer, Master und Doctor of Science führt. — GEBÜHREN: Immatriculation $ 12, Unterricht $ 60 bis $ 95 per Session. Jeder Grad $ 20, D. Sc. $ 50.

Lennoxville (Quebec).

UNIVERSITY OF BISHOP'S COLLEGE.

Gegründet 1843. Royal Charter 1853 Church of England University of the Province of Quebec. Mit den Universitäten Oxford und Cambridge affiliiert.

FAKULTÄTEN: Faculty of Arts, Faculty of Divinity.

STUDIENGANG. *Faculty of Arts:* drei Jahre. Grad: B. A. — *Faculty of Divinity:* 2 Jahre. Titel: L. S. T. (Licentiatus Sacrae Theologiae).

Manitoba University siehe WINNIPEG.

Montreal (Quebec).

MCGILL COLLEGE AND UNIVERSITY.

GESCHICHTE. Die McGill University verdankt ihre Gründung einer privaten Stiftung. James McGill, ein geborener Schotte, bestimmte sein Besitztum in Burnside und $ 10000 zur Gründung eines College. Dieses erhielt 1821 das seine Gründung anerkennende Royal Charter und begann 1829 mit zwei Fakultäten (Arts und Medicine) seine Wirksamkeit. 1853 wurde die Anstalt durch ein neues Charter reorganisiert, und von da an datiert ihre Blüte. — Die Universität ist den Universitäten Oxford, Cambridge und Dublin affiliiert. Sie ist protestantisch, aber innerhalb des Protestantismus nicht konfessionell.

VERFASSUNG. Die Universität — »the Governors, Principal and Fellows« — hat die Rechte einer Korporation, aber der »Governor-General of Canada« ist Visitor. Die Governors sind Mitglieder der »Royal Institution for the Advancement of Learning«. Der President des Board of Governors ist ex officio Chancellor der Universität. Der »Principal« als »Academic Head« wird vom Board ernannt. — Der »Academic Staff« besteht aus dem Principal, den Deans der Faculties, den Professors und Associate Professors und andern — nicht mehr als zehn — Mitgliedern des »Teaching Staff«.

FAKULTÄTEN: Faculty of Arts, F. of Applied Science, F. of Law, F. of Medicine, Graduate School, F. of Agriculture im Macdonald College, Conservatorium of Music.

INCORPORATED AND AFFILIATED COLLEGES. Ihre Schüler sind in der Universität immatrikuliert, können die Studien ganz im affiliierten College oder teilweise im McGill College betreiben und werden zu den Universitätsprüfungen zu den gleichen Bedingungen wie die Studenten vom McGill College zugelassen.

1. Incorporated Colleges: *Macdonald College* in St. Anne de Bellevue. Besteht aus School for Teachers, School of Agriculture, School of Household Science. — *The McGill University College of British Columbia* in Vancouver, B. C. — *Victoria College* in Victoria, B. C. — *Mount Allison and Acadia Universities.*

2. Affiliated Theological Colleges: *Congregational College of Canada* (58, McTavish Street). — *Diocesan College* (201, University St.). — *Presbyterian College* (69, McTavish St.). — *Wesleyan College* (228, University St.).

AUFNAHME gegen Matriculation examination oder gleichwertige Zeugnisse.

GRADE. *F. of Arts:* B. A., B. Sc.; Diploma of Commerce. — *F. of Science:* B. Arch. (Bachelor of Architecture). — *F. of Law:* B. C. L. (Bachelor of Civil Law), D. C. L., LL. D. — *F. of Medicine:* M. D., C. M. (Master of Surgery), D.D. S. (Doctor in Dental Science); Diploma of Public Health. — *Graduate School:* M. A., M. Sc., Ph. D. (Doctor of Philosophy), D Litt., D. Sc. — *Macdonald College:* Bachelor of Agriculture. — *Conservatorium of Music:* Diploma of Licentiate in Music; Mus. Bac., Mus. Doc.

GEBÜHREN. Matriculation, first examination: $ 5. — *Arts:* »sessional fee for Undergraduates and conditioned Students«: $ 61 und besondere Gebühren für einzelne Kurse; B. A., B. Sc. in absentia $ 20. — *Applied Science:* Annual fee for the undergraduate Course in Architecture $ 100, other undergraduate Courses: $ 175; B. Sc. in absentia $ 20. — *Medicine:* erstes und zweites Jahr je $ 138, drittes Jahr: $ 148, viertes Jahr: $ 154, fünftes Jahr: $ 184; M. D. Grad: $ 30, aber nur von Studenten mit 4jährigem Kurs zu zahlen. — *Dentistry:* tuition $ 125 jährlich, Grad: $ 30. — *Law:* registration $ 5, sessional fee: $ 60, Graduation: $ 12.50, D. C. L.: $ 80. — *Graduate School:* jeder Jahreskurs $ 40; Graduation: M. A., M. Sc.: $ 20, in absentia: $ 40; Ph. D.: $ 30; D. Sc., D. Litt., LL. D. (in course): $ 80.

UNIVERSITÉ LAVAL.

GESCHICHTE. Gegründet 1852 in Quebec von dem Séminaire der Stadt und nach dem Gründer François de Montmorency-Laval, dem ersten Bischof Quebecs, benannt. 1876 wurde auf Veranlassung des Bischofs Bourget in Montreal eine Zweiganstalt errichtet, die seit dem Jahre 1889 von der Stammuniversität in Quebec in allen Verwaltungsfragen unabhängig ist, aber »elle reçoit ses grades du conseil de la maison de Quebec«. Die Unterrichtssprache ist französisch, in der theologischen Fakultät lateinisch.

VERFASSUNG. Der Erzbischof von Montreal als Vizekanzler kontrolliert die Ernennung der Professoren und übt über die Universität und die affiliierten Schulen die Oberaufsicht. — Eine »Corporation des Administrateurs«, deren Präsident der Erzbischof ist und in der die Bischöfe und Delegierte der kleineren affiliierten Anstalten und der Graduierten, usw. sitzen, verwaltet das Vermögen der Universität, usw. und übt ihre Tätigkeit durch ein »Bureau des Gouverneurs« aus. Ein Vicerecteur ecclésiastique, der von den Bischöfen der Provinz gewählt wird, repräsentiert in Fragen der allgemeinen Verwaltung und der Disziplin, unterstützt von einem Komitee von fünf Mitgliedern, dem Conseil universitaire, der »Corporation des Administrateurs« und dem »Bureau des Gouverneurs«.

FAKULTÄTEN: Faculté de Théologie (durch das Grand Séminaire de Montreal repräsentiert), F. de Droit, F. de Médecine, F. des Arts (noch nicht ganz entwickelt).

ÉCOLES AGRÉGÉS: l'École polytechnique, gegründet 1874, affil. 1887; l'École de Médecine comparée et de Science véterinaire de Montreal, gegründet 1886; l'École de Chirurgie dentaire, gegründet als Collège dentaire 1894, affil. 1904; l'École de Pharmacie Laval, gegründet und affiliiert 1906; l'Institut Agricole d'Oka, gegründet und affiliiert 1908.

STUDIENDAUER, GRADE und GEBÜHREN in den Fakultäten und affiliierten Schulen. *F. de Théologie.* Studiendauer: vier Jahre, vorher zwei Jahre Studium in »philosophie scolastique«. Examina nach jedem »Terme« (Semester). — Grade: Baccalauréat nach vier Termes; Licence, Bedingung ist der Besitz des Grades »Bachelier en théologie« und dreijähriges theologisches Studium; Doctorat, Bedingung ist Besitz des Grades »Licencié en théologie« und vierjähriges theologisches Studium. — Gebühren: Unterricht und Pension im Grand Séminaire $ 150, Diplôme de Bachelier $ 5, de Licencié $ 8, de Docteur $ 20. — *Faculté de Droit.* Studiendauer: drei Jahre; Examen nach jedem Terme. — Grade: Baccalauréat, Licence (Maîtrise) und Doctorat. Baccalauréat und Licence nach dreijährigem Studium; Doctorat, wenn der Kandidat die Licence »avec grande distinction« erworben hat, ein Jahr nach Erlangung der Licence, sonst erst nach drei Jahren. Vorlage und Verteidigung einer These. — Gebühren: »Inscription«, jährlich $ 5; Kurse jährlich $ 60; Diplom und Examen für das Baccalauréat $ 13; für die Licence $ 15; für das Doctorat $ 40; Certificat d'études $ 10. — *Faculté de Médecine.* Studiendauer: vier Jahre. — Grade: Baccalauréat nach zwei Jahren (cours primaires), Doctorat nach vier Jahren. — Gebühren: Inscription, jährlich $ 5, Kurse jährlich $ 100, Hospitalgebühren je $ 8, Doktordiplom $ 20. — Für Hörer einzelner Kurse: Inscription $ 5, jeder Kurs $ 10.

Faculté des Arts. Der hauptsächlichste Kurs in dieser Fakultät ist der in Littérature française, einjährig, für den ein Certificat oder Diplôme d'études littéraires gegeben wird. — *École polytechnique.* Studiendauer: vier Jahre. — Grade: Diplômes d'Ingénieur civil. — Gebühren: Immatriculation $ 10, Unterricht jährlich $ 50, verschiedene Nebengebühren erstes Jahr $ 50, in den folgenden $ 55, Diplom $ 25. — *École de Médecine comparée et de Science vétérinaire.* Studienzeit: drei Jahre. — Grade: Bachelier (nach zwei Jahren) und Docteur en médecine vétérinaire. — Das Agriculturministerium hat das Recht, 25 junge Leute jährlich auf die Schule zu senden; diese nehmen an allen Kursen gratis teil, abgesehen von kleineren Nebengebühren. Auf Grund dieses Rechts steht die Schule aber auch unter der Aufsicht des genannten Ministeriums, das für die Ausgestaltung des Unterrichts Sorge trägt. — *École de Chirurgie dentaire.* Studiendauer: vier Jahre. — Grad: Docteur en chirurgie dentaire (D. D. S.). Das Diplom muss aber, damit der Inhaber die zahnärztliche Praxis in der Provinz ausüben kann, vom »Collège des Dentistes« bestätigt werden. — Gebühren insgesamt: erstes Jahr $ 115, zweites Jahr $ 117, drittes Jahr $ 139, viertes Jahr (einschliesslich Diplomgebühr $ 30) $ 169. — *École de Pharmacie.* Studienzeit: Absolvierung von je 8 Kursen in »Matière médicale et de Pharmacie« und »Chimie et Botanique«. — Grade: Bachelier en Pharmacie, Docteur en Pharmacie; der letztere Grad wird bei hervorragend bestandenem Examen oder gegen Vorlage einer These verliehen. — Gebühren zusammen $ 112, einschliesslich Bachelier-Diplom $ 15, Doktordiplom $ 25. — *Institut Agricole d'Oka.* Erst 1908 eingerichtet und noch nicht vollständig ausgebaut.

ÉCOLE POLYTECHNIQUE.

Der Université Laval affiliiert. Siehe dort.

ÉCOLE DE MÉDECINE COMPARÉE ET DE SCIENCE VÉTÉRINAIRE.

Der Université Laval affiliiert. Siehe dort.

ÉCOLE DE CHIRURGIE DENTAIRE.

Der Université Laval affiliiert. Siehe dort.

ÉCOLE DE PHARMACIE LAVAL.

Der Université Laval angegliedert. Siehe dort.

Quebec.

UNIVERSITÉ LAVAL.

Geschichte. Gegründet durch das Seminar von Quebec und nach dem Gründer, François de Montmorency-Laval, benannt; bestätigt durch Royal Charter vom 8. Dezember 1852. Im Jahre 1876 wurde eine Sukkursale zu Montreal errichtet; vergl. Montreal S. 507.

Verfassung. Visiteur der Universität ist stets der katholische Erzbischof von Quebec, Rektor ist der Superior des Seminars zu Quebec. Der Conseil der Universität besteht aus den Direktoren des Seminars zu Quebec und den drei ältesten ordentlichen Professoren jeder der vier Fakultäten. Die Professoren der theologischen Fakultät werden vom Visiteur ernannt, alle anderen vom Conseil.

Fakultäten: Faculté de Théologie, F. de Droit, F. de Médecine, F. des Arts.

Aufnahme, Studiengang, Prüfungen. Man unterscheidet zwei Klassen von Hörern: die élèves inscrits, die sich einer Prüfung zur Aufnahme in die Faculté des Arts unterzogen haben und gewisse pekuniäre Vorrechte geniessen, und die élèves étudiants, welche diese Prüfung nicht abgelegt haben. — In den Facultés de Droit et de Médecine müssen die Studierenden, die als Rechtsanwälte, Notare oder Ärzte in der Provinz Quebec praktizieren wollen, eine Erlaubnis von dem Barreau, der Chambre des Notaires oder dem Collège de Médecine de la Province de Québec vorweisen, um als élèves étudiants aufgenommen zu werden. Seit 1891 brauchen die Bacheliers ès-Sciences, ès-Lettres und ès-Arts zur Zulassung zum Studium in der juristischen und medizinischen Fakultät nur ihre Zeugnisse identifizieren zu lassen. — Am Ende jedes »Terme« (Semester) findet eine Prüfung sämtlicher Studierenden statt.

Die Grade, welche die Universität verleiht, sind der Bachelier (Zeugnisgebühren $ 5), der Maître oder Licencié ($ 8) und der Docteur ($ 20). Die Faculté des Arts hat nur den Baccalauréat ès-Arts, ès-Lettres, oder ès-Sciences und die Licence en Philosophie.

Unterrichtsgebühren. Faculté des Arts: élèves inscrits $ 15 par terme (chaque cours isolé $ 7), élèves non inscrits $ 18 (6). — Faculté de Droit für den ganzen dreijährigen Cours $ 135 bzw. $ 162. — Faculté de Médecine für den ganzen Cours $ 180 bzw. $ 225.

St. John (New Brunswick).

FACULTY OF LAW siehe **WINDSOR,** University of King's College.

Toronto (Ontario).

UNIVERSITY OF TORONTO.

GESCHICHTE. Die Bewegung, welche zur Gründung der University of Toronto führte, geht auf das 18. Jahrhundert zurück. General Simcoe, der erste Gouverneur des oberen Canada (1792—1796), befürwortete die Gründung einer dortigen Universität. 1797 wurde der englischen Krone der Antrag gestellt, entsprechende Landschenkungen zur Gründung von Grammar Schools in jedem Distrikt und eines College oder einer Universität zur Verfügung zu stellen. Der Wunsch wurde 1798 erfüllt durch Überweisung von 500000 Acres Land. Aber erst 1827 wurde ein College durch königlichen Stiftungsbrief unter dem Namen King's College gegründet, mit gewissen religiösen Einschränkungen, wie sie seinerzeit in England in Kraft waren. Infolge finanzieller Schwierigkeiten und religiöser Uneinigkeiten konnte die Eröffnung des College erst 14 Jahre später erfolgen, unter Abschaffung aller religiösen Einschränkungen. Es entstanden Faculties of Arts, Medicine, Law und Divinity. Letztere wurde aber 1849 aufgehoben. Ein Senat wurde eingesetzt, dessen Mitglieder teilweise von der Krone ernannt waren. King's College erhielt von jetzt an den Namen University of Toronto. Drei Jahre später fand eine neue Änderung insofern statt, als die Faculties of Medicine and Law aufgehoben wurden. Die University of Toronto selbst blieb nur Prüfungs-Universität und erteilte Grade in Arts, Law und Medicine, während der Unterricht in Arts dem University College zugewiesen wurde; diese Einrichtung war ähnlich der, wie sie an der Londoner Universität bestand. 34 Jahre hindurch blieb dies Verhältnis unverändert. Andere Körperschaften, hauptsächlich bestimmte theologische Schulen, wurden der Universität affiliiert, die Kandidaten für die medizinischen Prüfungen erhielten ihre Ausbildung in affiliierten Medical Schools, und für die Grade in Law wurden ohne Unterricht vom Senat besonders bestimmte text-books zugrunde gelegt.

1887 erfuhr die Verfassung der Universität und des University College eine neue Änderung. Die methodistische Victoria University in Coburg hatte mit der University of Toronto seit ihrer Gründung in Verbindung gestanden. Jetzt wurde die Victoria University selbst nach Toronto verlegt, ihre Verwaltungsautoritäten traten in den Senat der University of Toronto, ihre Graduierten wählten Mitglieder des Senats, und so wurde eine enge Verbindung zwischen beiden Anstalten hergestellt. — Die bisher affiliierten theologischen Colleges wurden »Federated Colleges« und erhielten Vertretung im Senat.

Das Verhältnis ist jetzt so, dass das University College Vorlesungen in den klassischen Sprachen und Literaturen, in den orientalischen Sprachen, in Englisch, Französisch, Deutsch und Moralphilosophie abhält, während alle andern Fächer der Arts-Kurse der Faculty der University of Toronto zugewiesen sind. — 1887 wurde auch wieder eine medizinische Fakultät errichtet. — 1888 wurde das Ontario Agricultural College affiliiert, die School of Practical Science 1889, später das Royal College of Dental Surgeons of Ontario, das Toronto College of Music, das College of Pharmacy, das Ontario Veterinary College.

1890 brannte das alte Universitätsgebäude nieder und ist durch ein neues, allen Anforderungen gerecht werdendes ersetzt worden. Im Jahre 1904 schloss sich die University of Trinity College an, so dass Arts-Kurse jetzt sowohl in der Faculty of Arts der University of Toronto, in dem University College, als auch in dem Victoria College und dem Trinity College erteilt werden.

Verfassung und Organisation. Die jetzige Verfassung beruht auf dem University Act vom Jahre 1901. Der Lieutenant-Governor of Ontario ist *Visitor* der Universität und des University College. Beschlüsse des Board of Trustees sind seiner Zustimmung unterworfen. Ernennungen in der Universität und dem University College erfolgen durch die Krone. — Der *Board of Trustees* besteht aus neun Mitgliedern, dem Chancellor, Vice-Chancellor, dem Präsidenten der Universität, dem Principal des University College und fünf vom Lieutenant-Governor ernannten Persönlichkeiten. Er ist für alle finanziellen und Verwaltungsangelegenheiten mit Zustimmung des Visitor die massgebende Instanz. — Der *Senate* besteht aus 1. ex officio Members, 2. appointed Members, 3. elected Members. Die ex officio Members sind der Minister of Education, der Chancellor, der Präsident der Universität, der Principal of University College, der Chairman of the Board of Trustees, die Dekane der Fakultäten, die Präsidenten jedes der föderierten und affiliierten Colleges und die früheren Chancellors und Vice-Chancellors. Die appointed members bestehen aus Vertretern der Professors und Associate Professors. Die elected members (31) werden von den Graduierten der einzelnen Fakultäten und Colleges gewählt. Der Senat regelt alle den Unterricht betreffenden Angelegenheiten. — Die *Convocation* besteht aus allen Graduierten der Universität. Sie wählt den Chancellor und, wie oben gesagt, die Vertreter des Senats. — Der *University Council* besteht aus dem Präsidenten, dem Senior-Professor in jedem Department der einzelnen Fakultäten, den Principals des University College und jeder föderierten Universität oder College, dem Librarian der Universität. Der Council befasst sich mit allen Disziplinar-Angelegenheiten.

Fakultäten: Faculty of Arts (Arts-Kurse werden ausserdem im University College, Victoria College, Trinity College gehalten), F. of Medicine, F. of Applied Science and Engineering, F. of Education, F. of Forestry, F. of Household Science.

Federated Universities and Colleges: Victoria University, Trinity College, Wycliffe College, Knox College, St. Michael's College.

Affiliated Colleges: R. College of Dental Surgeons of Ontario, Ontario College of Pharmacy, Ontario Agricultural College, Toronto College of Music, Toronto Observatory of Music, Ontario Veterinary College, Western Canada College of Calgary, Columbian Methodist College, Albert College, usw.

Aufnahme gegen »Matriculation Examination«; vergl. England S. 200.

Studiengang und Grade. *Faculty of Arts:* B. A. (vierjährig), M. A. (ein Jahr nach B A.), D. Ph. — Diploma in Commerce (zweijährig). — *Faculty of Medicine:* M. B., M. D. — *Faculty of Applied Science and Engineering:* B. A. Sc. (vierjährig); Civil Engineer (C. E.), Mining Engineer (M. E.), Mechanical Engineer (M. E.) oder Electrical Engineer (E. E.), je drei Jahre Praxis nach B. A. Sc. — *Faculty of Education:* B. Paed., D. Paed. — Weitere Angaben, auch über Gebühren, fehlen.

VICTORIA UNIVERSITY.

Geschichte. Gegründet anlässlich einer Konferenz der Methodisten-Kirche von Canada, die im August 1830 zu Kingston abgehalten wurde; eröffnet am 12. Oktober 1836 und durch Stiftungsbrief des Königs Wilhelm IV. als »Upper Canada Academy« bestätigt; 1841 durch das Parlament der Vereinigten Provinzen von Ober- und Unter-Canada zum »Victoria College« erweitert mit der Befugnis, die akademischen Würden zu verleihen; seit 1850 unter der Leitung des Principal Rev. S. S. Nelles schrittweise durch Errichtung einer rechtswissenschaftlichen (1860) und einer theologischen Fakultät (1871) zu einer wirklichen Universität umgebildet. Der Titel »Victoria University« wurde der Anstalt durch Beschluss der Legislatur von Ontario in der Session 1883/84 verliehen. Am 12. November 1890 endlich wurde sie der University of Toronto (s. S. 510) angegliedert, so zwar, dass ihre philosophische und theologische Fakultät intakt blieb, während die medizinische und juristische Fakultät in denen der University of Toronto aufgingen. Seit 1904 hat sich die Faculty of Arts der Faculty of Arts der University of Toronto angeschlossen. Die Förderations-Akte der beiden Universitäten bestimmt, dass Victoria im Senate der University of Toronto durch den Chancellor, 5 Graduates in Arts, 3 Mitglieder des Lehrkörpers und den Registrar vertreten ist.

FAKULTÄTEN: Faculty of Arts und Faculty of Theology.

AUFNAHME, STUDIENGANG, GRADE, GEBÜHREN. *Faculty of Arts.* Die University of Toronto, nicht Victoria, nimmt die Examina ab und verleiht die Grade. — *Faculty of Theology.* Studiengang zur Erlangung des B. D. Grades dreijährig. Nur für B. A. Graduates zugänglich. — Gebühren: Tuition $ 25, Graduierte gebührenfrei. Examination $ 2 und mehr, B. D. Grad $ 10.

TRINITY UNIVERSITY.

Der University of Toronto 1904 föderiert. Vertretung in der University ähnlich wie Victoria (siehe oben). Die University nimmt die Examina in Arts ab und verleiht die Grade. Vergl. University of Toronto S. 510.

FAKULTÄTEN: Faculty of Arts, F. of Theology.

AUFNAHME, usw. ähnlich wie Victoria University.

MCMASTER UNIVERSITY.

GESCHICHTE. Im Jahre 1887 wurde laut Gesetz die Vereinigung des Toronto Baptist College und des Woodstock College zu einer McMaster University beschlossen. Durch den Tod des Hon. William McMaster gelangte die Universitäts-Korporation in den Besitz von $ 900000, und die Vertreter der Regular Baptist Churches of Ontario and Quebec bestimmten im Jahre 1888, dass die McMaster University als unabhängige Lehranstalt in Toronto organisiert werden und das Woodstock College in Woodstock verbleiben sollte. Die Arts-Kurse der University begannen mit dem akademischen Jahr 1890—1891.

AUFNAHME. Arts: Matriculation Examination oder gleichwertige Zeugnisse. Theology: Bedingung ist der Arts-Grad oder zweijähriges Arts-Studium.

GRADE. *Arts:* B. A., B. Sc., M. A. — *Theology:* B. Th., B. D.

GEBÜHREN. Matriculation Examination $ 5 bzw. $ 15. — Tuition in Arts $ 50 im ersten Jahr; $ 53 mit einem, $ 56 mit zwei Laboratory courses im zweiten; $ 55 bzw. $ 60 im dritten; $ 56 bzw. $ 60 im vierten. — Tuition in Theology: $ 12 jährlich. — Examination: M. A. $ 5, bzw. $ 15; B. D. $ 5, bzw. $ 15. — Degree fees: B. A., M. A., B. Th. oder B. D.: $ 10. Diploma in Theology (without degree) $ 5.

ST. MICHAEL'S COLLEGE.

Gegründet 1852 durch die Basilianischen Väter als katholische Lehranstalt. Mit der University of Toronto affiliiert 1881, seit 1887 föderiert. Vergl. die University S. 510.

WYCLIFFE COLLEGE.

Gegründet 1877 als evangelische Lehranstalt. Mit der University of Toronto 1885 affiliiert, seit 1887 föderiert. — AUFNAHME von »Matriculants« der University of Toronto. — 4jährige Arts-Kurse, 3jährige Divinity-Kurse. — GRADE: Arts-Grade der Universität und B. D. und D. D.

der »General Synod of Church of England in Canada«. — Ausser den Universitätsgebühren sind für den College-Unterricht keine zu zahlen.

KNOX COLLEGE.

Gegründet 1846. Ein theologisches Seminar in Verbindung mit der General Assembly of the Presbyterian Church in Canada. Mit der University of Toronto affiliiert 1885, föderiert seit 1887.

VERWALTUNG durch Governing Board und Senate. — AUFNAHME: »Graduates in Arts or three years of University Course«. — Theologischer STUDIENGANG: dreijährig. — GRADE: B. D. und D. D. — GEBÜHREN für »entrance und tuition« werden nicht erhoben. Grad B. D.: $ 10.

SCHOOL OF DENTISTRY OF THE ROYAL COLLEGE OF DENTAL SURGEONS OF ONTARIO (93, College Street).

Gegründet 1868. In Verbindung mit dem College wurde 1875 eine School of Dentistry errichtet; mit der University of Toronto affiliiert 1888.

AUFNAHME. Die Kandidaten müssen an der Universität immatrikuliert sein. — STUDIENDAUER mindestens $3^1/_2$ Jahre. — GRAD: Doctor of Dental Surgery (D. D. S.).

GEBÜHREN: Matriculation $ 5, Examination $ 10, Degree $ 15.

ONTARIO COLLEGE OF PHARMACY.

Gegründet 1882 auf Grund des »Pharmacy Act of the Province of Ontario« vom Jahre 1871. Seit 1891 der University of Toronto affiliiert. — Verwaltung durch einen Council.

AUFNAHME. Die Studierenden müssen an der University of Toronto immatrikuliert sein und eine vierjährige Lehrzeit bei einem geprüften Apotheker nachweisen. — STUDIENDAUER in jedem Department 9 Monate. — GRAD: Bachelor of Pharmacy (Phm. B.). — GEBÜHREN: Entrance $ 2; Tuition: Junior Course $ 60, Senior Course $ 90; Degree $ 27.50.

THE ONTARIO VETERINARY COLLEGE.

Mit der University of Toronto affiliiert (siehe S. 510).

THE ONTARIO AGRICULTURAL COLLEGE

and Experimental Farm (gelegen etwa eine Meile südlich der Stadt Guelph).

Mit der University of Toronto affiliiert 1888. — STUDIENDAUER zur Erlangung des Associate Diploma 2 Jahre, des Grades B. S. A. (Bachelor of the Science of Agriculture) 4 Jahre.

GEBÜHREN: 1. und 2. Jahr $ 20, 3. und 4. Jahr $ 50 jährlich für Studenten aus Ontario; für Studenten aus dem übrigen Canada einschliesslich Newfoundland $ 50 jährlich, für alle anderen $ 100 jährlich.

Vancouver (British Columbia).

THE MCGILL UNIVERSITY OF BRITISH COLUMBIA.

Dem McGill College and University in Montreal inkorporiert (vergl. S. 507). Nur Studium in Arts und entsprechende Grade.

Victoria (British Columbia).

VICTORIA COLLEGE.

Dem McGill College and University in Montreal inkorporiert (vergl. S. 507). Nur Studium in Arts und entsprechende Grade.

Windsor (Nova Scotia).

UNIVERSITY OF KING'S COLLEGE.

Älteste Universität in Canada. Gegründet 1788 unter dem Titel »King's College of Nova Scotia«. Königlicher Stiftsbrief vom Jahre 1802. Affiliiert mit den Universitäten Oxford, Cambridge und Dublin. — Unterricht in Philosophie, Naturwissenschaft und Technik, usw. Juristische Fakultät in St. John (New Brunswick).

STUDIENDAUER: 3 bzw. 4 Jahre. Kandidaten der technischen Fächer gehen nach der Abgangs-Prüfung im zweiten Jahre an das College in Halifax über (Studienzeit 2 Jahre). — GRADE: denen der englischen Universitäten entsprechend; nähere Angaben fehlen.

Winnipeg (Manitoba).

UNIVERSITY OF MANITOBA.

Gegründet als examinierende Korporation auf Grund des Gesetzes der »Manitoba Legislature« 1877. Unterricht in Naturwissenschaft seit 1898. Die Faculty of Science wurde 1904 errichtet. Mit dem Unterricht »in engineering« wurde 1908, mit dem »in arts« 1909 begonnen. Die Professoren der Faculty of Arts sind noch nicht ernannt. Unterricht in Geologie, Zoologie, Histologie und Mineralogie ist ebenfalls vorgesehen.

Die VERWALTUNG befindet sich zur Zeit in Reorganisation.

FAKULTÄTEN: Faculty of Arts, F. of Science.

Als Ergänzung der Universität dient der Unterricht in folgenden »AFFILIATED COLLEGES«: *Manitoba Medical College*. — *St. Boniface College* (katholisch). — *St. John's College* (English Church). — *Manitoba College* (Presbyterian). — *Wesley College* (Methodist). — *Manitoba College of Pharmacy*. — *Manitoba Agricultural College*.

Mexiko. Westindien. Zentralamerika.

MEXIKO.

WESTINDIEN.

ZENTRALAMERIKA.

Mexiko.

UNIVERSITÄTEN in **GUADALAJARA** und **MÉRIDA**.
ESCUELA DE MEDICINA in **MEXIKO**.
ESCUELA DE MINERIA in **MEXIKO**.
ESCUELA DE INGENIEROS in **GUADALAJARA**.
INSTITUTO CIENTIFICO Y LITERARIO »PORFIRIO DIAZ« in **TOLUCA**.

Zentralamerika.

UNIVERSITÄT in **SAN JOSÉ** (Costa Rica).
UNIVERSITÄT in **GUATEMALA** (Guatemala).
UNIVERSITÄT in **TEGUCIGALPA** (Honduras).
UNIVERSITÄT in **SAN SALVADOR** (San Salvador).

Westindien.

Barbados, Cuba, Martinique.

Barbados.

CODRINGTON COLLEGE.

Gegründet 1710 von Christopher Cordington, Captain general of the Leeward Islands, der sein Vermögen der »Society for the Propagation of the Gospel in Foreign Parts« überliess »for the purpose of founding a College for the Study of Divinity, Physic and Chirurgery«. Seit 1875 der Durham University (s. S. 208) affiliiert. Die Studenten werden in der Matrikel dieser Universität aufgeführt. Die Prüfungen erfolgen im College selbst; die erfolgreichen Prüflinge werden zu den Graden der Universität in Arts und Theology »in absentia« zugelassen.

Grade: B. A., M. A., L. Th.

Gebühren: Admission fee £ 3. 6 s. 8 d. ($ 16). — Each Examination £ 1. 11 s.; Grade: B. A. oder L. Th. £ 3. 11 s. 8 d., M. A. £ 9. 5 s.

Fort de France (Martinique).

ÉCOLE PRÉPARATOIRE DE DROIT.

Gegründet laut Dekret vom 20. Januar 1883.

Aufnahme: 1. Inhaber des Diplôme de bachelier de l'enseignement secondaire. 2. »Notaires, avoués et autres officiers ministériels, les fonctionnaires ou employés en exercice à la Martinique ou y ayant exercé pendant trois ans. 3. Les étudiants de la Guadeloupe, de la Guyane et des colonies circonvoisines (Amérique centrale) peuvent s'inscrire à l'école de droit de Fort de France. Ceux d'entre eux qui sont fonctionnaires sont dispensés de l'assiduité; ceux qui ne le sont pas doivent en solliciter la dispense du directeur de l'école en faisant valoir leurs raisons. Ils doivent avoir un correspondant à Fort de France«.

Studiengang, Grade. Der Studiengang zur Erlangung des »licencié« ist 3 Jahre: 12 inscriptions mit entsprechendem Examen (vergl. Frankreich S. 267 u. ff.). — Die Schule gibt nach dem 1. Studienjahr ein »certificat d'études de première année pour le baccalauréat«, nach dem 2. ein »certificat de seconde année« und ausserdem »certificats spéciaux de capacité pour le notariat, le greffe ou autres offices ministériels, et des certificats spéciaux d'études administratives ou commerciales«.

Die Schüler mit »diplôme de bachelier de l'enseignement secondaire«, die die Kurse in Fort de France gehört und die entsprechenden Examina abgelegt haben, werden ohne weiteres Examen zu dem Studium in Frankreich zugelassen. Die Inhaber des »certificat de capacité de baccalauréat« und des »certificat de capacité de licence« können die Diplome des bachelier oder licencié nach einem Spezialexamen erhalten.

GEBÜHREN: Examen de capacité 1re année 30 fr., 2e année 70 fr., 1er examen de baccalauréat 185 fr., 2d examen de baccalauréat 280 fr., examen de licence 285 fr.

Habana (Cuba).

UNIVERSIDAD DE LA HABANA.

GESCHICHTE. Am 12. Sept. 1721 erhielten die Mönche des Dominikanerklosters San Juan de Letrán vom Papst Innocenz XIII. einen Stiftsbrief zur Errichtung einer Universität in Habaña und das Recht, die akademischen Grade zu verleihen. Dieses Recht wurde durch königl. Dekret vom 28. Sept. 1728 bestätigt. Die Universität fand in obigem Kloster Unterkunft, wurde aber 1842 nach dem früheren Kloster de Santo Domingo verlegt und zugleich säkularisiert. Heute befindet sie sich in verschiedenen Gebäuden auf der Habaña beherrschenden Anhöhe des Castillo del Principe. Zum Teil wurden die früheren Gebäude der alten spanischen Pirotecnica Militar benutzt.

FAKULTÄTEN: philosophische, medizinische, juristische. Erstere besteht aus der Escuela de Letras y Filosofía, Escuela de Pedagogia, Escuela de Ciencias, Escuela de Ingenieros, Electricistas y Arquitectos und der Escuela de Agronomía. - Die medizinische besteht aus der Escuela de Medicina, Escuela de Farmacia, Escuela de Cirurgía Dental und der Escuela de Medicina Veterinaria. — Die juristische wird gebildet aus der Escuela de Derecho Civil, Escuela de Derecho Público und Escuela del Notariado.

AUFNAHME: Mindestalter 18 Jahre, Diplom eines »Bachiller en Letras y Ciencias«.

STUDIENGANG, GRADE. *Escuela de Letras y Filosofía, de Pedagogía, de Ciencias:* Studiengang dreijährig; Grade: Doctor en Filosofía y Letras, Doctor en Ciencias Fisico-Matematicas, Doctor en Ciencias Naturales. — *Escuela de Ingenieros und Arquitectos:* Studiengang fünfjährig; Grade: Ingeniero Civil, Arquitecto, Maestro de Obras. — *Escuela de Electricistas:* Studiengang vierjährig; Grad: Ingeniero electricista. — *Escuela de Agronomia:* nach dreijährigem Studium Perito Quimico Agronomo, nach vierjährigem Studium: Ingeniero Agronomo. — *Escuela de Medicina:* nach fünfjährigem Studium: Doctor en Medicina. — *Escuela de Farmacia:* nach vierjährigem Studium: Doctor en Farmacia. — *Escuela de Cirurgia Dental:* nach dreijährigem Studium: Doctor en Cirurgia Dental. — *Escuela de Medicina Veterinaria:* Grad: Doctor en Medicina Veterinaria. — *Escuela de Derecho Civil:* nach fünfjährigem Studium: Doctor en Derecho Civil — *Escuela de Derecho Público:* nach vierjährigem Studiengang: Doctor en Derecho Público. — *Escuela del Notariado* verleiht nach vier Kursen den Titel »Notario«.

GEBÜHREN: Matrikel pro Jahr $ 60, zahlbar in vier Raten, wofür dann der Besuch sämtlicher Vorlesungen frei ist. Laboratoriumsbenutzung $ 6. Doctor-Grad $ 25.

Südamerika.

Argentinien.

Buenos Aires.

UNIVERSIDAD NACIONAL DE BUENOS AIRES
(Calle Viamonte 430).

Geschichte. Die Universität wurde am 12. August 1821 eingeweiht, doch reichen die ersten Anfänge ihres Entstehens bis ins Ende des 18. Jahrhunderts zurück. Bis zum Jahre 1767 erteilten die Jesuiten den Unterricht, wurden aber dann vertrieben. Die spanische Regierung konnte sich zunächst nur mit dem Volksunterricht befassen und wandte sich an die fortschrittliche Verwaltung Carlos III. und an den Gobernador Don Juan José de Vertiz zwecks Gründung eines primer colegio de segunda enseñanza. Bald darauf war man sich jedoch schlüssig geworden, eine Universität und ein colegio consistorio zu gründen auf den materiellen Grundlagen der von den Jesuiten zurückgelassenen Pfründen. Ein königlicher Erlass vom Jahre 1778 bestimmte die Gründung einer Universität, die aber erst im Jahre 1821 wirklich entstand. Unterdessen hatte sich der Unterricht von den bescheidenen Anfängen des colegio consistorio — Colegio de San Carlos genannt — bis zu den exakten und medizinischen Wissenschaften und der Jurisprudenz entwickelt. und Pueyrredon wandte sich zwecks Ratifikation des königlichen Dekrets von 1778 an den Kongress. Nach Bestätigung der Regierung konnte die Universität endlich am 12. August 1821 eingeweiht werden. Am 8. Februar 1822 erliess die Regierung ein Dekret, laut dem die Universität den öffentlichen Unterricht der Provinz Buenos Aires umfassen und aus sechs Departamentos bestehen sollte. Diese waren: primeras letras, estudios preparatorios, ciencias exactas, medicina, jurisprudencia und ciencias sagradas. Letzteres trat aber nicht in Wirksamkeit. Von 1822 bis 1834 verwandte die Verwaltung besondere Aufmerksamkeit auf die Erweiterung und Verbesserung des Unterrichts und sonderte das Departamento de primeras letras ab. Im Jahre 1833 erreichte die Universität den höchsten Punkt ihrer Blüte seit ihrem zwölfjährigen Bestehen, kam aber während der Gewaltherrschaft des Rozas (1835—1851) in einen ständigen Rückgang. Der Unterricht in den Fakultäten wurde eingeschränkt, die medizinische Fakultät trennte sich von der Universität und die Facultad de ciencias exactas existierte in dieser Zeit nicht. Doch nach dem Sturze der Gewaltherrschaft wurde das Unterrichtswesen neu organisiert, die fehlenden Fakultäten schlossen sich wieder an, und neue Bestimmungen wurden erlassen. Bei studentischen Ausschreitungen im Jahre 1871 stellte sich die Notwendigkeit heraus, die disziplinaren Bestimmungen der Universität zu revidieren. Im gleichen Jahre erhielt die Universität den Charakter einer juristischen Person mit allen dazugehörigen Befugnissen, einschliesslich der Neuschaffung von Fakultäten. Die Verfassungsreform der Provinz Buenos Aires im Jahre 1873 brachte den Fakultäten die Unterrichtsfreiheit. 1874 schloss sich das Departamento preparatorio an die Facultad de humanidades y filosofía an, wurde aber 1881 wieder getrennt und in ein colegio nacional verwandelt. In den letzten 30 Jahren haben sich die Fakultäten der Neuzeit entsprechend vervollständigt und wurden im Jahre 1909 noch durch die Facultad de agronomía y veterinaria ergänzt. — *La Universidad Nacional de Buenos Aires.* 1910 veröffentlicht vom Consejo superior aus Anlass der Zentenarfeier vom 25. Mai 1910.

VERFASSUNG UND VERWALTUNG. Das Universitätsgesetz vom 25. Juni 1885 bestimmt für die Universitäten Buenos Aires und Córdoba: Die Universität soll bestehen: aus einem »Rector«, der von der »Asamblea Universitaria« für vier Jahre, mit dem Rechte der Wiederwahl, gewählt wird, aus einem »Consejo superior« und den Fakultäten. Die Asamblea Universitaria soll aus allen Mitgliedern der Fakultäten bestehen. Der Rektor ist der Repräsentant der Universität, er führt den Vorsitz in den Sitzungen der »Asamblea« und des »Consejo«. Der »Consejo superior« setzt sich zusammen aus dem Rektor, den Dekanen der Fakultäten und zwei besonders erwählten Delegierten. Der Consejo ist die letzte Instanz in allen Disziplinarangelegenheiten. Die Fakultäten werden durch einen Consejo directivo und Dekan verwaltet. Der Consejo directivo besteht aus 15 Mitgliedern einschliesslich des Dekans, deren dritter Teil wenigstens aus Professoren bestehen muss, die Unterrichtskurse leiten. Die Mitglieder bleiben sechs Jahre im Amt, werden auf Vorschlag des Lehrkörpers ernannt und können wiedergewählt werden. Der Consejo directivo erwählt den Dekan, den Vizedekan und die Delegierten des Consejo superior und überwacht die Lehrtätigkeit der Fakultät.

Die Profesores titulares werden von einem Ausschuss von drei Mitgliedern gewählt. Ein Professor kann nicht mehr als zwei Lehrstühle innehaben. Die Profesores suplentes vertreten die Titulares in ihrem Amt und halten Ergänzungskurse ab, wozu sie von der Fakultät bestimmt werden.

FAKULTÄTEN: Facultad de Derecho y Ciencias sociales; Fac. de Ciencias Médicas, bestehend aus Escuela de Medicina, Escuela de Farmacia, Escuela de Parteras und Escuela de Odontología; Fac. de Ciencias exactas, físicas y naturales; Fac. de Filosofía y Letras und Fac. de Agronomía y Veterinaria.

AUFNAHME gegen Zeugnis eines Colegio nacional, anderer anerkannter Institute für den höheren Unterricht der Provinz oder anerkannter ausländischer Fakultäten oder Institute. In die Facultad de Ciencias exactas, físicas y naturales werden auch die Diplomierten einer Escuela Industrial de la Nación, Escuela Nacional de Bellas Artes, Escuela de Pilotos und der Escuelas Militar y Naval aufgenommen.

STUDIENGANG UND GRADE. *Facultad de Derecho y Ciencias sociales:* Doctor en ciencias jurídicas y sociales; Kurs siebenjährig. — *Facultad de Ciencias Médicas:* Doctor en medicina; Kurs siebenjährig. Kurs für Apotheker vierjährig, für Zahnärzte zweijährig. — *Facultad de Ciencias exactas, físicas y naturales:* Ingeniero Civil; Kurs sechsjährig. Ingeniero Mecánico; Kurs fünfjährig. Arquitecto; Kurs fünfjährig. Agrimensor; Kurs dreijährig. Doctor en ciencias físico-matemáticas; Kurs fünfjährig. Doctor en ciencias naturales; Kurs vierjährig Doctor en química; Kurs vierjährig. — *Facultad de Filosofía y Letras:* Doctor en Filosofía y Letras; Kurs fünfjährig. Profesor de Enseñanza secundaria. — *Facultad de Agronomía y Veterinaria:* Ingeniero agrónomo; Kurs fünfjährig. Doctor en medicina veterinaria; Kurs fünfjährig.

GEBÜHREN sehr verschieden. Nähere Angaben fehlen. Vergl. Córdoba.

Córdoba.

UNIVERSIDAD NACIONAL.

Geschichte. Gegründet 1613 von Bischof Don Fray Fernando Trejo als Universidad de Córdoba mit Lehrplänen für Humaniora, Philosophie, Theologie und Kirchenrecht (canones). 1621 erteilte ihr Papst Gregor XV. das Recht, Grade zu verleihen. 1664 erhielt sie die erste Verfassung durch die Jesuiten. Nach der Vertreibung der letzteren im Jahre 1767 durch Karl III. haben die Franziskaner 40 Jahre lang die Universität geleitet, worauf für weitere 40 Jahre die Weltgeistlichkeit folgte. 1854 wurde die Universität unter den Schutz der Nation gestellt. Die Rechtsfakultät wurde unter den Franziskanern im Jahre 1791 gegründet; unter dem jetzigen Regime 1870 die mathematisch-naturwissenschaftliche Fakultät, 1878 die medizinische Fakultät, während die alte theologische Fakultät in das Jesuitenseminar umgewandelt und die Verleihung des Dr. theol. durch die Universität 1884 aufgehoben wurde.

Verfassung und Organisation vergl. Buenos Aires.

Fakultäten: Facultad de Derecho y Ciencias sociales; Fac. de Ciencias exactas, físicas y naturales; Fac. de Ciencias médicas.

Aufnahme nach Absolvierung eines Colegio nacional oder gegen gleichwertiges Zeugnis einer ausländischen Erziehungsanstalt.

Grade: Doctor en Derecho, en Ciencias sociales, en Medicina y Cirurgia, en Ciencias naturales; Ingeniero civil; Agrimensor; und die Titel: de farmaceutico, und de practero.

Gebühren. Kollegiengelder werden nicht erhoben; die Studenten zahlen für die Matrikel $ 6 bis 8. Derecho de examen $ 10, bzw. 30, Término de los Exámenes $ 20, bzw 80, Examen de Tesis $ 70, bzw. 150, Diplom $ 20, Approbation $ 100.

La Plata.

UNIVERSIDAD NACIONAL DE LA PLATA

(Calle 7 entre 47 y 48.)

Geschichte. Die Universität wurde am 12. August 1905 gegründet gemäss einem Abkommen des Ministers »de Justicia é Instrucción Pública« mit der Regierung der Provinz Buenos Aires. 1906 wurden ihre Fakultäten durch Verschmelzung der Provinzialinstitute »Universidad de la Provincia de Buenos Aires, Biblioteca de la Provincia, Observatorio Astronómico, Museo de La Plata, Escuela de Agronomía y Veterinária« durch Ueberweisung an die Bundesregierung errichtet und erweitert.

Verfassung und Organisation vergl. Buenos Aires.

Fakultäten: Museo y Facultad de Ciencias Naturales mit »Escuela de Química y Farmacia, de Geografía, de Dibujo; Observatorio Astronómico y Fac. de Ciencias Físicas, Matemáticas y Astronómicas mit Escuela Superior de Ciencias Astronómicas, de Ciencias Físicas, de Ciencias Matemáticas; Fac. de Ciencias Jurídicas y Sociales; Fac. de Agronomía y Veterinaria mit der Escuela Regional Práctica de Agricultura y Ganadería de Santa Catalina.

Aufnahme gegen Zeugnis eines Colegio nacional oder gleichwertiges Zeugnis einer auswärtigen Anstalt. Vergl. Buenos Aires.

Grade. *Museo:* Licenciado und Doctor en Ciencias Naturales, Doctor en Química y Farmacia, Químico industrial, Perito Químico, Farmacéutico, Profesor de Geografía física, Profesor de Dibujo, Cartógrafo, Calígrafo. — *Observatorio Astronómico:* Astrónomo. — *Facultad de Ciencias Fisicas, Matemáticas y Astronómicas:* Profesor de Matemática, Profesor de Física, Doctor en Física, Ingeniero Geógrafo, Maestro mayor en Arquitectura, Ingeniero electricista, Agrimensor, Arquitecto, Electricista, Ingeniero Hidráulico. — *Facultad de Ciencias Juridicas y Sociales:* Doctor en Ciencias Juridicas y Sociales, Abogado, Procurador, Escribano, Profesor de Enseñanza Secundaria y Superior, Profesor en materias especiales, Doctor en Filosofía y Letras. — *Facultad de Agronomia y Veterinaria:* Ingeniero-agrónomo, Doctor en Medicina y Veterinaria, Perito Agrícolo-ganadero.

GEBÜHREN sehr verschieden. Nähere Angaben fehlen. Vergl. Córdoba.

Bolivien.

UNIVERSIDAD MAYOR DE SAN FRANCISCO XAVIER
in **SUCRE**. Gegründet 1623.

COLEGIO DE ABOGADOS
in **LA PAZ**. Gegründet 1893 zum Studium des Rechts und der nationalen Gesetzgebung.

Brasilien.

I. Allgemeine Verfassung und Organisation der Hochschulen.

Die Verfassung der brasilianischen Fakultäten und technischen Hochschulen ist durch die Gesetze vom 1. Januar 1901 (Codigo do enxino) einheitlich geregelt. — Die Verwaltung der Fakultäten und technischen Hochschulen wird durch das Kollegium der Professoren ausgeübt. Einer der Professoren wird von der Regierung zum Direktor ernannt. Das Kollegium setzt das Studien-Programm, die Stunden des Unterrichts, usw. fest. Die Professoren werden auf Vorschlag der betreffenden Fakultät von der Regierung auf Lebenszeit ernannt; die »Profesores substitutos« nach Konkurrenzexamen (concours) auf Vorschlag der betreffenden Fakultät. — Der Gehalt der ordentlichen Professoren beträgt in den ersten 10 Jahren 12000 ℳ jährlich, hiernach 5% mehr; nach 20 Jahren 10% mehr, nach 25 Jahren 15% mehr, nach 30 Jahren 20% mehr. Die Pension beträgt für jedes geleistete Dienstjahr ein Drittel des Jahresgehaltes. Witwen und Waisen erhalten dieselbe Pension wie die der Staatsbeamten.

Aufnahme, Gebühren. Die Immatrikulation kostet 250 ℳ jährlich für Studierende männlichen und weiblichen Geschlechts. Die Zulassung zur Immatrikulation erfolgt auf Grund des Maturitätszeugnisses eines brasilianischen Gymnasiums. Weiteres vergl. bei den einzelnen Anstalten.

II. Geschichte und besondere Organisation.

Bahia.

FACULDADE DE MEDICINA, CIRURGIA E PHARMACIA.

Gegründet am 18. Februar 1808. Reorganisiert 1832, 1881, 1884, 1901. Im Jahre 1901 wurde von der Regierung ein neues Gebäude errichtet, das 1905 vom Feuer zerstört und 1906—1908 wieder aufgebaut wurde. — Verwaltung durch den Direktor und das Professorenkollegium.

Studiendauer: Mediziner sechs Jahre, Apotheker zwei Jahre, Zahnärzte zwei Jahre.

ESCHOLA DE ENGENHARIA.

Gegründet 1896. Verwaltung, usw. ähnlich wie die Escola Polytechnica in Rio de Janeiro, vergl. dort.

ESCHOLA DE DIREITO.

Gegründet 1890. Verwaltung, usw. wie die gleiche Anstalt in Recife, vergl. dort.

Bello Horisonte (Minas-Geraes).

FACULDADE LIVRE DE DIREITO DO ESTADO DE MINAS-GERAES.

GESCHICHTE. Durch die Versammlungen hervorragender Bürger und Beamten vom 11 Mai und 13. November 1892 ins Leben gerufen (auf Grund des Gesetzes der Föderation vom 2. Januar 1891) und am 10. Dezember des gleichen Jahres in den Räumen des gesetzgebenden Kongresses eingerichtet; bestätigt durch Erlass der Zentralregierung vom 21. Februar 1893. Am 2. Februar 1893 wurden die Vorlesungen mit 43 Studierenden eröffnet, am 4. September 1893 fand die erste Prüfung statt. Der Kongress des Staates Minas-Geraes bewilligte durch Beschluss vom 14. August 1893 einen jährlichen Zuschuss von 70 Contos, der Rest wird durch freiwillige Beiträge aufgebracht. — Verwaltung, usw. vergl. Recife.

Ceará.

FACULDADE DE DIREITO.

Gegründet 1908. Verwaltung, usw. vergl. die Fakultät in Recife.

Juiz de Fora.

ESCOLA DE PHARMACIA.

Vergl. die pharmazeutische Schule in Ouro Preto.

Ouro Preto (Minas-Geraes).

ESCOLA DE MINAS (Berg- und Hüttenschule).

1875 nach französischem Muster gegründet, 1876 eröffnet. 1885 reorganisiert als Schule der Bundesregierung; die letztere bestreitet seit 1893 die gesamten Kosten.

STUDIENGANG: sechsjährig, davon drei Jahre im »grundlegenden Kursus« und drei Jahre im »Spezialkursus«. Das zweite Jahr verleiht den Titel »Feldmesser«, das dritte den »Ingenieur-Geographen«; das zweite Jahr im Spezialkursus den »Industrie-Ingenieur«, das dritte den »Berg- und Zivil-Ingenieur«.

ESCOLA DE PHARMACIA.

Gegründet 1839. Zweijähriger Lehrkursus: 1. Anorganische Chemie, heilkräftige Materien, praktische Pharmazie, medizinische Naturgeschichte; 2. Medizinische Chemie (organisch und biologisch) und Pharmakologie. — Zulassungsexamen in Portugiesisch, Französisch, Arithmetik, Algebra, Geometrie, Physik, Chemie und Naturgeschichte. — Verwaltung der Schule durch einen Direktor, einen Sekretär und sechs Unterbeamte für die Laboratorien.

Pará=Belem.

ESCOLA DE PHARMACIA.

Vergl. die pharmazeutische Schule in Ouro Preto.

Porto Alegre (Rio Grande do Sul).

FACULDADE LIVRE DE MEDICINA E PHARMACIA.

Gegründet 1899. — Verwaltung, usw. vergl. die gleiche Fakultät in Rio de Janeiro.

ESCHOLA DE ENGENHARIA.

Gegründet 1894. Verwaltung, usw. ähnlich wie die Escola Polytechnica in Rio de Janeiro, vergl. dort.

FACULDADE DE DIREITO.

Gegründet 1900. Verwaltung, usw. wie die der gleichen Fakultät in Recife, vergl. dort.

Recife.

FACULDADE DE DIREITO.

Gegründet 1827. Reorganisiert 1831, 1854, 1871, 1879, 1891, 1894. — Verwaltung durch einen Direktor und das Professorenkollegium. Studiendauer bis zum Bachelor, resp. Doctor juris: fünf Jahre.

ESCHOLA DE ENGENHARIA.

Gegründet 1892. — Verwaltung, usw. ähnlich wie die der Escola Polytechnica in Rio de Janeiro, vergl. dort.

Rio de Janeiro.

FACULDADE DE MEDICINA, CIRURGIA E PHARMACIA.

Gegründet 5. November 1808. Reorganisiert 1813, 1832, 1881. — Verwaltung durch den Direktor und das Professorenkollegium. — Studiendauer und Grade: Doctor med. fünf Jahre, Apotheker zwei Jahre, Zahnarzt zwei Jahre.

INSTITUTO OSWALDO CRUZ.

Gegründet 1901. Reformiert 1907. Für wissenschaftliche Studien über Infektionskrankheiten. Kurse über Bakteriologie und Parasitenkunde, klinische Mikroskopie. — Verwaltung durch einen Direktor.

INSTITUTO PSYCHIATRICO DO RIO DE JANEIRO.

Abteilungen: Hospicio Nacional de Alienados, gegründet 1841, reorganisiert 1890 und 1903—04; Psychiatrische Klinik, gegründet 1894; Irrenkrankenkolonie, gegründet 1890. An der Spitze jeder Abteilung steht ein Direktor. Fortbildungskurse für Nerven- und Irrenärzte, einjähriger Kursus.

ODONTOLOGISCHE SCHULE.

Vergl. die ähnliche Anstalt in São Paulo.

ESCOLA POLYTECHNICA.

Geschichte und Organisation. Die Escola Polytechnica geht auf die alte »Academia Militar« zurück, die im Jahre 1810, als Brasilien noch Kolonie war, gegründet wurde und die Ausbildung von Offizieren bezweckte. Nachdem Brasilien unabhängig wurde, nahm der Unterricht einen technischen Charakter an, aber erst vom Jahre 1833 ab war es Zivilpersonen erlaubt, dort zu studieren. Eine im Jahre 1842 durchgeführte Reform erweiterte den Lehrplan und passte ihn definitiv dem Studium für Zivilingenieure an. Da man später erkannte, dass der gleichzeitige Unterricht für Militär- und Zivilpersonen gewisse Nachteile hatte, wurden im Jahre 1855 die Studien getrennt und der Zivilschule wurde der Name »Escola Central« gegeben. 1874 fand eine neue Reform statt, und die Schule bekam den heutigen Namen »Escola Polytechnica«, wobei die Studien in verschiedene Abteilungen getrennt wurden.

Später fanden noch verschiedene Abänderungen statt und jetzt ist die Reform von 1901 in Kraft. Nach dieser beträgt die Studienzeit für die verschiedenen Fächer fünf Jahre. Die ersten drei Jahre bilden eine Abteilung mit dem Namen »Curso Fundamental«, den alle Studierenden durchmachen müssen, ehe sie eine der verschiedenen zweijährigen technischen Abteilungen besuchen können. — Die Schule hat im ganzen ca. 25 Lehrstühle, welche durch »*lentes cathedraticos*« — ordentliche Professoren — besetzt sind.

Die ersten neun Lehrstühle bilden den »Curso Fundamental«, während die anderen den verschiedenen Abteilungen angehören. Ausser den lentes cathedraticos gehören zum Lehrpersonal »*lentes substitutos*« — Ersatzprofessoren — und Lehrer für die Ausführung von Zeichnungen und graphischen Projekten.

Diplome. Die »Escola Polytechnica« gibt, je nach den verfolgten Studien, Diplome als: Zivil-, Bergbau-, Industrieller-, Maschinen- oder Landwirtschaftlicher Ingenieur. Im Jahre 1910 kam dazu noch das Diplom für Elektrotechnische Ingenieure (ein besonderes elektrotechnisches Institut wurde eingerichtet).

Aufnahme und Gebühren. Zur Aufnahme als Studierende müssen die Kandidaten Zeugnisse über folgende Vorstudien beibringen: Portugiesisch, Französisch, Englisch oder Deutsch, Geographie — besonders von Brasilien —, Weltgeschichte, speziell von Brasilien, Arithmetik, Physik und Chemie, Naturgeschichte und ausserdem Examen in Algebra, Geometrie, ebener Trigonometrie, höherer Algebra und geometrischem Zeichnen an der Schule selbst oder an einer anderen gleichgestellten ablegen. — Zur Immatrikulation und Zulassung zu den Examen eines Jahrganges ist ein Beitrag von 100 Milreis — ca. 125 ℳ — voraus zu entrichten; diese Summe gibt das Recht an allen praktischen Arbeiten teilzunehmen. — Für die Zeugnisse zum Übertritt von einem Jahre zum folgenden ist eine Gebühr von 5$800 — ca. 7 ℳ — zu erlegen. — Das Ingenieur-Diplom am Ende des Kursus kostet 52$250 — ca. 65 ℳ.

FACULDADE DE SCIENCIAS JURIDICAS E SOCIAES.

Gegründet 1891. Vergl. die gleiche Fakultät in Recife.

HANDELSSCHULE. — Angaben fehlen.

São Paulo.

ESCOLA POLYTECHNICA DE SÃO PAULO.

Gegründet 1894 durch den Staat São Paulo.

Der Studiengang umfasst einen Curso preliminar (ein Jahr) und einen Curso geral (zwei Jahre); ferner Spezialkurse: a) für Zivilingenieure (drei Jahre), b) für Architekten (drei Jahre), c) für Industrie-Ingenieure (3 Jahre), d) für landwirtschaftliche Ingenieure (vier Jahre), e) für Mechaniker (zwei Jahre).

ESCOLA DE PHARMACIA, ODONTOLOGIA E OBSTETRICIA.

Gegründet 1898. Verwaltung durch einen Direktor und Vize-Direktor. — *Primeira Memoria Historica da Escola de Pharmacia . . . pelo Dr. J. Valeriano de Souza.* 1904. S. Paulo. — Vier Kurse: Curso de Pharmacia (vierjährig); Curso de Bacharelado em sciencias naturaes e pharmaceuticas; Curso de Cirurgia-dentaria (zweijährig); Curso de Obstetricia.

Grade: Pharmaceutico, Bacharel, Cirurgião-Dentista e Parteira.

FACULDADE DE DIREITO.

Gegründet 1827. Vergl. die gleiche Fakultät in Recife.

Chile.

Santiago.

UNIVERSIDAD DE CHILE.

GESCHICHTE UND ORGANISATION. Gegründet 1743 von den Jesuiten als älteste Hochschule Südamerikas. Nach der Vertreibung der Jesuiten (1767) leiteten die Dominikaner die Anstalt. Fakultäten für Jurisprudenz, Medizin, Theologie und Ciencias naturales (Naturwissenschaft, Mathematik, Polytechnik). Die theologische Fakultät besteht nur dem Namen nach; es werden keine Vorlesungen gehalten, da die geistlichen Seminare die Ausbildung der Priester besorgen. Die Organisation der Hochschule entspricht vollkommen jener der französischen Fakultäten. Die philosophische Fakultät bildet keinen Lehrkörper, sondern entspricht etwa der philologisch-historischen Klasse einer deutschen Akademie der Wissenschaften.

VERFASSUNG. An der Spitze steht ein Rektor, welcher auf vier Jahre gewählt wird und immer wieder ernannt werden kann; er bekommt ein Gehalt von $ 4000. Die Wahl erfolgt durch den Claustro pleno (Senat), der sich aus sämtlichen ordentlichen Mitgliedern der Fakultäten zusammensetzt. Der Dekan jeder Fakultät wird auf zwei Jahre gewählt und kann stets wieder ernannt werden. Jede Fakultät setzt sich aus dozierenden und akademischen Mitgliedern zusammen.

FAKULTÄTEN: Facultad de Teolojía; Fac. de Leyes i Ciencias Políticas; Fac. de Ciencias Físicas i Matemáticas; Fac. de Filosofía, Humanidades i Bellas Artes; Fac. de Medicina i Farmacía mit Escuela de Medicina und Curso de Dentística.

AUFNAHME. Erforderlich ist abgelegtes Examen des Bachiller (Abiturient eines Staatslyzeums).

STUDIENDAUER. *Facultad de Leyes i Ciencias Politicas:* Kursus fünfjährig. — *Facultad de Ciencias Fisicas i Matemáticas:* Ingenieur-Kurse fünfjährig; Architekten-Kursus: vierjährig. — *Facultad de Medicina i Farmacia:* Studiengang für Mediziner sechs Jahre, für Pharmazeuten drei Jahre. — Keine Gebühren.

INSTITUTO PEDAGÓJICO DE CHILE.

Gegründet 1889. Hochschule zur Ausbildung von Lehrern und Lehrerinnen für die Knaben- und Mädchenlyzeen. Das Instituto pädagojico bildet eigentlich die naturwissenschaftlich-philosophische Fakultät der Universidad de Chile und ist als solche dem Rektor der Universität unterstellt. Die spezielle Leitung ist jedoch einem besonderen Direktor übertragen. Die deutschen Professoren sind zugleich ordentliche Mitglieder der philosophischen, bzw. mathematisch-naturwissenschaftlichen Fakultäten der Universität.

AUFNAHME. Erforderlich ist das Examen als Bachiller. — STUDIENDAUER: 4 Jahre. — Keine Studiengebühren.

UNIVERSIDAD CATÓLICA DE SANTIAGO

(Secretaría de la Universidad: Calle de Agustinas 1038).

GESCHICHTE. Gegründet am 21. Juni 1888. 1898 Umzug in das neue Gebäude Calle de Agustinas 1038. Am 19. März 1908 bewilligte die kirchliche Behörde die Gründung der Facultad de Medicina, die im Entstehen begriffen ist. 1909 wurde die Facultad de Agricultura é Industrias errichtet mit gleichzeitiger Angliederung des Curso Agrimensura.

VERWALTUNG. Die ökonomische Verwaltung besorgen der Rector, der Vice-Rector, der Tesorero-Contador und der Consejo de Administración. — Der Consejo Académico besteht aus dem Rector als Präsident, dem Vice-Rector, den Dekanen der Fakultäten, dem Secretario General und einem Professor als Repräsentanten jeder Fakultät. Der Consejo Académico befasst sich mit den inneren Angelegenheiten der Universität, speziell mit der Ernennung der Professoren und mit dem Unterricht.

FAKULTÄTEN: Facultad de Teología y Ciencias Eclesiásticas, Fac. de Derecho y Ciencias Políticas, Fac. de Ciencias Físicas y Matemáticas, Fac. de Arquitectura y Bellas Artes, Fac. de Humanidades y Bellas Letras, Fac. de Agricultura é Industrias, Curso de Sub-Ingenieros.

AUFNAHME. Erforderlich ist das Examen des Bachiller oder Aufnahmeprüfung.

STUDIENDAUER und Titel: *Facultad de Derecho y Ciencias Politicas:* Studiendauer: 5 Jahre; Titel: Licenciado. — *Facultad de Ciencias Fisicas y Matemáticas, Fac. de Arquitectura y Bellas Artes:* Titel: Ingeniero Civil nach 4 Jahren, Ingeniero de Minas nach 4 Jahren, Arquitecto nach 3 Jahren, Sub-Ingeniero nach 2 Jahren, Dibujante nach 2 Jahren, Electricista Técnico, Químico Industrial. — *Facultad de Agricultura é Industrias:* Agrónomo nach 3 Jahren.

Colombia. Ecuador.

Bogotá (Colombia).

UNIVERSIDAD HISPANO-AMERICANA.

Gegründet 1867. Verwaltung durch die »Junta Directiva«, bestehend aus Presidente, Vice-Presidente, Tesorero, Secretario und drei Vocales.

Quito (Ecuador).

UNIVERSIDAD CENTRAL DE ECUADOR.

Gegründet Ende des 18. Jahrhunderts als R. Universidad de Santo. Statuten vom Jahre 1787, reorganisiert 1895. Seither jetziger Name.

Paraguay.

Asunción.

UNIVERSIDAD NACIONAL DEL PARAGUAY.

Gegründet 1890. — GESCHICHTE: *Antecedentes historicos sobre la fundación de la Universidad nacional de la Asunción y de los colegios nacionales . . . por José Segundo Decoud.* Asunción 1903.

Peru.

Lima.

UNIVERSIDAD MAYOR DE SAN MARCOS DE LIMA.

GESCHICHTE. Gegründet durch Kaiser Karl V. mit Stiftsbrief vom 12. Mai 1551. Papst Pius V. bestätigte die Errichtung mit Bulle vom 25. Juli 1571. Von 1553 an unter der Leitung der Dominikaner, befreite sich die Universität von ihrer Herrschaft kraft königl. Dekrets vom 30. Dezember 1571 und wählte selbst ihren Rektor. 1574 erhielt sie den Namen S. Marcos. Von der Gründung bis zur Mitte des 19. Jahrhunderts erfreute sich die Universität eines bedeutenden Rufes in Süd-Amerika; nach der Befreiung Perus vom Mutterlande anfangs stagnierend, wurde sie durch den Grossmarschall Ramon Castillo reorganisiert (Statuten vom 28. August 1861) und zu neuem Aufschwung gebracht.

Bosquejo historico de la fundación de la insigne Universidad mayor de San Marcos de Lima... por José Davila Condemarin. Lima 1854.

ORGANISATION. Jede Fakultät wählt ihren Dekan für vier Jahre; die Oberleitung der Universität wird durch den Rektor ausgeübt, der von den Delegierten der Fakultäten auf vier Jahre gewählt wird; ihm zur Seite steht der Consejo Universitario, bestehend aus dem Rektor, dem Vizerektor, dem Sekretär, den Dekanen und den dazu Delegierten. Die Universität ist unabhängig von der Regierung, die sich darauf beschränkt, die Professoren für neu errichtete Lehrstühle zu ernennen und diesen die entsprechenden Titel zu verleihen, sowie denjenigen, welche die Lehrstühle im Wettbewerb erlangen. Die Professoren (Catedraticos) sind Hauptprofessoren (Principales) oder Adjunkt-Professoren; die ersteren bestimmen die Vorlesungen; die letzteren treten für sie ein im Verhinderungsfalle. Beide Ämter werden durch Wettbewerb erlangt. Der Kandidat muss Doktor der betreffenden Fakultät und 21 Jahre alt sein.

Fakultäten: Facultad de Teologia, Facultad de Jurisprudencia, Facultad de Medicina, Facultad de Filosofia y Letras, Facultad de Ciencias, Facultad de Ciencias Politicas y Administrativas.

Studiengang. Der theologische Studienplan umfasst fünf Jahre, der juristische fünf, der philosophische drei, der staatswissenschaftliche drei, der naturwissenschaftlich-mathematische drei in jeder der drei Sektionen: Naturgeschichte, physikalische Wissenschaft, Mathematik; die medizinische Fakultät verlangt für Medizin sechs Jahre, Pharmazie vier Jahre, Zahnheilkunde drei Jahre, Geburtshilfe vier Jahre.

Grade. Die Erlangung des Doktorgrades hat zur Voraussetzung: Abschluss der Studien in der betreffenden Fakultät, Besitz des Baccalaureusgrades, Einreichung einer These und das Bestehen einer Prüfung.

Gebühren: Eintritt 30 soles jährlich, Prüfung 30 soles jährlich, Certificat 4 soles; Baccalaureusgrad 50 soles; Doktorgrad 100 soles.

ESCUELA DE INGENIEROS.

Gegründet 1876 als Escuela Especial de Construcciones Civiles y Minas. Jetziger Name seit 1898.

Abteilungen: Sección preparatoria; Secciones especiales: Construcciones civiles; Minas; Industrias; Sección complementaria de Electricidad.

Uruguay.

Montevideo.

UNIVERSIDAD DE MONTEVIDEO
(Rectorado y Secretaría: Cerrito 265).

Dekret über die Errichtung vom 8. Juni 1833. Eröffnet 1849.

Fakultäten: Facultad de Medicina (errichtet 1876); Fac. de Derecho y de Ciencias sociales (1849); Fac. de Matemáticas. — Ausserdem: Escuela de Comercio und Escuela de Veterinaria.

Venezuela.

Caracas.

UNIVERSIDAD CENTRAL DE VENEZUELA.

Gegründet 1721. Eröffnet 1825.

Afrika.

ALGIER. TUNIS.

MAROKKO.

ÄGYPTEN.

SÜDAFRIKA.

WESTAFRIKA.

Algier. Tunis.

Algier=Alger.

UNIVERSITÉ D'ALGER.

Die École de Médecine et de Pharmacie wurde 1857 gegründet, seit 1888 École de plein exercice. Die anderen Schulen wurden 1879 gegründet. Durch Gesetz vom 30. Dezember 1909 sind die Écoles d'Enseignement supérieur d'Alger zu Fakultäten erhoben und zu einer Université vereinigt.

ORGANISATION, AUFNAHME, STUDIENGANG, GRADE, GEBÜHREN, usw.: vergl. Frankreich S. 263 u. ff.

FAKULTÄTEN: Faculté de droit, F. mixte de médecine et de pharmacie, F. des sciences, F. des lettres. Ferner Cours d'arabe in Constantine und Oran.

Constantine (Algier).

COURS PUBLIC D'ARABE.

Oran (Algier).

COURS PUBLIC D'ARABE.

Tunis.

CHAIRE PUBLIQUE D'ARABE.

Marokko.

Tanger.

MISSION SCIENTIFIQUE FRANÇAISE.

Gegründet 1903 nach dem Vorbilde der Schulen in Athen, Rom, Hanoï und Kairo. Subvention du Ministère de l'Instruction publique.

PUBL.: *Archives marocaines* seit 1904. Ausserdem veröffentlicht die Mission regelmässig Beiträge in der »Revue du Monde Muselman« (gegründet 1906).

Ägypten.

Kairo.

AZHAR-SCHULE.

GESCHICHTE. Die Moschee al Azhar wurde 970 p. Chr. von dem General Gauhar erbaut und 988 mit einer gut dotierten Schule verbunden. In der Aijubidenzeit scheint sie hinter anderen Schulen ein wenig zurückgetreten zu sein; die Verwüstung der vorderasiatischen Bildungsstätten durch die Mongolen und der Rückgang des Islam in Spanien machten Ägypten zum Hort der muhammedanischen Kultur und die Azhar zur Zentralstätte der muhammedanischen Gelehrsamkeit. Ihre Blüte fällt in die Mamlukenzeit (14. und 15. Jahrhundert) und erhielt sich bis in die erste Zeit der türkischen Herrschaft, in welcher die Azhar manchen Gönner fand.

Die Geschichte der letzten Zeit wird am besten durch die Liste ihrer Rektoren veranschaulicht: 1. Abdallah al Scherkâwi 1208—1227, der Hidjra, 2. Muhammed al Schanawâni 1227—1233, 3. Muhammad Amed el Arûsi 1233—1245, 4. Ahmed al Damhûgi 1245—1246, 5. Hasan al Attâr 1246—1250, tüchtiger Gelehrter, fruchtbarer Schriftsteller, durch Reisen und unter dem modernen Regimente aufgeklärt, 6 Hasan al Kwêsini 1250—1254, 7. Ahmed al Saïm al Safti 1254—1263, 8. Ibrahim al Bâgûri (Bêgûri) 1263—1277, trefflicher Gelehrter, schwacher Administrator, Studentenunruhen, 9. 1277—1281 Kuratorium von vieren, 10. Mustafa al Arûsi 1281—1287, versucht zu reformieren, wird abgesetzt, 11. Muhammad al Abbasi el Mahdi, Hanafit, Renegat aus koptischer Familie, 1287—1299 und 1299 (1882)—1303. Seine Reformen rufen die Reaktion der asketischen Partei, an deren Spitze Ilêsch, hervor. 12. Muhammad al Enbâbi, gelehrter Pedant, während der Revolte (1299 und 1882) und seit 1303 (Dezember 1886), 13. Hasûne al Nawaui 1307—1317, 14. Abd al Rahmân al Nawaui 1317 (16 Tage), 15. Selîm Matar 1317—1320, 16. Ali Muhammad al Biblaui 1320—1323, 17. Abd al Rahmân al Schirbîni 1323—1325, 18. Hasûne, zweites Mal 1325—1326, 19. Selîm al Bischri 1326 bis jetzt.

An der Wiedergeburt Ägyptens im 19. Jahrhundert hat die Azhar keinerlei Anteil genommen, im Gegenteil allen Neuerungen gegenüber sich schroff ablehnend verhalten, und mit dem Niedergang des wissenschaftlichen Niveaus wurde die Schule der Hauptherd des religiösen Fanatismus bis auf die neueste Zeit. Alle Ägypter, die sich in den letzten Jahren durch ihre Europäerfeindlichkeit bekannt gemacht haben, sind aus der Azhar hervorgegangen, zumal der berüchtigte Mufti Muhammad Abduh.

An Versuchen zu Reformen hat es nicht gefehlt. Einsichtsvolle Rektoren der Anstalt haben in den letzten Jahrzehnten durch neue Reglements die Lehrmethode und den Studiengang zu verbessern gesucht, aber ohne jeden Erfolg. Die Gründung einer Spezialschule zur Heranbildung von Kadis 1907 drohte der Azhar den Rest zu geben, da kam nach langen Vorarbeiten auf Initiative des jetzigen Chediwe ein neues Grundgesetz (7. März 1908) zustande, und zwar nicht allein für die Azhar, sondern auch für die andern religiösen Schulen (vorläufig in Alexandrien und Tanta), das diesen Anstalten neues Leben verleihen soll.

VERWALTUNG. Die äussere Verwaltung wie die wissenschaftliche Leitung ist nach wie vor dem von dem Chediwe auf unbestimmte Zeit ernannten, aber absetzbaren Rektor »Scheich al gâmi'« anvertraut, dessen Autorität sogar auch die Personen unterstellt sind, die sich religiösen Studien widmen, ohne zu einer dieser drei Schulen zu gehören. — Dem Rektor sind zwei beratende Körperschaften beigegeben, deren Vorsitzender er ex officio ist, doch kann auch der Chediwe das Präsidium der ersten übernehmen:

1. Der *»höhere Rat«*, der monatlich mindestens einmal zusammentritt, besteht aus dem Grossmufti als Chef der Hanefi, den Chefs der Schafei, der Maleki und der Hanbali, ferner den Chefs des Zivilkabinetts und des Wakfamtes. Durch einen (zufälligen?) Kanzleifehler wurden die Ernennungen der beiden letzteren auf die Namen der damaligen Inhaber ausgestellt. Die Befugnisse dieser Körperschaft sind: die Feststellung des Budgets, das der Rektor dem Chediwe zur Genehmigung unterbreitet, Verwaltungsordnung der Schule, Prüfung der Unterrichtsfragen vom juristischen Standpunkt, Entscheidung der Personalfragen, Ernennungen und Beförderungen, Begutachtung der Vorschläge des Verwaltungsrates und schliesslich die Verwaltung der zahlreichen »Kuttâb« (Elementarschulen untersten Ranges).

2. Der *»Verwaltungsrat«*, der mindestens einmal pro Woche zusammentritt und ausser dem Rektor oder seinem Vertreter als Vorsitzendem aus je zwei Scheichs (Professoren) der Maleki, Schafei und Hanefi besteht, hat das Budget auszuarbeiten, ebenso die Unterrichtspläne, Stundenordnung, usw. und besitzt das Recht, Vorschläge zu Reformen zu machen. Die Beschlüsse müssen mit Stimmenmehrheit gefasst werden, bei Stimmengleichheit entscheidet der Vorsitzende, der überhaupt an die Vorschläge der Körperschaft nicht gebunden ist.

STUDIEN. Der vollständige *Studiengang* dauert nicht weniger als zwölf Jahre, in drei verschiedenen Kursen à vier Jahre. Am Ende jedes Kursus ist ein Examen zu bestehen, von dessen Ausfall die Versetzung in den nächst höheren Kursus abhängt. Der Unterricht umfasst drei Disziplinen: 1. die religiösen Wissenschaften, 2. arabische Sprache, 3 Mathematik und andere Wissenschaften, »soweit sie der Religion nicht schädlich sind«; die Entscheidung darüber liegt beim oberen Rat. Vorläufig sind genehmigt: Geschichte, Geographie und Hygiene. Die Unterrichtsstunden betragen im ersten und zweiten Kursus je 20 Stunden, im dritten (obersten) 20, 17 und 11 Stunden pro Woche. Im untersten und obersten Kursus haben die religiösen Wissenschaften den Vorrang, im zweiten die sprachlichen. Geographie, Geschichte und Hygiene werden nur im unteren und mittleren Kursus gelehrt, mit je einer Stunde unter 20.

Die *offiziellen Lehrbücher*, die den Examina zugrunde gelegt werden, haben gegen früher eine erhebliche Verminderung erfahren. Es sind die folgenden:

1. Für die *religiösen Wissenschaften:* a) Exegese des Koran (nur im 3. Kursus), Kommentar des Nasafi. b) Tradition: die Sammlungen des Nawauwi (1. Kursus), des Kastalani (2. Kursus), des Buchari (3. Kursus). c) Glaubenslehre: die Lehrbücher des Senusi (1. Kursus), Dardîr (2. Kursus), des Nasafi und die Mauâkif des Abd al rahman al Adhud (3. Kursus). d) Jurisprudenz: *α*) für die Maliki: Kommentar des Ibn Turki zur Aschmaufje, Kommentar der Risale des Ibn Abi Zeid, kleiner Kommentar des

Dardîr zum Chalîl (1. Kursus), grosser Kommentar des Dardîr zum Chalîl und Sammlung des Amir (2. Kursus); β) für die Hanafi: Lehrbuch des Kuduri und Kommentar des Mulla Miskîn zu Nasafi (1. Kursus), Texte des Zêla'i und Timurtaschi, sowie die Hidâje des Emîrghâni (2. Kursus); γ) für die Schafe'i: Kommentare des Ghazzi und Schirbini zu Abu Schugâ' (1. Kursus), Text (Manhag) des Ansari (2. Kursus), Kommentar (Irschâd) des Ibn Mulakkin (3. Kursus); δ) für die Hanbali: Text (Dalîl) des Mar'i (1. Kursus).

2. Für die *sprachlichen Wissenschaften:* a) Grammatik: Alfije des Ibn Malik samt dem Kommentar des Ibn Akil, Aschmuni ohne die Glossen des Sabban, Kommentar des Chalid zur Agurrumije. b) Rhetorik: die Werke von 'Askari, Taftazâni und Abd al Kahir (asrâr al balâgha). c) Logik: Isagogi des Abhari und Kommentare des Taftazani (Scharh al tahdhib) und Kutb al din (Scharh al schamsije).

3. Für die *weltlichen Wissenschaften:* Rechnen (im 1. Kursus), Algebra (im 2. Kursus), Geometrie (im 2. Kursus), Geographie (im 1. und 2. Kursus), Geschichte (im 1. und 2. Kursus), sowie Hygiene und Anatomie (im 1. und 3. Kursus) sind keine Lehrbücher vorgeschrieben.

Dem Unterricht soll auch die nicht unwichtige Bibliothek dienen an deren Neuordnung seit Jahren gearbeitet wird; sie zählt gegenwärtig über 20000 Bände, worunter freilich viele moderne Drucke.

Die neue Schulordnung ist mit Beginn des Wintersemesters 1908 (November) in Kraft getreten*. Um das wissenschaftliche Niveau der Anstalt zu heben, wollte man die Zahl der Lehrer (Scheich) und Schüler (Megauir) durch Ausmerzung der zahlreichen unwürdigen Elemente möglichst reduzieren, dafür die oft lächerlich geringen Gehälter der ersteren und Stipendien (girâje und murattab) der letzteren verbessern, zu welchem Zweck das Budget verdoppelt wurde (24777 £, für Alexandrien 12486 £, für Tanta 6488 £?). Tatsächlich wurde auch zunächst die Zahl der Lehrer auf etwa 150, die der Schüler auf ca. 4000 herabgesetzt, plötzlich aber die alte Frequenz wiederhergestellt, so dass im Januar 1909 die ersteren wieder über 400, die letzteren mehr als 9000 zählten; eine genaue Statistik ist vorläufig nicht möglich. Nur soviel ergibt sich, dass eine noch stärkere Zurückdrängung der fremden, nicht ägyptischen Elemente stattgefunden hat, von denen die zahlreichsten die Nordafrikaner, unter ihnen die Tripolitaner, sind. Die Schule soll anscheinend zu einer rein ägyptischen Anstalt gemacht werden, eine Tendenz, die sich insofern rechtfertigen lässt, als die »Ausländer« sich in den letzten Jahren häufig recht lästig gemacht haben, ausserdem auch manche Stiftungen für sie infolge mangelhafter Verwaltung durch die Chefs der Landsmannschaften (Scheich al riwâk) in ihren Erträgen zurückgegangen sind.

Es ist jetzt schon vorauszusehen, dass das Reformgesetz seinen Hauptzweck nicht erreichen wird. Fast könnte es scheinen, als ob eine gründliche Reform der Azhar überhaupt nicht ernstlich gemeint oder von mancher Seite nicht gewünscht sei. Wenigstens lässt es sich nicht gut zusammenreimen, dass man reformieren will, aber die Leitung der Anstalt einem durchaus rückschrittlich gesinnten Mann überlässt. Ausserdem hat man sich gescheut, die Axt an die beiden Hauptwurzeln des Übels zu legen:

1. Die Aufnahmebedingungen (-prüfungen »intisâb«) können, zumal wenn sie lax gehandhabt werden, dem massenhaften Zudrang der mittellosen jungen Leute nicht steuern, die die Azhar fast nur wegen der den

* Infolge andauernder Unruhen von Winter 1908/09 an, die einen politischen Hintergrund hatten, wurde das Reglement von 1908 ausser Kraft gesetzt, im März 1910 die Anstalt provisorisch geschlossen und erst Mitte Oktober versuchsweise wieder geöffnet. Die Publikation eines neuen Reglements steht bevor. Die Kadischule soll mit der Azhar vereinigt werden.

Schülern gewährten Freiheit vom Militärdienste aufsuchen und sie meistens sofort verlassen, sobald sie die militärpflichtigen Jahre hinter sich haben.

2. Zwar ist den Schülern nach Beendigung der Studien (12 Jahre!) eine Anstellung im Staatsdienst in Aussicht gestellt. Tatsächlich aber bleibt ihnen durch die Verordnungen der weltlichen Regierung der Zutritt zu den besserdotierten höheren Stellen verschlossen. Für die Niedergraduierten bleiben nur die Aussichten auf den Posten eines besseren Moscheedieners (Imâm, Chatîb) oder eines Volksschullehrers auf dem Lande übrig, für die Höhergraduierten tatsächlich nur die Aussicht auf eine Lehrerstellung an der Azhar selbst. Unter solchen Umständen ist auf eine wirkliche Besserung vorläufig nicht zu hoffen, und die Schule wird als eine religiöse Bildungsstätte niederen Ranges vorläufig weitervegetieren.

UNIVERSITÉ EGYPTIENNE.

Gegründet am 21. Dezember 1908 auf Veranlassung des Prinzen Ahmed Pascha Fouad und mehrerer bedeutender ägyptischer Persönlichkeiten zur Hebung des geistigen und moralischen Lebens der ägyptischen Jugend.

Einstweilen besitzt die Hochschule nur eine »Faculté de Lettres orientales« und ein Département de Sciences sociales«. Für das Lehrjahr 1910—1911 sind bedeutende europäische Professoren jeder Nationalität eingeladen, Vorlesungen in arabischer Sprache zu halten, hauptsächlich Orientalisten von Ruf.

Ehrenpräsident ist der Thronfolger, Präsident der Prinz Ahmed Pascha Fouad.

Aufnahme. Als Studenten: Schüler und ehemalige Schüler der Azhar-Schule (s. diese), und Zöglinge der mittleren und Spezialschulen, Fremde mit entsprechenden Zeugnissen; als Hörer auf Ansuchen.

Gebühren. Für immatrikulierte Studenten: P. T. 40 für einen einzelnen Kurs, für mehrere Kurse entsprechende Reduzierung; Hörer: P. T. 80, mit entsprechender Ermässigung für mehrere Kurse.

ÉCOLE DE DROIT.

Geschichte. Ursprünglich als Schule zur Heranbildung von Staatsbeamten 1868 gegründet, erhielt sie 1886 ihren gegenwärtigen Charakter als Spezialschule zur Ausbildung der richterlichen Beamten, seit 1892 auch der Advokaten. 1901 wurde eine englische Abteilung eingerichtet, April 1909 aber in ihr der französische Unterricht obligatorisch gemacht.

Organisation: ein englischer Director, ein eingeborener Sous-directeur und ein »Schulrat«. Vier Klassen à ein Jahrgang. — Aufnahmebedingung ist das Certificat secondaire. — Dauer des Studiums: 4 Jahre, worauf nach bestandener Schlussprüfung das »diplôme de licencié en droit« erteilt wird, das zur höheren Gerichtskarriere und Zulassung zur Advokatur berechtigt. — Gebühren: 30 £ E.

SCHOOL OF MEDICINE
(Kasr al Aini).

Begründet von dem Vizekönig Muhammed Ali Pascha im Jahre 1837 zur Ausbildung von Militärärzten. 1899 reorganisiert. Vergl. *Records of the Egyptian Government School of Medicine* 1901. Untersteht dem Unterrichtsministerium, mit einem Director und einem »Schulrat«, bestehend aus den obersten sechs Lehrern.

Aufnahmebedingung ist das »Certificat secondaire«. — Dauer des Studiums vier Jahre und drei Monate, wonach das Doktordiplom verliehen wird. — Gebühren pro Jahr: 15 £ E.

INSTITUT FRANÇAIS D'ARCHÉOLOGIE ORIENTALE.

1881 nach dem Vorbilde der Schulen in Rom und Athen gegründet und von Maspéro, Lefébure, Grébaut, Bouriant und (seit 1899) Chassinat geleitet. Die Anstalt zerfällt in eine ägyptologische und arabische Abteilung und veröffentlicht wertvolle *Mémoires* I, II, III, VI—X, XII, XIV, XV, XVII, XXII (1908), XXVI (1909); von 1902 an: *Bulletins,* bis jetzt Band I—VI, 2 (1908).

DEUTSCHES INSTITUT FÜR ÄGYPTISCHE ALTERTUMSKUNDE.

Gegründet 1907.

Südafrika.

Johannesburg.

SOUTH AFRICAN SCHOOL OF MINES AND TECHNOLOGY (P. O. Box 1176).

Gegründet 1903 als Transvaal Technical Institute, seit 1906 Transvaal University College. 1908 wurden die Departments of Arts and Science nach Pretoria verlegt und in Johannesburg nur das Department of Applied Science gelassen. Dieses wurde 1910 wieder zur South African School of Mines and Technology.

ORGANISATION. Aufnahme: Matriculation Examination der University of Good Hope, des College selbst oder gleichwertige Zeugnisse. — Studienzeit in der Faculty of Applied Science: vier Jahre, in der School of Mines and Technology: vier Jahre. — Gebühren: in Pretoria 16 £ jährlich, in Johannesburg 32 £ jährlich. — GRADE. Die Zöglinge des College können sich zu allen Gradexamen der Univ. of Good Hope melden; die School gibt ferner Diplomas in a) Mining, b) Mechanical and Electrical, c) Civil Engineering; d) Metallurgy, e) Chemical Technology.

Kapstadt=Cape Town.

UNIVERSITY OF THE CAPE OF GOOD HOPE.

Gegründet 1873, mit königl. Stiftungsurkunde 1877, als Examens-Universität, an der, wie an den indischen Universitäten, keine Vorlesungen, sondern nur Examina abgehalten werden. Die Verfassung ist ungefähr die gleiche wie bei den letzteren (vergl. S. 555).

GRADE: Bachelor und Master of Arts, Bachelor und Doctor of Laws, Bachelor und Doctor of Medicine. — GEBÜHREN: Immatrikulation 2 £, Zwischenprüfung 2 £, B A. 3 £, M. A. 5 £, LL. B. 15 £, LL. D. 20 £, Certificate of Proficiency (Jurisprudenz) 10 £, dasselbe für Geometer 15 £.

SOUTH AFRICAN COLLEGE.

Gegründet 1829; reorganisiert 1878. Die finanziellen und allgemeinen Angelegenheiten des College unterstehen einem Verwaltungsrat von neun Mitgliedern, die von der Regierung, der Universität und den früheren Studenten des College gewählt werden; die inneren Angelegenheiten einem Senat, der aus den Professoren und zwei Deputierten des Verwaltungsrates zusammengesetzt ist. Die Geschäfte des Senats werden von einem jährlich dazu erwählten Sekretär erledigt.

Zu den Vorlesungen der philosophischen, naturwissenschaftlichen und juristischen Fakultäten werden Studenten beiderlei Geschlechts zugelassen. Besondere Gelegenheit wird geboten zur Ausbildung im Bergfach, der Landvermessung und den verschiedenen Zweigen des Ingenieur- und Forstwesens.

Pietermaritzburg.

NATAL UNIVERSITY COLLEGE. Gegründet 1910.

Pretoria siehe JOHANNESBURG.

Westafrika.

Fourah Bay bei Freetown (Sierra Leone).

FOURAH BAY COLLEGE
(mit Lehrer-Seminar und Missionärschule).

Gegründet 1827 von der Church Missionary Society »for the purpose of training Africans als school-masters, catechists and clergymen«. Seit 1876 der Durham University (s. dort unter Durham S. 208) affiliiert und die Aufnahme auch anderer Studenten gestattet. Visitor ist der Bischof von Sierra Leone. — Die Studenten werden in der Matrikel von Durham aufgeführt. Die Prüfungen erfolgen im College selbst; die erfolgreichen Prüflinge werden zu den Graden in Arts und Theology der Universität »in absentia« zugelassen.

Syrien mit Palästina. Japan. China.

SYRIEN MIT PALÄSTINA.

JAPAN.

CHINA.

Syrien mit Palästina.

Beirut (Syrien).

UNIVERSITÉ SAINT JOSEPH DE BEYROUTH.

Gegründet 1875 in Beirut als Faculté de théologie et philosophie; aus einem Kollegium hervorgegangen, das seit 1850 in Ghazir in der Nähe von Beirut bestand. Die Universität wurde 1881 vom Papst Leo XIII. kanonisch bestätigt. Die Faculté de médecine et de pharmacie wurde 1883, die Faculté orientale 1902 gegründet. Seit 1909 besteht die École supérieure de Commerce.

Die Universität steht unter der Verwaltung der Jesuiten, die die nötigen Professeurs auxiliaires anstellt. Für die medizinischen Kurse sind französische Professoren bestellt. — An der Spitze steht ein Rektor, der auch Kanzler der medizinischen Fakultät ist. — Ausser den genannten Fakultäten umfasst die Universität ein Seminar für die Geistlichkeit aller katholischen orientalischen Riten und ein Gymnasium.

FACULTÉ DE THÉOLOGIE ET DE PHILOSOPHIE. Studienzeit: Philosophie 2 Jahre, Theologie 4 Jahre. — Grad: Doctorat de théol. u. philos.

FACULTÉ ORIENTALE. Schule zur Ausbildung in orientalischer Philologie, besonders in der arabischen Sprache. Hörer jeder Nationalität oder Religion werden zugelassen. — Studienzeit: 3 Jahre. — Grad: Doctorat. — Publ.: *Mélanges de la Faculté orientale* seit 1906.

FACULTÉ DE MÉDECINE ET DE PHARMACIE. Aufnahme: Orientalen und Europäer, deren Familien dauernd im Orient wohnen. Mindestalter 18 Jahre, Absolvierung der études secondaires und Aufnahmeprüfung. Von der Aufnahmeprüfung sind die Inhaber des französischen Bachelier-Grades befreit. — Studiendauer: Medizin 4 Jahre, Pharmazie 3 Jahre. — Grade: Docteur en médecine, Pharmacien de 1re classe. — Gesamtgebühren für die Examina 500 fr. — Die Diplome berechtigen zur Ausübung der Praxis in der Türkei und in Frankreich.

ÉCOLE SUPÉRIEURE DE COMMERCE. Aufnahme: Mindestalter 17 Jahre und Aufnahmeprüfung. — Studienzeit: 2 Jahre. — Diplome: nach dem Schlussexamen wird ein Diplôme supérieur oder ein Certificat d'études verliehen.

SYRIAN PROTESTANT COLLEGE.

Gegründet 1863 laut Inkorporationsakte vom 24. April, eröffnet 1866 als Schule der Vereinigten Staaten von Amerika. Die School of Medicine wurde 1867, die School of Commerce 1900 eingerichtet. Früher war Arabisch die Unterrichtssprache, jetzt Englisch. — Verwaltung durch einen Board of Trustees in New York.

DEPARTMENTS, STUDIENGANG, GRADE. (Preparatory Department.) — Collegiate Department, 4 jähriger Kurs, Grad: B. A. (Bachelor of Arts). — School of Commerce, 4 jähriger Kurs, Grad: Bachelor of Commerce. — School of Medicine, 4 jähriger rein medizinischer Kurs, Grad: Doctor of Medicine and Surgery. — School of Pharmacy, 3 jähriger Kurs, Grad: Master of Pharmacy. — School of Biblical Archaeology and Philology. — In der School of Medicine und der School of Pharmacy werden die Grade erst verliehen, nachdem der Examinand im College selbst die Examina und vor einer von der türkischen Regierung ernannten Prüfungskommission (von der medizinischen Fakultät der Universität Konstantinopel) eine weitere Prüfung abgelegt hat. (Besondere Gebühren.) Diese Prüfung berechtigt zur Ausübung der Praxis im ottomanischen Reich.

AUFNAHME gegen Eingangsprüfung, von der nur die Zöglinge des Preparatory Department im Collegiate Department und in der School of Commerce befreit sind.

GEBÜHREN. »Entrance examination«: 10 Shilling. »Tuition« jährlich in den Departments of Medicine, Pharmacy and Commerce 10 £ (mit Ausnahmen), in dem Collegiate Department 8 £. Ausserdem Nebengebühren für einzelne Fächer. Graduation fee 5 £ in den Schools of Medicine, of Pharmacy, of Commerce; 1 £ im Collegiate Department.

Jerusalem (Palästina).

DEUTSCHES EVANGELISCHES INSTITUT FÜR ALTERTUMSKUNDE DES HEILIGEN LANDES.

Am 19. Juni 1900 auf der Eisenacher Kirchenkonferenz als eine von den deutsch-evangelischen Kirchenregierungen gemeinsam zu unterhaltende Stiftung gegründet. Am 15. November 1903 eröffnet. Der Zweck ist, auf dem Gebiete der biblischen und kirchlichen Altertumswissenschaft die Beziehungen zwischen den Stätten der heiligen Geschichte und zwischen der gelehrten Forschung zu pflegen, zu beleben und zu regeln. Das Institut wird von sämtlichen deutschen evangelischen Landeskirchen unterhalten und von einem Stiftungsvorstand in Berlin geleitet. In Jerusalem selbst befindet sich ein Vorsteher. — Organ des Instituts: *Palästina-Jahrbuch.*

MITARBEITER UND STIPENDIATEN. Die Mitarbeiter werden jeweils auf acht Monate von Oktober bis Mai nach Jerusalem entsandt. Ausserdem werden jährlich sechs Stipendiaten (Geistliche und Religionslehrer) von den deutschen evangelischen Kirchen nach einem bestimmten Turnus von Februar bis April zur Unterweisung durch den Leiter und die Mitarbeiter an das Institut geschickt. Zwei Monate in Jerusalem mit Vorlesungen und Ausflügen, einen Monat Reise durch Palästina. — Bewerbungen um eine Mitarbeiter- oder Stipendiatenstelle (und die damit verbundenen Stipendien: Mitarbeiter 3000 ℳ, Stipendiat 1500 ℳ) sind an die zuständigen landeskirchlichen Regierungen zu richten, welche Mitarbeiter und Stipendiaten dem Stiftungsvorstand (Berlin W. 9, Köthener Strasse 38) vorschlagen. — Teilnahme am Lehrkurs auf eigene Kosten ist nicht ausgeschlossen, Anfragen sind an den Vorsteher des Instituts in Jerusalem zu richten.

ÉCOLE PRATIQUE D'ÉTUDES BIBLIQUES
(Couvent des Dominicains de St. Etienne).

Gegründet am 15. November 1890. Zweck: für Studierende aller Länder ein Zentrum für biblische Forschung, orientalische Geographie und Topographie, Philologie, Archäologie zu schaffen. — Der Unterricht wird der Hauptsache nach von zum Orden der Dominikaner gehörigen Professoren erteilt.

AUFNAHME nach Vollendung der klassischen Studien; Geistliche müssen eine Autorisation ihres zuständigen Bischofs beibringen, Laien eine »référence de honorabilité«. — DAUER der Kurse gewöhnlich zwei Jahre.

GEBÜHREN. Pension 150 fr. monatlich. Gebühren für Nichtpensionäre: Inscriptions 30 fr. jährlich für eine Wochenstunde, 50 fr. für zwei, 75 fr. für drei, 100 fr. für vier und mehr.

PUBL.: *Revue biblique internationale*, seit 1892. — *Nouvelle collection d'études bibliques*. — *Études palestiniennes et orientales* (in Vorbereitung).

Eine FACULTÉ DE THÉOLOGIE ist dem Institut angegliedert, deren den anderen französischen katholisch-theologischen Fakultäten entsprechender Studiengang zum Doctorat führt.

AMERICAN SCHOOL OF ORIENTAL STUDY AND RESEARCH IN PALESTINE.

Gegründet 1900. Landerwerb 1909. Schule des Archaeological Institute of America (Washington). Von ca. 30 amerikanischen Universitäten und anderen Instituten unterstützt. Budget jährlich: ca. $ 3000. Verwaltung durch einen Direktor; die Lektoren werden jährlich ernannt.— Studienzeit 1. Oktober bis 1. Juni.

AUFNAHME: B. A. Grad erforderlich. — GEBÜHR: registration fee $ 25, für Mitglieder der unterstützenden Institute frei.

PUBL.: *Papers of the American School of Palestine* (in unregelmässigen Zwischenräumen erscheinend).

Japan.

I. Allgemeine Verfassung und Organisation der Universitäten.

Die VERFASSUNG der japanischen Universitäten ist durch einen kaiserlichen Erlass vom 1. März 1886 festgelegt worden. — Dieser Erlass lautet im Wortlaut:

1. Der Zweck der kaiserlichen Universitäten soll sein, solche Künste und Wissenschaften zu lehren, die für die Dienste des Staates erforderlich sind, und die wissenschaftliche Forschung in diesen Künsten und Wissenschaften zu fördern. — 2. Jede kaiserliche Universität soll aus einer Universitäts-Halle (University Hall) und Kollegien bestehen; die erstere soll der selbständigen wissenschaftlichen Forschung dienen, die letzteren dem theoretischen und praktischen Unterricht. — 3. Zeugnisse über Graduierung sollen denjenigen Studenten gegeben werden, die irgendeinen der regelrechten Kurse in den Kollegien absolviert und die vorgeschriebenen Examina bestanden haben. — 4. Grade sollen denjenigen verliehen werden, die Graduierte eines der Kollegien sind oder eine gleiche geistige Ausbildung wie diese Graduierten nachweisen

können, die in der University Hall selbständige wissenschaftliche Forschung betrieben und die verlangten Examina bestanden haben. — 5. Der Präsident (Daigakusôcho) jeder kaiserlichen Universität soll über alle Angelegenheiten der Universität die Aufsicht haben und für Ordnung sorgen. 6. An jeder kaiserlichen Universität soll ein Universitätsrat bestehen. — Er soll sich aus den Direktoren aller Kollegien und je einem Professor eines jeden Kollegiums zusammensetzen. Der Präsident der Universität soll den Universitätsrat einberufen und den Sitzungen präsidieren. — 7. Die Mitglieder des Universitätsrates, die Professoren sind, sollen formell von dem Unterrichtsminister ernannt werden, aber in jedem Falle soll die Ernennung des Professors stattfinden, der von den Professoren des bestimmten College gewählt ist. Die Mitgliedschaft zum Universitätsrat soll drei Jahre dauern, mit dem Recht der Wiederwahl. — 8. Der Universitätsrat soll folgende Angelegenheiten behandeln können: a) die Einrichtung oder Aufhebung eines Studienkurses in irgendeinem College; b) alle Fragen, die die einzelnen Professuren betreffen; c) die innere Verwaltung der Universität; d) die Verleihung von Graden; e) die Behandlung aller Fragen, die von dem Unterrichtsminister oder dem Präsidenten der Universität ihm vorgelegt werden. Der Universitätsrat kann auch dem Unterrichtsminister in Sachen der höheren Erziehung Anregungen unterbreiten. — 9. Die einzelnen Kollegien jeder Universität sollen die folgenden sein: Recht, Medizin, technische Wissenschaften, Literatur, Naturwissenschaft, Agrikultur. — 10. Der Direktor eines jeden College soll eine allgemeine Aufsicht über alle Unterrichtsfragen des Kollegiums ausüben. — 11. Das Unterrichtspersonal soll aus Professoren und assistierenden Professoren bestehen. — 12. Die Präsidenten der Universitäten können bei Bedarf Lektoren ernennen. — 13. Der Titel eines Honorarprofessors wird durch kaiserliche Ordre entweder direkt verliehen oder auf Empfehlung des Unterrichtsministers einer Persönlichkeit, die sich Verdienste an einer Universität erworben oder sich sonst in wissenschaftlicher Beziehung hervorgetan hat. — 14. Eine Fakultätsversammlung soll in jedem College abgehalten werden; alle Professoren des College sollen Mitglieder der Fakultät sein. Der Direktor eines jeden College soll die Versammlung einberufen und darin den Vorsitz führen. — 15. Den Fakultäts-Versammlungen sollen zur Beratung vorgelegt werden: die Studienkurse, die Examinierung der Studenten, die Qualifizierung der Kandidaten für die Grade, besondere Fragen, die von dem Unterrichtsminister oder dem Präsidenten der Universität gestellt werden. — 16. Der Direktor eines jeden Kollegiums kann veranlassen, dass ein assistierender Professor oder ein Lektor an den Universitäts-Versammlungen teilnimmt. — 17. In jedem Kollegium sollen Professuren bestehen. Falls eine solche von einem Prof. nicht besetzt ist, kann ein assistierender Professor oder ein Lektor mit der Vertretung beauftragt werden.

Finanzen. (Gesetz vom 23. März 1907.) Die kaiserlichen Universitäten sollen ihr eigenes Vermögen haben. Sie sollen das Recht haben, alle ihre jährlichen Ausgaben aus den staatlichen Zuwendungen, aus dem Einkommen ihres Vermögens, aus Schenkungen, aus den Gebühren und andern Einnahmequellen zu bestreiten. Der staatliche Zuschuss soll für die kaiserliche Universität in Tokyo aus 1300000 Yen und für die Universität in Kyoto aus 1000000 Yen für jedes Finanzjahr bestehen.

Grade. Die Grade sind zweierlei Art. Der niedere, der nach Absolvierung einer Universität oder einer Akademie mit entsprechendem Examen verliehen wird, ist der *Gakushi,* der höhere, der nach entsprechender höherer wissenschaftlicher Tätigkeit und sonstwie gegeben wird, ist der ***Hakushi*** oder ***Hakase***. Nur die Absolventen von Universitäten dürfen die Titel ohne Angabe der Anstalt führen, bei den andern muss hinter dem Titel der Name der Anstalt stehen.

Gakushi.	Hakushi oder Hakase.
Hōgakushi (Law).	Hōgaku (Law) Hakushi.
Igakushi (Medicine).	Igaku (Medicine) Hakushi.
Yakugakushi (Pharmacy).	Yakugaku (Pharmacy) Hakushi.
Kōgakushi (Engineering).	Kōgaku (Engineering) Hakushi.
Bungakushi (Literature).	Bungaku (Literature) Hakushi.
Rigakushi (Science).	Rigaku (Science) Hakushi.
Nōgakushi (Agriculture).	Nōgaku (Agriculture) Hakushi.
Ringakushi (Forestry).	Ringaku (Forestry) Hakushi.
Juigakushi (Veterinary Medicine).	Juigaku (Veterin. Science) Hakushi.

Der Hakushigrad kann von dem Unterrichtsminister verliehen werden:

1. Denjenigen, die in einem der Colleges (in der »University Hall«) ein »graduate study« mit den entsprechenden Examen absolviert haben. Sind die Bewerber nicht Angehörige des betreffenden College, so müssen sie eine Prüfung ablegen (Gebühr 20 Yen). Die Dauer eines Kurses ist meist fünf Jahre. Gebühren werden nicht erhoben.

2. Denen, die von der Fakultätsversammlung nach Vorlage einer wissenschaftlichen Abhandlung das Zeugnis bekommen haben, dass sie die für die Schlussexamina im »graduate course« geforderten Kenntnisse im vollsten Masse besitzen.

3. Denen, die von der Versammlung der Hakushi für den Grad gewählt werden (siehe unten).

4. Professoren der Universität auf Empfehlung des Univ.-Präsidenten.

Hakushi-Versammlungen. Die Inhaber je eines der neun Grade sind zu einer besonderen Versammlung zusammengeschlossen. Jede Versammlung kann von dem Unterrichtsminister oder dem Vorsitzenden einberufen werden. Beschlüsse haben nur Gültigkeit, wenn mehr als die Hälfte der Mitglieder anwesend ist. Für den Beschluss, einen Grad zu verleihen, ist eine Zweidrittel-Mehrheit erforderlich. Der Vorsitzende wird aus der Zahl der Mitglieder mit Zustimmung des Unterrichtsministers ernannt. Ihm stehen zwei Sekretäre zur Seite.

II. Geschichte und besondere Organisation.

Fukuoka.

COLLEGE OF MEDICINE.

Mit der Universität Kyōto verbunden. 1903 gegründet. Studiengang, usw. wie in Kyōto. Das College soll demnächst von der Universität Kyōto getrennt werden und mit einem technischen College »medizinische Fakultät der Universität zu Kiushiu« genannt werden.

Kyōto.

KYŌTO IMPERIAL UNIVERSITY
(Kyōto Teikoku Daigaku).

Die Universität wurde durch kaiserlichen Erlass vom 18. Juni 1897 gegründet und steht unter Aufsicht des Unterrichtsministers. Die Verfassung entspricht den Bestimmungen des S. 547-48 angeführten Erlasses.

Abteilungen: College of Law, C. of Medicine (in Kyōto und in Fukuoka), C. of Literature, C. of Science and Engineering, University Hall.

AUFNAHME, Studiengang, Grade, Gebühren: vergl. Tokyo und allgemeine Darstellung.

MEDIZINISCHE AKADEMIE.

Vergl. med. Studium: Tokyo. — Ähnliche Anstalten in Nagoya, Kumamoto, Chiba, Sendai.

Osake.

MEDIZINISCHE HOCHSCHULE. — Vergl. med. Studium: Tokyo.

Tokyo.

IMPERIAL UNIVERSITY OF JAPAN (Teikoku Daigaku).

Die kaiserliche Universität in Japan wurde 1886 durch die Vereinigung der Tokyo Daigaku und Kobu Daigakko auf Grund des kaiserlichen Erlasses vom gleichen Jahre (siehe S. 547) gegründet. Sie steht unter der Aufsicht des Unterrichtsministers. Ihre Verfassung entspricht den Bestimmungen des oben angeführten Erlasses vom Jahre 1886.

ABTEILUNGEN: College of Law, C. of Medicine, C. of Engineering, C. of Literature, C of Science, C. of Agriculture. University Hall für »graduate study« (siehe S. 549).

AUFNAHME. Nach Absolvierung einer Mittelschule (Chugakkō: 5 Jahre) und einer höheren Schule (Kōtōgakko: 3 Jahre) erfolgt Aufnahme in den ersten Jahreskursus des betreffenden College. Genügen die Zeugnisse nicht, so findet eine Prüfung statt. Beim Übergang in die Klassen des 2. und 3. Jahres (im medizinischen Kurs in die des 4. Jahres) erneute Prüfung, und zwar in den Fächern, die zur Aufnahme ins College erforderlich waren, und in denen, die im 1. Jahre unterrichtet wurden.

STUDIENDAUER. *Law:* zwei Kurse, Law oder Politics. In jedem Kurse sind 4 Examina und das »graduation« Examen abzulegen. — *Medicine:* das medizinische Studium dauert 4 Jahre und ist in 4 Klassen eingeteilt; das pharmazeutische 3 Jahre in 3 Klassen. Medizinische Examina nach dem 2. und 4. Jahre, pharmazeutische Examina jährlich und dann noch »graduation« Examen. — *Engineering:* Kurse in folgenden Fächern: 1. Civil Engineering, 2. Mechanical E., 3. Naval Architecture, 4. Technology of Arms, 5. Electrical E., 6. Architecture, 7. Applied Chemistry, 8. Technology of Explosives, 9. Mining and Metallurgy. Studienzeit in jedem Kursus 3 Jahre von je 3 terms. Examina jeweils nach dem 1. und 3 term. — *Literature:* 3 Sektionen: Philosophy, History, Literature; Studienzeit in jeder ca. 3 Jahre mit Wahl der Fächer, dann »graduation« Examen. — *Science:* Kurse: Mathematics, Astronomy, Theoretical Physics, Experimental Physics, Chemistry, Zoology, Botany, Geology, Mineralogy. Studienzeit je 3 Jahre, Examina jährlich. — *Agriculture:* Kurse: Agriculture, Agricultural Chemistry, Forestry, Veterinary Medicine. Studienzeit je 3 Jahre; Examina jährlich, nur in Veterinary Medicine statt dessen »graduation« Examen am Ende des 3. Jahres. — *University Hall* (Daigakuin): Studiendauer 5 Jahre. Wenn der Bewerber nicht Graduierter eines College der Universität ist, findet eine besondere Prüfung statt. Am Ende eines jeden Jahres muss der Student dem Direktor des College über den Fortgang seiner Studien berichten. Für den Hakushi-Grad ist Vorlage einer Dissertation erforderlich und eventuell Prüfung.

GRADE vergl. Seite 548/49.

GEBÜHREN. Für eine Prüfung beim Eintritt: 5 Yen. Das akademische Jahr ist in 3 »terms« eingeteilt. »Tuition fee« für das akademische Jahr: 35 Yen (1. term 14.00, 2. term 10.50, 3. term 10.50). — In der »University Hall« (»graduate study«) werden keine Gebühren erhoben.

KATHOLISCHE UNIVERSITÄT. Gegründet 1908.

WASEDA UNIVERSITY*.

Gegründet 1902. Nur Undergraduate College nach amerikanischem Muster. Board of Trustees, Board of Overseers. Vergl. Amerika S. 432.

ABTEILUNGEN: College of Politics and Economics, C. of Law, C. of Literature, C. of Commerce, C of Science and Engineering.

STUDIENGANG drei Jahre in jedem College. — Dem Absolventen werden die Gakushi-Grade, Waseda, gegeben.

* Privat-College. Solcher Privatanstalten gibt es ca. 15.

China.

Hong-Kong.

HONG-KONG COLLEGE OF MEDICINE.

UNION MEDICAL COLLEGE.

Nanking. — EAST CHINA UNION MEDICAL COLLEGE.

Peking.

KAISERLICH CHINESISCHE UNIVERSITÄT
(Ta hsüe tang).

Hervorgegangen aus der alten Literaten-Hochschule. Modernisiert 1901. An der Spitze der ganzen Anstalt steht ein chinesischer Generaldirektor. Jede Fakultät wird von einem chinesischen Abteilungsdirektor geleitet. Die Abteilungen bestehen aus deutschen, englischen und französischen Klassen. Vertreten sind hauptsächlich naturwissenschaftlich-technische Fächer; eine medizinische Abteilung besteht nicht. Alle Dozenten werden von der chinesischen Regierung angestellt.

STUDIENDAUER. In der vorbereitenden Abteilung: durchschnittlich 3 Jahre; in der Universität: durchschnittlich 4 Jahre.

AUFNAHME in die Universität erfolgt nach Absolvierung der vorbereitenden Abteilung (yü bei ko).

GRADE. Bei Absolutorium: 2. Literatengrad und Anwartschaft auf ein Amt. — Promotion und Habilitation gibt es hier nicht. Die Promotion geschieht in einer besonderen Staatsprüfung.

GEBÜHREN: $ Mex. 48 jährlich für alle Fakultäten.

Schanghai.

DEUTSCHE MEDIZIN-SCHULE.

GESCHICHTE. 1907 auf Anregung des Geheimen Legationsratse Knappe (früher Generalkonsul in Schanghai) gegründet mit Mitteln der Koppel-Stiftung, der Deutsch-Asiatischen Gesellschaft in Berlin (Ausschuss zur Förderung der deutschen Kulturarbeit in China), mit privaten Beiträgen und einem Reichszuschuss. — Dozenten stellt das Königlich Preussische Staatsministerium. — Im Anschluss an das in Schanghai bestehende Hospital, welches deutsche Firmen für Chinesen gegründet haben und ärztlich versorgen, sollen chinesische Studierende nach dem Muster deutscher Universitätsbildung zu praktischen Ärzten erzogen werden. — Verwaltung durch ein Kuratorium in Berlin und Schanghai.

AUFNAHMEBEDINGUNG: Prüfung im Chinesischen, sowie des Gesundheitszustandes. — LEHRPLAN: Deutsch 2—3 Jahre, Vorklinikum 2 Jahre, Klinikum 2—3 Jahre. Daneben Fortbildung in chinesischer Literatur, die in China obligatorisch ist. — Es ist Aussicht vorhanden, dass der Anstalt das Recht der ärztlichen Approbation (falls eine solche in China gesetzlich eingeführt wird), zugestanden wird.

GEBÜHREN: Jährliches Schulgeld $ 200.

Tsingtau.

DEUTSCH-CHINESISCHE HOCHSCHULE.

Gegründet 1909. Die Hochschule wird von der deutschen und chinesischen Regierung gemeinsam betrieben. Zu den Einrichtungskosten trug China die Summe von 40000 ℳ bei, zu den laufenden Ausgaben gibt es jährlich ebenfalls 40000 ℳ, für den Zeitraum von zehn Jahren. Nach Ablauf dieser Frist kann eine neue Vereinbarung getroffen werden. — Verwaltung durch einen Direktor, der von der deutschen Regierung ernannt wird. In der Anstalt befindet sich ein von der chinesischen Regierung ernannter Studieninspektor, der der chinesischen Unterrichtsbehörde über den Betrieb der Anstalt Bericht erstattet und die Leistungen der Schüler beobachtet; er ist dem Direktor nicht disziplinarisch unterstellt. Die Dozenten werden vom deutschen Reichsmarineamt angestellt, die chinesischen von der chinesischen Unterrichtsbehörde.

Die Anstalt gliedert sich in zwei Teile. Eine *Unterstufe* mit sechsjährigem Lehrgang in den Fächern Deutsch, Geschichte und Geographie, Mathematik, Botanik, Zoologie, Physik, Chemie, in den chinesischen Klassikern, in der chinesischen Sprache, Ethik, Moral, usw. Nach Absolvierung dieser Abteilung Abgangsprüfung. — Die *wissenschaftliche Oberstufe* besteht aus zwei grossen Hauptabteilungen: 1. einer rechtswissenschaftlich-staatswissenschaftlichen Fakultät, 2. einer naturwissenschaftlich-technischen Fakultät. Der letzteren sind als Nebenabteilungen angegliedert eine *forstwirtschaftliche* und *landwirtschaftliche Abteilung* und eine *Bauabteilung* (Baukonstruktion, Hochbau und Tiefbau). — Eine medizinische Abteilung soll angegliedert werden.

AUFNAHME. Erforderlich sind die Kenntnisse, die an der Unterstufe der deutsch-chinesischen Hochschule verlangt werden. Wer die Unterstufe nicht besucht hat, muss eine Prüfung ablegen. Mindestalter 20 Jahre. — Die STUDIENDAUER in der rechtswissenschaftlichen Abteilung beträgt drei Jahre, in der forstwirtschaftlichen ebenfalls drei Jahre, in der Bauabteilung zwei Jahre, in der naturwissenschaftlich-technischen vier Jahre. — Aufnahme in den Staatsdienst. — Die Schüler, die die Abgangsprüfung bestanden haben, können auf Wunsch in die kaiserliche chinesische Universität eintreten und erhalten dort nach Beendigung ihrer Studien wie die anderen Zöglinge der Universität literarische Grade.

GEBÜHREN. Das Schulgeld beträgt für die Unterstufe 100 ℳ jährlich, für die Oberstufe 200 ℳ jährlich. — Für die vollständige Verpflegung sind von jedem Schüler monatlich 10 ℳ zu entrichten. Insgesamt hat also der Schüler der Unterstufe jährlich 220 ℳ einschliesslich Verpflegung, der Schüler der Oberstufe jährlich 320 ℳ einschliesslich Verpflegung zu bezahlen.

Indien.

BRITISCH INDIEN.

FRANZÖSISCH INDIEN.

HOLLÄNDISCH INDIEN.

PHILIPPINEN.

Britisch Indien.

Universitäten.

Allahabad, Bombay, Calcutta, Lahore, Madras.

I. Allgemeine Organisation.

Die fünf indischen Universitäten wurden laut Universitätserlasse der Jahre 1857, 1882, 1887 als Prüfungsuniversitäten gegründet. Der Indian Universities Act vom Jahre 1904 gab allen diesen Universitäten eine neue gleichmässige Organisation. »The University shall be deemed to have been incorporated for the purpose (among others) of making provision for the instruction of students, with power to appoint University Professors and Lecturers, to hold and manage educational endowments, to erect, equip and maintain University libraries, laboratories and museums; to make regulations relating to the residence and conduct of students, and to do all acts, which tend to the promotion of study and research«.

Der Senat ist der »Body Corporate« jeder Universität. Er besteht aus dem Chancellor, der jeweils der Gouverneur der betr. Provinz ist (bei der University of Calcutta aus dem Chancellor und dem Rector), dem Vice-Chancellor, der vom Gouverneur ernannt wird, den ex-officio Fellows und den ordinary Fellows.

Die *ordinary Fellows* werden teils von den registered Graduates, teils von den Fakultäten erwählt, und zwar in Calcutta, Bombay und Madras zehn von den registered Graduates und zehn von den Fakultäten, der Rest vom Chancellor, doch nicht weniger als 30 und nicht mehr als 100 im ganzen; in Lahore und Allahabad zehn vom Senat oder von registered Graduates, fünf von den Fakultäten, der Rest vom Chancellor, doch nicht weniger als 40 und nicht mehr als 75. Amtsdauer der ordinary Fellows fünf Jahre. Die Ergänzungswahlen finden jährlich statt. Der Chancellor kann jeden, »who is eminent for his attainments in any branch of learning, or is an eminent benefactor of the University, or is distinguished for services rendered to the cause of education generally«, zum *honorary Fellow* ernennen.

Die *ex officio Fellows* der einzelnen Universitäten bestehen aus folgenden Mitgliedern: in *Calcutta:* The Chief Justice of the High Court of Judicature at Fort William in Bengal. The Lord Bishop of Calcutta.

The Civil Ordinary Members of the Council of the Governor-General. The Directors of Public Instruction in Bengal, Burma and Assam. — In *Bombay:* The Chief Justice of the High Court of Judicature at Bombay. The Bishop of Bombay. The Ordinary Members of the Council of the Governor of Bombay. The Director of Public Instruction in Bombay. — In *Madras:* The Chief Justice of the High Court of Judicature at Madras. The Bishop of Madras. The Ordinary Members of the Council of the Governor of Madras. The Director of Public Instruction in Madras. — In *Lahore:* The Chief Judge of the Chief Court of the Panjab. The Bishop of Lahore. The Director of Public Instruction in the Panjab. The representatives of such Chiefs (if any) of territories not comprised in British India as the Local Government may, by notification in the local official Gazette, specify in this behalf. — In *Allahabad:* The Chief Justice of the High Court of Judicature for the North-Western Provinces. The Bishop of Lucknow. The Directors of Public Instruction in the United Provinces of Agra and Oudh and in the Central Provinces.

FAKULTÄTEN UND SYNDIKATE. Der Senat teilt sich in die entsprechenden Fakultäten jeder Universität. Der Senat überwacht die affiliierten Unterrichtsanstalten und hält jährlich die Prüfungen zur Erlangung der Grade ab. Zu den jeder Fakultät zugewiesenen Fellows können »Graduates in the Faculty and other persons possessing special knowledge of the subjects of study represented by the Faculty« hinzugewählt werden. Diese haben aber nicht das Recht, an der Wahl des Syndicate teilzunehmen. — Die Executive ruht in den Händen des *Syndicate.* Dieses setzt sich zusammen aus dem Vice-Chancellor als »Chairman«, aus dem Director of Public Instruction der Provinz, in welchem die Universität liegt (für die University of Allahabad auch der Director of Public Instruction in den Central Provinces) und aus ex-officio oder vom Senat oder von den Fakultäten erwählten ordinary Fellows; doch soll die Anzahl nicht weniger als 7 und nicht mehr als 15 Fellows betragen. Seine Aufgabe ist es, dem Senat über Affiliierung und Ablösung eines College, über Ernennung von Readers, Lecturers, Professors oder Examiners und über die Verleihung von Graden, Diplomen, usw. Bericht zu erstatten.

BOARD OF STUDIES. Das Syndicate ernennt aus den Fellows Studienkomitees (Boards of Studies), die über alle auf die einzelnen Fachstudien bezüglichen Fragen dem Syndicate berichten.

AFFILIATED COLLEGES. EXAMINATIONS. Der eigentliche Studiengang wird, da die Universitäten nur Prüfungen abnehmen, in den affiliierten Colleges absolviert. Jede Universität nimmt in einzelnen Städten jährlich »Matriculation Examinations« ab, deren Bestehen zum Besuch des entsprechenden College berechtigt. Die weiteren Prüfungen, sowohl Zwischenexamina als Schlussexamina zur Erlangung der Grade werden dann wieder an der zuständigen Universität abgelegt. Studiendauer und Vorbedingungen zur Erlangung der Grade entsprechen ungefähr den in England üblichen Verhältnissen. Die meisten der affiliierten Colleges haben nur »undergraduate« Kurse bis zum B. A. oder B. Sc. Grad, nur wenige führen weiter. Grade vergl. England S. 198 und Spezial-Kollegien S. 559 u. ff.

II. Besondere Organisation.

Allahabad.

UNIVERSITY OF ALLAHABAD.

Gegründet 1887. Prüfungsuniversität für die United Provinces of Agra and Oudh.

VERFASSUNG und Organisation vergl. S. 555/56.

GEBÜHREN schwanken zwischen Rs. 10 und Rs. 200, je nach dem Examensfach und Grad.

AFFILIATED COLLEGES. Zu dem Bezirk der Universität gehören 12 Colleges, die bis zu dem M. A. Grad unterrichten, 10 bis zum B. A, 8 bis zur Intermediate Examination, 1 bis zum D. Sc., 1 bis zum M. Sc., 13 bis zum B. Sc., 1 bis LL. D. und 11 bis LL. B. Die Universität verleiht die entsprechenden Grade.

Bombay.

UNIVERSITY OF BOMBAY.

Gegründet 1857. Prüfungsuniversität für Bombay.

VERFASSUNG und Organisation siehe S. 555/56.

GEBÜHREN UND GRADE. Matrikulationsprüfung 12 Rupien. — Bachelor of Arts. Bach. of Science: Vorprüfung Rs. 20, 1. Prüfung Rs. 20, 2. Prüfung Rs. 20. — Master of Arts Rs. 50 — Bachelor of Laws, 2 Prüfungen Rs. 20 + Rs. 30. — Licentiate of Medizine and Surgery, 3 Prüfungen Rs. 15 + Rs. 20 + Rs. 30. — M. B., B. S., 3 Prüfungen Rs. 25 + Rs. 25 + Rs 50. — Doctor of Medizine Rs. 100. — Master of Surgery Rs. 100. — Bachelor of Agriculture, 3 Prüfungen Rs. 25 + Rs 25 + Rs. 50. — Bachelor of Civil, Electrical oder Mechanical Engineering, 3 Prüfungen Rs. 15 + Rs. 15 + Rs. 25. — Master of Civil Engineering Rs. 50.

AFFILIATED COLLEGES. Vergl. S. 563 u. ff.; besondere Angaben fehlen.

Calcutta.

UNIVERSITY OF CALCUTTA.*

Gegründet 1857 als Prüfungsuniversität.

VERFASSUNG und Organisation vergl. S. 555/56.

GEBÜHREN UND GRADE. Matrikulations-Prüfung 10 Rupien. — 1. Artes-Prüfung 20 Rupien. — Bachelor of Arts (4 Terms nach der 1. Artes-Prüfung) 30 Rupien. — Master of Arts 50 Rupien. — Bachelor of Laws 50 Rupien. — Doctor in Law 100 Rupien. — License in Medicine 10 Rupien. — Licentiate in Med., 2 Prüfungen 15 Rupien + 25 Rupien. — Bach. in Med., 3 Prüfungen 10 + 15 + 30 Rupien. — Honorars in Med. 50 Rupien. — Doctor in Med. 100 Rupien. — Bach. of Civil Engineering, 3 Prüfungen 30 + 25 + 30 Rupien. — Master of Civil Engineering 100 Rupien.

AFFILIATED COLLEGES. Die der Universität affiliierten Lehranstalten sind: in Artibus 54 ersten und 36 zweiten Ranges; in Jurisprudenz 21; in Medizin 1; in Civil Engineering 2. Davon sind 17 in Calcutta.

* Neuere Angaben fehlten. Aus Minerva Jahrbuch II entnommen.

Lahore.

THE PANJAB UNIVERSITY.

Hervorgegangen aus dem 1869 gegründeten »Panjab University College« und 1882 zur Universität erhoben. Prüfungsuniversität. Unterhält ausserdem 2 Lehranstalten »Oriental College« und »University Law College«. Durch die Statuten ist dem Studium der orientalischen Sprachen, sowie dem Unterricht allgemeiner Lehrfächer in den Landessprachen besondere Berücksichtigung gewährleistet.

Verfassung und Organisation vergl. S. 555/56.

Fakultäten: Faculty of Oriental Learning, F. of Arts, F. of Law, F. of Medicine, F. of Science.

Grade und Gebühren. *Faculty of Oriental Learning:* Matriculation Rs. 5, Intermediate Rs. 10, Bachelor of Oriental Learning Rs. 15, Master of Oriental Learning Rs. 25, Doctor of Oriental Learning Rs. 100. — *Faculty of Arts:* Matriculation Rs. 12, Intermediate Rs. 22, Bachelor of Arts Rs. 30, Master of Arts Rs. 50, Doctor of Literature Rs. 100, Bachelor of Teaching. — *Faculty of Law:* Preliminary Ex. Rs. 30, First Certificate Rs. 50, Licentiate Rs 200, Bachelor of Laws Rs. 50, Doctor of Laws Rs. 200. — *Faculty of Medicine:* Matriculation Rs. 20, Licentiate in Medicine and Surgery Rs. 20 + 30, Bachelor of Medicine und Bachelor of Surgery Rs. 20 + 30, Doctor of Medicine Rs. 100, Master of Surgery. — *Faculty of Science:* Matriculation Rs. 10, Intermediate Ex. Rs. 20, Bachelor of Science Rs. 30, Master of Science, Doctor of Science Rs. 100, Diploma in Civil Engineering Examinations Rs. 16 + 32).

Affiliated Colleges. Die der Universität affiliierten Lehranstalten belaufen sich auf 21. Von diesen gehörten zur Oriental Faculty 1, zur Law Faculty 1, zu den Arts und Science Faculties 16, zur Faculty of Medicine 3.

Madras.

UNIVERSITY OF MADRAS.

Gegründet 1857. Prüfungsuniversität.

Verfassung und Organisation vergl. S. 555/56.

Fakultäten: Faculty of Arts, F. of Laws, F. of Medicine, F. of Engineering.

Grade und Gebühren. Matriculation Rs. 12. — *Faculty of Arts:* First Examination Rs. 24, Bachelor of Arts (English Language Division) Rs. 12, (2d Language Division) Rs. 6, (Science Division) Rs. 18, Master of Arts Rs. 50, Licentiate in Teaching (Theoretical und Practical) je Rs. 15. — *Faculty of Laws:* First Examination Rs. 30, Bachelor of Laws Rs. 30, Master of Laws Rs. 100. — *Faculty of Medicine:* Licentiate of Medicine and Surgery: I. Examination Rs. 24, II. u. Final Examination Rs. 36, Bachelor of Medicine und Master of Surgery: I. Rs. 20, II. Rs. 30, III. Rs. 40 und Final Examination Rs. 50, Doctor of Medicin Rs. 100, Licentiate in Sanitary Science Rs. 40. — *Faculty of Engineering:* First Examination Rs. 20, Bachelor of Engineering Rs. 30.

Affiliated Colleges. Die der Universität affiliierten Lehranstalten belaufen sich auf 53. Von diesen gehören zur Faculty of Arts 15 der höheren Klasse, 32 der niederen Klasse, zur Erlangung des Grades in Teaching 2; zu den anderen Fukultäten der Jurisprudenz 2, der Medizin 1, der Ingenieur-Wissenschaften 1.

Spezial-Kollegien und -Institute.

Allahabad (United Provinces of Agra and Oudh).

UNIVERSITY SCHOOL OF LAW.

Gegründet 1906/07. Die Verwaltung und Aufsicht führt ein dem Senat und dem Syndicate der Universität verantwortliches Komitee bestehend aus dem Vice-Chancellor der Univ., dem Chief Justice of High Court, dem Director of Public Instruction und vier anderen Mitgliedern.

Grade. LL. B. und LL. M.

Gebühren. Entrance fee Rs. 10; tuition fee for preliminary class Rs. 6, for final class Rs. 8 per mensem.

Bangalore (Mysore State).

INDIAN INSTITUTE OF SCIENCE.

Gegründet 1907 auf Grund eines Vermächtnisses von J. N. Tate in Bombay (8500 £ jährlich) nebst Zuschüssen der Gouvernements von Indien und von Mysore. Das Institut ist eine Fortbildungsanstalt für Graduierte der indischen Universitäten (postgraduate institution) mit dem Ziel: »Förderung selbständiger Forschungen in allen Zweigen der Wissenschaft«.

Benares (North Western Provinces).

GOVERNMENT SANSKRIT COLLEGE.

Gegründet 1791 von Jonathan Duncan, President of Benares. Der Principal von Queen's College (s. S. 563) ist auch Principal des Sanskrit College. Prüfungen in Prathama, Madhyama, Acharya.

Bombay (Bombay Presidency).

SIR JAMSETJI JIJIBHOY ZARTHOSHTI MADRASSA.

Gegründet 1863 durch Stiftung (Rs. 100000) als besondere Hochschule für Parsi Studierende der Universität Bombay. Unterrichtsgegenstände: Avesta, Pahlavi, Persische Keil-Inschriften, usw.

GRANT MEDICAL COLLEGE.

Der University of Bombay affiliiert.

Aufnahme. »Previous Examination in Arts« der Universität Bombay oder gleichwertiges Examen einer anderen Universität.

Grade. B. M., B. S.; L. M., L. S. — Studiendauer fünf Jahre.

Gebühren. Entrance fee Rs. 25; Studiengebühr Rs. 12 monatlich; im vierten und fünften Jahre Rs. 100 (in vier Raten von je Rs. 25) für »Hospital practice«.

Calcutta.

MEDICAL COLLEGE OF BENGAL (College-Street).

Der University of Calcutta affiliiert. — AUFNAHME. Aufgenommen werden als »regular students« nur solche, die die First Arts Examination einer indischen oder britischen Universität bestanden haben; ausserdem »causal, female and military students«. — STUDIENGANG fünfjährig.

GEBÜHREN. Immatrikulation Rs. 15, Unterricht Rs. 75 jährlich. Für Sektionskurse Rs. 6 extra.

CIVIL ENGINEERING COLLEGE (Sibpur).

Gegründet 1856. 1860 Department des Presidency College. Seit 1880 selbständige Anstalt. Der University of Calcutta affiliiert. Verwaltung durch Board of Visitors.

DEPARTMENTS. Engineering Department, Apprentice Dept. mit Kursen in Civil, Mechanical, Electrical Engineering.

AUFNAHME. Für das Engineering Dept.: Intermediate Examination in Arts and Science der University, für das Apprentice Dept.: »Entrance Examination« der University.

STUDIENZEIT. Engineering Dept: vier Jahre College, »practical training« fünf Jahre; Apprentice Dept.: fünf Jahre (ein Jahr practical training).

GRADE (von der University): Eng. Dept. Bachelor of Engineering, Appr. Dept. Certificates und Diplomas.

GEBÜHREN. Eng. Dept. Admission Rs. 10; tuition intermediate course Rs. 10 monatlich, graduate course Rs. 15 monatlich. — Appr. Dept. tuition Rs. 3 monatlich.

SANSKRIT COLLEGE. — Angaben fehlen.

FREE SANSKRIT COLLEGE.

Gegründet von dem verstorbenen Pandit Taranath Tarkavacharpati und Pandit Kulapati Jibanand Vidyasagar.

AUFNAHME. Preliminary Examination in Sanskrit Titles der Universität. — GRADE. Final Exam. in Sanskrit Titles. — GEBÜHREN: keine.

MADRASAH COLLEGE (21, Wellesley Square).

DEPARTMENTS: Anglo-Persian Department, Arabic Dept.

Coimbatore (Madras Presidency).

AGRICULTURAL COLLEGE AND RESEARCH INSTITUTE.

Gegründet 1908. Der University of Madras affiliiert. Das College nimmt nach Übereinkunft mit der Regierung jährlich 20 Studenten zur kostenlosen Ausbildung auf.

AUFNAHME. Matriculation Examination der University of Madras.

STUDIENZEIT: drei Jahre (erstes Jahr pure Science, zweites Jahr applied Science, drittes Jahr Agriculture). — Diploma in Agriculture.

GEBÜHREN: keine.

Dacca (Eastern Bengal).

DACCA COLLEGE.

Der University of Calcutta affiliiert. — General Department (B. A.; B. Sc.), Law Department. — Im letzten führt der zweijährige Studiengang zum B. L. der University, weitere zwei Jahre zum M. A.

Dehra-Dun (United Provinces of Agra and Oudh).

IMPERIAL FOREST COLLEGE AND RESEARCH INSTITUTE.

Begründet als Imperial Forest-School 1880; seit 1. Juli 1907 unter obigem Titel. Indier und Birmanen erhalten unentgeltlichen Unterricht in den Forstwissenschaften nach europäischer Methode. Das College steht unter der Kontrolle des »Inspector general of Forests«. — Der gewöhnliche Kurs dauert zwei Jahre, nach dessen Absolvierung Certificates gegeben werden.

Indore (Native State, Central India Agency).

DALY COLLEGE.

Gegründet 1876. Schule für die Fürsten und Edelleute von Zentral-Indien.

Jaipur (Jaipur State, Rajputana Agency).

SANSKRIT COLLEGE.

Eine ausschliesslich von Brahminen geleitete Anstalt für das wissenschaftliche Studium der Sanskrit-Philologie und -Literatur. Prüfungen werden jährlich durch hervorragende einheimisch-indische Gelehrte abgehalten und entsprechende Titel verliehen.

Lahore (Panjab).

LAHORE MEDICAL COLLEGE.

Gegründet 1860. Der University of Panjab affiliiert.

AUFNAHME. »Intermediate Examination of the Science Faculty of the Panjab University.«

STUDIENDAUER vier Jahre.

GRADE (der University): M. B., B. S., M. D., M. S.

GEBÜHREN. Rs. 75 jährlich, ausserdem für die einzelnen Prüfungen besondere Gebühren.

LAW COLLEGE.

Gegründet 1870 als Law School. Der University Lahore affiliiert.

AUFNAHME. Matriculation Examination der University. — STUDIENDAUER: drei Jahre — GRADE der University: Licentiate in Law und nach entsprechend weiterem Studiengang die höheren Grade.

GEBÜHREN. Admission Rs. 25, tuition Rs. 5 monatlich.

ORIENTAL COLLEGE.

Gegründet 1870. Der Oriental Faculty der University of Lahore affiliiert. Unterricht in Arabisch, Persisch, Sanskrit (Sprache und Literatur).

AUFNAHME. Entrance Examination der Oriental Faculty.

GRADE der University: Bachelor and Master of Oriental Learning.

ISLAMIA COLLEGE.

Gegründet 1892. Der University of Lahore in der Faculty of Arts affiliiert. Das einzige nationale Muslim College in der Provinz; es steht unter der Kontrolle der »Mohammedan Society« Anjuman-i-Himayat-i-Islam. — Der STUDIENGANG führt zu den Intermediate, B. A. und M. A. (letzterer Grad nur in Arabisch) Examinations der University.

GEBÜHREN. »Entrance fee« Rs. 2; »tuition fee« monatlich Rs. 3, 4, 5 im Intermediate, B. A., M. A. Department.

Madras (Madras).

MEDICAL COLLEGE.

Gegründet 1835 als Medical School. Seit 1851 Medical College. Seit 1877 der University of Allahabad affiliiert. — KURSUS: 4 Jahre.

GEBÜHREN. Erstes und zweites Jahr je Rs 135, zweites und drittes Jahr je Rs. 100.

COLLEGE OF ENGINEERING (Chepauk).

Der University of Madras affiliiert. — GEBÜHREN. Seniorklassen Rs. 130, Intermediate-Klassen Rs. 65, Junior-Klassen Rs. 37 jährlich.

Meerut (United Provinces of Agra and Oudh).

MEERUT COLLEGE.

Gegründet 1892. College Department und Law Department. — GRADE: B. A., B. Sc., LL. B.

GEBÜHREN. College: Admission Rs. 2, tuition Rs. 6—7 monatlich; Law Department: Admission Rs. 5, tuition Rs. 4—6 monatlich.

Poona (Bombay Presidency).

COLLEGE OF SCIENCE.

Gegründet 1868. Der University of Bombay affiliiert. — Civil Engineering Branch: Studienzeit drei Jahre; Gebühren: Rs. 120 jährlich für Graduates und Undergraduates der University of Bombay; Rs. 150 für solche von anderen Universitäten. — Science Branch. — Mechanical Branch. — Accounts Branch: Examination for admission to the 4th Grade of Accountants, Public Works Department.

Roorkee (United Provinces of Agra and Oudh).

THOMASON ENGINEERING COLLEGE.

Gegründet 1847. — 1. Civil and Electrical Engineer Classes. 2. Upper Subordinate Classes. 3. Lower Subordinate Classes. 4. Mechan. Apprentice Classes. — Nach Absolvierung der entsprechenden Kurse — nur Nr. 1 hat gehobenen Unterricht — werden Certificates gegeben.

Serampur (Bengal Presidency).

SERAMPUR COLLEGE.

Gegründet 1818 von William Carey. Bis 1883 wurde besonders Eingeborenen Unterricht gewährt. Seit 1884 ist das College nur für Christen zum Studium der Theologie bestimmt. — Verwaltung durch einen »Council« von 15—20 Europäern und Amerikanern und einen »Advisory Board«, dessen Mitglieder von den verschiedenen Missionsgesellschaften bestimmt werden.

AUFNAHME von Graduierten einer anerkannten Universität oder gegen Eingangsprüfung. — Der theologische STUDIENGANG dauert vier Jahre und führt zum B. D. (Baccalaureus Divinitatis). — Keine Gebühren für Christen.

Colleges.

Es kann hier nur eine Anzahl der wichtigeren Colleges, die den einzelnen Universitäten affiliiert sind, aufgeführt werden. Der Studiengang dieser Colleges führt nur zum A. B. oder B. Sc. Grad der Universität, selten zum M. A.

AGRA (United Provinces of Agra and Oudh).
Agra College. Eröffnet 1823. Der University of Allahabad affiliiert.
St. John's College. Gegründet 1850 durch die Church Missionary Society. Die Schüler rekrutieren sich aus den Zöglingen der von dieser Gesellschaft unterhaltenen high Schools. Allahabad affiliiert.

AHMEDABAD (Bombay Presidency).
Gujarat College. Der Universität Bombay affiliiert.

AJMERE (Rajputana Agency).
Ajmere Government College. Eröffnet als School 1851. Seit 1868 College. Unterricht für den B. A. Grad seit 1896.
Mayo College.

ALIGARH (United Provinces of Agra and Oudh).
Mohammedan Anglo-Oriental College. Gegründet 1875 zwecks Ausbildung von Muselmanen im Englischen. Den Universitäten Allahabad und Calcutta affiliiert.

ALLAHABAD (United Provinces of Agra and Oudh).
Muir Central College. Gegründet 1873. Eröffnet 1886. Der University of Allahabad affiliiert.

BANGALORE (Mysore State).
Central College.

BAREILLY (Rohilkhand, United Provinces of Agra and Oudh).
Bareilly College. Gegründet 1836 als School; 1850—1877 College, dann high School. Seit 1884 College angegliedert. Der University of Allahabad affiliiert.

BARODA (Native State, Bombay Presidency).
Baroda College.

BENARES (N.-W. Provinces).
Queen's College. Eröffnet 1830 als Benares Anglo-Indian Seminary. Der Universität Allahabad affiliiert.
Central Hindu College. Gegründet 1898. Der University of Allahabad affiliiert.

BOMBAY (Bombay Presidency).
Elphinstone College. Gegründet 1827 durch die Bombay Native Education Society. Seit 1856 in College und high School zerlegt. Der University of Bombay affiliiert.
Wilson College.
St. Xavier's College (Esplanade). Seit 1869 der University of Bombay affiliiert. College und high School.

CALCUTTA.
Armenian College and Philanthropic Academy (39, Free School Street).
City College (13, Mirzapur Street). Gegründet 1879.
Doveton College (41, Free School Street).
Duff College (74, Nimtollah Ghat Street).
Presidency College (College Street).
St. Xavier's College (10 and 11, Park Street). Errichtet von der Society of Jesus 1860. Der University of Calcutta seit 1862 affiliiert.

CHITTAGONG (Bengal Presidency).
Chittagong College.
COOCH BEHAR (Native State, Bengal Presidency).
Victoria College. Eröffnet 1888.
CUTTACK (Bengal Presidency).
Ravenshaw College. Gegründet 1876 als School. Im gleichen Jahre zum College erhoben.
DELHI (Panjab).
St. Stephen's College (Kashmere Gate). Gegründet 1882 von der Cambridge University Mission. Der Panjab University affiliiert.
ERNAKULAM (Cochin State, Madras Presidency).
Ernakulam College. Gegründet 1805 als School. Seit 1874 College.
GWALIOR (Native State, Central India Agency).
Victoria College, Lashkar. Eröffnet 1899.
HOOGHLY (Bengal Presidency).
Hooghly College, Chinsura.
HYDERABAD (Native State, Deccan).
Nizam College.
INDORE (Native State, Central India Agency).
Canadian Mission College. Gegründet 1888. Der University of Allahabad seit 1905 affiliiert.
State College.
JABALPUR (Central Provinces).
Government College. Entstanden aus der Sangor High School (1836). College-classes seit 1860. Seit 1891 der Univ. of Allahabad affiliiert.
JAIPUR (Jaipur State, Rajputana Agency).
Maharajah's College. Gegründet 1844 als School. 1873 der University of Calcutta und seit 1888 der Univ. of Allahabad affiliiert.
KAPURTHALA (Native State, Panjab).
Randhir College. Gegründet 1856 von Raja Randhir Singh Ahluwalia. 1877 der University of Calcutta affiliiert. Seit 1896 College und der University of Panjab affiliiert.
KRISHNAGAR (Bengal Presidency).
Krishnagar College. Gegründet 1845 von der Regierung.
KUMBAKONAM (District Tanjore, Madras Presidency).
Kumbakonam College. Gegründet 1854 von der Regierung als School. College der University of Madras seit 1864.
LAHORE (Panjab).
Government College. Eröffnet 1864. Im gleichen Jahre der University of Calcutta affiliiert. Inkorporiert 1877. Jetzt der University of Panjab affiliiert.
Forman Christian College. Gegründet 1866. Bis 1869 der University of Calcutta affiliiert. Dann suspensiert. 1886 wieder eröffnet und seit 1888 der University of Panjab affiliiert. Unter Verwaltung der Panjab Mission of the American Presbyterian Church der Vereinigten Staaten von Amerika.
Dayanand Anglo-Vedic College (Court Street). Eröffnet 1886 (School Department). Der University of Panjab affiliiert.
LUCKNOW (Oudh).
Canning College. Der University of Allahabad affiliiert.
Reid Christian College. Gegründet 1866 als School von der American Methodist Episcopal Mission. College seit 1888.
MADRAS (Madras).
Madras Christian College. Gegründet 1837 als School. College seit 1865. Der University of Madras affiliiert.
Presidency College. Gegründet 1841. Nur College-classes.

MANGALORE (South Canara, Madras Presidency).
Government College. Eröffnet 1866 als School. College seit 1869. Der University of Madras affiliiert.
St. Aloysius College. Eröffnet 1880 von den Brüdern der Society of Jesus. Seit 1882 der University of Madras affiliiert und 1887 zum College erhoben.

MYSORE (Native State, Madras Presidency).
Maharaja's College. Errichtet 1833 als School von Maharajah. Von der Regierung 1868 übernommen. 1879 der Univ. of Madras affiliiert.

NAGPUR (Central Provinces).
Hislop College. Gegründet 1882. Unter Verwaltung der United Free Church of Scotland.

POONA (Bombay Presidency).
Deccan College.

RAJAHMUNDRY (Madras Presidency).
Government Arts College. Gegründet 1873.

RAJSHAHI (Bengal Presidency).
Rajshahi College.

RANGOON (Lower-Burma).
Rangoon College. Gegründet 1855. Wird von der Regierung von Burma verwaltet. Der University of Calcutta affiliiert.
Rangoon Baptist College. Gegründet 1872.

SHIMOGA (Mysore Native State, Madras Presidency).
Shimoga College.

TRICHINOPOLY.
St. Joseph's College.

TRIVANDRUM (Travancore State, Madras Presidency).
H. H. Maharajah's College. Gegründet 1834 als Privatschule. 1836 vom Travancore State übernommen. Seit 1866 College und der University of Madras affiliiert.

UJJIN (Gwalior State, Central India Agency).
Madhava College. 6 Lehrstühle (für Physik, Philosophie, Englisch, Persisch und Sanskrit).

VIJAYANAGARAM (Zamindaree, Madras Presidency).
Maharajah's College. Gegründet 1857 von Sir Vijayaramaraj Maharajah of Vizianagram. College of B. A. courses seit 1883.

Französisch Indien.

Hanoi (Indo-China).

ÉCOLE FRANÇAISE D'EXTRÊME-ORIENT.

Gegründet 1898 unter dem Namen Mission archéologique de l'Indo-Chine; seit 1900 unter dem jetzigen Namen. Das Institut befand sich zuerst in Saigon und wurde 1902 nach Hanoi verlegt. Der erste Direktor war L. Finot (1898–1904), der zweite A. Foucher (1905—1907), der jetzige ist Cl. E. Maitre. — Die Verwaltung des Instituts ist durch Beschluss vom 15. Dezember 1898 und Dekret vom 26. Februar 1901 geregelt. Sein Zweck ist die Erhaltung der historischen Monumente Indo-Chinas und das philologische und archäologische Studium der Länder des Orients. — Es steht unter der Autorität des General-Gouverneurs von Indo-China und unter der wissenschaftlichen Kontrolle der Académie des Inscriptions et Belles Lettres. — Der Direktor wird durch Dekret des Präsidenten der Republik ernannt, die andern Mitglieder durch Beschluss des General-Gouverneurs auf Vorschlag der Akademie. Die Gehälter werden aus dem Budget der Kolonie bestritten. — Das Personal umfasst einen Direktor, einen Vertreter in Paris, einen Sekretär, einen Konservator, drei Membres pensionnaires und zahlreiche eingeborene und asiatische Interpreten. — Die Schule erteilt Unterricht in den indo-chinesischen Sprachen.

Publ.: *Lacroix, Numismatique annamite*, 8° avec atlas. Saigon, 1900. — *Cabaton, Nouvelles recherches sur les Chams*, 8°. Paris (Leroux), 1901. — *L. de Lajonquière, Atlas archéologique de l'Indo Chine*, fol. Ibid. 1901. — *Cadière, Phonétique annamite*, 8°. Ibid. 1902. — *L. de Lajonquière, Inventaire descriptif des monuments du Cambodge*, 2 vol's, 8°. Ibid. 1902—1907. — *V. Henry, Eléments de Sanscrit classique*, 8°. Ibid. 1902. — *1er congrès international des études d'Extrême-Orient. Compte-rendu analytique des séances.* Hanoi, 8°. 1903. — *V. Henry, Précis de grammaire pâlie*, 8°. Paris (Leroux), 1904. — *A. Foucher, L'art gréco-bouddhique du Gandhâra*, I. 8°. Ibid. 1905. — *E. Aymonier et A. Cabaton, Dictionnaire čam-français*, 8°. Ibid. 1907. — *A. Guérinot, Répertoire d'épigraphie jaina*, 8°. Ibid. 1908. — *Bulletin de l'École française d'Extrême-Orient*, trimestriel T. I—VIII (1901—08).

UNIVERSITÉ INDOCHINOISE.

Gegründet 1907; im Jahre 1910 eingegangen.

Pondichéry (Vorder-Indien). — ÉCOLE DE DROIT.

Holländisch Indien.

Buitenzorg (Insel Java).

DEPARTEMENT VAN LANDBOUW.

Das Institut ist im Jahre 1905 an die Stelle des 1817 im Auftrage der holländischen Regierung von dem deutschen Naturforscher C. G. L. Reinwardt gegründeten Lands Plantentuin getreten (Geschichte des Plantentuin Handbuch II). Das Institut hat jetzt folgende Abteilungen:

Herbarium und Museum für systematische Botanik; Museum und Informationsbureau für technische und Handels-Botanik; botanische

Laboratorien; botan. Garten, etwa 14000 Arten (Buitenzorg) mit Gebirgsgarten (Tjibodas), in denen praktischer Gartenbauunterricht erteilt wird; agrikultur-zoologisches Laboratorium und Museum (Buitenzorg); Fischerei-Laboratorium (Batavia); agrikultur-chemisches Laboratorium; pharmakologisches Laboratorium; Versuchsgarten; Landbauschule mit praktischem Landbauunterricht; Abteilung Ackerbau der Eingeborenen; Versuchsstation für Reis und andere Nutzpflanzen; meteorologische Beobachtungen; Versuchsgarten und Untersuchungen über Kaffee; Gouvernements-Guttapercha-Anpflanzungen; Versuchsstation für Tee; Laboratorium für Untersuchungen über Javatabak.

Im Jahre 1906 wurden hinzugefügt: Laboratorium für geologisch-chemische Untersuchungen; Laboratorium für mikrobiologische Untersuchungen; Versuchs- und Demonstrierungsfelder; Gouvernements-Kinaanpflanzungen; Gouvernements-Kautschukanpflanzungen; Abteilung Gouvernements-Kaffeeanpflanzungen; Abteilung Forstwirtschaft; Abteilung Veterinärdienst. — Im Jahre 1907 kamen hinzu: Demonstrierungsfelder für den Ackerbau der Eingeborenen. — 1908 wurde der Land- und Gartenbauunterricht vereinigt, ausserdem neu eingerichtet: Laboratorien für Untersuchung von Faserstoffen; Veterinärschule für Eingeborene; eine Kultur- und Versuchsgarten in Merauke (Neu-Guinea), ein Bureau für Landbau- und Handelsanalysen.

Philippinen.

Manila.

MANILA UNIVERSITY OF SANTO TOMÁS.

GESCHICHTE UND ORGANISATION. Die Geschichte der Manila University of Santo Tomás ist mit dem Dominikanerorden, der 1587 nach den Philippinen kam, eng verknüpft. Der dritte Erzbischof von Manila, Rev. Miguel de Benavides (gestorben 1605) schenkte seine Bibliothek und seine Habe im Werte von 1500 Pesos als Grundstock einer Anstalt zur Ausbildung der Eingeborenen. Diese wurde von Pater Bernardo de S. Catalina, dem Freunde des Erzbischofs, eingerichtet und 1611 zu dem College of Our Lady of the Rosary ausgestaltet. Stiftungen flossen der Anstalt zu, sie entwickelte sich nach und nach, so dass 1619 »twelve Collegians, sons of the noblest citizens and most deserving captains of Manila were invested with the collegiate cap and admitted to scholarships«. Die königliche Bestätigung der dem College vom Gouverneur und dem Orden gegebenen Rechte erfolgte am 27. Dezember 1623.

Papst Paul V. hatte 1619 den Dominikaner-Colleges, ausserhalb Mexicos und Limas, für die Dauer von zehn Jahren das Recht gegeben, »University degrees« zu verleihen. 1624 wurde dieses Privileg auf Antrag des R. Council of the Indies auch auf Chile, New Granada und die Philippinen ausgedehnt. 1644 wurde endlich auf Antrag Philipps IV. beim päpstlichen Stuhl das College in eine Universität umgewandelt.

1785 erhielt die Anstalt vom König von Spanien die Bezeichnung Royal University, gleichzeitig wurden die Statuten geändert und erweitert. 1871 wurden endlich die schon lange gewünschten »schools of medicine and pharmacy« gegründet. Bei der Okkupierung der Philippinen durch die Vereinigten Staaten von Amerika sollte das College of San José säkularisiert werden, während der Verhandlungen wurde es von 1899—1901 geschlossen. — Die Universität ist jetzt nach amerikanischem Muster eingerichtet. Der »University Council of Studies and Discipline« besteht aus solchen Mitgliedern des Dominikanerordens, die nach Erlangung des Doktorgrades mindestens zwölf Jahre eine Professur bekleidet haben. Der Council berät die Ernennung der Professors und Instructors, er regelt die Organisation und Verwaltung der Fakultäten und befasst sich mit allen andern Angelegenheiten, die die allgemeinen Interessen der Universität betreffen. An der Spitze steht der Rector und Chancellor, neben ihm der Vice-Rector.

FAKULTÄTEN: Facultad de sagrada Teologia, F. de Canones, F. de Derecho, F. de Medicina, F. de Farmacia, F. de Filosofia y Letras, F. de Ingenieria y Construccion.

AUFNAHME gegen Aufnahmeprüfung (vergl. Gebühren); Bachelors of Arts eines anerkannten College werden ohne Prüfung aufgenommen.

STUDIENDAUER UND TITEL. Facultad de sagrada Teologia: Licenciado nach fünf Jahren; nach entsprechendem Weiterstudium: Doctor. — Facultad de Canones: Licenciado nach fünf Jahren (davon vier Jahre in in der Fac. de sagrada Teologia); nach entsprechendem Weiterstudium: Doctor. — Facultad de Derecho: Licenciado nach fünf Jahren; nach entsprechendem Weiterstudium: Doctor. — Facultad de Medicina: Licenciado nach fünf Jahren; nach entsprechendem Weiterstudium: Doctor. — Facultad de Farmacia: Licenciado nach vier Jahren; nach entsprechendem Weiterstudium: Doctor. — Facultad de Filosofia y Letras: Licenciado nach drei Jahren; nach entsprechendem Weiterstudium: Doctor. — Facultad de Ingenieria y Construccion: Ingeniero Civil y Constructor nach fünf Jahren; Perito agrimensor nach zwei Jahren.

GEBÜHREN. 1. *Gebühren der Universität.* Die Schüler, die nicht die Kurse »de Segunda Enseñanza« in den der Universität angegliederten Collegien absolviert haben, müssen ein Examen in den betreffenden Fächern ablegen; die Gebühren sind: Por el examen de cada asignatura Pesetas 2; Por expedir el titulo de Bachiller a los alumnos de los Colegios no incorporados P. 10; Por el registro del titulo de Bachiller, expedido por los Colegios incorporados a la Universidad P.10.— 2. *Gebühren der Fakultäten.* Derechos de matricula, de examen y de Grado. Licenciatura: Por la matricula de cada asignatura P. 8.50; Por el examen de cada asignatura P. 2; Por los ejercicios prévios al grado de Licenciado P. 45; Por el titulo de Licenciado P. 185. — Doctorado: Por la matricula de cada asignatura P. 17; Por el examen de cada asignatura P. 75; Por el titulo de Doctor P. 205.— Escuela de Practicantes de Medicina: Por la matricula de cada semestre P. 6.20; Por el examen semestral P. 4; Por la revalida para obtener el titulo P. 10; Por la expedictión del titulo P. 33.— Dentistas: Por la matricula de cada semestre P. 7; Por el examen P. 4; Por la ravalida P. 20; Por el titulo P. 55.

PHILIPPINE MEDICAL SCHOOL.

Gegründet 1905. Jährliches Einkommen vom Government of the Philippine Islands: $ ⊦5000. — Studiendauer 5 Jahre. — Keine Matrikulationsgebühren; Laboratoriumsgebühren $ 20 pro Semester.

Australien und Polynesien.

Universitäten und Colleges.

Adelaide (South Australia).

UNIVERSITY OF ADELAIDE.

Geschichte. Im Februar 1872 fassten die Vereinigungen der Baptisten, Kongregationisten und Presbyterianer den gemeinsamen Beschluss, ein Kollegium zur Ausbildung junger Männer für den geistlichen Beruf zu errichten. Schon im Juni desselben Jahres wurde es eröffnet. Kurz nach der Gründung überwies ihm Sir W. W. Hughes 20000 £, worauf der Rat des Kollegiums beschloss, es zu einer Universität zu erweitern. Nach einer Versammlung der hervorragendsten Geistlichen und Laien verschiedener anderer Bekenntnisse wurde am 23. Sept. 1872 die »University Association« gegründet, der die Aufgabe zufiel, die Universität bis zur Genehmigung des Parlaments (1874) zu organisieren. Am 11. Dezember 1874 fand die erste Versammlung des »University Council« statt, die Sir R. D. Hanson zum ersten Kanzler erwählte. Der akademische Unterricht begann im März 1876. Die ersten neuen Universitätsgebäude wurden 1882 eröffnet (Bauaufwand 38000 £).

Die der Universität zugewendeten Stiftungen ermöglichten ihr schnelles Wachstum und eine immer mehr sich erweiternde Lehrtätigkeit. Anfangs zwei Professuren für klassische Philologie und englische Sprache und Literatur (Stiftung von Sir W. W. Hughes 20000 £) und zwei für Mathematik u. Naturwissenschaften (Stiftung von Sir Thomas Elder 20000 £); 1883 Eröffnung der School of Medicine (Stiftung von Sir Thomas Elder 10000 £); 1886 Errichtung der Professur für Chemie (Stiftung von J. H. Angus 6000 £); 1884 Gründung der Musikschule, 1890 der Professur für Rechtswissenschaft, usw. Die Stiftung von Sir Thomas Elder nach seinem Tode i. J. 1897 (65000 £) führte der School of Medicine und der School of Music neue Mittel zu. 1898 Errichtung eines neuen »Elder Conservatorium of Music«, 1901 Bau neuer Gebäude für den naturwissenschaftlichen Unterricht und die Laboratorien, 1902—03 Errichtung neuer Gebäude für die medizinischen Laboratorien. Für den Unterricht in Bergbau, Metallurgie und Elektrotechnik hat die Universität mit der »South Australian School of Mines and Industries« besondere Abmachungen zwecks gemeinsamer Verwendung der Lehrkräfte und Laboratorien getroffen.

Das Vermögen der Universität besteht ausser den obengenannten und zahlreichen anderen Stiftungen aus der Zuwendung der Regierung von 50000 Acres Land (ausserdem fünf Acres in Adelaide selbst für die Universitätsgebäude) und einem jährlichen Regierungszuschuss von 5% von dem Kapitalvermögen der Universität bis zum Höchstbetrage von 10000 £.

Verfassung. Die Verwaltung wird durch den »Council« und den »Senate« geführt. Der Council, aus 20 Mitgliedern bestehend, wird vom Senate gewählt, der sich seinerseits aus allen Graduierten (Doctors,

Masters und den andern »Graduates of three years standing« der Universität zusammensetzt. Alle Statuten und Verordnungen bedürfen der Billigung des Council und Senate und der Zustimmung des »Governor« als »Visitor« der Universität. Der Council wählt den »Chancellor« und »Vice-Chancellor«. Die einzelnen Fakultäten wählen jährlich einen ihrer Fachprofessoren zum »Dean«.

Die Universität hat in verschiedenen Städten »permanent Committees« für Examina (»primary public Examination«, »junior public, senior public, higher public Examinations«, vergl. Aufnahme) eingerichtet und hält ausserdem »Extension Lectures« an der Universität wie in anderen Städten ab. — Sie ist den Universitäten Oxford und Cambridge affiliiert und ihre Schüler geniessen die entsprechenden Vergünstigungen; ferner ist sie anerkannt von der »Institution of Civil Engineers«, London, und dem »Institute of Chemistry of Great Britain and Ireland«.

FAKULTÄTEN: Faculty of Arts, F. of Science, F. of Law, F. of Medicine, F. of Music.

AFFILIATED COLLEGES: Perth Technical School, Perth; Agricultural College, Roseworthy

AUFNAHME. Mindestalter 16 Jahre (Männer und Frauen) und Aufnahmeprüfung (»Senior public Examination«) sind Bedingung. Die Universität hält diese Prüfungen in Adelaide und in zahlreichen Städten durch »permanent Committees« ab.

STUDIENZEIT UND GRADE. B. A. Grad, Studienzeit drei Jahre; der Grad kann je nach den Prüfungsgegenständen als »ordinary Degree« oder »honours Degree« verliehen werden. M. A. noch zwei Jahre Studium nach Erlangung des B. A.; ebenfalls ordinary oder honours; Examen und Vorlage einer These. — B. Sc. Grad, Art und Bedingungen wie B. A.; D. Sc. (Doctor of Science), drei Jahre weiteres Studium nach Erlangung des B. Sc., Examen und Vorlage einer These; Diploma in Applied Science vergl. School of Mines and Industries S. 573. — LL. B. (Bachelor of Laws), Final Certificate in Law. Die Kandidaten für den LL. B. müssen ein Examen in allen geforderten Fächern (»ordinary and special«) ablegen, die für das Final Certificate nur in einem Teil (»ordinary subjects«). LL. D. (Doctor of Laws) dreijähriges Studium nach LL. B., Examen und Vorlage einer Thesis. — M. B. (Bachelor of Medicine), B. S. (Bachelor of Surgery), Studienzeit fünf Jahre, fünf Examina. M. D. (Doctor of Medicine), Zulassung zum Examen erst im dritten Jahre nach M. B., Vorlage einer These. M. S. (Master of Surgery), Bedingung wie bei M. D. — Mus. Bac. (Bachelor of Music) Studienzeit drei Jahre, Mus. Doc. (Doctor of Music) drei Jahre nach Mus. Bac. — Diploma in Commerce; der ganze Kursus dauert vier Jahre.

GEBÜHREN. *Faculty of Arts.* Ordinary B. A.: entire Course £ 2.2.0 bis £ 14.14.0, je nach den Fächern; Examination £ 1.1.0 bis £ 2.2.0, je nach den Fächern. Honours: Lectures in each Department £ 10.10.0 per annum. Fee for the Degree £ 3.3.0. — Ordinary M. A.: entire Course: £ 2.2.0 bis £ 14.14.0, je nach den Fächern; Examination £ 1.1.0 bis £ 2.2.0, je nach den Fächern. Honours: Examinations, Thesis £ 10.10.0. Fee for the Degree £ 5.5.0. — *Faculty of Science.* Ordinary B. Sc.: entire Course £ 9.9.0 bis £ 22.1.0, je nach den Fächern. Honours: Lectures £ 10.10.0 bis £ 18.18.0, je nach den Fächern. Fee for the Degree £ 3.3.0. — D. Sc.: Thesis £ 10 10.0; Admission to the Degree £ 10.10.0. — *Faculty of Law.* Entrance Fee £ 2 2.0. Every Subject £ 1.11.6. Each Subject at an annual Examination £ 1.1.0. Final Certificate £ 5.5.0. Fee for LL. B.: £ 5.5 0. — LL. D.: Thesis £ 10.10.0; Admission to the Degree £ 10.10.0. — *Faculty of Medicine.* Tuition £ 154.7.0 for five Years incl. Examinations and Fee for M. B. and B. S. — D. M.: Examination £ 15.15.0; Fee for the Degree £ 10.10.0. — M. S.: Examination £ 15.15.0; Fee for the Degree £ 10.10.0. — *Faculty of*

Music. Lecture fees for each Term £ 3.3.0. Ordinary Examination £ 3.3.0, supplementary £ 1.11.6. Fee for Mus. Bac. £ 3.3.0. — D. Mus.: Exercise £ 6.6.0; Final Examination £ 5.5.0; Fee for the Degree £ 10.10.0.

SOUTH AUSTRALIAN SCHOOL OF MINES AND INDUSTRIES (North Terrace).

Gegründet 1889. Inkorporiert durch Act of Parliament 1892. Verwaltung durch einen Council von 12 Mitgliedern, die jährlich vom Governor ernannt werden. Die Regierung gibt jährlich einen Zuschuss von 5500 £. Die Anstalt steht in enger Verbindung mit der University of Adelaide und bereitet für die techn. Diplomas dieser Universität vor.

KURSE, STUDIENDAUER, GRADE. Mining; Metallurgy; Mechanical, Electrical Engineering; Architecture. — Der Studiengang ist drei Jahre und führt zur »Associateship«. Die Kurse in Verbindung mit der University of Adelaide in Mining, Metallurgy, Mechanical and Electrical Engineering dauern vier Jahre und führen zur »Fellowship«. — Course in Agriculture, drei Jahre, führt zum Diploma.

GEBÜHREN in Diploma Courses 15 £ per annum.

Auckland (Neu Seeland).

UNIVERSITY COLLEGE.

Gegründet 1882. Der University of New Zealand affiliiert, auch recognised School of Mining and Metallurgical Engineering dieser Universität. Siehe Neu Seeland S. 575.

Christchurch (Neu Seeland).

CANTERBURY UNIVERSITY COLLEGE.

Gegründet 1873. Der University of New Zealand affiliiert und recognised School of Mechanical, Electrical and Civil Engineering. Siehe Neu Seeland S. 575.

Dunedin (Neu Seeland).

THE UNIVERSITY OF OTAGO

Gegründet 1869. Der University of New Zealand affiliiert und recognised School of Medicine and Dentistry, of Mining and Metallurgical Engineering dieser Universität. Siehe Neu Seeland S. 575.

Hobart (Tasmania).

THE UNIVERSITY OF TASMANIA.

GESCHICHTE UND VERFASSUNG. Gegründet 1889 durch Parlamentsakte als Staatsuniversität, mit einem jährlichen Zuschuss aus der Staatskasse von 4000 £. Einkommen aus Gebühren 1000 £ jährlich. — Verwaltung durch einen »Council«, dessen Mitglieder vom »Senate« und vom Parlament gewählt werden. Der »Chancellor« und »Vice-Chancellor« werden vom Council gewählt. Der »Senate« besteht aus allen männlichen Graduierten der Universität, aus den Mitgliedern des Council, usw. »Visitor« der Universität ist der Governor. An der Spitze jeder Faculty steht ein »Dean«. Die Universität ist den Univ. Oxford und Cambridge affiliiert. Die Zeehan School of Mines and Metallurgy in Zeehan ist ihrerseits der University of Tasmania affiliiert.

FAKULTÄTEN: Faculty of Letters, F. of Science, F. of Law.

AUFNAHME. Mindestalter 16 Jahre (Männer und Frauen) und Prüfung oder Vorlage gleichwertiger Zeugnisse. Die Universität hält wie Adelaide in verschiedenen Städten »Junior Examinations« und »Senior Examinations« ab; die letzteren entsprechen der Aufnahmeprüfung.

STUDIENDAUER UND GRADE. B. A., M. A.; B. Sc., M. Sc.; LL. B., LL. M., LL. D. Bedingungen u. Studiendauer ähnlich wie bei Adelaide, vergl. dort.

GEBÜHREN. Courses for any one or more Degrees per year: 1—3 subjects of Examination £ 3.3.0 per subject. 4 or more £ 10.10.0. Work in Laboratory, Class or Lecture-Class £ 2.2.0. — Honours Examination £ 2.2.0, Honours Certificate £ 2.6.0. — Degree fee: Bachelor £ 3 3.0, Master £ 5.5.0, Doctor £ 10.10.0.

Lincoln (Neu Seeland).

CANTERBURY AGRICULTURAL COLLEGE.

Recognised School der University of New Zealand; siehe S. 575.

Melbourne (Victoria).

UNIVERSITY OF MELBOURNE.

GESCHICHTE UND VERFASSUNG. Gegründet 1853 als Universität des Staates Victoria und durch Universitätsakt vom 10. Juli 1890 reorganisiert. — Die Verwaltung wird durch den »Senate«, der aus den männlichen Graduierten (Masters, Doctors und den andern »Graduates of three years standing«) der Universität besteht und durch den »Council« von 21 Mitgliedern, die vom Senat auf fünf Jahre gewählt werden, geführt. Der Council ernennt den Chancellor und Vice-Chancellor, auch die Anstellung der Professoren ist seines Amtes. Visitor der Universität ist der Governor von Victoria.

FAKULTÄTEN: Faculty of Arts, F. of Science, F. of Law, F. of Medicine, F. of Engineering, F. of Music; Departments of Dentistry, Veterinary Science, Agriculture.

AFFILIATED COLLEGES: Trinity College (Anglikanisch), Ormond College (presbyterianisch) und Queen's College (methodistisch, 50—88 £ jährlich).

AUFNAHME. Mindestalter 16 Jahre (Männer und Frauen) und Eingangsprüfung oder gleichwertige Zeugnisse.

STUDIENGANG UND GRADE. Bachelor of Arts (3jähriger Studiengang), Master of Arts (honour Examen plus 1 weiteres Jahr), Doctor of Letters (3 weitere Jahre nach M. A.). — Bachelor of Science (3jährig), Master of Science (Honour Examination), Doctor of Science (Bachelor of Science plus 3 weitere Jahre), Diplomas in Analytical Chemistry (Honours B. Sc. plus 1 Jahr). — Bachelor of Laws (4jährig), Master of Laws (Honour Examination), Doctor of Laws (Master of Laws plus 3 weitere Studienjahre). — Bachelor of Medicine or Surgery (5jährig), Doctor of Medicine (weitere 2 Jahre), Master of Surgery (Bachelor of Surgery plus 2 Jahre), Bachelor of Dental Surgery (4jährig), Diplomas in Public Health (M. B. plus 1 Jahr), Bachelor of Veterinary Science (5jährig), License in Veterinary Science (4jährig). — Bachelor of Civil Engineering (4jährig), Master of Civil Engineering (1 weiteres Jahr), Bachelor of Mining Engineering (4jährig), Bachelor of Mechanical Engineering (4jährig), Diplomas in Mining (3jährig), Metallurgy (3jährig). — Bachelor of Agricultural Science (4jährig), Diplomas in Agriculture (3jährig). — Bachelor of Music (3jährig), Doctor of Music (3 weitere Jahre), Diploma in Musical Associate (3jährig). — Diploma of Education (2jährig).

GEBÜHREN. Bachelor of Arts jährlich £ 12.12. — Bachelor of Science jährlich 21 £. — Bachelor of Laws 1. u. 2. Jahr je £ 12 12; 3. u 4. Jahr je £ 25.4. — Bachelor of Medicine u. Surgery: jährlich 22 £. — Bachelor of Engineering: 1. Jahr £ 18.18.0; 2. Jahr 21 £; 3. u. 4. Jahr je £ 25.4. — Bachelor of Veterinary Science: 1. Jahr 22 £; 2., 3. u. 4. Jahr 25 £; 5. Jahr 20 £. — License in Veterinary Science: 1. Jahr 18 £; 2., 3. u. 4. Jahr 25 £. — Bachelor of Music £ 12.12. — Für solche, die nicht die vollständigen Kurse zur Erlangung eines Grades, sondern nur einzelne Vorlesungen besuchen, werden die Gebühren einzeln berechnet (2—21 £). — Gesamtgebühren für Immatrikulation und Prüfungen £ 1.1.0., Bachelor ausserdem £ 7.7.0; jeder höhere Grad (Master oder Doctor) noch £ 10.10.

Neu Seeland=New Zealand.

UNIVERSITY OF NEW ZEALAND.

GESCHICHTE UND VERFASSUNG. Gegründet durch Parlamentsakte von New Zealand im Jahre 1870. Verfassungsurkunde vom Jahre 1874. — Die Verwaltung wird durch den »Senate« und die »Convocation« geführt. Der »Senate« wählt den »Chancellor« und »Vice-Chancellor«. Er ergänzt sich teilweise durch eigene Wahl, teilweise durch Wahl der Convocation. Diese besteht aus allen ordentlichen Graduierten der Universität (Masters, Doctors and »Graduates of three years standing«). Der Senate stellt die Examinatoren und Beamten an. Der Governor des Staates ist »Visitor« der Universität. Mit der University of Cambridge (England) affiliiert.

Die Universität ist lediglich Prüfungs-Universität und übt durch die Vorschriften für den Studiengang zur Erlangung der von ihr erteilten Grade einen massgebenden Einfluss auf die affiliierten Anstalten aus, die zu ihren Prüfungen vorbereiten. Der Staatszuschuss beträgt 3000 £ jährlich.

AFFILIIERTE ANSTALTEN und Recognised Schools. Jede affiliierte Anstalt und recognised School hat jährlich an den Senat der Univ. über ihre Tätigkeit zu berichten; die affiliierten Anstalten müssen zwischen dem 1. Oktober und 31. Dezember eines jeden Jahres in den Fächern, in denen sie Unterricht erteilen, Examina abhalten.

Affiliiert sind: The University College in Auckland. The Victoria University College in Wellington. The Canterbury University College, Christchurch. The University of Otago, Dunedin. — Die Univ. of Otago ist recognised School of Medicine and Dentistry; das Canterbury College, Lincoln recognised School of Agriculture; Canterbury University College, Christchurch ist recognised School of Mechanical, Electrical, Civil Engineering; University of Otago und Auckland University College sind recognised Schools of Mining and Metallurgical Engineering.

AUFNAHME. »Matriculation Examination«; für »medical students« einschliesslich Dentistry und Veterinary Surgery »preliminary Examination«; ebenfalls »preliminary Examination in Engineering« für Studierende der Ingenieurwissenschaften. Jeder Student muss dann je nach Wahl seines Studiums bei dem entsprechenden affiliierten College eingeschrieben werden.

KURSE, STUDIENDAUER, GRADE, GEBÜHREN. *Course in Arts:* B. A., dreijähriges Studium in einem affiliierten College, Examensgebühr für »each section of examinations« 2 guineas; Honours in Arts, nach B. A. im Jahr darauf, Examensgebühr 1 guinea. Doctor of Literature, nach Erlangung der Honours in Arts; 5 Jahre nach B. A., Vorlage einer Dissertation, Examensgebühr 5 guineas, Grad 15 guineas. — *Course in Science:* B. S., Honours in Science, Doctor in Science; Studium, Gebühr wie B. A., usw.; Master in Science, Examen ähnlich wie bei Honours in Science, Gebühr 1 guinea. — *Course in Engineering:* Bachelor of Engineering (Mechanical, Electrical, Civil, Mining, Metallurgical), nach der »Engineering Preliminary Examination« 1 Jahr Studium in einem affiliierten College, dann »Engineering Entrance Examination« und vierjähriges Studium, dann 1. und 2. »Professional Examination«, praktische Tätigkeit; Gebühr für jedes Examen 3 guineas, Gebühr für den Grad 7 guineas. — *Course in Agriculture:* Bachelor of Agriculture, dreijähriges Studium, Examensgebühr für je 5 der 15 Fächer ca. 3 guineas, Gradgebühr 7 guineas. — *Course in Medicine:* Studienzeit ca. 5 Jahre, Gebühr für Medical Registration 2 guineas, Intermediate Examination im 1. Jahre (Gebühr 3 guineas), 1. Professional Examination im 3. Jahre (Gebühr 5 guineas), 2. Prof. Exam. im 4. Jahre (Gebühr 5 guineas), 3. Prof. Exam. im 5. Jahre (Gebühr 5 guineas); Grade M. B. und Ch. B (Gebühr je 5 guineas); Doctor of Medicine 3 Jahre nach M. B. (Gebühr 5 guineas). — *Course in Dentistry:* Studienzeit ca. 4 Jahre, Dental Registration 2 guineas, Intermediate Examination im 1. Jahre (Gebühr 3 guineas), 1. Prof. Exam. im 3. Jahre (Gebühr 5 guineas), 2. Prof. Exam. im 4. Jahre (Gebühr 5 guineas); Bachelor of Dental Surgery (Gebühr 7 guineas). — *Course in Veterinary Surgery:* Studienzeit ca. 4 Jahre, Veterinary Registration 2 guineas, Examina und Gebühren ähnlich wie im Course of Dentistry; Bachelor of Veterinary Science. — *Course in Law:* Studienzeit 3 Jahre, Bachelor of Laws, Examensgebühr 2 guineas, Grad 7 guineas; Honours in Law, innerhalb 2 Jahren nach LL. B.; ähnlich Master of Laws, Examensgebühr 3 guineas, Grad 7 guineas; Doctor of Laws, 5 Jahre nach LL. B., Vorlage einer Dissertation, Examensgebühr 5 guineas, Grad 15 guineas. — *Course in Music:* Bachelor of Music, Doctor of Music. — *Course in Commerce:* Bachelor of Commerce, Studienzeit 2 Jahre.

Perth (Western Australia).

PERTH TECHNICAL SCHOOL.

Affiliiert mit der University of Adelaide.

Roseworthy (South Australia).

AGRICULTURAL COLLEGE.

Affiliiert mit der University of Adelaide.

Sydney (New South Wales).

UNIVERSITY OF SYDNEY.

GESCHICHTE UND VERFASSUNG. Gegründet 1850 durch Beschluss der Legislatur von New South Wales als Staatsuniversität, königliche Bestätigung vom 1. Oktober desselben Jahres. Erweiterung des University-Act vom Jahre 1900. — Die Verwaltung wird durch den »Senate« geführt, der aus 16 wählbaren Fellows besteht und aus 3–6 ex officio Mitgliedern, die Professoren der Universität sind. Der Chancellor und Vice-Chancellor werden vom Senate aus seiner Mitte gewählt. Der Senate ernennt die Professoren und Beamten der Universität. Der Senate selbst wird durch Wahl einer Convocation bestimmt, die aus den Fellows des Senate, den Professoren, Lehrern und Examinatoren in den Schulen der Universität, den Principals der inkorporierten Colleges, den durch Gesetz bestimmten höheren Beamten und den ordentlichen Graduierten der Universität sich zusammensetzt. Visitor ist der Governor des Staates. Der jährliche Zuschuss der Regierung beträgt ca. 15000 £.

FAKULTÄTEN: Faculty of Arts; F. of Law; F. of Medicine; F. of Science; Department of Dentistry; Departments of Civil, Mining, Metallurgical, Mechanical und Electrical Engineering; Department of Veterinary Science und Department of Agriculture.

AFFILIIERTE ANSTALTEN. St. Paul's College, St. John's College, St. Andrew's College, Women's College.

AUFNAHME. Mindestalter 16 Jahre (Männer und Frauen) und Prüfung. Bestandene »Junior Public und Senior Public Examinations« der Universität entsprechen der Aufnahmeprüfung.

STUDIENGANG UND GRADE. Bachelor of Arts (dreijähriger Studiengang), Master of Arts (zwei weitere Jahre), Diplomas in Economics and Commerce (dreijährig). — Bachelor of Laws (fünfjährig), Doctor of Laws (zwei weitere Jahre nach LL. B.). — Bachelor of Medicine (fünfjährig), Doctor of Medicine (zwei weitere Jahre nach M. B.), Master of Surgery (fünfjährig), Diploma in Public Health, Bachelor of Dental Surgery (vierjährig). — Bachelor of Science (dreijährig), Doctor of Science (zwei weitere Jahre nach B. Sc.), Bachelor of Engineering in Civil Engineering (vierjährig), Bachelor of Engineering in Mining and Metallurgy (vierjährig), Bachelor of Engineering in Mechanical and Electrical Engineering (vierjährig), Master of Engineering (drei weitere Jahre nach B. E.). — Licentiate in Veterinary Science (vierjährig), Bachelor of Veterinary (Science fünfjährig). — Bachelor of Science in Agriculture (vier Jahre).

GEBÜHREN. Matriculation £ 2.2.0, Matriculation Examination £ 2.0.0. *Faculty of Arts.* Lecture fee I. year £ 6.6.0 per term, II. and III. je £ 5.5.0 per term. Degree fee: B. A. £ 3.0.0, M. A. £ 5.0.0. — *Faculty of Law.* Fees: £ 63.0.0. Graduation incl. two years in the Faculty of Arts, Matriculation and Degree £ 109.13.0. — *Faculty of Medicine.* M. B. Graduation incl. Matriculation and Degree £ 163.4.0. Diploma in Public Health £ 2.2.0—£ 5.0.0 according to each subject and per term. Pharmacy £ 2.2.0—£ 7.7.0 according to each subject and per term. — *Department of Dentistry.* B. D. S. Graduation incl. Matriculation and Degree £ 148.10.0. — *Faculty of Science.* Lecture fees per term £ 7.7.0. Degree fees B. Sc. £ 3.0.0, D. Sc. £ 10.0.0, M. E. £ 10.0.0. B. E. in Civil Engineering or Mining and Metallurgy Graduation incl. Matriculation and Degree £ 125.8.0. B. E. in Mechanical and Electrical Engineering £ 115.19.0. — *Department of Veterinary Science.* License L. V. S. total £ 82.12.0. B. V. S. Graduation £ 106.10.0 incl. Matriculation and Degree. — *Department of Agriculture.* B. Sc. in Agriculture: Graduation incl. Matriculation and Degree £ 83.15.0.

Wellington (Neu Seeland).

VICTORIA UNIVERSITY COLLEGE

Gegründet 1897. Der University of New Zealand affiliiert, siehe S. 575.

Zeehan (Tasmania).

ZEEHAN SCHOOL OF MINES AND METALLURGY.

Der University of Tasmania affiliiert. Alle Ernennungen von Lehrern unterliegen der Zustimmung des University Council in Tasmania. Die Examiners werden ebenfalls vom University Council ernannt.

Nachträge und Berichtigungen.

S. 4. An der UNIVERSITÄT BERLIN haben die etatsmässigen ausserordentlichen Professoren seit 1910 das Recht, an der Wahl des Rektors teilzunehmen. Der betreffende Passus lautet in der neuen Fassung wie folgt:

Abschnitt III, § 1 der Statuten der Friedrich-Wilhelms-Universität zu Berlin vom 31. Oktober 1816 erhält folgende Fassung:

A. Von Bestellung des Rektors und Senats.

Das Recht, den Rektor aus der Mitte der ordentlichen Professoren zu wählen, steht der Gesamtheit der ordentlichen Professoren sowie den etatsmässigen ausserordentlichen Professoren zu, letzteren jedoch mit der Massgabe, dass die Gesamtzahl der wahlberechtigten ausserordentlichen Professoren die Hälfte der Gesamtzahl der etatsmässigen ordentlichen Professoren nicht übersteigen darf. Wird diese Beschränkung wirksam, so steht das Wahlrecht den der Anciennität nach ältesten etatsmässigen ausserordentlichen Professoren zu.

Bei der Berechnung der Gesamtzahl der wahlberechtigten ausserordentlichen Professoren gelten als etatsmässige ausserordentliche Professoren auch diejenigen persönlichen Ordinarien und diejenigen ordentlichen Honorarprofessoren, die eine etatsmässige ausserordentliche Professur innehaben.

Den persönlichen Ordinarien kommt das Wahlrecht ohne Rücksicht auf die Anciennität zu, den ordentlichen Honorarprofessoren nur nach Massgabe ihrer Anciennität als Inhaber einer etatsmässigen ausserordentlichen Professur.

Das Recht, den Senat, soweit er wählbar sein soll, aus ihrer Mitte zu wählen, steht der Gesamtheit der ordentlichen Professoren zu.

S. 20. Auch an der UNIVERS. ERLANGEN sind die Privatwitwenkassen gesperrt, nur für die früheren Beiträger stehen sie noch in Kraft.

S. 21. An der UNIVERSITÄT FREIBURG ist die bisher aus zwei Abteilungen bestehende philosophische Fakultät jetzt in zwei Fakultäten getrennt: eine philologisch-historische und eine mathematisch-naturwissenschaftliche.

S. 70. HYGIENISCHES INSTITUT, SAARBRÜCKEN. Die seit einer Reihe von Jahren bestehende bakteriologische Untersuchungsanstalt soll ebenfalls in ein hygienisches Institut umgewandelt werden. — Zweck: neben der Bekämpfung der übertragbaren Krankheiten allgemeine Besserung der Gesundheitsverhältnisse im Saarindustriegebiet, speziell der Hygiene in industriellen Betrieben, Gruben und Hütten.

S. 75. Auch die TIERÄRZTLICHEN HOCHSCHULEN IN PREUSSEN haben jetzt laut Erlass vom 5. September 1910 das Recht, den Dr. med. vet. zu verleihen. Der betreffende königliche Erlass lautet: »Auf den Bericht vom 22. August d. J. will Ich den tierärztlichen Hochschulen in Anerkennung der wissenschaftlichen Bedeutung, die sie im Laufe der Jahre, namentlich seit ihrer Umwandlung als Tierarzneischulen in Hochschulen, erlangt haben, das Recht einräumen, nach Massgabe der in der Promotionsordnung festgesetzten Bedingungen approbierte Tierärzte, sowie Ausländer, die die tierärztliche Fachprüfung in Deutschland bestanden haben, auf Grund einer Prüfung zum doctor medicinae veterinariae (abgekürzte Schreibweise: Dr. med. vet.) zu promovieren und die Würde eines doctor medicinae veterinariae auch ehrenhalber als seltene Auszeichnung an Männer zu verleihen, die sich um die Förderung der Veterinärwissenschaft hervorragende Verdienste erworben haben.«

Der Bewerber muss das Reifezeugnis eines deutschen Gymnasiums oder Realgymnasiums oder einer deutschen Oberrealschule beibringen. Er muss ferner an einer deutschen tierärztlichen Hochschule als Tierarzt approbiert sein oder an einer veterinärmedizinischen Fakultät einer deutschen Hochschule. Verlangt wird ferner die Einreichung einer in deutscher Sprache abgefassten wissenschaftlichen Abhandlung, die Ablegung einer mündlichen Prüfung und die Entrichtung einer Prüfungsgebühr, die bei Inländern 300 ℳ, bei Ausländern 500 ℳ beträgt. Nach beendeter mündlicher Prüfung entscheidet die Prüfungskommission über den Ausfall.

S. 72 u. 75. Bei den Angaben über die Verfassung der TIERÄRZTLICHEN HOCHSCHULE IN BERLIN und über die Gebühren muss es heissen: Der Rektor wird gewählt von den etatsmässigen Professoren für eine Amtsdauer von 3 Jahren und vom Minister ernannt.... Die Studierenden haben auch die Berechtigung, die Vorlesungen an der Universität, der Landwirtschaftlichen Hochschule, usw. zu besuchen ..... S. 75. Gebühren: ℳ 8.50 pro Semester für den Fonds der Studierenden ... Für Hospitanten ist das Honorar je nach der Zahl der Vorlesungsstunden verschieden. Pauschalsumme für die Kliniken und praktischen Übungen je 25 ℳ pro Semester. — Die Studierenden der Militär-Veterinär-Akademie zahlen keine Gebühren.

S. 79. FORSTUNTERRICHT auch an der Technischen Hochschule zu Karlsruhe.

S. 94. KÖNIGLICHE AKADEMIE DER BILDENDEN KÜNSTE, KASSEL. Literatur: *Knackfuss, Geschichte der Königlichen Kunstakademie zu Kassel.*

S. 95. KÖNIGLICHE AKADEMIE DER BILDENDEN KÜNSTE, STUTTGART. Literatur: *Max Bax, Stuttgarter Kunst 1794—1860.* Stuttgart 1900.

S. 296. Dem INSTITUT CATHOLIQUE IN PARIS wurde eine »Medizinische Fakultät« eingefügt.

S. 345. COLLEGIO INTERNAZIONALE DEGLI AGOSTINIANI DI S. MONICA IN ROM. Entstanden im Jahre 1881 aus dem alten Collegio, das Ende des 14. Jahrhunderts in S. Agostino zu Rom errichtet wurde. Dieses Collegio in seiner vergangenen Grösse war sehr berühmt und eine grosse Anzahl von bedeutenden Theologen ging aus ihm hervor.

Das heutige Collegio steht unter unmittelbarer Leitung des Pater Generale des Ordens und erteilt Unterricht in folgenden Fächern: Dogmatische, Pastoral- und Moral-Theologie; Kirchenrecht und Elemente des Zivilrechts; Patrologie; Hermeneutik; Philologie und Sprachen mit besonderer Berücksichtigung des Hebräischen und des Biblisch-Griechischen. — Das Collegio ist ein Internat mit eigenen Professoren. — Studiendauer 4 Jahre.

S. 345. COLLEGIO DI S. ANTONIO IN ROM. Gegründet 1883 von der General-Kurie, seit 1887 bewohnt. Studieneröffnung 1890. Zweck: Ausbildung junger Ordensmitglieder für auswärtige Missionen, sowie Heranbildung zukünftiger Lektoren (Professoren) für die Ordensstudien. Zu letzterem Zwecke werden nur solche Ordensmitglieder aufgenommen, die den gewöhnlichen philosophisch-theologischen Studiengang absolviert haben. Sie widmen sich drei Jahre lang einem Spezialfach, das sie später dozieren sollen. Die einzelnen Fächer sind: 1. Heilige Schrift, 2. Dogmatische Theologie und Patrologie, 3. Moraltheologie und kanonisches Recht, 4. Kirchen- und Ordensgeschichte, 5. Philosophie, 6. Naturwissenschaften, 7. Rhetorik und moderne Philologie. In jedem Fach dozieren 2 bis 3 Lektoren. Nach strenger Prüfung am Schluss des Triennium wird der Titel und das Amt eines General-Lektors verliehen, welcher zum Unterricht im ganzen Orden berechtigt. Promotionsrecht besteht zurzeit nicht. — Der Studiengang der zukünftigen Missionare ist der gewöhnliche vierjährige theologische Kursus mit besonderer Berücksichtigung des späteren Berufes. Dem Orden nicht angehörende Studenten sind nicht zugelassen. Durchschnittliche Frequenz: 70 Studenten.

S. 359. ESCORIAL, REAL COLEGIO DE ESTUDIOS SUPERIORES DE MARIA CRISTINA. Freie Universität. Kurse: Derecho, Filosofia y Letras, Preparacioni para Ingenieros civiles«.

S. 363. An der UNIVERSITÄT COIMBRA wurde die theologische Fakultät aufgelöst.

Zeittafel.

Diese tabellarische Zusammenstellung berücksichtigt nur die wichtigsten Institute. Sie gibt den Namen der betreffenden Anstalt, wie sie jetzt besteht, und in der Regel das Gründungsjahr von der Zeit an, wo von einem höheren Unterricht geredet werden kann. Die weiteren Daten sind nach Möglichkeit hinzugefügt. Vergl. im übrigen die ausführliche Darstellung bei den Anstalten selbst.

DEUTSCHLAND.

1386. Heidelberg: Ruprecht-Karls-Universität. — 1626 Auflösung, 1652 wiedereröffnet, 1689—1693 Auflösung. — 1694 in Frankfurt, 1698 Weinheim, 1700 wieder Heidelberg. 1803 Neugründung.

1402. Würzburg: Julius-Maximilians-Universität. — 1411 Verfall, 1582 Wiedererrichtung. Im 18. Jahrhundert Neuorganisation.

1409. Leipzig: Universität.

1419. Rostock: Universität. — 1437 bis 1443 in Greifswald, 1487 in Lübeck, 1788 Vereinigung mit der Universität von Bützow.

1456. Greifswald: Universität.

1460. Freiburg i. Br.: Albert-Ludwigs-Universität.

1472. München: Ludwig-Maximilians-Universität. — Gründungsort Ingolstadt, 1802 nach Landshut, 1826 nach München verlegt.

1477. Tübingen: Eberhard-Karls-Universität. — 1817 Vereinigung mit der katholischen Landesuniversität Ellwangen.

1494. München: Collegium Georgianum. — Gründungsort Ingolstadt, 1802 nach Landshut, 1826 nach München verlegt.

1527. Marburg: Universität. — 1541 Promotionsrecht, 1648—1650 Gesamtuniversität für Hessen-Marburg und Hessen-Darmstadt, 1653 Neugründung.

1544. Königsberg: Albertus-Universität.

1547. Tübingen: Evangelisch-theologisches Seminar. — Seit 1557 heutige Verfassung.

1549. Dillingen: Universität, siehe Dillingen, Lyzeum (1804).

1558. Jena: Grossherzoglich und Herzoglich sächsische Gesamt-Universität. — 1548 Gymnasium.

1566. Strassburg: Kaiser-Wilhelms-Universität. — 1538 Gymnasium, 1566 Akademie, 1621 reichsstädtische Universität, 1802 Academie protestante, 1808 französische Académie, 1872 Neuorganisation und heutiger Name.

1568. Braunsberg: Lyceum Hosianum. — Auflösung Anfang des 19. Jahrhunderts, 1818 Wiederherstellung.

1607. Giessen: Ludwigs-Universität. — 1625 nach Marburg verlegt, 1650 wieder in Giessen.

1648. Bamberg: Academia Ottoniana, siehe Bamberg, Lyzeum (1802).

1665. Kiel: Christian-Albrechts-Universität.

1693. Halle: Vereinigte Friedrichs-Universität Halle-Wittenberg. — 1650 Ritterakademie.

1696. Berlin: Akademie der Künste. — 1696 Akademie, 1790 Akademie der bildenden Künste in mechanischen Wissenschaft., 1882 Hochschule für bildende Künste und Musik.

1702. Breslau: Jesuitenuniversität siehe Breslau, Universität (1811).

1705. Dresden: Akademie der bildenden Künste. — 1705 Malerakademie, 1764 Akademie der bildenden Künste.

ca. 1736 Regensburg: Lyzeum. — 1863 nach Aufhebung des Lyzeums Amberg Erweiterung.

1737. Göttingen: Georg-August-Universität. — 1837 Entlassung der »Göttinger Sieben«.

1743. Erlangen: Friedrich-Alexanders-Universität. — 1702 Ritterakademie, 1769 Neugestaltung und heutiger Name, 1809 Universität Altdorf mit ihr vereinigt.

1745. Braunschweig: Technische Hochschule Carolo-Wilhelmina. — 1745 Collegium Carolinum, 1862 Polytechnikum, 1878 techn. Hochschule.

1765. Dresden: Tierärztliche Hochschule. — 1765 Tierarzneischule, 1780 verstaatlicht, 1817—1856 mit chirurgisch-medizinischer Akademie Dresden vereinigt, 1889 tierärztliche Hochschule.

1765. Freiberg: Bergakademie.

1767. Düsseldorf: Kunst-Akademie. — 1805 Aufhebung, 1821 Staatsanstalt.

1770. Berlin: Bergakademie. — 1770 Bergakademie, 1810 Haupt-Bergeleven-Institut, Neugründung 1860.

1770. München: Akademie der bildenden Künste. — 1770 Zeichner-, Maler- und Bildhauerschule, 1808 Akademie.

1773. Münster: Westfälische Wilhelms-Universität. — 1832 Theologisch-philosophische Lehranstalt, 1843 Akademie, 1902 Universität.

1775. Clausthal: Bergakademie. — 1775 Kursus, 1810 Bergschule, 1864 Bergakademie.

1777. Kassel: Akademie der bildenden Künste.

1778. Hannover: Tierärztliche Hochschule. — 1778 erster Unterricht, 1887 tierärztliche Hochschule.

1784. Bonn: Akademie, siehe Bonn, Universität (1818).

1790. Berlin: Tierärztliche Hochschule. — 1790 Anstalt für Fahnenschmiede, 1887 tierärztliche Hochschule.

1790. München: Tierärztliche Hochschule. — 1790 Tierarzneischule, 1810 Zentral-Veterinärschule, 1852 Zentral-Tierarzneischule, 1890 tierärztliche Hochschule.

1795. Berlin: Kaiser-Wilhelms-Akademie. — 1795 Pepinière, 1811 medizin.-chirurg. Akademie, 1895 heutiger Name.

1802. Bamberg: Lyzeum. — 1648 Academia Ottoniana, 1773 Universität.

1804. Dillingen: Lyzeum. — 1549 bis 1804 Universität.

1804. Weihenstephan: Akademie für Landwirtschaft und Brauerei. — 1804 landwirtschaftliche Lehranstalt, 1822 höhere landwirtschaftliche Schule in Schleissheim, 1852 landwirtschaftl. Zentralschule in Weihenstephan.

1806. Berlin: Landwirtschaftliche Hochschule. — 1806 akademische Lehranstalt des Ackerbaues zu Möglin, 1861 Aufhebung, 1862 landwirtschaftliches Lehrinstitut an der Berliner Universität, 1881 landwirtschaftliche Hochschule

1810. Berlin: Friedrich-Wilhelms-Universität.

1811. Breslau: Universität. — 1702 Jesuiten-Universität, 1811 Vereinigung mit der Universität Frankfurt a. O.

1811. Tharandt: Forstakademie. — 1811 Privat-Forstlehranstalt, 1816 landesherrliche Forstakademie.

1813. Eisenach: Forstakademie. — 1813 Privatanstalt in Ruhla, 1830 Landesforstschule, 1850 Staatsanstalt.

1817. Tübingen: Katholisches Konvikt oder Wilhelmstift.

1818. Bonn: Rheinische Friedrich-Wilhelms-Universität. — 1777 Akademie, 1784 Universität, 1797 Auflösung der Universität.

1818. Hohenheim: Landwirtschaftliche Hochschule. — 1904 heutiger Name.

1821. Stuttgart: Tierärztliche Hochschule. — 1821 Tierarzneischule, 1890 tierärztliche Hochschule.

1821. Eberswalde: Forstakademie. — Gründungsort Berlin, 1830 nach Eberswalde verlegt.

1825. Karlsruhe: Fridericiana Technische Hochschule. — 1825technische Anstalt, 1832 akademischer Charakter, 1885 technische Hochschule.
1826. Darmstadt: TechnischeHochschule. — 1826 Real- und technische Schule, 1836 Gewerbeschule, 1868 polytechnische Schule, 1877 technische Hochschule.
1827. München: Technische Hochschule. — 1827 technische Bildungsanstalt, 1868 technische Hochschule.
1828. Dresden: Technische Hochschule. — 1828 technische Bildungsanstalt, 1851 polytechnische Schule, in den 70er JahrenHochschule, 1890 akademische Verfassung.
1829. Stuttgart: Technische Hochschule. — 1829 Gewerbeschule, 1840 polytechnische Schule, 1862 technische Hochschule.
1829. Stuttgart: Akademie der bildenden Künste. — 1829 Kunstschule, 1901 Akademie.
1831. Hannover: Technische Hochschule. — 1831 höhere Gewerbeschule, 1847 polytechnische Schule, 1879 technische Hochschule.
1833. Passau: Lyzeum. — Um 1450 Lyzeum, um 1790 Akademie.
1834. Freising: Lyzeum.
1835. Augsburg: Lyzeum.
1837. Hamburg: Wissenschaftliche Vorlesungen des Staates Hamburg. — 1613 akademisches Gymnasium, 1895 Reorganisation.
1843. Eichstätt: Lyzeum.
1844. Aschaffenburg: Forstl. Hochschule. — 1844 Forstlehranstalt, 1899 forstliche Hochschule, 1910 aufgehoben.
1845. Königsberg: Kunstakademie.
1847. Bonn-Poppelsdorf: Landwirtschaftliche Akademie. — 1846 höhere landwirtschaftliche Lehranstalt.
1854. Breslau: Jüdisch-theologisches Seminar.
1854. Karlsruhe: Akademie der bildenden Künste.
1860. Weimar: Hochschule für bildende Kunst.
1868. Hannov.-Münden: Forstakademie.
1870. Aachen: Technische Hochschule.
1872. Berlin: Lehranstalt für die Wissenschaft des Judentums.
1882. Berlin: Technische Hochschule. — 1884 Charlottenburg.
1887. Berlin: Seminar für orientalische Sprachen.
1891. Berlin: Institut für Infektionskrankheiten.
1891. Cöthen: Städtisches Friedrichs-Polytechnikum. — 1891 Akademie, 1905 Polytechnikum.
1892. Hamburg: Staatliches hygienisches Institut.
1896. Frankfurt a. M.: Institut für experimentelle Therapie. — 1896 in Steglitz bei Berlin, seit 1899 Frankfurt a. M.
1898. Leipzig: Handelshochschule.
1899. Posen: Hygienisches Institut.
1900. Hamburg: Seemannskrankenhaus und Institut für Schiffs- und Tropenkrankheiten.
1901. Köln a. Rhein: Handels-Hochschule.
1901. Frankfurt a. M.: Akademie für Sozial- und Handelswissenschaften.
1903. Posen: Akademie.
1904. Danzig: Technische Hochschule.
1904. Köln a. Rhein: Akademie für praktische Medizin.
1906. Berlin: Handelshochschule.
1906. Beuthen: Hygienisches Institut.
1906. Bromberg: Kaiser-Wilhelms-Institut für Landwirtschaft.
1907. Düsseldorf: Akademie für praktische Medizin. — 1770—1815 medizinische Fakultät.
1908. Mannheim: Handels-Hochschule.
1910. Breslau: Technische Hochschule.
1910. München: Handelshochschule.

ÖSTERREICH.

1348. Prag: Deutsche Karl-Ferdinand-Universität. — Im 13. Jahrhundert Schule, 1348 Studium generale.
1364. Krakau: Jagellonische Universität Krakau. — Nach 1370 Verfall, 1400 Wiederherstellung, später Verfall, 1817 Neueröffnung.
1365. Wien: Universität. — ca. 1237 Schule.
1566. Olmütz: Theologische Fakultät. — 1566 Kollegium, 1581 Universität, 1782 in ein Lyzeum umgewandelt, 1827 Universität, 1855 Aufhebung mit Ausnahme der theologischen Fakultät.
1585. Graz: Karl-Franzens-Universität. — 1573 Jesuitenkollegium, 1782—1826 Lyzeum.
1617. Salzburg: Theologische Fakultät. — 1617 Gymnasium, 1619 Universität, 1810 Aufhebung ausser der theologischen Fakultät.
1623. Wien: Pázmánysches Kollegium.
1661. Lemberg: Franzens-Universität. — 1661 Jesuiten-Universität, 1784 Staatsanstalt, 1805 Lyzeum, 1816 Universität.
1670—1674. Innsbruck: Leopold-Franzens-Universität. — 1782—1792 Lyzeum, desgleichen 1810-1826.
1692. Wien: Akademie der bildenden Künste. — 1714-1726 Aufhebung, 1800 Kunstschule, 1872 Kunst-Hochschule.
1734. Prag: Deutsche technische Hochschule. — 1718 Professur für Ingenieurkunst, 1734 Ingenieurschule, 1806 polytechnisches Institut, 1829—1832 Reorganisation, 1868 Abtrennung der tschechischen Hochschule, 1879 deutsche technische Hochschule.
1754. Wien: Konsular-Akademie.
1778. Wien: Tierärztliche Hochschule. — 1778 Schule, 1812 Vereinigung mit der Universität, 1853 Spezialschule, 1897 Militär-Tierarzneiinstitut und tierärztliche Hochschule, 1905 tierärztliche Hochschule.
1814 Graz: Technische Hochschule. — 1814 naturwissenschaftliche Lehranstalt, 1874 technische Hochschule.
1815. Wien: Technische Hochschule. — 1815 polytechn. Schule, 1872 heutiger Name.
1816. Wien: Höheres Bildungsinstitut für Weltpriester.
1818. Krakau: Kunstakademie. — 1818 Kunstschule, 1900 Kunstakademie.
1819 bzw. 1820. Wien: Evangelisch-theologische Fakultät. — 1819 bzw. 1820 protestantisch-theologische Lehranstalt, 1850 evangelisch-theologische Fakultät.
1840. Leoben: Montanistische Hochschule. — 1840 Lehranstalt in Vordernberg, 1849 in Leoben, 1894 Hochschule, 1904 obiger Name.
1843. Lemberg: Technische Hochschule. — 1817 Realschule, 1872 heutiges Regulativ, 1877 technische Hochschule.
1850. Brünn: Deutsche technische Hochschule. — 1846 Verlegung der Akademie von Olmütz nach Brünn, 1850 technische Hochschule, 1870 Reorganisation, 1873 heutiger Name.
1849. Přibram: Montanistische Hochschule. — 1874 Neuorganisation, 1894 Hochschule, 1904 obiger Name.
1855. Dublany: Landwirtschaftliche Akademie. — 1855 landwirtschaftliche Landeslehranstalt, 1901 landwirtschaftliche Akademie.
1868. Prag: Tschechische technische Hochschule. — 1868 Abtrennung der tschechischen technischen Hochschule von der deutschen technischen Hochschule.

1872. Wien: Hochschule für Bodenkultur.
1873. Wien: Öffentliche Lehranstalt für orientalische Sprachen. — Seit 1851 öffentliche Vorträge, 1873 Lehranstalt.
1875. Czernowitz: Franz-Josefs-Universität.
1877. Triest: Handels-Hochschule.
1879. Wien: Technologisches Gewerbe-Museum. — 1905 staatlich.
1881. Lemberg: Tierärztliche Hochschule. — 1881 Tierarzneischule, 1897 Hochschule, 1908/09 Promotionsrecht.
1882. Prag: Tschechische Karl-Ferdinand-Universität.
1893. Wien: Israelitisch-theologische Lehranstalt.
1898. Wien: Export-Akademie des k. k. österr. Handels-Museums. — 1902 Umwandlung des Vorbereitungskurses in eine allgemeine Abteilung.
1899 Brünn: Tschechische technische Hochschule.

UNGARN.

Länder der ungarischen Krone.

1367. Fünfkirchen: Rechts-Akademie. — 1367 Universität, Anfang des 15. Jahrhunderts aufgehoben, Ende des 18. Jahrh. kgl. Rechtsakademie, 1802 diese nach Raab verlegt. Jetzige Anstalt bischöflich.
1531. Pápa: Reformierte theologische Akademie.
1549. Debreczen: Reformierte Hochschule.
1550. Sárospatak: Reformierte theologische und Rechtsakademie. — 1531 evangelische Schule, 1550 Hochschule.
1556. Klausenburg: Unitarische Hochschule.
1557. Ödenburg: Evangelisch-theologische Fakultät. — 1785 mit besonderem Studienplan.
1599. Kecskemét: Reformierte Rechts-Akademie. - Bis 1752 Kollegium, 1753–1835 Gymnasium, 1835 - 1849 Lyzeum, 1849 Auflösung, dann Gymnasium, 1862 jur. Fakultät.
1635. Budapest: Universität. — 1389–1390 Hochschule zu Ofen, Aufhebung um 1440, Neugründung der Universität letztes Viertel des 15. Jahrhunderts in Ofen, um 1526 Verfall, 1635 Universität zu Tyrnau, 1777 nach Ofen verlegt, 1783 Pest.
1657. Kaschau: Rechts-Akademie.
1667. Eperjes: Evangelisch-theologische Akademie und rechts- und staatswissenschaftliche Fakultät. — 1667 Kollegium, mehrmals aufgehoben, seit 1873 jetzige Stellung.
1740. Erlau: Rechts-Akademie. — 1784–1791 und 1850—1860 geschlossen, 1874 reorganisiert.
1770. Schemnitz: Hochschule für Berg- und Forstwesen. — 1770 Akademie, 1904 Hochschule.
1784. Pressburg: Akademie. — 1465 Schule, 1784 Verlegung der Ofener Akademie nach Pressburg.
1786. Budapest: Veterinär-Hochschule. — 1786 Lehrkanzel an der Universität, 1875 Reorganisation, 1890 Veterinär-Akademie, 1899 Veterinär-Hochschule.
1788. Grosswardein: Rechts-Akademie. — 1780 philosophischer Kurs, 1788 juristische Fakultät.
1818. Ungarisch-Altenburg: Landwirtschaftliche Akademie. — 1874 Akademie.
1846. Budapest: Josephs-Polytechnikum. — 1846 Gewerbeschule zu Ofen, 1856 Hochschule, 1871 Universitäts-Organisation.

1855. Budapest: Reformierte theologische Akademie. — Seit 1865 reformiert.
1865. Debreczen: Landwirtschaftliche Akademie. — 1865 Lehranstalt. 1906 Akademie.
1865. Keszthely: Landwirtschaftliche Akademie. — 1907 reorganisiert als Akademie.
1869. Klausenburg: Landwirtschaftliche Akademie. — 1869 Lehranstalt, 1906 obiger Name.
1872. Klausenburg: Franz-Josef-Universität. — 1881 heutiger Name.
1874. Agram: Franz-Josephs-Univ. — 1776 regia Scientiarum Academia.
1875. Kaschau: Landwirtschaftliche Akademie.
1877. Budapest: Landes-Rabbinerschule.
1882. Pressburg: Evangelisch-theologische Akademie.
1883. Budapest: Orientalische Handelsakademie.
1895. Klausenburg: Reformierte theologische Akademie.
1900. Budapest: Handelsakademie bezw. Handelshochschule.

SCHWEIZ.

1460. Basel: Universität.
1536. Lausanne: Université. — 1536 Académie de Lausanne, 1838 Reform, 1891 Universität.
1559. Genf: Université de Genève. — 1559 Akademie, 1873 Universität.
1574. Bern: Universität. — 1574 theologische Lehranstalt, 1805 Reorganisation, 1834 Universität.
1832. Zürich: Universität.
1832. Genf: Faculté de Théologie evangélique.
1847. Lausanne: Faculté de Théologie.
1855. Zürich: Polytechn. Schule.
1866. Neuchâtel: Université. — 1866 Akademie, 1894 Reorganisation, 1909 Universität.
1873. Neuchâtel: Faculté de Théologie.
1889. Freiburg: Universität.

NIEDERLANDE.

1575. Leiden: Rijks-Universiteit. — 1811—1813 Académie.
1614. Groningen: Rijks-Universiteit. — 1811 bis 1813 Académie.
1632. Amsterdam: Universiteit van Amst. — 1632 Athenaeum illustre, 1876 Universität.
1636. Utrecht: Rijks-Universiteit. — 1634 Schola illustris.
1843. Delft: Technische Hoogeschool. — 1843 Akademie, 1863 Aufhebung, 1884 polytechnische School, 1906 Hochschule.
1876. Wageningen: Hoogere Land-, Tuin- en Boschbouwschool.
1880. Amsterdam: Vrije Universiteit.
1904. Wageningen: Rijks-Landbouwschool. — 1876 Abteilung der höheren Land-, Garten- u. Forstbauschule.

DÄNEMARK mit ISLAND.

1478. Kopenhagen: Kjøbenhavns Universiteit. — Reorganisation 1539, 1788.
1829. Kopenhagen: Polytekniske Læreanstalt.
1847. Reykjavik: Prestaskóli.
1858. Kopenhagen: Veterinær- og Landbo-Høiskole.
1888. Kopenhagen: Tandlægeskolen.
1892. Kopenhagen: Pharmaceutiske Læreanstalt.

SCHWEDEN.

1477. Upsala: Universitetet i Uppsala. — 1470 Studium generale, 1580 Aufhebung, 1593 Wiedererrichtung.

1571. Stockholm: Karolinska mediko-kirurgiska Institutet. — 1571 Bartschereramt, 1815 Vereinigung medizinischer Institute, 1822 heutiger Name.

1668. Lund: Karolinska Universitetet. — 1676 bis 1682 geschlossen.

1798. Stockholm: Tekniska Högskolan. — 1798 mechanische Schule, 1825 technologisches Institut, 1877 heutiger Name.

1821. Stockholm: Veterinär-Institutet.

1828. Stockholm: Skogsinstitutet.

1862. Alnarp: AlnarpsLandtbrucks och Mejeri Institutet.

1867. Stockholm: Farmaceutiska Institutet.

1878. Stockholm: Stockholms Högskola.

1891. Gothenburg: Göteborgs Högskola.

1898. Stockholm: Tandläkare-Institutet.

1909. Stockholm: Handelshögskolan.

NORWEGEN.

1813. Christiania: Frederiks Universitet.

1859. Aas: Norges Landbruks Høiskole. — 1897 heutiger Name und Verfassung.

1873. Christiania: Tekniske Skole.

1875. Christiania: Handelsgymnasium.

1909. Christiania: Statens Tandlægeinstitut

1909. Christiania: Statens Kunstakademi.

1910. Drontheim: Tekniske Höiskole.

GROSSBRITANNIEN und IRLAND.

XII. Jahrh. Oxford: University. — 1248 erstes College.

XII. Jahrh. Cambridge: University. — 1231 und 1233 Erlasse über die Lehrkörperschaft der University, 1284 ältestes College.

1247. London: Bethlem Royal Hospital.

1310. London: Inns of Court: Lincoln's Inn 1310, Middle and Inner Temple 1315, später Gray's Inn.

1411. St. Andrews: University

1451. Glasgow: University. — 1451 Studium generale.

1494. Aberdeen: University. — 1494 Studium generale.

1505. Edinburgh: College of Surgeons of Edinburgh.

1518. London: Royal College of Physicians of London.

ca. 1561. London: St. Thomas's Hospital Medical School. — ca. 1200 Hospital, 1561 Unterricht.

1583. Edinburgh: University. — 1583 College, im 18. Jahrhundert University, 1858 autonome Genossenschaft.

1591. Dublin: University. — 1591 College of the Holy and Undivided Trinity.

1599. Glasgow: Faculty of Physicians and Surgeons of Glasgow.

1662. London: St. Bartholomew's Hospital Medical School. — 1123 Hospital, 1662 Unterricht, 1843 College.

1667. Dublin: College of Physicians of Ireland.

1681. Edinburgh: Royal College of Physicians of Edinburgh. — 1681 inkorporiert.

1741. London: The London Hospital Medical College. — 1740 Hospital, 1741 Unterricht, 1785 Schule.

1745. London: Royal College of Surgeons of England. — 1745 Company of Surgeons,

1800 Reorganisation, 1843 College of Surgeons of England.

1752. London: St. George's Hospital Medical School. — 1734 Hospital, 1752 Unterricht.

1769. London: Guy's Hospital Medical School. — 1722 Hospital, 1769 Unterricht.

1784. Dublin: College of Surgeons of Ireland.

1791. London: Royal Veterinary College. — 1791 private Schule, 1875 Royal Veterinary College.

1799. Glasgow: Anderson's College Medical School. — 1799 Medical Department von Anderson's University, 1877 Anderson's College, 1886 selbständige medizinische Anstalt.

ca. 1800. Edinburgh: School of Medicine of the Royal Colleges.

1818. London: Charing Cross Hospital Medical School.

1821. Edinburgh: Heriot-Watt College. — 1821 School of Arts.

1823. Edinburgh: Royal (Dick) Veterinary College

1828. London: University College.

1828. London: University College Hospital Medical School. — 1828 Medical Classes des University College, 1832 Faculty of Medicine.

1831. London: King's College.

1832. Durham: University.

1834. London: Westminster Hospital Medical College. — 1715 Public Infirmary, 1834 Schule.

1835. London: Middlesex Hospital Medical School. — 1745 Hospital, 1835 Schule.

1836. London: University.

1843. Edinburgh: Free Church College.

1845. Belfast: The Queen's University of Belfast. — 1845 Queen's College, 1908 heutige Institution.

1845. Cirencester: Agricultural College.

1846. Aberdeen: United Free Church College.

1847. Edinburgh: United Free Church College.

1851. Manchester: Victoria-University. — 1851 Owens College, 1880 Victoria-University, 1903 Auflösung und Neugründung.

1852. London: St. Mary's Hospital Medical School.

1856. Glasgow: United Free Church College. — 1856 Unterricht begonnen, 1900 heutiger Name.

1856. Edinburgh: Faculty of Actuaries in Scotland.

1856. Bristol: Merchant Venturer's Technical College. — 1856 Bristol Diocesan Trade and Mining School.

1874. London: London (Royal Free Hospital) School of Medicine.

1875. Birmingham: University. — 1875 Mason College, 1892 Vereinigung mit Queen's College, 1868 mit Sydenham College, 1900 University.

1876. Bristol: University. — 1876 als Genossenschaft, 1909 University.

1881. Liverpool: University. — 1881 University College of Liverpool, 1904 University.

1886 Glasgow: The Glasgow and West of Scotland Technical College.

1886 London: Royal Institute of Public Health. — 1892 inkorporiert.

1891. London: Lister Institute of Preventive Medicine.

1893. Wales: University. — 1893 Vereinigung des University College of Wales, Aberystwyth (1872), University College of North Wales, (1884), University College of South Wales and Monmouthshire, (1883).

1897. Sheffield: University. — 1897 University College, 1905 University.

1899. Glasgow: The West of Scotland Agricultural College.

1901. Belfast: Municipal Technical Institute.

1901. Edinburgh: Edinburgh and East of Scotland College of Agriculture.

1904. Leeds: University.

1904. Aberdeen: College of Agriculture.

1906. London: London School of Clinical Medicine.

1908. Dublin: National University of Ireland. — 1908 Vereinigung der University Colleges in Dublin (1908), Cork (1845) und Galway (1845).

FRANKREICH.

Die Geschichte der französischen Universitäten ist für Zahlenangaben seit der französischen Revolution und seit der Napoleonischen Reform im Schema ungefähr die gleiche, vergl. S. 263 ff.

XII. Jahrh. Paris: Université.

1233. Toulouse: Université. — 1233 Studium generale.

1289. Montpellier: Université. — 1181 freie Schule der Heilkunde, 1289 Studium generale.

1339. Grenoble: Université. — 1339 päpstliche Bulle, Anfang des 16. Jahrh. Auflösung, 1542 Reorganisation, 1565 Vereinigung mit der Université Valence.

1409. Aix-en Provence: Université. — 1409 Studium generale.

1422. Besançon: Université. — 1422 zu Dôle, 1691 Besançon.

1431. Poitiers: Université. — 1431 Studium generale.

1432. Caen: Université. — 1437 päpstliche Bulle, 1896 neue Organisation.

1441. Bordeaux: Université. — 1441 Studium generale.

1460. Nantes: École de plein exercice de Médecine et de Pharmacie. — 1460 Faculté de Médecine, École libre bis 1808, etc., seit 1876 heutiger Name.

1518—1545. Paris: Collège de France.

1562. Lille: Université. — 1562 zu Douai, 1887 alle Fakultäten in Lille, 1896 Université.

1572. Nancy: Université. — 1572 in Pont-à-Mousson, 1768 in Nancy, 1852 Akademie, 1870 neue medizinische Fakultät.

1598. Montauban: Faculté libre de Théologie protestante. — 1598 Académie, Faculté 1809 bis 1906, 1907 Faculté libre.

1722. Dijon: Université. — 1722 Rechtsschule, 1808 neue Organisation.

1747. Paris: École nationale des Ponts et Chaussées.

1765. Alfort: École nationale vétérinaire.

1778. Paris: École nationale supérieure des Mines.

1793. Paris: Muséum d'Histoire naturelle — 1626 botanischer Garten, 1793 Museum.

1794. Paris: École normale supérieure. — 1795 geschlossen, 1808 Pensionat normal, 1826 École préparatoire, 1845 heutiger Name.

1794. Paris: École polytechnique. — 1794 École centrale des Travaux publics, 1795 heutiger Name.

1808. Clermont-Ferrand: Université.

1808. Rennes: Université.

1816. Saint-Étienne: École nationale des Mines.

1824. Nancy: École nationale des Eaux et Forêts de Nancy.

1829. Paris: Séminaire israélite de France. — 1829 zu Metz, 1859 in Paris.

1834. Lyon: Université. — 1834 Faculté des Sciences, 1896 Université.

1865. Paris: École spéciale d'Architecture.

1868. Paris: Ecole pratique des hautes Etudes à la Sorbonne.

1872. Montpellier: École nationale d'Agriculture.

1875. Universités catholiques zu Angers, Lille, Lyon, Paris (Institut), Toulouse.

1890. Écoles annexes de Médecine navale zu Brest, Rochefort und Toulon.

1894. Paris: Ecole supérieure d'Électricité.

1895. Toulon: Ecole d'Application des Médecins et Pharmaciens stagiaires.

1905. Paris: Faculté libre de Théologie protestante.

BELGIEN.

1426. Löwen: Université catholique. — 1797 aufgehoben, 1814 wiederhergestellt, 1830 aufgehoben, 1835 Universität von Mecheln nach Löwen verlegt.

1817. Gent: Université.

1817. Lüttich: Université.

1832. Brüssel: École de Médecine vétérinaire de l'Etat.

1834. Brüssel: Université libre.

1837. Mons: École des Mines et Faculté polytechnique de la Province du Hainaut. — 1845-1846 heutiger Name.

1852. Antwerpen: Institut supérieur de Commerce.

1870. Gembloux: Institut agricole de l'Etat.

1883. Lüttich: Institut électr. Montefiore.

1894. Brüssel: Institut Solvay.

1894. Brüssel: École des hautes Études.

1906. Brüssel: École de Médecine tropicale.

ITALIEN.

XI. Jahrh. Bologna: Università degli Studi.

XII. Jahrh. Modena: Università degli Studi. — Rechtsschule, 1678 Universität.

1222. Padua: Università degli Studi. — 1222 Studium generale.

1224. Neapel: Università degli Studi. — 1224—1229 Studium generale, 1234 Wiederherstellung, 1252—1258 in Salerno, 1780 Reorganisation.

1275. Siena: Università degli Studi. — 1275 Studium generale, 1324 Verfall, 1357 Hochschule, 1408 Universität.

1303. Rom: Università degli Studi. — 1406 Reorganisation.

1307. Perugia: Libera Università degli Studi, 1860 freie Hochschule.

1343. Pisa: Università degli Studi. — 1343 Studium generale, 1406 Auflösung, 1473 Wiederherstellung, 1850 neueste Reorganisation.

1349. Florenz: Istituto di Studi superiori pratici e di Perfezionamento. — 1349—1472 Studium generale, 1473 nach Pisa verlegt, 1859 heutiges Istituto.

1361. Pavia: Università degli Studi. — 1361 Studium generale, 1398 mehrere Jahre nach Piacenza verlegt.

1391. Ferrara: Libera Università degli Studi. — 1391 Studium generale, 1394 Auflösung, 1402 Neugründung, im 18. Jahrhundert geschlossen, 1802—1815 hydraulische Schule, 1815 Universität, 1860 freie Universität.

1404. Turin: Università degli Studi. — Nach Verfall 1713 neu eröffnet.

1422. Parma: Università degli Studi. — 1694 Verfall, später Wiederherstellung, 1855 neu errichtet

1444. Catania: Università degli Studi.

1540. Macerata: Università degli Studi. — 1290 Rechtsschule, 1540 Universität.

1556. Sassari: Università degli Studi. — 1556 Studium generale, 1634 Universität, seit 1766 ununterbrochenes Bestehen.

1565. Rom: Istituto d'Insegnamento scientifico - letterario del Pontificio Seminario Romano.

ca. 1570. Rom: Collegio Romano, Pontificia Università Gregoriana.

1603. Cagliari: Università degli Studi, 1755 Restaurierung.

1626. Rom: Pontificio Collegio Urbano de Propaganda Fide. — 1641 Vereinig. mit Congregatio de Propaganda Fide.

1671. Urbino: Libera Università provinciale degli Studi. — 1671 Hochschule, 1862 freie Universität.

1727. Camerino: Libera Università degli Studi. — 1727 Umwandlung des früheren Studium generale in eine Universität. 1860 freie Univ.

1779. Palermo: Università degli Studi. — 1779 Accademia degli Studi, 1806 Università.

1791. Mailand: Scuola superiore di Medicina veterinaria. — 1791—1807 Veterinärschule, 1808 Neueröffnung, 1860 Scuola superiore.

1812. Genua: Università degli Studi.

1838. Messina: Università degli Studi. — 1847 bis 1849 Schliessung, 1908 Zerstörung durch Erdbeben.

1859. Mailand: Accademia scientifico-letteraria. — 1859 Fakultät, 1861 Akademie.

1863. Mailand: Istituto tecnico superiore.

1865. Neapel: Scuola superiore politecnica.

1872. Portici: Scuola superiore di Agricoltura.

1874. Florenz: Istituto di Scienze sociali »Cesare Alfieri«. — 1874 Scuola, 1888 reorganisiert.

1875. Mailand: Scuola superiore di Agricoltura.

1902. Mailand: Università commerciale »Luigi Bocconi«.

1910. Mailand: Istituti clinici di Perfezionamento, Clinica delle Malattie professionali.

SPANIEN.

1243. Salamanca: Universidad. — 1243 Studium, 1307—1312 Aufhebung, 1769 und 1857 Reorganisation.

1346. Valladolid: Universidad. — ca. 1260 Studium, 1346 Generalstudium.

1450. Barcelona: Universidad. — 1450 Hochschule, 1714 nach Cervera verlegt, 1837 neue Universität in Barcelona.

1474. Zaragoza: Universidad. — 1474 Generalstudium, 1583 Neuorganisation.

1500. Valencia: Universidad. — 1345 öffentliche Schule für Theologie, 1500 oder 1501 Universität.

1501. Santiago: Universidad. — 1501 Studium, 1544 Hochschule.

1505. Sevilla: Universidad. — 1254 Generalstudium, 1505 Universität.

1540. Granada: Universidad.

1590. Madrid: Universidad central de España. — 1590 Collegio Doña Maria de Aragon, 1822—1836 Übersiedelung der Hochschule Alcala de Henares nach Madrid und Gründung der Zentral-Universität.

1608. Oviedo: Universidad. — 1317 Escuela, 1578 Jesuiten-Collegium, 1585 theol. Schule, 1608 Universität.

1748. Cadiz: Facultad de Medicina.

1793. Madrid: Escuela especial de Veterinaria. - 1835 Hochschule und Fakultät.

1802. Madrid: Escuela especial de Ingenieros de Caminos, Canales y Puertos. — 1814 bis 1820 und 1823—1836 Aufhebung.

1844. Madrid: Escuela superior de Arquitectura.

1848. Córdoba: Escuela especial de Veterinaria.

1852. León: Escuela de Veterinaria.

1886. Madrid: Instituto de Higiene militar. — 1886 Instituto anatomico patologico militar, 1898 heutiger Name.

PORTUGAL.

1290. Coimbra: Universidade. — Bis 1537 fortwährender Wechsel des Ortes, 1772 Reorganisation.
1556. Lissabon: Éscola medico-cirurgia. — 1836 Reorganisation.
1837. Lissabon: Escola polytechnica.
1852. Lissabon: Instituto de Agronomia e Veterinaria. — 1886 Reorganisation.
1858. Lissabon: Curso superior de Lettras.
1877. Porto: Academ. polytechnica.

RUSSLAND.

Europäisches und Asiatisches Russland, Finland.

16. Jahrh. Kijew: Geistliche Akademie. — 16. Jahrh. Schule der slavischen und lateinisch-polnischen Schrift, 1705 Reorganisation, 1819 geistliche Akademie.
1632. Dorpat: Universitet. — 1630 Gymnasium, 1656 Auflösung, 1690 Academia Gustaviana de Carolina, 1699 nach Pernau verlegt, neue Universität 1802.
1640. Helsingfors: Alexanders-Universitetet i Finland. — 1640 in Åbo, 1713—1722 geschlossen, 1827 in Helsingfors.
1685. Moskau: Geistliche Akademie. — 1685 hellenisch-slavische Schule, 1701 slavisch-lateinische oder slavisch-griechisch-lateinische Akademie, 1814 heutige Organisation.
1733 St. Petersburg: Militär-medizinische Akademie. — 1733 zwei Medizinschulen, 1800 Medico-chirurgische Akademie, 1808 kaiserliche Akademie, später Rückgang, 1884 Reorganisation.
1755. Moskau: Universitet
1757. St. Petersburg: Kunstakademie. — 1893 Reorganisation.
1773. St. Petersburg: Berginstitut der Kaiserin Katharina II. — 1773 Bergschule, 1834 Berginstitut, 1866 Hochschule.
1797. St. Petersburg: Geistliche Akademie.
1798. Kasan: Geistliche Akademie. 1798 Umwandlung des geistlichen Seminars in eine Akademie, 1818—1842 wieder Seminar.
1803. Jaroslawl: Demidovsches juristisches Lyzeum. — 1803 Schule für höhere Wissenschaften, 1833 Lyzeum, 1874 Rechtslyzeum.
1803. St. Petersburg: Forstinstitut.
1804. Charkow: Universitet.
1804. Kasan: Universitet.
1809. St. Petersburg: Institut für Strassen- und Wasserbauingenieure. — 1842 Kadetteningenieurkorps, in den 60er Jahren technische Hochschule.
1811. St. Petersburg: Alexander-Lyzeum. — 1811 in Carskoje Selo, 1848 juristisch-kameralistische Fakultät.
1815. Moskau: Lazarevsches Institut für morgenländische Sprachen.
1816 St. Petersburg: Universitet. — 1816 Pädagogisches Hauptinstitut, einer Universität gleichgestellt, 1819 Name Universität.
1818. Odessa: Universitet. — 1818 Richelieu-Lyzeum, 1865 Universität.
1818. Warschau: Varšavskij Universitet. — 1832 Aufhebung, 1869 Umwandlung der Hauptschule in eine russische Universität.
1820. Něžin: Historisch-philologisches Institut des Fürsten Bezborodko. — 1820 Gymnasium, 1832 Lyzeum, 1875 historisch-philologische Fakultät.
1828. St. Petersburg: Technologisches Institut des Kaisers

Nikolaus I. — 1828 Technikum, 1862 Hochschule.
1832. Moskau: Techn. Hochschule.
1834. Kijew: Universitet. Nachfolgerin der Univ. Wilna und des Kremenetz'schen Lyzeums.
1835. St. Petersburg: Rechtsschule.
1845. Moskau: Landwirtschaftliches Institut. — 1845 Petrowskysche landwirtschaftliche und Forst-Akademie, 1894 heutiger Name.
1847. Helsingfors: Tekniska Høgskolan i Finland Suomen TeknillinenKorkeakoulu.— 1847 technische Realschule, 1872 polytechnische Schule, 1898 Hochschule.
1848. Dorpat: Veterinär-Institut.
1855. St. Petersburg: Klinisches Institut der Grossfürstin Helena Pavlovna.
1862. Riga: Polytechnikum.
1866. St. Petersburg: Militär-juristische Alexander-Akademie. — 1866 Offiziersklasse der Auditorschule, 1867 Akademie, 1891 Statut.
1867. St. Petersburg: Historisch-philologisches Institut.
1868. Moskau: Lyzeum Cäsarewitsch Nicolaus. — 1868 juristische Fakultät, 1906 selbständige Hochschule.
1874. Kasan: Veterinär-Institut.
1878. St. Petersburg: Archäologisches Institut.
1885. Charkow: Technologisches Institut des Kaisers Alexander III.
1888. Tomsk: Universitet.
1890. St. Petersburg: Institut für experimentelle Medizin.
1891. St. Petersburg: Elektrotechnisches Institut Kaiser Alexanders III.
1896. Moskau: Ingenieur-Hochschule.
1896. Tomsk: Technologisches Institut des Kaisers Nikolaus II. 1896 gegr., 1900 eröffnet.
1897. St. Petersburg: Medizinische Hochschule für Frauen. — 1872—1887 ärztliche Frauenkurse, 1897 Halbstaatsanstalt, 1904 Staatsanstalt.
1898. Kijew: Polytechnisches Institut Kaiser Alexanders II.
1898. Warschau: Polytechnisches Institut Kaiser Nikolaus II.
1898. St. Petersburg: Praktische orientalische Akademie. — 1898 Kurse, 1909 Akademie.
1899. Ekaterinoslaw: Berg- und Hütten-Hochschule.
1899. Wladiwostok: Orientalisches Institut.
1902. St. Petersburg: Polytechnisches Institut des Kaisers Peter des Grossen.
1904. St. Petersburg: Landwirtschaftliche Stebutowsche höhere Frauenkurse.
1906. St. Petersburg: Polytechnische Frauenkurse.
1907. Nowo-Tscherkassk: Don'sches polytechnisches Institut des Thronfolgers Alexej.
1909. Saratow: Nikolajewskij Universitet.

RUMÄNIEN. BALKANSTAATEN.

Rumänien, Bulgarien, Serbien, Griechenland, Türkei.

1453. Konstantinopel (Türkei): Grosse griechische Nationalschule.
1835. Athen (Griechenland): National-Universität. — 1835 Schule für Chirurgie, Pharmazie und Toxikologie. — 1837 Universität.
1837. Athen (Griechenland): Metzovische technische Hochschule. — 1837 Technikum, 1887 technische Hochschule.
1844. Konstantinopel (Türkei): Griech.-theolog Seminar.
1850. Bukarest (Rumänien): Şcoala de Poduri şi Şosele.
1860. Jassy (Rumänien): Universitatea.
1861. Bukarest (Rumänien): Şcoala Superioară de Medicină Veterinară.
1864. Bukarest: Universitatea.
1864. Bukarest: Şcoala de Arte-Frumoase.

1882. Konstantinopel (Türkei): Ottomanische Kunstschule.
1888. Sophia (Bulgarien): Universität. – 1888 Kurs, dann Hochschule, 1904 Universität.
1897. Bukarest (Rumänien): Şcoala de Architectura. – 1898 Sektion der Şcoala de Arte-Frumoase, 1904 selbständig.
1901. Konstantinopel (Türkei): Universität.
1905. Belgrad (Serbien): Universitet. — 1905 frühere Hochschule in Universität umgewandelt.

VEREINIGTE STAATEN VON NORDAMERIKA.

1636. Cambridge (Massachusetts): Harvard University. — 1636 Harvard College, ca. 1870 University.
1693. Williamsburg (Virginia): College of William and Mary. – Nach Zerstörungen 1711 und 1865 wieder eröffnet, 1906 Staatsanstalt.
1701. New Haven (Connecticut): Yale University. — 1701 Collegiat-Schule zu Saybrook, 1716 in New Haven. 1718 Yale College, 1887 heutiger Name.
1701. Annapolis (Maryland): St. John's College.
1726. Princeton (New Jersey): Princeton University. — 1726 Loq College, 1746 Auflösung und Gründung des College of New Jersey, 1747 in Newark, 1756 in Princeton.
1740. Philadelphia (Pennsylvania): University. — 1740 Charity School, 1751 Eröffnung der Akad., 1791 heutiger Name.
1754. New York (New York): Columbia University in the City of New York. — 1754 King's College, 1787 Columbia College, 1890 Reorganisation
1764. Providence (Rhode Island): Brown University. — 1764 zu Warren gegründet, 1770 in Providence, 1804 heutiger Name.
1766. New Brunswick (New Jersey): Rutgers College. — 1766 Queen's College, 1825 heutiger Name.
1769. Hanover (New Hampshire): Dartmouth College.
1770. Pittsburgh (Pennsylvania): University. – 1770 Schule, 1786 Pittsburgh Academy, 1787 inkorporiert, 1819 College, 1892 Universität.
1776. Chapel Hill (North Carolina): University. — 1776 Gründung, 1795 Eröffnung.
1781. Washington (District of Columbia): Georgetown University.
1785. Athens (Georgia): University of Georgia. — 1785 Gründung, 1801 Eröffnung.
1791. Burlington (Vermont): University and State Agricultural College.
1793. Williamstown (Massachusetts): Williams College.
1794. Knoxville (Tennessee): University of Tennessee.
1794. Brunswick (Maine): Bowdoin College, and the Medical School of Maine. — 1794 College, 1820 Medical School.
1795. Schenectady-Albany (New York): Union University. — 1795 College, 1873 Univers.
1804. Athens (Ohio): University.
1807. Baltimore (Maryland): University of Maryland. — 1807 College of Medicine, 1907 Staats-Universität.
1807. Cambridge (Massachusetts): Andover Theological Seminary.
1808. Philadelphia (Pennsylvania): Wistar Institute of Anatomy and Biology.
1812. Princeton (New Jersey): Theological Seminary of the Presbyterian Church.
1817. New York (New York): General Theological Seminary of the Protestant Episcopal Church.
1821. Washington (District of Columbia): George Washing-

ton University. — 1821 Columbian College in the District of Columbia, 1873 Columbian University, 1904 heutiger Name.

1821. Amherst (Mass.): Amherst College.

1822. Geneva (New York): Hobart College.

1824. Bloomington (Indiana): Indiana University. — 1824 Indiana Seminary, 1828 College, 1838 University.

1824. Charlottesville (Virginia): University of Virginia.

1826. Cleveland (Ohio): Western Reserve University. — 1826 College zu Hudson, 1882 in Cleveland.

1826. Easton (Pennsylvania) Lafayette College. 1865 Pardee Scientific Department.

1827. Allegheny (Pa.): Western Theological Seminary.

1829. Saint Louis (Missouri): Saint Louis University. — 1832 Eröffnung.

1830. Chicago (Illinois): McCormick Theological Seminary. — 1830 Indiana Theological Seminary in Hanover, 1840 Albany, 1859 Chicago, 1886 jetziger Name.

1831. New York (New York): New York University. — 1832 Eröffnung, 1896 heutiger Name.

1831. Granville (Ohio): Denison University.

1831. Middletown (Connecticut): Wesleyan University.

1834, New Orleans (Louisiana): Tulane University of Louisiana. — 1834 Eröffnung, 1845 Charter.

1834. Hartford(Connecticut): Hartford Theological Seminary.

1836. Galesburg (Illinois): Knox College.

1836. New York (New York): Union Theological Seminary.

1837. Ann Arbor (Michigan): University of Michigan.

1837. Louisville (Kentucky): University of Louisville.

1837. Chicago (Illinois): Rush Medical College. — 1843 Beginn der Vorlesungen, 1887 Medical Department der Lake Forest University, 1898 der University of Chicago affiliiert.

1839. Columbia und Rolla (Missouri): University. — 1839 Gründung als Staatsuniversität, 1841 Eröffnung, 1847 Akademische Kurse, 1870 Vereinigung mit College of Agriculture and Mechanic Arts und School of Mines and Metallurgy in Rolla.

1839. Saint Louis (Missouri): Concordia Theological Seminary. — 1839 Gymnasium in Altenburg, Perry County, 1849 in St. Louis.

1841. Delaware (Ohio): Ohio Wesleyan University. — 1841 Gründung, 1844 Eröffnung als College of liberal Arts.

1844. Oxford und Vicksburg (Mississippi): University. — 1844 Gründung als Staatsuniversität, 1848 Eröffnung.

1846. Buffalo (New York): University of Buffalo.

1847. Iowa City (Iowa): State University.

1848. Syracuse (New York): Syracuse University. — 1848 in Lima (New York) als Genesee College, 1871 in Syracuse.

1849. Madison (Wisconsin): University of Wisconsin.

1851. Chicago (Illinois): Northwestern University. — 1851 College of liberal Arts, 1869, 1892 Erweiterungen.

1851. Minneapolis(Minnesota): University. — Seit 1868 regelmässige Tätigkeit.

1853. Saint Louis (Missouri): Washington University. — 1853 Charter, 1859 Eröffnung.

1857. Chicago (Illinois): University of Chicago. — 1857 Gründung, 1886 Auflösung, 1890 Wiedereröffnung.

1858. Cincinnati (Ohio): University.

1859. Chicago (Illinois): Chicago College of Pharmacy. — 1896 Department der University of Illinois.

1860. Boulder (Colorado): University of Colorado. – 1860 Gründung, 1877 Eröffnung.
1861. Seattle (Washington): University of Washington.
1861. Poughkeepsie (New York): Vassar College.
1861 Boston (Massachusetts): Institute of Technology.
1862. Ames (Iowa): State College.
1863. Cleveland (Ohio): Cleveland College of Physicians and Surgeons. — 1869 Medical Department der University of Wooster, 1896 mit der Ohio Wesleyan University verbunden, seit 1910 mit Western Reserve Medical College vereinigt.
1864. Denver (Colorado): University. — 1864 Colorado Seminary, 1889 University.
1864. Lawrence (Kansas): University. — 1889 Reorganisation.
1865. Ithaca (New York): Cornell University. — 1865 Gründung, 1868 Eröffnung.
1865. South Bethlehem (Pennsylvania): Lehigh University.
1865. Orono (Maine): University of Maine. — 1865 State College of Agriculture and the Mechanic Arts, 1897 heutiger Name.
1865. Worcester (Massachusetts): Worcester Polytechnic Institute.
1867. Baltimore (Maryland): Johns Hopkins University. – Stiftungsurkunde von 1867, 1876 Beginn der Vorlesungen.
1867. Urbana (Illinois): University of Illinois. — 1867 Charter, 1868 Eröffnung, 1885 heutiger Name.
1867. Cambridge (Massachusetts): Episcopal Theological School.
1868. Berkeley-San Francisco (California): University. — 1868 zu Oakland, 1873 zu Berkeley als Staatsanstalt.
1868. Morgantown (West Virginia): W. Virg. University.
1869. Boston (Massachusetts): Boston University.
1869. Lafayette (Indiana): Purdue University.
1869. Lincoln (Nebraska): University of Nebraska. — 1869 Gründung, 1871 Eröffnung.
1870. Columbus (Ohio): State University. — 1870 Ohio Agricultural and Mechanical College, 1878 University.
1871. Northampton (Massachusetts): Smith College.
1872. Eugene (Oregon): University of Oregon. — 1872 Gründung als Staatsanstalt, 1876 Eröffnung.
1873. Nashville (Tennessee): Vanderbilt University.
1873. Reno (Nevada): University. — 1873 Gründung zu Elko, 1886 nach Reno verlegt.
1874. Golden (Colorado): Colorado School of Mines.
1875. Wellesley (Massachusetts): Wellesley College.
1875. Cincinnati (Ohio): Hebrew Union College.
1877. Cleveland (Ohio): Case School of Applied Science. — 1877 Gründung, 1881 Eröffnung.
1878. Omaha (Nebraska): Creighton University.
1879. Los Angeles (California): University of Southern California.
1879. Cambridge (Massachusetts): Radcliffe College. — 1879 Society for the Collegiate Instruction of Women, 1894 Harvard University affiliiert.
1880. Bryn Mawr (Pennsylvania): Bryn Mawr College. — 1880 Gründung, 1885 Eröffnung.
1882. Laramie (Wyoming): University of Wyoming.
1882. New York (New York): New York Post-Graduate Medical School and Hospital.
1882. Chicago (Illinois): College of Physicians and Surgeons of Chicago. — 1892 Reorganisation, 1897 Medical Department der University of Illinois.
1883. Austin (Texas): University.

1884. Baltimore (Maryland): Goucher College. — 1884 Gründung, 1888 Eröffnung.

1885. Stanford University (California): Leland Stanford Junior University. — 1885 Gründung, 1891 Eröffnung.

1886. New York (New York): The Jewish Theological Seminary of America.

1886. Houghton (Michigan): College of Mines.

1887. Washington (District of Columbia): Catholic University of America. — 1887 Charter, 1889 Eröffnung.

1887. Worcester (Massachusetts): Clark University. — 1887 Eröffnung, 1889 Charter.

1887. Albany (N. Y.): New York State Library School. — 1887 an der Columbia University eröffnet, 1905 Teil des Education Department.

1888. New York (New York): Teachers College.

1889. Moscow (Idaho): University of Idaho. — 1889 Charter, 1892 Eröffnung.

1892. Norman (Oklahoma): State University of Oklahoma.

1892. Chicago (Illinois): Armour Institute of Technology.

1893. Missoula (Montana): University of Montana. — 1893 Charter, 1895 Eröffnung.

1901. Chicago (Illinois): Chicago College of Medicine and Surgery. — 1901 American College of Medicine and Surgery, 1907 heutiger Name.

1901. New York (New York): Rockefeller Institute for Medical Research.

1903. Philadelphia (Pennsylvania): Henry Phipps Institute.

1904. Albany (N. Y.): State Education Department. — 1784 University of the State of New York, 1904 Education Department.

1907. Santa Fé (New Mexico): School of American Archaeology.

1908. Geneva (New York): William Smith College for Women.

CANADA.

1788. Windsor (Nova Scotia): University of King's College. — 1788 King's College of Nova Scotia, 1802 Charter.

1818. Halifax (Nova Scotia): Dalhousie University. — 1818 Dalhousie College, 1845—1859 Aufhebung, 1863 Neuorganisation.

1821. Montreal (Quebec): McGill College and University. — 1829 eröffnet, 1853 Reorganisation.

1827. Toronto (Ontario): University of Toronto. — 1827 King's College, 1841 Eröffnung, 1849 University, 1852 Prüfungsuniversität.

1836. Toronto (Ontario): Victoria University. — 1836 Eröffnung, 1841 Victoria College, 1871 Universität, 1890 Angliederung an die University of Toronto.

1841. Kingston (Ontario): Queen's College and University.

1843. Lennoxville (Quebec): University of Bishop's College. 1843 Gründung, Charter 1853.

1846 Toronto (Ontario): Knox College. — 1885 der University of Toronto affiliiert.

1852. Quebec: Université Laval. — 1852 Charter.

1852. Toronto (Ontario): St. Michael's College.

1868. Toronto (Ontario): School of Dentistry of the Royal College of Dental Surgeons of Ontario. — 1888 der University of Toronto affiliiert.

1876. Montreal (Quebec): Université Laval.

1877. Winnipeg (Manitoba): University of Manitoba.

1877. Toronto (Ontario): Wycliffe College. — 1885 der University of Toronto affiliiert.

1882. Toronto (Ontario): Ontario College of Pharmacy. — 1891 der University affiliiert.

1888. Toronto (Ontario): McMaster University. — 1888 Gründung, 1890 Eröffnung.

1892. Kingston (Ontario): School of Mines.

WESTINDIEN.

1710. Barbados: Codrington College. — 1875 der Durham University affiliiert.

1721. Habana: Universidad. — 1721 Stiftsbrief.

1883. Fort de France: École préparatoire de Droit.

SÜDAMERIKA.

1551. Lima (Peru): Universidad Mayor de San Marcos de Lima. — 1551 Stiftsbrief, 1571 päpstliche Bulle, 1861 Reorganisation.

1613. Córdoba (Argentinien): Universidad Nacional.

1721. Caracas (Venezuela): Universidad Central de Venezuela. — 1721 Gründ., 1825 Eröffn.

1743. Santiago (Chile): Universidad de Chile.

ca. 1800. Quito (Ecuador): Universidad Central de Ecuador, 1895 Reorganisation.

1808. Bahia (Brasilien). Faculdade de Medicina, Cirurgia e Pharmacia.

1808. Rio de Janeiro (Brasilien): Faculdade de Medicina, Cirurgia e Pharmacia.

1810. Rio de Janeiro (Brasilien): Escola Polytechnica — 1810 Academia Militar, 1842 Reform für technisches Studium, 1874 heutiger Name.

1821. Buenos Aires (Argentinien): Universidad Nacional de Buenos Aires.

1827. Recife (Brasilien): Faculdade de Direito.

1827. São Paulo (Brasilien): Faculdade de Direito.

1833. Montevideo (Uruguay): Universidad de Montevideo. — 1833 Dekret, 1849 Eröffnung.

1839. Ouro Preto (Brasilien): Escola de Pharmacia.

1841. Rio de Janeiro (Brasilien): Instituto psychiatrico do Rio de Janeiro. — 1841 Hospicio Nacional de Alienados, 1894 psychiatrische Klinik.

1867. Bogotá (Colombia): Universidad Hispano-Americana.

1875. Ouro Preto (Brasilien): Escola de Minas.

1876. Lima (Peru): Escuela de Ingenieros. — 1876 Escuela Especial de Construcciones Civiles y Minas, 1898 heutiger Name.

1888. Santiago (Chile): Universidad católica de Santiago de Chile.

1889. Santiago (Chile): Instituto pedagojico de Chile.

1890. Asunción (Paraguay): Universidad Nacional del Paraguay.

1890. Bahia (Brasilien): Eschola de Direito.

1891. Rio de Janeiro (Brasilien): Faculdade de Sciencias juridicas e sociales.

1892. Recife (Brasilien): Eschola de Engenharia.

1894. Porto Alegre (Brasilien): Eschola de Engenharia.

1894. São Paulo (Brasilien): Escola polytechnica de São Paulo.

1896. Bahia (Brasilien): Eschola de Engenharia.

1898. São Paulo (Brasilien): Escola de Pharmacia, Odontologia e Obstetricia.

1899. Porto Alegre (Brasilien): Faculdade livre de Medicina e Pharmacia.

1900. Porto Alegre (Brasilien): Faculdade de Direito.

1901. Rio de Janeiro (Brasilien): Institute Oswaldo Cruz.

1905. La Plata (Argentinien): Universidad Nacional de La Plata.

1908. Ceara (Brasilien): Faculdade de Direito.

AFRIKA.

988. Kairo (Ägypten): Azhar-Schule. Blütezeit 14. und 15. Jahrhundert.

1827. Fourah Bay (Sierra Leone, Westafrika): Fourah Bay College. 1876 der Durham University affiliiert.

1829. Kapstadt (Südafrika): South African College. — 1829 Gründung, 1878 Reorganisation.

1837. Kairo (Ägypten): School of Medicine.

1857. Alger (Algier): Université d'Alger. — 1857 École de Médecine et de Pharmacie, 1888 École de plein exercice, 1879 Gründung der anderen Schulen.

1868. Kairo (Ägypten): École de Droit. — 1868 Schule für Staatsbeamte, 1886 Schule für richterliche Beamte.

1873. Kapstadt (Südafrika): University of the Cape of Good Hope. — 1873 Gründung, 1877 Examensuniversität.

1903. Johannesburg (Südafrika): South African School of Mines and Technology. — 1903 Transvaal Technical Institute, 1906 Transvaal Uuiversity College, 1910 heutiger Name.

1903. Tanger (Marokko): Mission Scientifique Française.

1908. Kairo (Ägypten): Université Égyptienne.

ASIEN.

1611. Manila (Philippinen): Manila University of Santo Tomás. — 1611 College of Our Lady of the Rosary, 1644 Univ., 1785 neue Organisation.

1791. Benares (Indien): Government Sanskrit College.

1818. Serampur (Indien): Serampur College. — Seit 1884 nur für Christen bestimmt.

1835. Madras (Indien): Medical College. — 1835 Medical School, 1851 Medical College, 1877 der University of Allahabad affiliiert.

1847. Roorkee (Indien): Thomason Engineering College.

1856. Calcutta (Indien): Civil Engineering College. — 1856 Gründung, 1860 Department des Presidency College, 1880 selbst. Anstalt.

1857. Bombay (Indien): University of Bombay.

1857. Calcutta (Indien): University of Calcutta.

1857. Madras (Indien): University of Madras.

1860. Lahore (Indien): Lahore Medical College.

1863. Beirut (Syrien): Syrian Protestant College. — 1863 Gründung, 1866 Eröffnung.

1868. Poona (Indien): College of Science.

1869. Lahore (Indien): The Panjab University. — 1869 Panjab Univ. College, 1882 University.

1870. Lahore (Indien): Law College.

1870. Lahore (Indien): Oriental College.

1875. Beirut (Syrien): Université Saint Joseph de Beyrouth. — 1875 Faculté de Théologie et Philosophie (als College 1850 gegründet), 1881 päpstliche Bestätigung der Universität.

1876. Indore (Indien): Daly College.

1880. Dehra-Dun (Indien): Imperial Forest College and Research Institute. — 1880 Gründung, 1907 heutiger Name.

1886. Tokyo (Japan): Imperial University of Japan.

1887. Allahabad (Indien): University of Allahabad.

1890. Jerusalem (Palästina): École pratique d'Études bibliques.

1892. Lahore (Indien): Islamia College.

1892. Meerut (Indien): Meerut College.

1897. Kyōto (Japan): Kyoto Imperial University.
1898. Hanoi (Hinterindien): École Française d'Extrême-Orient. — 1898 Mission archéologique de l'Indo-Chine, 1900 heutiger Name.
1900. Jerusalem (Palästina): Deutsches evangelisches Institut für Altertumskunde des Heiligen Landes. 1900 Gründung, 1903 Eröffnung.
1900. Jerusalem (Palästina): American School of Oriental Study and Research in Palestine.
1901. Peking (China): Kaiserlich Chinesische Universität. — Modernisiert 1901; hervorgegangen aus der alten Literaten-Schule.
1903. Fukuoka (Japan): College of Medicine.
1905. Manila (Philippinen): Philippine Medical School.
1905. Buitenzorg (Holländisch-Indien): Department van Landbouw.
1906/07. Allahabad (Indien): University School of Law.
1907. Bangalore (Indien): Indian Institute of Science.
1907. Schanghai (China): Deutsche Medizin-Schule.
1908. Tokyo (Japan): Katholische Universität.
1908. Coimbatore (Indien): Agricultural College and Research Institute.
1909. Tsingtau (China): Deutsch-Chinesische Hochschule.

AUSTRALIEN.

1850. Sydney: University of Sydney.
1853. Melbourne: University of Melbourne. — 1853 Gründung, 1890 Reorganisation.
1870. Neu Seeland: University of New Zealand. — 1874 Verfassungsurkunde.
1872. Adelaide: University of Adelaide. — 1872 College, 1874 Universität.
1889. Hobart: University of Tasmania.

Register.

Verzeichnis der Unterrichtsanstalten
in alphabetischer Reihenfolge der Orte.

A.

G.

H.

O.

P.

S.

Z.

Verzeichnis der Geschäftsanzeigen*).

I. Buchhandlungen, Antiquariate.

Buchhandlung Gustav Fock G. m. b. H., Leipzig. S. II.
Sortiments- und Antiquariatsbuchhandlung. Zentralstelle für Dissertationen und Programme.

G.E.C. Gad, Kopenhagen. S. 5.
Skandinavische Literatur. Dänische Generalstabskarten.

Alfred Lorentz, Antiquariat und Sortiment, Leipzig. S. I.
Universitätsliteratur aller Disziplinen.

Voss' Sortiment, Leipzig. S. IV.
Buchhandlung für wissenschaftliche Literatar.

W. Weber, Berlin. S. 2.
Verlag, Sortimentsbuchhandlg. Wissenschaftliches Antiquariat.

H. Welter, Paris. S. VI.
Librairie, spécialement organisée pour servir de Correspondant, Commissionnaire ou Agent d'achat, aux Bibliothèques, Archives, Musées, Professeurs, etc.

II. Verlagsbuchhandlungen und Buchdruckereien.

Gauthier Villars, Paris. S. 4.

Julius Groos, Verlag, Heidelberg. S. V.

H. Haessel Verlag, Leipzig. S. IV.

Langenscheidtsche Verlagsbuchhandlung, Berlin-Schöneberg. S. 18 u. 19.

J. F. Lehmanns Verlag, München. S. III.

Rivista »Pathologica«, Genua. S. VII.

Georg Reimer, Berlin. S. 6—8.

Karl J. Trübner, Strassburg. S. VIII u. IX u. 2, 9 u. 10.

H. Wagner & E. Debes, Leipzig. S. 3.

*) Die römischen Zahlen verweisen auf die Anzeigen vor, die arabischen auf die hinter dem Text des Buches.

III. Fabriken für Laboratoriumsbedarf, Präzisionswerkstätten, Mineralien-Kontore, usw.

Ehrhardt & Metzger Nachf. Darmstadt. S. 15.
Chemische, elektrochemische, bakteriologische und physikalische Apparate, Kochflaschen aus Resistenzglas, Thermometer für hohe Temperaturen, usw.

Favarger & Cie. (Succrs. de Hipp et de Peyer, Favarger et Cie.), Neuchâtel. S. 16.
Präzisionsinstrumente, Elektrische Messapparate. Chronometer. Astronom. Uhren usw.

Grebel, Wendler & Cie., Comptoir minéralogique et géolog. Suisse, Genf. S. 17.
Dynamo-geologische Sammlungen. Lagerstätten- u. Mineralgenetische Sammlungen usw.

Dr. G. Grübler & Co., Leipzig. S. 12.
Farbstoffe, Tinctionen, Reagentien für Mikroskopie und Bakteriologie. Nährböden für Bakterien, Mikroskopische sowie physiolog.-chem. Präparate.

W. Haldenwanger, Spandau. S. XV.
Sanitäts-Porzellan-Manufaktur.

R. Jung, G. m. b. H. Heidelberg. S. 14.
Mikrotome. — Physiologische, anatomisch-pathologische Apparate, Modelle, Zeichenapparate nach Thoma, Studentenmikrotome.

Oskar Leuner, Dresden. S. X.
Konstruktion und Fabrikation wissenschaftlicher u. technischer Instrumente und Apparate.

Richard Müller-Uri, Braunschweig. S. 11.
Chemische, physikalische und meteorologische Apparate, Instrumente und Utensilien.

F. Sartorius, Göttingen. S. XIII u. XIV.
Wagen u. Gewichte. Wärmekästen. Mikrotome. Refraktoren. Sämtl. Messgerätschaften.

M. Schaerer A.-G., Sanitätsgeschäft, Bern. S. XI u. XII.
Sterilisations- und Desinfektionsanlagen, Operationstische, Chirurgie-Instrumente, Artikel für Laboratoriumsbedarf.

Carl Zeiss, Jena. Siehe die Beilage zwischen den Seiten XV u. XVI.
Mikroskope. Mikrophotographische Apparate. Projektionsapparate. Feldstecher. Optische Messinstrumente. Refraktometer. Geodätische Instrumente. Astronomische u. Erdfernrohre, Kuppeln usw.

IV. Archiv-, Bibliotheks- und Museums-Einrichtungen.

Verlagsbericht

von

Karl J. Trübner in Straßburg

Bücher und Zeitschriften

aus dem Jahre 1910

BÜCHER AUS DEM JAHRE 1910

Abhandlungen aus dem staatswissenschaftlichen Seminar zu Strassburg i. Els., herausgegeben von *G. F. Knapp* und *W. Wittich*. Heft XXVI: Die Motive der indischen Geldreform. Von *Dr. Kurt Singer*. 8°. VII, 114 S. ℳ 3.—

Die vorliegende Geschichte der indischen Geldreform ist in theoretischer Absicht geschrieben; ihre Aufgabe ist nicht, die Kenntnis des indischen Geldwesens durch Ausbreitung von neuem Tatsachenmaterial zu erweitern, sondern den vorhandenen Stoff unter einem neuen Gesichtspunkt darzustellen.

Abhandlungen, Zivilrechtliche und prozessrechtliche. Herausgegeben von Dr. *Wilhelm Kisch* (Professor an der Universität Strassburg).
Heft III: Streitbefangenheit und Rechtsnachfolge als Voraussetzungen der §§ 265 und 266 der Zivilprozessordnung von Dr. jur. *Robert Schuman*. 8°. VIII, 84 S. ℳ 2.50

Arnold, Robert F. (a. o. Univ.-Prof., Kustos der k. k. Hofbibliothek in Wien), Allgemeine Bücherkunde zur neueren deutschen Literaturgeschichte. 8°. XIX, 354 S.
Geheftet ℳ 8.—, in Leinwand geb. ℳ 9.—

Aus dem Vorwort:

„Nicht eben arm an bibliographischen Hilfsmitteln, ermangelte unsere Wissenschaft doch bisher eines Werks, das den Anfänger mit Zweck, Plan, Umfang, mit Vorzügen und Gebrechen eben dieser Hilfsmittel vertraut gemacht und ihn zu systematischer Benutzung derselben angeleitet, das ihn gelehrt hätte, selbständig die „Literatur" über irgend eine Materie zusammenzustellen, und hiedurch ihm sowie den von ihm benützten Bibliotheken viel fruchtlos aufgewandte Zeit und Mühe erspart hätte. Das vorliegende Buch sucht diese Lücke auszufüllen. Aber gleichzeitig hat es sich noch eine zweite Aufgabe gestellt: die vorhandenen bibliographischen Hilfsmittel, welche ausschließlich oder vorwiegend spezieller Art sind, d. h. Schriften von einzelnen Autoren oder über einzelne Autoren verzeichnen, so zu ergänzen, daß nun auch die allgemeine, nicht auf einzelne Personen oder Dichtungen bezügliche Literatur unseres Fachs zum erstenmal in möglichster Vollständigkeit des Wichtigen verzeichnet erscheine. . . ."

Avesta. Die heiligen Bücher der Parsen. Übersetzt auf der Grundlage von Chr. Bartholomae's altiranischem Wörterbuch von *Fritz Wolff*. Lex. 8°. XI, 460 S.
Geheftet ℳ 18.—, in Leinwand geb. ℳ 20.—

Avesta. Die heiligen Bücher der Parsen (Fortsetzung).

Die Übersetzung beruht so gut wie ausschließlich auf Bartholomae's Wörterbuch; sie will die im Altiranischen Wörterbuch an unendlich vielen Stellen verstreuten Teilchen zusammenfassen.

Bacher, Dr. Wilhelm (Professor an der Landes-Rabbinerschule in Budapest), Die hebräische und arabische Poesie der Juden Jemens. Gr. 8°. II, 100 und 56 S. ℳ 4.

Bechstein, Otto, Guide illustré de la ville de Strasbourg et de la Cathédrale, siehe Euting.

— — Führer durch die Vogesen, siehe Mündel.

Bruck, Dr. jur. **Ernst,** Das Verfassungs- und Verwaltungsrecht von Elsaß-Lothringen.

III. Band, 2. (Schluß-)Lieferung. Gr. 8°. VII, S. 163—316. ℳ 4.50

III. Band vollständig: Gr. 8°. VII, 316 S.

Geheftet ℳ 9.—, in Leinwand geb. ℳ 10.—

Über den I. Band schreibt die *Straßburger Korrespondenz:*

„Vor kurzem ist von Dr. jur. Ernst Bruck im Verlage von Karl J. Trübner in Straßburg der erste Band eines Werks „Das Verfassungs- und Verwaltungsrecht von Elsaß-Lothringen" herausgegeben worden, worin das öffentliche Recht des Reichslandes nach dem gegenwärtigen Stande der Gesetzgebung und der Rechtslehre eine klare und verständige Darstellung gefunden hat. Der vorliegende erste Band behandelt die Entstehungsgeschichte des Reichslandes, seine rechtliche Natur, sein Verhältnis zum Reich und zum Auslande, ferner Gebiet und Staatsangehörigkeit, die staatlichen Organe (Kaiser, Bundesrat, Reichstag, Landesausschuß, Landesbehörden, und -beamte) sowie die Gesetzgebung und schließt mit der Darlegung der Einrichtung und Verwaltung der Gemeinden, Ortschaften, Bezirke und Kreise. Das Werk kann Behörden und Beamten, insbesondere auch den größeren Gemeinden als brauchbares Hilfsmittel in Fragen des elsaß-lothringischen öffentlichen Rechts zur Anschaffung bestens empfohlen werden."

Brugmann, Karl (ord. Professor der indogermanischen Sprachwissenschaft an der Universität Leipzig), Der Gymnasialunterricht in den beiden klassischen Sprachen und die Sprachwissenschaft. 8°. 32 S. ℳ —.60

„Die Freunde des klassischen Altertums und des darauf gegründeten humanistischen Gymnasialunterrichts werden von obiger Schrift mit Interesse und Beifall Kenntnis nehmen. In doppelter Hinsicht ist sie von Bedeutung. Sie enthält nicht nur eine Abwehr gegen die immer wieder erneuerten Angriffe, denen unser Gymnasium ausgesetzt ist, sondern bringt auch positive Vorschläge, wie der grammatische Unterricht im Lateinischen und Griechischen durch gelegentliche Verwendung der Resultate der historischen Sprachwissenschaft anregender und fruchtbarer gestaltet werden könnte. . . ."

Deutscher Merkur 1910, Nr. 14.

Dissertationes philologicae Argentoratenses selectae ediderunt *B. Keil* et *R. Reitzenstein.*

Vol. XIV. Fascic. II: Sprachliche Untersuchungen zu Theophrasts botanischen Schriften. Von *Ludwig Hindenlang.* 8°. III, 200 S. ℳ 6.80

Vol. XIV. Fascic. III: Epistulae amatoriae quomodo cohaereant cum elegiis Alexandrinis. Scripsit *Max. Heinemann.* 8°. III, 120 S. ℳ 4.—

Vol. XIV vollständig: 8°. 27 Bogen. ℳ 12.—

Eilenberger, Rudolf, Pennälersprache. Entwicklung, Wortschatz und Wörterbuch. 8°. VIII, 68 S. ℳ 1.80, in Leinw. geb. ℳ 2.20

Die kleine Arbeit gibt eine Darstellung des modernen Pennälerwortschatzes, der auf den nord- und mitteldeutschen Schulen gebräuchlich ist. Im ersten Teile wird die Entwicklung des Wortschatzes untersucht, seine Beeinflussung durch die Studentensprache, Rinnstein- und Soldatensprache und durch die übrigen Sondersprachen, seine Herkunft aus dem Lateinischen, Griechischen, aus neueren Sprachen, aus Dialekten, wissenschaftlichen Ausdrücken, Spitznamen und aus dem Schülerhumor. Der zweite Teil stellt die Pennälerausdrücke nach sachlichen Punkten zusammen, und ein dritter Teil bringt ein ausführliches Wörterbuch der Pennälersprache mit möglichst genauer Angabe der Bedeutung und der Schule, auf der er gebraucht wird.

Emerich, Dr. jur. **Heinr.** (Beigeordneter der Stadt Straßburg), Der Schutz des Ortsbildes. Das Elsaß-Lothringische Landesgesetz betreffend baupolizeiliche Vorschriften vom 7. November 1910 (Gesetzblatt v. 21. Nov.), sowie das Ortsstatut und die Verordnung zum Schutze des Ortsbildes von Straßburg vom 23. November 1910. Mit 4 Tafeln. 8°. X, 150 S. ℳ 4.—.

Euting, Jules, Guide illustré de la ville de Strasbourg et de la Cathédrale. Huitième édition, complètement remaniée par Dr. *Otto Bechstein.* Avec nombreuses illustrations. 16°. XII, 96 pp ℳ 1.—.

Fraenkel, Ernst, Geschichte der griechischen Nomina agentis auf -τήρ, -τωρ, -της (-τ-), siehe Untersuchungen zur indogermanischen Sprach- und Kulturwissenschaft.

Grundriss der indo-arischen Philologie und Altertumskunde. Begründet von *Georg Bühler*, fortgesetzt von *F. Kielhorn.* Herausgegeben von ***H. Lüders*** und ***J. Wackernagel.***

I. Band, 4. Heft: Vedic Grammar by *A. A. Macdonell.* Lex. 8°. III, 456 S. Subskriptionspreis ℳ 20.—, Einzelpreis ℳ 24.—

Grundriss der indo-arischen Philologie und Altertumskunde (Fortsetzung).

„... Diesem Mangel ist endlich abgeholfen durch vorliegendes Buch, das sobald nicht durch ein besseres ersetzt werden wird, mag es auch noch so viele wertvolle Anregungen zu Einzeluntersuchungen geben. Es beherrscht den schwierigen Stoff vollständig und zeigt ungeheure Belesenheit; wer immer den Veda, das älteste indogermanische Literaturdenkmal, im Originaltext lesen will, darf diese „Vedic Grammar" nicht aus der Hand legen. ... Wer das Altindische bereits in seiner klassischen Form, dem Sanskrit, studiert hat, dem wird dieses vorzügliche Werk viele kostbare Stunden hohen geistigen Genusses spenden. Sehr angenehm ist, daß der Verfasser den angezogenen Beispielen die Übersetzung beigefügt hat.

Literarische Beilage zur Augsburger Postzeitung 1910, Nr. 42.

Heinemann, Maximilianus, Epistulae amatoriae quomodo cohaereant cum elegiis Alexandrinis, siehe „Dissertationes" Vol. XIV. Fascic. III.

Hindenlang, Ludwig, Sprachliche Untersuchungen zu Theophrasts botanischen Schriften, siehe „Dissertationes" Vol. XIV, Fascic. II.

Kittelmann, Feodor, Einige Mischhandschriften von Wolframs Parzival, siehe „Quellen und Forschungen", Heft 109.

Klenz, Dr. Heinrich, Schelten-Wörterbuch. Die Berufs-, besonders Handwerkerschelten und Verwandtes. 8°. VII, 159 S. Geheftet *M* 4.—, in Leinwand geb. *M* 5.—

Aus dem Vorwort:

„Die im folgenden angeführten Schimpf- und Spott- (Ekel-, Neck-, Spitz-)namen, wie auch bloßen Scherznamen der verschiedensten Berufe, besonders der Handwerker, sind teils aus dem Volksmund in Nord-, Mittel- und Süddeutschland, teils aus der deutschen Literatur vom 16. Jahrhundert bis in die Gegenwart gesammelt. Dabei haben die niederdeutschen und die meist aus dem Hebräischen stammenden Gaunerwörter eine weitgehende Berücksichtigung gefunden. ..."

Lauterbach, Martin, Das Verhältnis der zweiten zur ersten Ausgabe von Werthers Leiden, siehe „Quellen und Forschungen", Heft 110.

Löhr, Max (der Theologie und Philosophie Doktor, o. Professor der Theologie in Königsberg i. Pr.), Israels Kulturentwickelung. Mit zahlreichen Abbildungen im Text und einer Karte. 8°. VIII, 147 S. *M* 3.60, in Leinw. geb. *M* 4.50

Aus dem Vorwort:

— „Das Buch soll die Materien behandeln, die sonst in einer hebräischen Archäologie zusammengefaßt werden. Da es für einen weiteren Leserkreis bestimmt ist, wollte ich die zünftige Darstellungsweise

Löhr, Kulturentwickelung (Fortsetzung).
der Archäologie vermeiden und bin bemüht gewesen, die einzelnen Materien unter dem Gesichtspunkt historischer Entwickelung zu behandeln. Daher der Titel: Kulturentwickelung.

Macdonell, A. A., Vedic Grammar, siehe Grundriss der indoarischen Philologie und Altertumskunde.

Masing, Woldemar, Sprachliche Musik in Goethes Lyrik, siehe „Quellen und Forschungen", Heft 108.

Minerva. Jahrbuch der gelehrten Welt. Begründet von Dr. K. Trübner. XX. Jahrgang 1910—1911. Mit dem Bildnis von Lord Lister in London. 16°. LXVI, 1612 S. ℳ 17.—, in Halbpergament gebunden ℳ 18.—.

Montgomery, Marshall, (Lektor des Englischen an der Universität Gießen), Types of Standard spoken English and its Chief Local Variants. 8°. 80 S.
Geheftet ℳ 2.—, kartoniert ℳ 2.25

Mündel, Curt, Führer durch die Vogesen. Kleine Ausgabe des Reisehandbuches „Die Vogesen". Mit 10 Karten und Plänen und 6 Abbildungen im Text. Sechste, verbesserte Auflage. Von Dr. *Otto Bechstein*, Schriftführer des Zentralausschusses des Vogesenclubs. 16°. XXVIII, 321 S.
In Leinwand geb. ℳ 2.50.

Nöldeke, Theodor, Neue Beiträge zur semitischen Sprachwissenschaft. Lex. 8°. VIII, 240 S. ℳ 14.50

„Soeben ist ein neues Buch von Th. Nöldeke erschienen, das unter dem Titel Neue Beiträge zur semitischen Sprachwissenschaft sich in erster Linie an den engeren Kreis der Philologen wendet. Wer aber Nöldekes historische Interessen kennt, wird sich nicht wundern, daß auch der Realienforscher nicht umsonst in diesen Studien suchen wird.... Auch das Dunkel der auf Muhammed wirkenden Einflüsse läßt sich nur auf sprachgeschichtliche Weise lösen; in dies schwierige Gebiet führt uns das Kapitel: „Willkürlich und mißverständlich gebrauchte Fremdwörter im Koran"... Auf den vielseitigen Inhalt der rein philologischen Teile des Buches kann ich hier nicht eingehen. Jedenfalls darf auch die Islamwissenschaft ihrem Senior aufrichtig Dank wissen für dies neue, reiche Geschenk. *Prof. Dr. C. H. Becker im „Islam". I. Band, Heft 3/4.*

Proskauer, Carola, Das auslautende *-s* auf den lateinischen Inschriften. 8°. VII, 208 S. ℳ 6.—

Quellen und Forschungen zur Sprach- und Culturgeschichte der germanischen Völker. Herausgegeben von *A. Brandl, E. Schmidt, F. Schultz.*
Heft 107: Wielands Shakespeare. Von *Ernst Stadler.* 8°. VII, 133 S. ℳ 4.—

Quellen und Forschungen (Fortsetzung).

Heft 108: Sprachliche Musik in Goethes Lyrik. Von *Woldemar Masing.* 8°. III, 79 S. ℳ 2.—

Heft 109: Einige Mischhandschriften von Wolframs Parzival. Von Dr. *Feodor Kittelmann.* 8°. VII, 87 S. ℳ 2.50

Heft 110: Das Verhältnis der zweiten zur ersten Ausgabe von Werthers Leiden. Von *Martin Lauterbach.* 8°. X, 128 S. ℳ 3.50

Heft 111: Metrische Untersuchungen zu Paul Flemings deutschen Gedichten. Von *Friedrich Wilhelm Schmitz.* 8°. VII, 106 S. ℳ 3.—

Schmitz, Wilhelm, Metrische Untersuchungen zu Paul Flemings deutschen Gedichten, siehe „Quellen und Forschungen", Heft 111.

Schoenfeld, Professor Dr. **E. Dagobert,** An Nordischen Königshöfen zur Vikingerzeit. 8°. VIII, 372 S.
Geheftet ℳ 5.—, in Leinwand geb. ℳ 6.—

„.... Das neue Werk ist eine Übersetzung von 28 kleinen isländischen Novellen, die hier zum ersten Male dem deutschen Leserkreis dargeboten werden und in trefflicher Weise das so beifällig aufgenommene, im Kunstwartverlag erschienene Isländerbuch von Arthur Bonus ergänzen. Es sind Ausschnitte aus den großen nordischen Sögur, s. g. Thaettir, die etwa wie eine Novelle neben dem umfangreichen Sagaroman, einen in sich abgeschlossenen Gegenstand, ein kleines abgerundetes Lebensbild aus dem nordischen Altertum darbieten. Anschaulichkeit, Klarheit des Vortrags, künstlerische Rundung zeichnen diese kurzen Geschichten aus. Der beste Kenner der altnordischen Literatur, Finnur Jónsson, charakterisiert sie als wahre Perlen und Musterstücke altnordischer Sagakunst. Außer dem literarischen Wert haben diese Thaettir auch bedeutenden kulturgeschichtlichen Gehalt, sie bringen in voller Auschaulichkeit das Leben und Handeln, Denken und Empfinden der Isländer uns vor Augen...."

Das literarische Echo 1910, Heft 2.

Schriften der Wissenschaftlichen Gesellschaft in Strassburg.

Heft 6: Über die pseudoapostolischen Kirchenordnungen. Von *E. Schwartz.*

Mit Anhang: Zweiter Jahresbericht der Wissenschaftlichen Gesellschaft in Strassburg, erstattet am 4. Juli 1908 von *Adolf Michaelis.* Mit dem Verzeichnis der Mitglieder der Gesellschaft. Dritter Jahresbericht der Wissenschaftlichen Gesellschaft in Strassburg, erstattet am 3. Juli 1909 von *Theobald Ziegler.* Mit dem Verzeichnis der Mitglieder der Gesellschaft. 4°. III, 40 und 15 S. ℳ 4.—

Schullerus, Adolf, siehe „Siebenbürgisch-sächsisches Wörterbuch“.

Schulz, Hans (Privatdozent an der Universität Freiburg i. Br.), Deutsches Fremdwörterbuch. Erste Lieferung: A—Batterie. Lex. 8°. 80 S. Subskriptionspreis ℳ 1.50

Gesamtumfang: ca. 40 Bogen zum Gesamtpreise von ca. ℳ 12.—

Das Werk versucht zum ersten Male ein lexikalische Behandlung der in unsere Sprache aufgenommenen Fremdwörter nach den Grundsätzen der modernen Wortforschung. Der Verfasser hat es sich zur Aufgabe gemacht, für jedes Wort die Quelle und die Zeit der Entlehnung zu ermitteln, seinen ursprünglichen Geltungsbereich festzustellen und unter Darlegung des historischen Belegmaterials seine Entwicklung im deutschen Sprachgebrauch zu veranschaulichen. Besonderer Wert wurde darauf gelegt, die lebende und allgemein gebräuchliche Sprache zu fassen und eingehend zu behandeln.

Schuman, Robert, Streitbefangenheit und Rechtsnachfolge als Voraussetzungen der §§ 265 u. 266 der Zivilprozeßordnung, siehe Abhandlungen, Zivilrechtliche und Prozeßrechtliche.

Schwartz, E., Über die pseudoapostolischen Kirchenordnungen, siehe „Schriften der Wissenschaftlichen Gesellschaft in Straßburg“ Heft 6.

Siebenbürgisch-sächsisches Wörterbuch. Mit Benützung der Sammlungen Johann Wolffs, herausgegeben vom Ausschuss des Vereins für Siebenbürgische Landeskunde.

Dritte Lieferung. Bearbeitet von *Adolf Schullerus.* Lex. 8°. S. 257—416. ℳ 4.—

Das gesamte Werk wird etwa 3 Bände mit je ca. 60 Bogen umfassen.

„... Offenbar wird uns hier eine ausgezeichnete Leistung des literarischen Bienenfleißes siebenbürgisch-sächsischer Gelehrsamkeit dargeboten, die zugleich besonders für die Sprachgebiete des Niederrheins und Luxemburgs von hervorragender Bedeutung sein wird. Wir werden nicht versäumen, auf dieses dankenswerte und wichtige Werk je und je wieder hinzuweisen.“

Literarische Rundschau 1908, Nr. 9.

Singer, Kurt, Die Motive der indischen Geldreform, siehe Abhandlungen aus dem staatswissenschaftlichen Seminar zu Straßburg i. Els., Heft XXVI.

Stadler, Ernst, Wielands Shakespeare, siehe „Quellen und Forschungen“, Heft 107.

Thomas, K., siehe Hoppe-Seyler's Zeitschrift für physiologische Chemie. Sach- und Autorenregister.

Thumb, Albert (ord. Professor an der Universität Straßburg), Handbuch der neugriechischen Volkssprache. Grammatik. Texte. Glossar. Zweite, verbesserte und erweiterte Auflage. Mit einer Schrifttafel. 8°. XXXI, 360 S. Geheftet ℳ 8.50, in Leinwand geb. ℳ 9.—

„Prof. Albert Thumb veröffentlicht sein „Handbuch der neugriechischen Volkssprache" soeben in zweiter, verbesserter und vermehrter Auflage. Plan und Anlage sind unverändert geblieben, dagegen hat das nützliche Buch eine Vermehrung seines Inhalts durch eine kurze Darstellung der neugriechischen Syntax erfahren, der reichliche Beispiele syntaktischer Erscheinungen meist aus der Koine beigegeben sind. Dafür werden die Benutzer dem Verf. besonders dankbar sein. Die sonstigen Zusätze sind meist durch die Vermehrung der Texte bedingt, die in der dritten Abteilung stehen und namentlich durch interessante Proben aus den neugriechischen Dialekten bereichert sind; auch einige charakteristische Stücke der Volksliteratur sind hinzugefügt." *Literarisches Zentralblatt.*

Untersuchungen zur indogermanischen Sprach- und Kulturwissenschaft. Herausgegeben von *Karl Brugmann* und *Albert Thumb.*

Heft I: Geschichte der griechischen Nomina agentis auf -τήρ, -τωρ, της (-τ-). Von *Ernst Fraenkel.* Erster Teil: Entwicklung und Verbreitung der Nomina im Epos, in der Elegie und in den ausserionisch-attischen Dialekten. 8°. XI, 245 S. ℳ 7.50

Werle, Georg, Die ältesten germanischen Personennamen. (Beiheft zum XII. Band der Zeitschrift für deutsche Wortforschung). 8°. III, 88 S. Für die Abonnent. der Zeitschrift ℳ 2.25; Einzelpreis ℳ 2.75

Der absichtlich eng gewählte Titel zeigt, daß das Hauptgewicht der Arbeit auf der Sammlung der urgermanischen Individualnamen liegt (aus griech. und latein. Überlieferung bis 400 n. Chr.). Als methodische Grundlage liefert die Einleitung vorzugsweise äußere Kriterien zur Abgrenzung gegen benachbarte Sprachgebiete; denn diesen ist grundsätzlich der Vorzug zu geben vor willkürlichen Deutungen aus germanischen Sprachmitteln. Im Gegensatz zur Ausdeutungsmanie der früheren Namenskunde werden hier (u. vgl. Mainzer Zts. V. 1910. 54 ff.) als nächstes Ziel der Forschung gefaßt: die logischen und formalen Bildungsgesetze besonders der zweigliedrigen Personennamen, sowie Präfix- und Suffixbildung der übrigen Eigennamen. Anhangsweise wird eine Chronologie einiger lautgeschichtlichen Vorgänge des Urgermanischen, im ganzen eine Vorarbeit zum „Altgermanischen Sprachenschatz" versucht.

Wheeler, Benjamin Ide (Präsident der University of California, Inhaber der Roosevelt-Professur an der Universität Berlin, W.-S.1909/10), Unterricht und Demokratie in Amerika.

Wheeler, Unterricht und Demokratie in Amerika (Fortsetzung).

Die Quellen der öffentlichen Meinung, das College, die Universitäten, Studentenleben, Schule und Kirche in den Vereinigten Staaten. Vorlesungen gehalten an der Berliner Universität. 8°. VII, 295 S.

Geheftet ℳ 5.—, in Halbpergament geb. ℳ 6.—

Inhalt:

Die öffentliche Meinung. — Sprache und Rasse. — Optimismus und Fatalismus. — Die elastische Perspektive. — Das amerikanische College. — Die Gestaltung des College. — Die Umgestaltung des College. — Das heutige College. — Die großen Colleges und ihr Verhältnis zu den kleinen. — Frauen-Colleges. — Coeducational Colleges. — Die Universitäten. — Die Staats-Universitäten. — Verwaltung und Finanzen der Colleges. — Studentenleben. — Die Mittleren Schulen. — Die „Public Schools". — Die Elementarschulen. — Die Kirchen. I. Trennung vom Staate. — Die Kirchen. II. Gegenwärtige Verhältnisse. — Die Presse. — Politik. — Register.

Wolff, Fritz, Avesta. Die heiligen Bücher der Parsen, siehe Avesta.

ZEITSCHRIFTEN IM JAHRE 1910

Der Islam. Zeitschrift für Geschichte und Kultur des islamischen Orients. Herausgegeben von *C. H. Becker*. Mit Unterstützung der Hamburgischen wissenschaftlichen Stiftung.

Erster Band: Mit 62 Abbildungen im Text und 7 Tafeln. Lex. 8°. VIII, 396 S. ℳ 20.—

Die Wissenschaft vom Islam hat bisher an den heterogensten Orten Unterkunft suchen müssen, so daß eine gemeinsame Sammelstelle zu einer unabweisbaren Aufgabe geworden ist. Das Hamburgische Seminar für Geschichte und Kultur des Islamischen Orients hat eine neue Zentrale für diese Wissenschaft geschaffen, und so kann jetzt „Der Islam", herausgegeben vom Direktor des Seminars und mit Unterstützung der Hamburgischen Wissenschaftlichen Stiftung, erscheinen.

„Der Islam" soll auf streng philologischer Grundlage eine ausgesprochene Realienzeitschrift sein. Wie die alte Geschichte neben die klassische Philologie getreten ist, so wird die Islamkunde neben den einzelnen Philologien der von Muhammedanern gesprochenen Sprachen immer mehr Geltung gewinnen. Wie schon der Name „Islam" nicht eine Volksgruppe oder einen Sprachstamm, sondern eine internationale Religion und Zivilisation bezeichnet, so soll auch die neue Zeitschrift nicht rein philologische Aufgaben der Semistik oder Afrikanistik lösen, sondern den historischen und praktischen Problemen des Islam gewidmet sein.

Zeitschrift für Assyriologie und verwandte Gebiete. Herausgegeben von Professor *Carl Bezold* in Heidelberg.

Band XXIV: 8°. IV, 400 S. ℳ 20.—

Indogermanische Forschungen. Zeitschrift für indogermanische Sprach- und Altertumskunde, herausgegeben von *Karl Brugmann* und *Wilhelm Streitberg*. Mit dem Beiblatt: Anzeiger für indogermanische Sprach- und Altertumskunde. Herausgegeben von *Wilhelm Streitberg*.
Band XXV: Festschrift für Karl Brugmann. Erster Teil. Herausgegeben von *Wilhelm Streitberg*. Mit einem Bildnis Brugmanns in Heliogravüre. 8°. VII, 453 und III, 104 S. 1909/10.
„ XXVI: Festschrift für Karl Brugmann. Zweiter Teil. Herausgegeben von *Wilhelm Streitberg*. Mit einer Tafel. 8°. V, 488 S. und III, 64 S. 1909/10.
„ XXVII: 8°. III, 362 und IV, 181 S.
Preis jedes Bandes ℳ 16.—

Zeitschrift für deutsche Wortforschung. Herausgegeben von Professor Friedrich Kluge in Freiburg i. Br.
Band 12: 8°. IV, 324 S. ℳ 10.—. Mit Beiheft ℳ 12.25
— — Beiheft zum XII. Band siehe Werle.

Hoppe-Seyler's Zeitschrift für physiologische Chemie. Herausgegeben unter Mitwirkung von E. Abderhalden-Berlin, Svante Arrhenius-Stockholm, G. v. Bunge-Basel, O. Cohnheim-Heidelberg, etc. von *A. Kossel*, Professor der Physiologie in Heidelberg.
Band: 64: Mit 18 Tafeln, 15 Kurvenzeichnungen und vier Abbildungen im Text. 8°. VIII, 480 S.
„ 65: Mit zwei Kurvenzeichnungen und einer Abbildung im Text. 8°. VIII, 512 S.
„ 66: Mit 50 Kurvenzeichnungen im Text und 53 Tafeln, davon 2 in Lichtdruck. 8°. VII. 344 S.
„ 67: Mit einer Tafel im Lichtdruck, drei Kurvenzeichnungen und zwölf Abbildungen im Text. 8°. VIII, 503 S.
„ 68: Mit zehn Abbildungen und fünf Kurvenzeichnungen im Text. 8. VIII, 503 S.
„ 69: Mit einer Tafel in Lichtdruck, 68 Kurvenzeichnungen und einer Abbildung im Text. 8°. VIII, 498 S.
„ 70: Heft 1—3. Preis jedes Bandes ℳ 12.—
— — Sach- und Autorenregister zu Band XXXI—LX. Bearbeitet von *Dr. K. Thomas*. 8°. III, 469 S. ℳ 12.—

❀ Anzeigen. ❀

Kluge, Friedrich (Professor an der Universität Freiburg i. Br.), Etymologisches Wörterbuch der deutschen Sprache. Siebente verbesserte und vermehrte Auflage. Lex. 8°. XVI, 519 Seiten. 1910. Geheftet ℳ 9.—, in Leinwand geb. ℳ 10.20, in Halbfranz geb. ℳ 11.—

Schulz, Hans (Privatdozent an der Universität Freiburg i. Br.). Deutsches Fremdwörterbuch. Erste Lieferung: A—Batterie. Lex. 8°. 80 S. 1910. Subskriptionspreis ℳ 1.50
Gesamtumfang: ca. 40 Bogen zum Gesamtpreise von ca. ℳ 12.—

Klenz, Dr. **Heinrich,** Schelten-Wörterbuch. Die Berufs-, besonders Handwerkerschelten und Verwandtes. 8°. VIII, 159 S. 1910. Geheftet ℳ 4.—, in Leinwand geb. ℳ 5.—

Eilenberger, Rudolf, Pennälersprache. Entwicklung, Wortschatz und Wörterbuch. 8°. X, 68 S. 1910.
Geheftet ℳ 1.80, in Leinwand geb. ℳ 2.20

Suolahti, Hugo (Dozent an der Universität Helsingfors), Die deutschen Vogelnamen. Eine wortgeschichtliche Untersuchung. Gr. 8°. XXXIII, 540 S. 1909.
ℳ 16.—, in Leinwand geb. ℳ 17.—

Löhr, Max, Israels Kulturentwickelung. Mit zahlreichen Abbildungen im Text und einer Tafel. 8°. VIII, 148 S. 1910.
Geheftet ℳ 3.60, in Leinwand geb. ℳ 4.50

Geiger, Wilh., Elementarbuch des Sanskrit. Unter Berücksichtigung der vedischen Sprache. Zweite Auflage. 1909. 1. Teil: Grammatik. VIII, 92 S. — 2. Teil: Übungen und Lesestücke. IV, 56 S. — 3. Teil: Wörterverzeichnisse. IV, 79 S. 8°. In drei Bändchen kartoniert. Zusammen ℳ 10.—

Macdonell, A. A., Vedic Grammar. Lex. 8°. IV, 456 S. 1910. Subskriptionspreis ℳ 20.—; Einzelpreis ℳ 24.—. (Grundriß der indo-arischen Philologie und Altertumskunde. Begründet von *G. Bühler,* fortgesetzt von *F. Kielhorn,* herausgegeben von ***H. Lüders*** und ***J. Wackernagel.*** I. Band, 4. Heft).

Nöldeke, Theodor, Neue Beiträge zur semitischen Sprachwissenschaft. Lex. 8°. VIII, 240 S. 1910. ℳ 14.50

Thumb, Albert, Handbuch der neugriechischen Volkssprache. Grammatik. Texte. Glossar. Zweite, verbesserte und erweiterte Auflage. 8°. XXXI, 360 S. 1910.
Geheftet ℳ 8.50, in Leinwand geb. ℳ 9.—

FSC
www.fsc.org
MIX
Papier | Fördert
gute Waldnutzung
FSC® C083411

Kolibri 360 GmbH
Ferdinand-Jühlke-Straße 7
99095 Erfurt, Deutschland
produktsicherheit@kolibri360.de